ENCYCLOPEDIA OF PHYSICS

EDITED BY

S. FLÜGGE

VOLUME XIII

THERMODYNAMICS
OF LIQUIDS AND SOLIDS

WITH 265 FIGURES

SPRINGER-VERLAG
BERLIN · GÖTTINGEN · HEIDELBERG
1962

HANDBUCH DER PHYSIK

HERAUSGEGEBEN VON

S. FLÜGGE

BAND XIII

THERMODYNAMIK
DER FLÜSSIGKEITEN UND FESTKÖRPER

MIT 265 FIGUREN

SPRINGER-VERLAG
BERLIN · GÖTTINGEN · HEIDELBERG
1962

ISBN-13: 978-3-642-45980-1   e-ISBN-13: 978-3-642-45979-5
DOI: 10.1007/978-3-642-45979-5

Alle Rechte, insbesondere das der Übersetzung in fremde Sprachen, vorbehalten.

Ohne ausdrückliche Genehmigung des Verlages ist es auch nicht gestattet, dieses Buch oder Teile daraus auf photomechanischem Wege (Photokopie, Mikrokopie) oder auf andere Art zu vervielfältigen.

© by Springer-Verlag OHG / Berlin · Göttingen · Heidelberg 1962

Softcover reprint of the hardcover 1st edition 1962

Library of Congress Catalog Card Number A 56-2942

Die Wiedergabe von Gebrauchsnamen, Handelsnamen, Warenbezeichnungen usw. in diesem Werk berechtigt auch ohne besondere Kennzeichnung nicht zu der Annahme, daß solche Namen im Sinn der Warenzeichen- und Markenschutz-Gesetzgebung als frei zu betrachten wären und daher von jedermann benutzt werden dürften

Inhaltsverzeichnis

	Seite
Statistische Thermodynamik kondensierter Phasen. Von Dr. A. MÜNSTER, Professor für physikalische Chemie an der Universität Frankfurt a. M. (Deutschland). (Mit 106 Figuren)	1
A. Theorie der molekularen Verteilungsfunktionen	4
I. Kanonische Gesamtheit	7
II. Große kanonische Gesamtheit	23
III. Spezielle Probleme	64
B. Kooperative Erscheinungen in Kristallen	77
I. Elementare Theorien der Überstruktur-Umwandlungen	80
II. Matrixtheorie des Ising-Modells	108
III. Feste Lösungen. Kritische Streuung. Rotationsumwandlungen	143
C. Flüssigkeiten	217
I. Reine Flüssigkeiten	217
II. Lösungen von Nichtelektrolyten	300
III. Lösungen starker Elektrolyte	369
Literatur	396
Verzeichnis der Formelsymbole	396
Thermodynamics of Polymers. By Dr. A. J. STAVERMAN, Professor of Physical Chemistry of the University of Leiden, Director of the Centraal Laboratorium TNO, Delft (Netherlands). (With 13 Figures)	399
I. Introduction	399
II. Thermodynamics of polymers; general concepts	402
III. Thermodynamics of single polymers	420
IV. Thermodynamics of polymer solutions	451
V. Phase equilibria	479
VI. Polyelectrolytes	491
The Structure and the Physical Properties of Glass. By Dr. J. M. STEVELS, Senior Research Chemist, Philips Research Laboratories Eindhoven, and Professor of Inorganic Chemistry, Technological University, Eindhoven (Netherlands). (With 146 Figures)	510
A. The structure of glass	510
B. Thermal properties of glass	548
I. Density and expansion	548
II. Thermal properties	570
III. Viscosity	578
IV. Crystallization	592
V. Diffusion in glasses	616
C. Mechanical properties of glass	623
I. Mechanical strength	623
II. Mechanical relaxation phenomena	635
General references	644
Sachverzeichnis (Deutsch-Englisch)	646
Subject Index (English-German)	663

Statistische Thermodynamik kondensierter Phasen.

Von

A. MÜNSTER.

Mit 106 Figuren.

1. Einleitung. Die statistische Thermodynamik kondensierter Phasen, welche den Gegenstand dieses Artikels bildet, bedeutet zunächst einfach die Anwendung der in Bd. III/2 dieses Handbuches entwickelten allgemeinen Prinzipien zur Berechnung der thermodynamischen Funktionen nicht gasförmiger Systeme. Insofern scheint das Thema keiner Erläuterung zu bedürfen. Tatsächlich liegen die Verhältnisse nicht so einfach, und es wird zweckmäßig sein, wenn wir zunächst die Abgrenzung des Themas und die wesentliche Problematik, mit der wir es hier zu tun haben, etwas genauer präzisieren.

Was den ersten Punkt betrifft, so scheiden wir von vornherein die makromolekularen Stoffe und ihre Lösungen sowie die anorganischen Gläser aus. Über die ersteren liegt bereits eine handbuchartige Darstellung vor[1], so daß eine (notwendig sehr unvollständige) Behandlung in diesem Rahmen wenig sinnvoll erscheint. Bei den Gläsern kann von einer statistischen Theorie überhaupt noch nicht die Rede sein[2]. Wir haben es also im wesentlichen mit Kristallen und Flüssigkeiten im üblichen Sinne zu tun. Die Thermodynamik der idealen Kristalle ist, ebenso wie die Struktur-Theorie der Gitterfehlstellen, bereits in Bd. VII/1 dieses Handbuches behandelt worden. Wir beschränken uns daher in diesem Artikel auf eine Gruppe von Problemen, die man gewöhnlich unter der Bezeichnung *„kooperative Erscheinungen in Kristallen*" zusammenfaßt. Es handelt sich dabei stets um die Frage der atomaren Ordnung im Kristall, und zwar unter dem speziellen Gesichtspunkt, daß die einzelnen Abweichungen von der idealen Ordnung, d.h. der strengen Periodizität nicht als voneinander unabhängig betrachtet werden können. Die wichtigsten Spezialfälle, mit denen wir uns eingehender beschäftigen werden, sind Überstruktur-Bildung und Entmischung in binären Legierungen sowie die Rotations-Umwandlungen in Molekül-Kristallen. Das zugrundeliegende mathematische Problem hat in allen Fällen die gleiche Struktur, wodurch die Zusammenfassung und einheitliche Behandlung unmittelbar gegeben ist. Abgesehen von dem Interesse an den physikalischen Problemen, ist das Gebiet der kooperativen Erscheinungen auch dadurch bemerkenswert, daß es in außerordentlichem Maße andere Gebiete der statistischen Thermodynamik, insbesondere die Gastheorie und die Theorie der flüssigen Gemische befruchtet hat. Umgekehrt hat speziell die Gastheorie wesentliche Anregungen für die Theorie der kooperativen Erscheinungen gegeben.

Bei den reinen Flüssigkeiten müssen wir uns schon aus mathematischen Gründen auf die einfachsten Beispiele, in erster Linie die flüssigen Edelgase beschränken. Unter diesen nimmt das Helium eine Sonderstellung ein, die eine Behandlung im Rahmen dieses Artikels ausschließt. Für flüssige Gemische ist der Rahmen aus

---

[1] A. MÜNSTER: Statistische Thermodynamik hochmolekularer Lösungen. In: Die Physik der Hochpolymeren (Herausgeber H. A. STUART), Bd. II. Berlin-Göttingen-Heidelberg 1953.
[2] Die vorhandenen Ansätze enthält der Beitrag von H. STEVELS in diesem Band.

Gründen, die wir später erörtern werden, etwas weiter gezogen. Wir werden jedoch, von einigen allgemeinen Betrachtungen abgesehen, nur binäre Lösungen von Nichtelektrolyten und starken Elektrolyten behandeln. Diese Einschränkung rechtfertigt sich einmal aus der Tatsache, daß die Thermodynamik höherer als binärer Systeme sich nur mit den einfachsten Ansätzen für die thermodynamischen Funktionen explizit durchführen läßt, zum anderen aus der speziellen Problematik des Gebietes, die wir jetzt kurz skizzieren wollen.

Bei der Behandlung konkreter Systeme ist die wesentliche Aufgabe der statistischen Thermodynamik die Berechnung der thermodynamischen Funktionen aus vorgegebenen Eigenschaften der Moleküle. In der Theorie der idealen Gase läßt sich dieses Ziel in sehr weitem Umfange erreichen. Die Berechnung chemischer Gleichgewichte aus spektroskopischen Daten ist ein besonders eindrucksvolles Beispiel für die Anwendung derartiger Ergebnisse. Bei realen Gasen liegen die Verhältnisse, wenigstens im Gebiet mäßiger Drucke (das durch den zweiten Virialkoeffizienten erfaßt wird) nicht wesentlich anders. Die Schwierigkeiten, die hier, zumal bei komplizierten Molekülen auftreten, haben ihre Wurzel nicht in der statistischen Theorie, sondern in der mangelnden Kenntnis der zwischenmolekularen Wechselwirkung. Tatsächlich ist es bisher selbst für den einfachsten Fall zweier He-Atome noch nicht gelungen, dieselbe in befriedigender Übereinstimmung mit der Erfahrung zu berechnen. Man ist daher auf die Benutzung von empirischen oder halbempirischen Formeln angewiesen, die eine mehr oder weniger große Zahl von adjustierbaren Parametern enthalten. Während diese sich bei Edelgasen und zweiatomigen Molekülen noch eng an die Ergebnisse der Theorie anschließen, wird ihre physikalische Interpretation um so schwieriger, je komplizierter der Bau des Moleküls ist. Bei den höheren Virialkoeffizienten wachsen die mathematischen Schwierigkeiten der statistischen Theorie sehr stark an. Schon der vierte Virialkoeffizient hat sich bisher nur für starre Kugeln berechnen lassen. Da aber auch die experimentelle Bestimmung dieser Größen außerordentlich schwierig ist, fällt dieser Mangel weniger ins Gewicht.

Eine grundsätzlich andersartige Situation haben wir bei kondensierten Phasen. Der Kern der hier auftretenden Schwierigkeiten ist der folgende. Die zur Ermittlung der thermodynamischen Funktion gewöhnlich benutzte statistische Verteilungsfunktion ist (im Falle der halbklassischen Näherung) ein Integral von sehr hoher Multiplizität, das sich direkt nur berechnen läßt, wenn die Hamilton-Funktion des Systems und damit die Verteilungsfunktion, sich nach den Koordinaten der Einzelteilchen separieren läßt. Dies ist der Fall bei den idealen Gasen. Für nicht separierbare Systeme muß man zunächst eine geeignete mathematische Transformation suchen, die das Problem auf eine der expliziten Rechnung zugängliche Form bringt. Für reale Gase ist diese Transformation die bekannte cluster-Entwicklung, die an anderer Stelle dieses Handbuches [6] ausführlich besprochen wird. Es ist jedoch bisher nicht gelungen, für kondensierte Phasen eine Transformation zu finden, die eine explizite Berechnung der Verteilungsfunktion aus dem Potential der zwischenmolekularen Wechselwirkung ermöglicht. Die cluster-Entwicklung erreicht jeweils im Kondensationspunkt ihren Konvergenzradius mit einer Singularität auf der positiven reellen Achse; sie läßt sich daher nicht in das Gebiet der kondensierten Phasen fortsetzen. Formal analoge Entwicklungen für kondensierte Phasen, die an sich möglich sind, enthalten an Stelle des Potentials der zwischenmolekularen Wechselwirkung die Potentiale der Durchschnittskräfte. Die Ermittlung dieser Funktionen (die nicht nur von den Koordinaten, sondern auch von den Zustandsgrößen abhängen) stellt ein außerordentlich schwieriges Problem dar, für dessen exakte Lösung man heute noch keinen Weg kennt.

Aus dem geschilderten Sachverhalt ergibt sich, daß die Aufgabenstellung der statistischen Thermodynamik kondensierter Phasen notwendig verschieden ist von der der Gastheorie. Während bei der letzteren die Ermittlung der thermodynamischen Funktionen konkreter Systeme durchaus im Vordergrund steht, handelt es sich bei kondensierten Phasen in erster Linie um die grundsätzliche Klärung der hier auftretenden Erscheinungen, wie etwa der Struktur der Flüssigkeiten, des Schmelzens, der thermodynamischen Eigenschaften der Lösungen starker Elektrolyte usw. Das schließt naturgemäß nicht aus, daß man auch bei kondensierten Phasen in weitem Umfange quantitative Vergleiche zwischen Theorie und Experiment durchführt. Solche Vergleiche müssen aber hier unter einem anderen Aspekt als in der Gastheorie betrachtet werden, was am deutlichsten in der Tatsache zum Ausdruck kommt, daß die Theorie fast durchweg adjustierbare Parameter einführt.

Man kann danach in einem etwas primitiven Sinne sagen, daß die statistische Thermodynamik kondensierter Phasen, verglichen mit der Gastheorie, nur von geringem praktischen Nutzen ist. Um so größer ist ihre Bedeutung für das physikalische Verständnis der Materie im kondensierten Zustand. Indem sie an einfachen Beispielen zeigt, wie gewisse Erscheinungen zustandekommen, liefert sie die begriffliche Grundlage für die Beschreibung und Einordnung solcher Erscheinungen auch in komplizierteren Fällen. Aus dieser Möglichkeit einer in ihren Grundlagen exakten begrifflichen Erfassung ergeben sich neue Fragestellungen und Anregungen, welche die experimentelle Forschung in außerordentlichem Maße befruchten.

Die Methoden der statistischen Thermodynamik kondensierter Phasen zerfallen in zwei Gruppen, je nachdem ob nur Molekülmodelle oder auch ein Modell des Gesamtsystems zugrundegelegt wird. Im ersteren Falle haben wir den gleichen Ausgangspunkt wie in der Theorie der realen Gase. Die Methoden dieser Gruppe beruhen auf der Verwendung einer Klasse von Funktionen, die als molekulare Verteilungsfunktionen (molecular distribution functions) bezeichnet werden. Dieselben lassen sich in einfachen Fällen näherungsweise als Lösungen gewisser Integralgleichungen bestimmen und können unmittelbar zur Berechnung der thermodynamischen Funktionen dienen. Die Wichtigste derselben, die Paar-Verteilungsfunktion, läßt sich häufig direkt (aus der Streuung von Röntgenstrahlen) experimentell ermitteln. Die große Bedeutung der molekularen Verteilungsfunktionen für die Theorie der kondensierten Phasen beruht einmal darauf, daß man nach dieser Methode eine Anzahl von Problemen exakt behandeln kann, ohne daß die Funktionen explizit bekannt sind. Zum anderen stellen sie den einzigen hypothesenfreien Zugang zu einer Beschreibung der Struktur flüssiger Phasen dar. In diesem Zusammenhang sind sie ursprünglich in die statistische Thermodynamik eingeführt worden, und hier liegt auch heute (neben gewissen allgemeinen Problemen) der Schwerpunkt ihrer Anwendung. Indessen sind sie auch für gewisse Probleme der Festkörperphysik kaum zu entbehren.

Die Methoden der zweiten Gruppe legen ein Modell des Gesamtsystems zugrunde, d.h. sie stellen an den Anfang bestimmte Annahmen über die Anordnung und die Bewegungen der Moleküle. Formal bedeuten solche Annahmen, daß etwa die kanonische Verteilungsfunktion auf einen gewissen Teil des Phasenraumes beschränkt und dadurch mathematisch so stark vereinfacht wird, daß sich eine explizite Berechnung durchführen läßt. Es ist ohne weiteres klar, daß die Güte der auf diesem Wege erreichten Näherung entscheidend davon abhängt, ob das Modell den Teil des Phasenraumes erfaßt, der den wesentlichen Beitrag zur Verteilungsfunktion liefert. Dies wird um so eher der Fall sein, je eindeutiger das Modell durch anderweitige (nicht-thermodynamische) experimentelle

Ergebnisse determiniert ist. Bei kristallinen Phasen ist diese Voraussetzung durch die röntgenographische Strukturanalyse oft sehr weitgehend erfüllt, so daß etwa die Gittertheorie der idealen Kristalle praktisch einer exakten Theorie äquivalent ist, obwohl sie, streng genommen (was manchmal übersehen wird), eine Modelltheorie in dem oben erläuterten Sinne darstellt. Dies ist auch einer der Gründe dafür, daß die wesentlich schwieriger zu handhabende Methode der molekularen Verteilungsfunktionen für Kristalle bisher nur in beschränktem Umfang verwendet worden ist. Bei flüssigen Phasen stößt dagegen die Konstruktion eines adäquaten Modells auf erhebliche Schwierigkeiten. Dieser Teil der Theorie hat sich daher erst in den beiden letzten Jahrzehnten in größerem Umfang entwickelt; er bietet auch heute noch die meisten ungelösten Probleme.

Die Verteilungsfunktion eines Modells enthält im allgemeinen einen oder mehrere adjustierbare Parameter, deren Wert aus ihrer physikalischen Bedeutung meistens größenordnungsmäßig bekannt ist. Beim Vergleich mit experimentellen Daten müssen diese Parameter häufig als Funktionen der Zustandsgrößen betrachtet werden, was sich zwar theoretisch erklären läßt, aber die Prüfung der Theorie erheblich erschweren kann. Mitunter gelingt es, durch Kombination verschiedener Messungen die Parameter teilweise oder ganz zu eliminieren. Solche Fälle sind naturgemäß besonders wertvoll für den Vergleich von Theorie und Experiment.

Im folgenden geben wir zunächst eine zusammenhängende Darstellung der Theorie der molekularen Verteilungsfunktionen ohne Bezugnahme auf konkrete Systeme. Dieses Verfahren ist zweckmäßig, einmal weil die Theorie sich von verschiedenen Ausgangspunkten her entwickeln läßt und der Zusammenhang der verschiedenen Formulierungen sonst schwer zu übersehen ist, zum anderen weil ein großer Teil des formalen Apparates auf diese Weise vorweggenommen und einfacher entwickelt werden kann, als es im Zusammenhang mit der Behandlung spezieller Systeme möglich wäre. Im zweiten Teil behandeln wir die kooperativen Erscheinungen in Kristallen, im dritten die Theorie der Flüssigkeiten. Die allgemeinen Prinzipien der Thermodynamik und statistischen Mechanik werden in diesem Artikel vorausgesetzt. Die betreffenden Gleichungen werden, soweit es der Zusammenhang erfordert, ohne Begründung zitiert. Im übrigen muß auf Bd. III/2 dieses Handbuches sowie auf die am Schluß zitierten Lehrbücher und Monographien verwiesen werden.

A. Theorie der molekularen Verteilungsfunktionen.

2. Definition: Allgemeine Eigenschaften. Wir setzen im folgenden die Gültigkeit der halbklassischen Näherung der statistischen Mechanik voraus, die für die meisten hier in Betracht kommenden Probleme ausreicht. Der Einfachheit halber beschränken wir uns zunächst auf Einkomponentensysteme, deren Moleküle als Massenpunkte behandelt werden können. Eine molekulare Verteilungsfunktion $\varrho^{(n)}$ ist definiert als die Wahrscheinlichkeitsdichte, einen Satz von n Molekülen bei dem Koordinatensatz $\boldsymbol{q}^{(n)}$ zu finden, ohne Rücksicht auf die Konfiguration der übrigen Moleküle, jedoch für definierte Werte der statistischen Parameter bzw. der entsprechenden thermodynamischen Zustandsgrößen. Um diese Definition mathematisch zu formulieren, geht man zweckmäßig von einer fixierten Konfiguration des Systems aus, welche durch den Koordinatensatz $\boldsymbol{q}_i (i=1$ bis $N)$ beschrieben wird. Dann ist die Dichte der Einzelteilchen

$$\nu^{(1)}(\boldsymbol{q}) = \sum_{i=1}^{N} \delta(\boldsymbol{q}_i - \boldsymbol{q}), \tag{2.1}$$

die Dichte der Paare
$$\nu^{(2)}(\mathbf{q}, \mathbf{q}') = \sum_{\substack{i=1 \\ i \neq j}}^{N} \sum_{j=1}^{N} \delta(\mathbf{q}_i - \mathbf{q}) \, \delta(\mathbf{q}_j - \mathbf{q}'), \tag{2.2}$$

die Dichte der Tripletts
$$\nu^{(3)}(\mathbf{q}, \mathbf{q}', \mathbf{q}'') = \sum_{\substack{i=1 \\ i \neq j \neq k}}^{N} \sum_{j=1}^{N} \sum_{k=1}^{N} \delta(\mathbf{q}_i - \mathbf{q}) \, \delta(\mathbf{q}_j - \mathbf{q}') \, \delta(\mathbf{q}_k - \mathbf{q}''), \tag{2.3}$$

usw.

wo $\delta(\mathbf{q}_i - \mathbf{q})$ die dreidimensionale Delta-Funktion bezeichnet. Es folgt unmittelbar

$$\int \nu^{(1)}(\mathbf{q}) \, d\mathbf{q} = N, \tag{2.4}$$
$$\iint \nu^{(2)}(\mathbf{q}, \mathbf{q}') \, d\mathbf{q} \, d\mathbf{q}' = N(N-1), \tag{2.5}$$
$$\iiint \nu^{(3)}(\mathbf{q}, \mathbf{q}', \mathbf{q}'') \, d\mathbf{q} \, d\mathbf{q}' \, d\mathbf{q}'' = N(N-1)(N-2), \tag{2.6}$$

usw.

und schließlich
$$\int \nu^{(N)}(\mathbf{q}^{(N)}) \, d\mathbf{q}^{(N)} = N!. \tag{2.7}$$

Die molekularen Verteilungsfunktionen sind dann definiert durch die Gleichungen
$$\varrho^{(1)}(\mathbf{q}) = \overline{\nu^{(1)}(\mathbf{q})}, \tag{2.8}$$
$$\varrho^{(2)}(\mathbf{q}, \mathbf{q}') = \overline{\nu^{(2)}(\mathbf{q}, \mathbf{q}')}, \tag{2.9}$$
$$\varrho^{(3)}(\mathbf{q}, \mathbf{q}', \mathbf{q}'') = \overline{\nu^{(3)}(\mathbf{q}, \mathbf{q}', \mathbf{q}'')}, \tag{2.10}$$

usw.

Für die Mittelwertbildung kann im Prinzip jede der in [4] definierten statistischen Gesamtheiten verwendet werden. Es besteht jedoch ein grundsätzlicher Unterschied zwischen geschlossenen (a) und offenen (b) Systemen. Im ersteren Falle erhält man die Normierung

$$\int \varrho^{(1)}(\mathbf{q}) \, d\mathbf{q} = N, \tag{2.11a}$$
$$\iint \varrho^{(2)}(\mathbf{q}, \mathbf{q}') \, d\mathbf{q} \, d\mathbf{q}' = N(N-1) \tag{2.12a}$$

und allgemein
$$\int \varrho^{(n)}(\mathbf{q}^{(n)}) \, d\mathbf{q}^{(n)} = \frac{N!}{(N-n)!}. \tag{2.13a}$$

Für offene Systeme gilt dagegen
$$\int \varrho^{(1)}(\mathbf{q}) \, d\mathbf{q} = \overline{N}, \tag{2.11b}$$
$$\iint \varrho^{(2)}(\mathbf{q}, \mathbf{q}') \, d\mathbf{q} \, d\mathbf{q}' = \overline{N(N-1)} \tag{2.12b}$$

und allgemein
$$\int \varrho^{(n)}(\mathbf{q}^{(n)}) \, d\mathbf{q}^{(n)} = \overline{\left[\frac{N!}{(N-n)!}\right]}. \tag{2.13b}$$

Der Unterschied beruht darauf, daß im Falle (a) $\overline{N^n} - \overline{N}^n = 0$, im Falle (b) $\overline{N^n} - \overline{N}^n \neq 0$ ist. Wir werden auf diese Frage in Ziff. 11 zurückkommen.

Die im vorstehenden definierten molekularen Verteilungsfunktionen sind generelle Funktionen, d.h. sie beziehen sich nicht auf spezifizierte Moleküle. Diese Formulierung ist nicht nur, im Hinblick auf die Quantenmechanik, physikalisch die allein sinnvolle, sondern sie ist im allgemeinen auch bequemer zu handhaben. Im Falle (a) ist es für einige Überlegungen vorteilhaft, spezielle Funktionen einzuführen, die sich auf spezifizierte Moleküle beziehen und mit den generellen Funktionen durch die Beziehung

$$\varrho^{(n)} = \frac{N!}{(N-n)!}\, \varrho^{(n)}_{\text{spez}} \tag{2.14}$$

zusammenhängen. Es ist jedoch zu beachten, daß der Begriff der speziellen Funktionen ein rein formales Konzept ist, das tatsächlich durch (2.14) definiert wird.

Aus den im vorstehenden definierten molekularen Verteilungsfunktionen lassen sich weitere Funktionen ableiten, die für viele Anwendungen Vorteile bieten. Die wichtigsten derselben sind durch folgende Gleichungen definiert:

$$\varrho^{(n)}(\mathbf{q}^{(n)}) = \varrho^n\, g^{(n)}(\mathbf{q}^{(n)}), \tag{2.15a}$$

bzw.

$$\varrho^{(n)}(\mathbf{q}^{(n)}) = \bar{\varrho}^n\, g^{(n)}(\mathbf{q}^{(n)}), \tag{2.15b}$$

$$\varrho^{(n)}(\mathbf{q}^{(n)}) = \prod_{i=1}^{n} \varrho^{(1)}(\mathbf{q}_i)\, g^{[n]}(\mathbf{q}^{(n)}), \tag{2.16}$$

$$\varrho^{(n,l)}(\mathbf{q}^{(n+l)}) = \varrho^l\, \frac{g^{(n+l)}(\mathbf{q}^{(n+l)})}{g^{(n)}(\mathbf{q}^{(n)})} = \varrho^l\, g^{(n,l)}(\mathbf{q}^{(n+l)}), \tag{2.17a}$$

bzw.

$$\varrho^{(n,l)}(\mathbf{q}^{(n+l)}) = \bar{\varrho}^l\, \frac{g^{(n+l)}(\mathbf{q}^{(n+l)})}{g^{(n)}(\mathbf{q}^{(n)})} = \bar{\varrho}^l\, g^{(n,l)}(\mathbf{q}^{(n+l)}). \tag{2.17b}$$

Die Funktion $\varrho^{(n,l)}$ ist die bedingte Wahrscheinlichkeitsdichte, den Satz l der Moleküle bei dem Koordinatensatz $\mathbf{q}^{(l)}$ zu finden, wenn bekannt ist, daß der Satz n sich bei den Koordinaten $\mathbf{q}^{(n)}$ befindet. Es ist zu beachten, daß unter Umständen zwei oder alle drei Definitionen zusammenfallen können. Im folgenden werden wir hauptsächlich die Funktionen $g^{(n)}$ benutzen und $g^{[n]}$ sowie $g^{(n,l)}$ nur in besonderen Fällen einführen.

Eine Anzahl wichtiger Eigenschaften der molekularen Verteilungsfunktionen läßt sich sofort übersehen. Dieselben sind charakteristisch verschieden für fluide Phasen (Gase und Flüssigkeiten) und Kristalle.

Für *fluide Phasen* ist $g^{(1)} \equiv 1$, d.h. $\varrho^{(1)}$ reduziert sich auf die molekulare Dichte ϱ. Die Funktion $g^{(2)}$ hängt nur von dem skalaren Abstand

$$r = |\mathbf{q} - \mathbf{q}'| \tag{2.18}$$

ab. Es ist daher

$$\iint g^{(2)}(r)\, d\mathbf{q}\, d\mathbf{q}' = V \int g^{(2)}(r)\, d\mathbf{r}. \tag{2.19}$$

Allgemein gilt

$$g^{(n)} = g^{[n]} \tag{2.20}$$

und im besonderen

$$g^{(2)} = g^{[2]} = g^{[1,1]}. \tag{2.21}$$

Die Funktion (2.21) wird als radiale Verteilungsfunktion bezeichnet. Sie läßt sich direkt experimentell bestimmen durch Streuung von Röntgenstrahlen oder langsamen Neutronen (Ziff. 53). Eine theoretische Berechnung läßt sich näherungsweise für einfache Molekülmodelle durchführen (Ziff. 57). Über die höheren molekularen Verteilungsfunktionen ist explizit nichts bekannt.

Bei *kristallinen Phasen* muß zwischen Einkristallen und polykristallinen Proben unterschieden werden. Für Einkristalle ist $g^{(1)}$, im Gegensatz zu fluiden Phasen, eine dreifach periodische Funktion, welche ebenso wie alle höheren $g^{(n)}$ die Symmetrie-Eigenschaften des Kristalls besitzt. Für die Definition dieser Funktionen muß die Orientierung in bezug auf ein äußeres Koordinatensystem vorgegeben werden. Bei polykristallinen Proben bewirkt die Messung eine Mittelung über alle Orientierungen. Man wird dann auf Funktionen geführt, die eine gewisse Ähnlichkeit mit den für fluide Phasen definierten besitzen. Für Einzelheiten sei auf Ziff. 43 verwiesen.

Für die analytische Darstellung der molekularen Verteilungsfunktionen sind Reihenentwicklungen von Bedeutung. Die Technik derselben ist jedoch ziemlich kompliziert, während ihr praktischer Nutzen sehr begrenzt ist, da man die höheren Koeffizienten nicht explizit berechnen kann. Wir werden sie daher nur insoweit berücksichtigen, als sie für die Darstellung der allgemeinen Theorie unentbehrlich sind und im übrigen auf die Originalliteratur verweisen.

Obwohl die molekularen Verteilungsfunktionen im Prinzip für alle statistischen Gesamtheiten definiert werden können, haben praktische Bedeutung nur die Darstellung mit Hilfe der kanonischen und der großen kanonischen Gesamtheit. Im allgemeinen ist die Verwendung der letzteren vorzuziehen, da sie leichter zu handhaben ist und gewisse Komplikationen vermeidet, die bei der kanonischen Gesamtheit auftreten. In der älteren Literatur wird diese jedoch fast ausschließlich verwendet; außerdem lassen sich gewisse Zusammenhänge in dieser Formulierung sehr bequem übersehen. Wir werden daher beide Methoden behandeln und damit zugleich die früher erwähnten Fälle (a) (geschlossene Systeme) und (b) (offene Systeme) illustrieren.

I. Kanonische Gesamtheit.

3. Formulierungen der molekularen Verteilungsfunktionen.
Um die durch Gl. (2.8) ff. gegebenen Definitionen explizit mit Hilfe der kanonischen Gesamtheit zu formulieren, muß man von der speziellen Phasendichte

$$\varrho_{\text{spez}} = \frac{1}{h^{3N} N!} e^{\frac{F-E}{kT}} \tag{3.1}$$

ausgehen, um bei der Integration über den Phasenraum übersichtliche Verhältnisse zu haben. Man wird daher zunächst auf spezielle molekulare Verteilungsfunktionen geführt, aus denen sich die generellen Funktionen nach Gl. (2.14) ergeben. Auf diese Weise erhält man

$$\varrho^{(n)} = \frac{1}{(N-n)!\,\lambda^{3N}} \int \cdots \int e^{\frac{F-U}{kT}} d\boldsymbol{q}_{n+1} \cdots d\boldsymbol{q}_N \tag{3.2}$$

mit

$$\lambda = \frac{h}{(2\pi m kT)^{\frac{1}{2}}}. \tag{3.3}$$

Da

$$e^{-\frac{F}{kT}} = \frac{Q_\tau}{\lambda^{3N} N!} \tag{3.4}$$

ist (wo Q_τ das Konfigurationsintegral bezeichnet), kann Gl. (3.2) geschrieben werden

$$\varrho^{(n)} = \frac{N!}{(N-n)!\,Q_\tau} \int \cdots \int e^{-\frac{U}{kT}} d\boldsymbol{q}_{n+1} \cdots d\boldsymbol{q}_N \tag{3.5}$$

mit dem wichtigsten Spezialfall

$$\varrho^{(2)} = \frac{N(N-1)}{Q_\tau} \int \cdots \int e^{-\frac{U}{kT}} d\boldsymbol{q}_3 \cdots d\boldsymbol{q}_N. \tag{3.6}$$

Man sieht sofort, daß diese Gleichungen die Normierungsrelation (2.13a) erfüllen. Für die Funktionen $g^{(n)}$ erhält man aus (2.15a) und (3.5) für $n \ll N$

$$\left. \begin{aligned} g^{(n)} &= \frac{V^n N!}{N^n (N-n)! Q_\tau} \int \cdots \int e^{-\frac{U}{kT}} d\boldsymbol{q}_{n+1} \cdots d\boldsymbol{q}_N \\ &= \frac{V^n}{Q_\tau} \int \cdots \int e^{-\frac{U}{kT}} d\boldsymbol{q}_{n+1} \cdots d\boldsymbol{q}_N + O(N^{-1}). \end{aligned} \right\} \qquad (3.7)$$

Daraus ergibt sich unmittelbar die Normierung

$$\lim_{V \to \infty} \left[\frac{1}{V^n} \int \cdots \int g^{(n)} d\boldsymbol{q}_1 \cdots d\boldsymbol{q}_n \right] = 1 \quad (n \ll N). \qquad (3.8)$$

Für das ideale Gas ($U=0$) wird (3.5)

$$\varrho^{(n)} = \varrho^n [1 + O(N^{-1})] \qquad (3.9)$$

und somit

$$g^{(n)} = 1 + O(N^{-1}).$$

An der Grenze unendlicher Verdünnung gilt, wie man durch Reihenentwicklung zeigen kann [2], [5]

$$\varrho^{(n)} = \varrho^n e^{-\frac{U^{(n)}}{kT}} + O(N^{-1}) \quad (\varrho \to 0) \qquad (3.10)$$

sowie

$$g^{(n)} = e^{-\frac{U^{(n)}}{kT}} + O(N^{-1}) \quad (\varrho \to 0). \qquad (3.11)$$

Kann der Satz n in zwei Unter-Sätze k und l zerlegt werden, derart, daß für alle Abstände zwischen Molekülen verschiedener Unter-Sätze $r_{kl} \to \infty$ gilt, so folgt aus (3.11)

$$g^{(n)} = g^{(k)} \cdot g^{(l)} + O(N^{-1}) \quad (\varrho \to 0). \qquad (3.12)$$

Für $n=2$ zeigt man mit Hilfe von Reihenentwicklung, daß auch für endliche Dichten

$$\lim_{r \to \infty} g^{(2)}(r) = 1 + O(N^{-1}) \qquad (3.13)$$

ist. Die in den Gln. (3.9) bis (3.13) auftretenden Terme $O(N^{-1})$ sind charakteristisch für die kanonische Gesamtheit.

Für die im vorstehenden definierten Funktionen sind Reihenentwicklungen nach Potenzen der molekularen Dichte ϱ unter Anwendung verschiedener Methoden erhalten worden von MAYER und MONTROLL[1], DE BOER [5] sowie BOGOLJUBOW[2]; OPPENHEIM und MAZUR[3] geben eine zweifache Entwicklung nach Potenzen von ϱ und N^{-1} an. Eine andersartige Entwicklung, welche von der Diagramm-Darstellung der in den Koeffizienten der Dichte-Entwicklung auftretenden Integrale ausgeht, ist von MEERON[4] beschrieben worden. Ähnliche Untersuchungen sind von MORITA[5] und DE BOER[6] u. Mitarb. durchgeführt worden.

In den folgenden Ziffern dieses Abschnitts (kanonische Gesamtheit) machen wir durchweg zwei Voraussetzungen: Wir beschränken uns auf fluide Phasen, und wir nehmen an, daß zwischen den Molekülen nur Zweikörper-Zentralkräfte

---

[1] J.E. MAYER u. E.W. MONTROLL: J. Chem. Phys. **9**, 2 (1941).
[2] N. BOGOLJUBOW: J. Phys. U.S.S.R. **10**, 257, 265 (1946).
[3] I. OPPENHEIM u. P. MAZUR: Physica, Haag **23**, 197 (1957).
[4] E. MEERON: Phys. Fluids **1**, 139, 246 (1958).
[5] T. MORITA: Progr. Theoret. Phys. **20**, 920 (1958).
[6] J.M.J. VAN LEEUWEN, J. GROENEVELD u. J. DE BOER: Physica, Haag **25**, 792 (1959).

kurzer Reichweite auftreten. Die letztere Annahme besagt, daß

$$U = \tfrac{1}{2}\sum_i\sum_j u_{ij} \tag{3.14}$$

ist und daß die Größen

$$f_{ij}(r) = e^{-\frac{u_{ij}}{kT}} - 1 \tag{3.15}$$

für große r verschwinden. Die Gl. (3.14) ist häufig zum wenigsten eine vernünftige Näherung. Im Hinblick auf die weitreichenden Konsequenzen muß aber beachtet werden, daß es Fälle gibt, in denen sie völlig versagt.

4. Die Potentiale der Durchschnittskräfte. Wir betrachten eine Gruppe von n Molekülen, deren (an sich beliebige) Positionen innerhalb des Systems fixiert gedacht werden. Auf ein Molekül i aus dieser Gruppe wirkt eine Kraft

$$\boldsymbol{f}_i = -\frac{\partial U}{\partial \boldsymbol{q}_i}, \tag{4.1}$$

deren Betrag und Richtung nicht nur von der relativen Lage der n Moleküle der Gruppe, sondern auch von der jeweiligen Konfiguration der $N-n$ Moleküle des Restsystems abhängt. Wenn wir die Gl. (4.1) über diese Konfigurationen mit Hilfe der kanonischen Gesamtheit mitteln, so erhalten wir für die mittlere auf das Molekül i wirkende Kraft, die nur noch von den Koordinaten der n Moleküle der Gruppe und den Zustandsgrößen abhängt,

$$\bar{\boldsymbol{f}}_i(\boldsymbol{q}^{(n)}) = \frac{\int\cdots\int -\frac{\partial U}{\partial \boldsymbol{q}_i} e^{-\frac{U}{kT}} d\boldsymbol{q}_{n+1}\ldots d\boldsymbol{q}_N}{\int\cdots\int e^{-\frac{U}{kT}} d\boldsymbol{q}_{n+1}\ldots d\boldsymbol{q}_N}. \tag{4.2}$$

Der Vergleich dieser Formel mit Gl. (3.5) zeigt unmittelbar, daß

$$\bar{\boldsymbol{f}}_i(\boldsymbol{q}^{(n)}) = kT\frac{\partial \ln \varrho^{(n)}}{d\boldsymbol{q}_i} = kT\frac{\partial \ln g^{(n)}}{\partial \boldsymbol{q}_i} \tag{4.3}$$

ist. Definieren wir nun das Potential dieser Durchschnittskraft $W^{(n)}$ durch die Gleichung

$$\bar{\boldsymbol{f}}_i(\boldsymbol{q}^{(n)}) = -\frac{\partial W^{(n)}}{\partial \boldsymbol{q}_i}, \tag{4.4}$$

so folgt

$$W^{(n)} = -kT \ln g^{(n)}. \tag{4.5}$$

Das Potential $W^{(n)}$ kann (wie jedes Potential) willkürlich normiert werden. Das bedeutet, daß man zu $g^{(n)}$ noch einen von den Koordinaten unabhängigen Faktor, z.B. $(N/V)^n$, hinzufügen kann. Die Funktionen $W^{(n)}$ und $g^{(n)}$ sind einander völlig äquivalent; es ist lediglich eine Frage der Zweckmäßigkeit, welche von beiden man für die Rechnung benutzt. Auf den Zusammenhang zwischen molekularen Verteilungsfunktionen und Potentialen der Durchschnittskräfte haben zuerst ONSAGER[1] und KIRKWOOD[2] hingewiesen.

Die Gl. (4.5) kann als Verallgemeinerung des Maxwell-Boltzmannschen Energieverteilungsgesetzes aufgefaßt werden. Wir wollen dies an einem

---
[1] L. ONSAGER: Chem. Reviews **13**, 73 (1933).
[2] J. G. KIRKWOOD: J. Chem. Phys. **3**, 300 (1935).

einfachen Beispiel etwas ausführlicher zeigen. Denken wir uns M Molekülpaare mit der Wechselwirkungsenergie $U^{(2)}(r)$ in voneinander getrennten Systemen untergebracht, so ist der Bruchteil der Paare mit einem Abstand zwischen r und $r+dr$

$$\frac{dM}{M} = C \cdot 4\pi e^{-\frac{U^{(2)}(r)}{kT}} r^2 dr \qquad (4.6)$$

mit

$$\frac{1}{C} = 4\pi \int e^{-\frac{U^{(2)}(r)}{kT}} r^2 dr. \qquad (4.7)$$

In einem realen Gase ist der Bruchteil der Paare mit einem Abstand zwischen r und $r+dr$ offenbar proportional der Wahrscheinlichkeit, in diesem Abstand von einem gegebenen Molekül ein anderes Molekül zu finden. Wir können daher schreiben

$$\frac{dM}{M} = C' \cdot 4\pi \frac{N}{V} g^{(2)} r^2 dr, \qquad (4.8)$$

wo $g^{(2)}$ die radiale Verteilungsfunktion ist. Setzen wir hier Gl. (4.5) ein und beziehen N/V in den Normierungsfaktor ein, so folgt

$$\frac{dM}{M} = C \cdot 4\pi e^{-\frac{W^{(2)}}{kT}} r^2 dr, \qquad (4.9)$$

was sich von (4.6) nur dadurch unterscheidet, daß $U^{(2)}$ durch $W^{(2)}$ ersetzt ist. Für $N/V \to 0$ geht (4.9) asymptotisch in (4.6) über.

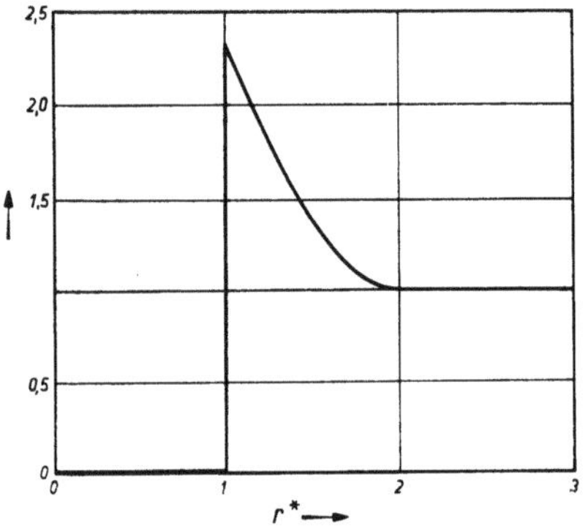

Fig. 1. Radiale Verteilungsfunktion in erster Näherung für ein Gas aus harten Kugeln. [Entnommen aus J. DE BOER: Rep. Progr. Phys. 12, 359 (1949).]

Ganz allgemein gilt, daß $W^{(n)}$ mit $U^{(n)}$ identisch wird, wenn die herausgegriffenen n Moleküle keine Wechselwirkung mit den restlichen $N-n$ Molekülen des Systems haben. Der Unterschied zwischen den beiden Größen wird besonders deutlich an dem einfachen Beispiel eines Gases aus harten Kugeln vom Durchmesser σ[1]. In diesem Falle ist, wenn wir $r^*=r/\sigma$ setzen, $U^{(2)}(r^*)=\infty$ für $r^*<1$ und $U^{(2)}(r^*)=0$ für $r^*>1$. Die Paar-Verteilungsfunktion läßt sich mit Hilfe einer Entwicklung nach Potenzen der Dichte[1] berechnen. Man erhält dann in erster Näherung für die radiale Verteilungsfunktion

$$\left. \begin{array}{ll} g^{(2)}(r^*) = 0 & \text{für } r^*<1, \\ g^{(2)}(r^*) = 1 + \frac{N}{V}\sigma^3 \frac{4\pi}{3}\left(1 - \frac{3}{4}r^* + \frac{1}{16}r^{*3}\right) & \text{für } 1<r^*<2, \\ g^{(2)}(r^*) = 1 & \text{für } 2<r^*. \end{array} \right\} \qquad (4.10)$$

Der Verlauf dieser Funktion, der in Fig. 1 dargestellt ist, zeigt die zunächst vielleicht überraschende Tatsache, daß auch beim Fehlen von Anziehungskräften die radiale Verteilungsfunktion für Abstände $1<r^*<2$ größer als Eins ist und somit eine Art „Assoziation" stattfindet. In dem genannten Abstandsbereich ist nach Gl. (4.5) und (4.10)

$$W^{(2)} = -\frac{N}{V}\sigma^3 \left(\frac{4\pi}{3} - \pi r^* + \frac{1}{12}\pi r^{*3}\right) kT. \qquad (4.11)$$

---

[1] J. DE BOER: Rep. Progr. Phys. 12, 305 (1949).

Daraus ergibt sich nach (4.4) eine längs der Verbindungslinie der Mittelpunkte wirkende Durchschnittskraft vom Betrage

$$\bar{f}(r^*) = -\frac{N}{V}\sigma^3\pi\left(1 - \frac{r^{*2}}{4}\right)kT, \qquad (4.12)$$

die, wie man sieht, einer Anziehung entspricht.

In Fig. 2 ist der Verlauf $U^{(2)}$ und $W^{(2)}$ für $\frac{N}{V}\sigma^3 = 1$ und $\frac{N}{V}\sigma^3 = \frac{1}{2}$ als Funktion von r^* dargestellt. Der Ursprung dieser „statistischen Kraft" ist leicht anschaulich zu verstehen. Sie kommt dadurch zustande, daß das Molekül 1 das Molekül 2 von einer Seite vor den Stößen der restlichen $N-2$ Moleküle abschirmt. Wir haben daher keine gleichmäßige Richtungsverteilung der Stöße, welche die Voraussetzung einer gleichmäßigen Dichteverteilung ist. Das einseitige Überwiegen der Stöße treibt das Molekül 2 in die Richtung des Moleküls 1. Die Gl. (4.11) ist auch bemerkenswert, weil sie explizit zeigt, daß das Potential der Durchschnittskraft eine temperaturabhängige Größe ist. Die in den Modellen kondensierter Phasen auftretenden Energieparameter sind, wie wir später noch genauer sehen werden, häufig als Potentiale von Durchschnittskräften zu verstehen; sie müssen daher, was gelegentlich übersehen wird, als Funktionen der Temperatur betrachtet werden.

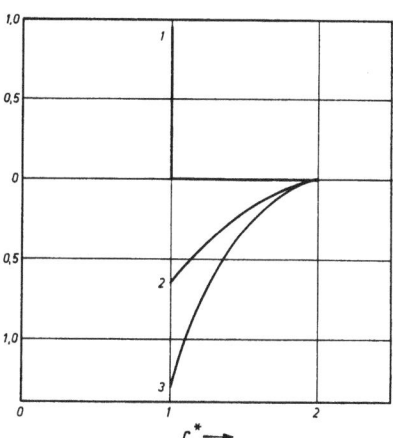

Fig. 2. Wechselwirkungspotential und Potential der Durchschnittskraft für ein Gas aus harten Kugeln. Kurve 1: $U^{(2)}(r^*)$; Kurve 2: $W^{(2)}(r^*/kT)$ für $N/V\cdot\sigma^3=\frac{1}{2}$; Kurve 3: $W^{(2)}(r^*/kT)$ für $N/V\cdot\sigma^3=1$.
[Entnommen aus J. DE BOER: Rep. Progr. Phys. 12, 360 (1949).]

5. Berechnung der thermodynamischen Funktionen. α) *Methode von Born und Green.* Der einfachste Weg zur Verknüpfung der molekularen Verteilungsfunktonen mit den thermodynamischen Funktionen besteht darin, daß man mit Hilfe der ersteren die calorische und die thermische Zustandsgleichung formuliert. Für die mittlere Energie eines Systems erhalten wir mit Benutzung der kanonischen Gesamtheit und der Gl. (3.14)

$$\bar{E} = \frac{1}{h^{3N}N!Q}\int\cdots\int\left(\sum\frac{p_i^2}{2m} + \frac{1}{2}\sum_i\sum_j u_{ij}\right)e^{-\frac{E}{kT}}d\mathbf{q}\,d\mathbf{p}. \qquad (5.1)$$

Die Integration über die Impulse kann ohne weiteres ausgeführt werden. Die Integration über die Koordinaten ergibt $N(N-1)$ gleichartige Terme, die mit Hilfe von Gl. (3.6) durch die Paar-Verteilungsfunktion ausgedrückt werden können. Es ergibt sich dann

$$\bar{E} = \tfrac{3}{2}NkT + \tfrac{1}{2}\iint\varrho^{(2)}(\mathbf{q}_1, \mathbf{q}_2, T, V, N)\,u_{12}\,d\mathbf{q}_1\,d\mathbf{q}_2 \qquad (5.2)$$

als calorische Zustandsgleichung.

Um die thermische Zustandsgleichung abzuleiten, machen wir von dem Virialsatz Gebrauch. Das Virial eines Systems ist definiert durch die Gleichung

$$[V] = \tfrac{1}{2}\sum_i q_i\frac{\partial E}{\partial q_i}, \qquad (5.3)$$

wo die Summe über alle Freiheitsgrade zu erstrecken ist. Der Virialsatz besagt dann, daß im Mittel die kinetische Energie eines Systems gleich seinem Virial ist. Es gilt also

$$\overline{E}_{\text{kin}} = \overline{[V]}. \tag{5.4}$$

Das Virial setzt sich im allgemeinen Falle zusammen aus dem Virial der äußeren Kräfte $[V]'$ und dem Virial der zwischenmolekularen Wechselwirkung $[V]''$, so daß wir schreiben können

$$[V] = [V]' + [V]''. \tag{5.6}$$

Von äußeren Kräften haben wir hier nur die Kräfte, die von der Wand des Behälters ausgeübt werden, zu berücksichtigen. Diese sind nur für solche Werte der Koordinaten von Null verschieden, bei den sich Moleküle an der Wand, d.h. an der Oberfläche des Volumens befinden. Wir führen cartesische Koordinaten x, y, z ein und bezeichnen mit df das Flächenelement der Oberfläche, mit α, β, γ die Richtungscosinus der nach außen gerichteten Normalen, mit P den Druck. Dann sind die Komponenten der von diesem Flächenelement ausgeübten, über alle Moleküle summierten mittleren Kraft

$$d\overline{X} = -P\alpha\, df, \quad d\overline{Y} = -P\beta\, df, \quad d\overline{Z} = -P\gamma\, df. \tag{5.7}$$

Die zugehörigen Koordinaten sind einfach die Werte von x, y, z für das Flächenelement. Das mittlere Virial der äußeren Kräfte ist daher

$$\overline{[V]}' = \tfrac{1}{2} P \int (\alpha x + \beta y + \gamma z)\, df \tag{5.8}$$

oder, mit Benutzung des Gaußschen Satzes,

$$\overline{[V]}' = \tfrac{3}{2} PV. \tag{5.9}$$

Für das Virial der zwischenmolekularen Kräfte haben wir zunächst aus Gl. (5.3)

$$[V]'' = \frac{1}{2} \sum_{l=1}^{N} \boldsymbol{q}_l \frac{\partial U}{\partial \boldsymbol{q}_l}. \tag{5.10}$$

Mit Gl. (3.9) wird daraus

$$[V]'' = \frac{1}{4} \sum_l \boldsymbol{q}_l \frac{\partial}{\partial \boldsymbol{q}_l} \sum_i \sum_j u_{ij} \tag{5.11}$$

oder

$$[V]'' = \frac{1}{2} \sum_i \sum_j \boldsymbol{q}_i \frac{\partial u_{ij}}{\partial \boldsymbol{q}_i}. \tag{5.12}$$

Nun ist

$$\frac{\partial u_{ij}}{\partial \boldsymbol{q}_i} = -\frac{\partial u_{ij}}{\partial \boldsymbol{q}_j} \tag{5.13}$$

und

$$\boldsymbol{r}_{ij} = \boldsymbol{q}_i - \boldsymbol{q}_j, \tag{5.14}$$

wo $\boldsymbol{r}_{ij}$ den Abstandsvektor der Moleküle i und j bezeichnet. Da die zwischen zwei Molekülen wirkende Kraft in die Richtung des Vektors $\boldsymbol{r}$ fällt, wird das gesamte mittlere Virial

$$\overline{[V]} = \frac{3}{2} PV + \frac{1}{4} \sum_i \sum_j \overline{r_{ij} \frac{du_{ij}}{dr_{ij}}}. \tag{5.15}$$

Setzen wir dies in Gl. (5.4) ein und drücken die Mittelwerte mit Hilfe der kanonischen Gesamtheit aus, so folgt

$$PV = \frac{1}{h^{3N} N! Q} \iint \left(\frac{2}{3} \sum_i \frac{p_i^2}{2m} - \frac{1}{6} \sum_i \sum_j r_{ij} \frac{du_{ij}}{dr_{ij}} \right) e^{-\frac{E}{kT}} d\mathbf{q}\, d\mathbf{p}. \qquad (5.16)$$

Mit Benutzung von (3.6) wird daraus schließlich

$$PV = NkT - \frac{1}{6} \iint \varrho^{(2)}(\mathbf{q}_1, \mathbf{q}_2, T, V, N)\, r\, \frac{du(r)}{dr}\, d\mathbf{q}_1\, d\mathbf{q}_2. \qquad (5.17)$$

Dies ist die mit Hilfe der Paar-Verteilungsfunktion formulierte thermische Zustandsgleichung. Aus Gl. (5.2) und (5.17) ergibt sich über die thermodynamischen Beziehungen

$$\frac{\partial(F/T)}{\partial(1/T)} = E, \qquad \frac{\partial F}{\partial V} = -P \qquad (5.18)$$

die freie Energie nach HELMHOLTZ. Man sieht, daß für die durch Gl. (3.14) charakterisierten Systeme die thermodynamischen Eigenschaften bereits durch die Paar-Verteilungsfunktion vollständig bestimmt werden[1].

Bei der Ableitung der Gln. (5.2) und (5.17) haben wir keinen Gebrauch gemacht von dem Formalismus der Thermodynamik. Wir wollen nun zeigen, daß man die gleichen Resultate erhält, wenn man von der mit Hilfe der kanonischen Verteilungsfunktion berechneten freien Energie nach HELMHOLTZ ausgeht und daraus nach (5.18) die calorische und thermische Zustandsgleichung ableitet. Für die erstere sieht man dies unmittelbar, denn aus

$$\bar{E} = -kT^2 \frac{\partial \ln Q}{\partial T} \qquad (5.19)$$

folgen sofort die Gln. (5.1) und (5.2). Dagegen läßt sich die zweite der Gl. (5.18) nicht ohne weiteres anwenden, da die Integrationsgrenzen der Verteilungsfunktionen das Volumen in einer Form enthalten, die nicht ohne weiteres zu differenzieren ist. Man kann diese Schwierigkeit umgehen, wenn man neue Koordinaten

$$\mathbf{q}_i^* = \frac{\mathbf{q}_i}{L} \qquad (5.20)$$

einführt, wo L eine charakteristische Länge des Gefäßes ist derart, daß

$$V = a L^3 \qquad (5.21)$$

gilt[2]. Die Verteilungsfunktion wird dann

$$Q = \frac{L^{3N}}{h^{3N} N!} \iint e^{-\frac{E(L, \mathbf{q}^* \mathbf{p})}{kT}} d\mathbf{q}^* d\mathbf{p}, \qquad (5.22)$$

und die Integrationsgrenzen enthalten weder V noch L. Die zweite der Gl. (5.18) kann jetzt geschrieben werden

$$PV = kTV \frac{\partial \ln Q}{\partial V} = \frac{1}{3} kT \frac{L}{Q} \frac{\partial Q}{\partial L}. \qquad (5.23)$$

Die Ausführung der Differentiation ergibt

$$PV = \frac{kT L^{3N}}{h^{3N} N! Q} \iint \left(N - \frac{1}{3} \frac{L}{kT} \frac{\partial E}{\partial L} \right) e^{-\frac{E}{kT}} d\mathbf{q}^* d\mathbf{p}. \qquad (5.24)$$

---
[1] Gewisse thermodynamische Größen werden unter allen Umständen allein durch die Paar-Verteilungsfunktion bestimmt. Vgl. Ziff. 11β.
[2] H. S. GREEN: Proc. Roy. Soc. Lond. A **189**, 103 (1947).

Mit Benutzung von Gl. (3.14) wird

$$\frac{1}{3} L \frac{\partial E}{\partial L} = \frac{1}{6} \sum_i \sum_j L \frac{\partial u_{ij}}{\partial L} = \frac{1}{6} \sum_i \sum_j r_{ij} \frac{d u_{ij}}{d r_{ij}}. \qquad (5.25)$$

Transformieren wir jetzt wieder auf die Koordinaten (5.25) so folgt aus (5.24) und (5.25) mit Benutzung von (3.6) wieder die Gl. (5.17). Es ergibt sich somit, daß die beiden Methoden zur Berechnung der thermischen Zustandsgleichung, aus dem Virialsatz und aus der Verteilungsfunktion, d.h. mit Hilfe der Thermodynamik, jedenfalls im Rahmen der halbklassischen Näherung und des Gültigkeitsbereichs der Gl. (3.14) das gleiche Ergebnis liefern. Diese Tatsache liefert ein Kriterium zur Prüfung der inneren Konsistenz statistischer Modelltheorien [1,2].

β) *Methode von Kirkwood*. Eine andere Methode zur Verknüpfung der molekularen Verteilungsfunktionen mit den thermodynamischen Funktionen ist von KIRKWOOD[3] benutzt worden. Der Kern dieser Überlegungen bildet eine Verallgemeinerung des aus der Theorie der starken Elektrolyte (Abschnitt C III) bekannten Aufladungsprozesses für beliebige zwischenmolekulare Kräfte. Wir führen diesmal die Betrachtung für ein System von m Komponenten durch, nehmen aber zur Vereinfachung der Formeln wieder an, daß die Moleküle als Massenpunkte behandelt werden können. Wir haben dann, wenn N die Gesamtzahl der Moleküle und N_s diese Zahl der Moleküle der Sorte s bezeichnet, für die Verteilungsfunktion

$$Q = \left[\prod_{s=1}^{m} \frac{1}{\lambda_s^{3N_s} N_s!} \right] Q_r^{(N)} \qquad (5.26)$$

mit

$$Q_r^{(N)} = \int e^{-\frac{U^{(N)}}{kT}} d\mathbf{q}. \qquad (5.27)$$

Wir setzen auch hier die Gültigkeit der Gl. (3.14) voraus, wobei aber jetzt die Moleküle i und j nicht notwendig gleich sind. Man kann nun ein fiktives Potential definieren durch die Gleichung

$$U^{(N)}(a_1, \ldots, a_N) = \tfrac{1}{2} \sum_i \sum_j a_i a_j u_{ij}, \qquad (5.28)$$

wo die Größen $a_1, \ldots, a_N$ willkürliche Parameter sind. Läßt man diese Parameter die Werte von Null bis Eins durchlaufen, so bekommt man eine stetige Änderung der Kopplung zwischen den Molekülen von Null bis zu dem vollen Werte des Originalsystems. Es ist also

$$U^{(N)} = U^{(N)}(1, \ldots 1). \qquad (5.29)$$

Mit Gl. (5.28) läßt sich eine entsprechende Verteilungsfunktion der potentiellen Energie definieren durch

$$Q_r^{(N)}(a_1, \ldots, a_N) = \int e^{-\frac{U^{(N)}(a_1, \ldots, a_N)}{kT}} d\mathbf{q}. \qquad (5.30)$$

Der Gl. (5.29) entspricht dann die Beziehung

$$Q_r^{(N)}(N_1, \ldots, N_s, \ldots, N_m) = Q_r^{(N)}(1, \ldots, 1). \qquad (5.31)$$

---

[1] Vgl. die Diskussionsbemerkungen von J.E. MAYER u. J. DE BOER in Comptes Rendus deuxième Réunion „Changements de Phases", p. 139f., Paris 1952.
[2] J.E. MAYER u. G. CARERI: J. Chem. Phys. **20**, 1001 (1952).
[3] J.G. KIRKWOOD: J. Chem. Phys. **3**, 300 (1935).

Wir nehmen jetzt an, daß $N-1$ Parameter a_i gleich Eins sind und daß einer, der etwa einem Molekül der Sorte s entspricht, den Wert Null hat. Dann können wir schreiben

$$Q_\tau^{(N)}(1, \ldots, 0, \ldots, 1) = \int e^{-\frac{U^{(N-1)}}{kT}} d\mathbf{q}. \tag{5.32}$$

Da $U^{(N-1)}$ unabhängig ist von den Koordinaten des betreffenden Moleküls der Sorte s, kann die Integration über diese Koordinaten unmittelbar ausgeführt werden. Dann ergibt sich

$$Q_\tau^{(N)}(1, \ldots, 0, \ldots, 1) = V\, Q_\tau^{(N-1)}(N_1, \ldots, N_s-1, \ldots, N_m). \tag{5.33}$$

Aus Gln. (5.31) und (5.33) folgt

$$\frac{Q_\tau^{(N)}(N_1, \ldots, N_s, \ldots, N_m)}{Q_\tau^{(N-1)}(N_1, \ldots, N_s-1, \ldots, N_m)} = V\, \frac{Q_\tau^{(N)}(1, \ldots, 1, \ldots, 1)}{Q_\tau^{(N)}(1, \ldots, 0, \ldots, 1)}. \tag{5.34}$$

Ferner gilt

$$\ln \frac{Q_\tau^{(N)}(1, \ldots, 1, \ldots, 1)}{Q_\tau^{(N)}(1, \ldots, 0, \ldots, 1)} = \int_0^1 \frac{\partial \ln Q_\tau^{(N)}(a_s)}{\partial a_s} d a_s. \tag{5.35}$$

Dabei haben wir zur Vereinfachung an Stelle von $Q_\tau^{(N)}(1, \ldots, a_s, \ldots, 1)$ geschrieben $Q_\tau^{(N)}(a_s)$. Wir behalten für das Weitere diese Notierung bei und geben nur solche Parameter a_i explizit an, deren Wert von Eins verschieden ist. Nach Gl. (5.28) können wir die Wechselwirkung des einen Moleküls, für welches a_s von Eins verschieden ist, abtrennen und schreiben

$$U^{(N)} = U^{(N-1)} + a_s U_s^{(N)} \tag{5.36}$$

mit

$$U_s^{(N)} = \sum_{j=1}^{N} u_{sj}. \tag{5.37}$$

Damit erhalten wir

$$Q_\tau^{(N)}(a_s) = \int e^{-\frac{U^{(N-1)}+a_s U_s^{(N)}}{kT}} d\mathbf{q}. \tag{5.38}$$

Durch logarithmische Differentiation nach a_s folgt daraus

$$\frac{\partial \ln Q_\tau^{(N)}(a_s)}{\partial a_s} = -\frac{\overline{U_s^{(N)}(a_s)}}{kT} \tag{5.39}$$

mit

$$\overline{U_s^{(N)}(a_s)} = \frac{\int U_s^{(N)} e^{-\frac{U^{(N-1)}+a_s U_s^{(N)}}{kT}} d\mathbf{q}}{\int e^{-\frac{U^{(N-1)}+a_s U_s^{(N)}}{kT}} d\mathbf{q}}. \tag{5.40}$$

Aus (5.36) und (5.39) folgt nun

$$\overline{U_s^{(N)}(a_s)} = \sum_{j=1}^{N} \overline{u_{sj}(a_s)}, \tag{5.41}$$

wo

$$\overline{u_{sj}(a_s)} = \frac{\int u_{sj}\, e^{-\frac{U^{(N-1)}+a_s U_s^{(N)}}{kT}} d\mathbf{q}}{\int e^{-\frac{U^{(N-1)}+a_s U_s^{(N)}}{kT}} d\mathbf{q}}. \tag{5.42}$$

Da u_{sj} nur von den Koordinaten der Moleküle s und j abhängt, können wir zunächst rein formal schreiben

$$\overline{u_{sj}(a_s)} = \frac{1}{V^2} \iint u_{sj} e^{-\frac{W_{sj}^{(2)}(a_s)}{kT}} d\mathbf{q}_s d\mathbf{q}_j. \tag{5.43}$$

Dabei ist

$$e^{-\frac{W_{sj}^{(2)}(a_s)}{kT}} = \frac{V^2 \int \cdots \int e^{-\frac{U^{(N-1)} + a_s U_s^{(N)}}{kT}} d\mathbf{q}_3 \cdots d\mathbf{q}_N}{\int \cdots \int e^{-\frac{U^{(N-1)} + a_s U_s^{(N)}}{kT}} d\mathbf{q}_1 \cdots d\mathbf{q}_N}. \tag{5.44}$$

Differenziert man die letztere Gleichung logarithmisch nach $\mathbf{q}_s$, so findet man mit Hilfe (4.1), (4.2) und (4.4), daß die durch (5.44) definierte Größe $W_{sj}^{(2)}(a_s)$ nichts anderes ist als das Potential der auf das Molekül s bei festgehaltenem Molekül j wirkenden Durchschnittskraft für den jeweiligen Wert des Kopplungsparameters a_s. Durch Einsetzen von (5.43) und (5.41) erhalten wir

$$\overline{U_s^{(N)}(a_s)} = \frac{1}{V^2} \sum_{j=1}^{N} \iint u_{sj} e^{-\frac{W_{sj}^{(2)}(a_s)}{kT}} d\mathbf{q}_s d\mathbf{q}_j, \quad (s \neq j) \tag{5.45}$$

oder, wenn wir mit den Indices die Komponenten bezeichnen[1]

$$\overline{U_s^{(N)}(a_s)} = \sum_{j=1}^{m} \frac{N_j}{V^2} \iint u_{sj} e^{-\frac{W_{sj}^{(2)}(a_s)}{kT}} d\mathbf{q}_s d\mathbf{q}_j. \tag{5.46}[2]$$

Diese Gleichung zeigt deutlich, daß das mittlere Potential des Moleküls s und das Potential der auf das Molekül s wirkenden Durchschnittskraft zwei völlig verschiedene Größen sind, zwischen denen ein recht komplizierter Zusammenhang besteht. Die erste Größe stellt, wie Gl. (5.40) zeigt, die über alle Konfigurationen des Systems gemittelte potentielle Energie des Moleküls s dar. Die zweite gibt dagegen das Potential der über die Konfigurationen von $N-2$ Molekülen gemittelten Kraft. Die rechte Seite der Gl. (5.44) stellt, wie der Vergleich mit (3.2) zeigt, eine Paar-Verteilungsfunktion dar. Dabei ist dieser Begriff jetzt insofern erweitert, als auch Paare von ungleichen Molekülen in Betracht kommen. Wir können daher in Verallgemeinerung der Gl. (4.5) schreiben

$$W_{sj}^{(2)}(a_s) = -kT \ln g_{sj}^{(2)}(a_s), \tag{5.47}$$

wobei die Paar-Verteilungsfunktion jetzt von dem Parameter a_s abhängt. Damit wird aus Gl. (5.45)

$$\overline{U_s^{(N)}(a_s)} = \sum_{j=1}^{m} \frac{N_j}{V^2} \iint u_{sj} g_{sj}^{(2)}(a_s) d\mathbf{q}_s d\mathbf{q}_j. \tag{5.48}$$

Auf Grund der vorstehenden Überlegungen läßt sich nun ohne Schwierigkeit eine Beziehung zwischen dem chemischen Potential der Komponente s und der Paar-Verteilungsfunktion $g_{sj}^{(2)}(a_s)$ ableiten. Definieren wir das chemische Potential μ_s als die Differenz der freien Energien nach HELMHOLTZ, wenn ein Molekül der Sorte s bei Konstanz aller übrigen Molekülzahlen sowie von Temperatur und

---

[1] Der Übersichtlichkeit halber verwenden wir hier nicht, wie es eigentlich konsequent wäre, für Teilchen und Komponenten zwei verschiedene Indices. N_j ist also die Teilchenzahl der Komponente j und $\mathbf{q}_j$ der Ortsvektor eines Teilchens der Sorte j.
[2] Hier ist $N_s - 1$ durch N_s ersetzt.

Volumen hinzugefügt wird, so erhalten wir mit Gl. (5.26)

$$\mu_s = -kT \ln\left[\frac{1}{\lambda_s^3 N_s} \frac{Q_\tau^{(N)}(N_1, \ldots, N_s, \ldots, N_m)}{Q_\tau^{(N-1)}(N_1, \ldots, N_s-1, \ldots, N)}\right]. \qquad (5.49)$$

Setzen wir die Gln. (5.34), (5.35) und (5.39) ein, so folgt

$$\mu_s = kT \ln \frac{N_s}{V} + \int_0^1 \overline{U_s^{(N)}(a_s)}\, da_s + \varphi_s(T), \qquad (5.50)$$

wo $\varphi_s(T)$ eine Temperaturfunktion ist, die uns hier nicht weiter zu interessieren braucht. Führen wir jetzt noch Gl. (5.48) ein, so erhalten wir nach Integration über die Koordinaten des Moleküls s die gesuchte Beziehung zwischen chemischen Potentialen und molekularen Verteilungsfunktionen

$$\mu_s = kT \ln \frac{N_s}{V} + \sum_{j=1}^m \frac{N_s}{V} \int\!\!\int_0^1 u_{sj}[g_{sj}^{(2)}(a_s)]\, d\mathbf{q}_j\, da_s + \varphi_s(T). \qquad (5.51)$$

Auch hier führt somit Gl. (3.14) zu der Folgerung, daß die thermodynamischen Funktionen durch die Paar-Verteilungsfunktion bereits vollständg bestimmt sind.

Die calorische Zustandsgleichung wird leicht erhalten, wenn wir davon ausgehen, daß

$$\overline{E} = \tfrac{3}{2} N kT + \overline{U^{(N)}} \qquad (5.52)$$

sein muß, wo $\overline{U^{(N)}}$ der kanonische Mittelwert der von der zwischenmolekularen Wechselwirkung herrührenden potentiellen Energie des Gesamtsystems ist. Mit Benutzung von (3.14), (5.43) und (5.47) (für $a_s=1$) ergibt sich

$$\overline{U^{(N)}} = \frac{1}{2} \sum_s \sum_j \frac{1}{V^2} \int\!\!\int u_{sj} g_{sj}^{(2)}\, d\mathbf{q}_s\, d\mathbf{q}_j. \qquad (5.53)$$

Beziehen wir die Indices wieder auf die Komponenten, so folgt

$$\overline{E} = N kT + \frac{1}{2} \sum_s \sum_j \frac{N_s N_j}{V^2} \int\!\!\int u_{sj} g_{sj}^{(2)}\, d\mathbf{q}_s\, d\mathbf{q}_j, \qquad (5.54)$$

was die Verallgemeinerung der Gl. (5.2) für Vielkomponentensysteme darstellt.

6. Die Yvonsche Integralgleichung. Das Superpositionsprinzip. Die direkte Berechnung der molekularen Verteilungsfunktionen aus der Definitionsgleichung (3.5) scheitert, ebenso wie die von Q_τ, an der Multiplizität der auftretenden Integrale. Die in Ziff. 3 erwähnten Reihenentwicklungen ermöglichen eine Berechnung der Paarverteilungsfunktion aus dem Potential der zwischenmolekularen Kräfte für mäßig komprimierte Gase. Aus den in der Einleitung erwähnten Gründen läßt sich das Verfahren jedoch nicht auf flüssige Phasen anwenden. Man kann zwar, wie wir sehen werden (Ziff. 12, 13), auch für flüssige Phasen Reihenentwicklungen formulieren. Dieselben sind aber ohne zusätzliche Annahmen nicht für explizite Berechnungen zu verwenden, da sie an Stelle des Potentials der zwischenmolekularen Kräfte Potentiale von Durchschnittskräften (Ziff. 4) enthalten. In gewissem Ausmaß wird diese Lücke durch eine weitere Methode ausgefüllt, die wir im folgenden behandeln. Dieselbe beruht darauf, daß man für die molekularen Verteilungsfunktionen Integralgleichungen aufstellt, die sich bei Benutzung geeigneter Näherungsannahmen für einfache Fälle explizit lösen lassen.

Wir betrachten wieder ein fluides Einkomponentensystem und setzen Gültigkeit der Gl. (3.14) voraus. Wir gehen aus von Gl. (2.14), die wir schreiben

$$\varrho^{(n)}_{\text{spez}} = \frac{(N-n)!}{N!} \varrho^{(n)}. \tag{6.1}$$

Integration über die Koordinaten des n-ten Moleküls ergibt die Wahrscheinlichkeitsdichte, $(n-1)$ spezifierte Moleküle bei dem Koordinatensatz $\boldsymbol{q}^{(n-1)}$ zu finden. Es ist also

$$\int \frac{(N-n)!}{N!} \varrho^{(n)} d\boldsymbol{q}_n = \frac{(N-n+1)!}{N!} \varrho^{(n-1)}. \tag{6.2}$$

Entsprechend gilt

$$\int \varrho^{(n+1)} d\boldsymbol{q}_{n+1} = (N-n) \varrho^{(n)}. \tag{6.3}$$

Wir differenzieren nun Gl. (3.2) nach den Koordinaten des i-ten Moleküls. Das ergibt mit Benutzung von (3.14)

$$-(N-n)! \, kT \frac{\partial \varrho^{(n)}}{\partial \boldsymbol{q}_i} = \int \cdots \int \sum_{j=1}^{N} \frac{\partial u_{ij}}{\partial \boldsymbol{q}_i} \varrho^{(N)} d\boldsymbol{q}_{n+1} \cdots d\boldsymbol{q}_N. \tag{6.4}$$

Die Summe auf der rechten Seite zerlegen wir in zwei Teilsummen $\sum\limits_{j=1}^{n}$ und $\sum\limits_{j=n+1}^{N}$. Da für die Glieder der zweiten Teilsumme jeweils über alle Werte der Koordinaten $\boldsymbol{q}_j$ integriert wird, besteht dieselbe aus $(N-n)$ gleichen Termen. Wir erhalten also mit Benutzung von Gl. (6.3)

$$\left. \begin{aligned} & \int \cdots \int \sum_{j=n+1}^{N} \frac{\partial u_{ij}}{\partial \boldsymbol{q}_i} \varrho^{(N)} d\boldsymbol{q}_{n+1} \cdots d\boldsymbol{q}_N \\ & = (N-n)(N-n-1)! \int \frac{\partial u_{i,n+1}}{\partial \boldsymbol{q}_i} \varrho^{(n+1)} d\boldsymbol{q}_{n+1}. \end{aligned} \right\} \tag{6.5}$$

Setzen wir diesen Ausdruck in Gl. (6.4) ein und benutzen nochmals (6.3), so folgt

$$-kT \frac{\partial \varrho^{(n)}}{\partial \boldsymbol{q}_i} = \varrho^{(n)} \sum_{i=1}^{n} \frac{\partial u_{ij}}{\partial \boldsymbol{q}_i} + \int \frac{\partial u_{i,n+1}}{\partial \boldsymbol{q}_i} \varrho^{(n+1)} d\boldsymbol{q}_{n+1}. \tag{6.6}$$

Für den wichtigsten Fall, die Paarverteilungsfunktion, kann diese Gleichung geschrieben werden

$$-kT \frac{\partial \ln \varrho^{(2)}(\boldsymbol{q}_1, \boldsymbol{q}_2)}{\partial \boldsymbol{q}_1} = -\frac{\partial u_{12}}{\partial \boldsymbol{q}_1} - \int \frac{\partial u_{13}}{\partial \boldsymbol{q}_1} \frac{\varrho^{(3)}(\boldsymbol{q}_1, \boldsymbol{q}_2, \boldsymbol{q}_3)}{\varrho^{(2)}(\boldsymbol{q}_1, \boldsymbol{q}_2)} d\boldsymbol{q}_3. \tag{6.7}$$

Die physikalische Bedeutung dieser Gleichung, die zuerst von Yvon[1] abgeleitet wurde, ist leicht zu übersehen. Nach Gl. (4.3) stellt die linke Seite die auf das Molekül 1 bei festgehaltenem Molekül 2 wirkende Durchschnittskraft dar. Der erste Term der rechten Seite gibt den Beitrag der direkten Wechselwirkung mit dem Molekül 2. Der zweite Term ist der Mittelwert der zusätzlich von den übrigen Molekülen ausgeübten Kraft. Es ist nämlich $\varrho^{(3)}(\boldsymbol{q}_1, \boldsymbol{q}_2, \boldsymbol{q}_3)/\varrho^{(2)}(\boldsymbol{q}_1, \boldsymbol{q}_2)$ die Wahrscheinlichkeitsdichte, ein drittes Molekül in der Position $\boldsymbol{q}_3$ zu finden, wenn die Moleküle 1 und 2 in $\boldsymbol{q}_1$ und $\boldsymbol{q}_2$ fixiert sind.

Die Gln. (6.6) und (6.7) sind unter den gemachten Voraussetzungen streng gültig. Man kann also allgemein $\varrho^{(n)}$ berechnen, wenn $\varrho^{(n+1)}$ bekannt ist[2]. Die

---

[1] J. Yvon: La théorie statistique des fluides et l'équation d'état (Actualités scientifiques et industrielles Nr. 203). Paris 1935.

[2] Diese Aussage ist natürlich an sich trivial [s. Gl. (6.3)] und bezieht sich hier lediglich auf die Struktur der Gl. (6.6).

exakte Berechnung der Paarverteilungsfunktion würde also die vollständige Lösung des durch (6.6) gegebenen Systems von Integro-Differentialgleichungen erfordern, was eine praktisch undurchführbare Aufgabe darstellt. Man muß daher durch Einführung einer Näherung (6.7) in eine in sich geschlossene Gleichung verwandeln. Aus diesem Grunde ermöglicht die Methode der Integralgleichungen nur eine approximative Berechnung der Paar-Verteilungsfunktion.

Die einzige derartige Näherung, die bisher genauer untersucht worden ist, ist das von KIRKWOOD[1] eingeführte Superpositionsprinzip. Es handelt sich dabei, genauer gesagt, um eine Superposition im Raume der Dreiergruppen, welche durch die Gleichung

$$\varrho^{(3)}(\boldsymbol{q}_1, \boldsymbol{q}_2, \boldsymbol{q}_3) = \frac{\varrho^{(2)}(\boldsymbol{q}_1, \boldsymbol{q}_2)\, \varrho^{(2)}(\boldsymbol{q}_2, \boldsymbol{q}_3)\, \varrho^{(2)}(\boldsymbol{q}_3, \boldsymbol{q}_1)}{\varrho^3} \qquad (6.8)$$

dargestellt wird. Physikalisch bedeutet diese Annahme, daß die Wahrscheinlichkeitsdichte, das Molekül 3 in einer bestimmten Nachbarschaft der Moleküle 1 und 2 zu finden (die durch $\varrho^{(3)}/\varrho^{(2)}$ gegeben ist), gleich ist dem Produkt der Wahrscheinlichkeitsdichten, das Molekül 3 in der gleichen Position zu finden, wenn nur die Lage des Moleküls 2 bzw. des Moleküls 1 gegeben ist. Das ist im Hinblick auf Gl. (3.15) sicher korrekt, wenn wenigstens eines der drei Moleküle weit von den beiden anderen entfernt ist. Im allgemeinen Fall stellt Gl. (3.8) aber naturgemäß nur eine Näherung dar. Es ist bisher nicht gelungen, dieselbe in einer solchen Form zu begründen, daß man den entstehenden Fehler abschätzen könnte. Zwar kann man bei gewissen Reihenentwicklungen[2,3] angeben, welche Terme bei Anwendung des Superpositionsprinzips vernachlässigt werden; eine Abschätzung derselben ist jedoch bisher nicht möglich gewesen. Eine Prüfung des Superpositionsprinzips ist daher vorläufig nur durch numerische Berechnung von konkreten Beispielen möglich. Im Prinzip kommen dafür drei Möglichkeiten in Betracht:

a) Vergleich mit nach anderen Methoden erhaltenen exakten Resultaten.

b) Vergleich der nach verschiedenen Methoden mit Hilfe des Superpositionsprinzips erhaltenen Resultate.

c) Vergleich mit experimentellen Resultaten.

Die Methode a) ist nur bei nicht zu stark komprimierten Gasen anwendbar. Wir erwähnen daher nur kurz die wesentlichen Resultate und verweisen für eine ausführliche Darstellung auf die Literatur [3]. Man findet, daß bei Benutzung des Superpositionsprinzips der zweite und dritte Virialkoeffizient exakt erhalten werden, während beim vierten Virialkoeffizienten (dessen exakter Wert nur für ein Gas aus starren Kugeln bekannt ist) eine Abweichung von 21,5% auftritt. Berechnet man auf der Grundlage des Superpositionsprinzips den fünften Virialkoeffizienten einmal nach Gl. (5.17), zum anderen mit Hilfe des Kompressibilitätsintegrals (Ziff. 11β), so erhält man verschiedene Werte, die sich etwa wie 4,8:13,3 verhalten. Man muß daraus schließen, daß das Superpositionsprinzip für Gase bei höheren Dichten eine schlechte Näherung darstellt und außerdem die innere Konsistenz der Theorie zerstört.

Die vorstehenden Ergebnisse lassen sich nicht ohne weiteres auf flüssige Phasen übertragen. In diesem Falle wird die Prüfung nach b) und c) dadurch erschwert, daß man stets noch weitere Näherungen (deren Tragweite manchmal schwer zu übersehen ist) einführen muß, um zu numerischen Resultaten zu

---

[1] J.G. KIRKWOOD: J. Chem. Phys. **3**, 300 (1935).
[2] L. SAROLÉA u. J.E. MAYER: Phys. Rev. **101**, 1627 (1956).
[3] E. MEERON: Phys. Fluids **1**, 139 (1958).

gelangen. Da wir die Ergebnisse ausführlich in Abschnitt C I erörtern werden, begnügen wir uns hier mit der Bemerkung, daß für Flüssigkeiten das Superpositionsprinzip offenbar eine brauchbare Näherung darstellt, die zum mindesten halbquantitative Resultate liefert. Dagegen versagt dasselbe vollständig bei der Diskussion von Phasenumwandlungen, was nach allgemeinen Überlegungen [*4*] zu erwarten ist.

Das Superpositionsprinzip läßt sich noch in einer anderen Form darstellen, welche seinen physikalischen Inhalt unter einem neuen Gesichtspunkt erscheinen läßt. Kombinieren wir (6.8) mit (4.5), so erhalten wir

$$W^{(3)} = W^{(2)}_{12} + W^{(2)}_{23} + W^{(2)}_{31} \tag{6.9}$$

oder allgemeiner

$$W^{(n)} = \tfrac{1}{2} \sum_i \sum_j w^{(2)}_{ij}, \tag{6.10}$$

wo für fluide Phasen $W^{(2)}_{ij} = w^{(2)}_{ij}$ ist[1]. Diese Gleichung besagt, daß das Potential der Durchschnittskraft in Paaren additiv ist. Sie ist der Gl. (3.14) vollkommen analog, aber streng von dieser zu unterscheiden. Von J.E. MAYER[2] wurde vermutet, daß die Gln. (3.14) und (6.10) nicht miteinander konsistent sind. Ein Beweis ist dafür bisher nicht erbracht worden. In Ziff. 18 werden wir sehen, daß diese Aussage für eindimensionale Systeme sicher nicht zutrifft. Andererseits kann dieses Ergebnis nicht ohne weiteres für dreidimensionale Systeme verallgemeinert werden.

Eine besonders einfache Form nimmt das Superpositionsprinzip bei Benutzung der durch Gl. (2.15a) definierten Funktionen an. Aus (6.8) ergibt sich unmittelbar

$$g^{(3)}(\boldsymbol{q}_1, \boldsymbol{q}_2, \boldsymbol{q}_3) = g^{(2)}(r_{12}) \, g^{(2)}(r_{23}) \, g^{(2)}(r_{31}). \tag{6.11}$$

7. Die Born-Greensche Gleichung. Führt man in Gl. (6.7) das Superpositionsprinzip ein, so erhält man

$$kT \frac{\partial \ln \varrho^{(2)}(r_{12})}{\partial \boldsymbol{q}_1} = -\frac{\partial u_{12}}{\partial \boldsymbol{q}_1} - \frac{1}{\varrho^3} \int \frac{\partial u_{13}}{\partial \boldsymbol{q}_1} \varrho^{(2)}(r_{23}) \, \varrho^{(2)}(r_{31}) \, d\boldsymbol{q}_3 \tag{7.1}$$

oder, mit Benutzung der Funktionen $g^{(2)}$,

$$kT \frac{\partial \ln g^{(2)}(r_{12})}{\partial \boldsymbol{q}_1} = -\frac{\partial u_{12}}{\partial \boldsymbol{q}_1} - \varrho \int \frac{\partial u_{13}}{\partial \boldsymbol{q}_1} g^{(2)}(r_{23}) \, g^{(2)}(r_{31}) \, d\boldsymbol{q}_3. \tag{7.2}$$

Diese Gleichung wurde zuerst von BORN und GREEN[3] [*7*] aus ihrer kinetischen Theorie der Flüssigkeiten abgeleitet und wird gewöhnlich als Born-Greensche Gleichung bezeichnet. Sie stellt eine Integro-Differentialgleichung dar, läßt sich aber ohne Schwierigkeit in eine nichtlineare Integralgleichung umformen. Mit

$$\boldsymbol{r}_{12} = \boldsymbol{q}_2 - \boldsymbol{q}_1, \quad \boldsymbol{r}_{23} = \boldsymbol{q}_2 - \boldsymbol{q}_3, \quad \boldsymbol{r}_{31} = \boldsymbol{q}_3 - \boldsymbol{q}_1 \tag{7.3}$$

wird aus (7.1)

$$\frac{\boldsymbol{r}_{12}}{r_{12}} \frac{d \ln \varrho^{(2)}_{12}}{d r_{12}} = -\frac{1}{kT} \frac{d u_{12}}{d r_{12}} \frac{\boldsymbol{r}_{12}}{r_{12}} - \frac{1}{\varrho^3} \frac{1}{kT} \int \varrho^{(2)}_{23} \varrho^{(2)}_{31} \frac{d u_{31}}{d r_{31}} \frac{\boldsymbol{r}_{31}}{r_{31}} d\boldsymbol{r}_{31}. \tag{7.4}$$

Durch skalare Multiplikation mit dem Einheitsvektor $\boldsymbol{r}_{12}/r_{12}$ und Einführung von Zweizentren-Koordinaten unter dem Integral erhält man

$$\frac{d}{dr_{12}} \left(\ln \varrho^{(2)}_{12} + \frac{u_{12}}{kT} \right) = \frac{\pi}{\varrho^3} \frac{1}{kT} \int_0^\infty \int_{r_{12}-r_{31}}^{r_{12}+r_{31}} \varrho^{(2)}_{23} r_{23} \left(\frac{r^2_{23} - r^2_{31}}{r^2_{12}} - 1 \right) dr_{23} \, \varrho^{(2)}_{31} \frac{d u_{31}}{dr_{31}} dr_{31}. \tag{7.5}$$

---

[1] Wir wählen diese Schreibweise aus Analogiegründen. Die allgemeine Definition der $w^{(2)}_{ij}$ (die hier nicht benötigt wird) findet sich in Ziff. 10.

[2] J.E. MAYER: Nuovo Cim., Ser. IX **6**, Suppl., 1 (1949).

[3] M. BORN u. H.S. GREEN: Proc. Roy. Soc. Lond. A **188**, 10 (1946).

Diese Gleichung läßt sich nach r_{12} integrieren, wobei die Integrationskonstante durch die Normierung der Paar-Verteilungsfunktion bestimmt ist. Die ziemlich umständliche Integration[1] ergibt

$$\left. \begin{array}{l} \ln g^{(2)}(r_{12}) = -\dfrac{u_{12}}{kT} + \pi\varrho \displaystyle\int_0^\infty \int_{-r_{23}}^{+r_{23}} (r_{31}^2 - r_{23}^2)\dfrac{r_{23}+r_{12}}{r_{12}} \times \\ \times [g^{(2)}(r_{31}+r_{12}) - 1]\, dr_{23}\, g^{(2)}(r_{31})\dfrac{u'(r_{31})}{kT}\, dr_{31}. \end{array} \right\} \quad (7.6)$$

In dieser Form wird die Gleichung gewöhnlich in der Gastheorie verwendet. Für unsere Zwecke ist eine äquivalente Form geeigneter, die wir schreiben

$$\ln g^{(2)}(r_{12}) = -\frac{u_{12}}{kT} + \frac{\pi\varrho}{kT}\int_0^\infty u'_{31} g^{(2)}(r_{31})\, dr_{31} \int_{r_{12}-r_{31}}^{r_{12}+r_{31}} \frac{r_{31}^2 - (r_{12}-r_{23})^2}{r_{12}} r_{23}[g^{(2)}(r_{23})-1]\, dr_{23}. \quad (7.7)$$

Das Doppelintegral auf der rechten Seite läßt sich aufspalten nach dem Schema

$$\int_0^\infty dr_{31} \int_{r_{12}-r_{31}}^{r_{12}+r_{31}} dr_{23} = \int_{-\infty}^{+\infty} dr_{23} \int_{|r_{12}-r_{23}|}^\infty dr_{31} = \int_0^\infty dr_{23} \int_{|r_{12}-r_{23}|}^\infty dr_{31} - \int_0^{-\infty} dr_{23} \int_{|r_{12}-r_{23}|}^\infty dr_{31}. \quad (7.8)$$

Definieren wir formal $g^{(2)}(-r) = g^{(2)}(r)$, so können wir in dem letzten Integral $-r_{23}$ an Stelle von r_{23} als Integrationsvariable einführen. Gl. (7.7) kann dann geschrieben werden:

$$\ln g^{(2)}(r_{12}) = -\frac{u_{12}}{kT} + \frac{\pi\varrho}{r_{12}}\int_0^\infty [K(r_{12}-r_{23}) - K(r_{12}+r_{23})] r_{23}[g^{(2)}(r_{23}) - 1]\, dr_{23} \quad (7.9)$$

mit dem Kern

$$K(y) = \frac{1}{kT}\int_{|y|}^\infty (r_{13}^2 - y^2)\frac{du_{13}}{dr_{13}} g^{(2)}(r_{13})\, dr_{13}. \quad (7.10)$$

Die Born-Greensche Gleichung läßt sich ohne Schwierigkeit für Vielkomponentensysteme verallgemeinern. Wir gehen darauf nicht näher ein, sondern behandeln dieses Problem in der folgenden Ziffer nach einer anderen Methode.

8. Die Kirkwoodschen Gleichungen erster Art. Ein System von Integralgleichungen für die Paar-Verteilungsfunktionen, das ebenfalls auf dem Superpositionsprinzip beruht, ist von KIRKWOOD[2] abgeleitet worden. Der wesentliche Unterschied gegenüber der Born-Greenschen Gleichung besteht darin, daß jetzt nicht nach den Koordinaten, sondern nach dem in Ziff. 5β eingeführten Kopplungsparameter differenziert wird. Beide Verfahren lassen sich als Spezialfälle eines allgemeinen Variationsprinzips auffassen, das wir in Ziff. 14 behandeln.

Wir gehen aus von Gl. (5.44). Durch logarithmische Differentiation erhalten wir daraus

$$\frac{\partial W_{sj}^{(2)}(a_s)}{\partial a_s} = {}^{sj}\overline{U_s^{(N)}(a_s)} - \overline{U_s^{(N)}(a_s)}. \quad (8.1)$$

Hier ist

$${}^{sj}\overline{U_s^{(N)}(a_s)} = \frac{\displaystyle\int\cdots\int U_s^{(N)}\, e^{-\frac{U^{(N-1)}+a_s U_s^{(N)}}{kT}}\, d\mathbf{q}_3\ldots d\mathbf{q}_N}{\displaystyle\int\cdots\int e^{-\frac{U^{(N-1)}+a_s U_s^{(N)}}{kT}}\, d\mathbf{q}_3\ldots d\mathbf{q}_N}. \quad (8.2)$$

---

[1] Die Einzelheiten der Rechnung sind ausführlich dargestellt bei T.L. HILL, Statistical Mechanics. New York 1956.
[2] J.G. KIRKWOOD: J. Chem. Phys. **3**, 300 (1935).

Diese Größe stellt somit den Mittelwert von $U_s^{(N)}$ bei festgehaltener Lage der Moleküle s und j dar. Die durch Gl. (5.39) definierte Größe $\overline{U_s^{(N)}(a_s)}$ ist dagegen der Mittelwert von $U_s^{(N)}$ über alle Konfigurationen des Systems. Nach Gl. (5.36) ist nun

$$^{sj}\overline{U_s^{(N)}(a_s)} = u_{sj} + \sum_{k=1}^{N} {^{sj}\overline{u_{sk}}} \qquad (k \neq j). \tag{8.3}$$

Da die u_{sk} nur von den Koordinaten der Moleküle s und k abhängen, können wir, in Analogie zu Gl. (5.43) schreiben

$$^{sj}\overline{u_s(a_s)} = \frac{1}{V} \int u_{sk}\, e^{-\frac{W_{sk j}^{(3)}(a_s) - W_{sj}^{(2)}(a_s)}{kT}} d\boldsymbol{q}_k, \tag{8.4}$$

wo

$$e^{-\frac{W_{skj}^{(3)}(a_s)}{kT}} = \frac{V^3 \int \cdots \int e^{-\frac{U^{(N-1)} + a_s U_s^{(N)}}{kT}} d\boldsymbol{q}_4 \ldots d\boldsymbol{q}_N}{\int \cdots \int e^{-\frac{U^{(N-1)} + a_s U_s^{(N)}}{kT}} d\boldsymbol{q}_1 \ldots d\boldsymbol{q}_N} \tag{8.5}$$

und $W_{sj}^{(2)}(a_s)$ durch Gl. (5.44) definiert ist. Man sieht leicht, daß $W_{sjk}^{(3)}$ das Potential der auf das Molekül s wirkenden Durchschnittskraft ist, wenn die Moleküle s, j und k festgehalten werden. Wenn wir jetzt noch $\overline{U_s^{(N)}(a_s)}$ durch Gl. (5.45) ausdrücken, so wird aus (8.1)

$$\frac{\partial W_{sk}^{(2)}(a_s)}{\partial a_s} = u_{sj} + \sum_{k=1}^{m} \varrho_k \int u_{sk} \left[e^{-\frac{W_{sjk}^{(3)}(a_s) - W_{sj}^{(2)}(a_s)}{kT}} - e^{-\frac{W_{sk}^{(2)}(a_s)}{kT}} \right] d\boldsymbol{q}_k, \tag{8.6}$$

wo ϱ_k die molekulare Dichte der Komponente k bezeichnet und die Summierung über die Komponenten zu erstrecken ist. An dieser Stelle führen wir wieder das Superpositionsprinzip ein, das wir jetzt schreiben

$$W_{sjk}^{(3)}(a_s) = W_{sj}^{(2)}(a_s) + W_{jk}^{(2)}(a_s) + W_{sk}^{(2)}(a_s). \tag{8.7}$$

Damit erhalten wir aus Gl. (8.6)

$$\frac{\partial W_{sj}^{(2)}(a_s)}{\partial a_s} = u_{sj} + \sum_{k=1}^{m} \varrho_k \int u_{sk}\, e^{-\frac{W_{sk}^{(2)}(a_s)}{kT}} \left[e^{-\frac{W_{jk}^{(2)}(a_s)}{kT}} - 1 \right] d\boldsymbol{q}_k. \tag{8.8}$$

Mit Benutzung von Gl. (5.47) können wir dafür schreiben

$$kT\, \frac{\partial \ln g_{sj}^{(2)}(a_s)}{\partial a_s} = -u_{sj} - \sum_{k=1}^{m} \varrho_k \int u_{sk}\, g_{sk}^{(2)}(a_s) [g_{jk}^{(2)} - 1]\, d\boldsymbol{q}_k. \tag{8.9}$$

Wir bezeichnen dieses Gleichungssystem, zum Unterschied von den in Ziff. 16 zu behandelnden Gleichungen, als die Kirkwoodschen Gleichungen erster Art. In der angeschriebenen Form sind dieselben für Mehrkomponentensysteme, ebenso wie die entsprechenden Born-Greenschen Gleichungen, nicht miteinander konsistent, was eine unmittelbare Folge des Superpositionsprinzips darstellt. Die bei der Lösung sich ergebenden Inkonsistenzen können daher wieder dazu dienen, den Einfluß des Superpositionsprinzips abzuschätzen. Man kann die Konsistenz des Gleichungssystems (8.9) durch eine Linearisierung (die naturgemäß eine weitere Approximation darstellt) erzwingen, doch gehen wir darauf an dieser Stelle nicht näher ein.

Für Einkomponentensysteme reduziert sich (8.9) auf die Gleichung

$$\frac{\partial \ln g^{(2)}(r_{12}, a)}{\partial a} = -\frac{u_{12}}{kT} - \frac{\varrho}{kT} \int u_{13}\, g^{(2)}(r_{13}, a)\, [g^{(2)}(r_{23}) - 1]\, d\boldsymbol{q}_3. \tag{8.10}$$

Auch diese Gleichung stellt eine Integro-Differentialgleichung dar. Die Umformung in eine reine Integralgleichung ist hier einfacher als bei der Born-Greenschen Gleichung. Durch Integration über a folgt zunächst aus (8.10)

$$\ln g^{(2)}(r_{12}, a) = -\frac{a u_{12}}{kT} - \frac{\varrho}{kT} \int\!\!\int_0^a u_{13} g^{(2)}(r_{13}, a) \, da \, [g^{(2)}(r_{23}) - 1] \, d\mathbf{q}_3. \quad (8.11)$$

Einführung von Zweizentren-Koordinaten ergibt

$$\left.\begin{aligned}\ln g^{(2)}(r_{12}, a) = &-\frac{a u_{12}}{kT} - \\ &- \frac{2\pi\varrho}{kT} \int_0^\infty \int_{r_{12}-r_{23}}^{r_{12}+r_{23}} \int_0^a u_{13} g^{(2)}(r_{13}, a) \, [g^{(2)}(r_{23}) - 1] \, \frac{r_{23} r_{13}}{r_{12}} \, da \, dr_{13} \, dr_{23}.\end{aligned}\right\} \quad (8.12)$$

Diese Gleichung kann geschrieben werden

$$\left.\begin{aligned}\ln g^{(2)}(r_{12}, a) = -\frac{a u_{12}}{kT} + \frac{\pi\varrho}{r_{12}} \int_0^\infty [K(r_{12} - r_{23}, a) - K(r_{12} + r_{23}, a)] \times \\ \times r_{23} [g^{(2)}(r_{23}) - 1] \, dr_{23},\end{aligned}\right\} \quad (8.13)$$

wobei der Kern definiert ist durch die Gleichung

$$K(y, a) = -\frac{2}{kT} \int_0^a \int_{|y|}^\infty r_{13} u_{13} g^{(2)}(r_{13}, a) \, dr_{13} \, da \quad \text{(KIRKWOOD)}. \quad (8.14)$$

Die Gl. (8.13) unterscheidet sich formal von Gl. (7.9) nur durch das Auftreten des Kopplungsparameters, der sich ohne weiteres auch in die Born-Greensche Theorie einführen läßt. Wir können daher als Verallgemeinerung von (7.10) definieren

$$K(y, a) = \frac{a}{kT} \int_{|y|}^\infty (r_{13}^{(2)} - y^2) \frac{du_{13}}{dr_{13}} g^{(2)}(r_{13}, a) \, dr_{13} \quad \text{(BORN-GREEN)}. \quad (8.15)$$

Die Integralgleichung (8.13) kann daher als allgemein gültige Formulierung betrachtet werden. Die Unterschiede zwischen den Theorien von KIRKWOOD und BORN-GREEN drücken sich in den Kernen aus. In einer exakten Theorie müßten die beiden Kerne identisch sein. Die Einführung des Superpositionsprinzips bewirkt, daß weder die Kirkwoodsche noch die Born-Greensche Gleichung exakt ist und daß die beiden Kerne tatsächlich verschieden sind. Der Unterschied der nach (8.14) und (8.15) erhaltenen Resultate spiegelt daher unmittelbar den Einfluß des Superpositionsprinzips wider und kann, wie erwähnt, zur Beurteilung desselben dienen. Die Lösung der Gl. (8.13) für flüssige Systeme behandeln wir in Ziff. 57.

II. Große kanonische Gesamtheit.

9. Allgemeines. Werden die Mittelwerte der Gl. (2.8) ff. mit Hilfe der großen kanonischen Gesamtheit gebildet, so erhält man die molekularen Verteilungsfunktionen in der Form

$$\varrho^{(n)} = \sum_{N \geq n}^\infty \frac{1}{(N-n)! \lambda^{3N}} e^{-\frac{PV+N\mu}{kT}} \int \cdots \int e^{-\frac{U^{(N)}}{kT}} d\mathbf{q}_{n+1} \ldots d\mathbf{q}_N. \quad (9.1)$$

Gl. (9.1) gilt zunächst wieder für Einkomponentensysteme aus Massenpunkten. Bei zusammengesetzten Molekülen transformiert man auf Koordinaten der Schwerpunktstranslation und der inneren Freiheitsgrade. $d\boldsymbol{q}_i$ bezeichnet dann das Produkt sämtlicher Koordinaten-Differentiale eines Moleküls mit Einschluß der Jakobischen Determinanten der erwähnten Transformation. Die Integration über die Impulse der inneren Freiheitsgrade liefert einen zusätzlichen Faktor $[\varphi(T)]^{-N}$.

Durch geeignete Festsetzungen über die Bezeichnungen kann Gl. (9.1) ohne weiteres auch für Vielkomponenten-Systeme verallgemeinert werden. Allgemein sollen Größen, die für Komponenten definiert sind, den vollständigen Satz für alle Komponenten bezeichnen, wenn sie ohne Index geschrieben werden. Im besonderen soll gelten

$$\varrho^N = \varrho_1^{N_1} \varrho_2^{N_2} \cdots \varrho_m^{N_m}, \tag{9.2}$$

$$N! = N_1! N_2! \ldots N_m!, \tag{9.3}$$

$$\mu N = \sum_{i=1}^{m} \mu_i N_i. \tag{9.4}$$

Der Index der molekularen Verteilungsfunktionen ist definiert als

$$n = \sum_{i=1}^{m} n_i. \tag{9.5}$$

Man sieht leicht, daß mit den vorstehenden Bezeichnungen (9.1) auch für Vielkomponentensysteme gültig ist. Der Einfachheit halber werden wir im folgenden zunächst die ursprüngliche Bedeutung der Gl. (9.1) zugrundelegen und erst später von der Allgemeingültigkeit der Resultate Gebrauch machen.

Gl. (9.1) läßt sich in eine für manche Betrachtungen zweckmäßigere Form bringen durch Einführen der Fugazität Z. Diese ist allgemein definiert durch die Gleichung

$$Z = \frac{f(T)}{V} e^{\frac{\mu}{kT}} \tag{9.6}$$

mit der Normierung

$$\lim_{\bar{\varrho} \to 0} \frac{Z}{\bar{\varrho}} = 1, \tag{9.7}$$

wo $f(T)$ die Verteilungsfunktion des Einzelmoleküls ist. In unserem Falle ist einfach $f(T)/V = \lambda^{-3}$. Es ergibt sich dann (mit $m = N - n$)

$$\varrho^{(n)} = \frac{Z^n}{\Xi} \sum_{m=0}^{\infty} \frac{Z^m}{m!} \int \cdots \int e^{-\frac{U^{(n+m)}}{kT}} d\boldsymbol{q}_{n+1} \cdots d\boldsymbol{q}_{n+m}; \tag{9.8}$$

wo

$$\Xi = \sum e^{\frac{N\mu}{kT}} Q^{(N)} = \sum \frac{Z^N}{N!} Q_\tau^{(N)} \tag{9.9}$$

die große Verteilungsfunktion ist. Beachten wir, daß

$$W^{(N)} = \frac{e^{\frac{N\mu}{kT}} Q^{(N)}}{\Xi} = \frac{Z^N Q_\tau^{(N)}}{N! \Xi} \tag{9.10}$$

die Wahrscheinlichkeit ist, daß das System N Moleküle enthält, so folgt unmittelbar, daß die Funktionen (9.8) die Normierungsrelation (2.13b) erfüllen. Da für große $\overline{N}$ und $n \ll \overline{N}$ gilt

$$\overline{\left[\frac{N!}{(N-n)!}\right]} = \overline{N}^n [1 + O(\overline{N}^{-1})], \qquad (9.11)$$

wird die Normierung der durch Gl. (2.15b) definierten Funktionen $g^{(n)}$

$$\lim_{V \to \infty} \left[\frac{1}{V^n} \int \cdots \int g^{(n)} d\boldsymbol{q}^{(n)}\right] = 1 \quad (n \ll \overline{N}). \qquad (9.12)$$

Für das ideale Gas ($U=0$, $Z=\overline{\varrho}$) folgt aus (9.8) mit Berücksichtigung von (9.9)

$$\varrho^{(n)} = \overline{\varrho}^n \quad \text{(ideales Gas)} \qquad (9.13)$$

und somit

$$g^{(n)} = 1 \quad \text{(ideales Gas)}. \qquad (9.14)$$

An der Grenze unendlicher Verdünnung ($\overline{\varrho} \to 0$, $Z/\overline{\varrho} = 1$, $e^{-\frac{PV}{kT}} \to 1$) verschwinden in Gl. (9.8) alle Terme mit $m > 0$, und man erhält

$$\varrho^{(n)} = \overline{\varrho}^n \, e^{-\frac{U^{(n)}}{kT}} \quad (\overline{\varrho} \to 0) \qquad (9.15)$$

sowie

$$g^{(n)} = e^{-\frac{U^{(n)}}{kT}} \quad (\overline{\varrho} \to 0). \qquad (9.16)$$

Wir betrachten den Fall, daß der Satz n in zwei Unter-Sätze k und l zerlegt werden kann derart, daß für alle Abstände zwischen Molekülen verschiedener Unter-Sätze $r_{kl} \to \infty$ gilt. Dann folgt aus (9.16)

$$\lim_{r_{kl} \to \infty} g^{(n)}(\boldsymbol{q}^{(n)}) = g^{(k)}(\boldsymbol{q}^{(k)}) \cdot g^{(l)}(\boldsymbol{q}^{(l)}). \qquad (9.17)$$

Für endliche Dichten läßt sich diese Produkt-Regel mit Hilfe von Reihenentwicklungen beweisen[1]. Für die Anwendungen von (9.17) muß im allgemeinen eine genügend rasche Konvergenz (stärker als r^{-3}) vorausgesetzt werden. Die Fälle Coulombscher Wechselwirkung und kritischer Punkte erfordern daher eine genauere Untersuchung.

Die Gln. (9.13) bis (9.17) enthalten nicht den für die entsprechenden Formeln der kanonischen Gesamtheit (Ziff. 3) charakteristischen Term $O(N^{-1})$. Auf die Bedeutung dieses Unterschiedes werden wir in Ziff. 11 zurückkommen.

10. Potentiale der Durchschnittskräfte. Wir nehmen an, daß sich im Volumen V gerade $N = n + m$ Moleküle befinden und betrachten, wie in Ziff. 4, eine Gruppe von n Molekülen, deren (an sich beliebige) Positionen fixiert gedacht werden. Auf ein Molekül i aus dieser Gruppe wirkt eine Kraft

$$\boldsymbol{f}_i = -\frac{\partial U^{(N)}}{\partial \boldsymbol{q}_i}, \qquad (10.1)$$

deren Betrag und Richtung nicht nur von der relativen Lage der Moleküle der Gruppe, sondern auch von der jeweiligen Konfiguration der m Moleküle des Restsystems abhängt. Der Mittelwert dieser Kraft für die große kanonische Gesamtheit wird erhalten, indem man (10.1) zunächst über alle Konfigurationen der m Moleküle und dann über alle Werte von $m = 0$ bis $m = \infty$ mittelt.

Die Wahrscheinlichkeitsdichte, daß in V sich $N = n + m$ Moleküle befinden und von diesen m spezifiziert den Koordinatensatz $\boldsymbol{q}^{(m)}$, dagegen n unspezifiziert

---
[1] P. MAZUR u. I. OPPENHEIM: Physica, Haag **23**, 216 (1957).

den Koordinatensatz $q^{(n)}$ besetzen, ist

$$\frac{1}{m!} W(N, q^{(N)}) = \frac{Z^n}{\Xi} \cdot \frac{Z^m}{m!} e^{-\frac{U^{(n+m)}}{kT}}. \qquad (10.2)$$

Es wird daher

$$\bar{f}_i = \frac{\sum\limits_{m=0}^{\infty} \frac{Z^m}{m!} \int -\frac{\partial U^{(n+m)}}{\partial q_i} e^{-\frac{U^{(n+m)}}{kT}} dq^{(m)}}{\sum\limits_{m=0}^{\infty} \frac{Z^m}{m!} \int e^{-\frac{U^{(n+m)}}{kT}} dq^{(m)}} \qquad (10.3)$$

oder, mit Berücksichtigung von (9.8)

$$\bar{f}(q^{(n)}) = kT \frac{\partial \ln \varrho^{(n)}}{\partial q_i} = kT \frac{\partial \ln g^{(n)}}{\partial q_i}. \qquad (10.4)$$

Für das Potential dieser Durchschnittskraft $W^{(n)}$ gilt somit auch hier

$$W^{(n)} = -kT \ln g^{(n)}. \qquad (10.5)$$

Mit Gl. (9.16) folgt dann unmittelbar

$$\lim_{\bar{\varrho} \to 0} W^{(n)} = U^{(n)}, \qquad (10.6)$$

wodurch das *Maxwell-Boltzmannsche* Gesetz als Grenzfall der allgemeinen Gl. (10.5) erscheint.

Das Potential der Durchschnittskraft läßt sich allgemein darstellen in der Form

$$W^{(n)} = \sum_i w^{(1)}(q_i) + \sum\sum_{n \geq i > j \geq 1} w^{(2)}(q_i, q_j) + \sum\sum\sum_{n \geq i > j > k} w^{(3)}(q_i, q_j, q_k) + \cdots. \qquad (10.7)$$

Bezeichnen wir mit $q_n^{(l)}$ einen aus den Koordinaten von l Molekülen bestehenden Unter-Satz des Koordinatensatzes $q^{(n)}$, so kann (10.7) geschrieben werden

$$W^{(n)} = \sum_{\binom{l}{n}} w^{(l)}(q_n^{(l)}), \qquad (10.8)$$

wo die Summierung über alle möglichen Unter-Sätze zu erstrecken ist. Wie man leicht beweist (s. Ziff. 14), lautet die allgemeine Lösung der Gl. (10.8)

$$w^{(l)} = \sum (-1)^{l-n} W^{(n)}, \qquad (10.9)$$

wo jetzt die Summierung über alle Unter-Sätze des Satzes $q^{(l)}$ zu erstrecken ist. Im besonderen ist also

$$\left.\begin{aligned}
w^{(1)} &= W^{(1)}, \\
w^{(2)} &= W^{(2)}(q_i, q_j) - W^{(1)}(q_i) - W^{(1)}(q_j), \\
w^{(3)} &= W^{(3)}(q_i, q_j, q_k) - W^{(2)}(q_i, q_j) - W^{(2)}(q_j, q_k) - \\
&\quad - W^{(2)}(q_k, q_i) + W^{(1)}(q_i) + W^{(1)}(q_j) + W^{(1)}(q_k),
\end{aligned}\right\} \qquad (10.10)$$

usw. Der Vergleich der vorstehenden Beziehungen mit den Definitionen (2.15) bis (2.17) zeigt, daß eine allgemeine einfache Beziehung nur zwischen $W^{(n)}$ und $g^{(n)}$ besteht, woraus sich die Bevorzugung der letzteren Funktion erklärt. Zwischen den Komponenten $w^{(n)}$ und den g-Funktionen existieren einfache Beziehungen nur in Spezialfällen. So ist beispielsweise

$$w^{(2)} = -kT \ln g^{[2]}. \qquad (10.11)$$

Für fluide Phasen ist $w^{(1)} = W^{(1)} = 0$, somit $w^{(2)} = W^{(2)}$ und $g^{(2)} = g^{[2]}$. Der Formalismus der molekularen Verteilungsfunktionen ist daher für fluide Phasen einfacher als für kristalline Phasen.

Die Darstellung (10.8) ermöglicht eine allgemeine Formulierung des Superpositionsprinzips, die, im Gegensatz zu Gl. (6.10), auch für kristalline Phasen gültig ist. Sie lautet

$$w^{(n)} = 0 \quad \text{für} \quad n \geq 3. \tag{10.12}$$

Für die Diskussion sei auf Ziff. 6 verwiesen.

11. Thermodynamische Größen und Paar-Verteilungsfunktionen. Wir behandeln in dieser Ziffer die Zusammenhänge zwischen thermodynamischen Größen und Paar-Verteilungsfunktionen. Diese Beziehungen sind besonders wichtig, weil nur die Paar-Verteilungsfunktionen experimentell und theoretisch zugänglich sind. Andererseits ist jedoch zu erwarten, daß sich auf dieser Grundlage keine ganz allgemeine Theorie entwickeln läßt: Entweder muß man die statistische Theorie auf einen bestimmten Typ von zwischenmolekularen Wechselwirkungen beschränken; dann läßt sich die Thermodynamik vollständig auf der Grundlage der Paar-Verteilungsfunktion aufbauen. Oder man beschränkt die Thermodynamik auf die zweiten Ableitungen der freien Energie nach dem Druck und den Molekülzahlen; dann sind in der statistischen Theorie speziellere Voraussetzungen entbehrlich, und man erhält Beziehungen, die allgemein gültig sind. Dieselben lassen sich nur mit Hilfe der großen kanonischen Gesamtheit ableiten. Wir werden sie daher benutzen, um den Unterschied gegenüber der kanonischen Gesamtheit etwas ausführlicher zu erörtern.

α) *Spezielle Beziehungen.* Wir nehmen an, daß zwischen den Molekülen nur Zweikörper-Zentralkräfte kurzer Reichweite auftreten und somit Gl. (3.14) gültig ist. Der Einfachheit halber beschränken wir uns auf fluide Phasen.

Die calorische Zustandsgleichung ist einfach der mit Hilfe der großen kanonischen Gesamtheit gebildete Mittelwert

$$\overline{E} = \overline{\left(\sum_i \frac{p_i^2}{2m} + \frac{1}{2} \sum_i \sum_j u_{ij} \right)}. \tag{11.1}$$

Es ergibt sich somit

$$\overline{E} = \tfrac{3}{2} \overline{N} kT + \tfrac{1}{2} \iint \varrho^{(2)}(\mathbf{q}_1, \mathbf{q}_2, T, V, Z) u_{12} d\mathbf{q}_1 d\mathbf{q}_2 \tag{11.2}$$

als Gegenstück zu Gl. (5.2). Gl. (11.2) läßt sich etwas übersichtlicher schreiben

$$\overline{E} = \overline{N} [\tfrac{3}{2} kT + 2\pi \bar{\varrho} \int g^{(2)}(r) u_{12} r^2 dr]. \tag{11.3}$$

Die thermische Zustandsgleichung wird auch hier am bequemsten mit Hilfe des Virialsatzes erhalten, wobei die Mittelwerte jetzt mit Hilfe der großen kanonischen Gesamtheit zu bilden sind. Da wir das mittlere Virial schon berechnet haben (Ziff. 5), können wir das Resultat sofort anschreiben. Es lautet

$$PV = \overline{N} \left[kT - \frac{2\pi}{3} \bar{\varrho} \int g^{(2)}(r) r \frac{du(r)}{dr} r^2 dr \right]. \tag{11.4}$$

Diese Gleichung ist, streng genommen, noch nicht die thermische Zustandsgleichung, da $g^{(2)}(r)$ im Rahmen der großen kanonischen Gesamtheit als Funktion der Fugazität definiert ist. Letztere muß daher als Funktion von T und $\bar{\varrho}$ betrachtet werden, wenn man die thermische Zustandsgleichung im üblichen Sinne erhalten will.

Wie im Falle der kanonischen Gesamtheit, läßt sich Gl. (11.4) auch mit Hilfe der großen Verteilungsfunktion bzw. des thermodynamischen Potentials PV ableiten. Die Durchführung der Rechnung beruht wieder auf dem schon in Ziff. 5 benutzten Kunstgriff und bietet nichts wesentlich Neues. Wir verzichten deshalb auf eine Wiedergabe der Einzelheiten.

Die Gln. (11.3) und (11.4) unterscheiden sich von den entsprechenden Formeln für die kanonische Gesamtheit (5.2) und (5.17) nur durch das Auftreten des Mittelwertes $\bar{N}$ und die Wahl der unabhängigen Zustandsvariablen (Z an Stelle von ϱ). Für ein unendlich großes System, d. h. praktisch im Gültigkeitsbereich der Thermodynamik sind daher beide Formulierungen völlig äquivalent.

β) *Allgemeine Theorie.* Wir lassen jetzt die unter a) gemachten speziellen Voraussetzungen fallen und behalten nur zwei Einschränkungen bei, die mehr praktischer als grundsätzlicher Natur sind. Für die zwischenmolekularen Kräfte setzen wir kurze Reichweite voraus derart, daß die Konvergenz der auftretenden Integrale gesichert ist. Ferner schließen wir zur Vereinfachung der Formeln bei den folgenden Betrachtungen Einkristalle aus. Für die genaue Definition der molekularen Verteilungsfunktionen polykristalliner Systeme verweisen wir auf Ziff. 43. Hier können wir uns mit der Feststellung begnügen, daß unter den gemachten Voraussetzungen die Funktionen $g^{(2)}$ und $g^{(1)}$ nur von dem skalaren Abstand r abhängen. Da die Resultate von Ziff. 9, wie erwähnt, nicht auf Einkomponentensysteme beschränkt sind, können wir jetzt ohne weiteres die Rechnung für ein System von σ Komponenten explizit durchführen[1,2]. Innere Freiheitsgrade werden wir nicht explizit berücksichtigen, da ihre Einführung ohne speziellere Annahmen über Molekülmodelle wenig Interesse bietet. Die wesentlichen Ergebnisse der Theorie werden dadurch nicht berührt.

Für die folgenden Untersuchungen und zahlreiche spätere Anwendungen ist es zweckmäßig, Korrelationsfunktionen einzuführen, welche durch die Gleichung

$$g_{kl} = g_{kl}^{(2)} - g_l^{(1)} \tag{11.5}$$

definiert sind. Sie sind für die betrachteten Systeme kugelsymmetrisch, hängen also nur von dem skalaren Abstand r ab. Wie sich aus Ziff. 2 ergibt, bedeutet für den fluiden Zustand ihre Einführung lediglich eine Parallelverschiebung der Abszisse. Der tiefere Grund für ihre Einführung liegt darin, daß diese Funktionen die Schwankungserscheinungen bestimmen und andererseits die folgende Ableitung den Zusammenhang zwischen Schwankungsgrößen und thermodynamischen Größen benutzt.

Für Vielkomponentensysteme lauten die Gln. (2.11 b) und (2.12 b)

$$\bar{\varrho}_k \int g_k^{(1)}(\mathbf{q})\, d\mathbf{q} = \bar{N}_k, \tag{11.6}$$

$$\bar{\varrho}_k \bar{\varrho}_l \int g_{kl}^{(2)}(\mathbf{q}, \mathbf{q}')\, d\mathbf{q}\, d\mathbf{q}' = \overline{N_k N_l} - N_k \delta_{kl}. \tag{11.7}$$

Daraus folgt unmittelbar der Zusammenhang zwischen Korrelationsfunktionen und Schwankungsgrößen des Gesamtsystems

$$\frac{\overline{(N_k - \bar{N}_k)(N_l - \bar{N}_l)}}{\bar{N}_k \bar{N}_l} = \frac{1}{V} \int_V g_{kl}\, d\mathbf{r} + \bar{N}_k^{-1} \delta_{kl}. \tag{11.8}$$

Aus der Theorie der großen kanonischen Gesamtheit [4] folgt, daß die linke Seite der Gl. (11.8) im allgemeinen für $V \to \infty$ wie $\bar{N}_k^{-1}$ verschwindet. Diese Aussage

---
[1] J.G. KIRKWOOD u. F.P. BUFF: J. Chem. Phys. **19**, 774 (1951).
[2] A. MÜNSTER u. K. SAGEL: Z. phys. Chem., N.F. **22**, 81 (1959).

gilt nicht mehr an der Stelle einer Phasenumwandlung oder in einem kritischen Punkt. Im ersteren Falle strebt sie einem endlichen Grenzwert zu, im letzteren verschwindet sie von niedrigerer Ordnung als $\overline{N}_k^{-1}$ [4] (vgl. Ziff. 17).

Wir definieren neue Funktionen

$$G_{kl} = \int_V g_{kl}\, d\boldsymbol{r} \tag{11.9}$$

und schreiben die Gl. (11.8)

$$\overline{(N_k - \overline{N}_k)(N_l - \overline{N}_l)} = V(c_k\,\delta_{kl} + c_k c_l G_{kl}) \equiv V B_{kl}, \tag{11.10}$$

wo $c_k \equiv \bar\varrho_k$ ist. Definieren wir eine Matrix **A** mit den Elementen

$$A_{kl} = \frac{1}{kT}\left(\frac{\partial \mu_k}{\partial \overline{N}_l}\right)_{T,V,\overline{N}_m}, \tag{11.11}$$

so ergibt die Theorie der Schwankungen [4]

$$V\mathbf{B} = \mathbf{A}^{-1} \tag{11.12}$$

oder

$$\frac{V}{kT}\left(\frac{\partial \mu_k}{\partial \overline{N}_l}\right)_{T,V,\overline{N}_m} = \frac{|B|_{kl}}{|B|}, \tag{11.13}$$

wo $|B|_{kl}$ der Kofaktor des Elementes B_{kl} der Determinante $|B|$ ist. Um auf konstanten Druck umzurechnen, benutzen wir die Gibbs-Duhemsche Gleichung in der Form

$$\sum_{k=1}^{\sigma} \overline{N}_k \left(\frac{\partial \mu_k}{\partial \overline{N}_l}\right)_{T,P,\overline{N}_m} = 0 \tag{11.14}$$

sowie die Beziehung

$$\left(\frac{\partial \mu_k}{\partial \overline{N}_l}\right)_{T,V,\overline{N}_m} = \left(\frac{\partial \mu_k}{\partial \overline{N}_l}\right)_{T,P,\overline{N}_m} + \frac{v_k v_l}{\varkappa V}. \tag{11.15}$$

Hier ist v_k das partielle Volumen pro Molekül der Komponente i und $\varkappa$ die isotherme Kompressibilität. Wegen

$$\sum_{k=1}^{\sigma} c_k v_k = 1 \tag{11.16}$$

erhält man sofort aus den Gln. (11.13) bis (11.15) für die Kompressibilität

$$\varkappa = \frac{|B|}{kT \sum_{k=1}^{\sigma} \sum_{l=1}^{\sigma} c_k c_l |B|_{kl}}. \tag{11.17}$$

Damit läßt sich $\varkappa$ aus Gl. (11.15) eliminieren, und man erhält für das partielle Molekülvolumen

$$v_k = \frac{\sum_{l=1}^{\sigma} c_l |B|_{kl}}{\sum_{l=1}^{\sigma} \sum_{m=1}^{\sigma} c_l c_m |B|_{lm}}. \tag{11.18}$$

Mit Gl. (11.17) und (11.18) lassen sich formal in Gl. (11.15) v_k, v_l und $\varkappa$ eliminieren. Die Formel für $(\partial \mu_k/\partial \overline{N}_l)_{T,P,\overline{N}_m}$ erhält man aber viel einfacher direkt durch Betrachtung der Schwankungsgröße

$$\zeta_k = \frac{N_k - \overline{N}_k}{\overline{N}_k} - \frac{N_1 - \overline{N}_1}{\overline{N}_1} \quad (k \neq 1). \tag{11.19}$$

Aus Gl. (11.10) folgt zunächst

$$\overline{\zeta_k \zeta_l} = V^{-1}(c_k^{-1} \delta_{kl} + c_1^{-1} + G_{kl} + G_{11} - G_{1k} - G_{1l}) \equiv V^{-1} L_{kl} \quad (k, l \neq 1). \tag{11.20}$$

Wir definieren noch die totale Dichteschwankung

$$\zeta = \sum_{k=1}^{\sigma} \frac{v_k}{V}(N_k - \overline{N}_k) \tag{11.21}$$

und die Elemente einer Matrix **D**

$$D_{kl} = \frac{\overline{N}_k \overline{N}_l}{kT} \left(\frac{\partial \mu_k}{\partial \overline{N}_l}\right)_{T, P, \overline{N}_m}. \tag{11.22}$$

Da die Wahrscheinlichkeitsverteilung der Schwankungen sich mit zunehmender Größe des Systems asymptotisch der Normalverteilung nähert [4], können wir ausgehen von der Gleichung

$$W(\xi) = C \cdot \exp\left(-\sum_k \sum_l \beta_{kl} \xi_k \xi_l\right) \tag{11.23}$$

wo C den Normierungsfaktor bezeichnet und

$$\beta_{kl} = \frac{1}{2} \frac{\overline{N}_k \overline{N}_l}{kT} \left(\frac{\partial \mu_k}{\partial \overline{N}_l}\right)_{\overline{N}_m, T, V} \tag{11.24}$$

sowie

$$\xi_k = \frac{N_k - \overline{N}_k}{\overline{N}_k} \tag{11.25}$$

ist. Mit Hilfe der Gln. (11.14) und (11.15) läßt sich (11.23) sofort auf die Variablen ζ_k und ζ transformieren. Man erhält

$$W(\zeta_k, \zeta) = C \cdot \exp\left(-\frac{1}{2} \sum_{k=2} \sum_{l=2} D_{kl} \zeta_k \zeta_l - \frac{V}{2\varkappa kT} \zeta^2\right). \tag{11.26}$$

Die Jacobische Determinante der Transformation ist Eins, und es ergibt sich für den Normierungsfaktor

$$C = \left(\frac{1}{2\pi}\right)^{\frac{\sigma}{2}} |D|^{\frac{1}{2}} \left(\frac{V}{2\varkappa kT}\right)^{\frac{1}{2}}. \tag{11.27}$$

Mit Hilfe von (11.26) und (11.27) erhält man

$$\overline{\zeta_k \zeta_l} = \frac{|D|_{kl}}{|D|}. \tag{11.28}$$

Der Vergleich mit Gl. (11.20) ergibt

$$V^{-1} \mathbf{D} = \mathbf{L}^{-1} \tag{11.29}$$

oder explizit

$$\frac{V}{kT} \left(\frac{\partial \mu_k}{\partial \overline{N}_l}\right)_{T, P, \overline{N}_m} = \frac{|L|_{kl}}{c_k c_l |L|}. \tag{11.30}$$

Wir leiten schließlich noch eine Formel für den osmotischen Druck ab. Aus der Gibbs-Duhemschen Gleichung folgt

$$\left(\frac{\partial \Pi}{\partial c_k}\right)_{T, \mu_1, c_m} = \sum_{l=2}^{\sigma} c_l \left(\frac{\partial \mu_l}{\partial c_k}\right)_{T, \mu_1, c_m}, \tag{11.31}$$

wobei der Index 1 das Lösungsmittel bezeichnet. Bezeichnen wir die aus den Elementen B_{kl} [Gl. (11.10)] mit $k, l \neq 1$ gebildete Determinante $(\sigma-1)$-ten Grades mit $|B'|$, so ist

$$\frac{1}{kT}\left(\frac{\partial \mu_l}{\partial c_k}\right)_{T,\mu_1,c_m} = \frac{|B'|_{kl}}{|B'|} \quad (k, l \neq 1), \tag{11.32}$$

und es folgt

$$\left(\frac{\partial \Pi}{\partial c_k}\right)_{T,\mu_1,c_m} = kT \sum_{l=2}^{\sigma} c_l \frac{|B'|_{kl}}{|B'|} \quad (k, l \neq 1). \tag{11.33}$$

Für ein binäres System erhält man aus den Gln. (11.17), (11.18), (11.30) und (11.33)

$$\varkappa kT = \frac{1 + G_{11}c_1 + G_{22}c_2 + (G_{11}G_{22} - G_{12}^2)c_1 c_2}{c_1 + c_2 + (G_{11} + G_{22} - 2G_{12})c_1 c_2}, \tag{11.34}$$

$$v_1 = \frac{1 + (G_{22} - G_{12})c_2}{c_1 + c_2 + c_1 c_2 (G_{11} + G_{22} - 2G_{12})}, \tag{11.35}$$

$$\frac{1}{kT}\left(\frac{\partial \mu_1}{\partial c_1}\right)_{T,P} = \frac{1}{c_1} + \frac{G_{12} - G_{11}}{1 + c_1(G_{11} - G_{12})}, \tag{11.36}$$

$$\frac{1}{kT}\left(\frac{\partial \mu_2}{\partial c_2}\right)_{T,P} = \frac{1}{c_2} + \frac{G_{12} - G_{22}}{1 + c_2(G_{22} - G_{12})}, \tag{11.37}$$

$$\left(\frac{\partial \Pi}{\partial c_2}\right)_{T,\mu_1} = \frac{kT}{1 + G_{22}c_2}. \tag{11.38}$$

Für Einkomponentensysteme schließlich bleibt nur die Formel für die Kompressibilität übrig, die man auch leicht direkt ableiten kann. Sie lautet

$$\varkappa = \frac{1}{\bar{\varrho} kT}\left[1 + 4\pi \bar{\varrho} \int g(r) r^2 dr\right]. \tag{11.39}$$

Diese Gleichung, die zuerst von ORNSTEIN und ZERNIKE[1] erhalten wurde, wird häufig als das Kompressibilitäts-Integral bezeichnet.

γ) *Beziehungen zur kanonischen Gesamtheit.* Die unter β) entwickelten Formeln sind [im Gegensatz zu denen des Abschnitts α)] nur gültig, wenn die Korrelationsfunktionen mit Hilfe der großen kanonischen Gesamtheit definiert werden. Man sieht dies am einfachsten an dem Beispiel des Kompressibilitäts-Integrals. Es ist nämlich

$$4\pi \bar{\varrho} \int g(r) r^2 dr = \frac{1}{V\bar{\varrho}} \iint [\varrho^{(2)}(\mathbf{q},\mathbf{q}') - \varrho^{(1)}(\mathbf{q})\varrho^{(1)}(\mathbf{q}')\,d\mathbf{q}\,d\mathbf{q}']. \tag{11.40}$$

Benutzen wir die für die kanonische Gesamtheit gültigen Formeln (2.11a) und (2.12a), so folgt

$$4\pi \varrho \int g(r) r^2 dr = \frac{1}{V\varrho}[N(N-1) - N^2] = -1, \tag{11.41}$$

und damit nach (11.9) das absurde Resultat $\varkappa = 0$.

Wie die vorstehende Ableitung zeigt, kommt diese auffallende Diskrepanz (die auch durch den Grenzübergang zu unendlich großen Systemen nicht beseitigt wird) formal dadurch zustande, daß für die kanonische Gesamtheit $\overline{N^2} = \overline{N}^2$ ist. Aufschlußreicher ist die Betrachtung des asymptotischen Verhaltens der Korrelationsfunktion für $r \to \infty$. Im Falle der großen kanonischen Gesamtheit

---
[1] L.S. ORNSTEIN u. F. ZERNIKE: Proc. Acad. Sci. Amsterd. **17**, 793 (1914).

folgt aus (9.17)
$$\lim_{r\to\infty} g = 0, \qquad (11.42)$$

während für die kanonische Gesamtheit nach (3.13) gilt

$$\lim_{r\to\infty} g = 0 + O(N^{-1}). \qquad (11.43)$$

Im letzten Falle enthält somit das Integral der Gl. (11.39) einen zusätzlichen Term der Größenordnung ϱ^{-1}, der von dem Grenzübergang zum unendlich großen System nicht berührt wird.

Der Ursprung des zusätzlichen Terms ist leicht zu verstehen, wenn wir beachten, daß $\varrho\, g^{(2)}(r)$ die bedingte Wahrscheinlichkeit ist, im Abstand r von einem gegebenen Molekül ein weiteres Molekül anzutreffen [6]. In der näheren Umgebung des gegebenen Moleküls ist diese Wahrscheinlichkeit etwas größer als die mittlere Dichte. Sie kann daher bei einem geschlossenen System für $r \to \infty$ sich nicht asymptotisch der mittleren Dichte nähern, weil die Gesamtzahl der Moleküle vorgegeben ist. Der asymptotische Wert unterscheidet sich daher von der mittleren Dichte um den Term $O(N^{-1})$. In einem offenen System ist dagegen die Molekülzahl nicht fixiert; die Wahrscheinlichkeit, in großem Abstand von einem gegebenen Molekül ein anderes Molekül anzutreffen, wird exakt gleich der mittleren Dichte.

Angesichts dieser Situation liegt die Frage nahe, wie die röntgenographisch bestimmten radialen Verteilungsfunktionen zu interpretieren sind. Die Antwort lautet, daß diese Interpretation willkürlich ist, weil das asymptotische Verhalten sich experimentell nicht erfassen läßt. Im allgemeinen wird man die Interpretation auf der Grundlage der großen kanonischen Gesamtheit [und damit die Annahme eines asymptotischen Verhaltens nach (11.41)] vorziehen. Weiter kann man fragen, ob die Prüfung des Superpositionsprinzips (Ziff. 6) durch Vergleich der nach (5.17) und (11.19) erhaltenen Ergebnisse gerechtfertigt ist. Tatsächlich entstehen hier keine Schwierigkeiten, da die Anwendung des Virialsatzes auch im Rahmen der großen kanonischen Gesamtheit möglich ist [Gl. (11.4)]. Das gleiche gilt für die Ableitung der Born-Greenschen und der Kirkwoodschen Integralgleichung (Ziff. 15). Die Benutzung der kanonischen Gesamtheit ist daher an keiner Stelle erforderlich.

12. Einführung des Normalzustandes. Die in Ziff. 11 abgeleiteten Gleichungen verknüpfen thermodynamische Größen mit den für die gleichen Werte der Zustandsvariablen definierten molekularen Verteilungsfunktionen. Wie Mayer[1] sowie (für Vielkomponentensysteme) McMillan und Mayer[2] gezeigt haben, lassen sich die große Verteilungsfunktion und die molekularen Verteilungsfunktionen eines durch die Fugazität Z charakterisierten Zustandes ausdrücken durch die molekularen Verteilungsfunktionen für die Fugazität Z^* (bei Konstanz von Temperatur und Volumen). Obwohl die Beziehungen im Prinzip völlig symmetrisch sind, spielt Z^* meistens die Rolle eines Normalzustandes im Sinne der Thermodynamik. Wir entwickeln die Theorie für Vielkomponentensysteme, da hier die wichtigsten Anwendungen liegen. Dabei bedienen wir uns wieder der in Ziff. 9 skizzierten vereinfachten Notierung.

Wir gehen aus von Gl. (9.8). Mit Benutzung von (9.16) kann dieselbe geschrieben werden

$$\Xi(Z)\left(\frac{\bar{\varrho}}{Z}\right)^n g^{(n)}(Z, \boldsymbol{q}^{(n)}) = \sum_{m \geq 0} \frac{Z^n}{n!} \int g^{(n+m)}(0, \boldsymbol{q}^{(n+m)})\, d\boldsymbol{q}^{(m)}. \qquad (12.1)$$

---
[1] J.E. Mayer: J. Chem. Phys. **10**, 629 (1942).
[2] W.G. McMillan u. J.E. Mayer: J. Chem. Phys. **13**, 276 (1945).

Läßt man $n \to 0$ gehen, so erhält man

$$\Xi(Z) = \sum_{m \geq 0} \frac{Z^m}{m!} \int g^{(m)}(0, \boldsymbol{q}^{(m)}) \, d\boldsymbol{q}^{(m)}. \tag{12.2}$$

Diese beiden Gleichungen lassen sich als Taylorsche Reihen an der Stelle $Z=0$ auffassen, die sich ohne Schwierigkeit für eine beliebige Stelle $Z=Z^*$ verallgemeinern lassen. Aus (12.1) folgt zunächst

$$\frac{\partial^l}{\partial Z^l}\left[\Xi(Z)\left(\frac{\bar{\varrho}}{Z}\right)^n g^{(n)}(Z, \boldsymbol{q}^{(n)})\right] = \sum_{m \geq l} \frac{Z^{m-l}}{(m-l)!} \int g^{(n+m)}(0, \boldsymbol{q}^{(n+m)}) \, d\boldsymbol{q}^{(m)}. \tag{12.3}$$

Die rechte Seite dieser Gleichung kann durch (12.1) ausgedrückt werden, wenn man beachtet, daß dort an Stelle von m jetzt $m-l$, an Stelle von n jetzt $n+l$ tritt und daß zusätzlich über l weitere Koordinate zu integrieren ist. Es ergibt sich dann

$$\frac{\partial^l}{\partial Z^l}\left[\Xi(Z)\left(\frac{\bar{\varrho}}{Z}\right)^n g^{(n)}(Z, \boldsymbol{q}^{(n)})\right] = \Xi(Z)\left(\frac{\bar{\varrho}}{Z}\right)^{n+l} \int g^{(n+l)}(Z, \boldsymbol{q}^{(n+l)}) \, d\boldsymbol{q}^{(l)}. \tag{12.4}$$

Damit lassen sich ohne weiteres die gesuchten Reihen konstruieren. Sie lauten, wenn wir zur Abkürzung $Z - Z^* = \Delta Z$ setzen,

$$\Xi(Z)\left(\frac{\bar{\varrho}}{Z}\right)^n g^{(n)}(Z) = \Xi(Z^*)\left(\frac{\bar{\varrho}^*}{Z^*}\right)^n \sum_{m \geq 0} \frac{(\Delta Z)^m}{m!} \left(\frac{\bar{\varrho}^*}{Z^*}\right)^m \int g^{(n+m)}(Z^*) \, d\boldsymbol{q}^{(m)} \tag{12.5}$$

und für $n \to 0$

$$\Xi(Z) = \Xi(Z^*) \sum_{m \geq 0} \frac{(\Delta Z)^m}{m!} \left(\frac{\bar{\varrho}^*}{Z^*}\right)^m \int g^{(m)}(Z^*) \, d\boldsymbol{q}^{(m)}. \tag{12.6}$$

Mit der Abkürzung

$$\eta = \Delta Z \frac{\bar{\varrho}^*}{Z^*} \tag{12.7}$$

läßt sich (12.6) noch etwas übersichtlicher schreiben

$$e^{[P(Z) - P(Z^*)]\frac{V}{kT}} = \sum_{m \geq 0} \frac{\eta^m}{m!} \int g^{(m)}(Z^*) \, d\boldsymbol{q}^{(m)}. \tag{12.8}$$

Damit haben wir die große Verteilungsfunktion und die molekularen Verteilungsfunktionen durch die molekularen Verteilungsfunktionen eines durch den Fugazitätssatz Z^* charakterisierten Normalzustandes ausgedrückt. Für endliche Systeme sind die Reihen absolut konvergent, da $g^{(n+m)}$ positiv ist und gegen Null geht, wenn die Zahl der Moleküle in dem Volumen V so groß wird, daß zwischen den Molekülen nur noch Abstoßungskräfte wirken. Für den (praktisch allein interessierenden) Grenzfall unendlich großer Systeme muß vorausgesetzt werden, daß die durch die Reihen dargestellten Funktionen auf der positiven reellen Achse keine Singularität zwischen Z^* und Z besitzen. Es darf also zwischen Z^* und Z kein thermodynamischer Umwandlungspunkt liegen.

Die Gln. (12.5) und (12.6) bilden die eigentliche Grundlage der Theorie, die sich nun in zwei Richtungen weiter entwickeln läßt. Der eine Weg besteht im wesentlichen in einer Reihen-Transformation und führt zu einer Verallgemeinerung der aus der Gastheorie [6] bekannten cluster-Entwicklung. Die zweite Methode führt zu einem sehr allgemeinen System von Integralgleichungen für die molekularen Verteilungsfunktionen, aus dem unter anderem die Born-Greensche und die Kirkwoodsche Integralgleichung als Spezialfälle erhalten werden können.

13. Cluster-Entwicklung. Die am Schluß von Ziff. 12 erwähnte Reihen-Transformation beruht letzten Endes auf der in Gl. (9.17) formulierten Produkt-Regel. Danach ist in dem Teil des Konfigurationsraumes, in welchem alle Abstände zwischen n Molekülen groß sind, $g^{(n)} = \prod g^{(1)}$. Allgemein läßt sich daher $g^{(n)}$ darstellen durch Hinzufügen einer Reihe von „Korrekturtermen", die nur dann von Null verschieden sind, wenn innerhalb des Satzes $\boldsymbol{q}^{(n)}$ Paare, Dreiergruppen usw. auftreten, d.h. je zwei, je drei usw. Moleküle nahe benachbart sind. Wenn gleichzeitig mehrere (gleiche oder verschiedene) Gruppen auftreten, die voneinander hinreichend entfernt sind, so muß der betreffende Korrekturterm ein Produkt von Funktionen sein, die jeweils nur von den Koordinaten der einzelnen Gruppen abhängen. Die Reihe der Korrekturterme ist also eine Summe von Produkten und umfaßt alle möglichen Zerlegungen der n Moleküle in sich gegenseitig ausschließende Untergruppen. Wenn r die Zahl der Untergruppen und l_j die Zahl der Moleküle in der Untergruppe j bezeichnet, so muß für eine bestimmte Zerlegung gelten

$$\sum_{j=1}^{r} l_j = n. \tag{13.1}$$

Der entsprechende Korrekturterm ist dann

$$\prod_{j=1}^{r} h^{(l_j)}\left(Z, \boldsymbol{q}_n^{(l)}\right). \tag{13.2}$$

Die vollständige Entwicklung lautet daher

$$g^{(n)}(Z, \boldsymbol{q}^{(n)}) = \sum_{r} \prod_{j=1}^{r} h^{(l_j)}\left(Z, \boldsymbol{q}_n^{(l)}\right), \tag{13.3}$$

wo die Summierung über alle Zerlegungen in sich gegenseitig ausschließende Untergruppen zu erstrecken ist. Die Funktionen $h^{(l)}$ gehen gegen Null, wenn der Koordinatensatz $\boldsymbol{q}^{(l)}$ in zwei Unter-Sätze zerfällt derart, daß alle Abstände zwischen Molekülen verschiedener Unter-Sätze gegen Unendlich gehen. Man verifiziert dies leicht, indem man (13.3) in Gl. (9.17) einsetzt.

Für die Anwendung auf Gl. (12.5) ist es zweckmäßig, die Entwicklung von $g^{(n+m)}$ in einer Form anzusetzen, welche die von dem Koordinatensatz $\boldsymbol{q}^{(m)}$ unabhängige Funktion $g^{(n)}$ als Faktor abspaltet. Wenn alle Abstände zwischen Molekülen des Satzes $\boldsymbol{q}^{(n)}$ und Molekülen des Satzes $\boldsymbol{q}^{(m)}$ sehr groß sind, haben wir nach (9.17) und (13.3) einfach

$$g^{(n+m)}(Z, \boldsymbol{q}^{(n+m)}) = g^{(n)}(Z, \boldsymbol{q}^{(n)}) \cdot \sum_{r} \prod_{j} h^{(l_j)}\left(Z, \boldsymbol{q}_m^{(l)}\right). \tag{13.4}$$

Um eine entsprechende allgemeine Darstellung zu gewinnen, definieren wir

$$h^{*(l)} = h^{(l)}\left(Z, \boldsymbol{q}_m^{\overline{(l)}}\right) + \sum_{\binom{k}{n}} h^{(lk)}\left(Z, \boldsymbol{q}_m^{(l)}, \boldsymbol{q}_n^{(k)}\right). \tag{13.5}$$

Jeder Term der Summe entspricht einem Unter-Satz k der n Moleküle, welcher mit dem Unter-Satz l in Wechselwirkung steht. Die Summierung ist über alle Unter-Sätze des Satzes n zu erstrecken. Damit wird die vollständige Entwicklung

$$g^{(n+m)} = g^{(n)} \sum_{r} \prod_{j} \left[h^{(l_j)} + \sum_{\binom{k}{n}} h^{(l_j k)}\right]. \tag{13.6}$$

Wir definieren nun neue Funktionen durch die Gleichungen

$$b^{(l)}(Z) = \frac{1}{V\,l!} \int h^{(l)}\left(Z, \boldsymbol{q}_{(m)}^{(l)}\right) d\boldsymbol{q}_{(m)}^{(l)} \tag{13.7}$$

und

$$b^{(lk)}\left(Z, \boldsymbol{q}_n^{(k)}\right) = \frac{1}{l!} \int h^{(lk)}\left(Z, \boldsymbol{q}_{(m)}^{(l)}, \boldsymbol{q}_n^{(k)}\right) d\boldsymbol{q}_{(m)}^{(l)}. \tag{13.8}$$

Die Größen $b^{(l)}(Z)$ reduzieren sich für $Z \to 0$ auf die cluster-Integrale der Gastheorie [6]. Wir bezeichnen sie daher als verallgemeinerte cluster-Integrale. Die Größen $b^{(lk)}\left(Z, \boldsymbol{q}_n^{(k)}\right)$, die Funktionen des Koordinatensatzes $\boldsymbol{q}_n^{(k)}$ sind, nennen wir cluster-Integrale zweiter Art. Zur Frage der Konvergenz dieser Integrale sei auf die Bemerkungen in Ziff. 9 verwiesen.

Bezeichnen wir mit ν_l die Zahl der Unter-Sätze mit l Molekülen, so kann Gl. (13.1) geschrieben werden

$$\sum_l \nu_l\, l = m. \tag{13.9}$$

Die Zahl der Möglichkeiten für eine durch den Satz ν_l definierte Zerlegung ist

$$\frac{m!}{\prod_l (l!)^{\nu_l}\, \nu_l!}. \tag{13.10}$$

In der Summe über r in Gl. (13.6) tritt daher jede derartige Zerlegung mit dem Faktor (13.10) auf. Integrieren wir (13.6) über den Koordinatensatz $\boldsymbol{q}^{(m)}$, so erhalten wir mit (13.7) und (13.8)

$$\int g^{(n+m)}\, d\boldsymbol{q}^{(m)} = g^{(n)}\, m! \sum_{\nu_l} \prod_l \frac{[V b^{(l)} + \Sigma b^{(lk)}]^{\nu_l}}{\nu_l!}, \tag{13.11}$$

wo die Summierung über alle Sätze ν_l zu erstrecken ist, die mit (13.9) vereinbar sind. Setzen wir diesen Ausdruck in (12.5) ein und benutzen die Abkürzung (12.7), so folgt

$$\begin{aligned}
\Xi(Z)\left(\frac{\bar{\varrho}}{Z}\right)^n g^{(n)}(Z) \\
= \Xi(Z^*)\left(\frac{\bar{\varrho}^*}{Z^*}\right)^n g^{(n)}(Z^*) \sum_{m \geq 0} \sum_{\nu_l} \prod_l \frac{1}{\nu_l!} \cdot \left\{\left[V b^{(l)}(Z^*) + \sum_{\binom{k}{n}} b^{(lk)}(Z^*)\right] \eta^l\right\}^{\nu_l}.
\end{aligned} \tag{13.12}$$

Durch die Summierung über m wird die Bedingung (13.9) aufgehoben. Die Summe über ν_l stellt dann die Entwicklung einer Exponentialfunktion dar, und wir erhalten

$$\begin{aligned}
\Xi(Z)\left(\frac{\bar{\varrho}}{Z}\right)^n g^{(n)}(Z) = \Xi(Z^*)\left(\frac{\bar{\varrho}^*}{Z^*}\right)^n g^{(n)}(Z^*) \times \\
\times \exp\left\{\sum_l \left[V b^{(l)}(Z^*) + \sum_{\binom{k}{n}} b^{(lk)}(Z^*)\right] \eta^l\right\}.
\end{aligned} \tag{13.13}$$

Wenn man diese Gleichung logarithmiert, durch V dividiert und die molekularen Verteilungsfunktionen nach (10.5) und (10.8) entwickelt, so zerfällt sie in eine Reihe von Einzelgleichungen. Wir beschränken uns hier auf die wichtigste derselben, welche die von V und den Koordinaten unabhängigen Terme zusammenfaßt. Sie lautet

$$P(Z) - P(Z^*) = kT \sum_l b^{(l)}(Z^*)\, \eta^l. \tag{13.14}$$

Diese Gleichung stellt die Verallgemeinerung der aus der Gastheorie [6] bekannten cluster-Entwicklung für beliebige Phasen dar; für $Z^* \to 0$ geht sie in diese über.

Die weitere Entwicklung der Theorie hat in diesem allgemeinen Zusammenhang kein Interesse, und wir verweisen dafür auf Ziff. 62. Wir wollen aber hier die Zusammenhänge zwischen molekularen Verteilungsfunktionen und cluster-Integralen sowie die Beziehungen zu den Überlegungen in Ziff. 11 noch etwas deutlicher herausarbeiten.

Da die molekularen Verteilungsfunktionen von den Koordinaten abhängen, lassen sie sich nur durch die cluster-Integrale zweiter Art ausdrücken. Spaltet man aus Gl. (13.13) nur die Gl. (13.14) ab, so erhält man sofort

$$g^{(n)}(Z)\left(\frac{\bar{\varrho}}{Z}\right)^n = g^{(n)}(Z^*)\left(\frac{\varrho^*}{Z^*}\right)^n \exp\left\{\sum_l \left[\sum_{\binom{k}{n}} b^{(lk)}(Z^*)\right] \eta^l\right\}. \tag{13.15}$$

Die cluster-Integrale $b^{(l)}$ lassen sich durch Integrale über die molekularen Verteilungsfunktionen darstellen. Um diesen Zusammenhang abzuleiten, gehen wir aus von Gl. (13.3). Die Umkehrung dieser Gleichung lautet

$$h^{(l)} = \sum (-1)^{s-1}(s-1)! \prod_{i=1}^{s} g^{(\nu_i)}. \tag{13.16}$$

Hier ist s die Zahl der Unter-Sätze, in die der Teilsatz $\boldsymbol{q}^{(l)}$ zerlegt wird, ν_i die Zahl der Moleküle des i-ten Untersatzes, und die Summierung ist über alle Zerlegungen in Unter-Sätze zu erstrecken. Der Beweis für die Richtigkeit der Gl. (13.16) wird geführt, indem man dieselbe in (13.3) einsetzt und die entstehende Gleichung auf eine Identität zurückführt. Integriert man nun (13.16) über den Koordinatensatz $\boldsymbol{q}^{(l)}$, so folgt mit (13.7)

$$b^{(l)} = (l!)^{-1} V^{-1} \int \sum (-1)^{s-1}(s-1)! \prod_{i=1}^{s} g^{(\nu_i)} d\boldsymbol{q}^{(l)}. \tag{13.17}$$

Es ist also im besonderen

$$b^{(1)} = \frac{1}{V} \int g^{(1)}(\boldsymbol{q}) d\boldsymbol{q}, \tag{13.18}$$

$$b^{(2)} = \frac{1}{2V} \iint [g^{(2)}(\boldsymbol{q}, \boldsymbol{q}') - g^{(1)}(\boldsymbol{q}) g^{(1)}(\boldsymbol{q}')] d\boldsymbol{q} d\boldsymbol{q}', \tag{13.19}$$

$$\left.\begin{array}{l} b^{(3)} = \dfrac{1}{6V} \iiint [g^{(3)}(\boldsymbol{q}, \boldsymbol{q}', \boldsymbol{q}'') - g^{(2)}(\boldsymbol{q}, \boldsymbol{q}') g^{(1)}(\boldsymbol{q}'') - \\ \quad - g^{(2)}(\boldsymbol{q}', \boldsymbol{q}'') g^{(1)}(\boldsymbol{q}) - g^{(2)}(\boldsymbol{q}'', \boldsymbol{q}) g^{(1)}(\boldsymbol{q}') + \\ \quad + 2 g^{(1)}(\boldsymbol{q}) g^{(1)}(\boldsymbol{q}') g^{(1)}(\boldsymbol{q}'')] d\boldsymbol{q} d\boldsymbol{q}' d\boldsymbol{q}''. \end{array}\right\} \tag{13.20}$$

Man sieht sofort, daß die durch Gl. (11.9) definierten Größen G_{kl} mit den verallgemeinerten cluster-Integralen durch die einfache Beziehung

$$G_{kl} = 2 b^{(2)}_{kl} \tag{13.21}$$

zusammenhängen. Tatsächlich können die in Ziff. 11β entwickelten Formeln auch auf dem Umwege über die cluster-Entwicklung erhalten werden [4], [6]. Man zeigt dies am einfachsten, indem man aus Gl. (13.14) die Gl. (11.8), die Grundlage der früheren Theorie, ableitet. Es ist

$$\bar{\varrho}_k = \frac{Z_k}{kT} \frac{\partial P}{\partial Z_k}, \tag{13.22}$$

$$\overline{(\varrho_k - \bar{\varrho}_k)(\varrho_l - \bar{\varrho}_l)} = \frac{Z_l}{V k T} \left(Z_k \frac{\partial^2 P}{\partial Z_k \partial Z_l} + \frac{\partial P}{\partial Z_l} \delta_{kl}\right). \tag{13.23}$$

Differentiation von (13.14) ergibt für $Z=Z^*$

$$\frac{\partial^r P}{\partial Z^r} = kT\, r!\, b^{(r)}(Z)\left(\frac{\bar{\varrho}}{Z}\right)^r. \tag{13.24}$$

Aus (13.23) und (13.24) folgt

$$\overline{(\varrho_k - \bar{\varrho}_k)(\varrho_l - \bar{\varrho}_l)} = \frac{2\bar{\varrho}_k \bar{\varrho}_l}{V} b_{kl}^{(2)} + \frac{\bar{\varrho}_l}{V} b_l^{(1)} \delta_{kl}, \tag{13.25}$$

was mit Berücksichtigung von (13.18) und (13.19) unmittelbar auf Gl. (11.8) führt. Mit Hilfe der Gl. (13.24) lassen sich auch die Schwankungsgrößen höherer Ordnung durch die verallgemeinerten cluster-Integrale und damit durch die molekularen Verteilungsfunktionen ausdrücken.

14. Die Mayerschen Integralgleichungen. Wir betrachten jetzt den zweiten der von Gl. (12.5) ausgehenden Wege, der zu einem allgemeinen System von Integralgleichungen für die molekularen Verteilungsfunktionen führt. Es ist hier zweckmäßig, zunächst noch keinen Normalzustand herauszuheben, sondern die beiden Sätze von Fugazitäten Z und Z^* als gleichberechtigt zu betrachten. Definieren wir

$$G^{(n)} = \Xi \left(\frac{\bar{\varrho}}{Z}\right)^n g^{(n)}(Z) \tag{14.1}$$

und

$$G^{*(n)} = \Xi^* \left(\frac{\bar{\varrho}^*}{Z^*}\right)^n g^{(n)}(Z^*), \tag{14.2}$$

so erhalten wir aus (12.5) die beiden Gleichungssysteme

$$G^{(n)} = \sum_{m\geq 0} \frac{(\Delta Z)^m}{m!} \int G^{*(n+m)}\, d\mathbf{q}^{(m)} \tag{14.3}$$

und

$$G^{*(n)} = \sum_{m\geq 0} \frac{(-\Delta Z)^m}{m!} \int G^{(n+m)}\, d\mathbf{q}^{(m)}. \tag{14.4}$$

Über die Funktionen $G^{(n)}$ und $G^{*(n)}$ setzen wir voraus, daß sie symmetrisch in bezug auf die Vertauschung der Koordinaten gleicher Moleküle sind und daß die in (14.3) und (14.4) auftretenden Reihen absolut konvergieren. Wir betrachten nun $G^{(n)}$ und $G^{*(n)}$ als Funktionen eines Parameters y, dessen physikalische Bedeutung wir vorläufig offen lassen. y kann also beispielsweise der Koordinatensatz $\mathbf{q}_{ik}$ eines Moleküls der Sorte k sein oder auch der Kirkwoodsche Kopplungsparameter a_i. Auf dieser Grundlage definieren wir neue Funktionen

$$\Phi^{(n)} = \frac{d \ln G^{(n)}}{dy} \tag{14.5}$$

und

$$\Phi^{*(n)} = \frac{d \ln G^{*(n)}}{dy}. \tag{14.6}$$

Für diese Funktionen führen wir eine zu (10.8) analoge Darstellung ein, indem wir setzen

$$\Phi^{(n)} = \sum \varphi^{(\nu)}, \tag{14.7}$$

wo $\varphi^{(\nu)}$ nur von den Koordinaten des betreffenden Unter-Satzes $\mathbf{q}_n^{(\nu)}$ abhängt und die Summierung über alle Unter-Sätze des Satzes $\mathbf{q}^{(n)}$ zu erstrecken ist[1]. Die Umkehrung von (14.7) lautet

$$\varphi^{(\nu)} = \sum (-1)^{\nu-n}\, \Phi^{(n)}, \tag{14.8}$$

---
[1] Es ist zweckmäßig, in die Summierung einen konstanten Term für $\nu=0$ einzubeziehen.

wo die Summierung über alle Unter-Sätze des Satzes n zu erstrecken ist[1]. Differenziert man nun Gl. (14.3) nach y, so folgt zunächst mit (14.7)

$$G^{(n)}\,\Phi^{(n)} = \sum_{m\geq 0} \frac{\Delta Z}{m!} \sum_{\binom{\nu}{n}} \sum_{\binom{\mu}{m}} \int \varphi^{*\,(\nu+\mu)}\, G^{*\,(n+m)}\, d\boldsymbol{q}^{(m)}. \tag{14.9}$$

Dabei haben wir benutzt, daß

$$\sum_{\binom{\nu}{n+m}} = \sum_{\binom{\nu}{n}} \sum_{\binom{\mu}{m}} \tag{14.10}$$

ist. Setzen wir $m-\mu=k$, so gibt es $m!/\mu!\,k!$ Unter-Sätze $\boldsymbol{q}^{\binom{\mu}{k}}$. Führen wir auf der rechten Seite von (14.9) diesen Faktor ein, so können wir, statt über m und $\binom{\mu}{m}$, ohne Beschränkung über μ und k summieren. Es ergibt sich dann

$$G^{(n)}\,\Phi^{(n)} = \sum_{\mu\geq 0} \frac{(\Delta Z)^\mu}{\mu!} \sum_{\binom{\nu}{n}} \int \varphi^{*\,(\nu+\mu)} \left[\sum_{k\geq 0} \frac{(\Delta Z)^k}{k!} \int G^{*\,(n+\mu+k)}\, d\boldsymbol{q}^{(k)} \right] d\boldsymbol{q}^{(\mu)}. \tag{14.11}$$

Mit Gl. (14.3) wird daraus

$$\Phi^{(n)} = \sum_{\mu\geq 0} \frac{(\Delta Z)^\mu}{\mu!} \sum_{\binom{\nu}{n}} \int \varphi^{*\,(\nu+\mu)}\, \frac{G^{(n+\mu)}}{G^{(n)}}\, d\boldsymbol{q}^{(\mu)}. \tag{14.12}$$

Setzt man diesen Ausdruck in (14.8) ein, so erhält man[2]

$$\varphi^{(k)} = \sum_{\binom{\varkappa}{k}} (-1)^{k-\varkappa} \sum_{m\geq 0} \frac{(\Delta Z)^m}{m!} \sum_{\binom{\nu}{\varkappa}} \int \varphi^{*\,(\nu+m)}\, \frac{G^{*\,(\varkappa+m)}}{G^{(\varkappa)}}\, d\boldsymbol{q}^{(m)}. \tag{14.13}$$

Zieht man die Summierung über m (die von den übrigen unabhängig ist) vor und vertauscht die beiden anderen Summierungen[3], so folgt

$$\varphi^{(k)} = \sum_{m\geq 0} \frac{(\Delta Z)^m}{m!} \sum_{\binom{\nu}{k}} \int \varphi^{*\,(\nu+m)} \sum_{\binom{\varkappa-\nu}{k-\nu}} (-1)^{k-\varkappa}\, \frac{G^{(\varkappa+m)}}{G^{(\varkappa)}}\, d\boldsymbol{q}^{(m)}. \tag{14.14}$$

Definieren wir nun

$$K^{(k+\nu,\,\nu,\,m)} = \sum_{\binom{\varkappa}{k}} (-1)^{k-\varkappa}\, \frac{G^{(\varkappa+\nu+m)}}{G^{(\varkappa+\nu)}}, \tag{14.15}$$

$$K^{*\,(k+\nu,\,\nu,\,m)} = \sum_{\binom{\varkappa}{k}} (-1)^{k-\varkappa}\, \frac{G^{*\,(\varkappa+\nu+m)}}{G^{*\,(\varkappa+\nu)}}, \tag{14.16}$$

so wird aus (14.14)

$$\varphi^{(k)} = \sum_{m\geq 0} \frac{(\Delta Z)^m}{m!} \sum_{\binom{\varkappa}{k}} \int K^{(k,\,\varkappa,\,m)}\, \varphi^{*\,(\varkappa+m)}\, d\boldsymbol{q}^{(m)}. \tag{14.17}$$

---

[1] Gl. (14.8) läßt sich folgendermaßen beweisen: Der Term mit dem Index ν in Gl. (14.7) hat $n!/(n-\nu)!\,\nu!$ Summanden. Im Falle $\varphi^{(\nu)}=(-1)^\nu$ gilt daher

$$\sum_{\binom{\nu}{n}} (-1)^\nu = \sum_{\nu=0}^{n} \frac{n!}{(n-\nu)!\,\nu!}\,(-1)^\nu = (1-1)^n = \begin{cases} 0 & \text{für } n>0 \\ 1 & \text{für } n=0. \end{cases}$$

Setzt man (14.8) in (14.7) ein, so wird

$$\Phi^{(n)} = \sum_{\binom{\nu}{n}} \sum_{\binom{\varkappa}{\nu}} (-1)^{\nu-\varkappa}\, \Phi^{(\varkappa)} = \sum_{\binom{\varkappa}{n}} \sum_{\binom{\nu-\varkappa}{n-\varkappa}} (-1)^{\nu-\varkappa}\, \Phi^{(\varkappa)} = \Phi^{(n)},$$

womit (14.8) bewiesen ist.

[2] An Stelle von μ schreiben wir hier wieder m.

[3] Vgl. dazu Fußnote 1.

In analoger Weise erhält man aus (14.4)

$$\varphi^{*(k)} = \sum_{m \geq 0} \frac{(-\Delta Z)^m}{m!} \sum_{\binom{\varkappa}{k}} \int K^{*(k,\varkappa,m)} \varphi^{(\varkappa+m)} d\boldsymbol{q}^{(m)}. \qquad (14.18)$$

Die Gleichungssysteme (14.7) und (14.8) sind die Mayerschen Integralgleichungen für die molekularen Verteilungsfunktionen. Die symbolische Darstellung der Kerne, deren Bedeutung auf den ersten Blick etwas schwierig zu übersehen ist, läßt sich am einfachsten anhand einiger Beispiele verständlich machen. Allgemein gilt

$$K^{(k+\nu,\nu,m)} = \left(\frac{\bar{\varrho}}{Z}\right)^m \sum_{\binom{\varkappa}{k}} (-1)^{k-\varkappa} \frac{g^{(\varkappa+\nu+m)}}{g^{(\varkappa+\nu)}}. \qquad (14.19)$$

Daraus folgt

$$K^{(0,0,0)} = K^{*(0,0,0)} = 1 \qquad (14.20)$$

und

$$K^{(0,0,m)} = \frac{G^{(m)}}{G^{(0)}} = \left(\frac{\bar{\varrho}}{Z}\right)^m g^{(m)}(Z), \quad K^{*(0,0,m)} = \frac{G^{*(m)}}{G^{*(0)}} = \left(\frac{\bar{\varrho}^*}{Z^*}\right)^m g^{(m)}(Z^*). \qquad (14.21)$$

Ferner ist

$$K^{(k+\nu,\nu,0)} = K^{*(k+\nu,\nu,0)} = 0 \quad \text{für} \quad k > 0 \qquad (14.22)$$

und

$$K^{(\nu,\nu,0)} = K^{*(\nu,\nu,0)} = 1. \qquad (14.23)$$

Im Falle eines Einkomponentensystems haben wir explizit

$$K^{(1,0,1)} = \frac{\bar{\varrho}}{Z} \left[\frac{g^{(2)}(\boldsymbol{q}_i, \boldsymbol{q}_j)}{g^{(1)}(\boldsymbol{q}_i)} - g^{(1)}(\boldsymbol{q}_j) \right]. \qquad (14.24)$$

Für eine allgemeine Diskussion der Mayerschen Gleichungen (die ohnehin nicht wesentlich über formale Gesichtspunkte hinausführt) müssen wir auf die Originalarbeit und den Artikel von MAYER in Bd. XII dieses Handbuches [6] verweisen. Wir beschränken uns im folgenden auf die Betrachtung einiger Spezialfälle, für welche sich die Rechnung bis zu expliziten Ergebnissen durchführen läßt.

15. Einige Spezialfälle. Im folgenden beschränken wir uns wieder auf Einkomponentensysteme. Wir zeigen zunächst, daß die Born-Greensche Gleichung (7.2) und die Kirkwoodsche Gleichung erster Art (8.10) aus den Mayerschen Gleichungen erhalten werden, wenn man das Superpositionsprinzip (Ziff. 6) einführt[1].

Um die Born-Greensche Gleichung abzuleiten, identifizieren wir den Parameter y mit dem Vektor $\boldsymbol{q}_i$. Dann wird mit Benutzung von (10.5) und (14.5)

$$\boldsymbol{\Phi}^{(n)} = -\frac{1}{kT} \frac{\partial W^{(n)}}{\partial \boldsymbol{q}_i}. \qquad (15.1)$$

Die Größe $kT \boldsymbol{\Phi}^{(n)}$ ist also identisch mit der durch Gl. (10.3) definierten Durchschnittskraft. Entsprechend gilt

$$\boldsymbol{\varphi}^{(\nu)} = -\frac{1}{kT} \frac{\partial w^{(\nu)}}{\partial \boldsymbol{q}_i}. \qquad (15.2)$$

Weiter führen wir das Superpositionsprinzip ein durch die Aussagen

$$w^{(n)} = \varphi^{(n)} = 0, \quad w^{*(n)} = \varphi^{*(n)} = 0 \quad \text{für} \quad n \geq 3. \qquad (15.3)$$

Schließlich nehmen wir noch an, daß alle Größen sich auf fluide Phasen beziehen und somit

$$w^{(1)} = w^{*(1)} = 0, \quad \varphi^{(1)} = \varphi^{*(1)} = 0, \quad w^{(2)}(\boldsymbol{q}_i, \boldsymbol{q}_j) = W^{(2)}(\boldsymbol{q}_i, \boldsymbol{q}_j) \qquad (15.4)$$

---
[1] S. ONO: Progr. Theoret. Phys. **5**, 822 (1950).

ist. Da wir eine Gleichung für $\varphi^{(2)}$ suchen, kann $\varkappa$ nur die Werte 0, 1, 2 annehmen. Nach (15.3) verschwinden alle Terme mit $m \geq 3$. In den für $\varkappa=0$ auftretenden Termen mit $m=2$ hängen die $w^{*(2)}$ nicht von q_i ab. Die entsprechenden $\varphi^{*(2)}$ verschwinden daher nach Gl. (15.2). Das Schema der verbleibenden Terme ist in der Tabelle dargestellt.

Tabelle 1. *Zur Ableitung der Born-Greenschen Gleichung.*

	$\varkappa$ \ m	0	1	2
$k=1$	0	—	—	—
	1	—	$\varphi^{*(2)} K^{(1,1,1)}$	—
$k=2$	0	—	—	—
	1	—	$\varphi^{*(2)} K^{(2,1,1)}$	—
	2	$\varphi^{*(2)}$	—	—

Es ergibt sich somit

$$0 = \varphi^{(1)}(\boldsymbol{q}_i) = \Delta Z \int \varphi^{*(2)}(\boldsymbol{q}_i, \boldsymbol{q}_k) K^{(1,1,1)}(\boldsymbol{q}_i, \boldsymbol{q}_k) d\boldsymbol{q}_k \qquad (15.5)$$

mit

$$K^{(1,1,1)} = \frac{G^{(2)}(\boldsymbol{q}_i, \boldsymbol{q}_k)}{G^{(1)}(\boldsymbol{q}_i)} = \frac{\bar{\varrho}}{Z} \frac{g^{(2)}(\boldsymbol{q}_i, \boldsymbol{q}_k)}{g^{(1)}(\boldsymbol{q}_i)} \qquad (15.6)$$

und

$$\varphi^{(2)}(\boldsymbol{q}_i, \boldsymbol{q}_j) = \varphi^{*(2)}(\boldsymbol{q}_i, \boldsymbol{q}_j) + \Delta Z \int \varphi^{*}(\boldsymbol{q}_i, \boldsymbol{q}_k) K^{(2,1,1)}(\boldsymbol{q}_i, \boldsymbol{q}_j, \boldsymbol{q}_k) d\boldsymbol{q}_k \qquad (15.7)$$

mit

$$K^{(2,1,1)} = \frac{G^{(3)}(\boldsymbol{q}_i, \boldsymbol{q}_j, \boldsymbol{q}_k)}{G^{(2)}(\boldsymbol{q}_i, \boldsymbol{q}_j)} - \frac{G^{(2)}(\boldsymbol{q}_i, \boldsymbol{q}_k)}{G^{(1)}(\boldsymbol{q}_i)} = \frac{\bar{\varrho}}{Z} \left[\frac{g^{(3)}(\boldsymbol{q}_i, \boldsymbol{q}_j, \boldsymbol{q}_k)}{g^{(2)}(\boldsymbol{q}_i, \boldsymbol{q}_j)} - \frac{g^{(2)}(\boldsymbol{q}_i, \boldsymbol{q}_k)}{g^{(1)}(\boldsymbol{q}_i)} \right]. \qquad (15.8)$$

Addition von (15.5) und (15.7) ergibt

$$\varphi^{(2)}(\boldsymbol{q}_i, \boldsymbol{q}_j) = \varphi^{*(2)}(\boldsymbol{q}_i, \boldsymbol{q}_j) + \Delta Z \int \varphi^{*(2)}(\boldsymbol{q}_i, \boldsymbol{q}_k) \frac{G^{(3)}(\boldsymbol{q}_i, \boldsymbol{q}_j, \boldsymbol{q}_k)}{G^{(2)}(\boldsymbol{q}_i, \boldsymbol{q}_j)} d\boldsymbol{q}_k. \qquad (15.9)$$

Den durch einen Stern charakterisierten Zustand identifizieren wir nun mit dem Grenzzustand unendlicher Verdünnung. Dann gilt $Z^* \to 0$ und $w^{*(2)}(\boldsymbol{q}_i, \boldsymbol{q}_j) \to u_{ij}$. Gl. (15.9) geht damit in die Yvonsche Gleichung (6.7) über, und durch Anwendung des Superpositionsprinzips auf den Kern erhält man die Born-Greensche Gleichung:

$$kT \frac{\partial \ln g^{(2)}(\boldsymbol{q}_i, \boldsymbol{q}_j)}{\partial \boldsymbol{q}_i} = -\frac{\partial u_{ij}}{\partial \boldsymbol{q}_i} - \bar{\varrho} \int \frac{\partial u_{ik}}{\partial \boldsymbol{q}_i} g^{(2)}(\boldsymbol{q}_j, \boldsymbol{q}_k) g^{(2)}(\boldsymbol{q}_k, \boldsymbol{q}_i) d\boldsymbol{q}_k. \qquad (15.10)$$

Wir identifizieren jetzt y mit dem Kirkwoodschen Kopplungsparameter a_i des Moleküls i (vgl. Ziff. 5β). Im übrigen machen wir die gleichen Voraussetzungen wie vorher. Wir beziehen also die Sterne auf den Zustand unendlicher Verdünnung und nehmen an, daß auch der zweite Zustand einer fluiden Phase angehört. Nach (9.15) und (14.1) haben wir dann

$$G^{*(n)}(\boldsymbol{q}^{(n)}, a_i) = e^{-\frac{U^{(n)}(\boldsymbol{q}^{(n)}, a_i)}{kT}} \qquad (15.11)$$

mit

$$U^{(n)} = U^{(n-1)} + a_i \sum_{j \neq i} u_{ij}. \qquad (15.12)$$

Ferner ist

$$\varphi^{(1)}(\boldsymbol{q}_l) = \varphi^{*(1)}(\boldsymbol{q}_l) = 0, \qquad (15.13)$$

$$\varphi^{*(2)}(\boldsymbol{q}_i, \boldsymbol{q}_j) = -\frac{1}{kT} \frac{\partial (a_i u_{ij})}{\partial a_i} = -\frac{u_{ij}}{kT} \qquad (15.14)$$

und

$$\varphi^{*(2)}(\boldsymbol{q}_l, \boldsymbol{q}_k) = 0 \quad \text{für} \quad l \neq i, \quad k \neq i. \qquad (15.15)$$

In völliger Analogie zu (15.7) und (15.8) leitet man nun ab

$$\varphi^{(2)}(\boldsymbol{q}_i, \boldsymbol{q}_j) = -\frac{u_{ij}}{kT} - \bar{\varrho} \int \frac{u_{ik}}{kT} \left[\frac{g^{(3)}(\boldsymbol{q}_i, \boldsymbol{q}_j, \boldsymbol{q}_k, a_i)}{g^{(2)}(\boldsymbol{q}_i, \boldsymbol{q}_j, a_i)} - g^{(2)}(\boldsymbol{q}_i, \boldsymbol{q}_k, a_i) \right] d\boldsymbol{q}_k. \quad (15.16)$$

Es ist jetzt

$$\varphi^{(2)}(\boldsymbol{q}_i, \boldsymbol{q}_j) = \frac{\partial \ln g^{(2)}(\boldsymbol{q}_i, \boldsymbol{q}_j, a_i)}{\partial a_i}. \quad (15.17)$$

Setzt man dies in (15.16) ein und wendet auf den Kern das Superpositionsprinzip an, so folgt

$$kT \frac{\partial \ln g^{(2)}(\boldsymbol{q}_i, \boldsymbol{q}_j, a_i)}{\partial a_i} = -u_{ij} - \bar{\varrho} \int u_{ik} g^{(2)}(\boldsymbol{q}_i, \boldsymbol{q}_k, a_i) \left[g^{(2)}(\boldsymbol{q}_j, \boldsymbol{q}_k) - 1 \right] d\boldsymbol{q}_k. \quad (15.18)$$

Dies ist der aus den Kirkwoodschen Gleichungen erster Art hervorgehende Spezialfall für Einkomponentensysteme.

Die vorstehende Ableitung zeigt besonders deutlich, daß die Born-Greensche und die Kirkwoodsche Gleichung, im Gegensatz zu den allgemeinen Mayerschen Gleichungen, drei spezielle Voraussetzungen enthalten, nämlich

a) das Superpositionsprinzip,

b) die Voraussetzung fluider Phasen,

c) die Annahme, daß zwischen den Molekülen Zweikörper-Zentralkräfte [Gl. (3.14)] wirken.

Es ist bereits früher (Ziff. 6) erwähnt worden, daß das Superpositionsprinzip eine Diskussion von Phasenumwandlungen praktisch ausschließt. Nun kann aber eine Theorie des Schmelzens von der Untersuchung der Funktion $g^{(1)}$ ausgehen, da diese sich im Schmelzpunkt unstetig ändert (Ziff. 2, 17). Wir werden daher als letztes Beispiel aus Gl. (14.17) eine Integralgleichung für die Funktion $g^{(1)}$ ableiten und dabei von den obigen Voraussetzungen lediglich c), die Annahme von Zweikörper-Zentralkräften, beibehalten.

Wir identifizieren wieder y mit dem Kopplungsparameter a_i und können dann nach der Voraussetzung Gültigkeit der Gl. (15.12) annehmen. Die mit Stern versehenen Größen beziehen wir wieder auf den Zustand unendlicher Verdünnung. Dann ergibt sich, in Analogie zu den früheren Ableitungen

$$\varphi^{(0)} + \varphi^{(1)}(\boldsymbol{q}_i) = -\bar{\varrho} \int \frac{u_{ik}}{kT} \frac{g^{(2)}(\boldsymbol{q}_i, \boldsymbol{q}_k, a_i)}{g^{(1)}(\boldsymbol{q}_i, a_i)} d\boldsymbol{q}_k. \quad (15.19)$$

Nach Gln. (14.7), (14.5), (14.1) und (10.5) ist nun

$$\varphi^{(0)} + \varphi^{(1)}(\boldsymbol{q}_i) = \frac{V}{kT} \frac{\partial P(a_i)}{\partial a_i} + \frac{\partial \ln \bar{\varrho}(a_i)}{\partial a_i} - \frac{1}{kT} \frac{\partial w^{(1)}(\boldsymbol{q}_i, a_i)}{\partial a_i}. \quad (15.20)$$

Setzen wir dies in (15.19) ein und integrieren zwischen $a_i = 0$ und a_i, so folgt

$$\frac{V[P(a_i) - P(0)]}{kT} - \ln \frac{\bar{\varrho}(a_i)}{\bar{\varrho}(0)} - \frac{w^{(1)}(\boldsymbol{q}_i, a_i)}{kT} = -\int\limits_0^{a_i} \int \bar{\varrho} \frac{u_{ik}}{kT} \frac{g^{(2)}(\boldsymbol{q}_i, \boldsymbol{q}_k, a_i)}{g^{(1)}(\boldsymbol{q}_i, a_i)} d\boldsymbol{q}_i \, da_i. \quad (15.21)$$

Definieren wir

$$\ln \chi = \frac{V[P(1) - P(0)]}{kT} + \ln \frac{\bar{\varrho}(1)}{\bar{\varrho}(0)} \quad (15.22)$$

und den Kern

$$K(\boldsymbol{q}_i, \boldsymbol{q}_k) = -\frac{\bar{\varrho}}{kT} u_{ik} \int\limits_0^1 \frac{g^{(2)}(\boldsymbol{q}_i, \boldsymbol{q}_k, a_i)}{g^{(1)}(\boldsymbol{q}_i, a_i) g^{(1)}(\boldsymbol{q}_k)} da_i, \quad (15.23)$$

so wird aus (15.21) für $a_i = 1$

$$\ln[\chi g^{(1)}(\boldsymbol{q}_i)] = \int K(\boldsymbol{q}_i, \boldsymbol{q}_k) g^{(1)}(\boldsymbol{q}_k) d\boldsymbol{q}_k. \tag{15.24}$$

Diese nichtlineare Integralgleichung ist zuerst nach der in Ziff. 8 behandelten Methode von KIRKWOOD und MONROE[1] abgeleitet worden, die auf dieser Grundlage eine Theorie des Schmelzens entwickelt haben (Ziff. 60).

Die in Gl. (15.24) auftretende Größe χ ist von KIRKWOOD und MONROE[1] durch die Gleichung

$$\ln \chi = -\frac{\bar{\varrho}}{kTV} \int_0^1 \!\!\int\!\!\int u_{ik} g^{(2)}(\boldsymbol{q}_i, \boldsymbol{q}_k, a_i) \, d\boldsymbol{q}_i \, d\boldsymbol{q}_k \, da_i \tag{15.25}$$

definiert worden. Man kann aber ohne Schwierigkeit zeigen, daß diese Definition mit der durch Gl. (15.22) gegebenen identisch ist. Differenziert man Gl. (12.2) nach Z, so erhält man mit Berücksichtigung von (9.16) und (13.22):

$$V e^{\frac{V P(a_i)}{kT}} \frac{\bar{\varrho}}{Z} = \sum_{m \geq 0} \frac{Z^m}{m!} \int\!\!\int e^{-\frac{U^{(m+1)}(\boldsymbol{q}^{(m)}, \boldsymbol{q}_i, a_i)}{kT}} d\boldsymbol{q}^{(m)} d\boldsymbol{q}_i. \tag{15.26}$$

Differentiation dieser Gleichung nach a_i ergibt:

$$\left.\begin{array}{l} \dfrac{V}{kT} e^{\frac{V P(a_i)}{kT}} \dfrac{\bar{\varrho}}{Z} \dfrac{\partial[V P(a_i) + kT \ln \bar{\varrho}(a_i)]}{\partial a_i} \\[2mm] = \displaystyle\sum_{m \geq 0} \dfrac{Z^m}{m!} \int\!\!\int \left[-\dfrac{1}{kT} \dfrac{\partial U^{(m+1)}(\boldsymbol{q}^{(m)}, \boldsymbol{q}_i, a_i)}{\partial a_i}\right] e^{-\frac{U^{(m+1)}(\boldsymbol{q}^{(m)}, \boldsymbol{q}_i, a_i)}{kT}} d\boldsymbol{q}^{(m)} d\boldsymbol{q}_i. \end{array}\right\} \tag{15.27}$$

Da auf der rechten Seite dieser Gleichung der konstante Term ($m = 0$) gleich Null ist, wird der Wert nicht geändert, wenn wir mit $Z/(m+1)$ multiplizieren, $U^{(m+1)}$ durch $U^{(m+2)}$ ersetzen und über einen weiteren Koordinatensatz $\boldsymbol{q}_k$ integrieren. Aus Gl. (15.12) folgt aber

$$\frac{\partial U^{(m+2)}(\boldsymbol{q}^{(m)}, \boldsymbol{q}_i, \boldsymbol{q}_k, a_i)}{\partial a_i} = \sum_{k=1}^{m+1} u_{ik}. \tag{15.28}$$

Setzen wir dies in (15.27) ein, so erhalten wir bei der Integration $m+1$ gleiche Terme und können schreiben

$$\left.\begin{array}{l} \dfrac{V}{kT} \dfrac{\bar{\varrho}}{Z} e^{\frac{V P(a_i)}{kT}} \dfrac{\partial[V P(a_i) + kT \ln \bar{\varrho}(a_i)]}{\partial a_i} \\[2mm] = -\dfrac{Z}{kT} \displaystyle\sum_{m \geq 0} \dfrac{Z^m}{m!} \int\!\!\int\!\!\int u_{ik} e^{-\frac{U^{(m+2)}(\boldsymbol{q}^{(m)}, \boldsymbol{q}_i, \boldsymbol{q}_k, a_i)}{kT}} d\boldsymbol{q}^{(m)} d\boldsymbol{q}_i d\boldsymbol{q}_k. \end{array}\right\} \tag{15.29}$$

Mit Benutzung von (15.11), (14.3) und (14.1) wird daraus

$$\frac{V}{kT} \frac{\partial[V P(a_i) + kT \ln \bar{\varrho}(a_i)]}{\partial a_i} = -\frac{\bar{\varrho}}{kT} \int\!\!\int u_{ik} g^{(2)}(\boldsymbol{q}_i, \boldsymbol{q}_k, a_i) d\boldsymbol{q}_i d\boldsymbol{q}_k. \tag{15.30}$$

Integration von $a_i = 0$ bis $a_i = 1$ ergibt

$$\frac{V[P(1) - (0)]P}{kT} + \ln \frac{\bar{\varrho}(1)}{\bar{\varrho}(0)} = -\frac{\bar{\varrho}}{kTV} \int_0^1 \!\!\int\!\!\int u_{ik} g^{(2)}(\boldsymbol{q}_i, \boldsymbol{q}_k, a_i) d\boldsymbol{q}_i d\boldsymbol{q}_k da_i. \tag{15.31}$$

---

[1] J.G. KIRKWOOD u. E. MONROE: J. Chem. Phys. 9, 514 (1941).

Der Vergleich mit (15.22) führt unmittelbar auf die Kirkwood-Monroesche Definition (15.25). Wie die Ableitung zeigt, sind die Gln. (15.22) bis (15.25) unter der Voraussetzung (3.9) streng gültig.

16. Die Kirkwoodschen Gleichungen zweiter Art. Das Mayersche Variationsverfahren führt, wie wir gesehen haben, zunächst auf Integro-Differentialgleichungen für die molekularen Verteilungsfunktionen. KIRKWOOD und SALSBURG[1] haben nach einer anderen Methode unmittelbar ein System von reinen Integralgleichungen erhalten, die sich in ihrer Struktur wesentlich von denen unterscheiden, die man aus den Mayerschen Gleichungen durch Integration gewinnt.

Wir beschränken uns auf Einkomponentensysteme aus N einatomigen Molekülen und nehmen wieder Zweikörper-Zentralkräfte an. Wie in verschiedenen früheren Ableitungen (Ziff. 5β, 8, 15) trennen wir die Wechselwirkung eines Moleküls 1 mit allen übrigen ab und setzen

$$U^{(N)} = U^{(N-1)} + U_1^{(N)}, \tag{16.1}$$

wo

$$U_1^{(N)} = \sum_{j=2}^{N} u_{1j}. \tag{16.2}$$

Definieren wir

$$U_1^{(n)} = \sum_{i=2}^{n} u_{1i} \tag{16.3}$$

und

$$f_{1\sigma} = e^{-\frac{u_{1\sigma}}{kT}} - 1, \tag{16.4}$$

so wird

$$e^{-\frac{U_1^{(N)}}{kT}} = e^{-\frac{U_1^{(n)}}{kT}} \prod_{\sigma=n+1}^{N} (1 + f_{1\sigma}). \tag{16.5}$$

Setzt man (16.1) und (16.5) in Gl. (9.1) ein, so folgt

$$\left. \begin{array}{l} \varrho^{(n)}(\boldsymbol{q}^{(n)}) = \displaystyle\sum_{N \geq n} \frac{1}{(N-n)!\, \lambda^{3N}} e^{\frac{-PV + N\mu}{kT}} \times \\ \times \displaystyle\int e^{-\frac{U^{(N-1)}}{kT}} e^{-\frac{U_1^{(n)}}{kT}} \prod_{\sigma=n+1}^{N} (1 + f_{1\sigma})\, d\boldsymbol{q}^{(N-n)}. \end{array} \right\} \tag{16.6}$$

Ausmultiplizieren des Produktes ergibt eine Reihe von Summanden der Form $\prod_{\sigma=n+1}^{l} f_{1\sigma}$, von denen jeder die Faktoren $f_{1\sigma}$ für l verschiedene Moleküle des Satzes $N-n$ enthält. Jedes derartige Integral besteht aus $(N-n)!/(N-n-l)!\,l!$ identischen Termen und wird über die Koordinaten von l Molekülen erstreckt. Die Integration über die restlichen $N-n-l$ Koordinatensätze ergibt zunächst nach Gl. (3.2) einen Faktor

$$(N-n-l)!\, \lambda^{3(N-1)} e^{-\frac{F^{(N-1)}}{kT}} \varrho\binom{n+l-1}{N-1}, \tag{16.7}$$

wo $\varrho\binom{n}{N}$ die kanonische molekulare Verteilungsfunktion eines Systems von N Molekülen ist. Vertauschen wir die Summierungen über N und l und berücksichtigen, daß

$$\varrho^{(n)} = \sum_{N \geq n}^{\infty} \varrho\binom{n}{N} e^{\frac{-PV + N\mu - F^{(N)}}{kT}} \tag{16.8}$$

---

[1] J.G. KIRKWOOD u. Z.W. SALSBURG: Disc. Faraday Soc. **15**, 28 (1953).

ist, so folgt

$$\varrho^{(n)}(\mathbf{q}_1,\ldots,\mathbf{q}_n) = e^{\frac{\mu'-U_1^{(n)}}{kT}} \left\{ \varrho^{(n-1)}(\mathbf{q}_2,\ldots,\mathbf{q}_n) + \right.$$
$$\left. + \sum_{l=1}^{\infty} \frac{1}{l!} \int \cdots \int K'^{(l)}(\mathbf{q}_1,\mathbf{q}_{n+1},\ldots,\mathbf{q}_{n+l}) \varrho^{(n+l-1)}(\mathbf{q}_2,\ldots,\mathbf{q}_{n+l}) d\mathbf{q}_{n+1}\ldots d\mathbf{q}_{n+l} \right\} ,\quad (16.9)$$

wo

$$\mu' = \mu - kT \ln \lambda^3 \qquad (16.10)$$

und

$$K'^{(l)}(\mathbf{q}_1,\mathbf{q}_{n+1},\ldots,\mathbf{q}_{n+l}) = \prod_{\sigma=n+1}^{n+l} f_{1\sigma} = \prod_{\sigma=n+1}^{n+l} \left(e^{-\frac{u_{1\sigma}}{kT}} - 1 \right) \qquad (16.11)$$

ist. Bezeichnen wir mit

$$\mu^e = \mu + kT \ln \frac{V}{N \lambda^3} \qquad (16.12)$$

die Abweichung des chemischen Potentials von dem eines idealen Gases und führen die durch Gl. (2.15b) definierten Funktionen $g^{(n)}$ ein, so wird aus (16.9):

$$g^{(n)}(\mathbf{q}_1,\ldots,\mathbf{q}_n) = e^{-\frac{\mu^e - U_1^{(n)}}{kT}} \left\{ g^{(n-1)}(\mathbf{q}_2,\ldots,\mathbf{q}_n) + \right.$$
$$\left. + \sum_{l=1}^{\infty} \frac{\bar{\varrho}^l}{l!} \int \cdots \int K'^{(l)}(\mathbf{q}_1,\mathbf{q}_{n+1},\ldots,\mathbf{q}_{n+l}) g^{(n+l-1)}(\mathbf{q}_2,\ldots,\mathbf{q}_{n+l}) d\mathbf{q}_{n+1}\ldots d\mathbf{q}_{n+l} \right\}. \quad (16.13)$$

Dabei wird vorausgesetzt, daß die $g^{(n)}$ symmetrische Funktionen der Koordinaten $\mathbf{q}_1,\ldots,\mathbf{q}_n$ sind und daß für ein endliches Volumen V

$$\lim_{n\to\infty} \varrho^{(n)} = 0 \qquad (16.14)$$

ist. Ferner soll

$$g^{(0)} = 1, \quad U_1^{(1)} = 0 \qquad (16.15)$$

sein.

Aus Gl. (16.13) folgt eine bemerkenswerte Beziehung zwischen dem chemischen Potential und den molekularen Verteilungsfunktionen, die zuerst nach einer anderen Methode von MAYER[1] abgeleitet wurde. Es ist

$$\frac{1}{V^n} \int g^{(n)}(\mathbf{q}^{(n)}) d\mathbf{q}^{(n)} = \overline{\left[\prod_{l=0}^{n-1} \frac{(N-l)}{N} \right]} \qquad (16.16)$$

und somit

$$\frac{1}{V} \int g^{(1)}(\mathbf{q}_i) d\mathbf{q}_i = 1. \qquad (16.17)$$

Integriert man nun Gl. (16.13) für $n=1$ über den Koordinatensatz $\mathbf{q}_1$, so folgt mit (16.15) und (16.17)

$$e^{-\frac{\mu^e}{kT}} = 1 + \sum_{l=1}^{\infty} \frac{1}{V l!} \bar{\varrho}^l \int \cdots \int K'^{(l)}(\mathbf{q}_1,\mathbf{q}_2,\ldots,\mathbf{q}_{l+1}) g^{(l)}(\mathbf{q}_2,\ldots,\mathbf{q}_{l+1}) \times$$
$$\times d\mathbf{q}_1 d\mathbf{q}_2 \ldots d\mathbf{q}_{l+1}. \quad (16.18)$$

Die Gln. (16.13) enthalten auf der rechten Seite unendliche Reihen. Dieselben konvergieren jedoch so rasch, daß sie mit beliebiger Genauigkeit durch endliche Polynome approximiert werden können. Man sieht dies am einfachsten, wenn man als Molekülmodell starre Kugeln vom Radius b wählt, zwischen denen eine Kraft von der endlichen Reichweite a wirkt. Dann folgt aus der Voraussetzung,

---

[1] J.E. MAYER: J. Chem. Phys. **15**, 187 (1947).

daß $K'^{(l)}(\boldsymbol{q}_1, \boldsymbol{q}_2, \ldots, \boldsymbol{q}_{l+1})$ verschwindet, wenn nicht alle Moleküle des Satzes l sich innerhalb einer Kugel vom Radius a befinden, in deren Mittelpunkt das Molekül 1 liegt. Andererseits ist infolge der Abstoßung zwischen starren Kugeln $g^{(1)}$ gleich Null für Konfigurationen[1], bei denen l Molekülmittelpunkte innerhalb einer Kugel vom Radius a um das Molekül 1 als Mittelpunkt liegen, wenn $l \geq \nu + 1$ ist, wo $\nu + 1$ die maximale Zahl der Kugeln vom Radius b ist, die in einer größeren Kugel vom Radius a untergebracht werden können. In den Gln. (16.13) und (16.18) verschwinden somit alle Integranden mit $l > \nu$, da es kein Gebiet gibt, in dem sowohl $K'(l)$ wie $g^{(l)}$ von Null verschieden sind. Für starre Kugeln ohne Anziehungskräfte ist einfach $a = 2b$ und $\nu = 12$, der Koordinationszahl der dichtesten Kugelpackung. Für van der Waalssche Anziehungskräfte kann man größenordnungsmäßig etwa $a = 10b$ annehmen. Für ein realistischeres Abstoßungspotential läßt sich b naturgemäß nur für jeweils einen gewissen Temperaturbereich physikalisch sinnvoll definieren. Wir brauchen auf diese Fragen hier nicht näher einzugehen und begnügen uns mit der Feststellung, daß wir die unendlichen Reihen durch Polynome vom Grade ν in der molekularen Dichte ersetzen können[2].

Eine weitere Vereinfachung läßt sich dadurch erreichen, daß wir die durch Gl. (2.17b) definierten bedingten Wahrscheinlichkeitsdichten einführen und gleichzeitig neue Kerne definieren durch die Gleichung

$$K^{(n)}(\boldsymbol{q}_1, \boldsymbol{q}_2, \ldots, \boldsymbol{q}_{n+1}) = \bar{\varrho}\, f_{1,n+1}\, e^{\frac{\mu^{\varrho} - U_1^{(n)}}{kT}} \times \\ \times \left\{ 1 + \sum_{l=1}^{\nu-1} \frac{1}{(l+1)!} \int \cdots \int \varrho^{(n,l)} \prod_{\sigma = n+2}^{n+l+1} f_{1\sigma}\, d\boldsymbol{q}_\sigma \right\}. \tag{16.19}$$

Dann wird aus (16.13)

$$g^{(n)}(\boldsymbol{q}_1, \ldots, \boldsymbol{q}_n) = e^{\frac{\mu^{\varrho} - U_1^{(n)}}{kT}} g^{(n-1)}(\boldsymbol{q}_2, \ldots, \boldsymbol{q}_n) + \int K^{(n)}(\boldsymbol{q}_1, \boldsymbol{q}_2, \ldots, \boldsymbol{q}_{n+1}) \times \\ \times g^{(n)}(\boldsymbol{q}_2, \ldots, \boldsymbol{q}_{n+1})\, d\boldsymbol{q}_{n+1}. \tag{16.20}$$

Die wichtigsten Spezialfälle sind

$$g^{(1)}(\boldsymbol{q}_1) = e^{\frac{\mu^{\varrho}}{kT}} + \int K^{(1)}(\boldsymbol{q}_1, \boldsymbol{q}_2)\, g^{(1)}(\boldsymbol{q}_2)\, d\boldsymbol{q}_2 \tag{16.21}$$

mit

$$K^{(1)}(\boldsymbol{q}_1, \boldsymbol{q}_2) = \bar{\varrho}\, e^{\frac{\mu^{\varrho}}{kT}} f_{12} \left\{ 1 + \sum_{l=1}^{\nu-1} \frac{1}{(l+1)!} \int \cdots \int \varrho^{(1,l)} \prod_{\sigma=3}^{l+2} f_{1\sigma}\, d\boldsymbol{q}_\sigma \right\} \tag{16.22}$$

und

$$g^{(2)}(\boldsymbol{q}_1, \boldsymbol{q}_2) = e^{\frac{\mu^{\varrho} - u_{12}}{kT}} g^{(1)}(\boldsymbol{q}_2) + \int K^{(2)}(\boldsymbol{q}_1, \boldsymbol{q}_2, \boldsymbol{q}_3)\, g^{(2)}(\boldsymbol{q}_2, \boldsymbol{q}_3)\, d\boldsymbol{q}_3 \tag{16.23}$$

mit

$$K^{(2)}(\boldsymbol{q}_1, \boldsymbol{q}_2, \boldsymbol{q}_3) = \bar{\varrho}\, e^{\frac{\mu^{\varrho} - u_{12}}{kT}} f_{13} \cdot \left\{ 1 + \sum_{l=1}^{\nu-1} \frac{1}{(l+1)!} \int \cdots \int \varrho^{(2,l)} \prod_{\sigma=4}^{l+3} f_{1\sigma}\, d\boldsymbol{q}_\sigma \right\}. \tag{16.24}$$

Die vorstehenden Gleichungen bezeichnen wir, zum Unterschied von dem Gleichungssystem (8.9), als die Kirkwoodschen Gleichungen zweiter Art. In der zuletzt gegebenen Darstellung sind sie lineare Integralgleichungen vom Fredholmschen Typ. Man kann daher die Theorie der linearen Integralgleichungen

---

[1] Mit Ausnahme eines Gebietes vom Maße Null.
[2] Diese Bezeichnung ist rein formal gemeint und sachlich nicht korrekt, weil die Koeffizienten nicht von $\bar{\varrho}$ unabhängig sind.

benutzen, um gewisse allgemeine Aussagen über die Lösungen zu erhalten. Das eigentliche Problem der Lösung selbst liegt aber naturgemäß in der Tatsache, daß die Kerne nicht bekannte Funktionen sind, sondern die höheren molekularen Verteilungsfunktionen enthalten.

In Ziff. 18 werden wir die Gleichungen auf das Problem des eindimensionalen Systems anwenden. In diesem Falle lassen sich die Lösungen direkt aus der in Bd. III/2 dieses Handbuches [4] entwickelten Theorie ableiten. Eine Anwendung auf Lösungen starker Elektrolyte wird kurz in Ziff. 76 besprochen.

17. Phasenumwandlungen. Da die molekularen Verteilungsfunktionen unmittelbar mit der molekularen Struktur des Systems zusammenhängen, müssen sie notwendig an der Stelle einer Phasenumwandlung eine plötzliche Änderung erleiden. Das einfachste Beispiel dafür bietet die Funktion $g^{(1)}$, die für den Kristall dreifach periodisch, für die Flüssigkeit dagegen identisch gleich Eins ist. Die Lösungen der Integralgleichungen der Ziff. 14 und 16 müssen daher im Prinzip auch alle Aussagen über die Phasenumwandlungen des betreffenden Systems liefern. Die Durchführung dieses Programms wird jedoch durch die Einführung des Superpositionsprinzips (die in den meisten Fällen nicht zu umgehen ist) praktisch unmöglich gemacht[1]. Eine Ausnahme bildet die in Ziff. 15 abgeleitete Gleichung für $g^{(1)}$. Ihre Lösung und die Theorie des Schmelzens behandeln wir in Ziff. 60.

An dieser Stelle beschränken wir uns darauf, den allgemeinen Zusammenhang zwischen Phasenumwandlungen und molekularen Verteilungsfunktionen zu erörtern und damit die obige Feststellung etwas näher zu präzisieren[2,3]. Insofern stellen die folgenden Überlegungen eine Ergänzung zu den Ausführungen im Bd. III/2 dieses Handbuches [4] dar. Wir beschränken uns auf Einkomponentensysteme und betrachten zunächst Umwandlungen erster Ordnung.

Da Phasenumwandlungen statistisch durch das Verhalten der mittleren relativen Schwankungsquadrate der extensiven Parameter charakterisiert werden können [4], liefert den einfachsten Zugang zu unserem Problem die Beziehung zwischen dem mittleren relativen Schwankungsquadrat der Teilchenzahl und der Korrelationsfunktion (11.8), die wir zur besseren Übersicht hier in der Form

$$\frac{\overline{(\varrho - \overline{\varrho})^2}}{\overline{\varrho}^2} = \frac{1}{\overline{N}} \left\{ \frac{\overline{\varrho}}{V} \iint [g^{(2)}(\boldsymbol{q}, \boldsymbol{q}') - g^{(1)}(\boldsymbol{q}) g^{(1)}(\boldsymbol{q}')] d\boldsymbol{q} \, d\boldsymbol{q}' + 1 \right\} \quad (17.1)$$

schreiben. Man sieht daraus unmittelbar, daß eine thermodynamische stabile Phase dadurch charakterisiert ist, daß das Integral über die Korrelationsfunktion konvergiert. In diesem Falle verschwindet nämlich das mittlere relative Schwankungsquadrat der molekularen Dichte für $\overline{N} \to \infty$ wie $\overline{N}^{-1}$, und das ist, wie an anderer Stelle [4] gezeigt worden ist, die statistische Definition einer stabilen Phase. An der Stelle einer Phasenumwandlung strebt die linke Seite der Gl. (17.1) für $\overline{N} \to \infty$ einem endlichen Grenzwert zu. Hier divergiert daher das Integral über die Korrelationsfunktion, und zwar in solcher Weise, daß

$$\lim_{\overline{N} \to \infty} \frac{\overline{\varrho}}{V} \iint [g^{(2)}(\boldsymbol{q}, \boldsymbol{q}') - g^{(1)}(\boldsymbol{q}) g^{(1)}(\boldsymbol{q}')] d\boldsymbol{q} \, d\boldsymbol{q}' \sim \overline{N} \quad (17.2)$$

wird. Für fluide Phasen ist $g^{(1)} = 1$. (17.2) besagt daher, daß für die betreffenden Werte der thermodynamischen Zustandsgrößen die Integralgleichungen der

---

[1] KATSURA und HARUMI haben gezeigt, daß die Lösung der (linearisierten) Born-Greenschen Gleichung auch im eindimensionalen Falle die ursprünglich als Phasenumwandlungen interpretierten Singularitäten besitzt. [Proc. Phys. Soc. **75**, 826 (1960).]
[2] J.E. MAYER: J. Chem. Phys. **16**, 665 (1948).
[3] A. MÜNSTER: Comptes Rendus IIième Réunion „Changements de Phases", S. 21, Paris 1952.

radialen Verteilungsfunktion keine Lösung besitzen, welche die Normierungsrelation (9.12) erfüllt. In einem heterogenen System ist also eine radiale Verteilung nicht definierbar, es ist im Hinblick auf die Verteilung von Molekülpaaren statistisch unbestimmt. Die Wahrscheinlichkeitsdichte, im Volumenelement $d\mathbf{q}_i$ ein einzelnes Molekül anzutreffen, ist dagegen, wenn wir die Volumenbrüche der beiden Phasen mit x_α^* und x_β^* bezeichnen,

$$\bar{\varrho}_{\alpha,\beta} = \overline{x_\alpha^*}\,\bar{\varrho}_\alpha + \overline{x_\beta^*}\,\bar{\varrho}_\beta, \tag{17.3}$$

da $\bar{\bar{\varrho}}$ im Umwandlungspunkt eine Unstetigkeit besitzt.

Für Umwandlungen, an denen kristalline Phasen beteiligt sind (Schmelzen, Umwandlungen im festen Zustand), liegen die Verhältnisse etwas anders, da hier auch die Funktion $g^{(1)}$ für beide Phasen verschieden ist. In dem heterogenen System kann zwar die mittlere molekulare Dichte wieder durch Gl. (17.3) ausgedrückt werden. Die molekulare Verteilung ist aber nicht definierbar, und die Gleichungen für $g^{(1)}$ besitzen keine der Normierungsrelation (9.12) genügende Lösung.

Wir wollen zeigen, daß die Integralgleichungen für die molekularen Verteilungsfunktionen mathematisch ein solches Verhalten zulassen und daß somit die statistische Theorie auch in dieser Formulierung die Möglichkeit von Phasenumwandlungen einschließt. Wir beginnen mit den Mayerschen Integralgleichungen, beschränken uns dabei jedoch auf ein ganz einfaches Modell[1]. Dasselbe ist durch einige für physikalische Systeme sicher unzulässige Annahmen charakterisiert, läßt aber den hier wesentlichen Gesichtspunkt erkennen. Für eine ausführlichere Diskussion der Frage müssen wir auf die Originalarbeit[1] verweisen.

Die erwähnte Vereinfachung besteht zunächst in der Annahme, daß alle $\varphi^{*(k)}$ mit Ausnahme von $\varphi^{*(1)}$ identisch verschwinden. Die Summe auf der rechten Seite der Gl. (14.17) reduziert sich dann auf zwei Terme, einen mit $m=0$, $\varkappa=1$ und einen mit $\varkappa=0$, $m=1$. Für $k=1$ wird dann aus (14.17) mit Berücksichtigung von (14.23)

$$\varphi^{(1)}(\mathbf{q}_1) = \varphi^{*(1)}(\mathbf{q}_1) + \Delta Z \int K^{(1,0,1)}(\mathbf{q}_1, \mathbf{q}_2)\, \varphi^{*(1)}(\mathbf{q}_2)\, d\mathbf{q}_2. \tag{17.4}$$

Wir nehmen weiter an, daß auch alle $\varphi^{(k)}$ mit Ausnahme von $\varphi^{(1)}$ identisch verschwinden. Dann wird aus (14.18)

$$\varphi^{*(1)}(\mathbf{q}_1) = \varphi^{(1)}(\mathbf{q}_1) - \Delta Z \int K^{*(1,0,1)}(\mathbf{q}_1, \mathbf{q}_2)\, \varphi^{(1)}(\mathbf{q}_2)\, d\mathbf{q}_2. \tag{17.5}$$

Die Gln. (17.4) und (17.5) sind inhomogene lineare Integralgleichungen vom Fredholmschen Typ. Wir wollen annehmen, daß die mit einem Stern versehenen Funktionen bekannt sind und sich auf den Zustand unendlicher Verdünnung beziehen. Nach Gl. (14.24) sind dann die Kerne

$$K^{*(1,0,1)} = g^{*(2)}(\mathbf{q}_1, \mathbf{q}_2) - 1 \tag{17.6}$$

und

$$K^{(1,0,1)} = \frac{\bar{\varrho}}{Z}\left[\frac{g^{(2)}(\mathbf{q}_1, \mathbf{q}_2)}{g^{(1)}(\mathbf{q}_1)} - g^{(1)}(\mathbf{q}_2)\right]. \tag{17.7}$$

In der üblichen Standardform haben wir also für die gesuchte Funktion $\varphi^{(1)}$ die Integralgleichung

$$\varphi^{(1)}(\mathbf{q}_1) = \varphi^{*(1)}(\mathbf{q}_1) + Z \int K^{*(1,0,1)}(\mathbf{q}_1, \mathbf{q}_2)\, \varphi^{(1)}(\mathbf{q}_2)\, d\mathbf{q}_2. \tag{17.8}$$

---

[1] J.E. MAYER: J. Chem. Phys. **15**, 187 (1947).

Man sieht nun unmittelbar, daß die Lösung dieser Gleichung durch (17.4) gegeben ist. Die Kerne $K^{(1,0,1)}$ und $K^{*(1,0,1)}$ sind also zueinander reziprok, und $K^{(1,0,1)}$ ist die zu (17.8) gehörende Resolvente. Die Gl. (17.8) besitzt aber nur Lösungen, wenn Z verschieden ist von den Eigenwerten des Kernes $K^{*(1,0,1)}$ [1]. Gehen wir daher von dem Zustand unendlicher Verdünnung aus und schreiten bei konstanter Temperatur in Richtung wachsender Fugazitäten fort, so erreichen wir einen Wert Z^*, für welchen die Gl. (17.8) keine Lösung besitzt. Nach dem vorhergehenden stellt dieser Wert die Fugazität dar, bei der die erste Phasenumwandlung stattfindet. Jenseits Z^* existieren wieder Lösungen, die aber naturgemäß, der neuen Phase entsprechend, sich von den vorhergehenden unterscheiden. Man kann nun Z weiter anwachsen lassen, bis der nächste Eigenwert des Kernes $K^{*(1,0,1)}$ und damit die nächste Phasenumwandlung erreicht wird. Die Eigenwerte des Kernes $K^{*(1,0,1)}$ ergeben somit unmittelbar die Fugazitäten, bei denen Phasenumwandlungen stattfinden.

Daß die hier skizzierte qualitative Theorie der Phasenumwandlungen tatsächlich der an anderer Stelle [4] benutzten Methode äquivalent ist, kann man in folgender Weise einsehen. Bekanntlich läßt sich die Resolvente darstellen als Entwicklung nach Potenzen des Parameters (in unserem Falle der Fugazität), deren Koeffizienten die iterierten Kerne sind (Neumannsche Reihe). Unter der Voraussetzung, daß der Kern $K^{*(1,0,1)}$ symmetrisch ist, kann man durch eine einfache Umformung zeigen, daß diese Reihe für jeden Wert von Z, der Eigenwert des Kernes ist, divergiert[1]. Allgemeiner gesprochen ist die Resolvente eine meromorphe Funktion von z, die in den Eigenwerten des Kernes einfache Pole besitzt. Da nach (17.7) die Resolvente durch Z, $g^{(2)}$ und $g^{(1)}$ bestimmt ist, kann die erwähnte Reihe als Entwicklung einer thermodynamischen Funktion nach Potenzen der Fugazität betrachtet werden. Damit ist das frühere Ergebnis [4] bestätigt, daß eine solche Entwicklung an der Stelle einer Phasenumwandlung eine Singularität auf der positiven reellen Achse besitzt.

Die vorstehenden Überlegungen stellen naturgemäß nur eine qualitative Skizze dar, die eine Vorstellung von dem wesentlichen Sachverhalt gibt. Sie wird dadurch gerechtfertigt, daß die allgemeine Untersuchung[2] im Prinzip zu dem gleichen Ergebnis führt.

Eine analoge Betrachtung läßt sich auch für die Kirkwoodschen Gleichungen zweiter Art durchführen[3]. Infolge der einfacheren Struktur derselben können wir hier auf ein Modell verzichten und damit der Überlegung den Charakter einer allgemeinen Theorie geben, die wir jedoch nicht im einzelnen ausführen.

Wir beginnen mit Gl. (16.21). Dieselbe stellt ebenfalls eine lineare inhomogene Fredholmsche Integralgleichung dar. Die Situation ist jedoch gegenüber Gl. (17.8) insofern geändert, als der Parameter ein für allemal auf den Wert Eins festgelegt ist. Die Zustandsvariablen treten aber als Parameter im Kern auf. Für hinreichend niedrige Temperaturen und hohe Drucke (bzw. chemische Potentiale) liefert (16.21) eine dem kristallinen Zustand entsprechende dreifach periodische Lösung. Wird nun, etwa bei konstantem Druck, mit steigender Temperatur ein Punkt erreicht, in dem der Kern den Eigenwert Eins hat, so existiert an dieser Stelle keine Lösung der Gl. (16.21). Das Schwankungsintegral divergiert nach (17.2), d.h. wir haben eine Phasenumwandlung. Es sind hier zwei Fälle möglich. Gibt (16.21) oberhalb des Umwandlungspunktes wieder eine periodische Lösung, so haben wir eine Phasenumwandlung im festen Zustand. Ist aber dann $g^{(1)}=1$, so handelt es sich um den Schmelzpunkt.

---

[1] R. COURANT u. D. HILBERT: Methoden der mathematischen Physik, Bd. I, Berlin 1931.
[2] Siehe Fußnote 1, S. 47.
[3] J.G. KIRKWOOD u. Z.W. SALSBURG: Disc. Faraday Soc. 15, 28 (1953).

Für die Integralgleichung (16.23) haben wir in dem bisher betrachteten Zustandsgebiet ganz analoge Verhältnisse. Für Systeme, die einen Schmelzpunkt zeigen, müssen daher (wenn der Druck gegeben ist) die Kerne $K^{(1)}$ und $K^{(2)}$ wenigstens bei einer Temperatur beide den Eigenwert Eins besitzen. Gibt es mehrere solche Temperaturen, so treten Phasenumwandlungen im festen Zustand auf. Oberhalb des Schmelzpunktes hat (16.21) keine Bedeutung mehr, und (16.23) stellt dann die Gleichung für die radiale Verteilungsfunktion der flüssigen Phase dar. Gibt es jetzt nochmals eine Temperatur, für welche der Kern $K^{(2)}$ den Eigenwert Eins hat, so haben wir erneut eine Phasenumwandlung, die wir mit der Verdampfung der Flüssigkeit identifizieren können. Die Existenz eines kritischen Punktes drückt sich darin aus, daß oberhalb einer gewissen Temperatur T_k der Kern unter keinen Umständen mehr den Eigenwert Eins besitzen kann.

18. Die eindimensionale Flüssigkeit. In Bd. III/2 dieses Handbuches [4] ist gezeigt worden, daß die Verteilungsfunktion eines eindimensionalen Systems sich unter gewissen Voraussetzungen exakt berechnen läßt nach einer Methode, welche auf der Darstellung des Konfigurationsintegrals als multiples Faltungsprodukt beruht. Die gleiche Methode kann auch zu einer exakten Berechnung der molekularen Verteilungsfunktionen dienen[1].

Wir betrachten ein System aus N gleichen Teilchen der Masse m, die sich entlang einer Geraden der Länge L bewegen können. Die Koordinate des i-ten Teilchens sei q_i, sein Impuls p_i. Dann ist die halbklassische Verteilungsfunktion

$$Q = \frac{1}{h^N N!} \int_0^L dq_1 \cdots \int_0^L dq_N \int_{-\infty}^{+\infty} \cdots \int_{-\infty}^{+\infty} e^{-\frac{H(\boldsymbol{q},\boldsymbol{p})}{kT}} dp_1 \cdots dp_N. \quad (18.1)$$

Für die Hamilton-Funktion setzen wir

$$H(\boldsymbol{q},\boldsymbol{p}) = \sum_{i=1}^{N} \frac{p_i^2}{2m} + U(q_1, \ldots, q_N) + U', \quad (18.2)$$

wo U das Potential der zwischenmolekularen Wechselwirkung und U' das Potential der von der „Wand" (d.h. der Begrenzung des Systems) auf die Teilchen ausgeübten Kraft ist. Integration über die Impulse ergibt

$$Q = \left(\frac{2\pi m kT}{h^2}\right)^{\frac{1}{2}N} \frac{Q_\tau}{N!}, \quad (18.3)$$

wo

$$Q_\tau = \int_0^L \cdots \int_0^L e^{-\frac{U+U'}{kT}} dq_1 \cdots dq_N \quad (18.4)$$

das Konfigurationsintegral ist. Wir nehmen an, daß U sich darstellen läßt als Summe der Wechselwirkungsenergien zwischen je zwei nächsten Nachbarn in der Kette. Physikalisch bedeutet dies eine Beschränkung auf Kräfte kurzer Reichweite (van der Waalssche Kräfte). Diese Annahme stellt naturgemäß nicht den allgemeinsten Fall dar, sie ist aber wesentlich für die hier benutzte mathematische Methode. Wir numerieren die Teilchen so, daß

$$0 < q_1 < q_2 < \cdots < q_N < L \quad (18.5)$$

ist. Dann besagt die obige Annahme, daß

$$U = \sum_{i=1}^{N-1} u(q_{i+1} - q_i) \quad (18.6)$$

---
[1] Z.W. SALSBURG, R.W. ZWANZIG u. J.G. KIRKWOOD: J. Chem. Phys. **21**, 1098 (1953).

ist. Den Einfluß der „Wand" stellen wir in der Weise dar, daß wir zwei weitere, den übrigen gleiche Teilchen in den Punkten $q=0$ und $q=L$ fixiert denken. Dann wird die gesamte potentielle Energie

$$U + U' = u(q_1) + \sum_{i=1}^{N-1} u(q_{i+1} - q_i) + u(L - q_N). \tag{18.7}$$

Über das zwischenmolekulare Wechselwirkungspotential $u(q)$ setzen wir noch voraus, daß

$$\lim_{q \to 0} u(q) = \infty \tag{18.8}$$

und

$$\lim_{q \to \infty} u(q) = 0 \tag{18.9}$$

ist in solcher Weise, daß alle auftretenden Integrale konvergieren. Diese Bedingungen werden von den üblicherweise verwendeten Wechselwirkungspotentialen erfüllt und können ohne weiteres als physikalisch vernünftig betrachtet werden. Gl. (18.8) besagt, daß die Moleküle undurchdringlich sind; daraus folgt, daß die einmal gewählte Reihenfolge der Moleküle (18.5) erhalten bleibt und sich nicht etwa im Laufe der Zeit ändert. Es sind also nur solche Konfigurationen des Systems möglich, bei denen die Reihenfolge der Moleküle erhalten bleibt.

Aus Gl. (18.4) folgt für den kanonischen Mittelwert einer Funktion der Koordinaten $f(q_1, \ldots, q_N)$

$$\overline{f(q_1, \ldots, q_N)} = Q_\tau^{-1} \int_0^L \cdots \int_0^L f(q_1, \ldots, q_N) e^{-\frac{U+U'}{kT}} dq_1 \ldots dq_N. \tag{18.10}$$

Ist nun $f(q_1, \ldots, q_N)$ eine in den Koordinaten symmetrische Funktion, so gilt, wie man durch Induktion beweist,

$$\int_0^L \cdots \int_0^L f(q_1, \ldots, q_N) dq_1 \ldots dq_N = N! \int_0^L dq_N \int_0^{q_N} dq_{N-1} \cdots \int_0^{q_2} f(q_1, \ldots, q_N) dq_1. \tag{18.11}$$

Die Gl. (18.10) kann daher geschrieben werden

$$\overline{f(q_1, \ldots, q_N)} = N! Q_\tau^{-1} \int_0^L e^{-\frac{u(L-q_N)}{kT}} dq_N \int_0^{q_N} e^{-\frac{u(q_N - q_{N-1})}{kT}} dq_{N-1} \cdots \\ \cdots \int_0^{q_2} e^{-\frac{u(q_2-q_1)}{kT}} e^{-\frac{u(q_1)}{kT}} f(q_1, \ldots, q_N) dq_1. \tag{18.12}$$

Identifiziert man nun f mit der durch Gl. (2.1) definierten Dichte der Einzelteilchen $\nu^{(1)}(q)$ und berücksichtigt Gl. (2.8), so wird

$$\varrho^{(1)}(q) = N! Q_\tau^{-1} \sum_{k=1}^N J_k^{(N)}(L, q) \tag{18.13}$$

mit

$$J_k^{(N)}(L, q) = \int_0^L e^{-\frac{u(L-q_N)}{kT}} dq_N \cdots \int_0^{q_{k+1}} \delta(q_k - q) e^{-\frac{u(q_{k+1}-q_k)}{kT}} dq_k \cdots \\ \cdots \int_0^{q_2} e^{-\frac{u(q_2-q_1)}{kT}} e^{-\frac{u(q_1)}{kT}} dq_1. \tag{18.14}$$

Die rechte Seite dieser Gleichung stellt ein Faltungsprodukt dar. Wir erhalten daher durch Laplace-Transformation

$$\left.\begin{array}{l}\int\limits_0^\infty e^{-sL} J_k^{(N)}(L,q)\,dL = [\varphi(s)]^{N-k+1} \int\limits_0^\infty \delta(L-q)\,h_k(L)\,e^{-sL}\,dL \\ = [\varphi(s)]^{N-k+1} e^{-sq} h_k(q),\end{array}\right\} \quad (18.15)$$

wo

$$\varphi(s) = \int\limits_0^\infty e^{-sq} e^{-\frac{u(q)}{kT}}\,dq \quad (18.16)$$

und

$$h_k(q) = \int\limits_0^q e^{-\frac{u(q-q_{k-1})}{kT}}\,dq_{k-1}\ldots \int\limits_0^{q_2} e^{-\frac{u(q_2-q_1)}{kT}} e^{-\frac{u(q_1)}{kT}}\,dq_1. \quad (18.17)$$

In völlig analoger Weise erhält man aus (18.4) durch Anwendung von (18.11) Laplace-Transformation und folgende Umkehrung

$$Q_\tau = \frac{N!}{2\pi i} \int\limits_{c-i\infty}^{c+i\infty} e^{Ls} [\varphi(s)]^{N+1}\,ds. \quad (18.18)$$

Damit kann Gl. (18.17) geschrieben werden:

$$h_k(q) = \frac{Q_\tau^{(k-1)}(q)}{(k-1)!} = \frac{1}{2\pi i} \int\limits_{c-i\infty}^{c+i\infty} e^{qt} [\varphi(t)]^k\,dt. \quad (18.19)$$

Wendet man auch auf Gl. (18.15) die Umkehrformel der Laplace-Transformation an und setzt das Resultat zusammen mit (18.18) in Gl. (18.13) ein, so erhält man

$$\varrho^{(1)}(q) = \frac{\sum\limits_{k=1}^N \left\{\frac{1}{2\pi i}\int\limits_{c-i\infty}^{c+i\infty} e^{(L-q)s}[\varphi(s)]^{N-k+1}\,ds\right\}\left\{\frac{1}{2\pi i}\int\limits_{c-i\infty}^{c+i\infty} e^{qt}[\varphi(t)]^k\,dt\right\}}{\frac{1}{2\pi i}\int\limits_{c-i\infty}^{c+i\infty} e^{Ls}[\varphi(s)]^{N+1}\,ds}. \quad (18.20)$$

Für die Paar-Verteilungsfunktion erhält man mit Hilfe der Gln. (2.2), (2.9) und (18.12)

$$\varrho^{(2)}(q,q') = \begin{cases} N!\,Q_\tau^{-1} \sum\limits_{k=2}^N \sum\limits_{j=1}^{k-1} J_{jk}^{(N)}(L,q,q') & \text{für } q > q' \\ N!\,Q_\tau^{-1} \sum\limits_{k=1}^{N-1} \sum\limits_{j=k+1}^N J_{kj}^{(N)}(L,q',q) & \text{für } q < q'. \end{cases} \quad (18.21)$$

Hier ist

$$\left.\begin{array}{l}J_{jk}^{(N)}(L,q,q') = \int\limits_0^L e^{-\frac{u(L-q_N)}{kT}}\,dq_N \ldots \int\limits_0^{q_{k+1}} \delta(q_k-q)\,e^{-\frac{u(q_{k+1}-q_k)}{kT}}\,dq_k \ldots \\ \ldots \int\limits_0^{q_{j+1}} \delta(q_j-q')\,e^{-\frac{u(q_{j+1}-q_j)}{kT}}\,dq_j \ldots \int e^{-\frac{u(q_2-q_1)}{kT}} e^{-\frac{u(q_1)}{kT}}\,dq_1.\end{array}\right\} \quad (18.22)$$

Durch Laplace-Transformation erhalten wir daraus

$$\int\limits_0^\infty e^{-sL} J_{jk}^{(N)}(L,q,q')\,dL = [\varphi(s)]^{N-k+1} e^{-qs} J_j^{(k-1)}(q,q'). \quad (18.23)$$

Dabei ist der letzte Faktor der rechten Seite durch Gl. (18.14) definiert. Die Größe $J_j^{(k-1)}(q, q')$ wird nun [wie in Gl. (18.20)] durch die inverse Laplace-Transformierte ausgedrückt. Die Anwendung der Umkehrformel auf Gl. (18.23) ergibt dann

$$J_{jk}^{(N)}(q, q') = \left\{ \frac{1}{2\pi i} \int_{c-i\infty}^{c+i\infty} e^{(L-q)s} [\varphi(s)]^{N-k+1} ds \right\} \times$$
$$\times \left\{ \frac{1}{2\pi i} \int_{c-i\infty}^{c+i\infty} e^{(q-q')t} [\varphi(t)]^{k-j} dt \right\} \left\{ \frac{1}{2\pi i} \int_{c-i\infty}^{c+i\infty} e^{q'v} [\varphi(v)]^j dv \right\}. \quad (18.24)$$

Die entsprechende Formel für $J_{kj}^{(N)}(q', q)$ wird daraus durch Vertauschen der Indices k und j sowie der Koordinaten q und q' erhalten. Durch Einsetzen in Gl. (18.21) bekommt man

$$\varrho^{(2)}(q, q') = \frac{\sum_{k=2}^{N} \sum_{j=1}^{k-1} \left\{ \frac{1}{2\pi i} \int_{c-i\infty}^{c+i\infty} e^{(L-q)s} [\varphi(s)]^{N-k+1} ds \right\} \left\{ \frac{1}{2\pi i} \int_{c-i\infty}^{c+i\infty} e^{(q-q')t} [\varphi(t)]^{k-j} dt \right\} \left\{ \frac{1}{2\pi i} \int_{c-i\infty}^{c+i\infty} e^{q'v} [\varphi(v)]^j dv \right\}}{\frac{1}{2\pi i} \int_{c-i\infty}^{c+i\infty} e^{Ls} [\varphi(s)]^{N+1} ds} \quad (18.25)$$

und entsprechend für $q < q'$.

Aus den Gln. (18.20) und (18.25) lassen sich mit Hilfe der Sattelpunktmethode asymptotische Ausdrücke für $N \to \infty$, $L \to \infty$ ableiten. Wir definieren zunächst eine Funktion

$$M_N = \frac{1}{2\pi i} \int_{c-i\infty}^{c+i\infty} e^{(N+1)f(s)} \chi(s) ds, \quad (18.26)$$

wo

$$f(s) = \frac{Ls}{N+1} + \ln \varphi(s) \quad (18.27)$$

ist. Aus Gl. (18.18) sieht man, daß $M_N = Q_z/N!$ für $\chi = 1$ wird. Für das hier vorliegende Problem haben wir, wie man aus Gln. (18.20) und (18.25) erkennt, zu setzen

$$\chi(s) = [\varphi(s)]^{-k} e^{-qs}. \quad (18.28)$$

Als Integrationsweg in Gl. (18.26) wählen wir eine Gerade $s = c + iy$, bei welcher c als auf der positiven reellen Achse liegender Sattelpunkt definiert ist. c ist also die positive reelle Wurzel der Gleichung

$$\left(\frac{\partial f}{\partial s} \right)_{s=c} = 0. \quad (18.29)$$

Für die weitere Rechnung ist es notwendig, einen expliziten Ausdruck für das Wechselwirkungspotential $u(q)$, mit anderen Worten, ein Molekülmodell einzuführen. Wir wählen das Modell starrer Kugeln vom Durchmesser σ, zwischen denen keine Anziehungskräfte wirken. Es ist dann

$$u(q) = \begin{cases} \infty & \text{für } q < \sigma, \\ 0 & \text{für } q < \sigma. \end{cases} \quad (18.30)$$

Damit wird aus (18.16)

$$\varphi(s) = s^{-1} e^{-\sigma s}. \quad (18.31)$$

Führen wir noch die Länge pro Molekül ein durch die Gleichung

$$l = \frac{L}{N+1},\qquad (18.32)$$

so erhalten wir aus (18.29) für den Sattelpunkt

$$c = \frac{1}{l-\sigma}.\qquad (18.33)$$

Die Funktion $f(s)$ entwickeln wir an der Stelle $s=c$ in eine Taylorsche Reihe. Mit Berücksichtigung von (18.29) haben wir

$$f(s) = f(c) + \tfrac{1}{2} f''(c)(s-c)^2 + \cdots \qquad (18.34)$$

oder, wegen $iy = s - c$,

$$f(s) = f(c) - \tfrac{1}{2} f''(c) y^2 + \cdots. \qquad (18.35)$$

Einsetzen in (18.26) ergibt

$$M_N = e^{(N+1)f(c)} \frac{1}{2\pi} \int_{-\infty}^{+\infty} e^{-\frac{1}{2}(N+1)f''(c)y^2 + \cdots} \chi(c+iy)\, dy. \qquad (18.36)$$

In bekannter Weise erhält man daraus als asymptotischen Wert

$$M_N = \frac{e^{(N+1)f(c)}}{[2\pi (N+1) f''(c)]^{\frac{1}{2}}} \chi(c). \qquad (18.37)$$

Mit Benutzung von (18.18) und (18.20) wird daher

$$\varrho^{(1)}(q) = \sum_{k=1}^{N} \frac{e^{-qc}}{[\varphi(c)]^k} \frac{1}{2\pi i} \int_{c-i\infty}^{c+i\infty} e^{qt}[\varphi(t)]^k\, dt. \qquad (18.38)$$

Setzen wir $t = c + iu$ und gehen zur Grenze $N \to \infty$ über, so wird daraus

$$\varrho^{(1)}(q) = \frac{1}{2\pi} \int_{-\infty}^{+\infty} e^{-iuq} \sum_{k=1}^{\infty} \left[\frac{\varphi(c+iu)}{\varphi(c)}\right]^k du. \qquad (18.39)$$

Innerhalb des Konvergenzkreises der Reihe stellt dieser Ausdruck die Funktion

$$\varrho^{(1)}(q) = \frac{1}{2\pi} \int_{-\infty}^{+\infty} e^{iuq} \frac{\varphi(c+iu)}{\varphi(c) - \varphi(c+iu)}\, du \qquad (18.40)$$

dar. Diese Gleichung kann als Definition von $\varrho^{(1)}(q)$ jenseits der Singularitäten des Integranden aufgefaßt werden. Das Integral ist, da jetzt u die Integrationsvariable darstellt, über die positive reelle Achse zu erstrecken. Schließt man den Integrationsweg über den unendlich fernen Halbkreis um die positiv imaginäre Halbebene, so erhält man mit Hilfe des Residuensatzes

$$\varrho^{(1)}(q) = \sum_{\nu} e^{iu_\nu q}\left[-\frac{\varphi(c+iu_\nu)}{\varphi'(c+iu_\nu)}\right]. \qquad (18.41)$$

Hier sind die u_ν die Pole des Integranden von (18.40), welche einen positiven Imaginärteil haben. Die hierdurch definierte Funktion ist im allgemeinen komplex. Physikalische Bedeutung hat daher nur der Pol bei $u_1 = 0$, der notwendig ein reelles $\varrho^{(1)}$ ergibt. Es wird daher für $N \to \infty$, $L \to \infty$

$$\varrho^{(1)}(q) = -\frac{\varphi(c)}{\varphi'(c)} \qquad (18.42)$$

oder, mit Benutzung von (18.31) und (18.33),

$$\varrho^{(1)} = \frac{1}{l}. \tag{18.43}$$

Dieser Ausdruck genügt der Normierungsrelation

$$\int_0^L \varrho^1 \, dq = N \tag{18.44}$$

für $N \to \infty$.

In analoger Weise läßt sich auch die Paar-Verteilungsfunktion berechnen. Durch Einsetzen von (18.37) in (18.25) erhält man zunächst

$$\begin{aligned}\varrho^{(2)}(q,q') = \sum_{k=2}^{N}\sum_{j=1}^{k-1} \frac{e^{-qc}}{[\varphi(c)]^k} \left\{\frac{1}{2\pi i}\int_{c-i\infty}^{c+i\infty} e^{q'v}[\varphi(v)]^j \, dv\right\} \times \\ \times \left\{\frac{1}{2\pi i}\int_{c-i\infty}^{c+i\infty} e^{(q-q')t}[\varphi(t)]^{k-j} \, dt\right\}.\end{aligned} \tag{18.45}$$

Wir führen eine neue Laufzahl $n = k-j$ ein und ändern entsprechend die Summierung. Dann wird aus (18.45)

$$\begin{aligned}\varrho^{(2)}(q,q') = \sum_{n=1}^{N-1} \left\{\frac{1}{2\pi i}\int_{c-i\infty}^{c+i\infty} e^{q'(v-c)} \sum_{j=1}^{N-n}\left[\frac{\varphi(v)}{\varphi(c)}\right]^j dv\right\} \times \\ \times \left\{\frac{1}{2\pi i}\int_{c-i\infty}^{c+i\infty} e^{(q-q')(t-c)}\left[\frac{\varphi(t)}{\varphi(c)}\right]^n dt\right\}.\end{aligned} \tag{18.46}$$

Für das Modell der harten Kugeln ist $n \leq (q-q')/\sigma$. Wir nehmen an, daß bei dem Grenzübergang $N \to \infty$, $L \to \infty$ $r = q - q'$ und damit auch n endlich bleibt. Das erste Integral in (18.46) läßt sich dann in gleicher Weise wie (18.39) berechnen. Um die zwischen n und r bestehende Bedingung explizit auszudrücken und auch formal das Auftreten von negativen Termen in der Summe zu verhindern, definieren wir eine Stufenfunktion $A(x)$ durch

$$\left.\begin{aligned}A(x) &= 0 \quad \text{für } x < 0, \\ A(x) &= 1 \quad \text{für } x \geq 0.\end{aligned}\right\} \tag{18.47}$$

Dann wird

$$\varrho^{(2)}(r) = \sum_{n=1}^{\infty} \frac{A(r-n\sigma)}{l} \frac{1}{2\pi i}\int_{c-i\infty}^{c+i\infty} e^{r(t-c)}\left[\frac{\varphi(t)}{\varphi(c)}\right]^n dt. \tag{18.48}$$

Für das letzte Integral ergibt sich

$$\frac{1}{2\pi i}\int_{c-i\infty}^{c+i\infty} e^{rt}[\varphi(t)]^n \, dt = \frac{1}{2\pi i}\oint e^{rt}[\varphi(t)]^n \, dt = \frac{(r-n\sigma)^{n-1}}{(n-1)!}. \tag{18.49}$$

Einsetzen in (18.48) ergibt mit Benutzung von (18.31) und (18.33)

$$\varrho^{(2)}(r) = \frac{1}{l}\sum_{k=1}^{\infty} A(r-k\sigma)\left(\frac{1}{l-\sigma}\right)^k \frac{(r-k\sigma)^{k-1}}{(k-1)!} e^{-\frac{r-k\sigma}{l-\sigma}}. \tag{18.50}$$

Diese Gleichung läßt sich noch etwas übersichtlicher schreiben, wenn man einen reduzierten Abstand $x = r/\sigma$ einführt und entsprechend $l' = l/\sigma$ setzt. Es ergibt sich dann

$$\varrho^{(2)}(x) = \frac{1}{l'\sigma^2} \sum_{k=1}^{\infty} A(x-k) \left(\frac{1}{l'-1}\right)^k \frac{(x-k)^{k-1}}{(k-1)!} e^{-\frac{x-k}{l'-1}}. \qquad (18.51)$$

Diese Funktion, die zuerst auf einem ganz anderen Wege von FRENKEL[1] erhalten wurde, gibt die Wahrscheinlichkeitsdichte, im Abstand $r = x\sigma$ von einem willkürlich herausgegriffenen Teilchen ein weiteres Teilchen zu finden. Mit Hilfe von Betrachtungen, die den in Ziff. 5a durchgeführten ganz analog sind, kann man auch für ein lineares System die Paar-Verteilungsfunktion in die thermische Zustandsgleichung einführen. Setzt man in diese Beziehung die Gl. (18.51) ein, so erhält man die Zustandsgleichung von TONKS[2]

$$P(l - \sigma) = kT \qquad (18.52)$$

die in Bd. III/2 [4] auf dem Wege über die Verteilungsfunktion und die freie Energie nach HELMHOLTZ abgeleitet wurde.

Die höheren molekularen Verteilungsfunktionen lassen sich nach dem gleichen Verfahren berechnen. Wir können auf die Wiedergabe der recht umständlichen Formeln verzichten, da das Resultat sich durch eine einfache Überlegung direkt ableiten läßt[3]. Wir betrachten einen willkürlich ausgewählten Satz von $n+1$ Molekülen und setzen, wie bisher, voraus, daß energetische Wechselwirkung nur zwischen nächsten Nachbarn stattfindet. Denken wir uns nun das Molekül n fixiert, so hängt die Lage des Moleküls $n+1$ nur von der des Moleküls n ab, sie ist aber unabhängig von den Positionen der Moleküle 1 bis $n-1$. Dieser Sachverhalt drückt sich analytisch aus durch die Gleichung

$$\frac{\varrho^{(n+1)}(q_1, \ldots, q_{n+1})}{\varrho^{(n)}(q_1, \ldots, q_n)} = \frac{\varrho^{(2)}(q_n, q_{n+1})}{\varrho^{(1)}(q_n)}. \qquad (18.53)$$

Diese Beziehung stellt eine Rekursionsformel dar und liefert in Verbindung mit Gl. (18.43) sofort

$$\varrho^{(n)}(q_1, \ldots, q_n) = l^{n-2} \prod_{i=1}^{n-1} \varrho^{(2)}(q_i, q_{i+1}), \qquad (18.54)$$

in Übereinstimmung mit dem Ergebnis der Integration.

Schreiben wir die Definitionsgleichung (2.15a) für den eindimensionalen Fall

$$\varrho^{(n)} = l^{-n} g^{(n)}, \qquad (18.55)$$

so lauten die Gln. (18.53) und (18.54)

$$\frac{g^{(n+1)}(q_1, \ldots, q_{n+1})}{g^{(n)}(q_1, \ldots, q_n)} = \frac{g^{(2)}(q_n, q_{n+1})}{g^{(1)}(q_n)} \qquad (18.56)$$

und

$$g^{(n)}(q_1, \ldots, q_n) = \prod_{i=1}^{n-1} g^{(2)}(q_i, q_{i+1}). \qquad (18.57)$$

Schließlich können wir mit Benutzung von Gln. (10.5) und (10.7) bis (10.10) noch schreiben

$$W^{(n)} = \sum_{i=1}^{n-1} w^{(2)}(q_i, q_{i+1}). \qquad (18.58)$$

---
[1] J. FRENKEL: Kinetic Theory of Liquids, Oxford 1946.
[2] L. TONKS: Phys. Rev. **50**, 955 (1936).
[3] Z.W. SALSBURG, R.W. ZWANZIG u. J.G. KIRKWOOD: J. Chem. Phys. **21**, 1098 (1953).

Man sieht leicht, daß die Gln. (18.54), (18.57) und (18.58) verschiedene Formulierungen des Superpositionsprinzips für das eindimensionale System darstellen [vgl. Gln. (6.8), (6.10) und (6.11)]. Dasselbe ist somit für eindimensionale Systeme streng gültig, wenn Wechselwirkung nur zwischen nächsten Nachbarn stattfindet. Die Gln. (18.6) und (18.58) sind nicht nur miteinander konsistent, sondern die letztere ist sogar eine notwendige Folge der ersten.

Wir wollen jetzt noch kurz die Anwendung der Kirkwoodschen Gleichungen zweiter Art auf das eindimensionale System aus harten Kugeln betrachten. Wir haben zunächst

$$f_{ij} = \begin{cases} 0 & \text{für } r_{ij} > \sigma, \\ -1 & \text{für } r_{ij} < \sigma. \end{cases} \tag{18.59}$$

Da $\nu+1$ jetzt als die maximale Zahl von Teilchen definiert ist, die in einem geschlossenem Intervall der Länge 2σ untergebracht werden können, ist $\nu=2$. Die Definition (2.17a) wird für den eindimensionalen Fall[1]

$$\varrho^{(n,l)} = \left(\frac{N}{L}\right)^l \frac{g^{(n+l)}(q_2, \ldots, q_{n+l+1})}{g^{(n)}(q_2, \ldots, q_{n+1})}. \tag{18.60}$$

Mit Gl. (18.53) erhält man daraus

$$\varrho^{(n,l)} = \left(\frac{N}{L}\right)^l \prod_{\sigma=n+1}^{n+l} g^{(2)}(q_\sigma, q_{\sigma+1}). \tag{18.61}$$

Wegen der Gültigkeit des Superpositionsprinzips können wir uns somit auf die Integralgleichung für die Paarverteilungsfunktion beschränken. Diese lautet jetzt[2]

$$\begin{aligned} g^{(2)}(q_1, q_2) &= 0 & \text{für } r_{12} < \sigma, \\ g^{(2)}(q_1, q_2) &= e^{\frac{\mu^*}{kT}} + \int_{q_1-\sigma}^{q_1+\sigma} K^{(2)}(q_1, q_2, q_3) g^{(2)}(q_2, q_3) dq_3 & \text{für } r_{12} > \sigma. \end{aligned} \tag{18.62}$$

Der Kern ist gegeben durch

$$\begin{aligned} K^{(2)}(q_1, q_2, q_3) &= 0 & \text{für } r_{13} > \sigma, \\ K^{(2)}(q_1, q_2, q_3) &= \frac{N}{L} e^{\frac{\mu^*}{kT}} \left\{ -1 + \frac{N}{2L} \int_{q_1-\sigma}^{q_1+\sigma} g^{(2)}(q_3, q_4) dq_4 \right\} & \text{für } r_{13} < \sigma. \end{aligned} \tag{18.63}$$

Schließlich ist

$$e^{-\frac{\mu^*}{kT}} = 1 - 2\sigma \frac{N}{L} + \frac{1}{2}\left(\frac{N}{L}\right)^2 \int_{q_1-\sigma}^{q_1+\sigma} \int_{q_1-\sigma}^{q_1+\sigma} g^{(2)}(q_2, q_3) dq_2 dq_3. \tag{18.64}$$

Da $g^{(2)}(q_1, q_2)$ nur von dem Abstand r_{12} der beiden Moleküle abhängt, können wir neue Variable einführen durch die Gleichungen

$$r_{12} = x\sigma, \quad r_{23} = y\sigma, \quad r_{34} = z\sigma. \tag{18.65}$$

Mit Benutzung dieser Größen lauten die obigen Gleichungen

$$\begin{aligned} g^{(2)}(x) &= 0 & \text{für } |x| < 1, \\ g^{(2)}(x) &= e^{-\frac{\mu^*}{kT}} \left\{ 1 + \frac{1}{l'} \int_{x-1}^{x+1} K''(x-y) g^{(2)}(y) dy \right\} & \text{für } |x| > 1, \end{aligned} \tag{18.66}$$

wo

$$K''(t) = -1 + \frac{1}{l'} \int_0^{t+1} g^{(2)}(z) dz, \quad -1 < t < +1 \tag{18.67}$$

---

[1] Die in den folgenden Gleichungen gebrauchten Laufzahlen l und σ sind nicht mit der Länge pro Molekül und dem Durchmesser der harten Kugeln zu verwechseln.
[2] Die Nummern der Teilchen bedeuten im folgenden nicht die Reihenfolge.

ist. Für den Zusatzterm des chemischen Potentials gilt

$$e^{-\frac{\mu^e}{kT}} = 1 + \frac{1}{l'} \int_{-1}^{+1} K''(t)\,dt. \qquad (18.68)$$

Die Funktion (18.51) stellt nun in der Tat eine Lösung der Integralgleichung (18.66) dar. Um dies zu zeigen, berechnen wir zunächst aus Gln. (18.51), (18.67) und (18.68)

$$K''(t) = \begin{cases} -e^{-\frac{t}{l'-1}} & \text{für } 1 > t > 0, \\ -1 & \text{für } 0 > t > -1, \\ 0 & \text{für } |t| > 1 \end{cases} \qquad (18.69)$$

und

$$e^{-\frac{\mu^e}{kT}} = \frac{l'-1}{l'} e^{\frac{1}{1-l'}}. \qquad (18.70)$$

Einsetzen dieser Ausdrücke in (18.66) ergibt

$$g^{(2)}(x) = \frac{l'-1}{l'} e^{\frac{1}{1-l'}} \left\{ 1 - \frac{1}{l'} \int_{-1}^{0} g^{(2)}(x-z)\,dz - \frac{1}{l'} \int_{0}^{1} e^{\frac{z}{1-l'}} g^{(2)}(x-z)\,dz \right\}. \qquad (18.71)$$

Mit Benutzung von (18.51) erhält man

$$\int_{0}^{1} e^{\frac{z}{1-l'}} g^{(2)}(x-z)\,dz$$
$$= l' \sum_{k=1}^{\infty} \left(\frac{1}{l'-1}\right)^k \frac{e^{-\frac{x-k}{l'-1}}}{(k-1)!} \int_{0}^{1} A(x-k-z)(x-k-z)^{k-1}\,dz \qquad (18.72)$$

und

$$\int_{-1}^{0} g^{(2)}(x-z)\,dz$$
$$= l' \sum_{k=1}^{\infty} \left(\frac{1}{l'-1}\right)^k \frac{1}{(k-1)!} \int_{-1}^{0} A(x-k-z)(x-k-z)^{k-1} e^{-\frac{x-k-z}{l'-1}}\,dz. \qquad (18.73)$$

Nun ist

$$\int_{0}^{1} A(x-k-z)(x-k-z)^{k-1}\,dz$$
$$= \frac{A(x-k-1)}{k}\left[(x-k)^k - (x-k-1)^k\right] + \frac{A(x-k)A(k+1-x)}{k}(x-k)^k \qquad (18.74)$$

und

$$\int_{-1}^{0} A(x-k-z)(x-k-z)^{k-1} e^{-\frac{x-k-z}{l'-1}}\,dz$$
$$= A(k-x)A(x-k+1)(l'-1)^k (k-1)! +$$
$$+ \sum_{\nu=0}^{k-1} A(x-k) \frac{(k-1)!\,(l'-1)^{\nu+1}}{(k-1-\nu)!} (x-k)^{k-1-\nu} e^{-\frac{x-k}{l'-1}} -$$
$$- \sum_{\nu=0}^{k-1} [A(x-k) + A(x-k)A(x-k+1)] \times$$
$$\times \frac{(k-1)!\,(l'-1)^{\nu+1}}{(k-1-\nu)!} (x-k+1)^{k-1-\nu} e^{-\frac{x-k+1}{l'+1}}. \qquad (18.75)$$

Setzt man die Gln. (18.72) bis (18.75) auf der rechten Seite der Gl. (18.71) ein, so erhält man nach Vertauschung der Summierungen über ν und k nach Umordnen

$$\left.\begin{array}{l} g^{(2)}(x) = g^{(2)}(x) - \\[4pt] \quad - l' \sum\limits_{k=1}^{\infty} [A(x-k) + A(x+1-k)A(k-x)] \dfrac{(x-k+1)^{k-1}}{(l'-1)^k (k-1)!} e^{-\frac{x-k}{l'-1}} + \\[10pt] \quad + l' \sum\limits_{\nu=0}^{\infty} \sum\limits_{k=1}^{\infty} A(x+1-k-\nu) \dfrac{(x+1-\nu-k)^{k-1}}{(k-1)!(l'-1)^k} e^{-\frac{x-k-\nu}{l'-1}} - \\[10pt] \quad - l' \sum\limits_{\nu=0}^{\infty} \sum\limits_{k=1}^{\infty} A(x-k-\nu) \dfrac{(x-k-\nu)^{k-1}}{(k-1)!(l'-1)^k} e^{-\frac{x-k-\nu-1}{l'-1}} \end{array}\right\} \quad (18.76)$$

oder, mit Benutzung von Gl. (18.51),

$$\left.\begin{array}{l} g^{(2)}(x) = g^{(2)}(x) - e^{\frac{1}{l'-1}} g^{(2)}(x+1) + e^{\frac{1}{l'-1}} \sum\limits_{\nu=0}^{\infty} g^{(2)}(x+1-\nu) - \\[8pt] \quad - e^{\frac{1}{l'-1}} \sum\limits_{\nu=0}^{\infty} g^{(2)}(x-\nu) = g^{(2)}(x). \end{array}\right\} \quad (18.77)$$

Damit haben wir nachgewiesen, daß die Funktion (18.51) eine Lösung der Integralgleichung (18.66) darstellt und gleichzeitig die innere Konsistenz der gesamten Theorie bestätigt. Die kanonische Verteilungsfunktion in Verbindung mit den thermodynamischen Formeln führt auf dieselbe Zustandsgleichung, die man mit Hilfe des Virialsatzes und der Paar-Verteilungsfunktion erhält. Für die Letztere erhält man durch Lösen der Integralgleichung denselben Ausdruck, den auch die direkte Integration liefert.

19. Der eindimensionale Kristall. In Ziff. 2 haben wir bemerkt, daß für einen Kristall die Funktion $\varrho^{(1)}$ (bzw. $g^{(1)}$) dreifach periodisch ist. Nun hat bereits vor längerer Zeit PEIERLS[1] gezeigt, daß für den eindimensionalen Kristall das mittlere Schwankungsquadrat des Abstandes zweier Teilchen mit dem Abstand zunimmt. LANDAU[2] hat daraus geschlossen, daß der eindimensionale Kristall bei endlichen Temperaturen nicht existieren kann. Diese Ansicht ist später wieder bestritten worden[3] und dann offenbar in Vergessenheit geraten[4]. An anderer Stelle dieses Handbuches [4] ist bereits gezeigt worden, daß ein eindimensionales System mit Wechselwirkung zwischen nächsten Nachbarn keine Phasenumwandlungen zeigt. Das schließt nicht unbedingt aus, daß sich kontinuierlich eine periodische Struktur ausbildet. Wir werden daher hier den umgekehrten Weg einschlagen und für das Born-v. Kármánsche Modell eines linearen Kristalls mit Hookeschen Kräften zwischen den Gitterbausteinen die molekularen Verteilungsfunktionen berechnen. Man findet dann, daß beim Grenzübergang $N \to \infty$ die periodische Struktur in der Tat verschwindet und die molekulare Verteilung mit der einer fluiden Phase identisch wird[5].

Wir betrachten einen eindimensionalen Kristall aus $N+1$ Teilchen der Masse m, deren Wechselwirkung auf nächste Nachbarn beschränkt ist. Die Koordinaten

---

[1] R. PEIERLS: Helv. phys. Acta, Suppl. **2**, 81 (1936).
[2] L. LANDAU: Phys. Z. Sowjet. **11**, 545 (1937).
[3] J. FRENKEL: Kinetic Theory of Liquids, Oxford 1946.
[4] G. LEIBFRIED: In diesem Handbuch, Bd. VII/1. Berlin 1955.
[5] L. SAROLÉA u. A. MÜNSTER: Z. phys. Chem., N.F. **28**, 7 (1961).

q_l können als generale Koordinaten nicht spezifizierter Teilchen interpretiert werden. In diesem Falle unterliegt die Integration über Konfigurationsraum der Bedingung

$$q_{l-1} \leq q_l \leq q_{l+1}. \qquad (19.1)^1$$

Wählt man Koordinaten individueller Teilchen (spezielle Koordinaten), so muß die Undurchdringlichkeit der Teilchen, die hier in dem Potentialansatz nicht enthalten ist, bei der Festsetzung der Integrationsgrenzen berücksichtigt werden, was wieder auf die Bedingung (19.1) führt. Die beiden Interpretationen fallen somit hier zusammen. Die Bedingung (19.1) ermöglicht es, die Koordinaten q_l eindeutig den äquidistanten Gitterplätzen zuzuordnen und die Verschiebungen ξ_l zu definieren durch

$$q_l = l\,a + \xi_l, \qquad (19.2)$$

wo a die „Gitterkonstante" bezeichnet und der Gitterplatz $l=0$ als Ursprung gewählt worden ist.

Für die potentielle Energie des Systems setzen wir

$$U = \frac{\gamma}{2} \sum_{l=0}^{N} (\xi_{l+1} - \xi_l)^2, \qquad (19.3)$$

wo γ die Kraftkonstante ist. Dieser in der Kristalltheorie allgemein übliche Ansatz impliziert die Annahme, daß die Beiträge größerer Verschiebungen zu den thermodynamischen und statistischen Funktionen, und damit die höheren Glieder der Taylor-Entwicklung [als deren Beginn Gl. (19.3) aufzufassen ist] vernachlässigt werden können. Daraus folgt notwendig, daß in dem Gebiet des Konfigurationsraumes, in welchem die Bedingung $\xi_l < \frac{a}{2}$ nicht mehr für alle ξ_l erfüllt ist, die Wahl der Integrationsgrenzen beliebig und praktisch ohne Einfluß auf die Integralwerte ist. Diese Annahme (die auch dem mathematischen Formalismus der Kristalltheorie zugrundeliegt) gehört zu Modell. Wir werden sie daher im folgenden ohne weitere Rechtfertigung benutzen und nur am Schluß noch kurz die Frage der inneren Konsistenz berühren.

Wir führen die Berechnung nach der Methode der Normalkoordinaten durch, die auf eine Separation der multiplen Integrale hinausläuft. Dieselbe wird jedoch nur erreicht, wenn über alle ξ_l von $-\infty$ bis $+\infty$ integriert wird. Es ist daher an dieser Stelle notwendig, von der soeben diskutierten Eigenschaft des Modells Gebrauch zu machen und die Bedingung (19.1) fallen zu lassen.

Nach Gln. (2.8) und (19.3) haben wir mit Benutzung der kanonischen Gesamtheit zunächst

$$\varrho^{(1)}(q) = Q_\tau^{-1} \sum_{l=0}^{N} \int \ldots \int \delta(q - q_l)\, e^{-\frac{\gamma}{2kT}\Sigma(\xi_{l+1}-\xi_l)^2}\, d\xi_0 \ldots d\xi_N, \qquad (19.4)$$

wo

$$Q_\tau = \int \ldots \int e^{-\frac{\gamma}{2kT}\Sigma(\xi_{l+1}-\xi_l)^2}\, d\xi_0 \ldots d\xi_N \qquad (19.5)$$

ist. Wir führen Normalkoordinaten ein, derart, daß die Born-v. Kármánsche Randbedingung

$$\xi_l = \xi_{l+N+1} \qquad (19.6)$$

---
[1] Die hier zugelassenen Koinzidenzen der Teilchen bilden im Konfigurationsraum ein Gebiet vom Maße Null und sind daher für die Integralwerte ohne Bedeutung.

erfüllt und die Schwerpunktsbewegung eliminiert wird[1]. Man hat dann

$$\xi_l = [2m(N+1)]^{-\frac{1}{2}} \sum_{s=1}^{N/2} \left(\eta_s\, e^{\frac{2\pi i l s}{N+1}} + \eta_{-s}\, e^{-\frac{2\pi i l s}{N+1}} \right) \qquad (19.7)$$

mit

$$\eta_s = \eta_{-s}^{*}. \qquad (19.8)$$

Für unsere Zwecke ist es bequemer, die unitäre Transformation (19.7) durch eine reelle orthogonale Transformation zu ersetzen. Mit

$$\eta_s = \alpha_s + i\beta_s, \qquad \eta_{-s} = \alpha_s - i\beta_s \qquad (19.9)$$

wird dann

$$\xi_l = \left[\frac{2}{m(N+1)} \right]^{\frac{1}{2}} \sum_{s=1}^{N/2} \left(\alpha_s \cos \frac{2\pi l s}{N+1} - \beta_s \sin \frac{2\pi l s}{N+1} \right). \qquad (19.10)$$

Für die entsprechenden Frequenzen ergibt sich

$$\omega_s^2 = \frac{2\gamma}{m} \left(1 - \cos \frac{2\pi s}{N+1} \right). \qquad (19.11)$$

Führt man nun in Gl. (19.4) noch die Fourier-Darstellung der δ-Funktion

$$\delta(l a + \xi_l - q) = \frac{1}{2\pi} \int_{-\infty}^{+\infty} e^{it(la+\xi_l - q)}\, dt \qquad (19.12)$$

ein, so können die Integrationen ausgeführt werden und man erhält

$$\varrho^{(1)}(q) = \sum_{l=0}^{N} \frac{1}{\sigma \sqrt{2\pi}}\, e^{-\frac{(la-q)^2}{2\sigma^2}}, \qquad (19.13)$$

wo die Dispersion σ^2 durch

$$\sigma^2 = \frac{2kT}{m(N+1)} \sum_{s=1}^{N/2} \frac{1}{\omega_s^2} \qquad (19.14)$$

gegeben ist. Für große N kann die Summe durch ein Integral ersetzt werden. Man hat dann mit Benutzung von (19.11)

$$\sigma^2 = \frac{kT}{2\pi\gamma} \int_{2\pi/N+1}^{\pi N/N+1} \frac{d\varphi}{1 - \cos\varphi}, \qquad (19.15)$$

wo

$$\varphi = \frac{2\pi s}{N+1} \qquad (19.16)$$

ist.

Aus (19.15) erhält man

$$\sigma^2 = \frac{N kT}{2\pi^2 \gamma} \qquad (19.17)$$

als asymptotischen Wert der Dispersion für $N \to \infty$. Für die Berechnung von $\lim_{N\to\infty} \varrho^{(1)}$ ist es zweckmäßig, die Teilchen von $-N/2$ bis $+N/2$ zu numerieren[2].

---

[1] Die Definition von $\varrho^{(1)}$ für den Kristall ist nur sinnvoll, wenn der Schwerpunkt in bezug auf das Koordinatensystem fixiert ist.

[2] Dabei wird naturgemäß vorausgesetzt, daß N gerade ist.

Wir schreiben also die Gl. (19.13)

$$\varrho^{(1)}(q) = \sum_{-N/2}^{+N/2} \frac{1}{\sigma\sqrt{2\pi}} e^{-\frac{(la-q)^2}{2\sigma^2}}. \tag{19.18}$$

Für endliche Werte von N ist dieser Ausdruck jedenfalls eine periodische Funktion, die für das Intervall $\left[-\frac{a}{2}, +\frac{a}{2}\right]$ definiert ist. Eine Fourier-Entwicklung ergibt daher

$$\varrho^{(1)}(q) = \sum_{-\infty}^{+\infty} c_n e^{\frac{2\pi i n q}{a}} \tag{19.19}$$

mit

$$c_n = \frac{1}{a} \frac{1}{\sigma\sqrt{2\pi}} \sum_{-N/2}^{+N/2} \int_{-a/2}^{+a/2} e^{-\frac{(la-q)^2}{2\sigma^2}} e^{-\frac{2\pi i n q}{a}} dq. \tag{19.20}$$

Führen wir wieder die Verschiebungen ξ_l ein, so wird aus (19.20)

$$c_n = \frac{1}{a} \frac{1}{\sigma\sqrt{2\pi}} \sum_{-N/2}^{+N/2} \int_{(l-\frac{1}{2})a}^{(l+\frac{1}{2})a} e^{-\frac{\xi_l^2}{2\sigma^2}} e^{-\frac{2\pi i n (la+\xi_l)}{a}} d\xi_l \tag{19.21}$$

oder, da nl eine ganze Zahl ist,

$$c_n = \frac{1}{a} \frac{1}{\sigma\sqrt{2\pi}} \int_{-(N+1)\frac{a}{2}}^{+(N+1)\frac{a}{2}} e^{-\frac{\xi^2}{2\sigma^2}} e^{-\frac{2\pi i n \xi}{a}} d\xi. \tag{19.22}$$

Daraus folgt

$$\lim_{N \to \infty} c_n = \frac{1}{a} e^{-\frac{2\pi^2 n^2 \sigma^2}{a^2}} \tag{19.23}$$

oder in Verbindung mit (19.17)

$$\lim_{N \to \infty} c_0 = \frac{1}{a}; \quad \lim_{N \to \infty} c_n = 0 \quad (n \neq 0). \tag{19.24}$$

Für den linearen Kristall verschwinden somit beim Grenzübergang $N \to \infty$ alle Fourier-Koeffizienten der Gl. (19.19) mit Ausnahme des konstanten Gliedes. Es wird daher

$$\lim_{N \to \infty} \varrho^{(1)}(q) = \frac{1}{a}. \tag{19.25}$$

Diese Gleichung ist identisch mit der für eine Flüssigkeit aus starren Kugeln abgeleiteten Gl. (18.43). Die Fernordnung ist verschwunden und wir haben die unperiodische Atomverteilung einer fluiden Phase. Man muß daher schließen, daß ein linearer Kristall für $N \to \infty$, $T > 0$ nicht existieren kann. Da für eindimensionale Systeme das Superpositionsprinzip gilt (Ziff. 18), bedeutet dies, daß für die Stabilität einer periodischen Struktur Korrelationen höherer Ordnung wesentlich sind. Für Kristalle wird daher das Superpositionsprinzip eine besonders schlechte Näherung darstellen.

Die Paar-Verteilungsfunktion läßt sich nach dem gleichen Verfahren, ausgehend von Gl. (2.9), berechnen. Wir schreiben diese Gleichung jetzt

$$\varrho^{(2)}(q, q') = \sum_{m=0}^{N-1} \sum_{\mu=1}^{N-m} \delta(q - q_m) \delta(q' - q_{m+\mu}), \quad (q < q'). \tag{19.26}$$

Man erhält dann

$$\varrho^{(2)}(q,q') = \frac{1}{2\pi\sigma^2} \sum_{m=0}^{N} \sum_{\mu=1}^{N-m} (1-r_\mu^2)^{-\frac{1}{2}} e^{-\frac{(q-ma)^2+(q'-ma-\mu a)^2}{2\sigma^2(1-r_\mu^2)}} \times$$
$$\times e^{\frac{(q-ma)(q'-ma-\mu a) r_\mu}{\sigma^2(1-r_\mu^2)}} \qquad (q<q'), \qquad (19.27)$$

wo der Korrelationsfaktor r_μ durch

$$r_\mu = \frac{2\pi^2}{N^2} \sum_{s=1}^{N/2} \frac{\cos\frac{2\pi\mu s}{N+1}}{1-\cos\frac{2\pi s}{N+1}} \qquad (19.28)$$

gegeben ist.

Für große N läßt sich der Korrelationsfaktor in folgender Weise explizit berechnen. Man ersetzt zunächst die Summe durch ein Integral und hat dann mit Benutzung von (19.16)

$$r_\mu = \frac{\pi}{N} \int_{2\pi/N+1}^{\pi N/N+1} \frac{1-2\sin^2\frac{\mu\varphi}{2}}{1-\cos\varphi} d\varphi \qquad (19.29)$$

oder

$$r_\mu = 1 - \frac{2\pi}{N} \int_0^\pi \frac{\sin^2\frac{\mu\varphi}{2}}{1-\cos\varphi} d\varphi + O\left(\frac{\mu^2}{N^2}\right), \qquad (19.30)$$

wo Terme der Ordnung N^{-2} vernachlässigt worden sind. Den zweiten Term auf der rechten Seite von (19.30) bezeichnen wir mit I. Wegen

$$z^{-1} = \int_0^\infty e^{-zx} dx \qquad (19.31)$$

ist

$$I = -\frac{\pi}{N} \int_0^\infty \int_0^\pi (1-\cos\mu\varphi) e^{-x(1-\cos\varphi)} dx\, d\varphi. \qquad (19.32)$$

Das Integral über φ läßt sich durch Bessel-Funktionen ausdrücken, und man erhält

$$I = -\frac{\pi^2}{N} \int_0^\infty e^{-x} [I_0(x) - I_\mu(x)] dx, \qquad (19.33)$$

wo

$$I_\mu(x) = i^{-\mu} J_\mu(ix) \qquad (19.34)$$

ist und J_μ die Bessel-Funktion der Ordnung μ bezeichnet. Die Gl. (19.33) läßt sich schreiben

$$I = -\frac{\pi^2}{N} \lim_{p\to 1} \left[\int_0^\infty e^{-px} J_0(ix) dx - i^{-\mu} \int_0^\infty e^{-px} J_\mu(ix) dx\right]. \qquad (19.35)$$

Nun ist

$$\int_0^\infty e^{-px} J_n(bx) dx = (p^2+b^2)^{-\frac{1}{2}} \left(\frac{\sqrt{p^2+b^2}-p}{b}\right)^n. \qquad (19.36)$$

Es wird daher

$$I = -\frac{\pi^2}{N} \lim_{p\to 1} (p^2-1)^{-\frac{1}{2}} [1 - i^{-2\mu} (\sqrt{p^2-1}-p)^\mu] \qquad (19.37)$$

oder
$$I = -\frac{\pi^2 \mu}{N}. \tag{19.38}$$

Damit erhält man für den Korrelationsfaktor
$$r_\mu = 1 - \frac{\pi^2 \mu}{N} + O\left(\frac{\mu^2}{N^2}\right). \tag{19.39}$$

Für endliche μ wird daher der asymptotische Wert für $N \to \infty$
$$r_\mu = 1 - \frac{\pi^2 \mu}{N}. \tag{19.40}$$

Mit Hilfe der Gl. (19.40) läßt sich ein übersichtlicher asymptotischer Ausdruck für die Paar-Verteilungsfunktion ableiten. Wir schreiben zunächst die Gl. (19.27) mit Vertauschung der Summierungen und Benutzung von (19.40)

$$\varrho^{(2)}(q,q') = \frac{1}{2\pi\sigma^2} \sum_{\mu=1}^{N-1} \sum_{m=0}^{N-\mu} \left(\frac{N}{2\pi^2\mu}\right)^{\frac{1}{2}} e^{-\frac{(q'-\mu a - q)^2 N}{4\pi^2\sigma^2\mu}} e^{-\frac{(q-ma)(q'-ma-\mu a)}{2\sigma^2}}. \tag{19.41}$$

Diese Gleichung behandeln wir ähnlich wie früher die Gl. (18.46). Wir nehmen also an, daß bei dem Grenzübergang $N \to \infty$ $q' - q$ und μ endlich bleiben, daß aber die auf diese Weise erhaltenen Summanden über alle Werte von μ (d.h. von 1 bis ∞) summiert werden können. Numerieren wir wieder die Teilchen von $-N/2$ bis $+N/2$, so kann die Summierung über m als von $-\infty$ bis $+\infty$ erstrecktes Integral ausgeführt werden, und man erhält

$$\varrho^{(2)}(q,q') = \frac{1}{a}\frac{1}{\sqrt{2\pi}} \sum_{\mu=1}^{N-1} \left(\frac{\gamma}{kT\mu}\right)^{\frac{1}{2}} e^{-\frac{(q'-q-\mu a)^2 \gamma}{2kT\mu}} \quad (q<q', \; N\to\infty). \tag{19.42}$$

Die entsprechende Formel für $q'<q$ wird, wie sich aus der Ableitung ergibt, aus (19.42) durch Vertauschen von q und q' erhalten. Die entsprechende Laufzahl μ' ist wieder positiv und durchläuft den gleichen Wertebereich. Um die Normierung zu verifizieren, integriert man daher zweckmäßig die beiden Zweige der Funktion getrennt über $r = q' - q$ bzw. $r' = q - q'$ von 0 bis ∞. Die dabei auftretenden Fehlerintegrale heben sich bei der Addition wegen $\mu' = -\mu$ und $\mathrm{erf}(-x) = -\mathrm{erf}(x)$ heraus. Es ergibt sich dann, daß (19.42) exakt die Normierungsrelation

$$\iint \varrho^{(2)}(q,q')\,dq\,dq' = N(N-1) \tag{19.43}$$

erfüllt.

Aus Gl. (19.42) erhält man
$$g^{(2)}(r) = \frac{1}{\sqrt{2\pi}} \sum_{\mu=1}^{\infty} \left(\frac{\gamma}{kT\mu}\right)^{\frac{1}{2}} e^{-\frac{(r-\mu a)^2 \gamma}{2kT\mu}}. \tag{19.44}$$

In Verbindung mit (19.25) folgt, daß (19.44) die Identität (2.21) erfüllt und somit die radiale Verteilungsfunktion einer fluiden Phase darstellt.

Die Berechnung der Paar-Verteilungsfunktion bestätigt daher das frühere Ergebnis, daß der unendlich ausgedehnte lineare Kristall die molekulare Struktur einer fluiden Phase besitzt.

Die Gl. (19.42) läßt sich noch auf eine andere Form bringen, die ihre physikalische Bedeutung anschaulicher macht. Da der wesentliche Beitrag zu der Summe von den Termen herrührt, für die

$$(r - \mu a)^2 \ll \frac{\gamma}{2kT\mu} \tag{19.45}$$

ist, kann die Formel

$$e^{-\frac{x^2}{2y}} = (x+y)^y e^{-x} y^{-y} \quad (x \ll y) \tag{19.46}$$

angewandt werden. Man erhält dann mit Benutzung der Stirlingschen Formel

$$\varrho^{(2)}(r) = \frac{1}{a}\left(\frac{\gamma}{kT}\right)^{\frac{1}{2}} \sum_{\mu=1}^{\infty} \frac{\left[\mu + \frac{(r-\mu a)\gamma}{kT}\right]^{\mu}}{\mu!} e^{-\left[\mu + \frac{(r-\mu a)\gamma}{kT}\right]}. \tag{19.47}$$

Diese Gleichung besitzt eine ähnliche mathematische Struktur wie die in Ziff. 18 abgeleitete Paar-Verteilungsfunktion der eindimensionalen Flüssigkeit aus starren Kugeln [Gl. (18.50)].

An Stelle der periodischen Randbedingung (19.6) kann man auch die Randbedingung

$$\xi_0 = \xi_{N+1} = 0 \tag{19.48}$$

(fixierte Kettenenden) vorschreiben. Die Rechnung läßt sich dann nach der in Ziff. 18 benutzten Methode der Laplace-Transformationen durchführen, welche auch die Berücksichtigung der Bedingung (19.1) ermöglicht. Man findet, daß die molekulare Struktur in der Nähe der Kettenenden durch die Randbedingung beeinflußt wird, daß aber der mittlere Teil der Kette wieder die Struktur einer fluiden Phase besitzt. Da das Resultat durch die Berücksichtigung der Bedingung (19.1) nicht beeinflußt wird, ist damit auch die innere Konsistenz des Modells nachgewiesen. Für Einzelheiten verweisen wir auf die Originalarbeit[1].

III. Spezielle Probleme.

20. Molekulare Verteilungsfunktionen in der Quantenstatistik. Die quantenstatistische Definition der molekularen Verteilungsfunktionen unterscheidet sich in der allgemeinsten Form nicht von der der klassischen Theorie. Die Gleichungen der Ziff. 2 können daher ohne weiteres in die Quantenstatistik übernommen werden. Ein quantenstatistischer Mittelwert ist nun allgemein definiert durch die Gleichung

$$\overline{F} = \text{spur } \mathsf{F}\rho = \text{spur } \rho\mathsf{F}, \tag{20.1}$$

wo ρ die Dichtematrix bezeichnet. Für die kanonische Gesamtheit läßt sich das Diagonalelement der Dichtematrix in der Form

$$\varrho(\mathbf{q}, \mathbf{q}) = \frac{1}{\lambda^{3N} N! Q} S(\mathbf{q}) \tag{20.2}$$

schreiben [4]. Hier ist

$$\lambda = \frac{h}{(2\pi m kT)^{\frac{1}{2}}} \tag{20.3}$$

und Q die kanonische Verteilungsfunktion. $S(\mathbf{q})$ ist die normierte Slater-Summe, die durch die Gleichung

$$S(\mathbf{q}) = N! \lambda^{3N} \sum_n \varphi_n^*(\mathbf{q}) e^{-\beta \mathsf{H}} \varphi_n(\mathbf{q}) \tag{20.4}$$

definiert ist, wo der Satz φ_n ein beliebiges vollständiges normiertes Orthogonalsystem bezeichnet. H ist der Hamilton-Operator des Systems und

$$\beta = (kT)^{-1}. \tag{20.5}$$

---
[1] L. Saroléa u. A. Münster: Z. phys. Chem., N.F. **28**, 7 (1961).

In Verbindung mit der Beziehung [4]

$$Q = \lambda^{-3N} \frac{Q_\tau}{N!} \qquad (20.6)$$

ergibt sich dann aus den Gleichungen der Ziff. 2 und den Gln. (20.1) bis (20.5)

$$\varrho^{(n)} = \frac{'N!}{(N-n)!\, Q_\tau} \int S(\boldsymbol{q})\, d\boldsymbol{q}^{(N-n)}. \qquad (20.7)$$

Das quantenstatistische Konfigurationsintegral ist dabei definiert durch die Gleichung

$$Q_\tau = \int S(\boldsymbol{q})\, d\boldsymbol{q}. \qquad (20.8)$$

Im besonderen ergibt sich für die Paar-Verteilungsfunktion

$$\varrho^{(2)} = \frac{N(N-1)}{Q_\tau} \int S(\boldsymbol{q})\, d\boldsymbol{q}^{(N-2)}. \qquad (20.9)$$

Die formale Analogie dieser Gleichungen mit den Gln. (3.5) und (3.6) ist unmittelbar ersichtlich. Die Slater-Summe ist das quantenstatistische Analogon der klassischen Größe $e^{-\beta U}$; sie geht an der Grenze der halbklassischen Näherung in diese über. Daraus folgt unmittelbar, daß auch die durch Gl. (20.7) definierten Funktionen unter den gleichen Bedingungen in die klassischen Funktionen übergehen.

Obwohl damit die innere Konsistenz der Theorie gesichert ist, bleibt die Tatsache bestehen, daß der quantenstatistische Formalismus und der der klassischen Theorie sich erheblich voneinander unterscheiden. Es kann daher nicht erwartet werden, daß alle in den vorhergehenden Abschnitten abgeleiteten Beziehungen auch im Rahmen der Quantenstatistik gültig bleiben. Wir wollen die Verhältnisse kurz an einigen Beispielen erläutern.

Zunächst berechnen wir, wie in Ziff. 5, die thermische Zustandsgleichung. Da die kanonische Verteilungsfunktion durch

$$Q = \sum_n \int \varphi_n^* e^{-\beta H} \varphi_n\, d\boldsymbol{q} \qquad (20.10)$$

gegeben ist, haben wir

$$PV = \frac{kT}{Q} V \frac{\partial}{\partial V} \sum_n \int \varphi_n^* e^{-\beta H} \varphi_n\, d\boldsymbol{q}. \qquad (20.11)$$

Führen wir die Eigenfunktionen des Impuls-Operators ein, so wird[1]

$$PV = \frac{kT}{Q\, h^{3N}} V \frac{\partial}{\partial V} \iint e^{-\frac{2\pi i}{h} \boldsymbol{p}\boldsymbol{q}} e^{-\beta H} e^{\frac{2\pi i}{h} \boldsymbol{p}\boldsymbol{q}}\, d\boldsymbol{q}\, d\boldsymbol{p}. \qquad (20.12)$$

Da das Volumen in der Integrationsgrenze vorkommt, muß man wieder auf reduzierte Koordinaten $\boldsymbol{q}_i^*$ transformieren. Man setzt

$$\boldsymbol{q}_i^* = \frac{\boldsymbol{q}_i}{L} \qquad (20.13)$$

mit

$$V = a L^3. \qquad (20.14)$$

In diesem Falle ist es zweckmäßig, auch die Impulse zu transformieren gemäß

$$\boldsymbol{p}_i^* = \boldsymbol{p}_i L. \qquad (20.15)$$

---

[1] Diese Transformation ist ausführlich in [3] und [4] dargestellt.

Man erhält dann

$$PV = \frac{kT}{Q\,h^{3N}} V \frac{\partial}{\partial V} \iint e^{-\frac{2\pi i}{h} p^* q^*} e^{-\beta H^*} e^{\frac{2\pi i}{h} p^* q^*} dq^* dp^*, \qquad (20.16)$$

wo die Integrationsgrenzen jetzt weder V noch L enthalten. Der transformierte Hamilton-Operator ist durch

$$\mathsf{H}^* = -\frac{h^2}{8\pi^2 m L^2} \sum_i \Delta_i^* + \frac{1}{2} \sum_i \sum_j u(r_{ij}^* L) \qquad (20.17)$$

gegeben, wo Δ_i^* der in den Koordinaten (20.13) ausgedrückte Laplace-Operator eines Teilchens und r_{ij}^* der in dem gleichen Maßstab gemessene Abstand zweier Teilchen ist. Aus (20.14) und (20.17) folgt

$$V \frac{\partial \mathsf{H}}{\partial V} = \frac{1}{3} L \frac{\partial \mathsf{H}}{\partial L} = -\frac{2}{3} \mathsf{E}_{\text{kin}} + \frac{1}{6} \sum_i \sum_j r_{ij} \frac{du(r_{ij})}{dr_{ij}}. \qquad (20.18)$$

Der zweite Term der rechten Seite ist das mit $\frac{2}{3}$ multiplizierte Virial der zwischenmolekularen Kräfte (vgl. Ziff. 5) und E_{kin} bezeichnet den Operator der kinetischen Energie. Nach Rücktransformation auf q, p und das Orthogonalsystem φ_n wird daher aus (20.16)

$$PV = Q^{-1} \int \sum_n \varphi^*(q) \left(\tfrac{2}{3} \mathsf{E}_{\text{kin}} - \tfrac{2}{3} [\mathsf{V}]'\right) e^{-\beta \mathsf{H}} \varphi_n(q)\, dq. \qquad (20.19)$$

Die rechte Seite ist nach Gln. (20.1) bis (20.4) der quantenstatistische Mittelwert des in runden Klammern stehenden Ausdrucks. Da E_{kin} eine Summe von N Termen ist, die nur von den Koordinaten je eines Moleküls abhängen, $[\mathsf{V}]'$ eine Summe von $N(N-1)$ Termen, die nur von den Koordinaten je zweier Moleküle abhängen, kann Gl. (20.19) mit Benutzung von (20.7) noch weiter vereinfacht werden. Mit

$$\mathsf{E}_{\text{kin}} = \frac{1}{2m} \sum \mathsf{p}_i^2 \qquad (20.20)$$

erhält man

$$PV = \frac{1}{3m} \int \mathsf{p}_1^2 \varrho^{(1)}(q_1)\, dq_1 - \frac{1}{6} \iint r_{12} \frac{du(r_{12})}{dr_{12}} \varrho^{(2)}(q_1, q_2)\, dq_1 dq_2. \qquad (20.21)$$

Diese Gleichung stellt das quantenstatistische Analogon der Gl. (5.17) dar. Sie zeigt anschaulich, daß die quantenstatistischen molekularen Verteilungsfunktionen Diagonalelemente quantenstatistischer Matrizen sind. Diese zuerst von Husimi[1] eingeführten „reduzierten Dichtematrizen" lassen sich in ganz allgemeiner Form definieren durch die Gleichung

$$\varrho^{(n)}(q^{(n)}, q'^{(n)}) = \frac{N!}{(N-n)!} \int \varrho(q^{(n)}, q^{(N-n)}; q'^{(n)}, q'^{(N-n)})\, dq^{(N-n)}. \qquad (20.22)$$

Da wir von diesem Formalismus weiter keinen Gebrauch machen werden, sei für Einzelheiten auf die Originalarbeit[1] verwiesen.

Der wesentliche Unterschied zwischen den Gln. (20.21) und (5.17) liegt in dem ersten Term der rechten Seite. Er beruht naturgemäß darauf, daß in der Quantenstatistik das Äquipartitionstheorem nur ein Grenzgebiet darstellt und daher die Zustandsgleichung des idealen Gases (bei endlicher Dichte) nicht für ein quantenstatistisches ideales Gas gilt. Die Gl. (20.21) kann auch direkt (d.h. ohne Benutzung der Verteilungsfunktion) mit Hilfe des in der Quantenstatistik allgemein gültigen Virialsatzes [4] erhalten werden. Damit ist gezeigt, daß der

---
[1] K. Husimi: Proc. Phys.-Math. Soc. Japan **22**, 254 (1940).

von BORN und GREEN[1] für die Quantenstatistik angenommene Unterschied zwischen „thermodynamischem" und „kinetischem" Druck nicht existiert[2].

Als weiteres Beispiel betrachten wir die in Ziff. 11β abgeleiteten Ausdrücke für die Kompressibilität, die partiellen Molekularvolumina und die Ableitungen der chemischen Potentiale nach den Konzentrationen. Diese Beziehungen sind rein mathematische Deduktionen aus den Normierungsrelationen (11.6) und (11.7) einerseits, der Schwankungsgleichung für die große kanonische Gesamtheit (11.12) andererseits. Beide sind ohne Einschränkung auch in der Quantenstatistik gültig. Das gleiche muß daher für die erwähnten Beziehungen zwischen Korrelationsfunktionen und thermodynamischen Größen gelten. Dies trifft insbesondere für das Kompressibilitätsintegral von ORNSTEIN und ZERNIKE [Gl. (11.39)] zu, dessen Gültigkeit für die Quantenstatistik gelegentlich bestritten worden ist[3].

Im Gegensatz dazu ist die Gültigkeit der Integralgleichungen von YVON [Gl. (6.7)], BORN-GREEN [Gl. (7.2)] und KIRKWOOD [Gl. (8.10)] auf die halbklassische Näherung beschränkt, da bei ihrer Ableitung von der Definition (3.5) explizit Gebrauch gemacht wird.

Reihenentwicklungen für die quantenstatistischen molekularen Verteilungsfunktionen sind von DE BOER[2] und, in expliziter Form für das ideale Bose-Einstein-Gas, von IKEDA[4] angegeben worden. Die in Ziff. 12 und 13 dargestellte Theorie ist von BAND[5] auf quantenstatistischer Grundlage entwickelt worden. Für Einzelheiten sei auf die Originalarbeiten verwiesen.

Für nicht zu niedrige Temperaturen läßt sich die Slater-Summe nach Potenzen von h bzw. λ entwickeln und die Abweichung vom klassischen Verhalten in Form von Korrekturtermen berücksichtigen[6,7]. Da die Kirkwoodsche Rechnung bereits an anderer Stelle dieses Handbuches ausführlich dargestellt worden ist [4], geben wir hier nur das Resultat wieder.

Man erhält

$$S(\boldsymbol{q}) = e^{-\beta U} \left\{ \left[1 - \frac{h^2 \beta^2}{48 \pi^2 m} \sum_{i=1}^{N} \left[\Delta_i U - \frac{\beta}{2} (\nabla_i U)^2 \right] + \cdots \right] \pm \right. \\ \left. \pm \sum_{j \neq l} e^{-\frac{4\pi^2 m r_{jl}^2}{\beta h^2}} \left[1 + \frac{\beta}{2} r_{jl} (\nabla_j U - \nabla_l U) + \cdots \right] + \cdots \right\} \quad (20.23)$$

mit

$$\boldsymbol{r}_{jl} = \boldsymbol{q}_j - \boldsymbol{q}_l. \quad (20.24)$$

Für das ideale Gas ($U=0$) erhält man daraus durch Einsetzen in Gl. (20.9) bei niedriger Dichte

$$\varrho^{(2)}(r) = \varrho^2 \left(1 \pm e^{-\frac{2\pi r^2}{\lambda^2}} \right). \quad (20.25)$$

Eine andere Form der Korrektur ist von MAYER und BAND[8] angegeben worden.

21. Lokale Schwankungen. Geglättete Korrelationsfunktionen. Wie man aus den Definitionen der Ziff. 2 sieht, beruht die Theorie der molekularen Verteilungsfunktionen auf der Darstellung der lokalen Dichten gegebener Konfiguration

---

[1] M. BORN u. H.S. GREEN: Proc. Roy. Soc. Lond. A **192**, 166 (1947).
[2] J. DE BOER: Rep. Progr. Phys. **12**, 305 (1949).
[3] P.J. PRICE: Phys. Rev. **86**, 495 (1952).
[4] K. IKEDA: Mem. Fac. Sci. Kyusyu Univ., Ser. B **2**, Nr. 2 (1956).
[5] W. BAND: J. Chem. Phys. **16**, 343 (1948).
[6] E. WIGNER: Phys. Rev. **40**, 749 (1932).
[7] J.G. KIRKWOOD: Phys. Rev. **44**, 31 (1933).
[8] J.E. MAYER u. W. BAND: J. Chem. Phys. **15**, 141 (1947).

durch δ-Funktionen. Eine solche im strengen Sinne molekulare Beschreibung führt auf einen sehr komplizierten Formalismus und ist für Probleme, bei denen die Feinheiten der molekularen Struktur keine Rolle spielen, unzweckmäßig. Wir wollen jetzt zeigen, daß man durch ein „Verschmieren" der Dichten gegebener Konfiguration in mathematisch strenger Weise einfachere Funktionen ableiten kann, die für gewisse Anwendungen erhebliche Vorteile bieten[1,2]. Dabei beschränken wir uns an dieser Stelle auf fluide Einkomponentensysteme.

Die Natur des Problems läßt sich am einfachsten verstehen, wenn wir die Schwankungen der lokalen Dichte betrachten. Die Schwankung an der Stelle $\boldsymbol{q}$ ist

$$\Delta \varrho = \nu^{(1)}(\boldsymbol{q}) - \bar{\varrho}, \tag{21.1}$$

wo $\nu^{(1)}(\boldsymbol{q})$ durch Gl. (2.1) definiert ist. Daraus folgt sofort, daß das mittlere Schwankungsquadrat der lokalen Dichte aus (21.1) nicht berechnet werden kann, da das Quadrat der δ-Funktion nicht existiert. Bezeichnet man mit $\Delta \varrho'$ die lokale Dichteschwankung an der Stelle $\boldsymbol{q}'$, so erhält man mit Benutzung von (2.2), (2.9) und (11.5) für die Kovarianz

$$\overline{\Delta \varrho \Delta \varrho'} = \bar{\varrho}^2 g(r), \quad r \neq 0. \tag{21.2}$$

Für $r = 0$ gibt diese Formel ein absurdes Resultat, so daß wieder die gleiche Schwierigkeit auftritt, die letzten Endes in der Definition der „feinen" Dichte mit Hilfe von δ-Funktionen ihre Wurzel hat.

Die Definition der von MASSIGNON[3] eingeführten „halbfeinen" Größen beruht auf der Tatsache, daß in den Formalismus der Theorie lediglich die Normierung der δ-Funktion

$$\int_{-\infty}^{+\infty} \delta(\boldsymbol{q}_i - \boldsymbol{q}) \, d\boldsymbol{q} = 1 \tag{21.3}$$

eingeht. Man kann daher in den Definitionen der lokalen Größen die δ-Funktionen durch andere Distributionen im Sinne von SCHWARTZ[4] $\Theta(\boldsymbol{q}_i - \boldsymbol{q})$ ersetzen, welche die Relation

$$\int_{-\infty}^{+\infty} \Theta(\boldsymbol{q}_i - \boldsymbol{q}) \, d\boldsymbol{q} = 1 \tag{21.4}$$

erfüllen. Da das Verfahren eine lokale Mitteilung über die Umgebung des Punktes $\boldsymbol{q}$ ergeben soll, muß $\Theta(\boldsymbol{q}_i - \boldsymbol{q})$ überall positiv und somit eine Funktion im gewöhnlichen Sinne oder ein Maß sein. Im Prinzip gibt es unendlich viele Möglichkeiten zur Definition der halbfeinen Größen auf dieser Grundlage. Die Wahl wird im wesentlichen durch die mathematische Zweckmäßigkeit bestimmt. Da wir uns auf kugelsymmetrische Probleme beschränken, definieren wir

$$\Theta(\boldsymbol{s}) = \left(\frac{a}{\pi}\right)^{\frac{3}{2}} e^{-as^2}. \tag{21.5}$$

Die halbfeine lokale Dichte wird nun

$$\hat{\nu}^{(1)}(\boldsymbol{q}) = \sum_{i=1}^{N} \Theta(\boldsymbol{q}_i - \boldsymbol{q}). \tag{21.6}$$

---
[1] A. MÜNSTER: Z. phys. Chem., N.F. 22, 97 (1959).
[2] A. MÜNSTER: Nuovo Cim., Rendiconti S.I.F., X. Corso, 23 (1959).
[3] D. MASSIGNON: Mécanique statistique des fluides. Paris 1957.
[4] L. SCHWARTZ: Théorie des distributions. Paris 1950/51.

Das Quadrat dieser Größe ist

$$[\tilde{\nu}^{(1)}(q)]^2 = \sum_{i=1}^{N} [\Theta(q_i - q)]^2 + \sum_{i \neq j}\sum \Theta(q_i - q)\Theta(q_j - q). \qquad (21.7)$$

Die mittlere lokale Dichte wird mit (21.6)

$$\overline{\tilde{\nu}^{(1)}(q)} \equiv \hat{\varrho}^{(1)}(q) = \int \varrho^{(1)}(q - s)\,\Theta(s)\,ds = \bar{\varrho}. \qquad (21.8)$$

Für den Mittelwert von (21.7) erhält man

$$\overline{[\tilde{\nu}^{(1)}(q)]^2} = \int \varrho^{(1)}(q-s)[\Theta(s)]^2\,ds + \int ds\,\Theta(s) \int ds'\,\Theta(s')\,\varrho^{(2)}(q-s, q-s'). \qquad (21.9)$$

Die Kovarianz der halbfeinen lokalen Dichte läßt sich nun ohne weiteres konstruieren. Man erhält

$$\overline{\Delta\hat{\varrho}\,\Delta\hat{\varrho}'} = \left(\frac{a}{2\pi}\right)^{\frac{3}{2}}\bar{\varrho} + \bar{\varrho}^2 \int g(|r-s|)\,\Theta(s)\,ds. \qquad (21.10)$$

Man sieht sofort, daß dieser Ausdruck auch für $r=0$ sinnvoll bleibt und einen endlichen Zahlenwert ergibt. Das Integral der rechten Seite stellt eine Korrelationsfunktion dar, bei welcher die Einzelheiten der molekularen Struktur verschmiert sind. Wir bezeichnen sie als halbfeine (oder geglättete) Korrelationsfunktion und definieren

$$\hat{g}(r) = \int g(|r-s|)\,\Theta(s)\,ds. \qquad (21.11)$$

Damit wird

$$\frac{\overline{\Delta\hat{\varrho}\,\Delta\hat{\varrho}'}}{\bar{\varrho}^2} = \left(\frac{a}{2\pi}\right)^{\frac{3}{2}}\bar{\varrho}^{-1} + \hat{g}(r). \qquad (21.12)$$

Durch den Grenzübergang $a \to \infty$ kann man wieder zur Darstellung durch feine Größen zurückkehren und erhält dann

$$\overline{\Delta\varrho\,\Delta\varrho'} = \bar{\varrho}\,\delta(r) + \bar{\varrho}^2\,g(r). \qquad (21.13)$$

Diese Gleichung zeigt, daß die Varianz der feinen lokalen Dichte keinen Zahlenwert besitzt und daher keine physikalisch sinnvolle Größe ist.

Die Eigenschaften der Funktion $\hat{g}(r)$ hängen naturgemäß von dem Wert des Parameters a ab. Im folgenden setzen wir einen Wert voraus, welcher die Einzelheiten der molekularen Struktur vollständig verschmiert. In diesem Falle ist $\hat{g}$ eine monotone nicht-negative Funktion des Abstandes r. Eine wichtige Eigenschaft der Funktion $\hat{g}$ ist durch die Gleichung

$$\int_V \hat{g}\,dr = \int_V g\,dr \qquad (21.14)$$

gegeben, die man aus der Definition (21.11) leicht mit Hilfe des Faltungssatzes der Fourier-Transformation ableitet. Sie hat zur Folge, daß die Relationen (11.8) und (11.39) auch für die geglättete Korrelationsfunktion gültig bleiben. Im Falle der Mehrkomponentensysteme gilt Entsprechendes für die in Ziff. 11β entwickelte allgemeine Theorie.

Die physikalische Bedeutung der geglätteten Korrelationsfunktion wird deutlicher, wenn man die Betrachtung in den Fourier-Raum verlegt. Die Darstellung der thermischen Bewegung der Moleküle durch stehende Wellen geht bekanntlich auf EINSTEIN[1] zurück und ist seitdem häufig verwendet worden. Für fluide Phasen ist eine exakte Begründung aus der statistischen Mechanik (welche die

---
[1] A. EINSTEIN: Ann. Phys. **33**, 1275 (1910).

Idealisierung des Systems als Kontinuum vermeidet) erstmalig von YVON[1] gegeben worden. Wir werden diese Methode im folgenden benutzen[2,3].

Es sei
$$\eta(\boldsymbol{u}) = \mathscr{F} \nu^{(1)}(\boldsymbol{q}) \tag{21.15}$$
die Fourier-Transformierte der durch Gl. (2.1) definierten Dichte der Einzelteilchen. Dann ist explizit
$$\eta(\boldsymbol{u}) = \sum_{i=1}^{N} e^{i\boldsymbol{u}\boldsymbol{q}_i}. \tag{21.16}$$

Die Mittelwertbildung mit Hilfe der großen kanonischen Gesamtheit ergibt
$$\overline{\eta(\boldsymbol{u})} = \bar{\varrho} \int e^{i\boldsymbol{u}\boldsymbol{q}} g^{(1)}(\boldsymbol{q}) d\boldsymbol{q}. \tag{21.17}$$

Für fluide Phasen ist dieser Ausdruck praktisch nur im Ursprung von Null verschieden. Bezeichnen wir mit η^* die zu η konjugiert komplexe Größe, so ist
$$\eta\eta^* = \sum_{\substack{i=1 \\ i \neq j}}^{N} \sum_{j=1}^{N} e^{i\boldsymbol{u}\boldsymbol{q}_i} e^{-i\boldsymbol{u}\boldsymbol{q}_j}. \tag{21.18}$$

Für den Mittelwert dieser Größe erhält man
$$\overline{\eta\eta^*} \equiv \overline{|\eta|^2} = \iint e^{i\boldsymbol{u}(\boldsymbol{q}-\boldsymbol{q}')} \varrho^{(2)}(\boldsymbol{q}, \boldsymbol{q}') d\boldsymbol{q} d\boldsymbol{q}' + \int \varrho^{(1)}(\boldsymbol{q}) d\boldsymbol{q}. \tag{21.19}$$

Transformieren wir auf die Variablen $\boldsymbol{r}$ und $\boldsymbol{q}$ und integrieren über $\boldsymbol{q}$, so wird
$$\overline{|\eta|^2} = \bar{N} \left[\bar{\varrho} \int e^{i\boldsymbol{u}\boldsymbol{r}} g^{(2)}(\boldsymbol{r}) d\boldsymbol{r} + 1 \right]. \tag{21.20}$$

Da in unserem Falle $\eta(\boldsymbol{u})$ praktisch Null ist, kann diese Gleichung geschrieben werden
$$\overline{|\eta|^2} = \bar{N} \left[1 + \bar{\varrho} \int g(\boldsymbol{r}) e^{i\boldsymbol{u}\boldsymbol{r}} d\boldsymbol{r} \right]. \tag{21.21}$$

Aus den Gln. (21.13) und (21.20) leitet man ab
$$V \int \overline{\Delta\varrho \Delta\varrho'} e^{i\boldsymbol{u}\boldsymbol{r}} d\boldsymbol{r} = \overline{|\eta|^2}. \tag{21.22}$$

Gl. (21.21) gibt den allgemeinen Zusammenhang zwischen den Fourier-Komponenten der molekularen Dichte und denen der Korrelationsfunktion. Gl. (21.22) zeigt, daß man die Größe $\overline{|\eta|^2}$ als die spektrale Verteilung der lokalen Schwankungen interpretieren kann.

Da die molekulare Struktur nur den kurzwelligen Teil des Spektrums beeinflussen kann, unterdrücken wir denselben und setzen
$$\widehat{\overline{|\eta|^2}} = \overline{|\eta|^2} e^{-\frac{u^2}{4a}}. \tag{21.23}$$

Aus Gln. (21.11) und (21.21) folgt dann mit Benutzung des Faltungssatzes
$$\mathscr{F}^{-1} \widehat{\overline{|\eta|^2}} = \bar{N} \bar{\varrho} \hat{g}(r) \qquad (r > a^{-\frac{1}{2}}). \tag{21.24}$$

Die Einführung der geglätteten Korrelationsfunktion bedeutet somit physikalisch nichts anderes als ein Abschneiden des kurzwelligen Teiles des Spektrums der

---
[1] J. YVON: Fluctuations en densité (Actualités scientifiques et industrielles Nr. 542). Paris 1937.
[2] A. MÜNSTER: Z. phys. Chem., N.F. **22**, 97 (1959).
[3] A. MÜNSTER: Nuovo Cim., Rendiconti S.I.F., X. Corso, 23 (1959).

Schwankungen. Man zeigt ohne Schwierigkeit, daß die Gln. (21.21) und (21.22) im wesentlichen auch für halbfeine Größen gültig bleiben. Es ist also

$$\widehat{\overline{|\eta|^2}} = \overline{N}\left[e^{-\frac{u^2}{4a}} + \overline{\varrho} \int \hat{g}(r) e^{iur} dr\right] \quad (21.25)$$

und

$$V \int \overline{\Delta\hat{\varrho}\,\Delta\hat{\varrho}'}\, e^{iur} dr = \widehat{\overline{|\eta|^2}}. \quad (21.26)$$

22. Kritische Schwankungen. Es ist seit langem bekannt[1,2], daß kondensierende Gase und flüssige Gemische mit Mischungslücke in einem Intervall von etwa 1° C oberhalb der kritischen Temperatur der Kondensation bzw. der Entmischung eine sehr starke Zunahme der Lichtstreuung, vor allem in der Vorwärtsrichtung, zeigen. Analoge Effekte bei Festkörpern sind erst in den letzten Jahren mit Hilfe von langsamen Neutronen[3,4] und Röntgenstrahlen[5,6] entdeckt worden. Diese unter dem Namen „kritische Opaleszenz" bekannten Erscheinungen sind schon von SMOLUCHOWSKI[7] auf eine Zunahme der lokalen Dichte- bzw. Konzentrationsschwankungen in der Nähe des kritischen Punktes zurückgeführt worden. Indessen haben erst ORNSTEIN und ZERNIKE[8-10] erkannt, daß der für das Verständnis der kritischen Opaleszenz wesentliche Gesichtspunkt in der bei Annäherung an den kritischen Punkt zunehmenden Reichweite der Korrelation lokaler Schwankungen liegt. Während aber das physikalische Grundkonzept und das wesentliche Resultat der Ornstein-Zernike-Theorie zweifellos korrekt sind, ist die Durchführung im einzelnen sehr unbefriedigend. Sie ist vor allem von YVON[11] kritisiert worden. Der Kern der Schwierigkeiten liegt, wie sich zeigen läßt[12], in der Tatsache, daß die Ornstein-Zernike-Theorie nicht im strengen Sinne eine molekulare Theorie ist, aber weder die molekularen Gesichtspunkte völlig eliminiert, noch die Beziehung zur molekularen Theorie (d.h. zu den Grundgleichungen der statistischen Mechanik) klar formuliert. In neuerer Zeit haben verschiedene Autoren[13-15] mit Erfolg den ersten der beiden angedeuteten Wege beschritten und die Ergebnisse von ORNSTEIN und ZERNIKE in Form einer rein phänomenologischen Theorie abgeleitet. Im folgenden geben wir eine Ableitung, welche an die Theorie der molekularen Verteilungsfunktionen anknüpft und damit die molekulare Bedeutung der Ornstein-Zernike-Theorie erkennen läßt[16]. Da es sich hier nur darum handelt, die wesentlichen Züge der Theorie zu entwickeln, beschränken wir uns wieder auf fluide Einkomponenten-Systeme. Die Anwendungen auf die Probleme kondensierter Phasen finden sich in den Abschnitten B III und C II.

---

[1] M. ALTSCHUL: Z. phys. Chem. **11**, 578 (1893).
[2] K. v. WESENDONCK: Naturwiss. Rdsch. **9**, 210 (1894).
[3] H. PALEVSKY u. D. J. HUGHES: Phys. Rev. **92**, 202 (1953).
[4] H. A. GERSH, C. G. SHULL u. M. K. WILKINSON: Phys. Rev. **103**, 525 (1956).
[5] A. MÜNSTER u. K. SAGEL: Naturwissenschaften **44**, 535 (1957).
[6] A. MÜNSTER u. K. SAGEL: Mol. Phys. **1**, 23 (1958).
[7] M. v. SMOLUCHOWSKI: Ann. Phys. **25**, 205 (1908).
[8] L. S. ORNSTEIN u. F. ZERNIKE: Proc. Acad. Sci. Amsterd. **17**, 793 (1914).
[9] F. ZERNIKE: Proc. Acad. Sci. Amsterd. **18**, 25 (1916).
[10] L. S. ORNSTEIN u. F. ZERNIKE: Phys. Z. **19**, 134 (1918); **27**, 762 (1926).
[11] J. YVON: Fluctuations en densité (Actualités scientifiques et industrielles Nr. 542). Paris 1937.
[12] A. MÜNSTER: Z. phys. Chem., N.F. **22**, 115 (1959).
[13] M. J. KLEIN u. L. TISZA: Phys. Rev. **76**, 1861 (1949).
[14] L. D. LANDAU u. E. M. LIFSHITZ: Statistical Physics. London 1958.
[15] P. DEBYE: J. Chem. Phys. **31**, 680 (1959).
[16] A. MÜNSTER: J. Chim. Phys. **57**, 492 (1960).

Aus Gln. (21.12) bzw. (21.13) sieht man sofort, daß die Untersuchung der Korrelation lokaler Schwankungen auf eine Berechnung der (feinen oder geglätteten) Korrelationsfunktion hinausläuft. Auf der Grundlage der früher (Ziff. 7, 8, 15) abgeleiteten Integralgleichung ist eine solche Berechnung offenbar praktisch nicht durchführbar. Abgesehen von den mathematischen Schwierigkeiten würde schon die Notwendigkeit, das Superpositionsprinzip zu benutzen, diesen Weg für das hier interessierende Problem aussichtslos machen. Wir verzichten somit von vorneherein darauf, in die Lösung des Problems explizit die zwischenmolekularen Kräfte einzuführen. Es ist daher notwendig, die Korrelationsfunktion auf andere Parameter zurückzuführen, deren Zusammenhang mit den zwischenmolekularen Kräften für die Berechnung nicht explizit bekannt zu sein braucht. Dieses Programm läßt sich nur für die in Ziff. 21 definierte geglättete Korrelationsfunktion vollständig durchführen. Man geht dabei zweckmäßig von der Betrachtung im Fourier-Raum aus.

Wir definieren zunächst eine Funktion $\alpha(u)$ durch die Gleichung

$$\overline{N}\overline{\varrho}\alpha(u) = \widehat{|\eta|^2} - \overline{N}\,e^{-\frac{u^2}{4a}}. \tag{22.1}$$

Nach (21.25) ist $\alpha(u)$ die Fourier-Transformierte der geglätteten Korrelationsfunktion. Sie stellt nach (21.26) das Spektrum der lokalen Schwankungen der halbfeinen Dichte dar. In größerer Entfernung vom kritischen Punkt ist diese Funktion (da wir das kurzwellige Gebiet unterdrückt haben) praktisch eine Konstante. In der Theorie der stochastischen Prozesse wird ein solches Spektrum als „weißes Spektrum" bezeichnet. Es entspricht im physikalischen Raum einer Korrelation kurzer Reichweite, deren Einzelheiten verwischt sind. Bei Annäherung an den kritischen Punkt nimmt die Intensität im langwelligen Gebiet sehr stark zu, was einer weitreichenden Korrelation entspricht. Wir definieren nun eine weitere Funktion

$$\beta(u) = \frac{\widehat{|\eta|^2}/\overline{N} - e^{-\frac{u^2}{4a}}}{1 + \widehat{|\eta|^2}/\overline{N} - e^{-\frac{u^2}{4a}}}. \tag{22.2}$$

Für sehr schwache Intensitäten ist einfach $\beta(u) \sim \alpha(u)$. Wenn aber $\widehat{|\eta|^2}$, und damit $\alpha(u)$, zunimmt, strebt $\beta(u)$ gegen Eins. Das Spektrum $\beta(u)$ bleibt somit auch bei Annäherung an den kritischen Punkt ein weißes Spektrum. Seine Fourier-Transformierte, die wir mit $\hat{f}(r)$ bezeichnen, kann unter keinen Umständen eine weitreichende Korrelation beschreiben. Wir betrachten nun dieses weiße Spektrum als „Referenz-Spektrum" und drücken $\alpha(u)$ durch $\beta(u)$ aus. Man erhält aus (22.1) und (22.2)

$$\overline{\varrho}\alpha(u) = \frac{\beta(u)}{1 - \beta(u)}. \tag{22.3}$$

Dies ist die Grundgleichung der Theorie. Durch eine Reihe von rein mathematischen Transformationen erhält man daraus explizite Ausdrücke für die Funktionen $\alpha(u)$ bzw. $\hat{g}(r)$, welche nicht mehr die Funktionen $\beta(u)$ bzw. $\hat{f}(r)$, sondern (neben thermodynamischen Größen) nur noch einen für das weiße Spektrum charakteristischen Parameter enthalten, der im Prinzip aus den zwischenmolekularen Kräften berechnet werden kann. Durch inverse Fourier-Transformation erhält man zunächst aus (22.3)

$$\overline{\varrho}\hat{g}(r) = \hat{f}(r) + \overline{\varrho}\int \hat{g}(|\boldsymbol{r} - \boldsymbol{s}|)\hat{f}(s)\,d\boldsymbol{s}. \tag{22.4}$$

Diese Beziehung ist als Integralgleichung von ORNSTEIN und ZERNIKE bekannt. Die Funktion $\hat{f}(r)$ wird häufig (ebenso wie die entsprechende „feine Funktion") als direkte Korrelationsfunktion bezeichnet. Aus den Definitionen ergeben sich unmittelbar die folgenden Eigenschaften der Funktionen $\hat{g}(r)$ und $\hat{f}(r)$:

a) $\hat{g}(r)$ ist eine nicht-negative, monoton abfallende Funktion, die für $r=0$ endlich ist und für $r \to \infty$ gegen Null strebt.

b) $\hat{f}(r)$ ist eine Funktion, die nur über einen Bereich von wenigen zwischenmolekularen Abständen merklich von Null verschieden ist.

c) $\hat{g}(r)$ und $\hat{f}(r)$ sind isotrope Funktionen und hängen nur von dem skalaren Abstand r ab.

In Gl. (22.4) entwickeln wir nun die Funktion $\hat{g}(|\boldsymbol{r}-\boldsymbol{s}|)$ unter dem Integralzeichen an der Stelle $s=0$ in eine Taylorsche Reihe, die wir wegen a) und c) mit dem quadratischen Gliede abbrechen können[1]. Mit den Abkürzungen

$$F = \int \hat{f}(r)\, d\boldsymbol{r}, \tag{22.5}$$

$$\varepsilon^2 = \int r^2 \hat{f}(r)\, d\boldsymbol{r} \tag{22.6}$$

erhält man

$$\Delta \hat{g}(r) - \varkappa^2 \hat{g}(r) = -\frac{6}{\bar{\varrho}\,\varepsilon^2} \hat{f}(r), \tag{22.7}[2]$$

wo

$$\varkappa^2 = \frac{6(1-F)}{\varepsilon^2} \tag{22.8}$$

und Δ der Laplacesche Operator ist. Die Differentialgleichung (22.7) läßt sich durch Variation der Konstanten lösen, da die Lösung der zugehörigen homogenen Gleichung bekannt ist. Mit Berücksichtigung der oben erwähnten Randbedingungen erhält man

$$\hat{g}(r) = \frac{6 e^{-\varkappa r}}{\bar{\varrho}\,\varepsilon^2 \varkappa r} \int_0^r s \hat{f}(s) \sinh(\varkappa s)\, ds + \frac{6 \sinh \varkappa r}{\bar{\varrho}\,\varepsilon^2 \varkappa r} \int_r^\infty s \hat{f}(s) e^{-\varkappa s}\, ds. \tag{22.9}$$

Diese Gleichung ist eine rein mathematische Transformation der Gl. (22.3). Die Form (22.9) ermöglicht es aber, für die Umgebung des kritischen Punktes eine asymptotische Lösung anzugeben, welche nicht mehr explizit die Funktion $\hat{f}(r)$ enthält. Von dieser Lösung ausgehend, lassen sich $\hat{g}(r)$ und $\hat{f}(r)$ durch Iteration berechnen.

Aus Gln. (11.39) und (22.3) erhält man

$$F = \int \hat{f}(r)\, d\boldsymbol{r} = 1 - \frac{1}{kT} \frac{\partial P}{\partial \bar{\varrho}}. \tag{22.10}$$

Daraus folgt unmittelbar, daß im kritischen Punkt $\varkappa = 0$ ist. Für die hier interessierende Umgebung des kritischen Punktes kann daher $\varkappa$ als sehr kleine Größe betrachtet werden, was den Ersatz der Hyperbelfunktionen durch ihre Argumente rechtfertigt. Wir nehmen an, daß r sehr groß ist und erhalten dann aus (22.9) mit Benutzung der Eigenschaft b)

$$\hat{g}(r) = A \frac{e^{-\varkappa r}}{r}, \tag{22.11}$$

wo

$$A = \frac{3F}{2\pi \varepsilon^2 \bar{\varrho}} \tag{22.12}$$

---

[1] Es wird vorausgesetzt, daß alle Momente von $\hat{f}(r)$ existieren oder, was dasselbe bedeutet, daß $\beta(u)$ für $u=0$ eine Taylor-Entwicklung nach Potenzen von u^2 besitzt.

[2] Der in Gl. (22.7) auftretende Parameter $\varkappa$ darf nicht mit der isothermen Kompressibilität (Ziff. 11) verwechselt werden, die wir in dieser Ziffer stets als Differentialquotient schreiben.

ist. Die asymptotische Lösung (22.11) erfüllt jedoch nicht die oben angeführten Randbedingungen, da sie im Ursprung eine Singularität besitzt. Wir berechnen daher noch die erste Näherung. Durch inverse Fourier-Transformation erhält man aus (22.3) mit Benutzung von (22.11)

$$\hat{f}(r) = \bar{\varrho} A \frac{e^{-br}}{r} \qquad (22.13)$$

mit

$$b = (4\pi\bar{\varrho} A + \varkappa^2)^{\frac{1}{2}}. \qquad (22.14)$$

Gl. (22.13) stellt die nullte Näherung für die Funktion $f(r)$ dar. Einsetzen von (22.13) in (22.9) ergibt als erste Näherung für die Korrelationsfunktion

$$\hat{g}(r) = \frac{4\pi A^2 \bar{\varrho}}{F} \left[\frac{e^{-\varkappa r}}{r} \frac{1}{b^2} (1 - e^{-br} - br\, e^{-br}) + \frac{1}{b+\varkappa} e^{-(b+\varkappa)r} \right]. \qquad (22.15)$$

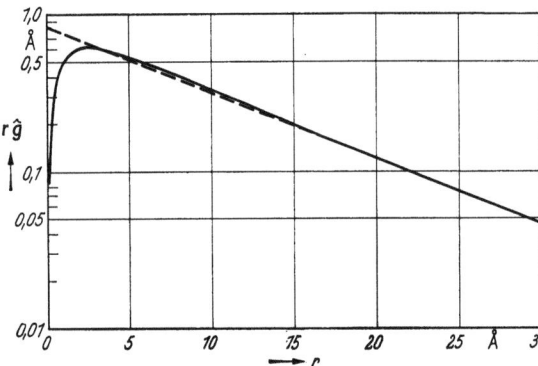

Fig. 3. Lösung der Gl. (22.7) ---- nullte Näherung (asymptotische Lösung) —— erste Näherung.

Man stellt leicht fest, daß diese Lösung in der Tat alle Randbedingungen erfüllt. Fig. 3 zeigt einen Vergleich der beiden Lösungen (22.11) und (22.15).

Man sieht, daß ein wesentlicher Unterschied zwischen den beiden Kurven nur in der unmittelbaren Nähe des Ursprungs besteht, was im allgemeinen praktisch bedeutungslos ist. Zwischen 3 und 10 Å liefert die erste Näherung einen etwas anderen Verlauf, der im Hinblick auf die Genauigkeit der experimentellen Daten unberücksichtigt bleiben kann. Wir werden daher die Diskussion im wesentlichen auf die asymptotische Lösung beschränken.

Aus (21.12) und (22.11) folgt, daß die Reichweite der Korrelation lokaler Schwankungen im wesentlichen durch den Parameter $\varkappa$ bestimmt wird. Zweckmäßig definiert man einen Korrelationsradius r_c durch

$$r_c = \varkappa^{-1}. \qquad (22.16)$$

In hinreichender Entfernung vom kritischen Punkt ist r_c von der Größenordnung 10 Å, bei Annäherung an denselben wächst es sehr stark an und im kritischen Punkt hat man $r_c \to \infty$.

Bisher haben wir nur die lokalen Schwankungen betrachtet. Aus (22.11) ergibt sich aber auch eine bemerkenswerte Folgerung für die Schwankungen der Molekülzahl des (als offen betrachteten) Gesamtsystems. Wie an anderer Stelle dieses Handbuches [4] allgemein gezeigt worden ist und auch aus Gl. (11.8) folgt, verschwindet in diesem Falle das mittlere relative Schwankungsquadrat für eine stabile Phase von der Ordnung $\bar{N}^{-1}$. Wir nehmen nun an, daß sich das System in einem kugelförmigen Volumen V vom Radius R befindet. Einsetzen von (22.11) in (11.8) ergibt für $\varkappa = 0$

$$\frac{\overline{(N-\bar{N})^2}}{\bar{N}^2} = O(V^{-\frac{1}{3}}). \qquad (22.17)$$

Im kritischen Punkt verschwindet somit das mittlere relative Schwankungsquadrat von niedrigerer Ordnung, d.h. die kritische Phase besitzt thermodynamisch eine verminderte Stabilität. Damit ist eine Aussage, die qualitativ bereits aus allgemeineren Betrachtungen abgeleitet wurde [4], quantitativ präzisiert. Das im vorstehenden beschriebene Verhalten wird unter der Bezeichnung „kritische Schwankungen" zusammengefaßt. Diese sind, wie wir zeigen werden, die Ursache der kritischen Opaleszenz.

Für das Spektrum der lokalen Schwankungen erhält man aus (22.11)

$$\alpha(u) = \mathscr{F}\hat{g}(r) = \frac{4\pi A}{\varkappa^2 + u^2}.\tag{22.18}$$

Für das Referenz-Spektrum ergibt sich

$$\beta(u) = \mathscr{F}\hat{f}(r) = \frac{4\pi A}{4\pi A + \varkappa^2 + u^2}.\tag{22.19}$$

Gl. (22.18) zeigt, daß für sehr kleines $\varkappa$ die Intensität im langwelligen Gebiet sehr stark anwächst. Die Funktion $\beta(u)$ überschreitet dagegen selbst im kritischen Punkt nicht den Wert Eins. Damit ist die innere Konsistenz der Theorie nachgewiesen.

Es bleibt noch die Bedeutung der in (22.11) auftretenden Parameter A und $\varkappa$ zu untersuchen. Man hat zunächst

$$\bar{\varrho}\int \hat{g}(r)\,d\mathbf{r} = \frac{4\pi\bar{\varrho}A}{\varkappa^2}.\tag{22.20}$$

Mit Benutzung von (11.39) folgt dann

$$4\pi\bar{\varrho}\frac{A}{\varkappa^2} = kT\frac{\partial\bar{\varrho}}{\partial P} - 1.\tag{22.21}$$

Der Parameter A selbst läßt sich nicht auf thermodynamische Größen zurückführen. Seine Bedeutung ergibt sich unmittelbar, wenn man für das Referenz-Spektrum einen Korrelationsradius l^* definiert durch die Gleichung

$$l^{*2} = \frac{\int r^2 \hat{f}(r)\,d\mathbf{r}}{\int \hat{f}(r)\,d\mathbf{r}}.\tag{22.22}$$

Man hat dann

$$l^{*2} = \frac{\varepsilon^2}{F} = \frac{3}{2\pi\bar{\varrho}A}.\tag{22.23}$$

Der Parameter A ist somit eine für das Referenzspektrum charakteristische Größe, die man durch den Korrelationsradius dieses Spektrums ersetzen kann. Obwohl diese Größen im Prinzip aus den zwischenmolekularen Kräften zu berechnen sind, müssen sie praktisch experimentell bestimmt werden. l^* ist naturgemäß von der gleichen Größenordnung wie die Reichweite der zwischenmolekularen Kräfte.

Der tatsächliche Korrelationsradius kann auch in einer zu (22.22) analogen Weise durch die Gleichung

$$L^2 = \frac{\int r^2 \hat{g}(r)\,d\mathbf{r}}{\int \hat{g}(r)\,d\mathbf{r}} = \frac{6}{\varkappa^2}.\tag{22.24}$$

definiert werden. Daraus folgt sofort

$$L = \sqrt{6}\,r_c.\tag{22.25}$$

Aus (22.21), (22.23) und (22.24) leitet man ab

$$\frac{L^2}{l^{*2}} = kT\frac{\partial\bar{\varrho}}{\partial P} - 1.\tag{22.26}$$

Für den Spezialfall des van der Waalsschen Gases erhält man daraus die zuerst von Debye[1] mit Hilfe seiner phänomenologischen Theorie abgeleiteten Formel

$$\frac{L^2}{l^2} = \frac{1}{\left(\dfrac{T}{T_c} - 1\right)}, \tag{22.27}$$

wo T_c die kritische Temperatur und $l^* = \sqrt{3}\,l$ ist. Wird lediglich Gültigkeit des Theorems der übereinstimmenden Zustände vorausgssetzt, so ergibt sich eine Beziehung der Form

$$\frac{L^2}{l^2} = \varphi\left(\frac{T}{T_c}\right), \tag{22.28}$$

wo die analytische Form von φ von der Zustandsgleichung abhängt.

Wir leiten zum Schluß noch die Formel für die Lichtstreuung ab, welche das Phänomen der kritischen Opaleszenz beschreibt. Die Definition von Ziff. 21 ermöglicht es, jedem Punkt $\boldsymbol{q}$ eine endliche Dichte und damit auch einen Brechungsindex n als Funktion der Dichte zuzuschreiben. Für eine gegebene Konfiguration ist dann die in einem Abstand R von der Probe beobachtete Intensität

$$I_0 \frac{1 + \cos^2 \vartheta}{2} \frac{4\pi^2}{R^2} \frac{n^2}{\lambda^4} \left(\frac{\partial n}{\partial \varrho}\right)^2 \iint \Delta\hat{\varrho}\,\Delta\hat{\varrho}'\, e^{i\boldsymbol{u}(\boldsymbol{q}-\boldsymbol{q}')} d\boldsymbol{q}\, d\boldsymbol{q}'. \tag{22.29}$$

Hier ist I_0 die Intensität des Primärstrahls, ϑ der Winkel zwischen Primärstrahl und Streustrahl, λ die Wellenlänge in dem betreffenden Medium und

$$u = \frac{4\pi}{\lambda} \sin\frac{\vartheta}{2}. \tag{22.30}$$

Dabei ist für die Lineardimension der Probe $V^{\frac{1}{3}} \ll R$ vorausgesetzt. Mittelung über alle Konfigurationen ergibt mit Benutzung von (21.12)

$$\frac{I(\vartheta)}{I_0} = \frac{1 + \cos^2 \vartheta}{2} \frac{4\pi^2}{R^2 \lambda^4} n^2 \left(\frac{\partial n}{\partial \varrho}\right)^2 N\left[\left(\frac{a}{2\pi}\right)^3 + \varrho \int \hat{g}\, e^{i\boldsymbol{u}\boldsymbol{r}}\, d\boldsymbol{r}\right] \tag{22.31}$$

oder mit Gl. (22.18)

$$\frac{I(\vartheta)}{I_0} = \frac{1 + \cos^2 \vartheta}{R^2} \frac{2\pi^2}{\lambda^4} n^2 \left(\frac{\partial n}{\partial \varrho}\right)^2 N\left[\left(\frac{a}{2\pi}\right)^3 + 4\pi \frac{A\varrho}{\varkappa^2 + u^2}\right]. \tag{22.32}$$

Der erste Term in der eckigen Klammer kann vernachlässigt werden. Mit Benutzung von (22.21) und (22.23) erhält man schließlich

$$\frac{I(\vartheta)}{I_0} = \frac{1 + \cos^2 \vartheta}{R^2} \frac{2\pi^2}{\lambda^4} n^2 \left(\frac{\partial n}{\partial \varrho}\right)^2 N \frac{kT}{\dfrac{\partial P}{\partial \varrho} + 8\pi^2 kT\dfrac{l^2}{\lambda^2}\sin^2\dfrac{\vartheta}{2}}. \tag{22.33}$$

Dies ist die bereits von Ornstein und Zernike[2] abgeleitete Streuformel, welche die kritische Opaleszenz beschreibt. In hinreichender Entfernung vom kritischen Punkt ist der zweite Term im Nenner gegen den ersten zu vernachlässigen, und (22.33) geht in die bekannte Einsteinsche Formel über, nach der die Streuintensität (wenn von dem Polarisationsfaktor abgesehen wird) winkelunabhängig ist. In der Nähe des kritischen Punktes liegen die Verhältnisse gerade umgekehrt. Hier ist der zweite Term im Nenner ausschlaggebend, der eine starke Zunahme der Streuintensität vor allem in der Vorwärtsrichtung bewirkt, also gerade die als kritische Opaleszenz bezeichnete Erscheinung. In diesem Gebiet ist auch die Abhängigkeit von der Wellenlänge modifiziert. Die Intensität ist nicht mehr

---
[1] P. Debye: J. Chem. Phys. **31**, 680 (1959).
[2] L.S. Ornstein u. F. Zernike: Proc. Acad. Sci. Amsterd. **17**, 793 (1914).

proportional zu λ^{-4} und wird im kritischen Punkt $\sim \lambda^{-2}$. Diese Voraussage ist experimentell von ANDANT[1] bestätigt worden.

Im kritischen Punkt liefert Gl. (22.33) für $\vartheta = 0$ eine unendliche Streuintensität. Dies beruht darauf, daß in der Schwankungstheorie, die bei der Ableitung von (22.33) benutzt wird, das System selbst als unendlich groß betrachtet wird. Eine Korrektur, die das endliche Streuvolumen berücksichtigt, ist von PLACZEK[2] berechnet worden. Da man aber tatsächlich weder bei $\vartheta = 0$ noch im kritischen Punkt selbst messen kann, ist dieselbe praktisch bedeutungslos.

Die Gl. (22.31) läßt sich (wenn der erste Term in der eckigen Klammer wieder vernachlässigt wird) schreiben

$$i(u) = 4\pi \varrho \int \hat{g}(r) \frac{\sin u r}{u r} r^2 dr. \quad (22.34)$$

Diese Gleichung zeigt, daß die geglättete Korrelationsfunktion die Fourier-Transformierte einer reduzierten Intensität ist. Beziehungen der Form (22.34) sind verschiedentlich[3] zur Interpretation der kritischen Opaleszenz herangezogen worden, ohne daß die Bedeutung der Korrelationsfunktion präzise definiert worden wäre. Naturgemäß kann aus der Streuung von sichtbarem Licht nicht die feine Korrelationsfunktion abgeleitet werden, da hierzu das Spektrum der Schwankungen bis mindestens $u = 3$ Å^{-1} vermessen werden muß (was sich mit Hilfe von Röntgenstrahlen durchführen läßt). Die Streuung von sichtbarem Licht liefert nach (22.30) das Spektrum nur bis etwa $u \approx 10^{-2}$ Å^{-1}. Sie gibt daher unmittelbar das durch Gl. (22.1) definierte Spektrum, welches die Grundlage der Theorie bildet.

Das Problem der kritischen Opaleszenz ist kürzlich erneut von FIXMAN[4] und GREEN[5] behandelt worden. Während FIXMAN zu einer Bestätigung der Ornstein-Zernike-Theorie gelangt, wird ihre Gültigkeit von GREEN bezweifelt. Eine Diskussion dieser Arbeiten war im Rahmen dieses Artikels nicht mehr möglich[6].

B. Kooperative Erscheinungen in Kristallen.

23. Allgemeine Formulierung des kooperativen Problems. Unter der Bezeichnung „kooperative Erscheinungen in Kristallen" pflegt man eine Anzahl von physikalisch zum Teil recht verschiedenartigen Phänomenen zusammenzufassen, die jedoch alle ihren Ursprung in einem gewissen Typ von Gitterfehlstellen haben. In der Definition dieses Typs schließen wir uns an die von SEEGER [8] gegebene Systematik der Gitterfehler an. Es handelt sich danach bei unserem Problem zunächst um atomare oder nulldimensionale Fehlordnung, bei der das zu einer Fehlstelle gehörende „schlechte" Gebiet in allen drei Dimensionen atomare Abmessungen besitzt. Innerhalb dieser Klasse haben wir es mit Eigenfehlstellen, und zwar mit thermischer Fehlordnung zu tun; die Fehlstellen sind im thermischen Gleichgewicht vorhanden, und wir werden im folgenden nur ihre Gleichgewichtskonzentration betrachten. Einfache Beispiele für diese Art von

---
[1] A. ANDANT: J. Phys. Radium **5**, 193 (1924).
[2] G. PLACZEK: Phys. Z. **31**, 1052 (1930).
[3] B.H. ZIMM: J. Phys. Colloid Chem. **54**, 1306 (1950). — R. FÜRTH u. C.L. WILLIAMS: Proc. Roy. Soc. Lond. A **224**, 104 (1954). — P. DEBYE: J. Chem. Phys. **31**, 680 (1959).
[4] M. FIXMAN: J. Chem. Phys. **23**, 1357 (1960).
[5] M.S. GREEN: J. Chem. Phys. **33**, 1403 (1960).
[6] Nach den neuesten Untersuchungen (F. H. STILLINGER u. H. L. FRISCH, Physica, Haag **27**, 751 (1961); M. E. FISHER, Physica, Haag **28**, 172 (1962); M. KAC u. G. E. UHLENBECK, noch nicht veröffentlicht; A. MÜNSTER, noch nicht veröffentlicht) ist es wahrscheinlich, daß die Annahme S. 73, Fußnote 1, und damit die Ornstein-Zernike-Theorie, im kritischen Punkt und seiner nächsten Umgebung nicht gilt. Ob dieser Bereich experimentell zugänglich ist, erscheint noch zweifelhaft.

Fehlordnung sind die Schottkysche Fehlordnung (Leerstellen) und die Frenkelsche Fehlordnung (Leerstellen und besetzte Zwischengitterplätze in gleicher Konzentration). In diesen und ähnlichen Fällen ist die Gleichgewichtskonzentration der Fehlstellen so niedrig, daß dieselben näherungsweise als voneinander unabhängig betrachtet werden können. Die auf dieser Grundlage in allgemeiner Form von WAGNER und SCHOTTKY[1] entwickelte statistische Theorie ist im Prinzip einfach und führt erwartungsgemäß für die Konzentration der Fehlstellen auf Ausdrücke von der Form des Massenwirkungsgesetzes. Im Gegensatz dazu ist bei den hier zu behandelnden Problemen die Konzentration der Fehlstellen sehr hoch, und die Berücksichtigung ihrer Wechselwirkung bildet eigentlich den Kern des theoretischen Problems.

Wir wollen nun diese noch etwas vage Begriffsbestimmung durch eine mathematische Formulierung präzisieren. Im Sinne der Ausführungen in Ziff. 1 legen wir derselben ein Modell des Gesamtsystems zugrunde. Dieses Modell ist hinreichend allgemein, um den Charakter des Problems zu verdeutlichen, andererseits aber bereits durch gewisse Annahmen spezialisiert, die wir bei den folgenden Rechnungen fast durchweg beibehalten werden. Das Modell in seiner allgemeinsten Form ist das in der Kristalltheorie verwendete Gittermodell. Es wird durch die folgenden Annahmen spezialisiert:

a) Aus der Verteilungsfunktion des Gesamtsystems läßt sich ein Faktor Q_c abspalten, welcher lediglich die Konfigurationsstatistik der Gitterplätze für das betrachtete kooperative Problem enthält.

b) Es gibt für jeden Gitterplatz zwei Besetzungsmöglichkeiten, die mit 1 und 2 bezeichnet werden. Was unter Besetzungsmöglichkeiten physikalisch zu verstehen ist, bleibt vorläufig offen.

c) Eine energetische Wechselwirkung existiert nur zwischen nächsten Nachbarn im Gitter.

d) Der von der unterschiedlichen Besetzung der Gitterplätze herrührende Anteil der potentiellen Energie U_c setzt sich additiv aus den Paar-Wechselwirkungen zusammen.

Wir betrachten diese Annahmen zunächst rein formal als Definition des Modells. Auf ihre physikalische Bedeutung werden wir später zurückkommen. Bezeichnen wir mit z die Koordinationszahl (Zahl der nächsten Nachbarn eines Gitterplatzes), mit zX_{11}, zX_{12} und zX_{22} die jeweiligen Zahlen von Paaren nächster Nachbarn, so haben wir

$$U_c = N_1 \chi_1 + N_2 \chi_2 + z(X_{11} w_{11} + X_{12} w_{12} + X_{22} w_{22}). \tag{23.1}$$

Hier sind N_1 und N_2 die Zahlen der Gitterplätze, die jeweils nach 1 oder 2 besetzt sind. Die Gesamtzahl der Gitterplätze ist somit $N_1+N_2=N$. Die Energieparameter w_{11}, w_{12} und w_{22} sind im wesentlichen Potentiale von Durchschnittskräften (Ziff. 4, 10), wenn sie auch, im Hinblick auf das Modell, nicht einfach mit diesem identifiziert werden können. Grundsätzlich müssen sie daher als Funktionen der Zustandsgrößen betrachtet werden, worauf zuerst RUSHBROOKE[2] und GUGGENHEIM[3,4] hingewiesen haben. Wir werden auf diese Frage im Zusammenhang mit der Diskussion der experimentellen Ergebnisse zurückkommen (Ziff. 42). Zunächst sehen wir von dieser Komplikation völlig ab und definieren das Modell derart, daß die w_{ij} echte Wechselwirkungsenergien darstellen. Die Bedeutung der

---
[1] C. WAGNER u. W. SCHOTTKY: Z. phys. Chem., Abt. B **11**, 163 (1931).
[2] G.S. RUSHBROOKE: Trans. Faraday Soc. **36**, 1055 (1940).
[3] E.A. GUGGENHEIM: Trans. Faraday Soc. **44**, 1007 (1948).
[4] E.A. GUGGENHEIM: Nuovo Cim., Ser. IX, Suppl. Nr. 2 (1949).

Parameter χ_1 und χ_2 lassen wir vorläufig offen; sie hängt von der physikalischen Natur des Problems ab.

In Gl. (23.1) lassen sich zwei der Größen X_{ij} eliminieren, da

$$N_1 = 2X_{11} + X_{12}, \quad N_2 = 2X_{22} + X_{12} \tag{23.2}$$

ist. Führen wir einen neuen Wechselwirkungsparameter

$$w' = w_{12} - \tfrac{1}{2}(w_{11} + w_{22}) \tag{23.3}$$

ein, so wird

$$U_c = N_1\left(\chi_1 + \frac{z}{2} w_{11}\right) + N_2\left(\chi_2 + \frac{z}{2} w_{22}\right) + z X_{12} w'. \tag{23.4}$$

Wir bezeichnen nun mit $g(N, N_1, X_{12})$ die Zahl der Möglichkeiten, in einem Gitter von N Plätzen N_1 1-Besetzungen so anzuordnen, daß zX_{12} 1—2-Paare entstehen[1]. Dann lautet die Verteilungsfunktion

$$Q_c = \sum_{N_1} \sum_{X_{12}} g(N, N_1, X_{12})\, \alpha^{N_1} e^{-\frac{z X_{12} w'}{kT}}. \tag{23.5}$$

Unter kooperativen Erscheinungen verstehen wir alle Probleme, welche auf die Verteilungsfunktion (23.5) bzw. sinngemäße Verallgemeinerungen derselben, führen.

Die einfachste physikalische Interpretation der Gl. (23.5) besteht darin, daß man die Besetzungen 1 und 2 mit den Orientierungen magnetischer Dipole parallel und antiparallel zur Richtung eines Magnetfeldes identifiziert. Im Falle verschwindender Feldstärke kann dann einfach $\alpha = 1$ gesetzt werden, während bei endlicher Feldstärke

$$\alpha = e^{-\frac{2[\mu]H}{kT}} \tag{23.6}$$

ist, wo $[\mu]$ das magnetische Moment des Dipols und H die Feldstärke bezeichnet. In diesem Falle ist N_1 die Zahl der Dipole, die antiparallel zur Feldrichtung orientiert sind. Die vorstehende Interpretation ist als Ising-Modell des Ferromagnetismus bekannt[2]. Dasselbe liefert in der Tat, wie wir sehen werden (Ziff. 36), die für ferromagnetische Substanzen charakteristische spontane Magnetisierung. Im übrigen ist es jedoch für eine Theorie des Ferromagnetismus viel zu primitiv und in diesem Zusammenhang heute ohne Interesse. Dagegen ist es von außerordentlichem Nutzen bei der Durchführung komplizierter Rechnungen über das kooperative Problem, für welche weniger einfache Interpretationen nur unnützen Ballast bedeuten würden.

Das mathematische Problem des Ising-Modells bei verschwindender Feldstärke läßt sich für den eindimensionalen Fall (Ziff. 30) in verhältnismäßig einfacher Weise lösen. Der zweidimensionale Fall bietet mathematisch bereits enorme Schwierigkeiten, die zum ersten Male von ONSAGER[3] vollständig überwunden wurden. Für das dreidimensionale Problem ist eine exakte Lösung in geschlossener Form noch nicht gefunden worden. Man ist daher auf Näherungsverfahren angewiesen, die teils auf geschlossene Formeln, teils auf Reihenentwicklungen führen. Im folgenden entwickeln wir zunächst einige besonders wichtige und relativ einfache Näherungsverfahren anhand der Theorie der Überstruktur-Umwandlungen (Abschnitt B I). Für die mathematisch komplizierten Methoden, die im zweidimensionalen Falle die exakte Lösung und im dreidimensionalen Falle die beste Näherung ermöglichen, legen wir das Ising-Modell zugrunde

---

[1] Diese Größe wird gewöhnlich als Kombinationsfaktor oder Gewichtsfaktor bezeichnet.
[2] E. ISING: Z. Physik **31**, 253 (1925).
[3] L. ONSAGER: Phys. Rev. **65**, 117 (1944).

(Abschnitt B II). Schließlich behandeln wir die Probleme der festen Lösungen und der Rotationsumwandlungen mit Hilfe weiterer Näherungsverfahren. Für gewisse Fragestellungen in der Theorie der festen Lösungen werden wir die Theorie der molekularen Verteilungsfunktionen heranziehen (Abschnitt B III).

I. Elementare Theorien der Überstruktur-Umwandlungen.

24. Überstruktur-Umwandlungen. Die Theorie der kooperativen Erscheinungen hat ihren Ausgang von den sog. Überstruktur-Umwandlungen in binären Mischkristallen genommen. Wir wollen daher zuerst diese etwas eingehender behandeln.

Der Begriff der Überstruktur-Umwandlungen (oder Ordnungs-Unordnungs-Umwandlungen) läßt sich am einfachsten an Hand von Beispielen erläutern. Die Legierung $AuCu_3$ kristallisiert in einem flächenzentrierten kubischen Gitter (dichteste Kugelpackung). Bei tiefer Temperatur liegt eine geordnete Atomverteilung vor,

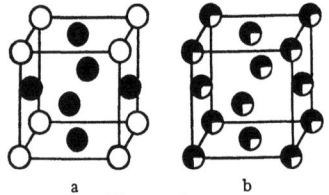
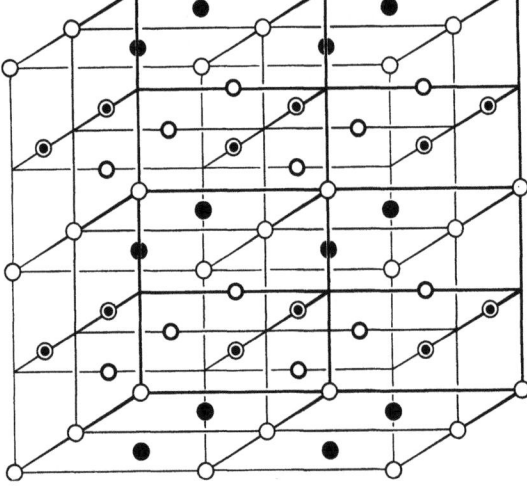

Fig. 4a u. b. Fig. 5.

Fig. 4a u. b. Atomverteilung im Gitter von $AuCu_3$. a Geordnete Verteilung (Überstruktur); b ungeordnete Verteilung. [Entnommen aus F.C. Nix u. W. Shockley: Rev. Mod. Phys. **10**, 1 (1938).]

Fig. 5. Zerlegung des flächenzentrierten kubischen Gitters in vier primitive kubische Teilgitter. [Entnommen aus F.C Nix u. W. Shockley: Rev. Mod. Phys. **10**, 1 (1938).]

derart, daß die Würfelecken von Au-Atomen, die Mitten der Würfelflächen von Cu-Atomen besetzt sind (Fig. 4a). Mit steigender Temperatur finden sich in zunehmendem Maße auch Cu-Atome in den Würfelecken und Au-Atome auf den Flächenmitten. Oberhalb 390° C ist die Verteilung völlig ungeordnet. Von jeder der beiden Arten von Gitterplätzen ist ein Viertel mit Au-Atomen besetzt, während sich auf den restlichen Vierteln Cu-Atome befinden (Fig. 4b).

Die Ordnung der Atome bei tiefen Temperaturen kann man in der Weise beschreiben, daß man das Gitter der Legierung aus vier primitiven kubischen Teilgittern aufbaut, von denen eins mit Au-Atomen und drei mit Cu-Atomen besetzt sind (Fig. 5). Man spricht dann gewöhnlich von einer Überstruktur (Superlattice). Dieselbe ist röntgenographisch an dem Auftreten zusätzlicher Linien zu erkennen[1]; diese „Überstrukturlinien" sind mit dem Erreichen der vollkommenen Unordnung verschwunden. Fig. 6 zeigt als Beispiel (schematisch) das Röntgendiagramm von $AuCu_3$ bei einer tiefen, einer mittleren und einer hohen Temperatur.

Da die vollkommene Ordnung der Atome in der Überstruktur der energetisch stabilste Zustand ist, muß notwendig die Zunahme der Unordnung mit steigender

---

[1] Die zusätzlichen Linien entsprechen den Reflexen mit gemischten Indices, die bei der ungeordneten Atomverteilung ausgelöscht sind.

Temperatur einen zusätzlichen Beitrag zur spezifischen Wärme liefern. Überraschend ist aber zunächst die Tatsache, daß bei einer endlichen Temperatur praktisch vollkommene[1] Unordnung erreicht wird und die zusätzliche spezifische Wärme unstetig bis auf einen kleinen Restbetrag verschwindet. Fig. 7 zeigt als Beispiel für dieses Verhalten die Atomwärme von $AuCu_3$[2]. Man sieht sofort, daß bei 390° C ein Umwandlungspunkt im Sinne der Thermodynamik auftritt. Dieser Umwandlungspunkt, der mit dem Verschwinden der Überstrukturlinien zusammenfällt, wird als Überstruktur-Umwandlung bezeichnet.

Ähnliche Verhältnisse liegen beim β-Messing vor, das die Zusammensetzung CuZn hat[3]. Wir haben hier ein kubisch raumzentriertes Gitter. Im geordneten Zustand befindet sich ein Cu-Atom in der Würfelmitte, während die Ecken von Zn-Atomen besetzt sind (oder umgekehrt) (Fig. 8a). Die Überstruktur besteht also darin, daß sich das raumzentrierte Gitter aus zwei primitiven kubischen Gittern zusammensetzt, von denen eines mit Cu-Atomen, das andere mit Zn-Atomen besetzt

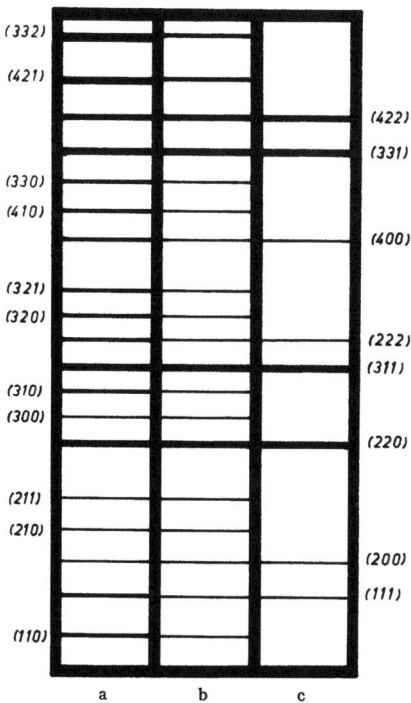

Fig. 6. Röntgendiagramme von $AuCu_3$. a Geordnete Atomverteilung; b intermediäre Atomverteilung; c ungeordnete Atomverteilung. [Entnommen aus F.C. NIX u. W. SHOCKLEY: Rev. Mod. Phys. 10, 1 (1938).]

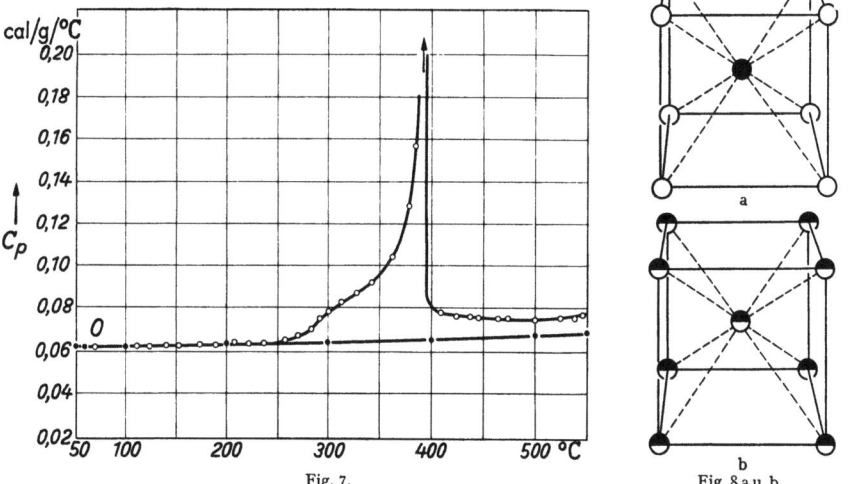

Fig. 7.   Fig. 8 a u. b.

Fig. 7. Spezifische Wärme von $AuCu_3$. [Entnommen aus F.C. NIX u. W. SHOCKLEY: Rev. Mod. Phys. 10, 1 (1938).]

Fig. 8 a u. b. Atomverteilung in β-Messing. a Geordnet; b ungeordnet, [Entnommen aus F.C. NIX u. W. SHOCKLEY: Rev. Mod. Phys. 10, 1 (1938).]

---

[1] Es bleibt noch eine gewisse „Nahordnung", die erst mit $T \to \infty$ verschwindet.

[2] C. SYKES u. F.W. JONES: Proc. Roy. Soc. Lond. A 157, 213 (1936).

[3] Das Existenzgebiet der β-Phase liegt bei den hier in Betracht kommenden Temperaturen zwischen 45,8 und 48,9 Atomprozent Zink. Die geringe Abweichung von der „stöchiometrischen" Zusammensetzung ist für das Folgende bedeutungslos.

ist. Im ungeordneten Zustand ist von jeder Art von Gitterplätzen jeweils die Hälfte mit Cu-Atomen und die Hälfte mit Zn-Atomen besetzt (Fig. 8b).

Die Verhältnisse liegen hier insofern einfacher als beim $AuCu_3$, als das Verhältnis der beiden Atomarten 1:1 ist und nach der Struktur die nächsten Nachbarn eines Gitterplatzes nicht untereinander nächste Nachbarn sind. Beides bietet für die Rechnung erhebliche Vorteile. Wir werden daher die Theorie in erster Linie für ein derartiges Modell entwickeln. Der röntgenographische Nachweis der Überstruktur stößt beim β-Messing wegen des annähernd gleichen Streuvermögens der Cu- und Zn-Atome auf Schwierigkeiten; es ist jedoch gelungen, dieselben durch einen besonderen Kunstgriff zu überwinden[1]. Der Verlauf der spezifischen Wärme

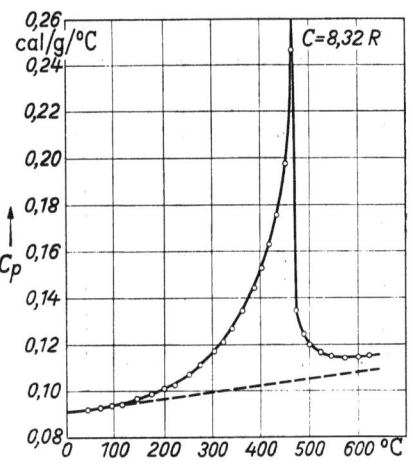
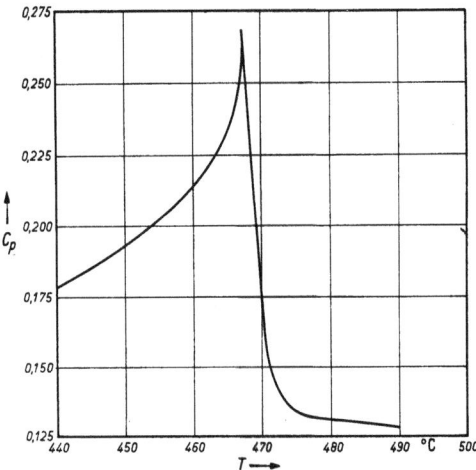

Fig. 9. Spezifische Wärme von β-Messing. [Entnommen aus F.C. NIX u. W. SHOCKLEY: Rev. Mod. Phys. 10, 1 (1938).]

Fig. 10. Spezifische Wärme von β-Messing in der Nähe des Umwandlungspunktes. [Entnommen aus F.C. NIX u. W. SHOCKLEY: Rev. Mod. Phys. 10, 1 (1938).]

ist für einen größeren Temperaturbereich nach Messungen von MOSER[2] in Fig. 9 dargestellt. Fig. 10 zeigt den genauen Verlauf in der Nähe des Umwandlungspunktes nach Messungen von SYKES und WILKINSON[3].

Die Festlegung des Charakters der Umwandlung, etwa im Sinne des Ehrenfestschen Schemas [4], aus experimentellen Daten stößt naturgemäß auf große Schwierigkeiten und ist notwendig mit einer gewissen Unsicherheit behaftet. Es ist jedoch wahrscheinlich, daß es sich beim $AuCu_3$ um eine Umwandlung erster Ordnung[4] handelt. Wir müssen uns hier mit diesen Andeutungen begnügen und verweisen für eine ausführlichere Darstellung der mit den Überstruktur-Umwandlungen zusammenhängenden physikalischen Probleme auf die Artikel von NIX und SHOCKLEY [9], JAGODZINSKI [10] und LIPSON [11], die auch ausführliche Hinweise auf die Originalliteratur enthalten.

Um die statistische Theorie der Überstruktur-Umwandlungen zu entwickeln, benutzen wir wieder das in Ziff. 23 definierte Modell, wobei wir aber jetzt die Annahme b fallen lassen. Wir werden also die Verteilungsfunktion Q_c zunächst unabhängig von den Überlegungen der Ziff. 23 ableiten und erst nachträglich ihre Identität mit dem Ausdruck (23.5) nachweisen. Die beiden Atomarten bezeichnen wir jetzt mit A und B. Wir knüpfen an das Beispiel des β-Messings an, setzen also voraus, daß die Zahl der A-Atome N_A gleich der Zahl der B-Atome N_B

---

[1] F.W. JONES u. C. SYKES: Proc. Roy. Soc. Lond. A **161**, 440 (1937).
[2] H. MOSER: Phys. Z. **37**, 737 (1936).
[3] C. SYKES u. H. WILKINSON: J. Inst. Met. **61**, 223 (1940).
[4] F.E. JAUMOT u. CH.H. SUTCLIFFE: Acta metallurg. **2**, 63 (1954).

ist und daß die nächsten Nachbarn eines Gitterplatzes nicht untereinander nächste Nachbarn sind. Das wichtigste Konzept in der Theorie der Überstruktur-Umwandlungen bildet die Annahme, daß sich für jede Atomart „richtige" und „falsche" Gitterplätze definieren lassen. Die Grundlage dieser Unterscheidung bildet die vollkommene Ordnung am absoluten Nullpunkt mit der oben erörterten Möglichkeit der Zerlegung in Teilgitter, die jeweils nur von Atomen einer Art besetzt sind. Bei endlichen Temperaturen (unterhalb des Umwandlungspunktes) befindet sich im Gleichgewicht definitionsgemäß die Mehrzahl der Atome auf richtigen Gitterplätzen. Dagegen verliert diese Begriffsbildung ihren Sinn, wenn nur ein einzelner Gitterplatz mit seinen nächsten Nachbarn betrachtet wird. Dieser Gesichtspunkt ist aber bedeutungslos, da die erwähnte Unterscheidung dazu dient, den Begriff des Fernordnungsgrades zu definieren, der ebenfalls nur auf den Gesamtkristall anwendbar ist. Wir bezeichnen die den A-Atomen zukommenden („richtigen") Gitterplätze mit a, die richtigen Plätze der B-Atome mit b. Die Zahl der A-Atome auf a-Plätzen sei $\frac{1}{2}Nr$; die der A-Atome auf b-Plätzen ist dann $\frac{1}{2}N(1-r)$. Da für jedes A-Atom, das einen falschen Gitterplatz besetzt, notwendig auch ein B-Atom einen falschen Gitterplatz besetzen muß, befinden sich $\frac{1}{2}Nr$ B-Atome auf b-Plätzen und $\frac{1}{2}N(1-r)$ B-Atome auf a-Plätzen. Aus der Definition der richtigen und falschen Gitterplätze ergibt sich, daß $\frac{1}{2} \leq r \leq 1$ ist. Der Wert $r=\frac{1}{2}$ entspricht der vollkommenen Unordnung, der Wert $r=1$ der vollkommenen Ordnung.

Tabelle 2. *Zahlen der Paare nächster Nachbarn im Gitter des β-Messings.*

Art der Paare	Zahl der Paare
$A(a) - A(b)$	$\frac{z}{2} N \xi$
$A(a) - B(b)$	$\frac{z}{2} N(r-\xi)$
$A(b) - B(a)$	$\frac{z}{2} N(1-r-\xi)$
$B(a) - B(b)$	$\frac{z}{2} N \xi$

Die Gesamtzahl der $A-A$-Paare, die wegen der angenommenen Gitterstruktur notwendig alle $A(a)-A(b)$-Paare sind, bezeichnen wir mit $\frac{z}{2}N\xi$. Eine einfache Abzählung ergibt dann die in Tabelle 2 zusammengestellten Paar-Zahlen. Die potentielle Energie der Gitter-Konfigurationen wird dann (wegen $N_A = N_B = \frac{1}{2}N$)

$$U_c = \frac{1}{2} N \chi_A + \frac{1}{2} N \chi_B + \frac{z}{2} N \xi w_{AA} + \frac{z}{2} N \xi w_{BB} + \\ + \frac{z}{2} N(r-\xi) w_{AB} + \frac{z}{2} N(1-r-\xi) w_{AB}. \quad (24.1)$$

Setzen wir

$$w = w_{AA} + w_{BB} - 2 w_{AB}, \quad (24.2)$$

so wird aus (24.1)

$$U_c = \frac{1}{2} N(\chi_A + \chi_B + z w_{AB}) + \frac{z}{2} N \xi w. \quad (24.3)$$

Bezeichnen wir den Gewichtsfaktor jetzt mit $g(N, r, \xi)$, so erhalten wir für die Verteilungsfunktion

$$Q_c = \sum_r \sum_\xi g(N, r, \xi) \exp\left\{-\left[\frac{1}{2} N(\chi_A + \chi_B + z w_{AB}) + \frac{z}{2} N \xi w\right]/kT\right\}. \quad (24.4)$$

Für den Nachweis der Identität dieses Ausdruckes mit der Verteilungsfunktion des Ising-Modells Gl. (23.5) ist der wesentliche Gesichtspunkt, daß unter „Besetzungen" im Sinne der allgemeinen Definition der Ziff. 23 bei dem Problem der Überstruktur-Umwandlungen nicht Besetzungen der Gitterplätze mit verschiedenen Atomen zu verstehen sind. Vielmehr bedeutet die Besetzung 1 jetzt, daß ein Gitterplatz richtig besetzt ist, die Besetzung 2, daß er falsch besetzt ist. Die Zahl der 1—2-Paare ist dann die Zahl der Paare, bei denen ein Gitterplatz richtig und einer falsch besetzt ist; diese ist wiederum gleich der Summe der $A-A$- und $B-B$-Paare. Mit Benutzung von Tabelle 2 ergeben sich daher die Zuordnungen

$$\left.\begin{array}{l} N_1 \to N_A(a) + N_B(b); \\ N_2 \to N_A(b) + N_B(a); \\ zX_{12} \to zN\xi, \quad w' = \tfrac{1}{2}w. \end{array}\right\} \quad (24.5)$$

Damit nimmt Gl. (24.4) die Form an

$$Q_c = \text{const} \sum_{N_1} \sum_{X_{12}} g(N, N_1, X_{12})\, e^{-\frac{zX_{12}w}{2kT}}, \quad (24.6)$$

und das ist in der Tat die Verteilungsfunktion des Ising-Modells bei verschwindender Feldstärke[1].

25. Die Methode von GORSKY und BRAGG-WILLIAMS. Die erste Theorie der Überstruktur-Umwandlungen wurde von GORSKY[2] entwickelt und später von BRAGG und WILLIAMS[3] verallgemeinert. Wir entwickeln sie hier in einer von der ursprünglichen Form abweichenden Darstellung, die auf FOWLER und GUGGENHEIM[4] zurückgeht und ihre systematische Stellung besser erkennen läßt.

Wie in Ziff. 24 gezeigt, lautet die Verteilungsfunktion für ein System mit Überstruktur

$$Q_c = \sum_r \sum_\xi g(N, r, \xi)\, \exp\left\{-\left[\tfrac{1}{2}N(\chi_A + \chi_B + zw_{AB}) + \tfrac{z}{2}N\xi w\right]\Big/kT\right\}. \quad (25.1)$$

Nach der Natur des Problems, d.h. wenn die Überstruktur am absoluten Nullpunkt stabil sein soll, ist w auf positive Werte beschränkt. Wir fassen alle Glieder in (25.1) zusammen, für welche r den gleichen Wert hat und setzen

$$Q_{cr} = \sum_\xi g(N, r, \xi)\, \exp\left\{-\left[\tfrac{1}{2}N(\chi_A + \chi_B + zw_{AB}) + \tfrac{z}{2}N\xi w\right]\Big/kT\right\}. \quad (25.2)$$

Die Größe

$$F_c = -kT \ln Q_{cr} \quad (25.3)$$

stellt dann die freie Energie der Gitterkonfigurationen als Funktion des inneren Parameters r dar. Im inneren Gleichgewicht (dessen Einstellung vorausgesetzt wird) muß die freie Energie in bezug auf r ein Minimum werden. Statistisch bedeutet dies, daß wir den maximalen Term der Reihe

$$Q_c = \sum_r Q_{cr} \quad (25.4)$$

aufsuchen.

Um die approximative Berechnung von Q_{cr} durchzuführen, definieren wir eine Größe

$$g(N, r) = \sum_\xi g(N, r, \xi). \quad (25.5)$$

---

[1] Die Übereinstimmung ist nicht völlig exakt, da die Summierung (24.6) auf Konfigurationen beschränkt ist, bei denen N_1 und N_2 gleichmäßig auf die beiden Teilgitter verteilt sind, d.h. $N_A(a) = N_B(b)$ und $N_A(b) = N_B(a)$ ist, während für die Summierung in Gl. (23.5) eine solche Beschränkung nicht existiert. Der Unterschied ist jedoch vernachlässigbar.

[2] W. GORSKY: Z. Physik **50**, 64 (1928).

[3] W.L. BRAGG u. E.J. WILLIAMS: Proc. Roy. Soc. Lond. A **145**, 699 (1934); **151**, 540 (1935).

[4] R.H. FOWLER u. E.A. GUGGENHEIM: Statistical Thermodynamics. Cambridge 1949.

$g(N, r)$ ist also die Gesamtzahl der Konfigurationen, die zu einem gegebenen Wert von r gehören, ohne Rücksicht auf die Zahl der $A-A$-Paare. Mit anderen Worten, $g(N, r)$ ist gleich der Zahl der Möglichkeiten, jeweils $N/2$ Gitterplätze auf $\frac{1}{2}Nr$ richtig besetzte und $\frac{1}{2}N(1-r)$ falsch besetzte aufzuteilen. Wir haben also

$$g(N, r) = \left[\frac{(N/2)!}{(\frac{1}{2}Nr)!\,[\frac{1}{2}N(1-r)]!}\right]^2. \tag{25.6}$$

Mit Benutzung der Stirlingschen Formel wird daraus

$$\ln g(N, r) = -N\left[r \ln r + (1-r)\ln(1-r)\right]. \tag{25.7}$$

Für $r = \frac{1}{2}$ und $N \to \infty$ gilt

$$g\left(N, \frac{1}{2}\right) = \left[\frac{(N/2)!}{(N/4)!\,(N/4)!}\right]^2 \approx \frac{N!}{(N/2)!\,(N/2)!} = \sum_r g(N, r). \tag{25.8}$$

Wenn also r den Wert $\frac{1}{2}$ erreicht, wird die Zahl der Konfigurationen praktisch gleich der Zahl der Konfigurationen bei völlig ungeordneter Verteilung.

Wir schreiben nun die Gl. (25.2) in einer anderen Form, indem wir ξ durch einen Mittelwert $\bar{\bar{\xi}}$ ersetzen. Es ergibt sich dann mit Benutzung von (25.5)

$$Q_{cr} = g(N, r) \exp\left\{-\left[\frac{1}{2}N(\chi_A + \chi_B + z w_{AB}) + \frac{z}{2}N\bar{\bar{\xi}}w\right]/kT\right\} \tag{25.9}$$

und mit (25.3)

$$F_c = \frac{1}{2}N(\chi_A + \chi_B + z w_{AB}) + \frac{z}{2}N\bar{\bar{\xi}}w - kT\ln g(N, r). \tag{25.10}$$

Der durch Gl. (25.9) definierte Mittelwert $\bar{\bar{\xi}}$ darf nicht mit dem kanonischen Mittelwert von ξ verwechselt werden, den wir mit $\bar{\xi}$ bezeichnen. Dieser letztere bestimmt den Mittelwert von U_c und damit die thermodynamische innere Energie. Wir haben also

$$\overline{U}_c = E_c = \frac{1}{2}N(\chi_A + \chi_B + z w_{AB}) + \frac{z}{2}N\bar{\xi}w. \tag{25.11}$$

Andererseits folgt aus (25.10)

$$E_c = \frac{1}{2}N(\chi_A + \chi_B + z w_{AB}) + \frac{z}{2}N\left(\bar{\bar{\xi}} - T\frac{\partial \bar{\bar{\xi}}}{\partial T}\right)w. \tag{25.12}$$

Der Vergleich dieser beiden Ausdrücke ergibt

$$\bar{\xi} = \bar{\bar{\xi}} - T\frac{\partial \bar{\bar{\xi}}}{\partial T}. \tag{25.13}$$

Die Lösung dieser Gleichung lautet

$$\bar{\bar{\xi}} = T \int_0^{1/T} \bar{\xi}\, d\left(\frac{1}{T}\right), \tag{25.14}$$

wobei die Randbedingung durch die Forderung bestimmt ist, daß bei unendlich hoher Temperatur vollkommene Unordnung herrscht.

Die vorstehenden Gleichungen sind (im Rahmen der benutzten Ansätze) exakt und stellen lediglich eine Umformung dar, welche das Problem auf die Bestimmung von $\bar{\bar{\xi}}$ oder $\bar{\xi}$ reduziert. Das Wesen der Bragg-Williamsschen Näherung besteht darin, daß bei der Bildung des Mittelwertes $\bar{\bar{\xi}}$ für gegebenes r allen Konfigurationen das gleiche Gewicht zugeschrieben und somit der Exponentialfaktor gleich Eins gesetzt wird. Es wird also angenommen, daß sich auf den

a-Plätzen $\frac{1}{2}Nr$ A-Atome und $\frac{1}{2}N(1-r)$ B-Atome befinden, daß diese aber völlig ungeordnet verteilt sind, während in Wirklichkeit die Bildung von $A-B$-Paaren energetisch und damit in der durch den Exponentialfaktor bestimmten Weise auch statistisch bevorzugt ist. Entsprechende Verhältnisse haben wir für die B-Plätze. Die Bragg-Williamssche Näherung beschränkt sich somit darauf, die Verteilung auf richtige und falsche Gitterplätze, die sog. Fernordnung zu beschreiben; die Ordnung in kleinsten Bezirken, die sog. Nahordnung, die sich in der Bevorzugung der $A-B$-Paare äußert, wird völlig vernachlässigt.

Unter diesen Voraussetzungen ist

$$\bar{\xi} = r(1-r) \tag{25.15}$$

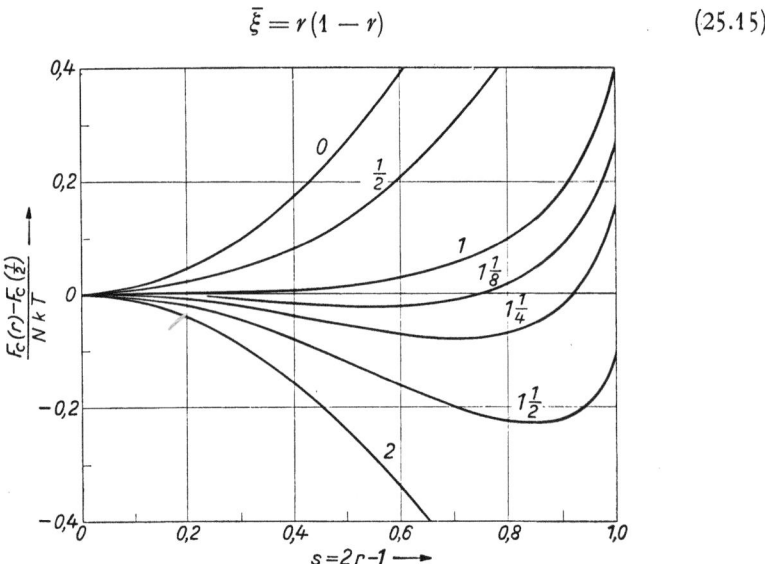

Fig. 11. Freie Energie und Fernordnungsgrad. [Entnommen aus E.A. GUGGENHEIM: Mixtures. Oxford 1952.]

und somit, da dieser Ausdruck für gegebenes r temperaturunabhängig ist,

$$\bar{\bar{\xi}} = \bar{\xi} = r(1-r). \tag{25.16}$$

Damit wird

$$F_c = \frac{1}{2}N(\chi_A + \chi_B + z w_{AB}) + \\ + \frac{z}{2}Nr(1-r)w + NkT[r\ln r + (1-r)\ln(1-r)]. \tag{25.17}$$

Diese Gleichung läßt sich etwas übersichtlicher schreiben

$$\frac{F_c(r) - F_c(\frac{1}{2})}{NkT} = r\ln r + (1-r)\ln(1-r) + \ln 2 - \frac{z}{2}\left(r - \frac{1}{2}\right)^2 \frac{w}{kT}. \tag{25.18}$$

Für den Gleichgewichtswert von r erhält man aus der Bedingung

$$-kT\frac{\partial \ln Q_{cr}}{\partial r} = \frac{\partial F_c}{\partial r} = 0 \tag{25.19}$$

die Gleichung

$$\frac{1}{2r-1}\ln\frac{r}{1-r} = \frac{zw}{2kT}. \tag{25.20}$$

Die Lösungen dieser transzendenten Gleichung lassen sich am einfachsten in graphischer Darstellung überblicken. In Fig. 11 ist $[F_c(r) - F_c(\frac{1}{2})]/NkT$ als

Funktion von r mit $\frac{zw}{4kT}$ als Parameter aufgetragen. Man sieht daraus, daß für $\frac{zw}{4kT}<1$ nur eine Wurzel $r=\frac{1}{2}$ existiert und daß diese einem Minimum von $F_c(r)$ entspricht. Wir haben dann, wie schon erwähnt, im Rahmen der Bragg-Williamsschen Näherung den Zustand völliger Unordnung; die Unterscheidung von a- und b-Plätzen hat ihren Sinn verloren. Für $\frac{zw}{4kT}>1$ entspricht die Lösung $r=\frac{1}{2}$ einem Maximum von $F_c(r)$ und damit einem instabilen Zustand. Es existiert aber jetzt eine zweite Wurzel $\frac{1}{2}<r\leq 1$, die einem Minimum von $F_c(r)$ entspricht und damit den stabilen Zustand repräsentiert. In diesem Temperaturgebiet haben wir eine mit abnehmender Temperatur wachsende Fernordnung, d.h. es tritt Überstruktur auf.

Mit steigender Temperatur rückt die zweite Wurzel immer näher an 0,5 heran, und die Fernordnung nimmt ab, bis bei dem Parameterwert $\frac{zw}{4kT}=1$ die beiden Wurzeln in eine zusammenfallen und die Fernordnung verschwindet. Die hierdurch definierte Temperatur

$$T_c = \frac{zw}{4k} \qquad (25.21)$$

stellt die Umwandlungstemperatur der Überstruktur-Umwandlung dar, die im Hinblick auf das Ising-Modell auch häufig Curie-Punkt bezeichnet wird[1]. Da die $F_c(r)$-Kurve für $T=T_c$ an der Stelle $r=\frac{1}{2}$ einen Wendepunkt mit horizontaler Tangente hat, ist der Umwandlungspunkt durch die Gleichungen

$$\frac{\partial F_c}{\partial r}=0, \quad \frac{\partial^2 F_c}{\partial r^2}=0 \quad \text{für } r=\frac{1}{2}, \quad T=T_c \qquad (25.22)$$

definiert, was mit (25.20) die Gl. (25.21) ergibt.

Der quantitative Zusammenhang zwischen Temperatur und Fernordnung ist durch Gl. (25.20) gegeben, wobei als Ordnungsmaß der von GORSKY eingeführte Parameter r benutzt ist. Es ist jedoch heute allgemein üblich, den Fernordnungsgrad s nach BRAGG und WILLIAMS zu verwenden, der durch die Gleichung

$$s = 2r - 1 \qquad (25.23)$$

definiert wird. Diese Definition hat den Vorzug, daß der Fernordnungsgrad für $T=0$ Eins wird, dagegen für $T \geq T_c$ verschwindet. Mit Hilfe der Gl. (25.21) läßt sich in Gl. (25.20) der Wechselwirkungsparameter w eliminieren. Man erhält dann

$$\frac{T_c}{T} = \frac{1}{2(2r-1)} \ln \frac{r}{1-r} \qquad (25.24)$$

oder, mit Benutzung des Fernordnungsgrades nach BRAGG-WILLIAMS

$$\frac{T_c}{T} = \frac{1}{2s} \ln \frac{1+s}{1-s} = \frac{\tanh^{-1} s}{s}. \qquad (25.26)$$

Diese Beziehung zwischen Temperatur und Fernordnungsgrad ist in Fig. 12 dargestellt. Man sieht, daß die Überstruktur bis zu einer Temperatur von etwa $0{,}3\, T/T_c$ nahezu unverändert bestehen bleibt, um dann zunächst langsam und

---

[1] In der Literatur wird T_c häufig als „kritischer Punkt" bezeichnet. Das ist insofern berechtigt, als, wie wir in Ziff. 40 sehen werden, der kritische Punkt der Entmischung einer binären Lösung formal mit dem Curie-Punkt des Ising-Modells zusammenfällt. Wir ziehen es jedoch vor, den Ausdruck „kritischer Punkt" nur im Sinne der thermodynamischen Definition zu verwenden.

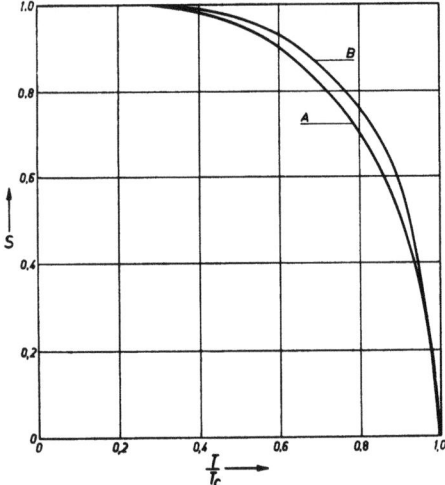

Fig. 12. Zusammenhang zwischen Temperatur und Fernordnungsgrad. Kurve A: Bragg-Williamssche Näherung; Kurve B: Bethesche Näherung. [Entnommen aus R.H. FOWLER u. E.A. GUGGENHEIM: Statistical Thermodynamics, S. 573. Cambridge 1949.]

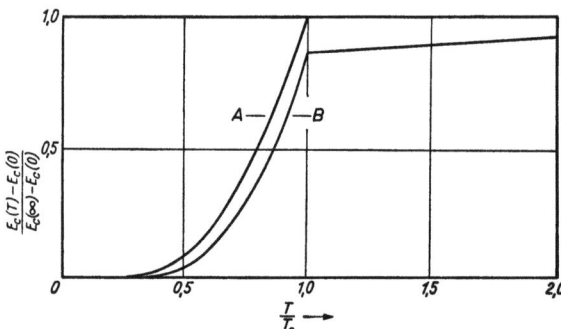

Fig. 13. Innere Energie und Fernordnungsgrad. Kurve A: Bragg-Williamssche Näherung; Kurve B: Bethesche Näherung. [Entnommen aus R.H. FOWLER u. E.E. GUGGENHEIM: Statistical Thermodynamics, S. 574. Cambridge 1949.]

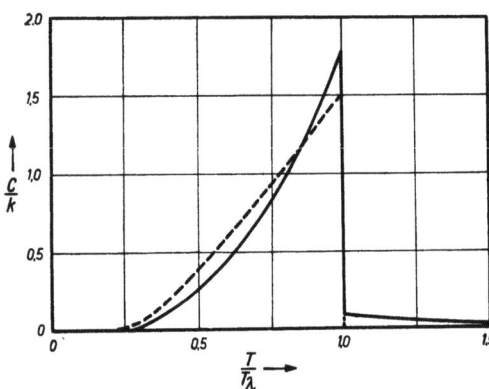

Fig. 14. Atomwärme und Fernordnungsgrad für $z=8$. Gestrichelte Kurve: Bragg-Williamssche Näherung; ausgezogene Kurve: Bethesche Näherung. [Entnommen aus E.E. GUGGENHEIM: Mixtures. Oxford 1952.]

schließlich in steilem Abfall zu verschwinden. Die entsprechende Änderung der thermodynamischen Funktionen wird erhalten, wenn man in (25.17) den Gleichgewichtswert von r bzw. s einsetzt, womit dann F_c auf eine Funktion der Atomzahlen und der Temperatur reduziert wird. Für die hier in erster Linie interessierende innere Energie ergibt sich auf diese Weise

$$\left.\begin{array}{l} E_c = \dfrac{1}{2} N(\chi_A + \chi_B + z\, w_{AB}) + \\[4pt] + \dfrac{z}{8} N(1-s^2)\, w \end{array}\right\} \quad (25.27)$$

oder

$$\frac{E_c(T) - E_c(0)}{E_c(\infty) - E_c(0)} = 1 - [s(T)]^2, \quad (25.28)$$

wo $s(T)$ die durch Gl. (25.26) definierte Temperaturfunktion ist. Der Verlauf der Funktion (25.28) ist in Fig. 13 dargestellt. Fig. 14 zeigt den entsprechenden Anteil der Atomwärme.

Man erkennt aus diesen Abbildungen, daß die Überstruktur-Umwandlung sich in der Bragg-Williamsschen Näherung als Umwandlung zweiter Ordnung im Sinne der Ehrenfestschen Definition [4], genauer als λ-Punkt darstellt. Der Vergleich mit Fig. 9 und 10 zeigt, daß damit die Verhältnisse bei β-Messing (auf das sich ja die Rechnung bezieht) qualitativ einigermaßen richtig erfaßt werden. Die quantitative Übereinstimmung, die wir in Ziff. 29 näher erörtern werden, ist jedoch sehr schlecht, wie es bei dem verhältnismäßig rohen Charakter der Näherung kaum anders zu erwarten ist.

26. Das Bethesche Näherungsverfahren. Die wesentliche Schwäche der Bragg-Williamsschen Methode liegt offenbar in der Annahme einer ungeordneten Verteilung der Atome in dem a- bzw. b-Gitter. Von BETHE[1] wurde ein Näherungsverfahren ent-

---

[1] H. BETHE: Proc. Roy. Soc. Lond. A **150**, 552 (1935).

wickelt, welches diesen Nachteil vermeidet und eine explizite Berücksichtigung der Nahordnung ermöglicht. Das Bethesche Verfahren ist heute völlig durch die an sich äquivalente, aber mathematisch viel elegantere quasichemische Methode (Ziff. 27) verdrängt worden. Seine Behandlung im Rahmen dieses Artikels erscheint jedoch zweckmäßig, weil ein großer Teil der älteren Untersuchungen über kooperative Probleme auf der Grundlage dieses Verfahrens durchgeführt worden ist.

Das Wesen des Betheschen Näherungsverfahrens besteht darin, daß für eine „repräsentative Gruppe" aus wenigen Gitterplätzen die große Verteilungsfunktion explizit konstruiert wird[1]. Wir betrachten hier, im Anschluß an die Bethesche Originalarbeit, in erster Näherung einen zentralen Gitterplatz und seine z nächsten Nachbarn. Auf die Frage, wie sich eine Vergrößerung oder Verkleinerung der repräsentativen Gruppe auswirkt, werden wir am Schluß dieser Ziffer zurückkommen. Im übrigen machen wir die gleichen Annahmen wie vorher, d.h. wir legen der Rechnung das Gitter des β-Messings mit dem Atomverhältnis 1:1 zugrunde und berücksichtigen nur die Wechselwirkung zwischen nächsten Nachbarn. Da wir nach Annahme a in Ziff. 23 jede Fehlordnung, außer der hier betrachteten, ausschließen, beschränkt sich die große Verteilungsfunktion auf Terme, bei denen alle Gitterplätze besetzt sind. Das Produkt aus absoluter Aktivität und den von der Gitterkonfiguration unabhängigen Faktoren der Verteilungsfunktion bezeichnen wir mit ζ. Ferner führen wir die Abkürzung

$$\eta_{ij} = e^{-\frac{w_{ij}}{kT}} \tag{26.1}$$

ein. Schließlich muß noch für jede Konfiguration der repräsentativen Gruppe die Wechselwirkung mit dem restlichen Gitter berücksichtigt werden. Dies geschieht durch die sog. Bethe-Parameter, die den Besetzungen der Gitterplätze der Koordinationsschale zugeordnet werden. Es tritt also beispielsweise ein Faktor ε_A^b auf, wenn ein b-Platz der Koordinationsschale durch ein A-Atom besetzt ist.

Wir nehmen an, daß der zentrale Gitterplatz ein a-Platz ist. Mit den vorstehenden Festsetzungen erhalten wir dann für die große Verteilungsfunktion der repräsentativen Gruppe[2]

$$G^{*a} = G_A^{*a} + G_B^{*a} = \zeta_A \sum_{m=0}^{z} \binom{z}{m} (\zeta_A \varepsilon_A^b \eta_{AA})^m (\zeta_B \varepsilon_B^b \eta_{AB})^{z-m} + \\ + \zeta_B \sum_{m=0}^{z} \binom{z}{m} (\zeta_A \varepsilon_A^b \eta_{AB})^m (\zeta_B \varepsilon_B^b \eta_{BB})^{z-m}. \tag{26.2}$$

Hier bezeichnet m stets die Zahl der A-Atome, die sich bei der betreffenden Konfiguration auf Gitterplätzen der Koordinationsschale befinden. Eine analoge Gleichung wird erhalten, wenn man annimmt, daß der zentrale Platz ein b-Platz ist. Wir schreiben sie nicht an, da sie für die weitere Rechnung nicht benötigt wird.

Wir haben Gl. (26.2) in dieser vollständigen Form angeschrieben, um die Struktur der Ausgangsgleichung des Betheschen Verfahrens deutlich zu machen. Tatsächlich sind die meisten darin auftretenden Größen für die weitere Rechnung überflüssig und können in einfacher Weise eliminiert werden. Zunächst haben wir bereits in Ziff. 23 gezeigt, daß (für das gewählte Modell) die Thermodynamik

---
[1] Der Zusammenhang mit der großen Verteilungsfunktion ist von BETHE selbst noch nicht bemerkt worden.
[2] Die große Verteilungsfunktion der repräsentativen Gruppe wird häufig auch als lokale Verteilungsfunktion bezeichnet.

der Gitterkonfiguration durch *einen* Wechselwirkungsparameter vollständig bestimmt ist. Wir können daher über die beiden anderen frei verfügen und setzen

$$\eta_{AA} = \eta_{BB} = \eta, \quad \eta_{AB} = 1. \tag{26.3}$$

Die Größen ζ_A und ζ_B in den Klammern beziehen wir einfach in die Bethe-Parameter ein, über die ja explizit noch nicht verfügt worden ist. Weiter bemerkt man, daß wir in Wirklichkeit nur einen Bethe-Parameter benötigen, da die Wechselwirkung mit dem restlichen Gitter bereits eindeutig bestimmt ist, wenn etwa feststeht, daß auf den Plätzen der Koordinationsschale sich m A-Atome befinden. Wir setzen also formal

$$\frac{\zeta_A \, \varepsilon_A^b}{\zeta_B \, \varepsilon_B^b} = \varepsilon \tag{26.4}$$

und

$$\zeta_A (\zeta_B \, \varepsilon_B^b)^z = \zeta_A^*; \quad \zeta_B (\zeta_B \, \varepsilon_B^b) = \zeta_B^*, \tag{26.5}$$

wo ε der neue Bethe-Parameter ist. Schließlich muß, da unsere Ansätze in den Komponenten völlig symmetrisch sind, bei dem Atomverhältnis 1:1 $\zeta_A^* = \zeta_B^*$ sein.

Es bleibt daher ein Faktor, der sich in allen Wahrscheinlichkeits- und Mittelwertsformeln heraushebt. Wir setzen ihn zur Vereinfachung von vorneherein gleich Eins und erhalten dann

$$G^{*a} = (\varepsilon\eta + 1)^z + (\varepsilon + \eta)^z. \tag{26.6}$$

Mit Hilfe dieser Verteilungsfunktion lassen sich für die repräsentative Gruppe in Betracht kommenden Wahrscheinlichkeiten und Mittelwerte berechnen, wenn es gelingt, den Parameter ε zu eliminieren. Letzteres geschieht durch die sog. Äquivalenzbedingung, nach der die Wahrscheinlichkeit, daß der zentrale Platz falsch besetzt ist, gleich sein muß der Wahrscheinlichkeit, daß ein Platz der Koordinationsschale falsch besetzt ist.

Bisher haben wir lediglich die repräsentative Gruppe betrachtet. Der Übergang zur Beschreibung des Gesamtkristalls wird wieder durch die Äquivalenzbedingung hergestellt, die unter diesem Gesichtspunkt besagt, daß die mit Gl. (26.6) für die repräsentative Gruppe berechneten Größen den entsprechenden Größen des Gesamtkristalls gleich oder proportional sind. Wir stellen zunächst eine Anzahl dieser Größen zusammen, die wir für die weitere Rechnung benötigen.

Die Wahrscheinlichkeit, daß der zentrale Gitterplatz falsch besetzt ist, ist nach Gl. (26.6) (in der Bezeichnung von Ziff. 24)

$$1 - r = \frac{G_B^{*a}}{G_A^{*a} + G_B^{*a}} = \frac{(\varepsilon + \eta)^z}{G_A^{*a} + G_B^{*a}}. \tag{26.7}$$

Die Wahrscheinlichkeit, daß ein Platz der Koordinationsschale falsch besetzt ist, ist gleich dem durch z dividierten Mittelwert von m, wobei der Mittelwert mit der Verteilungsfunktion (26.6) zu bilden ist. Im Sinne der Äquivalenzbedingung haben wir dann

$$1 - r = \frac{1}{z} \frac{\sum m \binom{z}{m}(\varepsilon\eta)^m + \sum m \binom{z}{m}\varepsilon^m \eta^{z-m}}{G_A^{*a} + G_B^{*a}} = \frac{1}{z} \frac{\varepsilon \frac{\partial G^{*a}}{\partial \varepsilon}}{G_A^{*a} + G_B^{*a}}. \tag{26.8}$$

Entsprechend haben wir für die Wahrscheinlichkeit, daß der zentrale Gitterplatz richtig besetzt ist,

$$r = \frac{G_A^{*a}}{G_A^{*a} + G_B^{*a}} = \frac{(\varepsilon\eta + 1)^z}{G_A^{*a} + G_B^{*a}} \tag{26.9}$$

und für die Wahrscheinlichkeit, daß ein Platz der Koordinationsschale richtig besetzt ist

$$r = \frac{(\varepsilon\eta+1)^{z-1}+\eta(\varepsilon+\eta)^{z-1}}{G_A^{*a}+G_B^{*a}}. \tag{26.10}$$

Die mittleren Paarzahlen lassen sich nun ohne Schwierigkeit berechnen. Dabei ist zu beachten, daß die aus (26.6) berechnete Paarzahl sich zu der des Gesamtsystems verhält wie die gesamte Paarzahl der repräsentativen Gruppe z zu der des Gesamtkristalls $\frac{z}{2}N$. Es ergibt sich dann für die Zahl der $A(a)-A(b)$-Paare aus (26.8)

$$\frac{z}{2}N\bar{\xi} = \frac{z}{2}N\frac{\varepsilon\eta(\varepsilon\eta+1)^{z-1}}{G_A^{*a}+G_B^{*a}}. \tag{26.11}$$

Die Zahl der $B(a)-A(b)$-Paare ist, ebenfalls nach Gl. (26.8)

$$\frac{z}{2}N(1-r-\bar{\xi}) = \frac{z}{2}N\frac{\varepsilon(\varepsilon+\eta)^{z-1}}{G_A^{*a}+G_B^{*a}}. \tag{26.12}$$

Für die Zahl der $B(a)-B(b)$-Paare erhält man aus (26.10)

$$\frac{z}{2}N\bar{\xi} = \frac{z}{2}N\frac{\eta(\varepsilon+\eta)^{z-1}}{G_A^{*a}+G_B^{*a}}. \tag{26.13}$$

Schließlich ist nach (26.10) die Zahl der $A(a)-B(b)$-Paare

$$\frac{z}{2}N(r-\bar{\xi}) = \frac{z}{2}N\frac{(\varepsilon\eta+1)^{z-1}}{G_A^{*a}+G_B^{*a}}. \tag{26.14}$$

Für den Fernordnungsgrad ergibt sich aus Gl. (26.9)

$$s = 2r - 1 = \frac{(\varepsilon\eta+1)^z - (\varepsilon+\eta)^z}{(\varepsilon\eta+1)^z + (\varepsilon+\eta)^z}. \tag{26.15}$$

Daneben führt die Bethesche Theorie noch einen Nahordnungsparameter σ ein. Die Nahordnung ist von der Einteilung in a- und b-Plätze völlig unabhängig und berücksichtigt lediglich das Verhältnis der $A-A$-, $A-B$- und $B-B$-Paare. σ ist daher definiert als die durch die Gesamtzahl der Paare $\frac{z}{2}N$ dividierte Differenz von Paaren ungleicher und Paaren gleicher Atome. Nach Tabelle 2 (Ziff. 24) ist daher

$$\sigma = \frac{\frac{z}{2}N(1-2\bar{\xi}) - \frac{z}{2}N\,2\bar{\xi}}{\frac{z}{2}N} = 1 - 4\bar{\xi}. \tag{26.16}$$

Mit Benutzung von (26.11) wird daraus

$$1 - \sigma = \frac{4\varepsilon\eta(\varepsilon\eta+1)^{z-1}}{(\varepsilon\eta+1)^z + (\varepsilon+\eta)^z}. \tag{26.17}$$

Der Vergleich von (26.11) und (26.13) zeigt nun, daß

$$\varepsilon(\varepsilon\eta+1)^{z-1} = (\varepsilon+\eta)^{z-1} \tag{26.18}$$

ist. Wir erhalten daher für die Nahordnung

$$1 - \sigma = \frac{4\varepsilon\eta}{1+\varepsilon\eta}\frac{1}{1+\varepsilon^{z/(z-1)}}. \tag{26.19}$$

Damit sind alle für die Behandlung des Überstruktur-Problems wesentlichen Größen durch ε und η ausgedrückt.

Die Äquivalenzbedingung ist sowohl in (26.7) und (26.8), in (26.10) wie in (26.11) und (26.13) in einer zur Eliminierung von ε geeigneten Form enthalten. Die gesuchte Bestimmungsgleichung ist tatsächlich bereits durch Gl. (26.18) gegeben, die wir jetzt in der üblichen Form schreiben.

$$\varepsilon = \left(\frac{\varepsilon + \eta}{\varepsilon \eta + 1}\right)^{z-1}. \tag{26.20}$$

Um diese Gleichung zu lösen, setzt man

$$\varepsilon = e^{-2\delta(z-1)}. \tag{26.21}$$

Dann wird

$$\eta = \frac{\sinh (z-2)\delta}{\sinh z\delta}. \tag{26.22}$$

Diese Funktion ist in Fig. 15 dargestellt. Man sieht zunächst, daß η eine gerade Funktion von δ ist, daß also Gl. (26.22) durch die Transformation $\delta' = -\delta$ in sich selbst übergeht. Dies bedeutet, daß die a- und b-Plätze ihre Rollen tauschen können, ohne daß sich an den Folgerungen aus der Theorie etwas ändert. Entwickelt man die rechte Seite von (26.22) für $\delta \ll 1$, so wird

$$\eta = \frac{z-2}{z}\left[1 - \frac{2}{3}(z-1)\delta^2 - \cdots\right] \quad (\delta \ll 1). \tag{26.23}$$

Die Entwicklung zeigt, daß die beiden gleichwertigen Wurzeln nur unterhalb eines Maximalwertes

$$\eta_c = \frac{z-2}{z} \tag{26.24}$$

existieren, während für $\eta > \eta_c$ nur noch die triviale Lösung $\delta = 0$ existiert. Durch Gl. (26.24) wird eine Temperatur T_c definiert derart, daß für $T \geq T_c$ der Bethe-Parameter $\varepsilon = 1$ ist, während für $T < T_c$ $\varepsilon < 1$ gilt. Explizit haben wir

$$T_c = \frac{\dfrac{w}{2k}}{\ln \dfrac{z}{z-2}}. \tag{26.25}$$

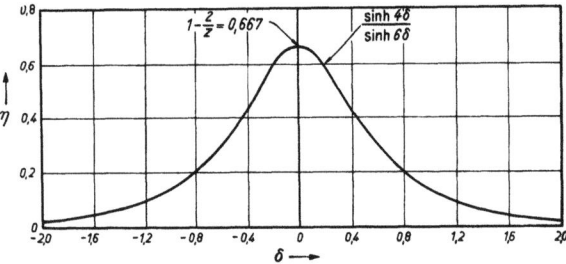

Fig. 15. Beziehung zwischen η und δ nach der Gl. (26.22) für $z=6$. [Entnommen aus F. C. NIX u. W. SHOCKLEY: Rev. Mod. Phys. 10, 1 (1938).]

Die physikalische Bedeutung der Temperatur T_c ergibt sich unmittelbar aus Gl. (26.15). Setzt man dort $\varepsilon = 1$, so wird $s = 0$. T_c ist also die Temperatur, bei welcher die Fernordnung verschwindet, d.h. die Umwandlungstemperatur der Überstruktur-Umwandlung. Für $T < T_c$ ist die Änderung des Fernordnungsgrades mit der Temperatur nach Gl. (26.15), (26.21) und (26.22) gegeben durch

$$s = \tanh z\delta, \tag{26.26}$$

wo δ die durch (26.22) definierte Temperaturfunktion ist. Dieser Zusammenhang ist ebenfalls in Fig. 12 dargestellt. Man sieht, daß die Bethesche Theorie insoweit qualitativ die gleichen Ergebnisse liefert wie die Bragg-Williamssche Näherung. Der charakteristische Unterschied besteht darin, daß nach der letzteren oberhalb T_c völlige Unordnung herrscht, während wir in der Betheschen Theorie die Nahordnung haben, die erst für $T \to \infty$ verschwindet. Tatsächlich findet man durch

Einsetzen von $\varepsilon = 1$ in Gl. (26.19) für $T \geq T_c$

$$\sigma = \frac{1-\eta}{1+\eta}, \quad (T \geq T_c) \tag{26.27}$$

während sich für $T < T_c$ aus (26.19), (26.21) und (26.22) ergibt

$$1 - \sigma = \frac{2 \sinh (z-2)\delta}{\sinh (2z-2)\delta \cosh z\delta}. \tag{26.28}$$

Die Tatsache, daß jetzt oberhalb T_c noch eine Nahordnung besteht, hat zur Folge, daß jetzt der Konfigurationsanteil der Atomwärme im Umwandlungspunkt nicht auf Null, sondern auf einen endlichen Wert abfällt. Dies stimmt qualitativ mit der Erfahrung überein. Wir führen die explizite Berechnung der thermodynamischen Funktionen jedoch erst in Ziff. 27 nach einer dem Betheschen Verfahren äquivalenten Methode durch.

Neben der im vorstehenden beschriebenen, von BETHE selbst verwendeten Methode zur Eliminierung des Parameters ε gibt es noch eine zweite Möglichkeit, die zwar auch letzten Endes auf die (verallgemeinerte) Äquivalenzbedingung zurückgeht, aber auf einen ganz andersartigen Formalismus führt.

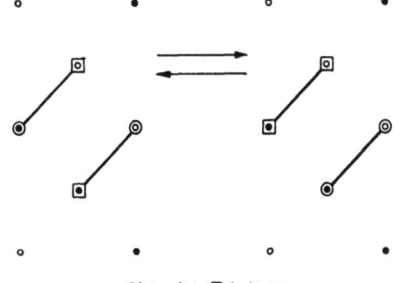

○ a-Gitterplatz, □ A-Atome
● b-Gitterplatz, ○ B-Atome

Fig. 16. Zur Erläuterung der quasi-chemischen Gleichung.

Multipliziert man die Gl. (26.11) und (26.13) miteinander und dividiert durch das Produkt von (26.12) und (26.14), so erhält man

$$\frac{\bar{\xi}^2}{(1-r-\bar{\xi})(r-\bar{\xi})} = \eta^2 = e^{-\frac{w}{kT}}. \tag{26.29}$$

In dieser Gleichung kommt der Bethe-Parameter ε nicht mehr vor. Sie ermöglicht es, für gegebenes r die Größe $\bar{\xi}$ als Funktion von T zu berechnen und damit die Theorie nach den in Ziff. 25 skizzierten Prinzipien zu entwickeln. Wir werden dies in Ziff. 26 durchführen, nachdem wir Gl. (26.29) auf einem anderen Wege abgeleitet haben. Formal stellt Gl. (26.29) das Massenwirkungsgesetz für eine „Reaktion"

$$[A(a) - B(b)] + [B(a) - A(b)] \rightleftharpoons [A(a) - A(b)] + [B(a) - B(b)] \tag{26.30}$$

dar, wie sie in Fig. 16 schematisch dargestellt ist. Es ist daher üblich, diese Gleichung (und ebenso die analogen Beziehungen, die man bei anderen kooperativen Problemen erhält) als „quasi-chemische Gleichung" zu bezeichnen. Die quasi-chemische Gleichung wurde zuerst für das Problem der streng regulären Lösung (Ziff. 65) in einer noch nicht ganz korrekten Form von GUGGENHEIM[1] aufgestellt und für das gleiche Problem von RUSHBROOKE[2] mit Hilfe des Betheschen Näherungsverfahrens abgeleitet. Man darf aber daraus nicht schließen, daß die quasi-chemische Gleichung sich auf diesem Wege begründen ließe. Da sie sich, wie wir sehen werden, ganz unabhängig von dem Betheschen Formalismus gewinnen läßt, kann sie nur als eine dem letzteren äquivalente Formulierung betrachtet werden. Beide Formulierungen lassen sich auf das gleiche Prinzip zurückführen, das wir in Ziff. 27 behandeln.

---
[1] E. A. GUGGENHEIM: Proc. Roy. Soc. Lond. A **148**, 304 (1935).
[2] G. S. RUSHBROOKE: Proc. Roy. Soc. Lond. A **166**, 296 (1938).

Die quasi-chemische Gleichung läßt sich bereits gewinnen, wenn man in Analogie zu Gl. (26.2) die große Verteilungsfunktion für ein Paar von benachbarten Gitterplätzen konstruiert[1] [12]. Insofern kann man sagen, daß die repräsentative Gruppe ohne Änderung des Resultates von $z+1$ Gitterplätzen auf zwei Gitterplätze verkleinert werden kann. Dagegen sollte man erwarten, daß eine systematische Fortsetzung des Betheschen Näherungsverfahrens möglich ist, indem man die repräsentative Gruppe immer größer werden läßt. Von BETHE selbst ist noch eine zweite Näherung durchgerechnet worden, welche die zweite Koordinationsschale in die Rechnung einbezieht. Die damit erreichte Verbesserung ist jedoch nicht sehr erheblich (vgl. Ziff. 37); andererseits wachsen die rechnerischen Schwierigkeiten sehr stark an, so daß eine weitere Verfolgung dieses Weges praktisch aussichtslos erscheint. Eine andere Erweiterung des Betheschen Verfahrens, welche die Wechselwirkung mit den zweitnächsten Nachbarn berücksichtigt, sei an dieser Stelle nur erwähnt[2,3].

Das Bethesche Näherungsverfahren besitzt in seiner ursprünglichen Form zwei wesentliche Nachteile: Die Natur der Näherung bleibt ziemlich unklar, und der mathematische Apparat ist recht schwerfällig. Letzteres steht einer Anwendung der Methode auf kompliziertere Probleme im Wege, da die mathematischen Schwierigkeiten dabei unverhältnismäßig anwachsen. In Ziff. 27 behandeln wir eine Methode, welche der ersten Näherung des Betheschen Verfahrens äquivalent, aber von dessen Nachteilen weitgehend frei ist.

27. Die quasi-chemische Methode. Bei der Behandlung des Betheschen Verfahrens sind wir auf die Frage nach dem Wesen dieser Näherung nicht eingegangen. Tatsächlich kann man aus der originalen Form der Methode, wie schon erwähnt, kaum etwas darüber entnehmen. Dagegen gibt die quasi-chemische Gleichung (26.28) einen bedeutsamen Hinweis in dieser Richtung. In Ziff. 23 ist erwähnt worden, daß man für die Bildung einzelner Fehlstellen das Massenwirkungsgesetz erhält, wenn dieselben als voneinander unabhängig betrachtet werden. Es liegt daher die Vermutung nahe, daß die Grundlage der Gl. (26.28) eine analoge Annahme ist, nämlich daß Paare von nächsten Nachbarn voneinander unabhängige Gebilde darstellen. Der Beweis, daß diese Annahme tatsächlich die Grundlage des Betheschen Näherungsverfahrens bildet, ist von CHANG[4] gegeben worden. Wir führen ihn hier auf einem indirekten Wege[5], indem wir zeigen, daß die erwähnte Annahme unmittelbar auf die quasi-chemische Gleichung führt, die wir dann zur Grundlage der weiteren Rechnung machen.

Wir beginnen mit der Konstruktion einer Näherungsformel für den in Ziff. 24 definierten Kombinationsfaktor $g(N, r, \xi)$, der die Zahl der Konfigurationen für gegebene Werte von N, r und ξ darstellt. Wenn wir die Paare als voneinander unabhängig annehmen, ist diese Zahl gleich der Zahl der Möglichkeiten, aus $\frac{z}{2}N$ Paaren $\frac{z}{2}N\xi$ $A(a)-A(b)$-Paare, $\frac{z}{2}N\xi$ $B(b)-B(a)$-Paare, $\frac{z}{2}N(r-\xi)$ $A(a)-B(b)$-Paare und $\frac{z}{2}N(1-r-\xi)$ $A(b)-B(a)$-Paare zu bilden, also gleich

$$\frac{\left(\frac{z}{2}N\right)!}{\left(\frac{z}{2}N\xi\right)!\left(\frac{z}{2}N\xi\right)!\left[\frac{z}{2}N(r-\xi)\right]!\left[\frac{z}{2}N(1-r-\xi)\right]!}. \tag{27.1}$$

---

[1] E. A. GUGGENHEIM: Proc. Roy. Soc. Lond. A **169**, 134 (1938).
[2] T. S. CHANG: Proc. Roy. Soc. Lond. A **161**, 546 (1937).
[3] J. S. WANG: Proc. Roy. Soc. Lond. A **168**, 56, 68 (1938).
[4] T. S. CHANG: Proc. Roy. Soc. Lond. A **173**, 48 (1939).
[5] R. H. FOWLER u. E. A. GUGGENHEIM: Proc. Roy. Soc. Lond. A **174**, 189 (1940).

Die quasi-chemische Methode.

Dieser Ausdruck kann nicht exakt gültig sein, weil tatsächlich die Paare nicht voneinander unabhängig sind. Er kann aus diesem Grunde auch nicht der notwendigen Relation (vgl. Ziff. 25)

$$\sum_{\xi} g(N, r, \xi) = g(N, r) = \left\{ \frac{(\tfrac{1}{2}N)!}{[\tfrac{1}{2}Nr]! [\tfrac{1}{2}N(1-r)]!} \right\}^2 \qquad (27.2)$$

genügen. Es ist daher aus Gründen der inneren Konsistenz notwendig, zu dem Ausdruck (27.1) noch einen Normierungsfaktor $h(N, r)$ hinzuzufügen, welcher die Erfüllung von (27.2) sichert. Wir setzen also

$$g(N, r, \xi) = h(N, r) \frac{\left(\tfrac{z}{2} N\right)!}{\left(\tfrac{z}{2} N\xi\right)! \left(\tfrac{z}{2} N\xi\right)! \left[\tfrac{z}{2} N(r-\xi)\right]! \left[\tfrac{z}{2} N(1-r-\xi)\right]!}. \qquad (27.3)$$

Um für den Faktor $h(N, r)$ einen Näherungsausdruck zu erhalten, ersetzt man die Summe in Gl. (27.2) durch ihren maximalen Term $g(N, r, \xi^*)$ und hat dann näherungsweise

$$g(N, r, \xi^*) \approx \left\{ \frac{(\tfrac{1}{2}N)!}{[\tfrac{1}{2}Nr]! [\tfrac{1}{2}N(1-r)]!} \right\}^2. \qquad (27.4)$$

Andererseits ist nach (27.3)

$$g(N, r, \xi^*) = h(N, r) \frac{\left(\tfrac{z}{2} N\right)!}{\left(\tfrac{z}{2} N\xi^*\right)! \left(\tfrac{z}{2} N\xi^*\right)! \left[\tfrac{z}{2} N(r-\xi^*)\right]! \left[\tfrac{z}{2} N(1-r-\xi^*)\right]!}. \qquad (27.5)$$

Aus den Gln. (27.3) bis (27.5) folgt

$$\begin{aligned} g(N, r, \xi) = \left\{ \frac{(\tfrac{1}{2}N)!}{[\tfrac{1}{2}Nr]! [\tfrac{1}{2}N(1-r)]!} \right\}^2 \times \\ \times \frac{\left(\tfrac{z}{2} N\xi^*\right)! \left(\tfrac{z}{2} N\xi^*\right)! \left[\tfrac{z}{2} N(r-\xi^*)\right]! \left[\tfrac{z}{2} N(1-r-\xi^*)\right]!}{\left(\tfrac{z}{2} N\xi\right)! \left(\tfrac{z}{2} N\xi\right)! \left[\tfrac{z}{2} N(r-\xi)\right]! \left[\tfrac{z}{2} N(1-r-\xi)\right]!}. \end{aligned} \qquad (27.6)$$

Der Wert von ξ, der $g(N, r, \xi)$ zu einem Maximum macht, entspricht der vollkommenen Unordnung. Es ist daher

$$\xi^* = r(1-r). \qquad (27.7)$$

Als nächstes ist, wie in Ziff. 25, die Funktion

$$Q_{cr} = \sum_{\xi} g(N, r, \xi) \exp\left\{ -\left[\tfrac{1}{2} N(\chi_A + \chi_B + z w_{AB}) + \tfrac{z}{2} N\xi w\right]/kT \right\} \qquad (27.8)$$

zu bestimmen. Dazu ersetzt man die Summe durch ihren maximalen Term und schreibt

$$Q_{cr} = g(N, r, \bar{\xi}) \exp\left\{ -\left[\tfrac{1}{2} N(\chi_A + \chi_B + z w_{AB}) + \tfrac{z}{2} N\bar{\xi} w\right]/kT \right\} \qquad (27.9)$$

wo $\bar{\xi}$ die Lösung der Gleichung

$$\frac{\partial \ln Q_{cr}}{\partial \xi} = 0 \qquad (27.10)$$

ist. Setzt man (27.6), (27.7) und (27.9) in (27.10) ein, so erhält man mit Benutzung der Stirlingschen Formel

$$\frac{\bar{\xi}^2}{(1-r-\bar{\xi})(r-\bar{\xi})} = e^{-\tfrac{w}{kT}}. \qquad (27.11)$$

Das ist aber die in Ziff. 26 mit Hilfe des Betheschen Verfahrens abgeleitete quasi-chemische Gleichung. Da nach Gl. (25.10) und (25.14) durch $\bar{\xi}$ die Lösung des Problems eindeutig bestimmt ist, haben wir damit die mathematische Äquivalenz des Betheschen und des quasi-chemischen Verfahrens nachgewiesen und weiter gezeigt, daß beiden die Annahme der Unabhängigkeit von Paaren zugrundeliegt.

Die Lösung der quasi-chemischen Gleichung lautet

$$\bar{\xi} = \frac{2r(1-r)}{1 + [1 + 4r(1-r)(e^{w/kT} - 1)]^{\frac{1}{2}}}. \tag{27.12}$$

Es ist zweckmäßig, hier wieder den Fernordnungsgrad $s = 2r - 1$ einzuführen. Dann wird aus (27.12)

$$\bar{\xi} = \frac{\frac{1}{2}(1-s^2)}{1 + [1 + (1-s^2)(e^{w/kT} - 1)]^{\frac{1}{2}}}. \tag{27.13}$$

Um die freie Energie als Funktion des Fernordnungsgrades zu erhalten, muß nach Gl. (25.9) die Größe $\bar{\bar{\xi}}$ aus (27.13) durch Integration nach (25.14) berechnet werden. Man hat also

$$\bar{\bar{\xi}} w = \frac{1}{2} kT \int_0^{w/kT} \frac{1 - s^2}{1 + [1 + (1 - s^2)(e^{w/kT} - 1)]^{\frac{1}{2}}} \, d\left(\frac{w}{kT}\right). \tag{27.14}$$

Die Integration läßt sich mit Hilfe der Substitution

$$\alpha = [1 + (1 - s^2)(e^{w/kT} - 1)]^{\frac{1}{2}} \tag{27.15}$$

ausführen und ergibt

$$\bar{\bar{\xi}} w = \frac{kT}{2}\left[(1+s)\ln\frac{\alpha+s}{1+s} + (1-s)\ln\frac{\alpha-s}{1-s} - 2\ln\frac{\alpha+1}{2}\right]. \tag{27.16}$$

Wird in Gl. (25.7) ebenfalls r durch s ersetzt, so erhält man

$$\ln g(N, s) = -\tfrac{1}{2} N \left[(1+s)\ln(1+s) + (1-s)\ln(1-s) - 2\ln 2\right]. \tag{27.17}$$

Einsetzen von (27.16) und (27.17) in (25.10) ergibt

$$\left.\begin{aligned}F_c &= \frac{1}{2} N(\chi_A + \chi_B + z\, w_{AB}) + \\ &\quad + \frac{1}{2} NkT\left[(1+s)\ln(1+s) + (1-s)\ln(1-s) - 2\ln 2\right] + \\ &\quad + \frac{1}{2} NkT \frac{z}{2}\left[(1+s)\ln\frac{\alpha+s}{1+s} - (1-s)\ln\frac{\alpha-s}{1-s} - 2\ln\frac{\alpha+1}{2}\right].\end{aligned}\right\} \tag{27.18}$$

Es ist zweckmäßig, von dieser Gleichung den Wert von F_c für $s = 1$ zu subtrahieren. Da nach (27.15) dann auch $\alpha = 1$ ist, erhält man

$$\left.\begin{aligned}\frac{F_c(s) - F_c(1)}{\frac{1}{2} NkT} &= (1+s)\ln(1+s) + (1-s)\ln(1-s) - 2\ln 2 + \\ &\quad + \frac{z}{2}\left[(1+s)\ln\frac{\alpha+s}{1+s} + (1-s)\ln\frac{\alpha-s}{1-s} - 2\ln\frac{\alpha+1}{2}\right].\end{aligned}\right\} \tag{27.19}$$

Der Gleichgewichtswert von s ergibt sich nun wieder in der üblichen Weise, indem man die Ableitung von F_c nach s gleich Null setzt. Man erhält

$$\ln\frac{\alpha+s}{\alpha-s} = \frac{z-2}{z}\ln\frac{1+s}{1-s}. \tag{27.20}$$

In der Betheschen Theorie ist der Zusammenhang zwischen dem Gleichgewichtswert des Fernordnungsgrades und der Temperatur durch Gl. (26.25) gegeben.

Um die Identität der beiden Gleichungen nachzuweisen, betrachten wir zunächst (26.25) als Definitionsgleichung für δ und zeigen durch Einsetzen in (27.20), daß dann δ die aus der Betheschen Theorie abgeleitete Temperaturfunktion (26.22) sein muß.

Aus (26.25) folgt

$$\frac{1+s}{1-s} = e^{2z\delta}. \tag{27.21}$$

Einsetzen von (27.21) in (27.20) ergibt

$$\frac{\alpha+s}{\alpha-s} = e^{2(z-2)\delta} \tag{27.22}$$

oder

$$\frac{\alpha}{s} = \coth(z-2)\delta. \tag{27.23}$$

Andererseits ist nach Gl. (27.15)

$$\eta = e^{-\frac{w}{2kT}} = \left[\frac{\frac{1}{s^2} - 1}{\left(\frac{\alpha}{s}\right)^2 - 1}\right]^{\frac{1}{2}}. \tag{27.24}$$

Aus (27.23) und (27.24) folgt mit Benutzung der Formel $(\coth x)^2 - 1 = (\sinh x)^{-2}$

$$\eta = \frac{\sinh(z-2)\delta}{\sinh z\delta}. \tag{27.25}$$

in Übereinstimmung mit Gl. (26.22). Die graphische Darstellung des Zusammenhanges zwischen dem Gleichgewichtswert von s und T findet sich in Fig. 12.

Die Umwandlungstemperatur T_c ist wieder durch die Gl. (25.22) bestimmt. Nun ist

$$\frac{1}{\frac{1}{2}NkT} \frac{\partial^2 F_c(s)}{\partial s^2} = -\frac{z-2}{1-s^2} + \frac{z}{\alpha(1-s^2)}. \tag{27.26}$$

Setzt man die rechte Seite gleich Null, so findet man als Lösung $s=0$ und

$$\frac{z}{z-2} = \alpha_c = e^{\frac{w}{2kT_c}} \tag{27.27}$$

oder

$$T_c = \frac{\frac{w}{2k}}{\ln \frac{z}{z-2}} \tag{27.28}$$

in Übereinstimmung mit Gl. (26.25). Die quasi-chemische Methode führt also auch hier zum gleichen Ergebnis wie das Bethesche Verfahren.

Den Ausdruck für die innere Energie, der zur Berechnung der spezifischen Wärme benötigt wird, erhält man am einfachsten direkt aus Gl. (25.11) und (27.13). Wir schreiben ihn gleich in einer zu (25.28) analogen Form und haben dann

$$\frac{E_c(T) - E_c(0)}{E_c(\infty) - E_c(0)} = \frac{1-s^2}{1 + \left[1 + (1-s^2)\left(e^{\frac{w}{kT}} - 1\right)\right]^{\frac{1}{2}}}, \tag{27.29}$$

wo s die durch Gl. (27.20) definierte Temperaturfunktion ist. Der Vergleich dieser Beziehung mit Gl. (25.28) zeigt wieder den charakteristischen Unterschied zwischen der Bragg-Williamsschen Näherung einerseits, der Betheschen und quasi-chemischen Methode andererseits. Während der Konfigurationsanteil der inneren

Energie nach der ersteren für $T > T_c$ von der Temperatur unabhängig ist, gibt Gl. (27.29) auch in diesem Gebiet, d.h. für $s=0$, noch eine Änderung von E_c mit der Temperatur, welche auf die oberhalb des Umwandlungspunktes noch bestehende Nahordnung zurückzuführen ist. Es gilt dann die Formel

$$\frac{E_c(T) - E_c(0)}{E_c(\infty) - E_c(0)} = \frac{1}{e^{\frac{w}{2kT}} + 1} \qquad (T \geq T_c). \tag{27.30}$$

Der Verlauf der Funktion (27.29) ist in Fig. 13 dargestellt, der daraus abgeleitete Verlauf der Atomwärme in Fig. 14. Die Überstruktur-Umwandlung stellt sich auch hier als λ-Punkt dar. Die Änderung gegenüber der Bragg-Williamsschen Näherung liegt in der durch die experimentellen Ergebnisse (vgl. Fig. 9 und 10) angedeuteten Richtung. Die quantitative Übereinstimmung ist indessen auch jetzt noch sehr schlecht.

Die Rechnung nach der quasi-chemischen Methode läßt sich auch in einer Form durchführen, welche das Integral (27.14) vermeidet. Wir werden darauf in Ziff. 65 zurückkommen und begnügen uns für das spezielle Problem der Überstruktur-Umwandlungen mit dem Hinweis auf die Monographie von GUGGENHEIM [12].

Auch bei der quasi-chemischen Methode liegt naturgemäß die Frage nahe, ob ein systematisches Fortschreiten zu höheren Näherungen möglich ist. Das ist in der Tat der Fall; wir werden darauf in Ziff. 65 kurz eingehen.

28. Kirkwoods Methode der Semi-Invarianten. Von KIRKWOOD[1] wurde eine Methode zur Behandlung kooperativer Probleme angegeben, die sich in ihrer Struktur grundsätzlich von den bisher betrachteten unterscheidet. Bei den letzteren wird von vornherein die Verteilungsfunktion durch eine geeignete Näherungsannahme so vereinfacht, daß eine Berechnung in geschlossener Form durchführbar ist. Über die Güte der Annäherung, die damit tatsächlich erreicht wird, kann man im Rahmen einer derartigen Theorie naturgemäß keine präzise Aussage machen. Im Gegensatz dazu geht die Kirkwoodsche Methode von der korrekten Verteilungsfunktion aus und berechnet dieselbe in Form einer Entwicklung nach Potenzen von $(kT)^{-1}$. Da man nur eine endliche (und zwar praktisch ziemlich kleine) Zahl von Gliedern berücksichtigen kann, wird auch auf diesem Wege nur eine Annäherung erreicht. Die Güte derselben läßt sich aber nach dem Konvergenzverhalten der Reihe beurteilen. Bringt man ferner die bisher behandelten Methoden ebenfalls in die Form von Entwicklungen nach Potenzen von $(kT)^{-1}$, so läßt sich durch Vergleich mit der Kirkwoodschen Reihe genau angeben, bis zu welchem Gliede die ersteren korrekt sind.

Wir gehen auch hier wieder von den allgemeinen Ansätzen der Ziff. 24 und 25 aus, berechnen also die Verteilungsfunktion Q_{cr} bzw. die freie Energie $F_c(r)$ und suchen dann das Minimum der letzteren auf. Da wir den expliziten Ausdruck für die potentielle Energie (24.3) zunächst nicht benötigen, schreiben wir Gl. (25.2) in der vereinfachten Form

$$Q_{cr} = \sum_{\xi} g(N, r, \xi) \, e^{-\frac{U_c}{kT}} \tag{28.1}$$

oder, mit der Abkürzung

$$x = -\frac{1}{kT}, \tag{28.2}$$

$$e^{x F_c} = \sum_{\xi} g(N, r, \xi) \, e^{x U_c}. \tag{28.3}$$

---

[1] J.G. KIRKWOOD: J. Chem. Phys. **6**, 70 (1938).

Den Exponenten der linken Seite entwickeln wir an der Stelle $x=0$; dabei bezeichnen wir die i-te Ableitung von xF_c nach x an dieser Stelle mit λ_i. Auf der rechten Seite entwickeln wir die Exponentialfunktion an der Stelle $xU_c=0$. Mit Benutzung von Gl. (25.5) ergibt sich dann

$$\exp\left(\lambda_0 + x\lambda_1 + \frac{x^2}{2!}\lambda_2 + \frac{x^3}{3!}\lambda_3 + \cdots\right)$$
$$= g(N,r) + x\sum_\xi g(N,r,\xi)U_c + \frac{x^2}{2!}\sum_\xi g(N,r,\xi)U_c^2 + \quad (28.4)$$
$$+ \frac{x^3}{3!}\sum_\xi g(N,r,\xi)U_c^3 + \cdots.$$

Die hier auftretenden Größen λ_i sind die aus der Wahrscheinlichkeitsrechnung bekannten Thieleschen Semi-Invarianten. Das Wesen der Kirkwoodschen Methode besteht darin, daß die Berechnung von $F_c(r)$ auf die Berechnung dieser Semi-Invarianten reduziert wird. Es ist nun

$$\sum_\xi g(N,r,\xi)U_c^n = g(N,r)\overline{U_c^n} \equiv M_n. \quad (28.5)[1]$$

Damit wird aus (28.4)

$$\exp\left(\sum_{i=0}^\infty \frac{x^i}{i!}\lambda_i\right) = \sum_{n=0}^\infty \frac{x^n}{n!}M_n. \quad (28.6)$$

Führen wir die Abkürzungen

$$\varphi_1(x) = \sum_{i=0}^\infty \frac{x^i}{i!}\lambda_i; \quad \varphi_2(x) = \sum_{n=0}^\infty \frac{x^n}{n!}M_n \quad (28.7)$$

ein, so folgt durch Differentiation aus (28.6)

$$e^{\varphi_1(x)}\frac{d\varphi_1(x)}{dx} = \frac{d\varphi_2(x)}{dx} = \varphi_2(x)\frac{d\varphi_1(x)}{dx}. \quad (28.8)$$

Einsetzen von (28.7) und Koeffizientenvergleich ergibt

$$\begin{aligned}M_1 &= M_0\lambda_1; \\ M_2 &= M_0\lambda_2 + M_1\lambda_1\end{aligned} \quad (28.9)$$

und allgemein

$$M_n = \sum_{i=1}^n \binom{n-1}{i-1}M_{n-i}\lambda_i. \quad (28.10)$$

Für λ_0 ergibt sich unmittelbar aus (28.6), indem man $x=0$ setzt,

$$\lambda_0 = \ln M_0 = \ln g(N,r). \quad (28.11)$$

Die Lösungen der Gl. (28.10) werden zweckmäßig durch die zentralen Momente

$$\Delta_n = \overline{(U_c - \overline{U}_c)^n} = \frac{1}{M_0}\sum_{m=0}^n \binom{n}{m}M_m(-\overline{U})^{n-m} \quad (28.12)$$

---

[1] Diese Mittelwerte und die entsprechenden, durch Gl. (28.12) definierten Schwankungsgrößen, sind zu unterscheiden von den mit Hilfe der Verteilungsfunktion Q_c gebildeten Mittelwerten.

ausgedrückt. Es ergibt sich dann für die ersten Semi-Invarianten

$$\left.\begin{aligned}\lambda_0 &= \ln g(N, r),\\ \lambda_1 &= \overline{U}_c,\\ \lambda_2 &= \overline{U_c^2} - \overline{U}_c^2 = \Delta_2,\\ \lambda_3 &= \overline{U_c^3} - 3\overline{U_c^2}\,\overline{U}_c + 2\overline{U}_c^3 = \Delta_3,\\ \lambda_4 &= \Delta_4 - 3\Delta_2^2.\end{aligned}\right\} \quad (28.13)$$

Nun ist definitionsgemäß

$$-\frac{F_c}{kT} = \lambda_0 - \frac{\lambda_1}{kT} + \frac{\lambda_2}{2!(kT)^2} - \frac{\lambda_3}{3!(kT)^3} + \frac{\lambda_4}{4!(kT)^4} + \cdots. \quad (28.14)$$

Setzen wir die Werte aus (28.13) ein, so wird

$$\frac{F_c}{kT} = \ln g(N,r) - \frac{\overline{U}_c}{kT} + \frac{\Delta_2}{2!(kT)^2} - \frac{\Delta_3}{3!(kT)^3} + \frac{\Delta_4 - 3\Delta_2^2}{4!(kT)^4} - \cdots. \quad (28.15)$$

Wir führen nun wieder den Fernordnungsgrad $s = 2r - 1$ ein und benutzen Gl. (27.17). Die Größe $\overline{U}_c$ ist einfach gleich der inneren Energie der Bragg-Williamsschen Näherung und somit durch Gl. (25.27) gegeben. Es wird somit

$$\left.\begin{aligned}\frac{F_c}{kT} &= \tfrac{1}{2}N[(1+s)\ln(1+s) + (1-s)\ln(1-s) - 2\ln 2] +\\ &\quad + \frac{N}{kT}\left[\tfrac{1}{2}(\chi_A + \chi_B + z\,w_{AB}) + \frac{z}{8}(1-s^2)w\right] -\\ &\quad - \frac{\Delta_2}{2!(kT)^2} + \frac{\Delta_3}{3!(kT)^3} - \frac{\Delta_4 - 3\Delta_2^2}{4!(kT)^4} + \cdots\end{aligned}\right\} \quad (28.16)$$

Damit ist das Problem auf die Berechnung der zentralen Momente Δ_i für gegebenen Fernordnungsgrad reduziert. Wir wollen diese Rechnung hier für Δ_2 durchführen, um das Prinzip der Methode zu erläutern. Die Berechnung der höheren Momente ist außerordentlich umständlich, so daß wir uns mit der Wiedergabe der Ergebnisse begnügen müssen.

Man ordnet zunächst jedem der $\frac{z}{2}N$ Paare nächster Nachbarn eine Koordinate ν_i zu mit der Festsetzung

$\nu_i = 1$, wenn beide Plätze des Paares von A-Atomen besetzt sind,

$\nu_i = 0$ in allen übrigen Fällen.

Für eine beliebige Konfiguration ist dann die Zahl der $A-A$-Paare

$$\frac{z}{2}N\xi = \sum_{i=1}^{\frac{z}{2}N} \nu_i. \quad (28.17)$$

Es ist nun

$$\Delta_2 = \left(\frac{z}{2}Nw\right)^2 (\overline{\xi^2} - \overline{\xi}^2) \equiv w^2 \Delta. \quad (28.18)$$

Andererseits folgt aus der Definition von ν_i für den Mittelwert

$$\left.\begin{aligned}\overline{\nu_i} &= r(1-r)\cdot 1 + [1 - r(1-r)]\cdot 0\\ &= r(1-r) = \tfrac{1}{4}(1-s^2).\end{aligned}\right\} \quad (28.19)$$

Aus Gl. (28.17) bis (28.19) erhält man

$$\Delta = \sum_{i=1}^{\frac{z}{2}N}\sum_{j=1}^{\frac{z}{2}N}(\overline{\nu_i\nu_j} - \overline{\nu_i}\,\overline{\nu_j}) = \sum_{i=1}^{\frac{z}{2}N}\sum_{j=1}^{\frac{z}{2}N}[\overline{\nu_i\nu_j} - r^2(1-r)^2]. \quad (28.20)$$

Bei der Summierung über $\overline{v_i v_j}$ sind vier Fälle zu unterscheiden:

1. $i = j$, d.h. die beiden Paare sind identisch.
2. v_i und v_j haben einen a-Platz gemeinsam.
3. v_i und v_j haben einen b-Platz gemeinsam.
4. v_i und v_j haben keine gemeinsamen Plätze.

Die entsprechenden Beiträge zu Δ bezeichnen wir mit $\Delta(1)$, $\Delta(2)$, $\Delta(3)$ und $\Delta(4)$. Vom Typ 1 gibt es $\frac{z}{2}N$ Terme. Für jeden derselben ist in dem Bruchteil $r(1-r)$ der Konfigurationen $v_1^2 = 1$. Es wird somit

$$\overline{v_i^2} = r(1-r) \tag{28.21}$$

und

$$\Delta(1) = \frac{z}{2} N[r(1-r) - r^2(1-r)^2]. \tag{28.22}$$

Im Falle 2 hat man $\frac{1}{2}N$ a-Plätze. Für jeden von diesen gibt es $z(z-1)$ Möglichkeiten, die den beiden Paaren v_i und v_j entsprechenden b-Plätze zu wählen. Die Zahl der Terme vom Typ 2 ist daher $\frac{1}{2}z(z-1)N$. In dem Bruchteil $r(1-r)^2$ der Konfigurationen hat $v_i v_j$ den Wert Eins. Es folgt

$$\Delta(2) = \frac{1}{2}z(z-1)N[r(1-r)^2 - r^2(1-r)^2]. \tag{28.23}$$

In analoger Weise findet man

$$\Delta(3) = \frac{1}{2}z(z-1)N[r^2(1-r) - r^2(1-r)^2]. \tag{28.24}$$

Alle noch übrigen Terme gehören zum Typ 4. In diesem Falle ist $v_i v_j$ nur für solche Konfigurationen gleich Eins, bei denen die beiden (voneinander verschiedenen) a-Plätze und die beiden (voneinander verschiedenen) b-Plätze mit A-Atomen besetzt sind. Da für $\frac{1}{2}N$ a-Plätze $\frac{1}{2}Nr$ A-Atome zur Verfügung stehen, ist der Bruchteil von Konfigurationen, bei denen zwei herausgegriffene a-Plätze gleichzeitig von A-Atomen besetzt sind,

$$\frac{\frac{1}{2}Nr(\frac{1}{2}Nr - 1)}{\frac{1}{2}N(\frac{1}{2}N - 1)}. \tag{28.25}$$

Entsprechend ist der Bruchteil der Konfigurationen, bei denen zwei herausgegriffene b-Plätze gleichzeitig von A-Atomen besetzt sind

$$\frac{\frac{1}{2}N(1-r)[\frac{1}{2}N(1-r) - 1]}{\frac{1}{2}N(\frac{1}{2}N - 1)}. \tag{28.26}$$

Es ergibt sich somit

$$\overline{v_i v_j} - r^2(1-r)^2 = \frac{r^2(1-r)^2 \left[1 - \dfrac{2}{Nr}\right]\left[1 - \dfrac{2}{N(1-r)}\right]}{\left(1 - \dfrac{2}{N}\right)^2} - r^2(1-r)^2 \tag{28.27}$$

oder

$$\overline{v_i v_j} - r^2(1-r)^2 = r^2(1-r)^2 \left[\frac{4r(1-r) - 2}{Nr(1-r)}\right] + O(N^{-2}). \tag{28.28}$$

Die Zahl der Terme vom Typ 4 ist $\left(\frac{z}{2}N\right)^2 - (2z-1)\frac{z}{2}N$. Wird (28.28) mit diesem Faktor multipliziert, so ist der maßgebliche Term von der Größenordnung N. Die daneben auftretenden Terme der Größenordnungen N_0 und N^{-1} können vernachlässigt werden. Damit wird

$$\Delta(4) = \frac{z}{2} N[2r^2(1-r)^2 - r(1-r)]. \tag{28.29}$$

Durch Addition der Gln. (28.22) bis (28.24) und (28.29) erhält man

$$\varDelta = \varDelta(1) + \varDelta(2) + \varDelta(3) + \varDelta(4) = \frac{z}{2} N r^2 (1-r)^2 = \frac{z}{32} N (1-s^2)^2, \quad (28.30)$$

woraus sich nach (28.18) unmittelbar $\varDelta_2$ ergibt.

Die Semi-Invarianten λ_1, λ_2 und λ_3 wurden bereits von KIRKWOOD[1] berechnet. Der Wert für λ_4 wurde von BETHE und KIRKWOOD[2] angegeben, während CHANG[3] die Rechnung auf λ_5 und λ_6 ausdehnte[4]. Von λ_4 ab treten in den Formeln neue Parameter auf, die von der Gitterstruktur abhängen. Die Ergebnisse lauten:

$$\left.\begin{aligned}
\lambda_1 &= zN \frac{w}{8}(1-s^2); \\
\lambda_2 &= zN \frac{w^2}{32}(1-s^2)^2; \\
\lambda_3 &= -zN \frac{w^3}{32} s^2 (1-s^2)^2; \\
\lambda_4 &= zN \frac{w^4}{256}(1-s^2)^2 [2(1-3s^2)^2 + 3y(1-s^2)^2]; \\
\lambda_5 &= -zN \frac{w^5}{256} s^2 (1-s^2)^2 [16(2-3s^2)^2 + 60y(1-s^2)^2], \\
\lambda_6 &= zN \frac{w^6}{512}(1-s^2)^2 \{32[1-15(1-s^2)s^2] + 60(13y+30)(1-s^2)^2 + \\
&\quad + 60(\gamma_1 - 30y - 58)(1-s^2)^3 + 15(\gamma_2 + 4\gamma_1 + 66y + 108)(1-s^2)^4\}.
\end{aligned}\right\} \quad (28.31)$$

Der Parameter y ist definiert durch die Gleichung

$$y = \frac{1}{z} \left(\sum_{\substack{a'=1 \\ \neq a}} z_{aa'}^2 - z^2 \right), \quad (28.32)$$

wo $z_{aa'}$ die Zahl der gemeinsamen Nachbarn im b-Teilgitter ist, die zwei Gitterplätze a und a' im a-Teilgitter besitzen. Die Summe ist für einen festen Gitterplatz a über alle Lagen des Gitterplatzes a' zu erstrecken. Für das primitive kubische Gitter ist $y=3$, für das Gitter des β-Messings $y=11$. Ferner ist

$$\gamma_1 = \frac{1}{z} \left[\sum_{a'} z_{aa'}^3 - 3 \sum_{a'} z_{aa'}^2 + 2z(z-1) \right]; \quad (28.33)$$

$$\gamma_2 = \frac{1}{z} \left[\sum_{a'} \sum_{a''} z_{aa'} z_{a'a''} z_{a''a} - 3(z-2) \sum_{a'} z_{aa'}^2 + 2z(z-1)(z-2) \right]. \quad (28.34)$$

Die Werte dieser Konstanten sind für das primitive kubische Gitter

$$\gamma_1 = 0, \quad \gamma_2 = 44,$$

für das Gitter des β-Messings

$$\gamma_1 = 18, \quad \gamma_2 = 222.$$

---

[1] J.G. KIRKWOOD: J. Chem. Phys. **6**, 70 (1938).
[2] H.A. BETHE u. J.G. KIRKWOOD: J. Chem. Phys. **7**, 578 (1939).
[3] T.S. CHANG: J. Chem. Phys. **9**, 169 (1941).
[4] Für den Spezialfall des ebenen quadratischen Gitters sind die Semi-Invarianten λ_7 und λ_8 von KATSURA [Progr. Theor. Phys. **20**, 192 (1958)] berechnet worden.

Mit Benutzung von (28.31) können wir nun (28.14) in der zu (27.19) analogen Form schreiben

$$\begin{aligned}\frac{F_c(s) - F_c(1)}{\tfrac{1}{2} N kT} &= (1+s)\ln(1+s) + (1-s)\ln(1-s) - 2\ln 2 + \\ &\quad + \frac{z}{4}(1-s^2)\frac{w}{kT} - \frac{z}{32}(1-s^2)^2\left(\frac{w}{kT}\right)^2 - \\ &\quad - \frac{z}{96}s^2(1-s^2)^2\left(\frac{w}{kT}\right)^3 - \frac{z}{48}\Big\{\frac{1}{16}(1-s^2)^2 \times \\ &\quad \times \left[1 - 3(1+s) + \frac{3}{2}(1+s)^2\right]^2 + \\ &\quad + \frac{3}{128}\left(\frac{y}{z}-1\right)(1-s^2)^4\Big\}\left(\frac{w}{kT}\right)^4 \cdots .\end{aligned} \qquad (28.35)$$

Der Gleichgewichtswert von s ergibt sich durch Nullsetzen der Ableitung von F_c nach s. Man erhält

$$\ln\frac{1+s}{1-s} = \frac{z}{2}\frac{w}{kT}s\left[1 - \frac{1}{4}\frac{w}{kT}(1-s^2) + \frac{1}{24}\left(\frac{w}{kT}\right)^2(1-s^2)(1-3s^2)+\cdots\right]. \qquad (28.36)$$

Diese Gleichung hat, wie die Gln. (25.20) und (27.20), stets die Lösung $s=0$. Bei hinreichend hohen Temperaturen entspricht dieselbe einem Minimum vom F_c. Bei tieferen Temperaturen tritt für $w>0$ eine von Null verschiedene Wurzel auf, die dann, wie die genauere Untersuchung zeigt, einem Minimum von F_c entspricht, während zu $s=0$ nun ein Maximum gehört. Der Umwandlungspunkt ist durch die Gl. (25.22) bestimmt. Es ergibt sich

$$\frac{4kT_c}{zw} = 1 - \frac{1}{4}\frac{w}{kT_c} + \frac{1}{24}\left(\frac{w}{kT_c}\right)^2 + \cdots . \qquad (28.37)$$

Man sieht, daß die Kirkwoodsche Theorie qualitativ im wesentlichen das gleiche Bild gibt wie die vorher besprochenen Näherungsverfahren. Aus Gl. (28.35) kann man entnehmen, daß auch für $s=0$, d.h. $T>T_c$ noch eine temperaturabhängige innere Energie existiert, welche der dann noch vorhandenen Nahordnung entspricht. Insofern steht die Kirkwoodsche Theorie der Betheschen bzw. quasi-chemischen Methode näher als dem Bragg-Williamsschen Verfahren. Die vollständige Berechnung des Verlaufs der spezifischen Wärmen kann, wenn man nicht die Entwicklung mit λ_2 abbricht, auch hier nur numerisch erfolgen. Lediglich für die unmittelbare Umgebung der Umwandlungstemperatur und den Sprung in der spezifischen Wärme lassen sich, ebenso wie in den früheren Fällen, Formeln angeben, deren Herleitung aber recht umständlich ist[1,2]. Da sie weder theoretische noch praktische Bedeutung besitzen, können wir sie hier übergehen.

29. Beziehungen zwischen den Methoden. Vergleich mit experimentellen Daten. Die drei bisher behandelten Näherungsverfahren stellen sozusagen die „klassischen" Theorien der Überstruktur-Umwandlung und überhaupt der kooperativen Erscheinungen dar. Wir wollen dieselben in dieser Ziffer untereinander und mit den experimentellen Daten vergleichen, bevor wir in Abschnitt B II zu den neueren Entwicklungen übergehen.

Betrachten wir zunächst die freien Energien, so sieht man aus (25.18), daß die Bragg-Williamssche Näherung ein Abbrechen der Kirkwoodschen Entwicklung (28.35) mit dem in w/kT linearen Gliede bedeutet. Um die mit Hilfe der quasi-chemischen Methode abgeleitete Gl. (27.19) in den Vergleich einzubeziehen, ist

---
[1] H. A. BETHE u. J. G. KIRKWOOD: J. Chem. Phys. **7**, 5, 8 (1939).
[2] R. H. FOWLER u. E. A. GUGGENHEIM: Statistical Thermodynamics. Cambridge 1949.

es notwendig, zunächst die Logarithmen nach Potenzen von $\alpha-1$ und dann α nach Potenzen von w/kT zu entwickeln. Man erhält

$$\begin{aligned}\frac{F_c(s)-F_c(1)}{\tfrac12 NkT} &= (1+s)\ln(1+s)+(1-s)\ln(1-s)-2\ln2+\\ &+\frac{z}{4}(1-s^2)\frac{w}{kT}-\frac{z}{32}(1-s^2)^2\left(\frac{w}{kT}\right)^2-\frac{z}{96}s^2(1-s^2)^2\left(\frac{w}{kT}\right)^3-\\ &-\frac{z}{16}\left[\frac{1}{12}s^2(1-s^2)^2-\frac{7}{96}(1-s^2)^4\right]\left(\frac{w}{kT}\right)^4\cdots\end{aligned} \quad (29.1)$$

Der Vergleich mit (28.35) zeigt, daß die quasi-chemische Näherung bis zur Ordnung $(w/kT)^3$ exakt ist. Eine andere Vergleichsmöglichkeit, die etwas übersichtlicher ist, aber sonst genau das gleiche Bild gibt, bieten die Gleichungen für die Umwandlungstemperatur. Wir schreiben dieselben hier nochmals in einer für diesen Zweck geeigneten Form an. Sie lauten:

$$1-\frac{2}{z}=1-\frac{w}{2kT_c} \qquad \text{(BRAGG-WILLIAMS)} \qquad (29.2)$$

$$\begin{aligned}1-\frac{2}{z} &= e^{-\tfrac{w}{2kT_c}} = 1-\frac{w}{2kT_c}+\frac{1}{2}\left(\frac{w}{2kT_c}\right)^2-\frac{1}{6}\left(\frac{w}{2kT_c}\right)^3+\\ &+\frac{1}{24}\left(\frac{w}{2kT_c}\right)^4-\frac{1}{120}\left(\frac{w}{2kT_c}\right)^5+\cdots\end{aligned} \quad (29.3)$$

(BETHE; quasi-chemische Methode)

$$\begin{aligned}1-\frac{2}{z} &= 1-\frac{w}{2kT_c}+\frac{1}{2}\left(\frac{w}{2kT_c}\right)^2-\frac{1}{6}\left(\frac{w}{2kT_c}\right)^3+\\ &+\frac{1}{24}(3y+4)\left(\frac{w}{2kT_c}\right)^4-\frac{1}{120}(15y+16)\left(\frac{w}{2kT_c}\right)^5+\cdots\end{aligned} \quad (29.4)$$

(KIRKWOOD).

Man sieht wieder, daß die Bragg-Williamssche Näherung ein Abbrechen mit dem in w/kT linearen Gliede bedeutet, während die Bethesche bzw. quasi-chemische Näherung bis zum kubischen Gliede mit der exakten Entwicklung übereinstimmt. Da, wie erwähnt, für das Gitter des β-Messings $y=11$ ist, sind die relativen Unterschiede der höheren Glieder sehr erheblich.

Die obigen Gleichungen lassen sich nach $w/(2kT_c)$ auflösen und ergeben dann Entwicklungen nach Potenzen von z^{-1}. Man erhält

$$\frac{w}{2kT_c}=\frac{2}{z} \qquad \text{(BRAGG-WILLIAMS);} \qquad (29.5)$$

$$\frac{w}{2kT_c}=\frac{2}{z}\left[1+\frac{1}{z}+\frac{4}{3}\frac{1}{z^2}+2\frac{1}{z^3}+\frac{16}{5}\frac{1}{z^4}+\cdots\right] \qquad (29.6)$$

(BETHE; quasi-chemische Methode);

$$\frac{w}{2kT_c}=\frac{2}{z}\left[1+\frac{1}{z}+\frac{4}{3}\frac{1}{z^2}+(3+y)\frac{1}{z^3}+\left(\frac{36}{5}+4y\right)\frac{1}{z^4}+\cdots\right] \qquad (29.7)$$

(KIRKWOOD).

Diese Gleichungen zeigen das Verhältnis der verschiedenen Verfahren unter einem neuen Gesichtspunkt. Denkt man sich den Wechselwirkungsparameter w durch einen neuen Parameter $w''=(z/2)w$ ersetzt, so geht die Bragg-Williamssche Näherung aus der exakten Entwicklung durch den Grenzübergang $z\to\infty$ hervor.

Die Bethesche bzw. quasi-chemische Näherung wird erhalten, wenn man dem Parameter y den speziellen, von der Kristallstruktur unabhängigen Wert $y=-1$ zuteilt. In diesem Sinne kann man sagen, daß die drei oben angeschriebenen Gleichungen in zunehmendem Maße die Einzelheiten der Kristallstruktur berücksichtigen. In Tabelle 3 sind die nach den verschiedenen Näherungen berechneten Werte von $\frac{zw}{2kT_c}$ zusammengestellt. Ferner sind die entsprechenden Werte für den Sprung in der Atomwärme $\Delta C_v/k$ angegeben.

Man sieht daraus, daß die Bethesche bzw. quasi-chemische Methode gegenüber der Bragg-Williamsschen Näherung eine beträchtliche Verbesserung darstellt, die mit der Kirkwoodschen zweiten Näherung (welche das Glied mit λ_3 einschließt) praktisch gleichwertig ist[1].

Tabelle 3. *Umwandlungstemperatur und Sprung in der Atomwärme nach verschiedenen Näherungsverfahren.*

Approximation	Zahl der Terme	$z=6$		$z=8$	
		$zw/2kT_c$	$\Delta C_v/Nk$	$zw/2kT_c$	$\Delta C_v/Nk$
BRAGG-WILLIAMS	1	2	1,50	2	1,50
KIRKWOOD	2	2,333	1,75	2,250	1,69
	3	2,407	1,78	2,292	1,70
	4	2,463	1,86	2,346	1,81
	5	2,493	1,88	2,371	1,84
	6	2,514	1,92	2,391	1,87
Quasi-chemisch		2,433	1,78	2,301	1,70
BETHE, II. Näherung		2,532	1,94		

Während das Verhältnis der verschiedenen Näherungsverfahren gut zu übersehen ist, stößt die Beantwortung der Frage nach der Güte der tatsächlich erreichten Näherung auf die Schwierigkeit, daß die exakten Werte von w/kT_c für dreidimensionale Gitter nicht bekannt sind. Immerhin ermöglichen neuere Methoden einigermaßen zuverlässige Abschätzungen. Wir werden daher auf diese Frage, ebenso wie auf den zweidimensionalen Fall (für den die exakten Werte bekannt sind) in den folgenden Abschnitten zurückkommen. An dieser Stelle beschränken wir uns darauf, aus den Konvergenzeigenschaften der Kirkwoodschen Entwicklung einige Schlüsse zu ziehen.

Die Kirkwoodsche Reihe ist ihrem Wesen nach eine Entwicklung für hohe Temperaturen. Es ist anzunehmen, daß dieselbe bei tiefen Temperaturen entweder divergiert oder so langsam konvergiert, daß sie praktisch unbrauchbar wird. Man wird daher nach dieser Methode die besten Ergebnisse im Gebiete der Nahordnung ($T>T_c$) erhalten. Der Vergleich der Reihenentwicklungen für die freie Energie zeigt, daß die Bragg-Williamssche und Bethesche (quasi-chemische) Methode hier keine besonders gute Näherung liefern. Damit ist aber noch nichts über die Verhältnisse bei tiefen Temperaturen gesagt. Tatsächlich zeigt der Vergleich mit Entwicklungen für tiefe Temperaturen, daß hier die Bethesche (quasi-chemische) Methode merklich besser abschneidet. Nach der Natur der Kirkwoodschen Entwicklung ist kaum zu erwarten, daß man auf diesem Wege zu einer genaueren Festlegung der Umwandlungstemperatur kommt. Die Vermutung wird durch die Zahlen der Tabelle 3 in vollem Umfang bestätigt. Die Reihe (29.7) konvergiert so langsam, daß der durch Berücksichtigung der höheren

---
[1] Der ursprüngliche, von KIRKWOOD [J. Chem. Phys. **6**, 70 (1938)] angegebene, Wert für $\Delta C_v/k$ liegt erheblich höher, ist aber unkorrekt. Die Berichtigungen [9] [H. A. BETHE u. J. G. KIRKWOOD, J. Chem. Phys. **7**, 578 (1939)] scheinen vielfach übersehen worden zu sein. Die Abb. 13 in [9] ist mit dem unkorrekten Wert gezeichnet.

Glieder gegenüber der Betheschen (quasi-chemischen) Näherung erzielte Gewinn kaum noch in einem Verhältnis zu dem großen rechnerischen Aufwand steht. Ähnlich liegen die Verhältnisse für die Größe $\Delta C_v/k$. Man kann daher wohl sagen, daß für das spezielle Problem des Umwandlungspunktes die Kirkwoodsche Theorie keinen wesentlichen Fortschritt gegenüber den älteren Methoden bedeutet. Ihre Bedeutung liegt einmal darin, daß man mit ihrer Hilfe bei hohen Temperaturen die Genauigkeit der Bragg-Williamsschen und Betheschen (quasi-chemischen) Näherung präzise abgrenzen kann, zum anderen in der sehr allgemeinen Anwendbarkeit des Verfahrens, die nicht auf die dem Ising-Modell äquivalenten Probleme beschränkt ist.

Für den Vergleich mit den experimentellen Daten können wir aus den angeführten Gründen die Kirkwoodsche Theorie außer Betracht lassen. In Fig. 17 sind daher die nach dem Bragg-Williamsschen und dem Betheschen bzw. quasichemischen Verfahren berechneten Kurven für C_v/k zusammen mit den experimentellen Daten für β-Messing dargestellt. Außerdem ist noch das Mittel der experimentellen Werte für reines Kupfer und reines Zink gezeichnet, um den in Frage stehenden Effekt deutlicher hervortreten zu lassen.

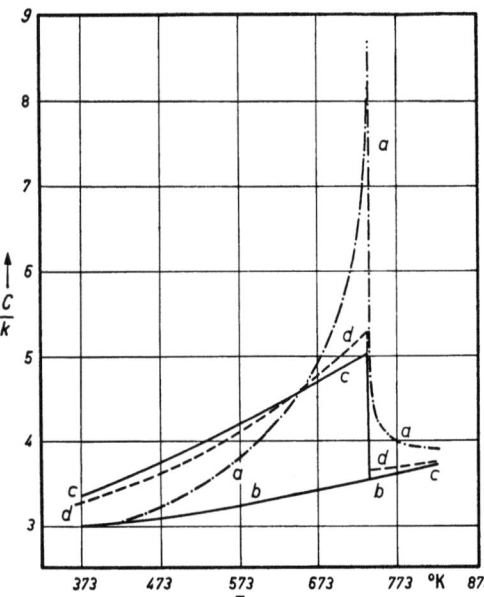

Fig. 17. Vergleich der experimentellen und theoretischen Atomwärme von β-Messing. a Experimentelle Kurve; b Mittel der experimentellen Werte für reines Kupfer und reines Zink; c nach BRAGG-WILLIAMS; d nach BETHE. [Entnommen aus E.A. GUGGENHEIM: Mixtures. Oxford 1952.]

Wie schon früher bemerkt, gibt die Theorie qualitativ ein richtiges Bild von den Verhältnissen. Der Unterschied der Betheschen (quasi-chemischen) Kurve gegenüber der Bragg-Williamsschen liegt qualitativ in der Richtung der experimentellen Kurve. Die quantitative Verbesserung ist aber relativ gering; in dieser Hinsicht sind beide Theorien noch sehr unbefriedigend. Als Maß der Diskrepanz kann die Größe $\Delta C_v/k$ dienen, für die sich experimentell etwa der Wert 5 ergibt, während die theoretischen Zahlen 1,50 (BRAGG-WILLIAMS) und 1,78 (BETHE und quasi-chemische Methode) sind. Auf der anderen Seite setzt der anomale Anstieg der Atomwärme für die theoretischen Kurven bei erheblich tieferen Temperaturen ein. Dies hat zur Folge, daß die Übereinstimmung zwischen Theorie und Experiment besser ist, wenn man die gesamte Änderung des Konfigurationsanteils der inneren Energie bis zum Umwandlungspunkt betrachtet. Für die Größe $[E_c(T_c) - E_c(0)]/N\,kT_c$ ergibt sich nach der Bragg-Williamsschen Näherung der Wert 0,50, nach der Betheschen bzw. quasi-chemischen Methode 0,493, während experimentell 0,43 gefunden wird. Immerhin besteht auch hier noch eine merkliche Diskrepanz.

Es bleibt schließlich noch die Frage nach dem genauen Verlauf der spezifischen Wärme in der Nähe des Umwandlungspunktes oder, anders ausgedrückt, die Frage nach dem Charakter der Umwandlung (etwa im Sinne des Ehrenfestschen Schemas [4]) zu erörtern[1]. Die Bedeutung dieser Frage (die in vielen Darstellungen

---

[1] Für eine Diskussion dieser Frage bin ich Herrn Prof. ONSAGER zu großem Dank verpflichtet.

kaum berührt wird) läßt sich erst im Zusammenhang mit den in Abschnitt B II zu besprechenden neueren Entwicklungen verstehen. Es ist aber zweckmäßig, die Ergebnisse der elementaren Theorien bereits an dieser Stelle den experimentellen Daten gegenüberzustellen. Die bisher behandelten Theorien führen übereinstimmend zu der Aussage, daß die spezifischen Wärme im Umwandlungspunkt eine endliche Unstetigkeit besitzt. Danach sollte die Überstruktur-Umwandlung (im Falle des β-Messings) eine Umwandlung zweiter Ordnung, und zwar ein λ-Punkt sein. Für die $C-T$-Kurve ergibt sich daraus ein in bezug auf den Umwandlungspunkt stark unsymmetrischer Verlauf. Das in Fig. 9 (S. 82) dargestellte Diagramm, das einen Temperaturbereich von 600° C umfaßt, scheint diese Aussagen im wesentlichen zu bestätigen. Sie sind aber völlig unvereinbar mit den in Fig. 10 (S. 82) dargestellten Messungen, die sich auf die nächste Umgebung des Umwandlungspunktes beschränken. Besonders auffallend ist die Tatsache, daß die experimentelle Kurve in ihrem obersten Teil praktisch symmetrisch in bezug auf den Umwandlungspunkt verläuft. Die genauere experimentelle Charakterisierung einer Umwandlung höherer Ordnung stößt zwar, wie schon in Ziff. 24 erwähnt, auf außerordentliche Schwierigkeiten. Man kann sich aber hier kaum der Schlußfolgerung entziehen, daß die elementaren Theorien nicht nur quantitativ unzureichend sind, sondern auch qualitativ, eben im Hinblick auf die Charakterisierung der Umwandlung ein falsches Ergebnis liefern.

Für die Erklärung der Diskrepanzen kommt eine ganze Reihe von Ursachen in Betracht, die wir zunächst aufzählen und dann kurz diskutieren wollen. Es sind im wesentlichen die folgenden:

1. Vernachlässigung der Kopplung zwischen Konfiguration und Gitterschwingungen.

2. Abseparation der Verteilungsfunktion der Metallelektronen.

3. Beschränkung auf die Wechselwirkung zwischen nächsten Nachbarn.

4. Temperaturabhängigkeit des Parameters w.

5. Unzulänglichkeit der Näherung.

6. Vernachlässigung des Unterschiedes zwischen C_p und C_v beim Vergleich zwischen Theorie und Experiment.

Die Punkte 1 bis 4 laufen auf die Frage hinaus, ob das in Ziff. 23 definierte Modell adäquat ist. Am wenigsten schwerwiegend ist zweifellos der Punkt 2. Man kann sich schwer vorstellen, wie bei einer Phase konstanter Zusammensetzung die Elektronen in so einschneidender Weise den Gang der Atomwärme beeinflussen sollen. Der Einfluß der Gitterschwingungen (Punkt 1) ist in der Literatur verschiedentlich (z.B. [15][1-3]) diskutiert worden. Durch Kombination der Bornv. Kármánschen Gittertheorie und einer Störungsrechnung zweiter Ordnung mit dem Betheschen Näherungsverfahren konnten WOJTOWICZ und KIRKWOOD[3] für ΔC nahezu den experimentellen Wert ableiten. Auch der Verlauf der spezifischen Wärme für $T < T_c$ entspricht besser der experimentellen Kurve. Dagegen bleibt der Charakter der Umwandlung ungeändert. Die Wechselwirkung mit zweitnächsten Nachbarn (Punkt 3) ist von verschiedenen Autoren[4-8] mit Hilfe des entsprechend modifizierten Betheschen bzw. quasi-chemischen Verfahrens

---

[1] H. A. BETHE u. J. G. KIRKWOOD: J. Chem. Phys. **7**, 578 (1939).
[2] C. BOOTH u. J. S. ROWLINSON: Trans. Faraday Soc. **51**, 463 (1955).
[3] P. J. WOJTOWICZ u. J. G. KIRKWOOD: J. Chem. Phys. **33**, 1299 (1960).
[4] T. S. CHANG: Proc. Roy. Soc. Lond. A **161**, 546 (1937).
[5] J. S. WANG: Proc. Roy. Soc. Lond. A **168**, 56, 68 (1938).
[6] E. A. GUGGENHEIM u. M. L. MACGLASHAN: Trans. Faraday Soc. **47**, 929 (1951).
[7] G. FOURNET: C. R. Acad. Sci., Paris **232**, 155 (1951).
[8] G. M. BELL: Phil. Mag. **44**, 65 (1953).

berücksichtigt worden. Formal kann auf diese Weise die Diskrepanz an ΔC beträchtlich vermindert werden. Da aber diese Diskrepanz noch auf andere Weise formal erklärt werden kann, läßt sich bei der mangelnden Kenntnis der zwischenatomaren Potentiale in Legierungen gegenwärtig kaum entscheiden, ob der Effekt wirklich die ihm zugeschriebene Rolle spielt. Der Charakter der Umwandlung wird naturgemäß auch durch diese Korrektur nicht berührt. Die Temperaturabhängigkeit des Parameters w (Punkt 4) scheint im Zusammenhang mit den Überstruktur-Umwandlungen bisher noch nicht diskutiert worden zu sein. Zusammenfassend kann man etwa sagen, daß eine Verfeinerung des Modells im Rahmen der elementaren Theorien die quantitativen Resultate nicht unerheblich modifiziert, daß dabei aber der Charakter der Umwandlung, und damit eine wesentliche Diskrepanz, erhalten bleibt.

Daß für diese letztere Diskrepanz die Unzulänglichkeit der Näherungsverfahren eine entscheidende Rolle spielt, ergibt sich bereits aus allgemeinen Überlegungen [4] und wird durch die in Abschnitt B II zu behandelnden Untersuchungen explizit bestätigt. Wir stellen daher diese Frage vorläufig zurück und bemerken nur noch, daß auch die rein quantitativen Diskrepanzen durch bloße Verbesserung der Näherungsverfahren weitgehend vermindert werden können.

Auf die Bedeutung der Tatsache, daß die Theorie C_v liefert, während die experimentellen Daten C_p-Werte sind, hat zuerst EISENSCHITZ[1] hingewiesen. Nach der thermodynamischen Relation

$$C_p - C_v = \frac{\gamma v T}{\varkappa} \tag{29.8}$$

ist es ohne weiteres möglich, daß der Sprung von C_p größer ist als der von C_v. Nach einer Abschätzung von BETHE und KIRKWOOD[2] läßt sich die Diskrepanz in ΔC auf diese Weise erklären. Für eine rein experimentelle Entscheidung der Frage aus Messungen von C_v, γ und $\varkappa$ fehlen vorläufig die Daten. Die neueren Entwicklungen (Abschnitt B II) machen es indessen wahrscheinlich, daß der erwähnte Gesichtspunkt zwar wichtig ist, aber doch nicht die entscheidende Rolle spielt.

II. Matrixtheorie des Ising-Modells.

30. Das eindimensionale Ising-Modell. Die Ausführungen in Ziff. 29 zeigen deutlich, daß die Überstruktur-Umwandlung des β-Messings sich nach den bisher behandelten Näherungsverfahren nicht einmal qualitativ sicher charakterisieren läßt, von einer quantitativen Beschreibung ganz zu schweigen. Wenn man daher mit der Theorie der kooperativen Erscheinungen weiterkommen will, ist es unter allen Umständen notwendig, das in Ziff. 23 definierte mathematische Problem gründlich zu untersuchen; nur auf einer solchen Grundlage lassen sich die übrigen in Ziff. 29 aufgezählten Effekte sinnvoll diskutieren. Diese Untersuchung läßt sich im ein- und zweidimensionalen Fall bis zur exakten Lösung durchführen. Im dreidimensionalen Fall ist dies trotz vielen Bemühungen bisher nicht gelungen. Durch Kombination von besseren Näherungsverfahren mit den exakten Ergebnissen für den zweidimensionalen Fall kann man aber doch wesentlich über das mit den älteren Methoden Erreichbare hinausgelangen. Alle diese Rechnungen erfordern einen sehr erheblichen mathematischen Aufwand. Wir können daher nur eine Einführung in die Art der Behandlung und eine Übersicht über die wichtigsten Resultate geben. Für eingehenderes Studium verweisen wir auf zusammenfassende Darstellungen [13], [14] und die dort zitierte Originalliteratur. Um

---
[1] R. EISENSCHITZ: Proc. Roy. Soc. Lond. A **168**, 546 (1938); **182**, 244 (1944).
[2] H. A. BETHE u. J. G. KIRKWOOD: J. Chem. Phys. **7**, 578 (1939).

von einer möglichst übersichtlichen Formulierung des Problems auszugehen, wählen wir als Grundlage der folgenden Rechnungen das Ising-Modell, dessen Definition wir ebenso wie seinen Zusammenhang mit anderen kooperativen Problemen bereits in Ziff. 23 besprochen haben. Im Jahre 1941 wurde unabhängig von MONTROLL[1], LASSETTRE und HOWE[2] sowie KRAMERS und WANNIER[3] gezeigt, daß die Berechnung der Verteilungsfunktion eines kooperativen Problems sich auf die Bestimmung der größten Eigenwerte einer gewissen Matrix reduzieren läßt. Es hat sich gezeigt, daß diese Matrix-Methode allen bisher behandelten Verfahren weit überlegen ist und nicht nur die exakte Berechnung der Verteilungsfunktion des zweidimensionalen Ising-Modells, sondern auch im dreidimensionalen Fall wesentlich bessere Näherungen ermöglicht. Wir werden uns daher im folgenden hauptsächlich mit dieser Methode beschäftigen. Zur Einführung behandeln wir in diesem Paragraphen die Theorie des eindimensionalen Ising-Modells; dieselbe läßt sich zwar ohne Schwierigkeit auch nach anderen Verfahren entwickeln[4], ist aber zur Erläuterung der Grundgedanken der Matrix-Methode besonders geeignet.

Wir betrachten eine lineare Kette von N äquidistant fixierten gleichen Teilchen mit Spin. Die Spinkoordinate des i-ten Teilchens sei σ_i, und es soll gelten $\sigma_i = \pm 1$. Eine energetische Wechselwirkung soll nur zwischen nächsten Nachbarn stattfinden. Aus der Natur des Problems ergibt sich daß hier (in der Bezeichnungsweise von Ziff. 23) $w_{11} = w_{22}$ ist. Wir können daher setzen

$$w_{12} - w_{11} = 2J; \quad w_{12} - w_{22} = 2J; \quad w' = 2J. \tag{30.1}$$

Dies kann ohne Willkür so interpretiert werden, daß zur Gesamtenergie U_c jedes Paar parallel orientierter Spins[5] den Beitrag $-J$ liefert, jedes Paar antiparallel orientierter Spins den Beitrag $+J$. Zur Vereinfachung der Formeln führen wir noch die Abkürzungen

$$K = \frac{J}{kT}, \quad C = -\frac{[\mu]H}{kT} \tag{30.2}$$

ein, wo $[\mu]$ das magnetische Moment pro Spin und H die magnetische Feldstärke bezeichnet. Da die Energie eines Teilchens im Magnetfeld

$$U_H = -[\mu]H\sigma_i \tag{30.3}$$

ist, lautet die Verteilungsfunktion

$$Q_c = \sum e^{K\sum \sigma_i \sigma_j + C\sum \sigma_i}, \tag{30.4}$$

wobei die erste Summe im Exponenten über alle Paare von nächsten Nachbarn zu erstrecken ist. Wir wollen nun zunächst im Anschluß an KRAMERS und WANNIER[6] durch eine wahrscheinlichkeitstheoretische Betrachtung zeigen, wie sich die Berechnung von Q_c auf ein Eigenwertproblem reduzieren läßt. Dazu betrachten wir eine Kette von $N-1$ Teilchen mit gegebenen Werten der Spinkoordinaten. Die Wahrscheinlichkeit einer solchen Konfiguration ist nach Gl. (30.4)

$$W(\sigma_1, \sigma_2, \ldots, \sigma_{N-1}) = \alpha_{N-1} e^{K(\sigma_1\sigma_2 + \sigma_2\sigma_3 + \cdots + \sigma_{N-2}\sigma_{N-1}) + C(\sigma_1 + \sigma_2 + \cdots + \sigma_{N-1})}, \tag{30.5}$$

---

[1] E.W. MONTROLL: J. Chem. Phys. 9, 706 (1941).
[2] E.N. LASSETRE u. J.P. HOWE: J. Chem. Phys. 9, 747, 801 (1941).
[3] H.A. KRAMERS u. G.H. WANNIER: Phys. Rev. 60, 252, 263 (1941).
[4] Vgl. die in [4] zitierte Literatur.
[5] Unter „parallelen Spins" wird hier verstanden, daß die Spinkoordinaten der beiden Teilchen, von denen die Rede ist, gleiche Werte haben.
[6] H.A. KRAMERS u. G.H. WANNIER: Phys. Rev. 60, 252 (1941). Diese Autoren definieren $w_{12} - w_{11} = J$ und $K = J/2kT$. Die Größe K hat also die gleiche Bedeutung wie hier.

wo α_{N-1} der Normierungsfaktor ist. Fügen wir jetzt noch ein Teilchen mit gegebener Spinorientierung hinzu, so ist die Wahrscheinlichkeit der Konfiguration

$$W(\sigma_1, \sigma_2, \ldots, \sigma_N) = \frac{\alpha_N}{\alpha_{N-1}} W(\sigma_1, \sigma_2, \ldots, \sigma_{N-1})\, e^{K\sigma_{N-1}\sigma_N + C\sigma_N}. \tag{30.6}$$

Für die Wahrscheinlichkeit, daß σ_{N-1} einen bestimmten Wert hat, ohne Rücksicht auf die Orientierung der $N-2$ vorhergehenden Spins, folgt aus Gl. (30.5)

$$W(\sigma_{N-1}) = \sum_{\sigma_1=\pm 1} \sum_{\sigma_2=\pm 1} \cdots \sum_{\sigma_{N-2}=\pm 1} W(\sigma_1, \sigma_2, \ldots, \sigma_{N-1}). \tag{30.7}$$

In analoger Weise ergibt sich für die Wahrscheinlichkeit, daß σ_{N-1} und σ_N bestimmte Werte haben ohne Rücksicht auf die Orientierung der $N-2$ vorhergehenden Spins, aus Gl. (30.6)

$$W(\sigma_{N-1}, \sigma_N) = \sum_{\sigma_1=\pm 1} \sum_{\sigma_2=\pm 1} \cdots \sum_{\sigma_{N-2}=\pm 1} \frac{\alpha_N}{\alpha_{N-1}} W(\sigma_1, \sigma_2, \ldots, \sigma_{N-1})\, e^{K\sigma_{N-1}\sigma_N + C\sigma_N}. \tag{30.8}$$

Setzen wir

$$\lambda = \frac{\alpha_{N-1}}{\alpha_N}, \tag{30.9}$$

so können wir die Gl. (30.8) schreiben

$$\lambda\, W(\sigma_{N-1}, \sigma_N) = W(\sigma_{N-1})\, e^{K\sigma_{N-1}\sigma_N + C\sigma_N}. \tag{30.10}$$

Summieren wir beide Seiten dieser Gleichung über die zwei möglichen Werte der Spinkoordinate σ_{N-1}, so erhalten wir die Wahrscheinlichkeit, daß, ohne Rücksicht auf die $N-1$ vorhergehenden Spins, σ_N einen bestimmten Wert hat. Wir haben also

$$\lambda\, W(\sigma_N) = \sum_{\sigma_{N-1}=\pm 1} W(\sigma_{N-1})\, e^{K\sigma_{N-1}\sigma_N + C\sigma_N}. \tag{30.11}$$

Wenn die Kette hinreichend lang ist, kann physikalisch kein Unterschied mehr zwischen den Teilchen $N-1$ und N bestehen, d.h. die Wahrscheinlichkeiten $W(\sigma_{N-1})$ und $W(\sigma_N)$ müssen die gleiche Funktion ihres Argumentes sein, die wir mit $W(\sigma)$ bezeichnen. Wir haben also

$$\lambda\, W(\sigma) = \sum_{\sigma'=\pm 1} W(\sigma')\, e^{K\sigma\sigma' + C\sigma}. \tag{30.12}$$

Dieses System von zwei linearen homogenen Gleichungen hat die Form eines Matrix-Eigenwertproblems. Wir können dasselbe noch symmetrisieren, wenn wir einen Vektor $\psi(\sigma)$ mit den Komponenten

$$\psi(\sigma) = W(\sigma)\, e^{-\frac{1}{2} C\sigma} \tag{30.13}$$

und eine zweireihige Matrix $\mathsf{H}(\sigma, \sigma')$ mit den Elementen

$$H(\sigma, \sigma') = e^{K\sigma\sigma' + \frac{1}{2} C(\sigma + \sigma')} \tag{30.14}$$

einführen[1]. Dann lautet das Gleichungssystem in Matrixnotierung

$$\lambda\, \psi(\sigma) = \mathsf{H}(\sigma, \sigma')\, \psi(\sigma'). \tag{30.15}$$

Wir bezeichnen nun mit λ_1 und λ_2 die Eigenwerte der Matrix H, mit $\psi_1(\sigma)$ und $\psi_2(\sigma)$ die zugehörigen Eigenvektoren. Die Eigenvektoren können wir als ortho-

---

[1] Das im folgenden häufig verwendete Symbol H hat nichts mit der Hamilton-Funktion bzw. dem Hamilton-Operator zu tun. Die Elemente der Matrix H werden stets mit Argument geschrieben und dadurch von der hier gelegentlich vorkommenden magnetischen Feldstärke H unterschieden.

normal annehmen. Sie genügen daher der Relation

$$\tilde{\psi}_i(\sigma)\,\psi_j(\sigma) = \delta_{ij}, \tag{30.16}$$

und es ist

$$\lambda_i\,\psi_i(\sigma) = \mathsf{H}(\sigma, \sigma')\,\psi_i(\sigma'). \tag{30.17}$$

Entwickeln wir daher die Matrix H nach Eigenvektoren in der Form

$$\mathsf{H}(\sigma, \sigma') = \sum_{i,j=1}^{2} c_{ij}\,\psi_i(\sigma)\,\psi_j(\sigma'), \tag{30.18}$$

so ist

$$c_{ij} = \tilde{\psi}_i(\sigma)\,\mathsf{H}(\sigma, \sigma')\,\psi_j(\sigma'), \tag{30.19}$$

und somit

$$c_{ij} = \lambda_i\,\delta_{ij}. \tag{30.20}$$

Die Entwicklung (30.18) lautet dann

$$\mathsf{H}(\sigma, \sigma') = \lambda_1\,\psi_1(\sigma)\,\psi_1(\sigma') + \lambda_2\,\psi_2(\sigma)\,\psi_2(\sigma'). \tag{30.21}$$

Mit Hilfe der Orthonormierungsrelation (30.16) erhält man leicht

$$\sum_{\sigma_2=\pm 1} \mathsf{H}(\sigma_1, \sigma_2)\,\mathsf{H}(\sigma_2, \sigma_3) = \lambda_1^2\,\psi_1(\sigma_1)\,\psi_1(\sigma_3) + \lambda_2^2\,\psi_2(\sigma_1)\,\psi_2(\sigma_3) \tag{30.22}$$

und weiter

$$\sum_{\sigma_2=\pm 1}\sum_{\sigma_3=\pm 1} \mathsf{H}(\sigma_1, \sigma_2)\,\mathsf{H}(\sigma_2, \sigma_3)\,\mathsf{H}(\sigma_3, \sigma_4) = \lambda_1^3\,\psi_1(\sigma_1)\,\psi_1(\sigma_4) + \lambda_2^3\,\psi_2(\sigma_1)\,\psi_2(\sigma_4). \tag{30.23}$$

In Fortsetzung dieses Verfahrens ergibt sich schließlich

$$\left.\begin{array}{l} \displaystyle\sum_{\sigma_2,\ldots,\sigma_N=\pm 1} \mathsf{H}(\sigma_1, \sigma_2)\,\mathsf{H}(\sigma_2, \sigma_3)\ldots \mathsf{H}_N(\sigma_N, \sigma_{N+1}) \\ = \lambda_1^N\,\psi_1(\sigma_1)\,\psi_1(\sigma_{N+1}) + \lambda_2^N\,\psi_2(\sigma_1)\,\psi_2(\sigma_{N+1}). \end{array}\right\} \tag{30.24}$$

Wir führen nun die aus Ziff. 19 bekannte Born-v. Kármánnsche Randbedingung ein und identifizieren demgemäß die Teilchen 1 und $N+1$. Wir betrachten also den linearen Kristall als ringförmig geschlossen. Summieren wir dann über σ_1, so erhalten wir mit (30.16)

$$\sum_{\sigma_1,\sigma_2,\ldots,\sigma_N=\pm 1} \mathsf{H}(\sigma_1, \sigma_2)\,\mathsf{H}(\sigma_2, \sigma_3)\ldots \mathsf{H}(\sigma_N, \sigma_1) = \lambda_1^N + \lambda_2^N. \tag{30.25}$$

Die linke Seite dieser Gleichung ist, wie der Vergleich mit (30.4) zeigt, nichts anderes als die Verteilungsfunktion Q_c. Wir können daher in Matrixnotierung schreiben

$$Q_c = \text{spur}\,(\mathsf{H}^N) = \lambda_1^N + \lambda_2^N. \tag{30.26}$$

Damit ist die Berechnung der Verteilungsfunktion auf die Bestimmung der Eigenwerte der Matrix H zurückgeführt. Die Eigenwerte ergeben sich nach (30.15) als Wurzeln der Säkulargleichung

$$\begin{vmatrix} e^{K+C} - \lambda & e^{-K} \\ e^{-K} & e^{K-C} - \lambda \end{vmatrix} = 0. \tag{30.27}$$

Die Lösung lautet

$$\lambda_{1,2} = e^K \cosh C \pm (e^{2K}\sinh^2 C + e^{-2K})^{\frac{1}{2}}. \tag{30.28}$$

Für $N \to \infty$ kann in Gl. (30.26) der zweite Term der rechten Seite, wie hier explizit zu sehen ist, vernachlässigt werden. Wir erhalten daher für die Verteilungsfunktion des eindimensionalen Ising-Modells im Magnetfeld

$$Q_c = [e^K \cosh C + (e^{2K}\sinh C + e^{-2K})^{\frac{1}{2}}]^N. \tag{30.29}$$

Diese Funktion ist analytisch in T für $0 < T < \infty$. Wir finden somit, in Übereinstimmung mit den Ergebnissen von Ziff. 18, auch hier, daß eindimensionale Systeme mit Wechselwirkung zwischen nächsten Nachbarn keine Umwandlung zeigen können. Es lassen sich aber noch weitere Aussagen machen. Nach Gl. (30.4) ist die Magnetisierung pro Teilchen

$$M = \frac{[\mu]}{N} \frac{\partial \ln Q_c}{\partial C} \qquad (30.30)$$

oder mit Gl. (30.29)

$$\left.\begin{array}{l} M = [\mu] \sinh C \times \\ \times (\sinh^2 C + e^{-2K}). \end{array}\right\} \quad (30.31)$$

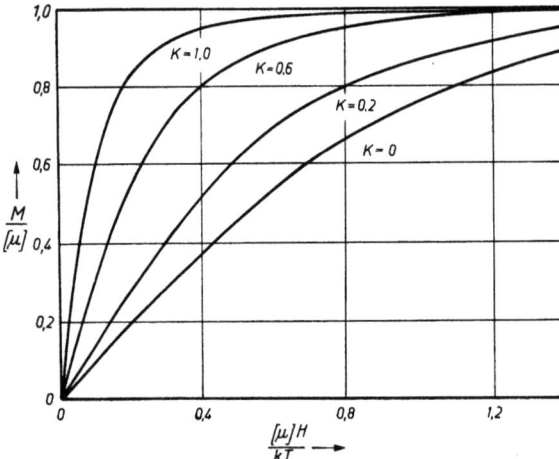

Fig. 18. Magnetisierung des eindimensionalen Ising-Modells. [Entnommen aus G.F. Newell u. E.W. Montroll: Rev. Mod. Phys. 25, 353 (1953).]

In Fig. 18 ist die Magnetisierung als Funktion von $\frac{[\mu] H}{kT}$ für verschiedene Werte von $K = J/kT$ dargestellt. Man sieht, daß für $H \to 0$ die Magnetisierung verschwindet. Das eindimensionale Ising-Modell zeigt somit keine spontane Magnetisierung und damit keinen Ferromagnetismus. Dieses Ergebnis läßt sich ohne weiteres auch im Hinblick auf das spezielle Problem der Überstruktur interpretieren. Auf Grund der Zuordnung (24.5) definieren wir die Fernordnung im Ising-Modell durch

$$s = \frac{1}{N} \sum_{i=1}^{N} \sigma_i. \qquad (30.32)$$

Die Fernordnung hängt somit unmittelbar mit der Magnetisierung zusammen. Es gilt

$$s = \frac{1}{N} \frac{\partial \ln Q_c}{\partial C}, \qquad (30.33)$$

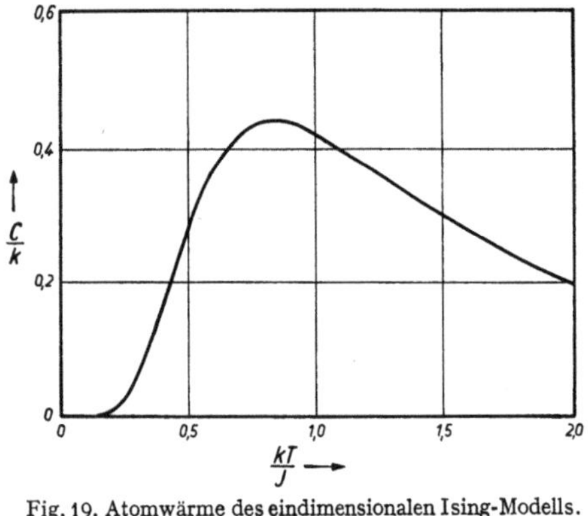

Fig. 19. Atomwärme des eindimensionalen Ising-Modells. [Entnommen aus G.F. Newell u. E.W. Montroll: Rev. Mod. Phys. 25, 353 (1953).]

und wir können aus dem obigen Ergebnis schließen, daß das eindimensionale Ising-Modell bei verschwindender magnetischer Feldstärke auch keine Fernordnung zeigt. Für diesen Fall hat die Verteilungsfunktion eine besonders einfache Gestalt. Sie lautet, wie sich aus Gl. (30.29) für $C = 0$ ergibt,

$$Q_c = (2 \cosh K)^N. \qquad (30.34)$$

Die daraus berechnete Atomwärme ist in Fig. 19 dargestellt. Ähnlich wie bei dem in [4] behandelten Fall haben wir auch hier eine Andeutung der Umwandlung insofern, als die Kurve ein ziemlich steiles Maximum durchläuft.

Für den Fall $H = 0$ läßt sich die Verteilungsfunktion des linearen Ising-Modells in sehr einfacher Weise ohne Benutzung der Born-v. Kármánschen Randbedingung durch direkte Summierung ableiten. Wir schreiben zunächst die Gl. (30.4)

(für $C=0$)

$$Q_c^{(N)} = \sum_{\sigma_1=\pm 1} \cdots \sum_{\sigma_N=\pm 1} \prod_{j=1}^{N-1} e^{K\sigma_j \sigma_{j+1}}. \qquad (30.35)$$

Da σ_N nur in einem Faktor vorkommt, können wir darüber sofort summieren und erhalten

$$Q_c^{(N)} = \sum_{\sigma_1=\pm 1} \cdots \sum_{\sigma_{N-1}=\pm 1} \left[\prod_{j=1}^{N-2} e^{K\sigma_j \sigma_{j+1}}\right] 2\cosh K \sigma_{N-1}. \qquad (30.36)$$

Da σ_{N-1} nur die beiden Werte ± 1 annehmen kann, ist $\cosh K\sigma_{N-1} = \cosh K$ und wir haben

$$Q_c^{(N)} = 2\cosh K \sum_{\sigma_1=\pm 1} \cdots \sum_{\sigma_{N-1}=\pm 1} \left[\prod_{j=1}^{N-2} e^{K\sigma_j \sigma_{j+1}}\right] \qquad (30.37)$$

oder, durch Vergleich mit (30.35),

$$Q_c^{(N)} = 2(\cosh K) Q_c^{(N-1)}. \qquad (30.38)$$

Damit haben wir eine Rekursionsformel gewonnen, nach der wir das Resultat sofort anschreiben können. Es lautet

$$Q_c^{(N)} = 2^N (\cosh K)^{N-1}, \qquad (30.39)$$

was für $N \to \infty$ in (30.34) übergeht.

31. Allgemeine Formulierung des Eigenwertproblems. Das zweidimensionale Ising-Modell. Die Formulierung des Eigenwertproblems für das zwei- und dreidimensionale Ising-Modell kann in einer zum eindimensionalen Fall ganz analogen Weise erfolgen[1] *[1]*. Wir wollen jedoch dieses Mal einen etwas anderen Weg einschlagen[2] *[14]*. Wir betrachten ein Gitter aus m „Schichten" von Teilchen mit Spin, der die Werte $+1$ und -1 annehmen kann. Eine Konfiguration der Schicht i bezeichnen wir mit ν_i[3]. Im eindimensionalen Fall sind die „Schichten" die Teilchen selbst, und die ν_i sind die Spinkoordinaten σ_i. Im zweidimensionalen Fall sind die „Schichten" Reihen von Teilchen, und ν_i ist der Satz der Spin-Koordinaten der Reihe i. Im dreidimensionalen Fall schließlich sind die „Schichten" als Schichten im gewöhnlichen Sinne zu verstehen; hier ist ν_i der Satz aller Spin-Koordinaten einer solchen Schicht. Die Konfigurationsenergie eines derartigen Gitters können wir schreiben

$$U_c = \sum_{i=1}^{m-1} U(\nu_i, \nu_{i+1}) + \sum_{i=1}^{m} U(\nu_i), \qquad (31.1)$$

wo $U(\nu_i, \nu_{i+1})$ die Wechselwirkungsenergie zwischen den „Schichten" i und $i+1$ ist, während $U(\nu_i)$ die innere Energie der „Schicht" i bezeichnet. Wir führen nun wieder die Born-v. Kármánsche Randbedingung ein, indem wir eine „Schicht" $m+1$ hinzufügen und diese mit der Schicht 1 identifizieren. Diese Festsetzung dient nur der bequemeren mathematischen Formulierung und wird beim Übergang zu unendlich großen Systemen physikalisch bedeutungslos. Definieren wir nun in Verallgemeinerung von (30.14)

$$H(\nu_i, \nu_{i+1}) = e^{-\frac{U(\nu_i, \nu_{i+1}) + \frac{1}{2}U(\nu_i) + \frac{1}{2}U(\nu_{i+1})}{kT}}, \qquad (31.2)$$

---

[1] H. A. KRAMERS u. G. H. WANNIER: Phys. Rev. **60**, 252 (1941).
[2] E. W. MONTROLL: J. Chem. Phys. **9**, 706 (1941).
[3] ν_i bezeichnet also den Satz der Spinkoordinaten der i-ten „Schicht".

so können wir die Verteilungsfunktion schreiben

$$Q_c = \sum_{\nu_1} \cdots \sum_{\nu_m} \prod_{i=1}^{m} H(\nu_i, \nu_{i+1}). \qquad (31.3)$$

Fassen wir die $H(\nu_i, \nu_{i+1})$ wieder als Elemente einer symmetrischen Matrix auf, so stellt die Summierung über ν_i das Element einer Produktmatrix dar. Die Randbedingung bewirkt, daß dabei nur die Diagonalelemente auftreten, so daß wir haben

$$Q_c = \text{spur}\,(\mathsf{H}^m). \qquad (31.4)$$

Die Elemente der Matrix $\mathsf{H}(\nu, \nu')$ entwickeln wir nun, wie in Ziff. 30, nach den Komponenten eines Satzes von linear unabhängigen orthonormalen Vektoren. Wir setzen also

$$H(\nu, \nu') = \sum_{i,j} c_{ij}\, \psi_i(\nu)\, \psi_j(\nu'), \qquad (31.5)$$

wobei

$$\widetilde{\psi}_i(\nu)\, \psi_j(\nu) = \delta_{ij} \qquad (31.6)$$

ist. In diesem allgemeinen Falle repräsentiert somit jede Vektorkomponente eine Konfiguration der „Schicht". Die Koeffizienten c_{ij} werden in bekannter Weise erhalten, indem man Gl. (31.5) mit $\psi_i(\nu)\, \psi_j(\nu')$ multipliziert und über alle ν summiert. Mit Berücksichtigung von (31.6) ergibt sich dann

$$c_{ij} = \widetilde{\psi}_i(\nu)\, \mathsf{H}(\nu, \nu')\, \psi_j(\nu'). \qquad (31.7)$$

Wählen wir die Vektoren als Eigenvektoren der Matrix-Gleichung

$$\lambda\, \psi(\nu) = \mathsf{H}(\nu, \nu')\, \psi(\nu'), \qquad (31.8)$$

so ist wegen (31.6)

$$c_{ij} = \lambda_i\, \delta_{ij}, \qquad (31.9)$$

wo λ_i die Eigenwerte von (31.8) sind und die Entwicklung (31.5) lautet

$$H(\nu, \nu') = \sum_i \lambda_i\, \psi_i(\nu)\, \psi_i(\nu'). \qquad (31.10)$$

Bildet man nun mit Hilfe dieses Ausdruckes die Spur der Matrix H^m, so fallen, wie in Ziff. 30 ausführlich beschrieben, wegen Gl. (31.6) und der Randbedingung die Eigenvektoren heraus, und man erhält mit (31.4)

$$Q_c = \text{spur}\,(\mathsf{H}^m) = \sum_i \lambda_i^m. \qquad (31.11)$$

Damit ist auch für den allgemeineren Fall die Berechnung der Verteilungsfunktion auf ein Eigenwertproblem reduziert.

Wir geben nun dem größten Eigenwert die Nummer 1 und bezeichnen ihn mit $\lambda_{\max}$. Da thermodynamisch nur der Grenzfall unendlich großer Systeme interessiert, ist die wesentliche Größe

$$\lim_{m \to \infty} m^{-1} \ln Q_c = \ln \lambda_{\max} + \lim_{m \to \infty} m^{-1} \ln \left[1 + \sum_{i \geq 2} \left(\frac{\lambda_i}{\lambda_{\max}} \right)^m \right]. \qquad (31.12)$$

Wenn $\lambda_{\max}$ nicht entartet ist, gilt $\lambda_i/\lambda_{\max} < 1$, und der zweite Term in (31.12) verschwindet beim Grenzübergang. Auch wenn $\lambda_{\max}$ entartet oder für $m \to \infty$ asymptotisch entartet ist, liefert der zweite Term keinen Beitrag, mit Ausnahme des Falles, daß der Entartungsgrad exponentiell mit m zunimmt. Dies ist aber sehr unwahrscheinlich und trifft bei keiner der bisher betrachteten Anwendungen zu. Wir können daher allgemein setzen

$$\lim_{m \to \infty} m^{-1} \ln Q_c = \ln \lambda_{\max}. \tag{31.13}$$

Danach besteht das Problem in der Bestimmung des größten Eigenwertes der Matrix H.

Die explizite Formulierung für das zweidimensionale Ising-Modell macht nun keine Schwierigkeiten mehr. Um etwas Konkretes vor Augen zu haben, betrachten wir im folgenden ein einfaches quadratisches Netz, obgleich die Theorie nicht auf diesen Fall beschränkt ist. Die Zahl der Teilchen in jeder Reihe sei n, die Zahl der Reihen („Schichten") wieder m. Der Einfachheit halber nehmen wir an, daß die Kopplung zwischen benachbarten Teilchen der gleichen Reihe und verschiedener Reihen gleich ist. Wir haben dann explizit

$$U(\nu) = -J \sum_{i=1}^{n} \sigma_i \sigma_{i+1} - kTC \sum_{i=1}^{n} \sigma_i \tag{31.14}$$

und

$$U(\nu, \nu') = -J \sum_{i=1}^{n} \sigma_i \sigma_i'. \tag{31.15}$$

Da wir uns bei der Näherungsrechnung auf den Fall verschwindender Feldstärke beschränken und die exakte Rechnung überhaupt nur für diesen Fall durchführbar ist, setzen wir in Gl. (31.14) von vornherein $C=0$. Ferner führen wir auch für die Reihen die Born-v. Kármánsche Randbedingung ein; wir identifizieren also in jeder Reihe die Teilchen 1 und $n+1$. Wir können nun das Matrix-Element $H(\nu, \nu')$ schreiben

$$H(\nu, \nu') = e^{K(\sum \sigma_i \sigma_i' + \frac{1}{2}\sum \sigma_i \sigma_{i+1} + \frac{1}{2}\sum \sigma_i' \sigma_{i+1}')}. \tag{31.16}$$

Die Verteilungsfunktion ist durch Gl. (31.13) gegeben. Wir haben also den größten Eigenwert der Matrix (31.16) zu bestimmen.

32. Das zweidimensionale Ising-Modell: Näherungslösung nach dem Variationsverfahren. Die Aufgabe, den größten Eigenwert einer Matrix (oder eines äquivalenten Eigenwertproblems) zu finden, kann näherungsweise mit Hilfe des Ritzschen Variationsverfahrens gelöst werden. In der Anwendung auf das hier interessierende Problem besagt dasselbe

$$\lambda_{\max} \geq \frac{\tilde{\varphi}(\nu) \, H(\nu, \nu') \, \varphi(\nu')}{\tilde{\varphi}(\nu) \, \varphi(\nu')}, \tag{32.1}$$

wo φ ein von ν abhängiger Vektor ist und das Gleichheitszeichen für den Fall gilt, daß φ der zu $\lambda_{\max}$ gehörende Eigenvektor der Matrix H ist. Praktisch geht man dabei bekanntlich so vor, daß man auf Grund von Betrachtungen über die Natur des Problems einen dem Eigenvektor „benachbarten" Vektor konstruiert, der noch von gewissen freien Parametern abhängt. Das Maximum des Ausdruckes (32.1) wird dann durch Variation dieser Parameter gebildet. Der Erfolg des Verfahrens hängt weitgehend von der glücklichen Wahl des Ausgangsvektors ab. Im allgemeinen wird die Näherung um so besser, je größer die Zahl der freien Parameter ist; die Rücksicht auf die Durchführbarkeit der Rechnung setzt hier jedoch ziemlich enge Grenzen.

Für das Problem des zweidimensionalen Ising-Modells wählen wir im Anschluß an KRAMERS und WANNIER[1] als Ausgangsvektor

$$\varphi(\nu) = e^{n[B(K)\eta + A(K)\xi]}. \tag{32.2}$$

---

[1] H. A. KRAMERS u. G. H. WANNIER: Phys. Rev. **60**, 263 (1941).

Hier ist

$$\xi = \frac{1}{n}\sum_{i=1}^{n} \sigma_i; \quad \eta = \frac{1}{n}\sum_{i=1}^{n} \sigma_i \sigma_{i+1}, \qquad (32.3)$$

während A und B die Variationsparameter sind, die durch die Maximumsbedingung als Funktionen von $K = J/kT$ bestimmt werden. Die Wahl des Ansatzes (32.3) ist insofern naheliegend, als die Spinkoordinaten darin nur in der gleichen Kombination vorkommen wie in den Elementen der Matrix H; dadurch wird die Rechnung naturgemäß sehr vereinfacht. Im übrigen müssen wir für die Begründung des Ansatzes hier auf die Originalarbeit[1] verweisen.

Bilden wir nun mit (32.2) den Ausdruck (32.1), so erhalten wir als Näherungsgleichung für $\lambda_{\max}$

$$\lambda_{\max}^{1/n} = \operatorname*{Max}_{B,A} \frac{\chi(B,A)}{\zeta(B,A)}, \qquad (32.4)$$

wo

$$\chi^n = \sum_{\sigma,\sigma'} e^{K\sum \sigma_i \sigma_i' + (\frac{1}{2}K+B)(\sum \sigma_i \sigma_{i+1} + \sum \sigma_i' \sigma_{i+1}') + A(\sum \sigma_i + \sum \sigma_i')} \qquad (32.5)$$

ist und

$$\zeta^n = \sum_{\sigma} e^{2B\sum \sigma_i \sigma_{i+1} + 2A\sum \sigma_i}. \qquad (32.6)$$

Der letzte Ausdruck ist formal identisch mit der Verteilungsfunktion des linearen Ising-Modells in einem Magnetfeld Gl. (30.4). Wir erhalten daher unmittelbar aus (30.29)

$$\zeta = e^{2B}\cosh 2A + (e^{4B}\sinh^2 2A + e^{-4B})^{\frac{1}{2}}. \qquad (32.7)$$

Die Funktion χ läßt sich in ähnlicher Weise interpretieren. Wir betrachten dazu einen zweidimensionalen Kristall aus m „Schichten" von je zwei Teilchen, d.h. mit anderen Worten einen Streifen von zwei parallelen linearen Ketten. Nach den allgemeinen Definitionen dieses Paragraphen ist dann, wenn wir verschiedene Kopplung in Richtung der Ketten und senkrecht dazu annehmen,

$$U(\nu,\nu') = -J(\sigma_1 \sigma_1' + \sigma_2 \sigma_2') \qquad (32.8)$$

und

$$U(\nu) = -J'\sigma_1\sigma_2 - kT\,C(\sigma_1 + \sigma_2). \qquad (32.9)$$

Für die Elemente der Matrix H ergibt sich aus Gl. (31.2)

$$H(\nu,\nu') = e^{K(\sigma_1\sigma_1' + \sigma_2\sigma_2') + \frac{1}{2}[K'\sigma_1\sigma_2 + C(\sigma_1+\sigma_2)] + \frac{1}{2}[K'\sigma_1'\sigma_2' + C(\sigma_1'+\sigma_2')]}. \qquad (32.10)$$

Bildet man daraus nach Gl. (31.3) die Verteilungsfunktion, so sieht man, daß dieselbe die Form der Gl. (32.5) hat. Die Berechnung von χ ist damit auf die Bestimmung des größten Eigenwertes der Matrix (32.10) zurückgeführt. Wir übergehen die Einzelheiten der etwas umständlichen Ausrechnung, die keine besonderen Probleme bietet. Man erhält für χ die Gleichung

$$\left.\begin{array}{l}\chi^3 - 2\chi^2[e^{2(K+B)}\cosh 2A + e^{-K}\cosh(K+2B)] + \\ + 4\chi\sinh(K+2B)[e^{K+2B}\cosh 2A + e^{2K}\cosh(K+2B)] \\ - 8e^K\sinh^3(K+2B) = 0,\end{array}\right\} \qquad (32.11)$$

deren größte Wurzel das gesuchte χ ist.

Bildet man nun aus (32.7) und (32.11)

$$\frac{\partial \zeta}{\partial A} = 0; \quad \frac{\partial \chi}{\partial A} = 0, \qquad (32.12)$$

---

[1] Siehe Fußnote 1, S. 115.

so findet man, daß diese Gleichungen stets die Lösung $A=0$ haben. Setzen wir diese Lösung in Gl. (32.11) ein, so läßt sich dieselbe auf eine quadratische Gleichung reduzieren, und man erhält

$$\chi^2 - 4\chi \cosh K \cosh (K + 2B) + 4 \sinh^2 (K + 2B) = 0. \tag{32.13}$$

Für ζ ergibt sich einfach

$$\zeta = 2 \cosh 2B. \tag{32.14}$$

Wir führen nun eine neue Variable y an Stelle von B ein durch die Gleichung

$$y \lambda^{1/n} \cosh 2B = \sinh (K + 2B). \tag{32.15}$$

Berücksichtigen wir noch die Beziehung

$$\cosh K \cosh (K + 2B) = \sinh K \sinh (K + 2B) + \cosh 2B, \tag{32.16}$$

so folgt aus den Gln. (32.4) und (32.13) bis (32.16)

$$\lambda^{1/n}_{\max} = \underset{y}{\mathrm{Max}}\; \frac{2}{(y - \sinh K)^2 + 1 - \sinh^2 K}. \tag{32.17}$$

Dieser Ausdruck wird, wie man sofort sieht, ein Maximum für $y = \sinh K$. Wir erhalten somit als Endresultat

$$\lambda^{1/n}_{\max} = \frac{2}{1 - \sinh^2 K}. \tag{32.18}$$

Die Verteilungsfunktion ist dann nach Gl. (31.13), da $nm = N$ die Zahl der Teilchen ist,

$$Q_c = \left(\frac{2}{1 - \sinh^2 K}\right)^N. \tag{32.19}$$

Die vorstehende Näherungslösung kann nur für kleine K, d.h. für hohe Temperaturen gültig sein, da für große K $\lambda^{1/n}$ negativ wird. Tatsächlich existiert bei tiefen Temperaturen noch eine zweite Wurzel $A \neq 0$ für die Gl. (32.12). Die Behandlung dieses Falles ist jedoch wesentlich komplizierter, so daß wir dafür auf die Arbeit von KRAMERS und WANNIER[1] ver-

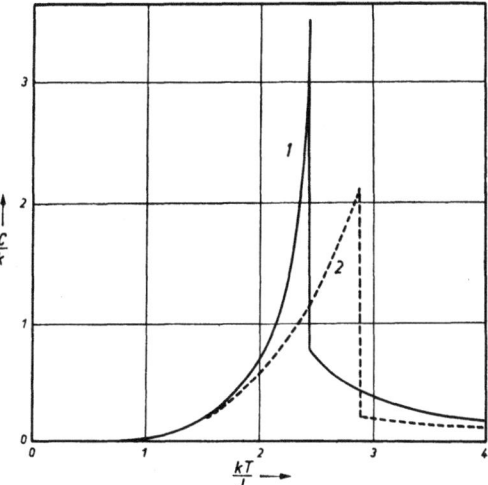

Fig. 20. Atomwärme des zweidimensionalen Ising-Modells. Kurve 1: Näherung nach KRAMERS und WANNIER. Kurve 2: Bethesche Näherung. [Entnommen aus G.H. WANNIER: Rev. Mod. Phys. 17, 50 (1945).]

weisen. Aus dem angedeuteten Verhalten kann man unmittelbar schließen, daß hier ein Umwandlungspunkt auftritt, der sich, in Analogie zu (25.22) aus den Gleichungen

$$\frac{\partial \lambda}{\partial A} = 0, \quad \frac{\partial^2 \lambda}{\partial A^2} = 0 \quad \text{für } A = 0 \tag{32.20}$$

bestimmt. Es ergibt sich daraus

$$e^{-2K_c} = 0{,}4384, \tag{32.21}$$

was, wie wir in Ziff. 33 sehen werden, bereits eine recht gute Näherung darstellt. Der nach der beschriebenen Methode berechnete Verlauf der Atomwärme ist in Fig. 20 wiedergegeben, zusammen mit der Betheschen ersten Näherung, die wir

---

[1] H.A. KRAMERS u. G.H. WANNIER: Phys. Rev. **60**, 263 (1941).

als repräsentativ für die in Abschnitt B I behandelten älteren Verfahren ansehen können. Man sieht daraus, daß die Matrix-Methode schon mit einem verhältnismäßig einfachen Variations-Ansatz eine wesentliche Verbesserung der Näherung erreicht. Es bleibt allerdings auch hier noch eine bedeutsame Diskrepanz gegenüber der exakten Lösung bestehen. Auf diese Frage werden wir in Ziff. 35 zurückkommen.

33. Das zweidimensionale Ising-Modell: Bestimmung der Umwandlungstemperatur. Es wurde bereits von KRAMERS und WANNIER[1] gezeigt, daß es möglich ist, den Umwandlungspunkt des zweidimensionalen Ising-Modells auch ohne explizite Berechnung der Verteilungsfunktion exakt festzulegen unter der Voraussetzung, daß der Umwandlungspunkt existiert. Wir wollen dieses Ergebnis hier auf einem verhältnismäßig einfachen, von ONSAGER angegebenen Wege[2], ableiten. Wir betrachten dazu die Fig. 21 und fassen zunächst nur die vollen Kreise und ausgezogenen Linien ins Auge. Fig. 21a zeigt ein quadratisches Gitter, Fig. 21b ein Dreiecksgitter; wir können beide als Darstellungen des zweidimensionalen Ising-Modells ansehen. Bringen wir in die Mitte jeder Elementarzelle ein Teilchen (leere Kreise) und verbinden diese durch die gestrichelten Linien, so entsteht ein neues Gitter, welches das duale Gitter des ersten genannt wird. Diese Bezeichnungen lassen sich natürlich umkehren.

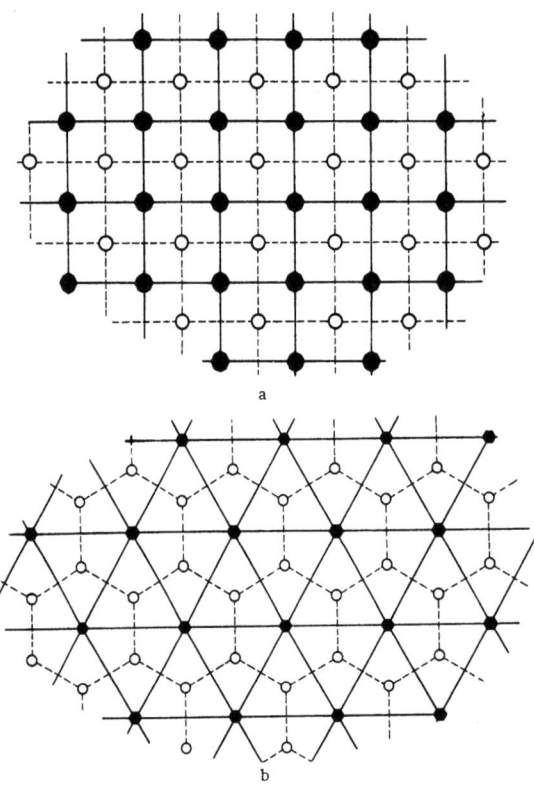

Fig. 21a u. b. Duales und selbstduales Gitter. [Entnommen aus G.H. WANNIER: Rev. Mod. Phys. **17**, 50 (1945).]

Das Wesentliche ist die Tatsache, daß jede Verbindungslinie des einen Gitters grade von einer Verbindungslinie des anderen Gitters gekreuzt wird. Zwischen den beiden dargestellten Fällen besteht jedoch ein bedeutsamer Unterschied. Im Falle des quadratischen Gitters ist auch das duale Gitter ein quadratisches Gitter, während im Falle des Dreiecksgitters das duale Gitter ein Sechseckgitter ist. Solche Gitter wie das quadratische, bei denen das duale Gitter topologisch identisch mit dem ursprünglichen ist, werden als selbstduale Gitter bezeichnet. Wir beschränken uns bei der folgenden Überlegung auf selbstduale Gitter. Für die Ausdehnung des Beweises auf andere Fälle verweisen wir auf die Literatur [13], [14].

Wir führen nun zunächst eine Transformation der Verteilungsfunktion durch. Wie man aus Gl. (31.16) in Verbindung mit (31.4) erkennt, läßt sich die Vertei-

---

[1] Siehe Fußnote 1, S. 117.
[2] G.H. WANNIER: Rev. Mod. Phys. **17**, 50 (1945).

lungsfunktion in der Form

$$Q_c = \sum_\sigma e^{K \sum_{i,j} \sigma_i \sigma_j} \qquad (33.1)$$

schreiben. Stellen wir die e-Funktion als Produkt dar, so trägt jedes Paar von nächsten Nachbarn einen Faktor $e^{K\sigma\sigma'}$ dazu bei, wenn σ und σ' die Spinkoordinaten von zwei benachbarten Teilchen sind. Jeder derartige Faktor kann nur die Werte e^K oder e^{-K} annehmen, da $\sigma\sigma'$ nur $+1$ oder -1 sein kann. Man kann ihn daher durch jeden anderen Ausdruck ersetzen, der ebenfalls die Eigenschaft besitzt, daß er nur die Werte e^K und e^{-K} annehmen kann. Dies geschieht in folgender Weise. Wir führen eine neue Variable K^* ein durch die Gleichung

$$\sinh 2K \sinh 2K^* = 1. \qquad (33.2)[1]$$

Setzen wir, in Analogie zu (30.2)

$$K^* = \frac{J}{kT^*}, \qquad (33.3)$$

so wird durch Gl. (33.2) jeder Temperatur T eine andere Temperatur T^* zugeordnet derart, daß T^* von ∞ bis 0 abnimmt, wenn T von 0 bis ∞ wächst. Mit Hilfe von (33.2) verifiziert man sofort die Relationen

$$e^K = (\tfrac{1}{2}\sinh 2K)^{\frac{1}{2}} (e^{K^*} + e^{-K^*}) \qquad (33.4)$$

und

$$e^{-K} = (\tfrac{1}{2}\sinh 2K)^{\frac{1}{2}} (e^{K^*} - e^{-K^*}). \qquad (33.5)$$

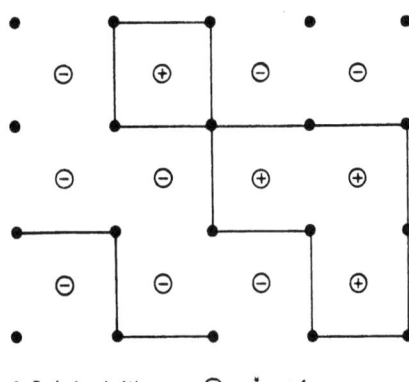

● Originalgitter   ⊕ $\sigma_i^* = +1$
○ Dualgitter   ⊖ $\sigma_i^* = -1$

Fig. 22. Zur Ableitung der Umwandlungstemperatur.

Wir denken uns nun die p Paare von nächsten Nachbarn laufend durchnumeriert; die Laufzahl bezeichnen wir mit r. Dann kann mit Benutzung der Ausdrücke (33.4) und (33.5) die Verteilungsfunktion geschrieben werden:

$$Q_c = (\tfrac{1}{2}\sinh 2K)^{p/2} \sum_\sigma \prod_{r=1}^{(z/2)N} (e^{K^*} + \sigma_r \sigma_r' e^{-K^*}). \qquad (33.6)$$

Man verifiziert leicht, daß in der Tat jeder der $(z/2)N$ Faktoren nur die beiden Werte e^K und e^{-K} annehmen kann, wie wir es oben verlangt hatten.

Denken wir uns nun das Produkt in (33.6) entwickelt, so erhalten wir eine Summe von Produkten, in denen als Faktoren die $\sigma_r \sigma_r'$ auftreten. Zeichnen wir in das Bild des Gitters jeweils nur die zu einem solchen Produkt gehörenden Bindungsstriche ein, so können wir sagen, daß jedes Produkt durch ein Polygon[2] dargestellt wird (Fig. 22). Ein offenes Polygon bedeutet, daß in dem Produkt wenigstens ein Spin in einer ungeraden Potenz vorkommt. Solche Terme heben sich bei der Summierung über die Werte der σ heraus. Man kann sich dies leicht an den Beispielen der Fig. 22 klarmachen. Wir haben also lediglich die Beiträge der geschlossenen Polygone zu berücksichtigen. Aus Gl. (33.6) ergibt sich weiter, daß in dem betreffenden Term jeder Bindungsstrich, der zu dem Polygon gehört, einen Beitrag e^{-K^*} liefert, jeder Bindungsstrich, der nicht zu dem Polygon gehört, einen Faktor e^{K^*}.

---

[1] Der Gl. (33.2) sind äquivalent die Ausdrücke $e^{2K} = \coth K^*$ und $\cosh 2K \tanh 2K^* = \cosh 2K^* \tanh 2K = 1$.
[2] Der Ausdruck „Polygon" ist hier in dem verallgemeinerten Sinne einer Gesamtheit von einander nicht schneidenden Linien in der Ebene gebraucht.

Es ist nun eine topologische Eigenschaft jedes geschlossenen Polygons, daß es eine einfach zusammenhängende Fläche in zwei Gebiete teilt, eines innerhalb des Polygons und eines außerhalb desselben. Jeder Term der obigen Entwicklung kann dadurch charakterisiert werden, daß wir in dem dualen Gitter den Teilchen innerhalb des Polygons positiven, denen außerhalb des Polygons negativen Spin zuteilen oder umgekehrt. Bezeichnen wir die Spinkoordinaten des dualen Gitters mit σ^*, so ist also innerhalb des Polygons $\sigma_i^* = +1$, außerhalb $\sigma_i^* = -1$. Ferner ist für jeden Bindungsstrich des dualen Gitters, welcher das Polygon kreuzt, $\sigma_r^* \sigma_r^{*\prime} = -1$ für alle übrigen Bindungsstriche des dualen Gitters dagegen $\sigma_r^* \sigma_r^{*\prime} = +1$. Da nun jeder Bindungsstrich des ursprünglichen Gitters von einem und nur einem Bindungsstrich des dualen Gitters gekreuzt wird, kann für den fraglichen Term der Entwicklung geschrieben werden

$$e^{K^* \sum_{ij} \sigma_i^* \sigma_j^*}. \tag{33.7}[1]$$

Um alle Terme der Entwicklung des Produktes von (33.6) zu erhalten, müssen wir den vorstehenden Ausdruck über alle Werte der Spinkoordinaten des dualen Gitters summieren und wegen der oben erwähnten Vertauschbarkeit der Vorzeichen im Innen- und Außenraum eines Polygons noch durch zwei dividieren. Wir erhalten dann durch Einsetzen in Gl. (33.6)

$$Q_c = (\tfrac{1}{2} \sinh 2K)^{\frac{1}{2}} \sum_c \tfrac{1}{2} \sum_{\sigma^*} e^{K^* \sum_{i,j} \sigma_i^* \sigma_j^*}. \tag{33.8}$$

Der hinter dem Faktor $\tfrac{1}{2}$ stehende Ausdruck ist aber, wie der Vergleich mit (33.1) zeigt, einfach die Verteilungsfunktion des dualen Gitters

$$Q_c^* = \sum_{\sigma^*} e^{K^* \sum_{i,j} \sigma_i^* \sigma_j^*}, \tag{33.9}$$

die sich aber jetzt auf die durch Gl. (33.2) und (33.3) definierte Temperatur T^* bezieht. Die Summierung über die σ ist nun trivial und ergibt einen Faktor 2^N. Wir können daher die Gl. (33.8) schreiben

$$Q_c(T) = 2^{N-1-(p/2)} (\sinh 2K)^{p/2} Q_c^*(T^*). \tag{33.10}$$

In der Topologie wird gezeigt, daß, wenn alle Bindungsstriche des originalen Gitters von solchen des dualen Gitters gekreuzt werden und somit die Zahl der Paare nächster Nachbarn in beiden Gittern gleich ist, die Beziehung

$$N + N^* = p + 2 \tag{33.11}$$

gilt, wo N^* die Zahl der Teilchen in dem dualen Gitter ist. Damit können wir, wenn wir noch Gl. (33.2) benutzen, die Gl. (33.10) auf die vollkommen symmetrische Form bringen

$$\frac{Q_c(T)}{2^{N/2} (\cosh 2K)^{p/2}} = \frac{Q_c^*(T^*)}{2^{N/2} (\cosh 2K^*)^{p/2}}. \tag{33.12}$$

Diese Gleichung stellt allgemein eine Reziprozitätsbeziehung zwischen den Verteilungsfunktionen der beiden dualen Gitter dar. Im Falle des selbstdualen Gitters ist aber

$$Q_c(T) = Q_c^*(T). \tag{33.13}$$

Die Gleichung stellt dann eine Symmetrieeigenschaft der Verteilungsfunktion Q_c dar, welche deren Wert bei einer Temperatur T mit dem Wert bei der „dualen"

---

[1] Die Summierung im Exponenten ist auch hier wieder über die Paare von nächsten Nachbarn zu erstrecken.

Temperatur T^* verknüpft. Aus Gl. (33.2) folgt, daß jeweils eine dieser Temperaturen hoch und die andere tief liegt. Diese Zuordnung führt nun dazu, daß jede Singularität in Q_c notwendig paarweise, bei einer hohen und einer tiefen Temperatur, auftreten muß, mit einziger Ausnahme des Falles, daß die singuläre Stelle bei der Temperatur $T_c = T_c^*$ liegt, die durch

$$\sinh 2K_c = 1 \qquad (33.14)$$

definiert ist. Setzen wir also voraus, daß das zweidimensionale Ising-Modell einen und nur einen Umwandlungspunkt besitzt, so ist dessen exakte Lage durch Gl. (33.13) gegeben. Die gemachte Voraussetzung ist durch die vorher besprochene approximative Behandlung hinreichend gesichert und wird im übrigen, ebenso wie Gl. (33.14), durch die Ergebnisse der exakten Theorie in vollem Umfange bestätigt. Die Lösung der Gl. (33.14) lautet

$$e^{-2K_c} = 0{,}4142 = \sqrt{2} - 1. \qquad (33.15)$$

In Tabelle 4 sind die nach verschiedenen Methoden berechneten Werte der Größe e^{-2K_c} für das zweidimensionale quadratische Gitter zusammengestellt. Man sieht daraus, daß das Variationsverfahren die weitaus beste Annäherung an den exakten Wert liefert.

Tabelle 4. *Werte der Größe e^{-2K_c} für das ebene quadratische Gitter. Bei Berücksichtigung der ersten vier Terme der Kirkwoodschen Entwicklung erhält man keinen reellen Wert.* [Entnommen aus: D. TER HAAR: Elements of Statistical Mechanics, S. 280. New York 1954].

Approximationen	
BRAGG-WILLIAMS	0,607
KIRKWOOD, zwei Terme .	0,368
KIRKWOOD, drei Terme .	0,508
KIRKWOOD, fünf Terme .	0,509
Quasi-chemische Methode	0,500
Variationsmethode . . .	0,438
Exakter Wert	0,414

34. Das zweidimensionale Ising-Modell: Exakte Lösung des Eigenwertproblems. Die exakte Lösung des mit dem zweidimensionalen Ising-Modell verknüpften Eigenwertproblems gelang zum ersten Male 1944 ONSAGER[1]. Später wurde die Theorie in einer etwas einfacheren Form von KAUFMAN[2] entwickelt. Diese Rechnungen, die sich auf das quadratische Gitter mit verschiedenen Wechselwirkungen innerhalb der Reihen und zwischen den Reihen beziehen, sind dann auch auf das Dreieck- und Sechseckgitter ausgedehnt worden[3,4]. Wesentlich neue Gesichtspunkte haben sich dabei jedoch nicht ergeben. Die überragende Bedeutung der Onsagerschen Arbeit liegt einmal darin, daß sie, wenn auch nur an einem einfachen Modell, die exakte Lösung für eines der wichtigsten und schwierigsten Probleme der statistischen Thermodynamik gegeben und damit zum ersten Male eine zuverlässige Beurteilung der für kompliziertere Fälle auch heute noch unentbehrlichen Näherungsverfahren ermöglicht hat. Darüber hinaus stellt sie, neben der Einstein-Kondensation, den einzigen Fall dar, in dem es gelungen ist, die statistische Theorie einer Umwandlung mathematisch vollkommen explizit zu behandeln. Sie ist daher auch für die allgemeine Theorie von grundlegender Bedeutung. Alle angeführten Rechnungen erfordern nicht nur einen sehr großen mathematischen Aufwand, sondern sie sind auch außerordentlich weitläufig, so daß eine vollständige Wiedergabe im Rahmen dieses Artikels nicht möglich ist. Wir wollen daher lediglich versuchen, eine Vorstellung davon zu geben, auf welchem Wege die Lösung erhalten wird, und dann die Ergebnisse kurz diskutieren. Wir legen unserer Übersicht die ursprüngliche Onsagersche Formulierung zugrunde und schließen uns im wesentlichen an die ausgezeichnete Darstellung von NEWELL und MONTROLL [14] an.

---

[1] L. ONSAGER: Phys. Rev. **65**, 117 (1944).
[2] B. KAUFMAN: Phys. Rev. **76**, 1232 (1949).
[3] R.M.F. HOUTAPPEL: Physica, Haag **16**, 425 (1950).
[4] H.N.V. TEMPERLEY: Proc. Roy. Soc. Lond. A **203**, 202 (1950).

Zum besseren Verständnis gewisser Formulierungen ist es zweckmäßig, zunächst noch einmal auf den eindimensionalen Fall zurückzugehen. Die dort eingeführte Matrix (30.14) können wir für $C=0$ schreiben

$$\mathsf{H} = \begin{pmatrix} e^K & e^{-K} \\ e^{-K} & e^K \end{pmatrix}. \tag{34.1}$$

Diese Matrix kann als Operator aufgefaßt werden, der auf die Funktionen $\psi(\sigma)$ wirkt. Diese Wirkung wird dargestellt durch die Gleichung

$$\mathsf{H}\,\psi(\sigma) = e^K\,\psi(\sigma) + e^{-K}\,\psi(-\sigma). \tag{34.2}$$

Man sieht daraus unmittelbar, daß die Matrix H sich in der Form

$$\mathsf{H} = e^K\,\mathsf{E} + e^{-K}\,\mathsf{C} \tag{34.3}$$

darstellen läßt, wo E die Einheitsmatrix und

$$\mathsf{C} = \begin{pmatrix} 0 & 1 \\ 1 & 0 \end{pmatrix}; \quad \mathsf{C}^2 = \mathsf{E} \tag{34.4}$$

ist. Die linearisierte Darstellung (34.3) spielt eine wichtige Rolle für die Formulierung des zweidimensionalen Problems.

Wir gehen nun zum zweidimensionalen Fall über. Die Elemente der Matrix H schreiben wir der Einfachheit halber in der nicht symmetrisierten Form

$$H(\nu, \nu') = e^{K' \sum_{j=1}^{n} \sigma_j \sigma_{j+1} + K \sum_{j=1}^{n} \sigma_j \sigma'_j}, \tag{34.5}$$

wo

$$K' = \frac{J'}{kT} \tag{34.6}$$

ist. Dabei haben wir jetzt, im Gegensatz zu Gl. (31.16) zugelassen, daß die Kopplung innerhalb der Reihen und zwischen den Reihen verschieden ist. Die durch Gl. (34.5) definierte Matrix H läßt sich in ein Produkt einfacherer Matrizen zerlegen. Ist $(V_2)_{\nu\nu''}$ das Element einer Diagonalmatrix, also

$$(V_2)_{\nu\nu''} = (V_2)_\nu\,\delta_{\nu\nu''} \tag{34.7}$$

und $(V'_1)_{\nu\nu'}$ das Element einer beliebigen Matrix, so ist das Element der Produktmatrix

$$(V_2 V_1)_{\nu\nu'} = \sum_{\nu''} (V_2)_\nu\,\delta_{\nu\nu''} (V'_1)_{\nu''\nu'} = (V_2)_\nu (V'_1)_{\nu\nu'}. \tag{34.8}$$

Definiert man nun explizit

$$(V_2)_{\nu\nu'} = \delta_{\sigma_1 \sigma'_1}\,\delta_{\sigma_2 \sigma'_2} \ldots \delta_{\sigma_n \sigma'_n}\,e^{K' \sum_{j=1}^{n} \sigma_j \sigma_{j+1}} \tag{34.9}$$

und

$$(V'_1)_{\nu\nu'} = e^{K \sum_{j=1}^{n} \sigma_j \sigma'_j} = \prod_{j=1}^{n} e^{K \sigma_j \sigma'_j}, \tag{34.10}$$

so sieht man, daß das Element der nach (34.8) gebildeten Produktmatrix mit $H(\nu, \nu')$ identisch ist.

Es gilt also

$$\mathsf{H} = \mathsf{V}_2\,\mathsf{V}'_1. \tag{34.11}$$

Die beiden auf der rechten Seite stehenden Matrizen lassen sich noch weiter vereinfachen. Zunächst sieht man, daß V'_1 das n-fache direkte Produkt der Ma-

trizen (34.3) des eindimensionalen Problems ist. Wir können daher schreiben
$$V_1' = (e^K E + e^{-K} C) \times (e^K E + e^{-K} C) \times \cdots \times (e^K E + e^{-K} C). \tag{34.12}$$

Mit Hilfe der Transformation (33.2) und der Definition der Exponentialfunktion einer Matrix erhält man
$$e^K E + e^{-K} C = (2 \sinh 2K)^{\frac{1}{2}} e^{K^* C}. \tag{34.13}$$

Damit wird aus Gl. (34.12)
$$V_1' = (2 \sinh 2K)^{n/2} e^{K^* C} \times e^{K^* C} \times \cdots \times e^{K^* C}. \tag{34.14}$$

Wir definieren nun
$$C_j = E \times E \times \cdots \times E \times C \times E \times \cdots \times E, \tag{34.15}$$

wo auf der rechten Seite C in dem Faktor j steht. Mit Benutzung der Grundformel für das direkte Produkt
$$(A \times B)(A \times B) = AB \times AB, \tag{34.16}$$

erhalten wir aus (34.15)
$$V_1' = (2 \sinh 2K)^{n/2} \prod_{j=1}^{n} e^{K^* C_j}. \tag{34.17}$$

In ähnlicher Weise gehen wir auch bei der Vereinfachung von V_2 vor. Wir definieren eine Matrix
$$s = \begin{pmatrix} 1 & 0 \\ 0 & -1 \end{pmatrix} \tag{34.18}$$

und konstruieren daraus eine zu (34.15) analoge Matrix
$$s_j = E \times E \times \cdots \times E \times s \times E \times \cdots \times E, \tag{34.19}$$

wo auf der rechten Seite s wieder in dem Faktor j steht. Aus der Definition ergibt sich, daß s_j eine Diagonalmatrix ist mit den Diagonalelementen $+1$, wenn in dem Zustand der betrachteten Reihe $\sigma_j = +1$ ist, und -1, wenn $\sigma_j = -1$ ist. Mit Hilfe dieser Matrizen kann die Matrix V_2 geschrieben werden
$$V_2 = e^{K' \sum_{j=1}^{n} s_j s_{j+1}}. \tag{34.20}$$

Definieren wir noch
$$V_1 = e^{K^* \sum_{j=1}^{n} C_j}, \tag{34.21}$$

so erhalten wir schließlich
$$H = (2 \sinh 2K)^{n/2} V_2 V_1. \tag{34.22}$$

Dies ist die eigentliche Ausgangsgleichung der Onsagerschen Theorie. Wenn man von der symmetrisierten Form der Matrix ausgeht, so erhält man in analoger Weise
$$H' = (2 \sinh 2K)^{n/2} V_2^{\frac{1}{2}} V_1 V_2^{\frac{1}{2}}. \tag{34.23}$$

Man sieht, daß dieser Ausdruck sich von (34.22) nur durch eine Ähnlichkeitstransformation mit $V_2^{\frac{1}{2}}$ unterscheidet. Da aber die Eigenwerte von H und ebenso die Spur von H^m gegen eine Ähnlichkeitstransformation invariant sind, besteht im Hinblick auf die thermodynamischen Ergebnisse kein Unterschied zwischen den Formen (34.22) und (34.23), und es kann die jeweils zweckmäßigere benutzt werden.

Die Matrizen C_j und s_j können wir wieder als Operatoren auffassen und damit ihre Bedeutung anschaulicher machen. Wie man durch Multiplikation mit dem Vektor $\psi(\sigma_1, \sigma_2, \ldots, \sigma_n)$ leicht findet, läßt sich die Wirkung des Operators C_j beschreiben durch die Gleichung

$$\mathsf{C}_j \psi(\sigma_1, \sigma_2, \ldots, \sigma_j, \ldots, \sigma_n) = \psi(\sigma_1, \sigma_2, \ldots, -\sigma_j, \ldots, \sigma_n). \qquad (34.24)$$

Entsprechend ergibt sich als Wirkung des Operators s_j

$$\mathsf{s}_j \psi(\sigma_1, \sigma_2, \ldots, \sigma_n) = \sigma_j \psi(\sigma_1, \sigma_2, \ldots, \sigma_n). \qquad (34.25)$$

Es ist zweckmäßig, die Kombinationen der fundamentalen Operatoren C_j und s_j, die in den Gln. (34.20) und (34.21) auftreten, zur Definition neuer Operatoren zu verwenden. Wir setzen also

$$\mathsf{A}_0 = -\sum_{j=1}^n \mathsf{C}_j; \quad \mathsf{A}_1 = \sum_{j=1}^n \mathsf{s}_j \mathsf{s}_{j+1}, \qquad (34.26)$$

wobei wir im Sinne der Randbedingungen $\mathsf{C}_{n+j} \equiv \mathsf{C}_j$ und $\mathsf{s}_{n+j} \equiv \mathsf{s}_j$ annehmen. Damit können wir dann schreiben

$$\mathsf{V}_1 = e^{-K^* \mathsf{A}_0}; \quad \mathsf{V}_2 = e^{K' \mathsf{A}_1}. \qquad (34.27)$$

Der allgemeine Weg der Lösung läßt sich etwa in folgender Weise umschreiben. Ausgehend von den Operatoren A_0 und A_1, erzeugt man durch eine Folge von algebraischen Transformationen einen Satz von Operatoren, welcher die Eigenschaft besitzt, daß der Kommutator zweier beliebiger Glieder des Satzes eine Linearkombination von Gliedern des Satzes ist. Dieser Satz bildet definitionsgemäß die Basis einer Lieschen Algebra. Wenn man, wie es hier der Fall ist, von einer Matrix vom Range 2^n ausgeht, besteht die Basis der daraus abgeleiteten Lieschen Algebra im allgemeinsten Fall aus 4^n linear unabhängigen Elementen. Die speziellen Eigenschaften der Operatoren A_0 und A_1 bewirken jedoch, daß daraus eine Liesche Algebra von nur $3n-1$ linear unabhängigen Elementen entsteht. Die Symmetrieeigenschaften der Strukturkonstanten der erzeugten Lieschen Algebra ermöglichen es, dieselbe in Subalgebren von sehr einfacher Struktur zu zerlegen. Wenn A_0 und A_1 durch diese Subalgebren ausgedrückt werden, erhält man $\mathsf{V}_2 \mathsf{V}_1$ in einer Form, die sich leicht als Produkt von n vertauschbaren Matrizen darstellen läßt. Die Eigenwerte von $\mathsf{V}_2 \mathsf{V}_1$ sind dann Produkte der Eigenwerte der genannten Matrizen, deren Bestimmung keine Schwierigkeiten macht.

Wir wollen diesen Gedankengang nun im einzelnen noch etwas näher ausführen. Definieren wir einen Satz von Operatoren

$$\mathsf{P}_{a,a} = -\mathsf{C}_a; \qquad (34.28)$$

so wird

$$\mathsf{P}_{a,b} = \mathsf{s}_a \mathsf{C}_{a+1} \mathsf{C}_{a+2} \ldots \mathsf{C}_{b-1} \mathsf{s}_b; \quad (a \neq b)$$

$$\mathsf{A}_0 = \sum_{a=1}^n \mathsf{P}_{a,a}; \quad \mathsf{A}_1 = \sum_{a=1}^n \mathsf{P}_{a,a+1}. \qquad (34.29)$$

Daraus können wir einen vollständigen Satz A_k definieren, indem wir setzen

$$\mathsf{A}_k = \sum_{a=1}^n \mathsf{P}_{a,a+k}. \qquad (34.30)$$

Insgesamt haben wir $2n$ linear unabhängige Operatoren A_k. Man sieht dies in folgender Weise. Aus den Definitionen der Operatoren C_j und s_j ergeben sich die

Normierungs- und Vertauschungsregeln

$$\left.\begin{array}{ll} C_j^2 = 1; \quad s_j^2 = 1; \quad s_j C_j + C_j s_j = 0; \\ [C_j, C_k] = 0; \quad [s_j, s_k] = 0; \quad [s_j, C_k] = 0 \quad (j \neq k). \end{array}\right\} \quad (34.31)$$

Schreiben wir

$$U = C_1 C_2 \ldots C_n, \quad (34.32)$$

so folgt aus (34.28) mit Benutzung von (34.31)

$$P_{a,a+k+n} = -U P_{a,a+k}. \quad (34.33)$$

Berücksichtigen wir, daß A_k mit U vertauschbar ist und daß $U^2 = E$ gilt, so folgt aus (34.30) und (34.33)

$$A_{k+n} = -U A_k; \quad A_{k+2n} = A_k, \quad (34.34)$$

womit die Behauptung bewiesen ist. Wir definieren nun einen weiteren Satz von Operatoren durch die Gleichung

$$G_k = \tfrac{1}{4} [A_k, A_0]. \quad (34.35)$$

Die A_k und G_k bilden zusammen die Basis einer Lieschen Algebra. Die Vertauschungsregeln sind

$$\left.\begin{array}{l} [A_j, A_k] = 4 G_{j-k}; \\ [A_l, G_{j-k}] = 2(A_{l+j-k} - A_{l-j+k}); \\ [G_j, G_k] = 0. \end{array}\right\} \quad (34.36)$$

Durch die Gl. (34.35) werden formal $2n$ Operatoren G_k definiert. Von diesen sind aber nur $n-1$ linear unabhängig. Es ist nämlich zunächst

$$[A_k, A_j] = -[A_j, A_k], \quad (34.37)$$

und somit nach (34.36)

$$G_m = -G_{-m} = -G_{2n-m}. \quad (34.38)$$

Ferner ist nach (34.36)

$$G_0 = [A_j, A_j] = 0, \quad (34.39)$$

weil jeder Operator mit sich selbst kommutiert, und schließlich nach (34.36) und (34.34)

$$G_n = [A_{j+n}, A_j] = [-U A_j, A_j] = 0, \quad (34.40)$$

weil U, wie schon bemerkt, mit A_j kommutiert. Es sind somit nur $G_1, G_2, \ldots, G_{n-1}$ linear unabhängige Operatoren. Wir haben also aus A_0 und A_1 eine Liesche Algebra von nur $3n-1$ Elementen, nämlich $2n$ A_k und $n-1$ G_k erzeugt und damit die erste Stufe unserer Entwicklung erreicht.

Man bemerkt nun, daß die Vertauschungsrelationen (34.36) ungeändert bleiben, wenn wir A_j durch A_{j+x} ersetzen. Es ist also kein A_j vor dem anderen ausgezeichnet, und wir haben insofern eine zyklische Symmetrie. Diese Eigenschaft bedingt den nächsten Schritt. Es ist aus der Gruppentheorie bekannt, daß unter solchen Verhältnissen eine wesentliche Vereinfachung durch eine Fourier-Transformation erreicht werden kann. Wir führen dies hier durch, indem wir neue Operatoren einführen durch die Gleichungen

$$\left.\begin{array}{l} X_r = (2n)^{-1} \sum\limits_{m=1}^{2n} A_m \cos\left(\dfrac{\pi r m}{n}\right); \\[2mm] Y_r = -(2n)^{-1} \sum\limits_{m=1}^{2n} A_m \sin\left(\dfrac{\pi r m}{n}\right); \\[2mm] Z_r = i(2n)^{-1} \sum\limits_{m=1}^{2n} G_m \sin\left(\dfrac{\pi r m}{n}\right). \end{array}\right\} \quad (34.41)$$

Aus diesen Definitionen folgt sofort

$$\left.\begin{array}{l}\mathsf{X}_r = \mathsf{X}_{-r} = \mathsf{X}_{2n-r}; \\ \mathsf{Y}_r = -\mathsf{Y}_{-r} = -\mathsf{Y}_{2n-r}; \\ \mathsf{Z}_r = -\mathsf{Z}_{-r} = -\mathsf{Z}_{2n-r}.\end{array}\right\} \tag{34.42}$$

Die genauere Untersuchung zeigt, daß unter diesen Operatoren $n+1$ linear unabhängige X_r, $n-1$ unabhängige Y_r und $n-1$ unabhängige Z_r sind. Insgesamt haben wir also wieder $3n-1$ linear unabhängige Operatoren. Die Vertauschungsregeln für diese Operatoren lassen sich mit Hilfe von (34.36) gewinnen. Man erhält

$$\left.\begin{array}{l}[\mathsf{X}_r, \mathsf{Y}_r] = -2i\,\mathsf{Z}_r; \\ [\mathsf{Y}_r, \mathsf{Z}_r] = -2i\,\mathsf{X}_r; \\ [\mathsf{Z}_r, \mathsf{X}_r] = -2i\,\mathsf{Y}_r\end{array}\right\} (1 \leq r \leq n-1). \tag{34.43}$$

Alle Operatoren, mit Einschluß von X_0 und X_n, kommutieren mit jedem anderen Operator, der einen unterschiedlichen Index hat. Es ist also

$$\left.\begin{array}{l}[\mathsf{X}_r, \mathsf{X}_s] = 0; \\ [\mathsf{X}_r, \mathsf{Y}_s] = 0 \\ \text{usw.}\end{array}\right\} (r \neq s). \tag{34.44}$$

Man bemerkt nun, daß für jedes r nach (34.43) die drei Operatoren $\mathsf{X}_r, \mathsf{Y}_r, \mathsf{Z}_r$ für sich eine Liesche Algebra definieren, die eine Subalgebra des vollständigen Satzes darstellt. Wir haben also durch die Transformation (34.41) die ursprüngliche Liesche Algebra in kleine Subalgebren von sehr einfacher Struktur zerlegt. Diese Struktur hängt eng zusammen mit der Gruppe der dreidimensionalen infinitesimalen Rotation.

Der nächste Schritt der Ableitung besteht darin, daß wir $\mathsf{V}_2\mathsf{V}_1$ mit Hilfe der neuen Operatoren ausdrücken. Durch Umkehrung der Fourier-Transformation (34.41) erhalten wir

$$\left.\begin{array}{l}\mathsf{A}_m = \sum\limits_{r=1}^{2n}\left[\mathsf{X}_r \cos\left(\dfrac{\pi r m}{n}\right) - \mathsf{Y}_r \sin\left(\dfrac{\pi r m}{n}\right)\right]; \\ \mathsf{G}_m = -i\sum\limits_{r=1}^{2n}\mathsf{Z}_r \sin\left(\dfrac{\pi r m}{n}\right).\end{array}\right\} \tag{34.45}$$

Im besonderen ergibt sich

$$\mathsf{A}_0 = \sum_{r=1}^{2n}\mathsf{X}_r = \mathsf{X}_0 + 2\mathsf{X}_1 + 2\mathsf{X}_2 + \cdots + 2\mathsf{X}_{n-1} + \mathsf{X}_n; \tag{34.46}$$

$$\left.\begin{array}{l}\mathsf{A}_1 = \sum\limits_{r=1}^{2n}\left[\mathsf{X}_r \cos\left(\dfrac{\pi r}{n}\right) - \mathsf{Y}_r \sin\left(\dfrac{\pi r}{n}\right)\right] \\ \quad = \mathsf{X}_0 + 2\left[\mathsf{X}_1 \cos\left(\dfrac{\pi}{n}\right) - \mathsf{Y}_1 \sin\left(\dfrac{\pi}{n}\right)\right] + \cdots + \\ \quad + 2\left[\mathsf{X}_{n-1} \cos\left(\dfrac{\pi(n-1)}{n}\right) - \mathsf{Y}_{n-1} \sin\left(\dfrac{\pi(n-1)}{n}\right)\right] - \mathsf{X}_n.\end{array}\right\} \tag{34.47}$$

Durch Einsetzen von (34.46) und (37.47) in die Gl. (34.27) folgt

$$\mathsf{V}_2\mathsf{V}_1 = e^{K'\sum\limits_{r=1}^{2n}\left[\mathsf{X}_r\cos\left(\frac{\pi r}{n}\right) - \mathsf{Y}_r\sin\left(\frac{\pi r}{n}\right)\right]}\,e^{-K^*\sum\limits_{r=1}^{2n}\mathsf{X}_r}. \tag{34.48}$$

Um diesen Ausdruck weiter zu vereinfachen, machen wir Gebrauch von den Vertauschungsregeln (34.43) und (34.44). Da für zwei vertauschbare Operatoren **A** und **B** gilt

$$e^{A+B} = e^A e^B = e^B e^A, \qquad (34.49)$$

können wir die Gl. (34.48) schreiben

$$V_2 V_1 = \prod_{r=1}^{n} U_r \qquad (34.50)$$

mit

$$\left.\begin{aligned}
U_r &= e^{2K'\left[X_r \cos\left(\frac{\pi r}{n}\right) - Y_r \sin\left(\frac{\pi r}{n}\right)\right]} e^{-2K^* X_r} \quad (r \neq 0, n); \\
U_0 &= e^{(K'-K^*)X_0}; \\
U_n &= e^{-(K'+K^*)X_n}.
\end{aligned}\right\} \qquad (34.51)$$

Die U_r sind alle untereinander vertauschbar. Sie können daher gleichzeitig auf Diagonalform gebracht werden, und die Eigenwerte von $V_2 V_1$ sind somit Produkte der Eigenwerte der U_r. Damit ist die Aufgabe gelöst, das Problem auf eine einfache, der expliziten Rechnung zugängliche Form zu bringen. Es bleibt jetzt noch die Berechnung der Eigenwerte selbst und der thermodynamischen Funktionen.

Um die weitere Rechnung durchzuführen, benötigen wir neben den Vertauschungsregeln noch eine vollständige Multiplikationstabelle für die Operatoren X_r, Y_r, Z_r. Dieselbe läßt sich durch direkte Ausrechnung mit Benutzung der Eigenschaften der Operatoren $P_{a,b}$ Gl. (34.28) gewinnen. Sie lautet

$$\left.\begin{aligned}
X_r^2 &= Y_r^2 = Z_r^2 = R_r = R_r^2; \\
X_r \, R_r \, X_r &= X_r \, R_r = i \, Y_r \, Z_r = -i \, Z_r Y_r; \\
Y_r \, R_r \, Y_r &= Y_r \, R_r = i \, Z_r \, X_r = -i \, X_r Z_r; \\
Z_r \, R_r \, Z_r &= Z_r \, R_r = i \, X_r \, Y_r = -i \, Y_r X_r
\end{aligned}\right\} (1 \leq r \leq n-1); \qquad (34.52\text{a})$$

$$\left.\begin{aligned}
X_r^2 &= R_r = R_r^2; \\
X_r \, R_r \, X_r &= X_r \, R_r
\end{aligned}\right\} (r = 0, n), \qquad (34.52\text{b})$$

wobei die Operatoren R_r durch die vorstehenden Beziehungen definiert sind. Mit Hilfe dieser Tabelle läßt sich jede Kombination von Produkten der X_r, Y_r, Z_r berechnen. Man bemerkt, daß die Operatoren X_r, Y_r, Z_r untereinander antikommutieren, und weiter, daß X_r^2, Y_r^2, Z_r^2 sämtlich gleich dem Projektionsoperator $R_r^2 = R_r$ sind, der die Eigenwerte Eins oder Null hat. Die letztere Aussage wollen wir explizit beweisen, da sich dabei ein für das weitere wichtiger Gesichtspunkt ergibt. Aus (34.41) folgt zunächst in Verbindung mit (34.34)

$$X_r = (2n)^{-1} [E - (-1)^r U] \sum_{m=1}^{n} A_m \cos\left(\frac{\pi r m}{n}\right). \qquad (34.53)$$

Entsprechend findet man, daß auch Y_r und Z_r den Faktor $[E - (-1)^r U]$ enthalten. Es ist daher notwendig, den Operator **U** näher zu untersuchen. Die Wirkung desselben besteht, wie sich unmittelbar aus der Definition (34.32) ergibt, darin, daß er alle Spinorientierungen umkehrt, also alle σ_j in $-\sigma_j$ verwandelt. Da

$$U^2 = E \qquad (34.54)$$

ist, sind die Eigenwerte von $U \pm 1$. Betrachten wir nun einen Zustand v mit $(\sigma_1, \sigma_2, \ldots, \sigma_n)$, so wird derselbe durch **U** in einen neuen Zustand $U v$ mit $(-\sigma_1,$

$-\sigma_2, \ldots, -\sigma_n$) überführt. In diesem Sinne bewirkt der Operator U eine paarweise Zuordnung der 2^n Zustände. Zu jedem derartigen Paar können wir wieder zwei Zustände $\nu + U\nu$ und $\nu - U\nu$ definieren, die wir den „graden" und den „ungraden" Zustand nennen. Damit sind wieder alle Zustände in zwei Klassen eingeteilt, denen zwei „Unter-Räume" von je 2^{n-1} Dimensionen entsprechen. Bei Anwendung des Operators U auf die graden Zustände werden diese reproduziert, bei der Anwendung desselben Operators auf die ungraden Zustände werden diese mit dem Faktor -1 multipliziert. Bezeichnen wir also mit E' die Einheitsmatrix vom Range 2^{n-1}, so ist in dem „graden Raume" $U = E'$ und in dem „ungraden Raume" $U = -E'$. In dieser Darstellung hat daher U die Form

$$\begin{pmatrix} E' & O \\ O & -E' \end{pmatrix}, \qquad (34.55)$$

wo O die 2^{n-1}-dimensionale Null-Matrix ist. In der gleichen Darstellung sind $\frac{1}{2}(E + U)$ und $\frac{1}{2}(E - U)$ die Projektions-Operatoren

$$\begin{pmatrix} E' & O \\ O & O \end{pmatrix} \quad \text{und} \quad \begin{pmatrix} O & O \\ O & E' \end{pmatrix}. \qquad (34.56)$$

Nun sind V_2, V_1 und alle Operatoren, die wir zur Beschreibung der ersteren benutzt haben, also insbesondere auch die X_r, Y_r, Z_r, mit U vertauschbar. In der obigen Darstellung müssen daher alle diese Operatoren die allgemeine Form

$$\begin{pmatrix} X & O \\ O & X' \end{pmatrix} \qquad (34.57)$$

haben, wo X irgendeine 2^{n-1}-dimensionale Matrix bezeichnet. Da nun nach (34.53) X_r, Y_r, Z_r den Faktor $[E - (-1)^r U]$ enthalten, folgt im besonderen aus (34.56), daß diese Operatoren die Form

$$\begin{aligned} \begin{pmatrix} X & O \\ O & O \end{pmatrix} & \quad \text{(für ungerade } r\text{)} \\ \text{oder} & \\ \begin{pmatrix} O & O \\ O & X' \end{pmatrix} & \quad \text{(für gerade } r\text{)} \end{aligned} \qquad (34.58)$$

haben müssen. Daraus erkennt man weiter, mit Hilfe von (34.52), daß der nicht singuläre Teil des Operators R_r höchstens die Dimension 2^{n-1} haben kann. Damit ist bewiesen, daß R_r nicht etwa die Einheitsmatrix, sondern ein Projektionsoperator ist.

Um die Eigenwerte der U_r zu bestimmen, betrachten wir zunächst eine Ähnlichkeitstransformation mit $\exp(i z_r Z_r)$, wo z_r eine Konstante ist. Üben wir diese Transformation auf X_r, Y_r, Z_r aus, so ergibt sich

$$\begin{aligned} e^{i z_r Z_r} X_r e^{-i z_r Z_r} &= X_r \cos 2z_r + Y_r \sin 2z_r; \\ e^{i z_r Z_r} Y_r e^{-i z_r Z_r} &= -X_r \sin 2z_r + Y_r \cos 2z_r; \\ e^{i z_r Z_r} Z_r e^{-i z_r Z_r} &= Z_r \end{aligned} \qquad (r \neq 0, n). \qquad (34.59)$$

Betrachten wir nun X_r, Y_r, Z_r als orthogonale Vektoren, so bewirkt die vorstehende Ähnlichkeitstransformation eine orthogonale Transformation der Vektoren, d.h. eine Drehung des Koordinatensystems. Man kann nun allgemein eine beliebige orthogonale Transformation der X_r, Y_r, Z_r durch eine Ähnlichkeitstransformation des Typs

$$e^{(z_r Z_r + y_r Y_r + x_r X_r)} \tag{34.60}$$

bewirken[1].

Entwickeln wir nun die Exponentialfunktionen in (34.51), so erhalten wir auf Grund der Regeln (34.52) U_r als eine in R_r, X_r, Y_r, Z_r lineare Form plus einer Konstanten. Beispielsweise sieht man leicht, daß jede Potenz von X_r entweder X_r oder R_r ergibt. Üben wir auf diesen Ausdruck die Transformation (34.60) aus, so können wir Y_r und Z_r eliminieren. Dies bedeutet, wenn wir den in X_r, Y_r, Z_r linearen Ausdruck als einen Vektor auffassen, daß wir durch Drehung des Koordinatensystems den Vektor in die Richtung der „X-Achse" bringen. Auch ohne die Transformation explizit zu kennen, läßt sich zeigen, daß der resultierende Ausdruck die Gestalt

$$(E - R_r) + R_r \cosh \gamma_r + X_r \sinh \gamma_r = e^{\gamma_r X_r} \tag{34.61}$$

haben muß. Betrachten wir zunächst die linke Seite, so ergibt sich bereits aus der obigen Überlegung, daß der Ausdruck linear in R_r und X_r sein muß. Nun ist, da R_r ein Projektionsoperator ist, sicher auch $(E - R_r)$ ein Projektionsoperator. Wir betrachten die Wirkung dieses Operators auf U_r, d.h. das Produkt $(E - R_r) U_r$. Der erste additive Bestandteil dieses Produktes $E U_r$ ist jedenfalls gleich U_r. Für die Diskussion des zweiten Bestandteiles $R_r U_r$ denken wir uns U_r nach Gl. (34.51) in eine Potenzreihe entwickelt. Das ergibt auf Grund der Multiplikationsregeln (34.52) die Summe aus der Einheitsmatrix und einem in X_r, Y_r, Z_r linearen Ausdruck. R_r führt nach (34.52) diesen linearen Ausdruck in sich über. Weiterhin führt R_r die Einheitsmatrix in die Einheitsmatrix desjenigen Unterraumes über, auf den R_r den gesamten Raum abbildet. Es ist daher $(E - R_r) U_r$ die Einheitsmatrix des Unterraumes, der dem zu R_r gehörigen Unterraum komplementär ist. Diese Eigenschaft wird durch die Transformation (34.60) nicht berührt, so daß damit der erste Term in (34.61) festgelegt ist. Schließlich sieht man, daß durch eine Transformation von (34.51) mit $\exp(\frac{1}{2}\pi i Z_r)$ beide Faktoren von U_r in ihre Reziproken überführt werden, d.h. es wird $X_r \to -X_r$ und $Y_r \to -Y_r$. U_r und U_r^{-1} sind daher ähnlich und es gilt für die Determinante[2]

$$|U_r| = \pm 1. \tag{34.62}$$

---

[1] Diese Beziehung zwischen orthogonalen Transformationen und Ähnlichkeitstransformationen spielt eine bedeutsame Rolle in der Kaufmanschen Theorie des zweidimensionalen Ising-Modells.

[2] Es ist, wenn T_r die fragliche Transformationsmatrix ist,

$$U_r^{-1} = T_r U_r T_r^{-1}$$

oder

$$U_r^{-1} T_r = T_r U_r.$$

Da die Determinante einer Produktmatrix gleich dem Produkt der Determinanten der Einzelmatrizen ist, haben U_r^{-1} und U_r somit die gleiche Determinante $|U_r|$. Andererseits ist

$$U_r^{-1} U_r = 1.$$

Daraus folgt Gl. (34.62).

Da diese Eigenschaft durch eine Ähnlichkeitstransformation nicht geändert wird, sind dadurch die Koeffizienten von R_r und X_r festgelegt[1]. Die rechte Seite von (34.61) ergibt sich einfach mit Benutzung der Regeln (34.52) und der Definitionen der Hyperbelfunktionen.

Die Größe γ_r läßt sich unmittelbar bestimmen aus der Tatsache, daß die Transformation (34.60) nur die Koeffizienten von X_r, Y_r, Z_r berührt, aber den Koeffizienten von R_r ungeändert läßt. Die Größe $\cosh \gamma_r$ in (34.61) ist daher gleich dem Koeffizienten von R_r in der ursprünglichen Entwicklung von U_r. Auf diese Weise ergibt sich

$$\cosh \gamma_r = \cosh 2K' \cosh 2K^* - \sin 2K' \sinh 2K^* \cos\left(\frac{\pi r}{n}\right). \quad (34.63)$$

Da X_r, Y_r, Z_r mit Operatoren, die einen von r verschiedenen Index haben, vertauschbar sind, können wir für jedes r die geeignete Transformation auf $V_2 V_1$ ausüben und so alle U_r gleichzeitig auf die Form (34.61) bringen. Auf diese Weise erhalten wir

$$V_2 V_1 \sim e^{-\frac{1}{2}(\gamma_0 X_0 + 2\gamma_1 X_1 + \cdots + 2\gamma_{n-1} X_{n-1} + \gamma_n X_n)}, \quad (34.64)$$

wo das Symbol $\sim$ die Ähnlichkeitsbezeichnung ausdrückt. Dabei ist nach (34.51)

$$\gamma_0 = K^* - K'; \quad \gamma_n = K' + K^*, \quad (34.65)$$

was mit der allgemeinen Formulierung (34.63) im Einklang ist. Durch die Gl. (34.63) ist (mit Ausnahme von γ_0 und γ_n) noch nicht das Vorzeichen der γ_r festgelegt. Da, wie schon erwähnt, durch eine Ähnlichkeitstransformation X_r in $-X_r$ überführt ist, bleibt (34.64) gültig, wenn wir X_r durch $-X_r$ oder γ_r durch $-\gamma_r$ ($r \neq 0, n$) ersetzen. Die Wahl der Vorzeichen ist daher eine Frage der Konvention und ohne Einfluß auf das Resultat. Wir legen fest, daß alle γ_r ($r \neq 0, n$) positiv sein sollen.

Da die X_r untereinander vertauschbar sind, können sie gleichzeitig auf Diagonalform gebracht werden. Sie genügen der Gleichung[2]

$$X_r(X_r^2 - E) = 0. \quad (34.66)$$

---

[1] Man sieht dies in folgender Weise. Zunächst sind in der Matrix (34.61) aus den oben angeführten Gründen alle Elemente gleich Null, welche den Unterraum von R_r mit dem komplementären Unterraum verbinden [vgl. Gl. (34.58)]. Deshalb ist die Determinante der Matrix (34.61) gleich dem Produkt aus der Determinante der Matrix $(E - R_r)$ und der Determinante der Matrix $R_r \cos \gamma_r + X_r \sinh \gamma_r$ (Stufendeterminante). Die erste dieser Determinanten ist sicher gleich Eins, da die Matrix die Einheitsmatrix des komplementären Unterraumes ist. Da R_r im Unterraume die Einheitsmatrix ist, ist sie gleich ihrer Reziproken R_r^{-1}. Weiter folgt aus den Multiplikationstabellen (34.52), daß auch die Matrix X_r als Matrix im Unterraume gleich ihrer Reziproken X_r^{-1} ist. Die Matrix $R_r^{-1} \cosh \gamma_r + X_r^{-1} \sinh \gamma_r$ ist also gleich der Matrix $R_r \cosh \gamma_r + X_r \sinh \gamma_r$. Diese beiden Matrizen haben daher dieselbe Determinante Δ. Wenn nun in der ersten Matrix das Pluszeichen durch ein Minuszeichen ersetzt wird, so ändert sich, da die Matrix graden Rang hat, wegen des Satzes über die Zerlegung einer Determinante mit binomischen Spalten bzw. Zeilen in Einzeldeterminanten die Determinante der Matrix nicht. Es ist also

$$\Delta^2 = |(R_r \cosh \gamma_r + X_r \sinh \gamma_r)^2|$$
$$= |(R_r \cosh \gamma_r + X_r \sinh \gamma_r)| |(R_r^{-1} \cosh \gamma_r + X_r^{-1} \sinh \gamma_r)|$$
$$= |(R_r \cosh \gamma_r + X_r \sinh \gamma_r)| |(R_r^{-1} \cosh \gamma_r - X^{-1} \sinh \gamma_r)|$$
$$= |[1 \cdot (\cosh^2 \gamma_r - \sinh^2 \gamma_r)]| = \cosh^2 \gamma_r - \sinh^2 \gamma_r = 1.$$

Daraus folgt unmittelbar die Behauptung.

[2] Es ist nämlich nach (34.52) $X_r^2 = R_r$, so daß $(X_r^2 - E)$, da R_r ein Projektionsoperator ist, ein Projektionsoperator in den komplementären Unterraum ist. Da X_r andererseits nach Gl. (34.58) aber nur Komponenten im Unterraum von R_r hat, muß das Produkt der beiden Matrizen gleich der Nullmatrix sein.

Die Eigenwerte sind daher 0 oder ± 1. Daraus folgt für die Eigenwerte von $V_2 V_1$

$$\lambda = \prod_{n=0}^{n} \lambda_r \qquad (34.67)$$

mit

$$\left.\begin{array}{l} \lambda_r = e^{\frac{1}{2}\gamma_r}, \quad e^{-\frac{1}{2}\gamma_r} \quad \text{oder} \quad 1 \quad \text{für} \quad r = 0, n; \\ \lambda_r = e^{\gamma_r}, \quad e^{-\gamma_r} \quad \text{oder} \quad 1 \quad \text{für} \quad r \neq 0, n. \end{array}\right\} \qquad (34.68)$$

Nun gibt es aber von den Größen (34.68) 3^{n+1} Kombinationen, welche die Form der rechten Seite von Gl. (34.67) haben, während die Matrix $V_2 V_1$ nur 2^n Eigenwerte besitzt. Es bleibt also noch die Aufgabe, die „richtigen" Kombinationen der λ_r auszuwählen. An dieser Stelle können wir die Ergebnisse der Diskussion des Operators U anwenden. Wir wissen, daß in dem graden Raum $X_r = 0$ ist für alle ungraden r, und entsprechend in dem ungraden Raum $X_r = 0$ für alle graden r. Es kommen daher nur Lösungen in Betracht, bei denen entweder die λ_r mit ungraden r 1 sind (grader Raum) oder bei denen die λ_r mit graden r 1 sind (ungrader Raum). Die beiden Klassen von Eigenwerten haben also die Form

$$\lambda = \lambda_1 \lambda_3 \lambda_5 \ldots \qquad (34.69)$$

und

$$\lambda = \lambda_0 \lambda_2 \lambda_4 \ldots \qquad (34.70)$$

Damit haben wir bereits eine große Zahl von „falschen" Kombinationen ausgesondert. Die weitere Auswahl, die das vollständige Eigenwertspektrum liefert, bietet zwar keine prinzipiellen Schwierigkeiten, ist aber ziemlich mühsam. Da, wie in Ziff. 31 gezeigt, für die thermodynamische Diskussion nur der größte Eigenwert benötigt wird, können wir auf die vollständige Ableitung verzichten und damit das Problem wesentlich vereinfachen. Um die für uns wichtigen Eigenwerte zu finden, betrachten wir als „Modell" den Operator [vgl. (34.26) und (34.46)]

$$A_0 = -\sum_{j=1}^{n} C_j = \sum_{r=0}^{2n-1} X_r. \qquad (34.71)$$

Da alle C_j untereinander kommutieren, lassen sie sich gleichzeitig auf Diagonalform bringen. Es ist $C_j^2 = E$; die Eigenwerte sind somit ± 1. Diese Eigenwerte hängen nicht in irgendeiner Weise von denen anderer C_k ab. Die 2^n Eigenwerte von A_0 sind daher gegeben durch

$$-A_0 = \pm 1 \pm 1 \pm 1 \pm \cdots \pm 1. \qquad (34.72)$$

Die Reihe auf der rechten Seite hat n Terme, und die 2^n Eigenwerte entstehen durch die möglichen Kombinationen der $\pm$-Zeichen. Der niedrigste Eigenwert von A_0 ist nicht entartet, gehört in den graden Raum und lautet

$$A_0 = -n. \qquad (34.73)$$

Der nächstniedrige Eigenwert ist entartet, gehört in den ungraden Raum und hat den Wert

$$A_0 = -n + 2. \qquad (34.74)$$

Im Zusammenhang mit der Diskussion des Operators U haben wir nun gezeigt, daß für $U = +E'$ alle X_r für grade r verschwinden. Es gibt also einen Eigenvektor der X_r, zu dem als Eigenwert gehört

$$A_0 = -n = X_1 + X_3 + \cdots + X_{2n-1}$$
$$= \begin{cases} 2X_1 + 2X_3 + \cdots 2X_{n-2} + X_n & (n \text{ ungrade}) \\ 2X_1 + 2X_3 + \cdots 2X_{n-1} & (n \text{ grade}). \end{cases} \quad (34.75)$$

Da X_r nur die Werte ± 1 und 0 annehmen kann, ist die Gleichung nur erfüllbar, wenn allgemein $X_r = -1$ (r ungrade) gilt.

Aus der vorstehenden Überlegung können wir schließen, daß $\mathsf{V}_2 \mathsf{V}_1$ einen Eigenwert

$$\lambda_+ = \begin{cases} e^{\frac{1}{2}(2\gamma_1 + 2\gamma_3 + \cdots + 2\gamma_{n-2} + \gamma_n)} & (n \text{ ungrade}) \\ e^{\frac{1}{2}(2\gamma_1 + 2\gamma_3 + \cdots + 2\gamma_{n-1})} & (n \text{ grade}) \end{cases} \quad (34.76)$$

besitzt. Wenn wir die Definition (34.63) für γ_r auf $r > n$ erweitern, können wir (34.76) einfacher schreiben.

$$\lambda_+ = e^{\frac{1}{2}(\gamma_1 + \gamma_3 + \cdots + \gamma_{2n-1})}. \quad (34.77)$$

Vergleichen wir dies mit den anderen Eigenwerten (34.69), so sehen wir, daß (34.77) sicher der größte Eigenwert im graden Raume ist. Der an Größe nächste Eigenwert in diesem Raume ist mindestens um einen Faktor $e^{-\gamma_1}$ kleiner. Es bleibt jetzt noch zu zeigen, daß der Eigenwert (34.77) auch größer ist als alle Eigenwerte im ungraden Raume. Der niedrigste Eigenwert von A_0 in diesem Raume ist

$$A_0 = -n + 2 = X_0 + X_2 + \cdots + X_{2n-2}$$
$$= \begin{cases} X_0 + 2X_2 + 2X_4 + \cdots + 2X_{n-2} + X_n & (n \text{ grade}) \\ X_0 + 2X_2 + 2X_4 + \cdots + 2X_{n-1} & (n \text{ ungrade}). \end{cases} \quad (34.78)$$

Die X_r können nicht alle gleichzeitig den Wert -1 annehmen, da dies der Gl. (34.74) für den niedrigsten Eigenwert im ungraden Raume widersprechen würde. Es gibt nun verschiedene mögliche Lösungen, wir sind jedoch nur an derjenigen interessiert, welche zu dem größten Eigenwert von $\mathsf{V}_2 \mathsf{V}_1$ im ungraden Raume führt. Dies ist der Fall bei der Lösung $X_0 = +1$ und alle anderen $X_r = -1$ (r grade). Der entsprechende größte Eigenwert von $\mathsf{V}_2 \mathsf{V}_1$ im ungraden Raume ist

$$\lambda_- = e^{\frac{1}{2}(-\gamma_0 + \gamma_2 + \gamma_4 + \cdots + \gamma_{2n-2})}. \quad (34.79)$$

Wenn $K^* < K'$ ist, muß nach (34.65) γ_0 negativ sein und es nähert sich für $n \to \infty$ dem Wert von $-\gamma_1$. Wenn also $K^* < K'$ ist, sind λ_+ und λ_- asymptotisch entartet. An der Stelle $K^* = K'$ ändert γ_0 das Vorzeichen, und für $K^* > K'$ ist die Entartung aufgehoben; hier ist $\lambda_+ > \lambda_-$. Damit haben wir bewiesen, daß λ_+ tatsächlich der größte Eigenwert ist und somit Gl. (34.77) die endgültige Lösung des Eigenwertproblems darstellt.

In Ziff. 23 haben wir bereits (für $K' = K$) gezeigt, daß an der Stelle $K^* = K$ das zweidimensionale Ising-Modell einen Umwandlungspunkt besitzt. Man sieht also, daß der größte Eigenwert der Matrix H unterhalb des Umwandlungspunktes asymptotisch entartet ist, während oberhalb desselben die Entartung aufgehoben ist. Dies ist ein Beispiel für einen wichtigen allgemeinen Satz, der zuerst von Ashkin und Lamb[1] bewiesen wurde. Es besagt, daß in einem Kristall mit Wechselwirkung zwischen nächsten Nachbarn die Fernordnung mit einer asymptotischen Entartung des größten Eigenwertes der Matrix H verknüpft ist. Damit ist

---

[1] J. Ashkin u. W. E. Lamb: Phys. Rev. **64**, 159 (1943).

zunächst schon ohne spezielle Untersuchung die Natur der Umwandlung an der Stelle $K^*=K$ geklärt. Es ergibt sich aber noch eine weitere Folgerung, auf die zuerst MONTROLL[1] hingewiesen hat. Nach einem Theorem von FROBENIUS ist der größte Eigenwert einer endlichen Matrix nicht entartet, wenn alle Matrix-Elemente von Null verschieden und positiv sind. Die letztere Voraussetzung ist definitionsgemäß bei der Matrix H stets erfüllt. Für das eindimensionale und, wie das Beispiel in Ziff. 32 zeigt, auch für das nur in einer Richtung unendliche zweidimensionale Ising-Modell ist außerdem die Matrix H stets endlich. Damit ergibt sich als eine Folgerung aus dem Theorem von FROBENIUS, daß diese Systeme keine Fernordnung und keinen Umwandlungspunkt zeigen können. VAN HOVE[2] hat diese Überlegung für nicht kristalline Systeme verallgemeinert und damit die Tatsache, daß eindimensionale Systeme mit Wechselwirkung zwischen nächsten Nachbarn keine Umwandlungen zeigen, auf ein allgemeines Prinzip zurückgeführt.

35. Das zweidimensionale Ising-Modell: Thermodynamische Eigenschaften nach der exakten Theorie. Nachdem wir das Eigenwertproblem des zweidimensionalen Ising-Modells gelöst haben, läßt sich die Verteilungsfunktion ohne weiteres anschreiben. Aus Gln. (31.13), (34.22), (34.63) und (34.77) erhält man

$$\begin{aligned}
\lim_{n,m\to\infty} (n\,m)^{-1} \ln Q_c &- \tfrac{1}{2} \ln (2 \sinh 2K) \\
&= \lim_{n\to\infty} (2n)^{-1} (\gamma_1 + \gamma_3 + \cdots + \gamma_{2n-1}) \\
&= \lim_{n\to\infty} (2n)^{-1} \sum_{r=1}^{n} \cosh^{-1}\Big[\cosh 2K' \cosh 2K^* \\
&\quad - \sinh 2K' \sinh 2K^* \cosh\Big(\frac{\pi(2r-1)}{n}\Big)\Big].
\end{aligned} \quad (35.1)$$

Für $n\to\infty$ können wir die Summe durch ein Integral ersetzen und erhalten dann

$$\lim_{n,m\to\infty} (n\,m)^{-1} \ln Q_c - \tfrac{1}{2} \ln (2 \sinh 2K) = (4\pi)^{-1} \int_0^{2\pi} \gamma(\omega)\, d\omega \quad (35.2)$$

mit

$$\gamma(\omega) = \cosh^{-1} (\cosh 2K' \cosh 2K^* - \sinh 2K' \sinh 2K^* \cos \omega). \quad (35.3)$$

Diese Gleichung läßt die Symmetrie in K und K' nicht erkennen. Mit Hilfe der Definitionsgleichung für K^* (33.2) und der Formel

$$\int_0^{2\pi} \ln (2 \cosh x - 2 \cosh \omega)\, d\omega = 2\pi\, x \quad (35.4)$$

erhält man die symmetrischere Form

$$\begin{aligned}
\lim_{n,m\to\infty} (n\,m)^{-1} \ln Q_c = \ln 2 &+ \frac{1}{2\pi^2} \int_0^{\pi}\!\!\int_0^{\pi} \ln (\cosh 2K \cosh 2K' \\
&- \sin 2K \cos \omega - \sinh 2K' \cos \omega')\, d\omega\, d\omega'.
\end{aligned} \quad (35.5)$$

Die Auswertung des Integrals für beliebige Werte von K und K' ist ziemlich umständlich: wir verweisen dafür auf die Onsagersche Arbeit[3]. Für $K=K'$ tritt eine wesentliche Vereinfachung ein. Wir wollen uns daher auf diesen Fall,

---
[1] E.W. MONTROLL: J. Chem. Phys. **9**, 706 (1941).
[2] L. VAN HOVE: Physica, Haag **16**, 137 (1950).
[3] L. ONSAGER: Phys. Rev. **65**, 117 (1944).

der bereits das wichtigste Ergebnis liefert, beschränken. Führen wir die Abkürzung

$$k_1 = \frac{2 \tanh 2K}{\cosh 2K} \tag{35.6}$$

ein, so läßt sich die Gl. (35.5) schreiben (mit $nm = N$)

$$\lim_{N\to\infty} \frac{1}{N} \ln Q_c = \ln(2\cosh 2K) + \frac{1}{2\pi^2} \int_0^\pi \int_0^\pi \ln(1 - k_1 \cos\omega_1 \cos\omega_2) \, d\omega_1 \, d\omega_2. \tag{35.7}$$

Mit Benutzung der Gl. (35.4) wird daraus

$$\lim_{N\to\infty} \frac{1}{N} \ln Q_c = \ln(2\cosh 2K) + \frac{1}{2\pi} \int_0^\pi \ln\left\{\frac{1}{2}\left[1 + (1 - k_1^2 \sin^2\varphi)^{\frac{1}{2}}\right]\right\} d\varphi. \tag{35.8}$$

Das Integral läßt sich nicht in geschlossener Form auswerten. Brauchbare Reihenentwicklungen sind von ONSAGER[1] angegeben worden. Für die Berechnung der inneren Energie und der spezifischen Wärme ist die Kenntnis des Integrals nicht erforderlich, da dasselbe dann in elliptische Standard-Integrale übergeht.

Für die innere Energie erhalten wir durch Differentiation unter dem Integral

$$\begin{aligned} E_c &= kT^2 \frac{\partial \ln Q_c}{\partial T} = -J \frac{\partial \ln Q_c}{\partial K} \\ &= -NJ \coth 2K \left[1 + \frac{2}{\pi}(2\tanh^2 2K - 1) K_1(k_1)\right], \end{aligned} \tag{35.9}$$

wo

$$K_1(k_1) = \int_0^{\pi/2} (1 - k_1^2 \sin^2\varphi)^{-\frac{1}{2}} d\varphi \tag{35.10}$$

das vollständige elliptische Integral erster Gattung ist. Für die Atomwärme ergibt sich durch nochmalige Differentiation

$$\begin{aligned} C_c &= k(K \coth 2K)^2 \times \\ &\times \frac{2}{\pi}\left\{2K_1(k_1) - 2E_1(k_1) - 2(1 - \tanh^2 2K)\left[\frac{\pi}{2} + (2\tanh^2 2K - 1)K_1(k_1)\right]\right\}, \end{aligned} \tag{35.11}$$

wo $K_1(k_1)$ wieder durch Gl. (35.10) definiert ist, und

$$E_1(k_1) = \int_0^{\pi/2} (1 - k_1^2 \sin^2\varphi)^{\frac{1}{2}} d\varphi \tag{35.12}$$

das vollständige elliptische Integral zweiter Gattung darstellt.

Alle angeführten thermodynamischen Funktionen haben eine Singularität an der Stelle, die durch die schon in Ziff. 33 abgeleitete Gleichung

$$\sinh 2K_c = 1 \tag{35.13}$$

bestimmt ist. Für die Verteilungsfunktion ergibt sich aus Gl. (35.7) durch Entwicklung des Logarithmus und gliedweise Integration die Reihe (mit $4\varkappa = k_1$)

$$\begin{aligned} \lim_{N\to\infty} \frac{1}{N} \ln Q_c &= \ln(2\cosh 2K) - \sum_{n=1}^\infty \left[\binom{2n}{n}^2 \Big/ 4n\right] \varkappa^{2n} \\ &= \ln(2\cosh 2K) + \ln(1 - \varkappa^2 - 4\varkappa^4 - 29\varkappa^6 - 256\varkappa^8 - \\ &\quad - 2745\varkappa^{10} - 30773\varkappa^{12} - 364315\varkappa^{14} - \cdots), \end{aligned} \tag{35.14}$$

deren Konvergenzradius durch (35.13) festgelegt ist. Die Reihe konvergiert jedoch, ähnlich wie im Falle der Einstein-Kondensation, auf dem Konvergenzkreise. Da infolge dualen Charakters der Temperatur (vgl. Ziff. 33) dieser Punkt von beiden Seiten her in gleicher Weise durch die Reihe (35.14) erreicht wird, ist die freie Energie pro Teilchen, wie es sein muß, eine endliche und stetige Funktion der Temperatur.

Die Singularitäten der inneren Energie und der Atomwärme kommen dadurch zustande, daß für die durch (35.13) definierte Temperatur $k_1 = 1$ wird und für $k_1 = 1$ gilt $K_1(1) = \infty$, $E_1(1) = 1$. Die analytische Natur der Singularitäten ergibt sich aus der in der Umgebung derselben gültigen Näherungsformel

$$K_1(k_1) \approx \ln \frac{4}{|2\tanh^2 2K - 1|} \approx \ln \frac{\sqrt{2}}{|K - K_c|}. \tag{35.15}$$

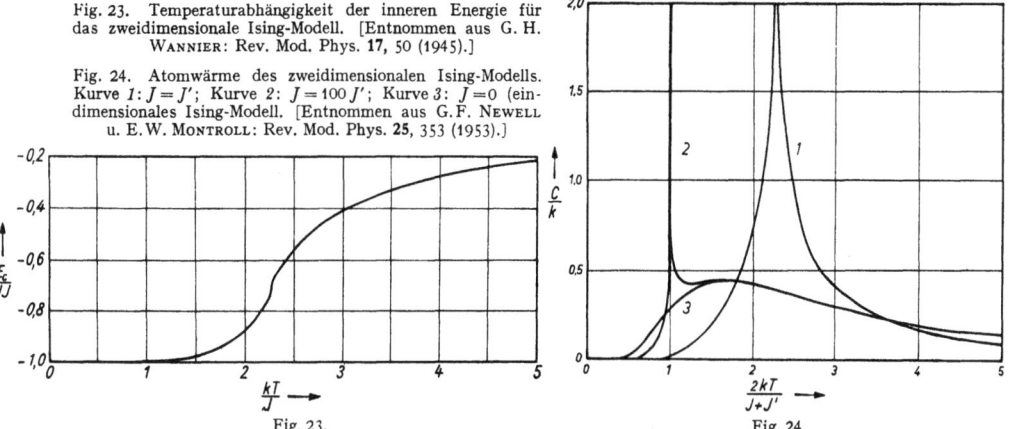

Fig. 23. Temperaturabhängigkeit der inneren Energie für das zweidimensionale Ising-Modell. [Entnommen aus G. H. WANNIER: Rev. Mod. Phys. **17**, 50 (1945).]

Fig. 24. Atomwärme des zweidimensionalen Ising-Modells. Kurve 1: $J = J'$; Kurve 2: $J = 100 J'$; Kurve 3: $J = 0$ (eindimensionales Ising-Modell. [Entnommen aus G.F. NEWELL u. E.W. MONTROLL: Rev. Mod. Phys. **25**, 353 (1953).]

Damit wird in der Umgebung des Umwandlungspunktes die innere Energie

$$E_c \approx - NJ\sqrt{2}\left(1 \pm \frac{2^{\frac{3}{2}}}{\pi}\frac{J}{k}\frac{T-T_c}{T_c^2}\ln\frac{J}{k\sqrt{2}}\frac{|T-T_c|}{T_c^2}\right). \tag{35.16}$$

Für die Atomwärme ergibt sich wegen

$$K_c = \frac{1}{2}\ln\cot\frac{\pi}{8}, \tag{35.17}$$

$$C_c \approx - \frac{2k}{\pi}\left(\ln\cot\frac{\pi}{8}\right)^2\left[\ln\left(\frac{J}{k\sqrt{2}}\frac{|T-T_c|}{T_c^2}\right) + 1 + \frac{1}{4}\pi\right]. \tag{35.18}$$

Aus Gl. (35.16) sieht man, daß die innere Energie trotz der logarithmischen Unendlichkeitsstelle in $K_1(k_1)$ endlich und stetig bleibt, weil der Koeffizient von $K_1(k_1)$ hier linear gegen Null geht, der entscheidende Term also die Form $|T-T_c|\ln|T-T_c|$ hat. In der Formel für die Atomwärme fehlt dieser Koeffizient, so daß C_c für T_c logarithmisch unendlich wird. In Fig. 23 ist der Verlauf der inneren Energie nach Gl. (35.9) dargestellt, in Fig. 24 der Verlauf der Atomwärme nach Gl. (35.11). Die letztere Abbildung zeigt außerdem noch die Atomwärme eines anisotropen zweidimensionalen Gitters mit $J = 100 J'$ und die des eindimensionalen Ising-Modells, für welches $J' = 0$ ist. Die Kurve für $J = J'$ zeigt in bezug auf die Singularität einen nahezu symmetrischen Verlauf, während bei $J = 100 J'$ die Annäherung an den eindimensionalen Fall schon deutlich erkennbar ist.

Das Ergebnis der Onsagerschen Theorie ist in zweifacher Hinsicht überraschend. Sie zeigt zunächst die Möglichkeit eines völlig neuartigen Umwandlungstyps, der bis dahin weder aus experimentellen noch aus theoretischen Untersuchungen bekannt war[1] und auch in der Ehrenfestschen Systematik keinen Platz hat. Die Onsagersche Rechnung erbringt aber darüber hinaus noch den Nachweis, daß alle Näherungsverfahren zur Behandlung kooperativer Probleme, wenigstens für den zweidimensionalen Fall, im Hinblick auf den Charakter der Umwandlung ein qualitativ falsches Ergebnis liefern. Fig. 20 (S. 117) zeigt die nach dem Betheschen (quasi-chemischen) und dem Variationsverfahren berechnete Kurve. Die Verbesserung der Näherung durch das Variationsverfahren ist deutlich zu erkennen, aber die beiden approximierten Kurven zeigen am Umwandlungspunkt eine endliche Unstetigkeit, im Gegensatz zu der logarithmischen Unendlichkeitskontrolle der exakten Kurve. Nach WANNIER [13] ist diese merkwürdige Diskrepanz darauf zurückzuführen, daß alle Näherungsverfahren für das Gebiet unterhalb des Umwandlungspunktes, d.h. das Gebiet der Fernordnung, einem zusätzlichen Parameter einführen, der oberhalb des Umwandlungspunktes den Wert Null hat. Da nach dem Dualitäts-Theorem [Gl. (33.12)] beide Temperaturgebiete in bezug auf die Beschreibung von vornherein gleichwertig sind, bedeutet die Einführung eines zusätzlichen Parameters für das Gebiet der tiefen Temperaturen eine genauere Beschreibung dieses Gebietes, die eine im Verhältnis zum Gebiet der hohen Temperatur erhöhte spezifische Wärme und damit am Umwandlungspunkt eine Unstetigkeit liefert.

36. Das zweidimensionale Ising-Modell: Die Magnetisierung. Das zweidimensionale Ising-Modell zeigt, wie zuerst von PEIERLS[2] nachgewiesen wurde, im Gegensatz zum eindimensionalen Fall Ferromagnetismus, d.h. eine spontane Magnetisierung. Da diese Frage von großer Bedeutung für verschiedene Interpretationen des Ising-Modells ist, wollen wir kurz darauf eingehen. Wenn ein System ferromagnetisch ist, hat die Magnetisierung $M(H, T)$ als Funktion der magnetischen Feldstärke H unterhalb des Curie-Punktes T_c für $H=0$ eine Unstetigkeit. Wenn H von positiven Werten gegen Null geht, ist $M(+0, T) > 0$, d.h. die ferromagnetische Substanz behält ihre Magnetisierung in Richtung von H, auch nach Abschalten des Feldes bei. Wenn umgekehrt H von negativen Werten gegen Null geht, so ist $M(-0, T) < 0$.

Die Energie des zweidimensionalen Ising-Modells können wir schreiben

$$U_c = -J \sum_{ij} \sigma_i \sigma_j - [\mu] H \sum_{j=1}^{N} \sigma_j. \tag{36.1}$$

Ändert man gleichzeitig die Richtung des magnetischen Feldes ($H \to -H$) und alle Spin-Orientierungen ($\sigma_j \to -\sigma_j$), so bleibt die Energie ungeändert. Da bei der Bildung der Verteilungsfunktion für alle σ_j oder $-\sigma_j$ über ± 1 summiert wird, gilt auch

$$Q_c(H) = Q(-H). \tag{36.2}$$

Schließlich ist

$$M(H) = -M(-H). \tag{36.3}$$

Für jedes endliche Gitter ist Q_c eine endliche Summe von Funktionen, von denen jede in H analytisch ist. Es müssen daher auch Q_c und M in H analytisch sein.

---

[1] KRAMERS und WANNIER [Phys. Rev. **60**, 263 (1941)] hatten bereits auf Grund ihrer Untersuchungen vermutet, daß die spezifische Wärme des zweidimensionalen Ising-Modells am Umwandlungspunkt unendlich wird.

[2] R. PEIERLS: Proc. Cambridge Phil. Soc. **32**, 477 (1936).

Aus Gl. (36.3) folgt dann unmittelbar $M(0)=0$. Wenn aber das System unendlich groß wird, so wird Q_c der Grenzwert einer Folge von analytischen Funktionen, der selbst nicht mehr notwendig analytisch ist. Um die spontane Magnetisierung zu berechnen, ist es daher notwendig, zuerst den Grenzübergang $N\to\infty$ durchzuführen und dann $H\to 0$ gehen zu lassen. Das umgekehrte Vorgehen führt auf $M(0)=0$.

Eine exakte Lösung des zweidimensionalen Ising-Problems für beliebige Werte von H ist bisher nicht bekannt. Für die Berechnung der spontanen Magnetisierung genügt es jedoch, wenn man das Verhalten von $Q_c(H,T)$ für kleine H, d.h. bis zu in H linearen Gliedern kennt. Solche Rechnungen lassen sich nach verschiedenen Methoden durchführen. In Form von Reihenentwicklungen ist die spontane Magnetisierung bereits vor längerer Zeit von van der Waerden[1] sowie Ashkin und Lamb[2] erhalten worden. Später ist es Yang[3] gelungen, durch eine von der Onsagerschen Lösung für $H=0$ ausgehende Störungsrechnung eine geschlossene Formel für $M(0)$ abzuleiten. Wir wollen das Prinzip der Berechnung hier kurz andeuten.

Zunächst verallgemeinern wir die Gl. (34.22) für den Fall eines Magnetfeldes, indem wir setzen

$$\mathsf{H} = (2\sinh 2K)^{n/2}\,\mathsf{V}_3\,\mathsf{V}_2\,\mathsf{V}_1 \tag{36.4}$$

mit

$$\mathsf{V}_3 = e^{C\sum\limits_{j=1}^{n} s_j} \tag{36.5}$$

und

$$C = -\frac{[\mu]H}{kT}. \tag{36.6}$$

Die Verteilungsfunktion ist dann

$$Q_c = (2\sinh 2K)^{\tfrac{nm}{2}}\,\mathrm{spur}\,(\mathsf{V}_3\,\mathsf{V}_2\,\mathsf{V}_1)^m \tag{36.7}$$

oder für $nm=N\to\infty$ einfach

$$Q_c = (2\sinh 2K)^{\tfrac{nm}{2}}\,\lambda_{\max}^m, \tag{36.8}$$

wo $\lambda_{\max}$ der größte Eigenwert der Matrix

$$\mathsf{V}_3\,\mathsf{V}_2\,\mathsf{V}_1 = \mathsf{V}_2\,\mathsf{V}_1 + C\left(\sum_{j=1}^{n} s_j\right)\mathsf{V}_2\,\mathsf{V}_1 + \cdots \tag{36.9}$$

ist. Wir bezeichnen nun mit $\lambda_{\max}^0$ den durch Gl. (34.77) gegebenen größten Eigenwert der Matrix $\mathsf{V}_2\,\mathsf{V}_1$. Für $\lambda_{\max}$ setzen wir in erster Näherung

$$\lambda_{\max} = \lambda_{\max}^0 + C\,\lambda_{\max}', \tag{36.10}$$

wo nun $\lambda'_{\max}$ durch die übliche Methode der Störungsrechnung erster Ordnung zu bestimmen ist.

Für die Durchführung der Rechnung ist es zweckmäßig, von einer symmetrischen Matrix auszugehen, weil dann die Eigenvektoren orthogonal sind. Es gibt hier verschiedene Möglichkeiten symmetrischer Formulierungen, die sich nur durch Ähnlichkeitstransformationen unterscheiden und daher die gleichen Eigenwerte besitzen. Im Anschluß an Yang setzen wir

$$\mathsf{V}_1^{\tfrac{1}{2}}\,\mathsf{V}_3\,\mathsf{V}_2\,\mathsf{V}_1^{\tfrac{1}{2}} = \mathsf{V}_1^{\tfrac{1}{2}}\,\mathsf{V}_2\,\mathsf{V}_1^{\tfrac{1}{2}} = C\,\mathsf{V}_1^{\tfrac{1}{2}}\sum_{j=1}^{n} s_j\,\mathsf{V}_2\,\mathsf{V}_1^{\tfrac{1}{2}}. \tag{36.11}$$

---
[1] B.L. van der Waerden: Z. Physik **118**, 473 (1941).
[2] J. Ashkin u. W.E. Lamb: Phys. Rev. **64**, 159 (1943).
[3] C.N. Yang: Phys. Rev. **85**, 808 (1952).

Weiter ist es bekanntlich für die Störungsrechnung von Bedeutung, ob der betrachtete ungestörte Eigenwert nicht entartet oder entartet ist. Wir betrachten daher die beiden Fälle $T > T_c$ und $T < T_c$ gesondert.

Im Falle $T > T_c$ ist, wie wir in Ziff. 34 gesehen haben, der größte Eigenwert der Matrix $V_1^{\frac{1}{2}} V_2 V_1^{\frac{1}{2}}$ nicht entartet, und der entsprechende Eigenvektor ψ_+ gehört zum graden Raum. In der Darstellung, in welcher $V_1^{\frac{1}{2}} V_2 V_1^{\frac{1}{2}}$ diagonal ist, müssen die Diagonalelemente des Störungsgliedes in (36.11) verschwinden. Während nämlich V_2 und V_1 mit U kommutieren und einen graden Vektor in einen graden, einen ungraden in einen ungraden überführen, antikommutiert s_j mit U und überführt grade Vektoren in ungrade und umgekehrt. Es ist daher

$$\lambda'_{\max} = \widetilde{\psi}_+ V_1^{\frac{1}{2}} \sum_{j=1}^{n} s_j V_2 V_1^{\frac{1}{2}} \psi_+ = 0. \quad (36.12)$$

Für $T > T_c$ hat der Eigenwert somit keinen in C linearen Korrekturterm. Es existiert daher keine spontane Magnetisierung.

Für $T < T_c$ ist der größte Eigenwert des ungestörten Problems an der Grenze $N \to \infty$ zweifach entartet. Wir haben einen Eigenvektor ψ_+ in dem graden Raume und einen Eigenvektor ψ_- in dem ungraden Raume. Durch die Störung wird die Entartung, wie gewöhnlich, aufgehoben. Die Eigenvektoren, für die gleichzeitig $V_1^{\frac{1}{2}} V_2 V_1^{\frac{1}{2}}$ und $V_1^{\frac{1}{2}} \sum_{j=1}^{n} s_j V_2 V_1^{\frac{1}{2}}$ Diagonalform haben, sind $2^{-\frac{1}{2}}(\psi_+ \pm \psi_-)$. Es ergibt sich daher für die Eigenwertstörung erster Ordnung

$$\lambda'_{\max} = 2^{-\frac{1}{2}}(\widetilde{\psi}_+ + \widetilde{\psi}_-) V_1^{\frac{1}{2}} \sum_{j=1}^{n} s_j V_2 V_1^{\frac{1}{2}} 2^{-\frac{1}{2}}(\psi_+ + \psi_-). \quad (36.13)$$

Es ist nun

$$V_1^{\frac{1}{2}} V_2 V_1^{\frac{1}{2}} (\psi_+ + \psi_-) = \lambda^0_{\max}(\psi_+ + \psi_-). \quad (36.14)$$

Damit wird aus (36.13)

$$\lambda'_{\max} = \tfrac{1}{2} \lambda^0_{\max} (\widetilde{\psi}_+ + \widetilde{\psi}_-) V_1^{\frac{1}{2}} \sum_{j=1}^{n} s_j V_1^{\frac{1}{2}} (\psi_+ + \psi_-) \quad (36.15)$$

oder, da s_j keine Elemente hat, die ψ_+ mit ψ_+ oder ψ_- mit ψ_- verknüpfen, aber symmetrisch ist,

$$\lambda'_{\max} = \lambda^0_{\max} \widetilde{\psi}_- V_1^{\frac{1}{2}} \sum_{j=1}^{n} s_j V_1^{-\frac{1}{2}} \psi_+. \quad (36.16)$$

Bilden wir nun mit Benutzung der Gln. (30.30), (36.8), (36.10) und (36.15) die Magnetisierung, so erhalten wir

$$M = \frac{[\mu]}{n} \frac{\partial \ln \lambda_{\max}}{\partial C} = \frac{[\mu]}{n} \frac{\lambda'_{\max}}{\lambda^0_{\max}} = \frac{[\mu]}{n} \widetilde{\psi}_- V_1^{\frac{1}{2}} \sum_{j=1}^{n} s_j V_1^{-\frac{1}{2}} \psi_+. \quad (36.17)$$

Da alle Teilchen einer Reihe untereinander gleichwertig sind, liefert jedes den gleichen Beitrag zu M. Es wird daher einfach

$$M = [\mu] \widetilde{\psi}_- V_1^{\frac{1}{2}} s_1 V_1^{-\frac{1}{2}} \psi_+. \quad (36.18)$$

Die spontane Magnetisierung ist also durch ein Nichtdiagonalelement der Störungsmatrix gegeben. Die explizite Berechnung dieses Ausdruckes ist außerordentlich umständlich, so daß wir dafür auf die Originalarbeit[1] verweisen. Es

---

[1] C.N. Yang: Phys. Rev. **85**, 808 (1952).

ergibt sich für die spontane Magnetisierung im Falle $K = K'$

$$|M(0)| = [\mu] (1 + \eta^2)^{\frac{1}{4}} (1 - \eta^2)^{-\frac{1}{2}} (1 - 6\eta^2 + \eta^4)^{\frac{1}{8}} \tag{36.19}$$

mit

$$\eta = e^{-2K}. \tag{36.20}$$

In der Nähe des Curie-Punktes gilt näherungsweise

$$M(0) \approx [\mu] [4 (\sqrt{2} + 2) (\eta_c - \eta)]^{\frac{1}{8}}. \tag{36.21}$$

Fig. 25 zeigt den nach Gl. (36.19) berechneten Verlauf der spontanen Magnetisierung in Abhängigkeit von der Temperatur. Die beiden anderen Kurven sind mit Hilfe von Reihenentwicklungen erhalten worden. Diese Kurven stellen nach Gl. (30.32) gleichzeitig den Verlauf des Fernordnungsgrades dar.

Zum Schluß sei noch erwähnt, daß es in neuerer Zeit gelungen ist, die Gl. (35.1) mit Hilfe einer kombinatorischen Methode abzuleiten[1]. Auch dieses Verfahren ist sehr umständlich. Für Einzelheiten verweisen wir auf den Bericht von NEWELL und MONTROLL [14] und die Originalarbeit. Eine andere Methode, die aber mit der vorher genannten in gewissem Zusammenhang steht, ist kürzlich von HURST und GREEN[2] angegeben worden.

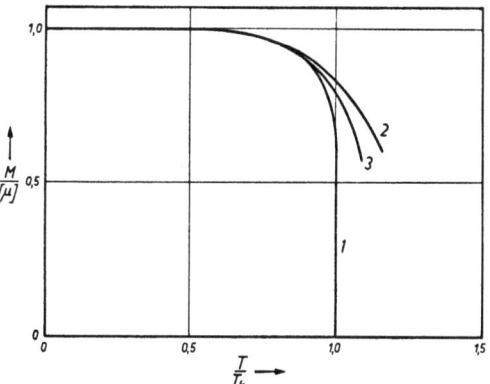

Fig. 25. Spontane Magnetisierung des zweidimensionalen Ising-Modells. Kurve *1*: Exakte Theorie; Kurve *2* und *3*: Reihenentwicklungen. [Entnommen aus G. F. NEWELL u. E. W. MONTROLL: Rev. Mod. Phys. **25**, 353 (1953).]

37. Einige Ergebnisse für das dreidimensionale Ising-Modell. Es ist bisher nicht gelungen, eine exakte Lösung für das mit dem dreidimensionalen Ising-Modell verknüpfte Eigenwertproblem zu finden. Insbesondere hat sich gezeigt, daß keine der beim zweidimensionalen Problem mit Erfolg angewandten Methoden sich auf den dreidimensionalen Fall übertragen läßt. Diese zunächst auffallende Tatsache erklärt sich dadurch, daß bei diesen Methoden sehr spezielle Eigenschaften, die nun im zweidimensionalen Fall vorhanden sind, eine entscheidende Rolle spielen. So findet man, um ein Beispiel zu nennen, bei dem Versuch, die in Ziff. 34 behandelte Onsagersche Methode auf den dreidimensionalen Fall zu übertragen, daß bereits beim ersten Schritt eine so große Liesche Algebra entsteht, daß die weitere Verfolgung dieses Weges aussichtslos erscheint.

Es bleibt daher, wenn man über die „klassischen" Methoden des Abschnitts B I hinauskommen will, nur die Möglichkeit, das Problem durch korrekte Reihenentwicklungen zu approximieren. Man kann dazu entweder von Näherungslösungen des Eigenwertproblems, die sich durch Störungsrechnung oder nach dem Variationsverfahren erhalten lassen, ausgehen, oder den Weg der direkten Abzählung einschlagen. In jedem Falle sind solche Rechnungen naturgemäß außerordentlich mühsam und langwierig. Wir beschränken uns hier auf eine Wiedergabe der wichtigsten Ergebnisse. Die umfangreiche Literatur ist in neuerer Zeit von RUSHBROOKE [15] kritisch gesichtet worden. Wir legen diese Darstellung unserer Übersicht zugrunde.

---
[1] M. KAC u. J. C. WARD: Phys. Rev. **88**, 1332 (1952).
[2] C. A. HURST u. H. S. GREEN: J. Chem. Phys. **33**, 1059 (1960).

Die Reihenentwicklungen lassen sich allgemein einteilen in solche für tiefe und solche für hohe Temperaturen. Die ersteren, wie sie von TANAKA, KATSUMORI und TOSHIMA[1], OGUCHI[2], TREFFTZ[3] und WAKEFIELD[4] angegeben worden sind, stellen $N^{-1} \ln Q_c$ als Potenzreihe in $\eta = e^{-2K}$ dar. Man erhält für das einfache kubische Gitter

$$\frac{1}{N} \ln Q_c = \eta^{-\frac{3}{2}} \left(\eta^6 + 3\eta^{10} - \frac{7}{2}\eta^{12} + 15\eta^{14} - 33\eta^{16} + \frac{313}{3}\eta^{18} - \right. \\ \left. - \frac{561}{2}\eta^{20} + 849\eta^{22} - \frac{9847}{4}\eta^{24} + 7485\eta^{26} - \frac{45069}{2}\eta^{28} + \cdots \right), \quad (37.1)$$

für das raumzentrierte kubische Gitter

$$\frac{1}{N} \ln Q_c = \eta^{-2} \left(\eta^8 + 4\eta^{14} - \frac{9}{2}\eta^{16} + 28\eta^{20} - 64\eta^{22} + \frac{145}{3}\eta^{24} + \right. \\ \left. + 204\eta^{26} - 786\eta^{28} + 1164\eta^{30} + \frac{3691}{4}\eta^{32} - 8760\eta^{34} \cdots \right), \quad (37.2)$$

für das flächenzentrierte kubische Gitter

$$\frac{1}{N} \ln Q_c = \eta^{-3} \left(\eta^{12} + 6\eta^{22} - \frac{13}{2}\eta^{24} + 8\eta^{30} + 42\eta^{32} - 120\eta^{34} + \right. \\ \left. + \frac{217}{3}\eta^{36} + 24\eta^{38} + 123\eta^{40} + 126\eta^{42} - 1623\eta^{44} + 2418\eta^{46} \cdots \right). \quad (37.3)$$

Die Entwicklungen für die spontane Magnetisierung sind für das einfache kubische Gitter

$$\frac{M(0)}{[\mu]} = 1 - 2\eta^6 - 12\eta^{10} + 14\eta^{12} - 90\eta^{14} + 192\eta^{16} - 792\eta^{18} + 2148\eta^{20} - \\ - 7716\eta^{22} + 23262\eta^{24} - 79512\eta^{26} + 252054\eta^{28} + \cdots, \quad (37.4)^5$$

für das raumzentrierte kubische Gitter

$$\frac{M(0)}{[\mu]} = 1 - 2\eta^8 - 16\eta^{14} + 18\eta^{16} - 168\eta^{20} + 384\eta^{22} - 314\eta^{24} - \\ - 1184\eta^{26} + 6248\eta^{28} - 9744\eta^{30} - 10174\eta^{32} + \cdots, \quad (37.5)$$

für das flächenzentrierte kubische Gitter

$$\frac{M(0)}{[\mu]} = 1 - 2\eta^{12} - 24\eta^{22} + 26\eta^{24} - 48\eta^{30} - 252\eta^{32} + 720\eta^{34} - \\ - 438\eta^{36} - 192\eta^{38} - 984\eta^{40} - 1008\eta^{42} - \cdots. \quad (37.6)$$

Bei den Entwicklungen für hohe Temperaturen, die von OGUCHI[6], TREFFTZ[7] und WAKEFIELD[8] gegeben worden sind, wird $Q_c^{1/N}$ als Potenzreihe in

$$u = \tanh K = \frac{e^K - e^{-K}}{e^K + e^{-K}} \quad (37.7)$$

dargestellt. Die Ergebnisse lauten für das einfache kubische Gitter

$$Q_c^{1/N} = 2 \cosh^3 K (1 + 3u^4 + 22u^6 + 192u^8 + 2070u^{10} + 24943u^{12} + \cdots), \quad (37.8)$$

für das raumzentrierte kubische Gitter

$$Q_c^{1/N} = 2 \cosh^4 K (1 + 12u^4 + 148u^6 + 2568u^8 + \cdots), \quad (37.9)^9$$

---

[1] T. TANAKA, H. KATSUMORI u. S. TOSHIMA: Progr. Theor. Phys. 6, 17 (1951).
[2] T. OGUCHI: J. Phys. Soc. Japan 5, 75 (1950); 6, 17 (1951).
[3] E. TREFFTZ: Z. Physik 127, 371 (1950).
[4] A. J. WAKEFIELD: Proc. Cambridge Phil. Soc. 47, 419, 799 (1951).
[5] Der Koeffizient von η^{26} wird von WAKEFIELD mit 79530 angegeben.
[6] T. OGUCHI: J. Phys. Soc. Japan 6, 31 (1951).
[7] E. TREFFTZ: Z. Physik 127, 371 (1950).
[8] A. J. WAKEFIELD: Proc. Cambridge Phil. Soc. 47, 419 (1951).
[9] Der Koeffizient des Gliedes u^8 ist bei RUSHBROOKE (l. c.) falsch angegeben. (Privatmitteilung von Prof. RUSHBROOKE.)

für das flächenzentrierte kubische Gitter

$$Q_c^{1/N} = 2\cosh^6 K(1 + 8u^3 + 33u^4 + 168u^5 + 962u^6 + 5928u^7 + \cdots). \quad (37.10)$$

Entwicklungen für hohe Temperaturen lassen sich naturgemäß auch nach Potenzen von K (d.h. T^{-1}) durchführen. Ein Beispiel dafür haben wir bereits bei der Kirkwoodschen Theorie (Ziff. 28) kennengelernt. Auch die Reihen von TREFFTZ haben ursprünglich diese Form. Für das einfache kubische Gitter hat TER HAAR[1-3] eine derartige Entwicklung mit Hilfe des Variationsverfahrens abgeleitet. Sie stimmt bis zum Gliede K^6 mit Gl. (37.8) exakt überein, während das Glied K^8 noch annähernd richtig wiedergegeben wird. Zum Vergleich sei

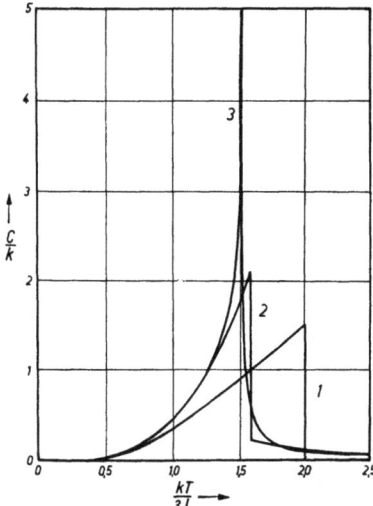
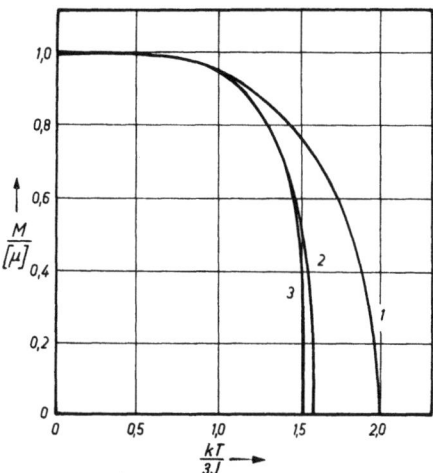

Fig. 26. Atomwärme des dreidimensionalen Ising-Modells. Kurve 1: BRAGG-WILLIAMS; Kurve 2: BETHE; Kurve 3: WAKEFIELD. [Entnommen aus G. F. NEWELL u. E. W. MONTROLL: Rev. Mod. Phys. **25**, 353 (1953).]

Fig. 27. Spontane Magnetisierung (bzw. Fernordnungsgrad) des dreidimensionalen Ising-Modells. Kurve 1: BRAGG-WILLIAMS; Kurve 2: BETHE; Kurve 3: WAKEFIELD. [Entnommen aus G. F. NEWELL u. E. W. MONTROLL: Rev. Mod. Phys. **25**, 353 (1953).]

erwähnt, daß in der nach der Betheschen (quasi-chemischen) Methode abgeleiteten Reihe bereits das Glied mit K^4 nicht mehr korrekt ist. Bei tiefen Temperaturen ergibt die letztere Methode Übereinstimmung mit Gl. (37.1) bis zum Gliede η^{14}.

Sowohl die Entwicklungen für hohe wie die für tiefe Temperaturen konvergieren ziemlich schlecht. Auf Grund einer genaueren Diskussion der Koeffizienten kommt WAKEFIELD[4] zu dem Schluß, daß gewisse Tieftemperatur-Entwicklungen vor Erreichen des Umwandlungspunktes divergieren und daß letzterer dann nur über eine analytische Fortsetzung erreicht werden kann. Bei den Hochtemperatur-Entwicklungen sind alle Koeffizienten positiv. Hier muß daher die den Konvergenzradius bestimmende Singularität auf der positiven reellen Achse liegen und mit dem Umwandlungspunkt identisch sein. Eine Abschätzung der Umwandlungstemperatur auf dieser Grundlage ist indessen nur bei der Reihe (37.8) möglich, da bei den übrigen die Zahl der Glieder zu gering ist. Das Ergebnis dieser von WAKEFIELD durchgeführten Abschätzung ist in guter Übereinstimmung mit dem Verhalten der Tieftemperatur-Entwicklung. In Fig. 26 ist der von WAKEFIELD berechnete Verlauf der Atomwärme, in Fig. 27 die spon-

---

[1] B. MARTIN u. D. TER HAAR: Physica, Haag **18**, 569 (1952).
[2] D. TER HAAR: Physica, Haag **18**, 836 (1952).
[3] D. TER HAAR: Physica, Haag **19**, 611 (1953).
[4] A. J. WAKEFIELD: Proc. Cambridge Phil. Soc. **47**, 799 (1951).

tane Magnetisierung bzw. Fernordnung dargestellt. In beiden Abbildungen sind auch die Bragg-Williamssche und die Bethesche (quasi-chemische) Näherung eingezeichnet. Der Parallelismus zu den auf das zweidimensionale Problem bezogenen Fig. 24 und 25 (S. 135, 139) ist sehr auffallend. Man kann danach wohl kaum bezweifeln, daß die Wakefieldschen Reihen bereits eine sehr gute Näherung ergeben und daß auch die Festlegung des Umwandlungspunktes schon ziemlich genau ist. TREFFTZ[1] hat aus ihren Reihen ebenfalls die Umwandlungsprodukte abgeschätzt. Der Vergleich mit den nach anderen Methoden erhaltenen Ergebnissen macht es aber wahrscheinlich, daß ihre Werte für η erheblich zu niedrig sind. In Tabelle 5 sind die wichtigsten Ergebnisse der Abschätzungen von η

Tabelle 5. *Werte der Größe η für die dreidimensionalen Gitter* ($\eta = e^{-2K}$). *Der jeweils beste Wert ist unterstrichen.* [Entnommen aus: G. S. RUSHBROOKE: Comptes Rendus 2ieme Réunion «Changements de Phases». Paris 1952.]

	η
Einfaches kubisches Gitter ($z = 6$)	
BRAGG u. WILLIAMS	0,717
Quasi-chemisch	0,667
BETHE (2. Approx.)	0,656
KIKUCHI	0,646
WAKEFIELD	<u>0,641</u>
TREFFTZ	0,607
Raumzentriertes kubisches Gitter ($z = 8$)	
BRAGG u. WILLIAMS	0,779
Quasi-chemisch	0,750
FUCHS	<u>0,741</u>
TREFFTZ	0,702
Flächenzentriertes kubisches Gitter ($z = 12$)	
BRAGG u. WILLIAMS	0,846
Quasi-chemisch	0,833
GUGGENHEIM u. MCGLASHAN (triplets)	0,832
GUGGENHEIM u. MCGLASHAN (quadruplets)	0,830
BETHE (1. Koordinationsschale)	0,828
FUCHS	0,823
KIKUCHI	<u>0,819 bis 0,805</u>
TREFFTZ	0,793

für dreidimensionale Gitter zusammengestellt. Dabei sind auch einige Methoden berücksichtigt, die in den Abschnitten B III und C II behandelt werden.

Während der Verlauf der Atomwärme usw. bei hohen und tiefen Temperaturen sich mit Hilfe der Reihenentwicklungen exakt berechnen läßt und man die Lage des Umwandlungspunktes wenigstens annähernd bestimmen kann, ist es nicht möglich, auf diesem Wege zu einer Aussage über die analytische Natur der Singularität zu gelangen. Die naheliegende Vermutung, daß für das dreidimensionale Ising-Modell die einfache Verallgemeinerung der Gl. (35.5)

$$\lim_{N \to \infty} \frac{1}{N} \ln Q_c = \ln 2 + \frac{1}{2\pi^3} \int_0^\pi \int_0^\pi \int_0^\pi \ln (\cosh 2K \cosh 2K' \cosh 2K'' - \sinh 2K \cos \omega - \sinh 2K' \cos \omega' - \sinh 2K'' \cos \omega'') \, d\omega \, d\omega' \, d\omega'' \quad (37.11)$$

gilt, hat sich nicht bestätigt. Für $K'' = 0$ geht Gl. (37.11) zwar in Gl. (35.5) über. Wenn man aber für $K = K' = K''$ (isotroper Kristall) (37.11) nach Potenzen von

---

[1] E. TREFFTZ: Z. Physik **127**, 371 (1950).

$u = \tanh K$ entwickelt, so ergibt sich keine Übereinstimmung mit der exakten Reihe (37.8)[1] [14]. Die Gl. (37.11) kann daher nicht richtig sein. Indessen macht der Vergleich der verschiedenen Näherungen und exakten Resultate im zweidimensionalen Fall und der verschiedenen Näherungen im dreidimensionalen Fall es sehr wahrscheinlich, daß der Verlauf der Atomwärme und die Natur des Umwandlungspunktes in beiden Fällen nicht wesentlich verschieden sind.

Betrachten wir unter diesem Gesichtspunkt noch einmal die experimentellen Ergebnisse für β-Messing (Fig. 10 auf S. 82), so ist zu berücksichtigen, daß die Atomwärme im Umwandlungspunkt selbst (ähnlich wie die Lichtstreuung im kritischen Punkt selbst, Ziff. 22) keine meßbare Größe ist. Es zeigt sich dann, daß die Annahme eines dem zweidimensionalen Fall analogen Verlaufs der Atomwärme die wesentlichen in Ziff. 29 erörterten Diskrepanzen tatsächlich zum Verschwinden bringt. Insbesondere liefert sie das nach den älteren Theorien völlig unerklärliche Ergebnis, daß die Atomwärme in der nächsten Umgebung des Umwandlungspunktes in bezug auf diesen symmetrisch verläuft. Man ist daher geneigt, anzunehmen, daß von den in Ziff. 29 aufgezählten Möglichkeiten zur Erklärung der Diskrepanzen die Unzulänglichkeit der älteren Näherungsverfahren die entscheidende Rolle spielt, während die übrigen Effekte, soweit sie nicht überhaupt zu vernachlässigen sind, Korrekturen darstellen, welche den Kurvenverlauf in Einzelheiten möglicherweise modifizieren, aber in seinem wesentlichen Charakter nicht ändern.

III. Feste Lösungen. Kritische Streuung. Rotationsumwandlungen.

38. Die Fuchssche Theorie der festen Lösungen. In Abschnitt B I haben wir bereits im Zusammenhang mit dem Problem der Überstruktur-Umwandlungen Mischkristalle betrachtet. Dabei wurde jedoch eine bestimmte Zusammensetzung vorgegeben und lediglich die Abhängigkeit der thermodynamischen Eigenschaften von der Temperatur untersucht. In diesem Abschnitt werden wir die Gesichtspunkte der allgemeinen Mischphasen-Thermodynamik, und damit die Abhängigkeit der thermodynamischen Eigenschaften von der Konzentration mehr in den Vordergrund rücken. Von der Möglichkeit einer Überstruktur-Bildung sehen wir hier ab; dagegen werden wir jetzt das Problem der Entmischung, d.h. der Trennung des Mischkristalls in zwei Phasen, untersuchen. Diese beiden Erscheinungen können nur bei entgegengesetzten Vorzeichen des durch Gl. (24.2) definierten Energie-Parameters w auftreten und stehen zueinander in einem gewissen Parallelismus. Für $w > 0$ ist die Anziehungskraft zwischen Paaren ungleicher Atome stärker als zwischen Paaren gleicher Atome. In diesem Falle bildet sich unter geeigneten Bedingungen unterhalb einer gewissen Temperatur T_c durch Bevorzugung der $A-B$-Paare die als Überstruktur bezeichnete zusätzliche Ordnung aus. Wenn $w < 0$ ist, haben wir die stärkere Anziehung zwischen Paaren gleicher Atome. Unter gewissen Bedingungen tritt dann unterhalb einer Temperatur T_k, der kritischen Temperatur, in einem von der Temperatur abhängigen Konzentrationsgebiet Entmischung auf. Aus diesen Andeutungen ergibt sich bereits, daß das Problem der festen Lösungen variabler Konzentration einen weiteren Sonderfall des in Ziff. 23 formulierten allgemeinen kooperativen Problems darstellt und sich somit auf die Form des Ising-Modells bringen läßt, wobei dann die Umwandlungstemperatur des letzteren der kritischen Temperatur der Entmischung entspricht. Wir werden dies in Ziff. 40 nachweisen, wollen aber die Theorie zunächst unabhängig von diesem Gesichtspunkt entwickeln. Wir legen

---

[1] E.W. MONTROLL: Comptes Rendus 2ᵉ Réunion «Changements de Phases», p. 226, Paris 1952.

der Rechnung wieder das in Ziff. 23 definierte Modell zugrunde, wobei wir die Annahme b jetzt dahin spezifizieren, daß unter den beiden Besetzungsmöglichkeiten die Besetzungen durch die beiden Atomarten, die wir daher von jetzt ab mit 1 und 2 bezeichnen, zu verstehen sind.

Wir betrachten also ein kristallines System von N Gitterplätzen und nehmen an, daß N_1 Gitterplätze von Atomen der Sorte 1, N_2 Gitterplätze von Atomen der Sorte 2 besetzt sind. Nach der Voraussetzung sind die konzentrationsabhängigen Anteile der thermodynamischen Eigenschaften durch die Verteilungsfunktion der Gitter-Konfigurationen bestimmt, also durch den Ausdruck

$$Q_c = \sum_{\substack{\text{Gitterkon-}\\\text{figurationen}}} e^{-\frac{U_c}{kT}}. \tag{38.1}$$

Die Größe U_c ist dabei durch Gl. (23.4) gegeben. Da jedoch in der Literatur verschieden definierte Wechselwirkungs-Parameter benutzt werden, stellen wir zunächst diese Definitionen und ihre gegenseitigen Beziehungen übersichtlich zusammen. Wir gehen aus von der schon in Ziff. 23 angeschriebenen Gleichung

$$U_c = N_1 \chi_1 + N_2 \chi_2 + z(X_{11} w_{11} + X_{12} w_{12} + X_{22} w_{22}). \tag{38.2}$$

Da
$$N_1 = 2X_{11} + X_{12}, \quad N_2 = 2X_{22} + X_{12} \tag{38.3}$$

ist, können zwei der Größen X_{ij} eliminiert werden. Entsprechend tritt (bei Abwesenheit äußerer Felder) in den thermodynamischen Formeln auch nur ein Energieparameter auf, während die übrigen in der experimentell nicht zugänglichen Energie des Normalzustandes verschwinden. Die Definition des Energieparameters ist daher gleichbedeutend mit der Wahl des Normalzustandes. Setzen wir nun

$$U'_{c0} = N_1 \left(\chi_1 + \frac{z}{2} w_{11}\right) + N_2 \left(\chi_2 + \frac{z}{2} w_{22}\right) \tag{38.4}$$

und definieren einen Parameter

$$w' = w_{12} - \tfrac{1}{2}(w_{11} + w_{22}), \tag{38.5}$$

so wird
$$U_c = U'_{c0} + z X_{12} w'. \tag{38.6}$$

Für $X_{12} = 0$ wird $U_c = U'_{c0}$. Der Normalzustand wird daher wie man aus Gl. (38.4) erkennt, durch die reinen Komponenten dargestellt. Setzt man

$$U^{(2)}_{c0} = N_1 \left(\chi_1 + \frac{z}{2} w_{11}\right) + N_2 \left(\chi_2 + z w_{12} - \frac{z}{2} w_{11}\right) \tag{38.7}$$

und definiert
$$w = w_{11} + w_{22} - 2 w_{12}, \tag{38.8}$$

so erhält man
$$U_c = U^{(2)}_{c0} + z X_{22} w. \tag{38.9}$$

Hier wird für $X_{22} = 0$ $U_c = U^{(2)}_{c0}$. Der Normalzustand ist also eine Lösung ohne 2—2-Paare. Durch Vertauschen der Indices erhält man

$$U^{(1)}_{c0} = N_1 \left(\chi_1 + z w_{12} - \frac{z}{2} w_{22}\right) + N_2 \left(\chi_2 + \frac{z}{2} w_{22}\right) \tag{38.10}$$

und
$$U_c = U^{(1)}_{c0} + z X_{11} w, \tag{38.11}$$

wo w wieder durch Gl. (38.8) definiert ist. Zwischen den verschiedenen hier eingeführten Größen bestehen die Beziehungen

$$U_{c0}^{(2)} = U_{c0}' - \frac{z}{2} w N_2 \qquad (38.12)$$

und

$$w = -2w'. \qquad (38.13)$$

Schließlich wird noch, zumal in der englischen Literatur, ein Energie-Parameter verwendet, der durch

$$w'' = z w' \qquad (38.14)$$

definiert ist. Man kommt zu dieser Größe durch Betrachtung eines Prozesses, bei dem aus je z 1—1-Paaren und 2—2-Paaren $2z$ 1—2-Paare entstehen; dabei ist die Änderung der Konfigurationsenergie $2w''$. Die Wahl des Energie-Parameters ist naturgemäß eine Frage der Konvention oder der Zweckmäßigkeit; es ist aber notwendig, beim Vergleich von Formeln und Tabellen die jeweils gewählte Definition zu beachten.

Da das Problem der festen Lösung dem Ising-Modell mathematisch äquivalent ist, lassen sich alle in den Abschnitten B I und B II behandelten Näherungsverfahren darauf anwenden. Wir werden jedoch, um Wiederholungen zu vermeiden, hier eine andere Methode benutzen, die von FUCHS[1] entwickelt wurde und im wesentlichen eine Anwendung der Ursell-Mayerschen cluster-Entwicklung auf das diskontinuierliche Problem der Gl. (38.1) darstellt. Da die cluster-Theorie der realen Gase ausführlich in dem Artikel von MAYER in Bd. XII dieses Handbuches dargestellt worden ist, werden wir uns hier, soweit es sich um einfache Übertragungen handelt, etwas kürzer fassen und unsere Aufmerksamkeit in erster Linie den speziellen Problemen der festen Lösungen zuwenden.

Für die Konstruktion der Verteilungsfunktion genügt es, die Konfiguration der 1-Atome zu berücksichtigen, da hierdurch die Konfigurationen der 2-Atome (bis auf Vertauschungen gleicher Atome untereinander) festgelegt sind und auch der Ausdruck für die Konfigurationsenergie (38.11) nicht explizit die Konfigurationen der 2-Atome enthält. Wir haben somit

$$Q_c = \frac{1}{N_1!} \sum_{\substack{\text{alle Konfigurationen} \\ \text{der 1-Atome}}} e^{-\frac{U_c}{kT}} = \frac{e^{-\frac{U_{c0}^{(1)}}{kT}}}{N_1!} \sum e^{-\frac{z X_{11} w}{kT}}. \qquad (38.15)$$

Definiert man

$$u_{ij} = \begin{cases} \infty, & \text{wenn } l_i \text{ und } l_j \text{ den gleichen Gitterplatz bezeichnen,} \\ w, & \text{wenn } l_i \text{ und } l_j \text{ benachbarte Gitterplätze sind,} \\ 0 & \text{in allen übrigen Fällen,} \end{cases} \qquad (38.16)$$

so wird aus (38.15)

$$Q_c e^{-\frac{U_{c0}^{(1)}}{kT}} = \frac{1}{N!} \sum_{l_1=1}^{N} \sum_{l_2=1}^{N} \cdots \sum_{l_{N_1}=1}^{N} \prod_{1 \leq j < i \leq N_1} e^{-\frac{u_{ij}}{kT}}. \qquad (38.17)$$

In Analogie zur Gastheorie führt man Funktionen f_{ij} ein durch die Gleichung

$$f_{ij} = e^{-\frac{u_{ij}}{kT}} - 1 = \begin{cases} -1, & \text{wenn } i \text{ und } j \text{ den gleichen Gitterplatz besetzen,} \\ e^{-\frac{w}{kT}} - 1, & \text{wenn } i \text{ und } j \text{ benachbarte Gitterplätze besetzen,} \\ 0 & \text{in allen übrigen Fällen.} \end{cases} \qquad (38.18)$$

---

[1] K. FUCHS: Proc. Roy. Soc. Lond. A **179**, 340 (1942).

Damit wird

$$e^{-\frac{zX_{11}w}{kT}} = \prod_{1 \leq j < i \leq N_1}(1+f_{ij}). \tag{38.19}$$

Definiert man nun cluster-Summen durch die Gleichung

$$b_l = \frac{1}{l!\,N}\sum_{l_1=1}^{N}\cdots\sum_{l_l=1}^{N}[\Sigma \prod f_{ij}], \tag{38.20}$$

so ergibt sich für die Verteilungsfunktion

$$Q_c\, e^{U_{c0}^{(1)}/kT} = \sum_m \prod \frac{(N_1\, x_1^{-1} b_l)^{m_l}}{m_l!}; \quad (\Sigma\, l\, m_l = N_1). \tag{38.21}$$

Hier ist m_l die Zahl der cluster aus l-Atomen und

$$x_1 = \frac{N_1}{N_1+N_2} = \frac{N_1}{N} \tag{38.22}$$

der Molenbruch der 1-Atome. Die cluster-Summen lassen sich, wieder in Analogie zur Gastheorie, durch unreduzierbare cluster-Summen ausdrücken. Diese letzteren sind definiert durch die Gleichung

$$\beta_k = \frac{1}{k!\,N}\sum_{l_1=1}^{N}\cdots\sum_{l_{k+1}=1}^{N}[\Sigma \prod f_{ij}], \tag{38.23}$$

wobei die Summe in der eckigen Klammer über alle mehrfach zusammenhängenden Produkte der f_{ij} zu erstrecken ist. Die Ableitung der Beziehung zwischen cluster-Summen und unreduzierbaren cluster-Summen erfordert eine ziemlich umständliche kombinatorische Überlegung, für die auf die Original-Literatur[1-3] verwiesen werden muß. Man erhält

$$b_l = \frac{1}{l^2}\sum_{n_k}\prod_k \frac{(l\,\beta_k)^{n_k}}{n_k!}; \quad (\Sigma\, k\, n_k = l-1), \tag{38.24}$$

wo n_k die Zahl der unreduzierbaren cluster aus $k+1$ Atomen ist. Man bemerkt die formale Analogie dieser Gleichungen mit der für die Verteilungsfunktion gültigen Gl. (38.21). Dieselbe bewirkt, daß die weitere Rechnung sich weitgehend auf die Untersuchung einer Klasse von Funktionen reduziert, welche durch die Gleichung

$$G_\lambda(\zeta,\eta) = \sum_{\nu=1}^{\infty}\eta_\nu\,\nu^\lambda\,\zeta^\nu \tag{38.25}$$

definiert ist.

Der erste Schritt, der Grenzübergang $N\to\infty$, wird hier ebenso wie in der Gastheorie nach der Methode von KAHN und UHLENBECK[4] durchgeführt. Man erhält

$$\lim_{N\to\infty}\frac{1}{N_1}\ln[Q_c^{(N)}\,e^{U_{c0}^{(1)}/kT}] = -\ln R \tag{38.26}$$

mit

$$\ln R = \ln Z - G_0(Z, x_1^{-1} b_l). \tag{38.27}$$

---

[1] J.E. MAYER u. S.F. HARRISON: J. Chem. Phys. **6**, 87 (1938).
[2] M. BORN u. K. FUCHS: Proc. Roy. Soc. Lond. A **166**, 391 (1938).
[3] K. HUSIMI: J. Chem. Phys. **18**, 682 (1950).
[4] B. KAHN u. G.E. UHLENBECK: Physica, Haag **4**, 299 (1938).

Die Größe Z ist definiert als der kleinste positive reelle Wert, für den entweder

$$G_1(Z, x_1^{-1} b_l) = 1 \tag{38.28a}$$

oder

$$G_1(Z, x_1^{-1} b_l) \quad \text{singulär} \tag{38.28b}$$

ist. Die Gl. (38.26) wird auch erhalten, wenn man die große Verteilungsfunktion als erzeugende Funktion einführt und Q_c mit Hilfe der Sattelpunktmethode berechnet. Dieser Weg führt indessen nur auf die Definition (38.28a). Für hinreichend kleines x_1 ist diese unter allen Umständen für kleineres Z erfüllt als (38.28b). In diesem Falle ist Z die kleinste positive reelle Wurzel der Gleichung

$$G_1(Z, b_l) = x_1. \tag{38.29}$$

Naturgemäß kann Z nicht mit der Fugazität der Komponente 1 identifiziert werden. Wir werden auf diese Frage in Ziff. 39 zurückkommen und begnügen uns zunächst mit der formalen Definition. Der Konfigurationsanteil der freien Energie nach HELMHOLTZ wird nun

$$F_c = N k T \left[x_1 \ln Z - G_0(Z, b_l) + \frac{U_{c0}^{(1)}}{NkT} \right]. \tag{38.30}$$

Die Größe Z läßt sich mit Hilfe der Gln. (38.24) und (38.29) eliminieren. Für die etwas umständliche funktionentheoretische Ableitung sei auf [3] und den Artikel von MAYER in Bd. XII verwiesen. Man erhält

$$\ln Z = \ln x_1 - G_0(x_1, \beta_k), \tag{38.31}$$

$$G_0(Z, b_l) = x_1 [1 - G_{0,1}(x_1, \beta_k)], \tag{38.32}$$

wo

$$G_{0,1}(x_1, \beta_k) = \sum_{k=1}^{\infty} \frac{k}{k+1} \beta_k x_1^k \tag{38.33}$$

ist. Damit wird aus (38.30)

$$F_c = N k T \left\{ x_1 [\ln x_1 - 1 - G_{0,1}(x_1, \beta_k)] + \frac{U_{c0}^{(1)}}{NkT} \right\}. \tag{38.34}$$

Entsprechend gilt

$$F_c = N k T \left\{ x_2 [\ln x_2 - 1 - G_{0,1}(x_2, \beta_k)] + \frac{U_{c0}^{(2)}}{NkT} \right\}. \tag{38.35}$$

Wenn die Definition von Z durch (38.28a) für den gesamten Konzentrationsbereich gültig ist, haben wir vollständige Mischbarkeit. Die thermodynamischen Eigenschaften der Mischkristalle lassen sich aus Gl. (38.34) oder (38.35) berechnen. Für $w<0$ kann es jedoch eintreten, daß $G_1(Z, x_1^{-1} b_l)$ singulär wird, bevor diese Funktion den Wert eins erreicht. Dieser Fall entspricht einer Phasenumwandlung, also hier einer Entmischung. Dabei muß allerdings vorausgesetzt werden, daß alle cluster-Summen b_l positiv sind. Nach neueren Rechnungen von KATSURA[1] scheint dies unterhalb des kritischen Punktes zuzutreffen, obwohl ein allgemeiner Beweis bisher nicht existiert. Die Singularität Z^* ist durch den Konvergenzradius der Reihe $\sum l b_l Z^l$ gegeben. Es gilt somit

$$Z^{*-1} = \lim_{l \to \infty} (l b_l)^{1/l}. \tag{38.36}$$

---

[1] S. KATSURA: Progr. Theoret. Phys. **20**, 192 (1958).

Die Löslichkeitsgrenze x_1^* ist dann durch

$$G_1(Z^*, b_l) = x_1^* \qquad (38.37)$$

gegeben. Da das Modell symmetrisch in den Komponenten ist, muß der gleiche Ausdruck auch für x_2^* gelten. Es ist somit

$$x_1^* = x_2^*.$$

Mit den vorstehenden Gleichungen ist zunächst noch nicht allzuviel anzufangen, da die Größe Z^* sich aus Gl. (38.36) praktisch nicht berechnen läßt. Um weiterzukommen, ist es notwendig, die Symmetrie des Problems und damit die Tatsache, daß die Verteilungsfunktionen der beiden koexistierenden Phasen bekannt sind, zu benutzen. Setzt man in Gl. (38.30) für Z den Wert Z^* ein, so erhält man mit (38.31) und (38.32)

$$\left. \begin{array}{l} F_c = N\,kT\left\{x_1[\ln x_1^* - G_0(x_1^*, \beta_k)] - x_1^*[1 - G_{0,1}(x_1^*, \beta_k)] + \right. \\ \left. + z\,x_1 \dfrac{w_{12} - w_{22}}{kT} + \dfrac{z\,w_{22}}{2kT}\right\}; \qquad x_1 \geqq x_1^*. \end{array} \right\} \qquad (38.39)$$

Entsprechend gilt

$$\left. \begin{array}{l} F_c = N\,kT\left\{x_2[\ln x_2^* - G_0(x_2^*, \beta_k)] - x_2^*[1 - G_{0,1}(x_2^*, \beta_k)] + \right. \\ \left. + z\,x_2 \dfrac{w_{12} - w_{11}}{kT} + \dfrac{z\,w_{11}}{2kT}\right\}; \qquad x_2 \geqq x_2^*. \end{array} \right\} \qquad (38.40)$$

Aus diesen Gleichungen, die beide korrekt das heterogene Gebiet beschreiben, folgt mit Gl. (38.8) und (38.38)

$$kT[\ln x_1^* - G_0(x_1^*, \beta_k)] = \frac{z}{2} w. \qquad (38.41)$$

Mit Benutzung von (38.31) ergibt sich daraus die wichtige Beziehung

$$Z^* = e^{\frac{zw}{2kT}}. \qquad (38.42)$$

Setzt man diesen Ausdruck in Gl. (38.37) ein, so wird

$$x_1^* = x_2^* = G_1\!\left(e^{\frac{zw}{2kT}}, b_l\right). \qquad (38.43)$$

Da die Berechnung der cluster-Summen zwar mühsam ist, aber keine prinzipiellen Schwierigkeiten bietet, läßt sich nach Gl. (38.43) die Entmischungskurve explizit berechnen.

Die vorstehende Ableitung benutzt verschiedene Annahmen, die zwar plausibel sind, sich aber im Rahmen dieser Theorie nicht beweisen lassen. Um sie zu formulieren, ist es notwendig, zwischen den cluster-Summen für ein endliches Gitter $b_l(N)$ und den Grenzwerten $\lim\limits_{N\to\infty} b_l(N) \equiv b_l$ zu unterscheiden. Die kleinste positive reelle Singularität von $G_0(Z, b_l)$ werden wir jetzt mit Z^{**} bezeichnen; dagegen soll Z^*, wie bisher, die Stelle der Entmischung bezeichnen; sie ist durch die kleinste positive reelle Singularität von $\lim\limits_{N\to\infty} G_0[Z, b_l(N)]$ gegeben [4]. Die erwähnten Annahmen besagen dann:

a) $\lim\limits_{N\to\infty} G_0[Z, b_l(N)] = G_0[Z, \lim\limits_{N\to\infty} b_l(N)] \equiv G_0(Z, b_l) \qquad$ für $\quad Z < Z^*.\qquad (38.44)$
b) $\qquad\qquad Z^* = Z^{**}.$

c) $G_0(Z, b_l)$ ist regulär für $Z<Z^*$ und konvergiert auf dem durch Z^* bestimmten Konvergenzkreise. Gl. (38.44) gilt somit auch für $Z=Z^*$.

d) $G_1(Z, b_l)$ konvergiert ebenfalls auf dem durch Z^* bestimmten Konvergenzkreise.

e) $G_1(x_1, \beta_k)$ und $G_{0,1}(x_1, \beta_k)$ konvergieren für $x_1 \leq x_1^*$.

Wir werden auf diese Fragen in Ziff. 40 zurückkommen, nachdem wir die Äquivalenz unseres Problems mit dem Ising-Modell nachgewiesen haben. Vorläufig werden wir annehmen, daß die obigen Aussagen korrekt sind.

39. Der kritische Punkt der Entmischung. Das Problem des kritischen Punktes der Entmischung fester Lösungen bietet unter den verschiedensten Gesichtspunkten erhebliches Interesse. Wir wollen es daher im Rahmen der Fuchsschen Theorie etwas eingehender erörtern. Zunächst zeigen wir, daß die durch Gl. (38.43) gegebene Entmischungskurve einen oberen kritischen Punkt besitzen muß. Wir betrachten den Fall $w=0$. Da hier alle Konfigurationen die gleiche Energie besitzen, kann die Verteilungsfunktion geschrieben werden

$$Q_{c0} = \frac{N!}{N_1! N_2!} e^{-\frac{U_c}{kT}}. \tag{39.1}$$

Daraus folgt sofort die bekannte Formel für die freie Energie einer idealen Lösung

$$F_{c0} = N kT \left(x_1 \ln x_1 + x_2 \ln x_2 + \frac{U_{c0}^{(1)}}{N kT} \right). \tag{39.2}$$

Der Vergleich mit (38.34) ergibt (wenn wir die für $w=0$ definierten unreduzierbaren cluster-Summen mit $\beta_k^{(0)}$ bezeichnen)

$$x_1 \left(1 - \sum \frac{1}{k+1} \beta_k^{(0)} x_1^k \right) = -(1-x_1) \ln(1-x_1). \tag{39.3}$$

Durch Entwicklung des Logarithmus und Koeffizientenvergleich erhält man

$$\beta_k^{(0)} = -\frac{1}{k}. \tag{39.4}$$

Damit lassen sich die Reihen leicht explizit aufsummieren. Es ergibt sich

$$\left. \begin{array}{ll} G_0(x_1, \beta_k^{(0)}) = \ln(1-x_1), & G_1(x_1, \beta_k^{(0)}) = -\frac{x_1}{1-x_1}, \\ G_2(x_1, \beta_k^{(0)}) = -\frac{x_1}{(1-x_1)^2}, & G_{0,1}(x_1, \beta_k^{(0)}) = \frac{\ln(1-x_1)}{x_1} + 1. \end{array} \right\} \tag{39.5}$$

Für hinreichend hohe Temperaturen kann man die Funktionen f_{ij} nach Potenzen der reziproken Temperatur entwickeln gemäß

$$f_{ij} = \begin{cases} -1 & \text{für } l_i = l_j, \\ -\frac{w}{kT} + \frac{1}{2}\left(\frac{w}{kT}\right)^2 - \cdots; & l_i, l_j \text{ benachbarte Gitterplätze,} \\ 0 & \text{in allen übrigen Fällen.} \end{cases} \tag{39.6}$$

Daraus ergibt sich eine entsprechende Entwicklung der unreduzierbaren cluster-Summen in der Form

$$\beta_k = \beta_k^{(0)} + \beta_k^{(1)} \frac{w}{kT} + \beta_k^{(2)} \left(\frac{w}{kT}\right)^2 + \cdots, \tag{39.7}$$

wo $\beta_k^{(0)}$ durch (39.4) gegeben ist. Da in einem unreduzierbaren cluster jedes Atom wenigstens mit zwei anderen zusammenhängt, müssen die temperaturabhängigen

Glieder der Entwicklung (39.7) wenigstens zwei Faktoren w/kT enthalten. Die einzige Ausnahme bildet β_1, da hier nur eine Bindung zwischen zwei Atomen besteht. Es ist daher

$$\beta_k^{(1)} = \begin{cases} -z & \text{für } k=1, \\ 0 & \text{für } k>1. \end{cases} \tag{39.8}$$

Wir schreiben nun die Entwicklung (39.7)

$$\beta_k = \beta_k^{(0)} + \beta_k^{(1)} \frac{w}{kT} + \beta_k'. \tag{39.9}$$

Da alle G-Funktionen linear in den β_k sind, wird dann allgemein

$$G_\lambda(x_1, \beta_k) = G_\lambda(x_1, \beta_k^{(0)}) + \frac{w}{kT} G_\lambda(x_1, \beta_k^{(1)}) + G_\lambda(x_1, \beta_k') \tag{39.10}$$

mit

$$G_\lambda(x_1, \beta_k^{(1)}) = -z x_1, \quad G_{0,1}(x_1, \beta_k^{(1)}) = -\frac{z}{2} x_1. \tag{39.11}$$

Mit Hilfe der Gln. (39.5), (39.10) und (39.11) läßt sich der Ausdruck für die freie Energie auf die geläufigere Form bringen

$$\begin{aligned} F_c = N\,kT \Big[& x_1 \ln x_1 + (1-x_1) \ln (1-x_1) - x_1 \sum \frac{1}{k+1} \beta_k' x_1^k + \\ & + \frac{z}{2} \frac{w}{kT} x_1^2 + \frac{U_{c0}^{(1)}}{NkT} \Big]. \end{aligned} \tag{39.12}$$

Die durch die Wechselwirkung zwischen den Atomen bedingte Abweichung von der idealen Lösung ist hier klar zu erkennen. Für sehr hohe Temperaturen kann man nun jedenfalls die Entwicklung (39.7) mit dem linearen Gliede abbrechen. Das bedeutet nach (39.9), daß die β_k' vernachlässigt werden können. In diesem Falle ist der Ausdruck (39.12) mit Sicherheit frei von Singularitäten, d.h. wir haben vollständige Mischbarkeit. Wenn daher bei tiefen Temperaturen Entmischung eintritt, muß notwendig eine kritische Temperatur der Entmischung existieren, bei welcher die koexistierenden Phasen identisch werden.

Um die Definition des kritischen Punkts im Rahmen der Fuchsschen Theorie zu erörtern, gehen wir aus von der Gleichung

$$G_2(Z, b_l) = \frac{x_1}{1 - G_1(x_1, \beta_k)}. \tag{39.13}$$

Für die Ableitung dieser Beziehung [die gleichzeitig mit (38.31) und (38.32) erhalten wird] muß wieder auf den Artikel von MAYER in Bd. XII oder auf [3] verwiesen werden. Da (unter den in Ziff. 38 gemachten Annahmen) die Löslichkeitsgrenze durch die kleinste positive reelle Singularität von $G_2(Z, b_l)$ bestimmt wird, kann sie nach (39.13) auch definiert werden aus der Forderung, daß entweder

$$G_1(x_1^*, \beta_k) = 1 \tag{39.14a}$$

oder

$$G_1(x_1^*, \beta) \quad \text{singulär} \tag{39.14b}$$

ist. Wenn wir von dem kritischen Punkt und seiner nächsten Umgebung absehen, kommt, aus analogen Gründen wie in der Gastheorie nur die Definition (39.14b) in Betracht. Um die Frage für den kritischen Punkt zu erörtern, bilden wir

$$\frac{\partial (F_c/N)}{\partial x_1} = kT \left[\ln x_1 - G_0(x_1, \beta_k) \right], \tag{39.15}$$

$$\frac{\partial^2 (F_c/N)}{\partial x_1^2} = \frac{kT}{x_1} \left[1 - G_1(x_1, \beta_k) \right], \tag{39.16}$$

$$\frac{\partial^3 (F_c/N)}{\partial x_1^3} = -\frac{kT}{x_1^2} \left[1 + G_2(x_1, \beta_k) - G_1(x_1, \beta_k) \right]. \tag{39.17}$$

Diese Größen hängen mit dem Konfigurationsanteil der chemischen Potentiale zusammen durch die Gleichungen

$$\left.\begin{array}{l} \mu_{c1} = F_c/N + (1-x_1)\dfrac{\partial (F_c/N)}{\partial x_1}, \\[4pt] \mu_{c2} = F_c/N - x_1 \dfrac{\partial (F_c/N)}{\partial x_1}. \end{array}\right\} \tag{39.18}$$

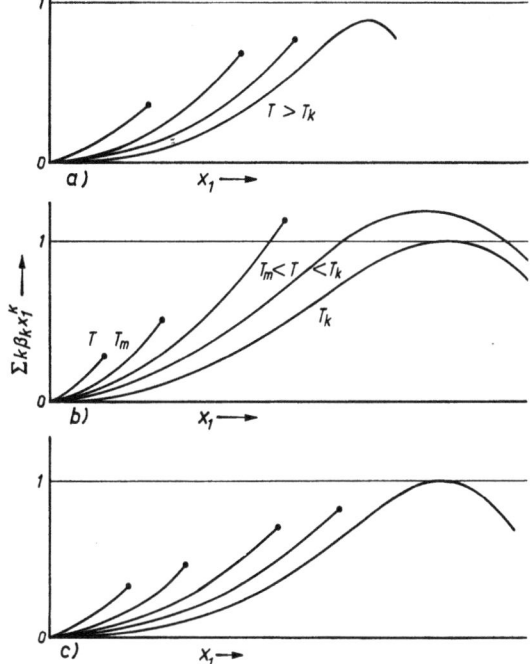

Fig. 28. Zur Theorie des kritischen Punktes.

Wir betrachten nun die verschiedenen Möglichkeiten, die in Fig. 28 schematisch dargestellt sind.

Nehmen wir an, daß die Definition (39.14b) auch den kritischen Punkt einschließt, so haben wir für $G_1(x_1, \beta_k)$ folgendes Verhalten: Die Singularität, welche die Löslichkeitsgrenze bezeichnet, verschiebt sich mit steigender Temperatur zu höheren Konzentrationen und verschwindet bei der kritischen Temperatur T_k in einem Verzweigungspunkt ins Komplexe, bevor $G_1(x_1, \beta_k)$ den Wert Eins erreicht hat. Oberhalb T_k wäre die Funktion durch eine analytische Fortsetzung über den Konvergenzkreis der Reihe hinaus darstellbar; sie dürfte aber den Wert Eins nicht erreichen (Fig. 28a). Mit Hilfe der Gln. (39.16) und (39.18) ergibt sich dann, daß die $\mu(x)$-Isothermen mit einer von Null verschiedenen Neigung in den kritischen Punkt einmünden. Ein solches Verhalten widerspricht in gleicher Weise der experimentellen Erfahrung und der thermodynamischen Definition des kritischen Punktes. Die Annahme, daß die Definition (39.14b) den kritischen Punkt einschließt, kann daher nicht richtig sein.

Um diese Schwierigkeit zu vermeiden, kann man annehmen, daß bei einer gewissen Temperatur $T_m < T_k$ die Funktion $G_1(x_1, \beta_k)$ den Wert Eins annimmt, bevor die Singularität erreicht wird. Da physikalische Bedeutung nur der jeweils kleinste Wert hat, für den entweder (39.14a) oder (39.14b) erfüllt ist, wird jetzt die Löslichkeitsgrenze durch (39.14a) definiert, während die Singularität physikalisch bedeutungslos ist. Danach muß auch am kritischen Punkt gelten

$$G_1(x_1^*, \beta_k) = 1. \tag{39.19}$$

Da diese Gleichung für $T_m \leq T \leq T_k$ gültig sein soll, muß noch eine zweite Beziehung existieren, welche den kritischen Punkt festlegt. Dieselbe ergibt sich aus der

Bedingung, daß oberhalb des kritischen Punktes ($T > T_k$) für alle Werte von x_1 $G_1(x_1, \beta_k) < 1$ sein muß. Das ist nur möglich, wenn die Funktion für $T = T_k$ an der Stelle $x_1 = x_1^*$ ein Maximum durchläuft. Daraus ergibt sich als zweite Gleichung für den kritischen Punkt

$$G_2(x_1^*, \beta_k) = 0. \qquad (39.20)$$

Das beschriebene Verhalten ist in Fig. 28b dargestellt. Es bleibt noch die Frage nach der physikalischen Bedeutung der Temperatur T_m. In dem formal völlig analogen Falle der Gastheorie kommen MAYER und HARRISON[1] zu dem Schluß, daß bei der Temperatur T_m der Meniskus (d.h. die Grenzflächenspannung zwischen den koexistierenden Phasen verschwindet und zwischen T_m und T_k eine anomale Umwandlung erster Ordnung [4] auftritt, bei der eine kontinuierliche Folge von benachbarten Phasen miteinander im Gleichgewicht ist. Danach sollte die experimentell bestimmte Koexistenzkurve in ihrem Scheitel über ein endliches Dichte- (bzw. Konzentrations-)intervall horizontal verlaufen. Die kritische Temperatur T_k wäre, wie sich aus Gl. (39.16), (39.17), (39.19) und (39.20) ergibt, in Übereinstimmung mit der Thermodynamik definiert; sie wäre aber experimentell nur über die Isothermen, nicht über die Koexistenzkurve zugänglich.

Die im vorstehenden skizzierte Beschreibung des kritischen Verhaltens, die ja im wesentlichen hypothetischen Charakter trägt, erscheint in erster Linie als Ausweg aus einer grundsätzlichen Schwierigkeit der cluster-Theorie. Im Rahmen dieser Theorie würde nämlich, wie man sofort sieht, die „klassische" Beschreibung des kritischen Verhaltens erfordern, daß im kritischen Punkt selbst gleichzeitig

a) die Singularität von $G_1(x_1^*, \beta_k)$ in einem Verzweigungspunkt ins Komplexe verschwindet,

b) $G_1(x_1^*, \beta_k) = 1$ ist,

c) $G_2(x_2^*, \beta_k) = 0$ ist.

Die gleichzeitige Erfüllung dieser Bedingungen erscheint nur für eine ganz spezielle Form des zwischenmolekularen Potentials (bzw. des Potentials der Durchschnittskraft) denkbar. Eine solche Voraussetzung steht aber im Widerspruch zu dem sehr allgemeinen Charakter der kritischen Erscheinungen und kann daher offenbar nicht als Grundlage der Theorie dienen.

Wir wollen nun zeigen, daß für unser Gittermodell (d.h. das Ising-Modell) notwendig $T_m = T_k$ gesetzt werden muß und andererseits die eben erwähnte Schwierigkeit nicht existiert. Mit der Abkürzung $\xi = w/kT$ folgt zunächst aus Gl. (38.41)

$$\frac{d\xi}{dx_1^*} = \frac{1 - G_1(x_1^*, \beta_k)}{x_1^* \left[\dfrac{z}{2} + G_0\left(x_1^*, \dfrac{\partial \beta_k}{\partial \xi}\right) \right]}. \qquad (39.21)$$

Der in eckigen Klammern stehende Ausdruck im Nenner kann mit Benutzung von (39.4), (39.8), (39.10) und (41.2) geschrieben werden

$$\frac{z}{2} + G_0\left(x_1^*, \frac{\partial \beta_k}{\partial \xi}\right) = (1 - 2x_1^*) \left[\frac{z}{2} + \sum_{k=1}^{\infty} \frac{\partial \gamma_k}{\partial \xi} x_1^{*k} (1 - x_1^*)^k \right]. \qquad (39.22)$$

Für $x_1^* \to 0$ gilt auch $G_1(x_1^*, \beta_k) \to 0$ und $G_0(x_1^*, \partial \beta_k/\partial \xi) \to 0$. An dieser Stelle wird somit $d\xi/dx_1^*$ positiv unendlich. Die kritische Konzentration ist wegen (38.38) gegeben durch

$$x_{1k}^* = x_{2k}^*, \qquad x_{2k}^* = 1 - x_{1k}^* \qquad (39.23)$$

---

[1] J.E. MAYER u. S.F. HARRISON: J. Chem. Phys. **6**, 87 (1938).

mit der Lösung
$$x_k^* = \tfrac{1}{2}. \tag{39.24}$$

Für diese Konzentration verschwindet der Ausdruck (39.22). Da hier $d\xi/dx_1^*$ nicht unendlich sein kann, muß im kritischen Punkt Gl. (39.19) erfüllt sein. Für $0 < x_1^* < \tfrac{1}{2}$ ist $G_0(x_1^*, \partial \beta_k/\partial \xi)$ endlich und $d\xi/dx_1^* > 0$. Das ist nur möglich, wenn in diesem Bereich $G_1(x_1^*, \beta_k) < 1$ ist. Es ist somit $T_m = T_k$, und die Gültigkeit der Gl. (39.19) ist auf den kritischen Punkt selbst beschränkt. Dieses Verhalten ist schematisch in Fig. 28c dargestellt. Einsetzen von (39.19) und (39.20) in Gl. (39.16) und (39.17) ergibt

$$\frac{\partial^2 (F_c/N)}{\partial x_1^2} = 0, \quad \frac{\partial^3 (F_c/N)}{\partial x_1^3} = 0 \quad (T = T_k. \; x_1 = x_{1R}^*) \tag{39.25}$$

in Übereinstimmung mit der thermodynamischen Definition. Durch Einsetzen von (39.24) in (39.19) und (39.20) erhält man für die kritische Temperatur

$$G_1(\tfrac{1}{2}, \beta_k) = 1, \quad G_2(\tfrac{1}{2}, \beta_k) = 0 \quad (T = T_k). \tag{39.26}$$

Mit Benutzung von (39.5), (39.10) und (39.11) wird daraus

$$G_1(\tfrac{1}{2}, \beta_k') = 2 + \frac{zw}{2kT}, \quad G_2(\tfrac{1}{2}, \beta_k') = 2 + \frac{zw}{2kT}. \tag{39.27}$$

Nun ist aber wegen der Symmetrie des Modells

$$x_1[G_0(x_1, \beta_k') - G_{0,1}(x_1, \beta_k')] = (1 - x_1)\{G_0[(1-x_1), \beta_k'] - G_{0,1}[(1-x_1), \beta_k']\}. \tag{39.28}$$

Durch sukzessive Differentiation folgt daraus schließlich für $x_1 = x_2 = \tfrac{1}{2}$:

$$G_0(\tfrac{1}{2}, \beta_k') = 0, \quad G_1(\tfrac{1}{2}, \beta_k') = G_2(\tfrac{1}{2}, \beta_k'). \tag{39.29}$$

Die beiden Gleichungen für die kritische Temperatur (39.27) sind somit tatsächlich identisch. Damit reduzieren sich die oben angeführten Bedingungen b und c auf eine einzige, und die dort erörterte Schwierigkeit einer Definition des kritischen Punktes entfällt. Die cluster-Theorie führt somit im Falle des Ising-Modells zu der Aussage, daß

a) der kritische Punkt der Entmischung durch die bekannten Gleichungen der Thermodynamik definiert ist,

b) die Entmischungskurve ein echtes Maximum durchläuft, das mit dem kritischen Punkt identisch ist.

Es darf indessen nicht übersehen werden, daß diese an sich befriedigenden Ergebnisse zunächst keineswegs als gesichert betrachtet werden können. Es ist im Gegenteil damit zu rechnen, daß die am Schluß von Ziff. 38 zusammengestellten Hypothesen sich auf die Theorie des kritischen Punktes stärker im negativen Sinne auswirken als auf die Theorie der Entmischung bei tieferen Temperaturen. Tatsächlich ist man heute geneigt, die für fluide Systeme bei der Definition des kritischen Punktes auftretende Schwierigkeit in erster Linie der Unzulässigkeit der Annahme b am Schluß von Ziff. 38 zuzuschreiben (vgl. den Artikel von MAYER in Bd. XII). In den beiden folgenden Ziffern werden wir daher versuchen, die Situation unter Heranziehung der für das Ising-Modell erhaltenen Resultate wie auch experimenteller Ergebnisse weiter zu klären.

40. Feste Lösung und Ising-Modell. Wir zeigen zunächst, daß die große Verteilungsfunktion der festen Lösung formal identisch ist mit der kanonischen Verteilungsfunktion des Ising-Modells in einem Magnetfeld[1,2]. Der besseren Über-

---
[1] G. S. RUSHBROOKE: Nuovo Cim. 6, Suppl. 251 (1949).
[2] A. MÜNSTER u. K. SAGEL: Z. phys. Chem., N.F. 7, 267 (1956).

sicht halber stellen wir die hier in Betracht kommenden Formeln für das Ising-Modell noch einmal zusammen. Es sei N_1 die Zahl der antiparallel zur Feldrichtung orientierten Dipole, N_2 die Zahl der parallel orientierten, und es sei

$$N = N_1 + N_2 \qquad (40.1)$$

die Gesamtzahl der Dipole. Wir setzen die Wechselwirkung zwischen gleichsinnig orientierten Dipolen gleich Null, die zwischen entgegengesetzt orientierten gleich w'. Dann ist die Konfigurationsenergie

$$U_c = [\mu] H(N_1 - N_2) + z X_{12} w'. \qquad (40.2)$$

Damit wird die Verteilungsfunktion

$$Q_c = e^{-N \frac{F_c}{NkT}} = \sum e^{-\frac{[\mu] H(N_1 - N_2) + z X_{12} w'}{kT}}. \qquad (40.3)$$

Für die Magnetisierung pro Teilchen ergibt sich daraus

$$-M = \frac{\partial (F_c/N)}{\partial H} \qquad (40.4)$$

oder

$$M = \frac{[\mu]}{N} (\overline{N}_1 - \overline{N}_2). \qquad (40.5)$$

Die Gl. (40.3) läßt sich mit Benutzung von (38.3) und (40.1) schreiben

$$e^{-\frac{N(F_c/N) + [\mu] H}{kT}} = \sum e^{-\frac{2[\mu] H N_1 + z N_1 w' - 2 z X_{11} w'}{kT}}, \qquad (40.6)$$

wo $z X_{11}$ die Zahl der Paare von antiparallel zur Feldrichtung orientierten Dipolen ist.

Die vollständige große Verteilungsfunktion eines binären Systems lautet

$$\Xi = \sum_{N_1=0}^{\infty} \sum_{N_2=0}^{\infty} e^{\frac{N_1 \mu_1 + N_2 \mu_2}{kT}} Q(N_1, N_2), \qquad (40.7)$$

wo $Q(N_1, N_2)$ die kanonische Verteilungsfunktion ist. Führen wir die Fugazitäten

$$Z_i = \frac{f_i(T)}{V} e^{\frac{\mu_i}{kT}} \qquad (40.8)$$

$[f_i(T) = $ Verteilungsfunktion des Einzelmoleküls$]$ und das Konfigurationsintegral

$$Q_\tau = \int e^{-\frac{U}{kT}} d\mathbf{q} \qquad (40.9)$$

ein, so wird aus (40.7)

$$\Xi = \sum_{N_1=0}^{\infty} \sum_{N_2=0}^{\infty} Z_1^{N_1} Z_2^{N_2} \frac{Q_\tau}{N_1! N_2!}. \qquad (40.10)$$

An dieser Stelle führen wir die in Ziff. 23 zusammengestellten Annahmen über das Modell ein. Da Leerstellen und Besetzung von Zwischengitterplätzen ausgeschlossen sind, beschränkt sich die Doppelsumme in (40.10) auf Terme, für die $N_1 + N_2 = N$ ist. Definiert man nun eine Größe

$$Z = \frac{Z_1}{Z_2},$$

so kann Gl. (40.10) wegen der Annahme über die Separierbarkeit der Verteilungsfunktion geschrieben werden

$$\Xi = Q' Z_2^N \sum_{N_1=0}^{N} Z^{N_1} Q_c(N_1). \qquad (40.12)$$

In diese Gleichung setzen wir nun den Ausdruck für Q_c [Gl. (38.15)] ein, wobei wir ohne Beschränkung der Allgemeinheit $U_{c0}^{(1)} = 0$ setzen können. Schreibt man die Summe als mit $N_1!$ multiplizierte Summe über die unterscheidbaren (d.h. nicht durch Vertauschung gleicher Teilchen auseinander hervorgehenden) Konfigurationen und faßt die Summierung über Teilchenzahl und Konfigurationen in einem Summenzeichen zusammen, so erhält man

mit
$$\Xi = Q' Z_2^N \Xi_c \qquad (40.13)$$

$$\Xi_c = \sum_{N_1=0}^{N} Z^{N_1} e^{-\frac{z X_{11} w}{kT}}. \qquad (40.14)$$

Man sieht nun leicht, daß Ξ_c der dem Konfigurationsanteil der thermodynamischen Funktionen entsprechende Faktor der großen Verteilungsfunktion ist. Es gilt nämlich

$$\bar{x}_1 = N^{-1} Z \frac{\partial \ln \Xi_c}{\partial Z} \qquad (40.15)$$

und

$$\bar{U}_c = kT^2 \frac{\partial \ln \Xi_c}{\partial T}. \qquad (40.16)$$

Die Thermodynamik der Gitterkonfigurationen ist also durch Ξ_c vollständig bestimmt.

Wir wollen dieses für das weitere grundlegende Resultat noch auf einen anderen Wege ableiten, indem wir zeigen, daß aus Ξ_c durch inverse Laplace-Transformation die kanonische Verteilungsfunktion der Gitterkonfigurationen Q_c erhalten wird. Wir bezeichnen mit X_i die extensiven Parameter, mit P_i die dazu konjugierten intensiven Parameter. Sind nun e^{Φ_l} und e^{Φ_k} Verteilungsfunktionen, die von l bzw. k intensiven Parametern abhängen ($l<k$), so gilt allgemein [4]

$$e^{\Phi_l} = \left(\frac{1}{2\pi i}\right)^{k-l} \int_{c-i\infty}^{c+i\infty} \cdots \int e^{\sum_{i=l+1}^{k} X_i P_i} e^{\Phi_k} dP_{l+1} \ldots dP_k, \qquad (40.17)$$

wo die P_i jetzt als komplexe Variable aufzufassen sind und die Integration über eine vertikale Gerade innerhalb des Regularitätsstreifens zu erstrecken ist. In unserem Falle ist $e^{\Phi_l} = Q$, $e^{\Phi_k} = \Xi$ und somit $k-l=2$. Wegen der aus dem Modell folgenden Beziehung (40.1) hat jedoch der Kern die Form

$$e^{N_1 P + N P_2}. \qquad (40.18)$$

Ferner ist nach (40.8) und (40.13)

$$\Xi = Q' \left[\frac{f_2(T)}{V}\right]^N e^{-N P_2} \Xi_c. \qquad (40.19)$$

Damit wird aus (40.17)

$$Q = Q' \left[\frac{f_2(T)}{V}\right]^N \frac{1}{2\pi i} \int_{c-i\infty}^{c+i\infty} e^{N_1 P} \Xi_c(P) dP. \qquad (40.20)$$

Geht man mit Hilfe der konformen Abbildung

$$z = \frac{f_1(T)}{f_2(T)} e^{-P} \tag{40.21}$$

auf die z-Ebene über, so wird der Integrationsweg ein Kreis vom Radius $\dfrac{f_1(T)}{f_2(T)} e^{-c}$ um den Ursprung, der im Sinne des Uhrzeigers zu durchlaufen ist. Man erhält daher

$$Q = Q' \frac{[f_1(T)]^{N_1}[f_2(T)]^{N_2}}{V^N} \frac{1}{2\pi i} \oint \frac{\Xi_c(z)}{z^{N+1}} dz, \tag{40.22}$$

wo jetzt der Integrationsweg entgegen dem Uhrzeigersinn zu durchlaufen ist. Der Integrand ist auf dem Integrationswege regulär und hat im Ursprung einen Pol $(N+1)$-ter Ordnung. Nach dem Residuensatz kann daher als Integrationsweg eine beliebige geschlossene Kurve um den Ursprung, die keine weiteren Singularitäten einschließt, gewählt werden. Separiert man auch die Verteilungsfunktion Q, wie früher angegeben, so vereinfacht sich (40.22) zu

$$Q_c = \frac{1}{2\pi i} \oint \frac{\Xi_c(z)}{z^{N+1}} dz. \tag{40.23}$$

Damit ist gezeigt, daß $\Xi_c(z)$ die erzeugende Funktion für Q_c ist und somit in der Tat die große Verteilungsfunktion der Gitterkonfigurationen darstellt. Die erzeugende Funktion für (38.21) (mit $U_{c0}^{(1)} = 0$) läßt sich aber sofort angeben. Es ist

$$\Xi_c = \exp[N G_0(z, x_1^{-1} b_l)]. \tag{40.24}$$

Damit wird

$$Q_c = \frac{1}{2\pi i} \oint \exp[N G_0(z, x_1^{-1} b_l) - (N+1) \ln z] dz. \tag{40.25}$$

Das Integral läßt sich in bekannter Weise nach der Sattelpunktmethode auswerten und ergibt, wenn Z die Sattelpunktkoordinate bezeichnet,

$$Q_c = \frac{e^{N G_0(Z, x_1^{-1} b_l)}}{Z^N [2\pi N G_2(Z, x_1^{-1} b_l)]^{\frac{1}{2}}}, \tag{40.26}$$

wo das positive Vorzeichen der Wurzel zu nehmen ist. Für $N \to \infty$ und $U_{c0}^{(1)} = 0$ geht dieser Ausdruck in Gl. (38.30) über. Dabei ergibt sich jetzt aus der Ableitung die physikalische Bedeutung der früher rein formal definierten Größe Z; sie ist durch Gl. (40.11) gegeben.

Wir kehren jetzt wieder zum Ising-Modell zurück. Der Vergleich der Gln. (40.6) und (40.14) zeigt, daß die jeweils auf der rechten Seite stehenden Ausdrücke formal identisch sind. Es ist nämlich einerseits

$$w = -2w'.$$

Andererseits ist für das ferromagnetische Ising-Modell $w' > 0$, für die binäre Lösung mit Entmischung $w < 0$. Damit ist die mathematische Äquivalenz der beiden Probleme bewiesen. Für die Zuordnung der jeweiligen Zustandsgrößen ergibt sich unmittelbar aus (40.6) und (40.14)

$$Z = e^{-\frac{2[\mu]H + zw'}{kT}} \tag{40.28}$$

sowie aus Gl. (40.5) und (40.15)

$$x_1 = \frac{1 - M/[\mu]}{2}. \tag{40.29}$$

Den $\bar{x}_1 - Z$-Isothermen der festen Lösung entsprechen somit die $M - H$-Isothermen des Ising-Modells. Für $N \to \infty$ zeigt das Ising-Modell unterhalb der Curie-Temperatur T_c eine spontane Magnetisierung, d.h. die Magnetisierung besitzt an der Stelle $H = 0$ eine Unstetigkeit. Entsprechend besitzt bei der festen Lösung unterhalb der kritischen Temperatur der Molenbruch $\bar{x}_1$ an der Stelle $Z = Z^*$ eine Unstetigkeit; es findet eine Phasenumwandlung statt, die hier eine Entmischung ist. Der Umwandlungspunkt des Ising-Modells repräsentiert also die kritische Temperatur der festen Lösung.

Für die Diskussion der Fuchsschen Theorie benötigen wir noch drei von YANG and LEE[1,2] gefundene Sätze, die wir ohne Beweis hier anführen. Der erste lautet in der Anwendung auf unser Problem:

Wenn ein Gebiet $\mathfrak{G}$ der komplexen Ebene frei ist von Nullstellen der großen Verteilungsfunktion Ξ_c, dann existieren in diesem Gebiet die Grenzwerte

$$\lim_{N\to\infty} N^{-1} \ln \Xi_c(z), \quad \lim_{N\to\infty} \frac{\partial (N^{-1} \ln \Xi_c)}{\partial \ln z}, \quad \lim_{N\to\infty} \frac{\partial^2 (N^{-1} \ln \Xi_c(z))}{\partial (\ln z)^2} \quad (40.30)$$

als analytische Funktionen von z, und die Operationen der Grenzwertbildung und Differentiation sind vertauschbar.

Dieser Satz, für dessen Beweis auf den Artikel von MÜNSTER in Bd. III/2 verwiesen sei [4], besagt, daß Phasenumwandlungen nur für unendlich große Systeme definierbar sind und daß die Lage der entsprechenden Singularitäten auf der reellen Z-Achse durch die Verteilung der Nullstellen von $\Xi_c(z)$ in der komplexen Ebene bestimmt wird.

Der zweite Satz, für dessen Beweis auf die Originalarbeit verwiesen werden muß, lautet:

Für das durch Gl. (38.16) definierte Potential liegen alle Nullstellen der großen Verteilungsfunktion Ξ_c, unabhängig von der Dimensionszahl, auf dem Kreise

$$|y| = 1, \quad (40.31)$$

wo die Variable y durch

$$y = e^{-\frac{2[\mu]H}{\kappa T}} \quad (40.32)$$

definiert ist.

Der dritte Satz, dessen Beweis sich ebenfalls in Bd. III/2 findet [4], lautet:

Innerhalb des Regularitätsbereichs von $\lim_{N\to\infty} G_0[Z, b_l(N)]$ gilt

$$\lim_{N\to\infty} G_0[Z, b_l(N)] = G_0[Z, \lim_{N\to\infty} b_l(N)] \equiv G_0(Z, b_l). \quad (40.33)$$

Wir gehen nun zur Erörterung der Fuchsschen Theorie über und sehen dabei zunächst ab von dem kritischen Punkt und seiner nächsten Umgebung. Daß die Entmischung existiert und somit $\lim_{N\to\infty} G_0[Z, b_l(N)]$ eine Singularität auf der positiven reellen Achse besitzt, folgt unmittelbar aus der Analogie mit dem Ising-Modell. Die Annahme a in Ziff. 38 [Gl. (38.44)] ergibt sich ohne weiteres aus Satz 1 und 3 in Verbindung mit Gl. (40.24). Dagegen stellt die Rechtfertigung der Annahme b in Ziff. 40 ein außerordentlich schwieriges Problem dar, dessen vollständige Lösung noch nicht gelungen ist. Das analoge Problem der Gastheorie ist von IKEDA[3] untersucht worden. In der Übertragung auf das Gittermodell lautet sein Ergebnis:

---

[1] C.N. YANG u. T.D. LEE: Phys. Rev. **87**, 404 (1952).
[2] T.D. LEE u. C.N. YANG: Phys. Rev. **87**, 410 (1952).
[3] K. IKEDA: Proc. Int. Conf. Theor. Phys. 1953, p. 544, Tokio 1954.

Für die Gültigkeit der Gl. (38.45) ist hinreichend, daß für $l \leq N_1$ und fast alle N_1

$$0 \leq b_l(N) \leq b_l \qquad (40.34)$$

ist und $\lim_{l \to \infty} b_l^{1/l} > 0$ existiert. Die Rechnungen von KATSURA[1] (bis b_8) machen es wahrscheinlich, daß diese Voraussetzungen für $T < T_k$ erfüllt sind. Ein allgemeiner Beweis ist bisher noch nicht gefunden worden. Wir bemerken aber, daß bereits aus Satz 1 bis 3 die weniger weitgehende Aussage

$$Z^{**} \geq Z^* \qquad (40.35)$$

folgt. Da für $|z| < Z^*$ Singularitäten im Komplexen durch Satz 1 und 2 ausgeschlossen sind, ist die Annahme c der Ziff. 38 unter allen Umständen korrekt. Für den Fall der Gültigkeit von (38.45) folgt dies aus den Eigenschaften der großen Verteilungsfunktion in Verbindung mit Gl. (40.24). In gleicher Weise ergibt sich, daß die Annahme d korrekt ist. Was die Annahme e betrifft, so ist eine Singularität auf der positiven reellen Achse für $x_1 < x_1^*$ durch die Eigenschaften der Verteilungsfunktion bzw. der freien Energie nach HELMHOLTZ ausgeschlossen. Da aber die unreduzierbaren cluster-Summen (wie man leicht an Hand der Formeln in Ziff. 41 feststellt) teilweise auch für $T < T_k$ negatives Vorzeichen besitzen, ist im Prinzip für $|x_1| < x_1^*$ eine Singularität im komplexen möglich. Für die Theorie würden daraus keine Schwierigkeiten entstehen, da man die analytischen Fortsetzungen auf der positiven reellen Achse benutzen könnte. Dagegen ist die Frage wesentlich für die numerische Auswertung der Theorie (Ziff. 41), da diese in den meisten Fällen von den Reihen $G_\lambda(x_1, \beta_k)$ Gebrauch macht. Die Ergebnisse der Auswertung, insbesondere die Konsistenz aller Resultate [d.h. der mit und ohne Benutzung der Reihen $G_\lambda(x_1, \beta_k)$ erhaltenen] sprechen indessen dafür, daß auch die Annahme e korrekt ist. Schließlich folgt aus Satz 1 und 2 in Verbindung mit Gl. (40.27) und (40.28), daß die Lage der Singularität Z^* durch die Fuchssche Theorie [Gl. (38.42)] richtig wiedergegeben wird. Da die Fuchssche Ableitung von der grundlegenden Beziehung (38.31) Gebrauch macht, spricht dieses Ergebnis ebenfalls dafür, daß der Fuchssche Formalismus bis zur Löslichkeitsgrenze korrekt ist und die theoretisch denkbaren Komplikationen tatsächlich nicht existieren.

Zusammenfassend kann man sagen, daß die für eine numerische Auswertung in Betracht kommenden Ergebnisse der Ziff. 38, die Gleichungen für die Löslichkeitskurve (38.43) und für die freie Energie nach HELMHOLTZ (38.34) formal sicher korrekt sind. Die für die letztere denkbare Möglichkeit einer analytischen Fortsetzung der Funktionen $G_\lambda(x_1, \beta_k)$ ist unwahrscheinlich, und wir werden sie im folgenden nicht in Betracht ziehen.

Für die in Ziff. 39 entwickelte Theorie des kritischen Punktes sind die Möglichkeiten einer unabhängigen Prüfung nur sehr beschränkt. Immerhin läßt sich eines der wichtigsten Ergebnisse der cluster-Theorie durch Heranziehung der für das zweidimensionale Ising-Modell erhaltenen Ergebnisse bestätigen. Aus Gl. (40.29) folgt unmittelbar, daß die Löslichkeitskurve durch

$$x_1^* = \frac{1 - M(0)/[\mu]}{2} \qquad (40.36)$$

gegeben ist, daß sie also im wesentlichen identisch ist mit der Kurve, welche die spontane Magnetisierung in Abhängigkeit von der Temperatur darstellt. Für das ebene quadratische Gitter wird der Verlauf dieser Kurve in der Umgebung des

---

[1] S. KATSURA: Progr. Theoret. Phys. **20**, 192 (1958).

Curie-Punktes durch Gl. (36.21) dargestellt. Daraus ergibt sich unmittelbar, daß die Entmischungskurve in ihrem Scheitel nicht ein horizontales Stück besitzt, sondern ein echtes Maximum durchläuft, das mit dem kritischen Punkt identisch ist, in Übereinstimmung mit der Fuchsschen Theorie. Eine weitergehende Diskussion erscheint jedoch im gegenwärtigen Zeitpunkt wenig sinnvoll. Wir werden uns daher auf den Vergleich der numerischen Resultate beschränken, der naturgemäß durch die Konvergenzeigenschaften der verwendeten Reihen beeinflußt wird, aber doch einige Hinweise gibt.

41. Auswertung der Fuchsschen Theorie. Für die numerische Auswertung der Fuchsschen Theorie ist es zweckmäßig, zunächst die Gleichungen der Ziff. 38 noch etwas umzuformen. Der in Gl. (39.12) auftretende Ausdruck

$$x_1[G_0(x_1, \beta'_k) - G_{0,1}(x_1, \beta'_k)] = \sum_{k=1}^{\infty} \frac{1}{k+1} \beta'_k x_1^{k+1} \qquad (41.1)$$

ist, wie schon erwähnt [Gl. (39.28)], symmetrisch in x_1 und $1 - x_1 = x_2$. Wir führen daher explizit eine in x_1 und x_2 symmetrische Form ein durch die Transformation

$$\sum_{k=1}^{\infty} \frac{1}{k+1} \beta'_k x_1^{k+1} = \sum_{k=1}^{\infty} \frac{1}{k+1} \gamma_k x_1^{k+1} (1 - x_1)^{k+1}. \qquad (41.2)$$

Durch Entwickeln der rechten Seite und Koeffizientenvergleich erhält man

$$\beta'_1 = \gamma_1, \quad \beta'_2 = \gamma_2 - 3\gamma_1, \quad \beta'_k = (k+1) \sum_{0 \leq \lambda \leq \frac{1}{2}(k+1)} \frac{(-1)^\lambda (k-\lambda)!}{\lambda!(k+1-2\lambda)!} \gamma_{k-\lambda}. \qquad (41.3)$$

Der Vorteil dieser Transformation besteht vor allem darin, daß die auf der rechten Seite von (41.2) stehende Reihe wesentlich rascher konvergiert. Wenn man in Gl. (39.12) die Größe $U_{c0}^{(1)}$ wieder nach (38.10) auflöst und die freien Energien der reinen Komponenten

$$F_{1c} = N_1 \left(\chi_1 + \frac{z}{2} w_{11}\right), \quad F_{c2} = N_2 \left(\chi_2 + \frac{z}{2} w_{22}\right) \qquad (41.4)$$

subtrahiert, so erhält man für die auf das Atom bezogene freie Energie der Mischung

$$\Delta F_m = F_c/N - F_{1c}/N_1 - F_{2c}/N_2 \qquad (41.5)$$

mit Benutzung von (41.2) die völlig symmetrische Form

$$\Delta F_m = kT \left[x_1 \ln x_1 + (1-x_1) \ln (1-x_1) - \frac{z}{2} \frac{w}{kT} x_1(1-x_1) - \sum_{k=1}^{\infty} \frac{1}{k+1} \gamma_k x_1^{k+1}(1-x_1)^{k+1} \right]. \qquad (41.6)$$

Mit Benutzung von (39.18) folgt daraus für die freie Energie der Verdünnung

$$\Delta \mu_1 = kT \left[\ln(1-x_2) - \frac{z}{2} \frac{w}{kT} x_2^2 + \frac{1}{2} \gamma_1 x_2^2 (1 - 4x_2 + 3x_2^2) \ldots \right]. \qquad (41.7)$$

Dabei ist, wie üblich, das „Lösungsmittel" (d.h. der in größerer Konzentration vorhandene Stoff) mit dem Index 1 bezeichnet. Aus Gl. (41.2) folgt durch Differentiation

$$\sum \beta'_k x_1^k = (1 - 2x_1) \sum \gamma_k x_1^k (1-x_1)^k \qquad (41.8)$$

und weiter

$$\frac{1}{x_1} \sum k \beta'_k x_1^k = (1 - 2x_1)^2 \sum k \gamma_k x_1^{k-1} (1 - x_1)^{k-1} - 2 \sum \gamma_k x_1^k (1 - x_1)^k. \qquad (41.9)$$

Mit Hilfe dieser Beziehungen lassen sich für die Löslichkeitsgrenze und die kritische Temperatur Ausdrücke gewinnen, die besser konvergieren als die in Ziff. 38 und 39 abgeleiteten Formeln. Um die Gleichung der Entmischungskurve umzuformen, geht man von Gl. (38.41) aus. Mit Benutzung von (39.5), (39.10) und (39.11) wird daraus

$$\ln x_1^* - \ln (1 - x_1^*) - \sum \beta'_k x_1^{*k} = \frac{z}{2} \frac{w}{kT} (1 - 2x_1^*). \qquad (41.10)$$

Setzt man hier Gl. (41.8) ein, so folgt

$$\ln x_1^* - \ln (1 - x_1^*) = (1 - 2x_1^*) \left[\frac{z}{2} \frac{w}{kT} + \sum \gamma_k x_1^{*k} (1 - x_1^*)^k \right]. \qquad (41.11)$$

Diese Gleichung ist bei höheren Temperaturen geeigneter zur Berechnung der Entmischungskurve als Gl. (38.43), die andererseits bei tiefen Temperaturen zweckmäßiger ist.

Für die kritische Temperatur ergibt sich aus der ersten der Gl. (39.27) und Gl. (41.9)

$$2 + \frac{z}{2} \frac{w}{kT} + \sum \gamma_k \left(\frac{1}{4}\right)^k = 0. \qquad (41.12)$$

Schließlich geben wir hier noch die expliziten Formeln, welche die ersten cluster-Summen nach Gl. (38.24) durch die unreduzierbaren cluster-Summen ausdrücken. Sie lauten

$$\left.\begin{array}{l} b_1 = 1, \quad b_2 = \dfrac{1}{2}\beta_1, \quad b_3 = \dfrac{1}{2}\beta_1^2 + \dfrac{1}{3}\beta_2, \\[4pt] b_4 = \dfrac{2}{3}\beta_1^3 + \beta_1\beta_2 + \dfrac{1}{4}\beta_3, \\[4pt] b_5 = \dfrac{25}{24}\beta_1^4 + \dfrac{1}{2}\beta_2^2 + \dfrac{5}{2}\beta_1^2\beta_2 + \beta_1\beta_3 + \dfrac{1}{5}\beta_4. \end{array}\right\} \qquad (41.13)$$

Die weitere Auswertung erfordert die Berechnung der unreduzierbaren cluster-Summen und damit die explizite Berücksichtigung der Gitterstruktur. Sie ist für das raumzentrierte kubische Gitter von Fuchs[1] sowie Rushbrooke und Scoins[2], für das ebene quadratische Gitter von Münster und Sagel[3] sowie Katsura[4], für das flächenzentrierte kubische Gitter von Münster und Sagel[3] durchgeführt worden. Die Ergebnisse, die keiner weiteren Erläuterung bedürfen, sind im folgenden übersichtlich zusammengestellt. Zur Vereinfachung der Schreibweise führen wir die Abkürzungen

$$f = e^{-\frac{w}{kT}} - 1, \quad \xi = \frac{w}{kT} \qquad (41.14)$$

ein. Dann gilt:

---

[1] K. Fuchs: Proc. Roy. Soc. Lond. A **179**, 340 (1942).
[2] G.S. Rushbrooke u. H.I. Scoins: Privatmitteilung.
[3] A. Münster u. K. Sagel: Z. phys. Chem., N.F. **7**, 267 (1956).
[4] S. Katsura: Progr. Theoret. Phys. **20**, 192 (1958).

Ziff. 41.   Auswertung der Fuchsschen Theorie.   161

1. Ebenes quadratisches Gitter ($z=4$).

Unreduzierbare cluster-Summen

$$\left.\begin{aligned}
\beta_1 &= -1 + 4f, \\
\beta_2 &= -\frac{1}{2} - 6f^2, \\
\beta_3 &= -\frac{1}{3} + 4f^2 + \frac{40}{3}f^3 + 4f^4, \\
\beta_4 &= -\frac{1}{4} - 20f^3 - 55f^4 - 20f^5, \\
\beta_5 &= -\frac{1}{5} + 8f^3 + 120f^4 + \frac{1704}{5}f^5 + 276f^6 + 12f^7, \\
\beta_6 &= -\frac{1}{6} - 98f^4 - 896f^5 - 2240f^6 - 1764f^7 - 238f^8, \\
\beta_7 &= -\frac{1}{7} + 28f^4 + 1072f^5 + 6840f^6 + \frac{102624}{7}f^7 + 11748f^8 \\
& \quad + 2832f^9 + 48f^{10}, \\
\beta_8 &= -\frac{1}{8} - 612f^5 - 10590f^6 - 50868f^7 - \frac{196479}{2}f^8 \\
& \quad - 82944f^9 - \cdots + f^{12}, \\
\beta_9 &= -\frac{1}{9} + 136f^5 + \frac{26860}{3}f^6 + 95740f^7 + 376460f^8 \\
& \quad + \frac{6160360}{9}f^9 + \cdots - 6f^{13}, \\
\beta_{10} &= -\frac{1}{10} - 3960f^6 - 106260f^7 - 825132f^8 - 2823920f^9 - \cdots + 8f^{15}, \\
\beta_{11} &= -\frac{1}{11} + 720f^6 + 69864f^7 + 1124088f^8 + 6979952f^9 + \cdots + 2f^{17}, \\
\beta_{12} &= -\frac{1}{12} - 25272f^7 - 973973f^8 - \frac{33505472}{3}f^9 - \cdots, \\
\beta_{13} &= -\frac{1}{13} + 3888f^7 + 524412f^8 + 11923744f^9 + \cdots, \\
\beta_{14} &= -\frac{1}{14} - 160530f^8 - 8475280f^9 - \cdots, \\
\beta_{15} &= -\frac{1}{15} + 21404f^8 + \frac{11593088}{3}f^9 + \cdots, \\
\beta_{16} &= -\frac{1}{16} - 1025372f^9 - \cdots, \\
\beta_{17} &= -\frac{1}{17} + 120632f^9 + \cdots.
\end{aligned}\right\} \quad (41.15)$$

Allgemeine Gleichungen für die γ_k

$$\left.\begin{aligned}
\gamma_1 &= 4(f + \xi), \\
\gamma_2 &= 12(f + \xi) - 6f^2, \\
\gamma_3 &= 40(f + \xi) - 20f^2 + \frac{40}{3}f^3 + 4f^4, \\
\gamma_4 &= 140(f + \xi) - 70f^2 + \frac{140}{3}f^3 - 35f^4 - 40f^5.
\end{aligned}\right\} \quad (41.16)$$

Handbuch der Physik, Bd. XIII.   11

Entwicklungen der γ_k für hohe Temperaturen ($kT \gg w$) nach Potenzen von ξ

$$\left.\begin{aligned}
\gamma_1 &= 2\xi^2 - \frac{2}{3}\xi^3 + \frac{1}{6}\xi^4 - \frac{1}{30}\xi^5 + \cdots, \\
\gamma_2 &= 4\xi^3 - 3\xi^4 + \frac{7}{5}\xi^5 - \cdots, \\
\gamma_3 &= 14\xi^4 - 20\xi^5 + \cdots, \\
\gamma_4 &= 68\xi^5 - \cdots
\end{aligned}\right\} \quad (41.17)$$

Gleichung für die kritische Temperatur

$$2 + 2\xi + \frac{1}{2}\xi^2 + \frac{1}{12}\xi^3 + \frac{7}{96}\xi^4 + \frac{31}{960}\xi^5 + \cdots = 0. \quad (41.18)$$

2. *Raumzentriertes kubisches Gitter* ($z=8$)

Unreduzierbare cluster-Summen

$$\left.\begin{aligned}
\beta_1 &= -1 + 8f, \\
\beta_2 &= -\frac{1}{2} - 12f^2, \\
\beta_3 &= -\frac{1}{3} + 8f^2 + \frac{80}{3}f^3 + 48f^4, \\
\beta_4 &= -\frac{1}{4} - 40f^3 - 310f^4 - 480f^5 + 60f^6, \\
\beta_5 &= -\frac{1}{5} + 16f^3 + 600f^4 + \frac{15408}{5}f^5 + 3408f^6 + 288f^7 + 162f^8, \\
\beta_6 &= -\frac{1}{6} - 476f^4 - 7392f^5 - 26152f^6 - 33264f^7 - 14238f^8 + \\
&\qquad\qquad\qquad\qquad\qquad\qquad\qquad\qquad + 896f^9 + 504f^{10}, \\
\beta_7 &= -\frac{1}{7} + 136f^4 + 8544f^5 + 77040f^6 + \frac{1803936}{7}f^7 + 378408f^8 + \\
&\qquad + 181280f^9 - 19072f^{10} + 5376f^{11} + 2000f^{12} + 32f^{13}, \\
\beta_8 &= -\frac{1}{8} - 4824f^5 - 117120f^6 - 862632f^7 - 2798127f^8 - \\
&\qquad\qquad\qquad\qquad\qquad - 4033584f^9 \ldots \text{ Terme bis } f^{15}.
\end{aligned}\right\} \quad (41.19)^1$$

Allgemeine Gleichungen für die γ_k

$$\left.\begin{aligned}
\gamma_1 &= 8(f + \xi), \\
\gamma_2 &= 24(f + \xi) - 12f^2, \\
\gamma_3 &= 80(f + \xi) - 40f^2 + \frac{80}{3}f^3 + 48f^4, \\
\gamma_4 &= 280(f + \xi) - 140f^2 + \frac{280}{3}f^3 - 70f^4 - 480f^5 + 60f^6.
\end{aligned}\right\} \quad (41.20)$$

Entwicklungen der γ_k für hohe Temperaturen

$$\left.\begin{aligned}
\gamma_1 &= 4\xi^2 - \frac{4}{3}\xi^3 + \frac{1}{3}\xi^4 - \frac{1}{15}\xi^5 + \cdots, \\
\gamma_2 &= 8\xi^3 - 6\xi^4 + \frac{14}{5}\xi^5 + \cdots, \\
\gamma_3 &= 68\xi^4 - 120\xi^5 + \cdots, \\
\gamma_4 &= 536\xi^5 + \cdots.
\end{aligned}\right\} \quad (41.21)$$

---

[1] Die gegenüber [3] korrigierten Werte der Koeffizienten von β_7 und β_8 verdanke ich einer freundlichen Privatmitteilung von Herrn Prof. RUSHBROOKE.

Gleichung für die kritische Temperatur

$$2 + 4\xi + \xi^2 + \frac{1}{6}\xi^3 + \frac{37}{48}\xi^4 + \frac{181}{480}\xi^5 + \cdots = 0. \tag{41.22}$$

3. *Flächenzentriertes kubisches Gitter* $(z=12)$
Unreduzierbare cluster-Summen

$$\left.\begin{aligned}
\beta_1 &= -1 + 12f, \\
\beta_2 &= -\frac{1}{2} - 18f^2 + 24f^3, \\
\beta_3 &= -\frac{1}{3} + 12f^2 - 56f^3 - 60f^4 + 144f^5 + 8f^6, \\
\beta_4 &= -\frac{1}{4} + 60f^3 + 195f^4 - 1195f^5 - \frac{5}{6}f^6 + 945f^7 + 180f^8.
\end{aligned}\right\} \tag{41.23}$$

Allgemeine Gleichungen für die γ_k

$$\left.\begin{aligned}
\gamma_1 &= 12(f + \xi), \\
\gamma_2 &= 36(f + \xi) - 18f^2 + 24f^3, \\
\gamma_3 &= 120(f + \xi) - 60f^2 + 40f^3 - 60f^4 + 144f^5 + 48f^6, \\
\gamma_4 &= 420(f + \xi) - 210f^2 + 140f^3 - 105f^4 - 475f^5 + \\
&\quad + \frac{475}{2}f^6 + 945f^7 + 180f^8.
\end{aligned}\right\} \tag{41.24}$$

Entwicklungen der γ_k für hohe Temperaturen

$$\left.\begin{aligned}
\gamma_1 &= 6\xi^2 - 2\xi^3 + \frac{1}{2}\xi^4 - \frac{1}{10}\xi^5 + \cdots, \\
\gamma_2 &= -12\xi^3 + 27\xi^4 - \frac{129}{5}\xi^5 + \cdots, \\
\gamma_3 &= -30\xi^4 - 50\xi^5 + \cdots, \\
\gamma_4 &= 559\xi^5 - \cdots.
\end{aligned}\right\} \tag{41.25}$$

Gleichung für die kritische Temperatur

$$2 + 6\xi + \frac{3}{2}\xi^2 - \frac{7}{4}\xi^3 + \frac{43}{32}\xi^4 - \frac{501}{1286}\xi^5 \cdots = 0. \tag{41.26}$$

Es scheint allgemein zu gelten, daß die Entwicklung von γ_k mit dem Gliede ξ^{k+1} beginnt. Danach kann man annehmen, daß die Entwicklungen bis γ_4 einschließlich bei hohen Temperaturen bis zu $(kT)^{-5}$ korrekt sind. In den Gleichungen für den kritischen Punkt sind entsprechend nur die bei Berücksichtigung von γ_4 noch exakten Glieder angeschrieben.

Wir vergleichen nun zunächst die Ergebnisse der Fuchsschen Theorie und verschiedener Näherungsverfahren für das ebene quadratische Gitter mit den aus der Theorie des zweidimensionalen Ising-Modells abgeleiteten exakten Resultaten. Fig. 29 zeigt die kritische Größe $\xi_k = w/kT_k$ in Abhängigkeit von der Zahl der ξ enthaltenden Terme nach Gl. (41.18)[1] und nach der Kirkwoodschen Theorie (Ziff. 28). Daneben sind die nach verschiedenen Näherungen[2,3] berechneten Werte und der exakte Wert Gl. (33.15) eingetragen. Man sieht aus der

---
[1] Die mit ξ^4 abbrechende Gleichung hat keine reelle Lösung.
[2] C.N. YANG: J. Chem. Phys. **13**, 66 (1945).
[3] R. KIKUCHI: Phys. Rev. **81**, 988 (1951).

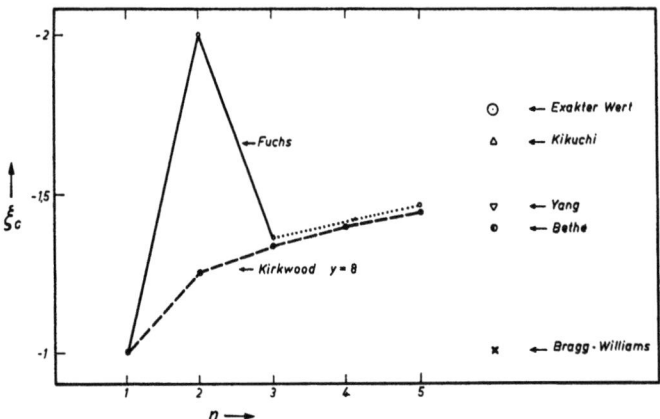

Fig. 29. Berechnungen der kritischen Temperatur für das quadratische Gitter. [Entnommen aus A. Münster u. K. Sagel: Z. phys. Chem., N.F. 7, 267 (1956).]

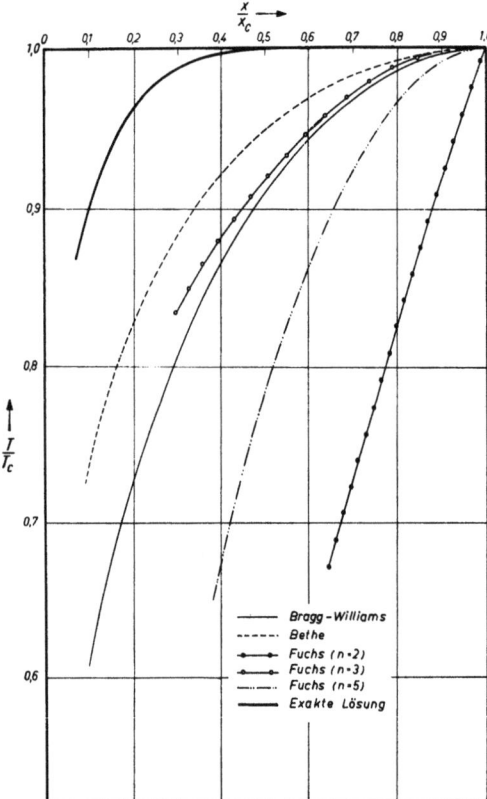

Fig. 30. Entmischungskurven für das quadratische Gitter. [Entnommen aus A. Münster u. K. Sagel: Z. phys. Chem., N.F. 7, 267 (1956).]

Figur, daß die Fuchssche Entwicklung sehr schlecht konvergiert. Es ist daher praktisch unmöglich, auf diesem Wege zu einer Aussage darüber zu gelangen, ob die Fuchssche Theorie in der Nähe des kritischen Punktes korrekt ist. Die Güte der erreichten Näherung ist dem entsprechenden Kirkwoodschen Resultat praktisch gleichwertig und bedeutet eine leichte Verbesserung gegenüber der Betheschen (quasi-chemischen) Theorie, sie ist aber, bezogen auf den exakten Wert, noch ziemlich schlecht und wird von dem Kikuchischen[1] Wert beträchtlich übertroffen.

Fig. 30 zeigt verschiedene Entmischungskurven. Um eine Eliminierung des Parameters w zu ermöglichen, sind dabei die reduzierten Größen T/T_k und x/x_k als Koordinaten verwendet worden, wobei jeweils der aus der betreffenden Näherung berechnete Wert für T_k eingesetzt ist[2]. Auch hier zeigt sich wieder das außerordentlich schlechte Konvergenzverhalten der Fuchsschen Reihen, daß jede Aussage über die Gültigkeit der Theorie auf dieser Grundlage unmöglich macht. Tatsächlich sind die Ergebnisse der Fuchsschen Theorie hier noch schlechter, als die der Bragg-Williamsschen Nähe-

---

[1] R. Kikuchi: Phys. Rev. **81**, 988 (1951).
[2] Die Benutzung des exakten Wertes für ξ_k ergibt bei höheren Temperaturen eine Inkonsistenz, indem $\xi_k/\xi > 1$ wird.

rung. Am günstigsten schneidet die Bethesche Kurve ab, was sich ohne weiteres aus der bekannten Tatsache erklärt, daß diese Methode um so bessere Ergebnisse

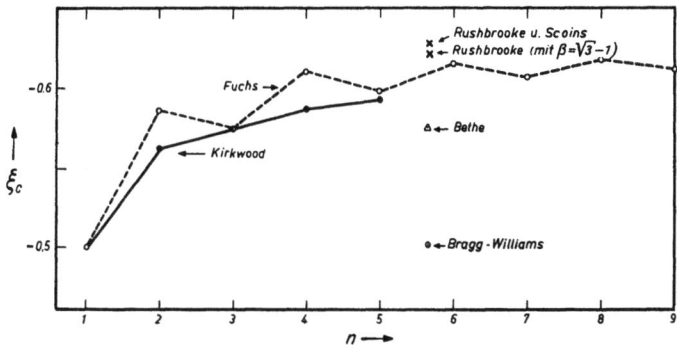

Fig. 31. Berechnungen der kritischen Temperatur für das raumzentrierte kubische Gitter. [Entnommen aus A. MÜNSTER u. K. SAGEL: Z. phys. Chem., N.F. 7, 262 (1956).]

liefert, je weniger dicht die Packung im Gitter ist.

Fig. 31 zeigt die berechneten kritischen Temperaturen für das raumzentrierte kubische Gitter. Der exakte Wert ist hier nicht bekannt. RUSHBROOKE und SCOINS[1] haben eine Abschätzung versucht, indem sie aus der exakten Entwicklung (37.9) die Größe $e^{w/2kT_k}$ berechnet und in Abhängigkeit von der reziproken Termzahl aufgetragen haben. Der auf diese Weise durch Extrapolation erhaltene Wert ist ebenfalls in Fig. 31 eingetragen. Außerdem sind noch zu erwähnen das Ergebnis einer von PRIGOGINE u. Mitarb.[2] durchgeführten Abschätzung und der durch die Analogie mit Gl. (33.15) nahegelegte Wert

$$e^{w/2kT_k} = \sqrt{3} - 1. \quad (41.27)$$

Die drei zuletzt angeführten Werte geben etwa den Bereich, in welchem man den exakten Wert anzunehmen hat. Wahrscheinlich liegt er der unteren Grenze näher als der oberen. Man sieht nun, daß hier die Fuchssche Methode schon bis γ_4 deutlich bessere Ergebnisse liefert als im Falle des ebenen quadratischen Gitters. Berücksichtigt man die Terme bis γ_8, so ist die Konvergenz gegen einen in dem angegebenen Bereich liegenden Grenzwert deutlich erkennbar.

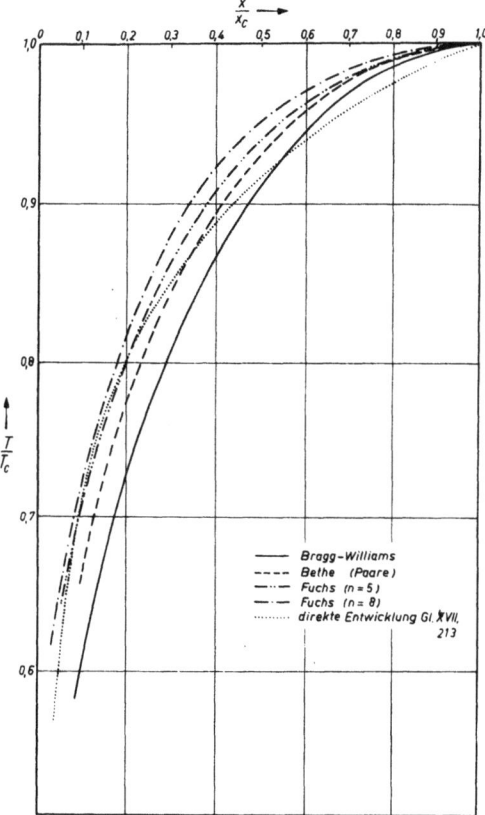

Fig. 32. Entmischungskurven für das raumzentrierte kubische Gitter. [Entnommen aus A. MÜNSTER u. K. SAGEL: Z.phys. Chem., N.F. 7, 267 (1956).]

---
[1] G. S. RUSHBROOKE u. H. I. SCOINS: Privatmitteilung.
[2] I. PRIGOGINE, L. SAROLEA u. L. VAN HOVE: Trans. Faraday Soc. 48, 485 (1952).

Die Entmischungskurven für das raumzentrierte kubische Gitter sind in Fig. 32 dargestellt. An Stelle der nicht bekannten exakten Kurve ist hier die aus der

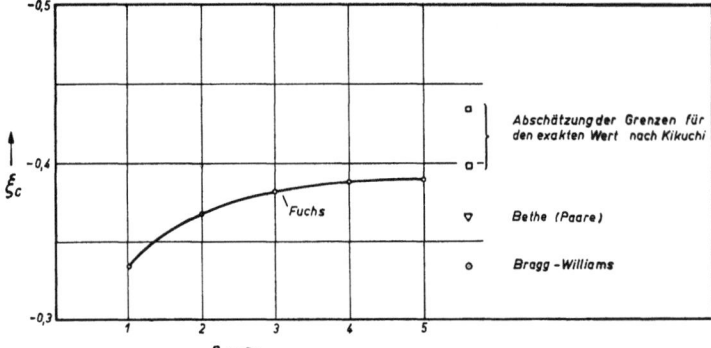

Fig. 33. Berechnungen der kritischen Temperatur für das flächenzentrierte kubische Gitter. [Entnommen aus A. MÜNSTER u. K. SAGEL: Z. phys. Chem., N.F. 7, 267 (1956).]

Tieftemperatur-Entwicklung (37.5) berechnete Kurve gezeichnet. Diese Entwicklung konvergiert jedoch in der Nähe des kritischen Punktes außerordentlich schlecht, so daß die damit erhaltenen Ergebnisse nur bis etwa $T/T_k = 0,8$ als zuverlässig betrachtet werden können. Unterhalb $T/T_k = 0,8$ stimmt die Kurve gut mit den aus der Fuchsschen Theorie berechneten Kurven überein, die sich hier für $n = 5$ und $n = 8$ nur wenig unterscheiden. Die Kurve für $n = 8$ bedeutet gegenüber der Betheschen Theorie eine erhebliche Verbesserung.

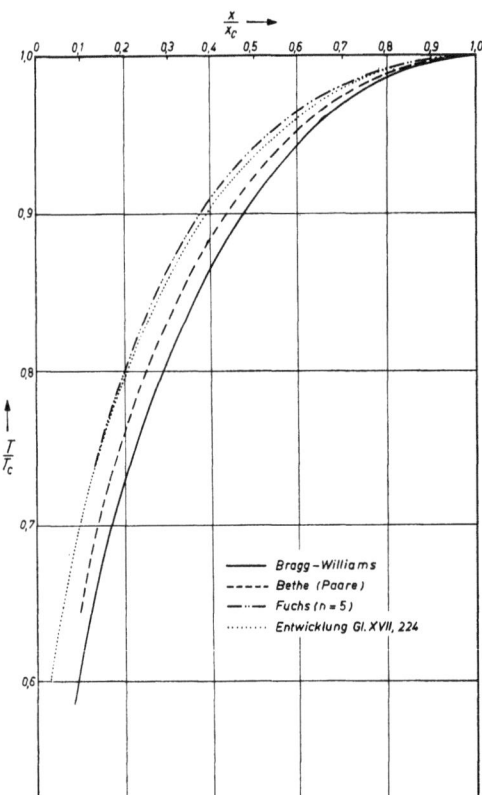

Fig. 34. Entmischungskurven für das flächenzentrierte kubische Gitter. [Entnommen aus A. MÜNSTER u. K. SAGEL: Z. phys. Chem., N.F. 7, 267 (1956).]

Für das flächenzentrierte kubische Gitter sind die kritischen Temperaturen in Fig. 33 dargestellt. Im Gegensatz zu den vorher betrachteten Fällen zeigt die Fuchssche Kurve hier einen monotonen Anstieg. Der mit $n = 5$ erreichte Wert liegt in der Nähe des von KIKUCHI[1] berechneten Wertes. Der exakte Wert dürfte noch merklich höher liegen, was auch, im Hinblick auf die Zahl der Terme, nach den Erfahrungen beim raumzentrierten Gitter (Fig. 31) zu erwarten ist.

Fig. 34 zeigt die Entmischungskurve für das flächenzentrierte kubische Gitter. An Stelle der nicht bekannten exakten Kurve ist eine nach Gl. (37.6) berechnete Kurve gezeichnet, die bis etwa $T/T_k = 0,97$ praktisch mit der ersteren übereinstimmen dürfte. Die Fuchssche Theorie führt im allgemeinen auf die gleiche Kurve, nur zwischen $T/T_k = 0,8$ und $0,97$ ergibt

---

[1] R. KIKUCHI: Phys. Rev. 81, 988 (1951).

sich eine geringfügige Abweichung. Sie ist möglicherweise dadurch bedingt, daß die Zahl der berücksichtigten Terme bei der Entwicklung (37.6) wesentlich größer ist. In der unmittelbaren Nähe des kritischen Punktes wird auch die Fuchssche Entwicklung unbrauchbar, so daß man über ein kleines Intervall interpolieren muß.

Die vorstehenden Ergebnisse zeigen, daß die Reihenentwicklungen, welche die Grundlage für die numerische Auswertung der Fuchsschen Theorie bilden, um so rascher konvergieren, je dichter die Packung im Gitter ist. Bei Beschränkung auf die vier ersten unreduzierbaren cluster-Summen sind die Ergebnisse für das ebene quadratische Gitter praktisch unbrauchbar; für das flächenzentrierte kubische Gitter ist die Näherung bei der Berechnung der Entmischungskurve nahezu gleichwertig der mit Hilfe der exakten Entwicklung für das Ising-Modell (bei wesentlich höherer Termzahl) erhaltenen. Die numerische Auswertung liefert somit keinen Anhaltspunkt für die Annahme mathematischer Komplikationen in der Fuchsschen Theorie, wenn es auch zweifellos zutrifft, daß gewisse wesentliche Eigenschaften der benutzten Funktionen (bzw. Reihen) im Rahmen der Theorie nicht bewiesen werden. Andererseits ist im Falle des flächenzentrierten kubischen Gitters nach den obigen Ergebnissen die Fuchssche Theorie geeignet zur experimentellen Prüfung der zugrunde liegenden modellmäßigen Annahmen, die wir im wesentlichen bereits in Ziff. 23 formuliert haben.

Eine näherungsweise Berechnung der cluster-Summen ist von RUSHBROOKE und SCOINS[1] beschrieben worden. Die erste Näherung ist der quasi-chemischen Methode (Ziff. 27) äquivalent.

In Verfolgung der formalen Analogie zwischen realem Gas und fester Lösung haben MURAKAMI und ONO[2] molekulare Verteilungsfunktionen für die Besetzungen der Gitterplätze definiert und auf dieser Grundlage ein Analogon der McMillan-Mayerschen Theorie (Ziff. 12ff.) für Kristalle entwickelt. Sie konnten zeigen, daß hier das Kirkwoodsche Superpositionsprinzip (Ziff. 6) der Betheschen Näherung, d.h. der Annahme der Unabhängigkeit von Paaren äquivalent ist. Eine Berechnung der Paar-Verteilungsfunktion in Form einer Entwicklung nach Potenzen des Molenbruches ist von MURAKAMI[3] versucht worden. Es ist jedoch bisher nicht gelungen, auf diesem Wege wesentlich über die Bethesche (quasi-chemische) Näherung hinauszukommen.

42. Experimentelle Prüfung der Fuchsschen Theorie. Die Möglichkeiten einer experimentellen Prüfung der Fuchsschen Theorie sind von vornherein ziemlich beschränkt. Bei den hier in erster Linie in Betracht kommenden binären Legierungen besitzen koexistierende Phasen in den weitaus meisten Fällen verschiedene Gitterstrukturen; das Auftreten eines kritischen Punktes im festen Zustand ist daher schon aus geometrischen Gründen ziemlich selten. Außerdem ist erforderlich, daß hinreichend genaue und umfangreiche thermodynamische Daten vorliegen, was ebenfalls nur für eine kleine Zahl von Legierungen zutrifft. Immerhin läßt sich auf Grund des vorliegenden Materials die physikalische Bedeutung der Fuchsschen Theorie bereits einigermaßen abgrenzen.

Die experimentell verifizierbaren Aussagen der Fuchsschen Theorie betreffen die Gestalt der Löslichkeitskurve, den Verlauf der thermodynamischen Funktionen im homogenen Gebiet und die Lage des kritischen Punktes der Entmischung. Wir beginnen mit der Löslichkeitskurve und bemerken zunächst, daß hier für eine Diskussion nur die Darstellung in reduzierten Zustandsgrößen die bereits in Ziff. 41 benutzt wurde, in Betracht kommt, da bei realen Systemen durchweg $x_k \neq 0.5$

---

[1] G.S. RUSHBROOKE u. H.I. SCOINS: Proc. Roy. Soc. Lond. A **230**, 74 (1955).
[2] T. MURAKAMI u. S. ONO: Mem. Fac. Eng. Kyushi Univ. **12**, 309, 319 (1951).
[3] T. MURAKAMI: J. Phys. Soc. Japan **7**, 549 (1952); **8**, 31, 36, 458 (1953).

ist. Die Theorie ergibt zunächst einige qualitative Aussagen, die insgesamt einen grundsätzlichen Unterschied gegenüber den empirischen Löslichkeitskurven flüssiger Gemische konstituieren[1]. Die letzteren lassen sich in der weiteren Umgebung des kritischen Punktes (im allgemeinen über einen Bereich von wenigstens 30 Mol-%) durch die van Laar-Guggenheimsche Formel[2,3]

$$(T_k - T) = C \cdot (x_k - x)^3 \qquad (42.1)$$

(wo C eine Konstante bezeichnet) darstellen. Im Scheitel verläuft die Kurve über einen Bereich von mehreren Mol-% praktisch horizontal. Die kritische Temperatur ist daher nicht identisch mit dem Scheitel der kubischen Parabel (42.1). Es ist daher zweckmäßiger, die Form

$$(T_k + \delta - T) = C \cdot (x_k - x)^3 \qquad (42.2)$$

zu verwenden, wo $|\delta|$ nach den bisherigen Untersuchungen zwischen 0,001 und 0,007° liegt. Wir geben hier nur ein Beispiel für das beschriebene Verhalten (Fig. 35) und verweisen im übrigen auf Ziff. 63.

Fig. 35. Entmischungskurve des Systems Perfluorcmethylcyclohexan-CCl$_4$. [Entnommen aus R. GOPAL u. O. K. RICE: J. Chem. Phys. 23, 2428 (1955).]

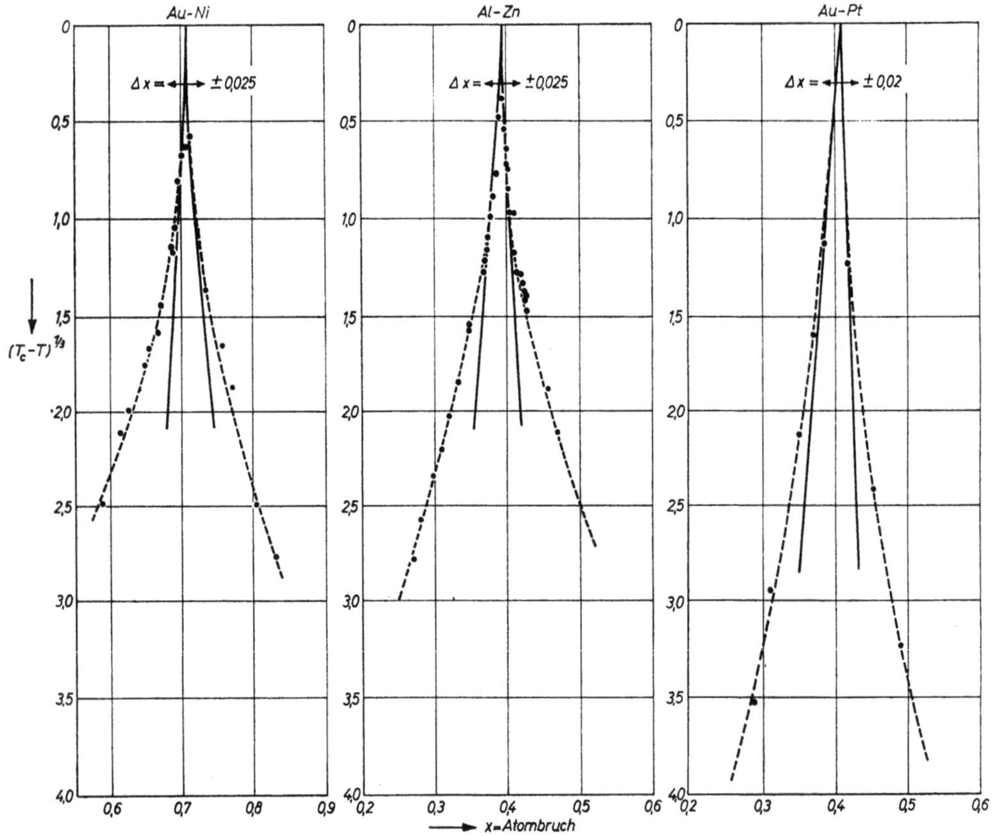

Fig. 36. Entmischungskurven der festen Lösungen Au—Ni, Al—Zn und Au—Pt. Δx = Gültigkeitsbereich der Gl. (42.1). [Entnommen aus A. MÜNSTER u. K. SAGEL: Z. phys. Chem., N.F. 23, 415 (1960).]

---

[1] A. MÜNSTER u. K. SAGEL: Z. Elektrochem. 62, 1075 (1958).
[2] J. J. VAN LAAR: Die Zustandsgleichung von Gasen und Flüssigkeiten. Leipzig 1924.
[3] E. A. GUGGENHEIM: J. Chem. Phys. 13, 252 (1945).

Aus der Fuchsschen Theorie folgt nun, daß die Entmischungskurve sich weder durch Gl. (42.1) noch durch (42.2) darstellen läßt und weiterhin, daß sie im Scheitel kein horizontales oder auch nur praktisch horizontales Stück besitzt. Schließlich sollten in der reduzierten Darstellung alle Entmischungskurven von Systemen der gleichen Gitterstruktur zusammenfallen.

In Fig. 36 sind die Entmischungskurven der festen Systeme Au—Ni[1], Al—Zn[2], Au—Pt[3] in einem der Gl. (42.1) entsprechenden Diagramm dargestellt. Man sieht, daß die beiden ersten der obigen Aussagen durch das Experiment eindeutig bestätigt werden und daß in der Form der Entmischungskurve offenbar ein grundsätzlicher Unterschied zwischen flüssigen und kristallinen Systemen besteht.

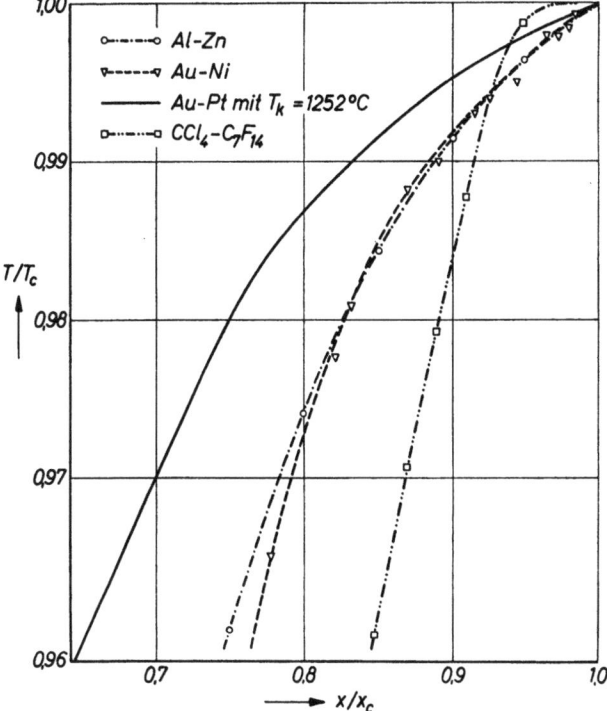

Fig. 37. Entmischungskurven binärer Systeme. Darstellung in reduzierten Zustandsgrößen. [Entnommen aus A. MÜNSTER u. K. SAGEL: Z. phys. Chem., N.F. 23, 415 (1960).]

Fig 37. zeigt die Kurven der Fig. 35 und 36 in reduzierten Zustandsgrößen. Auch hier tritt der Unterschied zwischen flüssigen und festen Systemen klar hervor. Bei den letzteren fallen die Kurven für Al—Zn und Au—Ni in der Tat praktisch zusammen. Die Kurve für Au—Pt besitzt zwar den gleichen Charakter, weicht aber in ihrem Verlauf beträchtlich von den beiden anderen ab. Dabei muß allerdings berücksichtigt werden, daß diese Art der Darstellung sehr empfindlich gegen den Wert der kritischen Temperatur ist, deren genaue Festlegung bei dem System Au—Pt auf erhebliche experimentelle Schwierigkeiten stößt. Tatsächlich genügt bereits eine Erhöhung der kritischen Temperatur um 6° C, um die Au—Pt-Kurve zur Deckung mit den beiden anderen zu bringen. Die Frage der Koinzidenz kann daher wohl zur Zeit noch nicht als abschließend geklärt betrachtet werden.

---
[1] A. MÜNSTER u. K. SAGEL: Z. phys. Chem., N.F. 14, 296 (1958).
[2] A. MÜNSTER u. K. SAGEL: Z. phys. Chem., N.F. 7, 296 (1956).
[3] A. MÜNSTER u. K. SAGEL: Z. phys. Chem., N.F. 23, 415 (1960).

Fig. 38 zeigt die experimentellen Kurven für Al—Zn und Au—Pt zusammen mit der aus der Fuchsschen Theorie berechneten Kurve. Man sieht, daß alle Kurven den gleichen Charakter haben, daß aber von quantitativer Übereinstimmung keine Rede sein kann. Für das System Au—Pt ist die Diskrepanz (mit dem oben gemachten Vorbehalt) wesentlich geringer als für Al—Zn. An sich würde dies plausibel sein, da das Zustandsdiagramm von Au—Pt dem des Gittermodells sehr ähnlich ist, während Al—Zn ein ziemlich kompliziertes Zustandsdiagramm besitzt, von dem nur ein Ausschnitt für den Vergleich mit der Fuchsschen Theorie in Betracht kommt (s. weiter unten). Die möglichen Ursachen der Diskrepanzen werden wir am Schluß dieser Ziffer im Zusammenhang erörtern. Wir nehmen

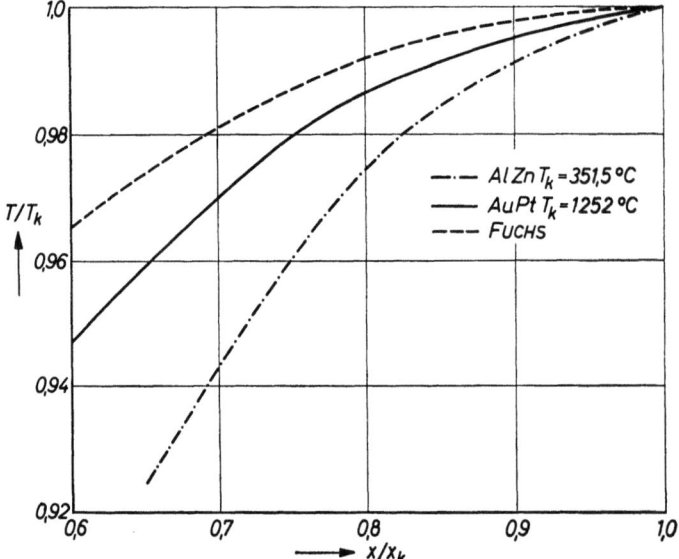

Fig. 38. Vergleich experimenteller Entmischungskurven mit der Fuchsschen Theorie (temperaturunabhängiger Wechselwirkungsparameter). [Entnommen aus A. MÜNSTER u. K. SAGEL: Z. phys. Chem., N.F. **23**, 415 (1960).]

hier lediglich eine vorweg, die sich ohne tieferen Eingriff in den Formalismus der Theorie quantitativ diskutieren läßt. In Ziff. 23 wurde bereits erwähnt, daß der Parameter w grundsätzlich als Funktion der Zustandsgrößen, in unserem Falle der Temperatur, betrachtet werden muß. Die Ausführungen in Ziff. 13 und 62 zeigen explizit, daß der Formalismus der cluster-Theorie durch diese Annahme nicht berührt wird. Andererseits macht die Theorie naturgemäß keine Aussage über die Form der Temperaturfunktion. Die weiter unten zu besprechenden thermodynamischen Daten legen den Ansatz

$$w = w_k \left[1 + \alpha \left(1 - \frac{T}{T_k} \right) \right] \tag{42.3}$$

nahe, wo w_k der Wert von w bei der kritischen Temperatur der Entmischung ist und α einen weiteren adjustierbaren Parameter darstellt. Für das System Al—Zn ergibt sich als bester Wert $\alpha = 0{,}75$. Die durch Einsetzen von (42.3) in Gl. (41.11) erhaltene Kurve ist zusammen mit einigen anderen theoretischen Kurven und den experimentellen Daten in Fig. 39 dargestellt; sie gibt, wie man sieht, die experimentellen Daten recht gut wieder.

Man muß danach annehmen, daß bei der Anwendung des Gittermodells auf experimentelle Daten die Berücksichtigung der Temperaturabhängigkeit des

Parameters w unerläßlich ist. Diese Aussage wird durch die Untersuchung der thermodynamischen Funktionen, der wir uns jetzt zuwenden, bestätigt.

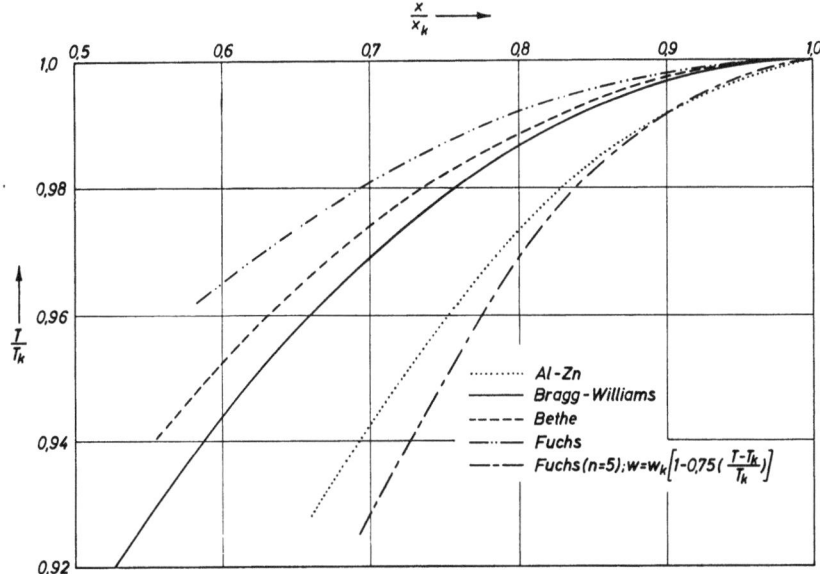

Fig. 39. Entmischungskurven für das System Al—Zn. [Entnommen aus A. MÜNSTER u. K. SAGEL: Z. phys. Chem., N.F. **7**, 296 (1956).]

Fig. 40 zeigt das Zustandsdiagramm des Systems Al—Zn. Man sieht daraus sofort, daß eine Anwendung der Fuchsschen Theorie nur sinnvoll ist zwischen

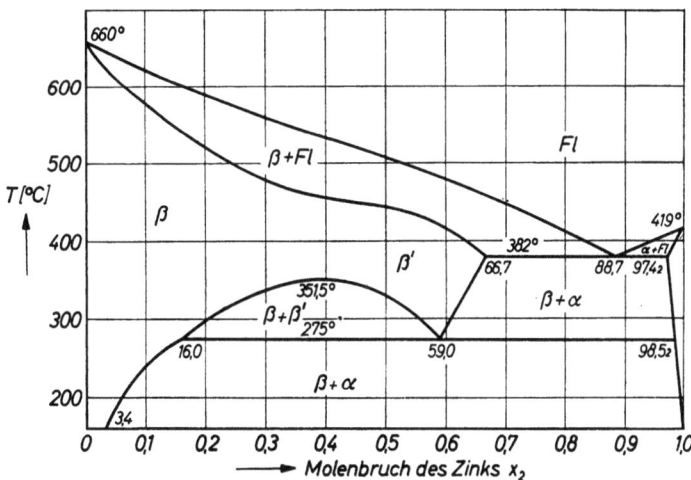

Fig. 40. Zustandsdiagramm des Systems Al—Zn. [Entnommen aus H. CORSEPIUS u. A. MÜNSTER: Z. phys. Chem., N.F. **22**, 1 (1959).]

300 und 400° C in dem Bereich von 0 bis 50 Atom-% Zink. Die thermodynamischen Funktionen für dieses Gebiet sind von CORSEPIUS und MÜNSTER[1] bestimmt worden, deren Daten wir im folgenden zugrunde legen. Für den Zusatzterm der

---

[1] H. CORSEPIUS u. A. MÜNSTER: Z. phys. Chem., N.F. **22**, 1 (1959).

freien Energie der Verdünnung ergibt sich aus Gl. (41.7) und (41.25)

$$\Delta \mu_1^E = -\frac{z}{2} w\, x_2^2 + 3\, \frac{w^2}{RT}\, x_2^2 (1 - 4 x_2 + 3 x_2^2), \qquad (42.4)$$

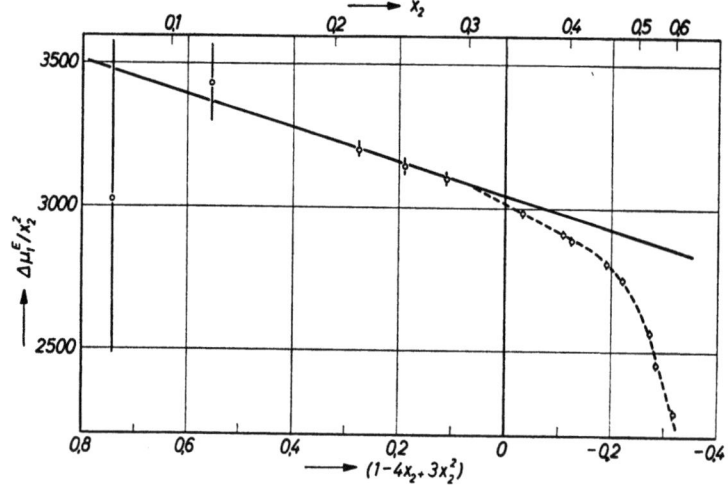

Fig. 41. Zusatzterm der freien Energie der Verdünnung des Systems Al—Zn bei 400° C. ○ Experimentelle Werte; —— aus der Theorie des Gittermodells berechnet; ---- geglättete experimentelle Kurve. [Entnommen aus H. CORSEPIUS u. A. MÜNSTER: Z. phys. Chem., N.F. 22, 1 (1959).]

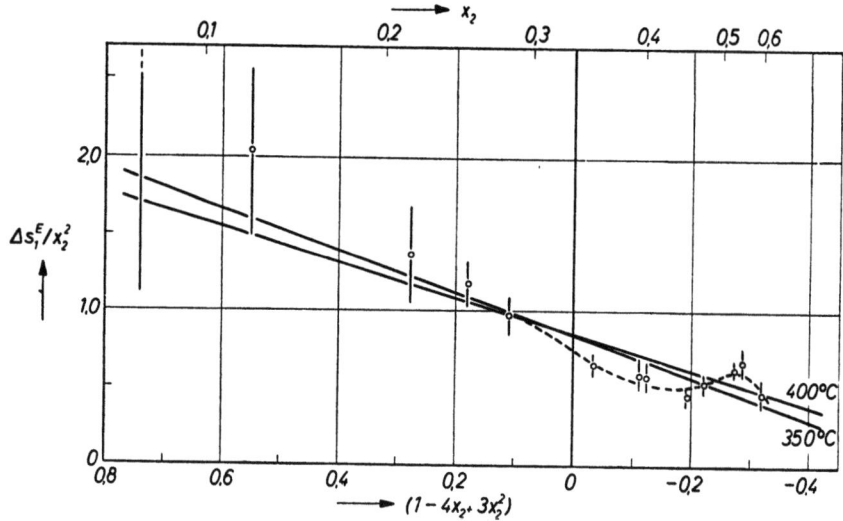

Fig. 42. Zusatzterm der Verdünnungsentropie des Systems Al—Zn bei 400° C. ○ Experimentelle Werte; —— aus der Theorie des Gittermodells berechnet; --- geglättete experimentelle Kurve. [Entnommen aus H. CORSEPIUS u. A. MÜNSTER: Z. phys. Chem., N.F. 22, 1 (1959).]

wo x_2 der Molenbruch des Zinks ist. Wird w als temperaturunabhängig angenommen, so folgt aus (42.4) für den Zusatzterm der Verdünnungsentropie

$$\Delta s_1^E = 3 R \left(\frac{w}{RT}\right)^2 x_2^2 (1 - 4 x_2 + 3 x_2^2). \qquad (42.5)$$

Für den Zusatzterm der Mischungsentropie erhält man

$$\Delta S_m^E = -6 R \left[1 - \left(1 + \frac{w}{RT}\right) e^{-\frac{w}{RT}}\right] x_1^2\, x_2^2. \qquad (42.6)$$

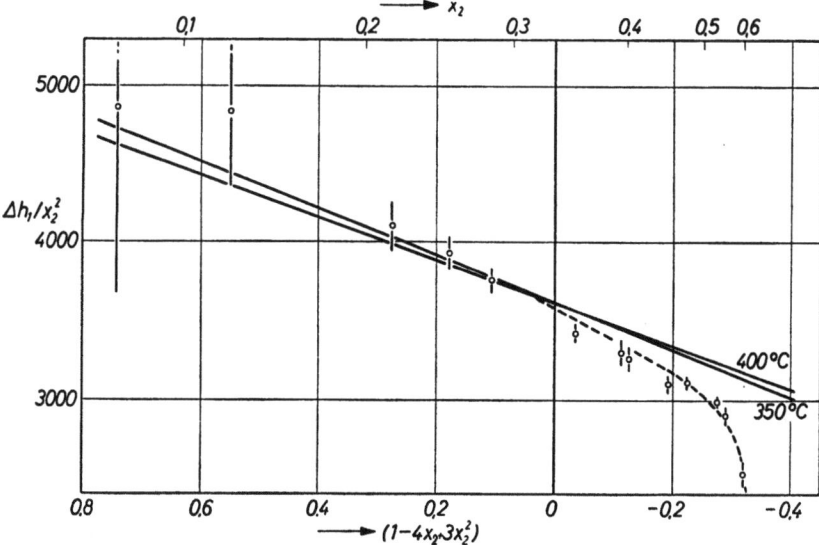

Fig. 43. Verdünnungswärme des Systems Al–Zn bei 400° C. ○ Experimentelle Werte; —— aus der Theorie des Gittermodells berechnet; ---- geglättete experimentelle Kurve. [Entnommen aus H. CORSEPIUS u. A. MÜNSTER: Z. phys. Chem., N.F. 22, 1 (1959).]

Man kann annehmen, daß diese Formeln, die noch die vierte Potenz des Molenbruches berücksichtigen, eine für unsere Zwecke ausreichende Näherung darstellen. Aus (42.6) folgt nun, daß (unabhängig von dem Vorzeichen der Größe w) $\Delta S_m^E < 0$ sein muß. Aus (42.5) ergibt sich, daß für $x_2 = \frac{1}{3}$ $\Delta s_1^E = 0$ wird. Beide Folgerungen sind unvereinbar mit den experimentellen Ergebnissen für das System Al–Zn. Man muß daher, in Übereinstimmung mit dem früheren Ergebnis, schließen, daß das Gittermodell in seiner ursprünglichen Form (temperaturunabhängiger Parameter w) hier grundsätzlich nicht anwendbar ist. Wir führen daher auch hier w als Temperaturfunktion ein und benutzen wieder den Ansatz (42.3), um den Zusammenhang mit der Diskussion der Entmischungskurve herzustellen und die innere Konsistenz der Interpretation zu prüfen. Durch Anpassung an die thermodynamischen Funktionen ergibt sich für die Parameter $w_k = -514$ cal/mol und $\alpha = 0{,}17$. Die etwas umständlichen Formeln für die thermodynamischen Funktionen bieten kein besonderes Interesse. Wir zeigen daher sofort den Vergleich der Ergebnisse mit den experimentellen Daten.

In Fig. 41 ist der Zusatzterm der freien Energie der Verdünnung, in Fig. 42 der Zusatzterm der Verdünnungsentropie, in Fig. 43 die Verdünnungswärme, alle für 400° C, dargestellt. In Fig. 42

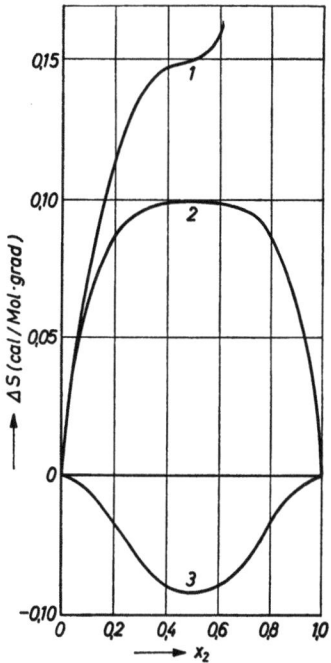

Fig. 44. Zusatzterm der molaren Mischungsentropie des Systems Al–Zn bei 380° C. Kurve 1: Experimentelle Werte Kurve 2: Gittermodell mit temperaturabhängigem w; Kurve 3: Gittermodell mit temperaturunabhängigem w. [Entnommen aus H. CORSEPIUS u. A. MÜNSTER: Z. phys. Chem., N.F. 22, 1 (1959).]

und 43 sind außerdem die berechneten Kurven für 350° C eingezeichnet. Fig. 44 zeigt den Zusatzterm der molaren Mischungsentropie für 380° C. In diesem Falle ist auch die Kurve für temperaturunabhängiges w mit eingezeichnet.

Man erkennt aus den Abbildungen, daß durch den Ansatz (42.3) qualitativ eine außerordentliche Verbesserung erreicht wird und die vorher erwähnten prinzipiellen Schwierigkeiten jetzt beseitigt sind. Die berechnete Temperaturabhängigkeit der Verdünnungsentropie und der Verdünnungswärme liegen, wie es auch gefunden wurde, innerhalb der experimentellen Fehlergrenzen. Dagegen läßt sich quantitative Übereinstimmung für die partiellen molaren Größen nur bis zu einer Konzentration von $x_2 = 0,3$ erreichen. Für die molare Mischungsentropie sind die Verhältnisse noch wesentlich ungünstiger. Bei $x_2 = 0,3$ liegen die experimentellen Werte bereits um mehr als 40% über den theoretischen, und beide Funktionen zeigen einen völlig verschiedenen Verlauf.

Es bleibt noch die Berechnung des Absolutwertes der kritischen Tempeatur. Im Prinzip ist derselbe naturgemäß durch den Verlauf der chemischen Potentiale festgelegt, und die hierfür brauchbaren Parameterwerte müssen notwendig auf den richtigen Wert für die kritische Temperatur führen. Tatsächlich ist die Situation hier etwas verschieden, da die freie Energie der Verdünnung nur bis etwa $x_2 = 0,3$ quantitativ von der Theorie wiedergegeben wird und auch die Lösung der Gl. (41.25), wie Fig. 29 zeigt, nur eine ziemlich schlechte Näherung für die Größe ξ_k liefert. Die Berechnung der kritischen Temperatur stellt daher eine unabhängige Prüfung der Theorie dar, bei der aber die adjustierbaren Parameter eliminiert werden können. Wir benutzen die beiden Gleichungen

$$\frac{|w_k|}{kT_k} = 0{,}389 \quad \text{Lösung der Gl. (41.25)}, \tag{42.7}$$

$$\frac{|w_k|}{kT_k} = 0{,}42 \quad \text{geschätzter exakter Wert}. \tag{42.8}$$

Mit dem oben angegebenen Parameterwert $|w_k| = 514$ cal/mol erhält man

$$T_k = 665° \text{ K} \quad \text{aus Gl. (42.7)}, \tag{42.9}$$

$$T_k = 616° \text{ K} \quad \text{aus Gl. (42.8)}, \tag{42.10}$$

während der experimentelle Wert $T_k = 624°$ K ist. Erwartungsgemäß gibt die Fuchssche Näherungsgleichung (42.7) ein ziemlich schlechtes Resultat, während bei Gl. (42.8) die Übereinstimmung mit dem experimentellen Wert überraschend gut ist. Die Annahme eines temperaturunabhängigen Wechselwirkungsparameters liefert auch hier ein schlechteres Ergebnis ($T_k = 608°$ C), obschon der Unterschied hier nicht so schwerwiegend ist wie in den anderen Fällen.

Fassen wir die Ergebnisse zusammen, so kann man etwa sagen, daß das dem Ising-Modell äquivalente Gittermodell zunächst einige charakteristische qualitative Eigenschaften fester Lösungen richtig voraussagt. Für eine quantitative Diskussion muß der Wechselwirkungsparameter als Funktion der Temperatur betrachtet werden. Die Darstellungen der freien Energie der Verdünnung und der Entmischungskurve sind miteinander nicht völlig konsistent. Insgesamt werden die unmittelbar durch die freie Energie bestimmten Eigenschaften noch halbquantitativ wiedergegeben. Dagegen versagt die Theorie völlig bei der Wiedergabe der mittleren und partiellen Entropie.

Da für das System Al—Zn die Kopp-Neumannsche[1] und die Vegardsche Regel[2] (Additivität der Molwärmen und Molvolumina) gut erfüllt sind und die Atomradien um weniger als 26%[1] voneinander abweichen, muß das Versagen

---

[1] Diese Angaben nach P. S. RUDMAN u. B. L. AVERBACH: Acta metallurg. **2**, 621 (1954).
[2] H. CORSEPIUS u. A. MÜNSTER: Z. phys. Chem., N.F. **22**, 1 (1959).

der Theorie wohl auf die speziellen Annahmen über die zwischenmolekulare Wechselwirkung zurückgeführt werden. Es ist kaum anzunehmen, daß diese sich für ein metallisches System auf das einfache Bild von Zentralkräften kurzer Reichweite, deren Potential in Paaren additiv ist, reduzieren läßt. Danach ist es auch wenig wahrscheinlich, daß man für Systeme mit einfacherem Phasendiagramm günstigere Ergebnisse erhält. Das System Gold—Nickel besitzt (abgesehen von der magnetischen Umwandlung bei etwa 340° C) im festen Zustand nur eine einfache Mischungslücke mit oberem kritischen Punkt ($T_k = 810°$ C). Der Zusatzterm der molaren Mischungsentropie ist, wie bei Al—Zn, positiv, hat aber (für $x_2 = 0,5$) nahezu den zehnfachen Wert, obwohl die molare Mischungsenthalpie bei der gleichen Konzentration nur etwa viermal größer als bei Al—Zn ist. Auch hier würde daher die Fuchssche Theorie bei der Diskussion der Entropie völlig versagen. Ob diese Schwierigkeiten durch eine Verfeinerung des Modells überwunden werden können, muß vorläufig als offene Frage betrachtet werden.

43. Molekulare Verteilungsfunktionen binärer Legierungen. Die am Schluß von Ziff. 43 erörterten Schwierigkeiten legen den Gedanken nahe, auf eine modellmäßige Beschreibung zu verzichten und den Formalismus der molekularen Verteilungsfunktionen auf das Problem der festen Lösungen anzuwenden[1]. Da eine a priori-Berechnung dieser Funktionen vorläufig nicht in Betracht kommt, erscheint das Problem jetzt unter einem etwas anderen Gesichtspunkt. Das Ziel der Theorie besteht darin, einmal die atomare Struktur des Systems aus der diffusen Streuung von Röntgenstrahlen abzuleiten, andererseits diese empirisch bestimmten Eigenschaften in Beziehung zu setzen zu den unabhängig gemessenen thermodynamischen Eigenschaften. Im Prinzip handelt es sich also um das für fluide Phasen seit langem geläufige Programm, die Streuung elektromagnetischer Wellen durch die thermodynamischen Eigenschaften des Systems auszudrücken und die zusätzliche Information der Streuexperimente zur Analyse der Struktur zu verwenden.

Wie bereits in Ziff. 2 erwähnt, sind molekulare Verteilungsfunktionen für Einkristalle in der Handhabung ziemlich schwerfällig. Andererseits sind die experimentellen Daten praktisch ausschließlich an polykristallinen Proben erhalten worden. Wir wollen daher zunächst molekulare Verteilungsfunktionen für polykristalline Proben definieren und zeigen, daß dieselben ähnlich übersichtliche Eigenschaften besitzen wie die fluider Systeme.

Wir betrachten einen binären Mischkristall aus Atomen der Sorten 1 und 2. Es wird vorausgesetzt, daß mit hinreichender Genauigkeit ein Hamilton-Operator konstruiert werden kann, der nur von den Kern-Koordinaten abhängt (adiabatische Näherung). Der Einfachheit halber werden wir Gültigkeit der halbklassischen Näherung annehmen, da diese Voraussetzung (obschon theoretisch nicht notwendig) bei allen später diskutierten Anwendungen erfüllt ist. Die molekularen Verteilungsfunktionen definieren wie im folgenden durchweg mit Hilfe der großen kanonischen Gesamtheit. Wir gehen aus von dem Falle des Einkristalls, wobei wir den Anfangspunkt und die Orientierung der Koordinatenachsen in bezug auf den Kristall für alle Systeme der Gesamtheit gleich annehmen. In der Notierung von Ziff. 2 haben wir dann

$$\varrho_k^{(1)}(\boldsymbol{q}) = \overline{\nu_k^{(1)}(\boldsymbol{q})}, \quad \varrho_{kl}^{(2)}(\boldsymbol{q}, \boldsymbol{q}') = \overline{\nu_{kl}^{(2)}(\boldsymbol{q}, \boldsymbol{q}')} \tag{43.1}$$

mit

$$\int \varrho_k^{(1)}(\boldsymbol{q}) \, d\boldsymbol{q} = \overline{N_k}, \quad \iint \varrho_{kl}^{(2)}(\boldsymbol{q}, \boldsymbol{q}') \, d\boldsymbol{q} \, d\boldsymbol{q}' = \overline{N_k N_l} - \overline{N_k} \delta_{kl}. \tag{43.2}$$

---

[1] A. MÜNSTER u. K. SAGEL: Z. phys. Chem., N.F. **22**, 81 (1959).

Wir setzen

$$\varrho_k^{(1)}(\mathbf{q}) = \frac{\overline{N_k}}{V} g_k^{(1)}, \quad \varrho_{kl}^{(2)}(\mathbf{q}, \mathbf{q}') = \frac{\overline{N_k}\overline{N_l}}{V^2} g_{kl}^{(2)}. \tag{43.3}$$

Die Wahrscheinlichkeit, ein l-Atom an der Stelle $\mathbf{q}'$ zu finden, wenn bekannt ist, daß ein k-Atom sich an der Stelle $\mathbf{q}$ befindet, ist

$$\varrho_{kl}^{(1,1)} = \frac{\varrho_{kl}^{(2)}}{\varrho_k^{(1)}} = \overline{\varrho}_l \frac{g_{kl}^{(2)}}{g_k^{(1)}} = \overline{\varrho}_l g_{kl}^{(1,1)}, \tag{43.4}$$

wo $\varrho_{kl}^{(1,1)}$, $\varrho_{kl}^{(2)}$, $g_{kl}^{(2)}$, $g_{kl}^{(1,1)}$ Funktionen von $\mathbf{q}$ und

$$\mathbf{r} = \mathbf{q} - \mathbf{q}' \tag{43.5}$$

sind. Wir beseitigen zunächst die Abhängigkeit von $\mathbf{q}$, indem wir $\varrho_{kl}^{(1,1)}$ mit Hilfe der Funktion $g_k^{(1)}$ über alle Lagen des Atoms k mitteln. Man erhält dann eine neue Funktion

$$\langle \varrho_{kl}^{(1,1)} \rangle = \frac{1}{V} \int g_k^{(1)} \varrho_{kl}^{(1,1)} d\mathbf{q}, \tag{43.6}$$

wo für die Integration $\mathbf{r}$ als konstanter Parameter betrachtet wird. Die Bedeutung der $\langle \varrho_{kl}^{(1,1)} \rangle$ ergibt sich unmittelbar, wenn in nullter Näherung $g_k^{(1)}$ mit der Gitterpunktfunktion identifiziert, also

$$g_k^{(1)} = \sum_{j=1}^{N} \delta(\mathbf{q}_j^* - \mathbf{q}) \equiv h \tag{43.7}$$

gesetzt wird, wo $\mathbf{q}_j^*$ der Ortsvektor des j-ten Gitterpunktes und N die Gesamtzahl der Gitterpunkte ist. $\langle \varrho_{kl}^{(1,1)} \rangle$ ist dann die Wahrscheinlichkeitsdichte, im vektoriellen Abstand $\mathbf{r}$ von einem Atom k, das sich auf einem Gitterplatz befindet, ein l-Atom anzutreffen. Die in Gl. (43.7) berücksichtigte thermische Bewegung des Atoms k bewirkt eine gewisse Verschmierung dieser Funktion, die jedoch ihren wesentlichen Charakter nicht ändert. Die für die Streutheorie wichtige Funktion $\langle \varrho_{kl}^{(1,1)} \rangle$ kann auch definiert werden als Mittelwert des Faltungsproduktes von $v_k^{(1)}$ und $v_l^{(1)}$ (während $\varrho_{kl}^{(2)}$ der Mittelwert des gewöhnlichen Produktes dieser Funktionen ist). Man hat also

$$\left. \begin{array}{l} \langle \varrho_{kl}^{(1,1)} \rangle = \overline{N}_k^{-1} \overline{v_k^{(1)} * v_l^{(1)}} = \overline{N}_k^{-1} \sum_{k,l} \overline{\int \delta(\mathbf{r} + \mathbf{q}' - \mathbf{q}_{ik}) \delta(\mathbf{q}' - \mathbf{q}_{jl}) d\mathbf{q}'} \\ = \overline{N}_k^{-1} \sum_{k,l} \overline{\delta(\mathbf{r} - \mathbf{q}_{ik} + \mathbf{q}_{jl})}. \end{array} \right\} \tag{43.8}$$

Von dieser Definition werden wir in Ziff. 44 und 46 Gebrauch machen.

Aus der Definition der $\langle \varrho_{kl}^{(1,1)} \rangle$ folgt

$$\langle \varrho_{kl}^{(1,1)} \rangle = 0 \quad \text{für } r = 0. \tag{43.9}$$

Wir setzen voraus, daß

$$\lim_{r \to \infty} g_k^{(1)} \varrho_{k,l}^{(1,1)} = \overline{\varrho}_l g_k^{(1)} g_l^{(1)} \tag{43.10}$$

ist und daß $g_k^{(1)} \varrho_{k,l}^{(1,1)}$ in dem einer Elementarzelle entsprechenden Bereich der Variablen $\mathbf{q}$ gleichmäßig gegen diesen Limes konvergiert. Dann gilt wegen Gl. (43.6)

$$\lim_{r \to \infty} \langle \varrho_{kl}^{(1,1)} \rangle = \overline{\varrho}_l g_l^{(1)}. \tag{43.11}$$

Da $\varrho_{kl}^{(2)} = \varrho_{lk}^{(2)}$ ist, folgt aus Gl. (43.4) und (43.6)

$$\overline{\varrho}_k \langle \varrho_{kl}^{(1,1)} \rangle = \overline{\varrho}_l \langle \varrho_{lk}^{(1,1)} \rangle. \tag{43.12}$$

Ferner ist nach (43.4) und (43.6)

$$\langle \varrho_{kl}^{(1,1)} \rangle = \bar{\varrho}_l \frac{1}{V} \int g_{kl}^{(2)} d\boldsymbol{q} \equiv \bar{\varrho}_l \langle g_{kl}^{(2)} \rangle. \tag{43.13}$$

Schließlich haben wir noch die Normierungsrelationen

$$\lim_{V \to \infty} \frac{1}{V} \int g_k^{(1)} d\boldsymbol{q} = 1, \tag{43.14}$$

$$\lim_{V \to \infty} \frac{1}{V} \int \langle g_{kl}^{(2)} \rangle d\boldsymbol{r} = 1. \tag{43.15}$$

Man sieht nun leicht, daß die für das weitere grundlegende Gl. (43.2) gültig bleibt, wenn man $g_{kl}^{(2)}$ durch $\langle g_{kl}^{(2)} \rangle$ ersetzt. Es ist nämlich

$$\left. \begin{aligned} \iint \varrho_{kl}^{(2)} d\boldsymbol{q}\, d\boldsymbol{q}' &= \bar{\varrho}_k \bar{\varrho}_l \iint g_{kl}^{(2)} d\boldsymbol{q}\, d\boldsymbol{q}' \\ &= \bar{\varrho}_k \bar{\varrho}_l V \int \langle g_{kl}^{(2)} \rangle d\boldsymbol{r} \\ &= \bar{\varrho}_k \bar{\varrho}_l \iint \langle g_{kl}^{(2)} \rangle d\boldsymbol{q}\, d\boldsymbol{q}' \\ &= \overline{N_k N_l} - \overline{N_k} \delta_{kl}, \end{aligned} \right\} \tag{43.16}$$

da $\langle g_{kl}^{(2)} \rangle$ nur von $\boldsymbol{r}$, aber nicht von $\boldsymbol{q}$ abhängt und die Jacobische Determinante der Transformation Eins ist.

Die bisherigen Formulierungen gelten für Einkristalle. Eine polykristalline Probe ist im Hinblick auf die molekulare Struktur heterogen, d.h., im strengen Sinne existieren keine molekularen Verteilungsfunktionen für das System als Ganzes. Vom Standpunkt der Thermodynamik ist dagegen ein solches System homogen, und seine thermodynamischen Eigenschaften sind innerhalb der Meßgenauigkeit von denen des Einkristalls nicht unterscheidbar[1]. Es erscheint daher vernünftig, in der gleichen Näherung Funktionen zu konstruieren, welche diese Eigenschaften mit der molekularen Struktur verknüpfen, soweit dieselbe für das Gesamtsystem definierbar ist. Dazu setzen wir voraus, daß folgende Annahmen mit hinreichender Genauigkeit erfüllt sind:

a) Jeder Kristallit kann als thermodynamisches System betrachtet werden, für welches die molekularen Verteilungsfunktionen existieren und die Normierungsrelationen (43.14) und (43.15) erfüllen. Insbesondere muß die Lineardimension der Kristallite groß sein gegen die experimentell bestimmte Reichweite der Korrelation lokaler Schwankungen.

b) Die Zahl der Kristallite ist so groß, daß die Verteilung der Orientierungen auf der Einheitskugel durch eine stetige Dichtefunktion dargestellt werden kann, die eine Konstante sein soll (Abwesenheit von Texturen).

c) Korrelationen der molekularen Verteilung zwischen verschiedenen Kristalliten können vernachlässigt werden.

Die auf die einzelnen Kristallite bezogenen Größen bezeichnen wir mit dem Index ω. Betrachten wir die Funktionen $\varrho_{\omega k}^{(1)}$, so unterscheiden sich dieselben für ein gegebenes Koordinatensystem durch die Orientierung der Kristallite, die Phasenkonstanten und die Lage der Stufenfunktionen, welche die Grenzen der Kristallite darstellen. Die Unterschiede in den Phasenkonstanten vernachlässigen wir, da sie für die hier interessierenden Messungen ohne Bedeutung sind[2]. Da die zu konstruierende Funktion nicht im strengen Sinne die Struktur des Gesamtsystems abbilden soll, können wir im Ursprung, den wir zweckmäßig in einen

---
[1] Das gilt in dieser Form nur für kubische Kristalle.
[2] Dies wird insbesondere dadurch gerechtfertigt, daß auch reale Einkristalle nicht im strengen Sinne kohärent sind (Versetzungen!).

Gitterplatz legen, allen Stufenfunktionen den Wert Eins zuschreiben. Auf Grund dieser Festsetzungen definieren wir

$$\{\varrho_k^{(1)}(\boldsymbol{q})\} = \frac{1}{4\pi} \sum \varrho_{\omega k}^{(1)} \Delta\omega, \qquad (43.17)$$

wo $\Delta\omega$ das Flächenelement der Einheitskugel ist. Aus Gl. (43.2) folgt

$$\frac{1}{4\pi} \sum \int \varrho_{\omega k}^{(1)} d\boldsymbol{q}\, \Delta\omega = \sum \overline{N}_{\omega k} = \overline{N}_k. \qquad (43.18)$$

Geht man zur Grenze $\Delta\omega \to 0$ über und setzt gleichmäßige Konvergenz voraus, so wird

$$\int \{\varrho_k^{(1)}(\boldsymbol{q})\} d\boldsymbol{q} = \frac{1}{4\pi} \iint \varrho_{\omega k}^{(1)} d\omega\, d\boldsymbol{q} = \overline{N}_k. \qquad (43.19)$$

Die Gl. (43.2) bleibt somit für die durch (43.7) definierte kugelsymmetrische Funktion gültig. Dieselbe besitzt jedoch als Linearkombination von molekularen Verteilungsfunktionen nicht alle Eigenschaften derselben, weil die Größe

$$\{W_k^{(1)}\} = -kT \ln \{\varrho_k^{(1)}\} \qquad (43.20)$$

nicht eine Linearkombination der $W_{\omega k}^{(1)}$ und somit auch nicht das Potential der auf ein Teilchen der Sorte k wirkenden Durchschnittskraft darstellt[1]. Da aber in der kugelsymmetrischen Darstellung für Entfernungen vom Ursprung >10 Å die molekulare Struktur praktisch nicht mehr zu erkennen ist, d.h. $\{\varrho_k^{(1)}\}$ sich dann auf den Wert $\bar{\varrho}_k$ reduziert, kann die Funktion interpretiert werden als die Wahrscheinlichkeitsdichte, im skalaren Abstand r von dem auf einem beliebigen Gitterplatz gewählten Ursprung ein k-Atom zu finden. Diese Beschreibung ist für das ganze System gültig.

Eine analoge Überlegung kann man für die Funktion $\langle g_{kl}^{(2)}\rangle$ durchführen. Wir definieren

$$\bar{\varrho}_k \bar{\varrho}_l \{\langle g_{kl}^{(2)}\rangle\} = \frac{\bar{\varrho}_k \bar{\varrho}_l}{4\pi} \sum \langle g_{\omega kl}^{(2)}\rangle \Delta\omega. \qquad (43.21)$$

Da nach Voraussetzung c

$$\sum (\overline{N_k N_l})_\omega = \overline{N_k N_l} \qquad (43.22)$$

ist, folgt wie oben

$$\bar{\varrho}_k \bar{\varrho}_l \iint \{\langle g_{kl}^{(2)}\rangle\} d\boldsymbol{q}\, d\boldsymbol{q}' = \overline{N_k N_l} - \overline{N}_k \delta_{kl}. \qquad (43.23)$$

Die Funktion $\{\langle g_{kl}^{(2)}\rangle\}$ hängt nur von dem skalaren Abstand r zwischen den Atomen k und l ab. Da sie nach Gl. (43.9) für $r=0$ verschwindet und ein Maximum durchläuft, wenn r gleich dem Radius der ersten Koordinationsschale ist, wählt man zweckmäßig auch hier einen Gitterplatz als Ursprung.

Wir sich aus den Definitionen (43.17) und (43.21) ergibt, gelten für die kugelsymmetrischen Funktionen die zu Gl. (43.14) und (43.15) analogen Normierungsrelationen

$$\lim_{V\to\infty} \frac{1}{V} \int \{g_k^{(1)}\} d\boldsymbol{q} = 1 \qquad (43.24)$$

und

$$\lim_{V\to\infty} \frac{1}{V} \int \{\langle g_{kl}^{(2)}\rangle\} d\boldsymbol{r} = 1. \qquad (43.25)$$

---

[1] Auf diese Schwierigkeit hat J.E. MAYER [J. Chem. Phys. **10**, 629 (1942)] zuerst hingewiesen. Er geht jedoch von dem umgekehrten Problem aus, nämlich von der Tatsache, daß die allgemeine Lösung der Integralgleichungen für die molekularen Verteilungsfunktionen eine Linearkombination vom Typ der Gl. (43.17) ist und versucht zu zeigen, daß auch eine Lösung existiert, die einem Kristall fixierter Orientierung entspricht.

Schließlich definieren wir Korrelationsfunktionen $\{g_{kl}\}$ durch die Gleichung

$$\{g_{kl}\} = \{\langle g_{kl}^{(2)}\rangle\} - \{g_l^{(1)}\}. \tag{43.26}$$

Diese Funktionen unterscheiden sich von den analogen Funktionen fluider Systeme dadurch, daß $\{g_l^{(1)}\}$ erst in einem gewissen Abstand vom Ursprung (zum wenigsten praktisch) gleich Eins wird. Die Korrelationsfunktionen der Einkomponentensysteme zeigen an der Stelle $r=r_1$ ($r_1=$Radius der ersten Koordinationsschale) notwendig ein positives Maximum; bei den durch Gl. (43.26) definierten Funktionen kann an dieser Stelle auch ein negatives Minimum auftreten, je nachdem ob gleiche oder ungleiche Nachbarn bevorzugt werden. Für die hier betrachteten binären Systeme hat man wegen

$$\{\langle g_{kl}^{(2)}\rangle\} = \{\langle g_{lk}^{(2)}\rangle\} \quad \text{und}^1 \quad \{g_k^{(1)}\} = \{g_l^{(1)}\}$$

drei Korrelationsfunktionen, was gegenüber Einkomponentensystemen nicht nur den formalen Apparat erheblich kompliziert, sondern noch eine zusätzliche Schwierigkeit bedingt durch die Tatsache, daß nur die Funktion $\{\langle g_{12}^{(2)}\rangle\}$ röntgenographisch bestimmt werden kann (Ziff. 44).

Die im vorstehenden definierten Funktionen beschreiben die molekulare Struktur, soweit dieselbe für ein polykristallines System als Ganzes definierbar ist. Diese Beschreibung ist notwendig unvollständig, sie verhält sich zu den molekularen Verteilungsfunktionen des Einkristalls exakt wie ein Debye-Scherrer-Diagramm zu einer Einkristall-Aufnahme. Andererseits sind die thermodynamischen und röntgenographischen Eigenschaften des polykristallinen Systems durch diese Funktionen vollständig[2] definiert und auf die Eigenschaften des Einkristalls zurückgeführt. Im folgenden werden wir ausschließlich die kugelsymmetrischen Funktionen benutzen. Zur Vereinfachung der Formeln werden wir sie von jetzt ab mit denselben Symbolen bezeichnen wie die entsprechenden molekularen Verteilungsfunktionen des Einkristalls und die verschiedenen Mittelwertbildungen nicht mehr besonders kennzeichnen.

Aus den Gln. (43.19), (43.23) und (43.26) folgt unmittelbar

$$\overline{\frac{(N_k-\overline{N}_k)(N_l-\overline{N}_l)}{\overline{N}_k\overline{N}_l}} = \frac{1}{V}\int_V g_{kl}\,d\boldsymbol{r} + \overline{N}_k^{-1}\delta_{kl}. \tag{43.27}$$

Es ergibt sich somit, daß alle in Ziff. 11β abgeleiteten Ausdrücke für thermodynamische Größen auch bei Verwendung der in dieser Ziffer definierten gemittelten Korrelationsfunktionen gültig bleiben. Der besseren Übersicht halber stellen wir die im folgenden benötigten Beziehungen hier noch einmal zusammen. Man erhält für ein binäres System

$$\frac{1}{kT}\left(\frac{\partial\mu_1}{\partial c_1}\right)_{T,P} = \frac{1}{c_1} + \frac{G_{12}-G_{11}}{1+c_1(G_{11}-G_{12})}, \tag{43.28}$$

$$\frac{1}{kT}\left(\frac{\partial\mu_2}{\partial c_2}\right)_{T,P} = \frac{1}{c_2} + \frac{G_{12}-G_{22}}{1+c_2(G_{22}-G_{12})}, \tag{43.29}$$

$$\left(\frac{\partial\Pi}{\partial c_2}\right)_{T,\mu_1} = \frac{kT}{1+G_{22}c_2}, \tag{43.30}$$

wo $c_k \equiv \bar{\varrho}_k$ und

$$G_{kl} = \int_V g_{kl}\,d\boldsymbol{r} \tag{43.31}$$

---

[1] Die letztere Aussage braucht bei Fernordnung nicht zuzutreffen.
[2] Das heißt soweit, wie die thermodynamischen Eigenschaften überhaupt durch die Paar-Verteilungsfunktionen definiert sind. Vgl. Ziff. 11.

ist. Wenn die auf der linken Seite stehenden thermodynamischen Größen bekannt sind, läßt sich aus Gl. (43.29) und (43.30) die Größe G_{12} berechnen. In Ziff. 44 zeigen wir, daß dieselbe Größe auch aus röntgenographischen Daten erhalten werden kann.

44. Röntgenkleinwinkelstreuung binärer Legierungen. Binäre Legierungen mit statistischer Atomverteilung zeigen eine zusätzliche diffuse Streuung der Röntgenstrahlen, die durch das unterschiedliche Streuvermögen der Atome beider Komponenten bedingt ist und im wesentlichen im Gebiete kleiner Streuwinkel liegt. Dieser Effekt ist zuerst von v. LAUE[1] unter der Annahme, daß die Atome auf den Gitterplätzen fixiert und im übrigen völlig ungeordnet verteilt sind (ideale Lösung), berechnet worden. Die Existenz des Effektes wurde experimentell erstmalig von WILCHINSKY[2] sowie GUINIER und GRIFFOUL[3] nachgewiesen. Eine völlig ungeordnete Atomverteilung kommt in Legierungen praktisch nicht vor, und man kann von vornherein annehmen, daß die sog. Laue-Streuung durch Nahordnung (Bevorzugung ungleicher Nachbarn) oder cluster-Bildung (Bevorzugung ungleicher Nachbarn) modifiziert wird. Entsprechende Verallgemeinerungen der v. Laueschen Theorie sind von WILCHINSKY[2], COWLEY[4] (für Einkristalle) sowie WARREN, AVERBACH und ROBERTS[5] (mit Berücksichtigung unterschiedlicher Größe der 1- und 2-Atome) entwickelt worden. Die genannten Theorien berücksichtigen nicht die thermische Bewegung der Atome, die ebenfalls zur diffusen Streuung beiträgt. Sie haben überdies den Nachteil, daß sie sich nur über das Gittermodell mit thermodynamischen Größen verknüpfen lassen. Wir werden daher im folgenden die Theorie in allgemeinerer Form mit Hilfe der molekularen Verteilungsfunktionen entwickeln[6].

Wir bezeichnen mit k_0 den Wellenvektor des Primärstrahls, mit k den des unter dem Winkel ϑ gestreuten Strahls. Definieren wir den Streuvektor s durch

$$s = k_0 - k \qquad (44.1)$$

und setzen

$$k = \frac{1}{\lambda},$$

so wird

$$s = 2k \sin\frac{\vartheta}{2} = \frac{2}{\lambda}\sin\frac{\vartheta}{2}. \qquad (44.3)$$

Die Elektronendichte als Funktion des Ortsvektors im dreidimensionalen (physikalischen) Raum bezeichnen wir mit $\varrho^{(e)}(q)$. Ihre Fourier-Transformierte $P(s)$ ist durch

$$P(s) = \mathfrak{F}(\varrho^{(e)}) = \int \varrho^{(e)}(q)\, e^{-2\pi i s q}\, dq \qquad (44.4)$$

gegeben. Schließlich definieren wir noch eine reduzierte Intensität durch die Gleichung

$$I = \frac{I(\vartheta)\, R^2}{I_0\, a^2\, p}. \qquad (44.5)$$

Hier ist I_0 die Intensität des Primärstrahls, $I(\vartheta)$ die unter dem Winkel ϑ im Abstand R von der Probe gemessene Streu-Intensität,

$$a = \frac{e^2}{m\, c^2} \qquad (44.6)$$

---

[1] M. v. LAUE: Ann. Physik **56**, 497 (1918).
[2] Z.W. WILCHINSKY: J. Appl. Phys. **15**, 806 (1944).
[3] A. GUINIER u. R. GRIFFOUL: C. R. Acad. Sci., Paris **221**, 555 (1945).
[4] J.M. COWLEY: J. Appl. Phys. **21**, 24 (1950).
[5] B.E. WARREN, B.L. AVERBACH u. B.W. ROBERTS: J. Appl. Phys. **22**, 1493 (1951).
[6] A. MÜNSTER u. K. SAGEL: Z. phys. Chem., N.F. **12**, 145 (1957).

der klassische Elektronenradius und p der Polarisationsfaktor. Nach der kinematischen Interferenz-Theorie gilt dann

$$I = PP^*, \qquad (44.7)$$

wo P^* die zu P konjugierte komplexe Größe ist. Die inverse Fourier-Transformierte von I ist die von Hosemann und Bagchi[1,2] eingeführte Q-Funktion. Es gilt also

$$Q(\boldsymbol{q}) = \mathfrak{F}^{-1}(I) = \mathfrak{F}^{-1}(PP^*) = \int PP^* e^{2\pi i s q} ds. \qquad (44.8)$$

Mit Hilfe des Faltungssatzes erhält man aus Gl. (44.4) und (44.8)

$$Q(\boldsymbol{q}) = \int \varrho^{(e)}(\boldsymbol{x})\, \varrho^{(e)}(\boldsymbol{q} + \boldsymbol{x})\, d\boldsymbol{x} = \varrho^{(e)}(\boldsymbol{q}) * \varrho^{(e)}(-\boldsymbol{q}), \qquad (44.9)$$

wo der rechts stehende Ausdruck eine symbolische Schreibweise für das „Faltungsprodukt" darstellt. Die Q-Funktion ist also gleich dem „Faltungsquadrat" der Elektronendichte.

Um die Elektronendichte durch die Verteilung der Atome auszudrücken, betrachten wir, wie in Ziff. 2, eine fixierte Konfiguration des Systems. Bezeichnen wir mit $\boldsymbol{q}_1$ und $\boldsymbol{q}_2$ die Schwerpunktskoordinaten der Atome, so sind die Dichten der Einzelteilchen

$$\nu_1^{(1)} = \sum_{i=1}^{N_1} \delta(\boldsymbol{q}_1 - \boldsymbol{q}_{1i}), \quad \nu_2^{(1)} = \sum_{i=1}^{N_2} \delta(\boldsymbol{q}_2 - \boldsymbol{q}_{2i}). \qquad (44.10)$$

Es sei nun $\varrho_k^{(e)}(\boldsymbol{r}^{(e)})$ die auf den Schwerpunkt als Ursprung bezogene Elektronendichte eines Atoms der Sorte k. Dabei ist

$$\boldsymbol{r}^{(e)} = \boldsymbol{q} - \boldsymbol{q}_k. \qquad (44.11)$$

Der Beitrag eines Atoms der Sorte k zur totalen Elektronendichte im Punkte $\boldsymbol{q}$ ist gegeben durch

$$\varrho_k^{(e)}(\boldsymbol{q}) = \int \delta(\boldsymbol{q} - \boldsymbol{q}_{ik} - \boldsymbol{r}^{(e)})\, \varrho^{(e)}(\boldsymbol{r}^{(e)})\, d\boldsymbol{r}^{(e)}. \qquad (44.12)$$

Der Beitrag aller Atome der Sorte k zur totalen Elektronendichte im Punkte $\boldsymbol{q}$ wird somit durch das Faltungsprodukt der atomaren Dichte mit der Elektronendichte der Atome der Sorte k dargestellt. Es folgt somit

$$\varrho^{(e)}(\boldsymbol{q}) = \nu^{(1)} * \varrho_1^{(e)} + \nu_2^{(1)} * \varrho_2^{(e)}. \qquad (44.13)$$

Da die Faltung eine distributive Operation ist, erhält man aus Gl. (44.9) und (44.13)

$$\left.\begin{array}{l} Q(\boldsymbol{q}) = [\nu_1^{(1)} * \varrho_1^{(e)}(\boldsymbol{r}^{(e)})] * [\nu_1^{(1)} * \varrho_1^{(e)}(-\boldsymbol{r}^{(e)})] + \\ \qquad + [\nu_2^{(1)} * \varrho_2^{(e)}(\boldsymbol{r}^{(e)})] * [\nu_2^{(1)} * \varrho_2^{(e)}(-\boldsymbol{r}^{(e)})] + \\ \qquad + 2[\nu_1^{(1)} * \varrho_1^{(e)}(\boldsymbol{r}^{(e)})] * [\nu_2^{(1)} * \varrho_2^{(e)}(-\boldsymbol{r}^{(e)})]. \end{array}\right\} \qquad (44.14)$$

Diese Gleichung läßt sich noch auf eine übersichtlichere Form bringen. Dazu definieren wir eine Funktion

$$\nu_{ij} = \delta(\boldsymbol{r} - \boldsymbol{q}_i' + \boldsymbol{q}_j') \quad (i \neq j). \qquad (44.15)$$

Berücksichtigt man den kommutativen und assoziativen Charakter der Faltung sowie die Tatsache, daß das Faltungsprodukt zweier δ-Funktionen wieder eine δ-Funktion ist, so erhält man aus Gl. (44.14) und (44.15)

$$\left.\begin{array}{l} Q(\boldsymbol{q}) = \nu_1^{(1)} * [\varrho_1^{(e)}(\boldsymbol{r}^{(e)}) * \varrho_1^{(e)}(-\boldsymbol{r}^{(e)})] + \nu_2^{(1)} * [\varrho_2^{(e)}(\boldsymbol{r}^{(e)}) * \varrho_2^{(e)}(-\boldsymbol{r}^{(e)})] + \\ \qquad + \sum_{i=1}^{N} \sum_{j=1}^{N} \nu_{ij} * [\varrho_i^{(e)}(\boldsymbol{r}^{(e)}) * \varrho_j^{(e)}(-\boldsymbol{r}^{(e)})] \quad (i \neq j). \end{array}\right\} \qquad (44.16)$$

---

[1] R. Hosemann u. S.N. Bagchi: Acta crystallogr. 5, 749 (1952).
[2] R. Hosemann: Z. Elektrochem. 58, 271 (1954).

Diese Gleichung ist ein Spezialfall einer von HOSEMANN[1] angegebenen allgemeinen Formel. Die reduzierte Streuintensität wird daraus nach Gl. (44.8) einfach durch Fourier-Transformation erhalten.

Die bisher gemachte Voraussetzung einer fixierten Konfiguration trifft bei der Messung nicht zu. Infolge der thermischen Bewegung nimmt das System während der Beobachtungszeit praktisch alle zugänglichen Konfigurationen ein. Da die Frequenzen der thermischen Schwingungen klein gegen die der Röntgenstrahlen sind, kommt die beobachtete Streustrahlung durch eine Überlagerung der Streuintensitäten der verschiedenen Konfigurationen des Systems zustande. Um diese Streuung zu berechnen, ist es daher notwendig, Gl. (44.16) mit Hilfe der großen kanonischen Gesamtheit über alle zugänglichen Zustände zu mitteln. Wir betrachten zunächst wieder den Fall des Einkristalls und führen an dieser Stelle eine Näherung ein, indem wir annehmen, daß die Funktionen $\varrho_1^{(e)}$ und $\varrho_2^{(e)}$ nicht von der Konfiguration der Atome abhängen. Für das hier betrachtete Problem liegt der dadurch eingeführte Fehler jedenfalls weit unterhalb der experimentellen Fehlergrenzen. Es ergibt sich dann mit Benutzung von (43.8) für die mittlere Q-Funktion

$$\begin{aligned}\overline{Q}(\boldsymbol{q}) = & [\varrho_1^{(e)}(\boldsymbol{r}^{(e)}) * \varrho_1^{(e)}(-\boldsymbol{r}^{(e)})] \int \varrho_1^{(1)} d\boldsymbol{q}_1 + \\ & + [\varrho_2^{(e)}(\boldsymbol{r}^{(e)}) * \varrho_2^{(e)}(-\boldsymbol{r}^{(e)})] \int \varrho_2^{(1)} d\boldsymbol{q}_2 + \\ & + \overline{N}_1 \int \langle \varrho_{11}^{(1,1)} \rangle [\varrho_{1i}^{(e)}(\boldsymbol{r}^{(e)}) * \varrho_{1j}^{(e)}(-\boldsymbol{r}^{(e)})] d\boldsymbol{r}_{11} + \\ & + \overline{N}_1 \int \langle \varrho_{12}^{(1,1)} \rangle [\varrho_{1i}^{(e)}(\boldsymbol{r}^{(e)}) * \varrho_{2j}^{(e)}(-\boldsymbol{r}^{(e)})] d\boldsymbol{r}_{12} + \\ & + \overline{N}_2 \int \langle \varrho_{21}^{(1,1)} \rangle [\varrho_{2i}^{(e)}(\boldsymbol{r}^{(e)}) * \varrho_{1j}^{(e)}(-\boldsymbol{r}^{(e)})] d\boldsymbol{r}_{12} + \\ & + \overline{N}_2 \int \langle \varrho_{22}^{(1,1)} \rangle [\varrho_{2i}^{(e)}(\boldsymbol{r}^{(e)}) * \varrho_{2j}^{(e)}(-\boldsymbol{r}^{(e)})] d\boldsymbol{r}_{22}.\end{aligned} \quad (44.17)$$

Wir definieren nun

$$f_k = \mathfrak{F}(\varrho_k^{(e)}). \quad (44.18)$$

Die Größen f_k sind die Atomfaktoren der Komponenten. Die oben eingeführte Näherung entspricht daher einfach der üblichen Annahme, daß die Atomfaktoren auch im kondensierten System wohldefinierte Werte besitzen. Bildet man die Fourier-Transformierte von $\overline{Q}(\boldsymbol{q})$, so gehen die Integrale wieder in Integrale über, da $\mathfrak{F}$ ein linearer Operator ist. Es muß aber berücksichtigt werden, daß beispielsweise

$$\varrho_{1i}^{(e)}(\boldsymbol{q} - \boldsymbol{q}_{1i}) = \varrho_{1j}^{(e)}(\boldsymbol{q} - \boldsymbol{q}_{1j}) = \varrho_{1j}^{(e)}(\boldsymbol{q} - \boldsymbol{q}_{1i} + \boldsymbol{r}_{ij}) \quad (44.19)$$

ist. Man erhält daher mit Hilfe des Faltungssatzes und des Verschiebungssatzes

$$\begin{aligned}\mathfrak{F}[\overline{Q}(\boldsymbol{q})] = I = & f_1^2 \int \varrho_1^{(1)} d\boldsymbol{q}_1 + f_2^2 \int \varrho_2^{(1)} d\boldsymbol{q}_2 + \\ & + \overline{N}_1 f_1^2 \int \langle \varrho_{11}^{(1,1)} \rangle e^{2\pi i \boldsymbol{s} \boldsymbol{r}_{ij}} d\boldsymbol{r}_{11} + \\ & + \overline{N}_1 f_1 f_2 \int \langle \varrho_{12}^{(1,1)} \rangle e^{2\pi i \boldsymbol{s} \boldsymbol{r}_{ij}} d\boldsymbol{r}_{12} + \\ & + \overline{N}_2 f_2 f_1 \int \langle \varrho_{21}^{(1,1)} \rangle e^{2\pi i \boldsymbol{s} \boldsymbol{r}_{ij}} d\boldsymbol{r}_{12} + \\ & + \overline{N}_2 f_2^2 \int \langle \varrho_{22}^{(1,1)} \rangle e^{2\pi i \boldsymbol{s} \boldsymbol{r}_{ij}} d\boldsymbol{r}_{22}.\end{aligned} \quad (44.20)[2]$$

---

[1] R. HOSEMANN: Z. Elektrochem. **58**, 271 (1954).

[2] Man bemerkt, daß die von der Streutheorie ausgehende Einführung der Paar-Verteilungsfunktionen notwendig auf bedingte Wahrscheinlichkeitsdichten führt, die nur von dem (skalaren oder vektoriellen) Abstand $\boldsymbol{r}$ abhängen. Dies gilt allgemein und ist von Bedeutung für die Definition der zeitabhängigen Korrelationsfunktionen (Ziff. 46), bei denen eine unabhängige Formulierung noch nicht zur Verfügung steht.

Die Integrale über die Funktionen $\varrho^{(1)}$ sind durch die Normierung (43.2) gegeben. Führt man noch die Molenbrüche der Komponenten x_1 und x_2 ein, so wird aus Gl. (44.20) (wenn wir die jetzt entbehrlichen Indices der Teilchen weglassen)

$$I = N[x_1 f_1^2 + x_2 f_2^2 + x_1 f_1^2 \int \langle \varrho_{11}^{(1,1)}\rangle e^{2\pi i s r} dr + \\
+ x_1 f_1 f_2 \int \langle \varrho_{12}^{(1,1)}\rangle e^{2\pi i s r} dr + x_2 f_1 f_2 \langle \varrho_{21}^{(1,1)}\rangle e^{2\pi i s r} dr + \\
+ x_2 f_2^2 \int \langle \varrho_{22}^{(1,1)}\rangle e^{2\pi i s r} dr]. \qquad (44.21)^1$$

Diese Gleichung formen wir nun so um, daß die hier interessierende Kleinwinkelstreuung als besonderer Term auf der rechten Seite erscheint. Dazu definieren wir eine Funktion

$$h^* = \sum_{j=2}^{N} \delta(\mathbf{q} - \mathbf{q}_j^*), \qquad (44.22)$$

wo $\mathbf{q}_j^*$ wieder den Ortsvektor des j-ten Gitterpunktes bezeichnet. Ferner setzen wir

$$\varphi_1 = \langle \varrho_{11}^{(1,1)}\rangle + \langle \varrho_{12}^{(1,1)}\rangle, \qquad \varphi_2 = \langle \varrho_{21}^{(1,1)}\rangle + \langle \varrho_{22}^{(1,1)}\rangle. \qquad (44.23)$$

Dann wird

$$I = N[x_1 f_1^2 + x_2 f_2^2 + x_1 f_1^2 \int (h^* - \langle \varrho_{12}^{(1,1)}\rangle) e^{2\pi i s r} dr + \\
+ x_1 f_1 f_2 \int \langle \varrho_{12}^{(1,1)}\rangle e^{2\pi i s r} dr + x_1 f_1^2 \int (\varphi_1 - h^*) e^{2\pi i s r} dr + \\
+ x_2 f_1 f_2 \int \langle \varrho_{12}^{(1,1)}\rangle e^{2\pi i s r} dr + x_2 f_2^2 \int (h^* - \langle \varrho_{21}^{(1,1)}\rangle) e^{2\pi i s r} dr + \\
+ x_2 f_2^2 \int (\varphi_2 - h^*) e^{2\pi i s r} dr]. \qquad (44.24)$$

Auf der rechten Seite dieser Gleichung addieren und subtrahieren wir

$$N(x_1 f_1 + x_2 f_2)^2 \int h e^{2\pi i s r} dr, \qquad (44.25)$$

wo h durch Gl. (43.7) definiert ist. Dann ergibt sich nach Umordnen

$$I = N\left[x_1 x_2 (f_1 - f_2)^2 \int \left(h - \frac{\langle \varrho_{12}^{(1,1)}\rangle}{x_2}\right) e^{2\pi i s r} dr\right] + \\
+ N[x_1 f_1^2 \int (\varphi_1 - h^*) e^{2\pi i s r} dr + x_2 f_2^2 \int (\varphi_2 - h^*) e^{2\pi i s r} dr] + \\
+ N[(x_1 f_1 + x_2 f_2)^2 \int h e^{2\pi i s r} dr]. \qquad (44.26)$$

Der letzte Term der rechten Seite ist im wesentlichen die Fourier-Transformierte der Gitterpunktfunktion h und stellt somit die scharfen Kristall-Reflexe dar. Der zweite Term enthält die durch die thermische Bewegung der Atome bedingte Verbreiterung der Bragg-Reflexe. Der erste Term schließlich stellt die eigentliche Kleinwinkelstreuung dar, die wir im folgenden ausschließlich diskutieren werden. Schreiben wir Gl. (44.26) in der symbolischen Form

$$I = I_D + I_T + I_B, \qquad (44.27)$$

so haben wir

$$I_D = N\left[x_1 x_2 (f_1 - f_2)^2 \int \left(h - \frac{\langle \varrho_{12}^{(1,1)}\rangle}{x_2}\right) e^{2\pi i s r} dr\right]. \qquad (44.28)$$

Die Anwendung dieser Gleichung auf polykristalline Proben erfordert die in Ziff. 43 erörterte Mittelung über alle Orientierungen. Mit Benutzung von (43.13) erhält man

$$I_D = N\left[x_1 x_2 (f_1 - f_2)^2 4\pi \int r^2 (h - \varrho \, g_{12}^{(2)}) \frac{\sin u r}{u r} dr\right], \qquad (44.29)$$

---

[1] Die Mittelwertstriche lassen wir von jetzt ab weg.

wo $\varrho=(\bar{N}_1+\bar{N}_2)/V$ und
$$u = 2\pi s \tag{44.30}$$

ist. Der erste Term unter dem Integralzeichen läßt sich schreiben

$$4\pi \int r^2 h \frac{\sin u r}{u r} dr = \sum_{l=0} z_l \frac{\sin u r_l}{u r_l}, \tag{44.31}$$

wo z_l die Koordinationszahl und r_l der Radius der l-ten Koordinationsschale ist. Die Summe auf der rechten Seite kann in sehr guter Näherung durch ein Integral ersetzt werden. Unter der Voraussetzung $g_1^{(1)}=g_2^{(1)}$ erhält man

$$\sum_{l=0} z_l \frac{\sin u r_l}{u r_l} \approx 4\pi \varrho \int r^2 g_2^{(1)} \frac{\sin u r}{u r} dr. \tag{44.32}$$

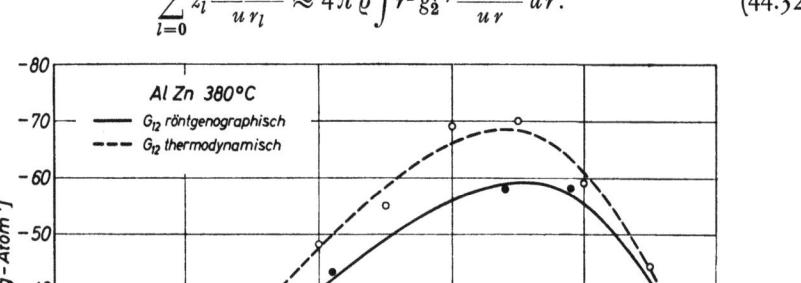

Fig. 45. Röntgenographische und thermodynamische Werte der Funktion G_{12} für Al–Zn bei 380° C. [Entnommen aus A. MÜNSTER u. K. SAGEL: Z. phys. Chem., N.F. 22, 81 (1959).]

Wählt man für die Funktionen $g^{(1)}$ und $g^{(2)}$ den gleichen Ursprung und berücksichtigt die Definition der Korrelationsfunktion, so wird

$$I_D = -N\left[x_1 x_2 (f_1-f_2)^2 4\pi \varrho \int g_{12} \frac{\sin u r}{u r} r^2 dr\right]. \tag{44.33}$$

Definiert man eine reduzierte Intensität durch die Gleichung

$$i(u) = \frac{I_D}{N x_1 x_2 (f_1-f_2)^2}, \tag{44.34}$$

so erhält man schließlich

$$u\, i(u) = -4\pi \varrho \int_0^\infty r\, g_{12}(r) \sin(u r)\, dr. \tag{44.35}$$

Durch inverse Fourier-Transformation folgt daraus

$$-r\, g_{12}(r) = \frac{1}{2\pi^2 \varrho} \int_0^\infty u\, i(u) \sin(u r)\, du. \tag{44.36}$$

Gl. (44.36) zeigt, daß man durch Messung der Röntgen-Kleinwinkelstreuung von binären Legierungen die Korrelationsfunktion g_{12} und daraus durch Integration die Größe G_{12} erhalten kann. Da die letztere Größe auch über rein thermodynamische Messungen zugänglich ist, läßt sich die Theorie durch Vergleich der Werte experimentell prüfen. Fig. 45 zeigt einen solchen Vergleich für das System Al—Zn bei 380° C[1].

Als Grundlage der Berechnung dienten die thermodynamischen Daten von CORSEPIUS und MÜNSTER[2] und die röntgenographischen Daten von MÜNSTER und SAGEL[3]. Im Hinblick auf die erreichbare Genauigkeit (für deren Diskussion auf die Originalarbeiten verwiesen werden muß) ist die Übereinstimmung befriedigend. Besonders bemerkenswert ist die gute Übereinstimmung für Konzentrationen >40 Atom-% Zn, da in diesem Gebiet das Gittermodell selbst für die freie Energie der Verdünnung völlig versagt (Ziff. 42).

Um den Zusammenhang zwischen Kleinwinkelstreuung und Atomverteilung zu erläutern, zeigt Fig. 46 berechnete Streukurven für die typischen Fälle der idealen Lösung (durch Temperaturbewegung modifizierte Laue-Streuung), der Nahordnung und der cluster-Bildung.

Für die (praktisch nicht vorkommende) Laue-Streuung ist der monotone Abfall typisch. Die beiden Fälle der Nahordnung und der cluster-Bildung führen auf charakteristisch verschiedene Kurventypen, so daß man die Art der Atomverteilung häufig qualitativ bereits aus der Intensitätskurve entnehmen kann. Es muß allerdings bemerkt werden, daß gelegentlich Komplikationen (die im Rahmen dieses Artikels nicht diskutiert werden können) auftreten und daß daher die Berechnung der Korrelationsfunktion unerläßlich ist. Fig. 47 zeigt nach RUDMANN und AVERBACH[4] eine an dem System Co—Pt

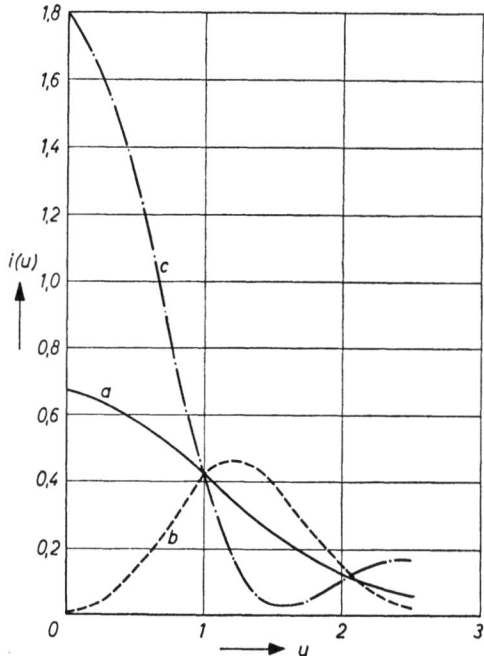

Fig. 46. Berechnete Streukurven. Kurve a: Modifizierte Laue-Streuung; Kurve b: Nahordnung; Kurve c: cluster-Bildung. [Entnommen aus A. MÜNSTER u. K. SAGEL: Z. phys. Chem., N.F. 12, 145 (1957).]

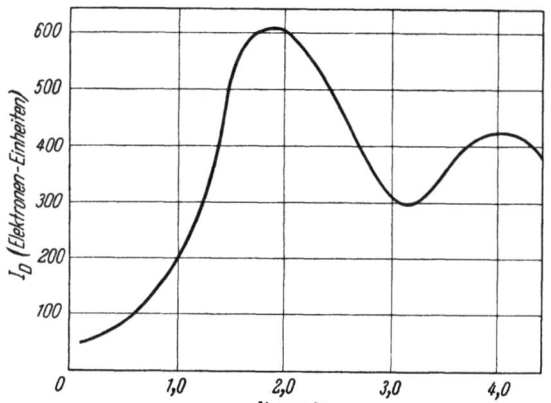

Fig. 47. Auskorrigierte Streukurve der Legierung Co—Pt (860° C, 50 Atom-% Co). [Entnommen aus P.S. RUDMAN u. B.L. AVERBACH: Acta metallurg. 5, 65 (1957).]

---

[1] A. MÜNSTER u. K. SAGEL: Z. phys. Chem., N.F. 22, 81 (1959).
[2] H. CORSEPIUS u. A. MÜNSTER: Z. phys. Chem., N.F. 22, 1 (1959).
[3] A. MÜNSTER u. K. SAGEL: Z. phys. Chem., N.F. 24, 217 (1960).
[4] P.S. RUDMANN u. B.L. AVERBACH: Acta metallurg. 5, 65 (1957).

(860° C, 50 Atom-% Co) gemessene Streukurve, die ein typisches Beispiel für den Fall der Nahordnung liefert.

Als Beispiel für cluster-Bildung zeigt Fig. 48 einige von MÜNSTER und SAGEL[1] an dem System Al—Zn (47,7 Atom-% Zn) gemessene Streukurven. Die den Fig. 47 und 48 entsprechenden Korrelationsfunktionen sind in Fig. 49 und 50 dargestellt[2].

Für das System Co—Pt besitzt $-g_{12}$ ein negatives Minimum in der ersten, ein positives Maximum in der zweiten Koordinationsschale (Bevorzugung ungleicher Nachbarn, Nahordnung). Für das System Al—Zn hat $-g_{12}$ sowohl in der ersten wie in der zweiten Koordinationsschale ein positives Maximum (Bevorzugung gleicher Nachbarn, cluster-Bildung[3]). Allgemein findet man, daß die Reichweite der Korrelation (abgesehen von der nächsten Umgebung des kritischen Punktes) sich nur über wenige Koordinationsschalen erstreckt und somit <10 Å ist; insoweit besteht also kein Unterschied zwischen metallischen festen Lösungen und fluiden Systemen (Ziff. 53).

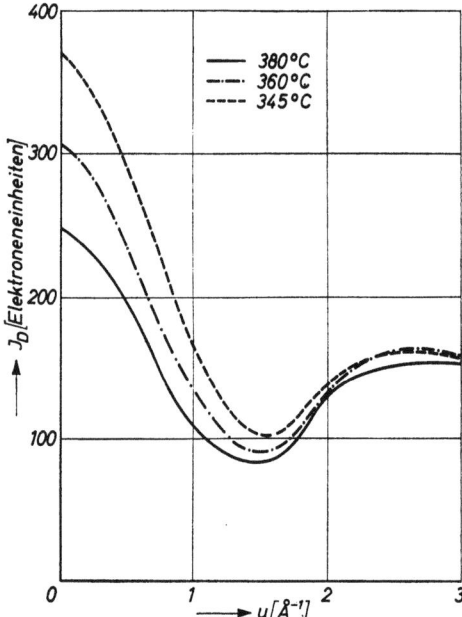

Fig. 48. Auskorrigierte Streukurven der Legierung Al—Zn (47,7 At% Zn). [Entnommen aus A. MÜNSTER u. K. SAGEL: Z. phys. Chem., N.F. 24, 217 (1960)].

Eine anschauliche Beschreibung der Atomverteilung erhält man, wenn man für jede Koordinationsschale einen Nahordnungsparameter einführt. Praktisch beschränkt man sich dabei auf die erste Schale, da nur für diese hinreichend genaue experimentelle Werte zu erhalten sind. Eine Indizierung ist daher entbehrlich. Der Nahordnungsparameter ist definiert durch die Gleichung

$$\alpha = 1 - \frac{p_2}{x_2}, \quad (44.37)$$

wo p_2 die Wahrscheinlichkeit ist, in der Koordinationsschale um ein 1-Atom ein 2-Atom zu finden. Es ist nun

$$z p_2 = 4\pi \varrho_2 \int_{r_1-\varepsilon}^{r_1+\varepsilon} g_{12}^{(2)} r^2 \, dr \quad (44.38)$$

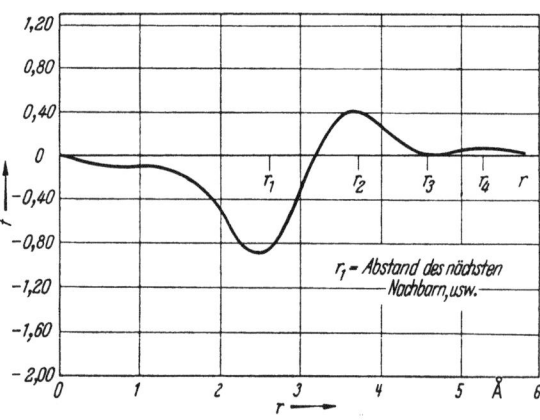

Fig. 49. Korrelationsfunktion der Legierung Co—Pt (860° C, 50 Atom-% Co). [Entnommen aus P.S. RUDMAN u. B. L. AVERBACH: Acta metallurg. 5, 65 (1957).]

---

[1] A. MÜNSTER u. K. SAGEL: Z. phys. Chem., N.F. 24, 217 (1960).
[2] Die in Fig. 49 aufgetragene Größe f ist proportional zu $-r g_{12}$.
[3] Die folgenden Minima und Maxima haben keine physikalische Bedeutung mehr, da hier die Kurve durch den sog. „Abbrucheffekt" (d.h. die Tatsache, daß die Streukurve nur bis zu $u \approx 3$ reicht) stark verzerrt ist. Näheres darüber in der Originalarbeit (Zitat 3 auf S. 185).

und
$$z\, x_2 = 4\pi \varrho_2 \int_{r_1-\varepsilon}^{r_1+\varepsilon} g_2^{(1)}\, r^2\, dr. \qquad (44.39)$$

Wegen
$$\varrho = \frac{N_1 + N_2}{V} = \frac{\varrho_2}{x_2} \qquad (44.40)$$

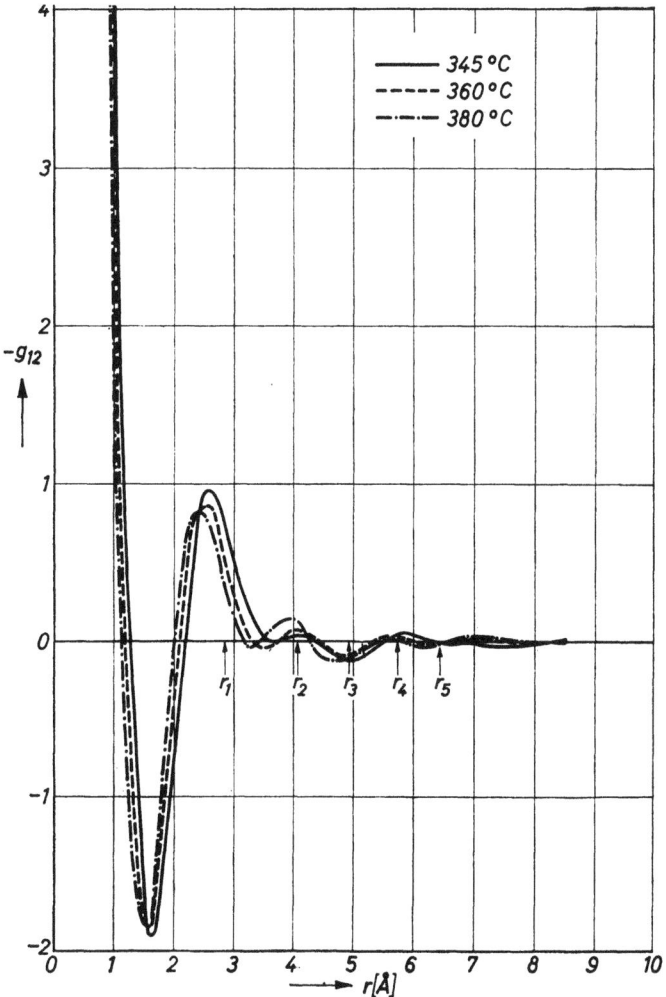

Fig. 50. Korrelationsfunktionen der Legierung Al–Zn (47,7 Atom-% Zb). [Entnommen aus A. Münster u. K. Sagel: Z. phys. Chem., N.F. 24, 217 (1960).]

folgt daraus
$$\alpha = -\frac{4\pi \varrho}{z} \int_{r_1-\varepsilon}^{r_1+\varepsilon} g_{12}\, r^2\, dr. \qquad (44.41)$$

Der Nahordnungsparameter wird somit durch Integration über das Gebiet des ersten Maximums (bzw. Minimums) von $-g_{12}$ erhalten. Die unvermeidliche Willkür bei der Wahl der Integrationsgrenzen hat wegen der Steilheit des Extremwertes nur verhältnismäßig geringen Einfluß auf das Ergebnis. Fig. 51 zeigt den Nahordnungsparameter in Abhängigkeit von der Konzentration für das System Co−Pt[1] bei 860° C (x_2=Molenbruch des Co). Das Maximum dieser Kurve entspricht ziemlich genau der maximalen Umwandlungstemperatur für die Überstruktur-Umwandlung. In Fig. 52 sind die α-Werte des Systems Al−Zn für 830° C dargestellt[2]. Das Maximum dieser Kurve liegt etwa bei der kritischen Konzentration der Entmischung. Besonders bemerkenswert ist in diesem Falle, daß die Solidus-Kurve (Fig. 40) bei der gleichen Konzentration einen Wendepunkt besitzt.

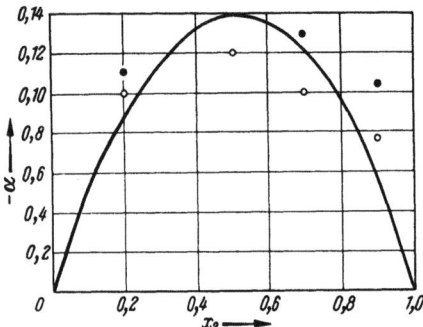

Fig. 51. Konzentrationsabhängigkeit des Nahordnungsparameters der ersten Koordinationsschale für das System Co−Pt bei 860° C. ●, ○ Experimentelle Werte nach verschiedenen Auswertungsverfahren. [Entnommen aus P.S. RUDMANN u. B.L. AVERBACH: Acta metallurg. **5**, 65 (1957).]

Das Gittermodell ergibt im Rahmen der (für das homogene Gebiet an sich ausreichenden) quasi-chemischen Näherung einen einfachen Zusammenhang zwischen dem Nahordnungsparameter und der mittleren molaren Mischungswärme. Man erhält

$$H_m = -\tfrac{1}{2} x_1 x_2 z N_L w (1-\alpha), \quad (44.42)$$

wo der Wert des Parameters w auch direkt aus den röntgenographischen Daten mit Hilfe der Beziehung

$$\frac{\alpha}{(1-\alpha)^2} = x_1 x_2 \left[e^{-\frac{w}{kT}} - 1 \right] \quad (44.43)$$

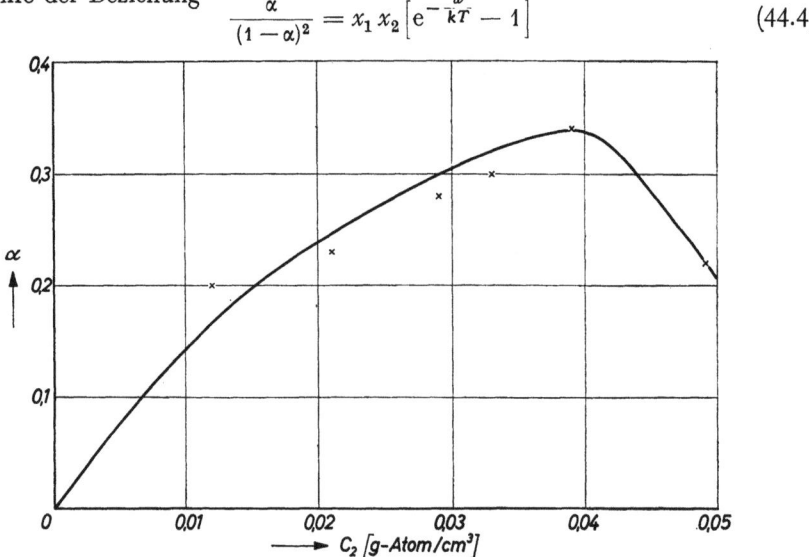

Fig. 52. Konzentrationsabhängigkeit des Nahordnungsparameters der ersten Koordinationsschale für das System Al−Zn bei 380° C. × Experimentelle Werte. [Entnommen aus A. MÜNSTER u. K. SAGEL: Z. phys. Chem., N.F. **24**, 217 (1960).]

bestimmt werden kann. Die Diskrepanz zwischen den so berechneten und den thermodynamisch gemessenen Mischungswärmen überschreitet sowohl für Co−Pt wie für Al−Zn weit die experimentellen Fehlergrenzen[3]. Damit bestätigt sich

---

[1] P.S. RUDMANN u. B.L. AVERBACH: Acta metallurg. **5**, 65 (1957).
[2] A. MÜNSTER u. K. SAGEL: Z. phys. Chem., N. F. **24**, 217 (1960).
[3] Die im Falle des Systems Al−Zn von RUDMANN und AVERBACH [Acta metallurg. **2**, 576 (1954)] gefundene Übereinstimmung beruht auf Unzulänglichkeiten der experimentellen Technik und der Auswertungsmethode, für deren Diskussion auf die Originalliteratur (vgl. Fußnote 2) verwiesen werden muß. Aus diesem Grunde können auch die quantitativen Ergebnisse für das System Co−Pt nur mit Vorbehalt wiedergegeben werden.

erneut das frühere Ergebnis, daß das Gittermodell für metallische feste Lösungen keine brauchbaren quantitativen Resultate liefert.

Aus dem Nahordnungsparameter berechnet man leicht die mittleren Besetzungszahlen der ersten Koordinationsschale. Sie sind, zusammen mit den entsprechenden Zahlen für die ideale Lösung, in Tabelle 6 für das System Co−Pt, in Tabelle 7 für das System Al−Zn zusammengestellt.

Tabelle 6. *Mittlere Zahl der Pt-Atome in der ersten Koordinationsschale um ein Co-Atom für die ideale Lösung und die feste Legierung Co−Pt bei 860° C.* (Flächenzentriertes kubisches Gitter, $z = 12$.) [Entnommen aus P. S. RUDMAN u. B. L. AVERBACH: Acta metallurg. **5**, 65 (1957).]

Atom-% Co	Ideale Lösung	Co−Pt-Legierung
0,2	2,4	2,6
0,4	4,8	5,4
0,5	6,0	6,8
0,6	7,2	8,1
0,8	9,6	10,5

Tabelle 7. *Mittlere Zahl der Zn-Atome in der ersten Koordinationsschale um ein Al-Atom für die ideale Lösung und die feste Legierung Al−Zn bei 360° und 380° C.* (Flächenzentriertes kubisches Gitter, $z = 12$.) [Entnommen aus A. MÜNSTER u. K. SAGEL: Z. phys. Chem., N.F. **24**, 217 (1960).]

Atom-% Zn	Ideale Lösung	Al−Zn-Legierung	
		380° C	360° C
12,1	1,45	1,21	1,16
22	2,64	2,00	1,90
28,8	3,46	2,50	2,34
33,2	4,00	2,70	2,58
39,0	4,70	3,10	3,00
39,5	4,75	3,15	3,05
47,7	5,75	4,50	4,45

45. Kritische Opalescenz fester Lösungen. (Kritische Streuung von Röntgenstrahlen.) Die Gl. (44.33) führt zu der Folgerung, daß mit zunehmender Reichweite der Korrelation die Intensität im Gebiete sehr kleiner Streuwinkel stark anwächst. Fig. 53 zeigt dies am Beispiel einer Reihe von berechneten Streukurven, für welche eine Zunahme der Reichweite von der ersten bis zur fünften Koordinationsschale angenommen wurde.

Da nach Gl. (43.27) und (43.28) im kritischen Punkt die Reichweite der Korrelation (für ein unendlich großes System) gegen Unendlich strebt, ist zu erwarten, daß in der Nähe des kritischen Punktes die diffuse Röntgenstreuung binärer Legierungen ein Verhalten zeigt, das der in Ziff. 22 erwähnten kritischen Opalescenz vollkommen analog ist. Dieser von MÜNSTER und SAGEL[1] vorausgesagte Effekt ist von den gleichen Autoren erstmalig am System Al−Zn beobachtet worden[2,3]. Die experimentellen Ergebnisse sind in Fig. 54 dargestellt.

Die Theorie des Effektes[4] ist im wesentlichen eine Verallgemeinerung der in Ziff. 22 dargestellten Theorie für binäre Systeme. Dabei tritt hier die spezielle Schwierigkeit auf, daß man aus der Röntgen-Kleinwinkelstreuung binärer Legierungen nur die Korrelationsfunktion g_{12} erhält[5], während man theoretisch ohne zusätzliche Hypothese nur zu einem Ausdruck für eine Linearkombination der drei Korrelationsfunktionen gelangt.

Die Theorie beruht, wie im Falle der fluiden Einkomponentensysteme, auf der Verwendung geglätteter Korrelationsfunktionen. Die Definitionen dieser

---
[1] A. MÜNSTER u. K. SAGEL: Z. phys. Chem., N.F. **12**, 145 (1957).
[2] A. MÜNSTER u. K. SAGEL: Naturwissenschaften **44**, 535 (1957).
[3] A. MÜNSTER u. K. SAGEL: Mol. Phys. **1**, 23 (1958).
[4] A. MÜNSTER: Z. phys. Chem., N.F. **22**, 97, 115 (1959).
[5] Aus der allgemeinen Streuformel [Gl. (44.26)] entnimmt man, daß die Funktionen g_{11} und g_{12} zu einer kritischen Streuung in der Umgebung der Bragg-Reflexe beitragen. Bei polykristallinen Proben ist dieser Effekt jedoch nur schwach ausgeprägt. Er ist für Röntgenstrahlen noch nicht untersucht, aber bei der kritischen Streuung von Neutronen (Ziff. 46) nachgewiesen worden.

Funktionen und ihrer Fourier-Transformierten für binäre Systeme entsprechen völlig den früheren Definitionen und bedürfen keiner Erläuterung. Die Grundgleichung der Theorie [Gl. (22.3)] läßt sich schreiben

$$[1+\bar{\varrho}\alpha(u)][1-\beta(u)]=1. \quad (45.1)$$

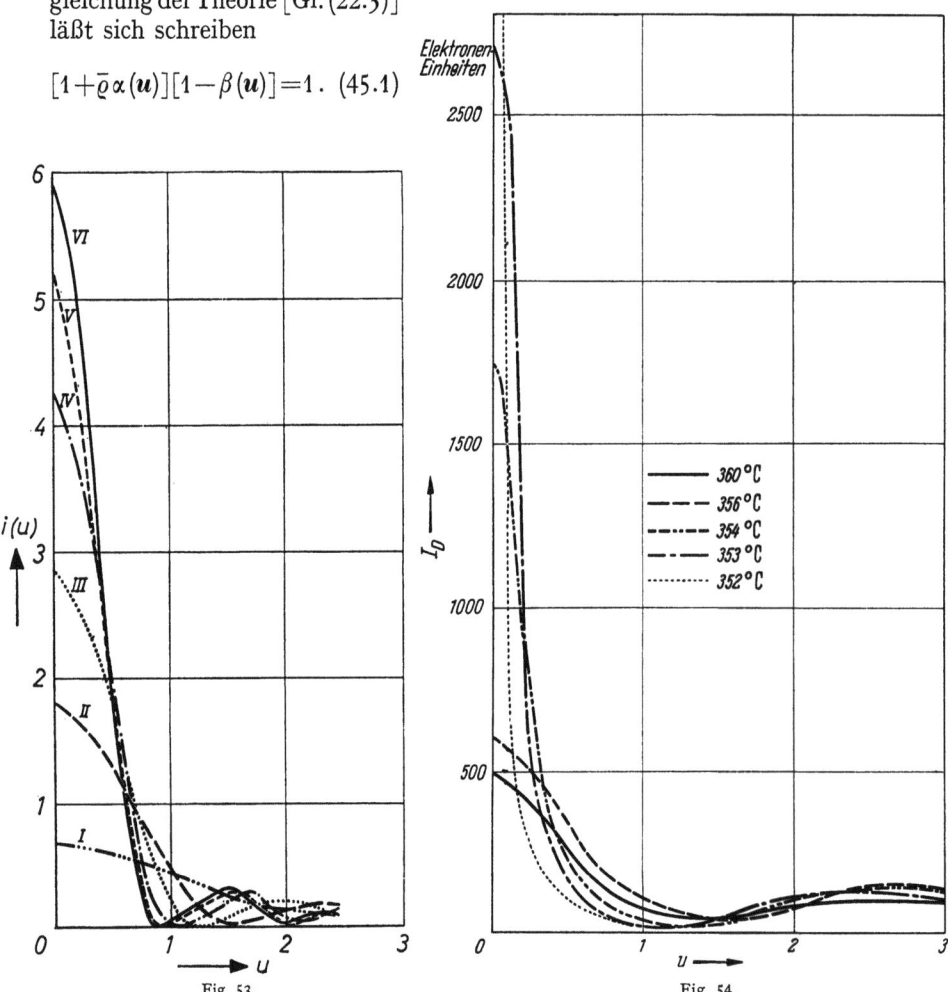

Fig. 53. Berechnete Streukurven bei zunehmender Reichweite der Korrelation. Kurve I: Modifizierte Laue-Streuung; Kurve II bis IV: Korrelation bis zur 1. bis 5. Koordinationsschale. [Entnommen aus A. MÜNSTER u. K. SAGEL: Z. phys. Chem., N.F. 12, 145 (1957).]

Fig. 54. Kritische Opaleszenz der festen Lösung Al–Zn (39,5 Atom-% Zn). [Entnommen aus A. MÜNSTER u. K. SAGEL: Mol. Phys. 1, 23 (1958).]

Die Verallgemeinerung dieser Beziehung für binäre Systeme ist eine Matrix-Gleichung, die wir schreiben

$$\mathsf{A} = \mathsf{B}^{-1} \qquad (45.2)$$

wo

$$\mathsf{A} = \begin{bmatrix} 1+\varrho_1\alpha_{11} & \varrho_2\alpha_{21} \\ \varrho_1\alpha_{12} & 1+\bar{\varrho}_2\alpha_{22} \end{bmatrix} \qquad (45.3)$$

und

$$\mathsf{B} = \begin{bmatrix} 1-\beta_{11} & \beta_{22} \\ \beta_{12} & 1-\beta_{22} \end{bmatrix} \qquad (45.4)$$

ist. Man überzeugt sich, daß alle β_{kl} weiße Spektren darstellen. Für die α_{kl} erhält man aus

$$A_{kl} = \frac{|B|_{kl}}{|B|} \tag{45.5}$$

die Ausdrücke

$$\bar{\varrho}_1 \alpha_{11} = \frac{-\bar{\varrho}_1 \gamma_{22} + \bar{\varrho}_2 \gamma_{11} + \varrho_1 \gamma_{22} - \bar{\varrho}_1 \bar{\varrho}_2 (\gamma_{11} \gamma_{22} - \gamma_{12} \gamma_{21})}{1 - (\bar{\varrho}_2 \gamma_{11} + \bar{\varrho}_1 \gamma_{22}) + \bar{\varrho}_1 \bar{\varrho}_2 (\gamma_{11} \gamma_{22} - \gamma_{12} \gamma_{21})}, \tag{45.6}$$

$$\alpha_{12} = \frac{-\gamma_{12}}{1 - (\bar{\varrho}_2 \gamma_{11} + \bar{\varrho}_1 \gamma_{22}) + \bar{\varrho}_1 \bar{\varrho}_2 (\gamma_{11} \gamma_{22} - \gamma_{12} \gamma_{21})}, \tag{45.7}$$

$$\alpha_{21} = \frac{-\gamma_{21}}{1 - (\bar{\varrho}_2 \gamma_{11} + \bar{\varrho}_1 \gamma_{22}) + \bar{\varrho}_1 \bar{\varrho}_2 (\gamma_{11} \gamma_{22} - \gamma_{12} \gamma_{21})}, \tag{45.8}$$

$$\bar{\varrho}_2 \alpha_{22} = \frac{-\bar{\varrho}_2 \gamma_{11} + \bar{\varrho}_1 \gamma_{22} + \bar{\varrho}_2 \gamma_{11} - \bar{\varrho}_1 \bar{\varrho}_2 (\gamma_{11} \gamma_{22} - \gamma_{12} \gamma_{21})}{1 - (\bar{\varrho}_2 \gamma_{11} + \bar{\varrho}_1 \gamma_{22}) + \bar{\varrho}_1 \bar{\varrho}_2 (\gamma_{11} \gamma_{22} - \gamma_{12} \gamma_{21})}, \tag{45.9}$$

wo

$$\beta_{11} = \bar{\varrho}_2 \gamma_{11}, \quad \beta_{12} = \bar{\varrho}_2 \gamma_{12}, \quad \beta_{21} = \bar{\varrho}_1 \gamma_{21}, \quad \beta_{22} = \bar{\varrho}_1 \gamma_{22} \tag{45.10}$$

ist. Aus (45.2) erhält man durch Fourier-Transformation ein System von vier simultanen Integralgleichungen

$$\left.\begin{aligned}\bar{\varrho}_k \hat{g}_{kl}(|\boldsymbol{r}|) &= \hat{f}_{lk}(|\boldsymbol{r}|) + \bar{\varrho}_k \int \hat{g}_{kl}(|\boldsymbol{r}-\boldsymbol{s}|) \hat{f}_{kk}(|\boldsymbol{s}|) d\boldsymbol{s} + \\ &+ \bar{\varrho}_l \int \hat{g}_{ll}(|\boldsymbol{r}-\boldsymbol{s}|) \hat{f}_{lk}(|\boldsymbol{s}|) d\boldsymbol{s} \quad (k,l=1,2)\end{aligned}\right\} \tag{45.11}$$

mit

$$\alpha_{kl}(|\boldsymbol{u}|) = \mathfrak{F} \hat{g}_{kl}(|\boldsymbol{r}|), \quad \beta_{kl}(|\boldsymbol{u}|) = \mathfrak{F} \hat{f}(|\boldsymbol{r}|). \tag{45.12}$$

Das System (45.11) stellt die Verallgemeinerung der Ornstein-Zernikeschen Integralgleichung (22.4) für binäre Systeme dar. Es läßt sich in Analogie zu dem früheren Fall, mit Benutzung der Eigenschaften der geglätteten Korrelationsfunktionen in ein System von vier simultanen inhomogenen Differentialgleichungen überführen, dessen Lösung bisher nicht gelungen ist. Wir führen daher an dieser Stelle die Annahme ein, daß im kritischen Punkt die Beziehung

$$\gamma_{11} = \gamma_{22} = |\gamma_{12}| = |\gamma_{21}| \tag{45.13}$$

erfüllt ist und daß dieselbe in der Umgebung des kritischen Punktes noch eine brauchbare Näherung darstellt. Diese Annahme läßt sich direkt experimentell prüfen. Aus Gl. (45.13) folgt zunächst mit (45.8) und (45.9)

$$|\alpha_{12}| = |\alpha_{21}| = \frac{|\gamma_{12}|}{1 - (\bar{\varrho}_1 + \bar{\varrho}_2) \gamma_{22}}, \tag{45.14}$$

$$\bar{\varrho}_2 \alpha_{22} = \frac{\bar{\varrho}_1 \gamma_{22}}{1 - (\bar{\varrho}_1 + \bar{\varrho}_2) \gamma_{22}} \tag{45.15}$$

und weiter

$$\bar{\varrho}_2 \alpha_{22} = \bar{\varrho}_1 |\alpha_{12}|. \tag{45.16}$$

Bezeichnen wir mit F_{kl} das Raumintegral über $\hat{f}_{kl}$ und mit G_{kl}, wie bisher, das über $\hat{g}_{kl}$, so wird

$$\bar{\varrho}_1 |G_{21}| = \frac{|F_{21}|}{1 - \left(1 + \frac{\bar{\varrho}_2}{\bar{\varrho}_1}\right)|F_{21}|}, \tag{45.17}$$

$$\bar{\varrho}_2 |G_{22}| = \frac{F_{22}}{1 - \left(1 + \frac{\bar{\varrho}_2}{\bar{\varrho}_1}\right) F_{22}} \tag{45.18}$$

und
$$\bar{\varrho}_2 |G_{22}| = \bar{\varrho}_1 |G_{21}|. \tag{45.19}$$

Da $G_{21} = G_{12}$ aus röntgenographischen, G_{22} aus thermodynamischen Messungen berechnet werden kann, läßt sich Gl. (45.19) unmittelbar experimentell prüfen. Wir kommen darauf am Schluß der Ziffer zurück und fahren zunächst in der Entwicklung der Theorie fort. Mit Benutzung von (45.13) läßt sich das System der vier simultanen Differentialgleichungen separieren, und man erhält für die Korrelationsfunktion $\hat{g}_{12}$ die formal mit Gl. (22.7) identische Differentialgleichung

$$\Delta |\hat{g}_{12}| - \varkappa^2 |\hat{g}_{12}| = \frac{3}{\bar{\varrho}\, \varepsilon_1^2} \hat{f}_{21}, \tag{45.20}$$

wo Δ der Laplacesche Operator ist. Die formale Lösung kann daher einfach aus Ziff. 22 übernommen werden, und wir haben lediglich die Bedeutung der Parameter zu erörtern. Mit der Definition

$$\varepsilon_{kl}^2 = \int r^2 \hat{f}_{kl}(r)\, d\boldsymbol{r} \tag{45.21}$$

ist

$$\varkappa^2 = \frac{6\left[1 - \left(1 + \frac{\bar{\varrho}_1}{\bar{\varrho}_2}\right) |F_{12}|\right]}{2\varepsilon_1^2} \tag{45.22}$$

und

$$2\varepsilon_1^2 = \varepsilon_{11}^2 - \varepsilon_{21}^2. \tag{45.23}$$

Im kritischen Punkt ist nun

$$\frac{\partial \mu_1}{\partial c_1} = 0 \tag{45.24}$$

und somit nach Gl. (43.27) $|G_{12}| \to \infty$ und nach Gl. (45.17)

$$|F_{12}|_{\text{krit}} = \left(1 + \frac{\bar{\varrho}_1}{\bar{\varrho}_2}\right)^{-1}. \tag{45.25}$$

Damit wird auch hier im kritischen Punkte $\varkappa = 0$, und wir erhalten als asymptotische Lösung

$$|\hat{g}_{12}| = A \frac{e^{-\varkappa r}}{r} \tag{45.26}$$

mit

$$A = \frac{3|F_{12}|}{4\pi \bar{\varrho}_1 \varepsilon_1^2}. \tag{45.27}$$

Da nach Gl. (45.26)

$$\bar{\varrho}_1 \int |\hat{g}_{12}|\, d\boldsymbol{r} = \frac{4\pi \bar{\varrho}_1 A}{\varkappa^2} \tag{45.28}$$

ist, folgt in Verbindung mit (45.17)

$$\frac{A}{\varkappa^2} = \frac{|F_{12}|}{4\pi \bar{\varrho}_1 \left[1 - \left(1 + \frac{\bar{\varrho}_2}{\bar{\varrho}_1}\right)|F_{21}|\right]} = \frac{|G_{12}|}{4\pi}. \tag{45.29}$$

Die Größe $A/\varkappa^2$ kann daher unabhängig aus rein thermodynamischen Messungen bestimmt werden. Die Erscheinung der kritischen Opaleszenz erklärt sich unmittelbar dadurch, daß die Reichweite der Korrelation r_c durch

$$r_c = \varkappa^{-1} \tag{45.30}$$

definiert werden kann und daß diese Größe, wie oben gezeigt, bei beliebiger Annäherung an den kritischen Punkt gegen Unendlich strebt.

Beim Vergleich der Theorie mit den experimentellen Daten können wir uns auf die oben angegebene asymptotische Lösung beschränken, da die Abweichung der ersten Näherung (Ziff. 22) nur für $r < 5$ Å die experimentellen Fehlergrenzen überschreitet und dieselbe qualitativ leicht zu übersehen ist. Wir benutzen die thermodynamischen Messungen von CORSEPIUS und MÜNSTER[1] und die röntgenographischen Messungen von MÜNSTER und SAGEL[2] an dem System Al—Zn. Für dieses System ist die kritische Temperatur der Entmischung $T_k = 351,5°$ C: die kritischen Konzentrationen sind $\bar\varrho_1 = 0,0619$, $\bar\varrho_2 = 0,0396$[3]. Wir prüfen zunächst die der Ableitung zugrunde liegende Annahme (45.13). Nach Gl. (45.19) führt dieselbe in Verbindung mit den obigen Zahlenwerten zu der Folgerung, daß im kritischen Punkt

$$\frac{G_{22}}{|G_{11}|} = 1,56 \qquad (45.31)$$

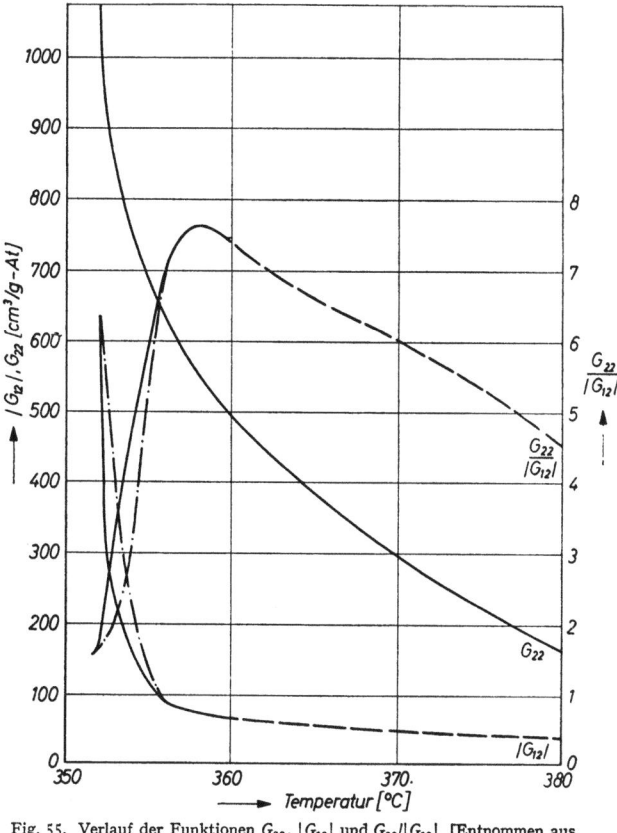

Fig. 55. Verlauf der Funktionen G_{22}, $|G_{12}|$ und $G_{22}/|G_{12}|$. [Entnommen aus A. MÜNSTER: Z. phys. Chem., N.F. **22**, 151 (1959).]

sein muß. In Fig. 55 sind die experimentellen Werte von G_{22}, $|G_{12}|$ und $G_{22}/|G_{12}|$ (für die kritische Konzentration) in Abhängigkeit von der Temperatur dargestellt. Der Kurvenverlauf zeigt eindeutig, daß bei Annäherung an die kritische Temperatur $G_{22}/|G_{12}|$ sich einem endlichen, in der Nähe von 1,5 liegenden Grenzwert nähert. Der experimentelle Wert für 352° C, $G_{22}/|G_{12}| = 1,68$ kommt dem für die kritische Temperatur postulierten Wert bereits so nahe, daß die Annahme (45.13) als bestätigt gelten kann.

Für den Vergleich der Gl. (45.26) mit den experimentellen Ergebnissen ist zu beachten, daß nach Gl. (44.36) die Fourier-Inversion der reduzierten Streuintensität die feine Korrelationsfunktion liefert, während [Gl. (45.26)] die geglättete Korrelationsfunktion darstellt. Es ist daher notwendig, zunächst die experimentellen Korrelationsfunktionen nach Gl. (21.11) in geglättete Korrelationsfunktionen umzurechnen. Nach Gl. (21.24) bedeutet dies praktisch, daß für die Auswertung nur der monotone Abfall der Streuintensität bei kleinen Winkeln benutzt und bereits das erste Maximum der Streukurve vollständig unterdrückt wird. Für Einzelheiten muß auf die Originalliteratur[4] verwiesen

---

[1] H. CORSEPIUS u. A. MÜNSTER: Z. phys. Chem., N.F. **22**, 1 (1959).
[2] A. MÜNSTER u. K. SAGEL: Mol. Phys. **1**, 23 (1958).
[3] A. MÜNSTER u. K. SAGEL: Z. phys. Chem., N.F. **7**, 296 (1956).
[4] A. MÜNSTER: Z. phys. Chem., N.F. **22**, 97, 115 (1959).

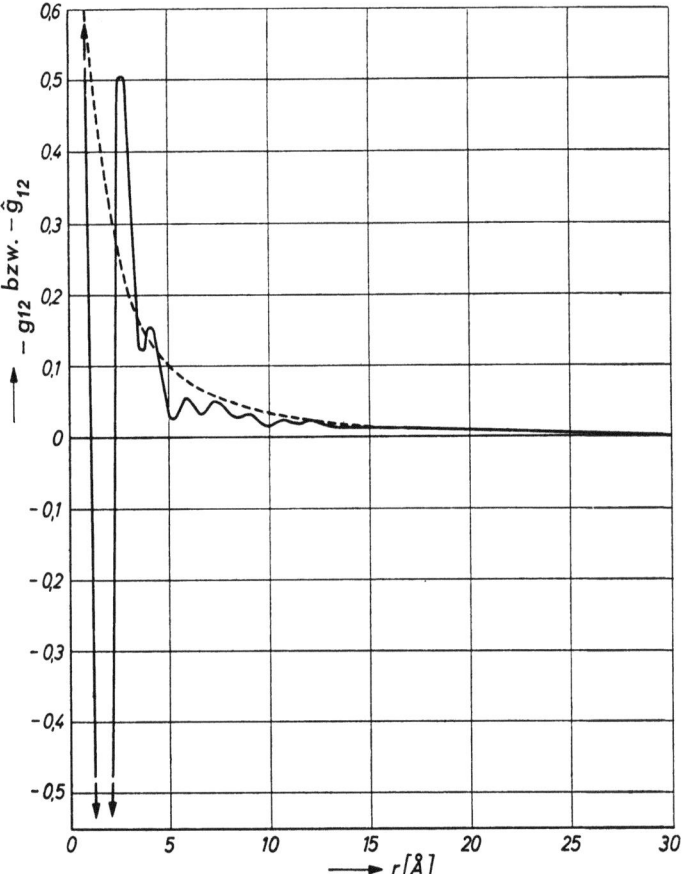

Fig. 56. Experimentelle und theoretische geglättete Korrelationsfunktion für Al—Zn. Kritische Konzentration 352° C. —— Experimentelle Kurve; ---- theoretische Kurve. [Entnommen aus A. MÜNSTER: Z. phys. Chem., N.F. 22, 115 (1959).]

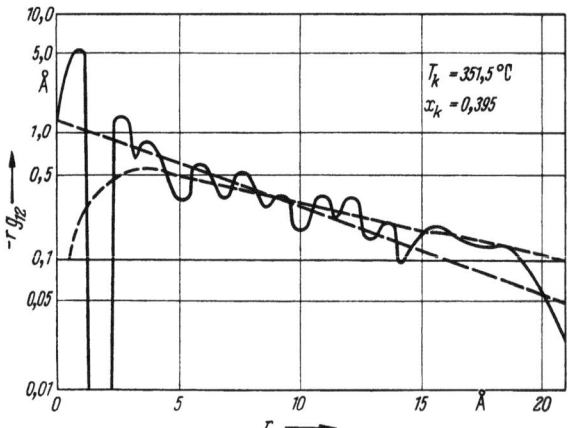

Fig. 57. Korrelationsfunktion für Al—Zn. Kritische Konzentration, 352° C. —— Experimentelle Funktion; ---- experimentelle geglättete Funktion; — — — theoretische geglättete Funktion, nullte Näherung. [Entnommen aus A. MÜNSTER: Z. phys. Chem., N.F. 22, 115 (1959).]

werden. Um eine Vorstellung zu geben, in welchem Sinne die geglättete Funktion die experimentellen Ergebnisse darstellt, zeigt Fig. 56 für 352° C die experimentelle feine Korrelationsfunktion zusammen mit der nach Gl. (45.26) berechneten theoretischen geglätteten Kurve.

Bereits diese Abbildung läßt erkennen, daß jedenfalls das Wesentliche des Effektes von der Theorie richtig wiedergegeben wird. Für die quantitative

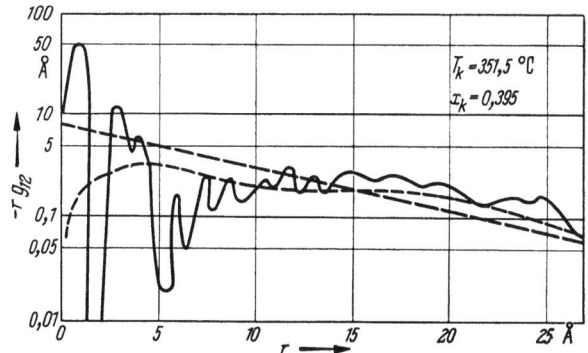

Fig. 58. Korrelationsfunktion für Al−Zn. Kritische Konzentration, 353° C. —— Experimentelle Funktion; ---- experimentelle geglättete Funktion; −−− theoretische geglättete Funktion, nullte Näherung. [Entnommen aus A. MÜNSTER: Z. phys. Chem., N.F. 22, 115 (1959).]

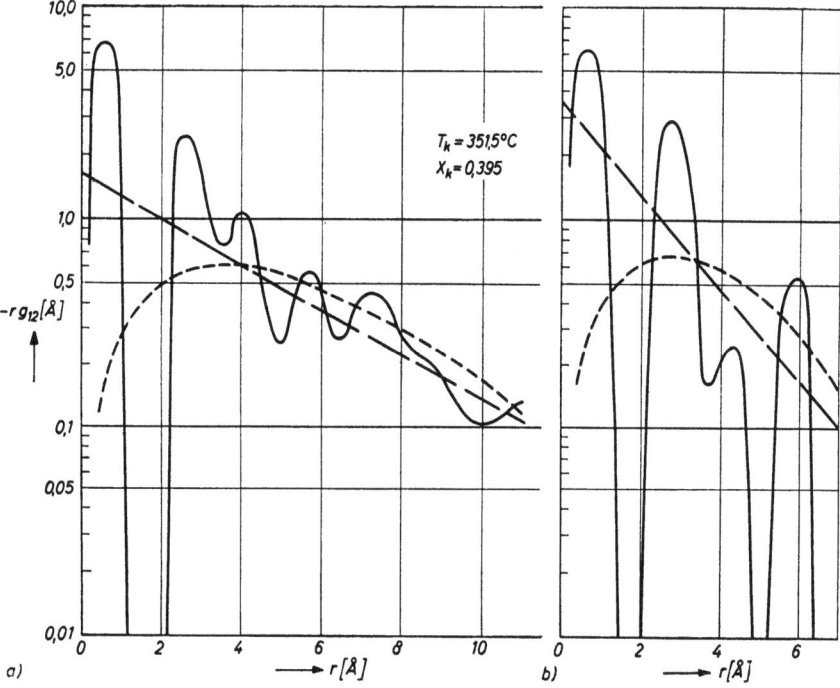

Fig. 59a u. b. Korrelationsfunktion für Al−Zn. Kritische Konzentration. —— Experimentelle Funktion; ---- experimentelle geglättete Funktion; −−− theoretische geglättete Funktion, nullte Näherung. a 354° C; b 356° C. [Entnommen aus A. MÜNSTER: Z. phys. Chem., N.F. 22, 115 (1959).]

Prüfung und die Adjustierung der Parameter ist die logarithmische Auftragung von $-r\, g_{12}$ gegen r zweckmäßig. Die Fig. 57 bis 59 zeigen in dieser Darstellung die experimentelle feine Korrelationsfunktion, die experimentelle geglättete Korrelationsfunktion und die nach Gl. (45.26) berechnete theoretische geglättete Korrelationsfunktion nullter Näherung.

Für $r<5$ Å tritt eine starke Diskrepanz zwischen der experimentellen und der theoretischen Kurve auf, die indessen genau dem entspricht, was bei Verwendung der nullten Näherung zu erwarten ist (vgl. Fig. 3) und daher keiner weiteren Erörterungen bedarf. Die viel kleineren Abweichungen im Gebiet $r>5$ Å sind, wie sich schon aus ihrem unregelmäßigen Charakter ergibt, auf die Unsicherheit der experimentellen Daten zurückzuführen. Innerhalb dieser Grenzen werden die geglätteten Korrelationsfunktionen durch die theoretischen Kurven richtig wiedergegeben. Die durch Anpassung an die experimentellen Daten bestimmten Werte der Parameter A und $\varkappa$ sind in Tabelle 8 zusammengestellt. Tabelle 9

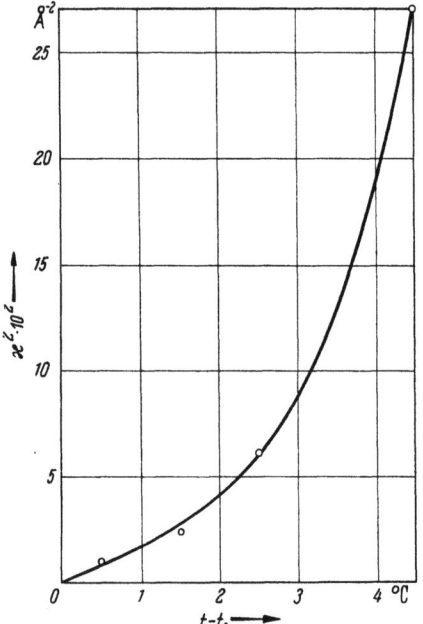

Fig. 60. Temperaturabhängigkeit der Größe $\varkappa^2$. [Entnommen aus A. MÜNSTER: Z. phys. Chem., N.F. 22, 115 (1959).]

Tabelle 8.
Röntgenographisch bestimmte Werte der Parameter in Gl. (45.26). [Entnommen aus A. MÜNSTER: Z. phys. Chem., N.F. 22, 115 (1959).]

$T-T_k$ °C	A Å³ pro Molekül	$\varkappa$ Å^{-1}
0,5	1	0,1
1,5	1,2	0,15
2,5	1,6	0,25
4,5	3,5	0,52

Tabelle 9.
Vergleich der röntgenographischen und thermodynamischen Daten. [Entnommen aus A. MÜNSTER: Z. phys. Chem., N.F. 22, 115 (1959).]

$T-T_k$ °C	$A/\varkappa^2$ (cm³ mol^{-1})	
	röntgenographisch	thermodynamisch
0,5	50,5	51,6
1,5	32	26
2,5	20	23
4,5	7,5	—

zeigt die röntgenographischen und thermodynamischen Werte der Größe $A/\varkappa^2$. Die Übereinstimmung ist im Hinblick auf die Genauigkeit der experimentellen Daten befriedigend und bestätigt die innere Konsistenz der Theorie. Fig. 60 zeigt schließlich noch die Temperaturabhängigkeit der Größe $\varkappa^2$. Sie läßt das rasche Abklingen der kritischen Opalescenz mit der Entfernung vom kritischen Punkt erkennen. In dem hier betrachteten Falle liegt die Grenze der Nachweisbarkeit etwa bei $T-T_k=5°$. Das entspricht ziemlich genau den Verhältnissen bei flüssigen Gemischen, wo die Grenze der Nachweisbarkeit für sichtbares Licht etwa bei $T-T_k=0,5°$ liegt.

46. Kritische Opalescenz ferromagnetischer Substanzen. (Kritische Streuung langsamer Neutronen.) Aus dem Ising-Modell ergibt sich, wie in Ziff. 40 ausführlich erörtert, eine vollkommene Analogie zwischen dem Curie-Punkt einer ferromagnetischen Substanz und dem kritischen Punkt der Entmischung einer binären festen Lösung. Man kann daher vermuten, daß in der Umgebung des Curie-Punktes Erscheinungen auftreten, die den in Ziff. 45 besprochenen ganz analog sind. Da es sich aber jetzt um Schwankungen der lokalen Magnetisierung bzw. um Korrelation der Spins handelt, kann ein Nachweis derselben nur mit Hilfe der magnetischen Streuung von langsamen Neutronen erwartet werden.

Dieser Effekt, der wieder eine kritische Opalescenz darstellt, ist in der Tat beobachtet worden und zwar von PALEVSKY und HUGHES[1] sowie SQUIRES[2] in Transmission, von WILKINSON und SHULL[3] im Kleinwinkelgebiet und von LOWDE[4] in der Nähe der Bragg-Reflexe. Die Theorie ist im wesentlichen von VAN HOVE[5] entwickelt worden. Wir geben im folgenden eine kurze Darstellung der Theorie und der experimentellen Ergebnisse, da die Theorie des Ferromagnetismus dabei nur eine untergeordnete Rolle spielt und der Effekt ein besonders bemerkenswertes Beispiel für die in diesem Artikel behandelten kritischen Schwankungserscheinungen liefert.

Wie in dem Falle der festen Lösungen, werden wir auch hier zunächst kurz die Streutheorie entwickeln. Für langsame Neutronen tritt dabei eine besondere Schwierigkeit auf durch die Tatsache, daß die Energie des Primärstrahls von der gleichen Größenordnung ist wie die Energie-Übertragung beim Streuvorgang. Unter diesen Bedingungen ist es notwendig, neben der bisher ausschließlich betrachteten räumlichen Korrelation die zeitliche Korrelation zu berücksichtigen. Es ist bisher nicht gelungen, einen solchen Formalismus, der eine Verallgemeinerung der in Abschnitt A dargestellten Theorie bedeuten würde, aus den Prinzipien der statistischen Mechanik zu entwickeln. Wir wählen daher, im Anschluß an VAN HOVE[5], als Ausgangspunkt die Bornsche Streuformel (erste Näherung). Diese kann geschrieben werden

$$\frac{\partial^2 \sigma}{\partial \Omega \, \partial \varepsilon} = \frac{m^3}{2\pi^2 \hbar^6} \frac{k}{k_0} W(u) \sum_{n_0} p_{n_0} \sum_n \left| \left[\sum_{j=1}^N e^{i u q_j} \right]_{n_0}^n \right|^2 \delta \left\{ k^2 - k_0^2 + \frac{2m}{\hbar^6} (E_n - E_{n_0}) \right\}, \quad (46.1)$$

wo m, k_0 und $k = k_0 - u$ die Masse, der Wellenvektor des einfallenden und der des gestreuten Teilchen sind. Die Operatoren q_j stellen die Positionen der N Teilchen des streuenden Systems dar, dessen Quantenzustände vor und nach dem Streuvorgang, die mit n_0 und n bezeichnet werden, die Energien E_{n_0} und E_n besitzen. Die eckige Klammer bezeichnet ein Matrix-Element und p_{n_0} ist das statistische Gewicht des Anfangszustandes. Die Funktion $W(u)$ ist definiert durch die Gleichung

$$W(u) = \{\int U(r) \, e^{i u r} d r\}^2, \quad (46.2)$$

wo $U(r)$ die Wechselwirkungsenergie zwischen dem gestreuten Teilchen und einem Teilchen des Systems bezeichnet, die nur von dem skalaren Abstand r abhängen soll.

Führt man, neben der Impuls-Übertragung $\hbar u$, die Energie-Übertragung

$$\hbar \omega = \hbar^2 (k_0^2 - k^2)/2m \quad (46.3)$$

ein, so kann (46.1) geschrieben werden

$$\frac{\partial^2 \sigma}{\partial \Omega \, \partial \varepsilon} = A \, S(u, \omega), \quad (46.4)$$

wo

$$A = \frac{m^2}{4\pi^2 \hbar^5} \frac{k}{k_0} W(u) \quad (46.5)$$

und

$$S(u, \omega) = \sum_{n_0} p_{n_0} \sum_n \left| \left[\sum_{j=1}^N e^{i u q_j} \right]_{n_0}^n \right|^2 \delta \left(\omega + \frac{E_{n_0} - E_n}{\hbar} \right) \quad (46.6)$$

---
[1] H. PALEVSKY u. D. J. HUGHES: Phys. Rev. **92**, 202 (1953).
[2] G.L. SQUIRES: Proc. Phys. Soc. Lond. A **67**, 248 (1954).
[3] M.K. WILKINSON u. C. G. SHULL: Phys. Rev. **103**, 516 (1956).
[4] R.D. LOWDE: Rev. Mod. Phys. **30**, 69 (1958).
[5] L. VAN HOVE: Phys. Rev. **93**, 268 (1954); **95**, 249, 1374 (1954).

ist. Die Paar-Verteilungsfunktion $\langle P^{(1,1)}(r,t)\rangle$ wird nun definiert durch die Gleichungen

$$S(u,\omega) = (2\pi)^{-1} N \iint \langle P^{(1,1)}(r,t)\rangle \, e^{i(ur-\omega t)} \, dr \, dt, \tag{46.7}$$

$$\langle P^{(1,1)}(r,t)\rangle = (2\pi)^{-3} N^{-1} \iint S(u,\omega) \, e^{i(\omega t - ur)} \, du \, d\omega. \tag{46.8}$$

Sie stellt das Analogon der in Gl. (44.21) auftretenden Funktionen $\langle \varrho^{(1,1)}_{kl}\rangle$ dar[1]. Aus Gl. (46.6) und (46.8) erhält man

$$\langle P^{(1,1)}(r,t)\rangle = (2\pi)^{-3} N^{-1} \sum_{n_0} p_{n_0} \sum_{n} \sum_{l,j=1}^{N} \int e^{-iur} \times \\ \times [e^{-iuq_l}]_n^{n_0} \cdot e^{\frac{iE_n t}{\hbar}} \cdot [e^{iuq_j}]_{n_0}^{n} \cdot e^{-\frac{iE_{n_0}t}{\hbar}} \, du. \tag{46.9}$$

Führt man die zeitabhängigen Heisenberg-Operatoren

$$q_j(t) = e^{\frac{iHt}{\hbar}} \cdot q_j \cdot e^{-\frac{iHt}{\hbar}} \tag{46.10}$$

ein (wo H der Hamilton-Operator des Systems ist), so wird aus (46.9)

$$\langle P^{(1,1)}(r,t)\rangle = (2\pi)^{-3} N^{-1} \sum_{l,j=1}^{N} \int e^{-iur} \overline{(e^{-iuq_l(0)} \cdot e^{iuq_j(t)})} \, du, \tag{46.11}$$

wo die Klammern der rechten Seite den Erwartungswert des darin eingeschlossenen Operators bezeichnen. Es ist also

$$\overline{(\cdots)} = \sum_{n_0} p_{n_0} [\cdots]_{n_0}^{n_0}. \tag{46.12}$$

Mit Hilfe des Faltungssatzes erhält man schließlich

$$\langle P^{(1,1)}(r,t)\rangle = N^{-1} \sum_{l,j=1}^{N} \int dq' \, \overline{\delta(r - q' + q_l(0)) \, \delta(q' - q_j(t))}. \tag{46.13}$$

Diese Gleichung definiert $\langle P^{(1,1)}(r,t)\rangle$ vollständig als Funktion der Orts- und Zeit-Variablen mit der korrekten Reihenfolge der zu verschiedenen Zeiten gehörenden Operatoren. Sie stellt das Analogon der Gl. (43.8) dar.

Für $t=0$ kommutieren alle Operatoren. Die Integration kann daher ausgeführt werden und ergibt

$$\langle P^{(1,1)}(r,0)\rangle = N^{-1} \sum_{l,j=1}^{N} \overline{\delta[r - q_j(0) + q_l(0)]} \tag{46.14}$$

oder, wenn wir in Analogie zu (43.13)

$$\langle P^{(1,1)}(r,t)\rangle = \varrho \, G^{(2)}(r,t) \tag{46.15}[2]$$

setzen

$$\varrho \, G^{(2)}(r,0) = \varrho \, \delta(r) + N^{-1} \sum_{l \neq j} \overline{\delta(r + q_l - q_j)} \tag{46.16}$$

und somit

$$G^{(2)}(r,0) = \delta(r) + g^{(2)}(r), \tag{46.17}$$

wo $g^{(2)}(r)$ die in Ziff. 43 eingeführte Paar-Verteilungsfunktion ist.

Wir nehmen nun an, daß die Energie der Primärteilchen sehr groß ist im Vergleich zu Energieübertragungen beim Stoß. In diesem Falle ist die Impuls-Übertragung für gegebenen Streuwinkel praktisch unabhängig von der Energie

---

[1] Vgl. Fußnote 2 auf S. 182.
[2] In der Originalarbeit (Fußnote 5 auf S. 197) entspricht die Funktion $G(r,t)$ der Funktion $\langle P^{(1,1)}(r,t)\rangle$ in der obigen Notierung.

der gestreuten Teilchen. Die Integration der Gl. (46.4) über die Energie bzw. ω ergibt daher mit Benutzung von (46.7) und (46.17) für den differentiellen Wirkungsquerschnitt

$$\begin{aligned}\frac{\partial\sigma}{\partial\Omega} &= \int\frac{\partial^2\sigma}{\partial\Omega\,\partial\varepsilon}\,d\varepsilon = \hbar A\int S(\boldsymbol{u},\omega)\,d\omega = \hbar A N \varrho \iint e^{i\boldsymbol{u}\boldsymbol{r}}\,\delta(t)\,G^{(2)}(\boldsymbol{r},t)\,d\boldsymbol{r}\,dt \\ &= \left(\frac{m}{2\pi\hbar^2}\right)^2 N W(u)\left\{1+\varrho\int g^{(2)}(\boldsymbol{r})\,e^{i\boldsymbol{u}\boldsymbol{r}}\,d\boldsymbol{r}\right\}.\end{aligned} \quad (46.18)$$

Diese Formel wird als die statische Näherung bezeichnet. Die bei ihrer Ableitung gemachte Voraussetzung ist stets für die kohärente Streuung von Röntgenstrahlen und Elektronen (welche die Quantenzustände der Atome nicht ändern) erfüllt. Tatsächlich ist Gl. (46.18) völlig analog der früher abgeleiteten Gl. (44.33), und sie ist, wie später (Ziff. 53) gezeigt wird, identisch mit der auf dem üblichen direkten Wege abgeleiteten Formel für die Röntgenstreuung einfacher Flüssigkeiten. Dagegen ist die Situation völlig verschieden für die Streuung von langsamen Neutronen. In diesem Falle sind die Energie-Übertragungen von der gleichen Größenordnung wie die Primär-Energie. Die Gl. (46.16) ist daher nicht mehr anwendbar, und es ist notwendig, die raumzeitliche Korrelation in vollem Umfang zu berücksichtigen. Dieselbe ist experimentell durch Messung der Größe $\partial^2\sigma/\partial\Omega\,\partial\varepsilon$ zugänglich, in Analogie zu der bisher allein behandelten räumlichen Korrelation, die sich durch Messung der Größe $\partial\sigma/\partial\Omega$ ergibt. Bevor wir uns dem Streuproblem zuwenden, machen wir noch einige Bemerkungen über die allgemeinen Eigenschaften der Korrelationsfunktion.

Die Funktion $G^{(2)}(\boldsymbol{r},t)$ ist im allgemeinen komplex und besitzt die hermiteische Symmetrie, d.h. es ist

$$G^{(2)}(-\boldsymbol{r},-t) = [G^{(2)}(\boldsymbol{r},t)]^*. \quad (46.19)$$

Die komplexen Werte von $G^{(2)}(\boldsymbol{r},t)$ entsprechen typischen Quanteneffekten; die Funktion hat dann keine unmittelbar anschauliche Bedeutung. Im klassischen Grenzfall reduzieren sich die Operatoren auf kommutierende c-Zahlen, und man erhält aus (46.13)

$$\varrho\,G^{(2)}(\boldsymbol{r},t) = N^{-1}\sum_{l,j}\overline{\delta[\boldsymbol{r}+\boldsymbol{q}_l(0)-\boldsymbol{q}_j(t)]}. \quad (46.20)$$

Diese Größe, die stets reell und positiv ist, besitzt eine einfache physikalische Bedeutung. Sie stellt die Wahrscheinlichkeitsdichte dar, ein Teilchen in der Position $\boldsymbol{q}_j$ zu finden, wenn bekannt ist, daß sich t Sekunden früher ein Teilchen in der Position $\boldsymbol{q}_l$ befunden hat. Wenn die Symmetrie-Eigenschaften der Wellenfunktionen vernachlässigbar sind und die Teilchen als unterscheidbar betrachtet werden können, läßt sich $G^{(2)}$ in zwei Terme zerlegen. Der erste, den wir mit $G_s^{(2)}$ bezeichnen, beschreibt die Korrelation zwischen den Positionen eines und desselben Teilchens zu verschiedenen Zeiten. Der zweite Term $G_d^{(2)}$ bezieht sich auf Paare von verschiedenen Teilchen. Für $t=0$ ist einfach

$$G_s^{(2)}(\boldsymbol{r},0) = \delta(\boldsymbol{r}), \qquad G_d^{(2)}(\boldsymbol{r},0) = g^{(2)}(\boldsymbol{r}). \quad (46.21)$$

Für hinreichend große Werte von r und $|t|$ gilt asymptotisch

$$\sum_{l,j=1}^{N}\overline{\delta[\boldsymbol{r}+\boldsymbol{q}_l(0)-\boldsymbol{q}']\,\delta[\boldsymbol{q}'-\boldsymbol{q}_j(t)]} = \varrho^{(1)}(\boldsymbol{q}'-\boldsymbol{r})\,\varrho^{(1)}(\boldsymbol{q}'), \quad (46.22)$$

wo

$$\varrho^{(1)} = \sum_{j=1}^{N}\overline{\delta[\boldsymbol{q}'-\boldsymbol{q}_j(t)]} \quad (46.23)$$

die von der Zeit unabhängige mittlere Zahlendichte an der Stelle q' ist. Für ein fluides System wird daher

$$\lim_{\substack{r\to\infty \\ t\to\infty}} G^{(2)}(r, t) = V N^{-2} \int \varrho^{(1)}(q' - r)\, \varrho^{(1)}(q')\, dq' = 1. \tag{46.24}$$

Die zeitabhängige Korrelationsfunktion wird, in Analogie zu Gl. (11.5) und (43.26) definiert durch die Gleichung

$$G(r, t) = G^{(2)}(r, t) - V N^{-2} \int \varrho^{(1)}(q' - r)\, \varrho^{(1)}(q')\, dq'. \tag{46.25}$$

Die Korrelation kann charakterisiert werden durch eine Länge r_c, die Reichweite der Korrelation und durch eine Zeit t_c die eine Relaxationszeit darstellt. Die zeitliche Änderung von $G(r, t)$ beeinflußt die Gesamtstreuung und die Winkelverteilung nur dann, wenn die Zeit t_1, die sich das gestreute Teilchen in einem Bereich der Länge r_c aufhält, wenigstens von der Größenordnung t_c ist. Eine rohe Abschätzung für kondensierte Phasen bei gewöhnlichen Temperaturen[1] ergibt für das Verhältnis t_1/t_c bei Photonen 10^{-6}, bei Elektronen ($\lambda \approx 1$ Å) 10^{-4}, bei langsamen Neutronen 1, womit das frühere Ergebnis bestätigt ist.

Die Anwendung dieses Formalismus auf die magnetische Streuung von Neutronen durch ferromagnetische Kristalle erfordert zunächst noch eine Verallgemeinerung durch Einführung von Spin-Variablen. Wir legen das Heisenbergsche Modell eines ferromagnetischen Kristalls zugrunde, das jedem Atom einen resultierenden Spin von fixierter Größe S zuschreibt[2]. Wir beschränken uns auf den Fall nicht polarisierter Neutronen und nehmen der Einfachheit halber an, daß es sich um ein Bravais-Gitter (ein Teilchen pro Elementarzelle) handelt. Die Gleichgewichtslagen der Atome auf den Gitterplätzen bezeichnen wir mit R, ihre wirklichen Positionen mit $q_R = R + w$, den resultierenden Spin-Vektor der Elektronenhülle mit S_R[3]. Den Ausgangspunkt der Verallgemeinerung bildet die von HALPERN und JOHNSON[4] abgeleitete Formel für den magnetischen Wirkungsquerschnitt

$$\frac{\partial^2 \sigma_{\text{magn}}}{\partial\Omega\, \partial\varepsilon} = \left(\frac{2g e^2}{m_0 c^2}\right)^2 \frac{1}{\hbar} \frac{k}{k_0} |F(u)|^2 \sum_{\alpha,\beta} \left(\delta_{\alpha\beta} - \frac{u_\alpha u_\beta}{u^2}\right) S_{\alpha\beta}(u, \omega). \tag{46.26}$$

Hier ist $e^2/m_0 c^2$ der klassische Elektronradius, g das magnetische Moment des Neutrons und $F(u)$ der auf $F(0) = 1$ normierte Formfaktor. Die Indices $\alpha, \beta = x, y, z$ beziehen sich auf rechtwinklige räumliche Koordinaten. Durch eine der früheren ganz analogen Entwicklung erhält man die verallgemeinerte Paar-Verteilungsfunktion in der Form

$$\varrho\, \Gamma^{(2)}_{\alpha\beta}(r, t) = N^{-1} \sum_R \sum_{R'} \overline{\int dq'\, S^\alpha_{R'}(0)\, \delta[r - q' + q_{R'}(0)]\, S^\beta_R(t)\, \delta[q' - q_R(t)]}, \tag{46.27}$$

wo die Operatoren wieder durch Gl. (46.10) definiert sind. Da alle Atome gleich sind, kann die Summierung über R' auf den Term $R' = 0$ beschränkt und der Faktor N^{-1} weggelassen werden. Wir nehmen an, daß zwischen den Positionen der Atome q_R und den Spins S_R keine Kopplung besteht. Dann gilt

$$\Gamma^{(2)}_{\alpha\beta}(r, t) = \sum_R \gamma^{(2)}_{\alpha\beta}(t)\, G^{(2)}_R(r, t), \tag{46.28}$$

---

[1] Siehe Fußnote 5, S. 197.
[2] Dies ist eine gute Näherung für Eisen ($S = 1$); für Nickel ist sie dagegen nicht anwendbar.
[3] Es wird angenommen, daß die Bahnbewegung der Elektronen keinen Beitrag zum magnetischen Moment des Atoms liefert.
[4] O. HALPERN u. M.H. JOHNSON: Phys. Rev. **55**, 898 (1939).

wo $\gamma^{(2)}_{\alpha\beta \atop R}(t)$ die zeitabhängige Paar-Verteilungsfunktion der Spins ist, die durch die Gleichung

$$\gamma^{(2)}_{\alpha\beta \atop R}(t) = \overline{S^\alpha_0(0)\, S^\beta_R(t)} \qquad (46.29)$$

definiert wird. Führt man den asymptotischen Wert für $t \to \infty$ ein, so kann man die Spin-Korrelationsfunktion, in Analogie zu (46.25) definieren durch die Gleichung

$$\gamma^{\alpha\beta}_R = \gamma^{(2)}_{\alpha\beta \atop R} - N^{-2}\, \overline{S^\alpha}\, \overline{S^\beta}, \qquad (46.30)$$

wo $S = \sum\limits_R S_R$ der resultierende Spin des Systems ist, und

$$\lim_{|t| \to \infty} \gamma^{\alpha\beta}_R(t) = 0 \qquad (46.31)$$

gilt. Für die Anwendung auf polykristalline Proben muß über die Orientierungen gemittelt werden. Die Spin-Korrelationsfunktion ist dann durch

$$\gamma_R(t) = \gamma^{(2)}_R(t) - N^{-2}\, \overline{|S|^2} \qquad (46.32)$$

definiert. Damit erhält man aus (46.26) und (26.28) bei Vernachlässigung der thermischen Bewegung, für den Wirkungsquerschnitt der unelastischen magnetischen Streuung eines Einkristalls

$$\frac{\partial^2 \sigma}{\partial \Omega\, \partial \varepsilon} = \left(\frac{2g\, e^2}{m_0\, c^2}\right) \frac{N}{2\pi \hbar}\, \frac{k}{k_0}\, |F(u)|^2 \sum_{\alpha,\beta}\left(\delta_{\alpha\beta} - \frac{u_\alpha u_\beta}{u^2}\right) \sum_R \int \gamma^{\alpha\beta}_R(t)\, e^{i(u\mathbf{R} - \omega t)}\, dt. \qquad (46.33)$$

Die Eigenschaften der Spin-Korrelationsfunktion lassen sich im allgemeinen nur qualitativ diskutieren. Eine explizite Berechnung ist bisher nur in zwei Fällen möglich gewesen: Für Temperaturen, die sehr niedrig im Vergleich zur Curie-Temperatur T_c sind, mit Hilfe der Spinwellen-Theorie und in der Nähe der Curie-Temperatur. Wir beschränken uns hier auf das letztere Problem.

Die Berechnung der Spin-Korrelationsfunktion in der Nähe des Curie-Punktes[1] hat sich bisher nur auf der Grundlage der phänomenologischen Schwankungstheorie [16] durchführen lassen, was durch die hier in Betracht kommende große Reichweite der Korrelation gerechtfertigt wird. Es wird angenommen, daß die Eigenschaften des Spin-Systems invariant gegen gleichzeitige Rotation aller Spins sind. Bei Abwesenheit eines äußeren Magnetfeldes hat $\gamma^{\alpha\beta}_R(t)$ dann die Form $\tfrac{1}{3} \delta_{\alpha\beta}\, \gamma_R(t)$. Das Problem reduziert sich somit auf die Berechnung der skalaren Korrelationsfunktion $\gamma_R(t)$. Die räumliche Korrelation für einen gegebenen Zeitpunkt $\gamma_R(0)$ wird durch eine entsprechende Verallgemeinerung der Methode von ORNSTEIN und ZERNIKE (Ziff. 22) erhalten, für welche in diesem Zusammenhang jedoch die phänomenologische Formulierung von KLEIN und TISZA[2] vorzuziehen ist. Die Zeitabhängigkeit von $\gamma_R(t)$ wird (für große R) mit der Regression der Schwankungen der lokalen Magnetisierung identifiziert. In Umkehrung der berühmten Onsagerschen Hypothese über die Äqualenz einer solchen Regression und eines makroskopischen irreversiblen Prozesses kann daher die Zeitabhängigkeit nach den Methoden der irreversiblen Thermodynamik berechnet werden.

Wir skizzieren zunächst die Ableitung von KLEIN und TISZA[3] in einer ganz allgemeinen Form. Es wird angenommen, daß das betrachtete System in n^3 Zellen von gleicher Größe und Gestalt unterteilt ist. Der Einfachheit halber werden wir

---
[1] L. VAN HOVE: Phys. Rev. 95, 1374 (1954).
[2] M. J. KLEIN u. L. TISZA: Phys. Rev. 76, 1861 (1949).
[3] Diese Annahme ist für die Ableitung nicht wesentlich.

annehmen, daß die Zellen ein kubisches Gitter bilden. Die Lage einer Zelle ist durch den Vektor

$$\boldsymbol{k} = k_1 \boldsymbol{j}_1 + k_2 \boldsymbol{j}_2 + k_3 \boldsymbol{j}_3 \qquad (46.34)$$

gegeben, wo k_1, k_2, k_3 ganze Zahlen zwischen 0 und $n-1$ sind und die Einheitsvektoren $\boldsymbol{j}_1, \boldsymbol{j}_2, \boldsymbol{j}_3$ die primitive Translation des Gitters definieren. Die Zellen werden als so groß vorausgesetzt, daß für jede Zelle die thermodynamischen Zustandsgrößen (näherungsweise) definierbar sind. Den Wert eines extensiven Parameters X_i für die Zelle k bezeichnen wir mit X_{ik} und setzen

$$z_k = X_{ik} - \overline{X}_i, \qquad (46.35)$$

wo $\overline{X}_i$ den Gleichgewichtswert von X_i für das System bezeichnet. Die z_k fassen wir als innere Parameter im Sinne der phänomenologischen Schwankungstheorie [16] auf. Die Wahrscheinlichkeit, einen Satz $\{z_k\}$ zu finden, ist dann

$$W(z_k) = C \exp\left[-\tfrac{1}{2} \sum \sum a_{kl} z_k z_l\right], \qquad (46.36)$$

wo

$$a = \frac{\partial^2 \Phi}{\partial z_k \partial z_l} \qquad (46.37)$$

und Φ die Gibbssche Energiefunktion (das Analogon der Entropie) ist. Dabei ist angenommen, daß das System abgeschlossen und somit

$$\sum_k z_k = 0 \qquad (46.38)$$

ist[3]. Die Eigenwerte λ_m und Eigenvektoren ξ_m der in Gl. (46.36) auftretenden quadratischen Form werden (unter Annahme cyclischer Randbedingungen) durch die Gleichung

$$\sum_l a_{kl} \xi_{lm} = \lambda_m \xi_{km} \qquad (46.39)$$

bestimmt. Die Lösungen dieser Gleichung sind

$$\lambda_m = \sum_l a_{kl} e^{\frac{2\pi i}{n} m(l-k)}, \qquad (46.40)$$

$$\xi_{lm} = \frac{1}{n^{\frac{3}{2}}} e^{\frac{2\pi i}{n} lm}, \qquad (46.41)$$

wo

$$\sum_k \xi_{km} \xi_{km'} = \delta_{mm'} \qquad (46.42)$$

ist. Die Gl. (46.40) kann vereinfacht werden, wenn wir annehmen

$$\left.\begin{array}{ll} a_{kk} = a_0 & a_0 > 0, \quad \text{für alle } k, \\ a_{kl} = a_1, & \text{wenn } k, l \text{ nächste Nachbarn sind,} \\ a_{kl} = 0 & \text{in allen übrigen Fällen.} \end{array}\right\} \qquad (46.43)$$

Die erste dieser Gleichungen stellt einfach die Äquivalenz aller Zellen fest. Die beiden anderen bedeuten eine Beschränkung auf Wechselwirkungskräfte kurzer Reichweite.

Aus Gl. (46.40) wird nun

$$\lambda_m = a_0 + 2 a_1 \sum_{i=1}^{3} \cos \frac{2\pi}{n} m_i \qquad (46.44)$$

mit

$$\boldsymbol{m} = m_1 \boldsymbol{j}_1 + m_2 \boldsymbol{j}_2 + m_3 \boldsymbol{j}_3. \qquad (46.45)$$

Die in Gl. (46.36) auftretende quadratische Form muß aus Stabilitätsgründen positiv definit sein. In einem kritischen Punkt oder Curie-Punkt, d.h. an der Grenze der thermodynamischen Stabilität, muß sie daher positiv semidefinit sein. Der einzige Eigenwert, der Null werden kann, ist λ_0, da für $\lambda_m = 0$, $m \neq 0$ notwendig gewisse $\lambda_m < 0$ werden, was der vorstehenden Bedingung widerspricht. In einem kritischen Punkt oder Curie-Punkt ist daher

$$\lambda_0 = a_0 + 6a_1 = 0. \tag{46.46}$$

Wir berechnen nun den Korrelationskoeffizienten

$$g_{kl} = \frac{\overline{z_k z_l}}{(\overline{z_k^2}\,\overline{z_l^2})^{\frac{1}{2}}}. \tag{46.47}$$

Aus (46.36) erhält man sofort

$$\overline{z_k z_l} = \frac{|A|_{kl}}{|A|}, \tag{46.48}$$

wo $|A|$ die Determinante der a_{kl} und $|A|_{kl}$ der Kofaktor des Elementes a_{kl} ist. Da nach (46.43) $|A|_{kk} = |A|_{ll}$ für alle k und l ist, folgt

$$g_{kl} = \frac{|A|_{kl}}{|A|_{ll}}. \tag{46.49}$$

Wir definieren nun

$$f_{kl} = -\frac{a_{kl}}{a_{kk}}. \tag{46.50}$$

Diese Größe ist der Mittelwert von z_k, wenn $z_l = 1$ ist und alle übrigen Variablen den Wert Null besitzen. Aus (46.43) folgt sofort, daß f_{kl} nur dann von Null verschieden ist, wenn k und l nächste Nachbarn sind. Aus Gl. (46.49) und (46.50) erhält man

$$\left.\begin{aligned}
\sum_{m \neq k, l} f_{km} g_{ml} &= -\sum_{m \neq k, l} \frac{a_{km}|A|_{ml}}{a_{kk}|A|_{ll}} \\
&= \frac{1}{a_{kk}|A|_{ll}} \left(\sum_m a_{km}|A|_{ml} - a_{kk}|A|_{kl} - a_{kl}|A|_{ll} \right) \\
&= \frac{|A|\,\delta_{kl}}{a_{kk}|A|_{ll}} + g_{kl} - f_{kl} \\
&= g_{kl} - f_{kl} \quad \text{(für } k \neq l\text{).}
\end{aligned}\right\} \tag{46.51}$$

Wir betrachten eine bestimmte Zelle l und lassen den Index l weg. Dann kann (46.51) geschrieben werden

$$g_k = f_k + \sum_{m \neq k} f_{km} g_m. \tag{46.52}$$

Diese Gleichung besagt, daß der Korrelationskoeffizient als Summe von zwei Termen dargestellt werden kann. Der erste Term beschreibt die direkte (statistische) Wechselwirkung zwischen nächsten Nachbarn. Der zweite Term (d.h. die Summe) stellt die Wirkung g_{lm} der Zelle l auf alle anderen Zellen m dar, die eine nicht verschwindende direkte Wechselwirkung mit k haben. Modifiziert man die Definition von f_k und g_k, indem man beide Größen durch das Zellvolumen dividiert, so erhält man durch Übergang zum Kontinuum

$$g(\mathbf{r}) = f(\mathbf{r}) + \int g(\mathbf{r} - \mathbf{s}) f(\mathbf{s}) d\mathbf{s}, \tag{46.53}$$

die Ornstein-Zernikesche Integralgleichung. Da wir die formale Lösung dieser Gleichung in Ziff. 22 ausführlich behandelt haben, können wir dieselbe hier einfach übernehmen und unmittelbar die Anwendung auf das hier interessierende Problem betrachten.

Die Größen z_l der allgemeinen Formulierung stellen jetzt die magnetischen Momente der Zellen M_j dar. Mit Benutzung von (46.43) kann daher die Gl. (46.36) jetzt geschrieben werden

$$W(M) = C \exp\left[-\tfrac{1}{2} a_0 \sum M_j \cdot M_j + a_1 \sum M_j \cdot M_{j'}\right], \qquad (46.54)$$

wobei die erste Summe über alle Zellen, die zweite über alle Paare benachbarter Zellen zu erstrecken ist. Für Abstände $R \gg v^{\frac{1}{3}}$ ist die räumliche Korrelationsfunktion $\gamma_R(0)$ gegeben durch

$$\overline{M_j \cdot M_l} = \left(\frac{2\beta v}{v_0}\right)^2 \gamma_R(0), \qquad (46.55)$$

wo v_0 das Volumen der Elementarzelle des Kristalls und $\beta = \hbar e/2m_0 c$ das Bohrsche Magneton ist. Die asymptotische Lösung der Gl. (46.53) kann geschrieben werden

$$\gamma_R(0) = \frac{v_0 S(S+1)}{4\pi r_1^2 R} e^{-\varkappa R}. \qquad (46.56)$$

Der Parameter r_1 kann durch die Größen a_1 und v ausgedrückt werden; diese rein formale Beziehung bietet jedoch kein weiteres Interesse.

Für die Ableitung der Zeitabhängigkeit der Korrelationsfunktion ist die oben erwähnte Invarianzannahme wesentlich, da in diesem Falle keine Kopplung zwischen der Magnetisierung und anderen makroskopischen Parametern besteht. Die Gleichung für die Dichte der Magnetisierung $\mathfrak{M}(q, t)$ lautet dann

$$\frac{\partial \mathfrak{M}}{\partial t} = \frac{\lambda}{\chi} \Delta \mathfrak{M}, \qquad (46.57)$$

wo χ die Suszeptibilität und λ eine phänomenologische Konstante ist, die mit der Entropieerzeugung pro Zeit- und Volumeneinheit zusammenhängt durch die Gleichung

$$\sigma = \frac{\lambda}{T\chi^2} \sum_{\alpha,\beta} \left(\frac{\partial \mathfrak{M}_\alpha}{\partial x_\beta}\right)^2. \qquad (46.58)$$

Die Gl. (46.59) ist vom Typ der Diffusionsgleichung und kann wie diese durch Fourier-Analyse gelöst werden[1]. Für jede Fourier-Komponente erhält man einen zeitabhängigen Faktor $\exp[-\Lambda k^2 t]$, wo $\Lambda = \lambda/\chi$ ist und k den Wellenvektor bezeichnet. In unserem Falle muß also jede Fourier-Komponente von (46.56) mit dem erwähnten Faktor multipliziert werden, d.h. es ist die Faltung von (46.56) mit der Fourier-Transformierten

$$\frac{1}{(2\pi)^3} \int e^{-\Lambda k^2 t} e^{i k R} dk = \frac{1}{(4\pi \Lambda t)^{\frac{3}{2}}} \exp\left[-\frac{|R-R'|^2}{4\Lambda t}\right] \qquad (46.59)$$

zu berechnen. Man erhält

$$\gamma_R(t) = \frac{v_0 S(S+1)}{4\pi r_1^2} \frac{1}{(4\pi \Lambda/t)^{\frac{3}{2}}} \int \exp\left[-\frac{|R-R'|^2}{4\Lambda |t|} - \varkappa R'\right] \frac{dR'}{R'} \qquad (46.60)$$

oder

$$\gamma_R(t) = \frac{v_0 S(S+1)}{4\pi r_1^2 R} \psi[\varkappa(4\Lambda |t|)^{\frac{1}{2}}, R(4\Lambda |t|)^{-\frac{1}{2}}], \qquad (46.61)$$

---
[1] W. Jost: Diffusion. Darmstadt: Steinkopff 1957.

wo

$$\psi(v, w) = \frac{2}{\sqrt{\pi}} e^{-w^2} \int_0^\infty e^{-x^2 - vx} \sinh(2wx)\, dx$$
$$= e^{\frac{1}{4}v^2 - vw} \operatorname{erfc}\left(\frac{1}{2}v - w\right) - e^{\frac{1}{4}v^2 + vw} \operatorname{erfc}\left(\frac{1}{2}v + w\right).$$
(46.62)

Für kleine Werte von t erhält man daraus

$$\psi(v, w) \approx e^{-vw} \qquad (w \gg 1,\ w \gg v),$$
(46.63)

während für große t gilt

$$\psi(v, w) \approx \frac{4}{v^2 \sqrt{\pi}} w\, e^{-w^2} \qquad (v \gg 1,\ v \gg w).$$
(46.64)

Der Wirkungsquerschnitt für die kritische magnetische Streuung eines Einkristalls wird nun erhalten, indem man in Gl. (46.33) $\gamma_R^{\alpha\beta}(t)$ durch $\frac{1}{3}\delta_{\alpha\beta}\gamma_R(t)$ ersetzt und dafür den Ausdruck (46.60) einführt. Man erhält

$$\frac{\partial^2 \sigma}{\partial \Omega\, \partial \varepsilon} = \left(\frac{2g e^2}{m_0 c^2}\right)^2 \frac{2N}{3\pi\hbar} S(S+1) \frac{k}{k_0} |F(u)|^2 \times$$
$$\times \sum_\tau \frac{1}{r_1^2(|\boldsymbol{u} - \boldsymbol{\tau}|) + \varkappa^2} \frac{\Lambda |\boldsymbol{u} - \boldsymbol{\tau}|^2}{\Lambda^2 |\boldsymbol{u} - \boldsymbol{\tau}|^4 + \omega^2},$$
(46.65)

wo die $\boldsymbol{\tau}$ die Vektoren des reziproken Gitters sind. Diese Gleichung zeigt zunächst, daß kritische Streuung einmal im Kleinwinkelgebiet ($\boldsymbol{\tau} \to 0$) und zweitens in der Nähe der Bragg-Reflexe ($|\boldsymbol{u} - \boldsymbol{\tau}| \ll v_0^{-\frac{1}{3}}$) auftritt. Wir haben insoweit also die gleichen Verhältnisse wie bei der kritischen Streuung von Röntgenstrahlen (Ziff. 45). Der letztere Effekt kann jedoch nur beobachtet werden, wenn der Formfaktor $F(u)$ für $u = \tau$ nicht zu klein ist. Bei polykristallinen Proben ist er durch die Mittelung über die Orientierungen stark abgeschwächt. Wir begnügen uns daher mit der Bemerkung, daß dieser Effekt experimentell nachgewiesen ist[1] und beschränken uns im folgenden auf die Erörterung der Kleinwinkelstreuung. Da für $T \to T_c$ nicht nur $\varkappa$, sondern auch Λ gegen Null geht, muß die Energieübertragung in der Nähe des Curie-Punktes sehr klein sein. Man hat daher praktisch eine elastische Streuung, und $\boldsymbol{u}$ ist praktisch unabhängig von der Energieübertragung, die lediglich das Spektrum der gestreuten Neutronen beeinflußt. Gl. (46.65) kann daher ohne weiteres über die Energie integriert werden. Setzt man für das Kleinwinkelgebiet $F(u) = 1$ und führt eine neue Konstante A ein, so erhält man

$$\frac{d\sigma}{d\Omega} = \frac{A}{r_1^2} \frac{\pi}{u^2 + \varkappa^2},$$
(46.66)

was im wesentlichen die Fourier-Transformierte der zeitunabhängigen Korrelationsfunktion (46.56) darstellt. Die Winkelabhängigkeit der kritischen Streuung läßt sich also mit Hilfe der früher erwähnten statischen Näherung berechnen. Dieses Ergebnis ist durch eine genauere Abschätzung von GERSCH, SHULL und WILKINSON[2] bestätigt worden.

Für den Vergleich mit den experimentellen Daten ist es zweckmäßig, eine der in Ziff. 44 [Gl. (44.34)] eingeführten reduzierten Intensität analoge Größe zu definieren. Wir schreiben zunächst die Gl. (46.66) explizit für polykristalline Proben

$$\sigma(u, T) \equiv \frac{1}{N} \frac{d\sigma}{d\Omega} = \left(\frac{g e}{m_0 c^2}\right)^2 \frac{2}{3} |F(u)|^2 \sum_R \gamma_R(0)\, e^{i\boldsymbol{u}\boldsymbol{R}}.$$
(46.67)

---

[1] R.D. LOWDE: Rev. Mod. Phys. **30**, 69 (1958).
[2] H.A. GERSCH, C.G. SHULL u. M.K. WILKINSON: Phys. Rev. **103**, 525 (1956).

Wenn für $T>T_c$ keine Korrelation zwischen den Spins besteht, reduziert sich die Summe auf den Term $R=0$, für den $\gamma_0(0)=S(S+1)$ ist. Der paramagnetische Wirkungsquerschnitt ist somit durch

$$\sigma_p(u) = \frac{1}{N}\frac{d\sigma_R}{d\Omega} = \left(\frac{ge}{m_0 c^2}\right)^2 \frac{2}{3}|F(u)|^2 S(S+1) \qquad (46.68)$$

gegeben. Man definiert nun als Analogon der reduzierten Intensität

$$\sigma_c(u) = \frac{\sigma(u,T)}{\sigma_p(u)} = \sum_R \frac{\gamma_R(0)}{S(S+1)} e^{iuR}. \qquad (46.69)$$

Bisher haben wir die Korrelationsfunktion $\gamma_R(0)$ nur für Gitterpunkte definiert. Es ist unmittelbar einzusehen, daß diese kugelsymmetrische Funktion sich für große R-Werte (mit denen wir es hier zu tun haben) sich praktisch von einer stetigen Funktion nicht unterscheidet. Da wir aber hier, im Gegensatz zu Ziff. 44, die thermische Bewegung vernachlässigt haben, wollen wir diesen Punkt etwas ausführlicher erläutern.

Zunächst schreiben wir die in Gl. (46.69) auftretende Summe mit Benutzung von δ-Funktionen als Integral. Man erhält

$$\sum_R \gamma_R(0) e^{iuR} = \sum_R \int \gamma(r) e^{iur} \delta(R-r) dr, \qquad (46.70)$$

wo $\gamma(r)$ die als stetige Funktion des Abstandes r definierte Korrelationsfunktion ist. Es ist nun

$$\delta(R-r) = (2\pi)^{-3} \int e^{it(R-r)} dt. \qquad (46.71)$$

Die Summierung über die Gitterpunkte ergibt

$$\sum_R e^{itR} = (2\pi)^3 \prod_{i=1}^{3} \delta(b_i - 2\pi l_i), \qquad (46.72)$$

wo $t = \sum_{i=1}^{3} b_i \tau_i$ ist, die τ_i die Basisvektoren des reziproken Gitters bezeichnen und die l_i ganze Zahlen sind. Damit wird aus Gl. (46.70)

$$\sum_R \gamma_R(0) e^{iuR} = \frac{1}{v_0} \sum_\tau \int \gamma(r) e^{i(u-2\pi\tau)r} dr, \qquad (46.73)$$

wo v_0 das Volumen der Elementarzelle und die τ die Vektoren des reziproken Gitters sind. Die Beschränkung auf weitreichende Korrelation wird nun dadurch berücksichtigt, daß alle Terme mit $\tau \neq 0$ vernachlässigt werden. Nach Einführung von Polarkoordinaten und Integration über die Winkel erhält man dann aus (46.69) und (46.73)

$$u\,\sigma_c(u) = \frac{4\pi}{v_0 S(S+1)} \int_0^\infty r\,\gamma(r) \sin(ur)\, dr \qquad (46.74)$$

und daraus durch Fourier-Inversion

$$r\,\gamma(r) = \frac{v_0 S(S+1)}{2\pi^2} \int_0^\infty u\,\sigma_c(u) \sin(ur)\, du. \qquad (46.75)$$

Diese Gleichungen sind den für die diffuse Streuung von Röntgenstrahlen abgeleiteten Beziehungen (44.35) und (44.36) vollkommen analog. Ihre Gültigkeit ist aber auf das Gebiet der weitreichenden Korrelation und damit der kritischen Streuung beschränkt.

Dem Kompressibilitätsintegral in der Theorie der molekularen Verteilungsfunktion [Gl. (11.39)] entspricht hier eine Beziehung zwischen dem Raumintegral über die Spin-Korrelationsfunktion und der magnetischen Suszeptibilität. Wir gehen aus von der allgemeinen Schwankungstheorie [3], [4], [16]. In unserem Fall ist der extensive Parameter die totale Magnetisierung M, der konjugierte intensive Parameter die äußere magnetische Feldstärke. Die Suszeptibilität (pro Spin) ist definiert durch die Gleichung

$$\chi = N^{-1} \lim_{H \to 0} \frac{\partial M}{\partial H}. \tag{46.76}$$

Wegen $(\overline{M})_{H=0} = 0$ (für $T > T_c$) folgt unmittelbar

$$\overline{M^2} = 3kTN\chi \quad (T > T_c). \tag{46.77}$$

Es ist nun ganz allgemein

$$\boldsymbol{M} = -2\beta \sum_{i=1}^{N} \boldsymbol{S}_i \tag{46.78}$$

und somit

$$\overline{M^2} - |\overline{\boldsymbol{M}}|^2 = 4\beta^2 N\, \overline{S^2} - 4\beta^2 N^2\, S_T^2 + 4\beta^2 \sum\sum_{i\neq j} \overline{\boldsymbol{S}_i \boldsymbol{S}_j}, \tag{46.79}$$

wo

$$\overline{S^2} = S(S+1), \quad \boldsymbol{S}_T = N^{-1} \sum_i \boldsymbol{S}_i \tag{46.80}$$

ist. Definitionsgemäß haben wir [s. Gl. (46.30)]

$$\overline{\boldsymbol{S}_i \boldsymbol{S}_j} = S_T^2 + [\overline{\boldsymbol{S}_i \boldsymbol{S}_j} - S_T^2] = S_T^2 + \gamma_{ij}. \tag{46.81}$$

Für $T > T_c$ ist $S_T = 0$. Es folgt daher

$$\left.\begin{aligned}\overline{M^2} &= 4\beta^2 N S(S+1) + 4\beta^2 \sum\sum_{i\neq j} \gamma_{ij} \\ &= 4\beta^2 N S(S+1) + 4\beta^2 N \sum_{R\neq 0} \gamma_R(0).\end{aligned}\right\} \tag{46.82}$$

Führt man hier die stetige Funktion $\gamma(r)$ ein, so wird mit Benutzung von (46.77)

$$\frac{4\pi}{v_0\, S(S+1)} \int_0^\infty r^2 \gamma(r)\, dr = \frac{\overline{M^2}}{4\beta^2 N S(S+1)} = \frac{\chi}{\chi_1}, \tag{46.83}$$

wo

$$\chi_1 = 4\beta^2 \frac{S(S+1)}{3kT} \tag{46.84}$$

die paramagnetische Suszeptibilität bei der gleichen Temperatur ist. Setzt man im besonderen in Gl. (46.83) die asymptotische Formel (46.56) ein, so folgt

$$(\varkappa r_1)^2 = \frac{\chi_1}{\chi}. \tag{46.85}$$

Da bei Annäherung an den Curie-Punkt $\chi \to \infty$ geht, zeigt diese Gleichung noch einmal, daß (46.56) die weitreichende Korrelation und (46.74) die dadurch bedingte kritische Streuung der Neutronen beschreibt.

Für den Vergleich von Theorie und Experiment legen wir die Messungen von WILKINSON und SHULL[1] sowie von ERICSON und JACROT[2] an Eisen zugrunde. Fig. 61 zeigt die von den ersteren Autoren gemessenen Streukurven. Sie stellt die kritische Opalescenz der Neutronen dar, die dem bei Röntgenstrahlen beobachteten Phänomen völlig analog ist. Die nach Gl. (46.75) daraus berechneten Korrelationsfunktionen sind in Fig. 62 wiedergegeben. Sie zeigen erwartungsgemäß einen monotonen Abfall, da zur Auswertung nur die Kleinwinkelstreuung benutzt worden ist. Es handelt sich daher in dem früher (Ziff. 21) erläuterten Sinne um geglättete Korrelationsfunktionen. Die mit der Annäherung an den Curie-Punkt zunehmende Reichweite der Korrelation ist deutlich zu erkennen.

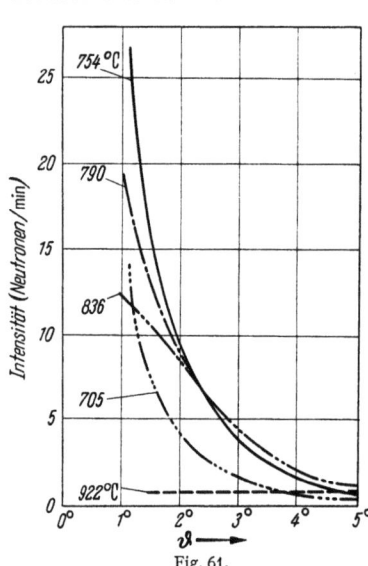

Fig. 61.

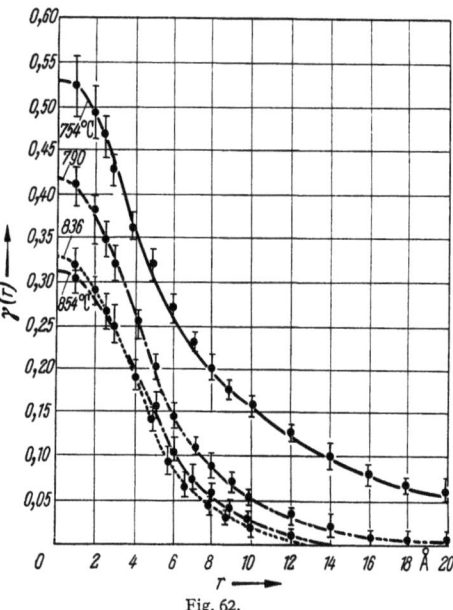

Fig. 62.

Fig. 61. Kritische Streuung von Neutronen in der Umgebung des Curie-Punktes von Eisen. (Dargestellt ist die um die Intensität bei gewöhnlicher Temperatur verminderte gemessene Intensität.) [Entnommen aus M. K. WILKINSON u. C. G. SHULL: Phys. Rev. **103**, 516 (1959).]

Fig. 62. Spin-Korrelationsfunktionen für Eisen in der Umgebung des Curie-Punktes. [Entnommen aus H. A. GERSCH, C. G. SHULL u. M. K. WILKINSON: Phys. Rev. **103**, 525 (1956).]

Für den quantitativen Vergleich ist auch hier die logarithmische Auftragung von $r\gamma(r)$ gegen r zweckmäßig, die in Fig. 63 durchgeführt ist. Die Übereinstimmung mit den theoretischen Kurven ist für größere r-Werte gut. Die aus Fig. 63 berechneten Werte der Parameter $\varkappa$ und r_1 sind in Tabelle 10 zusammengestellt.

Tabelle 10.
Aus Neutronenstreuung bestimmte Werte der Parameter in Gl. (46.56). [Entnommen aus H. A. GERSCH, C. G. SHULL u. M. K. WILKINSON: Phys. Rev. **103**, 525 (1956).]

T °C	$\varkappa^{-1}$ Å	r_1 Å
754	34,8	1,05
790	6,8	1,05
836	4,3	0,91
854	3,2	0,74

Tabelle 11.
Vergleich der aus Neutronenstreuung und aus magnetischen Messungen erhaltenen Daten. [Entnommen aus H. A. GERSCH, C. G. SHULL u. M. K. WILKINSON: Phys. Rev. **103**, 525 (1956).]

T °C	$\chi_1/\chi \times 10^{-4}$	
	Neutronenstreuung	Magnetische Messungen
754	9 ± 2	8,5 ± 2
790	242 ± 30	150 ± 30
836	530 ± 70	390 ± 40
854	700 ± 90	480 ± 30

[1] M. K. WILKINSON u. C. G. SHULL: Phys. Rev. **103**, 516 (1956).
[2] M. ERICSON u. B. JACROT: J. Phys. Chem. Solids **13**, 235 (1960).

Schließlich zeigt Tabelle 11 noch den durch Gl. (46.83) bzw. (46.85) gegebenen Zusammenhang zwischen Neutronenstreuung und Suszeptibilität. Die Übereinstimmung ist in der Nähe des Curie-Punktes gut, verschlechtert sich jedoch mit zunehmender Temperatur.

Nach allen bisher vorliegenden Resultaten ist die Existenz der kritischen Streuung langsamer Neutronen als experimentell völlig gesichert zu betrachten. Die zuletzt erörterten quantitativen Ergebnisse dürfen dagegen vielleicht noch nicht als endgültig angesehen werden. Einerseits stößt die experimentelle Definition des Streuwinkels bei Neutronen-Versuchen auf außerordentliche Schwierigkeiten, andererseits sind für

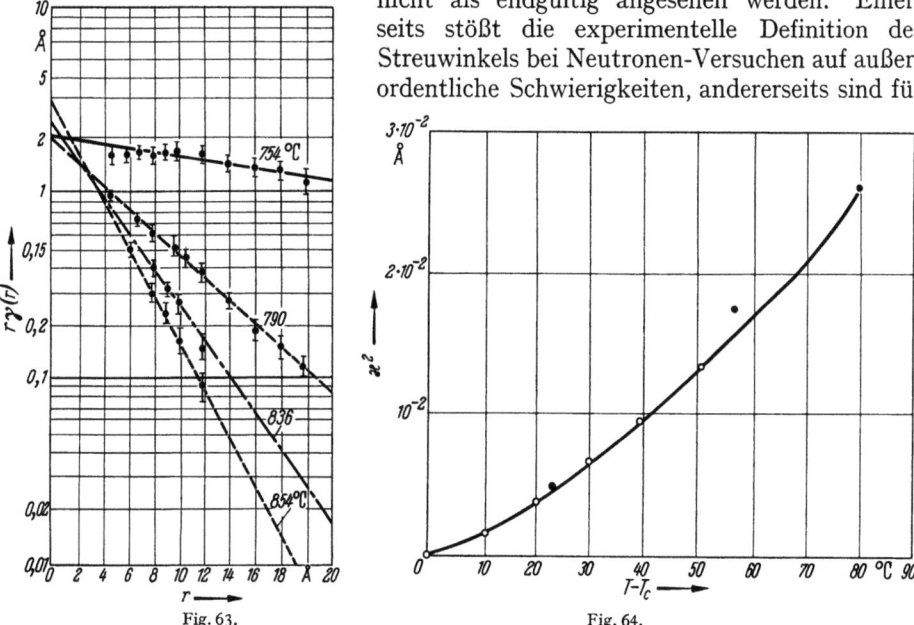

Fig. 63.   Fig. 64.

Fig. 63. Experimentelle Werte (Kreise) und theoretische Kurven für die Spin-Korrelationsfunktion von Eisen in der Umgebung des Curie-Punktes. [Entnommen aus H. A. GERSCH, C. G. SHULL u. M. K. WILKINSON: Phys. Rev. **103**, 525 (1956).]

Fig. 64. Temperaturabhängigkeit des Parameters $\varkappa^2$. [Entnommen aus M. ERICSON u. B. JACROT: J. Phys. Chem. Solids **13**, 235 (1960).]

Eisen weder die Lage des Curie-Punktes noch die Werte der Suszeptibilität in diesem Gebiet genau bekannt[1].

Im Hinblick auf die erste Schwierigkeit haben ERICSON und JACROT[2] die Abhängigkeit des Wirkungsquerschnitts von der Wellenlänge gemessen und daraus $\varkappa^2$ als Funktion der Temperatur berechnet. Die Ergebnisse sind in Fig. 64 dargestellt. Der auffallendste Unterschied gegenüber dem analogen Diagramm für Röntgenstrahlen (Fig. 60) liegt in der Tatsache, daß die durch Konzentrationsschwankungen bedingte kritische Opaleszenz der Röntgenstrahlen bereits 5° C oberhalb des kritischen Punktes praktisch verschwunden ist, während die auf Schwankungen der lokalen Magnetisierung beruhende kritische Opaleszenz der Neutronen noch 80° C oberhalb des Curie-Punktes nachweisbar ist. Die weitreichende Spin-Spin-Korrelation nimmt daher viel langsamer mit der Temperatur ab als die Paar-Korrelation im Konfigurationsraum der Atome.

Die Theorie der kritischen Neutronen-Streuung ist in einer anderen Form, die sich an die in Abschnitt BI behandelten Methoden anlehnt, von ELLIOT

---

[1] Für eine Erörterung dieser Fragen bin ich Herrn Dr. JACROT (Paris) zu Dank verpflichtet.

[2] Siehe Fußnote 2, S. 207.

und MARSHALL[1] entwickelt worden. Diese Autoren diskutieren auch einige verwandte Streuphänomene. Unter diesen ist besonders die magnetische Streuung von Neutronen durch antiferromagnetische Substanzen etwas oberhalb des Néel-Punktes zu erwähnen. In diesem Falle sagt die Theorie, die in anderer Form von DE GENNES[2] entwickelt worden ist, Maxima der Streukurve in der Umgebung der magnetischen Überstrukturlinien voraus. Für polykristalline Proben ist der Effekt, wie zu erwarten, ziemlich schwach, aber an MnO nachgewiesen worden[3]. Quantitative Messungen sind an Einkristallen von CoO durchgeführt worden[4]. Die Übereinstimmung mit der Theorie scheint befriedigend zu sein. Ein analoger Effekt ist von ELLIOT und MARSHALL[1] für Röntgenstrahlen in der Nähe des Umwandlungspunktes der Überstruktur-Umwandlung binärer Legierungen vorausgesagt worden. Experimentell ist derselbe bisher noch nicht nachgewiesen worden. Die beiden zuletzt genannten Effekte werden in der Literatur ebenfalls als kritische Streuung bezeichnet. Ob diese Terminologie zweckmäßig ist, mag dahingestellt bleiben. Wesentlich ist jedenfalls, daß hier nicht die für die übrigen kritischen Streuphänomene typische Vorwärtsstreuung auftritt. Schließlich ist hier noch die kritische Streuung von sichtbarem Licht in der Nähe der $\alpha-\beta$-Umwandlung von Quarz[5] zu erwähnen, die theoretisch von GINZBURG und LEVANYUK[6] behandelt worden ist[7].

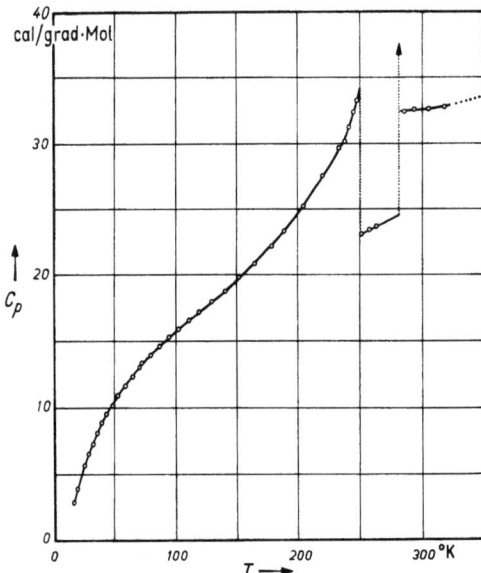

Fig. 65. Molekülwärme von Äthylen-Dibromid. [Entnommen aus K. S. PITZER: J. Amer. Chem. Soc. 62, 331 (1940).]

47. Rotationsumwandlungen. Zahlreiche Kristalle, die aus Molekülen oder mehratomigen Ionen aufgebaut sind, zeigen Anomalien der spezifischen Wärme, welche große Ähnlichkeit besitzen mit denen, die bei Überstruktur-Umwandlungen auftreten. Bekannte Beispiele dafür sind die Halogenwasserstoffe[8], die Ammoniumhalogenide[9] und die halogen-substituierten Äthane[10]. Fig. 65 zeigt als Beispiel die Molwärme von $Br_2HC-CHBr_2$. Derartige Umwandlungen sind zuerst von PAULING[11] durch die Annahme erklärt worden, daß hier die Moleküle (oder Molekülteile) aus einem Zustand fester Orientierung, in dem nur Schwingungen um eine Gleichgewichtslage möglich sind, in den Zustand der freien Rotation übergehen. Obwohl die Erklärung in dieser speziellen Form nicht halt-

---

[1] R. J. ELLIOT u. W. MARSHALL: Rev. Mod. Phys. **30**, 75 (1958).
[2] P. G. DE GENNES: J. Phys. Chem. Solids **6**, 43 (1958); **13**, 10 (1960).
[3] C. G. SHULL, W. A. STRAUSER u. E. O. WOLLAN: Phys. Rev. **83**, 133 (1951).
[4] A. W. MACREYNOLDS u. T. RISTE: Bull. Amer. Phys. Soc. **1**, 133 (1956).
[5] I. A. JAKOVLEV, T. V. VELICHKINA u. L. F. MIKHEEVA: Kristallographya **1**, 123 (1956).
[6] V. L. GINZBURG u. A. P. LEVANYUK: J. Phys. Chem. Solids **6**, 51 (1958).
[7] Auf eine Besprechung dieses Effektes mußte verzichtet werden, da es dem Verfasser trotz vielen Bemühungen nicht gelungen ist, die Originalarbeit zu beschaffen.
[8] W. F. GIAUQUE u. R. WIEBE: J. Amer. Chem. Soc. **50**, 101, 2193 (1928); **51**, 1441 (1929).
[9] F. SIMON, CL. v. SIMSON u. M. RUHEMANN: Z. phys. Chem. **129**, 339 (1927).
[10] K. S. PITZER: J. Amer. Chem. Soc. **62**, 331 (1940).
[11] L. PAULING: Phys. Rev. **36**, 430 (1930).

bar ist, trifft sie doch den wesentlichen Kern der Sache, daß nämlich die fraglichen Umwandlungen auf Änderungen der Orientierungsordnung zurückzuführen sind. Die Festlegung einer bestimmten Orientierung der Moleküle im Kristallgitter ist durch die von den Nachbarmolekülen ausgeübten Kräfte bedingt; diese Kräfte hängen aber naturgemäß von der Orientierung der Nachbarmoleküle ab. Es handelt sich somit wieder um ein typisch kooperatives Phänomen.

Der einfachste Modellfall einer Rotationsumwandlung wird durch das Ising-Modell dargestellt; es sind dann nur parallele und antiparallele Orientierungen zugelassen. Ein solches Verhalten kann, streng genommen, nur im Rahmen der Quantenmechanik auftreten. Wir werden hier von vornherein alle Fälle, in denen Quanteneffekte eine wesentliche Rolle spielen (wie z.B. bei Methan und Deuteromethan[1]) ausschließen, setzen also Anwendbarkeit der klassischen Statistik voraus. In diesem Sinne kann man das Ising-Modell als eine Näherung für solche Fälle betrachten, in denen zwei verschieden tiefe, aber scharf ausgeprägte Minima der potentiellen Energie der Orientierung vorhanden sind. Da die Theorie des Ising-Modells hier unmittelbar (d.h. ohne Umdeutung) anwendbar ist, brauchen wir uns jetzt nicht weiter dabei aufzuhalten. Wir werden aber in Ziff. 67 noch von dieser einfachsten Modellvorstellung Gebrauch machen. Für eine genauere Theorie ist es notwendig, die Orientierung als kontinuierlich veränderlich zu behandeln. Wir haben es dann mit einer gehemmten Rotation [3] zu tun, wobei aber das Hemmungspotential auf der Wechselwirkung mit benachbarten Molekülen beruht und von deren Orientierung abhängt. Wenn es sich um Rotation von Teilen eines Moleküls handelt (innere Rotation), wird im allgemeinen noch ein innermolekulares Hemmungspotential überlagert sein. Die Berücksichtigung desselben macht keine Schwierigkeiten und ist in den allgemeinen Formeln, die wir entwickeln werden, enthalten. Bei der expliziten Auswertung wollen wir diese Komplikation jedoch außer acht lassen. Obwohl die Einführung eine kontinuierlich veränderlichen Orientierung an dem grundsätzlichen Charakter des Problems nichts ändert, ist die Durchführung im einzelnen komplizierter. Die der Bragg-Williamsschen Methode äquivalente Näherung, die wir hier im Anschluß an KIRKWOOD[2] entwickeln, erfordert daher einen erheblich größeren Aufwand.

Wir betrachten einen Kristall von N Gitterplätzen, der aus n ineinandergeschachtelten Teilgittern besteht (vgl. Fig. 5). Die Gitterplätze sollen von N gleichen Molekülen besetzt sein, welche Freiheitsgrade der Rotation besitzen. Den entsprechenden Koordinatensatz, welcher also die Orientierung des einzelnen Moleküls beschreibt, bezeichnen wir mit ω. Wir definieren nun Funktionen $g_k(\omega)$ durch die Festsetzung, daß

$$\frac{N}{n} g_k(\omega) \, d\omega \qquad (47.1)$$

die Zahl der Moleküle mit einer Orientierung zwischen ω und $\omega + d\omega$ im Teilgitter k ist. Dabei gilt die Normierung

$$\int g_k(\omega) \, d\omega = 1 \qquad (k = 1, \ldots, n). \qquad (47.2)$$

Für eine spezielle Wahl der Funktionen $g(\omega)$ gibt der Satz $g_1(\omega), g_2(\omega), \ldots, g_n(\omega)$ eine Beschreibung des Orientierungszustandes im ganzen Kristall, die aber unvollständig ist. Zu jedem spezifizierten Funktionensatz gehört nämlich nicht ein bestimmter Orientierungszustand, sondern ein ganzer Untersatz des vollständigen

---

[1] K. SCHÄFER: Z. phys. Chem. B **44**, 127 (1939).
[2] J. G. KIRKWOOD: J. Chem. Phys. **8**, 205 (1940).

Satzes der möglichen Orientierungszustände. Die Beschreibung durch den Funktionensatz $g(\omega)$ stellt daher das Analogon des Fernordnungsparameters s (Ziff. 25) dar. Einem bestimmten Wert von s entsprechen zahlreiche Konfigurationen verschiedenen Nahordnungsgrades und damit auch verschiedener Energie. In ähnlicher Weise unterscheiden sich auch die zu einem Funktionensatz $g(\omega)$ gehörenden Zustände in ihrer Energie, da diese davon abhängt, wie im einzelnen die verschiedenen Orientierungen auf die Moleküle verteilt sind. Von dieser Analogie ausgehend, ist die weitere Entwicklung der Theorie leicht zu übersehen.

Das Wesen der Bragg-Williamsschen Näherung besteht darin, daß sowohl im a- wie im b-Gitter ungeordnete Verteilung angenommen wird oder, anders ausgedrückt, daß allen zu einem gegebenen Wert von s gehörenden Konfigurationen die gleiche Energie zugeschrieben wird. In ähnlicher Weise nehmen wir hier an, daß alle Orientierungszustände des Kristalls, die zu einem spezifizierten Satz $g(\omega)$ gehören, die gleiche Energie besitzen. Der von den Konfigurationen der Rotationsfreiheitsgrade im k-ten Teilgitter herrührende Anteil der Entropie ist dann

$$S_{ck} = -k\frac{N}{n}\int g_k \ln g_k \, d\omega. \tag{47.3}$$

Der Konfigurationsanteil der Rotationsentropie des Gesamtkristalls S_k wird daraus durch Summierung über die Teilgitter erhalten. Man erhält somit

$$S_c = -k\frac{N}{n}\sum_{k=1}^{n}\int g_k \ln g_k \, d\omega. \tag{47.4}$$

Die Wechselwirkungsenergie zwischen zwei Molekülen, von denen sich das eine im Teilgitter k auf dem Platz a mit einer Orientierung ω, das andere im Teilgitter l auf dem Platz b mit einer Orientierung ω' befindet, bezeichnen wir mit $w_{ab}^{(kl)}$. Zur Vereinfachung schreiben wir

$$w^{(kl)}(\omega, \omega') = \sum_{b=1}^{N/n} w_{ab}^{(kl)}(\omega, \omega'). \tag{47.5}$$

Unter den oben gemachten Voraussetzungen wird dann die mittlere Energie der Orientierungen

$$\bar{U}_c = \frac{1}{2}\frac{N}{n}\sum_{k=1}^{n}\sum_{l=1}^{n}\iint w^{(kl)}(\omega, \omega')\, g_k(\omega)\, g_l(\omega')\, d\omega\, d\omega'. \tag{47.6}$$

Aus Gl. (47.4) und (47.6) erhält man für die freie Energie der Orientierungen

$$F_c = NkT\left[\frac{1}{n}\sum_{k=1}^{n}\int g_k \ln g_k \, d\omega + \right. \\ \left. + \frac{1}{2nkT}\sum_{k=1}^{n}\sum_{l=1}^{n}\iint w^{(kl)}(\omega, \omega')\, g_k(\omega)\, g_l(\omega')\, d\omega\, d\omega'\right]. \tag{47.7}$$

Diese Gleichung ist das Analogon der Gl. (25.17) in der Bragg-Williamsschen Theorie. Die Funktionen $g_k(\omega)$ müssen nun so bestimmt werden, daß die freie Energie ein Minimum wird. Im Gegensatz zu der einfachen Extremwertsaufgabe der Bragg-Williamsschen Theorie hat man somit hier ein eigentliches Variationsproblem für n abhängige Variable g_k mit den n Nebenbedingungen (47.2). Wir schreiben dasselbe

$$\delta \int J(g_1, \ldots, g_n)\, d\omega = 0 \tag{47.8}$$

$$(\int g_k\, d\omega = 1 \quad \text{für alle } k).$$

Es ist zweckmäßig, die Lagrangeschen Multiplikatoren in der Form $\ln \lambda_k - 1$ einzuführen. Man setzt also

$$L = J + \sum_{k=1}^{n} (\ln \lambda_k - 1) g_k. \qquad (47.9)$$

Da der Integrand J explizit nur von den Variablen g_k abhängt, reduzieren sich die Eulerschen Gleichungen auf das System

$$\frac{\partial L}{\partial g_k} = 0 \quad (k = 1, \ldots, n). \qquad (47.10)$$

Daraus folgt in Verbindung mit (47.7)

$$\ln g_k + 1 + \frac{1}{kT} \sum_{l=1}^{n} \int w^{(kl)} g_l(\omega') \, d\omega' + \ln \lambda_k - 1 = 0, \qquad (47.11)$$

wo der Parameter λ_k aus der Nebenbedingung (47.2) zu bestimmen ist. Definiert man noch

$$K_{kl}(\omega, \omega') = -w^{(kl)}(\omega, \omega')/kT, \qquad (47.12)$$

so erhält man für die Funktionen $g_k(\omega)$ die Integralgleichungen

$$\ln \lambda_k g_k(\omega) = \sum_{l=1}^{n} \int K_{kl}(\omega, \omega') g_l(\omega') \, d\omega'; \quad (k = 1, \ldots, n) \qquad (47.13)$$

mit

$$\lambda_k = \int \exp\left[\sum_{l=1}^{n} \int K_{kl}(\omega, \omega') g_l(\omega') \, d\omega'\right] d\omega. \qquad (47.14)$$

Die Lösungen der Gl. (47.13) werden durch die Kerne, d.h. letzten Endes durch die potentielle Energie in Abhängigkeit von der Orientierung der Moleküle bestimmt. Um die Theorie weiterzuführen, muß daher an dieser Stelle ein konkretes Modell eingeführt werden.

Wir betrachten einen kubischen Kristall, dessen Gitterplätze von zweiatomigen Molekülen besetzt sind. Wir nehmen an, daß eine energetische Wechselwirkung nur zwischen nächsten Nachbarn im Gitter stattfindet und daß dieselbe nur von dem Winkel zwischen den Kernverbindungslinien (Achsen) der Moleküle abhängt. Für das Potential machen wir den Ansatz

$$w_{ab}^{(kl)} = \frac{1}{2} w_0 \cos \sigma \gamma, \qquad (47.15)$$

den wir als ersten Term einer Fourier-Entwicklung auffassen können. Hier ist w^0 die Höhe der Potentialschwelle zwischen zwei benachbarten Minima, und σ bezeichnet die Symmetriezahl des Moleküls um die zur Kernverbindungslinie senkrechte Achse.

Für homonukleare Moleküle ist $\sigma = 2$. Wir beschränken uns hier auf heteronucleare Moleküle, für die $\sigma = 1$ ist. Für kubische Kristalle ist w_0 unabhängig von den Teilgitter-Indices a und b, da alle nächsten Nachbarn eines beliebigen Gitterplatzes gleichwertig sind. Wir erhalten somit aus Gl. (47.5), (47.12) und (47.15)

$$K_{kl} = \left\{ \begin{array}{ll} -\dfrac{z' w_0}{2kT} \cos \gamma & \text{für } k \neq l \\ 0 & \text{für } k = l, \end{array} \right\} \qquad (47.16)$$

wo z' die Zahl der nächsten Nachbarn eines Gitterplatzes in jedem der $n-1$ übrigen Teilgitter ist. Für das raumzentrierte kubische Gitter ist $z'=8$ und $n=2$, für das flächenzentrierte kubische Gitter $z'=4$ und $n=4$. Nach Einführung von räumlichen Polarkoordinaten lauten dann die Gln. (47.13) und (47.14)

$$\ln \lambda_k g_k(\vartheta, \varphi) = -\frac{z' w_0}{2kT} \sum_{l=1\neq k}^{n} \int_0^\pi \int_0^{2\pi} \cos\gamma\, g_l(\vartheta'\, \varphi') \sin\vartheta'\, d\vartheta'\, d\varphi' \qquad (47.17)$$

mit

$$\lambda_k = \int_0^\pi \int_0^{2\pi} \exp\left[-\frac{z' w_0}{2kT} \sum_{l=1\neq k}^{n} \int_0^\pi \int_0^{2\pi} \cos\gamma\, g_l(\vartheta'\, \varphi') \sin\vartheta'\, d\vartheta'\, d\varphi'\right] \sin\vartheta\, d\vartheta\, d\varphi. \qquad (47.18)$$

Dabei ist

$$\cos\gamma = \cos\vartheta \cos\vartheta' + \sin\vartheta \sin\vartheta' \cos(\varphi - \varphi'). \qquad (47.19)$$

Die Lösung der Gl. (47.17) lautet

$$\lambda_k g_k = e^{\alpha s_k \cos\vartheta} \qquad (47.20)$$

mit

$$\lambda_k = \frac{4\pi}{\alpha s_k} \sinh(\alpha s_k) \qquad (k=1,\ldots,n) \qquad (47.21)$$

und

$$-s_k = \sum_{l=1\neq k}^{n} L(\alpha s_l). \qquad (47.22)$$

Hier ist

$$\alpha = \frac{z' w_0}{2kT} \qquad (47.23)$$

und

$$L(x) = \coth x - \frac{1}{x} \qquad (47.24)$$

die Langevinsche Funktion. Die Gl. (47.22) lassen sich nach $L(\alpha s_k)$ auflösen und ergeben dann

$$L(\alpha s_k) = s_k - \frac{s_0}{n-1} \qquad (47.25)$$

mit

$$s_0 = \sum_{l=1}^{n} s_l. \qquad (47.26)$$

Wir betrachten nur solche Lösungen der Gl. (47.25), für welche $\alpha > 0$ ist (Potentialminimum in der antiparallelen Stellung) und ferner $s_0 = 0$ gilt. Für das raumzentrierte kubische Gitter ($n=2$) haben wir dann

$$s_k = \pm(-1)^k s \qquad (k=1,2), \qquad (47.27)$$

wo s die positive reelle Wurzel der Gleichung

$$s = L(\alpha s) \qquad (47.28)$$

ist. Diese Gleichung wird am einfachsten graphisch gelöst. Man führt eine neue Variable $x = \alpha s$ ein. Die Lösungen sind dann die Schnittpunkte der Geraden $y = x/\alpha$ und der Kurve $y = L(x)$. Man findet, daß für $1/\alpha > \frac{1}{3}$ die Gerade und die

Kurve sich nur im Ursprung schneiden und somit $s=0$ die einzige Lösung ist. Für $1/\alpha < \frac{1}{3}$ existieren drei Schnittpunkte, nämlich im Ursprung und bei $\pm \alpha s$. Daraus ergibt sich wieder die Existenz eines Umwandlungspunktes bei der Temperatur

$$T_c = \frac{z' w_0}{6k}. \qquad (47.29)$$

Für Temperaturen $T > T_c$ ist, wie sich aus Gl. (47.20) und (47.21) ergibt, einfach $g_k = 1/4\pi$, was einer völlig ungeordneten Verteilung der Orientierungen in jedem Teilgitter entspricht. Unterhalb T_c wird die Verteilung der Orientierungen nach (47.20) mehr und mehr geordnet, und zwar derart, daß infolge des alternierenden Vorzeichens in Gl. (47.27) jeweils in der Hälfte der Teilgitter die Moleküle bevorzugt parallel, in der anderen Hälfte der Teilgitter bevorzugt antiparallel zu einer willkührlich gewählten Bezugsachse orientiert sind. Daß die Wahl dieser Achse willkürlich ist, beruht einfach darauf, daß die Wechselwirkungsenergie nur von der relativen Orientierung benachbarter Moleküle abhängt. Der Verlauf des Ordnungsparameters s als Funktion der Temperatur ist in Fig. 66 dargestellt. Man hat, wie zu erwarten, im wesentlichen das gleiche Bild wie bei dem Fernordnungsparameter der Bragg-Williamsschen Theorie. Die Gleichgewichtswerte der thermodynamischen Funktionen, die sich durch Einsetzen von

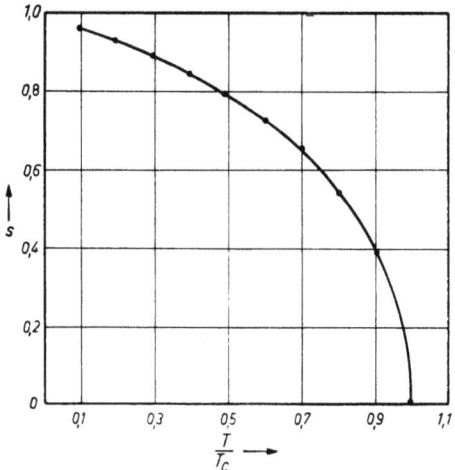

Fig. 66. Temperaturabhängigkeit der Orientierungsordnung. [Entnommen aus J. G. KIRKWOOD: J. Chem. Phys. 8, 205 (1940).]

(47.20) und (47.21) in die Gln. (47.4), (47.6) und (47.7) ergeben, sind

$$S_c = N k \left[\ln \left(\frac{4\pi}{\alpha s} \sinh \alpha s\right) - \alpha s^2\right] \qquad (47.30)$$

$$E_c = -\frac{N}{2} \alpha s^2 \qquad (47.31)$$

$$F_c = -N kT \left[\ln \left(\frac{4\pi}{\alpha s} \sinh \alpha s\right) - \frac{1}{2} \alpha s^2\right]. \qquad (47.32)$$

Mit Benutzung von (47.28) ergibt sich daraus für den Orientierungsanteil der Molekülwärme bei konstantem Volumen

$$C_c = k \frac{\alpha^2 s^2 L'(\alpha s)}{1 - \alpha L'(\alpha s)}, \qquad (47.33)$$

wo $L'(x)$ die Ableitung der Langevinschen Funktion nach x ist. Da für $T > T_c$ $C_c = 0$ ist, hat man im Umwandlungspunkt eine endliche Unstetigkeit der Molekülwärme, für die sich

$$\Delta C_v/k = \tfrac{5}{2} \qquad (47.34)$$

ergibt. Auch dieser Wert ist, wie es schon bei den Überstruktur-Umwandlungen der Fall war (Ziff. 29), viel kleiner als die experimentell bestimmten Unstetigkeiten. Die letzteren sind beispielsweise $\Delta C_v/k \approx 236$ für den bei $89°$ K gelegenen

Umwandlungspunkt des HBr, $\Delta C_v/k \approx 12$ für den bei 70° K gelegenen Umwandlungspunkt des HJ. Um die Situation zu verdeutlichen, zeigt Fig. 67 den Verlauf der Molwärme für HJ[1]. Man muß danach annehmen, daß es sich nicht einfach um eine quantitative Diskrepanz in $\Delta C_v/k$ handelt, sondern daß hier Probleme vorliegen, die den in Ziff. 29 erörterten vollkommen analog sind. Wir können daher auf eine nochmalige Diskussion hier verzichten.

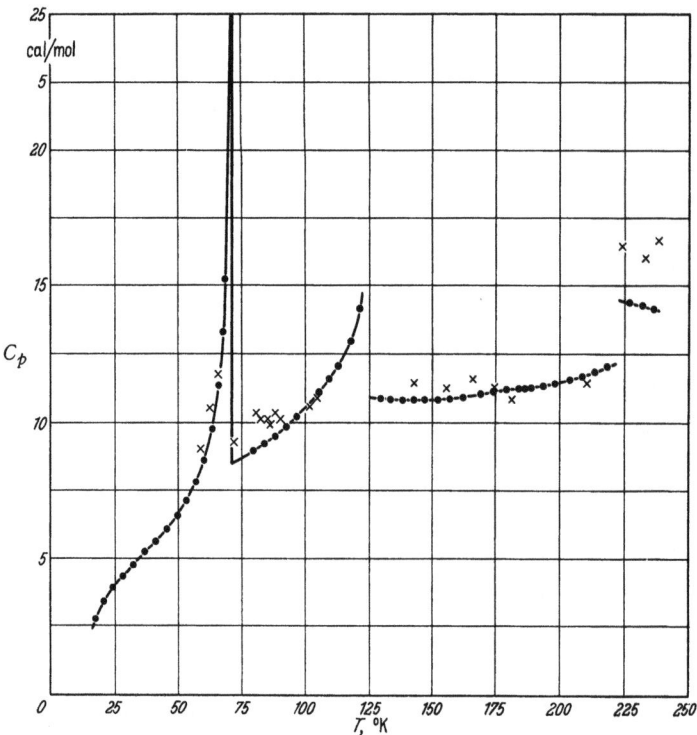

Fig. 67. Mol-Wärme von Jod-Wasserstoff. × Messungen von EUCKEN und KARWAT; ● Messungen von GIAUQUE und WIEBE [entnommen aus GIAUQUE und WIEBE: J. Amer. Chem. Soc. 51, 1441—1449 (1929)].

CHANG[2] und NAKAMURA[3] haben die Bethesche Methode auf das Problem der Rotationsumwandlungen angewandt, während OGUCHI und TAKAGI[4] eine von KIKUCHI[5] stammende Methode benutzt haben. Eine vergleichende Behandlung nach der Bragg-Williamsschen und der Betheschen Näherung ist von KRIEGER und JAMES[6] durchgeführt worden. Das grundsätzliche Verhältnis der verschiedenen Näherungen ist naturgemäß das gleiche wie bei den übrigen kooperativen Problemen. Im einzelnen hängen die Ergebnisse weitgehend von der Wahl des Wechselwirkungspotentials ab. Die grundsätzlichen Schwierigkeiten werden jedoch, wie es nach den Ergebnissen der Abschnitte BI und BII zu erwarten ist, durch keine dieser Näherungen beseitigt. Erwähnt sei schließlich noch das spezielle Problem der Rotationsumwandlungen langer Kettenmoleküle, das nach der Bragg-Williamsschen Methode von HOFFMAN[7] behandelt worden ist.

---

[1] W.F. GIAUQUE u. R. WIEBE: J. Amer. Chem. Soc. 51, 1441 (1929).
[2] T.S. CHANG: Proc. Cambridge Phil. Soc. 33, 524 (1937).
[3] T. NAKAMURA: J. Phys. Soc. Japan 7, 264 (1952).
[4] I. OGUCHI u. Y. TAKAGI: J. Phys. Soc. Japan 7, 145 (1952).
[5] R. KIKUCHI: Phys. Rev. 81, 988 (1951).
[6] T.J. KRIEGER u. H.M. JAMES: J. Chem. Phys. 22, 796 (1954).
[7] J.D. HOFFMAN: J. Chem. Phys. 20, 541 (1952).

C. Flüssigkeiten.

I. Reine Flüssigkeiten.

48. Allgemeine Gesichtspunkte. Von den drei Aggregatzuständen der Materie bietet der flüssige Zustand die weitaus größten Schwierigkeiten für eine Anwendung der statistischen Thermodynamik. Die statistische Theorie der Flüssigkeiten ist daher, von vereinzelten Ausnahmen abgesehen, erst seit Mitte der dreißiger Jahre eingehender bearbeitet worden. Auf dem Gebiete der flüssigen Gemische sind dabei bedeutsame Erfolge erzielt worden. Dagegen hat die Theorie der reinen Flüssigkeiten wesentlich geringere Fortschritte gemacht; sie ist auch heute noch der am wenigsten befriedigende Teil der statistischen Thermodynamik.

Die Ursachen für diesen zunächst auffallenden Sachverhalt sind bereits in Ziff. 1 kurz skizziert worden. Wir besprechen sie an dieser Stelle nochmals etwas ausführlicher, da sie für das Verständnis des folgenden wesentlich sind. Den älteren Versuchen, zu einer Theorie der Flüssigkeiten zu gelangen[1] liegt fast durchweg, im Anschluß an van der Waals, der Gedanke zugrunde, die Gastheorie in das Gebiet hoher Dichten auszudehnen. Man weiß heute, daß dieser Weg jedenfalls praktisch und wahrscheinlich prinzipiell nicht gangbar ist. Die Verteilungsfunktion realer Gase besitzt im Kondensationspunkt jeweils eine Singularität auf der positiven reellen Achse. Die cluster-Entwicklung läßt sich daher unterhalb der kritischen Temperatur nicht in das flüssige Gebiet fortsetzen[2]. Im hyperkritischen Gebiet hat die Funktion in der Gegend der kritischen Dichte wahrscheinlich eine Singularität im Komplexen (vgl. [3]). Obwohl dann im Prinzip eine analytische Fortsetzung auf der positiven reellen Achse möglich wäre, bleibt in jedem Falle die Schwierigkeit bestehen, daß man keine allgemeine Methode zur Berechnung der höheren cluster-Integrale kennt. Wie in Ziff. 13 gezeigt, kann man rein formal eine der Gastheorie analoge verallgemeinerte cluster-Entwicklung ansetzen, bei welcher der Normalzustand in das flüssige Gebiet verlegt ist. Die Durchführung dieser Methode scheitert daran, daß die in den verallgemeinerten cluster-Integralen auftretenden Potentiale der Durchschnittskräfte für den Normalzustand nicht bekannt sind. Es bleiben daher für die Theorie der Flüssigkeiten die beiden schon in Ziff. 1 erwähnten Methoden: Die Berechnung der Paar-Verteilungsfunktion durch Lösen einer Integralgleichung und die Berechnung der Verteilungsfunktion für ein hinreichend einfaches Modell des Gesamtsystems. Dazu ist in neuester Zeit noch die direkte numerische Berechnung der Verteilungsfunktion (bzw. der Zustandsgleichung) mit Hilfe elektronischer Rechenmaschinen, die sog. Monte-Carlo-Methode, getreten. Dieselbe ist ein wertvolles Hilfsmittel beim Studium analytischer Näherungsmethoden; sie kann aber naturgemäß eine, wenn auch nur approximative, mathematische Theorie nicht ersetzen[3].

Die Entwicklung einer Modelltheorie der Flüssigkeiten ist lange Zeit durch das Fehlen präziser Vorstellungen über ihre molekulare Struktur behindert worden.

---

[1] Vgl. z.B. K.F. Herzfeld: Müller-Pouillets Lehrbuch der Physik, Bd. III/2. Braunschweig 1925.

[2] In der Gastheorie rechnet man bekanntlich mit den Grenzwerten der cluster-Integrale für $V, N \to \infty$. In der Literatur wird häufig die Ansicht vertreten, daß eine Berücksichtigung der Volumen-Abhängigkeit der cluster-Integrale zu einer Theorie des flüssigen Zustandes führen würde. Für eine kritische Diskussion dieser Auffassung sei auf [4] verwiesen.

[3] "If I had a great calculating machine, I would perhaps apply it to the Schrödinger equation of each metal and obtain its cohesive energy, its lattice constant, etc. It is not clear, however, that I would gain a great deal by this. Presumably, all the results would agree with the experimental values and not much would be learned from the calculation." (E.P. Wigner: Proc. Int. Conf. Theor. Phys., Tokyo 1954, p. 650.)

Auch das in der zweiten Hälfte der zwanziger Jahre einsetzende Studium der Röntgendiagramme von Flüssigkeiten hat diese Schwierigkeit nur teilweise beseitigen können. Während nämlich die Röntgendiagramme von Kristallen unmittelbar ein anschauliches Modell liefern, für welches sich eine der expliziten Rechnung zugängliche Verteilungsfunktion konstruieren läßt, führt die exakte Interpretation der Flüssigkeitsdiagramme (Ziff. 53) auf die radialen Verteilungsfunktionen (Ziff. 2), die für die Konstruktion eines Modells nur wenige Anhaltspunkte liefern. Eine nicht exakte, aber anschauliche Deutung der Röntgendiagramme hat jedoch zu der Vorstellung geführt, daß eine Flüssigkeit als ein „verwackelter" Kristall betrachtet werden kann[1,2]. Damit bietet sich als Ansatzpunkt für eine Theorie der Flüssigkeiten das Modell eines mehr oder weniger gestörten Kristalls, für dessen Einzelheiten naturgemäß noch zahlreiche Möglichkeiten offen bleiben. Tatsächlich gehen fast alle Modelltheorien des flüssigen Zustandes auf diese Grundlage zurück; die wichtigsten derselben werden wir im folgenden ausführlicher besprechen. Im ganzen kann man etwa sagen, daß sich auf diesem Wege ein halbquantitatives Bild von den Eigenschaften einfacher Flüssigkeiten gewinnen läßt, das in den Einzelheiten von der Wahl des Modells abhängt. Diese immerhin bemerkenswerten Erfolge legen die Frage nahe, ob die zugrundeliegenden Modelle im physikalischen Sinne ein einigermaßen zutreffendes Bild der molekularen Struktur flüssiger Phasen geben, mit anderen Worten, ob diese Struktur, die ja in jedem Falle intermediär zwischen der der Gase und der der Kristalle liegen muß, physikalisch sinnvoller in dem oben erörterten Sinne des gestörten Kristalls als nach dem älteren Bilde des hochkomprimierten Gases zu interpretieren ist. Neben den Ergebnissen der Theorie scheinen auch gewisse Beziehungen zwischen dem flüssigen und kristallinen Zustand, die sich rein geometrisch als Folge der Packungsdichte ergeben, für die erstere Auffassung zu sprechen, die von verschiedenen Autoren (z.B. [3,4]) mit Nachdruck vertreten worden ist. Trotzdem kann kein Zweifel bestehen, daß die obige Frage zu verneinen ist und die ältere Auffassung als im Prinzip richtig anerkannt werden muß. Zunächst spricht dafür die experimentelle Evidenz. Ein Gas läßt sich kontinuierlich (auf dem Wege über das hyperkritische Gebiet) in eine Flüssigkeit überführen, während die kontinuierliche Überführung einer Flüssigkeit in einen Kristall, trotz zahlreichen Versuchen, nicht gelungen ist. Ferner besitzen die Röntgendiagramme von Flüssigkeiten und mäßig komprimierten Gasen im wesentlichen die gleiche Struktur; beide unterscheiden sich qualitativ von denen der Kristalle. Andererseits zeigt die Analyse der im folgenden zu besprechenden Theorien, daß die immerhin noch beträchtlichen Diskrepanzen gegenüber den experimentellen Ergebnissen in erster Linie durch die zu hohe molekulare Ordnung des Modells bedingt sind, die ihrerseits eine notwendige Folge des Gittermodells darstellt. Demgegenüber sind die Erfolge der Theorien wenig beweiskräftig, da gewisse makroskopische Eigenschaften nicht sehr empfindlich von der Wahl des Modells abhängen. Tatsächlich lassen sich sogar wesentliche Züge der Zustandsgleichung realer Gase auf der Grundlage eines Gittermodells (sog. Gitter-Gas) deduzieren [3].

Eine adäquate Beschreibung der molekularen Struktur flüssiger Phasen ist, wie schon erwähnt, nur mit Hilfe der molekularen Verteilungsfunktion möglich. Die explizite Durchführung der Theorie auf dieser Grundlage stößt jedoch zunächst schon auf die Schwierigkeit, daß die Ableitung der Integralgleichungen

---

[1] H. MARK: Z. Physik **54**, 505 (1929).
[2] O. KRATKY: Phys. Z. **34**, 482 (1933).
[3] A. EUCKEN: Lehrbuch der chemischen Physik, Bd. II/2. Leipzig 1944.
[4] J. FRENKEL: Kinetic Theory of Liquids. Oxfort 1946.

für die Paar-Verteilungsfunktion die Einführung des Superpositionsprinzips erfordert (Ziff. 6, 15) dessen Tragweite schwer zu übersehen ist. Eine analytische Lösung ist bisher nur für das Molekülmodell starrer Kugeln unter Einführung weiterer Näherungen erhalten worden. Etwas weiter kommt man mit numerischen Methoden. Für die makroskopischen Eigenschaften wird indessen auch hier nur eine halbquantitative Wiedergabe erreicht, während die Übereinstimmung mit den röntgenographischen Daten innerhalb der (allerdings recht beträchtlichen) Fehlergrenze befriedigend ist. Verschiedene Probleme, insbesondere die Wechselwirkung der Flüssigkeit mit elektromagnetischen Feldern, lassen sich mit Hilfe der molekularen Verteilungsfunktionen exakt behandeln, ohne daß dieselben explizit bekannt zu sein brauchen. In diesen Fällen ist die Methode naturgemäß jeder Modelltheorie überlegen.

Im folgenden behandeln wir zunächst die Modelltheorien unter Berücksichtigung der zwischen ihnen bestehenden Zusammenhänge. Die Theorie der molekularen Verteilungsfunktionen wenden wir auf einige Probleme an, für deren Behandlung ihre explizite Kenntnis nicht notwendig ist, bevor wir die Methoden zur Berechnung der radialen Verteilungsfunktion erörtern. Anschließend geben wir eine kurze Übersicht über Grundlagen und Ergebnisse der Monte-Carlo-Methode. Zum Schluß behandeln wir das spezielle Problem des Schmelzens nach der Modelltheorie und nach der Methode der molekularen Verteilungsfunktionen.

Im Hinblick auf die grundsätzlichen Schwierigkeiten des Problems beschränken wir uns bei den Rechnungen auf die einfachsten Molekülmodelle mit kugelsymmetrischer Wechselwirkung kurzer Reichweite. Ferner setzen wir die Anwendbarkeit der halbklassischen Näherung voraus. Für den Vergleich mit experimentellen Daten kommen daher in erster Linie die flüssigen Edelgase mit Ausnahme von Helium[1] sowie einige einfach gebaute unpolare Moleküle in Betracht. Im letzteren Falle muß angenommen werden, daß die Verteilungsfunktion der inneren Freiheitsgrade abseparariert werden kann.

49. Grundlagen der Theorie des freien Volumens. Wir betrachten ein System von N Massenpunkten mit kugelsymmetrischer Wechselwirkung kurzer Reichweite. Es wird vorausgesetzt, daß das Potential der Wechselwirkung in Paaren additiv ist und daß die halbklassische Näherung angewendet werden kann. Die Verteilungsfunktion kann geschrieben werden

$$Q = \lambda^{-3N} \frac{Q_\tau}{N!} \tag{49.1}$$

mit

$$\lambda = \frac{h}{(2\pi m kT)^{\frac{1}{2}}} \tag{49.2}$$

und

$$Q_\tau = \int e^{-\frac{U}{kT}} d\mathbf{q}, \tag{49.3}$$

wo U die potentielle Energie des Gesamtsystems als Funktion der generalisierten Koordinaten ist. Um das Konfigurationsintegral zu berechnen, denkt man sich die Moleküle auf die Plätze eines quasi-kristallinen Gitters mit der mittleren Koordinationszahl z verteilt. Wir nehmen vorläufig an, daß alle Gitterplätze besetzt sind. Ein Molekül wird sich im wesentlichen um seinen Gitterplatz in einer „Zelle" bewegen, welche durch das mittlere Potential der Wechselwirkung mit den nächsten (und eventuell zweitnächsten) Nachbarn bestimmt ist. Man kann daher für jedes Molekül über eine Zelle integrieren und die Möglichkeit des

---
[1] Neon zeigt geringe Quanteneffekte, die wir hier vernachlässigen können.

Weiterwanderns durch Summierung über sämtliche Permutationen der Moleküle auf den Gitterplätzen berücksichtigen. Damit wird das Konfigurationsintegral

$$Q_\tau = N!\, v_f^N\, e^{-\frac{W}{kT}}, \qquad (49.4)$$

wo v_f das Integral über eine Zelle bezeichnet und W die potentielle Energie des Systems bei Fixierung aller Moleküle in den Zellenmitten, d.h. auf den Gitterplätzen.

Die einfachste Annahme, die man machen kann, ist, daß das Potential innerhalb der Zelle einen konstanten Wert hat und an der Begrenzung unendlich steil ansteigt[1]. In diesem Falle wird v_f einfach gleich dem Volumen der Zelle. Man nennt daher allgemein v_f das „freie Volumen" und die von Gl. (49.4) ausgehende Theorie die „Theorie des freien Volumens". Auch mit der eben erwähnten einfachen Annahme ist Gl. (49.4) für die Theorie der reinen Flüssigkeiten zunächst ziemlich wertlos, da sowohl v_f wie W als Funktionen der Zustandsgrößen T und V betrachtet werden müssen und die Theorie über diese Abhängigkeit keine Aussagen macht. Sie bildet jedoch, wie wir in Abschnitt C II sehen werden, die Grundlage für eine der wichtigsten Methoden in der Theorie der flüssigen Gemische.

Man kann fragen, was aus Gl. (49.4) wird, wenn man die Flüssigkeit auf dem Wege über das hyperkritische Gebiet in ein ideales Gas überführt. Offenbar geht dann $W \to 0$ und v_f wird definitionsgemäß das Volumen pro Molekül $v = V/N$. Man erhält daher mit Benutzung der Stirlingschen Formel

$$Q_\tau = e^{-N}\, V^N \qquad (v \to \infty), \qquad (49.5)$$

während der korrekte Wert ist

$$Q_\tau = V^N \qquad (v \to \infty). \qquad (49.6)$$

Es muß daher in der Verteilungsfunktion ein Faktor hinzugefügt werden, wenn man Konsistenz mit der Gastheorie erreichen will. Von LENNARD-JONES und DEVONSHIRE[2] wurde angenommen, daß dieser Korrekturfaktor erforderlich ist, weil die Moleküle unzulässigerweise als in der Zelle lokalisiert betrachtet werden. Tatsächlich gelangt man zu dem gleichen Ergebnis, wenn man von dieser Annahme ausgeht. Dies beruht darauf, daß bei Annahme nicht lokalisierter Teilchen der Faktor $N!$ in Gl. (49.4) sich gegen den gleichen Faktor im Nenner der Verteilungsfunktion heraushebt. Die obige Ableitung zeigt somit, daß die erwähnte Ansicht, die merkwürdigerweise immer wieder in der Literatur auftaucht, nicht richtig sein kann. Tatsächlich beruht der Unterschied zwischen den Gln. (49.5) und (49.6) auf der einschränkenden Annahme, daß jede Zelle von einem und nur einem Molekül besetzt ist. Dadurch wird der Wert des Konfigurationsintegrals für $v \to \infty$ gerade um den Faktor e^N verkleinert. Die Hinzufügung dieses Faktors stellt also in Wirklichkeit eine ad hoc-Korrektur ohne theoretische Begründung dar, deren Notwendigkeit bei einer entsprechenden Verfeinerung der Theorie, wie wir sehen werden, entfällt. Der Faktor e^N in der Verteilungsfunktion liefert einen Zusatzterm k für die Entropie pro Molekül. EYRING u. Mitarb.[3] haben diesen Zusatzterm als „communal entropy" bezeichnet und ihn mit der Entropiezunahme beim Schmelzen in Zusammenhang gebracht. Der Übergang vom lokalisierten zum nichtlokalisierten System soll gerade am Schmelzpunkt stattfinden und mit

---
[1] E.A. GUGGENHEIM: Proc. Roy. Soc. Lond. A **135**, 181 (1932).
[2] J.E. LENNARD-JONES u. A.F. DEVONSHIRE: Proc. Roy. Soc. Lond. A **163**, 53 (1937); **165**, 1 (1938).
[3] J.O. HIRSCHFELDER, D.P. STEVENSON u. H. EYRING: J. Chem. Phys. **5**, 896 (1937).

der oben erwähnten Begründung eine Zunahme der Entropie pro Molekül um den Betrag k bewirken[1]. Diese Vorstellung ist bereits von RICE[2] kritisiert worden; wir werden ihre Unhaltbarkeit weiter unten nach einer anderen Methode[3] nachweisen.

Wir kehren nun wieder zu Gl. (49.4) zurück. Läßt man die primitive Annahme eines konstanten Potentials innerhalb der Zelle fallen, so muß das freie Volumen offenbar definiert werden durch die Gleichung

$$v_f = \int_0^\infty \int^\pi \int^{2\pi} e^{-\frac{w-w(0)}{kT}} r^2 \, dr \sin\vartheta \, d\vartheta \, d\varphi, \qquad (49.7)$$

wo der Koordinatenursprung in dem Mittelpunkt der kugelförmig gedachten Zelle gelegt ist und w die potentielle Energie des Moleküls als Funktion dieser Koordinaten bezeichnet. Dabei ist naturgemäß

$$W = N w_0 = \tfrac{1}{2} N w(0) \qquad (49.8)$$

die Energie der Konfigurationen, bei denen sich alle Teilchen gerade auf den Gitterplätzen befinden. Mit dieser Formulierung ist das Problem auf die Konstruktion der Potentialfunktion w reduziert.

Eine einfache Annahme besteht darin, daß man für $w - w(0)$ das Potential eines isotropen dreidimensionalen harmonischen Oszillators einsetzt. Tatsächlich ist in dieser speziellen Form das Gittermodell der Flüssigkeit von MIE[4] überhaupt zum ersten Male formuliert worden. Man hat dann

$$w - w(0) = \tfrac{1}{2} m (2\pi\nu)^2 r^2 \qquad (49.9)$$

und

$$v_f = 4\pi \int_0^\infty e^{-\frac{m(2\pi\nu)^2 r^2}{2kT}} r^2 \, dr = \left(\frac{kT}{2\pi m \nu^2}\right)^{\frac{3}{2}}, \qquad (49.10)$$

wo m die Masse des Teilchens und ν die Frequenz ist. Durch Einsetzen von (49.10) in (49.4) erhält man für die freie Energie nach HELMHOLTZ

$$F = -NkT\left[3\ln\frac{kT}{h\nu} - \frac{w_0}{kT}\right]. \qquad (49.11)$$

Mit Hilfe dieser Formel kann man ohne Schwierigkeit eine Gleichung für den Dampfdruck ableiten. Obwohl dieselbe im wesentlichen (d.h. wenn von der speziellen Bedeutung der Parameter abgesehen wird) mit der Nernstschen Formel übereinstimmt, werden wir diesen Gedankengang hier nicht verfolgen, da das Miesche Modell doch zu unrealistisch ist und kaum zu einem tieferen Verständnis der Flüssigkeiten führen kann. Die Hauptschwächen desselben liegen darin, daß es einmal nur einen quantitativen Unterschied zwischen Flüssigkeit und Kristall zuläßt, der sich in den Parametern ν und w_0 ausdrückt, zum anderen über die Abhängigkeit dieser Parameter von den Zustandsgrößen keine Aussage ermöglicht.

Während der Ansatz von MIE letzten Endes eine ad hoc ersonnene Hypothese darstellt, haben LENNARD-JONES und DEVONSHIRE[5] erstmalig mit Erfolg eine

---
[1] Tatsächlich liegt die molekulare Schmelzentropie vieler einfach gebauter Stoffe in der Größenordnung von k.
[2] O. K. RICE: J. Chem. Phys. **6**, 476 (1938).
[3] J. G. KIRKWOOD: J. Chem. Phys. **18**, 380 (1950).
[4] G. MIE: Ann. Phys. **11**, 657 (1903).
[5] J. E. LENNARD-JONES u. A. F. DEVONSHIRE: Proc. Roy. Soc. Lond. A **163**, 53 (1937); **165**, 1 (1938).

Berechnung der Potentialfunktion auf der Grundlage von zwei plausiblen Annahmen durchgeführt. Die erste derselben besagt, daß das zeitlich wechselnde Potential ersetzt werden kann durch ein mittleres Potential, welches den Gleichgewichtslagen der nächsten Nachbarn auf ihren Gitterplätzen entspricht. Die zweite Annahme ersetzt dieses Feld, daß jedenfalls eine hohe Symmetrie in bezug auf den Mittelpunkt der Zelle besitzt, durch ein völlig kugelsymmetrisches Feld; man rechnet also mit einem „verschmierten" Potential.

Bevor wir die Berechnung von w durchführen, wollen wir im Anschluß an Kirkwood[1] die Frage untersuchen, in welchem Sinne das Modell von Lennard-Jones und Devonshire eine Approximation der „wahren" Verteilungsfunktion darstellt, oder, anders ausgedrückt, durch welche mathematischen Vereinfachungen aus der exakten Verteilungsfunktion des Systems die Verteilungsfunktion des Lennard-Jones-Devonshire-Modells erhalten wird[2].

Wir machen wieder die am Anfang dieser Ziffer formulierten Annahmen und gehen aus von den Gln. (49.1) bis (49.3). Dem Faktor Q_τ in der Verteilungsfunktion entspricht ein Term F_c der freien Energie nach Helmholtz, für den man leicht einen Ausdruck ableitet, der die späteren Überlegungen verdeutlicht. Wie an anderer Stelle [4] gezeigt, ist die auf Eins normierte Wahrscheinlichkeitsdichte einer speziellen Konfiguration des Systems

$$\varrho_{\text{spez}}^{(N)} = \frac{1}{\lambda^{3N} N!\, Q} e^{-\frac{U}{kT}} = e^{\frac{F_c - U}{kT}}. \tag{49.12}$$

Daraus folgt

$$Q_\tau = \frac{e^{-\frac{U}{kT}}}{\varrho_{\text{spez}}^{(N)}}. \tag{49.13}$$

Logarithmiert man diese Gleichung, multipliziert mit $\varrho_{\text{spez}}^{(N)}$ und integriert über den Konfigurationsraum, so erhält man

$$F_c = -kT \ln Q_\tau = kT \int \varrho_{\text{spez}}^{(N)} \ln \varrho_{\text{spez}}^{(N)} d\boldsymbol{q} + \int U \varrho_{\text{spez}}^{(N)} d\boldsymbol{q}. \tag{49.14}$$

Der erste Term der rechten Seite stellt den zu Q_τ gehörenden Entropiebeitrag, der zweite die mittlere potentielle Energie des Systems dar.

Um das Konfigurationsintegral zu berechnen, teilt man das gesamte Volumen, über welches die Integration erstreckt wird, in N gleiche Zellen vom Volumen Δ. Die Zahl der Zellen muß nicht notwendig gleich der Zahl der Teilchen sein; wir wollen dies aber der Einfachheit halber zunächst annehmen. Das Integral (49.3) läßt sich dann darstellen als eine Summe von Integralen, in denen der Koordinatenbereich des einzelnen Teilchens jeweils auf eine Zelle beschränkt ist. Bezeichnen wir mit l_i die Nummer der Zelle, über welche in dem betreffenden Term die Koordinaten des i-ten Teilchens integriert werden, so können wir schreiben

$$Q_\tau = \sum_{l_1=1}^{N} \cdots \sum_{l_N=1}^{N} \int_{\Delta_{l_1}} \cdots \int_{\Delta_{l_N}} e^{-\frac{U}{kT}} d\boldsymbol{q}_1 \ldots d\boldsymbol{q}_N. \tag{49.15}$$

Die N^N Integrale der rechten Seite fassen wir in Gruppen zusammen, die durch die Besetzungszahlen der einzelnen Zellen $m_1, \ldots, m_N$ charakterisiert sind. Bezeichnen wir ein solches Integral mit $Q_\tau^{(m_1,\ldots,m_N)}$, so wird aus (49.15)

$$\frac{Q_\tau}{N!} = \sum_m \frac{1}{\prod_{l=1}^{N} m_l!} Q_\tau^{(m_1,\ldots,m_N)}. \tag{49.16}$$

---

[1] J.G. Kirkwood: J. Chem. Phys. **18**, 380 (1950).
[2] Die folgende Darstellung weicht etwas von der Originalarbeit ab und schließt sich an [18] an.

Dabei ist die Summierung über alle Besetzungen der Zellen zu erstrecken, die mit der Nebenbedingung

$$\sum_{l=1}^{N} m_l = N \qquad (49.17)$$

vereinbar sind. Es sei nun

$$Q_\tau^{(1)} \equiv Q_\tau^{(1,\ldots,1)} = \int_{\varDelta_1} \ldots \int_{\varDelta_N} e^{-\frac{U}{kT}} d\boldsymbol{q}_1 \ldots d\boldsymbol{q}_N \qquad (49.18)$$

das Integral, welches der Besetzung jeder Zelle durch ein Molekül entspricht. Ferner definieren wir eine Größe σ durch die Gleichung

$$\sigma^N = \sum_m \frac{1}{\prod_{l=1}^{N} m_l!} \frac{Q_\tau^{(m_1,\ldots,m_N)}}{Q_\tau^{(1)}} . \qquad (49.19)$$

Dann kann Gl. (49.16) geschrieben werden

$$\frac{Q_\tau}{N!} = \sigma^N Q_\tau^{(1)}. \qquad (49.20)$$

Bei hohen Dichten ist infolge der Abstoßungskräfte zwischen den Molekülen eine mehrfache Besetzung der Zellen nicht möglich. Es verschwinden daher alle $Q_\tau^{(m_1,\ldots,m_N)}$ außer $Q_\tau^{(1)}$, und man erhält aus (49.19)

$$\sigma = 1 \quad \text{(hohe Dichte)}. \qquad (49.21)$$

In dem anderen Extremfall, an der Grenze des idealen Gases, werden alle $Q_\tau^{(m_1,\ldots,m_N)}$ gleich, und es folgt

$$\sigma^N = \sum_m \frac{1}{\prod_{l=1}^{N} m_l!} = \frac{N^N}{N!} = e^N \quad \text{(niedrige Dichte)}, \qquad (49.22)$$

da σ^N hier einfach gleich der durch $N!$ dividierten Zahl der Terme in der ursprünglichen Summierung (49.15) wird. Die intermediären Werte von σ^N sind nicht bekannt.

Die *erste der Hypothesen*, welche dem Modell von LENNARD-JONES und DEVONSHIRE zugrundeliegen, besagt:

a) *Die Größe σ^N ist eine Konstante, die entweder gleich Eins oder gleich e^N gesetzt wird.*

Das Problem wird damit auf die Berechnung der Funktion $Q_\tau^{(1)}$ reduziert. Zur Vereinfachung der Formeln werden wir im folgenden zunächst annehmen, daß $\sigma = 1$ ist.

Die vorstehenden Überlegungen zeigen klar den wahren Charakter des Scheinproblems der communal entropy. Das Auftreten des Faktors σ^N in der Verteilungsfunktion ist eine Folge der Abspaltung des Faktors $Q_\tau^{(1)}$, d.h. der Beschränkung auf Konfigurationen, bei denen jede Zelle von einem und nur einem Molekül besetzt ist. Die Annahme, daß man für diesen Faktor einen der durch die Gln. (49.21) und (49.22) gegebenen Grenzwerte einsetzen kann, gehört wesentlich zu dem Modell von LENNARD-JONES und DEVONSHIRE. Dagegen entbehrt die Behauptung, daß der Faktor im Schmelzpunkt von dem einen auf den anderen Grenzwert springt, nicht nur jeder theoretischen Begründung, sondern steht im Widerspruch zu bekannten Eigenschaften der Funktionen Q_τ und $Q_\tau^{(1)}$. Schließlich ist der von dem Faktor σ^N in der Verteilungsfunktion herrührende Entropiebeitrag nicht einfach $Nk\ln\sigma$, sondern

$$S' = Nk\left(\ln\sigma + T\frac{\partial\ln\sigma}{\partial T}\right). \qquad (49.23)$$

Es wäre daher wünschenswert, daß der in der Literatur immer wieder auftauchende Ausdruck communal entropy, der viel Verwirrung angerichtet hat, endgültig verschwinden würde.

Nach Gl. (49.14) und (49.20) entspricht dem Faktor $Q_\tau^{(1)}$ in der Verteilungsfunktion ein Term

$$F^{(1)} = -kT\ln Q_\tau^{(1)} \qquad (49.24)$$

der freien Energie nach HELMHOLTZ. Auf der Grundlage der Gln. (49.18) und (49.24) kann man eine Wahrscheinlichkeitsdichte definieren für die Konfigurationen, bei den jede Zelle von einem und nur einem Molekül besetzt ist. Man hat dafür

$$\varrho^{(1)} = e^{\frac{F^{(1)} - U}{kT}}. \qquad (49.25)^1$$

Nach der Definition ist diese Wahrscheinlichkeitsdichte in dem entsprechenden Teil des Konfigurationsraumes auf Eins normiert. Es gilt also

$$\int_{\Delta_1}\ldots\int_{\Delta_N}\varrho^{(1)}\,d\boldsymbol{q}_1\ldots d\boldsymbol{q}_N = 1. \qquad (49.26)$$

Aus (49.24) und (49.25) folgt

$$Q_\tau^{(1)} = \frac{e^{-\frac{U}{kT}}}{\varrho^{(1)}}. \qquad (49.27)$$

Daraus ergibt sich, in Analogie zu Gl. (49.14)

$$F^{(1)} = kT\int_{\Delta_1}\ldots\int_{\Delta_N}\varrho^{(1)}\ln\varrho^{(1)}\,d\boldsymbol{q}_1\ldots d\boldsymbol{q}_N + \int_{\Delta_1}\ldots\int_{\Delta_N}U\varrho^{(1)}\,d\boldsymbol{q}_1\ldots d\boldsymbol{q}_N. \qquad (49.28)$$

Der erste Term der rechten Seite stellt wieder den Entropiebeitrag, der zweite die mittlere Energie der betrachteten Konfigurationen dar.

An dieser Stelle wird die *zweite Hypothese* eingeführt, indem man setzt

b) $$\varrho^{(1)} = \prod_{i=1}^{N}\varphi(\boldsymbol{r}_i) \qquad (49.29)$$

mit der Normierung

$$\int_\Delta \varphi(\boldsymbol{r})\,d\boldsymbol{r} = 1. \qquad (49.30)$$

Hier ist $\boldsymbol{r}$ der Ortsvektor des Moleküls in bezug auf einen in „seiner" Zelle (im allgemeinen im Mittelpunkt der Zelle) liegenden Koordinatenursprung. $\varphi(\boldsymbol{r}_i)$ hängt also nur von der Lage des i-ten Moleküls in der i-ten Zelle ab. Die Gl. (49.29) bedeutet somit eine Reduktion des N-Körper-Problems auf ein Einkörper-Problem. Sie entspricht etwa der Hartreeschen self consistent field-Methode im Rahmen der Quantenmechanik und unterdrückt, wie diese, die Korrelation zwischen den Positionen der Teilchen. Im Vergleich zu dem in Ziff. 6 besprochenen Kirkwoodschen Superpositionsprinzip, das sich auf den Raum der Dreiergruppen bezieht, stellt Gl. (49.29) eine schlechtere Näherung dar, da hier die Superposition bereits im Raum der Paare eingeführt wird. Wir geben nun einer willkürlich herausgegriffenen Zelle den Index 1 und bezeichnen den vom Ursprung der Zelle 1

---

[1] Man beachte, daß das Symbol $\varrho^{(1)}$ hier eine andere Bedeutung hat als in der Theorie der molekularen Verteilungsfunktionen.

zum Ursprung der Zelle l gehenden Vektor mit $\mathbf{R}_{1l}$. Das Molekül 1 befinde sich in der Position $\mathbf{r}$. Seine Wechselwirkung mit den $N-1$ restlichen Molekülen, die sich jeweils im Mittelpunkt ihrer Zelle befinden sollen, ist dann nach der Voraussetzung gegeben durch

$$U_1(\mathbf{r}) = \sum_{l=2}^{N} u(\mathbf{R}_{1l}+\mathbf{r}), \tag{49.31}$$

wo u die Wechselwirkungsenergie zwischen zwei Molekülen als Funktion ihres Abstandes bezeichnet. Einsetzen von (49.29) und (49.31) in (49.28) ergibt

$$F^{(1)} = N\left[kT\int_\Delta \varphi(\mathbf{r})\ln\varphi(\mathbf{r})\,d\mathbf{r} + \tfrac{1}{2}\int_\Delta\int_{\Delta'} U_1(\mathbf{r}-\mathbf{r}')\varphi(\mathbf{r})\varphi(\mathbf{r}')\,d\mathbf{r}\,d\mathbf{r}'\right]. \tag{49.32}$$

Die Funktion $\varphi(\mathbf{r})$ wird dann durch Aufsuchen des Minimums von $F^{(1)}$ für $T=$ const, $\Delta=$ const mit der Nebenbedingung (49.30) bestimmt. Dieses Variationsproblem ist mathematisch identisch mit dem in Ziff. 47 behandelten. Wir schreiben hier die Lösung in Form

$$\ln\varphi(\mathbf{r}) + \frac{1}{kT}\int_{\Delta'} U_1(\mathbf{r}-\mathbf{r}')\varphi(\mathbf{r}')\,d\mathbf{r}' + \frac{\gamma}{kT} = 0, \tag{49.33}$$

wo der Lagrangesche Multiplikator γ durch die Gleichung

$$e^{\frac{\gamma}{kT}} = \int_\Delta \exp\left[-\frac{1}{kT}\int_{\Delta'} U_1(\mathbf{r}-\mathbf{r}')\varphi(\mathbf{r}')\,d\mathbf{r}'\right]d\mathbf{r} \tag{49.34}$$

gegeben ist. Durch Einsetzen von (49.33) und (49.34) in (49.32) erhält man

$$F^{(1)} = NkT\left\{-\ln\int_\Delta\exp\left[-\frac{1}{kT}\int_{\Delta'} U_1(\mathbf{r}-\mathbf{r}')\varphi(\mathbf{r}')\,d\mathbf{r}'\right]d\mathbf{r} - \right.$$
$$\left. -\frac{1}{2kT}\int_\Delta\int_{\Delta'} U_1(\mathbf{r}-\mathbf{r}')\varphi(\mathbf{r})\varphi(\mathbf{r}')\,d\mathbf{r}\,d\mathbf{r}'\right\}. \tag{49.35}$$

Um diese Gleichung zu vereinfachen, setzt man

$$w(0) = \int_\Delta\int_{\Delta'} U_1(\mathbf{r}-\mathbf{r}')\varphi(\mathbf{r})\varphi(\mathbf{r}')\,d\mathbf{r}\,d\mathbf{r}' \tag{49.36}$$

und

$$\psi(\mathbf{r}) = \int_{\Delta'}[U_1(\mathbf{r}-\mathbf{r}') - w(0)]\varphi(\mathbf{r}')\,d\mathbf{r}'. \tag{49.37}$$

Ferner definieren wir das freie Volumen (oder die Verteilungsfunktion der Zelle) durch die Gleichung

$$v_f = \int_\Delta e^{-\frac{\psi(\mathbf{r})}{kT}}\,d\mathbf{r}. \tag{49.38}$$

Durch Einsetzen von (49.36) bis (49.38) in (49.35) erhält man mit Berücksichtigung von (49.1), (49.14) und (49.20) für die freie Energie nach HELMHOLTZ

$$F = -NkT\left\{\ln\left[\left(\frac{2\pi m kT}{h^2}\right)^{\frac{3}{2}}\sigma v_f\right] - \frac{w(0)}{2kT}\right\}. \tag{49.39}$$

Da man annehmen kann, daß die Funktion $\varphi(\mathbf{r})$ für $r=0$ ein ausgeprägtes Maximum besitzt, setzt man [unter Verzicht auf eine Lösung der Integralgleichung (49.33)] in nullter Näherung als *dritte Hypothese*

c) $$\varphi(\mathbf{r}) = \delta(\mathbf{r}), \tag{49.40}$$

Handbuch der Physik, Bd. XIII.

wo $\delta(\mathbf{r})$ die dreidimensionale Diracsche δ-Funktion bezeichnet. Damit wird

$$w(0) = \sum_{l=2}^{N} u(\mathbf{R}_{1l}), \tag{49.41}$$

$$\psi(\mathbf{r}) = \sum_{l=2}^{N} [u(\mathbf{R}_{1l} + \mathbf{r}) - u(\mathbf{R}_{1l})]. \tag{49.42}$$

Nach der Voraussetzung können die vorstehenden Summierungen auf die nächsten Nachbarn des Moleküls 1 beschränkt werden. Die Größe $w(0)$ stellt jetzt die potentielle Energie eines Moleküls im Felde seiner nächsten Nachbarn dar, wenn alle Moleküle sich in der Mitte ihrer Zelle befinden. $\psi(\mathbf{r})$ ist die zusätzliche Energie einer Verschiebung des betrachteten Moleküls auf einen Abstand r vom Mittelpunkt der Zelle. Man kann daher setzen

$$\psi(\mathbf{r}) = w(\mathbf{r}) - w(0), \tag{49.43}$$

womit Gl. (49.38) in die frühere Definition (49.7) übergeht. Die *vierte Hypothese* besagt dann:

d) Die Summierung in Gl. (49.42) kann durch eine Integration ersetzt werden derart, daß ein verschmiertes kugelsymmetrisches Potential entsteht.

Damit haben wir das Modell von LENNARD-JONES und DEVONSHIRE durch vier wohldefinierte Annahmen aus der exakten Verteilungsfunktion abgeleitet.

Die Bedeutung der vorstehenden Ableitung liegt nicht nur darin, daß sie die Grundlage für eine kritische Diskussion der Theorie von LENNARD-JONES und DEVONSHIRE sowie der Möglichkeiten einer Verfeinerung derselben liefert. Darüber hinaus verdeutlicht sie in exakter Weise zwei allgemeine Eigenschaften der Modelle, die bereits in Ziff. 1 erwähnt worden sind. Die Beschränkung auf die Berechnung des Faktors $Q_\tau^{(1)}$ der Verteilungsfunktion bedeutet eine Reduktion des Konfigurationsraumes auf das Gebiet, dessen Beitrag für die thermodynamischen Eigenschaften als maßgeblich betrachtet wird. Andererseits ist der durch (49.37) definierte Wechselwirkungsparameter $\psi(\mathbf{r})$ im Prinzip, wie sich aus der Definitionsgleichung ergibt, eine Funktion der Zustandsgrößen, d.h. von T und V. Erst die zusätzliche Annahme c) verwandelt ihn in ein wahres zwischenmolekulares Potential.

50. Die Theorie von LENNARD-JONES und DEVONSHIRE. Wir berechnen nun im Anschluß an LENNARD-JONES und DEVONSHIRE[1] die in der Definition des freien Volumens (49.7) auftretende Potentialfunktion $w(\mathbf{r})$. Man geht zweckmäßig aus von der allgemeinen Definition (49.42), die wir wegen (49.43) schreiben können

$$w(\mathbf{r}) = \sum_{\substack{\text{nächste}\\\text{Nachbarn}}} u(\mathbf{R}_{1l} + \mathbf{r}). \tag{50.1}$$

Die Terme der rechten Seite sind im allgemeinen untereinander verschieden. Man führt daher einen Mittelwert ein, der durch die Gleichung

$$w(r) = z\,\overline{u(r')} = \sum_{l=1}^{N} u(\mathbf{R}_{1l} + \mathbf{r}) \tag{50.2}$$

definiert ist, wo z die Zahl der nächsten Nachbarn und r' den Abstand zwischen zwei Molekülen bezeichnet. Um den Mittelwert zu berechnen, ersetzt man die

---

[1] J.E. LENNARD-JONES u. A.F. DEVONSHIRE: Proc. Roy. Soc. Lond. A **163**, 53 (1937); **165**, 1 (1938).

Summierung durch eine Integration über ein verschmiertes Potential. Da

$$r' = (r^2 + R^2 - 2rR\cos\vartheta)^{\frac{1}{2}} \tag{50.3}$$

ist, wird

$$w(r) = \frac{z}{4\pi}\int_0^{2\pi}\int_0^{\pi} u(r')\sin\vartheta\,d\vartheta\,d\varphi = \frac{z}{2}\int_0^{\pi} u[(r^2+R^2-2rR\cos\vartheta)^{\frac{1}{2}}]\sin\vartheta\,d\vartheta. \tag{50.4}$$

Man führt nun den aus der Theorie des zweiten Virialkoeffizienten bekannten Potentialansatz

$$u(r') = -\frac{a}{r'^m} + \frac{b}{r'^n} \quad (n > m) \tag{50.5}$$

(Lennard-Jones-Potential) ein, der für mittlere Temperaturen eine gute Näherung darstellt. Auf Grund der bei Gasen und Kristallen gemachten Erfahrungen kann man für die Exponenten von vornherein die Werte $m=6$ und $n=12$ annehmen. Die Konstanten a und b lassen sich durch die Energie des Potentialminimums u_0 und den zugehörigen Gleichgewichtsabstand r_0 ausdrücken. Man hat dann

$$u = -|u_0|\left[2\left(\frac{r_0'}{r'}\right)^6 - \left(\frac{r_0'}{r'}\right)^{12}\right]. \tag{50.6}$$

An Stelle von r_0' kann man auch, wie es in neuerer Zeit vielfach üblich geworden ist, den Abstand σ, bei dem $u=0$ wird, einführen. Dann wird

$$u = -4|u_0|\left[\left(\frac{\sigma}{r'}\right)^6 - \left(\frac{\sigma}{r'}\right)^{12}\right]. \tag{50.7}$$

Setzt man (50.6) in Gl. (50.4) ein, so erhält man

$$w(r) = \frac{z}{2}|u_0|\int_0^{\pi}\left[-\frac{2r_0'^6}{(r^2+R^2-2rR\cos\vartheta)^3} + \frac{r_0'^{12}}{(r^2+R^2-2rR\cos\vartheta)^6}\right]\sin\vartheta\,d\vartheta \tag{50.8}$$

oder

$$w(r) = \frac{z}{2}|u_0|\left\{-\frac{r_0'^6}{2R^5 r}\left[\left(1-\frac{r}{R}\right)^{-4} - \left(1+\frac{r}{R}\right)^{-4}\right] + \right. \\ \left. + \frac{r_0'^{12}}{10R^{11}r}\left[\left(1-\frac{r}{R}\right)^{-10} - \left(1+\frac{r}{R}\right)^{-10}\right]\right\}. \tag{50.9}$$

Daraus folgt

$$w(0) = \frac{z}{2}|u_0|\left[-4\left(\frac{r_0'}{R}\right)^6 + 2\left(\frac{r_0'}{R}\right)^{12}\right]. \tag{50.10}$$

Wir definieren nun zwei Funktionen

$$l(y) = (1 + 12y + 25{,}2y^2 + 12y^3 + y^4)(1-y)^{-10} - 1 \tag{50.11}$$

und

$$m(y) = (1+y)(1-y)^{-4} - 1. \tag{50.12}$$

Damit folgt aus (50.9) und (50.10)

$$w(r) - w(0) = z|u_0|\left[\left(\frac{r_0'}{R}\right)^{12} l\left(\frac{r^2}{R^2}\right) - 2\left(\frac{r_0'}{R}\right)^6 m\left(\frac{r^2}{R^2}\right)\right]. \tag{50.13}$$

Da u_0 negativ ist, führt man zweckmäßig einen positiven Energieparameter $\varLambda^*$ ein durch die Gleichung

$$\varLambda^* = -zu_0. \tag{50.14}$$

15*

Ferner definieren wir ein charakteristisches Volumen durch die Gleichung

$$v^* = \frac{v}{R^3} r_0'^3 = \frac{r_0'^3}{\gamma}, \tag{50.15}$$

wo $\gamma = R^3/v$ ein Zahlenfaktor ist, der von der angenommenen Gitterstruktur abhängt. Für das flächenzentrierte kubische Gitter ist $\gamma = \sqrt{2}$. Mit den durch (50.14) und (50.15) definierten Größen können die Gln. (50.10) und (50.13) geschrieben werden

$$w(0) = \Lambda^* \left[\left(\frac{v^*}{v}\right)^4 - 2 \left(\frac{v^*}{v}\right)^2 \right] \tag{50.16}$$

und

$$w(r) - w(0) = \Lambda^* \left[\left(\frac{v^*}{v}\right)^4 l\left(\frac{r^2}{R^2}\right) - 2 \left(\frac{v^*}{v}\right)^2 m\left(\frac{r^2}{R^2}\right) \right]. \tag{50.17}$$

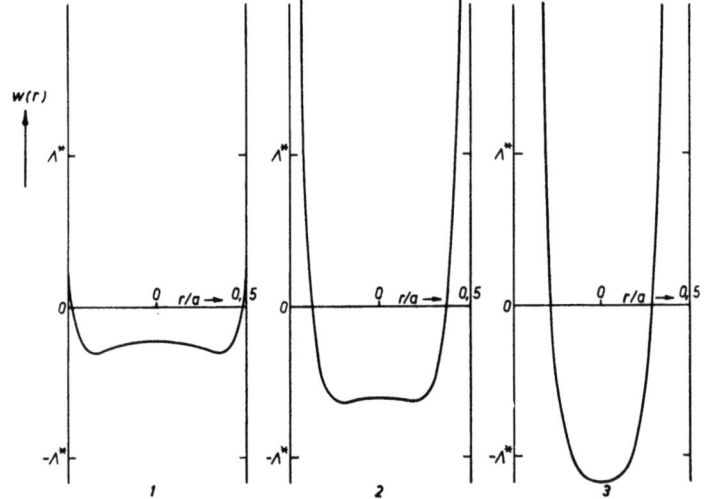

Fig. 68. Potentialverteilung in der Zelle nach LENNARD-JONES und DEVONSHIRE. Kurve 1: $(v^*/v)^2 = 0{,}1$; Kurve 2: $(v^*/v)^2 = 0{,}3$; Kurve 3: $(v^*/v) = 0{,}7$. [Entnommen aus J.E. LENNARD-JONES u. A.F. DEVONSHIRE: Proc. Roy. Soc. Lond. A **163**, 53 (1937).] Die Größe a der Figur ist im Text mit R bezeichnet.

Der Verlauf des mittleren Potentials innerhalb der Zelle in Abhängigkeit von r/R ist in Fig. 68 für verschiedene Werte von v^*/v dargestellt. Das Potential zeigt im wesentlichen eine „kastenförmige" Gestalt und rechtfertigt damit die Bezeichnung freies Volumen. Charakteristisch ist ein flaches Maximum im Mittelpunkt der Zelle, welches bei $v^*/v = 0{,}625$ verschwindet. Im Gebiet höherer Dichten ist der Potentialverlauf annähernd parabolisch, so daß hier der Ansatz von MIE (Ziff. 49) eine nachträgliche Rechtfertigung erfährt. Bei Berücksichtigung der Wechselwirkung mit zweitnächsten Nachbarn muß in Gl. (50.16) an Stelle des Faktors 2 der Faktor 2,4 treten.

Mit Gl. (50.17) erhält man aus (49.7) für das freie Volumen

$$v_f = 4\pi \int_0^{R/2} e^{-\frac{w(r)-w(0)}{kT}} r^2 \, dr = 2\pi R^3 g, \tag{50.18}$$

wo

$$g = \int_0^{\frac{1}{4}} y^{\frac{1}{2}} \exp\left\{ -\frac{\Lambda^*}{kT} \left[\left(\frac{v^*}{v}\right)^4 l(y) - 2 \left(\frac{v^*}{v}\right)^2 m(y) \right] \right\} dy \tag{50.19}$$

und
$$y = \frac{r^2}{R^2}$$ (50.20)

ist. Die obere Integrationsgrenze ist hier nach der ursprünglichen Formulierung von LENNARD-JONES und DEVONSHIRE angegeben worden, die natürlich etwas willkürlich ist. In neueren Arbeiten[1] wird gewöhnlich ein Wert r_{max} gewählt, der durch

$$\frac{4\pi}{3} r_{max} = v = \frac{R^3}{\sqrt{2}}$$ (50.21)

definiert ist. Praktisch ist der Unterschied bedeutungslos, da für $r > R/2$ der Integrand, wie man aus Fig. 68 sieht, nicht mehr wesentlich von Null verschieden ist.

Aus Gl. (49.39) und (50.18) erhält man für die freie Energie nach HELMHOLTZ (mit $\sigma = 1$)

$$F = -NkT\left\{\ln\left(\frac{2\pi m kT}{h^2}\right)^{\frac{3}{2}} + \frac{\Lambda^*}{kT}\left[1{,}2\left(\frac{v^*}{v}\right)^2 - 0{,}5\left(\frac{v^*}{v}\right)^4\right] + \ln 2\pi R^3 g\right\}.$$ (50.22)[2]

Daraus folgt in bekannter Weise als thermische Zustandsgleichung

$$P = \frac{kT}{v}\left\{1 - \frac{\Lambda^*}{kT}\left[2{,}4\left(\frac{v^*}{v}\right)^2 - 2{,}0\left(\frac{v^*}{v}\right)^4\right] + 4\frac{\Lambda^*}{kT}\left[\left(\frac{v^*}{v}\right)^4 \frac{g_l}{g} - \left(\frac{v^*}{v}\right)^2 \frac{g_m}{g}\right]\right\}.$$ (50.23)

Die Größen g_l und g_m hängen, ebenso wie g, nur von Λ^*/kT und v^*/v ab. Sie sind definiert durch die Gleichungen

$$g_l = \int_0^{\frac{1}{4}} y^{\frac{1}{2}} l(y) \exp\left\{-\frac{\Lambda^*}{kT}\left[\left(\frac{v^*}{v}\right)^4 l(y) - 2\left(\frac{v^*}{v}\right)^2 m(y)\right]\right\} dy$$ (50.24)

und

$$g_m = \int_0^{\frac{1}{4}} y^{\frac{1}{2}} m(y) \exp\left\{-\frac{\Lambda^*}{kT}\left[\left(\frac{v^*}{v}\right)^4 l(y) - 2\left(\frac{v^*}{v}\right)^2 m(y)\right]\right\} dy.$$ (50.25)

Für die innere Energie ergibt sich

$$E = \frac{3}{2} NkT - N\Lambda^*\left[1{,}2\left(\frac{v^*}{v}\right)^2 - 0{,}5\left(\frac{v^*}{v}\right)^4\right] + N\Lambda^*\left[\left(\frac{v^*}{v}\right)^4 \frac{g_l}{g} - 2\left(\frac{v^*}{v}\right)^2 \frac{g_m}{g}\right].$$ (50.26)

Die in diesen Gleichungen auftretenden Integrale g, g_l und g_m sind von verschiedenen Autoren[3-6] berechnet und tabelliert worden. PRIGOGINE und GARIKIAN[6] haben die Rechnung mit verschiedenen Ansätzen für das zwischenmolekulare Potential durchgeführt und konnten zeigen, daß die thermodynamischen Eigenschaften gegen die spezielle Wahl desselben ziemlich unempfindlich sind.

Aus Gl. (50.23) lassen sich mit Hilfe der tabellierten Integrale ohne weiteres die $P-v$-Isothermen konstruieren. Nach der allgemeinen Theorie [6] ist zu erwarten, daß das Lennard-Jones-Potential (50.5) in Verbindung mit dem hier benutzten Modell auf das Theorem der übereinstimmenden Zustände führt. Tatsächlich stellt Gl. (50.23) bereits eine reduzierte Zustandsgleichung in den Größen

$$\frac{Pv^*}{kT}, \quad \frac{kT}{\Lambda^*}, \quad \frac{v}{v^*}$$ (50.27)

---
[1] Zum Beispiel J. DE BOER: Proc. Roy. Soc. Lond. A **215**, 4 (1952).
[2] Der Faktor 1,2 berücksichtigt die Wechselwirkung mit den zweitnächsten Nachbarn.
[3] J.E. LENNARD-JONES u. A.F. DEVONSHIRE: Proc. Roy. Soc. Lond. A **163**, 53 (1937).
[4] I. PRIGOGINE u. S. RAULIER: Physica, Haag **9**, 396 (1942).
[5] T.L. HILL: J. Phys. Colloid Chem. **51**, 1219 (1947).
[6] I. PRIGOGINE u. G. GARIKIAN: J. Chim. Phys. **45**, 273 (1948).

dar. Wir werden im folgenden zunächst diese Darstellung benutzen und eine etwas andere, in neuerer Zeit bevorzugte Definition der reduzierten Zustandsgrößen in Ziff. 51 einführen.

Fig. 69 zeigt zwei typische Isothermen nach Gl. (50.23) zusammen mit der Isotherme des idealen Gases in der reduzierten Darstellung nach (50.27). Aus der Abbildung kann man schließen, daß die eine Kurve praktisch mit der kritischen Isotherme zusammenfällt und somit für die kritische Temperatur gilt (wenn $z=12$ gesetzt wird)

$$k T_k = \frac{\Lambda^*}{9} = \frac{z|u_0|}{9} = \frac{4}{3}|u_0|. \qquad (50.28)$$

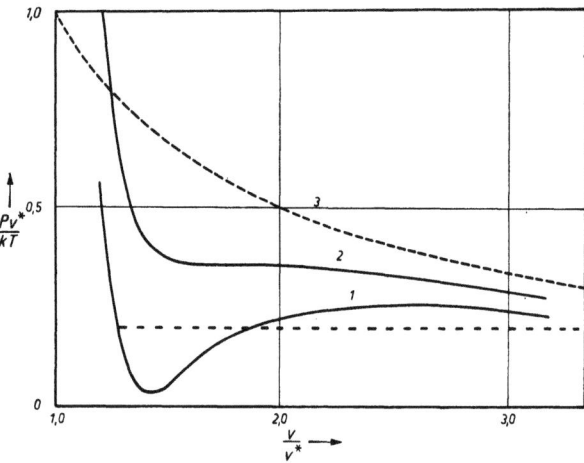

Fig. 69. P-v-Isothermen nach LENNARD-JONES und DEVONSHIRE. Kurve *1*: $kT = \Lambda^*/10$; Kurve *2*: $kT = \Lambda^*/9$; Kurve *3*: Ideales Gas. [Entnommen aus J. E. LENNARD-JONES u. A. F. DEVONSHIRE: Proc. Roy. Soc. Lond. A 163, 53(1937).]

Da die Größe $|u_0|$ aus den Messungen des zweiten Virialkoeffizienten bekannt ist, läßt sich Gl. (50.28) unmittelbar experimentell prüfen. Die Ergebnisse sind für einige Gase in Tabelle 12 zusammengestellt. Die Übereinstimmung ist erstaunlich gut. Dagegen wird merkwürdigerweise das kritische Volumen sehr schlecht wiedergegeben. Die genaue Berechnung stößt auf Schwierigkeiten; eine Abschätzung ergibt

$$v_c \approx 2v^* = \frac{2}{\gamma} r_0^3 = \sqrt{2}\, r_0^3. \qquad (50.29)$$

Tabelle 12. *Kritische Temperaturen einiger Gase nach Lennard-Jones und Devonshire.* [Entnommen aus R. H. FOWLER u. E. A. GUGGENHEIM: Statistical Thermodynamics S. 345. Cambridge 1948.]

Substanz	r_0^3 [Å³]	$|u_0|$ $\left[10^{-15}\frac{\text{erg}}{\text{Molekül}}\right]$	$\Lambda^*=12|u_0^*|$ $\left[10^{-15}\frac{\text{erg}}{\text{Molekül}}\right]$	$\Lambda^*/9k$ T_k ber.	T_k beob.
H$_2$	35,3	4,25	51	41	33
Ne	29,2	4,89	58,6	47	44
N$_2$	72,5	13,25	159	128	126
A	56,2	16,5	198	160	150

Dieser Wert ist erheblich zu niedrig. Für den reziproken kritischen Koeffizienten $P_k v_k/kT_k$ ergibt sich etwa 0,7, während die experimentellen Werte[1] in der Gegend um 0,3 liegen.

Eine weitere Möglichkeit zur experimentellen Prüfung der Theorie bietet das Dampfdruckgleichgewicht. Aus Fig. 69 sieht man, daß unterhalb des kritischen Punktes die Isothermen den typischen Verlauf der van der Waalschen Isothermen zeigen und damit die Phasenumwandlung andeuten. Man könnte im Prinzip so vorgehen, daß man in der bekannten Weise die Maxwellsche Regel auf diese Isothermen anwendet und daraus das Gleichgewicht bestimmt. Dieser Weg wäre

---
[1] Sie sind in Tabelle 15, Ziff. 51, zusammengestellt.

aber unzweckmäßig, da der hier benutzte Ansatz eine um so schlechtere Näherung liefert, je geringer die Dichte ist. Andererseits kann man aber auf den mit der Flüssigkeit koexistierenden Dampf in einiger Entfernung vom kritischen Punkt mit hinreichender Genauigkeit die Gesetze des idealen Gases anwenden. Wir gehen daher aus von der allgemeinen Gleichgewichtsbedingung

$$\mu_G = \mu_{Fl} \tag{50.30}$$

und setzen

$$\mu_G = -kT \ln \left(\frac{2\pi m kT}{h^2}\right)^{\frac{3}{2}} + kT \ln \frac{p}{kT}. \tag{50.31}$$

Für das chemische Potential der Flüssigkeit erhält man nach

$$\mu = F/N + Pv \tag{50.32}$$

aus Gl. (50.12)

$$\mu_{Fl} = -kT \left[\ln \left(\frac{2\pi m kT}{h^2}\right)^{\frac{3}{2}} - \frac{w_0}{kT} + \ln 2\pi \gamma g v_{Fl} \right] + P v_{Fl}. \tag{50.33}$$

Da für die flüssige Phase $P v_{Fl} \ll kT$ ist, kann der letzte Term der rechten Seite vernachlässigt werden. Aus Gl. (50.30), (50.31) und (50.33) folgt für den Dampfdruck

$$\ln p = \ln \frac{kT}{2\pi \gamma g v_{Fl}} + \frac{w_0}{kT}. \tag{50.34}$$

Die Größen g und w_0 sind explizit als Funktionen von Λ^*/kT und v_{Fl}/v^* gegeben. Da wir aber hier ein univariantes Gleichgewicht haben, muß v_{Fl} als Funktion von T betrachtet werden. Diese Funktion kann näherungsweise bestimmt werden, wenn man berücksichtigt, daß für die Flüssigkeit

$$\frac{P v_{Fl}}{kT} \approx 0 \tag{50.35}$$

ist. Damit erhält man aus Gl. (50.23)

$$\frac{\Lambda^*}{kT} \left[2{,}4 \left(\frac{v^*}{v_{Fl}}\right)^2 - 2 \left(\frac{v^*}{v_{Fl}}\right)^4 \right] - 4 \frac{\Lambda^*}{kT} \left[\left(\frac{v^*}{v_{Fl}}\right)^4 \frac{g_l}{g} - \left(\frac{v^*}{v_{Fl}}\right)^2 \frac{g_m}{g} \right] = 1 \tag{50.36}$$

als die gesuchte Beziehung zwischen v_{Fl} und T. Aus Gl. (50.34) und (50.36) kann der Dampfdruck als Funktion der Temperatur berechnet werden. Wir zeigen das Ergebnis in Ziff. 51, Fig. 70, und bemerken hier nur, daß die lineare Beziehung zwischen $\ln p$ und $1/T$ von der Theorie wiedergegeben wird, daß aber die theoretische Kurve zu hoch liegt und eine falsche Steigung hat.

Die Verdampfungswärme ΔH_{verd} läßt sich entweder als Differenz der molekularen Enthalpien von Gas und Flüssigkeit oder einfacher aus der Dampfdruckkurve nach der thermodynamischen Formel

$$\left(\frac{\partial \ln p}{\partial T}\right)_p = \frac{\Delta H_{verd}}{kT^2} \tag{50.37}$$

bestimmen. Die daraus leicht zu erhaltende Verdampfungsentropie soll nach der Troutonschen Regel am Siedepunkt für alle Stoffe den gleichen Wert haben. Das kann aber schon deshalb nicht streng gelten, weil der Siedepunkt keine charakteristische Temperatur der Flüssigkeit ist. Immerhin halten sich die Schwankungen bei „normalen" Flüssigkeiten in mäßigen Grenzen. In Tabelle 13 sind einige Werte für die Verdampfungsentropien an den Siedepunkten und für die Verhältnisse Siedepunkt/kritische Temperatur zusammengestellt. Im letzteren Falle ist die Übereinstimmung mit den beobachteten Werten gut, dagegen sind die berechneten Troutonschen „Konstanten" erheblich zu hoch.

Zusammenfassend kann man etwa sagen, daß die Theorie von LENNARD-JONES und DEVONSHIRE im Durchschnitt ein halbquantitatives Bild von den

Tabelle 13. *Troutonsche Regel.* [Entnommen aus A. EUCKEN: Grundriß der physikalischen Chemie. Leipzig 1944.]

	Siedepunkt		Siedepunkt/krit. Temp.		Verdampfungs-entropie	
	(ber.)	(beob.)	(ber.)	(beob.)	(ber.)	(beob.)
Neon	29,6	27,2	0,62	0,61	19,6	15,2
Argon	94,1	87,4	0,59	0,58	20,7	17,2
Stickstoff	79,0	77,2	0,61	0,61	19,8	17,3

Eigenschaften einfacher Flüssigkeiten gibt. Im Hinblick auf die Schwierigkeit des Problems ist das immerhin soviel, daß es lohnend erscheint, diese Methode der Annäherung weiter zu verfolgen. Die wichtigsten dieser Versuche besprechen wir in den beiden folgenden Ziffern.

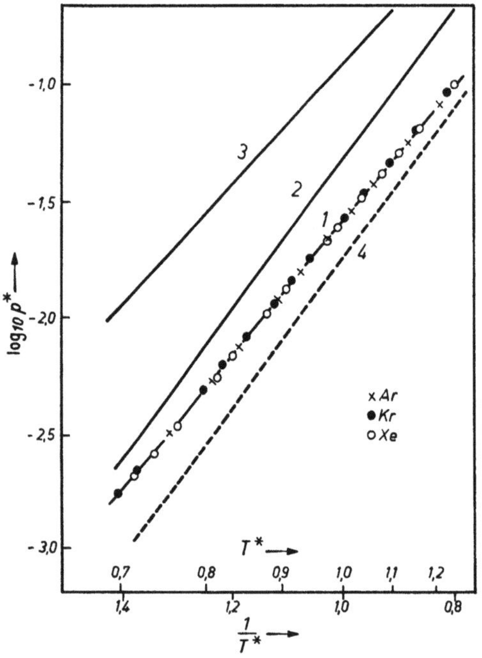

51. Verfeinerung der Theorie. Wir behandeln zunächst einige kleinere Modifikationen, welche die numerischen Resultate beeinflussen, aber die Struktur der Theorie von LENNARD-JONES und DEVONSHIRE nicht wesentlich ändern. In Ziff. 50 haben wir den in Ziff. 49 erwähnten Korrekturfaktor e^N nicht berücksichtigt, d.h. wir haben $\sigma = 1$ gesetzt. Für alle mit der Zustandsgleichung zusammenhängenden Fragen spielt dies keine Rolle, da der betreffende Term bei der Differentiation nach v herausfällt. Dagegen muß er naturgemäß in der Dampfdruckformel auftreten. Anstelle von Gl. (50.34) haben wir dann

$$\ln p = \ln \frac{kT}{2\pi \gamma g v_{\text{Fl}}} + \frac{w_0 + kT}{kT}, \quad (51.1)$$

während Gl. (50.36) unverändert auch hier gilt. Wir bemerken dazu nochmals, daß die Einführung des Faktors e^N in

Fig. 70. Reduzierte Dampfdruckkurven. Kurve *1*: Experimentelle Werte; Kurve *2*: LENNARD-JONES und DEVONSHIRE ohne Korrekturfaktor, $z = 12$; Kurve: *3* LENNARD-JONES und DEVONSHIRE ohne Korrekturfaktor $z = 10$; Kurve *4*: LENNARD-JONES und DEVONSHIRE mit Korrekturfaktor e^N, $z = 12$. [Entnommen aus J. DE BOER: Proc. Roy. Soc. Lond. A **215**, 4 (1952).]

die Verteilungsfunktion eine willkürliche Korrektur darstellt, die sich theoretisch nicht begründen läßt. Die nach Gl. (50.34) und (51.1) berechneten Dampfdruckkurven sind zusammen mit experimentellen Daten für die schweren Edelgase in Fig. 70 dargestellt. Dabei sind die in neuerer Zeit meistens verwendeten reduzierten Zustandsgrößen

$$T^* = \frac{kT}{|u_0|}, \quad v^* = \frac{v}{\sigma^3}, \quad P^* = \frac{P\sigma^3}{|u_0|} \quad (51.2)$$

benutzt worden.

Die durch die Korrektur erreichte Parallelverschiebung bewirkt, daß jetzt die theoretischen Werte erheblich zu tief liegen. Man kann daraus entnehmen, daß nach der in Ziff. 49 und 50 behandelten Theorie die Flüssigkeit offenbar, als Folge des Gittermodells, eine zu hohe molekulare Ordnung besitzt, daß aber

Tabelle 14. *Röntgenographisch bestimmte Koordinationszahlen für Argon.* [Entnommen aus A. EISENSTEIN u. N. S. GINGRICH: Phys. Rev. **62**, 261 (1942).]

Dichte [g/ml]	Abstand des 1. Maximums [Å]	1. Koordinationszahl	Abstand des 2. Maximums [Å]	2. Koordinationszahl
1,401	3,79	10,2 bis 10,9	5,3	3,2 bis 4,7
1,365	3,79	6,8 bis 7,2	4,7	
1,100	3,8	5,9 bis 6,2	4,8	
0,87	3,8	3,9 bis 4,6	5,4	
0,737	4,5	6		
0,330	4,1	2		

mit der schematischen Einführung einer „communal entropy" nichts gewonnen ist.

Eine andere Möglichkeit, die numerischen Resultate der Theorie zu beeinflussen, liegt in der Wahl des Wertes für die Koordinationszahl z. Den bisher besprochenen Rechnungen liegt der dem Kristall entsprechende Wert $z=12$ zugrunde. Diese Annahme ist von vornherein wenig wahrscheinlich und wird durch das Experiment direkt widerlegt. In Tabelle 14 sind die von EISENSTEIN und GINGRICH[1] für flüssiges Argon aus Röntgendaten berechneten Koordinationszahlen zusammengestellt. Der Wert $z=12$ ist danach zweifellos unzulässig. Man kann auch zeigen, daß ein kleinerer Wert der Koordinationszahl speziell bessere Werte für das Molekülvolumen der Flüssigkeit liefern würde[2].

Die konsistente Durchführung dieses Gedankens stößt jedoch auf zwei Schwierigkeiten. Zunächst ist die Frage, welchen Wert man für $z<12$ der Größe γ zuzuschreiben hat. DE BOER[2] hat versucht, diese Schwierigkeit durch eine Interpolation zwischen den γ-Werten für das flächenzentrierte kubische Gitter ($z=12$), das raumzentrierte kubische Gitter ($z=8$) und das primitive kubische Gitter ($z=6$) zu umgehen. Man erhält dann für $z=10$ $\gamma \approx 1,35$. Die andere Schwierigkeit besteht darin, daß nach den Ergebnissen der Tabelle 14 offenbar z als Funktion der Temperatur und der Dichte betrachtet werden muß. Dies ist aber ohne einen tiefergehenden Umbau der Theorie nicht möglich. Wir werden daher auf diese Frage weiter unten zurückkommen und zeigen hier lediglich eine in der angegebenen Weise von DE BOER[3] für $z=10$ berechnete Dampfdruckkurve (Fig. 70). In diesem Falle wird die Übereinstimmung wesentlich verschlechtert, was wieder auf die zu hohe molekulare Ordnung des Lennard-Jones-Devonshire-Modells hinweist.

Bisher haben wir lediglich die Wechselwirkung mit nächsten und zweitnächsten Nachbarn berücksichtigt, und die letztere auch nur (was nicht ganz konsequent ist) bei der Berechnung der Größe w_0. HIRSCHFELDER u. Mitarb.[3] [17] haben die Wechselwirkung mit den drei ersten Koordinationsschalen vollständig berücksichtigt und auf dieser Grundlage umfassende numerische Rechnungen durchgeführt. Es hat sich indessen gezeigt, daß auf diesem Wege ein nennenswerter Fortschritt nicht zu erzielen ist. Im einzelnen tritt eine gewisse Verschiebung der Resultate ein, aber die wesentlichen Diskrepanzen bleiben erhalten. Zur Veranschaulichung sind in Tabelle 15 experimentelle und berechnete kritische

---

[1] A. EISENSTEIN u. N. S. GINGRICH: Phys. Rev. **62**, 261 (1942).
[2] J. DE BOER: Proc. Roy. Soc. Lond. A **215**, 4 (1952).
[3] R. H. WENTORF, R. J. BUEHLER, J. O. HIRSCHFELDER u. C. F. CURTISS: J. Chem. Phys. **18**, 1484 (1950).

Daten, in Tabelle 16 Molekülvolumina der Flüssigkeit im Gleichgewicht mit dem Dampf zusammengestellt. Man bemerkt wieder die gute Übereinstimmung bei den kritischen Temperaturen, während kritisches Volumen und kritischer Druck, und damit auch der kritische Koeffizient, völlig falsch wiedergegeben werden. Die Molekülvolumina liegen systematisch zu niedrig; daß die prozentualen Abweichungen sich in mäßigen Grenzen halten (durchschnittlich 10 bis 20%) ist

Tabelle 15. *Kritische Daten einiger Gase nach der Theorie von Lennard-Jones und Devonshire.* Theoretische Werte: $T_k^* = kT_k/|u_0| = 1{,}30$; $v_k^* = v_k/\sigma^3 = 1{,}77$; $P_k^* = P_k \sigma^3/|u_0| = 0{,}434$; $P_k v_k/kT_k = 0{,}591$. [Entnommen aus J.O. Hirschfelder, C.F. Curtiss u. R.B. Bird: Molecular Theory of Gases and Liquids, S. 245. New York 1954.]

Experimentelle Werte	T_k [°K]	V_k [cm³]	P_k [Atm.]	T_k^*	v_k^*	P_k^*	$P_k v_k/kT_k$
He	5,3	57,8	2,26	0,52	5,75	0,027	0,300
H₂	33,3	65,0	12,8	0,90	4,30	0,064	0,304
Ne	44,5	41,7	25,9	1,25	3,33	0,111	0,296
A	151	75,2	48	1,26	3,16	0,116	0,291
Xe	289,81	120,2	57,89	1,31	2,90	0,132	0,293
N₂	126,1	90,1	33,5	1,33	2,96	0,131	0,292
O₂	154,4	74,4	49,7	1,31	2,69	0,142	0,292
CH₄	190,7	99,0	45,8	1,29	2,96	0,126	0,290

in der Natur der Sache begründet. Man kann wohl vermuten, daß diese Diskrepanz vor allem auf der Annahme einer zu dichten Packung beruht; dieselbe läßt sich jedoch, wie erwähnt, ohne wesentliche Eingriffe in die Struktur der Theorie nicht entfernen.

Tabelle 16. *Vergleich der theoretischen und experimentellen Werte des Flüssigkeitsvolumens beim Verdampfungsgleichgewicht.* [Entnommen aus J.O. Hirschfelder, C.F. Curtiss u. R.B. Bird: Molecular Theory of Gases and Liquids, S. 304. New York 1954.]

	T [°K]	T^*	Flüssigkeitsdichte [g/cm³]	Druck [Atm.]	v_{Fl}^* (exp.)	v_{Fl}^* (ber.)
Stickstoff	77	0,844	0,804	1	1,16	1,09
Neon	27,26	0,764	1,204	1	1,27	1,07
Argon	90	0,726	1,374	1,5	1,209	1,05
	111	0,9026	1,224	7,4	1,357	1,11
	122	0,9871	1,138	13,7	1,459	1,17
Methan	111,6	0,818	0,4245	1	1,7	1,08
	133	0,976	0,3916	4,38	1,16	1,15
	153	1,122	0,3547	11,84	1,28	1,27
	191,05	1,400	0,1615	45,8	2,82	1,77

Im Rahmen der Theorie des freien Volumens läßt sich unter Beibehaltung des Grundkonzeptes die Packungsdichte, und damit auch die molekulare Ordnung, vermindern, wenn man unbesetzte Zellen oder „Löcher" zuläßt. Die Verteilung derselben führt jedoch in die Rechnung ein neues statistisches Problem ein, so daß die Theorie des „Löchermodells" in Form verschiedener Näherungen entwickelt worden ist. Dieselben lassen sich am bequemsten übersehen, wenn man von der allgemeinen Theorie ausgeht, die wir hier im Anschluß an Rowlinson und Curtiss[1] zunächst entwickeln.

Wir gehen wieder von Gl. (49.3) aus und nehmen an, daß das Volumen V in L gleich große Zellen geteilt ist. In der Theorie von Lennard-Jones und Devonshire ist $N = L$, da jede Zelle von einem Molekül besetzt sein soll. Im

---

[1] J.S. Rowlinson u. C.F. Curtiss: J. Chem. Phys. **19**, 1519 (1951).

Gegensatz dazu setzen wir jetzt $L \geq N$ und lassen damit grundsätzlich die Möglichkeit von leeren Zellen oder „Löchern" zu. Die Größe einer Zelle $\varDelta = V/L$ nehmen wir so an, daß die Wahrscheinlichkeit der Besetzung durch mehrere Moleküle vernachlässigt werden kann. Der Ansatz von LENNARD-JONES und DEVONSHIRE führt notwendig zu der Folgerung, daß die Zellengröße mit abnehmender Dichte wächst. Da jetzt Löcher zugelassen sind, kann die Zellengröße konstant gehalten werden, doch ist dies nicht unbedingt erforderlich. Mit den vorstehenden Annahmen kann Gl. (49.3) geschrieben werden

$$\frac{Q_\tau}{N!} = \sum \int_\varDelta d\mathbf{q}_1 \ldots \int_\varDelta d\mathbf{q}_N \, e^{-\frac{U}{kT}}. \tag{51.3}$$

Dabei ist die Summierung über alle Verteilungen der N Moleküle auf die Zellen zu erstrecken, die nicht durch einfache Vertauschung der Moleküle auseinander hervorgehen und bei denen nicht Zellen von mehr als einem Molekül besetzt sind. Wir betrachten nun eine bestimmte besetzte Zelle i und bezeichnen die Zahl der leeren Zellen oder Löcher unter den nächsten Nachbarn mit $z\,\omega_i$. Die potentielle Energie des Moleküls im Mittelpunkt der betrachteten Zelle ist dann

$$w(0) = z(1-\omega_i)\,u(R), \tag{51.4}$$

wo R wieder der Gleichgewichtsabstand zwischen den Molekülen im Gitter[1] und $u(r')$ die Wechselwirkungsenergie zwischen zwei Molekülen als Funktion ihres Abstandes ist. Wenn alle Moleküle sich auf Gitterplätzen, d.h. in den Zellenmitten befinden, ist dann die potentielle Energie des Gesamtsystems

$$W = \frac{z}{2}(N-X)\,u(R) \tag{51.5}$$

mit

$$X = \sum_{i=1}^{N} \omega_i. \tag{51.6}$$

Dabei ist zu beachten, daß X nicht nur durch die Zahl der Löcher, sondern auch durch ihre jeweilige Konfiguration, d.h. durch die spezielle Verteilung der Moleküle auf die Gitterplätze bestimmt ist. Für die vollständige Berechnung der potentiellen Energie wird die ziemlich problematische Annahme eingeführt, daß das Auftreten von Löchern unter den nächsten Nachbarn durch eine Multiplikation des kugelsymmetrischen Potentials der Lennard-Jones-Devonshire-Theorie mit dem Faktor $(1-\omega_i)$ berücksichtigt werden kann. Damit erhält man

$$U = \frac{z}{2}(N-X)\,u(R) + \sum_i (1-\omega_i)\,[w(r)-w(0)]. \tag{51.7}$$

Aus Gl. (51.3) und (51.7) folgt

$$\frac{Q_\tau}{N!} = \sum e^{-\frac{z(N-X)u(R)}{2kT}} \prod_i v_{fi}(\omega_i), \tag{51.8}$$

wo

$$v_{fi}(\omega_i) = \int_\varDelta e^{-\frac{(1-\omega_i)[w(r)-w(0)]}{kT}}\,d\mathbf{q}_i \tag{51.9}$$

als generalisiertes freies Volumen betrachtet werden kann. Wenn alle Nachbarzellen des i-ten Moleküls besetzt sind, geht (51.9) in die frühere Definition des

---
[1] Dabei ist vernachlässigt, daß der Gleichgewichtsabstand im Gitter durch Löcher notwendig modifiziert wird.

freien Volumens, Gl. (49.7), über. Wir bezeichnen diesen Fall jetzt mit $v_{fi}(0)$. Wenn alle benachbarten Zellen unbesetzt sind, ist $\omega_i = 1$ und $v_{fi}(1)$ ist einfach gleich dem Volumen der Zelle. Um den Zusammenhang zwischen v_f und ω in einfacher Weise darzustellen, wird eine zweite zusätzliche Annahme eingeführt, indem gesetzt wird

$$\ln v_f(\omega) = \omega \ln v^{(1)} + (1 - \omega) \ln v^{(0)}. \tag{51.10}$$

Dabei sind die Größen $v^{(1)}$ und $v^{(0)}$ nicht notwendig identisch mit $v_f(1)$ und $v_f(0)$. Die vier verschiedenen Näherungen, die wir weiter unten behandeln, entsprechen vier verschiedenen Annahmen über $v^{(1)}$ und $v^{(0)}$. Der Vorteil des Ansatzes (51.10) besteht darin, daß jetzt auf der rechten Seite der Gl. (51.8) jeder Term nur noch von $X = \sum \omega_i$, aber nicht unmittelbar von den genaueren Einzelheiten der Verteilung der Löcher abhängt. Die Größe zX ist die Zahl der „$A-B$-Paare", d.h. in diesem Falle der Paare von benachbarten Molekülen und Löchern. Mit (51.10) kann die Gl. (51.8) geschrieben werden

$$\frac{Q_\tau}{N!} = v^{(0)N} e^{-\frac{Nzu(R)}{kT}} \sum g(N, L, X) e^{\frac{X\xi}{kT}} \tag{51.11}$$

mit

$$\zeta = \frac{z}{2} u(R) + kT \ln \frac{v^{(1)}}{v^{(0)}}. \tag{51.12}$$

Hier ist $g(N, L, X)$ die Zahl der Möglichkeiten, N Moleküle so auf L Zellen zu verteilen, daß zX Paare aus Molekülen und Löchern entstehen. Der Ansatz (51.10) reduziert somit die Berechnung der Verteilungsfunktion auf das Ising-Problem. Um geschlossene Formeln zu erhalten, wenden wir die quasi-chemische Methode an; dabei fassen wir uns hier ziemlich kurz und verweisen auf die ausführlichen Darstellungen in Ziff. 27 und 65.

Zunächst ersetzen wir in Gl. (51.11) die Größe X im Exponenten durch einen Mittelwert $\overline{\overline{X}}$. Da

$$\sum g(N, L, X) = \frac{L!}{N!(L-N)!} \tag{51.13}$$

ist, wird dann

$$\frac{Q_\tau}{N!} = v^{(0)N} e^{-\frac{Nzu(R)}{2kT}} \frac{L!}{N!(L-N)!} e^{\frac{\overline{\overline{X}}\zeta}{kT}}. \tag{51.14}$$

Der Mittelwert $\overline{\overline{X}}$ hängt mit dem kanonischen Mittel $\overline{X}$ zusammen durch die Gleichung

$$\overline{\overline{X}} = T \int_0^{1/T} \overline{X} \, d\left(\frac{1}{T}\right). \tag{51.15}$$

Für $\overline{X}$ gilt in der angenommenen Näherung (Unabhängigkeit von Paaren) die quasi-chemische Gleichung

$$(N - \overline{X}) [(L - N) - \overline{X}] = \overline{X}^2 e^{-\frac{2\zeta}{zkT}} \tag{51.16}$$

mit der Lösung

$$\overline{X} = \frac{(L-N)N}{L} \frac{2}{\beta + 1}, \tag{51.17}$$

wo

$$\beta = \left[1 + \frac{4(L-N)N}{L^2}\left(e^{-\frac{2\zeta}{zkT}} - 1\right)\right]^{\frac{1}{2}} \tag{51.18}$$

ist. Setzt man den für X mit Hilfe dieser Lösung berechneten Wert in (51.14) ein, so folgt

$$\frac{Q_\tau}{N!} = v^{(0)N} e^{-\frac{Nzu(R)}{2kT}} \frac{L!}{N!(L-N)!} \left[\frac{x(\beta+1-2x)}{(1-x)(\beta-1+2x)}\right]^{\frac{z}{2}N} \left[\frac{(1-x)(\beta+1)}{(\beta+1-2x)}\right]^{\frac{z}{2}L}, \quad (51.19)$$

wo x der „Molenbruch"

$$x = \frac{N}{L} \qquad (51.20)$$

ist. Für die mittlere Zahl der Löcher, von denen ein Molekül umgeben ist, gilt

$$z\bar{\omega} = z\frac{\overline{X}}{N} \qquad (51.21)$$

oder mit Gl. (51.17)

$$\bar{\omega} = \frac{2(1-x)}{\beta+1}. \qquad (51.22)$$

Bei hohen Dichten gilt $x \to 1$, $L \to N$, $\bar{\omega} \to 0$. Bei niedrigen Dichten haben wir $x \to 0$, $L \gg N$, $\bar{\omega} \to 1$, während die Zellengröße und $e^{-\frac{2u}{kT}} - 1$ endlich bleiben. Die entsprechenden Grenzformen der Verteilungsfunktion sind

$$\frac{Q_\tau}{N!} = v^{(0)N} e^{-\frac{Nzu(R)}{2kT}} \quad \text{(hohe Dichte)}, \qquad (51.23)$$

$$\frac{Q_\tau}{N!} = \frac{L!}{N!(L-N)!} \Delta^N \approx \frac{L^N \Delta^N}{N!} = \frac{V^N}{N!} \quad \text{(niedrige Dichte)}. \qquad (51.24)$$

Wenn in Gl. (51.23) $v^{(0)}$ mit $v_f(0)$ identifiziert wird, kommt man auf die Theorie von LENNARD-JONES und DEVONSHIRE. Andererseits erhält man, wie Gl. (51.24) zeigt, für den Grenzfall niedriger Dichten das korrekte Konfigurationsintegral des idealen Gases. Die hier entwickelte Theorie liefert somit jedenfalls eine über den ganzen Dichtebereich von Flüssigkeit und Gas konsistente Darstellung, ohne daß zusätzliche Korrekturen angebracht werden.

Für die freie Energie nach HELMHOLTZ ergibt sich aus Gl. (51.19)

$$F = -NkT\left\{\ln\left(\frac{2\pi m kT}{h^2}\right)^{\frac{3}{2}} - \frac{w_0}{kT} + \ln v^{(0)} - \frac{1}{x}[x\ln x + (1-x)\ln(1-x)] + \right.$$
$$\left. - \frac{z}{2x}\left[x\ln\frac{\beta-1+2x}{x(\beta+1)} + (1-x)\ln\frac{\beta+1-2x}{(1-x)(\beta+1)}\right]\right\}. \qquad (51.25)$$

Diese Gleichung kann jedoch nicht ohne weiteres ausgewertet werden. Zunächst müssen irgendwelche Annahmen über die Größen $v^{(0)}$ und $v^{(1)}$ gemacht werden. Ferner enthält Gl. (51.25) noch die Zellengröße Δ. Man kann derselben einen willkürlichen konstanten Wert zuschreiben. Besser ist es jedoch, für konstante Temperatur und Dichte das Minimum der freien Energie in Abhängigkeit von Δ aufzusuchen und damit den Gleichgewichtswert dieser Größe zu bestimmen.

Der Vergleich von Gl. (49.7) und (51.9) zeigt, daß $v_f(\omega)$ bei einer Temperatur T den gleichen Wert hat wie $v_f(0)$ bei einer Temperatur $T/(1-\omega)$. Man kann daher den Zusammenhang zwischen $v_f(\omega)$ und ω ermitteln, indem man unter Benutzung von Gl. (50.18) setzt

$$v_f(\omega, T) = 2\pi R^3 g[T/(1-\omega)], \qquad (51.26)$$

wo $g(T)$ durch Gl. (50.19) definiert ist. Diese Gleichung läßt sich mit Hilfe der in Ziff. 50 erwähnten Tabellen, die g als Funktion von T geben, auswerten. Eine typische derartige Kurve ist in Fig. 71 dargestellt. Der Wert von $v_f(1)$ ist für $z=12$ naturgemäß stets $R^3/\sqrt{2}$, während der Wert von $v_f(0)$ von der Temperatur abhängt. Man erkennt aus der Abbildung, daß der lineare Ansatz (51.10) in jedem Falle eine ziemlich schlechte Näherung darstellt. Die verschiedenen Formen desselben, die wir jetzt betrachten, sind als gestrichelte Linien eingezeichnet.

Die von CERNUSCHI und EYRING[1] entwickelte Theorie läuft im Rahmen der hier gegebenen Darstellung darauf hinaus, daß gesetzt wird

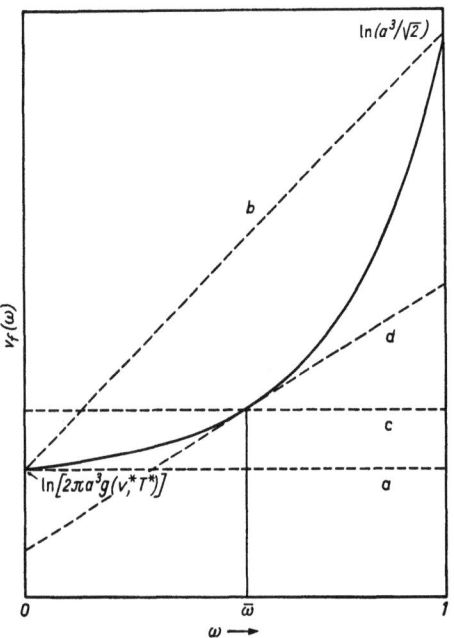

Fig. 71. Abhängigkeit der Größe in $v_f(\omega)$ von ω. Ausgezogene Kurve: Exakte Berechnung. Die vier gestrichelten Geraden sind lineare Approximationen für $\ln v_f(\omega)$. *a* CERNUSHI und EYRING; *b* ONO; *c* PEEK und HILL; *d* ROWLINSON und CURTISS. [Entnommen aus J.O. HIRSCHFELDER, C.F. CURTISS u. R.B. BIRD: Molecular Theory of Gases and Liquids, S. 314. New York 1954.]

$$v_f(0) = v_f(1) = 2\pi R^3 g. \quad (51.27)$$

Diese Näherung ist in Fig. 71 durch die gestrichelte Linie *a* dargestellt. Sie gibt den korrekten Wert für $v_f(0)$, ist aber im übrigen offensichtlich sehr schlecht.

ONO[2] macht den Ansatz

$$\left.\begin{array}{l} v^{(0)} = v_f(0) = 2\pi R^3 g, \\ v^{(1)} = v_f(1) = R^3/\sqrt{2}. \end{array}\right\} \quad (51.28)$$

Derselbe liefert nach Gl. (51.10) die korrekten Werte für $v_f(0)$ und $v_f(1)$ und stellt daher gegenüber (51.27) eine Verbesserung dar. Die lineare Interpolation im Zwischengebiet ist jedoch immer noch wenig befriedigend (Fig. 71, Kurve *b*).

In der Theorie von PEEK und HILL[3] wird die Funktion $v_f(\omega)$ durch ihren Wert an der Stelle des durch Gl. (51.22) definierten Mittelwertes $\bar{\omega}$ ersetzt. Man hat dann mit Benutzung von (51.26)

$$\left.\begin{array}{l} v^{(0)} = v^{(1)} = v_f(\bar{\omega}) \\ = 2\pi R^3 g[T/(1-\bar{\omega})]. \end{array}\right\} \quad (51.29)$$

Diese Näherung wird durch die Linie *c* in Fig. 71 dargestellt.

Der Ansatz (51.28) ist von ROWLINSON und CURTISS[4] noch in der Weise verbessert worden, daß er an der Stelle $\bar{\omega}$ nicht nur den Wert der Funktion $v_f(\omega)$, sondern auch den der ersten Ableitung richtig wiedergibt. Man erreicht dies ohne weiteres, wenn man die Taylor-Entwicklung von $v_f(\omega)$ mit dem linearen Gliede abbricht. Setzt man also

$$\ln v_f(\omega) = \ln v_f(\bar{\omega}) + (\omega - \bar{\omega}) \left[\frac{\partial}{\partial \omega} \ln v_f(\omega)\right]_{\omega=\bar{\omega}},$$

so folgt durch Vergleich mit Gl. (51.10)

$$\left.\begin{array}{l} v^{(0)} = v_f(\bar{\omega}) \exp\left\{-\bar{\omega}\left[\frac{\partial}{\partial \omega} \ln v_f(\omega)\right]_{\omega=\bar{\omega}}\right\}, \\ v^{(1)} = v_f(\bar{\omega}) \exp\left\{(1-\bar{\omega})\left[\frac{\partial}{\partial \omega} \ln v_f(\omega)\right]_{\omega=\bar{\omega}}\right\}. \end{array}\right\} \quad (51.30)$$

Diesem Ansatz entspricht die Linie *d* in Fig. 71.

---

[1] F. CERNUSCHI u. H. EYRING: J. Chem. Phys. **7**, 547 (1939).
[2] S. ONO: Mem. Fac. Eng. Kyushu Univ. **10**, 190 (1947).
[3] H.M. PEEK u. T.L. HILL: J. Chem. Phys. **18**, 1252 (1950).
[4] J.S. ROWLINSON u. C.F. CURTISS: J. Chem. Phys. **19**, 1519 (1951).

Verfeinerung der Theorie.

Die vorstehenden Ansätze müssen nun in Gl. (51.25) eingeführt werden, um explizite Resultate zu erhalten. Für die Einzelheiten dieser Rechnungen verweisen wir auf die Originalarbeiten bzw. die zusammenfassende Darstellung von ROWLINSON und CURTISS[2]. Wir beschränken uns hier auf einen Vergleich der nach den verschiedenen Methoden erhaltenen Ergebnisse.

Beginnen wir mit dem Gebiet der niedrigen Dichten, so ist zunächst festzustellen, daß alle hier besprochenen Näherungen, im Gegensatz zu der Theorie von LENNARD-JONES und DEVONSHIRE, die korrekte Verteilungsfunktionen des idealen Gases liefern. Weiter zeigt Gl. (50.13), daß in der Theorie von LENNARD-JONES und DEVONSHIRE der zweite Virialkoeffizient identisch Null ist, da das erste Korrekturglied mit v^{-2} geht. In Fig. 72 ist der nach den hier behandelten Näherungen berechnete Verlauf des zweiten Virialkoeffizienten in Abhängigkeit von der durch Gl. (51.2) definierten reduzierten Temperatur T^* dargestellt.

Qualitativ geben alle Ansätze ein einigermaßen zutreffendes Bild; sie stellen insofern jedenfalls eine Verbesserung gegenüber der Theorie von LENNARD-JONES und DEVONSHIRE dar. Die quantitativen Resultate, für die man als Maßstab etwa die Lage der Boyle-Temperatur wählen kann, sind erwartungsgemäß bei den Näherungen von CERNUSCHI-EYRING und ONO am schlechtesten, während die beiden anderen wesentlich bessere Ergebnisse liefern. Immerhin bleibt die Näherung ziemlich roh und hat gegenüber der exakten Theorie [3], [6] keinerlei selbständige Bedeutung. Das ist natürlich kein Einwand gegen die hier behandelten Theorien, die ja in erster Linie für den flüssigen Zustand gelten sollen.

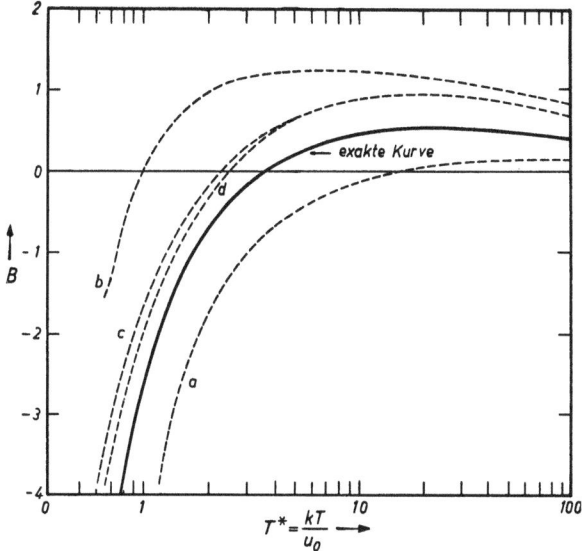

Fig. 72. Temperaturabhängigkeit des reduzierten zweiten Virialkoeffizienten. Ausgezogene Kurve: Exakte Berechnung. Die vier gestrichelten Kurven a bis d sind die vier Approximationen entsprechend der Fig. 71. [Entnommen aus J. O. HIRSCHFELDER, C. F. CURTISS u. R. B. BIRD: Molecular Theory of Gases and Liquids, S. 317. New York 1954.]

Tabelle 17. *Kritische Konstanten nach verschiedenen Näherungen.* [Entnommen aus J.O. HIRSCHFELDER, C. F. CURTISS u. R. B. BIRD: Molecular Theory of Gases and Liquids, S. 319. New York 1954.]

	$P_k v_k/kT_k$	T_k^*	P_k^*	v_k^*
Mittlere Werte für Ne, A, N_2 . .	0,293	1,28	0,119	3,15
LENNARD-JONES u. DEVONSHIRE	0,591	1,30	0,434	1,77
CERNUSCHI u. EYRING	0,342	2,74	0,469	2,00
ONO	0,342	0,75	0,128	2,00
PEEK u. HILL	0,719	1,18	0,261	3,25

Tabelle 17 enthält die nach den verschiedenen Methoden berechneten kritischen Daten. Das Bild ist hier sehr uneinheitlich. Für die kritische Temperatur liefert die Theorie von LENNARD-JONES und DEVONSHIRE den besten Wert, für den kritischen Druck die von ONO, für das kritische Volumen die von PEEK und HILL. Für den kritischen Koeffizienten erhält man nach CERNUSCHI-EYRING und ONO den gleichen Wert, der wesentlich besser ist als die nach den übrigen Methoden berechneten Zahlen.

Schließlich zeigt Fig. 73 noch die nach LENNARD-JONES und DEVONSHIRE sowie ONO berechneten Dampfdruckkurven. Die letztere zeigt gegenüber der ersteren eine erhebliche Verschlechterung.

Überblickt man diese Ergebnisse, so kommt man zu dem Schluß, daß die auf der Basis des Löchermodells entwickelten Theorien gegenüber der Theorie von LENNARD-JONES und DEVONSHIRE eine wirkliche Verbesserung nur in dem Gebiet der mäßig bis stark verdünnten Gase darstellen, wo die ganze Theorie ohnehin keine praktische Bedeutung hat. Im übrigen sind Verbesserungen bei einzelnen Daten durch Verschlechterungen bei anderen erkauft, so daß, auch im Hinblick auf die rechnerische Umständlichkeit, die ursprüngliche Formulierung vorzuziehen ist. Das Löchermodell kommt zwar sicherlich der Wirklichkeit näher als die in Ziff. 50 benutzte Vorstellung einer dichten Packung. Es kann aber wohl kaum als ein wirklich angemessenes Bild für die Struktur einer Flüssigkeit gelten. Da die Rechnung hier eine Reihe von recht problematischen zusätzlichen Annahmen einführt [Symmetrie des Feldes; Gl. (51.10); quasichemische Methode] ist das ziemlich negative Resultat einigermaßen verständlich.

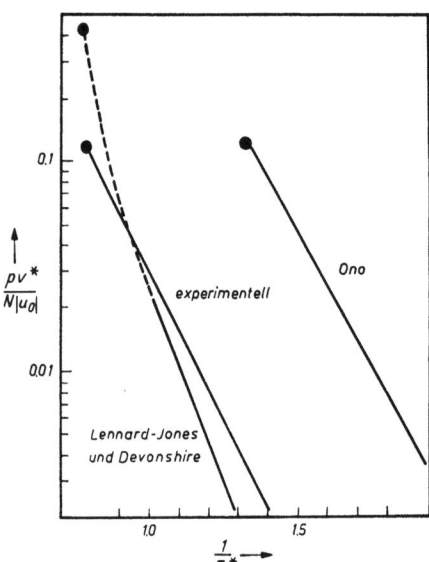

Fig. 73. Dampfdruckkurven nach LENNARD-JONES u. DEVONSHIRE sowie ONO. Die Kreise geben die Lagen des kritschen Punktes an. [Entnommen aus J.S. ROWLINSON u. C.F. CURTISS: J. Chem. Phys. **19**, 1519 (1951).]

Die Kirkwoodsche Analyse des Lennard-Jones-Devonshire-Modells (Ziff. 49) legt den Gedanken nahe, die Theorie in der Weise zu verfeinern, daß die Annahme c, Gl. (49.40), durch eine Lösung der Integralgleichung (49.33) ersetzt wird. Für das Molekülmodell harter Kugeln ist es WOOD[1] gelungen, die exakte Lösung zu finden. Es sei σ der Durchmesser der harten Kugeln und $v_0 = \sigma^3/\sqrt{2}$ das minimale Volumen pro Molekül. Δ' sei ein Dodekaeder der Höhe $(R-\sigma)/2$. Dann lautet die Lösung der Gl. (49.33) [die zweckmäßig für die durch Gl. (49.37) definierte Funktion $\psi(r)$ angegeben wird]

$$\psi(r) = \begin{cases} 0, & \text{wenn } r \text{ innerhalb } \Delta' \text{ liegt}, \\ \infty, & \text{wenn } r \text{ außerhalb } \Delta' \text{ liegt}. \end{cases} \qquad (51.31)$$

Damit wird das durch Gl. (49.38) definierte freie Volumen

$$v_f = (v^{\frac{1}{3}} - v_0^{\frac{1}{3}})^3. \qquad (51.32)$$

Für die aus (49.32) berechnete Zustandsgleichung erhält man

$$P = \frac{kT}{v}\left[1 + \left(\frac{R}{\sigma} - 1\right)^{-1}\right]. \qquad (51.33)$$

Es ist bemerkenswert, daß dieser Ausdruck auch nach der in Ziff. 50 behandelten Methode von LENNARD-JONES und DEVONSHIRE erhalten wird[2] [*17*]. Dies beruht

---
[1] W.W. WOOD: J. Chem. Phys. **20**, 1334 (1952).
[2] R. J. BUEHLER, R.H. WENTORF, J.O. HIRSCHFELDER u. C.F. CURTISS: J. Chem. Phys. **19**, 61 (1951).

darauf, daß im letzten Falle zusätzlich die Verschmierung des Potentials (Annahme d in Ziff. 49) eingeführt wird, welche den Charakter der nullten Näherung (49.40) modifiziert.

Für die Lösung der Integralgleichung (49.33) [bzw. der Integralgleichung für die Funktion $\psi(r)$] ist von KIRKWOOD[1] ein Iterationsverfahren vorgeschlagen worden, daß jedoch im Falle der harten Kugeln nicht konvergiert[2]. Selbst wenn dies der Fall ist, würde seine Durchführung erheblichen rechnerischen Aufwand erfordern. MAYER und CARERI[3] haben daher $\varphi(r)$ als Gaußsche Verteilung um den Mittelpunkt der Zelle angesetzt, wobei der Parameter der Funktion aus dem Minimum der freien Energie bestimmt wird. CARERI[4] hat dann zeigen können, daß dieser Ansatz tatsächlich eine gute Näherung für die Lösung der Integralgleichung (49.33) darstellt. Für die Berechnung der thermodynamischen Funktionen kombinieren MAYER und CARERI[3] die Gaußsche Verteilung in den besetzten Zellen noch mit der Annahme leerer Zellen. Letztere wird in der Weise eingeführt, daß die Zahl der Zellen aus dem Minimum der freien Energie bestimmt wird. Die auf diesem Wege berechneten kritischen Daten unterscheiden sich grundsätzlich kaum von denen, die nach den vorher besprochenen Methoden erhalten wurden. Man kann daher auch hier im Hinblick auf die numerischen Resultate kaum von einem wesentlichen Fortschritt gegenüber der ursprünglichen Theorie von LENNARD-JONES und DEVONSHIRE sprechen.

Allen in dieser Ziffer behandelten Theorien ist gemeinsam die Beibehaltung der Annahme b in Ziff. 49, d.h. die Reduktion des N-Körper-Problems auf ein Einkörper-Problem[5]. Auch die Beschränkung auf den Faktor $Q_\tau^{(1)}$ (Annahme a; einfache Benutzung der Zellen) wird teilweise beibehalten, teilweise durch die Einführung von Löchern nur verhältnismäßig geringfügig modifiziert. Die Ergebnisse legen daher die Vermutung nahe, daß eine wesentliche Verbesserung der Theorie von LENNARD-JONES und DEVONSHIRE nur auf dem Wege über eine Beseitigung dieser beiden Annahmen zu erreichen ist. In Ziff. 52 behandeln wir einige Versuche zur Lösung dieses Problems.

52. Berücksichtigung der Korrelation. Die Cluster-Theorie des freien Volumens. Die in Ziff. 49 durchgeführte formale Analyse des Lennard-Jones-Devonshire-Modells zeigt, daß dieses Modell einmal die lokalen Dichteschwankungen auf das durch die Zellengröße gegebene Minimum reduziert, zum anderen die Korrelation zwischen diesen Schwankungen vollständig unterdrückt. Die Einführung von unbesetzten Zellen ermöglicht größere lokale Dichteschwankungen. Die Beschränkung auf das Einkörperproblem bewirkt jedoch, daß nach wie vor keine Korrelation existiert[6]. Es handelt sich also im wesentlichen um Dichteschwankungen von dem Typ, wie sie in einem idealen Gas auftreten. Damit erklärt sich, daß das Löchermodell zwar die korrekte Verteilungsfunktion des idealen Gases liefert, im Gebiet der Flüssigkeit aber keinen nennenswerten Fortschritt über die ursprüngliche Theorie von LENNARD-JONES und DEVONSHIRE hinaus ermöglicht. Es ist jedoch zu beachten, daß eine Berücksichtigung der Korrelation nicht identisch ist mit einer Berücksichtigung mehrfacher Besetzung der Zellen (mit Einschluß von Löchern), obwohl beide Begriffe sich überschneiden können. Eine

---

[1] J.G. KIRKWOOD: J. Chem. Phys. **18**, 380 (1950).
[2] W.W. WOOD: J. Chem. Phys. **20**, 1334 (1952).
[3] J.E. MAYER u. G. CARERI: J. Chem. Phys. **20**, 1001 (1952).
[4] G. CARERI: J. Chem. Phys. **20**, 1114 (1952).
[5] Diese Aussage unterliegt für das Löchermodell einer gewissen Einschränkung, da hier die Verteilung der Moleküle auf die Zellen (wenn auch nur näherungsweise) als kooperatives Problem behandelt wird.
[6] Im Löchermodell wird eine gewisse Korrelation bei der Verteilung der Moleküle auf die Zellen berücksichtigt.

Berücksichtigung von Korrelationen beliebig hoher Ordnung ist grundsätzlich bereits im Rahmen des Faktors $Q_\tau^{(1)}$, d.h. bei Beschränkung auf einfach besetzte Zellen möglich. Andererseits kann man formal beliebig hohe Besetzungszahlen zulassen, ohne eine Korrelation einzuführen. Entsprechend kann eine Korrelation berücksichtigt werden

a) bei der Verteilung der Moleküle auf Zellen verschiedener Besetzungszahlen (mit Einschluß von Löchern).

b) bei der Bewegung mehrerer Moleküle in der gleichen Zelle,

c) bei der Bewegung von Molekülen in verschiedenen Zellen.

Beispiele für a sind bereits in Ziff. 51 behandelt worden. Eine Berücksichtigung der Korrelation nach b haben erstmalig JANSSENS und PRIGOGINE[1] durchgeführt. Die Rechnung beruht auf folgenden Annahmen:

1. Es gibt a_0 unbesetzte Zellen, a_1 einfach besetzte und a_2 doppelt besetzte Zellen, wo

$$a_0 + a_1 + a_2 = N, \qquad a_1 + 2a_2 = N \tag{52.1}$$

ist. Die Zahl der Zellen wird also gleich der Zahl der Teilchen gesetzt.

2. Das freie Volumen der einfach besetzten Zellen wird ebenso wie in der Theorie von LENNARD-JONES und DEVONSHIRE definiert, d.h. durch Gl. (49.7). Die Besetzungszahl der Nachbarzellen wird dabei nicht berücksichtigt. Das freie Volumen der doppelt besetzten Zellen ist

$$v_f^{(2)} = \iint e^{-\frac{w_1(r_1)-w_1(0)}{kT}} e^{-\frac{w_2(r_2)-w_2(0)}{kT}} e^{-\frac{u(r_{12})}{kT}} dr_1 dr_2, \tag{52.2}$$

wo r_{12} der Abstand der beiden Moleküle in der doppelt besetzten Zelle ist.

3. Alle Verteilungen der Moleküle auf die Zellen nach 1. haben das gleiche statistische Gewicht. Eine Korrelation nach a wird nicht berücksichtigt.

4. Für die Berechnung von v_f wird das Lennard-Jones-Potential, Gl. (50.5), mit $n=\infty$ benutzt. Zusätzlich wird angenommen, daß innerhalb des zugänglichen Teiles der Zelle $w(r) = w(0)$ ist. Für die Berechnung von $v_f^{(2)}$ werden analoge Annahmen gemacht; die Funktion $u(r_{12})$ wird jedoch durch ein Kastenpotential dargestellt.

Für die Einzelheiten der ziemlich umständlichen Rechnung muß auf die Originalarbeit verwiesen werden. Man erhält für die freie Energie nach HELMHOLTZ

$$F = -NkT\left\{\ln\left[\left(\frac{2\pi m kT}{h^2}\right)^{\frac{3}{2}} v_f \left(1 + \frac{\sqrt{2v_f^{(2)}}}{v_f}\right)\right] - \frac{w(0)}{2kT}\right\}. \tag{52.3}$$

Bei hinreichend hohen Dichten treten doppelt besetzte Zellen (und damit auch Löcher) nicht mehr auf. Es wird $v_f^{(2)} = 0$ und Gl. (52.3) reduziert sich auf die Theorie von LENNARD-JONES und DEVONSHIRE. An der Grenze des idealen Gases wird $v_f = v$, $v_{(f)}^2 = v^2$. Man erhält daher

$$\ln \frac{Q_\tau}{N!} = \ln v + \ln(1 + \sqrt{2}) \approx \ln v + 0{,}9, \tag{52.4}$$

während der exakte Wert

$$\ln \frac{Q_\tau}{N!} = \ln v + 1 \tag{52.5}$$

ist. Die numerische Auswertung ergibt für die kritische Temperatur von Argon praktisch den gleichen Wert wie die Theorie von LENNARD-JONES und DEVON-

---
[1] P. JANSSENS u. I. PRIGOGINE: Physica, Haag **16**, 895 (1950).

SHIRE (ohne die hier eingeführten Vereinfachungen). Dagegen wird für das kritische Volumen eine erhebliche Verbesserung erreicht. Ein abschließendes Urteil über diese Näherung ist jedoch nicht möglich, da der kritische Druck und der kritische Koeffizient nicht berechnet worden sind. Es muß daran erinnert werden, daß auch der Ansatz von PEEK und HILL[1] (Ziff. 51) recht gute Resultate für die kritische Temperatur und das kritische Volumen ergibt, während der kritische Druck, und damit der kritische Koeffizient, völlig falsch wiedergegeben werden.

In Weiterführung der Arbeit von MAYER und CARERI[2] (Ziff. 51) haben MAYER u. Mitarb.[3] die Korrelation grundsätzlich nach a und c berücksichtigt. Für die Einzelheiten der Rechnung, die auf der Methode der großen kanonischen Gesamtheit beruht, muß auf die Originalarbeiten verwiesen werden. Es wird angenommen, daß nur einfach besetzte Zellen und Löcher vorkommen. In der Bezeichnungsweise von Ziff. 49 lautet der wesentliche Ansatz [der an Stelle von Gl. (49.29) tritt]

$$\varrho^{(1)} = \prod_{i=1}^{N} \varphi(\boldsymbol{r}_i) \prod_{1 \leq i < j \leq N} e^{\lambda \psi_2(\boldsymbol{r}_i, \boldsymbol{r}_j)}, \qquad (52.6)$$

wo

$$\varphi(\boldsymbol{r}_i) = \left(\frac{\beta}{2^{\frac{1}{6}} \pi^{\frac{1}{2}}}\right)^3 e^{-\left(\frac{\beta r}{2^{\frac{1}{6}}}\right)^2} \qquad (52.7)$$

ist. Für den zweiten Faktor in (52.6) wird gesetzt

$$\lambda \psi_2(\boldsymbol{r}_i, \boldsymbol{r}_j) = \begin{cases} -\infty, & \text{wenn } i \text{ und } j \text{ dieselbe Zelle bezeichnen}, \\ \lambda, & \text{wenn } i \text{ und } j \text{ nächste Nachbarn sind}, \\ 0 & \text{in allen übrigen Fällen}. \end{cases} \qquad (52.8)$$

Dieser Ansatz bewirkt, daß tatsächlich nur noch eine Korrelation nach a berücksichtigt wird. Das damit verknüpfte kooperative Problem wird mit Hilfe einer cluster-Entwicklung behandelt, welche die mittlere Zahl von Paaren nächster Nachbarn in Form einer Entwicklung nach Potenzen von λ und ϱ liefert (wo ϱ die mittlere Teilchenzahl pro Zelle ist). Die freie Energie nach HELMHOLTZ wird schließlich als Funktion der Größen $\varDelta$, β, λ, ϱ und T erhalten, von denen T vorgegeben wird, während die vier übrigen als Variationsparameter aus dem Minimum der freien Energie bestimmt werden. Für die numerische Auswertung wird, an Stelle des Lennard-Jones-Potentials, ein Morse-Potential der Form

$$u(r) = u_0 \left\{ e^{-12\left(\frac{r}{2^{\frac{1}{6}}} - 1\right)} - 2 e^{-6\left(\frac{r}{2^{\frac{1}{6}}} - 1\right)} \right\} \qquad (52.9)$$

benutzt. Die berechneten kritischen Daten sind, mit den Ergebnissen von MAYER und CARERI und den experimentellen Werten für Argon, in Tabelle 18 zusammengestellt.

Erwartungsgemäß ergibt die hier skizzierte Methode eine leichte Verbesserung gegenüber den Werten von MAYER und CARERI. Trotzdem sind die Resultate nach wie vor sehr unbefriedigend, und man hat im wesentlichen das gleiche Bild wie bei den Zahlen der Tabelle 17 (Ziff. 51). MAYER u. Mitarb. vermuten, daß die schlechte Übereinstimmung in erster Linie durch die Beschränkung auf Wechselwirkung zwischen nächsten Nachbarn verursacht wird. Eine entsprechende

---

[1] H.M. PEEK u. T.L. HILL: J. Chem. Phys. **18**, 1252 (1950).
[2] J.E. MAYER u. G. CARERI: J. Chem. Phys. **20**, 1001 (1952).
[3] H.B. LEVINE, J.E. MAYER u. H. AROESTE: J. Chem. Phys. **26**, 201, 207 (1956).

Korrektur für die freie Energie nach HELMHOLTZ bei tieferen Temperaturen ($T^* = 0,80$ bis $1,20$) und niedrigeren Dichten ($v^* = 1,152$ bis $1,222$) ist auf der Grundlage des Lennard-Jones-Potentials abgeschätzt worden. Die Diskrepanz gegenüber den experimentellen Werten (die sich für die freie Energie in dem betrachteten Zustandsgebiet ohnehin in mäßigen Grenzen hält) wird dadurch

Tabelle 18. *Kritische Daten für Argon.* ($v_0 = \sigma^3/\sqrt{2}$ = Volumen pro Molekül bei dichtester Kugelpackung.) [Entnommen aus H. B. LEVINE, J. E. MAYER u. H. AROESTE: J. Chem. Phys. **26**, 207 (1957).]

	T_k^*	$P_k v_0/u_0$	v_k/v_0	$P_k v_k/kT_k$
MAYER u. CARERI	1,42	0,414	2,32	0,676
LEVINE, MAYER u. AROESTE	1,37	0,367	2,41	0,646
Experimentelle Werte . . .	1,26	0,116	3,16	0,291

merklich vermindert. Der Schluß, daß auf diesem Wege eine wesentliche Verbesserung der kritischen Daten zu erreichen sei, erscheint jedoch sowohl aus allgemeinen Gründen wie auch im Hinblick auf die Ergebnisse früherer Rechnungen [*17*] (Ziff. 51) kaum gerechtfertigt.

Von verschiedenen Autoren[1-4] ist die Korrelation in sehr allgemeiner Form (welche die am Anfang dieser Ziffer erwähnten Fälle a bis c einschließt) berücksichtigt worden. Da die verschiedenen Formulierungen im Prinzip äquivalent sind, begnügen wir uns hier damit, die cluster-Theorie des freien Volumens von DE BOER[1] zu skizzieren. Das grundlegende Konzept der Theorie, welches die Zellen des Lennard-Jones-Devonshire-Modells ersetzt, ist der Zellen-cluster. Ein Zellen-cluster ist eine Gruppe von, etwa l, benachbarten Zellen, welche als eine einzige große Zelle betrachtet werden, in dem Sinne, daß ihr Volumen allen l Molekülen des Zellen-clusters zur Verfügung steht. In diesem Zellen-cluster bewegen sich die l Moleküle

1. unter dem Einfluß ihrer Wechselwirkung

$$U^{(l)} = \tfrac{1}{2} \sum_{\substack{i \\ i \neq j}}^{l} \sum_{j}^{l} u(r_{ij}), \qquad (52.10)$$

2. unter dem Einfluß der Wechselwirkung mit den umgebenden $N-l$ Molekülen. Letztere wird wie in der Theorie von LENNARD-JONES und DEVONSHIRE berechnet, d.h. es wird angenommen, daß die umgebenden Moleküle sich auf ihren Gitterplätzen befinden. Man hat daher

$$U_l = \sum_{\gamma \neq 1, \ldots, l} \left[\sum_{i=1}^{l} u(\boldsymbol{R}_{ij} + \boldsymbol{r}_i) \right], \qquad (52.11)$$

wo $\boldsymbol{R}_{ij}$ der vom Ursprung der Zelle i zum Ursprung der Zelle γ gehende Vektor ist.

Wenn alle Moleküle des Zellen-clusters sich auf Gitterplätzen befinden, ist

$$U_0^{(l)} + U_{l0} = \frac{1}{2} \sum_i^l \sum_j^l u(\boldsymbol{R}_{ij}) + \sum_\gamma \left[\sum_{i=1}^l u(\boldsymbol{R}_{i\gamma}) \right]. \qquad (52.12)$$

Mit diesen Ausdrücken läßt sich sofort das freie Volumen eines Zellen-clusters definieren durch die Gleichung

$$v_f^{(l)} = \frac{1}{l!} \int \ldots \int e^{-\frac{U^{(l)}(\boldsymbol{q}^{(l)}) + U_l(\boldsymbol{q}^{(l)}) - U_0^{(l)} - U_{l0}}{kT}} d\boldsymbol{q}^{(l)}. \qquad (52.13)$$

---
[1] J. DE BOER: Physica, Haag **20**, 655 (1954).
[2] J. A. BARKER: Proc. Roy. Soc. Lond. A **230**, 390 (1955); **237**, 63 (1956).
[3] W. J. TAYLOR: J. Chem. Phys. **24**, 454 (1956).
[4] H. S. GREEN, J. Chem. Phys. **24**, 732 (1956).

Diese Ausdrücke hängen nur von der Zahl der Zellen des clusters l und von ihrer gegenseitigen Anordnung ab. Das erste Glied des Satzes (52.13), $v_f^{(1)}$, ist, wie man leicht sieht, identisch mit dem freien Volumen der Theorie von LENNARD-JONES und DEVONSHIRE, während das letzte Glied, $v_f^{(N)}$, bis auf einen Normierungsfaktor, mit dem durch $N!$ dividierten Konfigurationsintegral übereinstimmt. Es ist zweckmäßig, die Funktionen $v_f^{(l)}$ nach einem schon in Ziff. 10 benutzten Verfahren durch neue Funktionen Φ_l auszudrücken. Man hat dann

$$\left.\begin{aligned} v_f^{(\alpha)} &= \Phi_\alpha, \\ v_f^{(\alpha,\beta)} &= \Phi_\alpha \Phi_\beta + \Phi_{\alpha\beta}, \\ v_f^{(\alpha\beta\gamma)} &= \Phi_\alpha \Phi_\beta \Phi_\gamma + \Phi_{\alpha\beta} \Phi_\gamma + \Phi_\alpha \Phi_{\beta\gamma} + \Phi_{\alpha\beta\gamma}, \\ \text{usw.} & \end{aligned}\right\} \quad (52.14)$$

Die Lösung dieses Gleichungssystems lautet

$$\left.\begin{aligned} \Phi_\alpha &= v_f^{(\alpha)}, \\ \Phi_{\alpha\beta} &= v_f^{(\alpha\beta)} - v_f^{(\alpha)} v_f^{(\beta)}, \\ \Phi_{\alpha\beta\gamma} &= v_f^{(\alpha\beta\gamma)} - v_f^{(\alpha\beta)} v_f^{(\gamma)} - v_f^{(\alpha)} v_f^{(\beta\gamma)} + v_f^{(\alpha)} v_f^{(\beta)} v_f^{(\gamma)}, \\ \text{usw.} & \end{aligned}\right\} \quad (52.15)$$

Die Funktionen Φ_l werden somit dadurch erhalten, daß die Gruppe von l Zellen auf alle möglichen Weisen in kleinere Untergruppen zerlegt wird. Die Zahl dieser Möglichkeiten hängt von der geometrischen Anordnung der l Zellen ab. Die Gln. (52.14) und (52.15) entsprechen einer linearen Kette. Die Funktionen Φ_l hängen, wie die freien Volumina, von der Zahl der Zellen l und von ihrer geometrischen Anordnung ab, die wir im folgenden durch den Index k charakterisieren. Ihre wichtigste Eigenschaft ist die Tatsache, daß, mit Ausnahme von Φ_1, jedes Φ_l verschwindet, wenn wenigstens ein Molekül des entsprechenden Zellen-clusters in einem Gitterplatz lokalisiert ist. Da für das Konfigurationsintegral gilt

$$\frac{Q_\tau}{N!} = v_f^{(N)} e^{-\frac{U_0^{(N)}}{kT}}, \quad (52.16)$$

erhält man unmittelbar mit Benutzung von Gl. (52.15)

$$\frac{Q_\tau}{N!} = \sum_{m_{lk}} g(m_{lk}) \prod_{l,k} \Phi_{lk}^{m_{lk}} e^{-\frac{U_0^{(N)}}{kT}}, \quad (52.17)$$

Hier ist m_{lk} die Zahl der Zellen-cluster aus l Zellen vom Typ k, und $g(m_{lk})$ bezeichnet den Kombinationsfaktor, welcher einer Aufteilung der N Zellen auf die durch den Satz m_{lk} definierten Zellen-cluster entspricht. Die Summierung ist über alle Sätze der m_{lk} zu erstrecken mit der Nebenbedingung

$$\sum_{l,k} l \, m_{lk} = N. \quad (52.18)$$

Um das Wesen der Theorie zu verdeutlichen, wenden wir dieselbe auf ein eindimensionales System an[1]. Da in diesem Falle nur ein cluster-Typ existiert, kann der Index k weggelassen werden. Es wird daher

$$g(m_l) = \frac{(\sum m_l)!}{\prod m_l!}, \quad (52.19)$$

---
[1] E. G. D. COHEN, J. de BOER u. Z. W. SALSBURG: Physica, Haag **21**, 137 (1955).

und man erhält für das Konfigurationsintegral

$$\frac{Q_\tau}{N!} e^{\frac{U_0^{(N)}}{kT}} = \sum_{m_l} \frac{(\sum m_l)!}{\prod m_l!} \prod \Phi^{m_l}, \qquad (52.20)$$

wo für die Summierung wieder die Nebenbedingung (52.18) gilt. Der Ausdruck (52.20) hat eine erzeugende Funktion

$$G(\xi) = \sum_{n=1}^{\infty} \left(\sum_{l=1}^{\infty} \Phi_l \xi^l \right)^n. \qquad (52.21)$$

Nach bekannten Methoden findet man

$$\left[\frac{Q_\tau}{N!} e^{\frac{U_0^{(N)}}{kT}} \right]^{1/N} = \xi^{*-1} \quad (N \to \infty), \qquad (52.22)$$

wo ξ^* durch die Gleichung

$$\sum_{l=1}^{\infty} \Phi_l \xi^{*l} = 1 \qquad (52.23)$$

gegeben ist. Diese Gleichung läßt sich durch sukzessive Approximation lösen und ergibt

$$\xi^{*-1} = \Phi_1 \left[1 + \frac{\Phi_2}{\Phi_1^2} + \left(\frac{\Phi_3}{\Phi_1^3} - \frac{\Phi_2^2}{\Phi_1^4} \right) + \left(\frac{\Phi_4}{\Phi_1^4} - 3 \frac{\Phi_2}{\Phi_1^2} \frac{\Phi_3}{\Phi_1^3} + 2 \frac{\Phi_2^3}{\Phi_1^6} \right) + \cdots \right]. \qquad (52.24)$$

Für das eindimensionale ideale Gas ist $U_0^{(N)}=0$ und

$$v_f^{(l)} = \frac{(lv)^l}{l!}. \qquad (52.25)$$

Mit Benutzung von (52.15) erhält man daraus

$$\left. \begin{aligned} \frac{\Phi_2}{\Phi_1^2} &= 1, \\ \frac{\Phi_3}{\Phi_1^3} &= \frac{3}{2}, \\ \frac{\Phi_4}{\Phi_1^4} &= \frac{8}{3}. \end{aligned} \right\} \qquad (52.26)$$

Damit wird das Konfigurationsintegral

$$\frac{Q_\tau}{N!} = v^N \left[1 + \frac{1}{1!} + \frac{1}{2!} + \frac{1}{3!} + \cdots \right]^N = \frac{V^N}{N^N} e^N = \frac{V^N}{N!}. \qquad (52.27)$$

Man erhält somit das korrekte Resultat für den in der Kirkwoodschen Theorie (Ziff. 49) auftretenden Faktor σ^N.

Im zwei- und dreidimensionalen Fall stellt die Bestimmung der Kombinationsfaktoren $g(m_{lk})$ ein außerordentlich schwieriges Problem dar, dessen exakte Lösung bisher nicht gelungen ist. Unter der Annahme, daß die Beiträge von clustern aus mehr als zwei Zellen vernachlässigbar sind, haben DE BOER u. Mitarb.[1] Näherungswerte berechnet. Die Anwendung auf das ideale Gas ergibt für den Logarithmus des Konfigurationsintegrals, wie zu erwarten, nicht den korrekten Wert. Der zu der Lennard-Jones-Devonshire-Theorie hinzutretende Korrekturterm hat jedoch die richtige Größenordnung.

---

[1] E. G. D. COHEN, J. DE BOER u. Z. W. SALSBURG: Physica, Haag **21**, 137 (1955).

Eine vollständige Berechnung der Zustandsgleichung ist, ebenfalls unter Beschränkung auf cluster aus zwei Zellen, für eine Flüssigkeit aus harten Kugeln durchgeführt worden[1]. Es zeigt sich, daß einmal die Wahl des Gittertyps eine wesentliche Rolle spielt, und zum anderen, daß der zu der Theorie von LENNARD-JONES und DEVONSHIRE hinzutretende Korrekturterm in der benutzten Näherung zwar die richtige Größenordnung des Absolutbetrages, aber das falsche Vorzeichen besitzt. Auch im zweidimensionalen Fall führt die Rechnung zu analogen Ergebnissen[2]. Greifbare Erfolge sind nach der cluster-Theorie des freien Volumens bisher nicht erzielt worden, und es erscheint zweifelhaft, ob man auf diesem Wege zu einer Theorie des flüssigen Zustandes, welche die Berechnung von brauchbaren numerischen Resultaten ermöglicht, gelangen kann [18][3]. Dieses negative Ergebnis erscheint zunächst überraschend, da die Grundgleichung (52.17) zweifellos formal korrekt ist und zudem eine bemerkenswerte Analogie zur Theorie der realen Gase [6] zeigt. Es darf indessen nicht übersehen werden, daß trotzdem zwischen den beiden Theorien ein grundsätzlicher Unterschied besteht. In der Gastheorie ist die Zustandsgleichung des Bezugszustandes (d.h. des idealen Gases) eine experimentell zugängliche Größe; dementsprechend besitzen die Korrekturterme der cluster-Theorie einzeln eine physikalische Bedeutung, und wenigstens die ersten dieser Terme (d.h. der zweite und dritte Virialkoeffizient) sind ebenfalls direkt experimentell zugänglich. Der Bezugszustand der cluster-Theorie des freien Volumens ist dagegen ein abstraktes Modell (das Lennard-Jones-Devonshire-Modell), das physikalisch nicht realisierbar ist. Der einzelne Korrekturterm besitzt daher für sich keine präzise physikalische Bedeutung und ist experimentell nicht zugänglich. Man kann lediglich zeigen, daß die Gesamtheit dieser Terme die Verteilungsfunktion von LENNARD-JONES und DEVONSHIRE in die korrekte Verteilungsfunktion überführt. Es kommt noch hinzu, daß durch das Auftreten der Kombinationsfaktoren $g(m_{lk})$ die Schwierigkeiten der expliziten Berechnung wesentlich größer sind als in der Gastheorie und daher selbst für den (in der Gastheorie völlig unproblematischen) ersten Korrekturterm eine exakte Berechnung noch nicht gelungen ist.

Von weiteren allgemeinen Formulierungen, welche die Korrelation berücksichtigen, erwähnen wir noch eine Arbeit von COHEN[4], welche sich an die Kikuchische Methode aus der Theorie der kooperativen Erscheinungen[5-7] anlehnt, ferner eine von RICHARDSON und BRINKLEY[8] entwickelte Theorie, welche auf der Verwendung der großen kanonischen Gesamtheit beruht und die Theorie von MAYER und CARERI[9] (Ziff. 51) als Spezialfall enthält. Da für keine dieser Theorien numerische Resultate vorliegen, verweisen wir für Einzelheiten auf die Originalarbeiten.

Ein bemerkenswerter Versuch zur Berücksichtigung der Korrelation ist kürzlich von BARKER[10] unternommen worden. Er ersetzt die Zellen des Lennard-Jones-Devonshire-Modells durch ein Bündel von tunnelförmigen Zellen („Tunnel-Modell"), deren Länge gleich der Lineardimension des Systems ist und deren Wände (wie bei LENNARD-JONES und DEVONSHIRE) durch das Potential der

---

[1] Z. W. SALSBURG, E. G. D. COHEN, B. C. RETHMEIER u. J. DE BOER: Physica, Haag **23**, 407 (1957).
[2] E. G. D. COHEN u. B. C. RETHMEIER: Physica, Haag **24**, 959 (1958).
[3] J. A. BARKER: Austral. J. Chem. **13**, 187 (1960).
[4] E. G. D. COHEN: Physica, Haag **23**, 801 (1957).
[5] R. KIKUCHI: Phys. Rev. **81**, 988 (1951).
[6] M. KURATA, R. KIKUCHI u. T. WATARI: J. Chem. Phys. **21**, 434 (1953).
[7] J. HIJMANS u. J. DE BOER: Physica, Haag **21**, 471, 485, 499 (1955).
[8] J. M. RICHARDSON u. S. R. BRINKLEY: J. Chem. Phys. **33**, 1467 (1960).
[9] J. E. MAYER u. G. CARERI: J. Chem. Phys. **20**, 1001 (1952).
[10] J. A. BARKER: Austral. J. Chem. **13**, 187 (1960).

Wechselwirkung mit den Molekülen benachbarten Tunnels gebildet werden. Es wird angenommen,

1. daß die Bewegungen der Moleküle in verschiedenen Tunnels unabhängig voneinander sind,

2. daß die Bewegung der Moleküle in ein und demselben Tunnel separiert werden kann in eine Bewegung in Richtung der Tunnelachse, die nur von der Wechselwirkung dieser Moleküle untereinander U' abhängt, und in eine Bewegung senkrecht zur Tunnelachse, die nur von der Wechselwirkung mit den Molekülen anderer Tunnels abhängt und, in Analogie zur Theorie von LENNARD-JONES und DEVONSHIRE, einen „freien Querschnitt" definiert.

Damit wird das Konfigurationsintegral

$$\frac{Q_\tau}{N!} = \frac{1}{N!} \frac{N!}{(M!)^k} \left[\int_0^{lM} \cdots \int_0^{lM} e^{-\frac{U'}{kT}} dx_1 \ldots dx_M \right]^k a_f^N, \qquad (52.28)$$

wo k die Zahl der Tunnel, M die Zahl der Moleküle pro Tunnel und lM die Länge der Tunnel bezeichnet. a_f ist der oben definierte freie Querschnitt. Das multiple Integral in eckigen Klammern stellt das Konfigurationsintegral eines eindimensionalen Systems dar, das sich exakt berechnen läßt [3], [4]. Die Ergebnisse einer Berechnung der Zustandsgleichung für ein System aus harten Kugeln ließen die Methode im Gebiet nicht zu hoher Dichten aussichtsreich erscheinen. Die kürzlich veröffentlichten ausführlichen Berechnungen für ein System mit Lennard-Jones-Wechselwirkung[1] bieten jedoch im wesentlichen wieder das gleiche Bild wie die übrigen, in dieser und der vorhergehenden Ziffer besprochenen Versuche zu einer Verfeinerung der Theorie des freien Volumens. Wir begnügen uns daher für die Einzelheiten mit dem Hinweis auf die Originalarbeit[1].

53. Röntgenstreuung von Flüssigkeiten. In dieser und den folgenden Ziffern behandeln wir einige Probleme der Wechselwirkung einer fluiden Phase mit dem elektromagnetischen Feld. Dabei spielt naturgemäß die statistische Theorie der Flüssigkeiten eine wesentliche Rolle. Im Gegensatz zu den vorhergehenden Ziffern legen wir jedoch jetzt nicht eine Modelltheorie, sondern die exakte Beschreibung mit Hilfe der in Teil A behandelten molekularen Verteilungsfunktionen zugrunde. Da die explizite Kenntnis dieser Funktionen für die folgenden Rechnungen nicht benötigt wird, können wir diese Frage vorläufig zurückstellen. Sie wird in Ziff. 57 und 58 behandelt werden.

Unter den erwähnten Problemen ist das weitaus einfachste die Streuung der Röntgenstrahlen, da man hier von der kinematischen Interferenztheorie ausgehen kann und somit die Wechselwirkung nicht explizit in die Rechnung eingeht. Wir betrachten ein fluides System von N einatomigen Molekülen und bezeichnen mit I_0 die Intensität des Primärstrahls, mit $I(\vartheta)$ die im Abstand R von dem streuenden Volumen unter dem Winkel ϑ beobachtete Streuintensität, mit a den Thomson-Faktor und mit p den Polarisationsfaktor. Den Streuvektor definieren wir durch

$$u = \frac{4\pi}{\lambda} \sin \frac{\vartheta}{2} \qquad (53.1)$$

und den Atomfaktor durch

$$f = \mathfrak{F}(\varrho^{(e)}), \qquad (53.2)$$

wo $\varrho^{(e)}$ die Elektronendichte eines Atoms ist. Die in Ziff. 44 durchgeführte Rechnung ergibt dann für ein Einkomponentensystem das Analogon der Gl. (44.19)

---

[1] J.A. BARKER: Proc. Roy. Soc. Lond. A **259**, 442 (1961).

in der Form

$$I = \frac{I(\vartheta) R^2}{I_0 a^2 p} = f^2 \left[\int \varrho_1^{(1)} d\boldsymbol{q} + \iint \varrho^{(1,1)} e^{i\boldsymbol{u}\boldsymbol{r}} d\boldsymbol{q} \, d\boldsymbol{q}' \right], \quad (53.3)$$

wo

$$\boldsymbol{r} = \boldsymbol{q} - \boldsymbol{q}' \quad (53.4)$$

ist und die (hier nur von dem skalaren Abstand r abhängende) bedingte Wahrscheinlichkeitsdichte $\varrho^{(1,1)}$ durch Gl. (2.17) definiert ist. Für eine fluide Phase ist $\varrho^{(1)} = \bar\varrho = \overline{N}/V$. Das Doppelintegral wird auf die Variablen $\boldsymbol{q}$ und $\boldsymbol{r}$ transformiert, wobei die Jacobische Determinante Eins ist. Die Integration über $\boldsymbol{q}$ ergibt einfach den Faktor V. In dem Integral über $\boldsymbol{r}$ kann, wegen der Kugelsymmetrie von $\varrho^{(1,1)}$, nach Transformation auf Polarkoordinaten die Integration über die Winkel ausgeführt werden, und man erhält

$$\int \varrho^{(1,1)} e^{i\boldsymbol{u}\boldsymbol{r}} d\boldsymbol{r} = 4\pi \int \varrho^{(1,1)} \frac{\sin u r}{u r} r^2 \, dr. \quad (53.5)$$

Es ist zweckmäßig, zu der rechten Seite der Gl. (53.3) noch das Integral

$$4\pi \int \bar\varrho \, \frac{\sin u r}{u r} r^2 \, dr \quad (53.6)$$

hinzuzufügen, das nur im Ursprung ($u=0$) von Null verschieden ist und auch für ein endliches Streuvolumen (wegen der Überdeckung durch den Primärstrahl) keinen Beitrag zu der beobachtbaren Streustrahlung liefert. Mit Benutzung von Gl. (11.5) kann (53.3) dann geschrieben werden

$$I = N f^2 \left[1 + 4\pi \varrho \int_0^\infty g(r) \frac{\sin u r}{u r} r^2 \, dr \right]. \quad (53.7)[1]$$

Diese Gleichung ist zuerst von ZERNIKE und PRINS[2] abgeleitet worden. Definiert man eine neue reduzierte Intensität durch die Gleichung

$$i(u) = \frac{I(\vartheta) R^2}{N I_0 a^2 f^2 p} - 1, \quad (53.8)$$

so nimmt (53.7) die einfache Form an

$$u \, i(u) = 4\pi \varrho \int_0^\infty r \, g(r) \sin(u r) \, dr. \quad (53.9)$$

Durch inverse Fourier-Transformation erhält man daraus die zuerst von DEBYE und MENKE[3] angegebene Formel

$$r g(r) = \frac{1}{2\pi^2 \varrho} \int_0^\infty u \, i(u) \sin(u r) \, du. \quad (53.10)$$

Der Vergleich von Gl. (53.7) und (21.21) zeigt, daß die Größe $N[i(u)+1]$ gleich ist der mittleren spektralen Dichte der durch den Wellenvektor $\boldsymbol{u}$ charakterisierten Schwankungswellen. Die spektrale Verteilung der lokalen Schwankungen stellt also die unmittelbar experimentell zugängliche Größe dar, aus der die Korrelationsfunktion nach Gl. (53.10) durch eine (mit erheblichen zusätzlichen Fehlerquellen behaftete) mathematische Operation abgeleitet wird.

---

[1] In dieser und den folgenden Gleichungen sind die Mittelwerte $\overline{N}$ und $\bar\varrho$ nicht mehr besonders gekennzeichnet.

[2] F. ZERNIKE u. J. A. PRINS: Z. Physik **41**, 184 (1927).

[3] P. DEBYE u. H. MENKE: Phys. Z. **31**, 797 (1930). — Erg. techn. Röntgenkde. Bd. II, 1931.

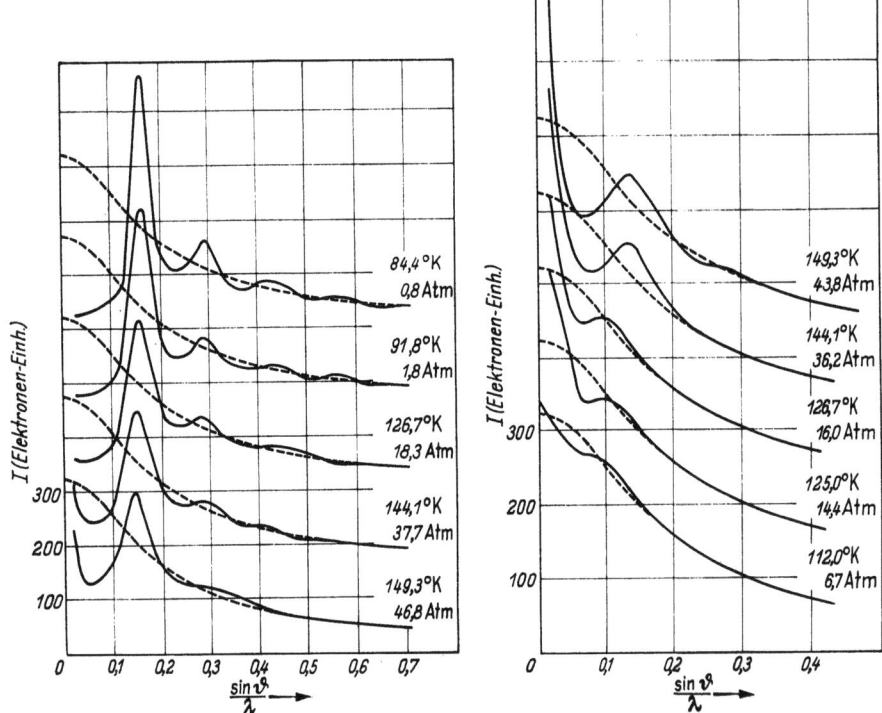

Fig. 74. Streukurven von flüssigem Argon entlang der Sättigungskurve. [Entnommen aus A. EISENSTEIN u. N. S. GINGRICH: Phys. Rev. **62**, 261 (1942).]

Fig. 75. Streukurven von gesättigtem Argon-Dampf. [Entnommen aus A. EISENSTEIN u. N. S. GINGRICH: Phys. Rev. **62**, 261 (1942).]

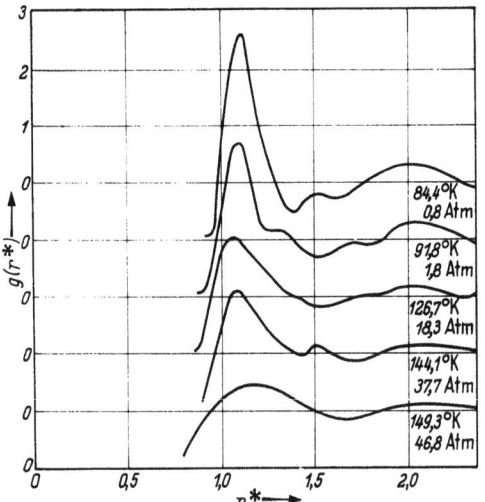

Fig. 76. Korrelationsfunktionen von flüssigem Argon entlang der Sättigungskurve, berechnet aus den Streukurven der Fig. 74. $r^* = r/\sigma$, $\sigma = 3{,}42$ A. [Entnommen aus J. DE BOER: Rep. Progr. Phys. **12**, 305 (1949).]

Wie sich aus Ziff. 22 ergibt, enthält die Gl. (53.7), ebenso wie die analoge Gl. (44.33), die Voraussage einer starken Zunahme der Kleinwinkelstreuung bei Annäherung an den kritischen Punkt. Dieser Effekt ist von EISENSTEIN und GINGRICH[1] an Argon beobachtet, aber nur qualitativ diskutiert worden. Eine quantitative Untersuchung scheint noch nicht durchgeführt worden zu sein. Fig. 74 zeigt eine Folge von Streukurven, die an flüssigen Argon entlang der Sättigungskurve erhalten wurden, Fig. 75 Streukurven von gesättigten Argon-Dampf. Der Vergleich der beiden Abbildungen zeigt, daß qualitativ zwischen den Diagrammen von Flüssigkeit und komprimiertem Gas kein Unterschied besteht und beide kontinuierlich ineinander übergehen. Das Auftreten der kritischen Opalescenz bei Annäherung an den kritischen Punkt (150, 66° K,

---

[1] A. EISENSTEIN u. N. S. GINGRICH: Phys. Rev. **62**, 261 (1942).

47,996 atm) ist deutlich zu erkennen. Die aus den Kurven der Fig. 74 berechneten Korrelationsfunktionen sind in Fig. 76 dargestellt. Sie zeigen die Abflachung der beiden ersten Maxima und eine leichte Verschiebung ihrer Lage mit zunehmender Temperatur. Die mit der Kleinwinkelstreuung verknüpfte zunehmende Reichweite der Korrelation ist nicht analysiert worden.

Eine zusammenfassende Darstellung der theoretischen Grundlagen, der experimentellen Technik und der älteren Ergebnisse findet sich in einem Artikel von GINGRICH [19], der auch ein umfangreiches Literaturverzeichnis enthält.

Die obige Ableitung ist, wie schon bemerkt, unabhängig von jeder Modelltheorie. Die gelegentlich vertretene Auffassung, daß Gl. (53.7) eine der Lennard-Jones-Devonshire-Theorie entsprechende Näherung darstelle[1], muß als völlig abwegig betrachtet werden.

54. Theorie der Dielektrizitätskonstanten. Für die dielektrischen Eigenschaften der Materie spielen bekanntlich die permanenten Dipolmomente der Moleküle eine ausschlaggebende Rolle. Da es sich aber im Rahmen dieses Artikels nicht um eine im physikalischen Sinne erschöpfende Darstellung des Gegenstandes handeln kann, sondern lediglich um die Frage, in welcher Weise die statistische Theorie der Materie eine exakte Behandlung derartiger Probleme ermöglicht, beschränken wir uns, in Einklang mit den allgemeinen Gesichtspunkten dieses Abschnittes, auf den Fall unpolarer einatomiger Moleküle[2].

Wir bezeichnen mit $\boldsymbol{D}$ die dielektrische Verschiebung, mit $\boldsymbol{E}$ die wahre elektrische Feldstärke im Dielektrikum, mit $\boldsymbol{P}$ die Polarisation (pro Volumeneinheit) und mit ε die Dielektrizitätskonstante. Im Falle eines homogenen isotropen Dielektrikums besteht definitionsgemäß zwischen diesen Größen die Beziehung

$$\boldsymbol{E} + 4\pi \boldsymbol{P} = \boldsymbol{D} = \varepsilon \boldsymbol{E}. \tag{54.1}$$

Im Rahmen der molekularen Theorie ist die Polarisation definiert durch

$$\boldsymbol{P} = \overline{\boldsymbol{p}}\, \varrho \tag{54.2}$$

wo $\overline{\boldsymbol{p}}$ das mittlere elektrische Moment eines Moleküls und $\varrho = N/V$ die Zahlendichte ist. Nimmt man an, daß die molekulare Polarisierbarkeit α eine Konstante ist und daß die Moleküle völlig ungeordnet (oder, was hier nicht in Betracht kommt, in einem kubischen Gitter angeordnet) sind, so erhält man, wie LORENTZ[3] gezeigt hat, für die Polarisation

$$\boldsymbol{P} = \varrho \alpha \left(\boldsymbol{E} + \frac{4\pi}{3} \boldsymbol{P} \right) \tag{54.3}$$

und daraus in Verbindung mit Gl. (54.1)

$$\frac{\varepsilon - 1}{\varepsilon + 2} = \frac{4\pi}{3} \varrho \alpha. \tag{54.4}$$

Diese Beziehung wird gewöhnlich als Gleichung von CLAUSIUS-MOSSOTTI[4,5] bezeichnet. Sie besagt, daß für eine gegebene Substanzmenge die Größe $(\varepsilon - 1)\, V/(\varepsilon + 2)$ unabhängig von den thermodynamischen Zustandsgrößen ist. Von UHLIG, KIRKWOOD und KEYES[6] wurde erstmalig gezeigt, daß diese Aussage jedenfalls für CO_2 nicht zutrifft. Die genannte Größe zeigt bis zu 200 atm einen leichten Anstieg

---

[1] L. H. HUND: J. Chem. Phys. **21**, 1772 (1953).
[2] In Ziff. 54 bis 56 benützen wir für die elektromagnetischen Größen durchweg das Gaußsche Maßsystem (cgs-System).
[3] H. A. LORENTZ: The Theory of Electrons, S. 303. Leipzig 1909.
[4] R. CLAUSIUS: Mechanische Wärmetheorie, Bd. II, S. 94. 1874.
[5] O. F. MOSSOTTI: Mem. Mat. e Fis. Modena **24** II, 49 (1850).
[6] H. H. UHLIG, J. G. KIRKWOOD u. F. G. KEYES: J. Chem. Phys. **1**, 155 (1933).

mit der Dichte. Die genaueren Messungen von MICHELS u. Mitarb.[1-3] haben dies Ergebnis bestätigt und eine vollständige Analyse für CO_2 und Argon ermöglicht. Danach nimmt die Größe $(\varepsilon-1)\,V/(\varepsilon+2)$ zunächst mit der Dichte zu, durchläuft ein Maximum (für CO_2 bei etwa 200 atm, für Argon bei etwa 200 Amagat), um dann unter den durch Gl. (54.4) gegebenen Wert abzusinken.

Die Ursache dieser Diskrepanz liegt, wie unabhängig voneinander KIRKWOOD[4] und YVON[5] gezeigt haben, in der Vernachlässigung der lokalen Dichteschwankungen bei der Ableitung der Gl. (54.4). Die röntgenographischen Ergebnisse (Ziff. 53) zeigen, daß die Annahme einer völligen Unordnung der Moleküle für komprimierte Gase und Flüssigkeiten unzutreffend ist. Bei Berücksichtigung der Schwankungen läßt sich qualitativ der experimentelle Kurvenverlauf richtig wiedergeben. Die verbleibenden quantitativen Diskrepanzen deuten indessen darauf hin, daß noch weitere Effekte eine Rolle spielen müssen, unter denen in erster Linie die Abhängigkeit der Polarisierbarkeit von der molekularen Konfiguration und bei hohen Dichten vielleicht noch die Wechselwirkung von induzierten Multipolen höherer Ordnung in Betracht kommen. Aus den eingangs genannten Gründen beschränken wir uns hier auf die Wiedergabe der Kirkwood-Yvonschen Theorie; auf die zuletzt erwähnte Frage werden wir am Schluß noch einmal kurz zurückkommen.

Wir betrachten ein fluides System von N kugelförmigen untereinander gleichen Molekülen, das sich etwa im Inneren eines Plattenkondensators befinde. Die Moleküle sollen kein permanentes Dipolmoment besitzen und durch eine konstante skalare Polarisierbarkeit α charakterisiert sein. Der Einfluß von Multipolen höherer Ordnung, von Inhomogenitäten des lokalen Feldes und von Sättigungseffekten wird vernachlässigt. Unter diesen Voraussetzungen kann für das Dipolmoment eines Moleküls $\boldsymbol{p}$ gesetzt werden

$$\boldsymbol{p}_i = \alpha \boldsymbol{F}_i, \qquad (54.5)$$

wo das auf das Molekül wirkende lokale Feld durch die Gleichung

$$\boldsymbol{F}_i = \boldsymbol{D} - \sum_{\substack{j=1 \\ j \neq i}}^{N} \mathsf{T}_{ij} \cdot \boldsymbol{p}_j, \qquad (54.6)$$

gegeben ist. Der zweite Term der rechten Seite stellt den Beitrag der induzierten Momente aller übrigen Moleküle zu dem auf das Molekül i wirkenden lokalen Feld dar. Der symmetrische Tensor T_{ij} läßt sich in dyadischer Notierung[6] schreiben

$$\mathsf{T}_{ij} = V_i V_j \left(\frac{1}{r_{ij}}\right) = \frac{1}{r_{ij}^3}\left(\mathsf{U} - 3\,\frac{\boldsymbol{r}_{ij}\boldsymbol{r}_{ij}}{r_{ij}^2}\right). \qquad (54.7)$$

Hier ist

$$r_{ij} = |\boldsymbol{q}_i - \boldsymbol{q}_j| \qquad (54.8)$$

der Abstand zwischen den Molekülen i und j und U der Einheitstensor. Im $3N$-dimensionalen Konfigurationsraum kann Gl. (54.5) mit Benutzung von (54.6) geschrieben werden

$$\boldsymbol{p} = \alpha\,(\mathfrak{D} - \mathsf{T}\cdot\boldsymbol{p}), \qquad (54.9)$$

---

[1] A. MICHELS u. C. MICHELS: Phil. Trans. Roy. Soc. Lond. A **231**, 587 (1933).
[2] A. MICHELS u. L. KLEREKOPER: Physica, Haag **6**, 586 (1939).
[3] A. MICHELS, C.A. TEN SELDAM u. S.D.J. OVERDIJK: Physica, Haag **17**, 781 (1951).
[4] J.G. KIRKWOOD: J. Chem. Phys. **4**, 592 (1936).
[5] J. YVON: La propagation et la diffusion de la lumière. (Actualités scientifiques et industrielles Nr. 543.) Paris 1937.
[6] Im folgenden wird das dyadische Produkt zweier Vektoren ohne Punkt, das innere (skalare) Produkt mit Punkt geschrieben.

wo $\boldsymbol{p}$ und $\mathfrak{D}$ $3N$-dimensionale Vektoren sind, deren Projektionen in den dreidimensionalen Unter-Raum des Moleküls i durch die Vektoren $\boldsymbol{p}_i$ und $\boldsymbol{D}$ dargestellt werden. T ist ein symmetrischer Tensor der Ordnung $3N \times 3N$ mit den Elementen T_{ij} im dreidimensionalen Unter-Raum. Die Lösung der Gl. (54.9) kann geschrieben werden

$$\boldsymbol{p} = (\mathsf{U} + \alpha \mathsf{T})^{-1} \alpha \mathfrak{D} = \mathsf{A} \cdot \mathfrak{D} \qquad (54.10)^1$$

mit

$$\mathsf{A} = \alpha (\mathsf{U} + \alpha \mathsf{T})^{-1}. \qquad (54.11)$$

Das lokale elektrische Feld ist danach gegeben durch

$$\boldsymbol{F}_i = \boldsymbol{D} - \sum_{j \neq i} \mathsf{T}_{ij} \cdot \boldsymbol{p}_j \qquad (54.12)$$

oder, in $3N$-dimensionaler Notierung

$$\mathfrak{F} = \mathfrak{D} - \mathsf{T} \cdot \boldsymbol{p} = \alpha^{-1} \mathsf{A} \cdot \mathfrak{D}. \qquad (54.13)$$

Nach (54.2) wird die makroskopische Polarisation aus (54.10) durch Mittelung mit Hilfe einer stationären statistischen Gesamtheit erhalten. Wir benutzen hier die kanonische Gesamtheit; da wir uns auf eine in $\mathfrak{D}$ lineare Theorie beschränken (Vernachlässigung von Sättigungserscheinungen), kann die Hamilton-Funktion für $\boldsymbol{D} = 0$ verwendet werden. Die auf Eins normierte spezielle Wahrscheinlichkeitsdichte im Konfigurationsraum wird dann [4]

$$\varrho_{\text{spez}}^{(N)} = \frac{1}{\lambda^{3N} N! Q} e^{-\frac{U}{kT}} \qquad (54.14)$$

mit

$$\lambda = \frac{h}{(2\pi m kT)^{\frac{1}{2}}}. \qquad (54.15)$$

Nach Ziff. 2 ist die molekulare Dichte

$$\varrho^{(1)} = \varrho = \overline{\nu^{(1)}(\boldsymbol{q})} = \sum_{i=1}^{N} \overline{\delta(\boldsymbol{q}_i - \boldsymbol{q})}. \qquad (54.16)$$

Das mittlere Dipolmoment eines Moleküls wird

$$\overline{\boldsymbol{p}_i} = \overline{\boldsymbol{p}_j} = \frac{\overline{\boldsymbol{p}_i \delta(\boldsymbol{q}_i - \boldsymbol{q})}}{\overline{\delta(\boldsymbol{q}_i - \boldsymbol{q})}}. \qquad (54.17)$$

Damit erhält man für die Polarisation

$$\boldsymbol{P} = \sum_i \overline{\boldsymbol{p}_i \delta(\boldsymbol{q}_i - \boldsymbol{q})} = \sum_i \overline{\boldsymbol{p}_i} \,\overline{\delta(\boldsymbol{q}_i - \boldsymbol{q})} = \varrho \overline{\boldsymbol{p}_i}. \qquad (54.18)$$

In $3N$-dimensionaler Notierung hat man entsprechend

$$\mathfrak{P} = \varrho \boldsymbol{p}$$

oder mit Gl. (54.10)

$$\mathfrak{P} = \varrho \overline{\mathsf{A}} \cdot \mathfrak{D}, \qquad (54.19)$$

wo $\mathfrak{P}$ den $3N$-dimensionalen Polarisationsvektor bezeichnet, dessen Komponente im dreidimensionalen Unter-Raum der Vektor $\boldsymbol{P}$ ist. Ferner gilt

$$\overline{\mathsf{A}}_{ij} = \frac{\overline{\mathsf{A}_{ij} \delta(\boldsymbol{q}_i - \boldsymbol{q})}}{\overline{\delta(\boldsymbol{q}_i - \boldsymbol{q})}}. \qquad (54.20)$$

---

[1] Der Einfachheit halber bezeichnen wir hier den Einheitstensor mit dem gleichen Symbol wie im dreidimensionalen Raum.

Um aus Gl. (54.19) die Dielektrizitätskonstante zu berechnen, benötigen wir nach Gl. (54.1) noch einen Ausdruck für die mittlere elektrische Feldstärke im Dielektrikum. Aus Gl. (54.12) ergibt sich unmittelbar

$$\overline{F_i(q)} = E(q) = D(q) - \sum_{j=1}^{N} \overline{T(q, q_j) \cdot p_j}, \qquad (54.21)$$

wo aber jetzt die Summierung über alle Moleküle zu erstrecken ist. Im letzten Term der rechten Seite liefert die Integration über die Koordinaten von $N-1$ Molekülen $i \neq j$ jeweils nach (54.17) den Mittelwert $\overline{p_j \, \delta(q_j - q)}$. Mit Benutzung von (54.18) kann daher (54.21) geschrieben werden

$$E(q) = D(q) - \int_V T(q, q') P(q') \, dq'. \qquad (54.22)$$

Wir grenzen um den Aufpunkt q ein beliebig kleines kugelförmiges Volumen $v(q)$ ab und können dann schreiben

$$E(q) = D(q) + E_d(q) - \int_{v(q)}^{V} T(q, q') \cdot P(q') \, dq' \qquad (54.23)$$

mit

$$E_d(q) = -\int_{v(q)} T(q, q') \cdot P(q') \, dq'. \qquad (54.24)$$

Das Integral in Gl. (54.23) läßt sich berechnen und man erhält für den Grenzfall einer unendlich kleinen Kugel

$$E(q) = D(q) - \frac{4\pi}{3} P(q) + E_d(q). \qquad (54.25)$$

Es ist nun, da wir eine homogene Polarisation annehmen

$$\left.\begin{array}{l} E_d = -P \int T(q, q') \, dq' = -P \int T(q, q') \, g^{(2)}(q, q') \, dq' + \\ + P \int^{\infty} T(q, q') [g^{(2)}(q, q') - 1] \, dq', \end{array}\right\} \qquad (54.26)$$

wo $g^{(2)}(q, q')$ die durch Gl. (2.9) und (2.15) definierte Paarverteilungsfunktion ist. Das zweite Integral kann über den ganzen Raum erstreckt werden, da der Integrand wenigstens mit r^{-4} gegen Null geht. Nach Transformation auf Polarkoordinaten findet man mit Gl. (54.7), daß dieses Integral verschwindet. Es wird somit

$$\left.\begin{array}{l} E_d = -P \int T(q, q') \, g^{(2)}(q, q') \, dq' \\ = -\varrho^{-2} \sum_{i,j} \overline{T_{ij} \, \delta(q_i - q)} \cdot P \\ = -\varrho^{-1} \sum_{j=i} \dfrac{\overline{T_{ij} \, \delta(q_i - q)}}{\delta(q_i - q)} \cdot P = -\varrho^{-1} \sum_{j \neq i} T_{ij} \cdot P. \end{array}\right\} \qquad (54.27)$$

In $3N$-dimensionaler Notierung lauten die Gln. (54.25) und (54.27)

$$\mathfrak{E} = \mathfrak{D} - \frac{4\pi}{3} \mathfrak{P} + \mathfrak{E}_d \qquad (54.28)$$

mit

$$\mathfrak{E}_d = -\varrho^{-1} \overline{\mathsf{T}} \cdot \mathfrak{P}, \qquad (54.29)$$

wo die für jeden dreidimensionalen Unter-Raum gleichen Komponenten des $3N$-dimensionalen Vektors $\mathfrak{E}_d$ durch Gl. (54.27) gegeben sind. Aus Gl. (54.19), (54.28) und (54.29) erhält man

$$\mathfrak{P} = \varrho \, \overline{\mathsf{A}} \, (\mathfrak{E}_L + \varrho^{-1} \overline{\mathsf{T}} \cdot \mathfrak{P}) \qquad (54.30)$$

oder
$$\mathfrak{P} = [\mathsf{U} - \bar{\mathsf{A}} \cdot \bar{\mathsf{T}}]^{-1} \varrho \, \bar{\mathsf{A}} \cdot \mathfrak{E}_L, \tag{54.31}$$

wo
$$\mathfrak{E}_L = \mathfrak{E} + \frac{4\pi}{3} \mathfrak{P} \tag{54.32}$$

das Lorentz-Feld mit den Komponenten E_L im dreidimensionalen Unter-Raum ist. In Komponentendarstellung lautet Gl. (54.31)

$$P = \varrho \sum_{j,k} (\mathsf{U} - \bar{\mathsf{A}} \cdot \bar{\mathsf{T}})_{ij}^{-1} \cdot \bar{\mathsf{A}}_{jk} \cdot E_L. \tag{54.33}$$

Aus Gl. (54.1), (54.32) und (54.33) erhält man als allgemeinen Ausdruck für die Clausius-Mosottische Funktion

$$\varrho^{-1} \frac{\varepsilon - 1}{\varepsilon + 2} = u \cdot \left[\frac{4\pi}{3} \sum_{j,k} (\mathsf{U} - \bar{\mathsf{A}} \cdot \bar{\mathsf{T}})_{ij}^{-1} \cdot \bar{\mathsf{A}}_{jk} \right] \cdot u, \tag{54.34}$$

wo u der Einheitsvektor in der Richtung des elektrischen Feldes ist. Entwicklung der rechten Seite nach Potenzen von $\alpha \, \mathsf{T}_{ij}$ ergibt

$$\varrho^{-1} \frac{\varepsilon - 1}{\varepsilon + 2} = \frac{4\pi}{3} \alpha \left[1 + \alpha^2 \left(\sum_{j,k} u \cdot \bar{\mathsf{T}}_{ij} \cdot \bar{\mathsf{T}}_{jk} \cdot u - u \cdot \bar{\mathsf{T}}_{ij} \cdot \bar{\mathsf{T}}_{jk} \cdot u \right) + \cdots \right]. \tag{54.35}$$

Die Berechnung der Mittelwerte führt dann auf die zuerst von Yvon[1] angegebene explizite Formel

$$\varrho^{-1} \frac{\varepsilon - 1}{\varepsilon + 2} = \frac{4\pi}{3} \alpha \left\{ 1 + \alpha^2 \left[8\pi \varrho \int r_{12}^{-4} g^{(2)}(r_{12}) \, dr_{12} + \right. \right.$$
$$\left. + \varrho^2 \iint r_{12}^{-3} r_{23}^{-3} (3\cos^2 \gamma - 1) \left[g^{(3)}(q_1, q_2, q_3) - \right. \right.$$
$$\left. \left. - g^{(2)}(q_1, q_2) \, g^{(2)}(q_2, q_3) \right] dq_2 \, dq_3 \right] + \cdots \right\}, \tag{54.36}$$

wo γ der Winkel zwischen r_{12} und r_{23} ist. Die Gln. (54.35) und (54.36) zeigen unmittelbar, daß die Clausius-Mossottische Formel (54.4) aus der hier entwickelten Theorie durch Vernachlässigung der lokalen Dichteschwankungen erhalten wird. Die numerische Auswertung der Gl. (54.36) ist von DE BOER u. Mitarb.[2] für Argon durchgeführt worden, wobei für die zwischenmolekulare Wechselwirkung das Lennard-Jones-Potential, Gl. (50.7), zugrunde gelegt wurde. Die Ergebnisse sind für zwei Temperaturen (160 und 298° K) zusammen mit der experimentellen Kurve nach MICHELS u. Mitarb.[3] (Messungen bei 298 und 398° K) in Fig. 77 dargestellt. Qualitativ wird der Kurvenverlauf von der Theorie richtig wiedergegeben. Die theoretischen Kurven steigen jedoch im Gebiet niedriger Dichten zu langsam an und zeigen bei höheren Dichten eine viel zu starke Abhängigkeit von der Temperatur, die bei 298° K einen zu langsamen Abfall bewirkt. Die erste Diskrepanz ist wohl im wesentlichen auf die Annahme einer konstanten Polarisierbarkeit zurückzuführen, deren Berechtigung schon von KIRKWOOD[4] bezweifelt worden ist. Die Abhängigkeit der Polarisierbarkeit von der Konfiguration ist quantenmechanisch von JANSEN und MAZUR[5] berechnet worden. Die entsprechende Erweiterung der Theorie der Dielektrizitätskonstanten[6], die numerisch nur für He-

---

[1] J. YVON: La propagation et la diffusion de la lumière. (Actualités scientifiques et industrielles Nr. 543.) Paris 1937.
[2] J. DE BOER, F. VAN DER MAESEN u. C. A. TEN SELDAM: Physica, Haag **19**, 265 (1953).
[3] A. MICHELS, C. A. TEN SELDAM u. S. D. J. OVERDIJK: Physica, Haag **17**, 781 (1951).
[4] J. G. KIRKWOOD: J. Chem. Phys. **4**, 592 (1936).
[5] L. JANSEN u. P. MAZUR: Physica, Haag **21**, 193 (1955).
[6] P. MAZUR u. L. JANSEN: Physica, Haag **21**, 208 (1955).

lium ausgewertet worden ist, ergibt einen zusätzlichen Term, der für Helium von der gleichen Größenordnung wie der von den lokalen Dichteschwankungen herrührende ist. Es scheint, daß für Argon die Diskrepanzen zwischen Theorie und Experiment durch die Berücksichtigung des neuen Effektes erheblich vermindert werden, genaue Daten sind jedoch bisher nicht verfügbar.

Für die Erklärung der zweiten Diskrepanz (im Gebiet hoher Dichten) kommt zunächst das Abbrechen der Entwicklung (54.35) mit dem in α quadratischen Term in Betracht, der wie Gl. (54.36) zeigt, eine Beschränkung auf cluster aus drei Molekülen bedeutet. Die Berechnung der höheren Terme ist praktisch undurchführbar. Da aber bereits Gl. (54.36) eine qualitative Übereinstimmung ergibt, andererseits hier wesentliche physikalische Effekte noch vernachlässigt sind, erscheint es zweifelhaft, ob der erwähnte Gesichtspunkt eine entscheidende Rolle spielt. Von DE GROOT und TEN SELDAM[1] wurde gezeigt, daß im Gebiete hoher Dichten die mittlere Polarisierbarkeit mit zunehmender Dichte abnimmt. Der, unter Vernachlässigung der Schwankungen der Polarisierbarkeit, durchgeführte Vergleich mit der experimentellen Clausius-Mossotti-Funktion für Argon zeigt, daß die vorher erwähnte Diskrepanz erheblich vermindert wird. Der Einfluß von Multipolen höherer Ordnung ist von JANSEN[2] berücksichtigt worden.

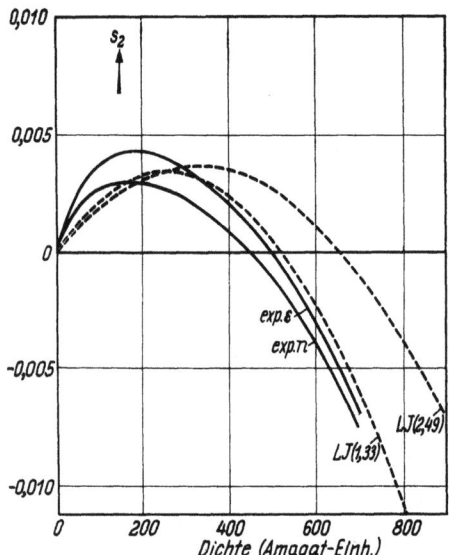

Fig. 77. Abhängigkeit der Clausius-Mossottischen und der Lorentz-Lorenzschen Funktion von der Dichte für Argon. exp. ε: Berechnet aus Messungen der Dielektrizitätskonstante; bei 298 und 398° K; exp. n: Berechnet aus Messungen des Brechungsindex; LJ (1,33), LJ (2,49): Berechnet nach Gl. (54.36) mit Lennard-Jones-Potential für $T^* = 1{,}33$ und $T^* = 2{,}49$ bzw. $T = 160°$ K und $T = 298°$ K. Die auf der Ordinate aufgetragene Größe S_2 ist der zweite Term in der geschweiften Klammer der Gl. (54.36). [Entnommen aus P. MAZUR u. L. JANSEN: Physica, Haag 21, 216 (1955).]

Von Erweiterungen der Theorie auf komplizierte Fälle sei zunächst die Berücksichtigung der Anisotropie der Polarisierbarkeit erwähnt, die bereits von KIRKWOOD[3] durchgeführt worden ist. Für polare Moleküle ist die Theorie nach der hier benutzten Methode in neuerer Zeit von MANDEL und MAZUR[4] entwickelt worden, wobei die Polarisierbarkeit, wie oben, als skalare Konstante behandelt wird. Diese Arbeit enthält auch ein Verzeichnis der älteren theoretischen Literatur.

55. Theorie des Brechungsindex. Wie in der vorhergehenden Ziffer, beschränken wir uns auch hier auf Systeme aus unpolaren einatomigen Molekülen. Bei Vernachlässigung aller Schwankungserscheinungen gilt für den Brechungsindex n die der Clausius-Mossottischen Formel (54.4) analoge Lorentz-Lorenzsche Formel

$$\frac{n^2 - 1}{n^2 + 2} = \frac{4\pi}{3} \varrho \alpha, \qquad (55.1)$$

wo naturgemäß die Polarisierbarkeit jetzt von der Frequenz abhängt. Aus Fig. 77 (Ziff. 54) sieht man, daß Gl. (55.1) ebenfalls nur eine Näherung darstellt und durch

---

[1] C.A. TEN SELDAM u. S.R. DE GROOT: Physica, Haag 18, 910 (1952).
[2] L. JANSEN: Phys. Rev. 112, 434 (1958).
[3] Siehe Fußnote 4, S. 255.
[4] M. MANDEL u. P. MAZUR: Physica, Haag 24, 116 (1958).

Präzisionsmessungen[1] widerlegt wird. Eine Theorie des Brechungsindex, welche die lokalen Dichteschwankungen berücksichtigt, ist zuerst von YVON[2] entwickelt worden. Wir legen im folgenden eine neuere Untersuchung von MAZUR und MANDEL[3] zugrunde, in welcher die Abhängigkeit der Polarisierbarkeit von der Konfiguration berücksichtigt wird. Die Methode, welche auch eine strengere Behandlung der optischen Phänomene ermöglicht, stellt im wesentlichen eine Kombination der von HOEK[4,5] entwickelten elektrodynamischen Theorie mit einer konsequenten Anwendung der statistischen Mechanik dar. Der Gedankengang der Ableitung läßt sich in drei Schritte zerlegen:

a) Man zeigt, daß die Polarisation durch eine Integralgleichung der Form

$$\boldsymbol{P}(\boldsymbol{q}) = \varrho\,\bar{\alpha}\,[\boldsymbol{E}_0(\boldsymbol{q}) + \boldsymbol{E}_d(\boldsymbol{q})] + \boldsymbol{J}(\boldsymbol{q}) \tag{55.2}$$

dargestellt wird.

b) Es wird nachgewiesen, daß (55.2) eine Lösung besitzt, welche gleichzeitig der Wellengleichung

$$\Delta \boldsymbol{P} + k^2 n^2 \boldsymbol{P} = 0 \tag{55.3}$$

und der Transversalitätsbedingung

$$\operatorname{div} \boldsymbol{P} = 0 \tag{55.4}$$

genügt, wenn der Parameter n in (55.3) in geeigneter Weise durch die Polarisierbarkeit ausgedrückt wird.

c) Schließlich zeigt man, daß zwischen der Polarisierbarkeit und der mittleren elektrischen Feldstärke in dem betrachteten Medium $\boldsymbol{E}(\boldsymbol{q})$ die Beziehung

$$\boldsymbol{E}(\boldsymbol{q}) = \frac{4\pi}{n^2 - 1}\,\boldsymbol{P}(\boldsymbol{q}) \tag{55.5}$$

besteht. Die Ausbreitung der elektrischen Feldstärke in dem Medium wird also ebenfalls durch (55.3) beschrieben, womit n als der Brechungsindex identifiziert ist. Die Relation zwischen $\bar{\alpha}$ und n, welche die Konsistenz der Gln. (55.2) bis (55.4) sichert, stellt die Verallgemeinerung der Lorentz-Lorenzschen Formel dar.

Wir betrachten ein fluides System von N untereinander gleichen optisch isotropen Molekülen. Die elektrische Feldstärke der einfallenden Welle sei $\boldsymbol{E}_0\,e^{i\omega t}$, wo ω die Kreisfrequenz ist. Unter der Wirkung dieser Welle wird das elektrische Moment eines Moleküls bei gegebener Konfiguration $\boldsymbol{p}_i\,e^{i\omega t}$ mit

$$\boldsymbol{p}_i = \alpha_i \cdot \left[\boldsymbol{E}_0(\boldsymbol{q}_i) - \sum_{\substack{j=1 \\ j \neq i}}^{N} \mathsf{F}_{ij} \cdot \boldsymbol{p}_j\right], \tag{55.6}$$

wo der Polarisierbarkeitstensor α_i von ω und der Konfiguration des Systems abhängt. Der zweite Term der rechten Seite stellt wieder den Beitrag der induzierten Momente aller übrigen Moleküle zu dem auf das Molekül i wirkenden lokalen Feld dar. Er läßt sich durch den Hertzschen Vektor $Y_{ij}\,\boldsymbol{p}_j$ ausdrücken, wo

$$Y_{ij} = \frac{e^{-i k r_{ij}}}{r_{ij}}, \quad k = \frac{\omega}{c} \tag{55.7}$$

ist. Man erhält

$$-\mathsf{F}_{ij} \cdot \boldsymbol{p}_j = (\operatorname{rot}_i \operatorname{rot}_i + k^2 \mathsf{U}) \cdot Y_{ij}\,\boldsymbol{p}_j. \tag{55.8}$$

---
[1] A. MICHELS u. A. BOTZEN: Physica, Haag **15**, 769 (1949).
[2] J. YVON: La propagation et la diffusion de la lumière. (Actualités scientifiques et industrielles Nr. 543.) Paris 1937.
[3] P. MAZUR u. M. MANDEL: Physica, Haag **22**, 299 (1956).
[4] H. HOEK: Diss. Leiden 1939.
[5] L. ROSENFELD: Theory of Electrons. Amsterdam 1951.

Mit Benutzung von (55.7) und (55.8) läßt sich der symmetrische Tensor F_{ij} schreiben

$$\mathsf{F}_{ij} = e^{-ikr_{ij}} \left\{ \mathsf{U} \left[\frac{(ik)^2}{r_{ij}} + \frac{ik}{r_{ij}^2} + \frac{1}{r_{ij}^3} \right] - \frac{r_{ij}r_{ij}}{r_{ij}^2} \left[\frac{(ik)^2}{r_{ij}} + \frac{3ik}{r_{ij}^2} + \frac{3}{r_{ij}^3} \right] \right\}, \quad (55.9)$$

wo U wieder der Einheitstensor ist. Für $k=0$ geht F_{ij} in den durch Gl. (54.7) definierten statischen Tensor T_{ij} über.

Das mittlere Dipolmoment $\overline{p}_i(q_i)$ und die Polarisation P sind auch hier durch die Gln. (54.17) bzw. (54.18) gegeben. Die mittlere Polarisierbarkeit definieren wir durch die Gleichung

$$\overline{\alpha}_i = \overline{\alpha}_j = \overline{\alpha}\,\mathsf{U} = \varrho^{-1} \sum_i \overline{\alpha_i \delta(q_i - q)}. \quad (55.10)$$

Aus Gl. (54.18) und (55.6) erhält man

$$P(q) = \sum_{\substack{i,j \\ i \neq j}} \overline{\alpha_i \cdot [E_0(q_i) - \mathsf{F}_{ij} \cdot p_j] \delta(q_i - q)}. \quad (55.11)$$

Mit Benutzung von (54.16), (54.17) und (55.10) wird daraus

$$P(q) = \varrho \overline{\alpha} \left[E_0(q) - \varrho^{-1} \int_V \sum_{\substack{i,j \\ i \neq j}} \overline{\mathsf{F}_{ij} \cdot p_j \delta(q_i - q) \delta(q_j - q')} \, dq' \right] + J(q), \quad (55.12)$$

wo

$$J(q) = \int_V \sum_{\substack{i,j \\ i \neq j}} \overline{[\overline{\alpha}\,\mathsf{F}_{ij} \cdot \overline{p}_j - \alpha_i \cdot \mathsf{F}_{ij} \cdot p_j] \delta(q_i - q) \delta(q_j - q')} \, dq' \quad (55.13)$$

ist. Mit Benutzung von (2.9), (2.15) und (54.18) läßt sich Gl. (55.12) schreiben

$$P(q) = \varrho \overline{\alpha} \left[E_0(q) - \int_V \mathsf{F}(q, q') P(q') g^{(2)}(q, q') \, dq' \right] + J(q). \quad (55.14)$$

Der Ausdruck (55.13) für die Funktion $J(q)$ läßt sich auf eine übersichtlichere Form bringen, wenn man eine Hilfsgröße

$$\left. \begin{aligned} p_k^*(q') &= \alpha_k \cdot \left[E_0(q') - \varrho^{-1} \sum_{\substack{j,l \\ l \neq j}} \overline{\mathsf{F}_{jl} \cdot \overline{p}_l \delta(q_i - q')} \right] \\ &= \alpha_k \cdot \left[E_0(q') - \int_V \mathsf{F}(q', q'') \cdot P(q'') g^{(2)}(q', q'') \, dq'' \right] \end{aligned} \right\} \quad (55.15)$$

einführt. Der Vektor p_k^* stellt das elektrische Moment dar, das in dem Molekül k durch ein mittleres lokales Feld induziert würde, wobei aber die Polarisierbarkeit auch hier von der Konfiguration des Systems abhängt. Aus (55.6) und (55.14) erhält man

$$p_k(q) = p_k^*(q') + \alpha_k \cdot \varrho^{-1} \sum_{\substack{j,l \\ l \neq j}} \overline{\mathsf{F}_{jl} \cdot \overline{p}_l \delta(q_j - q')} - \alpha_k \cdot \sum_{l \neq k} \mathsf{F}_{kl} \cdot p_l. \quad (55.16)$$

Durch wiederholtes Einsetzen dieses Ausdruckes in Gl. (55.13) erreicht man in sukzessiver Approximation, daß der Integrand mit beliebiger Genauigkeit proportional zu p^* wird. Gl. (55.13) kann daher geschrieben werden

$$J(q) = \varrho \overline{\alpha} \int_V \mathsf{K}(q, q') \cdot \left[E_0 - \int_V \mathsf{F}(q', q'') \cdot P(q'') g^{(2)}(q', q'') \, dq'' \right] dq', \quad (55.17)$$

wo $\mathsf{K}(q, q')$ ein symmetrischer Tensor ist, derart, daß

$$\int \mathsf{K}(q, q') \, dq' = \mathsf{U}\,\varphi(\varrho, T, \omega) \quad (55.18)$$

Ziff. 55.   Theorie des Brechungsindex.

ist, wo φ nur von der Dichte, der Temperatur und der Frequenz abhängt. Das in der eckigen Klammer der Gl. (55.14) stehende Integral läßt sich wieder zerlegen nach

$$\left.\begin{aligned}\int\limits_V^V \mathsf{F}(\mathbf{q},\mathbf{q}') \cdot \mathbf{P}(\mathbf{q}')\, g^{(2)}(\mathbf{q},\mathbf{q}')\, d\mathbf{q}' &= \int\limits_{v(\mathbf{q})}^V \mathsf{F}(\mathbf{q},\mathbf{q}') \cdot \mathbf{P}(\mathbf{q}')\, g^{(2)}(\mathbf{q},\mathbf{q}')\, d\mathbf{q}' \\ &= \int\limits_{v(\mathbf{q})}^V \mathsf{F}(\mathbf{q},\mathbf{q}') \cdot \mathbf{P}(\mathbf{q}')\, d\mathbf{q}' + \int\limits_{v(\mathbf{q})}^\infty \mathsf{F}(\mathbf{q},\mathbf{q}') \cdot \mathbf{P}(\mathbf{q}')\, [g^{(2)}(\mathbf{q},\mathbf{q}') - 1]\, d\mathbf{q}'. \end{aligned}\right\} \quad (55.19)$$

Der Ausschluß einer beliebig kleinen Kugel $v(\mathbf{q})$ um den Aufpunkt $\mathbf{q}$ vom Integrationsgebiet wird dadurch gerechtfertigt, daß hier der Integrand wegen der zwischenmolekularen Abstoßung verschwindet. Es ist zweckmäßig, auch hier das durch die mittlere Polarisation erzeugte lokale Feld $E_d(\mathbf{q})$ einzuführen. Dasselbe ist hier definiert durch die Gleichung

$$E_d(\mathbf{q}) = -\int\limits_{v(\mathbf{q})}^V \mathsf{F}(\mathbf{q},\mathbf{q}') \cdot \mathbf{P}(\mathbf{q}')\, d\mathbf{q}'. \quad (55.20)$$

Gl. (15.14) in Verbindung mit (15.17) stellt die gesuchte Integralgleichung für die Polarisation $\mathbf{P}$ dar.

Wir zeigen nun, daß (15.14) eine Lösung besitzt, die gleichzeitig eine Lösung der Wellengleichung (55.3) ist und die Transversalitätsbedingung (55.4) erfüllt. Dazu gehen wir aus von einer Lösung der Gln. (55.3) und (55.4), die eine transversale Planwelle darstellt und weisen nach, daß dieselbe nach Einsetzen in (15.14) diese Gleichung auf eine Identität reduziert, wenn der Parameter n in Gl. (55.3) passend gewählt wird. Wir haben also zunächst

$$\mathbf{P}(\mathbf{q}') = \mathbf{P}(\mathbf{q})\, e^{-ink(\mathbf{q}'-\mathbf{q})}, \quad (55.21)$$

wo der Wellenvektor $\mathbf{k}$ das Produkt aus der durch (55.7) definierten Größe k und dem Einheitsvektor in der Fortpflanzungsrichtung ist. Einsetzen von (55.21) in (55.14) ergibt nach einigen Umformungen

$$\mathbf{P}(\mathbf{q}) = \frac{\varrho\bar{\alpha}}{1+\varrho\bar{\alpha}D(1+R)} \left\{ \mathbf{E}_0(\mathbf{q}) + \mathbf{E}_d(\mathbf{q}) + \int\limits_V \mathsf{K}(\mathbf{q},\mathbf{q}')\, [\mathbf{E}_0(\mathbf{q}') + \mathbf{E}_d(\mathbf{q}')]\, d\mathbf{q}' \right\} \quad (55.22)$$

mit

$$D(\varrho, T, \omega) = \int\limits_{v(\mathbf{q})}^V \mathbf{u} \cdot \mathsf{F}(\mathbf{q},\mathbf{q}') \cdot \mathbf{u} \cdot e^{-ink(\mathbf{q}'-\mathbf{q})}\, [g^2(\mathbf{q},\mathbf{q}') - 1]\, d\mathbf{q}', \quad (55.23)$$

$$R(\varrho, T, \omega) = \int\limits_{v(\mathbf{q})}^V \mathbf{u} \cdot \mathsf{K}(\mathbf{q},\mathbf{q}') \cdot \mathbf{u}\, e^{-ink(\mathbf{q}'-\mathbf{q})}\, d\mathbf{q}', \quad (55.24)$$

wo $\mathbf{u}$ der Einheitsvektor in der Richtung von $\mathbf{P}(\mathbf{q})$ ist und $\mathbf{k} \cdot \mathbf{u} = 0$ gilt.

Den Ausdruck für $E_d(\mathbf{q})$, Gl. (55.20), bringen wir zunächst auf eine andere Form. Es ist [vgl. Gl. (55.8)]

$$-\mathsf{F}(\mathbf{q},\mathbf{q}') \cdot \mathbf{P}(\mathbf{q}') = \text{rot rot } Y\, \mathbf{P}(\mathbf{q}'). \quad (55.25)$$

Mit Benutzung der Regeln über Differentiation multipler Integrale[1] erhält man daher für $v(\mathbf{q}) \to 0$

$$E_d(\mathbf{q}) = \text{rot rot} \int\limits_{v(\mathbf{q})}^V Y\, \mathbf{P}(\mathbf{q}')\, d\mathbf{q}' - \frac{4\pi}{3}\mathbf{P}(\mathbf{q}). \quad (55.26)$$

---

[1] Vgl. z.B. E. GOURSAT: Cours d'Analyse Mathématique, Tome I. Paris 1956.

Der Greensche Satz liefert

$$\int_{v(\mathbf{q})}^{V}[\mathbf{P}(\mathbf{q}')\Delta_{q'}Y - Y\Delta_{q'}\mathbf{P}(\mathbf{q}')]\,d\mathbf{q}' \\ = \int_{\Sigma}(\mathbf{P}\nabla Y - Y\nabla \mathbf{P})\,d\mathbf{f} - \int_{v(\mathbf{q})}(\mathbf{P}\nabla Y - Y\nabla \mathbf{P})\,d\mathbf{f}. \quad (55.27)$$

Die beiden Integrale der rechten Seite sind über die äußere Oberfläche des Systems Σ und die Oberfläche der kleinen Hohlkugel $v(\mathbf{q})$ zu erstrecken, wobei $d\mathbf{f}$ der in der Richtung der (vom System aus gesehen) nach außen zeigenden Normalen genommene Vektor des Flächenelementes ist. Mit Benutzung der Wellengleichungen für $\mathbf{P}$, Gl. (55.3), und für Y

$$\Delta Y + k^2 Y = 0 \quad (55.28)$$

reduziert man die linke Seite der Gl. (55.27) auf den Ausdruck

$$(n^2 - 1)\,k^2 \int_{v(\mathbf{q})}^{V} Y\,\mathbf{P}(\mathbf{q}')\,d\mathbf{q}'. \quad (55.29)$$

Das zweite Integral auf der rechten Seite hat für $v(\mathbf{q}) \to 0$ den Grenzwert $-4\pi\,\mathbf{P}(\mathbf{q})$. Läßt man nun auf beide Seiten von (55.27) den Operator rot rot wirken und berücksichtigt die aus (55.3) und (55.4) folgende Beziehung

$$\text{rot rot}\,\mathbf{P} = -\Delta\mathbf{P} = n^2\,k^2\,\mathbf{P}, \quad (55.30)$$

so folgt, unter der Voraussetzung $n^2 \neq 1$,

$$\text{rot rot}\int_{v(\mathbf{q})}^{V} Y\,\mathbf{P}(\mathbf{q}')\,d\mathbf{q}' = \frac{4\pi n^2}{n^2 - 1}\,\mathbf{P}(\mathbf{q}) + \\ + \frac{1}{(n^2 - 1)\,k^2}\,\text{rot rot}\int_{\Sigma}(\mathbf{P}\nabla Y - Y\nabla \mathbf{P})\,d\mathbf{f}. \quad (55.31)$$

Einsetzen dieses Ausdruckes in Gl. (55.25) ergibt dann schließlich

$$\mathbf{E}_d(\mathbf{q}) = \frac{4\pi}{3}\,\frac{n^2 + 2}{n^2 - 1}\,\mathbf{P}(\mathbf{q}) + \frac{1}{(n^2 - 1)\,k^2}\,\text{rot rot}\int_{\Sigma}(\mathbf{P}\nabla Y - Y\nabla \mathbf{P})\,d\mathbf{f}. \quad (55.32)$$

Die beiden Terme der rechten Seite werden durch verschiedene Wellengleichungen bestimmt. Nach (55.21) ist $\mathbf{P}$ eine Lösung der Gl. (55.3), während Y eine Lösung der Gl. (55.28) darstellt. Setzt man daher (55.32) in (55.22) ein, so erhält man eine Gleichung, die zwei Gruppen von Termen enthält, derart, daß jede Gruppe durch eine andere Wellengleichung bestimmt wird. Jede Gruppe von Termen muß daher für sich verschwinden. Man erhält somit zwei Gleichungen, deren erste den sog. Auslöschungssatz darstellt. Sie lautet

$$\mathbf{E}_0(\mathbf{q}) + \frac{1}{(n^2 - 1)\,k^2}\,\text{rot rot}\int_{\Sigma}(\mathbf{P}\nabla Y - Y\nabla \mathbf{P})\,d\mathbf{f} = 0 \quad (55.33)$$

und besagt, daß die einfallende Welle durch Interferenz mit einem Teil des Dipolfeldes ausgelöscht wird. Die zweite Gleichung, die wir in der Form

$$\frac{n^2 - 1}{n^2 + 2} = \frac{4\pi}{3}\,\frac{\varrho\,\bar{\alpha}(1 + R)}{1 + \varrho\,\bar{\alpha}\,D(1 + R)} \quad (55.34)$$

schreiben, stellt die Beziehung zwischen der mittleren Polarisierbarkeit und dem Parameter n dar, welche die Konsistenz der Gln. (55.3), (55.4) und (55.14) sichert.

Es bleibt noch zu zeigen, daß dieser Parameter mit dem Brechungsindex des Mediums identifiziert werden kann. Eine der früheren (Ziff. 54) ganz analoge Rechnung ergibt für die mittlere elektrische Feldstärke in dem betrachteten Medium

$$\boldsymbol{E}(\boldsymbol{q}) = \boldsymbol{E}_0(\boldsymbol{q}) + \boldsymbol{E}_d(\boldsymbol{q}) - \frac{4\pi}{3}\boldsymbol{P}(\boldsymbol{q}). \tag{55.35}$$

Mit Benutzung von (55.32) und (55.33) folgt daraus

$$\boldsymbol{E}(\boldsymbol{q}) = \frac{4\pi}{n^2 - 1}\boldsymbol{P}(\boldsymbol{q}). \tag{55.36}$$

Die elektrische Feldstärke breitet sich daher mit der gleichen Geschwindigkeit aus wie der Vektor $\boldsymbol{P}$, womit n als der Brechungsindex identifiziert ist. Die Gl. (55.34) stellt daher die gesuchte Verallgemeinerung der Lorentz-Lorenzschen Formel dar.

Um Gl. (55.34) auf eine übersichtlichere Form zu bringen, führt man die Polarisierbarkeit des freien Moleküls α_0 ein und setzt

$$G(\varrho, T, \omega) = \frac{\bar{\alpha}(\omega)}{\alpha_0(\omega)} R, \quad \Delta\bar{\alpha}(\omega) = \bar{\alpha}(\omega) - \alpha_0(\omega). \tag{55.37}$$

Dann wird

$$\varrho^{-1}\frac{n^2 - 1}{n^2 + 2} = \frac{4\pi}{3}\alpha_0(\omega)\frac{\left[1 + \dfrac{\Delta\bar{\alpha}(\omega)}{\alpha_0(\omega)} + G(\varrho, T, \omega)\right]}{1 + \varrho\,\alpha_0(\omega)\,D\left[1 + \dfrac{\Delta\bar{\alpha}(\omega)}{\alpha_0(\omega)} + G(\varrho, T, \omega)\right]}. \tag{55.38}$$

Die Größen $\Delta\bar{\alpha}(\omega)/\alpha_0(\omega)$ und $G(\varrho, T, \omega)$ lassen sich nach Potenzen von α_0 entwickeln. Bei Beschränkung auf Terme der Ordnung α_0^2 findet man, daß für die Berechnung der Funktion die Konfigurationsabhängigkeit der Polarisierbarkeit in dieser Näherung noch keine Rolle spielt. Man erhält somit den bereits von YVON[1] gefundenen Ausdruck. Wenn die Reichweite der Korrelation klein ist gegen die Wellenlänge der einfallenden Strahlung (was für sichtbares Licht immer zutrifft, wenn von der Umgebung des kritischen Punktes abgesehen wird), so kann man in erster Näherung, wie YVON[1] gezeigt hat, den Tensor F durch den entsprechenden statischen Tensor T (Ziff. 54) ersetzen. Der physikalische Grund dafür liegt in der Tatsache, daß nur das kleine Gebiet von der Lineardimension der Korrelationslänge merklich zu dem Integral (55.24) beiträgt und daß unter den erwähnten Bedingungen innerhalb dieses Gebietes die Retardierungseffekte vernachlässigbar sind. In der gleichen Näherung kann die durch Gl. (55.23) gegebene Funktion $D(\varrho, T, \omega)$ überhaupt vernachlässigt werden.

In dieser Näherung nimmt somit Gl. (55.38) die zu (54.36) analoge Form an

$$\left.\begin{aligned}\varrho^{-1}\frac{n^2 - 1}{n^2 + 2} = \frac{4\pi}{3}\alpha_0(\omega)\Big\{&1 + \frac{\Delta\bar{\alpha}(\omega)}{\alpha_0(\omega)} + \alpha_0^2(\omega)\Big[8\pi\varrho\int r_{12}^{-4} g^{(2)}(r_{12})\,dr_{12} + \\ &+ \varrho^2\iint r_{12}^{-3} r_{23}^{-3}(3\cos\gamma - 1)\big[g^{(3)}(\boldsymbol{q}_1, \boldsymbol{q}_2, \boldsymbol{q}_3) - \\ &- g^{(2)}(\boldsymbol{q}_1, \boldsymbol{q}_2)\,g^{(2)}(\boldsymbol{q}_2, \boldsymbol{q}_3)\big]d\boldsymbol{q}_2\,d\boldsymbol{q}_3\Big] + \cdots\Big\}.\end{aligned}\right\} \tag{55.39}$$

Für die Berechnung des Terms $\Delta\bar{\alpha}(\omega)/\alpha_0(\omega)$ (der in der Yvonschen Formel naturgemäß nicht vorkommt) muß auf die Originalarbeit[2] und die zusammenfassende Darstellung von MAZUR [20] verwiesen werden. Eine numerische Auswertung ist nur für Helium durchgeführt worden. Für Frequenzen, die klein

---

[1] J. YVON: La propagation et la diffusion de la lumière. (Actualités scientifiques et industrielles Nr. 543.) Paris 1937.
[2] P. MAZUR u. M. MANDEL: Physica, Haag **22**, 289 (1956).

sind gegen die Frequenz der langwelligsten Absorptionslinie, ist, wie im statischen Fall (Ziff. 54), der zusätzliche Term von der gleichen Größenordnung wie der Yvonsche Term. Eine experimentelle Prüfung der Gl. (55.38) scheint noch nicht durchgeführt worden zu sein.

56. Lichtstreuung von Flüssigkeiten. Die Theorie der Lichtstreuung von Flüssigkeiten ist, nachdem bereits SMOLUCHOWSKI[1] den Zusammenhang dieses Problems mit den lokalen Dichteschwankungen erkannt hatte, zuerst von EINSTEIN[2] auf der Grundlage der phänomenologischen Schwankungstheorie [16] entwickelt worden. Wir bezeichnen mit I_0 die Intensität des Primärstrahls, mit $I(\vartheta)$ die pro Volumeneinheit unter dem Winkel ϑ gestreute Intensität, gemessen im Abstand R von dem Streuvolumen V', $(R \gg V'^{\frac{1}{3}})$. Die Größe

$$\frac{I(\vartheta) R^2}{I_0} \equiv R(\vartheta) \tag{56.1}$$

wird als Rayleigh-Verhältnis bezeichnet. Wenn die Winkelabhängigkeit der Streustrahlung nicht interessiert, ist es häufig bequemer, die aus (56.1) durch Integration über die Einheitskugel hervorgehende Trübung τ zu verwenden. Es ist also

$$2\pi \int_0^\pi R(\vartheta) \sin \vartheta \, d\vartheta \equiv \tau. \tag{56.2}$$

Die Trübung ergibt unmittelbar die Schwächung des Primärstrahls durch die seitliche Streuung nach der Formel

$$I = I_0 e^{-\tau x}, \tag{56.3}$$

wo x der von dem Primärstrahl in dem streuenden System durchlaufene Weg ist. Für linear polarisiertes Einfallslicht ergibt die Einsteinsche Theorie

$$R(\vartheta) = \frac{4\pi^2 n^2}{\lambda^4} \varkappa k T \left(\varrho \frac{\partial n}{\partial \varrho}\right)^2 \cos^2 \gamma, \tag{56.4}$$

wo $\varkappa$ die isotherme Kompressibilität und γ der Winkel zwischen dem elektrischen Vektor des Primärstrahls und der Normalebene zum Streustrahl ist. Für unpolarisiertes Licht folgt daraus

$$\tau = \frac{32\pi^3 n^2}{3\lambda^4} \varkappa k T \left(\varrho \frac{\partial n}{\partial \varrho}\right)^2. \tag{56.5}$$

Im Falle einer Depolarisation des Streulichtes tritt auf der rechten Seite der Gln. (56.4) und (56.5) noch der sog. Cabannes-Faktor

$$\frac{6 + 6\Delta}{6 - 7\Delta} \tag{56.6}$$

hinzu, wo Δ der mit unpolarisiertem Einfallslicht gemessene Depolarisationsgrad ist.

Die Einsteinsche Theorie ist bis in die neueste Zeit immer wieder angezweifelt worden (vgl. z.B. [3,4]; dort weitere Literatur). Wir gehen auf diese Diskussion hier nicht weiter ein; es liegt in der Natur der Sache, daß eine von zusätzlichen Hypothesen freie Rechtfertigung der Gln. (56.4) bis (56.6) nur auf der Grundlage einer strengen molekularen Theorie möglich ist. Eine solche Theorie ist zuerst

---

[1] M. v. SMOLUCHOWSKI: Ann. Phys. **25**, 205 (1908).
[2] A. EINSTEIN: Ann. Phys. **33**, 1275 (1910).
[3] J. CABANNES: La diffusion moléculaire de la lumière. Paris 1929.
[4] H.A. STUART: Die Struktur des freien Moleküls. (Die Physik der Hochpolymeren, Bd. I.) Berlin 1952.

von YVON[1] entwickelt worden, der aber, infolge gewisser am Schluß der Rechnung eingeführter Näherungen, noch nicht zum richtigen Endresultat gelangte. Die Lösung des Problems ist erst in neuester Zeit auf der Grundlage der Yvonschen Ansätze, FIXMAN[2] gelungen. Wir geben im folgenden die Fixmansche Theorie wieder, wobei wir uns im wesentlichen an die übersichtliche Darstellung von MAZUR [20] anschließen.

Wir betrachten wieder ein fluides System von N untereinander gleichen optisch isotropen Molekülen. Die elektrische Feldstärke der einfallenden Welle sei $\boldsymbol{E}_0\,e^{i\omega t}$. Im Gegensatz zu Ziff. 54 und 55, wo lediglich die mittlere lokale Feldstärke $E(\boldsymbol{q})$ benutzt wurde, haben wir jetzt die wahre oder „mikroskopische" Feldstärke $\boldsymbol{e}(\boldsymbol{q}_0)$ zu untersuchen, die nach (55.6) durch die Gleichung

$$\boldsymbol{e}(\boldsymbol{q}_0) = \boldsymbol{E}_0(\boldsymbol{q}_0) - \sum_i \mathsf{F}(\boldsymbol{q}_0, \boldsymbol{q}_i)\cdot \boldsymbol{p}_i \qquad (56.7)$$

gegeben ist. Unter der Annahme, daß die Zeitabhängigkeit für alle Feldgrößen durch den Faktor $e^{i\omega t}$ gegeben ist[3], leitet man in bekannter Weise aus den Feldgleichungen ab, daß $\boldsymbol{e}(\boldsymbol{q}_0)$ der Differentialgleichung

$$k^2\boldsymbol{e} - \operatorname{rot\,rot} \boldsymbol{e} = -4\pi k^2 \sum_i \boldsymbol{p}_i\,\delta(\boldsymbol{q}_i - \boldsymbol{q}) \qquad (56.8)$$

genügen muß. Ferner ist

$$\nabla\cdot\boldsymbol{e} = -\sum_i \boldsymbol{p}_i\cdot\nabla\,\delta(\boldsymbol{q}_i - \boldsymbol{q}). \qquad (56.9)$$

Dabei ist jeweils auf der rechten Seite im Sinne der mikroskopischen Beschreibung die in den makroskopischen Gleichungen auftretende (mittlere) Polarisation durch eine Summierung über die molekularen Momente für gegebene Konfiguration ersetzt worden. Um den Ausdruck (56.7) auf eine für das Weitere zweckmäßigere Form zu bringen, führt man in bekannter Weise zunächst das Vektorpotential $\boldsymbol{a}$ ein durch die Gleichung

$$\boldsymbol{e} = -\nabla\varphi - ik\boldsymbol{a}, \qquad (56.10)$$

(wo φ das skalare Potential ist) und definiert dann den Hertzschen Vektor[4] $\boldsymbol{\pi}$ durch

$$i n^2 k\,\boldsymbol{\pi} = \boldsymbol{a}, \qquad (56.11)$$

$$-\nabla\cdot\boldsymbol{\pi} = \varphi, \qquad (56.12)$$

wo n^2 zunächst als willkürliche Konstante betrachtet wird. Aus (56.10) bis (56.12) folgt

$$\boldsymbol{e} = \nabla\nabla\cdot\boldsymbol{\pi} + n^2 k^2\,\boldsymbol{\pi}. \qquad (56.13)$$

Aus Gl. (56.8) und (56.13) erhält man

$$\Delta\boldsymbol{\pi} + n^2 k^2\,\boldsymbol{\pi} = -\frac{4\pi}{n^2}\left[\sum_i \boldsymbol{p}_i\,\delta(\boldsymbol{q}_i - \boldsymbol{q}) - \frac{n^2 - 1}{4\pi}\boldsymbol{e}\right]. \qquad (56.14)$$

Die Lösung dieser Gleichung lautet

$$\boldsymbol{\pi}(\boldsymbol{q}_0) = \int_V \widetilde{Y}(\boldsymbol{q}_0, \boldsymbol{q})\left[\sum_i \boldsymbol{p}_i\,\delta(\boldsymbol{q}_i - \boldsymbol{q}) - \frac{n^2-1}{4\pi}\boldsymbol{e}(\boldsymbol{q})\right]d\boldsymbol{q} + \boldsymbol{\pi}_0(\boldsymbol{q}_0), \qquad (56.15)$$

---

[1] J. YVON: La propagation et la diffusion de la lumière. (Actualités scientifiques et industrielles Nr. 543.) Paris 1937.
[2] M. FIXMAN: J. Chem. Phys. **23**, 2074 (1955).
[3] Diese Annahme machen wir im folgenden durchweg. Die in den allgemeinen Gleichungen vorkommenden Ableitungen nach der Zeit werden sofort ausgeführt, so daß keine zeitabhängigen Glieder auftreten.
[4] Die Bezeichnung Hertzscher Vektor wird sowohl für die durch Gl. (55.6) wie die durch Gl. (56.11) definierte Größe gebraucht.

wo $\pi_0(\boldsymbol{q}_0)$ die Lösung der zu (56.14) gehörenden homogenen Differentialgleichung darstellt und

$$\widetilde{Y}(\boldsymbol{q}_0, \boldsymbol{q}) = \frac{e^{-ink(|\boldsymbol{q}_0 - \boldsymbol{q}|)}}{n^2(|\boldsymbol{q}_0 - \boldsymbol{q}|)} \tag{56.16}$$

ist. Aus Gl. (56.13) und (56.15) gewinnt man die Lösung der Gl. (56.8) in der Form

$$\boldsymbol{e}(\boldsymbol{q}_0) = -\int_V \widetilde{\mathsf{F}}(\boldsymbol{q}_0, \boldsymbol{q}) \cdot \left[\sum_i \boldsymbol{p}_i \delta(\boldsymbol{q}_i - \boldsymbol{q}) - \frac{n^2 - 1}{4\pi} \boldsymbol{e}(\boldsymbol{q})\right] d\boldsymbol{q} + \boldsymbol{e}_0(\boldsymbol{q}_0), \tag{56.17}$$

wo $\boldsymbol{e}_0(\boldsymbol{q}_0)$ die Lösung der entsprechenden homogenen Gleichung darstellt und

$$\widetilde{\mathsf{F}}(\boldsymbol{q}_0, \boldsymbol{q}) = -(\text{rot rot} + k^2 n^2 \,\mathsf{U})\, \widetilde{Y}(\boldsymbol{q}_0, \boldsymbol{q}) \tag{56.18}$$

ist.

Daß die beiden Lösungen (56.7) und (56.17) identisch sind, sieht man am einfachsten, wenn man für die willkürliche Konstante $n=1$ setzt. In diesem Falle ist nach (55.8) und (56.18) $\widetilde{\mathsf{F}} = \mathsf{F}$, die Lösung der homogenen Gleichung $\boldsymbol{e}_0$ ist die Feldstärke der einfallenden Welle, und (56.17) reduziert sich explizit auf (56.7). Identifiziert man n mit dem Brechungsindex, so ist die Lösung der homogenen Gleichung die mittlere lokale Feldstärke $\boldsymbol{E}(\boldsymbol{q}_0)$. Mittelt man nämlich (56.17) über alle Konfigurationen, so folgt aus Gl. (55.36), daß der erste Term der rechten Seite verschwindet. Weiter folgt aus Gl. (56.13) und (56.14), daß in diesem Falle $\boldsymbol{e}_0$ der Wellengleichung

$$\Delta \boldsymbol{e}_0 + n^2 k^2 \boldsymbol{e}_0 = 0 \tag{56.19}$$

genügt. Das ist aber nach Ziff. 55 die Gleichung, die auch für das mittlere Feld $\boldsymbol{E}$ gültig ist.

Von jetzt ab werden wir annehmen, daß n der Brechungsindex des Systems ist und daß $\boldsymbol{q}_0$ ein Punkt in V ist, der außerhalb des (gebrochenen) Primärstrahls liegt. Es ist dann $\boldsymbol{E}(\boldsymbol{q}_0) = 0$, und Gl. (56.17) reduziert sich auf

$$\boldsymbol{e}(\boldsymbol{q}_0) = -\int_V \widetilde{\mathsf{F}}(\boldsymbol{q}_0, \boldsymbol{q}) \cdot \left[\sum_i \boldsymbol{p}_i \delta(\boldsymbol{q}_i - \boldsymbol{q}) - \frac{n^2 - 1}{4\pi} \boldsymbol{e}(\boldsymbol{q})\right] d\boldsymbol{q}, \tag{56.20}$$

während Gl. (56.7) [wegen $\boldsymbol{E}_0(\boldsymbol{q}_0) = 0$] jetzt lautet

$$\boldsymbol{e}_0(\boldsymbol{q}_0) = -\sum_i \mathsf{F}(\boldsymbol{q}_0, \boldsymbol{q}_i) \cdot \boldsymbol{p}_i. \tag{56.21}$$

Die Gln. (56.20) und (56.21) stellen zwei äquivalente Beschreibungen ein und desselben physikalischen Sachverhalts dar. In Gl. (56.21) (die den Ausgangspunkt der Yvonschen Rechnung bildet) kommt das mikroskopische Feld $\boldsymbol{e}(\boldsymbol{q}_0)$ durch die Vakuum-Strahlung der molekularen Dipole (unter Berücksichtigung ihrer Wechselwirkung) zustande. Bei Mittelung über alle Konfigurationen erscheint das Resultat $\boldsymbol{E}(\boldsymbol{q}_0) = 0$ als Auslöschung der gemittelten Dipolfelder durch Interferenz. Dagegen stellt Gl. (56.20) das mikroskopische Feld $\boldsymbol{e}(\boldsymbol{q}_0)$ als Ergebnis einer Streuung der einfallenden Welle an lokalen Schwankungen des Brechungsindex in einem System von dem mittleren Brechungsindex n dar. Bei Mittelung über alle Konfigurationen verschwindet die in eckigen Klammern stehende „Quellenfunktion" überall und es resultiert wieder $\boldsymbol{E}(\boldsymbol{q}_0) = 0$. Die letztere Beschreibung stellt die exakte molekulartheoretische Formulierung des der phänomenologischen Theorie zugrunde liegenden Gedankenganges dar. Wir werden sie, im Anschluß an FIXMAN, zum Ausgangspunkt der weiteren Rechnung machen.

Der nächste Schritt der Ableitung besteht darin, daß $\boldsymbol{e}(\boldsymbol{q}_0)$ als Potenzreihe in α_0 ($\alpha_0 =$ Polarisierbarkeit des freien Moleküls) dargestellt wird. Wir schreiben

Gl. (56.20) in der Form

$$e(\boldsymbol{q}_0) = -\int_V \tilde{\mathsf{F}}(\boldsymbol{q}_0, \boldsymbol{q}) \cdot \left\{ \left[\sum_i \boldsymbol{p}_i \delta(\boldsymbol{q}_i - \boldsymbol{q}) - \varrho \, \overline{\boldsymbol{p}}(\boldsymbol{q}) \right] - \right. \\ \left. - \frac{n^2 - 1}{4\pi} [e(\boldsymbol{q}) - E(\boldsymbol{q})] \right\} d\boldsymbol{q}, \tag{56.22}$$

wobei wir die Gln. (54.18) und (55.36) benutzt haben. Nun ist nach Gl. (55.20), (55.35) und (56.7)

$$e(\boldsymbol{q}) - E(\boldsymbol{q}) = -\int_V \mathsf{F}(\boldsymbol{q}, \boldsymbol{q}') \cdot \left[\sum_i \boldsymbol{p}_i \delta(\boldsymbol{q}_i - \boldsymbol{q}') - \varrho \, \overline{\boldsymbol{p}}(\boldsymbol{q}') \right] d\boldsymbol{q}' \tag{56.23}$$

oder

$$e(\boldsymbol{q}) - E(\boldsymbol{q}) = -\int_{v(\boldsymbol{q})}^{V} \mathsf{F}(\boldsymbol{q}, \boldsymbol{q}') \cdot \left[\sum_i \boldsymbol{p}_i \delta(\boldsymbol{q}_i - \boldsymbol{q}') - \varrho \, \overline{\boldsymbol{p}}(\boldsymbol{q}') \right] d\boldsymbol{q}' - \\ - \frac{4\pi}{3} \left[\sum_i \boldsymbol{p}_i \delta(\boldsymbol{q}_i - \boldsymbol{q}) - \varrho \, \overline{\boldsymbol{p}}(\boldsymbol{q}) \right]. \tag{56.24}$$

Dabei ist, wie in Ziff. 54 und 55, im ersten Term der rechten Seite die kleine Kugel $v(\boldsymbol{q})$ mit $\boldsymbol{q}$ als Mittelpunkt von der Integration ausgenommen. Die rechte Seite von (56.24) stellt den Grenzwert für $v(\boldsymbol{q}) \to 0$ dar. Einsetzen von (56.24) in Gl. (56.22) ergibt mit Benutzung von (55.39)

$$e(\boldsymbol{q}_0) = -\frac{n^2+2}{3} \int_V \tilde{\mathsf{F}}(\boldsymbol{q}_0, \boldsymbol{q}) \cdot \left\{ \sum_i \boldsymbol{p}_i \delta(\boldsymbol{q}_i - \boldsymbol{q}) - \varrho \, \overline{\boldsymbol{p}}(\boldsymbol{q}) + \right. \\ \left. + \varrho \, \alpha_0 (1 + R') \int_{v(\boldsymbol{q})}^{V} \mathsf{F}(\boldsymbol{q}, \boldsymbol{q}') \cdot \left[\sum_j \boldsymbol{p}_j \delta(\boldsymbol{q}_j - \boldsymbol{q}) - \varrho \, \overline{\boldsymbol{p}}(\boldsymbol{q}') \right] d\boldsymbol{q}' \right\} d\boldsymbol{q}, \tag{56.25}$$

wo

$$\varrho \, \alpha_0 (1 + R') = \frac{3}{4\pi} \frac{n^2 - 1}{n^2 + 2} \tag{56.26}$$

ist. Wir setzen nun

$$\boldsymbol{p}_i(\boldsymbol{q}) = \overline{\boldsymbol{p}}(\boldsymbol{q}) + \Delta \boldsymbol{p}_i(\boldsymbol{q}) \tag{56.27}$$

und haben dann, wenn die Variation der Polarisierbarkeit vernachlässigt wird, nach (55.12) [für $E^0(\boldsymbol{q}) = 0$]

$$\Delta \boldsymbol{p}_i = \alpha_0 \int_V \left[\varrho^{-1} \sum_{\substack{k,l \\ k \neq l}} \overline{\mathsf{F}}_{kl} \cdot \boldsymbol{p}_l \delta(\boldsymbol{q}_k - \boldsymbol{q}) \delta(\boldsymbol{q}_l - \boldsymbol{q}') - \sum_{l \neq i} \mathsf{F}_{il} \cdot \boldsymbol{p}_l \delta(\boldsymbol{q}_l - \boldsymbol{q}') \right] d\boldsymbol{q}'. \tag{56.28}$$

Einsetzen von (56.27) und (56.28) in (56.25) führt unmittelbar auf die gesuchte Entwicklung. Bei Beschränkung auf in α_0 quadratische Terme kann die Funktion R' vernachlässigt werden (vgl. Ziff. 55). Man erhält dann durch Iteration

$$e(\boldsymbol{q}_0) = -\frac{n^2+2}{3} \int_V \tilde{\mathsf{F}}(\boldsymbol{q}_0, \boldsymbol{q}) \cdot \left\{ \overline{\boldsymbol{p}}(\boldsymbol{q}) \delta^{(1)}(\boldsymbol{q}) + \right. \\ + \alpha_0 \int_{v(\boldsymbol{q})}^{V} \mathsf{F}(\boldsymbol{q}, \boldsymbol{q}') \cdot \overline{\boldsymbol{p}}(\boldsymbol{q}') \left[\varrho \, g^{(2)}(\boldsymbol{q}, \boldsymbol{q}') \delta^{(1)}(\boldsymbol{q}') - \delta^{(2)}(\boldsymbol{q}, \boldsymbol{q}') + \varrho \, \delta^{(1)}(\boldsymbol{q}') \right] d\boldsymbol{q}' + \\ + \alpha_0^2 \int_{v(\boldsymbol{q})}^{V} \mathsf{F}(\boldsymbol{q}, \boldsymbol{q}') \cdot \mathsf{F}(\boldsymbol{q}', \boldsymbol{q}) \cdot \overline{\boldsymbol{p}}(\boldsymbol{q}) \left[\delta^{(2)}(\boldsymbol{q}, \boldsymbol{q}') - \varrho \, g^{(2)}(\boldsymbol{q}, \boldsymbol{q}') \delta^{(1)}(\boldsymbol{q}) \right] d\boldsymbol{q}' + \\ + \alpha_0^2 \int_{v(\boldsymbol{q})}^{V} \int_{v(\boldsymbol{q})}^{V} \mathsf{F}(\boldsymbol{q}, \boldsymbol{q}') \cdot \mathsf{F}(\boldsymbol{q}, \boldsymbol{q}'') \cdot \overline{\boldsymbol{p}}(\boldsymbol{q}'') \left[\delta^{(3)}(\boldsymbol{q}, \boldsymbol{q}', \boldsymbol{q}'') - \right. \\ - \varrho^2 g^{(3)}(\boldsymbol{q}, \boldsymbol{q}', \boldsymbol{q}'') \delta^{(1)}(\boldsymbol{q}) + \varrho^2 g^{(2)}(\boldsymbol{q}, \boldsymbol{q}') g^{(2)}(\boldsymbol{q}', \boldsymbol{q}'') \delta^{(1)}(\boldsymbol{q}) - \\ - \varrho \, g^{(2)}(\boldsymbol{q}', \boldsymbol{q}'') \delta^{(2)}(\boldsymbol{q}, \boldsymbol{q}') + \varrho^2 g^{(2)}(\boldsymbol{q}', \boldsymbol{q}'') \delta^{(1)}(\boldsymbol{q}') - \\ \left. - \varrho \, \delta^{(2)}(\boldsymbol{q}', \boldsymbol{q}'') \right] d\boldsymbol{q}' d\boldsymbol{q}'' \right\} d\boldsymbol{q}. \tag{56.29}$$

Hier ist (vgl. Ziff. 2)

$$\delta^{(1)}(\boldsymbol{q}) = \sum_i \delta(\boldsymbol{q}_i - \boldsymbol{q}) - \varrho, \qquad (56.30)$$

$$\delta^{(2)}(\boldsymbol{q}, \boldsymbol{q}') = \sum_{\substack{i,j \\ i \neq j}} \delta(\boldsymbol{q}_i - \boldsymbol{q}) \delta(\boldsymbol{q}_j - \boldsymbol{q}') - \varrho^2 g^{(2)}(\boldsymbol{q}, \boldsymbol{q}'), \qquad (56.31)$$

$$\delta^{(3)}(\boldsymbol{q}, \boldsymbol{q}', \boldsymbol{q}'') = \sum_{\substack{i,j,k \\ i \neq j \\ j \neq k \\ k \neq 1}} \delta(\boldsymbol{q}_i - \boldsymbol{q}) \delta(\boldsymbol{q}_j - \boldsymbol{q}') \delta(\boldsymbol{q}_k - \boldsymbol{q}'') - \varrho^3 g^{(3)}(\boldsymbol{q}, \boldsymbol{q}', \boldsymbol{q}''). \qquad (56.32)$$

Aus Gl. (56.29) läßt sich nun ohne weiteres die Intensität des Streulichtes berechnen. Wie in der Einsteinschen Theorie wird angenommen, daß dieselbe innerhalb des Systems in einem Abstand $R \gg V'^{\frac{1}{3}}$ vom Streuvolumen V' gemessen wird, das seinerseits durch die Bedingung $\boldsymbol{E}(\boldsymbol{q}) \neq 0$ definiert ist. Die Meßvorrichtung wird durch den senkrecht zum Streustrahl gerichteten Einheitsvektor $\boldsymbol{u}$ charakterisiert. Die Intensität ist dann gegeben durch

$$I(\boldsymbol{q}_0) = \overline{\boldsymbol{u} \cdot \boldsymbol{e}(\boldsymbol{q}_0) \boldsymbol{e}^*(\boldsymbol{q}_0) \cdot \boldsymbol{u}}, \qquad (56.33)$$

wo $\boldsymbol{e}^*$ die zu $\boldsymbol{e}$ konjugiert komplexe Größe bezeichnet. Einsetzen von (56.29) ergibt in nullter Näherung (Terme mit α_0^0)

$$\left.\begin{aligned} I(\boldsymbol{q}_0) = \left(\frac{n+2}{3}\right)^2 \int_V \int_V \boldsymbol{u} \cdot \tilde{\boldsymbol{F}}(\boldsymbol{q}_0, \boldsymbol{q}) \cdot \overline{\boldsymbol{p}}(\boldsymbol{q}) \, \overline{[\delta^{(1)}(\boldsymbol{q}) \delta^{(1)}(\boldsymbol{q}')]} \, \overline{\boldsymbol{p}}^*(\boldsymbol{q}') \times \\ \times \tilde{\boldsymbol{F}}^*(\boldsymbol{q}', \boldsymbol{q}_0) \cdot \boldsymbol{u} \, d\boldsymbol{q} \, d\boldsymbol{q}'. \end{aligned}\right\} \qquad (56.34)$$

Wegen (55.36) ist

$$\overline{\boldsymbol{p}}(\boldsymbol{q}) = \varrho^{-1} \frac{n^2 - 1}{4\pi} \boldsymbol{E}(\boldsymbol{q}). \qquad (56.35)$$

Ferner folgt aus (56.30) (vgl. Ziff. 21)

$$\overline{\delta^{(1)}(\boldsymbol{q}) \delta^{(1)}(\boldsymbol{q}')} = \varrho \, \delta(\boldsymbol{q} - \boldsymbol{q}') + \varrho^2 [g^{(2)}(\boldsymbol{q}, \boldsymbol{q}') - 1]. \qquad (56.36)$$

In hinreichender Entfernung vom kritischen Punkt ist aber die Korrelationslänge $r_c \ll \lambda$. Die Gl. (56.34) kann daher mit Berücksichtigung von (56.35) und (56.36) geschrieben werden

$$\left.\begin{aligned} I_0(\boldsymbol{q}_0) = \left(\frac{n^2 + 2}{3}\right)^2 \left(\frac{n^2 - 1}{4\pi}\right)^2 \int_V \boldsymbol{u} \cdot \tilde{\boldsymbol{F}}(\boldsymbol{q}_0, \boldsymbol{q}') \cdot \boldsymbol{E}(\boldsymbol{q}) \boldsymbol{E}^*(\boldsymbol{q}) \times \\ \times \tilde{\boldsymbol{F}}^*(\boldsymbol{q}_0, \boldsymbol{q}) \cdot \boldsymbol{u} \, \varrho^{-1} \Big[1 + \varrho \int_V [g^{(2)}(\boldsymbol{q}, \boldsymbol{q}') - 1] \, d\boldsymbol{q}'\Big] d\boldsymbol{q}. \end{aligned}\right\} \qquad (56.37)$$

Wegen $\boldsymbol{u} \cdot (\boldsymbol{q}_0 - \boldsymbol{q}) = 0$ ist nun für $k(\boldsymbol{q}_0 - \boldsymbol{q}) \gg 1$, wie man unmittelbar aus Gl. (55.9) sieht,

$$\boldsymbol{u} \cdot \tilde{\boldsymbol{F}}(\boldsymbol{q}_0, \boldsymbol{q}) \cdot \boldsymbol{E}(\boldsymbol{q}) = \frac{k^2 e^{-ink|\boldsymbol{q}_0 - \boldsymbol{q}|}}{|\boldsymbol{q}_0 - \boldsymbol{q}|} \boldsymbol{u} \cdot \boldsymbol{E}(\boldsymbol{q}) \qquad [k(\boldsymbol{q}_0 - \boldsymbol{q}) \gg 1]. \qquad (56.38)$$

Der Ausdruck in eckigen Klammern in Gl. (56.37) ist nach Gl. (11.39) einfach das mit kT multiplizierte Kompressibilitätsintegral von ORNSTEIN und ZERNIKE. Schließlich ist

$$\left[\frac{(n^2 + 2)(n^2 - 1)}{3}\right]^2 = 4n^2 \left(\varrho \frac{\partial n}{\partial \varrho}\right)^2. \qquad (56.39)$$

Bezeichnet man mit R den mittleren Abstand zwischen $\boldsymbol{q}_0$ und dem Streuvolumen und setzt

$$\frac{\boldsymbol{u}\cdot\boldsymbol{E}}{|\boldsymbol{E}|}=\cos\gamma, \tag{56.40}$$

so erhält man aus Gl. (56.37) für das Rayleigh-Verhältnis

$$R(\vartheta)=\frac{4\pi^2 n^2}{\lambda^4}\varkappa kT\left(\varrho\frac{\partial n}{\partial\varrho}\right)^2\cos^2\gamma. \tag{56.41}$$

Damit ist die Einsteinsche Formel zunächst als nullte Näherung der molekularen Theorie bestätigt. Die sehr umständliche Berechnung der höheren Terme in Gl. (56.29) (für deren Einzelheiten auf die Fixmansche Originalarbeit[1] verwiesen werden muß) zeigt indessen, daß diese Terme lediglich noch die Depolarisation der Streustrahlung berücksichtigen, im übrigen aber in Gl. (56.41) nichts mehr ändern. Wird der mit vertikal polarisiertem Einfallslicht gemessene Depolarisationsgrad mit $\varDelta_v$ bezeichnet, so lautet das Endresultat (bis zur zweiten Ordnung in α_0)

$$R(\vartheta)=\frac{4\pi^2 n^2}{\lambda^4}\varkappa kT\left(\varrho\frac{\partial n}{\partial\varrho}\right)^2\frac{(1-\varDelta_v)\cos^2\gamma+\varDelta_v}{1-\tfrac{4}{3}\varDelta_v}. \tag{56.42}$$

Der letzte Faktor der rechten Seite geht für $\gamma=0$ in den durch (56.6) definierten Cabannes-Faktor über. Wenn $\varDelta_v=0$ ist oder, wie es bei kleinen optisch isotropen Molekülen durchweg zutrifft[2], gegen 1 vernachlässigt werden kann, reduziert sich Gl. (56.42) wieder auf die Einsteinsche Formel (56.41), die damit theoretisch streng begründet ist.

Wir bemerken zum Schluß noch, daß für die Theorie der Lichtstreuung die molekularen Verteilungsfunktionen mit Hilfe der großen kanonischen Gesamtheit definiert werden müssen, da nach Ziff. 11γ für die kanonische Gesamtheit das in Gl. (56.37) auftretende Kompressibilitätsintegral verschwindet. Tatsächlich entspricht diese Definition genau der physikalischen Situation, da wir die Schwankungen nur in dem Streuvolumen V' betrachten, während das durch $\boldsymbol{E}(\boldsymbol{q}_0)=0$ definierte Gebiet, in dem die Schwankungen vernachlässigt werden, die Rolle des Reservoirs spielt.

57. Berechnung der radialen Verteilungsfunktion. Für die explizite Berechnung der radialen Verteilungsfunktion kommt bei Flüssigkeiten, wie schon in Ziff. 6 erwähnt, nur die Methode der Integralgleichungen in Betracht (wenn wir von den in Ziff. 58 zu behandelnden rein numerischen Verfahren absehen). Wir besprechen in dieser Ziffer Lösungen der Born-Greenschen Gleichung (7.2) und der Kirkwoodschen Gleichung erster Art (8.10) für einfache Molekülmodelle.

Für das Molekülmodell harter Kugeln ist eine analytische Näherungslösung der Kirkwoodschen Gleichung erster Art von KIRKWOOD und BOGGS[3,4] entwickelt worden. Wir gehen aus von der Form (8.12), die wir zur besseren Übersicht hier nochmals anschreiben. Sie lautet

$$\left.\begin{array}{l}\ln g^{(2)}(r_{12},a)=-\dfrac{a\,u_{12}}{kT}-\dfrac{2\pi\varrho}{kT}\displaystyle\int_0^\infty\int_{r_{12}-r_{23}}^{r_{12}+r_{23}}\int_0^a u_{13}\,g^{(2)}(r_{13},a)\,[g^{(2)}(r_{23})-1]\times\\[6pt] \times\dfrac{r_{23}r_{13}}{r_{12}}\,da\,dr_{13}\,dr_{23}.\end{array}\right\} \tag{57.1}$$

---

[1] M. FIXMAN: J. Chem. Phys. **23**, 2074 (1955).
[2] H. A. STUART: Die Struktur des freien Moleküls. (Die Physik der Hochpolymeren, Bd. I.) Berlin 1952.
[3] J. G. KIRKWOOD: J. Chem. Phys. **7**, 919 (1939).
[4] J. G. KIRKWOOD u. E. MONROE-BOGGS: J. Chem. Phys. **10**, 394 (1942).

Für das Molekülmodell starrer Kugeln vom Durchmesser σ ist

$$u(r) = \begin{cases} 0 & \text{für } r > \sigma \\ \infty & \text{für } r < \sigma \end{cases} \tag{57.2}$$

und

$$g^{(2)}(r, a) = 0 \quad \text{für } a > 0, \quad r < \sigma. \tag{57.3}$$

Definieren wir eine Funktion

$$\psi(r) = \frac{\varrho u}{kT} \int_0^1 g^{(2)}(r, a) \, da, \tag{57.4}$$

so ist

$$\frac{\varrho u}{kT} g^{(2)}(r, a) = \begin{cases} 0 & \text{für } r < \sigma \\ \psi(r) \, \delta(a) & \text{für } r > \sigma, \end{cases} \tag{57.5}$$

wo $\delta(a)$ die Diracsche δ-Funktion ist. Um zu einfachen Formulierungen zu gelangen, ist es zweckmäßig, die Größen

$$\omega = \frac{4\pi}{3} \sigma^3, \tag{57.6}$$

$$\overline{\psi} = \frac{4\pi}{\omega} \int_0^\sigma r^2 \psi(r) \, dr, \tag{57.7}$$

$$\chi = 3\overline{\psi}\omega = 4\pi\overline{\psi}\sigma^3 \tag{57.8}$$

einzuführen.

Wir bringen nun zunächst die Gl. (57.1) auf eine für unsere Zwecke geeignete Form. Da wir $g^{(2)}(r)$ für $r > \sigma$ bestimmen wollen entfällt nach (57.2) der erste Term der rechten Seite. Denken wir uns das Integral über a bis zur oberen Grenze $a=1$ erstreckt, so kann (57.1) mit Benutzung von (57.4) geschrieben werden

$$\ln g^{(2)}(r_{12}) = -2\pi \int_0^\infty \int_{r_{12}-r_{23}}^{r_{12}+r_{23}} \psi(r_{13}) [g^{(2)}(r_{23}) - 1] \frac{r_{23} r_{13}}{r_{12}} dr_{13} dr_{23}. \tag{57.9}$$

Man führt nun reduzierte zwischenmolekulare Abstände ein durch die Gleichungen

$$x = \frac{r_{12}}{\sigma}, \quad t = \frac{r_{13}}{\sigma}, \quad s = \frac{r_{23}}{\sigma} \tag{57.10}$$

und setzt

$$g^{(2)}(r_{12}) = 1 + \frac{\varphi(x)}{x} \tag{57.11}$$

mit

$$\varphi(x) = -x \quad \text{für } 0 \leq x \leq 1. \tag{57.12}$$

Damit wird aus (57.9)

$$x \ln\left[1 + \frac{\varphi(x)}{x}\right] = -2\pi\sigma^3 \int_0^\infty \int_{x-s}^{x+s} \psi(t) \, t \, dt \, \varphi(s) \, ds. \tag{57.13}$$

Definiert man einen Kern

$$K(\tau) = \begin{cases} 0 & \text{für } |\tau| > 1 \\ \dfrac{2}{\overline{\psi}} \int_1^{|\tau|} \psi(t) \, dt & \text{für } |\tau| \leq 1, \end{cases} \tag{57.14}$$

so erhält man mit Benutzung von (57.8)

$$x \ln\left[1 + \frac{\varphi(x)}{x}\right] = \frac{\chi}{4} \int_0^\infty K(x-s)\, \varphi(s)\, ds \qquad (1 < x < \infty). \tag{57.15}$$

Diese Gleichung [die lediglich eine Umformung der Gl. (57.1) darstellt] beruht auf den in Ziff. 15 angeführten Annahmen und enthält daher als mathematische Approximation nur das Superpositionsprinzip. Die Lösung von KIRKWOOD und BOGGS führt darüber hinaus noch drei weitere Näherungsannahmen ein.

a) Die Funktion $\psi(x)$ wird durch ihren Mittelwert (57.7) ersetzt, gemäß

$$\psi(x) \approx \bar{\psi}. \tag{57.16}$$

b) Man setzt

$$\ln\left[1 + \frac{\varphi(x)}{x}\right] \approx \frac{\varphi(x)}{x} \qquad (1 \leq x < \infty). \tag{57.17}$$

Die Annahmen a und b bedeuten eine Linearisierung der Integralgleichung (57.15) in der Form

$$\varphi(x) = \frac{\chi}{4} \int_0^\infty K(x-s)\, \varphi(s)\, ds \qquad (1 < x < \infty) \tag{57.18}$$

mit dem Kern

$$K(\tau) = \begin{cases} \tau^2 - 1 & \text{für } |\tau| \leq 1 \\ 0 & \text{für } |\tau| > 1 \end{cases} \tag{57.19}$$

und der zusätzlichen Bedingung

$$\varphi(x) = -x \quad \text{für } 0 < x < 1. \tag{57.20}$$

Es ist zweckmäßig, die für $x > 1$ gültige Gl. (57.18) und die für $0 < x < 1$ gültige Bedingung (57.20) in einer einzigen Integralgleichung zusammenzufassen. Man erweitert dazu die Definition von $\varphi(x)$ auf die ganze reelle Achse durch die Festsetzung

$$\varphi(-x) = \varphi(x) \tag{57.21}$$

und führt in Gl. (57.18) noch ein inhomogenes Glied ein, für das gilt

$$f(-x) = f(x), \quad f(x) = 0 \quad \text{für } |x| > 1. \tag{57.22}$$

Diese Funktion ist dann so zu bestimmen, daß

$$\varphi(x) = -|x| \quad \text{für } |x| < 1 \tag{57.23}$$

wird. Damit erhält man als zu lösende Integralgleichung

$$\varphi(x) = f(x) + \frac{\chi}{4} \int_0^\infty K(x-s)\, \varphi(s)\, ds, \tag{57.24}$$

wo der Kern wieder durch (57.19) gegeben ist. Die Gl. (57.24) läßt sich ohne weiteres durch Fourier-Transformation lösen[1]. Man erhält zunächst

$$\left.\begin{aligned}\frac{1}{\sqrt{2\pi}} \int_{-\infty}^{+\infty} \varphi(x)\, e^{ixk}\, dx - \frac{\chi}{4} \frac{1}{\sqrt{2\pi}} \int_{-\infty}^{+\infty}\int_0^\infty K(x-s)\, e^{i(x-s)k}\, \varphi(s)\, e^{isk}\, ds\, dx \\ = \frac{1}{\sqrt{2\pi}} \int_{-\infty}^{+\infty} f(x)\, e^{ixk}\, dx.\end{aligned}\right\} \tag{57.25}$$

---

[1] Vgl. E.C. TITCHMARSH: Introduction to the Theory of Fourier Integrals. Oxford 1948.

Bezeichnen wir mit $\alpha(k)$ die Fourier-Transformierte von $\varphi(x)$, mit $\beta(k)$ die von $f(x)$ und schreiben für $x-s$ eine neue Variable τ, so wird

$$\alpha(k)\left[1 - \frac{\chi}{4}\frac{1}{\sqrt{2\pi}}\int K(\tau)e^{i\tau k}d\tau\right] = \beta(k). \tag{57.26}$$

Es ist nun

$$\int K(\tau)e^{i\tau k}d\tau = -\frac{4}{(ik)^3}[ik\cosh(ik) - \sinh(ik)] \equiv -4G(ik). \tag{57.27}$$

Gl. (57.26) kann daher geschrieben werden

$$\alpha(k) = \frac{\beta(k)}{1 + \chi G(ik)} \equiv \frac{\beta(k)}{F(ik)}, \tag{57.28}$$

wobei wir, was für das Weitere zweckmäßig ist, gesetzt haben

$$F(ik) = 1 + \chi G(ik). \tag{57.29}$$

Wir geben nun der Gl. (57.28) die Form

$$\alpha(k) = \beta(k) - \chi G(ik)\alpha(k) \tag{57.30}$$

und setzen auf der rechten Seite für $\alpha(k)$ den Ausdruck (57.28) ein. Das ergibt

$$\alpha(k) = \beta(k) - \chi\frac{G(ik)}{1 + \chi G(ik)}\beta(k). \tag{57.31}$$

Drückt man im zweiten Term der rechten Seite $\beta(k)$ explizit als Fourier-Transformierte von $f(s)$ aus, so wird

$$\alpha(k) = \beta(k) - \frac{\chi}{\sqrt{2\pi}}\int_{-\infty}^{+\infty}\frac{G(ik)}{1 + \chi G(ik)}e^{isk}f(s)\,ds. \tag{57.32}$$

Durch inverse Fourier-Transformation erhält man daraus als Lösung

$$\varphi(x) = f(x) - \frac{\chi}{2\pi}\int_{-\infty}^{+\infty}\int_{-\infty}^{+\infty}\frac{G(ik)}{1 + \chi G(ik)}e^{-i(x-s)k}dk\,f(s)\,ds. \tag{57.33}$$

Diese Gleichung läßt sich noch übersichtlicher schreiben in der Form

$$\varphi(x) = f(x) - \int_{-1}^{+1}K^*(x-s)f(s)\,ds, \tag{57.34}[1]$$

wo jetzt die Resolvente des Kernes $K(x-s)$ gegeben ist durch

$$K^*(x-s) = \frac{\chi}{2\pi}\int_{-\infty}^{+\infty}\frac{G(ik)}{1 + \chi G(ik)}e^{-i(x-s)k}dk. \tag{57.35}$$

Um aus dieser formalen Lösung explizite Resultate zu erhalten, muß zunächst die Funktion $f(x)$ bestimmt werden. Dies geschieht durch Anwendung der Gl. (57.34) auf das Intervall von -1 bis $+1$, in welchem $\varphi(x)$ durch (57.23) gegeben ist. In diesem endlichen Intervall hat man daher für $f(x)$ die inhomogene Integralgleichung

$$f(x) = -|x| + \int_{-1}^{+1}K^*(x-s)f(s)\,ds \quad (|x| < 1). \tag{57.36}$$

---

[1] Die Änderung der Integrationsgrenzen ergibt sich daraus, daß definitionsgemäß $f(s) = 0$ für $|s| > 1$.

Wenn $f(x)$ bekannt ist, ergibt sich $\varphi(x)$ aus

$$\varphi(x) = -\int_{-1}^{+1} K^*(x-s)f(s)\,ds \quad (|x|>1), \tag{57.37}$$

da $f(x)$ für $|x|>1$ verschwindet.

Der erste Schritt besteht in der Berechnung des Kernes $K^*(x-s)$, die sich mit Hilfe des Residuensatzes durchführen läßt. Man setzt wieder $x-s=\tau$ und führt eine komplexe Variable $z=ik$ ein. Das Integral (57.35) wird dann in bekannter Weise in ein Kurvenintegral verwandelt, und die Residuen werden mit Hilfe des Satzes über die Residuen von Quotienten bestimmt. Die Verhältnisse liegen hier besonders einfach, da an den Nullstellen des Nenners $\chi G(ik)=-1$ ist. Man erhält daher

$$K^*(\tau) = \sum_{n=1}^{\infty} \frac{1}{F'(z_n)} e^{-z_n \tau} \quad (0<\tau<\infty). \tag{57.38}$$

Hier sind die z_n die in der positiven Halbebene liegenden Nullstellen der durch Gl. (57.29) definierten Funktion $F(z)$, $F'(z_n)$ bezeichnet die Ableitung von $F(z)$ nach z an der Stelle z_n, und die Summierung ist über alle Nullstellen zu erstrecken. Für kleine Werte von τ ist eine andere Entwicklung, die ebenfalls auf dem Residuensatz beruht, zweckmäßiger. Dieselbe benutzt den Kunstgriff, das Integral (57.35) in zwei Teilintegrale aufzuspalten, deren Integranden zusätzliche Singularitäten bei $z=0$ enthalten, wodurch der Ausdruck für die Summe der Residuen eine andere Form erhält. Für die Einzelheiten der ziemlich umständlichen Rechnung muß auf die Literatur [3] verwiesen werden. Man erhält

$$\left.\begin{array}{c} K^*(\tau) = \dfrac{3\chi}{4(\chi+3)}\left(\dfrac{15+6\chi}{15+5\chi} - \tau^2\right) - \chi \sum_{n=1}^{\infty} \dfrac{(1+z_n)e^{-z_n}}{z_n^3 F'(z_n)} \cosh z_n \tau \\ (|\tau| \leq 2). \end{array}\right\} \tag{57.39}$$

Wir nehmen an, daß in den Summen der Gln. (57.38) und (57.39) die Nullstellen nach zunehmender Größe des (positiven) Realteils geordnet sind. Mit $z_n = \alpha_n + i\beta_n$ haben wir also $\alpha_{n+1} > \alpha_n$ für gerade n. Da die Nullstellen in konjugierten Paaren auftreten, ist $\alpha_{n+1}=\alpha_n$, $\beta_{n+1}=-\beta_n$ für ungerade n.

Einsetzen von (57.38) in (57.37) ergibt

$$\varphi(x) = \sum_{n=1}^{\infty} \frac{M(z_n)}{F'(z_n)} e^{-z_n x} \quad (1<x<\infty) \tag{57.40}$$

mit

$$M(z) = \int_{-1}^{+1} f(s)\,e^{zs}\,ds. \tag{57.41}$$

Man sieht daraus, daß zur Berechnung von $\varphi(x)$ die Kenntnis der Transformierten $M(z_n)$ ausreicht und $f(x)$ selbst nicht explizit bekannt zu sein braucht. Um diese Größen zu bestimmen, setzt man die Entwicklung (57.39) in Gl. (57.36) ein. Man erhält

$$\left.\begin{array}{c} f(x) = -|x| + \dfrac{3\chi}{4(\chi+3)}\left(\dfrac{15+6\chi}{15+5\chi} - x^2\right) M_{-1} - \dfrac{3\chi}{4(\chi+3)} M_0 - \\ -\chi \sum_{n=1}^{\infty} \dfrac{(1+z_n)e^{-z_n}}{z_n^3 F'(z_n)} M_n \cosh z_n x, \end{array}\right\} \tag{57.42}$$

wo

$$M_{-1} = \int_{-1}^{+1} f(s)\,ds, \quad M_0 = \int_{-1}^{+1} s^2 f(s)\,ds, \quad M_n = M(z_n) \quad (n \geq 1) \tag{57.43}$$

ist. Führt man die in (57.41) und (57.43) auftretenden Integrale aus, indem man für $f(s)$ den Ausdruck (57.42) einsetzt, so erhält man ein System von inhomogenen linearen Gleichungen mit den M_n ($n=-1, 0, 1, 2, \ldots$) als Unbekannten. Es ergibt sich

$$1 = \sum_{n=-1}^{\infty} \gamma_{-1\,n} M_n, \quad \tfrac{1}{2} = \sum_{n=-1}^{\infty} \gamma_{0\,n} M_n, \quad P(z_m) = \sum_{n=-1}^{\infty} \gamma_{m\,n} M_n, \tag{57.44}$$

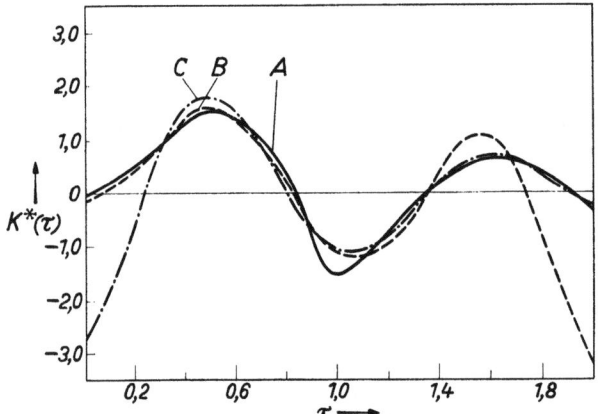

Fig. 78. Verlauf von $K^*(\tau)$ für $\chi = 25$. Kurve A: Exakter Wert; Kurve B: Näherung nach Gl. (57.45); Kurve C: Näherung nach Gl. (57.46). [Entnommen aus J. G. Kirkwood u. M. Boggs: J. Chem. Phys. 10, 394 (1942).]

wo die Größen γ und $P(z_m)$ im Prinzip bekannte Funktionen von χ und den z_n und somit letzten Endes von χ allein sind.

Die im vorstehenden entwickelte Lösung der linearisierten Integralgleichung (57.24) ist als solche exakt. Um dieselbe mit erträglichem Aufwand numerisch auswerten zu können, muß jedoch nochmals eine weitgehende Vereinfachung durchgeführt werden. Diese dritte Näherungsannahme besagt:

c) Für die Berechnung des Kernes $K^*(\tau)$ und damit aller weiteren Größen wird nur das erste Paar von konjugierten Nullstellen der Funktion $F(z)$ berücksichtigt; alle höheren Terme werden vernachlässigt.

Auf Grund der Annahme c treten an die Stelle der exakten Gln. (57.38) und (57.39) die Näherungsformeln

$$K_1^*(\tau) = \sum_{n=1}^{2} \frac{1}{F'(z_n)} e^{-z_n \tau} \tag{57.45}$$

und

$$K_2^*(\tau) = \frac{3\chi}{4(\chi+3)} \left(\frac{15+6\chi}{15+5\chi} - \tau^2 \right) - \chi \sum_{n=1}^{2} \frac{(1+z_n) e^{-z_n}}{z_n^3 F'(z_n)} \cosh z_n \tau. \tag{57.46}$$

Um die Brauchbarkeit dieser Näherung zu prüfen, haben Kirkwood und Boggs[1] in dem Intervall $\tau = 0$ bis $\tau = 2$ $K^*(\tau)$ für den Parameterwert $\chi = 25$ durch numerische Integration berechnet und das Ergebnis mit den aus Gl. (57.45) und Gl. (57.46) berechneten Kurven verglichen (Fig. 78). Man erkennt, daß für $\tau > 1,2$ Gl. (57.45) eine gute Näherung darstellt. Das gleiche gilt für Gl. (57.46) in dem Gebiet $\tau < 0,8$. Es erscheint daher gerechtfertigt, zur Berechnung der M_n die Gl. (57.46) und zur Berechnung von $\varphi(x)$ die Gl. (57.45) zu benutzen, wie es auch den allgemeinen Formeln entspricht.

Zur numerischen Berechnung müssen zunächst einige Nullstellen der Funktion $F(z)$ bestimmt werden. Dieselben sind für verschiedene Werte des Parameters χ in Tabelle 19 zusammengestellt. Das Gleichungssystem (57.44) reduziert sich jetzt auf vier Gleichungen mit vier Unbekannten. Tabelle 20 enthält die Lösungen desselben für einige χ-Werte. Die dort angeführten Größen y_1 und y_2

---

[1] J. G. Kirkwood u. E. Monroe-Boggs: J. Chem. Phys. **10**, 394 (1942).

sind definiert durch die Gleichung

$$y_1 + i\, y_2 = M_1 \frac{1+z_1}{z_1^3 F'(z_1)} e^{-z_1}. \tag{57.47}$$

Tabelle 19. *Nullstellen von $F(z)$.* [Entnommen aus J. G. KIRKWOOD u. E. M. BOGGS: J. Chem. Phys. **10**, 390 (1942).]

χ	α_1	β_1	α_2	β_2
10	1,90	5,45	3,45	11,91
15	1,46	5,52	3,03	11,99
20	1,12	5,61	2,73	12,04
25	0,87	5,68	2,50	12,07
30	0,56	5,73	2,31	12,10
34,8	0	5,76		
40	—	—	2,02	12,14
158,6	—	—	0	12,32

Tabelle 20. *Angenäherte Lösung der Gl. (57.44).* [Entnommen aus J. G. KIRKWOOD u. E. M. BOGGS: J. Chem. Phys. **10**, 390 (1942).]

χ	M_{-1}	M_0	$y_1 \times 10^2$	$y_2 \times 10^2$	A	δ
13,3			1,27	0,92	0,96	−0,48
20	−3,51	−1,20$_5$	1,48	0,23	1,70	+0,10
25	−4,27	−1,40	1,28	0,28	1,97	+0,40
34,8	−5,76	−1,38	0,87	0,24	1,65	+0,87

In der benutzten Näherung lautet die Lösung Gl. (57.40)

$$\varphi(x) = \frac{M_1}{F'(z_1)} e^{-z_1 x} + \frac{M_2}{F'(z_2)} e^{-z_2 x}. \tag{57.48}$$

Mit

$$\frac{M_1}{F'(z_1)} = \left|\frac{M_1}{F'(z_1)}\right| e^{i\delta}, \qquad \frac{M_2}{F'(z_2)} = \left|\frac{M_1}{F'(z_1)}\right| e^{-i\delta} \tag{57.49}$$

und

$$z_1 = \alpha_1 + i\beta_1, \qquad z_2 = \alpha_1 - i\beta_1 \tag{57.50}$$

wird dann

$$\varphi(x) = \left|\frac{M_1}{F'(z_1)}\right| e^{-\alpha_1 x} \left[e^{i(\delta - \beta_1 x)} + e^{-i(\delta - \beta_1 x)}\right] \tag{57.51}$$

oder in reeller Form

$$\varphi(x) = 2\left|\frac{M_1}{F'(z_1)}\right| e^{-\alpha_1 x} \cos(\beta_1 x - \delta). \tag{57.52}$$

In dieser Näherung hat somit die radiale Verteilungsfunktion die Form einer gedämpften harmonischen Schwingung.

Um die vorstehende Lösung mit experimentellen Daten zu vergleichen, muß der Parameter χ durch experimentell zugängliche Größen ausgedrückt werden. Dies kann in verschiedener Weise geschehen[1,2]. Wir beschränken uns hier auf die Betrachtung des Dampfdruckgleichgewichts. Dieses Gleichgewicht existiert nicht für das Modell der starren Kugeln; die Definition der Größe χ ist aber von dem speziellen Potentialansatz (57.2) unabhängig und erfordert lediglich, daß die Größe σ sinnvoll definiert werden kann. Das Modell der harten Kugeln ist dann in diesem Zusammenhang als mathematische Approximation zur Berechnung der radialen Verteilungsfunktion zu betrachten, welche die Anziehungs-

---
[1] J. G. KIRKWOOD u. E. MONROE-BOGGS: J. Chem. Phys. **10**, 394 (1942).
[2] J. G. KIRKWOOD, E. K. MAUN u. B. J. ALDER: J. Chem. Phys. **18**, 1040 (1950).

kräfte vernachlässigt und die Abstoßungskräfte durch ein unendlich steiles Potential schematisiert. Man hat dann

$$g^{(2)}(r, a) = g^{(2)}(r) \quad \text{für} \quad a > 0, \; r > 0,$$
$$\int_0^1 g(r, a)\, da = g^{(2)}(r) \quad \text{für} \quad r > \sigma. \tag{57.53}$$

Hier bezeichnet $g^{(2)}(r)$ die radiale Verteilungsfunktion bei voller zwischenmolekularer Kopplung, also die Größe $g^{(2)}(r, 1)$.

Nach Gl. (5.50) ist das chemische Potential einer Flüssigkeit gegeben durch

$$\mu = kT \ln \frac{N}{V} + \frac{N}{V} \int_V \int_0^1 u(r)\, g^{(2)}(r, a)\, da\, d\mathbf{q} + \varphi(T), \tag{57.54}$$

wo $\varphi(T)$ eine reine Temperaturfunktion ist, die also für Gas und Flüssigkeit den gleichen Wert hat. Aus den Gln. (57.4), (57.7) und (57.8) folgt nun

$$\frac{N}{VkT} \int_V \int_0^1 u(r)\, g^{(2)}(r, a)\, da\, d\mathbf{q} = \frac{\chi}{3} + \frac{N}{VkT} \int_\omega^V \int_0^1 u(r)\, g^{(2)}(r, a)\, da\, d\mathbf{q}. \tag{57.55}$$

Das Integral auf der rechten Seite ist über das Volumen außerhalb ω zu erstrecken, d.h. praktisch über die Reichweite der zwischenmolekularen Wechselwirkung. Mit Benutzung von (57.53) erhält man

$$\frac{N}{VkT} \int_\omega^V \int_0^1 u(r)\, g^{(2)}(r, a)\, da\, d\mathbf{q} = \frac{N}{VkT} \int_\omega^V u(r)\, g^{(2)}(r)\, d\mathbf{q} = \frac{N\bar{u}}{kT}. \tag{57.56}$$

wo $\bar{u}$ die mittlere Wechselwirkungsenergie eines Molekülpaares ist. Diese Größe hängt andererseits unmittelbar mit der Verdampfungsenergie (d.h. der um Pv verminderten Verdampfungswärme) ΔE_{verd} zusammen. Betrachtet man nämlich den Dampf als ideales Gas, so gilt nach Gl. (5.2)

$$\Delta E_{\text{verd}} = -\tfrac{1}{2} N^2\, \bar{u}. \tag{57.57}$$

Durch Kombination der Gln. (57.54) bis (57.57) erhält man für das chemische Potential der Flüssigkeit

$$\mu_{\text{Fl}} = kT \left[\ln \frac{N_{\text{Fl}}}{V_{\text{Fl}}} + \frac{\chi}{3} - \frac{2\Delta E_{\text{verd}}}{NkT} + \frac{\varphi(T)}{kT} \right]. \tag{57.58}$$

Für das chemische Potential des koexistierenden Dampfes kann man setzen

$$\mu_G = kT \left[\ln \frac{N_G}{V_G} + \frac{\varphi(T)}{kT} \right]. \tag{57.59}$$

Die Gleichgewichtsbedingung $\mu_{\text{Fl}} = \mu_G$ liefert daher, wenn die molekularen Volumina v_{Fl} und v_G eingeführt werden,

$$\chi = 3 \left[\frac{2\Delta E_{\text{verd}}}{NkT} - \ln \frac{v_G}{v_{\text{Fl}}} \right]. \tag{57.60}$$

Der Parameter χ kann somit aus Messungen der Verdampfungswärme und der Gleichgewichtsvolumina von Flüssigkeit und Dampf berechnet werden. KIRKWOOD und BOGGS[1] haben die Gl. (57.52) mit röntgenographischen Messungen an

---

[1] J.G. KIRKWOOD u. E. MONROE-BOGGS: J. Chem. Phys. **10**, 394 (1942).

flüssigem Argon bei 90° K[1,2] verglichen (s. Ziff. 53). Aus Gl. (57.60) wurde dafür berechnet $\chi = 27{,}4$. Der Parameter σ wurde als Lösung der Gleichung $u(r) = \frac{1}{2}kT$ mit Benutzung des Buckingham-Potentials

$$u(r) = -ar^{-6} + \left. + Pe^{-\frac{r}{\varrho}} \right\} \quad (57.61)$$

bestimmt. Es ergab sich $\sigma = 3{,}55$ Å. In Fig. 79 ist die mit den angeführten Parameterwerten nach Gl. (57.52) berechnete theoretische radiale Verteilungsfunktion zusammen mit zwei experimentellen Kurven für Argon dargestellt. Die Übereinstimmung ist nicht schlecht. Die Abweichungen, die im wesentlichen

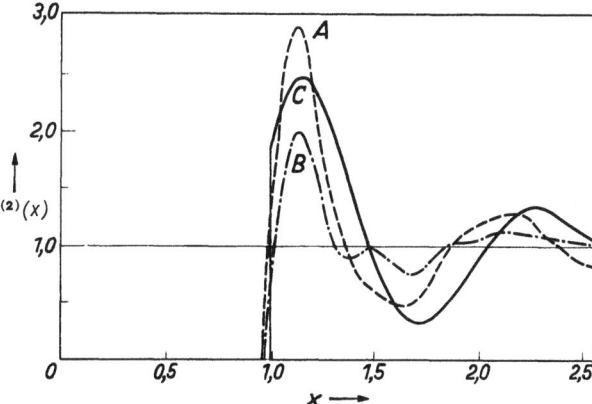

Fig. 79. Radiale Verteilungsfunktion für flüssiges Argon (90° K). Kurve A: Experimenteller Verlauf nach LARK-HOROWITZ und MILLER; Kurve B: experimenteller Verlauf nach EISENSTEIN und GINGRICH; Kurve C: berechnet nach Gl. (57.52). [Entnommen aus J. G. KIRKWOOD u. M. BOGGS: J. Chem. Phys. 10, 394 (1942).]

in dem zu niedrigen ersten Maximum und einer allgemeinen „Aufweitung" der theoretischen Kurve bestehen, dürften in erster Linie auf die Vernachlässigung der Anziehungskräfte zurückzuführen sein.

In neuerer Zeit haben KIRKWOOD[3] u. Mitarb. für einen größeren Bereich von Dichten die Gl. (8.13) sowohl mit dem Kirkwoodschen Kern (8.14) wie mit dem Born-Greenschen Kern (8.15) und auch die linearisierte Gl. (57.18) numerisch gelöst. Es hat sich dabei gezeigt, daß die oben durchgeführte analytische Lösung nur in der Nähe von $x = 1$ etwas ungenau, im übrigen aber korrekt ist. Auch der Einfluß der Linearisierung macht sich praktisch nur in diesem Gebiet bemerkbar. Fig. 80 zeigt die Lösung der linearen und der nichtlinearen Integralgleichung für den auch in Fig. 79 benutzten Parameterwert $\chi = 27{,}4$. Man sieht, daß die Vermeidung der Linearisierung das erste Maximum der radialen Verteilungsfunktion erhöht. Fig. 81[4] zeigt die ther-

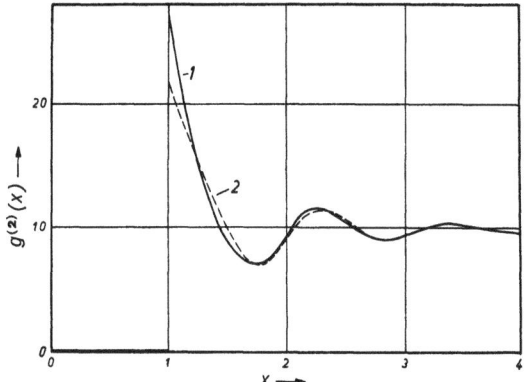

Fig. 80. Radiale Verteilungsfunktion für $\chi = 27{,}4$. Kurve 1: Lösung der nichtlinearisierten Integralgleichung; Kurve 2: Lösung der linearisierten Integralgleichung. [Entnommen aus J. G. KIRKWOOD, E. K. MAUN u. B. J. ALDER: J. Chem. Phys. 18, 1040 (1950).]

mische Zustandsgleichung des Systems aus starren Kugeln nach den numerischen Lösungen der Kirkwoodschen und Born-Greenschen Integralgleichung und nach der Theorie des freien Volumens. Bei niedrigen Dichten fallen die beiden ersteren praktisch zusammen und entfernen sich beträchtlich

---

[1] A. EISENSTEIN u. N. S. GINGRICH: Phys. Rev. 58, 307 (1940).
[2] K. LARK-HOROWITZ u. E. P. MILLER: Nature, Lond. 146, 459 (1940).
[3] J. G. KIRKWOOD, E. K. MAUN u. B. J. ALDER: J. Chem. Phys. 18, 1040 (1950).
[4] Die Größe v_0 in der Abszissenbeschriftung ist das Volumen pro Molekül bei dichtester Kugelpackung, also $v_0 = \sigma^3/\sqrt{2}$.

von der letzteren. Dieses Ergebnis entspricht der Erwartung, da das Superpositionsprinzip, wie in Ziff. 6 erwähnt, die korrekten Werte für den zweiten und dritten Virialkoeffizienten liefert, während die Theorie des freien Volumens in diesem Gebiet eine sehr schlechte Näherung darstellt (Ziff. 50 und 51). Bei höheren Dichten verlaufen die drei Kurven annähernd parallel in gleichen Abständen. In diesem Gebiet liefert jedoch, wie wir in Ziff. 58 sehen werden, das Superpositionsprinzip schlechtere Resultate als die Theorie des freien Volumens.

Bereits bei der analytischen Lösung hatte sich gezeigt, daß für $\chi=34{,}8$ der Realteil der ersten Nullstelle von $F(z)$ verschwindet (vgl. Tabelle 19), womit zunächst der Ansatz (57.48) in Frage gestellt wird. KIRKWOOD u. Mitarbeiter[1] fanden nun, daß für $\chi \geq 34{,}8$ überhaupt keine physikalisch sinnvolle Lösung existiert. Man kann dieses Verhalten aber nicht ohne weiteres mit einer Phasenumwandlung flüssig-kristallin in Zusammenhang bringen, da das Superpositionsprinzip eine Diskussion von Phasenumwandlungen ausschließt (vgl. Ziff. 17 und [4]).

McLELLAN[2] hat die nicht linearisierte Born-Green-Gleichung für starre Kugeln mit Hilfe eines Iterationsverfahrens gelöst und die Lösung als Entwicklung nach Potenzen der Dichte dargestellt. Die Übereinstimmung mit der numerischen Lösung von KIRKWOOD u. Mitarb.[1] ist in der Nähe von $x=1$ durchweg sehr gut; bei höheren Dichten treten für größere x-Werte merkliche Abweichungen auf. Diese wirken sich jedoch auf die Zustandsgleichung nicht in nennenswertem Maße aus; hier ist die Übereinstimmung ebenfalls sehr gut.

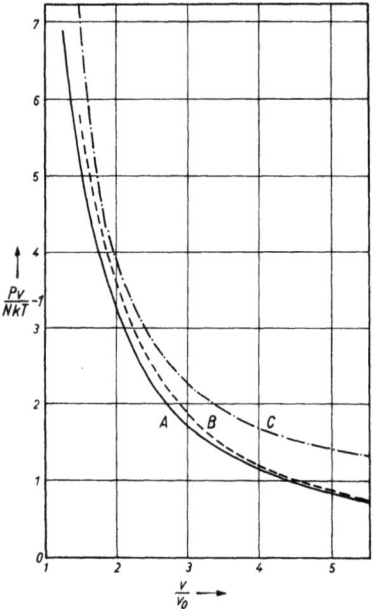

Fig. 81. Thermische Zustandsgleichung eines Gases aus starren Kugeln. Kurve A: Integralgleichungsmethode, Kirkwoodscher Kern; Kurve B: Integralgleichungsmethode, Born-Greenscher Kern; Kurve C: Theorie des freien Volumens. [Entnommen aus J. G. KIRKWOOD, E. K. MAUN u. B. J. ALDER: J. Chem. Phys. **18**, 1040 (1950).]

KIRKWOOD u. Mitarb.[3] haben die numerische Lösung der Gl. (8.13) auch mit Berücksichtigung der Anziehungskräfte durchgeführt. Dabei hat sich gezeigt, daß mit dem Lennard-Jones-Potential eine Lösung bei höheren Dichten nicht erhalten werden kann. Es wurde daher dem letzteren das Potential der starren Kugeln überlagert, so daß ein dem „starr-elastischen" Molekülmodell[4] ähnliches Potential entsteht. Die auf diesem Wege erhaltenen Resultate stimmen für die radiale Verteilungsfunktion selbst, wie Fig. 82 zeigt, recht gut mit den röntgenographischen Daten überein. Dagegen sind die Ergebnisse für die Zustandsgleichung, besonders im Gebiete höherer Dichten, wenig befriedigend, wie Fig. 83 an dem Beispiel der 0° C-Isotherme für Argon zeigt. In einer weiteren Arbeit haben KIRKWOOD u. Mitarb.[5] halbempirische Korrekturen entwickelt, um die Ergebnisse auf ein wahres Lennard-Jones-Potential umzurechnen. Es scheint danach, daß in Fig. 83 die Diskrepanzen bei niedrigen Dichten in erster Linie durch das überlagerte Potential der harten Kugeln hervorgerufen werden. Da-

---

[1] J. G. KIRKWOOD, E. K. MAUN u. B. J. ALDER: J. Chem. Phys. **18**, 1040 (1950).
[2] A. G. McLELLAN: Proc. Roy. Soc. Lond. A **210**, 509 (1952).
[3] J. G. KIRKWOOD, V. A. LEWINSON u. B. J. ALDER: J. Chem. Phys. **20**, 929 (1952).
[4] Als „starr-elastisch" wird das der van der Waalsschen Zustandsgleichung zugrunde liegende Potential bezeichnet.
[5] R. W. ZWANZIG, J. G. KIRKWOOD, K. F. STRIPP u. J. OPPENHEIM: J. Chem. Phys. **21**, 1268 (1953).

gegen dürfte im Gebiete höherer Dichten das Superpositionsprinzip die ausschlaggebende Rolle spielen.

Die geschilderten Ergebnisse zeigen, daß die radiale Verteilungsfunktion selbst, und damit die molekulare Struktur der Flüssigkeit, von der Theorie, gemessen an der experimentellen Genauigkeit, auch quantitativ befriedigend wiedergegeben wird. Insoweit stellt daher offensichtlich auch das Superpositionsprinzip eine brauchbare Näherung dar. Die thermodynamischen Eigenschaften hängen aber außerordentlich empfindlich von den feineren Einzelheiten der radialen Verteilungsfunktion ab. Nach KIRKWOOD u. Mitarb.[1] genügt bereits eine Verschiebung des ersten Maximums um wenige Prozent, um den Druck auf das 10^3-fache zu erhöhen. Insoweit könnte daher nur eine die Genauigkeit der direkten experimentellen Bestimmung weit übertreffende theoretische Berechnung gute Resultate liefern.

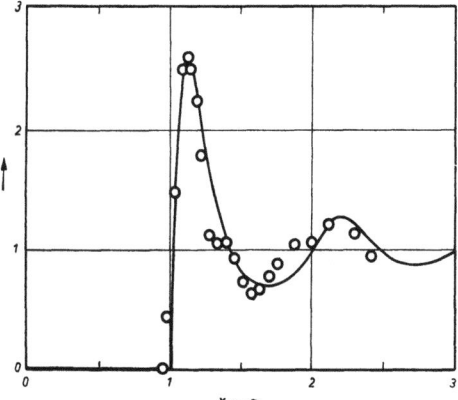

Fig. 82. Radiale Verteilungsfunktion für Argon bei 91,8° K und 1,8 Atm. Kurve berechnet aus der numerischen Lösung der Integralgleichung mit Born-Greenschem Kern. Kreise: Experimentelle Werte. [Entnommen aus J.G. KIRKWOOD, V.A. LEWINSON u. B.J. ALDER: J. Chem. Phys. 20, 929 (1952).]

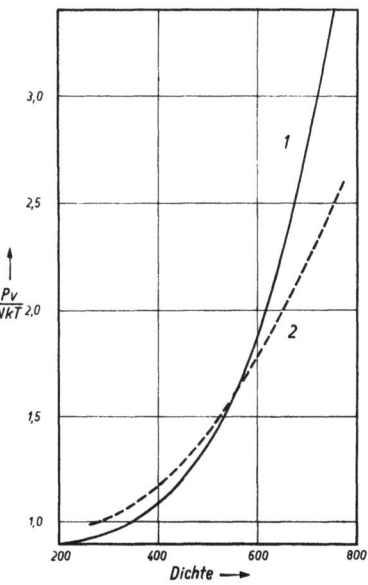

Fig. 83. 0° C-Isothermen für Argon. Kurve 1: Experimentelle Werte; Kuve 2: numerische Lösung der Integralgleichung; Dichte in Amagat-Einheiten. [Entnommen aus J. G. KIRKWOOD, V.A. LEWINSON u. B.J. ALDER: J. Chem. Phys. 20, 929 (1952).]

Von verschiedenen Autoren[2-6] ist kürzlich eine Integralgleichung entwickelt worden, in der das Superpositionsprinzip durch Beschränkung auf gewisse Typen von Mayerschen cluster-Diagrammen ersetzt wird. Eine Behandlung derselben war im Rahmen dieses Artikels nicht mehr möglich. Numerische Lösungen sind von VERLET und LEVESQUE[7] berechnet worden. Die Ergebnisse zeigen gegenüber den Kirkwoodschen gewisse Modifikationen, besitzen aber die gleichen allgemeinen charakteristischen Züge, so daß auch aus diesem Grunde auf eine ausführlichere Besprechung verzichtet werden kann.

58. Die Monte-Carlo-Methode. Die Bezeichnung, „Monte-Carlo" wird allgemein für numerische Methoden gebraucht, die, im Gegensatz zu den üblichen Verfahren, stochastische Elemente in die Berechnung einführen. Als Beispiel

---
[1] Siehe Fußnote 5, S. 276
[2] J. M. J. VAN LEUVEN, J. GROENEVELD u. J. DE BOER: Physica, Haag **25**, 792 (1959).
[3] E. MEERON: J. Math. Phys. **1**, 192 (1960).
[4] T. MORITA u. K. HIROIKE: Progr. Theor. Phys. **23**, 1003 (1960).
[5] G. S. RUSHBROOKE: Physica, Haag **26**, 259 (1960).
[6] L. VERLET: Nuovo Cim. **18**, 77 (1960).
[7] L. VERLET u. D. LEVESQUE: Physica, Haag (im Druck). Für die Überlassung des Manuskriptes bin ich den Autoren zu großem Dank verpflichtet.

betrachten wir ein zweidimensionales System von N gleichen Teilchen, zwischen denen Zweikörper-Zentralkräfte wirken. Das System soll sich in einem Quadrat befinden. Da mit Rücksicht auf die praktischen Möglichkeiten der Rechenmaschinen N die Größenordnung 10^2 nicht überschreiten kann, werden zur Verminderung der Grenzflächeneffekte periodische Randbedingungen angenommen derart, daß das Originalquadrat von einer großen Zahl gleichartiger Quadrate umgeben gedacht wird, die ebenfalls je N Moleküle in der gleichen Konfiguration enthalten (Fig. 84). Die potentielle Energie einer Konfiguration

$$U = \frac{1}{2} \sum_{\substack{i \\ i \neq j}}^{N} \sum_{j}^{N} u_{ij} \qquad (58.1)$$

wird nun in der Weise berechnet, daß jeweils der kürzeste Abstand zwischen den Bildern zweier gegebener Moleküle in (58.1) eingesetzt wird. So wird in Fig. 84 die Wechselwirkung zwischen dem schwarzen Kreis und dem Kreis I' in dem zentralen Quadrat berechnet aus dem Abstand zwischen dem schwarzen Kreis in dem zentralen Quadrat und dem Kreis I in dem linken unteren Quadrat. Dieses Verfahren stellt naturgemäß nur eine Näherung dar, die gewisse Korrekturen erfordert, für deren Einzelheiten auf die Arbeit von Wood und Parker[1] verwiesen sei.

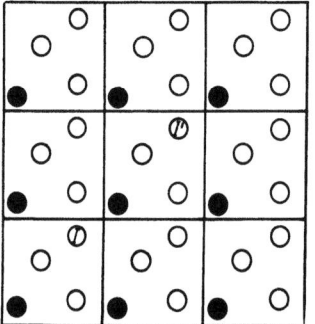

Fig. 84. Periodische Randbedingungen der Monte-Carlo-Methode für ein zweidimensionales System. Das zentrale Quadrat stellt die Original-Zelle dar; die acht übrigen Quadrate sind Kopien der Original-Zelle. Ein Molekül der Original-Zelle und seine acht Kopien sind als schwarze Kreise gezeichnet. [Entnommen aus W. W. Wood u. F. R. Parker: J. Chem. Phys. 27, 720 (1957).]

Die Bestimmung der Gleichgewichtseigenschaften des Systems mit Hilfe der kanonischen Gesamtheit läuft (da wir uns auf den Konfigurationsraum beschränken können) auf die Berechnung von Integralen der Form

$$\overline{F} = \frac{\int F(\mathbf{q}) e^{-\frac{U}{kT}} d\mathbf{q}}{\int e^{-\frac{U}{kT}} d\mathbf{q}} \qquad (58.2)$$

hinaus, wo $\mathbf{q}$ der $2N$-dimensionale Ortsvektor im Konfigurationsraum ist. Die (hier praktisch undurchführbare) übliche numerische Methode würde dieses Integral durch eine Summierung über eine regelmäßige Anordnung von Punkten im Konfigurationsraum ersetzen. In der Monte-Carlo-Methode wird die regelmäßige Anordnung durch eine zufällige Auswahl von Punkten ersetzt.

Die einfachste Form einer solchen Methode würde darin bestehen, daß Punkte im Konfigurationsraum unabhängig durch zufällige Auswahl gewonnen und nach Berechnung der potentiellen Energie jeweils mit dem Gewichtsfaktor $e^{-\frac{U}{kT}}$ versehen werden. Für höhere Dichten ist dieses Verfahren jedoch nicht anwendbar, da mit überwiegender Wahrscheinlichkeit Konfigurationen von sehr niedrigem statistischem Gewicht ausgewählt werden und somit erhebliche Fehler in der Berechnung des Integrals (58.2) unvermeidlich sind. In der statistischen Mechanik wird daher heute unter der Bezeichnung Monte-Carlo-Methode ein von Metropolis u. a.[2] entwickeltes modifiziertes Verfahren verstanden, das diesen Nachteil vermeidet.

---

[1] W. W. Wood u. F. R. Parker: J. Chem. Phys. **27**, 720 (1957).
[2] N. Metropolis, A. W. Rosenbluth, M. N. Rosenbluth, A. H. Teller u. E. Teller: J. Chem. Phys. **21**, 1087 (1953).

Das Prinzip des Verfahrens besteht darin, daß die Konfigurationen von vornherein mit einer Wahrscheinlichkeit $e^{-\frac{U}{kT}}$ ausgewählt und dann mit gleichem Gewicht eingesetzt werden. Im einzelnen geht man in folgender Weise vor:

Man geht aus von einer beliebigen Konfiguration der N-Teilchen, die etwa ein zweidimensionales Gitter sein kann. Die Teilchen werden dann der Reihe nach verschoben gemäß der Vorschrift

$$x \to x + \delta \xi_1, \quad y \to y + \delta \xi_2. \qquad (58.3)$$

Hier ist δ die zulässige Maximalverschiebung, und ξ_1, ξ_2 sind Zufallszahlen zwischen -1 und $+1$. Nach der Verschiebung befindet sich das Teilchen mit überall gleicher Wahrscheinlichkeit in einem Quadrat der Kantenlänge 2δ, in dessen Mittelpunkt die ursprüngliche Position liegt. Die periodische Randbedingung bewirkt, daß ein Teilchen, welches durch die Verschiebung die Grenze des zentralen Quadrates der Fig. 84 überschreitet, einfach an der gegenüberliegenden Seite wieder in dasselbe eintritt.

Man berechnet dann die durch die Verschiebung bewirkte Änderung der potentiellen Energie ΔU. Wenn $\Delta U < 0$ ist, wird das Teilchen einfach in der neuen Position belassen. Ist $\Delta U > 0$, so wird eine neue Zufallzahl ξ_3 zwischen 0 und 1 gewählt. Wenn $\xi_3 < e^{-\frac{\Delta U}{kT}}$ ist, wird das Teilchen in der neuen Position belassen; ist dagegen $\xi_3 > e^{-\frac{\Delta U}{kT}}$, so wird das Teilchen in die ursprüngliche Lage zurückgebracht, die aber für die Mittelwertsbildungen als neue Konfiguration zu zählen ist. Es wird somit

$$\overline{F} = \frac{1}{M} \sum_{j=1}^{M} F_j, \qquad (58.4)$$

wo F_i der Wert von $F(q)$ für die nach j Verschiebungen erreichte Konfiguration ist.

Es bleibt noch zu zeigen, daß der Mittelwert (58.4) für $M \to \infty$ mit dem kanonischen Mittelwert (58.2) zusammenfällt. Dieser Beweis wird am einfachsten auf der Grundlage einer etwas strengeren theoretischen Analyse geführt[1,2]. Aus der obigen Beschreibung ergibt sich als Wesen der Monte-Carlo-Methode die Erzeugung einer homogenen Markoffschen Kette[3] derart, daß asymptotisch (d.h. für unendliche Kettenlänge) jeder Zustand k mit einer zu $e^{-\frac{U_k}{kT}}$ proportionalen Häufigkeit wiederkehrt. In diesem Falle konvergiert der Mittelwert (58.4) für $M \to \infty$ gegen (58.2). Wir bezeichnen mit $p_{ij} \equiv p_{ij}^{(1)}$ die bedingte Wahrscheinlichkeit, daß das System, wenn es zur Zeit t[4] im Zustand j ist, sich zur Zeit $t+1$ im Zustand k befindet. Die Matrix der Übergangswahrscheinlichkeiten ist definitionsgemäß unabhängig von der Zeit t und genügt der Normierung

$$\sum_{k=1}^{s} p_{jk} = 1. \qquad (58.5)$$

Zusammen mit der Spezifizierung des Anfangszustandes (oder der Angabe aller Anfangswahrscheinlichkeiten) bestimmt sie vollständig die Markoffsche Kette. Die Übergangswahrscheinlichkeit für n Schritte $p_{jk}^{(n)}$ ist definiert als die bedingte

---

[1] W.W. Wood u. F.R. Parker: J. Chem. Phys. **27**, 720 (1957).
[2] W.W. Wood, F.R. Parker u. J.D. Jacobson: Nuovo Cim., Ser. X **9**, Suppl., 133 (1958).
[3] Vgl. z.B. M. Fisz: Wahrscheinlichkeitsrechnung und mathematische Statistik. Berlin 1958.
[4] Der Ausdruck „Zeit" wird hier im Sinne der Theorie der Markoffschen Ketten gebraucht; er hat also keine physikalische Bedeutung.

Wahrscheinlichkeit, daß das System, wenn es zur Zeit t im Zustand j ist, sich zur Zeit $t+n$ im Zustand k befindet. Es gilt

$$p_{jk}^{(1)} = \sum_{k'=1}^{s} p_{jk'}^{(1)} p_{k'k}^{(1)} \tag{58.6}$$

und allgemein

$$p_{jk}^{(n)} = \sum_{k'=1}^{s} p_{jk'}^{(n-1)} p_{k'k}^{(1)}. \tag{58.7}$$

Bei unserem Problem handelt es sich um die Frage des asymptotischen Verhaltens der $p_{jk}^{(n)}$ für $n \to \infty$. Wir benötigen zunächst einige Definitionen:

a) Ein Zustand j heißt *vorübergehend*, wenn es einen Zustand k und eine natürliche Zahl l gibt derart, daß $p_{jk}^{(l)} > 0$ und $p_{kj}^{(m)} = 0$ für alle m ist.

b) Ein Zustand j heißt *wesentlich*, wenn aus der Existenz einer natürlichen Zahl l_k mit der Eigenschaft $p_{jk}^{(l_k)} > 0$ die Existenz einer natürlichen Zahl m_j mit der Eigenschaft $p_{kj}^{(m_j)} > 0$ folgt.

c) Ein wesentlicher Zustand heißt *periodisch*, wenn es eine natürliche Zahl $d > 1$ gibt derart, daß für alle nicht durch d teilbaren n die Beziehung $p_{jj}^{(n)} = 0$ gilt.

d) Ein nichtperiodischer wesentlicher Zustand heißt ein *ergodischer* Zustand.

e) Eine Menge W von wesentlichen Zuständen bildet eine *Klasse*, wenn es zu je zwei Zuständen j und k aus W eine natürliche Zahl m_{jk} mit der Eigenschaft $p_{jk}^{(m_{jk})} > 0$ gibt.

Es gilt nun folgender Satz:

Wenn für eine homogene Markoffsche Kette mit endlich vielen Zuständen alle Zustände ergodisch sind und zur gleichen Klasse gehören, so existieren die Grenzwerte

$$\lim_{n \to \infty} p_{jk}^{(n)} = u_k, \quad k = 1, 2, \ldots, s \tag{58.8}$$

für alle j und sind unabhängig von j. Es ist für alle k

$$u_k > 0 \tag{58.9}$$

und

$$\sum_{k=1}^{s} u_k = 1. \tag{58.10}$$

Die u_k sind mit den Grenzwerten der totalen Wahrscheinlichkeiten identisch und es gilt

$$u_k = \sum_{j=1}^{s} u_j p_{jk}, \quad k = 1, 2, \ldots, s. \tag{58.11}$$

In unserem Falle ist

$$u_k = C \cdot e^{-\frac{U_k}{kT}}, \tag{58.12}$$

wo C ein Normierungsfaktor ist. Gl. (58.11) ist daher erfüllt, wenn

$$p_{jk} e^{-\frac{U_j}{kT}} = p_{kj} e^{-\frac{U_k}{kT}} \quad \text{(alle } i, k\text{)} \tag{58.13}$$

ist und für die p_{jk} die Normierungsrelation (58.5) gilt. Die Markoffsche Kette konvergiert also in dem oben erläuterten Sinne gegen die kanonische Gesamtheit, wenn die p_{ij} den Gln. (58.5) und (58.13) genügen und die Ergodizitätsbedingung erfüllt ist.

Die für die weiter unten zu besprechenden Ergebnisse benützten Übergangswahrscheinlichkeiten sind[1]

$$p_{jk} = \begin{Bmatrix} A_{jk} & \text{für } U_k \leqq U_j \\ A_{jk} e^{-\frac{U_k - U_j}{kT}} & \text{für } U_k > U_j \end{Bmatrix} (k \neq j), \qquad (58.14)$$

$$p_{jj} = 1 - \sum_{j \neq k} p_{jk}.$$

Hier ist

$$A_{jk} = \begin{cases} \dfrac{1}{8N\delta^3}, & \text{wenn } x_j^{(\alpha, r)} = x_k^{(\alpha, r)}, \left| x_j^{(\alpha, r')} - x_k^{(\alpha, r')} \right| < \delta \\ & r = 1, 2, \ldots, r'-1, r'+1, \ldots N; \; r' = 1, 2, \ldots N \\ 0 & \text{in allen übrigen Fällen.} \end{cases} \qquad (58.15)$$

$x_j^{(\alpha, r)}$ (mit $\alpha = 1, 2, 3$) ist die cartesische Koordinate des Moleküls r in der Konfiguration j. Die Übergangswahrscheinlichkeiten sind somit von Null verschieden nur für zwei Konfigurationen, welche sich durch die Position eines einzigen Moleküls r' unterscheiden und für welche der Unterschied jeder der cartesischen Koordinaten dieses Moleküls kleiner als der Parameter δ ist. Man verifiziert leicht, daß (58.14) und (58.15) die Gln. (58.5) und (58.13) erfüllen, und zwar unabhängig vom Werte des Parameters δ. Die Konvergenz als solche hängt der ebenfalls nicht vom Wert dieses Parameters ab; es ist aber zu erwarten, daß die Schnelligkeit der Konvergenz dadurch beeinflußt wird.

Weniger einfach ist das Problem der Ergodizität, das physikalisch auf die Bedingung hinausläuft, daß von jedem Zustand jeder andere Zustand, wenn auch nicht unmittelbar, erreicht werden kann. Für eine ausführliche Diskussion dieser Frage muß auf die Arbeit von Wood und Parker[2] verwiesen werden. Wir bemerken aber, daß die Bedingung sicher erfüllt ist, wenn die Potentialfunktion U im Konfigurationsraum überall, mit Ausnahme höchstens eines Satzes vom Maße Null, endlich ist. Dies trifft beispielsweise für das Lennard-Jones-Potential zu, aber nicht für das Potential harter Kugeln, das daher eine genauere Untersuchung erfordert. Schließlich muß noch die Möglichkeit erwähnt werden, daß zwar alle Zustände formal zur gleichen Klasse gehören, daß aber zwei (oder mehrere) Unterklassen existieren derart, daß zwischen Zuständen verschiedener Unterklassen die Übergangswahrscheinlichkeiten $p_{jk}^{(n)}$ extrem klein sind mit Ausnahme von (an der praktisch erreichbaren Kettenlänge gemessen) sehr großen n-Werten. In diesem Falle kann die Monte-Carlo-Methode falsche Resultate liefern. Ein Beispiel dafür wird im folgenden erwähnt werden.

Für die Einzelheiten der Berechnung, die nur mit Hilfe von elektronischen Rechenmaschinen hoher Geschwindigkeit durchführbar ist, muß auf die Originalarbeiten[2,3] verwiesen werden. Wir geben hier einige Resultate wieder, die im Zusammenhang mit unserem Thema von besonderem Interesse sind[2]. Fig. 85 zeigt für ein System mit Lennard-Jones-Potential die Isotherme $T^* = 2{,}74$[4], was für Argon der $55°$ C-Isotherme entspricht. Neben den Ergebnissen der Monte-Carlo-Methode sind die experimentellen Daten von Michels u. Mitarb.[5]

---
[1] Diese Übergangswahrscheinlichkeiten unterscheiden sich etwas von den in der Arbeit von Metropolis u. a. (s. Fußnote 2 auf S. 278) benutzten.
[2] W. W. Wood u. F. R. Parker: J. Chem. Phys. **27**, 720 (1957).
[3] N. Metropolis, A. W. Rosenbluth, M. N. Rosenbluth, A. H. Teller u. E. Teller: J. Chem. Phys. **21**, 1087 (1953).
[4] T^* ist durch Gl. (51.2) definiert.
[5] A. Michels, Hv. Wijker u. Hk. Wijker: Physica, Haag **15**, 627 (1949).

und BRIDGMAN[1] (im Gebiet sehr hoher Drucke), ferner die Ergebnisse der Lennard-Jones-Devonshire-Theorie (Ziff. 50) und der Integralgleichungsmethode (mit Berücksichtigung der am Schluß von Ziff. 57 erwähnten Korrektur) eingezeichnet. Als Abszisse ist das durch Gl. (51.2) definierte reduzierte Volumen aufgetragen.

Zwischen den Monte-Carlo-Resultaten und den Messungen von MICHELS besteht gute Übereinstimmung. Gegenüber den Daten von BRIDGMAN, die mit einer leichten Unstetigkeit an die von MICHELS anschließen, treten dagegen erhebliche Diskrepanzen auf. Da aber hier (nach Mitteilung von Prof. BRIDGMAN)[2] die Möglichkeit systematischer experimenteller Fehler besteht, muß diese Frage vorläufig als offen betrachtet werden. In der Gegend von $v^* = 1$ zeigen die Monte-

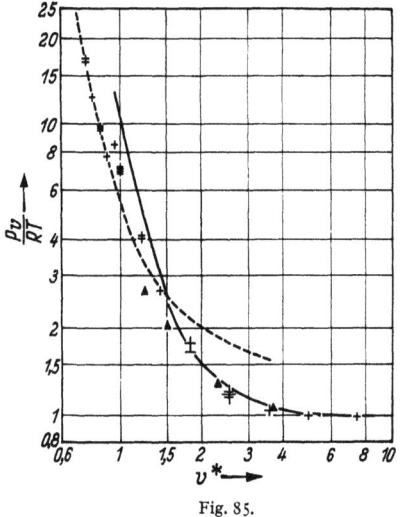
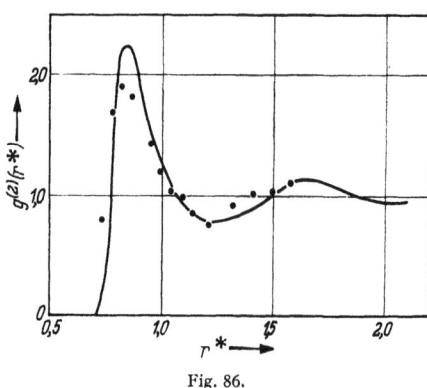

Fig. 85.   Fig. 86.

Fig. 85. Isotherme eines Systems mit Lennard-Jones-Potential für $T^* = 2{,}74$ ($= 55°$ C für Argon). + Monte-Carlo-Berechnungen; ▲ Integralgleichungsmethode; – – – Lennard-Jones-Devonshire-Theorie; —— Messungen von BRIDGMAN (hohe Drucke) und MICHELS u. Mitarb. (niedrige Drucke). [Entnommen aus W.W. WOOD u. F.R. PARKER: J. Chem. Phys. **27**, 720 (1957).]

Fig. 86. Radiale Verteilungsfunktion für flüssiges Argon. Kurve: Monte-Carlo-Berechnung; Kreise: Röntgengraphische Daten. [Entnommen aus W.W. WOOD, F.R. PARKER u. J.D. JACOBSON: Nuovo Cim., Ser. X **9**, Suppl., 133 (1958).]

Carlo-Resultate eine Unstetigkeit, die mit der Phasenumwandlung flüssig-fest zusammenhängen dürfte. Für eine Diskussion dieser Frage muß auf die Originalarbeiten[2,3] verwiesen werden. Im Gebiete des festen Zustandes ergibt sich eine sehr gute Übereinstimmung mit der Theorie des freien Volumens. Im Gebiete der Flüssigkeit (das auf einer hyperkritischen Isotherme bis zum kritischen Wert $v_k^* = 3{,}16$ anzunehmen ist), liefert diese Theorie dagegen sehr schlechte Resultate. Nach den früheren Untersuchungen (Ziff. 49 bis 52) ist dieses Verhalten ohne weiteres verständlich. Umgekehrt ergibt sich mit den auf der Grundlage des Superpositionsprinzips erhaltenen Resultaten eine gute Übereinstimmung im Gebiete niedriger Dichten bis herauf zu etwa $v^* = 1{,}8$. Bei höheren Dichten treten in zunehmendem Maße Abweichungen auf, die im wesentlichen durch das Superpositionsprinzip bedingt sein dürften.

Fig. 86 zeigte eine nach der Monte-Carlo-Methode berechnete radiale Verteilungsfunktion zusammen mit röntgenographischen Daten für Argon[4]. Die Übereinstimmung ist hier eher schlechter als in Fig. 82. Wegen der Unsicherheit

---

[1] P.W. BRIDGMAN: Proc. Amer. Acad. Arts. Sci. **70**, 1 (1935).
[2] W.W. WOOD u. F.R. PARKER: J. Chem. Phys. **27**, 720 (1957).
[3] W.W. WOOD, F.R. PARKER u. J.D. JACOBSON: Nuovo Cim., Ser. X **9**, Suppl., 133 (1958).
[4] A. EISENSTEIN u. N.S. GINGRICH: Phys. Rev. **62**, 261 (1942).

der Röntgendaten lassen sich aber kaum irgendwelche Schlüsse daraus ziehen. Um eine direkte Prüfung des Superpositionsprinzips durchzuführen, haben WOOD und PARKER[1] die radiale Verteilungsfunktion für $v^* = 2,5$ auch mit Benutzung des modifizierten Lennard-Jones-Potentials (Ziff. 57) berechnet und das Ergebnis mit dem von KIRKWOOD u. Mitarb.[2] verglichen (Fig. 87). Man sieht, daß die beiden Kurven praktisch zusammenfallen. Nach diesen Ergebnissen muß man annehmen, daß das Superpositionsprinzip auch für Flüssigkeiten bis annähernd zur zweifachen kritischen Dichte noch eine gute Näherung darstellt. Das dreidimensionale System aus harten Kugeln ist zuerst von M. N. und A. W. ROSENBLUTH[3] untersucht worden. Die Rechnung ist später nach einer anderen Methode (s.

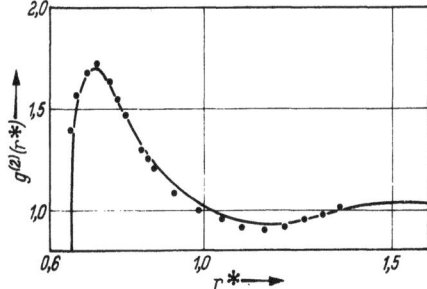

Fig. 87. Radiale Verteilungsfunktion für ein System mit modifiziertem Lennard-Jones-Potential (Ziff. 57). ● Monte Carlo-Berechnungen; —— Integralgleichungsmethode. [Entnommen aus W.W. WOOD, F.R. PARKER u. J.D. JACOBSON: Nuovo Cim., Ser. X 9, Suppl., 133 (1958).]

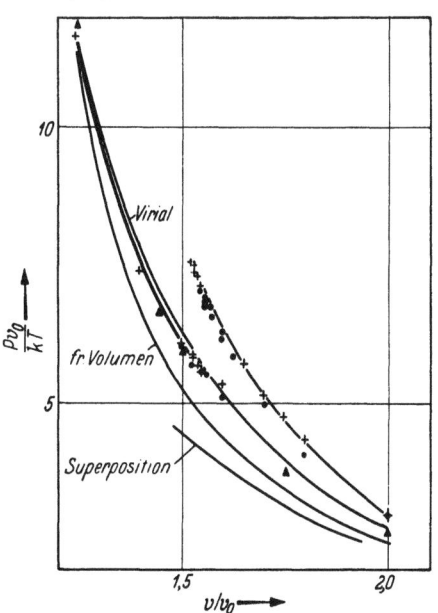

Fig. 88. Isotherme eines Systems aus harten Kugeln nach verschiedenen Methoden. Stark ausgezogene Kurve und +: Numerische Integration der Bewegungsgleichungen; ▲ ältere Monte-Carlo-Berechnungen; ● neuere Monte-Carlo-Berechnungen. [Entnommen aus W.W. WOOD u. J.D. JACOBSON: J. Chem. Phys. 27, 1208 (1957).]

unten) von ALDER und WAINWRIGHT[4] und nach der Monte-Carlo-Methode von WOOD und JACOBSEN[5] wiederholt worden. Es hat sich dabei gezeigt, daß die älteren Monte-Carlo-Resultate im Bereiche der niedrigeren Dichten fehlerhaft sind. Es tritt hier die oben erwähnte Aufspaltung in zwei Unterklassen ein, die infolge unzureichender Kettenlänge übersehen wurde. Die Ergebnisse sind, zusammen mit denen der Virialentwicklung (fünf Terme), der Theorie des freien Volumens und des Superpositionsprinzips in Fig. 88 dargestellt. Man sieht, daß das beschriebene Verhalten mit einer Unstetigkeit der Isotherme zusammenhängt. Eine genauere Diskussion[6] macht es wahrscheinlich, daß dieselbe einer Umwandlung erster Ordnung zuzuordnen ist. Zu einer völligen Klärung dieser Frage reichte die Geschwindigkeit der benutzten Rechenmaschinen nicht aus. In dem dargestellten Zustandsgebiet liefert das Superpositionsprinzip die weitaus schlechteste Näherung. Dieses Ergebnis ist grundsätzlich in Übereinstimmung mit Fig. 81 und 85, da das Anwendungsgebiet des Superpositionsprinzips im Falle der harten Kugeln erst bei $v/v_0 > 3$ liegt.

---

[1] Siehe Fußnote 2, S. 282.
[2] J.G. KIRKWOOD, V.A. LEWINSON u. B.J. ALDER: J. Chem. Phys. 20, 929 (1952).
[3] M.N. ROSENBLUTH u. A.W. ROSENBLUTH: J. Chem. Phys. 22, 881 (1954).
[4] B.J. ALDER u. T.E. WAINWRIGHT: J. Chem. Phys. 27, 1208 (1957).
[5] W.W. WOOD u. J.D. JACOBSON: J. Chem. Phys. 27, 1207 (1957).
[6] Siehe Fußnote 3, S. 282.

Von ALDER und WAINWRIGHT[1,2] wurde ein Verfahren zur numerischen Integration der Bewegungsgleichungen einiger hundert Teilchen entwickelt und zur Berechnung der Gleichgewichtseigenschaften verwendet. Die Ergebnisse stimmen, wie Fig. 88 zeigt, gut mit denen der Monte-Carlo-Methode überein. Auch dieses Verfahren läßt sich nur mit Hilfe elektronischer Rechenmaschinen durchführen. Für Einzelheiten muß auf die Literatur[1,2] verwiesen werden.

59. Die Schmelztheorie von LENNARD-JONES und DEVONSHIRE. Die wesentliche Schwäche des Flüssigkeitsmodells von LENNARD-JONES und DEVONSHIRE besteht, wie wir in Ziff. 50 und 58 gesehen haben, darin, daß es eine zu hohe molekulare Ordnung besitzt. Dies hat nicht nur zur Folge, daß im Hinblick auf die Eigenschaften der Flüssigkeiten die quantitativen Ergebnisse nicht sehr befriedigend sind; es bewirkt auch, daß eine Erklärung der Kristallisation einer Flüssigkeit auf der Grundlage dieses Modells von vornherein unmöglich ist, weil eben das Modell in Wirklichkeit bereits ein Kristall ist. Tatsächlich ist die molekulare Verteilungsfunktion der Einzelmoleküle $g^{(1)}$ für das Modell dreifach periodisch. Damit ist der grundlegende Unterschied zwischen Flüssigkeit und Kristall eliminiert, und es besteht keine Möglichkeit mehr, einen unstetigen Übergang zwischen beiden einzuführen.

In Ziff. 51 und 52 haben wir verschiedene Versuche besprochen, ein Gittermodell der Flüssigkeit mit höherer molekularer Unordnung zu konstruieren. Diese Modelle nähern sich mit abnehmender Temperatur stetig dem Modell von LENNARD-JONES und DEVONSHIRE; sie entsprechen daher mehr einem fehlgeordneten Kristall als einer Flüssigkeit und bieten ebenfalls keinen Ansatzpunkt für eine Theorie des Schmelzens. Eine Sonderstellung nimmt lediglich die cluster-Theorie des freien Volumens ein, deren Grundformel Gl. (52.17) exakt ist. Wir werden auf diese Frage am Schluß der Ziffer kurz zurückkommen.

LENNARD-JONES und DEVONSHIRE[3] ist es gelungen, die angedeuteten Schwierigkeiten wenigstens teilweise zu überwinden und im Rahmen des Gittermodells eine Formulierung zu finden, die mit verhältnismäßig einfachen mathematischen Mitteln eine approximative Theorie des Schmelzens liefert. Der Grundgedanke ist, daß der wesentliche Unterschied zwischen Kristall und Flüssigkeit in dem Fehlen der Fernordnung bei der letzteren besteht. Diese Aussage ist an sich völlig korrekt und müßte bei konsequenter Verfolgung zu einer exakten Theorie des Schmelzens führen. Die erste Näherungsannahme der Theorie von LENNARD-JONES und DEVONSHIRE liegt nun in einer speziellen modellmäßigen Interpretation der obigen Aussage. Es wird angenommen, daß den N Gitterplätzen (α-Plätze) N Zwischengitterplätze (β-Plätze) zugeordnet sind. Die Verbringung eines Atoms von einem α-Platz auf einen β-Platz erfordert einen gewissen Energieaufwand, der davon abhängt, wieviel benachbarte β-Plätze bereits besetzt sind. Die Berechnung der Gleichgewichtsverteilung der Atome auf die α- und β-Plätze ist also ein kooperatives Problem, das näherungsweise mit den Methoden des Abschnittes B I behandelt werden kann.

Bezeichnet man mit N_α und N_β die Zahlen der Atome, die sich jeweils auf α- bzw. β-Plätzen befinden, so kann als Ordnungsmaß ein Parameter

$$r = \frac{N_\alpha}{N}, \quad 1 - r = \frac{N_\beta}{N} \tag{59.1}$$

---

[1] B. J. ALDER u. T. E. WAINWRIGHT: Proc. Int. Symp. Transport Processes Brussels, New York 1958, p. 97.
[2] T. E. WAINWRIGHT u. B. J. ALDER: Nuovo Cim., Ser. X **9**, Suppl., 116 (1958).
[3] J. E. LENNARD-JONES u. A. F. DEVONSHIRE: Proc. Roy. Soc. Lond. A **169**, 317 (1939); **170**, 464 (1939).

definiert werden. Bei tiefen Temperaturen werden sich praktisch alle Atome auf α-Plätzen befinden, so daß r den Wert Eins hat. Mit steigender Temperatur werden sich zunächst lokale Störungen ausbilden, indem einzelne Atome auf β-Plätze abwandern. In diesem Gebiete hat man einen gestörten Kristall, und der Wert von r ändert sich nur sehr langsam mit der Temperatur. In einem kleinen Temperaturintervall bricht dann die Fernordnung völlig zusammen; mit der gleichmäßigen Verteilung der Atome auf α- und β-Plätze ($r=\frac{1}{2}$) wird die größte, mit dem Modell verträgliche Unordnung erreicht, die dem flüssigen Zustand entspricht. Das beschriebene Verhalten ist in Fig. 89 schematisch dargestellt. Obwohl die Natur des kooperativen Problems selbst nach dem früheren ohne weiteres klar ist, liegt die Frage nahe, wie man auf diesem Wege zu einer Umwandlung erster Ordnung kommt. Der entscheidende Punkt dafür ist die

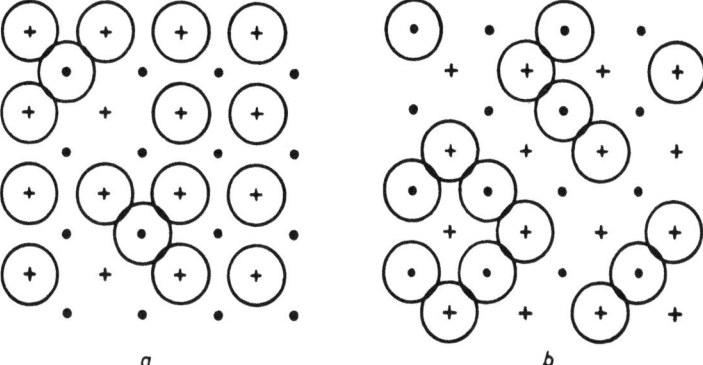

Fig. 89 a u. b. Zur Schmelztheorie von LENNARD-JONES und DEVONSHIRE. *a* Kristall; *b* Flüssigkeit. [Entnommen aus J. E. LENNARD-JONES u. A. F. DEVONSHIRE: Proc. Roy. Soc. Lond. A **169**, 317 (1939).]

Tatsache, daß der Energieparameter explizit als Funktion des Volumens angesetzt wird. Dadurch erhält man Isothermen vom van der Waalsschen Typ, die in bekannter Weise interpretiert werden. Der Umwandlungspunkt des kooperativen Problems selbst (Verschwinden der Fernordnung) fällt in das instabile Gebiet und geht daher überhaupt nicht explizit in die Theorie des Schmelzens ein.

Für die mathematische Formulierung der Theorie haben LENNARD-JONES und DEVONSHIRE ursprünglich die Bethesche Methode (Ziff. 26) benutzt[1]; in einer späteren Arbeit[2] haben sie die Rechnung auch nach der Bragg-Williamsschen Näherung (Ziff. 25) durchgeführt. Die Unterschiede der nach den beiden Methoden erhaltenen Ergebnisse sind ziemlich bedeutungslos. Wir legen hier daher die letztere zugrunde, die in der Durchführung wesentlich einfacher und übersichtlicher ist. In der Darstellung schließen wir uns möglichst eng an die Ausführungen in Ziff. 25 an, auf die wir für die Einzelheiten der Methode hier verweisen können.

Wir nehmen, ähnlich wie in Ziff. 23, an, daß sich aus der Verteilungsfunktion ein Faktor Q_c abspalten läßt, der in unserem Falle die Verteilung der Atome auf die α- und β-Plätze beschreibt. Wir setzen also

$$Q = Q_f \cdot Q_c. \tag{59.2}$$

Hier ist Q_f die vollständige Verteilungsfunktion der Flüssigkeitstheorie von LENNARD-JONES und DEVONSHIRE, die explizit durch Gl. (50.12) gegeben ist, während Q_c die Verteilungsfunktion der Gitterkonfigurationen bezeichnet, die

---
[1] J. E. LENNARD-JONES u. A. F. DEVONSHIRE: Proc. Roy. Soc. Lond. A **169**, 317 (1939).
[2] J. E. LENNARD-JONES u. A. F. DEVONSHIRE: Proc. Roy. Soc. Lond. A **170**, 464 (1939).

wir jetzt zu berechnen haben[1]. Die Einführung des Ansatzes (59.2), der, wie man leicht aus den Einzelheiten der Theorie der Ziff. 50 sieht, unmöglich auch nur einigermaßen exakt gültig sein kann, stellt die zweite wesentliche Näherung der Theorie dar.

Um die Funktion Q_c explizit zu konstruieren, bezeichnen wir mit z' die Zahl der nächsten Nachbarn eines Gitterplatzes. Es ist aber zu beachten, daß für das gewählte Modell z' *nicht* die Koordinationszahl des Gitters ist, sondern die Zahl der einen Gitterplatz umgebenden Zwischengitterplätze. Beispielsweise ist für ein flächenzentriertes kubisches Gitter $z'=6$, während die Koordinationszahl des Gitters $z=12$ ist. Das Problem ist naturgemäß, wie stets in derartigen Fällen, symmetrisch in den α- und β-Plätzen. z' ist daher auch die Zahl der α-Plätze, die einen β-Platz umgeben, und Werte $r > \frac{1}{2}$ entsprechen einer Vertauschung der Rollen von Gitterplätzen und Zwischengitterplätzen. Die der Funktion Q_c entsprechenden Energien sind lediglich die von der Besetzung der Zwischengitterplätze herrührenden Zusatzenergien. Wir können uns daher auf die Betrachtung der Wechselwirkung zwischen nächsten Nachbarn, d.h. zwischen Gitterplätzen und den sie umgebenden Zwischengitterplätzen beschränken. Für jeden α- und β-Platz gibt es die beiden Möglichkeiten „besetzt" und „leer". Bezeichnen wir die entsprechenden Wechselwirkungsenergie wieder mit w_{AA}, w_{AB}, w_{BB}, so können wir mit Benutzung der Definition (24.2) setzen

$$w_{AA} = w, \quad w_{AB} = w_{BB} = 0. \tag{59.3}$$

Da in unserem Falle die Zahl der Paare nächster Nachbarn $z'N$ ist, wird die Zahl der $A-A$-Paare zweckmäßig mit $z'N\xi$ bezeichnet. Für den Konfigurationsanteil der potentiellen Energie ergibt sich dann

$$U_c = z' N \xi w. \tag{59.4}$$

Damit erhalten wir für die Verteilungsfunktion

$$Q_c = \sum_r \sum_\xi g(N, r, \xi) \, e^{-\frac{z N \xi w}{kT}}, \tag{59.5}$$

wo $g(N, r, \xi)$ der Kombinationsfaktor ist. Man setzt nun wieder

$$Q_c = \sum_r Q_{cr} \tag{59.6}$$

und ersetzt die Summe auf der rechten Seite durch den maximalen Term. Dazu muß zunächst

$$Q_{cr} = \sum_\xi g(N, r, \xi) \, e^{-\frac{z' N \xi w}{kT}} \tag{59.7}$$

berechnet werden. Um dies durchzuführen, definiert man

$$g(N, r) = \sum_\xi g(N, r, \xi). \tag{59.8}$$

$g(N, r)$ ist somit die Gesamtzahl der Konfigurationen, die zu einem gegebenen Wert von r gehören. Wir haben daher

$$g(N, r) = \left[\frac{N!}{(Nr)! \, [N(1-r)]!}\right]^2 \tag{59.9}$$

---

[1] Formal besteht eine nahe Beziehung zwischen dem Ansatz (59.2) und den Theorien der Ziff. 51. In beiden Fällen wird der Theorie von Ziff. 50 ein kooperatives Problem überlagert.

oder, mit Benutzung der Stirlingschen Formel

$$\ln g(N, r) = -2N \left[r \ln r + (1-r) \ln (1-r) \right]. \qquad (59.10)$$

Wir schreiben nun Gl. (59.7) in der Form

$$Q_{cr} = g(N, r) \, e^{-\frac{z' N \bar{\bar{\xi}} w}{kT}}, \qquad (59.11)$$

die wir als Definition des Mittelwertes $\bar{\bar{\xi}}$ betrachten. Derselbe hängt mit dem kanonischen Mittelwert $\bar{\xi}$ zusammen durch die Gleichung

$$\bar{\bar{\xi}} = T \int_0^{1/T} \bar{\xi} \, d\left(\frac{1}{T}\right). \qquad (59.12)$$

In der Bragg-Williamsschen Näherung ist

$$\bar{\bar{\xi}} = \bar{\xi} = r(1-r). \qquad (59.13)$$

Damit erhält man für den Konfigurationsanteil der freien Energie als Funktion des inneren Parameters r

$$F_c = N k T \left[z' r (1-r) w + 2r \ln r + 2(1-r) \ln (1-r) \right]. \qquad (59.14)$$

Der Gleichgewichtswert von r und damit der maximale Term der Summe (59.6), bestimmt sich aus

$$-kT \frac{\partial \ln Q_{cr}}{\partial r} = \frac{\partial F_c}{\partial r} = 0. \qquad (59.15)$$

In Verbindung mit Gl. (59.14) ergibt das

$$\frac{1}{2r-1} \ln \frac{r}{1-r} = \frac{z' w}{2kT}. \qquad (59.16)$$

Die Wurzeln dieser Gleichung lassen sich unmittelbar anhand der Fig. 11 überblicken. Für $\frac{z'w}{4kT} < 1$ existiert nur die Wurzel $r = \frac{1}{2}$, d.h. wir haben vollkommene Unordnung. Für $\frac{z'w}{4kT} > 1$ entspricht dem stabilen Zustand eine zweite Wurzel $\frac{1}{2} < r \leq 1$; in diesem Gebiet nimmt mit Abnehmen der Temperatur die molekulare Ordnung zu, und zwar handelt es sich dabei um eine Fernordnung.

Verstehen wir nun unter r im weiteren den durch Gl. (59.16) definierten Gleichgewichtswert dieser Größe als Funktion von w/kT, so können wir ohne weiteres die thermodynamischen Funktionen des Systems konstruieren. Dabei wird zweckmäßig die dem Ansatz (59.2) entsprechende Zerlegung für alle Größen beibehalten. Man hat dann für die freie Energie nach HELMHOLTZ

$$F = F_f + F_c, \qquad (59.17)$$

wo

$$F_f = -kT \ln Q_f \qquad (59.18)$$

aus Ziff. 50 bekannt ist und F_c durch Gl. (59.14) gegeben ist. Daraus ergibt sich für die innere Energie

$$E = E_f + E_c \qquad (59.19)$$

mit

$$E_f = kT^2 \frac{\partial \ln Q_f}{\partial T} \qquad (59.20)$$

und
$$E_c = z' N w r (1-r). \qquad (59.21)$$
Für die Entropie gilt
$$S = S_f + S_c, \qquad (59.22)$$
wo
$$S_f = kT \frac{\partial \ln Q_f}{\partial T} + k \ln Q_f \qquad (59.23)$$
und
$$S_c = -2[r \ln r + (1-r) \ln (1-r)] \qquad (59.24)$$
ist. Von besonderem Interesse ist der Druck, den wir ebenfalls zerlegen nach
$$P = P_f + P_c \qquad (59.25)$$
mit
$$P_f = kT \frac{\partial \ln Q_f}{\partial V}. \qquad (59.26)$$

Um den Ausdruck für P_c zu formulieren, nehmen wir an, daß w nur von dem Volumen abhängt. Dann wird
$$\left.\begin{array}{l} P_c = kT \frac{\partial \ln Q_c}{\partial V} = -z' N \frac{dw}{dV} r (1-r) + \\ + kT \left(\frac{\partial \ln Q_c}{\partial r}\right)_{T,V} \left(\frac{\partial r}{\partial V}\right)_T \end{array}\right\} \qquad (59.27)$$

Der zweite Term der rechten Seite verschwindet wegen (59.15), und es folgt
$$P_c = -z' N \frac{dw}{dV} r (1-r). \qquad (59.28)$$

Um die Volumenabhängigkeit von w explizit zu formulieren, wird angenommen, daß die hier in Betracht kommende Wechselwirkung im wesentlichen durch die Abstoßungskräfte bestimmt wird. Vom Lennard-Jones-Potential (50.6) ausgehend, gelangt man daher zu dem Ansatz
$$w = w_0 \left(\frac{V_0}{V}\right)^4, \qquad (59.29)$$

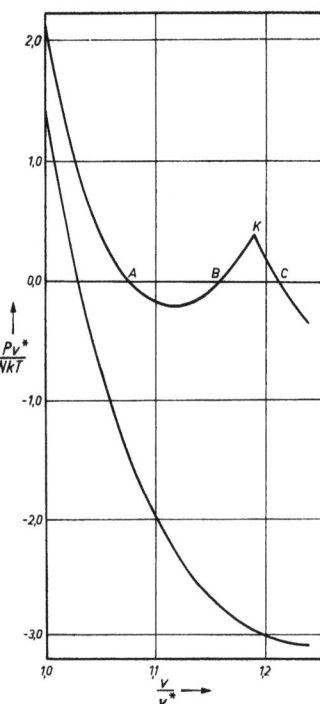

Fig. 90. Isothermen der Schmelztheorie von LENNARD-JONES und DEVONSHIRE. Die obere Kurve ist nach Gl. (59.30) berechnet, die untere aus der Verteilungsfunktion Q_f allein. Das Kurvenstück zwischen A und C entspricht metastabilen bzw. instabilen Zuständen. [Entnommen aus J. E. LENNARD-JONES u. A. F. DEVONSHIRE: Proc. Roy. Soc. Lond. A **170** 464 (1939).]

wo w_0 und V_0 Konstanten sind. Damit kann die thermische Zustandsgleichung geschrieben werden
$$PV = kTV \frac{\partial \ln Q_f}{\partial V} + 4z' N w_0 \left(\frac{V_0}{V}\right)^4 r (1-r), \qquad (59.30)$$
wo r eine Funktion von w/kT und damit letzten Endes von T und V ist.

Mit Hilfe der angegebenen Formeln lassen sich die thermodynamischen Funktionen numerisch berechnen. LENNARD-JONES und DEVONSHIRE haben solche Rechnungen für Argon durchgeführt. Dabei wurde der in Gl. (59.29) auftretende Parameter V_0 aus dem zweiten Virialkoeffizienten bestimmt, während w_0 als adjustierbarer Parameter behandelt und aus der Schmelztemperatur unter dem Druck Null ermittelt wurde. Fig. 90 zeigt die nach Gl. (59.30) für die genannte Temperatur berechnete $P-V$-Isotherme. Daneben ist noch die aus der Verteilungsfunktion Q_f allein berechnete Isotherme dargestellt. Die letztere zeigt naturgemäß den normalen von früher her bekannten Verlauf. Die Berücksichtigung des Verschwindens der Fernordnung erzeugt nun eine völlig andersartige

Kurve, deren Gestalt im wesentlichen den van der Waalsschen Isothermen entspricht, wobei jedoch das Maximum zu einer Spitze entartet ist. Der entsprechende Verlauf der freien Energie nach HELMHOLTZ ist in Fig. 91 dargestellt. Diese Kurve durchläuft bei A und C Minima, dazwischen bei B ein Maximum. Das zwischen A und C liegende Kurvenstück entspricht somit thermodynamisch metastabilen bzw. instabilen Zuständen. Man kann dies in bekannter Weise so interpretieren, daß die Kurve nicht wirklich durchlaufen wird, sondern A und C zwei koexistierende Phasen repräsentieren. Der Zusammenhang zwischen r und V zeigt, daß wir in A verhältnismäßig hohe Ordnung, in C dagegen völlige Unordnung haben. Daraus ergibt sich unmittelbar, daß der Zustand A dem Kristall am Schmelzpunkt, der Zustand C der koexistierenden Schmelze entspricht. Aus den berechneten thermodynamischen Funktionen lassen sich nun unmittelbar die Schmelzentropie und die Volumenänderung beim Schmelzen entnehmen. Diese Größen sind mit den entsprechenden experimentellen Daten für Argon in Tabelle 21 zusammengestellt. Dabei sind auch die mit Hilfe der Betheschen Methode erhaltenen Zahlen angeführt. Man sieht, daß die Unterschiede der nach den verschiedenen Methoden erhaltenen Ergebnisse nur geringfügig sind, daß aber die Übereinstimmung mit den experimentellen Daten überraschend gut ist.

Trotz diesem augenscheinlichen Erfolg lassen sich gegen die Schmelztheorie von LENNARD-JONES und DEVONSHIRE zwei grundsätzliche Einwendungen erheben. Zunächst beschreibt das gewählte Modell, wie schon KIRKWOOD und MONROE[1] bemerkt haben, nicht ein wirkliches Zusammenbrechen der Fernordnung beim Schmelzen. Auch die auf Zwischengitterplätzen befindlichen Atome sind nämlich mit der, wenn auch durch Leerstellen gestörten, Periodizität des Gitters angeordnet, so daß auch die der gleichmäßigen Verteilung auf α- und

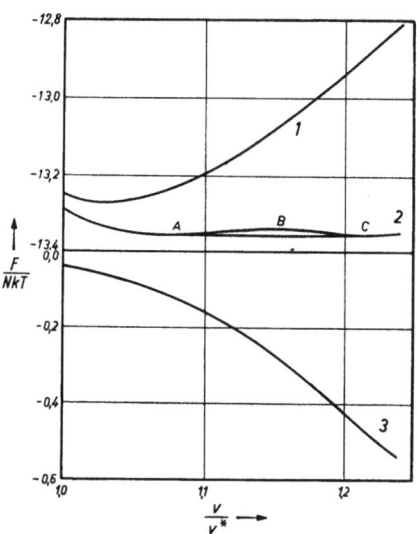

Fig. 91. Abhängigkeit der freien Energie nach HELMHOLTZ vom Volumen nach LENNARD-JONES und DEVONSHIRE. Kurve 1: F_f; Kurve 2: F_f+F_c; das Kurvenstück zwischen A und C entspricht metastabilen bzw. instabilen Zuständen; Kurve 3: F_c. [Entnommen aus J. E. LENNARD-JONES u. A. F. DEVONSHIRE: Proc. Roy. Soc. Lond. A 170, 464 (1939).]

Tabelle 21. *Schmelzparameter für Argon nach der Theorie von Lennard-Jones und Devonshire.* [Entnommen aus J. E. LENNARD-JONES u. A. F. DEVONSHIRE: Proc. Roy. Soc. Lond. A **170**, 464 (1939).]

	BETHE	BRAGG-WILLIAMS	exp.
Volumenzuwachs beim Schmelzen (Druck Null, 83,8° K)	12,8%	13,5%	12%
Entropie-Änderung beim Schmelzen (Druck Null, 83,8° K)	$1,74\,k$	$1,70\,k$	$1,66\,k$

β-Plätze ($r=\frac{1}{2}$) entsprechende maximale Unordnung kein dem physikalischen Sachverhalt adäquates Bild einer Flüssigkeit ergibt. Der zweite Einwand betrifft die Art der Beschreibung der Phasenumwandlung. Aus allgemeinen Überlegungen [3], [4] ergibt sich, daß die Einführung instabiler Zustände nicht kon-

---

[1] J. G. KIRKWOOD u. E. MONROE: J. Chem. Phys. **9**, 514 (1941).

sistent ist mit den allgemeinen Prinzipien der statistischen Mechanik. Es ist zwar sicher, daß man auf diesem Wege brauchbare Resultate erhalten kann: die Schwierigkeit liegt aber darin, daß Natur und Tragweite der Näherung sich nicht übersehen lassen.

Die Theorie von LENNARD-JONES und DEVONSHIRE führt zu der Folgerung, daß bei einer gewissen Temperatur T_k die S-förmige Gestalt der Isothermen in einen monotonen Verlauf übergeht. Das bedeutet, daß oberhalb T_k keine Phasenumwandlung stattfindet und T_k die kritische Temperatur für die Umwandlung fest-flüssig darstellt. Im Hinblick auf den Näherungscharakter der Theorie kann dieses Ergebnis, wie die Autoren selbst betonen, nur mit Vorbehalt betrachtet werden. Eine experimentelle Entscheidung der Frage, ob die Koexistenzkurve fest-flüssig in einem kritischen Punkt endet, ist bisher nicht möglich gewesen. Auch die theoretische Diskussion[1-5] hat nicht zu eindeutigen Ergebnissen geführt.

Im Gegensatz zur Theorie von LENNARD-JONES und DEVONSHIRE müßte die, formal exakte, cluster-Theorie des freien Volumens (Ziff. 52) ohne zusätzliche Annahmen auch die Erscheinung des Schmelzens liefern. Da aber praktisch nur der erste Korrekturterm berechnet werden kann, ist das Resultat kaum vorauszusehen. Eine Untersuchung von BARKER[6] hat nun gezeigt, daß die in der angedeuteten Weise berechnete freie Energie nach HELMHOLTZ im wesentlichen den durch Fig. 91 dargestellten Verlauf zeigt. Es ist von Interesse, daß bereits der erste Korrekturterm zu einer approximativen Theorie des Schmelzens führt. Die quantitativen Resultate sind jedoch erheblich schlechter als die der Theorie von LENNARD-JONES und DEVONSHIRE. Für Einzelheiten muß auf die Originalarbeit[6] verwiesen werden.

60. Die Schmelztheorie von KIRKWOOD und MONROE. Wenn man das der Theorie von LENNARD-JONES und DEVONSHIRE zugrunde liegende physikalische Konzept in strengerer Weise ausführen will, ist es offenbar zuerst notwendig, das von den genannten Autoren benutzte spezielle Modell aufzugeben. Aus den schon mehrfach erörterten Gründen kommt dann als Ausgangspunkt für eine Theorie des Schmelzens in erster Linie die Methode der molekularen Verteilungsfunktionen in Betracht. Die allgemeinen Zusammenhänge zwischen Phasenumwandlungen und molekularen Verteilungsfunktionen sind bereits in Ziff. 17 besprochen worden. Die Entwicklung einer expliziten Theorie auf dieser Grundlage stößt jedoch in den meisten Fällen auf die Schwierigkeit, daß die Einführung des Superpositionsprinzips (oder ähnlicher Näherungen) gerade die Diskussion von Phasenumwandlungen praktisch unmöglich macht [4]. Für die Umwandlung fest—flüssig[7] liegen die Verhältnisse jedoch anders, da es sich hier um die Untersuchung der Funktion $g^{(1)}$ handelt, für die wir in Ziff. 15 eine (unter der Voraussetzung von Zweikörper-Zentralkräften) exakt gültige Integralgleichung abgeleitet haben. Von dieser Gleichung ausgehend, ist es KIRKWOOD und MONROE[8] gelungen, eine in den Grundlagen exakte Theorie des Schmelzens zu entwickeln, bei der lediglich die Durchführung der Rechnung die Einführung gewisser Näherungen erfordert.

---

[1] A. MÜNSTER: Z. Naturforsch. 6a, 139 (1951).
[2] C. DOMB: Phil. Mag. 42, 1316 (1951).
[3] A. MÜNSTER: Comptes Rendus 2ᵉ Réunion „Changements de Phases", p. 21, Paris 1952.
[4] L. EBERT: Öst. Chem.-Ztg. 55, 1 (1954).
[5] C. DOMB: Nuovo Cim., Ser. X 9, Suppl., 9 (1958).
[6] J.A. BARKER: Proc. Roy. Soc. Lond. A 240, 265 (1957).
[7] Das gleiche gilt im Prinzip für Umwandlungen fest—fest. Solche Fälle sind bisher noch nicht untersucht worden.
[8] J.G. KIRKWOOD u. E. MONROE: J. Chem. Phys. 9, 514 (1941).

Die Integralgleichung für die Funktion $g^{(1)}$ lautet

$$\ln[\chi g^{(1)}(\boldsymbol{q})] = \int K(\boldsymbol{q}, \boldsymbol{q}') g^{(1)}(\boldsymbol{q}') d\boldsymbol{q}'. \tag{60.1}$$

Hier ist

$$\ln \chi = -\frac{\varrho}{kTV} \int_0^1\!\!\int\!\!\int u(|\boldsymbol{q}-\boldsymbol{q}'|) g^{(2)}(\boldsymbol{q}, \boldsymbol{q}', a) d\boldsymbol{q} \, d\boldsymbol{q}' \, da, \tag{60.2}$$

wo a den Kirkwoodschen Kopplungsparameter (Ziff. 8) bezeichnet. Der Kern $K(\boldsymbol{q}, \boldsymbol{q}')$ ist gegeben durch

$$K(\boldsymbol{q}, \boldsymbol{q}') = -\frac{\varrho}{kT} u(|\boldsymbol{q}-\boldsymbol{q}'|) \int_0^1 \frac{g^{(2)}(\boldsymbol{q}, \boldsymbol{q}', a)}{g^{(1)}(\boldsymbol{q}, a) g^{(1)}(\boldsymbol{q}')} da. \tag{60.3}$$

Das wesentliche Problem der Theorie besteht darin, zu zeigen, daß Gl. (60.1) in einem gewissen Zustandsgebiet eine dreifach periodische Lösung, in einem anderen nur die Lösung $g^{(1)} \equiv 1$ besitzt, und damit die Existenz der Umwandlung fest—flüssig nachzuweisen.

Die Durchführung dieses Programms stößt auf zwei Schwierigkeiten. Zunächst ist Gl. (60.1) eine nichtlineare Integralgleichung. Man kann sich daher nicht auf allgemeine Existenztheoreme stützen[1]. Sodann folgt aus Ziff. 17, daß im Umwandlungspunkt die Verteilungsfunktion $g^{(2)}$ nicht existiert. Es ist daher fraglich, welche Eigenschaften man im Umwandlungspunkt und seiner nächsten Umgebung dem Kern zuzuschreiben hat.

Die erste dieser Schwierigkeiten fällt nicht sehr ins Gewicht, da für die beiden interessierenden Fälle die allgemeine Form der Lösung bekannt und damit das Problem der direkten Rechnung zugänglich ist. Die zweite wird von KIRKWOOD und MONROE durch folgende Überlegung umgangen. Nach Gl. (2.16) ist

$$g^{(2)}(\boldsymbol{q}, \boldsymbol{q}', a) = g^{(1)}(\boldsymbol{q}, a) g^{(1)}(\boldsymbol{q}') g^{[2]}(\boldsymbol{q}, \boldsymbol{q}', a). \tag{60.4}$$

Für die flüssige Phase ist nach (2.21)

$$g^{(2)} = g^{[2]} = g^{(1,1)} \tag{60.5}$$

die radiale Verteilungsfunktion. Es wird nun angenommen, daß die Funktion $g^{[2]}$ im Umwandlungspunkt existiert und daß sie für die kristalline Phase mit der radialen Verteilungsfunktion der Flüssigkeit für die betreffenden Werte der Zustandsgrößen identifiziert werden kann. Für die Brauchbarkeit dieser Annahme sprechen sowohl die Existenz unterkühlter Flüssigkeiten wie die Ergebnisse von Monte-Carlo-Berechnungen (Ziff. 58); ein Beweis oder, gegebenenfalls, eine exakte Analyse der Näherung existiert noch nicht. Man kann aber in jedem Falle sagen, daß die obige Annahme viel weniger einschneidend ist als das Superpositionsprinzip.

Mit Benutzung der erwähnten Annahme wird der Kern (60.3)

$$K(|\boldsymbol{q}-\boldsymbol{q}'|) = -\frac{\varrho}{kT} u(|\boldsymbol{q}-\boldsymbol{q}'|) \int_0^1 g^{[2]}(|\boldsymbol{q}-\boldsymbol{q}'|, a) da. \tag{60.6}$$

Die Lösung der Gl. (60.1) kann nun jedenfalls in der Form

$$g^{(1)}(\boldsymbol{q}) = \sum_{h_1=-\infty}^{+\infty} \sum_{h_2=-\infty}^{+\infty} \sum_{h_3=-\infty}^{+\infty} s(\boldsymbol{h}) e^{2\pi i \boldsymbol{h} \cdot \boldsymbol{q}} \tag{60.7}$$

---

[1] J.E. MAYER: J. Chem. Phys. **10**, 629 (1942).

geschrieben werden. Hier ist

$$\boldsymbol{h} = h_1 \boldsymbol{b}_1 + h_2 \boldsymbol{b}_2 + h_3 \boldsymbol{b}_3, \tag{60.8}$$

wo h_1, h_2, h_3 ganze Zahlen und $\boldsymbol{b}_1, \boldsymbol{b}_2, \boldsymbol{b}_3$ die Basis-Vektoren des reziproken Gitters der betreffenden Kristallstruktur sind. Aus (60.7) folgt unmittelbar, daß auch die linke Seite der Gl. (60.1) durch eine dreifache Fourier-Reihe darstellbar ist, wenn (was wir im folgenden annehmen) die Fourier-Transformierte des Kernes (60.6) existiert. Setzt man nämlich

$$\ln[\chi g^{(1)}(\boldsymbol{q})] = \sum_{h_1=-\infty}^{+\infty} \sum_{h_2=-\infty}^{+\infty} \sum_{h_3=-\infty}^{+\infty} t(\boldsymbol{h}) \, e^{2\pi i \boldsymbol{h} \cdot \boldsymbol{q}}, \tag{60.9}$$

so folgt aus (60.1) durch Gleichsetzen entsprechender Terme

$$t(\boldsymbol{h}) = s(\boldsymbol{h}) \int K(|\boldsymbol{q} - \boldsymbol{q}'|) \, e^{2\pi i \boldsymbol{h} \cdot (\boldsymbol{q} - \boldsymbol{q}')} \, d\boldsymbol{q}' \tag{60.10}$$

oder

$$t(\boldsymbol{h}) = \alpha(\boldsymbol{h}) \, s(\boldsymbol{h}) \tag{60.11}$$

mit

$$\alpha(\boldsymbol{h}) = \frac{2}{h} \int_0^\infty r \, K(r) \sin(2\pi h r) \, dr \tag{60.12}$$

und

$$r = |\boldsymbol{q} - \boldsymbol{q}'|. \tag{60.13}$$

Der Parameter χ läßt sich ohne Benutzung der Definitionsgleichung (60.2) unmittelbar aus der Normierungsbedingung für $g^{(1)}$ als Funktion der Fourier-Koeffizienten $t(\boldsymbol{h})$ bestimmen. Bezeichnen wir mit Δ die Elementarzelle des Gitters, so wird für eine periodische Lösung der Integralgleichung die Normierung

$$\frac{1}{\Delta} \int_\Delta g^{(1)}(\boldsymbol{q}) \, d\boldsymbol{q} = 1. \tag{60.14}$$

Einsetzen von (60.9) ergibt (in etwas vereinfachter Notierung[1])

$$\chi = \frac{1}{\Delta} \int_\Delta \exp\left[\sum_h t_h \, e^{2\pi i \boldsymbol{h} \cdot \boldsymbol{q}}\right] d\boldsymbol{q}, \tag{60.15}$$

womit χ als Funktion der t_h bestimmt ist.

Für die Fourier-Koeffizienten s_h erhält man in bekannter Weise aus (60.7)

$$s_h = \frac{1}{\Delta} \int_\Delta e^{-2\pi i \boldsymbol{h} \cdot \boldsymbol{q}} g^{(1)}(\boldsymbol{q}) \, d\boldsymbol{q}. \tag{60.16}$$

Setzt man auch hier die Reihe (60.9) ein, so folgt

$$s_h = \frac{1}{\chi \Delta} \int_\Delta e^{-2\pi i \boldsymbol{h} \cdot \boldsymbol{q}} \cdot \exp\left[\sum_{h'} t_{h'} \, e^{2\pi i \boldsymbol{h}' \cdot \boldsymbol{q}}\right] d\boldsymbol{q}. \tag{60.17}$$

Mit Benutzung von (60.15) wird dann

$$s_h = \frac{\partial \ln \chi}{\partial t_h^*}, \tag{60.18}$$

---

[1] Wir schreiben nur ein Summenzeichen für die dreifache Summierung und ersetzen $\alpha(\boldsymbol{h}), t(\boldsymbol{h}), s(\boldsymbol{h})$ durch α_h, t_h, s_h.

wo $t_h^* = t_{-h}$ ist. Durch Kombination von (60.11) und (60.18) erhält man schließlich

$$t_h = \alpha_h \frac{\partial \ln \chi}{\partial t_h^*}. \qquad (60.19)$$

Diese Beziehungen stellen ein unendliches System von transzendenten Gleichungen für die Fourier-Koeffizienten t_h der Reihe (60.9) dar. Die Bestimmung einer reellen periodischen Lösung der Integralgleichung (60.1) ist damit reduziert auf die Lösung des obigen Gleichungssystems, welche die Koeffizienten t_h als Funktionen der Transformierten α_h des Kernes $K(r)$ darstellt.

Über die Lösungen des Systems (60.19) lassen sich sofort zwei allgemeine Aussagen machen. Aus (60.15) und (60.17) folgt

$$s_0 = 1. \qquad (60.20)^1$$

Es ist daher nach (60.18) und (60.19)

$$t_0 = \alpha_0. \qquad (60.21)^1$$

Weiter sieht man mit Benutzung von Gl. (60.15), daß die Gl. (60.19) stets die Lösung

$$t_h = 0 \quad \text{für} \quad h > 0 \qquad (60.22)$$

besitzen. Die entsprechende Lösung der Integralgleichung ist, wie man sofort sieht,

$$g^{(1)} = 1, \qquad (60.23)$$

d.h. die molekulare Verteilungsfunktion einer fluiden Phase. Es ist daher zu zeigen, daß unter gewissen Bedingungen noch eine weitere, von (60.22) verschiedene, Lösung existiert, die einem niedrigeren Werte der freien Energie entspricht und damit die Gleichgewichtsverteilung darstellt.

Die genannte Aufgabe ist in allgemeiner Form bisher nicht gelöst worden. Die spezielle Lösung von KIRKWOOD und MONROE schließt im wesentlichen noch zwei weitere Annahmen ein. Einmal wird von vornherein ein bestimmter Gittertyp zugrunde gelegt; die Frage, ob derselbe gegenüber anderen Strukturen thermodynamisch stabil ist, wird nicht diskutiert. Zum anderen wird angenommen, daß die Fourier-Reihe (60.9) mit den ersten Gliedern abgebrochen werden kann. Die erste Annahme muß eingeführt werden, weil die zur Diskussion der Gitterstabilität erforderliche explizite Berechnung der Transformierten α_h bisher nicht durchgeführt worden ist. Die dadurch bedingte Lücke in der Theorie läßt sich indessen durch die experimentelle Erfahrung ausfüllen, ohne daß die Resultate im übrigen dadurch beeinträchtigt werden. Die zweite Annahme ist (ähnlich wie in dem analogen Fall der Ziff. 57) notwendig, um die Gl. (60.19) auf ein praktisch lösbares endliches System zu reduzieren. Diese Näherung kann nur durch den Vergleich mit der Erfahrung gerechtfertigt werden.

Obwohl die aus den vorstehenden Annahmen resultierenden Gleichungen sich ziemlich unmittelbar anschreiben lassen, ist es instruktiver, im Anschluß an KIRKWOOD und MONROE von einem etwas allgemeineren Ansatz auszugehen. Wir nehmen also zunächst nur an, daß wir ein kubisches Gitter mit vier Atomen pro Elementarzelle und der Gitterkonstanten a haben. Das Volumen der Elementarzelle ist dann

$$\Delta = 4 \frac{V}{N}. \qquad (60.24)$$

---

[1] Der Einfachheit halber schreiben wir s_0 und t_0 anstelle von s_{000} und t_{000}.

Die Basis-Vektoren des reziproken Gitters sind orthogonal zueinander und sie haben alle die gleiche Länge $1/a$. Die ersten Werte von h sind dann nach Gl. (60.8)

$$\frac{1}{a}, \frac{\sqrt{2}}{a}, \frac{\sqrt{3}}{a}, \frac{2}{a}. \tag{60.25}$$

Wir schreiben im folgenden

$$x = \boldsymbol{b}_1 \cdot \boldsymbol{q} \quad y = \boldsymbol{b}_2 \cdot \boldsymbol{q} \quad z = \boldsymbol{b}_3 \cdot \boldsymbol{q}. \tag{60.26}$$

Ferner ist es zweckmäßig, einen neuen Parameter

$$\chi^* = \chi\, e^{-t_0} \tag{60.27}$$

zu definieren. Im Sinne der obigen Annahme setzen wir

$$\alpha_h = 0 \quad \text{für} \quad h \geq \frac{2}{a}, \tag{60.28}$$

womit nach (60.19) automatisch

$$t_h = 0 \quad \text{für} \quad h \geq \frac{2}{a} \tag{60.29}$$

wird. Aus (60.25) sieht man, daß h_1, h_2, h_3 damit auf die Werte 0 und ± 1 beschränkt sind. Gl. (60.9) kann daher jetzt geschrieben werden

$$\ln[\chi^* g^{(1)}(x, y, z)] = \sum_{h_1=-1}^{+1}{}' \sum_{h_2=-1}^{+1}{}' \sum_{h_3=-1}^{+1}{}' t(h_1, h_2, h_3)\, e^{2\pi i(h_1 x + h_2 y + h_3 z)}. \tag{60.30}$$

Dabei bedeuten die Striche an den Summenzeichen, daß der konstante Term der Fourier-Reihe abgespalten worden ist. Die Gln. (60.19) sind damit auf ein endliches System für die noch verbleibenden 26 Koeffizienten t_h reduziert. Da aber die Transformierten α_h nur von dem Absolutbetrag h abhängen, muß das gleiche auch für die t_h gelten. Dadurch reduziert sich (60.19) weiter auf ein System von drei Gleichungen zur Bestimmung der Größen t'', t' und t, welche den h-Werten $1/a$, $\sqrt{2}/a$ und $\sqrt{3}/a$ entsprechen. Die Gl. (60.30) läßt sich nun in einer übersichtlichen expliziten Form darstellen. Man findet leicht, daß sechs Summanden mit $h = 1/a$, zwölf Summanden mit $h = \sqrt{2}/a$ und acht Summanden mit $\sqrt{3}/a$ auftreten. Den Koordinatenursprung legen wir in den Punkt $(0, 0, 0)$ der Zelle; wir können dann die Fourier-Reihe als reelle Cosinus-Reihe schreiben und erhalten

$$g^{(1)}(x, y, z) = \frac{1}{\chi^*} f''(x, y, z)\, f'(x, y, z)\, f(x, y, z) \tag{60.31}$$

mit

$$f''(x, y, z) = \exp[6t''(\cos 2\pi x + \cos 2\pi y + \cos 2\pi z)], \tag{60.32}$$

$$f'(x, y, z) = \exp[12 t'(\cos 2\pi x \cos 2\pi y + \cos 2\pi y \cos 2\pi z + \cos 2\pi z \cos 2\pi x)], \tag{60.33}$$

$$f(x, y, z) = \exp[8t(\cos 2\pi x \cos 2\pi y \cos 2\pi z)]. \tag{60.34}$$

Der Faktor $f''(x, y, z)$ hat die Symmetrie des primitiven kubischen Gitters, $f'(x, y, z)$ die des raumzentrierten kubischen Gitters und $f(x, y, z)$ die des flächenzentrierten kubischen Gitters. Der Parameter χ^* ist jetzt gegeben durch

$$\chi^* = \int_0^1\int_0^1\int_0^1 f''(x, y, z)\, f'(x, y, z)\, f(x, y, z)\, dx\, dy\, dz. \tag{60.35}$$

Bezeichnen wir mit α'', α', α die Transformierten α_h für $1/a$, $\sqrt{2}/a$ und $\sqrt{3}/a$, so wird aus dem System (60.19)

$$\left.\begin{aligned} t'' &= \frac{\alpha''}{6} \frac{\partial \ln \chi^*}{\partial t''}, \\ t' &= \frac{\alpha'}{12} \frac{\partial \ln \chi^*}{\partial t'}, \\ t &= \frac{\alpha}{8} \frac{\partial \ln \chi^*}{\partial t}. \end{aligned}\right\} \quad (60.36)$$

Aus den vorstehenden allgemeinen Ausdrücken erhält man die Gleichungen für eine definierte Kristallstruktur, indem man jeweils zwei der Fourier-Koeffizienten t_h gleich Null setzt. Im Hinblick auf den Vergleich mit experimentellen Daten nehmen wir die flächenzentrierte kubische Struktur als gegeben an. Es muß daher gesetzt werden

$$t'' = t' = 0. \quad (60.37)$$

Dann wird aus (60.31) und (60.35)

$$g^{(1)}(x, y, z) = \frac{1}{\chi^*} \exp\left[8t(\cos 2\pi x \cos 2\pi y \cos 2\pi z)\right] \quad (60.38)$$

und

$$\chi^* = \int_0^1 \int_0^1 \int_0^1 \exp\left[8t(\cos 2\pi x \cos 2\pi y \cos 2\pi z)\right] dx\, dy\, dz. \quad (60.39)$$

Man sieht, daß die molekulare Verteilungsfunktion (60.38) in den Punkten $(0, 0, 0)$, $(\frac{1}{2}, \frac{1}{2}, 0)$, $(\frac{1}{2}, 0, \frac{1}{2})$ und $(0, \frac{1}{2}, \frac{1}{2})$ gleich hohe Maxima hat. Dies sind aber gerade die Punkte, deren Besetzung einer flächenzentrierten kubischen Struktur entspricht. Das System (60.36) reduziert sich jetzt auf die eine Gleichung

$$t = \frac{\alpha}{8} \frac{\partial \ln \chi^*}{\partial t}. \quad (60.40)$$

Entwicklung der Exponentialfunktion in (60.39) und Ausführung der Integration ergibt

$$\chi^* = \sum_{n=0}^{\infty} \frac{[(2n)!]^2}{[n!]^3} t^{2n}. \quad (60.41)$$

Daraus folgt

$$\frac{1}{8} \frac{\partial \ln \chi^*}{\partial t} = \frac{t}{8\chi^*} \sum_{n=0}^{\infty} \frac{(2n+2)[(2n+2)!]^2}{[(n+1)!]^3} t^{2n}. \quad (60.42)$$

Mit Hilfe dieser Ausdrücke läßt sich die Gl. (60.40) für gegebene Werte von α numerisch lösen. Es zeigt sich dabei, daß für $\alpha < 0{,}973$ die einzige reelle Lösung $t = s = 0$ ist[1]. Für $\alpha > 0{,}973$ existieren daneben noch zwei positive Lösungen. Die größere von diesen entspricht dem niedrigeren Werte der freien Energie und stellt daher die Gleichgewichtsverteilung dar. Zu jeder positiven Lösung t existiert eine negative Lösung $-t$. Diese negativen Lösungen haben keine selbständige Bedeutung, da sie, wie man aus Gl. (60.38) sieht, lediglich eine Verlegung des Koordinatenursprungs von $(0, 0, 0)$ nach $(\frac{1}{2}, \frac{1}{2}, \frac{1}{2})$ bedeuten. In Tabelle 22 sind die dem stabilen Zustand entsprechenden Lösungen für verschiedene α-Werte, zusammen mit den entsprechenden Werten für s und $\ln \chi^*$ aufgeführt.

---

[1] s ist der Wert von s_h für $h = \sqrt{3}/a$.

Bisher haben wir die Wahl der unabhängigen thermodynamischen Zustandsvariablen offengelassen. Im Sinne der Ableitung von Ziff. 15 kann aber jedenfalls α, das die Fourier-Transformation des Kernes $K(r)$ darstellt, bei gegebenen Volumen als Funktion der Temperatur T und der Fugazität Z aufgefaßt werden. Das obige Ergebnis bedeutet dann, daß die Gleichung

$$\alpha(T, Z) = 0{,}973 \qquad (60.43)$$

für jede Temperatur eine Fugazität Z^* bestimmt (oder umgekehrt), bei der sich die molekulare Verteilungsfunktion $g^{(1)}$ unstetig ändert und somit eine Phasenumwandlung stattfindet. Der Charakter derselben ist dadurch festgelegt, daß bei niedrigen Fugazitäten $g^{(1)} = 1$ ist, entsprechend dem flüssigen Zustand, während für $Z > Z^*$ die dem Minimum der freien Energie entsprechende Funktion $g^{(1)}$ dreifach periodisch ist und somit eine kristalline Struktur, in unserem Falle ein flächenzentriertes kubisches Gitter, darstellt. Das Auftreten der Umwandlung ist damit explizit abgeleitet unter den beiden Voraussetzungen, daß die angenommene Gitterstruktur stabil ist und daß die Gl. (60.43) bei gegebenem T für Z eine reelle Lösung besitzt. Diese Gleichung ist naturgemäß nichts anderes als die integrierte Form einer generalisierten Clausius-Clapeyronschen Gleichung, d.h. die Gleichung der Koexistenzkurve in der $T-Z$-Ebene.

Tabelle 22. *Lösungen der transzendenten Gleichung* (60.40) *für* $\alpha > 0{,}973$. [Entnommen aus J. G. KIRKWOOD u. E. MONROE: J. Chem. Phys. **9**, 514 (1941).]

$8t$	α	s	$\log \chi^*$
3,00	0,9734	0,3853	0,5738
3,50	0,9783	0,4472	0,7819
4,00	0,9897	0,5052	1,0203
4,50	1,0082	0,5579	1,287
5,00	1,0325	0,6053	1,578
5,50	1,0633	0,6466	1,892
6,00	1,0991	0,6824	2,223
6,50	1,1400	0,7127	2,572
7,00	1,1848	0,7385	2,936
7,50	1,232	0,7609	3,312
8,00	1,283	0,7794	3,696

Die vorstehende Überlegung, die vom Standpunkt der allgemeinen Theorie die einfachste Interpretation des Ergebnisses der statistischen Rechnung darstellt, kann nicht für den quantitativen Vergleich zwischen Theorie und Experiment benutzt werden, da α als Funktion der Zustandsgrößen nicht hinreichend genau bekannt ist. KIRKWOOD und MONROE[1] haben daher einen indirekten Weg eingeschlagen, der gewisse Beziehungen zu der in Ziff. 59 behandelten Theorie von LENNARD-JONES und DEVONSHIRE zeigt. Der Grundgedanke besteht darin, daß aus den thermodynamischen Funktionen der für die kristalline Struktur charakteristische Anteil abgespalten wird. Für das chemische Potential muß dieser Term dann nach der Gleichgewichtsbedingung gleich sein der Änderung des „amorphen" Anteils beim Schmelzen. Entsprechendes gilt auch für den Druck. Die Änderungen der amorphen Anteile der thermodynamischen Funktionen werden aus den experimentellen Daten für die Kompressibilität und die thermische Ausdehnung der Flüssigkeit am Schmelzpunkt berechnet. Das Verfahren stellt naturgemäß eine Näherung dar, scheint aber brauchbare Ergebnisse zu liefern.

Wir gehen aus von der Gleichung für das chemische Potential (5.50), die mit Benutzung von (60.2) geschrieben werden kann

$$\frac{\mu}{kT} = -\ln \chi v - \ln \frac{(2\pi m kT)^{\frac{3}{2}}}{h^3}, \qquad (60.44)$$

wo v das Volumen pro Molekül bezeichnet. In dem hier betrachteten Falle des Einkomponentensystems fällt das chemische Potential mit der freien Energie nach GIBBS pro Molekül zusammen. Daneben benötigen wir noch einen Ausdruck

---

[1] J. G. KIRKWOOD u. E. MONROE: J. Chem. Phys. **9**, 514 (1941).

für die innere Energie, den wir aus Gl. (5.2) gewinnen können. Mit Benutzung der Definition (2.16) hat man zunächst

$$\frac{E}{NkT} = \frac{3}{2} + \frac{N}{2kTV^2} \iint u(|\boldsymbol{q}-\boldsymbol{q}'|)\, g^{[2]}(\boldsymbol{q},\boldsymbol{q}')\, g^{(1)}(\boldsymbol{q})\, g^{(1)}(\boldsymbol{q}')\, d\boldsymbol{q}\, d\boldsymbol{q}'. \quad (60.45)$$

Man führt nun die gleiche Näherung wie bei der Konstruktion des Kernes der Integralgleichung ein, indem man $g^{[2]}$ mit der radialen Verteilungsfunktion der Flüssigkeit identifiziert. Setzt man für die $g^{(1)}$ die Fourier-Reihe (60.7) ein, so wird

$$\frac{E}{NkT} = \frac{3}{2} - \frac{1}{2}\sum_h \beta_h |s_h|^2 \quad (60.46)$$

mit

$$\beta_h = \frac{2}{h}\frac{\varrho}{kT}\int_0^\infty r\, u(r)\, g^{[2]}(r)\, \sin(2\pi h r)\, dr. \quad (60.47)$$

Die Zustandsgleichung wird aus (60.44) durch Differentiation nach v bei konstantem T erhalten. Dabei sind für die Differentiation von $\ln\chi$ die Gln. (60.11), (60.15) und (60.16) zu berücksichtigen. Es ergibt sich

$$-\frac{v}{kT}\left(\frac{\partial P}{\partial v}\right)_T = \frac{1}{v} + \frac{1}{2}\sum_h \frac{1}{\alpha_h}\left(\frac{\partial t_h^2}{\partial v}\right)_T. \quad (60.48)$$

Im Einklang mit den Ergebnissen der speziellen Lösung der Gl. (60.19) nehmen wir allgemein an, daß die t_h stetige Funktionen von v sind mit Ausnahme des Punktes v^* und daß $t_h = 0$ ist für $v > v^*$ und $h > 0$. Integrieren wir unter diesen Voraussetzungen die Gl. (60.48) zwischen den Grenzen 0 und P bzw. ∞ und $v < v^*$ und führen dabei auf der rechten Seite eine partielle Integration durch, so erhalten wir

$$\frac{Pv}{kT} = 1 - \Delta\Phi^* - \frac{1}{2}\sum_h{}'\left[\alpha_h|s_h|^2 + v\int_{v^*}^v \frac{1}{v'^2}\frac{\partial(\alpha_h v')}{\partial v'}|s_h|^2 dv'\right] - v\int_\infty^v \frac{\alpha_0}{v'^2}dv'. \quad (60.49)$$

Der Strich an dem Summenzeichen bedeutet wieder, daß der Term für $h=0$ nicht in die Summierung einzuschließen ist. $\Delta\Phi^*$ bezeichnet den Beitrag der Unstetigkeit zu Pv/kT; diese Größe werden wir weiter unten genauer definieren. Für Volumina, die von v^* nicht sehr verschieden sind, können die in der eckigen Klammer stehenden Integrale zwischen v^* und v ohne großen Fehler vernachlässigt werden. Wir werden sie daher im folgenden nicht weiter berücksichtigen.

Wir führen nun die oben erwähnte Zerlegung der thermodynamischen Funktionen durch und bezeichnen die auf den amorphen Zustand bezogenen Anteile durch den Index 0, die im kristallinen Zustand auftretenden Zusatzterme durch einen Strich. Wir setzen also

$$\mu' = \mu - \mu_0, \quad F' = F - F_0, \quad E' = E - E_0, \quad P' = P - P_0. \quad (60.50)$$

Aus Gl. (60.44) ergibt sich dann unmittelbar mit Benutzung von (60.27)

$$\frac{\mu'}{kT} = -\ln\chi^*. \quad (60.51)$$

Für die freie Energie nach HELMHOLTZ ergibt sich mit Gl. (60.49) bei Berücksichtigung der oben erwähnten Vernachlässigung

$$\frac{F'}{NkT} = -\ln\chi^* + \frac{1}{2}\sum_h{}' \alpha_h |s_h|^2 + \Delta\Phi^*. \quad (60.52)$$

Für die innere Energie folgt aus Gl. (60.46)

$$\frac{E'}{NkT} = -\frac{1}{2} \sum_h{}' \beta_h |s_h|^2. \qquad (60.53)$$

Schließlich gilt für den Druck nach (60.49)

$$\frac{P'v}{kT} = -\frac{1}{2} \sum_h{}' \alpha_h |s_h|^2 - \Delta \Phi^*. \qquad (60.54)$$

Mit Hilfe der Gl. (60.52) läßt sich der Unstetigkeitsterm $\Delta \Phi^*$ exakt definieren, wenn gefordert wird, daß die freie Energie nach HELMHOLTZ im gesamten Zustandsgebiet eine stetige Funktion des Volumens und daher auch in v^* stetig ist[1]. Definiert man eine Funktion

$$\Phi = \ln \chi^* - \frac{1}{2} \sum_h{}' \alpha_h |s_h|^2, \qquad (60.55)$$

so muß nach der erwähnten Forderung

$$\Delta \Phi^* = \lim_{\varepsilon \to 0} [\Phi(v^* - \varepsilon) - \Phi(v^* + \varepsilon)] \qquad (60.56)$$

sein.

Wir bezeichnen nun mit v_{Fl} und v_k die Molekülvolumina der koexistierenden flüssigen und kristallinen Phase und schreiben

$$\left. \begin{array}{l} \Delta \mu_0 = \mu_0(T, v_{\text{Fl}}) - \mu_0(T, v_k), \\ \Delta P_0 = P_0(T, v_{\text{Fl}}) - P_0(T, v_k), \\ \Delta E_0 = E_0(T, v_{\text{Fl}}) - E_0(T, v_k), \\ \Delta v = v_{\text{Fl}} - v_k. \end{array} \right\} \qquad (60.57)$$

Die Gleichgewichtsbedingungen für das Schmelzgewicht nehmen dann mit Benutzung von (60.51) die einfache Form an

$$\ln \chi^* = -\frac{\Delta \mu_0}{kT}, \qquad P' = \Delta P_0. \qquad (60.58)$$

Die Größen (60.57) müssen nun in Beziehung gesetzt werden zur Kompressibilität $\varkappa_0$ und zum thermischen Ausdehnungskoeffizienten γ_0 der Flüssigkeit. Dabei werden die letzteren über das Intervall Δv als konstant angenommen. Die Integration von (60.48) ergibt dann

$$\Delta \mu_0 = -\frac{\Delta v}{\varkappa_0}. \qquad (60.59)$$

Aus der Definitionsgleichung der Kompressibilität erhält man

$$\Delta P_0 = -\frac{1}{\varkappa_0} \ln \frac{v_{\text{Fl}}}{v_k}. \qquad (60.60)$$

Für die entsprechende Änderung der Enthalpie gilt

$$\frac{\Delta H_0}{N} = \frac{\Delta E_0}{N} + P \Delta v + v_k \Delta P_0. \qquad (60.61)$$

Nun ist

$$dH = \frac{\partial H}{\partial S} dS + \frac{\partial H}{\partial P} dP \qquad (60.62)$$

---

[1] Diese Forderung ist hier im Sinne der in der Thermodynamik vielfach angewandten Interpolation der thermodynamischen Funktionen über das heterogene Gebiet zu verstehen.

und somit für eine Volumenänderung bei konstanter Temperatur

$$(dH)_T = \left[\left(\frac{\partial H}{\partial S}\right)_P \left(\frac{\partial S}{\partial V}\right)_T + \left(\frac{\partial H}{\partial P}\right)_S \left(\frac{\partial P}{\partial V}\right)_T\right] dV. \tag{60.63}$$

Dabei gilt

$$\left(\frac{\partial H}{\partial S}\right)_P = T, \quad \left(\frac{\partial H}{\partial P}\right)_S = V \tag{60.64}$$

und nach der Maxwellschen Relation

$$\left(\frac{\partial S}{\partial V}\right)_T = \left(\frac{\partial P}{\partial T}\right)_V = \frac{\gamma}{\varkappa}. \tag{60.65}$$

Es wird somit

$$(dH)_T = T \frac{\gamma}{\varkappa} dV + \frac{1}{\varkappa} dV. \tag{60.66}$$

Integriert man diesen Ausdruck unter den oben erwähnten Voraussetzungen über das Intervall Δv, so erhält man aus (60.61) mit Benutzung von (60.60)

$$\frac{\Delta E_0}{N} + P \Delta v = T \frac{\gamma_0}{\varkappa_0} \Delta v + \frac{v_k}{\varkappa_0}\left(\ln \frac{v_{\text{Fl}}}{v_k} - \frac{\Delta v}{v_k}\right). \tag{60.67}$$

Mit Hilfe der vorstehenden Beziehungen können die Gleichgewichtsbedingungen (60.58) geschrieben werden

$$\ln \chi^* = \frac{\Delta v}{\varkappa_0 kT} \tag{60.68}$$

und

$$\ln \chi^* - \frac{1}{2}\sum_h{}' \alpha_h |s_h|^2 = \Delta \Phi^* + \frac{v_k}{\varkappa_0 kT}\left(\frac{\Delta v}{v_k} - \ln \frac{v_{\text{Fl}}}{v_k}\right). \tag{60.69}$$

Schließlich erhält man aus (60.53) und (60.67) für die molekulare Schmelzentropie $\Delta s = \Delta H/T$:

$$\frac{\Delta s}{k} = \frac{1}{2}\sum_h{}' \beta_h |s_h|^2 + \frac{\Delta s_0}{k} \tag{60.70}$$

mit

$$\frac{\Delta s_0}{k} = \frac{\gamma_0}{\varkappa_0} \Delta v + \frac{v_k}{\varkappa_0 kT}\left(\ln \frac{v_{\text{Fl}}}{v_k} - \frac{\Delta v}{v_k}\right). \tag{60.71}$$

Für die vorher abgeleitete spezielle Lösung der Integralgleichung werden die Gleichgewichtsbedingungen

$$\ln \chi^* = \frac{\Delta v}{\varkappa_0 kT}, \tag{60.72}$$

$$\ln \chi^*(t) - \frac{4t^2}{\alpha} = 0{,}0043 + \frac{v_k}{\varkappa_0 kT}\left(\frac{\Delta v}{v_k} - \ln \frac{v_{\text{Fl}}}{v_k}\right). \tag{60.73}$$

Für die Schmelzentropie ergibt sich

$$\frac{\Delta s}{k} = 4\beta s^2 + \frac{\Delta s_0}{k}, \tag{60.74}$$

wo β der Wert von β_h für $h = \sqrt{3}/a$ ist.

Wenn α als Funktion von Temperatur und Volumen bekannt wäre, ließen sich für gegebene Temperatur aus den drei Gln. (60.40), (60.72) und (60.73) die drei Unbekannten t, v_{Fl} und v_k berechnen. Die Schmelzentropie würde sich dann aus Gl. (60.74) ergeben. Dieser Weg ist jedoch nicht gangbar, da α, wie erwähnt, nicht hinreichend genau bekannt ist. Man muß daher etwa so vorgehen, daß man v_{Fl} aus experimentellen Daten entnimmt und die Gln. (60.40), (60.72) und (60.73) für t, α und v_k löst. Die „Schmelzparameter" Δv und Δs lassen sich auf diese Weise bestimmen. Eine Bestimmung von Δs ist auch in der Weise möglich, daß Δv aus den experimentellen Daten entnommen wird.

KIRKWOOD und MONROE haben die Rechnung in der angedeuteten Weise für Argon durchgeführt. Die zur Berechnung von β nach Gl. (60.47) erforderliche radiale Verteilungsfunktion wurde unmittelbar aus Röntgendaten entnommen. Als Potential der zwischenmolekularen Wechselwirkung wurde ein Lennard-Jones-Potential mit dem Exponenten 11,4 (statt 12) im Abstoßungsterm verwendet. Die Ergebnisse der Berechnungen sind in Tabelle 23 mit den experimentellen Daten zusammengefaßt. Die Übereinstimmung ist bei gewöhnlichem Druck ($T_s = 83{,}9°$ K) recht gut; in dieser Beziehung besteht kein wesentlicher Unterschied gegenüber der Theorie von LENNARD-JONES und DEVONSHIRE (Ziff. 59). Bei höheren Drucken ist die Übereinstimmung nur noch halbquantitativ, was in Anbetracht der vielen Näherungen, die insgesamt in die Rechnung eingehen, kaum verwunderlich ist.

Tabelle 23. *Schmelzparameter für Argon nach der Theorie von Kirkwood und Monroe.* [Entnommen aus J. G. KIRKWOOD u. E. MONROE: J. Chem. Phys. **9**, 514 (1947).]

T_s [°K]	$\Delta s/k$ (beob.)	Δv (beob.) [cm³/Mol]	Δv (ber.) [cm³/Mol]	$\Delta s/k$ (ber.) Gl. (60.74) mit Δv (ber.)	$\Delta s/k$ (ber.) Gl. (60.74) mit Δv (beob.)
83,9	1,68	3,53	3,25	1,74	1,78
119,7	1,10	1,88	0,62	0,70	1,50
183,2	0,71	0,92	0,33	0,48	0,97

II. Lösungen von Nichtelektrolyten.

61. Übersicht über die Methoden. Die statistische Theorie der flüssigen Gemische ist in den letzten 25 Jahren besonders intensiv und auch mit verhältnismäßig großem Erfolg bearbeitet worden. Diese auf den ersten Blick überraschende Tatsache erklärt sich dadurch, daß hier die Problemstellung sich wesentlich von der bei reinen Flüssigkeiten vorliegenden unterscheidet. Während im letzteren Falle die Abhängigkeit der thermodynamischen Funktionen etwa von Temperatur und Druck interessiert, steht bei den flüssigen Gemischen die Änderung der thermodynamischen Funktionen mit der Konzentration gegenüber einem Normalzustand von der gleichen Temperatur und dem gleichen Druck im Vordergrund. Diese Wahl des Normalzustandes bewirkt, daß Schwierigkeiten, die in der Theorie der reinen Flüssigkeiten auftreten, hier viel weniger ins Gewicht fallen. Eine kurze Übersicht über die wichtigsten Methoden wird dies verdeutlichen.

Eine exakte Theorie der flüssigen Gemische muß naturgemäß in irgendeiner Form von den molekularen Verteilungsfunktionen Gebrauch machen. Zusammenhänge zwischen den chemischen Potentialen der Komponenten und den Paar-Verteilungsfunktionen sind durch die Gln. (5.50) und (11.30) gegeben. Man könnte daher daran denken, zunächst die Integralgleichungen für die Paar-Verteilungsfunktionen in Mehrkomponentensystemen zu lösen und auf diesem Wege die thermodynamischen Funktionen zu gewinnen. In der Kirkwoodschen Formulierung sind diese Integralgleichungen bereits in Ziff. 8 abgeleitet worden. Die entsprechende Verallgemeinerung der Born-Greenschen Gleichung macht keine Schwierigkeiten und kann entweder nach der direkten Methode von Ziff. 6 und 7 oder auf dem Wege über die Mayerschen Integralgleichungen (Ziff. 14) erfolgen. Dabei muß jedoch beachtet werden, daß die aus dem Superpositionsprinzip (Ziff. 6) hervorgehenden Gleichungen bei Mehrkomponentensystemen nur in der linearisierten Form miteinander konsistent sind[1]. Eine auf dieser Grundlage

---
[1] G. S. RUSHBROOKE u. J. SCOINS: Phil. Mag. **42**, 582 (1951).

beruhende Theorie der Lösungen ist von ONO[1] formuliert worden. FOURNET[2] und LING[3] haben die Methode zur Berechnung der Streuung von Röntgenstrahlen benutzt, während RUBIN und SUNDHEIM[4] die Kondensation von Gasgemischen diskutieren. Die nichtlinearisierten Gleichungen sind für ein Gemisch aus starren Kugeln mit dem Verhältnis der Durchmesser von 3:1 von ALDER[5] numerisch gelöst worden. Eine analytische Lösung für beliebiges Radienverhältnis in Form einer Reihenentwicklung nach Potenzen der beiden Dichten ist von MCLELLAN und ALDER[6] erhalten worden, die auch die thermodynamischen Funktionen berechnet haben. Die aus dem Superpositionsprinzip folgende Inkosistenz führt dazu, daß allgemein $g^{(2)}_{\alpha\beta} \neq g^{(2)}_{\beta\alpha}$ ist. Die Größe der Abweichung nimmt mit dem Radienverhältnis, der Konzentration der kleineren Kugeln und insbesondere mit der Dichte zu. Man kann daher schließen, daß die Einführung des Superpositionsprinzips bei Gemischen noch wesentlich problematischer ist als im Falle der reinen Flüssigkeiten; nach den bisherigen Ergebnissen kann man kaum hoffen, auf diesem Wege zu einer Theorie der flüssigen Gemische zu gelangen. Wir begnügen uns deshalb mit dieser kurzen Übersicht und werden im folgenden auf die Methode der Integralgleichungen nicht weiter eingehen.

Erfolgreicher sind zwei verschiedene Methoden gewesen, die ebenfalls auf der Theorie der molekularen Verteilungsfunktion beruhen, aber zunächst auf ihre explizite Berechnung verzichten. Die erste derselben stellt die konsequente Weiterführung der bereits in Ziff. 13 behandelten cluster-Entwicklung dar. Ihre Bedeutung liegt vor allem darin, daß man auf diesem Wege wichtige allgemeine Sätze über Lösungen ableiten kann, die man nicht aus den Hauptsätzen der Thermodynamik gewinnen kann. In gewissen Fällen kann man auch explizite Resultate erhalten, wenn zusätzliche Hypothesen eingeführt werden.

Die zweite der erwähnten Methoden ist im wesentlichen eine Störungsmethode, in welcher die Unterschiede der zwischenmolekularen Wechselwirkung der Komponenten als kleine Störung behandelt werden. Sie ist daher weniger allgemein als die cluster-Methode, aber für die Analyse gewisser Modelltheorien wichtig. Die Bedeutung des Normalzustandes für die beiden zuletzt erwähnten Methoden ist unmittelbar ersichtlich.

Unter den Modelltheorien ist zunächst das Gittermodell in seiner einfachsten Form, die mit dem Modell der festen Lösung (Ziff. 38) übereinstimmt, zu nennen. In Ziff. 49 haben wir erwähnt, daß ein solches Modell für die Theorie der reinen Flüssigkeiten praktisch unbrauchbar ist. Bei flüssigen Gemischen kann man eine Reihe von wichtigen thermodynamischen Eigenschaften mit Hilfe dieses Modells verständlich machen und nicht selten auch quantitativ einigermaßen befriedigende Übereinstimmung erzielen. Diese auffallende Tatsache kann wohl nur durch die Wahl des Normalzustandes erklärt werden. Dieselbe bewirkt offenbar, daß viele Feinheiten, die für die Eigenschaften der reinen Flüssigkeiten wesentlich sind, hier in der Differenzbildung gegen den Normalzustand mehr oder weniger verschwinden.

Der Vergleich mit den experimentellen Daten zeigt allerdings, daß für viele Fälle das einfache Gittermodell doch nicht ausreicht. Man kann dasselbe jedoch in verschiedenen Richtungen verfeinern, ohne das Grundkonzept zu zerstören. Die beiden wichtigsten derartigen Erweiterungen sind die Annahme verschiedener

---

[1] S. ONO: Progr. Theor. Phys. **6**, 447 (1951).
[2] G. FOURNET: J. Phys. Radium **12**, 292 (1951).
[3] R.C. LING: J. Chem. Phys. **25**, 614 (1956).
[4] E.L. RUBIN u. B.R. SUNDHEIM: J. Chem. Phys. **29**, 278 (1958).
[5] B.J. ALDER: J. Chem. Phys. **23**, 263 (1955).
[6] A.G. MCLELLAN u. B.J. ALDER: J. Chem. Phys. **24**, 115 (1956).

Orientierungen der Moleküle auf den Gitterplätzen (oder präziser, orientierungsabhängiger Wechselwirkungsenergien) und die Verallgemeinerung der Theorie des freien Volumens (Ziff. 50) für Gemische.

Einen neuen Impuls erfuhr die Theorie der flüssigen Gemische durch die Verwendung des Theorems der übereinstimmenden Zustände, die eine Störungsrechnung erster Ordnung (in dem oben erläuterten Sinne) ohne Benutzung eines Modells ermöglicht (Theorie der konformen Lösungen). Für die Berechnung höherer Terme sind diese Ansätze mit der Theorie des freien Volumens kombiniert worden (Modell des Durchschnittspotentials).

Für die folgende ausführliche Darstellung behalten wir im wesentlichen die gleiche Reihenfolge bei. Lediglich die strenge Analyse der Störungstheorie bringen wir erst am Schluß, da sie leichter verständlich ist, wenn die „naive" Form der Theorie bereits bekannt ist. Dabei werden wir in erster Linie das Theorem der übereinstimmenden Zustände für Gemische analysieren und die Anwendung der molekularen Verteilungsfunktionen, im Hinblick auf den komplizierten Charakter der Rechnungen, nur kurz qualitativ erörtern.

62. Exakte Theorie nach der cluster-Methode. Wir gehen aus von Gl. (13.14), die wir zur besseren Übersicht hier nochmals anschreiben. Sie lautet

$$P(Z) - P(Z^*) = kT \sum_l b^{(l)}(Z^*) \eta^{(l)}. \tag{62.1}$$

Hier beziehen sich die mit einem Stern versehenen Größen auf einen Normalzustand der gleichen Temperatur, der auch der gleichen Phase angehören muß wie der betrachtete Zustand. Es ist

$$\eta_i = (Z_i - Z_i^*) \frac{\bar{\varrho}_i^*}{Z_i^*} = \Delta Z_i \frac{\varrho_i^*}{Z_i^*}. \tag{62.2}$$

Die Koeffizienten $b^{(l)}(Z^*)$ sind die durch Gl. (13.7) bzw. (13.17) definierten verallgemeinerten cluster-Integrale des Normalzustandes. Sie unterscheiden sich von den cluster-Integralen der Gastheorie [6] (wenn wir von der Verallgemeinerung für Vielkomponentensysteme absehen) dadurch, daß an die Stelle des Potentials der zwischenmolekularen Kräfte das Potential der Durchschnittskraft (Ziff. 10) für den Normalzustand tritt und daß die Zerlegung nach Paar-Wechselwirkungen, welche der klassischen Formulierung der Gastheorie zugrunde liegt, im allgemeinen nur als Approximation (Superpositionsprinzip, Ziff. 6) möglich ist.

Gl. (62.1) stellt die Druckdifferenz gegenüber einem Normalzustand als eine Potenzreihenentwicklung nach Differenzen der Fugazitäten dar. Die wesentliche bei der Ableitung gemachte Voraussetzung ist in Gl. (9.17) enthalten und besagt, daß nur Wechselwirkungskräfte kurzer Reichweite auftreten. Damit ist die Beschränkung der Theorie auf Lösungen von Nichtelektrolyten gegeben. Wie in der Gastheorie, ist es auch hier wünschenswert, die Fugazitäten als unabhängige Variable zu eliminieren. Diese Transformation erfolgt in der Gastheorie mit Hilfe des Zusammenhanges zwischen reduzierbaren und unreduzierbaren cluster-Integralen. Das gleiche ist auch hier wieder der Fall. Allerdings lassen sich die verallgemeinerten unreduzierbaren cluster-Integrale (weil die Potentiale der Durchschnittskräfte nicht in Paaren additiv sind) nicht anschaulich interpretieren. Es ist aber bereits aus der Quantenstatistik der realen Gase bekannt, daß dies kein Hindernis für die formale Durchführung der Theorie bedeutet.

Die Ableitung der Beziehung zwischen reduzierbaren und unreduzierbaren cluster-Integralen ist für binäre Systeme von MAYER[1], für den allgemeinen Fall

---

[1] J.E. MAYER: J. Chem. **43**, 71 (1939).

Exakte Theorie nach der cluster-Methode.

der Vielkomponentensysteme von FUCHS[1] durchgeführt worden. Dieses Problem ist hier naturgemäß noch viel komplizierter als im Falle des Einkomponentensystems. Wir müssen uns deshalb mit der Wiedergabe des Ergebnisses begnügen und für die Ableitung auf die genannten Arbeiten verweisen. Es sei m die Zahl der Komponenten und l_i die Zahl von Molekülen der Sorte i in einem cluster der Größe l. Dann gilt

$$l_s b^{(l)} = \sum_{n_{ki}} \left| \delta_{ij} - \frac{1}{l_i} \sum (k_i - \delta_{ij}) n_{kj} \right|_m \prod_{i=1}^{m} \prod_k \frac{(l_i k_i \beta^{(k)})^{n_{ki}}}{n_{ki}!}. \qquad (62.3)\,[2]$$

Dabei ist die Summierung über alle Sätze der n_{ki}[3] zu erstrecken, welche der Bedingung

$$\sum_{j=1}^{m} \sum_k (k_i - \delta_{ij}) n_{kj} = l_i - \delta_{is} \qquad (62.4)$$

genügen. Im Rahmen der hier betrachteten verallgemeinerten Theorie muß Gl. (62.3) als Definitionsgleichung der verallgemeinerten unreduzierbaren cluster-Integrale $\beta^{(k)}$ aufgefaßt werden[4].

Die Durchführung der Transformation selbst erfolgt im Prinzip nach dem gleichen Verfahren wie in der Gastheorie, ist aber naturgemäß umständlicher. Wir beschränken uns deshalb auf einige Andeutungen und verweisen für Einzelheiten auf die oben erwähnten Arbeiten von MAYER und FUCHS. Es ist zweckmäßig, zur Vereinfachung der Gleichungen die Funktionen

$$G(\xi, \beta^{(k)}) = \sum_{k \geq 0} \beta^{(k)} \prod_{s=1}^{m} \xi_s^{k_s} \qquad (62.5)$$

und

$$G_s(\xi, \beta^{(k)}) = \left(\frac{\partial G}{\partial \xi_s}\right)_{\xi_t}, \quad G_{sr}(\xi, \beta^{(k)}) = \left(\frac{\partial^2 G}{\partial \xi_s \partial \xi_r}\right)_{\xi_t} \qquad (62.6)$$

sowie ebenso definierte Funktionen mit $b^{(l)}$ als Argument an Stelle von $\beta^{(k)}$ einzuführen. Man kann nun zeigen, daß die rechte Seite der Gl. (62.3) sich als multiples Cauchy-Integral darstellen läßt gemäß

$$l_s b^{(l)} = \left(\frac{1}{2\pi i}\right)^m \oint \cdots \oint \xi_s \left| \delta_{ij} - \xi_i G_{ij}(\xi, \beta^{(k)}) \right|_m \prod_{i=1}^{m} \frac{e^{l_i G_i(\xi, \beta^{(k)})}}{\xi_i^{l_i+1}} d\xi_i. \qquad (62.7)$$

Bildet man nun den Ausdruck

$$\eta_s G(\eta, b^{(l)}) = \sum_l l_s b^{(l)} \prod_{i=2}^{m} \eta_i^{l_i} \qquad (62.8)$$

und setzt auf der rechten Seite (62.7) ein, so findet man mit Hilfe des Residuensatzes und des Satzes über das Residuum eines Quotienten die Beziehungen

$$\eta_s G_s(\eta, b^{(l)}) = y_s \qquad (62.9)$$

$$\eta_s = y_s e^{-G_s(y, \beta^{(k)})}. \qquad (62.10)$$

Daraus folgt

$$G(\eta, b^{(l)}) = G(y, \beta^{(k)}) + \sum_{i=1}^{m} y_i [1 - G_i(y, \beta^{(k)})]. \qquad (62.11)$$

---
[1] K. FUCHS: Proc. Roy. Soc. Lond. A **179**, 408 (1942).
[2] Das Symbol $|\;|_m$ bezeichnet die Determinante m-ten Grades.
[3] Hier bezieht sich der erste Index auf die cluster, der zweite auf die Komponenten.
[4] In der Gastheorie werden die unreduzierbaren cluster-Integrale für Einkomponentensysteme β_k gewöhnlich etwas anders definiert. Der Zusammenhang ist durch $\beta^{(k)} = k^{-1} \beta_{k-1}$ gegeben.

Diese Beziehung läßt sich durch Differentation nach z_s leicht verifizieren. Schreiben wir nun die Ausgangsgleichung (62.1) mit Benutzung der Definition (62.5) in der Form

$$P(Z) - P(Z^*) = kT\, G(\eta, b^{(l)}), \qquad (62.12)$$

so folgt, für festgehaltenen Normalzustand, mit Gl. (62.2), (62.6) und (62.8)

$$y_s = \frac{\eta_s}{kT}\left(\frac{\partial[P(Z) - P(Z^*)]}{\partial \eta_s}\right)_{T,\eta_r} = \frac{\Delta Z_s}{kT}\left(\frac{\partial[P(Z) - P(Z^*)]}{\partial Z_s}\right)_{T,Z_r} \qquad (62.13)$$

oder, mit Benutzung von Gl. (13.22),

$$y_s = \Delta Z_s\, \frac{\bar{\varrho}_s(Z)}{Z_s}. \qquad (62.14)$$

Setzt man Gl. (62.11) in (62.12) ein und berücksichtigt (62.14), so erhält man in expliziter Schreibweise

$$P(Z) - P(Z^*)$$
$$= kT\left\{\sum_{i=1}^{m} \Delta Z_i\, \frac{\bar{\varrho}_i(Z)}{Z_i} - \sum_{k \geq 0}\left(\sum_{i=1}^{m} k_i - 1\right)\beta^{(k)}(Z^*) \prod_{i=1}^{m}\left[\Delta Z_i\, \frac{\bar{\varrho}(Z)}{Z_i}\right]^{k_i}\right\}. \qquad (62.15)$$

Diese Gleichung enthält zwar noch die Fugazitäten; dieselben lassen sich aber nun in sehr einfacher Weise eliminieren. Wir betrachten eine binäre Lösung und bezeichnen (wie stets im folgenden) mit dem Index 1 das Lösungsmittel, mit dem Index 2 den gelösten Stoff. Als Normalzustand wählen wir die unendlich verdünnte Lösung und definieren den Fugazitätensatz Z^* so, daß für den gelösten Stoff $Z_2^* = 0$ ist und für das Lösungsmittel Z_1^* dem reinen Lösungsmittel unter Normaldruck P^* (etwa 1 atm bei der betreffenden Temperatur) entspricht. Das unreduzierbare cluster-Integral für einen cluster aus ν Molekülen des Lösungsmittels und n Molekülen des gelösten Stoffes sei $\beta_{\nu n}^*$. Dann wird aus Gl. (62.15)

$$P(Z) - P(Z^*) = kT\left[\bar{\varrho}_2 + y_1 - \sum_{\nu,n}(n + \nu - 1)\beta_{\nu n}^*\, y_1^\nu\, \bar{\varrho}_2^n\right], \qquad (62.16)$$

wobei die Definition (62.14) benutzt worden ist.

Wir betrachten nun eine Änderung des Druckes unter der Bedingung, daß die Fugazität des Lösungsmittels konstant gehalten wird. Dieser Fall entspricht dem einfachen osmotischen Gleichgewicht, und die Druckdifferenz $P(Z) - P(Z^*)$ ist jetzt identisch mit dem osmotischen Druck Π. Man erhält dann aus (62.16) mit $\Delta Z_1 = 0$ und $\bar{\varrho}_2 \equiv c$

$$\Pi = kT\left[c - \sum_{n \geq 2}(n-1)\beta_{0n}\, c^n\right]. \qquad (62.17)[1]$$

Diese Gleichung, die zum ersten Male streng auf dem angedeuteten Wege von McMillan und Mayer[2] abgeleitet wurde, enthält zwei wichtige allgemeine Sätze über Lösungen von Nichtelektrolyten. Der erste Satz besagt, daß die bekannte van't Hoffsche Gleichung für den osmotischen Druck[3] exakt als Grenzgesetz für unendliche Verdünnung gilt. Wir haben also

$$\lim_{c \to 0} \Pi/c = kT \qquad (62.18)$$

---

[1] Man beachte, daß in dieser Gleichung nur noch die Potentiale der Durchschnittskräfte zwischen gelösten Molekülen auftreten. Vgl. Gl. (11.38).
[2] W. G. McMillan u. J. E. Mayer: J. Chem. Phys. **13**, 276 (1945).
[3] J. H. van't Hoff: Z. phys. Chem. **1**, 481 (1887).

oder in der üblichen thermodynamischen Schreibweise mit Benutzung der Gewichtskonzentration c_g und des Molekulargewichtes M_2

$$\lim_{c_g \to 0} \Pi/c = \frac{RT}{M_2}, \qquad (62.19)$$

wo R die Gaskonstante bezeichnet.

Die große Bedeutung des obigen Satzes beruht einmal darauf, daß er die Molekulargewichtsbestimmung auf eine sichere theoretische Basis stellt, auch in solchen Fällen, in denen Gl. (62.19) nicht mehr direkt experimentell bestätigt werden kann. Letzteres trifft vor allem bei den makromolekularen Lösungen zu. Die Bestimmung des Molekulargewichtes muß dann durch eine Extrapolation der Meßdaten auf unendliche Verdünnung und Anwendung der Gl. (62.19) erfolgen. Darüber hinaus ist der Satz grundlegend für die Thermodynamik der Mischphasen, weil er die Grenzgesetze für unendliche Verdünnung, deren Bedeutung schon von GIBBS[1] erkannt wurde, festlegt. Wir wollen hier nur kurz ableiten, daß aus Gl. (62.18) das Raoultsche Gesetz folgt und verweisen im übrigen für diese Fragen auf die Literatur[2,3]. In der Thermodynamik wird gezeigt, daß zwischen dem Dampfdruck des reinen Lösungsmittels p_{01}, dem Partialdruck des Lösungsmittels über der Lösung p_1 und dem osmotischen Druck der Lösung die Beziehung besteht

$$\int_{P^*}^{P^*+\Pi} v_1 \, dP = \bar{v}_1 \Pi = kT \ln \frac{p_{01}}{p_1}, \qquad (62.20)$$

wo v_1 das partielle Molvolumen des Lösungsmittels ist. Mit Gl. (62.18) wird daraus

$$\lim_{c \to 0} \frac{p_{01}}{p_1} = e^{\bar{v}_1 c}. \qquad (62.21)$$

An der Grenze unendlicher Verdünnung ist einfach $\bar{v}_1 = V/N_1$. Wir erhalten daher mit Entwicklung der e-Funktion und $\Delta p = p_{01} - p_1$

$$\lim_{N_2 \to 0} \frac{\Delta p}{p_{01}} = \frac{N_2}{N_1} \qquad (62.22)$$

das Raoultsche Gesetz.

Der zweite Satz, der in Gl. (62.17) enthalten ist, besagt, daß der osmotische Druck einer Lösung von Nichtelektrolyten sich in eine Reihe nach ganzzahligen positiven Potenzen der Konzentration entwickeln läßt. Die praktische Bedeutung dieses Satzes liegt vor allem darin, daß er eine Richtlinie für die Extrapolation bei der Molekulargewichtsbestimmung gibt und ein Kriterium für die Beurteilung empirischer oder halbempirischer Formeln liefert. (Für eine Anwendung in dem zuletzt genannten Sinne vgl. [4].)

Sehr bemerkenswert ist die vollkommene Analogie der Gl. (62.17) mit der Virialform der Zustandsgleichung realer Gase [3], [6]. Diese Analogie hat bekanntlich schon bei den Überlegungen VAN'T HOFFS eine wichtige Rolle gespielt. Sie darf aber nicht so verstanden werden, als wäre der osmotische Druck der thermische Druck der gelösten Moleküle im Sinne der kinetischen Gastheorie. Ein Blick auf die allgemeine Gl. (62.16) zeigt, daß eine solche Abtrennung gar nicht

---

[1] J.W. GIBBS: On the Equilibrium of Heterogeneous Substances. Collected Works, Vol. I. New Haven 1948.
[2] R. HAASE u. A. MÜNSTER: Z. phys. Chem. **194**, 253 (1950).
[3] A. MÜNSTER: Z. Elektrochem. **56**, 525 (1952).
[4] A. MÜNSTER: Z. phys. Chem. **197**, 17 (1951).

möglich ist. Tatsächlich ist der osmotische Druck ein Gleichgewichtsdruck in einem heterogenen Zweikomponentensystem; er ist thermodynamisch durch die Gleichgewichtsbedingungen für heterogene Systeme mit semipermeablen Membranen bestimmt und hat nichts zu tun mit dem äußeren Druck der homogenen Lösung. Unter diesem Gesichtspunkt kann man den osmotischen Druck zum Schmelzpunkt der Lösung in Parallele setzen, der ebenfalls durch die Gleichgewichtsbedingungen für heterogene Systeme bestimmt wird und keine Beziehung zur Temperatur der homogenen Lösung hat[1]. Die formale Übereinstimmung der Gleichungen für den Gasdruck und den osmotischen Druck erklärt sich daraus, daß man, wie McMillan und Mayer[2] bemerkt haben, auch den Gasdruck als einen osmotischen Druck auffassen kann, wenn man (bei räumlicher Konstanz der Temperatur) eine alles durchdringende Substanz annimmt, welche überall das gleiche chemische Potential besitzt. Die über Jahrzehnte diskutierte Frage nach der Berechtigung der Analogie zwischen Gasdruck und osmotischem Druck kann damit als geklärt gelten.

Für eine explizite Auswertung der in dieser Ziffer entwickelten Theorie müssen die Potentiale der Durchschnittskräfte bei unendlicher Verdünnung bekannt sein. Da man kein brauchbares Verfahren zur Berechnung derselben kennt, bleibt nur die Möglichkeit, auf Grund von allgemeineren Überlegungen zu plausiblen Ansätzen zu gelangen. Das ist bisher in zwei Fällen gelungen. Bei Lösungen starker Elektrolyte setzt man das Potential der Durchschnittskraft bei unendlicher Verdünnung gleich dem Coulombschen Potential in einem Medium der Dielektrizitätskonstanten des Lösungsmittels plus einem Term, welcher die nichtcoulombsche Wechselwirkung berücksichtigt. Da es sich hier aber um Kräfte großer Reichweite handelt, für die eine Modifikation der Theorie erforderlich ist, behandeln wir dieses Gebiet gesondert in Abschnitt C III. Das zweite Beispiel ist ein etwas künstliches Modell, nämlich Lösungen von kompakten Molekülen (Kugeln, Ellipsoide usw.), deren Lineardimensionen alle sehr groß gegen die der Moleküle des Lösungsmittels sind. Es wird angenommen, daß keine Verdünnungswärme auftritt. Das Potential der Durchschnittskraft bei unendlicher Verdünnung wird hier gleich dem Potential zwischen starren Kugeln usw. ohne Anziehungskräfte gesetzt. Dieser Ansatz ist zuerst von Zimm[3] auf Lösungen von Kugelmolekülen angewandt worden. Es ist bemerkenswert, daß man auf diesem Wege für den zweiten Virialkoeffizienten den gleichen Wert erhält wie mit Hilfe des Gittermodells[4]. Analoge Rechnungen für Zylinder und Rotationsellipsoide (die allerdings einen erheblich größeren mathematischen Aufwand erfordern) sind von Isihara[5] durchgeführt worden. Schließlich sei noch erwähnt, daß in neuerer Zeit auch die Theorie der Lösungen hochpolymerer Fadenmoleküle auf der Grundlage der Gl. (62.17) entwickelt worden ist. Da hier aber zahlreiche zusätzliche Hypothesen eingeführt werden und der Gegenstand selbst außerhalb des Rahmens dieses Artikels liegt, begnügen wir uns mit dem Hinweis auf eine kürzlich erschienene Arbeit von Kirste und Schulz[6], welche eine Diskussion dieser Theorien und Hinweise auf die Originalliteratur enthält.

63. Entmischung und kritische Punkte. Die Anwendung der cluster-Methode auf die Probleme der Phasenumwandlungen führt, wie schon in Ziff. 40 erörtert worden ist, auf schwierige mathematische Fragen, deren Klärung erst teilweise

---

[1] E.A. Guggenheim: Thermodynamics. Amsterdam 1951.
[2] W.G. McMillan u. J.E. Mayer: J. Chem. Phys. **13**, 276 (1945).
[3] B.H. Zimm: J. Chem. Phys. **14**, 164 (1946).
[4] A. Münster: Makromol. Chem. **2**, 227 (1948).
[5] A. Isihara: J. Chem. Phys. **18**, 1446 (1950).
[6] R. Kirste u. G.V. Schulz: Z. phys. Chem., N.F. **27**, 301 (1961).

gelungen ist. Da insoweit bei den flüssigen Gemischen grundsätzlich neue Gesichtspunkte nicht auftreten, lassen wir diesen Fragenkomplex hier außer Betracht und verweisen auf die frühere Diskussion. Wir gehen also aus von der wenigstens unter gewissen Voraussetzungen sicher zutreffenden Annahme, daß in flüssigen Vielkomponentensystemen Phasenumwandlungen mit Singularitäten der Funktion $G(\eta, b^{(l)})$ verknüpft sind. Nach Gl. (62.9) kann man statt dessen auch die y_i, als Funktionen der η_i, die implizit durch Gl. (62.10) gegeben sind, betrachten. Daraus folgt, daß eine Singularität auftritt, wenn die Jacobische Determinante der Transformaiton (62.10) verschwindet oder singulär wird. Diese Jacobische Determinante lautet

$$\frac{\partial(\eta_1, \ldots, \eta_m)}{\partial(y_1, \ldots, y_m)} = |\delta_{ij} - y_i G_{ij}(y, \beta^{(k)})|_m \, e^{\sum_{i=1}^{m} G_i(y, \beta^{(k)})}. \tag{63.1}$$

Wir haben somit eine Singularität von $G(\eta, b^{(l)})$, wenn entweder eine der Funktionen $G_i(y, \beta^{(k)})$ singulär ist oder die Determinante auf der rechten Seite der Gl. (63.1) verschwindet.

Für die weitere Diskussion beschränken wir uns auf binäre flüssige Gemische. Physikalisch liegen hier die Verhältnisse einfacher als bei festen Lösungen, weil die durch die Gitterstruktur bedingten Komplikationen fortfallen. Man hat daher, wenn das System nicht über den ganzen Konzentrationsbereich homogen ist, gewöhnlich *eine* Mischungslücke mit *einem* kritischen Punkt. In einigen Fällen ist das heterogene Gebiet geschlossen, so daß man einen oberen und einen unteren kritischen Punkt hat. Das bekannteste Beispiel dafür bietet das System Nicotin—Wasser. Für das Auftreten dieser Erscheinung lassen sich gewisse thermodynamische Bedingungen formulieren[1]. Nur einen unteren kritischen Entmischungspunkt besitzen die Systeme Wasser-Diäthylamin und Wasser—Triäthylamin. Bei den Systemen Schwefel—Benzol und Toluol—Triphenylmethan sind zwei Mischungslücken gefunden worden[2]. Im folgenden beschränken wir uns im wesentlichen auf den „Normalfall" einer Mischungslücke mit oberem kritischen Punkt.

Wir schreiben zunächst Gl. (62.17) mit Benutzung von (62.5) in der kompakten Form

$$\Pi = kT\left[c + G(c, \beta^*_{on}) - c\,G'(c, \beta^*_{on})\right], \tag{63.2}$$

wo G' die Ableitung von G nach c bedeutet. Durch Differentiation folgt daraus

$$\left(\frac{\partial \Pi}{\partial c}\right)_T = kT\left[1 - c\,G''(c, \beta^*_{on})\right] \tag{63.3}$$

und

$$\left(\frac{\partial^2 \Pi}{\partial c^2}\right)_T = -kT\left[G''(c, \beta^*_{on}) + c\,G'''(c, \beta^*_{on})\right], \tag{63.4}$$

wo G'' und G''' die zweite und dritte Ableitung von G nach c bezeichnen. Die allgemeine Bedingung für das Auftreten einer Phasenumwandlung haben wir bereits oben formuliert. Sie lautet für eine flüssige binäre Lösung, in vollkommener Analogie zur festen binären Lösung (Ziff. 38)

$$c\,G''(c, \beta^*_{on}) = 1 \tag{63.5}$$

oder

$$c\,G''(c, \beta^*_{on}) \text{ singulär.} \tag{63.6}$$

---

[1] I. PRIGOGINE u. R. DEFAY: Thermodynamique chimique. Liège 1950.
[2] H.R. KRUYT: Z. phys. Chem. **65**, 486 (1909).

In hinreichender Entfernung vom kritischen Punkt wird die Entmischung sicherlich durch (63.6) bestimmt, da nur dann die Isotherme des osmotischen Druckes unstetig in den horizontalen Verlauf mündet, wie es den experimentellen Ergebnissen entspricht. Eine explizite Berechnung der Entmischungskurve ist jedoch im Rahmen der hier entwickelten Theorie praktisch undurchführbar.

Die Diskussion des Verhaltens in der Umgebung des kritischen Punktes stößt auf die bereits in Ziff. 40 erörterten Schwierigkeiten. (Zum folgenden vgl. [1].) Nach der „klassischen" Auffassung ist ein kritischer Punkt der Entmischung bei Verwendung der hier benutzten Funktionen, definiert durch die Gleichungen

$$\frac{\partial \Pi}{\partial c} = 0 \qquad (63.7)$$

$$\frac{\partial^2 \Pi}{\partial c^2} = 0. \qquad (63.8)$$

Die Schwierigkeit liegt darin, daß bei dieser Definition im kritischen Punkte wegen (63.3), (63.4) und (63.6) gleichzeitig gelten müßte

a) Verschwinden der Singularität von $G''(c, \beta_{on}^*)$ in einem Verzweigungspunkte;

b) $c G''(c, \beta_{on}^*) = 1$;

c) $c^2 G'''(c, \beta_{on}^*) = -1$.

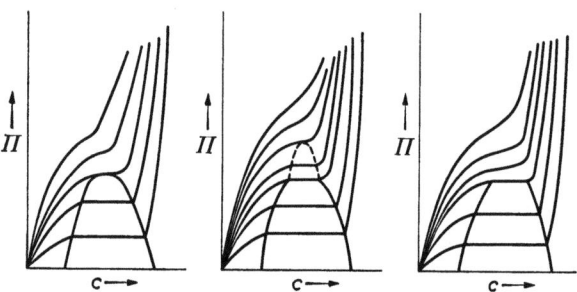

Fig. 92. Möglicher Verlauf der Isothermen des osmotischen Druckes. [Entnommen aus O. K. RICE: J. Phys. Coll. Chem. **54**, 1293 (1950).]

Die gleichzeitige Erfüllung dieser Bedingungen erscheint nur für spezielle β_{on}^*, d.h. für spezielle Potentiale der Durchschnittskräfte denkbar. Man kann sich schwer vorstellen, wie auf dieser Grundlage die Erklärung einer ganz allgemeinen Erscheinung möglich sein soll. Der von MAYER u. Mitarb.[2-5] vorgeschlagene Ausweg besteht in der Annahme, daß in einem Temperaturbereich zwischen T_m, der Temperatur, bei welcher der Meniscus verschwindet und T_k, der kritischen Temperatur, die Singularität von $G(\eta, b^{(l)})$ durch (63.5) bestimmt ist und eine anomale Umwandlung erster Ordnung darstellt. Diese Auffassung hat zwei experimentell prüfbare Konsequenzen: Die Entmischungskurve (die durch das Verschwinden des Meniscus bestimmt wird) muß ein horizontales Stück besitzen und weiter müssen die Isothermen unmittelbar oberhalb der Temperatur T_m über ein endliches Konzentrationsintervall horizontal verlaufen. In neuerer Zeit sind noch zwei weitere Theorien über den kritischen Punkt entwickelt worden[6-8], welche ebenfalls für das oberste Stück der Entmischungskurve einen horizontalen (oder praktisch horizontalen) Verlauf annehmen, bei denen aber die Isothermen oberhalb der Entmischungskurve nicht mehr horizontal verlaufen. In Fig. 92 sind diese verschiedenen Annahmen über das Verhalten in der Umgebung des kritischen Punktes schematisch dargestellt. Keine der angeführten Theorien

---

[1] A. MÜNSTER u. K. SAGEL: Z. Elektrochem. **62**, 1075 (1958).
[2] J. E. MAYER u. S. F. HARRISON: J. Chem. Phys. **6**, 87 (1938).
[3] J. E. MAYER u. S. F. STREETER: J. Chem. Phys. **7**, 1019 (1939).
[4] J. E. MAYER: J. Chem. Phys. **19**, 1024 (1951).
[5] J. E. MAYER: Comptes Rendus 2e Réunion „Changements de Phases", S. 35, Paris 1952.
[6] O. K. RICE: J. Chem. Phys. **15**, 314 (1947).
[7] O. K. RICE: J. Phys. Colloid Chem. **54**, 1293 (1950).
[8] B. H. ZIMM: J. Chem. Phys. **19**, 1019 (1951).

hat sich bisher theoretisch einigermaßen streng begründen lassen. Die Situation wird noch weiter kompliziert dadurch, daß wegen der in Ziff. 40 besprochenen mathematischen Probleme nicht einmal die Formulierung der Bedingungen a bis c für das „klassische" Verhalten gesichert ist. Wir sehen von dieser Frage hier ab und erinnern daran, daß die Anwendung der cluster-Methode auf das Gitter-Modell, wie in Ziff. 39 gezeigt, zu dem Ergebnis führt, daß die obigen Bedingungen b und c zusammenfallen und der kritische Punkt tatsächlich durch die Gln. (63.7) und (63.8) definiert ist. Die physikalische Tragweite dieses Ergebnisses ist, im Hinblick auf die experimentelle Prüfung des Gittermodells (Ziff. 42), schwer abzuschätzen. Immerhin läßt danach die cluster-Theorie die Möglichkeit offen, daß der Verlauf der Entmischungskurve in der Umgebung des kritischen Punktes

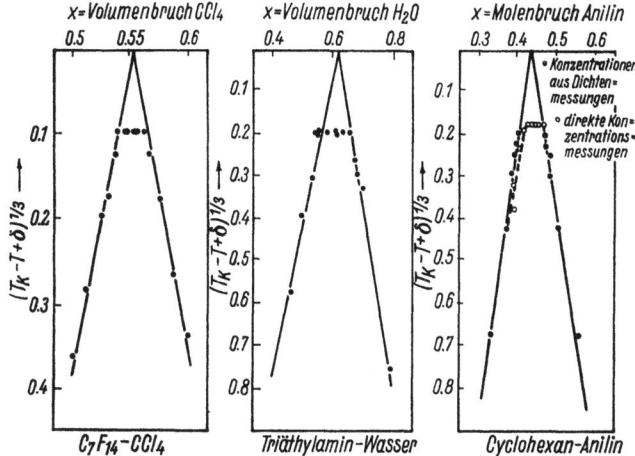

Fig. 93. Entmischungskurven binärer flüssiger Systeme in der Nähe des kritischen Punktes. [Entnommen aus A. MÜNSTER u. K. SAGEL: Z. Elektrochem. 62, 1075 (1958).]

und die Definition des kritischen Punktes selbst für flüssige und feste Lösungen prinzipiell verschieden sind. Nähere Aussagen lassen sich jedoch theoretisch bisher nicht machen und es ist notwendig, die experimentellen Ergebnisse heranzuziehen.

Wie bereits erwähnt (Ziff. 42), lassen sich die Entmischungskurven binärer flüssiger Gemische in der weiteren Umgebung des kritischen Punktes im allgemeinen gut durch die van Laar-Guggenheimsche Formel[1,2]

$$(T_k - T) = C \cdot (x_k - x)^3 \tag{63.9}$$

(wo C eine Konstante und x der Molenbruch ist) darstellen. Im Hinblick auf die Möglichkeit eines praktisch horizontalen Verlaufes in der nächsten Umgebung des kritischen Punktes ist es jedoch zweckmäßig, $(T_k - T + \delta)^{\frac{1}{3}}$ gegen den Molenbruch (oder den Volumenbruch) aufzutragen. Die Temperatur $T_k + \delta$ würde dann der Lage des kritischen Punktes bei strenger Gültigkeit der Gl. (63.9) entsprechen. In Fig. 93 sind die experimentellen Ergebnisse für die Systeme Cyclohexan–Anilin[3], Perfluoromethylcyclohexan–CCl_4[4] und Triäthylamin-Wasser[5,6] dargestellt. Alle drei Systeme zeigen im wesentlichen das gleiche Verhalten: Das

---

[1] J. J. VAN LAAR: Die Zustandsgleichung. Leipzig 1924.
[2] E. A. GUGGENHEIM: J. Chem. Phys. 13, 252 (1945).
[3] O. K. RICE u. D. ATACK: J. Chem. Phys. 22, 382 (1954).
[4] R. GOPAL u. O. K. RICE: J. Chem. Phys. 23, 2428 (1955).
[5] F. KOHLER u. O. K. RICE: J. Chem. Phys. 26, 1614 (1957).
[6] Aus experimentellen Gründen sind hier die Ergebnisse weniger sicher als in den beiden anderen Fällen.

kubische Gesetz ist in einigem Abstand vom kritischen Punkt gut erfüllt; in der unmittelbaren Umgebung des kritischen Punktes verläuft die Entmischungskurve praktisch horizontal. Der Abstand des horizontalen Stückes vom Scheitel der kubischen Parabel liegt zwischen $|\delta|=0{,}001°$ und $|\delta|=0{,}007°$. Da es sich um drei verschiedene Typen von Systemen (unpolar—unpolar, polar—unpolar, polar—polar) handelt, muß hier eine sehr allgemeine Gesetzmäßigkeit zugrunde liegen. Auf der anderen Seite zeigen die in Ziff. 42 erwähnten Ergebnisse für feste Lösungen ein grundsätzlich andersartiges Verhalten. Man kann sich daher kaum der Schlußfolgerung entziehen, daß hier die unterschiedliche molekulare Struktur von kristallinen und fluiden Phasen die entscheidende Rolle spielt. Dafür spricht auch, daß den obigen analoge Ergebnisse bei kondensierenden Gasen (CO_2 und SF_6) erhalten wurden[1].

Die Frage, ob für flüssige Gemische die „klassische" Definition des kritischen Punktes aufgegeben werden muß, ließe sich nur auf der Grundlage einer exakten Theorie beantworten, da experimentell zwischen einem sehr flachen und einem (im mathematischen Sinne) horizontalen Verlauf der Entmischungskurve nicht unterschieden werden kann. Immerhin muß nach den vorliegenden Ergebnissen mit dieser Möglichkeit gerechnet werden, während sich für das Auftreten einer anomalen Umwandlung erster Ordnung nach MAYER u. Mitarb. bisher kein Anhaltspunkt ergeben hat.

64. Lichtstreuung von Vielkomponentensystemen. Nachdem wir in Ziff. 56 die Theorie der Lichtstreuung für Einkomponentensysteme in strenger Form entwickelt und dabei das mit Hilfe der phänomenologischen Schwankungstheorie erhaltene Ergebnis bestätigt haben, können wir uns jetzt auf die letztere Methode beschränken, die auch für Vielkomponentensysteme sich noch ohne allzu großen Aufwand durchführen läßt. Wir lassen auch den optischen Teil der Theorie hier beiseite und gehen aus von der Rayleighschen Formel für die Trübung[2]

$$\tau = \frac{32\pi^3 n^2}{3\lambda^4} \Delta V \overline{(\delta n)^2}. \qquad (64.1)$$

Hier ist n der mittlere Brechungsindex der Lösung und $\overline{(\delta n)^2}$ sein mittleres Schwankungsquadrat im Volumenelement ΔV. Das Problem reduziert sich damit auf die Berechnung der Größe $\overline{(\delta n)^2}$. Dazu müssen die folgenden Annahmen gemacht werden:

1. $(\Delta V)^{\frac{1}{3}} \ll \lambda$. Diese Annahme liegt bereits der Gl. (64.1) zugrunde.

2. Das Volumen ΔV ist so groß, daß der Brechungsindex definierbar ist und die Molekülzahlen N_i als stetig veränderliche Variable behandelt werden können.

3. Die statistische Korrelation zwischen den Schwankungen in verschiedenen Volumenelementen ist vernachlässigbar. Anders ausgedrückt: Für die Reichweite der Korrelation r_c gilt $(\Delta V)^{\frac{1}{3}} \gg r_c$.

Diese Forderungen sind (wenn von Makromolekülen abgesehen wird) ohne weiteres für flüssige Systeme erfüllbar. Wählt man als Volumenelement einen Würfel der Kantenlänge 250 Å, so ist für sichtbares Licht $(\Delta V)^{\frac{1}{3}} \approx 0{,}05\lambda$, womit die Anwendung der Gl. (64.1) gerechtfertigt ist. Die mittlere Zahl der Moleküle in einem solchen Volumenelement ist (bei einem Molekulargewicht von etwa 200) von der Größenordnung 10^4; die Bedingung 2 ist somit ebenfalls erfüllt. Schließlich ist die Reichweite der Korrelation für Schwankungen der Molekülzahlen, wie sich aus Ziff. 22 und 44 ergibt, in hinreichender Entfernung von kritischen Punkten

---

[1] R.H. WENTORF: J. Chem. Phys. **24**, 607 (1956).
[2] Für die Definition der Trübung vgl. Ziff. 56.

von der Größenordnung 10 Å. Die im folgenden entwickelte Theorie ist somit auf die kritische Opalescenz nicht anwendbar.

Auf der Grundlage der obigen Annahmen kann das Volumenelement ΔV durch eine große kanonische Gesamtheit dargestellt werden, wobei das Gesamtsystem jetzt die Rolle des Reservoirs spielt. Die Theorie der Schwankungen [3], [4], [16] ergibt dann (mit der Abkürzung $\delta N_i = N_i - \bar{N}_i$)

$$\overline{\delta N_i \delta N_j} = \Theta \frac{|\Delta|_{ij}}{|\Delta|}, \tag{64.2}$$

wo

$$|\Delta| = \frac{\partial(\mu_1, \ldots, \mu_m)}{\partial(\bar{N}_1, \ldots, \bar{N}_m)}, \tag{64.3}$$

Θ der Verteilungsmodul der großen kanonischen Gesamtheit und μ_i das chemische Potential pro Molekül der Komponente i ist. $|\Delta|_{ij}$ bezeichnet den Kofaktor des Elementes Δ_{ij}. Man setzt nun

$$\delta n = \sum_{i=1}^{m} \left(\frac{\partial n}{\partial N_i}\right)_{N=\bar{N}} \delta N_i. \tag{64.4}$$

Dann wird

$$\overline{(\delta n)^2} = \sum_i \sum_j \frac{\partial n}{\partial N_i} \frac{\partial n}{\partial N_j} \overline{\delta N_i \delta N_j} \tag{64.5}$$

oder, mit Benutzung von (64.2),

$$\overline{(\delta n)^2} = \frac{\Theta}{|\Delta|} \sum_i \sum_j \frac{\partial n}{\partial N_i} \frac{\partial n}{\partial N_j} |\Delta|_{ij}. \tag{64.6}$$

Definiert man eine Determinante

$$|D| = \begin{vmatrix} 0 & \frac{\partial n}{\partial N_1} & \cdots & \frac{\partial n}{\partial N_m} \\ \frac{\partial n}{\partial N_1} & \frac{\partial \mu_1}{\partial \bar{N}_1} & \cdots & \frac{\partial \mu_1}{\partial \bar{N}_m} \\ \vdots & & \ddots & \\ \frac{\partial n}{\partial N_m} & \frac{\partial \mu_m}{\partial \bar{N}_1} & \cdots & \frac{\partial \mu_m}{\partial \bar{N}_m} \end{vmatrix}, \tag{64.7}$$

so kann (64.6) geschrieben werden

$$\overline{(\delta n)^2} = -\Theta \frac{|D|}{|\Delta|}. \tag{64.8}$$

Einsetzen in Gl. (64.1) ergibt schließlich

$$\tau = -\frac{32\pi^3 n^2}{3\lambda^4} \Delta V \Theta \frac{|D|}{|\Delta|}. \tag{64.9}$$

Dies ist die allgemeine Streuformel für Vielkomponentensysteme, die ZERNIKE[1] zuerst abgeleitet hat.

Es ist zu beachten, daß in der vorstehenden Rechnung die μ_i rein formal als statistische Parameter eingeführt werden. Da das Volumenelement ΔV kein makroskopisches System ist, muß daher, wie zuerst TOLMAN[2] betont hat, untersucht werden, inwieweit dieselben mit den chemischen Potentialen im Sinne der Thermodynamik identifiziert werden dürfen. Das Ergebnis dieser Untersuchung,

---

[1] F. ZERNIKE: Diss. Amsterdam 1915 (Arch. néerl. Sér. III A, Bd. I B).
[2] R.C. TOLMAN: The Principles of Statistical Mechanics. Oxford 1938.

für deren Einzelheiten wir auf die Literatur[1] [3], [16] verweisen, ist, daß die thermodynamische Relation

$$\mu_i = \left(\frac{\partial F}{\partial N_i}\right)_{T,V} \tag{64.10}$$

eine gute Näherung darstellt, wenn der betrachtete Zustand nicht in der Umgebung einer kritischen Phase liegt, was wir bereits oben ausgeschlossen haben. Die weitere Rechnung kann daher nach rein thermodynamischen Methoden durchgeführt werden.

Ähnlich wie in Ziff. 11, geht man aus von der Beziehung

$$\left(\frac{\partial \mu_i}{\partial N_j}\right)_{T,V,\bar{N}_k} = \left(\frac{\partial \mu_i}{\partial \bar{N}_j}\right)_{T,P,N_k} + \frac{v_i v_j}{\varkappa V}, \tag{64.11}$$

wo v_i das mittlere partielle Volumen pro Molekül der Komponente i ist und $\varkappa$ die isotherme Kompressibilität bezeichnet. Naturgemäß muß für die Anwendung auf Gl. (64.9) V mit ΔV identifiziert werden.

Für Einkomponentensysteme verschwindet der erste Term der rechten Seite von (64.11). Ferner hat man

$$|D| = -\left(\frac{\partial n}{\partial N}\right)^2_{N=\bar{N}} \approx -\left(\frac{\partial n}{\partial \bar{N}}\right)^2. \tag{64.12}$$

Man erhält daher, mit $\varrho = \bar{N}/V$,

$$\tau = \frac{32\pi^3 n^2}{3\lambda^4} \varkappa kT \left(\varrho \frac{\partial n}{\partial \varrho}\right)^2, \tag{64.13}$$

die Einsteinsche Formel, deren strenge Ableitung wir bereits in Ziff. 56 gegeben haben.

Die vorstehende Methode läßt sich ohne weiteres auch für Vielkomponentensysteme bis zu expliziten Resultaten durchführen[2]. Wir wollen dieses Problem hier jedoch nach einer etwas anderen Methode behandeln, die von KIRKWOOD und GOLDBERG[3] entwickelt worden ist. Dieselbe beruht ebenfalls auf Gl. (64.1) und den oben formulierten allgemeinen Voraussetzungen. Sie macht jedoch explizit Gebrauch von der Tatsache, daß die Wahrscheinlichkeitsdichte für die Schwankungen der Molekülzahlen näherungsweise eine Gaußsche Verteilung ist [16]. Mit der Abkürzung

$$\xi_i = \frac{N_i - \bar{N}_i}{\bar{N}_i} \tag{64.14}$$

hat man also

$$W(\xi) = C \cdot \exp\left[-\sum_i \sum_j B_{ij} \xi_i \xi_j\right], \tag{64.15}$$

wo

$$C = \left(\frac{|B|}{\pi^m}\right)^{\frac{1}{2}} \tag{64.16}$$

und

$$B_{ij} = \frac{1}{2} \frac{\bar{N}_i \bar{N}_j}{kT} \left(\frac{\partial^2 F}{\partial N_i \partial N_j}\right)_{N=\bar{N}}. \tag{64.17}$$

Man kann leicht zeigen, daß diese Näherung identisch ist mit der in der Zernikeschen Formulierung durch Gl. (64.10) eingeführten [16]. Der wesentliche Gesichtspunkt bei der Durchführung der Theorie ist die Zerlegung der Lichtstreuung

---

[1] A. MÜNSTER: Z. Physik **136**, 179 (1953).
[2] H.C. BRINKMAN u. J.J. HERMANS: J. Chem. Phys. **17**, 574 (1949).
[3] J.G. KIRKWOOD u. R.J. GOLDBERG: J. Chem. Phys. **18**, 54 (1950).

in einen Anteil, der von Schwankungen der Gesamtdichte herrührt und einen weiteren, der durch Konzentrationsschwankungen bedingt ist, wobei vorausgesetzt wird, daß eine Komponente (die wir mit dem Index 1 bezeichnen) als das Lösungsmittel definiert werden kann. Der letztere Anteil ist wesentlich größer als der erste und bei den meisten Anwendungen allein von Interesse.

Wir führen zunächst einige neue Definitionen ein. Die mittlere Masse der Komponente i im Volumen ΔV ist

$$m_i = \frac{M_i \bar{N}_i}{N_L}, \qquad (64.18)$$

wo M_i das Molekulargewicht und N_L die Loschmidtsche Zahl bezeichnet. Die Konzentration beziehen wir auf die Masseneinheit des Lösungsmittels und setzen

$$c_i = \frac{m_i}{m_1} \quad (i = 2, \ldots, m). \qquad (64.19)$$

Als Schwankungsgrößen führen wir ein

$$\zeta_i = \frac{\delta N_i}{\bar{N}_i} - \frac{\delta N_1}{\bar{N}_1} \quad (i = 2, \ldots, m) \qquad (64.20)$$

$$\zeta = \sum_{i=1}^{m} \frac{v_i \delta N_i}{\Delta V}. \qquad (64.21)$$

Der erste Ausdruck entspricht den Konzentrationsschwankungen, der zweite den Dichteschwankungen. Um δn als Funktion von ζ und ζ_i auszudrücken, schreibt man zunächst die Gl. (64.4) in der Form

$$\delta n = \left(\frac{\partial n}{\partial P}\right)_{T,c} \sum_{i=1}^{m} \left(\frac{\partial P}{\partial N_i}\right)_{T,V,N_k} \delta N_i + \sum_{i=2}^{m} \left(\frac{\partial n}{\partial c_i}\right)_{T,P,c_k} \delta c_i. \qquad (64.22)$$

Aus Gl. (64.19) bis (64.21) folgt

$$\delta c_i = c_i \left(\frac{\delta N_i}{\bar{N}_i} - \frac{\delta N_1}{\bar{N}_1}\right) = c_i \zeta_i. \qquad (64.23)$$

Andererseits ist

$$\sum_{i=1}^{m} \frac{\partial P}{\partial N_i} \delta N_i = \frac{\zeta}{\varkappa}. \qquad (64.24)$$

Damit wird

$$\delta n = \left(\frac{\partial n}{\partial P}\right)_{T,c} \frac{\zeta}{\varkappa} + \sum_{i=2}^{m} \left(\frac{\partial n}{\partial c_i}\right)_{T,P,c_k} c_i \zeta_i \qquad (64.25)$$

und

$$\overline{(\delta n)^2} = \left(\frac{\partial n}{\partial P}\right)_{T,c}^2 \frac{\overline{\zeta^2}}{\varkappa} + 2\left(\frac{\partial n}{\partial P}\right)_{T,c} \varkappa^{-1} \sum_{i=2}^{m} \left(\frac{\partial n}{\partial c_i}\right)_{T,P,c_k} c_i \overline{\zeta \zeta_i} + \\ + \sum_{\substack{i \ j \\ =2}} \sum \left(\frac{\partial n}{\partial c_i}\right)_{T,P,c_k} \left(\frac{\partial n}{\partial c_j}\right)_{T,P,c_k} c_i c_j \overline{\zeta_i \zeta_j}. \qquad (64.26)$$

Um die Mittelwerte zu berechnen, schreiben wir die Gl. (64.17)

$$B_{ij} = \frac{1}{2} \frac{\bar{N}_i \bar{N}_j}{kT} \left(\frac{\partial \mu_i}{\partial \bar{N}_j}\right)_{T,V,\bar{N}_k} = \frac{1}{2} \frac{\bar{N}_i \bar{N}_j}{kT} \left(\frac{\partial \mu_j}{\partial \bar{N}_i}\right)_{T,V,\bar{N}_k} \qquad (64.27)$$

und die Gl. (64.11)

$$\left(\frac{\partial \mu_i}{\partial \bar{N}_j}\right)_{T,V,N_k} = \frac{v_i v_j}{\varkappa \Delta V} + \frac{M_j}{N_L m_1}\left(\frac{\partial \mu_i}{\partial c_j}\right)_{T,P,c_k}. \tag{64.28}$$

Da definitionsgemäß $(\partial \mu_i/\partial c_1)=0$ ist, folgt mit (64.27) unmittelbar, daß für $i=1$ oder $j=1$ die rechte Seite von (64.28) sich auf den ersten Term reduziert. Definiert man nun

$$\beta_{ij} = \frac{c_i c_j}{M_i kT}\left(\frac{\partial \mu_i}{\partial c_j}\right)_{T,P,c_k} = \frac{c_j c_i}{M_j kT}\left(\frac{\partial \mu_j}{\partial c_i}\right)_{T,P,c_k}, \tag{64.29}$$

so wird aus (64.28)

$$\frac{1}{2kT}\left(\frac{\partial \mu_i}{\partial \bar{N}_j}\right)_{T,V,\bar{N}_k} = \frac{1}{2kT}\frac{v_i v_j}{\varkappa \Delta V} + \frac{N_L m_1}{2}\frac{\beta_{ij}}{\bar{N}_i \bar{N}_j}. \tag{64.30}$$

Schließlich leitet man aus der Gibbs-Duhemschen Gleichung (für $dT=0$, $dP=0$) ab

$$\sum_{i=1}^{m} \beta_{ij} = 0. \tag{64.31}$$

Mit Hilfe der Gln. (64.27), (64.30) und (64.31) läßt sich Gl. (64.15) auf die neuen Variablen ζ_i und ζ transformieren. Man erhält

$$W(\zeta_i, \zeta) = C' \exp\left[-\frac{N_L m_1}{2}\sum_{\substack{i \\ =2}}\sum_{j} \beta_{ij}\zeta_i\zeta_j - \frac{\Delta V}{2\varkappa kT}\zeta^2\right], \tag{64.32}$$

wo C' der neue Normierungsfaktor ist. Aus dieser Gleichung folgt unmittelbar, daß die Schwankungen der Konzentrationen und der Dichte voneinander statistisch unabhängig sind. Da die Jakobische Determinante der Transformation gleich Eins ist (Beweis s. [3]), erhält man für den Normierungsfaktor

$$C' = |\beta|^{\frac{1}{2}}\left(\frac{N_L m_1}{2\pi}\right)^{\frac{m-1}{2}}\left(\frac{\Delta V}{2\pi\varkappa kT}\right)^{\frac{1}{2}}, \tag{64.33}$$

wo $|\beta|$ die Determinante $(m-1)$-ten Grades der Koeffizienten β_{ij} ist. Aus Gl. (64.32) und (64.33) leitet man für die zweiten Momente ab

$$\overline{\zeta_i \zeta_j} = \frac{1}{N_L m_1}\frac{|\beta|_{ij}}{|\beta|}, \tag{64.34}$$

$$\overline{\zeta^2} = \frac{\varkappa kT}{\Delta V}, \tag{64.35}$$

$$\overline{\zeta \zeta_i} = 0. \tag{64.36}$$

Durch Kombination der Gln. (64.1), (64.26) und (64.34) bis (64.36) erhält man für die Lichtstreuung von Lösungen die allgemeine Formel

$$\tau = \frac{32\pi^3 n^2}{3\lambda^4}\left[\frac{kT}{\varkappa}\left(\frac{\partial n}{\partial P}\right)_{T,c}^2 + \frac{1}{N_L \varrho_1}\sum_{\substack{i \\ =2}}\sum_{j} c_i c_j \frac{|\beta|_{ij}}{|\beta|}\left(\frac{\partial n}{\partial c_i}\right)_{T,P,c_k}\left(\frac{\partial n}{\partial c_j}\right)_{T,P,c_k}\right], \tag{64.37}$$

wo ϱ_1 die Masse des Lösungsmittels pro Volumeneinheit bezeichnet. Der erste Term der rechten Seite enthält den Beitrag der Dichteschwankungen zur Lichtstreuung. Er ist, wie man leicht feststellt, formal mit Gl. (64.13) identisch. Wir beschränken uns im folgenden auf die Diskussion des zweiten Terms, den wir mit τ_c bezeichnen.

Für eine binäre Lösung reduziert sich die Determinante $|\beta|$ auf das Element β_{22}, und man erhält mit Benutzung von (64.29) die von EINSTEIN[1] abgeleitete Formel

$$\tau_c = \frac{32\pi^3 n^2}{3\lambda^4} \frac{kT M_2}{N_L \varrho_1} \left(\frac{\partial n}{\partial c_2}\right)_{T,P} \bigg/ \left(\frac{\partial \mu_2}{\partial c_2}\right)_{T,P}. \tag{64.38}$$

Aus Messungen der Lichtstreuung läßt sich somit unmittelbar die Ableitung des chemischen Potentials nach der Konzentration berechnen. In diesem Sinne ist Gl. (64.38) von ZIMM[2] bei der Auswertung seiner Messungen an dem System Perfluoromethylcyclohexan—CCl_4 benutzt worden. Für verdünnte Lösungen kann man dieses Resultat noch auf eine andere Form bringen, die häufig zweckmäßiger ist. Nach Gl. (62.17) gilt in diesem Falle für den osmotischen Druck

$$\Pi = \frac{RT}{M_2} c_g + B c_g, \tag{64.39}$$

wo B der zweite Virialkoeffizient und c_g die Gewichtskonzentration in g pro Volumeneinheit ist. Bezeichnen wir mit $\Delta \mu_1$ die freie Energie der Verdünnung, so ist nach (62.20)

$$-\Delta \mu_1 = \Pi v_1. \tag{64.40}[3]$$

Aus Gl. (64.29) und (64.31) erhält man

$$\frac{c_2^2}{M_2 kT} \frac{\partial \mu_2}{\partial c_2} = -\frac{c_2}{M_1 kT} \frac{\partial \mu_1}{\partial c_2}. \tag{64.41}$$

Setzt man nun

$$H = \frac{32\pi^3 n^2}{3\lambda^4} \frac{M_1}{N_L^2 \varrho_1 v_1} \left(\frac{\partial n}{\partial c_g}\right)^2 = \frac{32\pi^3 n^2}{3\lambda^4 N_L} \left(\frac{\partial n}{\partial c_g}\right)^2, \tag{64.42}$$

so wird aus Gl. (64.38)

$$\frac{H c_g}{\tau_c} = \frac{1}{M_2} + \frac{2B}{RT} c_g. \tag{64.43}$$

In verdünnten binären Lösungen kann man also das Molekulargewicht der gelösten Substanz und den zweiten Virialkoeffizienten durch Messungen der Lichtstreuung in gleicher Weise bestimmen wie durch direkte Messung des osmotischen Druckes, die bei niedrigmolekularen Gemischen häufig undurchführbar ist.

Um Gl. (64.37) für Vielkomponentensysteme auf eine praktisch brauchbare Form zu bringen, muß ein Ansatz für die chemischen Potentiale eingeführt werden, der eine Berechnung der Determinanten erlaubt. Unter der Voraussetzung hinreichender Verdünnung kann man setzen

$$\mu_i = kT \left[\ln c_i + \sum_{j=2}^{m} A_{ij} c_j\right] + \mu_i^0(T, P), \quad (i = 2, \ldots, m), \tag{64.44}$$

wo A_{ij} und μ_i^0 nicht von der Konzentration abhängen. Aus (64.44) folgt

$$\frac{\partial \mu_i}{\partial c_j} = \frac{kT}{c_i} \delta_{ij} + kT A_{ij}. \tag{64.45}$$

Mit Hilfe von (64.29) erhält man

$$M_j A_{ij} = M_i A_{ji}. \tag{64.46}$$

Die Determinanten in Gl. (64.37) lassen sich nun berechnen (Näheres s. [3]), und man erhält

$$\frac{|\beta|_{ij}}{|\beta|} = \frac{M_i}{c_i} \delta_{ij} - M_i A_{ji}. \tag{64.47}$$

---

[1] A. EINSTEIN: Anm. Physik **33**, 1275 (1910).
[2] B.H. ZIMM: J. Phys. Colloid Chem. **54**, 1306 (1950).
[3] Bei den hier in Betracht kommenden geringen Druckdifferenzen ist praktisch $\bar{v}_1 = v_1$.

Einsetzen in Gl. (64.37) ergibt

$$\tau_c = \frac{32\pi^3 n^2}{3\lambda^4} \frac{1}{N_L \varrho_1} \left[\sum_{j=2}^{m} M_j c_j \left(\frac{\partial n}{\partial c_j}\right)^2 - \sum_{i} \sum_{\substack{j \\ =2}} M_j A_{ij} \left(\frac{\partial n}{\partial c_i}\right) \left(\frac{\partial n}{\partial c_j}\right) c_i c_j \right], \quad (64.48)$$

wo der Einfachheit halber die Indices an den Differentialquotienten weggelassen sind.

Das weitaus wichtigste Anwendungsgebiet der Gl. (64.48) bilden die Lösungen hochpolymerer Fadenmoleküle, welche im allgemeinen Ketten gleicher (oder fast gleicher) chemischer Struktur, aber verschiedener Länge enthalten. Wir können jedoch auf diese Fragen hier nicht eingehen und müssen auf die Literatur[1-4] [3] verweisen. Das Endresultat läßt sich (solange innermolekulare Interferenzen nicht in Betracht kommen) wieder auf die Form der Gl. (64.43) bringen, wo aber jetzt das Molekulargewicht und der zweite Virialkoeffizient naturgemäß Mittelwerte sind. Der Mittelwert des Molekulargewichtes ist stets von dem osmotischen Mittelwert verschieden. Der Mittelwert des zweiten Virialkoeffizienten kann unter gewissen Voraussetzungen (die jedoch im allgemeinen nicht erfüllt sind) mit dem osmotischen Mittelwert zusammenfallen. Unter anderen Voraussetzungen besteht zwischen den beiden Mittelwerten ein einfacher Zusammenhang, der auch experimentell verifiziert worden ist[4].

Wie bereits in Ziff. 22 erwähnt, zeigen binäre flüssige Gemische in der Umgebung des kritischen Punktes der Entmischung die Erscheinung der kritischen Opaleszenz (vgl. auch Ziff. 45, 46 und 53). Quantitative Untersuchungen an Gemischen organischer Flüssigkeiten sind von ROUSSET[5], in neuerer Zeit von ZIMM[6] und QUANTIE[7] durchgeführt worden. Theoretisch ist das spezielle Problem der binären flüssigen Gemische von FÜRTH und WILLIAMS[8], DEBYE[9] und PEARSON[10] diskutiert worden. Obwohl die Existenz des Effektes gesichert ist, erscheint im einzelnen das Bild sowohl im Hinblick auf die experimentellen Resultate (bei denen insbesondere die Mehrfachstreuung eine schwer zu eliminierende Störung darstellt) wie auch in der theoretischen Interpretation noch recht uneinheitlich. Wir verzichten daher auf eine Besprechung von Einzelheiten.

65. Das Gittermodell. Die ideale und die streng reguläre Lösung. Das Gittermodell der Lösung stellt grundsätzlich eine Übertragung der Ansätze von Ziff. 49 auf Mehrkomponentensysteme dar. Es wird also zur Berechnung des Konfigurationsintegrals angenommen, daß die Moleküle auf die Plätze eines quasikristallinen Gitters mit der mittleren Koordinationszahl z verteilt sind. Für jedes Molekül der Sorte i wird dann über eine durch die Wechselwirkung mit den nächsten Nachbarn bestimmte Zelle integriert, und es wird über alle Verteilungen der Moleküle auf die Gitterplätze (Standard-Konfigurationen) summiert. Die Integrale über die Zellen sind die „freien Volumina" v_{f_i}; es wird jetzt noch zusätzlich angenommen, daß dieselben für alle Standard-Konfigurationen gleich

---

[1] H.C. BRINKMAN u. J.J. HERMANS: J. Chem. Phys. **17**, 574 (1949).
[2] J.G. KIRKWOOD u. R.J. GOLDBERG: J. Chem. Phys. **18**, 54 (1950).
[3] W.H. STOCKMAYER: J. Chem. Phys. **18**, 58 (1950).
[4] A. MÜNSTER u. H. DIENER: Symposium über Makromoleküle (Wiesbaden 1959), Mitt. II B 5.
[5] A. ROUSSET: Ann. de Phys. **5**, 5 (1936).
[6] B. ZIMM: J. Phys. Colloid Chem. **54**, 1306 (1950).
[7] C. QUANTIE: Proc. Roy. Soc. Lond. A **224**, 90 (1954).
[8] R. FÜRTH u. C.L. WILLIAMS: Proc. Roy. Soc. Lond. A **224**, 104 (1954).
[9] P. DEBYE: J. Chem. Phys. **31**, 680 (1959).
[10] F.J. PEARSON: Proc. Phys. Soc. Lond. **75**, 633 (1960).

Ziff. 65.   Das Gittermodell. Die ideale und die streng reguläre Lösung.   317

sind. Damit erhält man für eine binäre Lösung als Analogon der Gl. (49.4)

$$Q_\tau = v_{f_1}^{N_1} v_{f_2}^{N_2} Q_c \qquad (65.1)$$

mit

$$Q_c = \sum e^{-\frac{W}{kT}}, \qquad (65.2)$$

wo die Summierung über alle Standard-Konfigurationen zu erstrecken ist. In der Theorie der reinen Flüssigkeiten ist das zentrale Problem die Berechnung von v_f und W in Abhängigkeit von den Zustandsgrößen. Bei dem Gittermodell der Lösung in seiner einfachsten Form (die wir vorläufig ausschließlich betrachten) wird auf eine solche Berechnung völlig verzichtet. Stattdessen wird angenommen, daß die v_{f_i} in der Lösung die gleichen Werte haben wie für die reinen Substanzen, also keine konzentrationsabhängigen Mittelwerte darstellen. Damit verschwinden diese Größen, wenn die reinen Substanzen als Normalzustand für die thermodynamischen Funktionen gewählt werden. Das Problem reduziert sich somit auf die Berechnung der Verteilungsfunktion der Standard-Konfigurationen Q_c. Um dieselbe durchzuführen, muß das Modell noch weiter spezialisiert werden.

Wir machen in dieser Ziffer die folgenden Annahmen:

a) Alle Moleküle sind annähernd Kugeln von gleicher Größe, die je einen Gitterplatz besetzen.

b) Die Größe W setzt sich additiv aus den Wechselwirkungsenergien der Paare nächster Nachbarn w_{11}, w_{12}, w_{22} zusammen. Diese Größen werden als von Temperatur und Volumen unabhängige adjustierbare Parameter betrachtet.

c) Die Verteilungsfunktionen der inneren Freiheitsgrade sind (wie die freien Volumina) für alle Konfigurationen gleich und haben denselben Wert für die Lösung und die reinen Substanzen.

Das durch die vorstehenden Annahmen definierte Modell wird nach FOWLER und GUGGENHEIM[1] als streng reguläre Lösung bezeichnet. Die Annahme a hat zur Folge, daß die Koordinationszahl z für die reinen Substanzen und alle Konfigurationen der Lösung den gleichen Wert hat. Wenn man das Gittermodell wörtlich nimmt und die Moleküle als starre Kugeln betrachtet, muß nach einer geometrischen Abschätzung von BERNAL[1] das Verhältnis der Durchmesser zwischen 1 und 1,26 liegen, um der erwähnten Forderung zu genügen. Die Annahme b setzt kugelsymmetrische Wechselwirkungspotentiale und Abwesenheit von zwischenmolekularen Kräften großer Reichweite voraus. Es wird jedoch, streng genommen, nicht gefordert, daß die energetische Wechselwirkung auf nächste Nachbarn beschränkt ist, sondern nur, daß Unterschiede der Wechselwirkung zwischen gleichen und ungleichen Molekülen lediglich bei nächsten Nachbarn zu berücksichtigen sind. Diese Voraussetzung ist bei Lösungen von Nichtelektrolyten im allgemeinen mit hinreichender Genauigkeit erfüllt. Die Vernachlässigung der Abhängigkeit der w_{ij} von den Zustandsgrößen ist natürlich eine ziemlich gewaltsame Näherung, die nur durch den Vergleich der daraus abgeleiteten Resultate mit der Erfahrung gerechtfertigt werden kann. Die Annahme c hat im wesentlichen den Zweck, die Verteilungsfunktion der inneren Freiheitsgrade in gleicher Weise wie die freien Volumina aus den Endformeln zu eliminieren. Sie dürfte häufig unbedenklich sein und vor allem neben den übrigen Näherungen kaum ins Gewicht fallen.

Auf Grund der Annahme b kann man die gleichen Betrachtungen über die Energieparameter anstellen wie in Ziff. 23 und 38. Bezeichnen wir die Zahlen

---

[1] R.H. FOWLER u. E.A. GUGGENHEIM: Statistical Thermodynamics. Cambridge 1949.

der Paare nächster Nachbarn mit zX_{11}, zX_{12}, zX_{22}, so gilt

$$W = z(X_{11}w_{11} + X_{12}w_{12} + X_{22}w_{22}). \tag{65.3}$$

Da

$$N_1 = 2X_{11} + X_{12}, \qquad N_2 = 2X_{22} + X_{12} \tag{65.4}$$

ist, können von den drei in Gl. (65.3) auftretenden Energieparametern zwei eliminiert werden. Dabei hat man, je nach der Wahl des Bezugszustands, verschiedene Möglichkeiten.

Mit

$$W_0' = \frac{z}{2}(w_{11}N_1 + w_{22}N_2) \tag{65.5}$$

und

$$w' = w_{12} - \frac{1}{2}(w_{11} + w_{22}) \tag{65.6}$$

wird

$$W = W_0' + zX_{12}w'. \tag{65.7}$$

Setzt man

$$W_0 = \frac{z}{2}(N_1 - N_2)w_{11} + zN_2 w_{12} \tag{65.8}$$

und definiert einen Energieparameter

$$w = w_{11} + w_{22} - 2w_{12}, \tag{65.9}$$

so erhält man

$$W = W_0 + zX_{22}w \equiv W_0 + W_s. \tag{65.10}$$

Die Größen W_0' und W_0 stellen jeweils die Energie eines Normalzustandes dar, die experimentell nicht zugänglich ist und daher in den experimentell prüfbaren thermodynamischen Formeln nicht mehr auftritt. Da in Gl. (65.7) für $X_{12}=0$ $W=W_0'$ wird, bilden hier die reinen Komponenten den Normalzustand. In Gl. (65.10) wird $W=W_0$ für $X_{22}=0$. Hier ist daher der Normalzustand eine Lösung ohne 2—2-Paare. Zwischen den verschiedenen Größen bestehen die Beziehungen

$$W_0 = W_0' - \frac{z}{2}w N_2 \tag{65.11}$$

und

$$w = -2w'. \tag{65.12}$$

Schließlich wird noch, zumal in der englischen Literatur, ein Energieparameter

$$w'' = z w' \tag{65.13}$$

verwendet. Man kommt zu dieser Größe durch Betrachtung eines Prozesses, bei dem aus je z 1—1- und 2—2-Paaren $2z$ 1—2-Paare entstehen; dabei ist die Änderung der Konfigurationsenergie $2w''$. Die verschiedenen Definitionen der Energieparameter müssen beim Vergleich der von verschiedenen Autoren erhaltenen Formeln beachtet werden.

Mit Benutzung von (65.7) kann Gl. (65.2) geschrieben werden

$$Q_c = e^{-\frac{W_0'}{kT}} \sum e^{-\frac{zX_{12}w'}{kT}}. \tag{65.14}$$

Wir nehmen zunächst an, daß

$$w_{12} = \tfrac{1}{2}(w_{11} + w_{22}) \tag{65.15}$$

ist. Wegen (65.6) wird dann

$$Q_c = e^{-\frac{W_0'}{kT}} (N_1 + N_2)!. \quad (65.16)$$

Bezeichnen wir mit $f_1(T)$ und $f_2(T)$ die Verteilungsfunktionen der kinetischen Energie der Schwerpunkttranslation und der inneren Freiheitsgrade für die Einzelmoleküle, so ist die Gesamt-Verteilungsfunktion

$$Q = [v_{f_1} f_1(T)]^{N_1} [v_{f_2} f_2(T)]^{N_2} \frac{Q_c}{N_1! N_2!}. \quad (65.17)$$

Die freie Energie nach HELMHOLTZ wird dann

$$\left.\begin{aligned} F = kT \Big[N_1 \ln \frac{N_1}{N_1 + N_2} + N_2 \ln \frac{N_2}{N_1 + N_2} + \frac{z}{2} \frac{w_{11} N_1 + w_{22} N_2}{kT} \\ - N_1 \ln v_{f_1} f_1(T) - N_2 \ln v_{f_2} f_2(T). \Big]. \end{aligned}\right\} \quad (65.18)$$

Für die reinen Substanzen 1 und 2 setzen wir

$$\left.\begin{aligned} F_1 &= -kT N_1 \Big[\ln v_{f_1} f_1(T) - \frac{z}{2} \frac{w_{11}}{kT} \Big], \\ F_2 &= -kT N_2 \Big[\ln v_{f_2} f_2(T) - \frac{z}{2} \frac{w_{22}}{kT} \Big]. \end{aligned}\right\} \quad (65.19)$$

Wir identifizieren nun näherungsweise die freie Energie nach HELMHOLTZ mit der freien Energie nach GIBBS[1]. Dann wird, wenn wir die freie Energie der Mischung durch

$$\Delta G = G - G_1 - G_2 \quad (65.20)$$

definieren,

$$\Delta G = kT \Big[N_1 \ln \frac{N_1}{N_1 + N_2} + N_2 \ln \frac{N_2}{N_1 + N_2} \Big]. \quad (65.21)$$

Daraus folgt für die Mischungsentropie

$$\Delta S = -k \Big[N_1 \ln \frac{N_1}{N_1 + N_2} + N_2 \ln \frac{N_2}{N_1 + N_2} \Big] \quad (65.22)$$

und für die Mischungswärme

$$\Delta H = 0. \quad (65.23)$$

Die freie Energie der Verdünnung ist

$$\Delta \mu_1 = kT \ln (1 - x_2), \quad (65.24)$$

wo x_2 den Molenbruch des gelösten Stoffes bezeichnet. Es folgt für die Verdünnungsentropie

$$\Delta s_1 = -k \ln (1 - x_2) \quad (65.25)$$

und für die Verdünnungswärme

$$\Delta h_1 = 0. \quad (65.26)$$

Aus (65.24) folgt unmittelbar die Gültigkeit des Raoultschen Gesetzes

$$\frac{p_1}{p_{01}} = x_1 \quad (65.27)$$

über den ganzen Konzentrationsbereich.

---

[1] Dieses Verfahren ist für das Modell ohne weiteres gerechtfertigt, da hier das Mischungsvolumen $\Delta V = 0$ ist. Bei realen Systemen trifft dies gewöhnlich nicht zu. Für eine Diskussion dieser Frage vgl. Ziff. 67 und 68.

Das System, für welches die vorstehenden Gleichungen gelten, wird als ideale Lösung bezeichnet. Nach den bei der modellmäßigen Ableitung gemachten Annahmen kann man voraussehen, daß ideale Lösungen, wenn von Isotopengemischen abgesehen wird, ziemlich selten vorkommen werden. Beispiele für praktisch ideales Verhalten bieten die Systeme Benzol—Toluol oder Äthylenbromid—Propylenbromid. Die eigentliche Bedeutung der Theorie der idealen Lösung liegt jedoch weniger in den direkten Anwendungen, als vielmehr in der Beziehung zu den universellen Grenzgesetzen für unendliche Verdünnung und weiterhin darin, daß die Eigenschaften realer Lösungen sich in übersichtlicher Weise als Abweichungen vom Verhalten der idealen Lösung beschreiben lassen. Für die chemischen Potentiale kann man sich dazu der Aktivitätskoeffizienten bedienen. Wenn man auch die übrigen thermodynamischen Funktionen diskutieren will, sind die von SCATCHARD eingeführten Zusatzterme (excess functions) zweckmäßig. Wir bezeichnen dieselben durch den oberen Index E und haben dann als Definitionsgleichungen

$$\Delta G = kT\left(N_1 \ln \frac{N_1}{N_1+N_2} + N_2 \ln \frac{N_2}{N_1+N_2}\right) + \Delta G^E, \qquad (65.28)$$

$$\Delta G^E = \Delta H - T\Delta S^E, \qquad (65.29)$$

$$\Delta \mu_i = kT \ln x_i + \Delta \mu_i^E, \qquad (65.30)$$

$$\Delta \mu_i^E = \Delta h_i - T\Delta s_i^E. \qquad (65.31)$$

Wir kehren nun wieder zurück zum Problem der streng regulären Lösung. Aus der Definition des Modells sieht man, daß dieses völlig identisch ist mit dem in Abschnitt B III behandelten Modell der festen Lösungen. Der Unterschied zwischen festen und flüssigen Lösungen verschwindet also in dieser Theorie. Vom physikalischen Standpunkt erscheint dies vielleicht zunächst wenig einleuchtend. Es ist aber zu bedenken, daß die in Abschnitt B III behandelte Theorie auch nur mit Einschränkung als Theorie der festen Lösungen betrachtet werden kann, da sie eines der wichtigsten dort auftretenden Probleme, die Stabilität der verschiedenen Strukturen, ignoriert und sich damit den Verhältnissen einer flüssigen Lösung nähert. Die Theorie nimmt somit eigentlich eine intermediäre Stellung ein. Andererseits dürfte, wenn von Phasenumwandlungen abgesehen wird, der Unterschied fest—flüssig als solcher für die hier betrachteten thermodynamischen Funktionen ziemlich bedeutungslos sein. Die Anwendung der Theorie auf beide Typen von Lösungen ist daher wohl gerechtfertigt.

Aus dem Gesagten ergibt sich nach Ziff. 40 unmittelbar, daß die Berechnung der großen Verteilungsfunktion der streng regulären Lösung mathematisch äquivalent ist dem Problem des dreidimensionalen Ising-Modells in einem Magnetfeld. Die exakte Lösung dieses Problems ist bisher nicht gelungen. Die in Teil B behandelten Näherungsverfahren sind aber naturgemäß auch hier anwendbar. Wir wollen indessen die verschiedenen Theorien der streng regulären Lösung[1-4] hier nicht im einzelnen besprechen, da wir das Grundsätzliche bereits ausführlich erörtert haben und es sich somit lediglich um eine Wiederholung in etwas anderer Form handeln würde. Um die Art der Behandlung des Problems und die wichtigsten Ergebnisse zu veranschaulichen, wird ein Beispiel genügen; wir wählen dazu die quasi-chemische Methode. Dabei führen wir die Rechnung jetzt in einer etwas anderen Weise durch als in Ziff. 27[4].

---

[1] G.S. RUSHBROOKE: Proc. Roy. Soc. Lond. A **166**, 296 (1938).
[2] J.G. KIRKWOOD: J. Phys. Chem. **43**, 97 (1939).
[3] A. MÜNSTER: Z. phys. Chem. **195**, 67 (1950).
[4] E.A. GUGGENHEIM u. M.L. McGLASHAN: Proc. Roy. Soc. Lond. A **206**, 335 (1951).

Ziff. 65. Das Gittermodell. Die ideale und die streng reguläre Lösung.

Wir schreiben zunächst die Gl. (65.14)

$$\frac{Q_c}{N_1! N_2!} = e^{-\frac{W_0'}{kT}} \sum_{X_{12}} g(N_1, N_2, X_{12}) e^{-\frac{zX_{12}w'}{kT}}. \qquad (65.32)$$

Der Kombinationsfaktor wird mit Hilfe der Annahme über die Unabhängigkeit von Paaren berechnet. Die Gesamtzahl der Paare nächster Nachbarn in der Lösung ist $\frac{z}{2}(N_1+N_2)$. Davon sind $\frac{z}{2}(N_1-X_{12})$ 1—1-Paare, $\frac{z}{2}(N_2-X_{12})$ 2—2-Paare und je $\frac{z}{2}X_{12}$ 1—2- bzw. 2—1-Paare. Dabei haben wir die durch Vertauschung von 1 und 2 auseinander hervorgehenden Paare jeweils gesondert gezählt, was hier zweckmäßig ist. Die Zahl der Möglichkeiten, $\frac{z}{2}(N_1+N_2)$ voneinander unabhängige Paare in der angegebenen Weise aufzuteilen, ist dann

$$\frac{\left[\frac{z}{2}(N_1+N_2)\right]!}{\left[\frac{z}{2}(N_1-X_{12})\right]! \left[\frac{z}{2}X_{12}\right]! \left[\frac{z}{2}X_{12}\right]! \left[\frac{z}{2}(N_2-X_{12})\right]!}. \qquad (65.33)$$

Dieser Ausdruck genügt nicht der Relation

$$\sum_{X_{12}} g(N_1, N_2, X_{12}) = \frac{(N_1+N_2)!}{N_1! N_2!}. \qquad (65.34)$$

Man fügt deshalb noch einen Normierungsfaktor $h(N_1, N_2)$ hinzu und setzt

$$g(N_1, N_2, X_{12}) = h(N_1, N_2) \frac{\left[\frac{z}{2}(N_1+N_2)\right]!}{\left[\frac{z}{2}(N_1-X_{12})\right]! \left[\frac{z}{2}X_{12}\right]! \left[\frac{z}{2}X_{12}\right]! \left[\frac{z}{2}(N_2-X_{12})\right]!}. \qquad (65.35)$$

Um den Faktor $h(N_1, N_2)$ zu berechnen, ersetzt man die Summe (65.34) näherungsweise durch ihren maximalen Term $g(N_1, N_2, X_{12}^*)$. Dann wird

$$g(N_1, N_2, X_{12}^*) \approx \frac{(N_1+N_2)!}{N_1! N_2!}. \qquad (65.36)$$

Andererseits ist nach (65.35)

$$\left. \begin{array}{l} g(N_1, N_2, X_{12}^*) \\ = h(N_1, N_2) \dfrac{\left[\frac{z}{2}(N_1+N_2)\right]!}{\left[\frac{z}{2}(N_1-X_{12}^*)\right]! \left[\frac{z}{2}X_{12}^*\right]! \left[\frac{z}{2}X_{12}^*\right]! \left[\frac{z}{2}(N_2-X_{12}^*)\right]!} \end{array} \right\} \qquad (65.37)$$

Aus (65.35) bis (65.37) erhält man

$$\left. \begin{array}{l} g(N_1, N_2, X_{12}) \\ = \dfrac{(N_1+N_2)!}{N_1! N_2!} \dfrac{\left[\frac{z}{2}(N_1-X_{12}^*)\right]! \left[\frac{z}{2}X_{12}^*\right]! \left[\frac{z}{2}X_{12}^*\right]! \left[\frac{z}{2}(N_2-X_{12}^*)\right]!}{\left[\frac{z}{2}(N_1-X_{12})\right]! \left[\frac{z}{2}X_{12}\right]! \left[\frac{z}{2}X_{12}\right]! \left[\frac{z}{2}(N_2-X_{12})\right]!} \end{array} \right\} \qquad (65.38)$$

Differentiation von (65.35) nach X_{12} und Nullsetzen des Differentialquotienten ergibt

$$X_{12}^{*2} = (N_1 - X_{12}^*)(N_2 - X_{12}^*) \qquad (65.39)$$

oder

$$X_{12}^* = \frac{N_1 N_2}{N_1 + N_2}. \qquad (65.40)$$

Handbuch der Physik, Bd. XIII.

Dieser Wert entspricht einer völlig ungeordneten Verteilung der 1- und 2-Moleküle. Der Normierungsfaktor $h(N_1, N_2)$ bewirkt, daß $g(N_1, N_2, X_{12})$ für diesen Fall, also für $X_{12} = X_{12}^*$ praktisch den korrekten Wert hat.

Um die thermodynamischen Funktionen zu berechnen, ersetzt man auch in Gl. (65.32) die Summe durch den maximalen Term. Den entsprechenden Wert von X_{12} bezeichnen wir mit $\overline{X}_{12}$. Dann wird

$$\frac{Q_c}{N_1! N_2!} = e^{-\frac{W_0'}{kT}} g(N_1, N_2, \overline{X}_{12}) e^{-\frac{z \overline{X}_{12} w'}{kT}}, \tag{65.41}$$

wo $\overline{X}_{12}$ bestimmt ist durch

$$\frac{\partial \ln Q_c}{\partial X_{12}} = 0. \tag{65.42}$$

Aus Gl. (65.38), (65.41) und (65.42) erhält man

$$\frac{z}{2} \ln(N_1 - \overline{X}_{12}) - z \ln \overline{X}_{12} + \frac{z}{2} \ln(N_2 - \overline{X}_{12}) - \frac{zw'}{kT} = 0 \tag{65.43}$$

oder

$$(N_1 - \overline{X}_{12})(N_2 - \overline{X}_{12}) = \overline{X}_{12}^2 e^{\frac{2w'}{kT}}. \tag{65.44}$$

Dies ist die quasi-chemische Gleichung der streng regulären Lösung.

Um einen expliziten Ausdruck für die freie Energie abzuleiten berechnen wir hier zunächst die chemischen Potentiale, indem wir die aus (65.41) folgende Gleichung

$$F = -kT \left[\ln g(N_1, N_2, \overline{X}_{12}) - \frac{z \overline{X}_{12} w'}{kT} - \frac{z}{2} \frac{w_{11} N_1 + w_{22} N_2}{kT} - \right. \\ \left. - N_1 \ln v_{f_1} f_1(T) - N_2 \ln v_{f_2} f_2(T) \right] \tag{65.45}$$

nach N_1 und N_2 differenzieren. Dabei ist zu beachten, daß $\overline{X}_{12}$ eine Funktion von N_1 und N_2 ist und nach (65.42) alle Terme, die über $\overline{X}_{12}$ von N_1 und N_2 abhängen, bei der Differentation verschwinden. Ferner folgt aus der Definition von X_{12}^*, daß $\partial \ln g / \partial X_{12}^* = 0$ ist und somit alle Terme, die über X_{12}^* von N_1 und N_2 abhängen, ebenfalls bei der Differentiation herausfallen. Es ergibt sich dann

$$\Delta \mu_1 = kT \left(\ln \frac{N_1}{N_1 + N_2} + \frac{z}{2} \ln \frac{N_1 - \overline{X}_{12}}{N_1 - X_{12}^*} \right), \tag{65.46}$$

$$\Delta \mu_2 = kT \left(\ln \frac{N_2}{N_1 + N_2} + \frac{z}{2} \ln \frac{N_2 - \overline{X}_{12}}{N_2 - X_{12}^*} \right), \tag{65.47}$$

wo X_{12}^* durch Gl. (65.40) gegeben und $\overline{X}_{12}$ die Wurzel der quasi-chemischen Gleichung (65.44) ist, für die explizit

$$\overline{X}_{12} = \frac{N_1 N_2}{N_1 + N_2} \frac{2}{\beta + 1} \tag{65.48}$$

gilt mit

$$\beta = \left[1 + \frac{4 N_1 N_2}{(N_1 + N_2)^2} \left(e^{\frac{2w'}{kT}} - 1 \right) \right]^{\frac{1}{2}}. \tag{65.49}$$

Aus Gl. (65.46) und (65.47) erhält man für die freie Energie der Mischung

$$\Delta G = kT \left[N_1 \ln \frac{N_1}{N_1 + N_2} + N_2 \ln \frac{N_2}{N_1 + N_2} + \frac{z}{2} N_1 \ln \frac{N_1 - \overline{X}_{12}}{N_1 - X_{12}^*} + \right. \\ \left. + \frac{z}{2} N_2 \ln \frac{N_2 - \overline{X}_{12}}{N_2 - X_{12}^*} \right]. \tag{65.50}$$

Ziff. 65.   Das Gittermodell. Die ideale und die streng reguläre Lösung.   323

Die Gleichungen für die Entmischung lassen sich am einfachsten mit Hilfe der Aktivitäten bzw. relativen Dampfdrucke ableiten. Mit Benutzung von (65.40) und (65.48) ergibt sich zunächst aus (65.46) und (65.47)

$$\frac{p_1}{p_{01}} = (1-x_2)\left[\frac{\beta+1-2x_2}{(1-x_2)(\beta+1)}\right]^{\frac{z}{2}}, \qquad (65.51)$$

$$\frac{p_2}{p_{02}} = x_2\left[\frac{\beta-1+2x_2}{x_2(\beta+1)}\right]^{\frac{z}{2}}. \qquad (65.52)$$

Aus diesen Gleichungen sieht man sofort, daß das Dampfdruckverhältnis p_1/p_2 an der Stelle $x_1=x_2=0,5$ stets den gleichen Wert hat wie für die ideale Lösung[1]. Es läßt sich ferner zeigen, daß unter gewissen Bedingungen das Dampfdruckgleichgewicht der streng regulären Lösung einen azeotropen Punkt besitzt[2]. Im Falle der Entmischung gilt für die koexistierenden flüssigen Phasen, die wir mit ' und '' bezeichnen

$$p_1' = p_1''; \quad p_2' = p_2''. \qquad (65.53)$$

Nun lassen sich aber, wegen der Symmetrie des Modells, die beiden Dampfdruckkurven durch Spiegelung an der Geraden $x_2=0,5$ ineinander überführen (Fig. 94), d.h. es ist

$$\frac{p_1'}{p_{01}} = \frac{p_2''}{p_{02}}. \qquad (65.54)$$

Kombiniert man dies mit (65.53), so erhält man die Gleichgewichtsbedingung in der einfachen Form

$$\frac{p_1}{p_{01}} = \frac{p_2}{p_{02}}. \qquad (65.55)$$

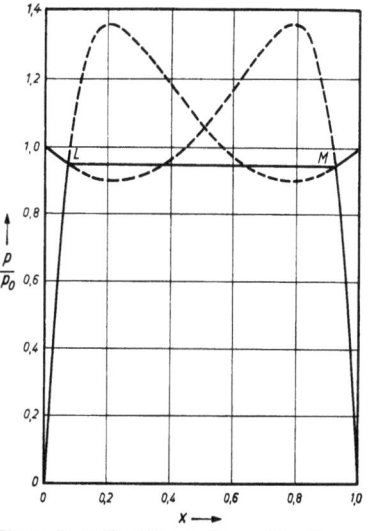

Fig. 94. Partialdruckkurven der regulären Lösung für den Fall einer Mischungslücke. Die Punkte L und M bezeichnen zwei koexistierende Phasen. Die gestrichelten Kurven entsprechen instabilen Zuständen. [Entnommen aus E.A. GUGGENHEIM: Mixtures, S. 34 (Abb. 34). Oxford 1952.]

Die zweite Phase tritt hier nicht mehr auf; es wird lediglich Gleichheit der relativen Dampfdrucke beider Komponenten gefordert. Diese Formulierung ist naturgemäß an die Symmetrie des Modells gebunden. Setzt man in (65.55) die Gln. (65.51) und (65.52) ein, so erhält man

$$\frac{\beta-1+2x_2}{\beta+1-2x_2} = r^{\frac{z-2}{z}}, \qquad (65.56)$$

wo

$$r = \frac{x_2}{1-x_2} \qquad (65.57)$$

das Verhältnis der Molenbrüche in der Gleichgewichtsphase ist. Mit der Abkürzung

$$\gamma = r^{\frac{z-2}{z}} \qquad (65.58)$$

lautet Gl. (65.56)

$$\frac{\beta-1+2x_2}{\beta+1-2x_2} = \gamma \qquad (65.59)$$

---
[1] W. JOST: Z. Naturforsch. **1**, 576 (1946).
[2] A. MÜNSTER: Z. phys. Chem. **195**, 67 (1950).

und kann dann auf die Form

$$\frac{\beta}{1-2x_2} = \frac{1+\gamma}{1-\gamma} \qquad (65.60)$$

gebracht werden. Daraus folgt

$$\frac{\beta - 1 + 2x_2}{1 - 2x_2} = \frac{2\gamma}{1-\gamma}, \qquad (65.61)$$

$$\frac{\beta + 1 - 2x_2}{1 - 2x_2} = \frac{2}{1-\gamma}. \qquad (65.62)$$

Durch Multiplikation dieser beiden Gleichungen ergibt sich

$$\beta^2 - (1 - 2x_2)^2 = \frac{4\gamma(1-2x_2)^2}{(1-\gamma)^2} \qquad (65.63)$$

oder, mit Benutzung von (65.49),

$$e^{\frac{w'}{kT}} = \left[\frac{\gamma}{x_2(1-x_2)}\right]^{\frac{1}{2}} \frac{1-2x_2}{1-\gamma}. \qquad (65.64)$$

Mit Hilfe von (65.57) und (65.58) erhält man schließlich

$$e^{\frac{w'}{kT}} = \frac{1-r}{r^{\frac{1}{z}} - r^{\frac{z-1}{z}}}. \qquad (65.65)$$

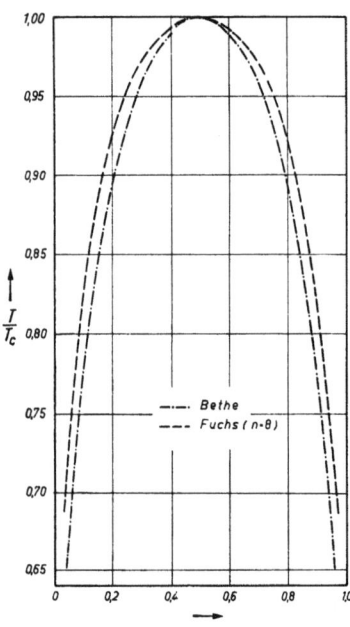

Fig. 95. Entmischungskurve der streng regulären Lösung für $z=8$ nach der quasi-chemischen Näherung und nach der Fuchsschen Theorie (mit $n=8$).

Dies ist die zuerst von McGlashan[1] abgeleitete Gleichung der Entmischungskurve für die streng reguläre Lösung in der quasi-chemischen Näherung. Der kritische Punkt der Entmischung muß aus Symmetriegründen bei $x_{2k}=0.5$ liegen; es ist also $r_k=1$. Da für diesen Wert die rechte Seite von (65.65) unbestimmt wird, setzt man $r=1+\delta$, entwickelt nach Potenzen von δ und läßt $\delta\to 0$ gehen. Dann ergibt sich als Gleichung für die kritische Temperatur der Entmischung

$$e^{\frac{w'}{kT_k}} = \frac{z}{z-2}. \qquad (65.66)$$

Man sieht daraus sofort, daß Entmischung nur für $w'>0$ möglich ist. Der Verlauf der Entmischungskurve ist für $z=8$ in Fig. 95 dargestellt. Zum Vergleich ist auch eine nach der Fuchsschen Theorie (Ziff. 38) berechnete Kurve eingezeichnet. Man bemerkt, daß die letztere in der Umgebung des kritischen Punktes wesentlich flacher verläuft.

Die aus der quasi-chemischen Näherung entwickelte Theorie der Entmischung ist, wie man aus Fig. 94 sieht, durch Isothermen vom van der Waalsschen Typ charakterisiert. Die Problematik einer derartigen Beschreibung ist bereits an anderer Stelle dieses Handbuches [4] erörtert worden. Darüber hinaus zeigt die allgemeine Diskussion in Ziff. 37, daß die Methode für die Lage des kritischen Punktes (d.h. für die kritische Temperatur T_k) nur eine sehr schlechte Näherung und für die Charakteristik des kritischen Punktes ein falsches Ergebnis liefert. Für das Problem der Entmischung kann daher die hier entwickelte Theorie nur

---

[1] K. Fuchs: Proc. Roy. Soc. Lond. A **179**, 340 (1942).

zur qualitativen Orientierung dienen. Im homogenen Gebiet liegen dagegen die Verhältnisse wesentlich günstiger. Die oben abgeleiteten Ausdrücke für die thermodynamischen Funktionen sind wegen der komplizierten Struktur der darin auftretenden Größen weder zur Diskussion noch zur praktischen Anwendung geeignet. Es ist daher zweckmäßig, zunächst die Gl. (65.50) in eine Reihe zu entwickeln[1,2]. Um die Molenbrüche als unabhängige Variable benutzen zu können, schreiben wir die Gleichung für die freie Energie der Mischung pro Molekül an. Ferner benutzen wir, wie in Ziff. 41, den durch Gl. (65.9) bzw. (65.12) definierten Energieparameter w und setzen zur Abkürzung $\xi = w/kT$. Dann ergibt sich

$$\left. \begin{aligned} \frac{\Delta G_m}{kT} &= x_1 \ln x_1 + x_2 \ln x_2 - \frac{z}{2} \xi x_1 x_2 + \frac{z}{2} (1 - \xi - e^{-\xi}) x_1^2 x_2^2 + \\ &+ z \left(\frac{3}{2} - \xi - 2 e^{-\xi} + \frac{1}{2} e^{-2\xi} \right) x_1^3 x_2^3 + \cdots . \end{aligned} \right\} \quad (65.67)$$

Die höheren Terme werden, wie der Vergleich mit der Fuchsschen Entwicklung [Gl. (41.6)] zeigt, in der quasi-chemischen Näherung nicht mehr korrekt wiedergegeben. Sie sind daher weggelassen, während die angeschriebenen Glieder exakt gültig sind.

Aus Gl. (65.67) gewinnt man leicht die übrigen thermodynamischen Funktionen. Der Einfachheit halber beschränken wir uns dabei auf die Zusatzterme (excess functions) und berücksichtigen nur die ersten Glieder. Für den Zusatzterm der Mischungsentropie pro Molekül ergibt sich

$$\frac{\Delta S_m^E}{k} = -\frac{z}{2} \left[1 - (1 + \xi) e^{-\xi} \right] x_1^2 x_2^2 - \cdots, \quad (65.68)$$

für die Mischungswärme pro Molekül

$$\Delta H_m = -\frac{z}{2} w x_1 x_2 - \frac{z}{2} w \left(1 - e^{-\frac{w}{kT}} \right) x_1^2 x_2^2. \quad (65.69)$$

Man sieht aus (65.68), daß der Zusatzterm der Mischungsentropie verschwindet, wenn w/kT gegen Eins vernachlässigt wird, obwohl auch dann noch $\Delta H_m \neq 0$ ist. Dies ist der von HILDEBRAND[3] als reguläre Lösung bezeichnete Fall, bei dem ideale Mischungsentropie und eine von Null verschiedene Mischungswärme vorliegt. In der statistischen Theorie der kooperativen Erscheinungen entspricht dies der nullten oder Bragg-Williamsschen Näherung, welche die Annahme einer ungeordneten Verteilung der Moleküle einschließt. In der Lösung der quasichemischen Gleichung hat man dann, wie der Vergleich von (65.40) und (65.48) zeigt, $\beta = 1$ zu setzen. Um die übrigen Formeln in der nullten Näherung zu erhalten, muß man entweder die Rechnung mit diesem Wert ab ovo durchführen oder in den Formeln der quasi-chemischen Näherung den Grenzübergang $z \to \infty$ machen, wie bereits in Ziff. 29 gezeigt worden ist. Es muß indessen erwähnt werden, daß die Eigenschaften der regulären Lösung auch durch eine Kompensation verschiedenartiger Entropie-Effekte zustande kommen können; die Analyse ist dann naturgemäß wesentlich komplizierter[4,5]. Für die partiellen molaren Größen

---

[1] Siehe Fußnote 1, S. 324.
[2] E. A. GUGGENHEIM: Mixtures. Oxford 1952.
[3] J. H. HILDEBRAND: J. Amer. Chem. Soc. **51**, 66 (1929).
[4] A. MÜNSTER: J. Chim. Phys. **49**, 128 (1952).
[5] H. DIENER u. A. MÜNSTER: Z. phys. Chem., N.F. **13**, 202 (1957).

(pro Molekül) erhält man aus den obigen Gleichungen

$$\frac{\Delta \mu_1^E}{kT} = -\frac{z}{2}(1 - e^{-\xi})x_2^2, \tag{65.70}$$

$$\frac{\Delta \mu_2^E}{kT} = -\frac{z}{2}\xi + z(1 - e^{-\xi})x_2, \tag{65.71}$$

$$\frac{\Delta s_1^E}{k} = \frac{z}{2}[1 - (1 + \xi)e^{-\xi}]x_2^2, \tag{65.72}$$

$$\frac{\Delta s_2^E}{k} = -z[1 - (1 + \xi)e^{-\xi}]x_2, \tag{65.73}$$

$$\Delta h_1 = -\frac{z}{2}w\,e^{-\frac{w}{kT}}x_2^2, \tag{65.74}$$

$$\Delta h_2 = -\frac{z}{2}w + zw\,e^{-\frac{w}{kT}}x_2. \tag{65.75}$$

Für den Vergleich der Theorie mit der Erfahrung kommen im wesentlichen die binären Gemische organischer Flüssigkeiten in Betracht, über die ein umfangreiches experimentelles Material vorliegt. Man kann sofort sagen, daß das Modell eine Reihe von typischen Eigenschaften solcher Lösungen (positive oder negative Mischungswärme, Entmischung bei positiver Mischungswärme, unter gewissen Bedingungen azeotroper Punkt in der Verdampfungskurve) zum mindesten qualitativ wiedergibt. Auch der in bezug auf die Komponenten symmetrische Verlauf von ΔG_m stimmt häufig wenigstens annähernd mit der Erfahrung überein. Schließlich ist noch ein spezieller Punkt bemerkenswert. Aus Gl. (65.71) folgt für den (auf die reine Komponente 2 normierten) Aktivitätskoeffizienten des gelösten Stoffes

$$\ln f_2 = -\frac{z}{2}\xi + z(1 - e^{-\xi})x_2 \tag{65.76}$$

und daraus

$$\lim_{x_2 \to 0} \frac{\partial \ln f_2}{\partial x_2} = z(1 - e^{-\xi}). \tag{65.77}$$

EBERT u. Mitarb.[1] haben aus ihren Messungen geschlossen, daß bei den Systemen Anilin (1)—Hexan (2) und Anilin (1)—Cyclohexan (2) die $\ln f - x_2$-Kurve mit horizontaler Tangente in die Ordinate mündet, was der Gl. (65.77) widersprechen würde. Neuere, speziell im Hinblick auf dieses Problem durchgeführte Präzisionsmessungen an den Systemen Cyclohexan (1)—Anilin (2)[2] sowie Anilin (1)—Wasser (2)[3] zeigen jedoch, daß in allen Fällen die fragliche Grenzneigung endlich ist. Darüber hinaus bieten auch die in der Literatur vorliegenden Daten nach RÖCK[3] keinen Anhaltspunkt für die Annahme einer horizontalen Grenztangente. Es scheint daher auch in dieser Hinsicht Übereinstimmung zwischen Theorie und Erfahrung zu bestehen.

Ein völlig andersartiges Bild ergibt sich jedoch, wenn man die Mischungsentropie betrachtet. Die Theorie der streng regulären Lösung macht darüber einige Aussagen, die allgemein, d.h. unabhängig vom Vorzeichen der Mischungswärme, gelten. Formal beruhen dieselben auf der Tatsache, daß der in den Gln. (65.68), (65.72) und (65.73) auftretende Faktor in eckigen Klammern für $\xi \neq 0$ stets positiv ist. Es gilt daher (was aus der Struktur des Modells unmittelbar verständlich ist) für den gesamten Konzentrationsbereich

$$\Delta S_m^E < 0. \tag{65.78}$$

---

[1] L. EBERT, H. TSCHAMLER u. F. KOHLER: Mh. Chem. **82**, 63, 913 (1951).
[2] H. RÖCK u. L. SIEG: Z. phys. Chem., N.F. **3**, 355 (1955).
[3] H. RÖCK: Z. Elektrochem. **59**, 998 (1955).

Für verdünnte Lösungen von 2 in 1 ist

$$\Delta s_1^E > 0, \quad \Delta s_2^E < 0. \tag{65.79}$$

Schließlich folgt noch aus (65.73)

$$\lim_{x_2 \to 0} \Delta s_2^E = 0. \tag{65.80}[1]$$

Ein Blick auf das experimentelle Material zeigt nun, daß nicht nur die einzelnen Zusatzentropien von den obigen verschiedene Vorzeichen haben können, sondern

Tabelle 24. *Thermodynamische Eigenschaften binärer flüssiger Gemische.* [Entnommen aus A. MÜNSTER: Z. phys. Chem. **195**, 67 (1950).]

	Reguläre Lösung	Streng reguläre Lösung	Benzol-Cyclohexan	Chloroform-Aceton
$\Delta S_m^E \ldots$	0	negativ	positiv	negativ
$\Delta H_m \ldots$	positiv oder negativ, symmetrisch	positiv oder negativ, symmetrisch	positiv, symmetrisch	negativ, unsymmetrisch
$\lim_{x_2 \to 0} \Delta s_2^E$	0	0	positiv	negativ
$\Delta s_1^E \ldots$	0	positiv	positiv	negativ

	n-Heptan-Äthylalkohol	Chloroform-Schwefelkohlenstoff	Benzol-Tetrachlorkohlenstoff
$\Delta S_m^E \ldots$	negativ	positiv	positiv
$\Delta H_m \ldots$	positiv, symmetrisch	positiv, symmetrisch	positiv, symmetrisch
$\lim_{x_2 \to 0} \Delta s_2^E$	negativ	positiv	positiv
Δs_1^E	negativ	negativ	teils positiv, teils negativ

	Benzol-Schwefelkohlenstoff	Wasser-Methylalkohol	Wasser-Äthylalkohol
$\Delta S_m^E \ldots$	positiv	negativ	—
ΔH_m	positiv	negativ, unsymmetrisch	negativ
$\lim_{x_2 \to 0} \Delta s_2^E$	positiv	negativ	negativ
$\Delta s_1^E \ldots$	teils negativ, teils positiv	negativ	—

	Cyclohexan-Tetrachlorkohlenstoff	Benzol-Methylalkohol	Cyclohexan-Methylalkohol
$\Delta S_m^E \ldots$	positiv	teils positiv, teils negativ	teils positiv, teils negativ
$\Delta H_m \ldots$	positiv	positiv	positiv
$\lim_{x_2 \to 0} \Delta s_2^E$	positiv	positiv	positiv
Δs_1^E	—	—	—

daß darüber hinaus gerade die Vorzeichenkombination (65.78) und (65.79) überhaupt nicht angetroffen wird. Auch die Gl. (65.80) ist durchweg bei realen Gemischen nicht erfüllt. Tabelle 24 veranschaulicht dies an einigen aus der Literatur entnommenen Beispielen.

In Fig. 96 und 97 sind die Funktionen ΔS_m und Δs_1 für einige binäre Gemische (mit Einschluß der idealen Lösung) dargestellt. Man sieht somit, daß das Modell der streng regulären Lösung bei genauerer Prüfung anhand der Mischungsentropie völlig versagt. Es ist kaum anzunehmen, daß ein so vollständiges Versagen auf das Gittermodell als solches zurückzuführen ist, denn dann müßte

---

[1] Diese Größe hängt mit dem Henryschen Koeffizienten k^* zusammen durch die Gleichung

$$k^* = p_{02} \exp\left[\lim_{x_2 \to 0} \Delta h_2 - T \lim_{x_2 \to 0} \Delta s_2^E\right].$$

dieses Modell geradezu absurd sein. Man kommt daher zu dem Schluß[1], daß die wesentliche Ursache der Diskrepanz in der speziellen Definition des Modells der streng regulären Lösung liegt. Von den hier vernachlässigten Effekten kommen insbesondere in Betracht: Die Unterschiede der Molekülgrößen beider Komponenten, die Änderung der molekularen Frequenzen in der Mischung, die Änderung des Volumens beim Mischen und schließlich die gegenseitige Orientierung der Moleküle. Im folgenden werden wir die unterschiedliche Molekülgröße der Komponenten außer Betracht lassen, da dieser Einfluß in erster Linie für makromolekulare Lösungen eine Rolle spielt. Bei niedrigmolekularen Lösungen sind

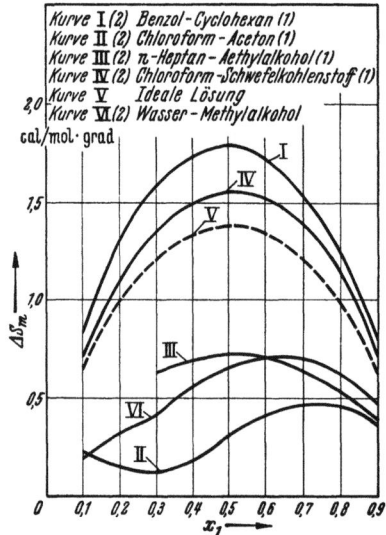

Fig. 96. Mischungsentropie binärer flüssiger Gemische. [Entnommen aus H.A. STUART: Die Physik der Hochpolymeren, Bd. II, S. 104. Berlin-Göttingen-Heidelberg 1953.]

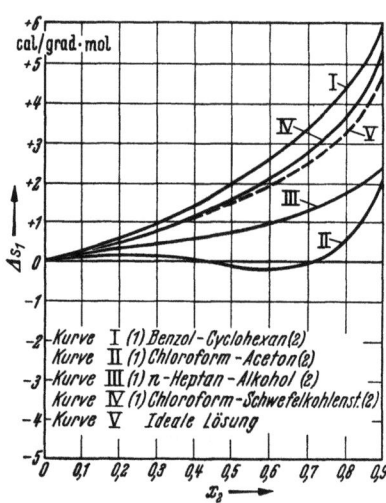

Fig. 97. Verdünnungsentropie binärer flüssiger Gemische. [Entnommen aus H.A. STUART: Die Physik der Hochpolymeren, Bd. II, S. 104. Berlin-Göttingen-Heidelberg 1953.]

die dadurch erzeugten Effekte so klein, daß es fraglich erscheint, ob eine Behandlung auf der Grundlage eines verhältnismäßig groben Modells noch sinnvoll ist.

Von der in dieser Ziffer besprochenen quasi-chemischen Näherung kann man im Prinzip zu höheren Näherungen fortschreiten, indem man an die Stelle der Unabhängigkeit von Paaren die Unabhängigkeit von größeren Gruppen setzt. Für Dreiecke und Tetraeder sind solche Rechnungen nach einer der hier beschriebenen analogen Methode von GUGGENHEIM und McGLASHAN[2] durchgeführt worden. Die Ergebnisse weichen nur geringfügig von den nach quasi-chemischen Näherungen erhaltenen ab. Die Methode konvergiert danach so langsam, daß eine Annäherung an die exakten Resultate auf diesem Weg aussichtslos erscheint.

Etwas günstigere Ergebnisse erhält man nach einer von KIKUCHI[3] entwickelten Methode, die BARKER[4] von der quasi-chemischen Näherung ausgehend begründet hat. Da indessen, abgesehen von gewissen zusätzlichen Schwierigkeiten, die wesentlichen Eigenschaften der streng regulären Lösung dadurch nicht berührt werden, gehen wir auf Einzelheiten nicht ein.

---

[1] A. MÜNSTER: Z. phys. Chem. **195**, 67 (1950).
[2] E.A. GUGGENHEIM u. M.L. MCGLASHAN: Proc. Roy. Soc. Lond. A **206**, 335 (1951).
[3] R. KIKUCHI: Phys. Rev. **81**, 988 (1951).
[4] J.A. BARKER: Proc. Roy. Soc. Lond. A **216**, 45 (1953).

66. Nicht-kooperative Orientierungseffekte in Lösungen.

In der Theorie der streng regulären Lösung wird angenommen, daß das Potential der zwischenmolekularen Wechselwirkung kugelsymmetrisch ist. Diese Annahme ist häufig schon unzutreffend, wenn die Anisotropie der Molekülgestalt noch keine Rolle spielt, wie etwa bei CH_3OH oder CCl_3H. Es werden sich dann bevorzugte Orientierungen der Moleküle ausbilden, und diese Tatsache muß notwendig den Verlauf der thermodynamischen Funktionen beeinflussen. Die Bedeutung solcher Orientierungseffekte für die Thermodynamik der Lösungen ist von verschiedenen Autoren[1-3] im Zusammenhang mit ihren experimentellen Ergebnissen qualitativ diskutiert worden. Eine quantitative Theorie wurde zum ersten Male von MÜNSTER[4,5] entwickelt, der zeigen konnte, daß sich auf diese Weise die grundsätzlichen Schwierigkeiten der Theorie der streng regulären Lösung in der Tat beseitigen lassen.

Die in Lösungen auftretenden Orientierungseffekte sind eng mit der Molekülstruktur verknüpft und bieten daher ein außerordentlich mannigfaltiges Bild. Im allgemeinen handelt es sich um komplizierte kooperative Erscheinungen. In einzelnen Fällen kann jedoch der kooperative Charakter vernachlässigt werden, was naturgemäß die Behandlung sehr vereinfacht. Wir beschränken uns in dieser Ziffer auf nicht-kooperative Probleme und entwickeln die Theorie einer verdünnten Lösung, in welcher die Moleküle des Lösungsmittels durch die gelösten Moleküle orientiert werden (1—2-Kopplung)[6].

Wir benutzen die Methode der Originalarbeit[6], die zwar für niedrigmolekulare Lösungen komplizierter ist als die quasi-chemische Methode[7], aber den Vorteil hat, daß sie sich auf makromolekulare Lösungen übertragen läßt[8], was bei der letzteren bisher nicht gelungen ist[9]. Wir erläutern zunächst das Prinzip der Methode[10,11] am Beispiel der streng regulären Lösung. Mit Benutzung von Gl. (65.10) kann die Verteilungsfunktion der Standard-Konfigurationen geschrieben werden

$$Q_c = e^{-\frac{W_0}{kT}} (\Omega + \Psi), \quad (66.1)$$

wo

$$\Omega = (N_1 + N_2)! \quad (66.2)$$

und

$$\Psi = \sum \left(e^{-\frac{W_s}{kT}} - 1 \right) \quad (66.3)$$

ist. Die Summierung ist dabei über alle Standard-Konfigurationen zu erstrecken. Dies führen wir in folgender Weise durch. Wir bezeichnen als cluster aus r Molekülen eine Gruppe von r gelösten Molekülen, von denen jedes wenigstens ein anderes der gleichen Gruppe als nächsten Nachbarn hat. Die Zahl der Möglichkeiten, um ein festgehaltenes Molekül $r-1$ Moleküle in der angegebenen Weise anzuordnen, nennen wir die Zahl der Konfigurationen des clusters und bezeichnen sie mit ν_r. Die auf W_0 bezogene Energie eines clusters aus r Molekülen sei W_r;

---

[1] G. SCATCHARD, S.E. WOOD u. J.M. MOCHEL: J. Phys. Chem. 43, 119 (1939).
[2] S.E. WOOD: J. Chem. Phys. 15, 348 (1947).
[3] H. GOLLER u. E. WICKE: Angew. Chem. B 19, 117 (1947).
[4] A. MÜNSTER: Naturwissenschaften 35, 343 (1948).
[5] A. MÜNSTER: Z. Elektrochem. 54, 443 (1950).
[6] A. MÜNSTER: Trans. Faraday Soc. 46, 165 (1950).
[7] H. TOMPA: J. Chem. Phys. 21, 250 (1953).
[8] A. MÜNSTER: J. Chim. Phys. 49, 128 (1952).
[9] B.E. CONWAY u. M. LAKHANPAL: Symposium über Makromoleküle (Wiesbaden 1951), Mitt. II B 6.
[10] A. MÜNSTER: Z. Naturforsch. 2a, 284 (1947); 3a, 158 (1948).
[11] A. MÜNSTER: Z. phys. Chem. 195, 67 (1950).

sie hängt von der Konfiguration des clusters ab. Die Zahl der cluster aus r Molekülen bei einer gegebenen Standard-Konfiguration bezeichnen wir mit l_r. Es gelten dann die Beziehungen

$$\sum r\, l_r = N_2 \qquad (66.4)$$

und

$$\sum_r \left(\sum_{i=1}^{l_r} W_{r\,i}\right) = W_s. \qquad (66.5)$$

Wir nehmen nun an, daß nur ein cluster aus zwei Molekülen neben den gelösten Einzelmolekülen vorhanden ist. In diesem Teile des Raumes der Standard-Konfiguration hat Ψ dann die Gestalt

$$\Psi_{12} = g_{12} \sum_{\nu_2} \left(e^{-\frac{W_2}{kT}} - 1\right), \qquad (66.6)$$

wo die Größe g_{12} das Resultat der Summierung über die in der angegebenen Weise definierten Standard-Konfigurationen darstellt, dessen explizite Gestalt uns hier nicht zu interessieren braucht. Als nächstes lassen wir zu, daß zwei cluster aus je zwei Molekülen auftreten. Der Summand in Gl. (66.3) lautet dann, wenn wir die Summierung über die Konfigurationen der cluster herausnehmen,

$$\sum_{\nu_{21}} \sum_{\nu_{22}} \left(e^{-\frac{W_{21}+W_{22}}{kT}} - 1\right). \qquad (66.7)$$

Die Summierung dieses Ausdruckes über den entsprechenden Teil des Raumes der Standard-Konfigurationen schließt aber auch die Konfigurationen ein, bei denen nur ein cluster aus zwei Molekülen auftritt. Der korrekte Summand lautet daher

$$\sum_{\nu_{21}} \sum_{\nu_{22}} \left[\left(e^{-\frac{W_{21}+W_{22}}{kT}} - 1\right) - \left(e^{-\frac{W_{21}}{kT}} - 1\right) - \left(e^{-\frac{W_{22}}{kT}} - 1\right)\right] = \left[\sum_{\nu_2}\left(e^{-\frac{W_2}{kT}}-1\right)\right]^2. \qquad (66.8)$$

Auf diese Weise erhält man durch Induktion

$$\Psi = \sum_{l_r} g_{l_r} \Pi\, \Phi_r^{l_r} \qquad (66.9)$$

mit

$$\Phi_1 = 1, \qquad \Phi_r = \sum_{\nu_r}\left(e^{-\frac{W_r}{kT}}-1\right) \quad (r \geq 2). \qquad (66.10)$$

Die weitere Auswertung dieser Gleichungen braucht uns hier nicht zu beschäftigen, da sie in der folgenden Theorie mit enthalten ist. Die hier skizzierte Methode steht der cluster-Methode nahe, unterscheidet sich aber von dieser dadurch, daß die Zerlegung der Energie W_s nicht bis zu den Paar-Wechselwirkungen, sondern nur bis zu den cluster-Energien W_r durchgeführt wird. Es wird daher kein Gebrauch von den f-Funktionen (Ziff. 38) gemacht, und die Funktionen Φ_r sind nicht mit den cluster-Summen identisch. Die Gl. (66.9) ist an sich exakt. Praktisch erhält man jedoch auf diesem Wege nicht die exakte Entwicklung, da sich ähnlich wie bei der cluster-Theorie des freien Volumens (Ziff. 52), die Faktoren g_{l_r} nur näherungsweise berechnen lassen. Für die streng reguläre Lösung sind die Ergebnisse annähernd äquivalent denen der quasi-chemischen Methode; für den letzten in Gl. (65.67) angeschriebenen Term ergeben sich teilweise etwas andere Zahlenfaktoren.

Nach diesem Exkurs wenden wir uns wieder dem Problem der Orientierung zu. Wir legen der Rechnung ein Modell zugrunde, das mit dem der streng regulären

Lösung übereinstimmt in den allgemeinen Annahmen des Gittermodells und den speziellen Annahmen a und c der Ziff. 65. Die Annahme eines kugelsymmetrischen Wechselwirkungspotentials geben wir auf. Statt dessen nehmen wir an, daß die Moleküle des Lösungsmittels in der reinen Phase p energetisch gleichwertige Orientierungen einnehmen können. In der Lösung soll dagegen für solche Moleküle des Lösungsmittels, die nächste Nachbarn eines gelösten Moleküls sind, eine der p Orientierungen durch eine Energie w_{or} energetisch bevorzugt sein. Dabei setzen wir eine so niedrige Konzentration voraus, daß Konfigurationen, bei denen ein Molekül des Lösungsmittels gleichzeitig mehreren gelösten Molekülen benachbart ist, vernachlässigt werden können. Unter diesen Voraussetzungen hat das Problem den geforderten nicht-kooperativen Charakter. Die Orientierungen der einzelnen Moleküle des Lösungsmittels sind unabhängig voneinander und von den Konfigurationen der gelösten Moleküle. Lediglich die Zahl der orientierten Moleküle hängt von der Konfiguration der gelösten Moleküle ab; dieser Zusammenhang ist entscheidend für die Modifikation der thermodynamischen Funktionen.

Für die Energie einer Standard-Konfiguration haben wir jetzt, in Verallgemeinerung von (65.10) zu schreiben

$$W = W_0 + W_s + W_{or}. \tag{66.11}$$

Hier ist W_0 wieder die durch Gl. (65.8) definierte Energie des Bezugszustandes, d.h. einer Lösung, die keine 2—2-Paare und keine orientierten Moleküle enthält. W_s ist die zusätzliche Wechselwirkungsenergie der 2—2-Paare ohne Orientierung und W_{or} der von der Orientierung der Moleküle des Lösungsmittels herrührende Energiebeitrag. Definiert man die cluster in der gleichen Weise wie vorher, so gilt wieder

$$\sum_r r\, l_r = N_2 \tag{66.12}$$

und

$$\sum_r \left(\sum_{i=1}^{l_r} W_{ri} \right) = W_s. \tag{66.13}$$

Ein isoliertes gelöstes Molekül hat z Moleküle des Lösungsmittels als nächste Nachbarn; ein Molekül, das zu einem cluster aus r Molekülen gehört, hat dagegen im Mittel nur $z_r < z$ solche Nachbarn, wobei z_r von der Konfiguration des clusters abhängt. Man hat daher

$$\sum_r \left(\sum_{i=1}^{l_r} m_{ri}\, r\, w_{or} \right) = W_{or}. \tag{66.14}$$

Hier ist m_{ri} die Zahl der Moleküle des Lösungsmittels, die ein Molekül des i-ten clusters aus r Molekülen im Mittel orientiert hat. Diese Zahl kann alle Werte von Null bis z_{ri} annehmen.

Im reinen Lösungsmittel bewirkt die Existenz von p energetisch gleichwertigen Orientierungen lediglich das Auftreten eines Faktors p^{N_1} in der Verteilungsfunktion Q_c. In der Lösung wird bei gegebener Standard-Konfiguration für jedes Lösungsmittelmolekül, das einem gelösten Molekül benachbart ist, der Faktor p durch einen Faktor $\left(e^{-\frac{w_{or}}{kT}} + p - 1\right)$ ersetzt. Im Hinblick auf die Verknüpfung mit den Standard-Konfigurationen ist es zweckmäßig, diese Faktoren für jedes gelöste Molekül zusammenzufassen und eine Funktion

$$\vartheta(z) = \left(e^{-\frac{w_{or}}{kT}} + p - 1\right)^z \tag{66.15}$$

zu definieren. Die vollständige Verteilungsfunktion der Standard-Konfigurationen und Orientierungen lautet dann

$$Q_c = e^{-\frac{W_0}{kT}} \sum p^{N_1 - \sum_r \left(\sum_1^{l_r} z_r r\right)} \prod_r \prod_1^{l_r} [\vartheta(z_r)]^r e^{-\frac{W_s}{kT}}, \qquad (66.16)$$

wo die Summierung über die Standard-Konfigurationen zu erstrecken ist. Damit ist das Problem auf eine Form gebracht, die ohne weiteres die Anwendung der oben skizzierten Methode ermöglicht. Wir führen eine neue Funktion

$$\Theta = p^{zN_2 - \sum_r \left(\sum_1^{l_r} z_r r\right)} \prod_r \prod_1^{l_r} [\vartheta(z_r)]^r \qquad (66.17)$$

ein und können dann, in Analogie zu (66.1), schreiben

$$Q_c = e^{-\frac{W_0}{kT}} (\Omega + \Psi). \qquad (66.18)$$

Hier ist

$$\Omega = (N_1 + N_2)! \, p^{N_1 - zN_2} [\vartheta(z)]^{N_2} \qquad (66.19)$$

und

$$\Psi = p^{N_1 - zN_2} \sum \left\{ \Theta e^{-\frac{W_s}{kT}} - [\vartheta(z)]^{N_2} \right\}, \qquad (66.20)$$

wo die Summierung wieder über die Standard-Konfiguration zu erstrecken ist. In Analogie zu (66.10) definiert man nun

$$\Phi_1 = 1, \quad \Phi_r = \sum_{\nu_r} \left\{ \left[\frac{p^{(z-z_r)} \vartheta(z_r)}{\vartheta(z)} \right]^r e^{-\frac{W_r}{kT}} - 1 \right\} \quad (r \geq 2). \qquad (66.21)$$

Dann wird, wie oben gezeigt, aus (66.20)

$$\Psi = [\vartheta(z)]^{N_2} \sum_{l_r} g_{l_r} \prod_r \Phi_r^{l_r}, \qquad (66.22)$$

wobei wir den Faktor $p^{N_1 - zN_2}$ in die g_{l_r} hereingenommen haben. Diese Größen enthalten außerdem noch zwei weitere Faktoren: Die Zahl der Möglichkeiten, N_2 gelöste Moleküle auf die durch den Satz der l_r gegebenen cluster zu verteilen, und die Zahl der Standard-Konfigurationen, die zu einem gegebenen Satz der l_r gehören. Für die Berechnung der letzteren vernachlässigen wir die räumliche Ausdehnung der cluster; wir setzen sie also gleich der Zahl der Standard-Konfigurationen einer Lösung, die $N_2 - \sum_r (r-1) l_r$ gelöste Moleküle enthält. Dann ergibt sich

$$g_{l_r} = \frac{N_2!}{\prod l_r! \prod (r!)^{l_r}} [N_2 - \sum (r-1) l_r + N_1]! \, p^{N_1 - zN_2}. \qquad (66.23)$$

Auf diesen Ausdruck wendet man die Stirlingsche Formel an und vernachlässigt unter dem Logarithmus $\sum (r-1) l_r$ gegen $N_1 + N_2$. Für verdünnte Lösungen ist

$$\frac{N_2! \, e^{\sum (r-1) l_r}}{N_2^{N_2}} \approx e^{-N_2}. \qquad (66.24)$$

Mit der Definition

$$\varkappa_r = \frac{N_2^r \Phi_r}{(N_1 + N_2)^{r-1} r!} \qquad (66.25)$$

erhält man dann schließlich

$$Q_c = e^{-\frac{W_0}{kT}} (N_1 + N_2)! \, p^{N_1 - zN_2} [\vartheta(z)]^{N_2} e^{-N_2} \sum_{l_r} \prod_r \frac{x_r^{l_r}}{l_r!}, \qquad (66.26)$$

wo für die Summierung die Nebenbedingung (66.12) gilt. Der letzte Faktor in (66.26) läßt sich nach Standard-Methoden der statistischen Mechanik [3] berechnen. Es ergibt sich

$$\left.\begin{array}{l} \ln Q_c = -\dfrac{W_0}{kT} + \ln(N_1+N_2)! + (N_1 - zN_2)\ln p + \\[6pt] + N_2 \ln\left[e^{-\frac{w_{or}}{kT}} + p - 1\right]^z + \dfrac{z}{2}\left[\dfrac{p^2 e^{-\frac{w}{kT}}}{\left(e^{-\frac{w_{or}}{kT}} + p - 1\right)^2} - 1\right]\dfrac{N_2^2}{N_1+N_2}. \end{array}\right\} \quad (66.27)$$

Die freie Energie nach HELMHOLTZ wird wie in Ziff. 65 berechnet. Für die reinen Substanzen muß jedoch hier gesetzt werden

$$\left.\begin{array}{l} F_1 = -kTN_1\left[\ln p\, v_{f_1} f_1(T) - \dfrac{z}{2}\dfrac{w_{11}}{kT}\right], \\[6pt] F_2 = -kTN_2\left[\ln v_{f_2} f_2(T) - \dfrac{z}{2}\dfrac{w_{22}}{kT}\right]. \end{array}\right\} \quad (66.28)$$

Identifiziert man wieder näherungsweise die freie Energie nach HELMHOLTZ mit der freien Energie nach GIBBS, so erhält man für die freie Energie der Mischung pro Molekül

$$\left.\begin{array}{l} \dfrac{\Delta G_m}{kT} = x_1 \ln x_1 + x_2 \ln x_2 - z\left[\dfrac{w}{2kT} + \ln\left(e^{-\frac{w_{or}}{kT}} + p - 1\right) - \ln p\right]x_2 - \\[6pt] \qquad - \dfrac{z}{2}\left[\dfrac{p^2 e^{-\frac{w}{kT}}}{\left(e^{-\frac{w_{or}}{kT}} + p - 1\right)^2} - 1\right]x_2^2. \end{array}\right\} \quad (66.29)$$

Daraus folgt für den Zusatzterm der Mischungsentropie

$$\left.\begin{array}{l} \dfrac{\Delta S_m^E}{k} = z\left[\ln\left(e^{-\frac{w_{or}}{kT}} + p - 1\right) - \ln p + \dfrac{w_{or}}{kT}\dfrac{e^{-\frac{w_{or}}{kT}}}{e^{-\frac{w_{or}}{kT}} + p - 1}\right]x_2 - \\[6pt] - \dfrac{z}{2}\left\{1 - \dfrac{p^2 e^{-\frac{w}{kT}}}{\left(e^{-\frac{w_{or}}{kT}} + p - 1\right)^2}\left[1 + \dfrac{w}{kT} - \dfrac{w_{or}}{kT}\dfrac{2 e^{-\frac{w_{or}}{kT}}}{e^{-\frac{w_{or}}{kT}} + p - 1}\right]\right\}x_2^2. \end{array}\right\} \quad (66.30)$$

Die Mischungswärme ist

$$\left.\begin{array}{l} \Delta H_m = -\dfrac{z}{2}\left(w - w_{or}\dfrac{2 e^{-\frac{w_{or}}{kT}}}{e^{-\frac{w_{or}}{kT}} + p - 1}\right)x_2 + \\[6pt] + \dfrac{z}{2}\dfrac{p^2 e^{-\frac{w}{kT}}}{\left(e^{-\frac{w_{or}}{kT}} + p - 1\right)^2}\left(w - w_{or}\dfrac{2 e^{-\frac{w_{or}}{kT}}}{e^{-\frac{w_{or}}{kT}} + p - 1}\right)x_2^2. \end{array}\right\} \quad (66.31)$$

Schließlich erhält man für die partiellen molaren Entropien

$$\frac{\Delta s_1^E}{k} = \frac{z}{2}\left\{1 - \frac{p^2 e^{-\frac{w}{kT}}}{\left(e^{-\frac{w_{or}}{kT}} + p - 1\right)^2}\left[1 + \frac{w}{kT} - \frac{w_{or}}{kT}\frac{2e^{-\frac{w_{or}}{kT}}}{e^{-\frac{w_{or}}{kT}} + p - 1}\right]\right\}x_2^2, \quad (66.32)$$

$$\frac{\Delta s_2^E}{k} = z\left[\ln\left(e^{-\frac{w_{or}}{kT}} + p - 1\right) - \ln p + \frac{w_{or}}{kT}\frac{e^{-\frac{w_{or}}{kT}}}{e^{-\frac{w_{or}}{kT}} + p - 1}\right] -$$
$$- z\left\{1 - \frac{p^2 e^{-\frac{w}{kT}}}{\left(e^{-\frac{w_{or}}{kT}} + p - 1\right)^2}\left[1 + \frac{w}{kT} - \frac{w_{or}}{kT}\frac{2e^{-\frac{w_{or}}{kT}}}{e^{-\frac{w_{or}}{kT}} + p - 1}\right]\right\}x_2. \quad (66.33)$$

Für eine ausführliche Diskussion der Theorie muß auf die Literatur[1] [3] verwiesen werden. Wir beschränken uns hier auf einen kurzen Vergleich mit experimentellen Daten für das System Chloroform (1)—Aceton (2), die den Tabellen von KIREJEW[2] entnommen worden sind (neuere Messungen mit Literaturhinweisen s. [3]). Die benutzten Parameterwerte sind

$$T = 298° \text{ K}, \quad N_L w_{or} = -1685 \text{ cal/mol},$$
$$N_L w = -1352 \text{ cal/mol}$$
$$z = 4,$$
$$p = 8.$$

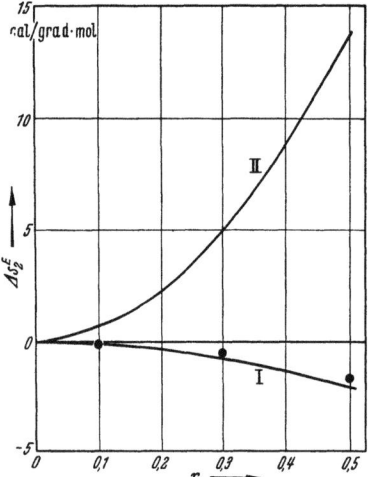

Fig. 98. Zusatzterm der Verdünnungsentropie des Systems Chloroform-Aceton. Kreise: Experimentelle Werte; Kurve I: Berechnet nach Gl.(66.32); Kurve II: Berechnet nach der Theorie der streng regulären Lösung. [Entnommen aus H. A. STUART: Die Physik der Hochpolymeren, Bd. II, S. 108. Berlin-Göttingen-Heidelberg 1953.]

Es ergibt sich dann für verdünnte Lösungen

$$\Delta S_m^E < 0, \quad \Delta H_m < 0 \quad \lim_{x_2 \to 0} \Delta s_2^E < 0. \quad (66.34)$$

Ferner findet man, daß ΔH und $T \Delta S^E$ von der gleichen Größenordnung sind. Alle diese Aussagen stimmen mit der experimentellen Erfahrung (vgl. Tabelle 24) überein. Der quantitative Vergleich ist für den Zusatzterm der Verdünnungsentropie in Fig. 98 durchgeführt. Dabei ist auch die entsprechende Kurve für die streng reguläre Lösung, die man aus Gl. (66.33) für $w_{or} = 0$ erhält, eingezeichnet. Die Übereinstimmung ist befriedigend und rechtfertigt den Schluß, daß die für die thermodynamischen Funktionen wesentlichen molekularen Effekte durch das Modell erfaßt werden.

Die Gl. (66.29) ist von TOMPA[4] mit Hilfe der quasi-chemischen Methode abgeleitet worden. In der hier benutzten Näherung führen beide Methoden somit zum gleichen Ergebnis. Die quasi-chemische Methode liefert naturgemäß primär geschlossene Formeln für den ganzen Konzentrationsbereich. Bei höheren Konzentrationen wird jedoch, wie auch TOMPA[4] bemerkt hat, das Modell physi-

---

[1] A. MÜNSTER: Trans. Faraday Soc. **46**, 165 (1950).
[2] V. KIREJEW: Acta physicochim. USSR **13**, 531 (1940).
[3] H. RÖCK u. W. SCHRÖDER: Z. phys. Chem., N.F. **11**, 41 (1957).
[4] H. TOMPA: J. Chem. Phys. **21**, 250 (1953).

kalisch sinnlos. Als nicht-kooperatives Problem ist die Orientierung im System Chloroform—Aceton auch von SAROLEA-MATHOT[1] behandelt worden. Hier werden beiden Molekülsorten in der reinen Phase p energetisch gleichwertige Orientierungen zugeschrieben. In der Lösung sollen sich 1—2 Assoziate mit fixierter Orientierung der Moleküle bilden. Die Konzentration derselben wird aus der Bedingung des chemischen Gleichgewichts berechnet und das System als ideale Lösung mit den drei Molekülsorten 1, 2, 1—2 behandelt. Die Ergebnisse stimmen für die freie Energie der Mischung und die Mischungswärme recht gut mit den experimentellen Daten überein. Diese Funktionen sind aber hier wenig charakteristisch. Die Berechnung der partiellen molaren Entropien ist nicht durchgeführt worden. SAROLEA-MATHOT hat die Methode auch auf die Assoziationsgleichgewichte der Alkohole angewandt.

67. Kooperative Orientierungseffekte in Lösungen. Wie schon erwähnt, handelt es sich bei den Orientierungseffekten meistens um komplizierte kooperative Erscheinungen. Wir entwickeln hier die Theorie zunächst für ein verhältnismäßig einfaches Modell dieser Art, daß, mit Benutzung einiger Näherungsannahmen, noch die explizite Berechnung der thermodynamischen Funktionen erlaubt[2]. Das physikalische Problem, um das es sich dabei handelt, ist die Störung der kooperativen Orientierung im Lösungsmittel durch die gelösten Moleküle.

Für das Modell behalten wir wieder die allgemeinen Annahmen des Gittermodells und die speziellen der streng regulären Lösung bei mit den folgenden Ausnahmen. Wir nehmen an, daß die Moleküle des Lösungsmittels zwei Orientierungen α und β annehmen können. Die entsprechenden Wechselwirkungsenergien seien $w_{\alpha\alpha}$, $w_{\beta\beta}$, $w_{\alpha\beta}$. Der Einfachheit halber setzen wir $w_{\alpha\beta}=0$ und $w_{\alpha\alpha}=w_{\beta\beta}\equiv w_{or}$. Für das reine Lösungsmittel haben wir dann das einfachste Modell einer Rotationsumwandlung, das mit dem Ising-Modell identisch ist (vgl. Ziff. 47). Für die Lösung nehmen wir noch zusätzlich an, daß die Wechselwirkung der gelösten Moleküle mit den Molekülen des Lösungsmittels unabhängig von der Orientierung der letzteren ist (1—1-Kopplung). Durch die gelösten Moleküle wird somit die orientierende Wirkung der nächsten Nachbarn auf ein Lösungsmittelmolekül herabgesetzt und damit die Orientierungsordnung vermindert.

Wir benutzen für die Rechnung das Bethesche Näherungsverfahren. Da wir dasselbe in Ziff. 26 ausführlich erörtert haben, können wir uns hier mit einer Skizze begnügen, wobei wir die früheren Bezeichnungen sinngemäß beibehalten. Wir setzen also

$$\zeta_i = v_{f_i} f_i(T) \lambda_i, \qquad \eta_{or} = e^{-\frac{w_{or}}{kT}}, \qquad \eta_{ij} = e^{-\frac{w_{ij}}{kT}}, \qquad (67.1)$$

wo λ_i die absolute Aktivität der Komponente i ist. Als repräsentative Gruppe wählen wir einen Gitterplatz und seine z nächsten Nachbarn. Für das reine Lösungsmittel lautet dann die lokale Verteilungsfunktion

$$G^* = G^*_\alpha + G^*_\beta = \zeta_1^{z+1}(1+\varepsilon_1\eta_{or})^z + \zeta_1^{z+1}(\eta_{or}+\varepsilon_1)^z. \qquad (67.2)$$

Dabei bezieht sich der Bethe-Parameter ε_1 auf den Fall, daß ein Molekül der Koordinationsschale α-Orientierung besitzt. Die Äquivalenzbedingung kann geschrieben werden

$$\frac{1}{z}\varepsilon_1 \frac{\partial G^*}{\partial \varepsilon_1} = G^*_\alpha. \qquad (67.3)$$

---
[1] L. SAROLEA-MATHOT: Trans. Faraday Soc. **49**, 8 (1953).
[2] A. MÜNSTER: Z. phys. Chem. **196**, 106 (1950).

Daraus folgt

$$\varepsilon_1 = \left(\frac{1+\varepsilon_1 \eta_{or}}{\eta_{or}+\varepsilon_1}\right)^{z-1}. \tag{67.4}$$

Nach dem in Ziff. 26 beschriebenen Verfahren erhält man daraus für die Umwandlungstemperatur

$$\eta_{or\,c} = \frac{z}{z-2} \tag{67.5}$$

oder

$$T_c = \frac{w_{or}}{k} \Big/ \ln \frac{z-2}{z}. \tag{67.6}$$

Es sei nun zX'_{11} die Zahl von Paaren gleichsinnig orientierter Moleküle des Lösungsmittels (d.h. die Summe der $\alpha-\alpha$- und $\beta-\beta$-Paare). Für den von der Orientierung herrührenden Zusatzterm der inneren Energie gilt dann

$$E_{1or} = z\,\overline{X}'_{11}\,w_{or}, \tag{67.7}$$

wo

$$\overline{X}'_{11} = \frac{1}{2}\frac{N_1}{z}\eta_{or}\frac{\partial \ln G^*}{\partial \eta_{or}} \tag{67.8}[1]$$

ist. Mit Benutzung von (67.2) erhält man

$$E_{1or} = \frac{z}{2} N_1 w_{or} \frac{\varepsilon_1^2 + 1}{1 + 2\varepsilon_1 \eta'_{or} + \varepsilon_1^2}, \tag{67.9}$$

wo $\eta'_{or} = \eta_{or}^{-1}$ ist. Für $T \geq T_c$ wird $\varepsilon_1 = 1$ und somit

$$E_{1or} = \frac{z}{2} \frac{N_1 w_{or}}{1+\eta'_{or}}. \tag{67.10}$$

Bei völliger Unordnung $(T \to \infty)$ ist

$$E_{1or} = \frac{z}{4} N_1 w_{or} \qquad (T \to \infty). \tag{67.11}$$

Für den von der Orientierung herrührenden Zusatzterm der freien Energie gilt, wenn $F_{1or}^{(\infty)}$ den Wert dieser Größe für $T \to \infty$ bezeichnet,

$$F_{1or} - F_{1or}^{(\infty)} = -T \int_{\infty}^{T} \frac{E_{1or}}{T^2} dT = \frac{kT}{w_{or}} \int_{1}^{\eta'_{or}} \frac{E_{1or}}{\eta'_{or}} d\eta'_{or}. \tag{67.12}$$

Wir setzen $T > T_c$ voraus und erhalten dann aus (67.10) und (67.12)

$$F_{1or} = -N_1 kT \ln\left[2\left(\frac{1+\eta_{or}}{2}\right)^{\frac{z}{2}}\right] \tag{67.13}$$

oder, wenn wir die Exponentialfunktion und den Logarithmus entwickeln,

$$F_{1or} = N_1 kT \left[\frac{z}{4}\frac{w_{or}}{kT} - \frac{z}{16}\left(\frac{w_{or}}{kT}\right)^2 - \ln 2\right]. \tag{67.14}$$

Für die Lösung lautet die lokale Verteilungsfunktion

$$\begin{aligned}G^* &= G_{1\alpha}^* + G_{1\beta}^* + G_2^* \\ &= \zeta_1(\varepsilon_1 \eta_{11} \eta_{or} \zeta_1 + \eta_{11}\zeta + \varepsilon_2 \eta_{12}\zeta_2)^z + \\ &\quad + \zeta_1(\varepsilon_1 \eta_{11}\zeta_1 + \eta_{11}\eta_{or}\zeta_1 + \varepsilon_2 \eta_{12}\zeta_2)^z + \\ &\quad + \zeta_2(\varepsilon_1 \eta_{12}\zeta_1 + \eta_{12}\zeta_1 + \varepsilon_2 \eta_{22}\zeta_2)^z.\end{aligned} \tag{67.15}$$

---

[1] Obwohl es sich bei dem Betheschen Verfahren, wie in Ziff. 26 erläutert, um eine Anwendung der großen kanonischen Gesamtheit handelt, schreiben wir der Einfachheit halber die Molekülzahlen ohne Mittelwertsstriche.

Hier hat der Bethe-Parameter ε_1 die gleiche Bedeutung wie vorher, während ε_2 sich auf die Besetzung eines Platzes der Koordinationsschale durch ein 2-Molekül bezieht. Die Äquivalenzbedingungen sind

$$\frac{1}{z}\varepsilon_1 \frac{\partial G^*}{\partial \varepsilon_1} = G_{1\alpha}^* \tag{67.16}$$

und

$$\zeta_1 \frac{\partial (G_{1\alpha}^* + G_{1\beta}^*)}{\partial \zeta_1} = \zeta_2 \frac{\partial G_2^*}{\partial \zeta_2}. \tag{67.17}$$

Setzt man, wie vorher, $\varepsilon_1 = 1$, so folgt aus Gl. (67.17)

$$\varepsilon_2 = \left[\frac{\varepsilon_2 \eta_{22} \zeta_2 + 2\eta_{12} \zeta_1}{\eta_{11}(1+\eta_{or})\zeta_1 + \varepsilon_2 \eta_{12}\zeta_2}\right]^{z-1}. \tag{67.18}$$

Es ist nun

$$N_1 = \frac{N_1 + N_2}{z+1} \zeta_1 \frac{\partial \ln G^*}{\partial \zeta_1}, \quad N_2 = \frac{N_1 + N_2}{z+1} \zeta_2 \frac{\partial \ln G^*}{\partial \zeta_2} \tag{67.19}$$

$$\overline{X}_{12} = \frac{1}{2} \frac{N_1 + N_2}{z} \eta_{12} \frac{\partial \ln G^*}{\partial \eta_{12}}, \tag{67.20}$$

$$\overline{X}'_{11} = \frac{1}{2} \frac{N_1 + N_2}{z} \eta_{or} \frac{\partial \ln G^*}{\partial \eta_{or}}. \tag{67.21}$$

Aus (67.19) folgt

$$N_1 = (N_1 + N_2)\frac{G_{1\alpha}^* + G_{1\beta}^*}{G^*}, \quad N_2 = (N_1 + N_2)\frac{G_2^*}{G^*}. \tag{67.22}$$

Aus Gl. (67.20) leitet man mit Benutzung von (67.18) und (67.22) ab

$$\overline{X}_{12} = N_1 \frac{\varepsilon_2 \eta_{12} \zeta_2}{\eta_{11}(1+\eta_{or})\zeta_1 + \varepsilon_1 \eta_{12}\zeta_2} = N_2 \frac{2\eta_{12}\zeta_1}{2\eta_{12}\zeta_1 + \varepsilon_2 \eta_{22}\zeta_2}. \tag{67.23}$$

Daraus folgt

$$(N_1 - \overline{X}_{12})(N_2 - \overline{X}_{12}) = \tfrac{1}{2}\overline{X}_{12}\left(1 + e^{-\frac{w_{or}}{kT}}\right)e^{\frac{2w'}{kT}}. \tag{67.24}$$

Dies ist die Verallgemeinerung der quasi-chemischen Gleichung für Lösungen mit 1—1-Kopplung. Sie zeigt, daß die Orientierung der Moleküle sich auch auf die räumliche Verteilung der Molekülschwerpunkte auswirkt. Für $w_{or} = 0$ geht sie naturgemäß in die quasi-chemische Gleichung der streng regulären Lösung [Gl. (65.44)] über.

Aus Gl. (67.21) erhält man mit Benutzung von (67.18), (67.22) und (67.23)

$$\overline{X}'_{11} = \frac{1}{4}\overline{X}_{12} \frac{N_1}{N_2} \frac{\eta_{11}\eta_{or}}{\eta_{12}} \varepsilon_2^{\frac{1}{z-1}}. \tag{67.25}$$

Der letzte Faktor der rechten Seite hängt nur schwach von der Konzentration ab und kann daher näherungsweise durch seinen Grenzwert für $N_2 \to 0$ ersetzt werden. Aus Gl. (67.18) findet man

$$\lim_{N_2 \to 0} \varepsilon_2^{\frac{1}{z-1}} = \frac{2\eta_{12}}{\eta_{11}(1+\eta_{or})}. \tag{67.26}$$

Damit wird aus (67.25)

$$\overline{X}'_{11} = \frac{1}{2}\overline{X}_{12} \frac{N_1}{N_2} \frac{\eta_{or}}{1+\eta_{or}}. \tag{67.27}$$

Die Lösung der quasi-chemischen Gleichung (67.24) (s. unten) zeigt, daß der Ausdruck (67.27) für $N_2 \to 0$ stetig in die für das reine Lösungsmittel gültige Gl. (67.8) (mit $\varepsilon_1 = 1$) übergeht, wodurch die Konsistenz der Näherung bestätigt wird.

Die Lösung der Gl. (67.24) kann wieder in der Form

$$\overline{X}_{12} = \frac{N_1 N_2}{N_1 + N_2} \frac{2}{\beta + 1} \tag{67.28}$$

geschrieben werden, wo aber jetzt

$$\beta = \left\{ 1 + \frac{4 N_1 N_2 \left[g(T) e^{\frac{2w'}{kT}} - 1 \right]}{(N_1 + N_2)^2} \right\}^{\frac{1}{2}} \tag{67.29}$$

mit

$$g(T) = \tfrac{1}{2} \left(1 + e^{-\frac{w_{or}}{kT}} \right) \tag{67.30}$$

ist.

Die Verteilungsfunktion der Standard-Konfigurationen und Orientierungen ist nun

$$\left. \begin{aligned} \ln Q_c = -\frac{W_0'}{kT} + \ln(N_1 + N_2)! + N_1 \ln 2 - \frac{z w'}{k} \int_0^{1/T} \overline{X}_{12} \, d(1/T) - \\ - \frac{z w_{or}}{k} \int_0^{1/T} \overline{X}'_{11} \, d(1/T). \end{aligned} \right\} \tag{67.31}$$

Das erste der hier auftretenden Integrale ist bereits aus Ziff. 27 bekannt, während das zweite eine andere Struktur hat. Entwickelt man die in der Lösung der quasi-chemischen Gleichung auftretende Wurzel, so lassen sich beide Integrale elementar ausführen. Ferner entwickelt man, wie vorher, die Exponentialfunktionen. Identifiziert man wieder die freie Energie nach HELMHOLTZ mit der freien Energie nach GIBBS und setzt zur Abkürzung

$$\xi = \frac{w}{kT}, \quad \xi_{or} = \frac{w_{or}}{kT}, \tag{67.32}$$

so erhält man für die freie Energie der Mischung pro Molekül

$$\left. \begin{aligned} \frac{\Delta G_m}{kT} = x_1 \ln x_1 + x_2 \ln x_2 - \frac{z}{4}\left(\xi_{or} - \frac{1}{4}\xi_{or}^2\right) x_1 - \\ - \frac{z}{2} x_1 x_2 - \frac{z}{8}(2\xi^2 + \xi \xi_{or}) x_1^2 x_2^2 + \\ + \frac{z}{4}\left(\xi_{or} - \frac{1}{4}\xi_{or}^2\right) x_1^2 + \frac{z}{16}(2\xi \xi_{or} + \xi_{or}^2) x_1^3 x_2. \end{aligned} \right\} \tag{67.33}$$

Für $\xi_{or}=0$ geht dieser Ausdruck in die für die streng reguläre Lösung gültige Gl. (65.67) über, wenn man dort in gleicher Weise die Exponentialfunktionen entwickelt und mit dem in $x_1 x_2$ quadratischen Gliede abbricht. Die Berücksichtigung der Orientierung bewirkt, daß der Ausdruck für ΔG_m in den Komponenten unsymmetrisch wird. Für den Zusatzterm der Mischungsentropie erhält man aus Gl. (67.33)

$$\left. \begin{aligned} \frac{\Delta S_m^E}{k} = \frac{z}{16} \xi_{or}^2 x_1 - \frac{z}{8}(2\xi^2 + \xi \xi_{or}) x_1^2 x_2^2 - \\ - \frac{z}{16} \xi_{or}^2 x_1^2 + \frac{z}{16}(2\xi \xi_{or} + \xi_{or}^2) x_1^3 x_2. \end{aligned} \right\} \tag{67.34}$$

Die Zusatzterme der partiellen molaren Entropen sind

$$\frac{\Delta s_1^E}{k} = \frac{z}{4}(\xi^2 + 2\xi\xi_{or} + \xi_{or}^2)x_2^2 - \frac{z}{8}(8\xi^2 + 10\xi\xi_{or} + 3\xi_{or}^2)x_2^3, \qquad (67.35)$$

$$\left.\begin{array}{l}\dfrac{\Delta s_2^E}{k} = \dfrac{z}{8}(\xi\xi_{or} + \xi_{or}^2) - \dfrac{z}{2}(\xi^2 + 2\xi\xi_{or} + \xi_{or}^2)x_2 + \\[2mm] + \dfrac{3z}{16}(8\xi^2 + 10\xi\xi_{or} + 3\xi_{or}^2)x_2^2.\end{array}\right\} \qquad (67.36)$$

Wie in Ziff. 66, beschränken wir uns auch hier auf einen kurzen Vergleich mit experimentellen Daten. Wir wählen das System Benzol (1)—Cyclohexan (2)[1]. Die kooperative Orientierung in reinem Benzol läßt sich direkt röntgenographisch nachweisen[2,3]. Die benutzten Parameterwerte sind

$$T = 293° \text{ K}, \quad z = 8, \quad N_L w = 488 \text{ cal/mol},$$
$$N_L w_{or} = -879 \text{ cal/mol}.$$

Qualitativ findet man zunächst, in Übereinstimmung mit der Erfahrung (vgl. Tabelle 24)

$$\Delta S_m^E > 0, \quad \Delta H_m > 0, \quad \lim_{x_2 \to 0} \Delta s_2^E > 0. \qquad (67.37)$$

Für den quantitativen Vergleich wählen wir den Zusatzterm der Mischungsentropie, da hier der Gegensatz zur streng regulären Lösung am deutlichsten ist. Beide Kurven sind, zusammen mit den experimentellen Werten, in Fig. 99 dargestellt. In Anbetracht des primitiven Modells und der bei der Rechnung benutzten Näherungen ist die Übereinstimmung befriedigend und kann als Bestätigung der Annahme gelten, daß die positive Zusatzentropie hier durch die Störung der kooperativen Orientierung der Benzolmoleküle bedingt ist. Dafür spricht auch die Tatsache, daß die Verdünnungsentropie des Systems Kautschuk—Benzol sich mit praktisch dem gleichen Wert für w_{or} quantitativ wiedergeben läßt[4].

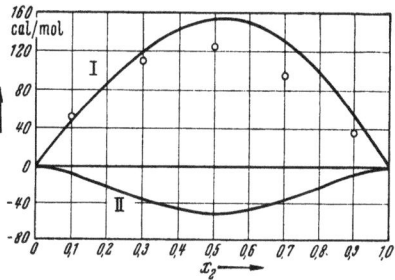

Fig. 99. Zusatzterm der Mischungentropie für das System Benzol-Cyclohexan. Kreise: Experimentelle Werte. Kurve I: Berechnet nach Gl.(67.34). Kurve II: Berechnet nach der Theorie der streng regulären Lösung. [Entnommen aus H. A. Stuart: Die Physik der Hochpolymeren, Bd. II, S. 109. Berlin-Göttingen-Heidelberg 1953.]

Das hier benutzte Modell ist in etwas allgemeinerer Form (verschiedene Wechselwirkungsenergien $w_{\alpha\alpha}$, $w_{\beta\beta}$, $w_{\alpha\beta}$, $w_{\alpha 2}$, $w_{\beta 2}$) von Tompa[5] nach der in Ziff. 65 beschriebenen Modifikation der quasi-chemischen Methode behandelt worden. Die quasi-chemische Gleichung (67.24) wird naturgemäß auch auf diesem Wege erhalten. Das Verfahren läßt sich ohne Schwierigkeit auf den Fall ausdehnen, daß die Moleküle der Komponente 1 nicht zwei, sondern p Orientierungen einnehmen können. Unter geeigneten Annahmen über die Wechselwirkung erhält man dann, wie schon erwähnt, für verdünnte Lösungen die Gleichungen der Ziff. 66.

Nach der im vorstehenden entwickelten Theorie sollten bei hinreichend starker Kopplung alle 1—1-Wechselwirkungen α—α- bzw. β—β-Paare sein. Man überlegt sich leicht, daß dies im allgemeinen rein geometrisch gar nicht möglich ist. Für eine Verfeinerung der Theorie ist es daher notwendig, neben der ener-

---

[1] V. Kirejew: Acta physiochim. USSR. **13**, 531 (1940).
[2] S. Katzoff: J. Chem. Phys. **2**, 841 (1934).
[3] W.C. Pierce: J. Chem. Phys. **5**, 717 (1937).
[4] A. Münster: Trans Faraday Soc. **49**, 1 (1953).
[5] H. Tompa: J. Chem. Phys. **21**, 250 (1953).

getischen Kopplung die rein geometrische Korrelation der Orientierungen zu berücksichtigen, was zur Folge hat, daß neben (65.4) noch weitere Bedingungsgleichungen für die Paarzahlen auftreten. Unter diesem Gesichtspunkt ist die Theorie für zwei spezielle Modelle von TOMPA[1] und in allgemeinerer Form von BARKER[2] entwickelt worden. Das Problem läßt sich zwar ohne weiteres nach der quasi-chemischen Methode behandeln, führt aber schon im einfachsten Fall auf Gleichungen vierten Grades mit mehreren Unbekannten. Die thermodynamischen Funktionen sind daher nur über ziemlich umständliche numerische Rechnungen zugänglich. Um die Natur des Problems zu veranschaulichen, wollen wir jedoch hier die Theorie für ein einfaches Beispiel[1] bis zu den allgemeinen Gleichungen entwickeln.

Wir betrachten ein System aus N_1 kugelförmigen Molekülen und N_2 Molekülen der Symmetrie $D_{\infty h}$, welche auf $N = N_1 + N_2$ Plätze eines ebenen quadratischen Gitters verteilt sind. Die Quadratseiten des Gitters legen wir parallel zur x- und y-Achse eines rechtwinkligen Koordinatensystems. Wir nehmen an, daß die Symmetrieachsen der 2-Moleküle entweder parallel zur x-Richtung oder parallel zur y-Richtung orientiert sind. Die entsprechenden Molekülzahlen bezeichnen wir mit N_x und N_y, wobei

$$N_x + N_y = N_2 \qquad (67.38)$$

Tabelle 25. *Zuordnung von Paarzahlen und Paartypen.* [Entnommen aus H. TOMPA: J. Chem. Phys. **21**, 252 (1953).]

$zNA : (-\ \vert)$	$zNU : (0\ 0)$
$zNB : (0\ \vert)$	$zNV : (-\ -)$
$zNC : (0\ -)$	$zNW : (\vert\ \vert)$

ist. Die Paare von nächsten Nachbarn in der x-Richtung bezeichnen wir mit $n_{11}, n_{1x}, n_{1y}, n_{xx}, n_{xy}, n_{yy}$, die Paare von nächsten Nachbarn in der y-Richtung mit $n_1^1, n_1^x, n_1^y, n_x^x, n_x^y, n_y^y$. Dann gelten die folgenden Relationen

$$2N_1 = 2n_{11} + n_{1x} + n_{1y} = 2n_1^1 + n_1^x + n_1^y, \qquad (67.39)$$

$$2N_x = 2n_{xx} + n_{1x} + n_{xy} = 2n_x^x + n_1^x + n_x^y, \qquad (67.40)$$

$$2N_y = 2n_{yy} + n_{1y} + n_{xy} = 2n_y^y + n_1^y + n_x^y. \qquad (67.41)$$

Unter den angeführten Paaren sind n_{xx} und n_y^y vom gleichen Typ, da bei beiden die Molekülachsen in einer graden Linie liegen. Ebenso sind n_{1y} und n_1^x vom gleichen Typ, da für beide die Achse der Moleküle steht. Insgesamt bleiben sechs verschiedene Typen von Paaren nächster Nachbarn. Die entsprechenden Paarzahlen bezeichnen wir mit $zNA, zNB, zNC, zNU, zNV, zNW$[3]. Der Zusammenhang dieser Symbole mit den Paartypen ergibt sich aus Tabelle 25, wo (0) ein Molekül der Sorte 1, ($\vert$) oder ($-$) ein Molekül der Sorte 2 bezeichnet. Addiert man die beiden Gln. (67.39), die erste der Gln. (67.40) und die zweite der Gln. (67.41) sowie die zweite der Gln. (67.40) und die erste der Gln. (67.41) und dividiert jeweils durch $4N$, so erhält man die folgenden Relationen

$$2U + B + C = x_1, \qquad (67.42)$$

$$2V + C + A = \tfrac{1}{2} x_2, \qquad (67.43)$$

$$2W + A + B = \tfrac{1}{2} x_2. \qquad (67.44)$$

Man sieht, daß hier in der Tat eine zusätzliche Bedingungsgleichung für die Paarzahlen auftritt. Wir wenden nun auf das Problem die in Ziff. 65 beschriebene Methode an, wobei wir jetzt statt einer drei unabhängige Paarzahlen haben.

---

[1] H. TOMPA: J. Chem. Phys. **21**, 250 (1953).
[2] J.A. BARKER: J. Chem. Phys. **20**, 1526 (1952); **21**, 1391 (1953).
[3] W ist hier kein Energieparameter!

Der Kombinationsfaktor lautet

$$g(N_1, N_2, A, B, C) = \frac{(N_1+N_2)!}{N_1! \left[\left(\frac{1}{2}N_2\right)!\right]^2} \times$$

$$\times \frac{(zNU^*)!\left[\left(\frac{z}{2}NB^*\right)!\right]^2\left[\left(\frac{z}{2}NC^*\right)!\right]^2(zNV^*)!\left[\left(\frac{z}{2}NA^*\right)!\right]^2(zNW^*)!}{(zNU)!\left[\left(\frac{z}{2}NB\right)!\right]^2\left[\left(\frac{z}{2}NC\right)!\right]^2(zNV)!\left[\left(\frac{z}{2}NA\right)!\right]^2(zNW)!},$$
(67.45)

wo die Größen mit dem Stern sich auf den Fall völlig ungeordneter Verteilung beziehen. Die Verteilungsfunktion kann geschrieben werden [vgl. Gl. (65.41)]

$$\frac{Q_c}{N_1! N_2!} = g(N_1, N_2, \bar{A}, \bar{B}, \bar{C}) \times$$
$$\times \exp\left[-zN(\bar{U}w_U + \bar{B}w_B + \bar{C}w_C + \bar{V}w_V + \bar{A}w_A + \bar{W}w_W)/kT\right],$$
(67.46)

wo die Größen w_U usw. die Wechselwirkungsenergien der betreffenden Paare sind. In dem Kombinationsfaktor können U, V, W mit Hilfe der Gln. (67.42) bis (67.44) eliminiert werden, während $\bar{A}, \bar{B}, \bar{C}$ durch die Gleichungen

$$\frac{\partial \ln Q_c}{\partial A} = 0, \qquad \frac{\partial \ln Q_c}{\partial B} = 0, \qquad \frac{\partial \ln Q_c}{\partial C} = 0 \qquad (67.47)$$

bestimmt sind. Damit erhält man

$$\frac{\bar{A}^2}{4\bar{V}\bar{W}} = \exp\left[-(2w_A - w_V - w_W)/kT\right], \qquad (67.48)$$

$$\frac{\bar{B}^2}{4\bar{W}\bar{U}} = \exp\left[-(2w_B - w_W - w_U)/kT\right], \qquad (67.49)$$

$$\frac{\bar{C}^2}{4\bar{U}\bar{V}} = \exp\left[-(2w_C - w_U - w_V)/kT\right] \qquad (67.50)$$

als die quasi-chemischen Gleichungen des Problems. Zur Vereinfachung der folgenden Formeln schreiben wir dieselben

$$\frac{\bar{A}^2}{4\bar{V}\bar{W}} = a^{-2}, \qquad (67.51)$$

$$\frac{\bar{B}^2}{4\bar{W}\bar{U}} = b^{-2}, \qquad (67.52)$$

$$\frac{\bar{C}^2}{4\bar{U}\bar{V}} = c^{-2}. \qquad (67.53)$$

Wir bezeichnen nun mit $\bar{V}_0$ und $\bar{W}_0$ die Werte von $\bar{V}$ und $\bar{W}$ für die reine Komponente 2. Dieselben ergeben sich aus den Gln. (7.42) bis (67.44) mit Gl. (67.51), wenn man $x_2 = 1, x_1 = 0$ setzt, so daß $\bar{U} = \bar{B} = \bar{C} = 0$ wird. Man erhält

$$\bar{V}_0 = \bar{W}_0 = \frac{a}{4(1+a)}. \qquad (67.54)$$

Die entsprechenden Werte für völlige Unordnung ($a=1$) bezeichnen wir mit V_0^* und W_0^*. Dann bekommt man durch Differentiation gemäß Ziff. 65 und

Differenzbildung gegen die reinen Substanzen für die chemischen Potentiale

$$\frac{\Delta \mu_1}{kT} = \ln x_1 + \frac{z}{2} \ln \frac{\overline{U}}{U^*}, \quad (67.55)$$

$$\frac{\Delta \mu_2}{kT} = \ln x_2 + \frac{z}{4} \ln \frac{\overline{V}\,\overline{W}}{V^* W^*} - \frac{z}{4} \ln \frac{\overline{V_0}\,\overline{V_0}}{V_0^* W_0^*}. \quad (67.56)$$

Die letztere Gleichung kann mit Benutzung von (67.51) und (67.54) geschrieben werden

$$\frac{\Delta \mu_2}{kT} = \ln x_2 + \frac{z}{2} \ln \left[\frac{1}{2} \frac{\overline{A}}{A^*} (1+a) \right]. \quad (67.57)$$

Aus den Gln. (67.42) bis (67.44) und (67.51) bis (67.53) erhält man mit $a=b=c=1$

$$\left. \begin{array}{l} U^* = \dfrac{1}{2} x_1^2, \\[2pt] A^* = \dfrac{1}{2} x_2^2. \end{array} \right\} \quad (67.58)$$

Setzt man diese Werte und $z=4$ ein, so kann man wie in Ziff. 65 die freie Energie der Mischung konstruieren. Es ergibt sich für den Zusatzterm

$$\left. \begin{array}{l} \dfrac{\Delta G_m^E}{kT} = 2 x_1 \ln \dfrac{2\,\overline{U}}{x_1^2} + \\[2pt] + 2 x_2 \ln \dfrac{2\,\overline{A}(1+a)}{x_2^2}. \end{array} \right\} \quad (67.59)$$

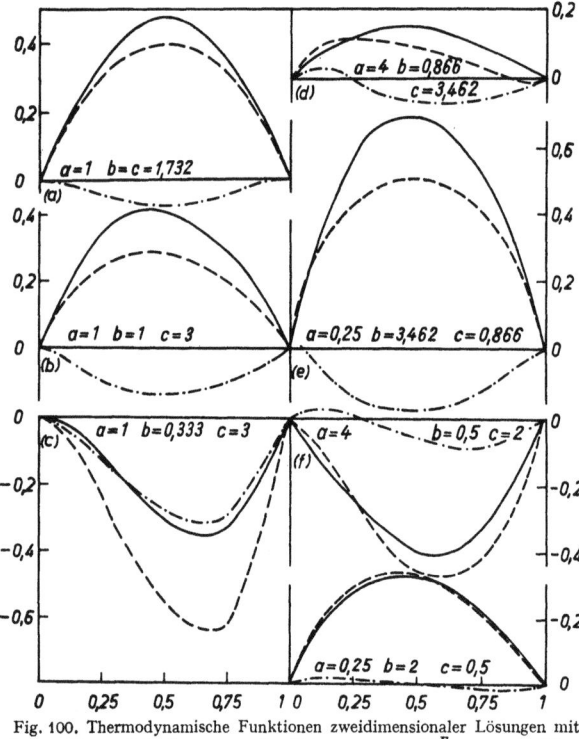

Fig. 100. Thermodynamische Funktionen zweidimensionaler Lösungen mit kooperativer Orientierung nach TOMPA. —— ΔG_m^E; ——— ΔH_m; —·—· $T\Delta S_m^E$. [Entnommen aus: H. TOMPA: J. Chem. Phys. 21, 256 (1953).]

Damit sind die Möglichkeiten der analytischen Darstellung der Theorie im wesentlichen erschöpft. Die explizite Berechnung der thermodynamischen Funktionen erfordert die Lösung des Gleichungssystems (67.42) bis (67.44) und (67.51) bis (67.53), das im allgemeinen in den hier benötigten Paarzahlen vom vierten Grade ist. TOMPA[1] hat die numerische Berechnung für verschiedene Fälle durchgeführt. Die Ergebnisse sind in Fig. 100 dargestellt. Man sieht, daß bereits ein sehr einfaches Modell eine überraschende Mannigfaltigkeit in der Gestalt der Kurven ergibt. Besonders bemerkenswert sind die S-förmigen Kurven, die auch experimentell an Gemischen mit Methanol und Äthanol gefunden worden sind (vgl. z.B.[2]). Die Theorie ist von TOMPA[1] in analoger Weise auch für ein primitives kubisches Gitter ($z=6$) mit den gleichen Molekülmodellen durchgeführt und numerisch ausgewertet worden. Eine Entwicklung für verdünnte Lösungen unter entsprechenden Annahmen ergab in beiden Fällen wieder die Formeln der Ziff. 66.

---

[1] H. TOMPA: J. Chem. Phys. **21**, 250 (1953).
[2] S.E. WOOD: J. Amer. Chem. Soc. **68**, 1963 (1946).

Die von BARKER[1] entwickelte Theorie beruht im wesentlichen auf den gleichen Prinzipien. Es wird jedoch von vorneherein angenommen, daß ein Molekül mehrere Gitterplätze besetzen kann (was wir hier nicht im einzelnen erörtern) und es wird jedem Molekül eine gewisse Zahl von „Kontakt-Punkten" zugeschrieben, die gleich der durch das Gitter bestimmten Zahl der Nachbar-Wechselwirkungen ist. Man erhält auch hier zusätzliche Nebenbedingungen für die Paarzahlen. Die Auswertung kann wieder nur numerisch erfolgen. Im Gegensatz zu TOMPA hat BARKER[2,3] seine Theorie in weitem Umfange mit experimentellen Daten verglichen. In einer Reihe von Fällen ist die Übereinstimmung ausgezeichnet. Fig. 101 zeigt als Beispiel dafür die thermodynamischen Funktionen des Systems Methanol—Benzol. In anderen Fällen, z.B. beim System Äthanol—Chloroform, ist die Übereinstimmung nur noch qualitativ. Sie läßt sich formal durch Annahme temperaturabhängiger Wechselwirkungsparameter verbessern[2]. Obschon diese Annahme im Prinzip gerechtfertigt ist, muß man sich hier doch wohl fragen, ob damit nicht die Grenze der Leistungsfähigkeit des Modells überschritten wird. Durch spezielle Annahmen über die Orientierung ist es BARKER und FOCK[4] gelungen, die Existenz eines unteren kritischen Punktes statistisch zu begründen.

Wir haben jetzt noch kurz auf zwei Einwendungen einzugehen, die gegen die in den Ziffern 65 bis 67 entwickelten Theorien vor allem von SCATCHARD[5] erhoben worden sind. SCATCHARD weist darauf hin, daß das Gittermodell nicht die beim Mischen unter konstantem Druck eintretende Volumenänderung ΔV_m beschreiben kann. Er zieht daraus den Schluß, daß die Theorie nur mit den experimentellen

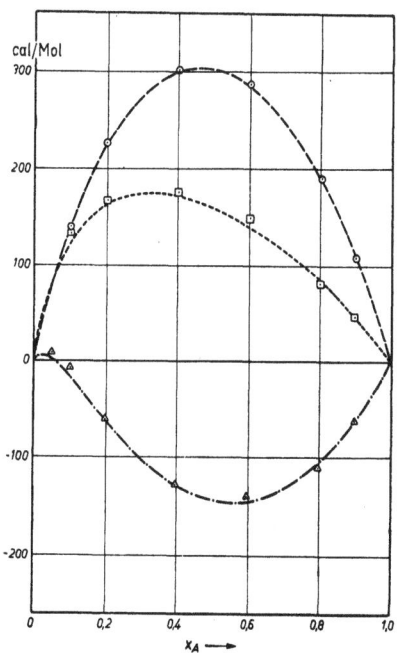

Fig. 101. Thermodynamische Funktionen des Systems Methanol-Benzol bei 35° C. Kurven berechnet mit Berücksichtigung der Orientierungseffekte. — — — ΔG_m^E; ··· ΔH_m; —·—· $T \Delta S_m^E$. [Entnommen aus J.A. BARKER: J. Chem. Phys. 20, 1529 (1952).]

Daten für konstantes Volumen verglichen werden sollte, die man aus den unmittelbar gemessenen Größen thermodynamisch berechnen kann, wenn außer der Volumenänderung der Ausdehnungskoeffizient und die Kompressibilität bekannt sind. Diese Umrechnung ergibt beispielsweise für das System Benzol—Cyclohexan, daß der Zusatzterm der Mischungsentropie bei konstantem Druck ungefähr zweimal so groß ist wie bei konstantem Volumen. Es ist zweifellos richtig, daß die Unmöglichkeit, die Größe ΔV_m zu erfassen, eine wesentliche Schwäche des Gittermodells darstellt; auf diese Frage werden wir in den folgenden Ziffern näher eingehen. Wenn man aber ein solches Modell benutzt, hat es keinen Sinn, seine Anwendbarkeit mit Hilfe von Kriterien zu beurteilen, die in dem Modell selbst nicht definierbar sind. Man kann mit gleicher Berechtigung sagen,

---

[1] J.B. BARKER: J. Chem. Phys. **20**, 1526 (1952); **21**, 1391 (1953).
[2] J.A. BARKER u. F. SMITH: J. Chem. Phys. **22**, 375 (1954).
[3] J.A. BARKER, J. BROWN u. F. SMITH: Disc. Faraday Soc. **15**, 142 (1953).
[4] J.A. BARKER u. W. FOCK: Disc. Faraday Soc. **15**, 188 (1953).
[5] G. SCATCHARD: Ann. Rev. Phys. Chem. **3**, 259 (1952).

daß die Modellgrößen sich auf konstanten Druck beziehen, weil hier beides zusammenfällt. Die Entscheidung, ob man die Theorie sinnvoller mit den experimentellen Werten für ΔS_{mP}^E oder ΔS_{mV}^E vergleicht, muß also unter anderen Gesichtspunkten getroffen werden. Es handelt sich im Hinblick auf die Orientierungseffekte speziell um die Frage, ob die mit der Volumenänderung beim Mischen verknüpfte Entropieänderung $\Delta S_{mP}^E - \Delta S_{mV}^E$ primär auf die Freiheitsgrade der Schwerpunktstranslation zurückgeht. Wenn dies, was anzunehmen ist, nicht zutrifft, erscheint es korrekt, die in den Ziff. 66 und 67 entwickelten Theorien mit den experimentellen Ergebnissen für konstanten Druck zu vergleichen, obschon die makroskopische Volumenänderung von dem Modell nicht erfaßt wird.

Der zweite Einwand von SCATCHARD bezieht sich auf die oben gegebene Deutung der Zusatzentropie des Systems Benzol—Cyclohexan, die unter Berufung auf eine ältere Arbeit[1] abgelehnt wird, weil das System Benzol—Tetrachlorkohlenstoff (das sich praktisch wie eine reguläre Lösung verhält) eine solche Zusatzentropie nicht zeigt. Dieser Schluß wäre nur korrekt, wenn CCl_4 als Molekül ohne orientierende Wirkung, oder präziser, von der gleichen orientierenden Wirkung wie C_6H_{12} betrachtet werden dürfte. Es ist bereits von MÜNSTER[2] und später von POPLE[3] betont worden, daß diese Annahme unzulässig ist. TOMPA[4] hat anhand seiner Rechnungen gezeigt, daß bei gleicher kooperativer Orientierung in der reinen Komponente 2 je nach der speziellen orientierenden Wirkung der Komponente 1 die verschiedensten Kurven für die thermodynamischen Funktionen resultieren können. Damit ist der fragliche Einwand gegenstandslos.

68. Anwendung der Theorie des freien Volumens auf Lösungen. Eine wesentliche Schwäche des in den vorhergehenden Ziffern benutzten Gittermodells liegt in der Tatsache, daß sich damit die beim Mischen unter konstantem Druck auftretenden Volumenänderungen nicht wiedergeben lassen. Ein weiterer unbefriedigender Zug hängt damit unmittelbar zusammen: Läßt man in den Ausdrücken für die thermodynamischen Funktionen der Lösung (vor der Normierung auf die reinen Substanzen) die Konzentration einer Komponente Null werden, so erhält man Gleichungen, die nur noch formale Bedeutung haben, aber für die Thermodynamik der reinen Flüssigkeiten wertlos sind. PRIGOGINE u. Mitarb.[5-8] haben daher das einfache Gittermodell der Lösung in analoger Weise erweitert, wie wir dies in Ziff. 49 und 50 für die reinen Flüssigkeiten durchgeführt haben. Da es sich im wesentlichen um eine Übertragung der Theorie von LENNARD-JONES und DEVONSHIRE auf binäre Systeme handelt, können wir unmittelbar an die früheren Entwicklungen anknüpfen, wobei wir nach Möglichkeit die dort gebrauchten Bezeichnungen beibehalten. Wenn man die Theorie des freien Volumens konsequent auf binäre Systeme anwendet, so werden die in Gl. (65.1) formal eingeführten Größen v_{f_1} und v_{f_2} nicht nur Funktionen von Temperatur und Volumen, sondern sie müssen auch, in Abhängigkeit von der Besetzung der nächsten Nachbarn, als für die einzelnen Moleküle verschieden betrachtet werden. Das Konfigurationsintegral lautet daher jetzt

$$Q_\tau = \sum \left(\prod_{i=1}^{N_1} v_{f_1 i}\right)\left(\prod_{j=1}^{N_2} v_{f_2 j}\right) e^{-\frac{W}{kT}}, \tag{68.1}$$

---

[1] G. SCATCHARD, S. E. WOOD u. J. M. MOCHEL: J. Amer. Chem. Soc. **62**, 712 (1940).
[2] A. MÜNSTER: Z. phys. Chem. **196**, 106 (1950).
[3] J. A. POPLE: Disc. Faraday Soc. **15**, 35 (1953).
[4] H. TOMPA: J. Chem. Phys. **21**, 250 (1953).
[5] I. PRIGOGINE u. G. GARIKIAN: Physica, Haag **16**, 239 (1950).
[6] I. PRIGOGINE u. V. MATHOT: J. Chem. Phys. **20**, 349 (1952).
[7] L. SAROLEA: J. Chem. Phys. **21**, 182 (1953).
[8] J. NASIELSKI: J. Chem. Phys. **21**, 184 (1953).

wobei die Summierung über alle Standard-Konfigurationen zu erstrecken ist. Dieser Ausdruck läßt sich naturgemäß nur näherungsweise berechnen. Die verschiedenen dafür angewandten Verfahren lassen sich am bequemsten in einer zu Ziff. 51 analogen Formulierung übersehen[1]. Wir bezeichnen mit $z\,\omega_1$ die Zahl der nächsten Nachbarn eines 1-Moleküls, welche 2-Moleküle sind, und entsprechend mit $z\,\omega_2$ die Zahl der nächsten Nachbarn eines 2-Moleküls, welche 1-Moleküle sind. Diese Größen hängen mit den in Ziff. 65 eingeführten Paarzahlen des Gesamtsystems zusammen durch die Beziehung

$$X_{12} = \sum_{i=1}^{N_1} \omega_{1i} = \sum_{j=1}^{N_2} \omega_{2j}. \tag{68.2}$$

Es wird nun wieder angenommen, daß die Logarithmen der freien Volumina linear von den ω abhängen. Man setzt also

$$\left.\begin{aligned}\ln v_{f_1}(\omega_1) &= \omega_1 \ln v_1^{(1)} + (1-\omega_1) \ln v_1^{(0)}, \\ \ln v_{f_2}(\omega_2) &= \omega_2 \ln v_2^{(1)} + (1-\omega_2) \ln v_2^{(0)},\end{aligned}\right\} \tag{68.3}$$

wo $v_1^{(1)}, v_1^{(0)}, v_2^{(1)}, v_2^{(0)}$ noch zu bestimmende Parameter sind. Mit Benutzung von (68.2) erhält man

$$\left.\begin{aligned}\ln\left[\prod_{i=1}^{N_1} v_{f_1}(\omega_1)_i\right] &= X_{12} \ln v_1^{(1)} + (N_1 - X_{12}) \ln v_1^{(0)}, \\ \ln\left[\prod_{j=1}^{N_2} v_{f_2}(\omega_2)_j\right] &= X_{12} \ln v_2^{(1)} + (N_2 - X_{12}) \ln v_2^{(0)}.\end{aligned}\right\} \tag{68.4}$$

Setzt man dies in Gl. (68.1) ein und schreibt die Größe W in der Form der Gln. (65.5) bis (65.7), so läßt sich das Problem ohne weiteres nach der quasichemischen Methode behandeln. Das Resultat lautet

$$\left.\begin{aligned}\frac{Q_\tau}{N_1!\,N_2!} = e^{-\frac{z(w_{11}N_1 + w_{22}N_2)}{2kT}} (v_1^{(0)})^{N_1} (v_2^{(0)})^{N_2} \frac{(N_1+N_2)!}{N_1!\,N_2!} \times \\ \times \left[\frac{x_1(\beta+1)}{\beta - 1 + 2x_1}\right]^{\frac{z}{2}N_1} \left[\frac{x_2(\beta+1)}{\beta - 1 + 2x_2}\right]^{\frac{z}{2}N_2}.\end{aligned}\right\} \tag{68.5}$$

Hier ist

$$\beta = \left[1 - 4x_1 x_2 \left(1 - e^{-\frac{2\zeta}{zkT}}\right)\right]^{\frac{1}{2}} \tag{68.6}$$

und

$$\zeta = -z\,w + kT \ln \frac{v_1^{(1)} v_2^{(1)}}{v_1^{(0)} v_2^{(0)}}. \tag{68.7}$$

Die verschiedenen Näherungen stellen sich nun als spezielle Annahmen über die Größen $v_1^{(0)}, v_2^{(0)}, v_1^{(1)}, v_2^{(1)}$ dar. Wir bezeichnen mit $v_{f_1}^*$ und $v_{f_2}^*$ die freien Volumina für die reinen Komponenten und schreiben

$$v_{f_1}(1) = v_{f_2}(1) = v_{12}. \tag{68.8}$$

Setzt man nun

$$v_1^{(0)} = v_{f_1}^*, \quad v_2^{(0)} = v_{f_2}^*, \quad v_1^{(1)} = v_2^{(1)} = (v_{f_1}^* v_{f_2}^*)^{\frac{1}{2}}, \tag{68.9}$$

so wird

$$\zeta = -z\,w \tag{68.10}$$

und Gl. (68.5) reduziert sich auf die Verteilungsfunktion der streng regulären Lösung. In Fig. 102a ist diese Näherung zusammen mit den exakten Kurven

---
[1] J. S. ROWLINSON: Proc. Roy. Soc. Lond. A **214**, 192 (1952).

dargestellt. Fig. 102b zeigt eine von Ono[1] benutzte Näherung, welche durch die Parameterwerte

$$v_1^{(0)} = v_{f_1}^*, \quad v_2^{(0)} = v_{f_2}^*, \quad v_1^{(1)} = v_2^{(1)} = v_{12} \tag{68.11}$$

charakterisiert ist.

Eine dritte Näherung wird erhalten, wenn man

$$v_1^{(0)} = v_1^{(1)} = v_{f_1}^*(\overline{\omega}_1), \quad v_2^{(0)} = v_2^{(1)} = v_{f_2}^*(\overline{\omega}_2) \tag{68.12}$$

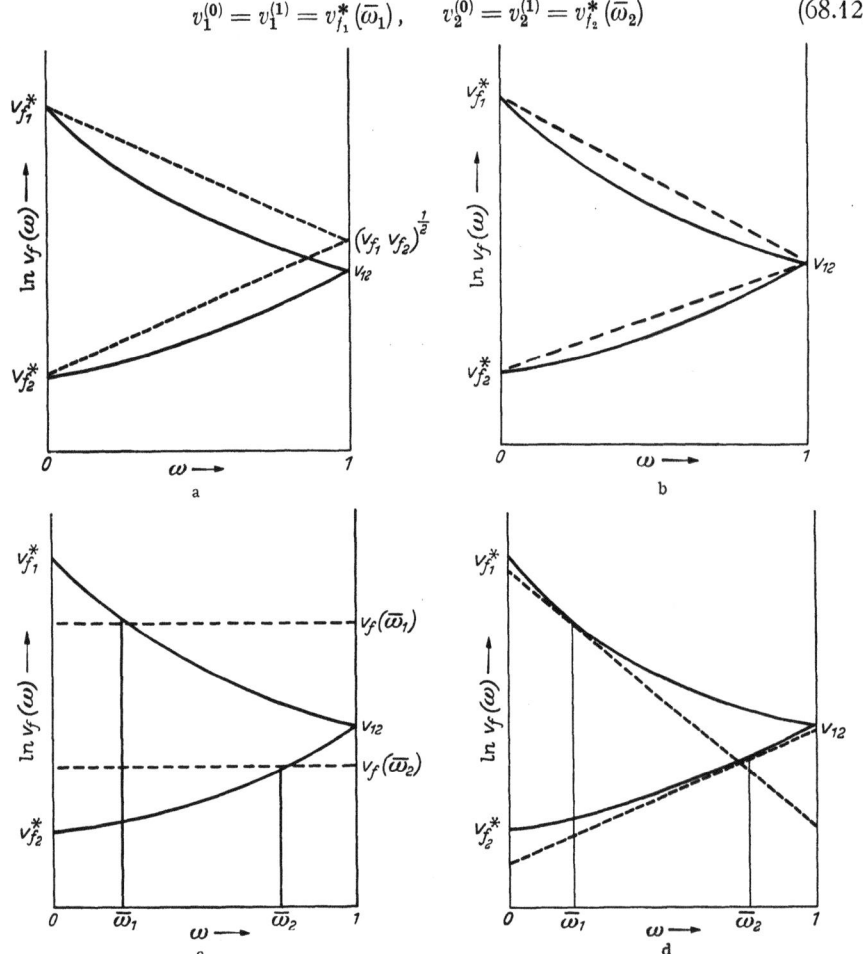

Fig. 102a—d. Abhängigkeit des freien Volumens von der Zusammensetzung. Ausgezogene Kurve: Exakte Berechnung. Gestrichelte Kurven: Approximationen. a Streng reguläre Lösung. b Näherung von Ono. c Näherung von Prigogine und Garikian. d Näherung von Rowlinson. [Entnommen aus J. S. Rowlinson: Proc. Roy. Soc. Lond. A **124**, 192 (1952).]

setzt. Dabei sind die Mittelwerte $\overline{\omega}_1$ und $\overline{\omega}_2$ nach der quasi-chemischen Gleichung und (68.2) gegeben durch

$$\overline{\omega}_1 = \frac{2x_2}{\beta+1}, \quad \overline{\omega}_2 = \frac{2x_1}{\beta+1}. \tag{68.13}$$

Dieser Ansatz ist in Fig. 102c dargestellt. Wenn man auf die Bragg-Williamssche Näherung zurückgeht, also eine ungeordnete Verteilung der Moleküle über die Gitterplätze annimmt, so wird $\beta=1$ und die Gl. (68.13) vereinfachen sich zu

$$\overline{\omega}_1 = x_2, \quad \overline{\omega}_2 = x_1. \tag{68.14}$$

---

[1] S. Ono: Mem. Fac. Eng. Kyushu Univ. **12**, 201 (1950).

Dies ist der ursprüngliche Ansatz von PRIGOGINE und GARIKIAN[1], der auch den meisten späteren Arbeiten von PRIGOGINE u. Mitarb. zugrunde liegt.

Von ROWLINSON[2] ist schließlich noch eine Näherung vorgeschlagen worden, bei der die Graden (68.3) Tangenten an die exakten Kurven sind. Dies wird erreicht durch den Ansatz

$$\left.\begin{array}{l}\ln v_1^{(0)} = \ln v_{f_1}(\overline{\omega}_1) - \overline{\omega}_1 \left[\dfrac{\partial}{\partial \omega_1} \ln v_{f_1}(\omega_1)\right]_{\omega_1 = \overline{\omega}_1}, \\ \ln v_1^{(1)} = \ln v_{f_1}(\overline{\omega}_1) + (1 - \overline{\omega}_1) \left[\dfrac{\partial}{\partial \omega_1} \ln v_{f_1}(\omega_1)\right]_{\omega_1 = \overline{\omega}_1}\end{array}\right\} \quad (68.15)$$

und entsprechend für die Komponente 2. Diese Näherung ist in Fig. 102d dargestellt.

Wir beschränken uns hier darauf, den Prigogineschen Ansatz noch etwas weiter zu verfolgen. Dabei ist zu beachten, daß in Gl. (68.5) die beiden letzten Faktoren der rechten Seite sinngemäß durch den Bragg-Williamsschen Faktor $e^{-\frac{z\overline{X}_{12}w'}{kT}}$ ersetzt werden müssen. Wir werden jedoch im folgenden die hier zweckmäßige Notierung der Ziff. 50 anwenden. Für die freien Volumina kann in Verallgemeinerung von (49.7) zunächst formal geschrieben werden

$$v_{f_1} = 4\pi \int_0^\infty e^{-\frac{w_1(r) - w_1(0)}{kT}} r^2 \, dr, \quad v_{f_2} = 4\pi \int_0^\infty e^{-\frac{w_2(r) - w_2(0)}{kT}} r^2 \, dr. \quad (68.16)$$

Mit diesen Größen hat man dann in der Bragg-Williamsschen Näherung

$$\frac{Q_\tau}{N_1! N_2!} = v_{f_1}^{N_1} v_{f_2}^{N_2} \frac{(N_1 + N_2)!}{N_1! N_2!} e^{-\frac{N_1 w_1(0) + N_2 w_2(0)}{2kT}}. \quad (68.17)$$

Identifiziert man wieder die freie Energie nach HELMHOLTZ mit der freien Energie nach GIBBS, so erhält man für den Zusatzterm der freien Energie der Mischung pro Molekül

$$\left.\begin{array}{l}\dfrac{\Delta G_m^E}{kT} = - x_1 \left\{\ln \dfrac{v_{f_1}}{v_{f_{0_1}}} - \dfrac{1}{2kT} [w_1(0) - w_{01}(0)]\right\} - \\ \phantom{\dfrac{\Delta G_m^E}{kT} =} - x_2 \left\{\ln \dfrac{v_{f_2}}{v_{f_0}} - \dfrac{1}{2kT} [w_2(0) - w_{02}(0)]\right\}.\end{array}\right\} \quad (68.18)$$

Die mit dem Index Null versehenen Größen beziehen sich auf die reinen Substanzen bei gleicher Temperatur und gleichem Druck wie die Lösung. Die Auswertung dieser Gleichung erfordert die explizite Berechnung der freien Volumina und damit konkrete Annahmen über die Potentiale der zwischenmolekularen Wechselwirkung. Für die letzteren machen wir den Ansatz

$$u_{ij}(r') = - |u_{0\,ij}| \left[2 \left(\frac{r'_{0\,ij}}{r'}\right)^6 - \left(\frac{r'_{0\,ij}}{r'}\right)^{12}\right]. \quad (68.19)$$

Zusätzlich nehmen wir noch an, daß

$$r'_{0\,11} \approx r'_{0\,12} \approx r'_{0\,22} \equiv r'_0 \quad (68.20)$$

ist. Die Minima der verschiedenen Potentialkurven sollen also bei annähernd gleichen Molekülabständen liegen. Unter diesen Voraussetzungen lassen sich die mittleren Potentiale der Zellen $w_1(r)$ und $w_2(r)$ in gleicher Weise wie in Ziff. 50 berechnen. Lediglich der Parameter Λ^* der Gl. (50.14) hängt jetzt von der

---

[1] I. PRIGOGINE u. G. GARIKIAN: Physica, Haag **16**, 239 (1950).
[2] J. S. ROWLINSON: Proc. Roy. Soc. Lond. A **214**, 192 (1952).

Besetzung der benachbarten Gitterplätze ab und muß neu definiert werden. Nach Gl. (68.12) und (68.14) hat man dafür zu setzen

$$\begin{aligned}\Lambda_1^* &= -z(x_1 u_{011} + x_2 u_{012}), \\ \Lambda_2^* &= -z(x_1 u_{012} + x_2 u_{022}).\end{aligned} \quad (68.21)$$

Zur Abkürzung setzt man zweckmäßig

$$\Lambda_{11}^* = -z u_{011}, \quad \Lambda_{12}^* = -z u_{012} \quad \Lambda_{22}^* = -z u_{022}, \quad (68.22)$$

und

$$\Lambda^* = x_1 \Lambda_1^* + x_2 \Lambda_2^*. \quad (68.23)$$

Das Volumen pro Molekül ist jetzt

$$v = \frac{V}{N_1 + N_2}. \quad (68.24)$$

Ferner definiert man wie früher

$$v^* = \frac{v}{R^3} r_0'^3 = \frac{r_0'^3}{\gamma}, \quad (68.25)$$

wo R der Abstand der nächsten Nachbarn vom Mittelpunkt der Zelle und $\gamma = R^3/v$ ein geometrischer Faktor ist, der für das flächenzentrierte kubische Gitter den Wert $\sqrt{2}$ hat. Zur Vereinfachung der Formeln schreiben wir

$$\alpha = \left(\frac{v^*}{v}\right)^2. \quad (68.26)$$

Mit diesen Definitionen können die Resultate von Ziff. 50 ohne weiteres übernommen werden. Man erhält

$$\begin{aligned}w_1(r) - w_1(0) &= \Lambda_1^* [\alpha^2 l(y) - 2\alpha m(y)], \\ w_2(r) - w_2(0) &= \Lambda_2^* [\alpha^2 l(y) - 2\alpha m(y)].\end{aligned} \quad (68.27)$$

Hier ist wieder $y = r^2/R^2$ und

$$l(y) = (1 + 12y + 25{,}2y^2 + 12y^3 + y^4)(1-y)^{-10} - 1, \quad (68.28)$$

$$m(y) = (1+y)(1-y)^{-4} - 1. \quad (68.29)$$

Ferner hat man[1]

$$\begin{aligned}w_1(0) &= \Lambda_1^* (\alpha^2 - 2\alpha), \\ w_2(0) &= \Lambda_2^* (\alpha^2 - 2\alpha).\end{aligned} \quad (68.30)$$

Mit Gl. (68.27) erhält man für die freien Volumina

$$v_{f_1} = 2\pi R^3 g_1, \quad v_{f_2} = 2\pi R^3 g_2, \quad (68.31)$$

wo

$$g_i = \int_0^{\frac{1}{4}} y^{\frac{1}{2}} \exp\left\{-\frac{\Lambda_i^*}{kT}[\alpha^2 l(y) - 2\alpha m(y)]\right\} dy \quad (i = 1, 2) \quad (68.32)$$

ist. Bezeichnet man die entsprechenden Funktionen für die reinen Komponenten mit g_{11} und g_{22}, so ergibt sich aus Gl. (68.18), (68.25), (68.30) und (68.31)

$$\begin{aligned}\frac{\Delta G_m^E}{kT} = &-\ln\left(\frac{g_1}{g_{11}}\right)^{x_1}\left(\frac{g_2}{g_{22}}\right)^{x_2} + \frac{1}{2}\ln\frac{\alpha}{\alpha_1^{x_1}\alpha_2^{x_2}} + \\ &+ \frac{1}{2kT}[\Lambda^*(\alpha^2 - 2\alpha) - x_1 \Lambda_{11}^*(\alpha_1^2 - 2\alpha_1) - x_2 \Lambda_{22}^*(\alpha_2^2 - 2\alpha_2)].\end{aligned} \quad (68.33)$$

---

[1] In diesen Gleichungen ist, im Gegensatz zu den entsprechenden Beziehungen der Ziff. 50, nur die Wechselwirkung mit nächsten Nachbarn berücksichtigt.

Aus dieser Gleichung lassen sich im Prinzip alle thermodynamischen Eigenschaften der Lösung berechnen. Sie hat aber den Nachteil, daß für die vor allem interessierenden Größen (Mischungsentropie usw.) keine expliziten Formeln erhalten werden und diese somit nur über mühsame numerische Rechnungen zugänglich sind. Um diese Schwierigkeit zu umgehen, wählen wir im Anschluß an PRIGOGINE und GARIKIAN[1] eine Näherung die im wesentlichen auf das Modell der harmonischen Oszillatoren hinausläuft. Für hinreichend tiefe Temperaturen ist ein solcher Ansatz, wie schon in Ziff. 50 erwähnt, korrekt, da das mittlere Potential $w(r) - w(0)$ dann einen praktisch parabolischen Verlauf zeigt. Ein solches Modell ist allerdings im wesentlichen mit dem üblichen Kristallmodell identisch. Dieses etwas sonderbare Ergebnis erklärt sich dadurch, daß die Theorie des freien Volumens nicht die Umwandlung flüssig—fest beschreiben kann (Ziff. 59). Für flüssige Gemische spielt dieser Gesichtspunkt aus den in Ziff. 61 erörterten Gründen kaum eine Rolle, so daß die fragliche Näherung, obwohl sie formal eher einer festen Lösung entspricht, auch für flüssige Systeme als sinnvoll betrachtet werden kann.

Wir entwickeln zunächst die Funktionen $l(y)$ und $m(y)$ nach Potenzen von y und erhalten als erste Näherung

$$l(y) = 2y, \qquad (68.34)$$

$$m(y) = 5y. \qquad (68.35)$$

Damit wird

$$\left. \begin{array}{l} w_1(r) - w_1(0) = \Lambda_1^* (22\alpha^2 - 10\alpha) \dfrac{r^2}{R^2}, \\[4pt] w_2(r) - w_2(0) = \Lambda_2^* (22\alpha^2 - 10\alpha) \dfrac{r^2}{R^2}. \end{array} \right\} \qquad (68.36)$$

Durch Einsetzen dieser Ausdrücke in die Gl. (68.16) erhält man für die freien Volumina

$$\left. \begin{array}{l} v_{f_1} = R^3 \left[\dfrac{\pi}{\dfrac{\Lambda_1^*}{kT}(22\alpha^2 - 10\alpha)} \right]^{\frac{3}{2}}, \\[10pt] v_{f_2} = R^3 \left[\dfrac{\pi}{\dfrac{\Lambda_2^*}{kT}(22\alpha^2 - 10\alpha)} \right]^{\frac{3}{2}}. \end{array} \right\} \qquad (68.37)$$

Der Vergleich mit Gl. (49.10) zeigt, daß diese Formeln in der Tat die freien Volumina eines Modells von harmonischen Oszillatoren darstellen, wobei die Frequenzen gegeben sind durch

$$\left. \begin{array}{l} 4\pi^2 \nu_1^2 = \dfrac{2\Lambda_1^*}{m R^2}(22\alpha^2 - 10\alpha), \\[6pt] 4\pi^2 \nu_2^2 = \dfrac{2\Lambda_2^*}{m R^2}(22\alpha^2 - 10\alpha). \end{array} \right\} \qquad (68.38)$$

Die Frequenzen hängen somit von Λ_1^* und Λ_2^* und damit von der Zusammensetzung der Lösung ab.

Man macht nun Gebrauch von der Tatsache, daß für Dispersionskräfte unter der Voraussetzung (68.20) in erster Näherung gilt[2]

$$\Lambda_{12}^* = (\Lambda_{11}^* \Lambda_{22}^*)^{\frac{1}{2}}. \qquad (68.39)$$

---

[1] I. PRIGOGINE u. G. GARIKIAN: Physica, Haag **16**, 239 (1950).
[2] F. LONDON: Trans. Faraday Soc. **33**, 19 (1937).

Dann wird
$$\Lambda_1^* = \left(x_1\sqrt{\Lambda_{11}^*} + x_2\sqrt{\Lambda_{22}^*}\right)\sqrt{\Lambda_{11}^*}, \quad \Lambda_2^* = \left(x_1\sqrt{\Lambda_{11}^*} + x_2\sqrt{\Lambda_{22}^*}\right)\sqrt{\Lambda_{22}^*} \quad (68.40)$$
und
$$\Lambda^* = x_1\Lambda_1^* + x_2\Lambda_2^* = \left(x_1\sqrt{\Lambda_{11}^*} + x_2\sqrt{\Lambda_{22}^*}\right)^2. \quad (68.41)$$

Mit Benutzung von (68.30), (68.37), (68.40) und (68.41) wird aus (68.33)

$$\frac{\Delta G_m^E}{kT} = \frac{1}{2kT}\left[\Lambda^*(\alpha^2 - 2\alpha) - x_1\Lambda_{11}^*(\alpha_1^2 - 2\alpha_1) - x_2\Lambda_{22}^*(\alpha_2^2 - 2\alpha_2)\right] + \left. \right\} \\ + \frac{3}{4}\ln\frac{\Lambda^*}{\Lambda_{11}^{*x_1}\Lambda_{22}^{*x_2}} + 2\ln\frac{\alpha}{\alpha_1^{x_1}\alpha_2^{x_2}} + \frac{3}{2}\ln\frac{22\alpha - 10}{(22\alpha_1 - 10)^{x_1}(22\alpha_2 - 10)^{x_2}}\right\}. \quad (68.42)$$

Daraus ergibt sich für die Mischungswärme[1]

$$\Delta H_m = \tfrac{1}{2}[\Lambda^*(\alpha^2 - 2\alpha) - x_1\Lambda_{11}^*(\alpha_1^2 - 2\alpha_1) - x_2\Lambda_{22}^*(\alpha_2^2 - 2\alpha_2)] \quad (68.43)$$

und für den Zusatzterm der Mischungsentropie[1]

$$\frac{\Delta S_m^E}{k} = -\frac{3}{4}\ln\frac{\Lambda^*}{\Lambda_{11}^{*x_1}\Lambda_{22}^{*x_2}} - 2\ln\frac{\alpha}{\alpha_1^{x_1}\alpha_2^{x_2}} - \frac{3}{2}\ln\frac{22\alpha - 10}{(22\alpha_1 - 10)^{x_1}(22\alpha_2 - 10)^{x_2}}. \quad (68.44)$$

Bevor wir diese Gleichung diskutieren, ist es zweckmäßig, die Zustandsgleichung und daraus unmittelbar die Formel für das Mischungsvolumen abzuleiten. Für die Zustandsgleichung ergibt sich in bekannter Weise aus der Verteilungsfunktion

$$\frac{Pv}{kT} = \frac{77\alpha^2 - 20\alpha}{11\alpha^2 - 5\alpha} + \frac{2\Lambda^*}{kT}(\alpha^2 - \alpha). \quad (68.45)$$

Vernachlässigt man auch hier das Druckglied, so erhält man

$$\frac{\Lambda^*}{kT} = \frac{77\alpha^2 - 20\alpha}{2\alpha(1-\alpha)(11\alpha - 5)}. \quad (68.46)$$

Da unter den Voraussetzungen der hier benutzten Näherung α sich nur wenig von Eins unterscheidet, kann diese Gleichung noch weiter vereinfacht werden zu

$$\alpha = 1 - \frac{57}{12}\frac{kT}{\Lambda^*}. \quad (68.47)$$

Diese Gleichungen gelten auch für die reinen Komponenten, wenn α durch α_1 bzw. α_2 und Λ^* durch Λ_{11}^* bzw. Λ_{22}^* ersetzt wird.

Das Mischungsvolumen ist durch die Gleichung

$$\Delta V_m = v - x_1 v_{01} - x_2 v_{02} \quad (68.48)$$

definiert, wo v_{01} und v_{02} die Volumina pro Molekül der reinen Komponenten bei gleicher Temperatur und gleichem Druck sind. Mit Benutzung von (68.47) erhält man

$$\frac{\Delta V_m}{v^*} = \alpha^{-\frac{1}{2}} - x_1\alpha_1^{-\frac{1}{2}} - x_2\alpha_2^{-\frac{1}{2}} = \frac{57}{24}\left(\frac{kT}{\Lambda^*} - x_1\frac{kT}{\Lambda_{11}^*} - x_2\frac{kT}{\Lambda_{22}^*}\right). \quad (68.49)$$

Daraus folgt, daß unter der Voraussetzung (68.39)

$$\Delta V_m < 0 \quad (68.50)$$

---

[1] Obwohl wir näherungsweise F und G identifiziert haben, muß, da in den Formeln v als unabhängige Variable auftritt, für die Differentiation die korrekte Bedeutung als freie Energie nach HELMHOLTZ zugrunde gelegt und somit nach T bei konstantem v differenziert werden.

ist, also beim Vermischen eine Kontraktion stattfindet. In Fig. 103 ist der Verlauf des Mischungsvolumens nach Gl. (68.49) für die Parameterwerte

$$\frac{\Lambda_{11}^*}{kT} = 27,5, \quad \frac{\Lambda_{22}^*}{kT} = 18,3$$

[die etwa dem System $CCl_4 - C(CH_3)_4$ entsprechen] dargestellt. Der Effekt ist, wie man sieht, außerordentlich klein. Die maximale Abweichung von der Additivität beträgt etwa 0,14%. Mit Hilfe der Gln. (68.47) und (68.49) lassen sich die thermodynamischen Funktionen auf eine übersichtlichere Form bringen. Es ist

$$\alpha^2 - 2\alpha = -1 + \left(\frac{57}{12} \frac{kT}{\Lambda^*}\right)^2. \quad (68.51)$$

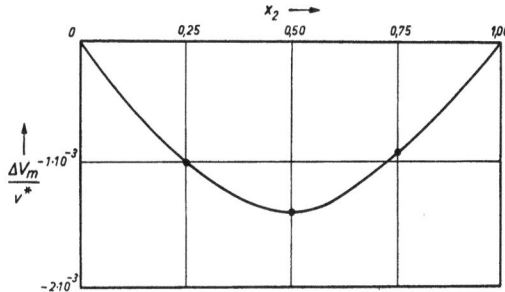

Fig. 103. Mischungsvolumen nach der Theorie des freien Volumens. [Entnommen aus J. PRIGOGINE u. G. GARIKIAN: Physica, Haag 16, 239 (1950).]

Der auf der rechten Seite der Gl. (68.42) in eckigen Klammern stehende Ausdruck läßt sich daher in zwei Terme zerlegen, von denen der zweite, wie sich mit Gl. (68.49) ergibt, den Wert $4,75\, \Delta V_m/v^*$ hat. In den übrigen Gliedern, welche α enthalten, setzen wir

$$\alpha = 1 - \Delta \quad (68.52)$$

und entwickeln die Logarithmen bis zum linearen Gliede. Da in der gleichen Näherung nach (68.49)

$$\frac{\Delta V_m}{v^*} = \frac{1}{2}(\Delta - x_1 \Delta_1 - x_2 \Delta_2) \quad (68.53)$$

ist, ergibt sich ein Beitrag $-9,5\, \Delta V_m/v^*$ zur freien Energie der Mischung. Man erhält dann mit Benutzung von (68.41)

$$\frac{\Delta G_m^E}{kT} = \frac{1}{2} x_1 x_2 \left[\sqrt{\frac{\Lambda_{11}^*}{kT}} - \sqrt{\frac{\Lambda_{22}^*}{kT}}\right]^2 + \frac{3}{4} \ln \frac{\Lambda^*}{\Lambda_{11}^{*x_1} \Lambda_{22}^{*x_2}} - 4,75 \frac{\Delta V_m}{v^*}. \quad (68.54)$$

Durch analoge Umformung der Gln. (68.43) und (68.44) erhält man

$$\Delta H_m = \frac{1}{2} x_1 x_2 \left[\sqrt{\frac{\Lambda_{11}^*}{kT}} - \sqrt{\frac{\Lambda_{22}^*}{kT}}\right]^2 + 4,75 \frac{\Delta V_m}{v^*} \quad (68.55)$$

und

$$\frac{\Delta S_m^E}{k} = -\frac{3}{4} \ln \frac{\Lambda^*}{\Lambda_{11}^{*x_1} \Lambda_{22}^{*x_2}} + 9,5 \frac{\Delta V_m}{v^*}. \quad (68.56)$$

Der erste Term der Mischungswärme, der [als Folge der Voraussetzung (68.39)] notwendig positiv ist, hat die gleiche Form wie in der älteren Theorie der regulären Lösung[1-4]. Der zweite Term, der hier neu auftritt, ist wegen (68.50) negativ. Die aus der Theorie der regulären Lösung abgeleitete Wärmeaufnahme wird also teilweise kompensiert durch eine Wärmeentwicklung, welche als Folge der mit dem Vermischen verknüpften Volumenkontraktion auftritt.

Der Zusatzterm der Mischungsentropie setzt sich ebenfalls aus zwei Anteilen zusammen. Der erste enthält, wie man aus Gl. (68.38) erkennt, den Einfluß der Frequenzänderung. Dieser Effekt ist zuerst auf der Grundlage des einfachen

---
[1] K. F. HERZFELD u. W. HEITLER: Z. Elektrochem. **31**, 536 (1925).
[2] J. J. VAN LAAR: Z. phys. Chem. A **137**, 421 (1928).
[3] G. SCATCHARD: Chem. Rev. **8**, 321 (1931).
[4] J. H. HILDEBRAND: J. Amer. Chem. Soc. **57**, 866 (1935).

Gittermodells von MÜNSTER[1] berücksichtigt worden. Der zweite Anteil rührt von der Volumenänderung beim Vermischen her und ist etwa doppelt so groß wie der erste. Beide Anteile haben gleiches Vorzeichen; unter der Voraussetzung (68.39) ist die Zusatzentropie, wie bei der streng regulären Lösung, stets negativ. In Fig. 104 ist der Verlauf der Zusatzentropie nach Gl. (68.56) sowie nach der Theorie der streng regulären Lösung für die in Fig. 103 benutzten Parameterwerte und $z=10$ dargestellt. Es ist bemerkenswert, daß die in dieser Ziffer betrachteten Effekte wesentlich höhere Werte der Zusatzentropie liefern als die Abweichung von der ungeordneten Verteilung, welche in der Theorie der streng regulären Lösung berücksichtigt wird.

PRIGOGINE und MATHOT[2] haben die Rechnung auch für ein „kastenförmiges" Potential (smoothed potential model) durchgeführt. Die Resultate stimmen im wesentlichen mit den hier aus dem Modell der harmonischen Oszillatoren abgeleiteten überein. Da aber jetzt die freien Volumina nicht mehr explizit von den Λ^* abhängen, entfällt in der Zusatzentropie der von der Frequenzänderung herrührende Term. Wenn man, was in dieser einfacheren Formulierung leicht durchzuführen ist, die Voraussetzung (68.39) aufgibt, erhält man, je nach den Annahmen über die Wechselwirkungsparameter, eine bemerkenswerte Mannigfaltigkeit von Kurven für die thermodynamischen Funktionen. Wir wollen diese kurz anhand

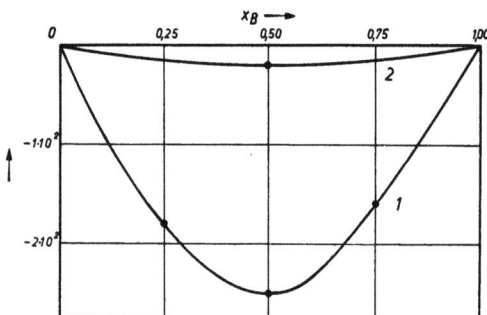

Fig. 104. Zusatzterm der Mischungsentropie. Kurve 1: Nach der Theorie des freien Volumens. Kurve 2: Nach der quasichemischen Näherung. Kreise: Berechnete Punkte. [Entnommen aus J. PRIGOGINE u. G. GARIKIAN: Physica. Haag 16, 239 (1950).]

der Formeln zeigen und bei dieser Gelegenheit einige Größen definieren, die wir später in Ziff. 70 wieder benötigen. Wenn wir wieder voraussetzen, daß alle zwischenmolekularen Wechselwirkungen durch zweiparametrige Potentiale dargestellt werden können, hängen die Zusatzterme der thermodynamischen Funktionen ab von den vier Größen

$$u_{012} - u_{011}, \quad u_{022} - u_{011}, \quad r_{012} - r_{011}, \quad r_{022} - r_{011}, \qquad (68.57)$$

wobei wir die Notierung der Gl. (68.19) benutzt haben[3]. Es ist nun zweckmäßig, folgende Parameter einzuführen:

$$\delta = \frac{1}{u_{011}}(u_{022} - u_{011}), \quad u_{022} = u_{011}(1+\delta), \qquad (68.58)$$

$$\Theta = \frac{1}{u_{011}}\left[u_{012} - \frac{1}{2}(u_{011} + u_{022})\right], \qquad (68.59)$$

$$\varrho = \frac{r_{022} - r_{011}}{r_{011}}. \qquad (68.60)$$

Der Parameter δ charakterisiert die unterschiedliche Tiefe der Potentialmulde für die reinen Komponenten, während Θ (bis auf die Normierung) mit dem Wechselwirkungsparameter des einfachen Gittermodells Gl. (5.6) identisch ist. Wir setzen hier, wie schon im vorhergehenden, zunächst voraus $\varrho = 0$.

---

[1] A. MÜNSTER: Z. Naturforsch. 3a, 158 (1948).
[2] I. PRIGOGINE u. V. MATHOT: J. Chem. Phys. 20, 49 (1952).
[3] Den im Rahmen der Theorie des freien Volumens benutzten Strich an den r lassen wir jetzt wieder weg. Ferner verstehen wir unter u_{0ij} von jetzt ab die Absolutwerte dieser Größen.

Die wichtigsten Spezialfälle von Beziehungen zwischen den verschiedenen u_{0ij} sind:

a) Das geometrische Mittel Gl. (68.39), das in der jetzigen Notierung lautet:

$$u_{012}^2 = u_{011} u_{022}. \tag{68.61}$$

Bei Vernachlässigung von Termen höherer Ordnung in δ folgt daraus

$$\Theta = -\frac{\delta^2}{8}. \tag{68.62}$$

b) Das arithmetische Mittel

$$u_{012} = \tfrac{1}{2}(u_{011} + u_{022}), \tag{68.63}$$

das auf

$$\Theta = 0 \tag{68.64}$$

führt.

c)
$$u_{011} \approx u_{022} \ll u_{012} \tag{68.65}$$

oder

$$\delta = 0, \quad \Theta > 0. \tag{68.66}$$

d)
$$u_{011} \approx u_{012} \ll u_{022} \tag{68.67}$$

oder

$$\Theta = -\frac{|\delta|}{2}. \tag{68.68}$$

e)
$$u_{022} \approx u_{012} \gg u_{011} \tag{68.69}$$

oder

$$\Theta = +\frac{|\delta|}{2}. \tag{68.70}$$

Die Ergebnisse für das smoothed potential model lassen sich nun in einfacher Weise mit Hilfe der vorstehenden Größen ausdrücken und diskutieren. Man erhält bei Beschränkung auf Terme zweiter Ordnung in δ und Θ

$$\frac{\Delta V_m}{v^*} = 2{,}03\, x_1 x_2 \frac{kT}{u_{011}} [-2\Theta - \delta^2 + 4\Theta\,\delta x_2 + 4 x_1 x_2 \Theta^2], \tag{68.71}$$

$$\frac{\Delta G_m^E}{kT} = \frac{z\, u_{011}}{kT} x_1 x_2 \left[-1{,}44\Theta - 10{,}76 \left(\frac{kT}{z\, u_{011}}\right)^2 (-2\Theta - \delta^2 + \right. \\ \left. + 4\Theta\,\delta x_2 + 4 x_1 x_2 \Theta^2) \right], \tag{68.72}$$

$$\Delta H_m = x_1 x_2 z\, u_{011} \left[-1{,}44\Theta + 10{,}76 \left(\frac{kT}{z\, u_{011}}\right)^2 (-2\Theta - \delta^2 + \right. \\ \left. + 4\Theta\,\delta x_2 + 4 x_1 x_2 \Theta^2) \right], \tag{68.73}$$

$$\frac{\Delta S_m^E}{k} = 21{,}52\, x_1 x_2 \frac{kT}{z\, u_{011}} (-2\Theta - \delta^2 - 4\Theta\,\delta x_2 + 4 x_1 x_2 \Theta^2). \tag{68.74}$$

Solange nur Terme erster Ordnung in Θ berücksichtigt werden, haben alle Zusatzgrößen das gleiche Vorzeichen. Dieser Zusammenhang, den wir in Ziff. 69 unabhängig von Modellvorstellungen beweisen werden, wird jedoch durch die Terme höherer Ordnung zerstört. Wir betrachten nun die oben erläuterten Spezialfälle von Beziehungen zwischen den u_{0ij} in der gleichen Reihenfolge.

a) Geometrisches Mittel, Gl. (68.61) und (68.62). Man erhält

$$\frac{\Delta V_m}{v^*} = -1{,}52\, x_1\, x_2 \frac{kT}{z\, u_{011}} \delta^2 < 0, \tag{68.75}$$

$$\frac{\Delta G_m^E}{kT} = \frac{z\, u_{011}}{kT}\, x_1\, x_2 \left[0{,}179 + 8{,}0 \left(\frac{kT}{z\, u_{011}}\right)^2\right] \delta^2 > 0, \tag{68.76}$$

$$\Delta H_m = x_1\, x_2\, z\, u_{011} \left[0{,}179 - 8{,}0 \left(\frac{kT}{z\, u_{011}}\right)^2\right] \delta^2 > 0, \tag{68.77}$$

$$\frac{\Delta S_m^E}{k} = -16{,}0\, x_1\, x_2 \frac{kT}{z\, u_{011}} \delta^2 < 0. \tag{68.78}$$

In diesem Falle hat man also Volumenkontraktion, positive Abweichungen vom Raoultschen Gesetz, positive Mischungswärme und negative Zusatzentropie.

b) Arithmetisches Mittel, Gl. (68.63) und (68.64).

Man erhält wieder Volumenkontraktion und positive Abweichungen vom Raoultschen Gesetz, aber die Mischungswärme wird jetzt

$$\Delta H_m = -8\, x_1\, x_2 \frac{(kT)^2}{z\, u_{011}} \delta^2 < 0, \tag{68.79}$$

somit negativ.

c) Gl. (68.65) und (68.66).

Es ergibt sich eine Volumenkontraktion, negative Abweichungen vom Raoultschen Gesetz, negative Mischungswärme und negative Zusatzentropie.

d) Gl. (68.67) und (68.68).

In diesem Falle ist das Mischungsvolumen positiv; auch die Abweichungen vom Raoultschen Gesetz und die Mischungswärme sind positiv.

e) Gl. (68.69) und (68.70).

Man findet Volumenkontraktion, negative Abweichungen vom Raoultschen Gesetz und negative Mischungswärme.

Wir müssen uns hier mit dieser kurzen Übersicht begnügen und verweisen für weitere Einzelheiten auf die Prigoginesche Monographie [18].

In strengerer und zugleich allgemeinerer Form ist die Theorie des freien Volumens für Lösungen von SALSBURG und KIRKWOOD[1] entwickelt worden. Es handelt sich dabei im wesentlichen um eine Verallgemeinerung der in Ziff. 49 behandelten Kirkwoodschen Theorie, wobei die Abweichungen von der ungeordneten Verteilung nach der Methode der Semi-Invarianten (Ziff. 28) berücksichtigt werden. Die thermodynamischen Funktionen werden nur für die nullte Näherung berechnet, was wieder auf die Gl. (68.33) führt. Für die Auswertung reicht die Genauigkeit der in Ziff. 50 erwähnten Tabellen nicht aus, da es sich um Differenzgrößen handelt. SALSBURG und KIRKWOOD[2] haben daher neue Tabellen der g-Funktionen und gleichzeitig auch der thermodynamischen Funktionen berechnet.

Eine experimentelle Prüfung der Theorie ist ebenfalls von SALSBURG und KIRKWOOD[2] durchgeführt worden. Nach dem Aufbau der Theorie sollten dazu die Größen u_{011}, u_{012}, u_{022} und r_{011}, r_{012}, r_{022} aus Messungen der zweiten Virialkoeffizienten oder der Transporterscheinungen in verdünnten Gasen bestimmt werden. Da für die interessierenden Systeme diese Daten nicht vorliegen, wurden die Parameter der reinen Komponenten einmal aus den kritischen Daten[3], zum

---

[1] Z. W. SALSBURG u. J. G. KIRKWOOD: J. Chem. Phys. **20**, 1538 (1952).
[2] Z. W. SALSBURG u. J. G. KIRKWOOD: J. Chem. Phys. **21**, 2169 (1953).
[3] T. L. HILL: J. Chem. Phys. **16**, 399 (1948).

anderen aus den Verdampfungswärmen und Molvolumina nach den Gleichungen der Ziff. 50 berechnet. u_{012} wurde dann nach Gl. (68.61) und r_{012} nach der Formel

$$r_{012} = \tfrac{1}{2}(r_{011} + r_{012}) \qquad (68.80)$$

bestimmt. In Tabelle 26 sind die nach dem ersten Verfahren, in Tabelle 27 die nach dem zweiten Verfahren berechneten Werte mit experimentellen Daten verglichen. Die Übereinstimmung ist außerordentlich schlecht. Durch Berücksichtigung der Abweichungen von der ungeordneten Verteilung werden die Resultate,

Tabelle 26. *Thermodynamische Eigenschaften flüssiger Gemische nach der Theorie des freien Volumens. Parameter aus den kritischen Daten berechnet.* $x_1 = 0,5$. [Entnommen aus Z.W. SALSBURG u. J.G. KIRKWOOD: J. Chem. Phys. **21**, 2175 (1953).]

	$100\, \Delta V_m/v^*$		ΔH_m^E [cal/Mol]		$\Delta S_m^E/k$	
	(ber.)	(exp.)	(ber.)	(exp.)	(ber.)	(exp.)
$CCl_4 - C_6H_6$	0,37	0,003	40	30	0,010	0,018
$CCl_4 - C_6H_{12}$	0,11	0,16	10	34	0,004	0,030
$C_6H_6 - C_6H_{12}$	0,75	0,65	97	176	0,024	0,171
$CCl_4 - SnCl_4$	2,60	0,40	257	—	0,073	—

Tabelle 27. *Thermodynamische Eigenschaften flüssiger Gemische nach der Theorie des freien Volumens. Parameter aus Verdampfungswärme und Molvolumen berechnet.* $x_1 = 0,5$. Entnommen aus Z.W. SALSBURG u. J.G. KIRKWOOD: J. Chem. Phys. **21**, 2176 (1953).

Gemisch	$100\, \Delta V_m/v^*$		ΔH_m^E [cal/Mol]		$\Delta S_m^E/k$		$\Delta S_m^E/k$ nicht ungeordnet verteilt[1]
	(ber.)	(exp.)	(ber.)	(exp.)	(ber.)	(exp.)	
$CCl_4 - C_6H_6$ . .	0,25	0,003	30	30	0,007	0,018	−0,0003
$CCl_4 - C_6H_{12}$ . .	0,46	0,16	52	34	0,013	0,030	−0,0002
$C_6H_6 - C_6H_{12}$ . .	1.32	0,65	171	176	0,042	0,171	−0,0061
$CCl_4 - SnCl_4$ . .	3,00	0,40	233	—	0,042	. . .	
$CCl_4 - SiCl_4$ . .	0,66	0,02	101	32	0,024	0,020	
$C_6H_{12} - $ n-Hexan	0,90	—	129	48	0,034	0,055	
$C_6H_{12} - $ Dioxan	−0,88	—	174	280	0,032	0,081	
$CCl_4 - CS_2$ . . .	9,60	—	857	76	0,25	—	
$CCl_4 - C(CH_3)_4$.	−2,96	—	16	—	−0,174	—	

wie schon von SAROLEA[2] gezeigt wurde, nur unwesentlich beeinflußt. Das gleiche gilt für eine Verfeinerung des Gittermodells durch Berücksichtigung von „Löchern"[3] (vgl. Ziff. 51). Es ist wohl anzunehmen, daß für die Diskrepanzen in gewissem Ausmaß die Unsicherheit in der Bestimmung der Parameter verantwortlich ist. Es läßt sich nämlich zeigen, daß die Zusatzterme sehr empfindlich von der Wahl dieser Parameter abhängen. Die wichtigste Ursache liegt aber wohl in der Tatsache, daß bei den betrachteten Systemen die wesentlichen Voraussetzungen der Theorie (kugelförmige Moleküle, kugelsymmetrisches Wechselwirkungspotential, das durch ein Lennard-Jones-Potential approximiert werden kann) nicht hinreichend erfüllt sind. Dafür spricht auch, daß die Diskrepanzen der Zusatzentropie für das System Benzol—Cyclohexan (vgl. Ziff. 67) besonders groß sind. Schließlich spielt noch der approximative Charakter der Theorie

---
[1] Zusätzlicher Beitrag, berechnet nach der Kirkwoodschen Theorie der streng regulären Lösung.
[2] L. SAROLEA: J. Chem. Phys. **21**, 182 (1953).
[3] Z.W. SALSBURG u. J.G. KIRKWOOD: J. Chem. Phys. **21**, 2169 (1953).

selbst eine Rolle, die es fraglich erscheinen läßt, ob man auf diesem Wege quantitative Resultate erhalten kann. Die Hauptbedeutung der Theorie liegt zweifellos darin, daß sie für einfache Systeme erstmalig ein Verständnis der Zusammenhänge zwischen Mischungsvolumen und Zusatzentropie ermöglicht hat.

69. Konforme Lösungen. Die in Ziff. 68 behandelte Theorie des freien Volumens hat (wenn wir von der Beschränkung auf einfache Systeme absehen) vor allem die Schwäche, daß sich für die reinen Komponenten zwar nicht, wie im Falle des einfachen Gittermodells, auf rein formale Gleichungen, aber doch auf eine ziemlich grobe Näherung reduziert. Von LONGUET-HIGGINS[1-3] wurde eine Theorie entwickelt, welche diesen Nachteil vermeidet, indem sie die Berechnung der Zusatzgrößen als Störungsproblem betrachtet, für welches die Störungsrechnung erster Ordnung ohne Zuhilfenahme von Modellvorstellungen durchführbar ist. Es muß aber bemerkt werden, daß es sich, obwohl auf ein Modell verzichtet wird, keineswegs um eine Theorie von allgemeinerer Gültigkeit handelt. Einmal müssen sehr spezielle Voraussetzungen über die Systeme gemacht werden, andererseits ist es nach den experimentellen Daten ziemlich sicher, daß eine Störungsrechnung erster Ordnung nicht zu einer brauchbaren Lösungstheorie führen kann [18]. Die Störungsrechnung zweiter Ordnung läßt sich aber ohne modellmäßige Annahmen nicht mehr durchführen. Im folgenden schließen wir uns im wesentlichen an die übersichtliche Darstellung in [18] an. Um das Prinzip der Methode zu erläutern, betrachten wir zunächst den Fall des Einkomponentensystems. Es wird vorausgesetzt, daß das Theorem der übereinstimmenden Zustände der klassischen Statistik [3] gilt. Diese Annahme impliziert im besonderen, daß die zwischenmolekulare Wechselwirkung durch Zweikörper-Zentralkräfte mit einem zweiparametrigen Potential dargestellt werden kann. Wir haben also

$$u(r) = u_0 \, \varphi\left(\frac{r}{r_0}\right). \tag{69.1}$$

Wir betrachten nun ein zweites System, für welches ebenfalls Gl. (69.1) gültig ist, jedoch mit etwas verschiedenen Werten der Parameter. Es soll also

$$u'(r) = u_0' \, \varphi\left(\frac{r}{r_0'}\right) \tag{69.2}$$

sein. Wir wollen die durch die Verschiebung der Parameter bedingte Änderung der thermodynamischen Eigenschaften berechnen. Zunächst schreiben wir Gl. (69.2) in der Form

$$u'(r) = \left(\frac{u_0'}{u_0}\right) u_0 \, \varphi\left(\frac{r}{r_0} \frac{r_0}{r_0'}\right) = f \, u(r \, g) \tag{69.3}$$

mit

$$f = \frac{u_0'}{u_0}, \quad \frac{1}{g} = \frac{r_0'}{r_0}. \tag{69.4}$$

Im Sinne der Störungsrechnung erster Ordnung nehmen wir an, daß $f-1$ und $g-1$ kleine Größen sind derart, daß Potenzen oder Produkte derselben von höherer als der ersten Ordnung vernachlässigbar sind. Das Theorem der übereinstimmenden Zustände ergibt für das Konfigurationsintegral

$$Q_\tau'(T, V) = (r_0')^{3N} \left[J\left(\frac{kT}{u_0'}, \frac{v}{r_0'^3}\right) \right]^N. \tag{69.5}$$

---

[1] H.C. LONGUET-HIGGINS: Proc. Roy. Soc. Lond. A **205**, 247 (1951).
[2] D. COOK u. H.C. LONGUET-HIGGINS: Proc. Roy. Soc. Lond. A **209**, 28 (1951).
[3] W.B. BROWN u. H.C. LONGUET-HIGGINS: Proc. Roy. Soc. Lond. A **209**, 416 (1951).

Mit (69.4) folgt daraus sofort

$$Q'_\tau(T, V) = g^{-3N} Q_\tau\left(\frac{T}{f}, g^3 V\right). \tag{69.6}$$

Der Einfachheit halber nehmen wir an, daß die Moleküle beider Systeme die gleiche Masse besitzen. Das Bezugssystem bezeichnen wir von jetzt ab mit dem Index ^{0}, während wir den Strich weglassen. Anwendung der Formeln für die kanonische Gesamtheit [4] und Entwicklung nach Potenzen von $(f-1)$, $(g-1)$ ergibt dann für die Differenz der freien Energien nach HELMHOLTZ

$$F(T, V) - F^0(T, V) = E_\tau^0(f - 1) + 3(NkT - P^0 V)(g - 1), \tag{69.7}$$

wo E_τ^0 der Konfigurationsanteil der inneren Energie des Bezugssystems ist. Gl. (69.7), die eine unmittelbare Folgerung aus dem Theorem der übereinstimmenden Zustände darstellt, verknüpft die Verschiebung der molekularen Wechselwirkungsparameter mit der entsprechenden Änderung der thermodynamischen Eigenschaften.

Wir stellen diese Überlegung nun in einer etwas anderen Form dar, die sich ohne weiteres für Vielkomponentensysteme verallgemeinern läßt. Die durch eine kleine Änderung der potentiellen Energie δU bedingte Änderung des Konfigurationsintegrals ist

$$-kT\delta\ln Q_\tau = \frac{\int \delta U \, e^{-\frac{U}{kT}} d\mathbf{q}_1 \ldots d\mathbf{q}_N}{\int e^{-\frac{U}{kT}} d\mathbf{q}_1 \ldots d\mathbf{q}_N}. \tag{69.8}$$

Wenn Terme höherer Ordnung vernachlässigt werden, folgt daraus

$$F(T, V) - F^0(T, V) = \frac{\int (U - U^0) e^{-\frac{U^0}{kT}} d\mathbf{q}_1 \ldots d\mathbf{q}_N}{\int e^{-\frac{U^0}{kT}} d\mathbf{q}_1 \ldots d\mathbf{q}_N}. \tag{69.9}$$

In dieser Näherung ist somit die Änderung der freien Energie gleich dem Mittelwert der Störung der potentiellen Energie, der mit der kanonischen Verteilung des ungestörten Systems berechnet ist. Die ungestörte potentielle Energie ist nach Gl. (69.1)

$$U^0 = \sum_{i<j} u(r_{ij}) = \sum_{i<j} u_0 \varphi\left(\frac{r_{ij}}{r_0}\right). \tag{69.10}$$

Entsprechend gilt nach (69.3)

$$U = \sum_{i<j} u'(r_{ij}) = \sum_{i<j} f u(r_{ij} g). \tag{69.11}$$

Es wird somit

$$F(T, V) - F^0(T, V) = \frac{\int \sum_{i<j}[f u(r_{ij} g) - u(r_{ij})] e^{-\frac{U^0}{kT}} d\mathbf{q}_1 \ldots d\mathbf{q}_N}{\int e^{-\frac{U}{kT}} d\mathbf{q}_1 \ldots d\mathbf{q}_N} \equiv I(f, g). \tag{69.12}$$

Der Vergleich mit (69.7) ergibt unmittelbar

$$I(f, g) = E_\tau^0(f - 1) + 3(NkT - P^0 V)(g - 1). \tag{69.13}$$

Die vorstehende Formulierung führt das Theorem der übereinstimmenden Zustände nicht explizit ein. Sie benutzt aber die Voraussetzungen, aus denen dasselbe notwendig folgt, woraus sich unmittelbar die Äquivalenz ergibt.

Wir gehen nun zu Vielkomponentensystemen über und machen folgende Annahmen:

a) Für das System gelten die Voraussetzungen, die bei den reinen Komponenten die Gültigkeit des Theorems der übereinstimmenden Zustände sichern.

b) Für die Wechselwirkung zwischen zwei Molekülen der Sorten r und s gilt

$$u_{rs}(r) = f_{rs}\, u(r\, g_{rs}), \qquad (69.14)$$

wo $u(r)$ das Wechselwirkungspotential zweier Moleküle einer Bezugssubstanz 0 ist und die Größen f_{rs} und g_{rs} lediglich von der chemischen Natur der Komponenten r und s abhängen.

c) Es ist möglich, eine Bezugssubstanz zu finden derart, daß alle Konstanten f_{rs} und g_{rs} nur wenig von Eins verschieden sind, daß also alle $f_{rs}-1$, $g_{rs}-1$ sehr kleine Größen sind, deren Potenzen und Produkte vernachlässigt werden können.

d) Die Regel (68.80) ist allgemein gültig. Mit Benutzung von (69.4) folgt dann bei Vernachlässigung von Termen höherer Ordnung

$$g_{rs} = \tfrac{1}{2}(g_{rr} + g_{ss}). \qquad (69.15)$$

Vielkomponentensysteme, für welche die vorstehenden Annahmen erfüllt sind, werden nach LONGUET-HIGGINS[1] als konforme Lösungen bezeichnet. Es ist zu beachten, daß die Annahmen a und b zwar eine Ausdehnung der dem Theorem der übereinstimmenden Zustände zugrunde liegenden Voraussetzungen auf Vielkomponentensysteme darstellen, daß aber das Theorem selbst nicht aufgestellt und benutzt wird. Die Frage, welche Form ein solches Theorem für Vielkomponentensysteme hat und ob die Voraussetzungen a und b dafür hinreichend sind, bleibt daher offen. Wir werden darauf in Ziff. 70 und 71 zurückkommen. Die Annahmen a und b stellen bereits eine sehr spezielle Voraussetzung dar. c schränkt den Gültigkeitsbereich der Theorie noch weiter ein und begrenzt ihn auf Systeme, für welche alle zwischenmolekularen Wechselwirkungen von der gleichen Größenordnung sind. Die Annahme d, die nochmals eine Einschränkung bedeutet, dient jedoch nur der Vereinfachung; sie könnte aufgegeben werden, ohne daß die Grundlagen der Theorie berührt würden.

Definitionsgemäß haben wir für die Bezugssubstanz

$$f_{00} = g_{00} = 1. \qquad (69.16)$$

Für das ungestörte System gilt

$$f_{rs} = g_{rs} = 1 \qquad (69.17)$$

und somit

$$U^0 = \sum_{i<j} u(r_{ij}). \qquad (69.18)$$

Die potentielle Energie hat somit die gleiche Form wie für ein Einkomponentensystem [Gl. (69.10)]; das ungestörte System ist somit eine ideale Lösung.

Wir betrachten nun ein Molekülpaar (ij), das zu U^0 den Beitrag $u(r_{ij})$ liefert. In dem gestörten System hängt der Beitrag dieses Molekülpaares davon ab, welche Moleküle die Punkte i und j besetzen. Da jedoch allen diesen Konfigurationen der gleiche Wert der ungestörten Energie entspricht, erscheinen sie, wie Gl. (69.9) zeigt, in der Störungsrechnung erster Ordnung mit dem gleichen statistischen Gewicht. Der mittlere Beitrag des Paares (ij) ist daher

$$\sum_{r,s} x_r x_s f_{rs}\, u(r_{ij} g_{rs}), \qquad (69.19)$$

---

[1] H.C. LONGUET-HIGGINS: Proc. Roy. Soc. Lond. A **205**, 247 (1951).

und die potentielle Energie des gestörten Systems wird

$$U = \sum_{i<j}\sum_{r,s} x_r\, x_s\, f_{rs}\, u(r_{ij}\, g_{rs}). \tag{69.20}$$

Einsetzen in die allgemeine Formel (69.9) ergibt

$$\left.\begin{aligned}F(T,V) - F^0(T,V) &= \sum_{r,s} x_r\, x_s\, \frac{\int \sum_{i<j}[f_{rs}u(r_{ij}g_{rs}) - u(r_{ij})]\, e^{-\frac{U^0}{kT}}\, d\mathbf{q}_1\ldots d\mathbf{q}_N}{\int e^{-\frac{U^0}{kT}}\, d\mathbf{q}_1\ldots d\mathbf{q}_N} \\ &= \sum x_r\, x_s\, I(f_{rs}, g_{rs}).\end{aligned}\right\} \tag{69.21}$$

Mit Benutzung von Gl. (69.13) folgt daraus

$$F(T,V) - F^0(T,V) = \sum_{r,s} x_r\, x_s\, [E^0_\tau(f_{rs}-1) + 3(NkT - P^0 V)(g_{rs}-1)]. \tag{69.22}$$

Diese Gleichung stellt die freie Energie des Vielkomponentensystems in Abhängigkeit von den thermodynamischen Eigenschaften der reinen Bezugssubstanz und den Parametern der zwischenmolekularen Potentiale dar.

Die Zusatzterme der thermodynamischen Funktionen ergeben sich nun durch einfache thermodynamische Rechnung. Wir beschränken uns daher auf eine Zusammenstellung der Endformeln. Man erhält mit der Definition

$$d_{rs} = 2f_{rs} - f_{rr} - f_{ss}, \tag{69.23}$$

$$\Delta G^E_m = E^0_{\tau m} \sum_{r<s} x_r\, x_s\, d_{rs}, \tag{69.24}$$

$$\Delta S^E_m = -\frac{\partial E^0_{\tau m}}{\partial T} \sum_{r<s} x_r\, x_s\, d_{rs}, \tag{69.25}$$

$$\Delta H_m = \left(E^0_{\tau m} - T\frac{\partial E^0_{\tau m}}{\partial T}\right) \sum_{r<s} x_r\, x_s\, d_{rs}, \tag{69.26}$$

$$\Delta V_m = \frac{\partial E^0_{\tau m}}{\partial P} \sum_{r<s} x_r\, x_s\, d_{rs}. \tag{69.27}$$

Mit Benutzung der thermodynamischen Relation

$$\frac{\partial E}{\partial P} = -TV\gamma + PV\varkappa \tag{69.28}$$

(γ = thermischer Ausdehnungskoeffizient, $\varkappa$ = isotherme Kompressibilität) kann Gl. (69.27) geschrieben werden

$$\Delta V_m = V^0_m(P\varkappa^0 - \gamma^0 T) \sum_{r<s} x_r\, x_s\, d_{rs}. \tag{69.29}$$

Die Größe $E^0_{\tau m}$ hängt mit der (auf den Druck Null für den Dampf extrapolierten) molekularen Verdampfungswärme der Bezugssubstanz ΔH^0_{verd} zusammen durch die Beziehung

$$E^0_{\tau m} = kT - \Delta H^0_{\text{verd}}. \tag{69.30}$$

Aus den Gln. (69.24) bis (69.26), (69.29) und (69.30) folgt

$$\left.\begin{aligned}\frac{\Delta G^E_m}{kT - \Delta H^0_{\text{verd}}} &= \frac{\Delta S^E_m}{\dfrac{\partial \Delta H^0_{\text{verd}}}{\partial T} - k} = \frac{\Delta H_m}{T\dfrac{\partial \Delta H^0_{\text{verd}}}{\partial T} - \Delta H^0_{\text{verd}}} = \frac{\Delta V_m}{V^0_m(P\varkappa^0 - \gamma^0 T)} \\ &= \sum_{r<s} x_r\, x_s\, d_{rs}.\end{aligned}\right\} \tag{69.31}$$

Da die jeweils im Nenner stehenden Größen alle negativ sind, führt diese Gleichung zu der Aussage, daß alle Zusatzgrößen das gleiche Vorzeichen besitzen müssen. Sie sind entweder alle positiv, d.h.

$$\Delta G_m^E > 0, \quad \Delta S_m^E > 0, \quad \Delta H_m > 0, \quad \Delta V_m > 0 \qquad (69.32)$$

oder alle negativ, d.h.

$$\Delta G_m^E < 0, \quad \Delta S_m^E < 0, \quad \Delta H_m < 0, \quad \Delta V_m < 0. \qquad (69.33)$$

Für eine ausführliche Diskussion der Theorie im Zusammenhang mit den experimentellen Daten muß auf die Originalarbeit[1] und die Monographie von PRIGOGINE [18] verwiesen werden. Wir begnügen uns hier mit zwei Bemerkungen. Die in (69.32) und (69.33) ausgedrückte Folgerung aus der Theorie, die als fundamental betrachtet werden muß, wird sehr häufig durch die Erfahrung nicht bestätigt. Selbst bei sehr einfachen Systemen, wie $CO-CH_4$ und $CCl_4-C(CH_3)_4$, bei denen man annehmen kann, daß die Voraussetzungen der Theorie in guter Näherung erfüllt sind, wird ein abweichendes Verhalten beobachtet. Für das System Benzol—Cyclohexan ist der Parameter d_{12} direkt aus Messungen der zweiten Virialkoeffizienten[2] berechnet worden. Es ergibt sich

$$d_{12} = 0{,}00 \pm 0{,}02 \,. \qquad (69.34)$$

Das Mittel der aus den Zusatzgrößen berechneten Werte[2] (die unter sich ziemlich stark streuen) ist

$$d_{12} = -0{,}065 \,. \qquad (69.35)$$

Beide Werte sind, bei Berücksichtigung der Fehlergrenzen, völlig unvereinbar miteinander. Man kann wohl annehmen, daß diese Diskrepanz wenigstens teilweise darauf beruht, daß die Voraussetzungen der Theorie nicht erfüllt sind (vgl. Ziff. 67). Die zuerst erwähnte Diskrepanz führt dagegen zu der Vermutung, daß selbst bei Erfüllung aller Voraussetzungen eine auf Terme erster Ordnung beschränkte Theorie grundsätzlich keine adäquate Beschreibung der thermodynamischen Eigenschaften von Gemischen liefern kann [18].

Die Störungsrechnung ist bereits von BROWN und LONGUET-HIGGINS[3] bis zur zweiten Ordnung ausgedehnt worden. Die dann auftretenden Koeffizienten lassen sich aber nicht mehr allein durch die makroskopischen Eigenschaften der Bezugssubstanz ausdrücken, sondern erfordern zu ihrer Berechnung ein statistisches Modell.

70. Das Modell des Durchschnittspotentials. Von PRIGOGINE u. Mitarb.[4] wurde eine Theorie der flüssigen Gemische entwickelt, welche Ideen der Theorie des freien Volumens mit solchen der Theorie der konformen Lösungen kombiniert. Aus der Theorie des freien Volumens wird die Einführung konzentrationsabhängiger Wechselwirkungsparameter [vgl. Gl. (68.21) bis (68.23)] übernommen[5]. Wir beschränken uns hier auf die einfachste Form der Theorie („crude approximation", „single liquid model"), welche nur einen solchen Parameter einführt, was einer Mittelung über alle Arten von Molekülpaaren entspricht. Mit der Theorie der konformen Lösungen hat die neue Theorie die Benutzung des Theorems der übereinstimmenden Zustände gemein, das aber jetzt explizit für Gemische

---
[1] H.C. LONGUET-HIGGINS: Proc. Roy. Soc. Lond. A **205**, 247 (1951).
[2] F. WAELBROEK: J. Chem. Phys. **23**, 749 (1955).
[3] W.B. BROWN u. H.C. LONGUET-HIGGINS: Proc. Roy. Soc. Lond. A **209**, 416 (1951).
[4] I. PRIGOGINE, A. BELLEMANS u. A. ENGLERT-CHOWLES: J. Chem. Phys. **24**, 518 (1956).
[5] Es ist erwähnenswert, daß bereits VAN DER WAALS die Theorie der Gemische nach diesem Prinzip entwickelt hat.

formuliert und unmittelbar zur Berechnung der thermodynamischen Funktionen verwendet wird. Wie nach diesen Ansätzen zu erwarten ist, reduziert sich die Theorie bei Vernachlässigung aller Terme höherer Ordnung auf die Theorie der konformen Lösungen. Sie stellt also in diesem Sinne eine konsequente Weiterführung der letzteren zu höheren Näherungen dar, wobei aber die Methode der Störungsrechnung aufgegeben wird.

Die allgemeinen Voraussetzungen sind hier die gleichen wie in der Theorie der konformen Lösungen. Wir können daher insoweit auf Ziff. 69 verweisen. Lediglich die Annahme c ist etwas zu modifizieren im Hinblick auf die Tatsache, daß jetzt auch die Terme zweiter Ordnung berücksichtigt werden. Um die Unterschiede der zwischenmolekularen Potentiale zu beschreiben, benutzen wir die durch Gl. (68.58) bis (68.60) definierten Parameter δ, Θ und ϱ.

Wir setzen weiter voraus, daß die Abweichungen von der ungeordneten Verteilung vernachlässigbar sind. Diese Annahme, die in der Theorie der konformen Lösungen einfach aus der Beschränkung auf Terme erster Ordnung resultiert, muß hier zusätzlich eingeführt werden, da Terme zweiter Ordnung berücksichtigt werden. Die mittlere Wechselwirkungsenergie eines Molekülpaares im Abstand r ist dann für eine binäre Lösung

$$\bar{u}(r) = x_1^2 u_{11}(r) + 2 x_1 x_2 u_{12}(r) + x_2^2 u_{22}(r). \tag{70.1}$$

Nach den Voraussetzungen kann dafür geschrieben werden

$$\bar{u}_0 \varphi\left(\frac{r}{\bar{r}_0}\right) = x_1^2 u_{011} \varphi\left(\frac{r}{r_{011}}\right) + 2 x_1 x_2 u_{012} \varphi\left(\frac{r}{r_{012}}\right) + x_2^2 u_{022} \varphi\left(\frac{r}{r_{022}}\right). \tag{70.2}$$

Wenn (68.20) erfüllt ist, also

$$r_{011} = r_{012} = r_{022} \equiv r_0 \tag{70.3}$$

gilt, erhält man

$$\bar{u}_0 = x_1^2 u_{011} + 2 x_1 x_2 u_{012} + x_2^2 u_{022} \tag{70.4}$$

und

$$\bar{r}_0 = r_0. \tag{70.5}$$

Man kommt also wieder auf die in der Theorie des freien Volumens (Ziff. 68) verwendeten mittleren Wechselwirkungsparameter. Wenn die Voraussetzung (70.3) aufgegeben wird, muß für die Berechnung der Mittelwerte die analytische Form der Funktion φ vorgegeben werden. Wir nehmen ein Lennard-Jones-(6—12)-Potential an und präzisieren die Annahme c in Ziff. 69 (S. 358) jetzt dahin, daß

$$|\Theta| < 0{,}3, \quad |\delta| < 0{,}3, \quad |\varrho| < 0{,}1 \tag{70.6}$$

sein soll. Dann gilt mit guter Genauigkeit

$$\frac{\bar{u}_0}{u_{011}} = 1 + \delta x_2 + 2\Theta x_1 x_2 - 18 \varrho^2 x_1 x_2, \tag{70.7}$$

$$\frac{\bar{r}_0}{r_{011}} = 1 + \varrho x_1 + \varrho \Theta (x_1 - x_2) x_1 x_2 + \frac{1}{2} \varrho \delta x_1 x_2 + \frac{17}{4} \varrho^2 x_1 x_2. \tag{70.8}$$

Wir führen nun das Theorem der übereinstimmenden Zustände ein. Definiert man reduzierte Zustandsvariable durch die Gleichungen

$$T^* = \frac{kT}{u_0}, \quad v^* = \frac{v}{r_0^3}, \quad P^* = \frac{P}{u_0/r_0^3}, \tag{70.9}$$

so besagt das Theorem für die reinen Komponenten, daß das Konfigurationsintegral sich in der Form

$$Q_\tau = r_0^{3N} [J(T^*, v^*)]^N \tag{70.10}$$

darstellen läßt, wo $J(T^*, v^*)$ eine universelle Funktion der reduzierten Zustandsgrößen ist [3]. Mit der Abkürzung

$$\xi(T^*, v^*) = -\ln J(T^*, v^*) \tag{70.11}$$

wird dann der Konfigurationsanteil der freien Energie nach HELMHOLTZ

$$\frac{F_\tau}{NkT} = \xi(T^*, v^*) - 3 \ln r_0. \tag{70.12}$$

Entsprechend läßt sich der Konfigurationsanteil der freien Energie nach GIBBS schreiben

$$\frac{G_\tau}{NkT} = \eta(T^*, P^*) - 3 \ln r_0 \tag{70.13}$$

mit

$$\eta(T^*, P^*) = \xi(T^*, v^*) - v^* \frac{\partial \xi(T^*, v^*)}{\partial v^*}. \tag{70.14}$$

In der hier betrachteten Form der Theorie wird die Mischung (abgesehen von der idealen Mischungsentropie) als einheitliche Flüssigkeit behandelt, welche durch die reduzierten Zustandsvariablen

$$\overline{T}^* = \frac{kT}{\overline{u}_0}, \quad \overline{v}^* = \frac{v}{\overline{r}_0^3}, \quad \overline{P}^* = \frac{P}{\overline{u}_0/\overline{r}_0^3} \tag{70.15}$$

charakterisiert ist. Das Konfigurationsintegral soll daher die Form haben

$$Q_\tau = \frac{(N_1 + N_2)!}{N_1! N_2!} [\overline{r}_0^3 J(\overline{T}^*, \overline{v}^*)]^{N_1 + N_2}, \tag{70.16}[1]$$

wo J die gleiche universelle Funktion wie für die reinen Komponenten ist. Gl. (70.16) stellt die einfachste Formulierung des Theorems der übereinstimmenden Zustände für Gemische dar. Man sieht aber leicht, daß die in Ziff. 69 formulierten Voraussetzungen zu ihrer Begründung nicht ausreichen. Sie muß daher zunächst als zusätzliche Hypothese betrachtet werden, deren Berechtigung wir in Ziff. 71 untersuchen. Wird Gültigkeit von (70.16) vorausgesetzt, so ergibt sich unmittelbar für den Konfigurationsanteil der freien Energie nach GIBBS

$$\frac{G_\tau}{kT(N_1 + N_2)} = \eta(\overline{T}^*, \overline{P}^*) - 3 \ln \overline{r}_0 + x_1 \ln x_1 + x_2 \ln x_2. \tag{70.17}$$

Diese Gleichung zeigt unmittelbar, daß für $x_1 \to 1$ oder $x_2 \to 1$ die Theorie auf die (im Sinne des Theorems der übereinstimmenden Zustände) exakten Gleichungen für die reine Komponente 1 oder 2 reduziert. Andererseits kann die Funktion $\eta(\overline{T}^*, \overline{P}^*)$ für jedes Wertepaar $\overline{T}^*, \overline{P}^*$ aus experimentellen Daten für die reinen Komponenten erhalten werden, da jedem Zustand der Mischung durch die Gl. (70.9) und (70.15) ein Zustand der reinen Komponenten zugeordnet ist.

Aus Gl. (70.15) erhält man sofort für den Zusatzterm der freien Energie der Mischung (für $P \to 0$)

$$\frac{\Delta G_m^E}{kT} = \eta(\overline{T}^*) - x_1 \eta(T_{11}^*) - x_2 \eta(T_{22}^*) - 3[\ln \overline{r}_0 - x_1 \ln r_{011} - x_2 \ln r_{022}]. \tag{70.18}$$

---

[1] Wir schließen uns mit dieser Formulierung an [18] an. Sie bedeutet eine von der sonst hier benutzten etwas abweichende Definition des Konfigurationsintegrals Q_τ, die wir lediglich in dieser Ziffer verwenden.

Um explizite Formeln zu erhalten, benutzt man die Entwicklung

$$\frac{\Delta G_m^E}{kT} = \sum_{m=1}^{\infty} \frac{\eta_{11}^{(m,0)}}{m!\, T_{11}^{*m}} \left[\left(\frac{T_{11}^*}{\bar{T}^*} - 1\right)^m - x_2\left(\frac{T_{11}^*}{T_{22}^*} - 1\right)^m\right] + \\ + 3 \sum_{m=1}^{\infty} \frac{(-1)^m}{m} \left[\left(\frac{\bar{r}_0}{r_{011}} - 1\right)^m - x_2\left(\frac{r_{022}}{r_{011}} - 1\right)^m\right], \Bigg\} \quad (70.19)$$

wo

$$\eta_{11}^{(m,0)} = \left[\frac{\partial^m \eta}{\partial (1/T^*)^m}\right]_{T^* = T_{11}^*,\, P^* = 0} \qquad (70.20)$$

ist. Man erhält bis zur zweiten Ordnung

$$\frac{\Delta G_m^E}{x_1 x_2} = h_1 (2\Theta - 18\varrho^2) + T C_{p1}(\delta^2 - 4\Theta\, \delta x_2 - 4\Theta^2 x_1 x_2) - \\ - 3kT \varrho \left[\frac{19}{4}\varrho + \Theta(x_1 - x_2) + \frac{1}{2}\delta\right], \Bigg\} \quad (70.21)$$

$$\frac{\Delta H_m}{x_1 x_2} = (h_1 - T C_{p1})(2\Theta - 18\varrho^2) - \frac{1}{2} T^2 \frac{dC_{p1}}{dT}(\delta^2 - 4\Theta\, \delta x_1 - 4\Theta^2 x_1 x_2), \quad (70.22)$$

$$\frac{\Delta S_m^E}{x_1 x_2} = - C_{p1}(2\Theta - 18\varrho^2) - \frac{1}{2}\left(C_{p1} + T\frac{dC_{p1}}{dT}\right) \times \\ \times (\delta^2 - 4\Theta\, \delta x_1 - 4\Theta^2 x_1 x_2) + 3k\varrho\left[\frac{19}{4}\varrho + \Theta(x_1 - x_2) + \frac{1}{2}\delta\right], \Bigg\} \quad (70.23)$$

$$\frac{\Delta V_m}{x_1 x_2} = v_1 \varrho\left[\frac{13}{4}\varrho + \Theta(x_1 - x_2) + \frac{1}{2}\delta\right] + T\frac{dv_1}{dT}\left[-2\Theta - \\ - \delta^2 + 4\Theta\,\delta x_1 + 4\Theta^2 x_1 x_2 + 18\varrho^2 + 3\varrho\,\delta - 6\varrho\,\Theta\, x_2\right] + \\ + \frac{1}{2} T^2 \frac{d^2 v_1}{dT^2}\left[-\delta^2 + 4\Theta\,\delta x_2 + 4\Theta^2 x_1 x_2\right], \Bigg\} \quad (70.24)$$

wo C_{p1} die Molekülwärme bei konstantem Druck ($P \to 0$) der Komponente 1, h_1 deren partielle molekulare Enthalpie und v_1 deren partielles Molekülvolumen ist. Man verifiziert leicht, daß die Terme erster Ordnung in den vorstehenden Gleichungen identisch sind mit den aus der Theorie der konformen Lösungen berechneten (Ziff. 69). Die Vorzeichenaussagen stimmen für den Fall $\varrho = 0$ überein mit den aus der Theorie des freien Volumens abgeleiteten (Ziff. 68). Für den dort nicht behandelten Fall

$$\Theta = \delta = 0, \quad \varrho \neq 0 \qquad (70.25)$$

ergibt sich jetzt

$$\Delta G_m^E > 0, \quad \Delta H_m > 0, \quad \Delta S_m^E > 0, \quad \Delta V_m > 0. \qquad (70.26)$$

Wenn für die in Ziff. 68 erörterten Fälle $\varrho \neq 0$ ist, können unter Umständen mit zunehmendem ϱ einige oder alle Zusatzterme das Vorzeichen wechseln.

Ähnliche Theorien sind fast gleichzeitig von RICE[1] und SCOTT[2] entwickelt worden. Für die verschiedenen Verfeinerungen der Theorie und den ausführlichen Vergleich mit den experimentellen Daten müssen wir auf die zitierte Literatur und [18] verweisen. Wir geben hier lediglich einige typische Beispiele.

Wenn wir Gültigkeit der Gln. (68.61) und (68.62) voraussetzen, so ist nach Gl. (70.24) das Vorzeichen des Mischungsvolumens durch die Werte der Parameter δ und ϱ bestimmt. In Tabelle 28 sind für eine größere Zahl von binären

---

[1] S.A. RICE: J. Chem. Phys. **24**, 357, 1283 (1956).
[2] R.L. SCOTT: J. Chem. Phys. **25**, 193 (1956).

Systemen die theoretischen Voraussagen und die experimentellen Ergebnisse nach Angaben von PRIGOGINE [18] und SCOTT[1] zusammengestellt. Eine Diskrepanz zwischen Theorie und Experiment tritt nur in zwei Fällen auf. Die Tatsache, daß n-Pentan—Äthylbenzol eine Abweichung zeigt, während n-Hexan—Äthylbenzol die theoretische Voraussage erfüllt, weist jedoch darauf hin, daß die Übereinstimmung nicht in allen Fällen als Bestätigung der Theorie bewertet werden kann.

Tabelle 29 gibt die thermodynamischen Funktionen (für $x_1 = 0,5$) der Systeme Benzol—CCl_4, Cyclohexan—CCl_4, Benzol—Cyclohexan. Es sind die von SCOTT[1] nach einer der obigen äquivalenten und einer verfeinerten (two liquid model) Theorie berechneten Werte zusammen mit den experimentellen Daten (die ebenfalls der Scottschen Arbeit entnommen wurden) aufgeführt. Für das System Cyclohexan—CCl_4, das den Voraussetzungen der Theorie am besten entspricht, ergibt die verfeinerte Theorie eine halbquantitative Übereinstimmung, während die in dieser Ziffer entwickelte einfache Formulierung unbrauchbare Ergebnisse liefert. Bei den Systemen, die Benzol enthalten, kann von Übereinstimmung überhaupt keine Rede sein. Auch ist das Bild sehr uneinheitlich; einzelne Größen werden besser von der einfachen Form, andere besser von der verfeinerten Form wiedergegeben. Am größten sind die Diskrepanzen wieder für das System Benzol—Cyclohexan. Es ist daher kaum daran zu zweifeln, daß die für das Vorzeichen des Mischungsvolumens gefundene Übereinstimmung rein zufällig ist und die Theorie auf dieses System nicht angewendet werden kann.

Tabelle 28. *Vorzeichen des Mischungsvolumens für flüssige Gemische.* Nach Angaben von SCOTT [J. Chem. Phys. **25**, 193 (1956) und PRIGOGINE [18].]

System	ΔV_m theor	ΔV_m exp
Neopentan—CCl_4	<0	<0
Neopentan—Cyclohexan	<0	<0
Neopentan—Benzol	<0	<0
n-Pentan—o-Xylol	>0	<0
n-Pentan—Äthylbenzol	>0	<0
n-Hexan—Äthylbenzol	<0	<0
n-Hexan—Trichlorbenzol	<0	<0
Benzol—Cyclohexan	>0	>0
Benzol—CCl_4	>0	>0
Cyclohexan—CCl_4	>0	>0
Benzol—CS_2	>0	>0
Cyclopentan—Cyclohexan	>0	>0

Tabelle 29. *Thermodynamische Funktionen flüssiger Gemische für $x_1 = 0,5$.* I. Single liquid model. II. Two liquid model. III. Experimentelle Werte. [Entnommen aus R.L. SCOTT: J. Chem. Phys. **25**, 193 (1956).]

System	ΔG_m^E cal/mol			ΔH_m cal/mol			$T \Delta S_m^E$ cal/mol			$\Delta V_m/v_1$ $\times 10^2$		
	I.	II.	III.	I.	II.	III.	I.	II.	III.	I.	II.	III.
CCl_4—Benzol	20	10	19	32	16	26	12	6	7	0,21	0,09	0,015
CCl_4—Cyclohexan	46	23	17	77	38	35	31	15	18	0,61	0,28	0,16
Cyclohexan—Benzol	126	63	74	210	105	176	84	42	102	1,54	0,68	0,65

In Tabelle 30 sind schließlich noch die thermodynamischen Funktionen (für $x_1 = 0,5$) einiger einfacher Systeme zusammengestellt, bei denen man annehmen kann, daß die Voraussetzungen der Theorie einigermaßen erfüllt sind. Alle Daten wurden der Monographie von PRIGOGINE [18] entnommen. Man bemerkt, daß in mehreren Fällen die theoretischen Werte stark von der Wahl der Bezugssubstanz abhängen. Der Vergleich des Mittelwertes mit den experimentellen Daten wird von PRIGOGINE [18] selbst als rohe Näherung bezeichnet. Auch wenn man

---

[1] Siehe Fußnote 2 auf S. 363.

von dieser Problematik absieht, kann im ganzen nur von halbquantitativer Übereinstimmung gesprochen werden.

Tabelle 30. *Thermodynamische Funktionen einfacher flüssiger Gemische für $x_1 = 0,5$ nach der Theorie des Durchschnittspotentials (two liquid model). I. Komponente 1 als Bezugssubstanz. II. Komponente 2 als Bezugssubstanz. III. Experimentelle Werte. Alle Daten nach* PRIGOGINE [18].

System	ΔG_m^E cal/mol			ΔH_m cal/mol			$T \Delta S_m^E$ cal/mol			ΔV_m cm³		
	I.	II.	III.	I.	II.	III.	I.	II.	III.	I.	II.	III.
CO–CH$_4$	32	19	28	—	—	—	—	—	—	−1,2	−0,1	−0,3
Neopentan-Cyclohexan	66	49	44	—	—	—	—	—	—	−1,8	−0,55	−1,1
Neopentan–CCl$_4$	84	75	76	71	—	75	−13	−4	−1	−2,2	−0,5	−0,5
Cyclohexan–CCl$_4$	24	—	17	42	—	35	18	—	18	0,32	—	0,16
CCl$_4$–SiCl$_4$	19	—	20	27	—	32	8	—	13	0,1	—	0,02

71. Das Theorem der übereinstimmenden Zustände für Vielkomponentensysteme. Wir wollen nun im Anschluß an KIRKWOOD u. Mitarb.[1,2] die Grundlagen der in Ziff. 70 entwickelten Theorie näher untersuchen. Wir betrachten ein fluides System aus m Komponenten und bezeichnen mit N_s die Molekülzahl der Komponente s. Der Einfachheit halber nehmen wir von vornherein an, daß die Verteilungsfunktion der inneren Freiheitsgrade absepariert werden kann. Wir beschränken uns daher auf die Betrachtung der Schwerpunktstranslation und schreiben das Konfigurationsintegral in der Form

$$Q_\tau = \int \cdots \int e^{-\frac{U}{kT}} dq_1 \ldots dq_N, \qquad (71.1)$$

wo

$$\sum_{s=1}^{m} N_s = N \qquad (71.2)$$

ist. Gegenüber dem Einkomponentensystem besteht die zusätzliche Schwierigkeit bei der Berechnung von (71.1) darin, daß der Integrand nicht nur von der Konfiguration als solcher, sondern, für gegebene Konfiguration, noch von der Spezifizierung der Moleküle abhängt. Wir zeigen nun zunächst, daß sich (71.1) durch eine geeignete Transformation auf die für ein Einkomponentensystem charakteristische Form bringen läßt. Dazu ordnen wir jedem Positionsvektor einen Satz von Besetzungsparametern $\xi_i^1, \ldots, \xi_i^m$ zu, die definiert sind durch die Festsetzung

$$\xi_i^s = \begin{cases} 1, & \text{wenn ein Molekül der Sorte } s \text{ sich in } \boldsymbol{q}_i \text{ befindet}, \\ 0 & \text{in allen übrigen Fällen}. \end{cases} \qquad (71.3)$$

Den vollständigen Satz $\xi_1^1, \ldots, \xi_N^1, \ldots, \xi_1^m, \ldots, \xi_N^m$ bezeichnen wir mit $\boldsymbol{\xi}$. Die Konfiguration des Systems ist dann vollständig bestimmt durch $\boldsymbol{q}$ und $\boldsymbol{\xi}$, wo $\boldsymbol{q}$ der Ortsvektor im Konfigurationsraum des Systems ist. Mit der üblichen Annahme von Zweikörper-Zentralkräften kann jetzt die potentielle Energie geschrieben werden

$$U(\boldsymbol{q}, \boldsymbol{\xi}) = \sum_{i<j} \sum_{s=1}^{m} \sum_{t=1}^{m} \xi_i^s \xi_j^t u_{st}(r_{ij}). \qquad (71.4)$$

---
[1] Z.W. SALSBURG, P.J. WOJTOWICZ u. J.G. KIRKWOOD: J. Chem. Phys. **26**, 1533 (1957).
[2] P.J. WOJTOWICZ, Z.W. SALSBURG u. J.G. KIRKWOOD: J. Chem. Phys. **27**, 505 (1957).

In den Summierungen über s und t ist wegen (71.3) jeweils nur der Term von Null verschieden, welcher die Wechselwirkung zwischen den tatsächlich in i und j befindlichen Molekülen darstellt. Es ist zu beachten, daß das Konfigurationsintegral selbst nicht von $\boldsymbol{\xi}$ abhängt. Ein spezifizierter Satz $\boldsymbol{\xi}$ bedeutet nämlich einfach die Identifizierung jeder Integrationsvariablen mit einem bestimmten Molekültyp. Da aber alle Integrationen über das gesamte Volumen V ausgeführt werden, ist das Konfigurationsintegral unabhängig von der Reihenfolge der Integrationen und damit von $\boldsymbol{\xi}$. Formal hat man daher

$$Q_\tau = \frac{\prod_{s=1}^{m} N_s!}{N!} \sum_{\boldsymbol{\xi}}{}' \int \cdots \int e^{-\frac{U(\boldsymbol{q}, \boldsymbol{\xi})}{kT}} d\boldsymbol{q}_1 \ldots d\boldsymbol{q}_N, \qquad (71.5)$$

wo

$$\sum_{\boldsymbol{\xi}}{}' = \sum_{\xi_1^1, \ldots, \xi_N^1 = 0}^{1} \sum_{\xi_1^2, \ldots, \xi_N^2 = 0}^{1} \cdots \sum_{\xi_1^m, \ldots, \xi_N^m = 0}^{1} \qquad (71.6)$$

ist mit den Nebenbedingungen

$$\sum_{i=1}^{N} \xi_i^s = N_s \quad (s = 1, \ldots, m), \qquad (71.7)$$

$$\sum_{s=1}^{m} \xi_i^s = 1 \quad (i = 1, \ldots, N). \qquad (71.8)$$

Jeder Term der Summe liefert den gleichen Beitrag zu Q_τ. Die Gesamtzahl der Terme ist naturgemäß $N!/\prod N_s!$. Vertauschen der Reihenfolge von Integration und Summierung ergibt nun

$$Q_\tau = \int \cdots \int e^{-\frac{\Phi(\boldsymbol{q})}{kT}} d\boldsymbol{q}_1 \ldots d\boldsymbol{q}_N \qquad (71.9)$$

mit

$$e^{-\frac{\Phi(\boldsymbol{q})}{kT}} = \frac{\prod_{s=1}^{m} N_s!}{N!} \sum_{\boldsymbol{\xi}}{}' e^{-\frac{U(\boldsymbol{q}, \boldsymbol{\xi})}{kT}}. \qquad (71.10)$$

Die durch Gl. (71.10) definierte Funktion $\Phi(\boldsymbol{q})$ kann als „Pseudo-Potential" eines Einkomponentensystems betrachtet werden, da sie nicht mehr von $\boldsymbol{\xi}$ abhängt. Die Gl. (71.9) stellt daher formal das Konfigurationsintegral eines Einkomponentensystems mit der potentiellen Energie $\Phi(\boldsymbol{q})$ dar. Die Berechnung von $e^{-\frac{\Phi(\boldsymbol{q})}{kT}}$ für einen gegebenen Satz $\boldsymbol{q}$ ist mathematisch äquivalent dem kooperativen Problem eines Mischkristalls im einfachen Gittermodell, obwohl hier $\boldsymbol{q}$ nicht ein Gitter darzustellen braucht. Wir wenden die Methode der Semi-Invarianten (Ziff. 28) auf das Problem an und haben dann zunächst

$$e^{-\frac{\Phi}{kT}} = \sum_{k=0}^{\infty} \frac{M_k}{k!} \left(-\frac{1}{kT}\right)^k, \qquad (71.11)$$

wo das k-te Moment M_k durch

$$M_k = \frac{\prod_{s=1}^{m} N_s!}{N!} \sum_{\boldsymbol{\xi}}{}' U^k \qquad (71.12)$$

gegeben ist. Andererseits ist

$$\Phi = \sum_{n=1}^{\infty} \frac{\lambda_n}{n!} \left(-\frac{1}{kT}\right)^{n-1}, \qquad (71.13)$$

Ziff. 71. Das Theorem der übereinstimmenden Zustände für Vielkomponentensysteme. 367

wo die λ_n die Thieleschen Semi-Invarianten sind, die sich in einfacher Weise durch die Momente ausdrücken lassen (vgl. Ziff. 28). Man erhält für die beiden ersten Semi-Invarianten

$$\lambda_1 = M_1, \quad \lambda_2 = M_2 - M_1^2. \tag{71.14}$$

Wir beschränken uns hier auf die nullte Näherung, brechen also die Reihe (71.13) mit dem ersten (von T unabhängigen) Glied ab. Dann wird

$$\Phi = \sum_{i<j} \bar{u}(ij) \tag{71.15}$$

mit

$$\bar{u}(ij) = \sum_{s=1}^{m} \sum_{t=1}^{m} x_s x_t u_{st}(ij). \tag{71.16}$$

Diese nullte Näherung entspricht, wie in Ziff. 28 gezeigt, der Annahme einer ungeordneten Verteilung der Moleküle. Damit haben wir die erste der in Ziff. 70 eingeführten Hypothesen gerechtfertigt, daß nämlich unter der Voraussetzung ungeordneter Verteilung eine Lösung als einheitliche Flüssigkeit mit dem durch Gl. (70.1) bzw. (71.16) definierten mittleren Wechselwirkungspotential beschrieben werden kann.

Wir zeigen nun, daß für die Lösung das in Ziff. 70 eingeführte Theorem der übereinstimmenden Zustände gilt, wenn folgende Voraussetzungen erfüllt sind:

a) Die Verteilungsfunktion der inneren Freiheitsgrade läßt sich abseparieren.

b) Für die Schwerpunktsbewegung gilt die halbklassische Näherung der Statistik.

c) Alle zwischenmolekularen Wechselwirkungen lassen sich durch zweiparametrige Paar-Potentiale von der gleichen analytischen Form

$$u_{st}(r) = u_{0st}\, \varphi\!\left(\frac{r}{r_{0st}}\right) \tag{71.17}$$

darstellen.

d) Es besteht eine ungeordnete Verteilung der Moleküle.

Von diesen Voraussetzungen sind a bis c bereits im Falle der Einkomponentensysteme für die Gültigkeit des Theorems der übereinstimmenden Zustände notwendig. c stellt hier eine sinngemäße Verallgemeinerung dar, welche die Wechselwirkung zwischen ungleichen Molekülen einbezieht. Die Voraussetzung d tritt hier zusätzlich auf; sie hat kein Analogon im Falle der Einkomponentensysteme.

Aus den Voraussetzungen folgt zunächst nach (71.15), daß das Pseudopotential Φ als Summe von mittleren Paar-Potentialen darstellbar ist, und weiter, daß das mittlere Paar-Potential die Form

$$\bar{u}(r) = \bar{u}_0\, \varphi\!\left(\frac{r}{\bar{r}_0}\right) \tag{71.18}$$

hat. Wenn wir von vornherein zulassen, daß die r_{0st} untereinander verschieden sind, muß für die explizite Berechnung von $\bar{u}_0$ und $\bar{r}_0$ die analytische Form von φ vorgegeben werden. Wir wählen wieder das Lennard-Jones-(6—12)-Potential und erhalten

$$\bar{u}_0 = \frac{\left[\sum\limits_s^m \sum\limits_t^m x_s x_t u_{0st} r_{0st}^6\right]^2}{\sum\limits_s^m \sum\limits_t^m x_s x_t u_{0st} r_{0st}^{12}}, \tag{71.19}$$

$$\bar{r}_0 = \frac{\sum\limits_s^m \sum\limits_t^m x_s x_t u_{0st} r_{0st}^{12}}{\sum\limits_s^m \sum\limits_t^m x_s x_t u_{0st} r_{0st}^6}. \tag{71.20}$$

Die Gln. (70.7) und (70.8) werden unter den dort angegebenen Voraussetzungen als Spezialfälle der vorstehenden allgemeinen Beziehungen erhalten. Führen wir noch neue Koordinaten

$$\boldsymbol{q}^* = \boldsymbol{q}/\bar{r}_0 \qquad (71.21)$$

ein, so läßt sich mit Benutzung von (71.9), (71.10), (71.15) und (71.18) das Konfigurationsintegral schreiben

$$Q_\tau = \bar{r}_0^{3N} \int \cdots \int e^{-\frac{\bar{u}_0}{kT} \sum_{i<j} \varphi(r_{ij}^*)} d\boldsymbol{q}_1^* \ldots d\boldsymbol{q}_N^* = \bar{r}_0^{3N} [J(\overline{T}^*, \bar{v}^*)]^N, \qquad (71.22)$$

wo $\overline{T}^*$ und $\bar{v}^*$ durch Gl. (70.15) definiert sind.

Unter den angegebenen Voraussetzungen ist somit das Konfigurationsintegral eines Vielkomponentensystems die gleiche universelle Funktion der durch (70.15) definierten reduzierten Zustandsgrößen wie das Konfigurationsintegral eines Einkomponentensystems, wenn die reduzierten Zustandsgrößen durch (70.9) definiert werden. Wenn die Relationen

$$\frac{T_1}{u_{0_{11}}} = \frac{T}{\bar{u}_0}, \qquad \frac{v_1}{r_{0_{11}}^3} = \frac{v}{\bar{r}_0^3}, \qquad (71.23)$$

(wo der Index 1 sich jetzt auf die reine Komponente 1 bezieht), erfüllt sind, gilt

$$Q_\tau = \left(\frac{\bar{r}_0}{r_{0_{11}}}\right)^{3N} Q_{\tau 1}, \qquad (71.24)$$

und man sagt, daß die Mischung und die reine Komponente 1 sich in übereinstimmenden Zuständen befinden.

Die vorstehenden Aussagen stellen das Theorem der übereinstimmenden Zustände für Vielkomponentensysteme dar. Der Gültigkeitsbereich desselben wird indessen durch die Voraussetzung d nochmals erheblich eingeschränkt. Andererseits sieht man, daß in der Theorie der konformen Lösungen (Ziff. 68) die Voraussetzungen a bis c dem obigen Theorem der übereinstimmenden Zustände äquivalent sind, obwohl dasselbe nicht explizit formuliert und benutzt wird.

Die in dieser Ziffer durchgeführte Analyse zeigt, daß das Modell des Durchschnittspotentials in der einfachen Form (single liquid model), die wir in Ziff. 70 entwickelt haben, eine in sich konsistente Näherung darstellt, die sich streng aus den allgemeinen Gleichungen der statistischen Mechanik begründen läßt, deren Gültigkeitsbereich jedoch durch sehr stark einschränkende Voraussetzungen begrenzt wird. Wenn man aber in Gl. (71.13) zu höheren Näherungen fortschreitet, wird man auf sehr komplizierte Gleichungen geführt, und das Pseudopotential Φ läßt sich nicht mehr als Summe von mittleren Paar-Potentialen darstellen[1]. Die in Ziff. 70 erwähnte verfeinerte Form der Theorie (two liquid model) welche zwei mittlere Paar-Potentiale einführt, stellt somit jedenfalls nicht den nächsten Schritt einer systematischen Approximation dar, obwohl sie beim Vergleich mit experimentellen Daten im allgemeinen bessere Resultate ergibt.

Buff und Schindler[2] haben zur Klärung dieses Problems die Störungsrechnung mit molekularen Verteilungsfunktionen durchgeführt. In der ersten Ordnung findet man wieder das Ergebnis der Theorie der konformen Lösungen (Ziff. 69). Der zunächst sehr komplizierte Term zweiter Ordnung läßt sich mit gewissen Vernachlässigungen auf eine äußerlich einfache Form bringen. Eine exakte Entwicklung expliziter Formeln stößt jedoch auf die grundsätzliche Schwierigkeit, daß der fragliche Term entweder die molekulare Verteilungsfunk-

---

[1] Z.W. Salsburg, P. J. Wojtowicz u. J. G. Kirkwood: J. Chem. Phys. **26**, 1533 (1957).
[2] F.P. Buff u. F.M. Schindler: J. Chem. Phys. **29**, 1075 (1958).

tion $g_{12}^{(2)}$ oder (nach einer Umformung) die Funktion $g_{111}^{(3)}$ (beide für unendliche Verdünnung genommen) enthält. BUFF und SCHINDLER nehmen nun an, daß die für unendliche Verdünnung berechnete Funktion $g_{12}^{(2)}$ sich darstellen läßt als Linearkombination der Funktion $g_{11}^{(2)}$ für das reine Lösungsmittel und der entsprechenden Funktion für eine hypothetische Flüssigkeit, in der alle Paar-Potentiale 1-2-Potentiale sind. Werden die beiden Koeffizienten gleich $\frac{1}{2}$ gesetzt (arithmetisches Mittel), so erhält man, bei Vernachlässigung eines Korrekturterms, die Formeln des "two liquid model". Andererseits haben BUFF und SCHINDLER den vollständigen Term zweiter Ordnung für Argon als Bezugsflüssigkeit numerisch berechnet, wobei für die Berechnung der Funktion $g_{111}^{(3)}$ das Superpositionsprinzip (Ziff. 3)[1] und die experimentellen Daten von EISENSTEIN und GINGRICH (Ziff. 53) benutzt wurden. Die Ergebnisse stimmen recht gut mit den nach dem "two liquid model" berechneten überein. Man kann daraus schließen, daß letzteres jedenfalls nicht die exakte Form des Terms zweiter Ordnung darstellt (was mit dem Ergebnis der vorher durchgeführten Analyse übereinstimmt), daß aber die Abweichung ziemlich geringfügig ist und somit das "two liquid model" als gute Näherung für die Störungsrechnung zweiter Ordnung betrachtet werden kann.

In etwas anderer Form ist die Störungsrechnung mit molekularen Verteilungsfunktionen von MAZO[2] entwickelt worden, der ebenfalls in der ersten Ordnung das aus der Theorie der konformen Lösungen bekannte Resultat erhält, die Terme höherer Ordnung aber nicht systematisch untersucht hat. Dafür enthält diese Arbeit eine interessante Anwendung auf Gemische von Isotopen, die in naher Beziehung zu einer älteren Untersuchung von CHESTER[3] steht.

III. Lösungen starker Elektrolyte[4].

72. Natur des Problems. Allgemeine Ansätze. Die Theorie der Lösungen starker Elektrolyte nimmt innerhalb der statistischen Thermodynamik in mehrfacher Hinsicht eine Sonderstellung ein. Rein historisch betrachtet ist dieses Gebiet bereits zu einer Zeit intensiv bearbeitet worden, als im übrigen von einer Theorie der Flüssigkeiten und flüssigen Gemische noch kaum die Rede sein konnte. Es hat sich daher, unterstützt durch eine ausgedehnte experimentelle Forschung, verhältnismäßig selbständig entwickelt, so daß heute darüber eine umfangreiche Speziallitteratur existiert. Nach der physikalischen Natur des Problems handelt es sich um einen Spezialfall der elektrischen Eigenschaften der Materie, die an anderer Stelle dieses Handbuches ausführlich und in Zusammenhang besprochen werden. Eine Behandlung im Rahmen dieses Artikels kann daher von vorneherein nur den Zweck haben, die Anwendung der statistischen Mechanik auf Probleme dieser Art an einigen typischen Beispielen zu erläutern. Wir werden uns im wesentlichen auf eine moderne Darstellung der Debye-Hückelschen Theorie und eine strenge Ableitung der Grenzgesetze für das der ersteren zugrunde liegende Modell beschränken. Dies erscheint uns eher gerechtfertigt als darüber hinaus nur wenig gesicherte Ergebnisse vorliegen und klare Entwicklungslinien kaum zu erkennen sind.

Als Elektrolyte bezeichnet man bekanntlich Substanzen, deren wäßrige Lösungen (die wir im folgenden ausschließlich betrachten) den elektrischen Strom gut leiten. Es handelt sich dabei um die Stoffe, die in der Chemie als Säuren, Basen und Salze bezeichnet werden. Die Abgrenzung der „starken" Elektro-

---

[1] R. P. BUFF u. R. BROUT, J. Chem. Phys. **33**, 1417 (1960).
[2] R. M. MAZO: J. Chem. Phys. **29**, 1122 (1958).
[3] G. V. CHESTER: Phys. Rev. **100**, 446 (1955).
[4] Vgl. hierzu auch den Beitrag von DARMOIS in Band XX dieses Handbuches.

lyte ist naturgemäß nicht ganz scharf, doch können wir uns zunächst mit dem konventionellen Begriff begnügen. In erster Linie betrachten wir die Salze; auf gewisse Besonderheiten der Säuren gehen wir nicht ein. Neben der elektrischen Leitfähigkeit zeigen die Lösungen starker Elektrolyte auch thermodynamisch ein sehr charakteristisches Verhalten. Bei niedrigmolekularen Lösungen von Nichtelektrolyten sind die Abweichungen von den Grenzgesetzen für unendliche Verdünnung bis herauf zu Konzentration von 0,1 mol/l, häufig sogar bis 1 mol/l, so gering, daß sie für die meisten Zwecke vernachlässigt werden können; die Lösungen starker Elektrolyte zeigen dagegen schon bei den niedrigsten Konzentrationen so starke Abweichungen, daß eine unmittelbare Anwendung der Grenzgesetze nicht mehr in Betracht kommt.

Den Schlüssel für die Erklärung der angeführten Eigenschaften liefert die Hypothese von ARRHENIUS[1], daß die Elektrolyte in wäßriger Lösung mehr oder weniger stark in elektrisch geladene Ionen dissoziieren. Diese Auffassung ist heute experimentell völlig gesichert und bedarf keiner Diskussion mehr. Dagegen läßt sich die Frage nach dem Grade der Dissoziation nicht allgemein beantworten. Sie erfordert in jedem Falle eine gründliche Untersuchung der thermodynamischen, elektrischen und optischen Eigenschaften des Systems. Wir setzen im folgenden voraus, daß die Dissoziation vollständig ist, d.h. daß außer dem Lösungsmittel (Wasser) nur Ionen anwesend sind. Vom Standpunkt der Theorie kann diese Annahme als Definition der starken Elektrolyte betrachtet werden. Dieselbe ist

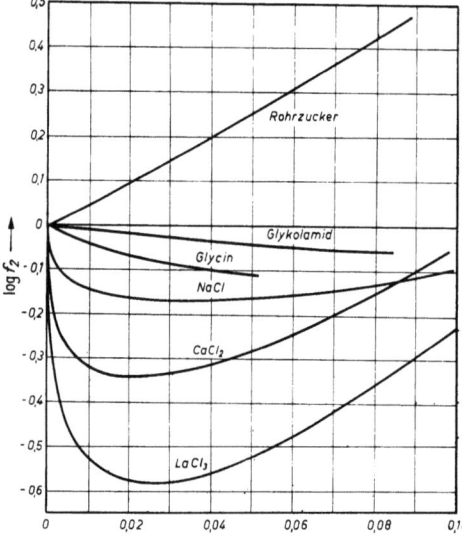

Fig. 105. Aktivitätskoeffizienten verschiedener Elektrolyte und Nichtelektrolyte. [Entnommen aus R.A. ROBINSON u. R.H. STOKES: Electrolyte Solutions, S. 223. London 1955.]

naturgemäß erheblich enger als der Sprachgebrauch der experimentellen Elektrochemie. Systeme, die in nicht zu konzentrierten Lösungen die erwähnte Voraussetzung hinreichend genau erfüllen, sind vor allem die Halogenide und Perchlorate der Alkalimetalle, Erdalkalimetalle und einiger Übergangsmetalle.

Der charakteristische Unterschied im thermodynamischen Verhalten der Lösungen von Elektrolyten und Nichtelektrolyten läßt sich in einfacher Weise mit Hilfe der Aktivitätskoeffizienten veranschaulichen. Da die Aktivitätskoeffizienten der einzelnen Ionensorten für sich keine thermodynamische Bedeutung besitzen, führt man nach LEWIS und RANDALL[2] den „mittleren Aktivitätskoeffizienten" des Elektrolyten ein. Nehmen wir an, daß der Elektrolyt in ν^+ positive Ionen der Wertigkeit z_+ und in ν_- negative Ionen der Wertigkeit z^- dissoziiert, so gilt

$$\nu_+ z_+ + \nu_- z_- = 0, \tag{72.1}$$

und der mittlere Aktivitätskoeffizient $f_\pm$ ist definiert durch die Gleichung

$$f_\pm^{\nu_+ + \nu_-} = f_+^{\nu_+} f_-^{\nu_-}. \tag{72.2}$$

---

[1] S. ARRHENIUS: Z. phys. Chem. **1**, 631 (1887).
[2] G.N. LEWIS u. M. RANDALL: Thermodynamik (deutsch von O. REDLICH), Wien 1927.

Fig. 105 zeigt den Verlauf der Aktivitätskoeffizienten für einige typische Beispiele. Man sieht, daß die Elektrolyte schon in den verdünntesten Lösungen außerordentlich starke, mit der Wertigkeit zunehmende Abweichungen vom idealen Verhalten zeigen. Die Erklärung dieser auffallenden Eigenschaften (die früher als Anomalien der starken Elektrolyte bezeichnet wurden) stellt das physikalische Problem der statistischen Theorie der Lösungen starker Elektrolyte dar.

Bei den bisher in diesem Artikel besprochenen Anwendungen der statistischen Mechanik haben wir stets angenommen, daß zwischen den Molekülen nur Kräfte kurzer Reichweite wirken. Die sachliche Sonderstellung der Theorie der Lösungen starker Elektrolyte beruht vor allem darauf, daß diese Annahme hier aufgegeben werden muß, da zwischen den Ionen die weitreichenden Coulombschen Kräfte auftreten. Dieser Sachverhalt bedingt die charakteristischen Schwierigkeiten des Problems. Er rechtfertigt andererseits zu einem gewissen Grade eine Näherung, welche die Grundlage aller hier zu besprechenden Theorien bildet. Im modellmäßiger Formulierung besagt dieselbe, daß die Ionen als ein „Gas" betrachtet werden, welches in ein kontinuierliches Medium der Dielektrizitätskonstanten ε eingebettet ist. Das Potential der zwischen den „Gasmolekülen" wirkenden Kräfte soll daher die Form haben

$$u(r_{ij}) = \frac{z_i z_j |e|^2}{\varepsilon r_{ij}} + u^*(r_{ij}), \tag{72.3}$$

wo e die Elementarladung ist und der zweite Term der rechten Seite neben der van der Waalsschen Anziehung die bei Überlappung der Elektronenschalen einsetzende starke Abstoßung enthält. In $u^*(r_{ij})$ sind also die Kräfte kurzer Reichweite zusammengefaßt, die nach einem fiktiven Entfernen der Ladungen übrig bleiben.

Die präzise Bedeutung dieser Näherung im Rahmen der exakten Theorie ist leicht zu übersehen. Für das Modell lautet das Konfigurationsintegral [3], [6] (in der abgekürzten Notierung der Ziff. 9)

$$\frac{Q_\tau}{N!} = \sum_{m_l} \prod_l \frac{(V b^{(0 l)})^{m_l}}{m_l!} \qquad (\sum l\, m_l = N), \tag{72.4}$$

wo m_l die Zahl der cluster aus l gelösten Molekülen ist und die $b^{(0 l)}$ die mit dem Potential (72.3) gebildeten cluster-Integrale[1] bezeichnen, in welchen also die Wechselwirkung mit Molekülen des Lösungsmittels nicht explizit auftritt. Die der Gl. (72.4) entsprechende große Verteilungsfunktion hat die Form

$$\Xi = e^{V \sum_l b^{(0 l)} \eta^l}. \tag{72.5}$$

wo η für ein Gas die Fugazität darstellt, hier aber, da es sich ja tatsächlich um eine kondensierte Phase handelt, physikalisch neu interpretiert werden muß. Nach Gl. (13.14) kann nun die große Verteilungsfunktion eines kondensierten Vielkomponentensystems geschrieben werden

$$\Xi = \Xi^* e^{V \sum_l b^{(l)}(Z^*) \eta^l}, \tag{72.6}$$

wo die mit Stern versehenen Größen sich auf einen Normalzustand der gleichen Temperatur und der gleichen Phase beziehen und

$$\eta = (Z - Z^*) \frac{\bar{\varrho}^*}{Z^*} \tag{72.7}$$

---
[1] Von den mit dem Ansatz (72.3) verknüpften Konvergenzproblemen, die für die folgende Überlegung unwesentlich sind, sehen wir hier ab. Vgl. dazu Ziff. 75.

ist. Die $b^{(l)}(Z^*)$ sind die durch Gl. (13.7) definierten verallgemeinerten cluster-Integrale für den Normalzustand. Als Normalzustand wählen wir die unendlich verdünnte Lösung und haben dann $Z_i^* = 0$ für $i \geq 2$, während für das Lösungsmittel Z_1^* dem reinen Lösungsmittel unter Normaldruck bei der betreffenden Temperatur entspricht. Wir nehmen nun an, daß das System sich im osmotischen Gleichgewicht mit reinem Lösungsmittel befindet. Dann ist $Z_1 - Z_1^* = 0$ und im Exponenten von (72.6) verschwinden alle Terme, welche clustern entsprechen, die Moleküle des Lösungsmittels enthalten. Damit wird die Exponentialfunktion formal identisch mit der in Gl. (72.5) auftretenden. Die Einführung des „Gas"-Modells mit dem Wechselwirkungspotential (72.3) bedeutet also im Rahmen der exakten Theorie eine Hypothese über das Potential der Durchschnittskraft zwischen zwei Ionen bei unendlicher Verdünnung unter der Voraussetzung osmotischen Gleichgewichts mit dem reinen Lösungsmittel. Die Potentiale u_{ij} sind somit tatsächlich Potentiale von Durchschnittskräften, die über die Dielektrizitätskonstante ε von den thermodynamischen Zustandsgrößen abhängen. Da wir aber im folgenden auch die Potentiale der Durchschnittskräfte bei endlichen Konzentrationen benötigen, behalten wir im Interesse der Einfachheit und Deutlichkeit die Notierung der Gl. (72.3) bei.

Man sieht nun leicht, daß die große Verteilungsfunktion des Modells unmittelbar auf den osmotischen Druck als Funktion der Fugazitäten, bzw. nach einer entsprechenden Transformation, der Konzentrationen führt. Wir werden auf diese Methode kurz in Ziff. 75 und 76 zurückkommen. In den meisten Untersuchungen wird die kanonische Gesamtheit benutzt, die auf Gl. (72.4) führt. Da dem Übergang von (72.4) zu (72.5) die thermodynamische Relation

$$(P - P^*)V = N(\mu - \mu^*) - (F - F^*) \tag{72.8}$$

entspricht, folgt unmittelbar, daß die Anwendung der kanonischen Gesamtheit auf das Modell die Differenz der freien Energie nach HELMHOLTZ zwischen der unendlich verdünnten Lösung unter Normaldruck und einer Lösung der betrachteten Konzentration unter dem osmotischen Überdruck Π liefert. Da wir uns im folgenden auf verdünnte Lösungen beschränken und in erster Linie die Grenzgesetze für unendliche Verdünnung untersuchen, können wir den Einfluß der Druckänderung vernachlässigen[1]. Nach dieser Erklärung werden wir im folgenden die Differenzfunktionen, in Übereinstimmung mit der Notierung für die Potentiale der Durchschnittskräfte bei unendlicher Verdünnung, nicht mehr besonders kennzeichnen. In dem gleichen Sinne werden wir, wenn es nicht auf die spezielle Unterscheidung ankommt, von der freien Energie, der Verteilungsfunktion, der potentiellen Energie usw. schlechthin sprechen.

Eine deduktive Begründung des Ansatzes (72.3) ist bisher nicht gelungen. Für große Abstände der Ionen stellt er sicher eine sehr gute Näherung dar; das gleiche gilt für extrem kleine Abstände, bei denen der zweite Term ausschlaggebend wird. Dagegen ist die Formulierung des ersten Terms für kleine Abstände der Ionen offenbar absurd. Wir werden im folgenden auf diese Frage gelegentlich zurückkommen. Schließlich ist zu beachten, daß der Ansatz (72.3) für den Normalzustand das Kirkwoodsche Superpositionsprinzip (Ziff. 6 und 10) impliziert. Es scheint indessen, daß die Vernachlässigung der Mehrkörper-Durchschnittskräfte in dem Gültigkeitsbereich des Ansatzes (72.3) ebenfalls eine gute Näherung darstellt (vgl. dazu [2]).

---

[1] Die Korrektur ist näherungsweise gegeben durch $\ln f_s = \ln f_s' - 10^{-3} v_s c$, wo f_s der in der üblichen Weise definierte Aktivitätskoeffizient v_s das partielle Molvolumen (in cm³) und c die Konzentration in mol/l ist.

[2] H. FRIEDMAN: Mol. Phys. **2**, 23 (1959).

Wir betrachten nun eine Lösung, welche insgesamt N Ionen von m Sorten, darunter N_s Ionen der Sorte s, enthält. Für die potentielle Energie des Systems können wir schreiben

$$U^{(N)} = U^* + U^{\text{el}}, \tag{72.9}[1]$$

wo der erste Term der rechten Seite die Kräfte kurzer Reichweite und U^{el} die Coulombsche Wechselwirkung enthält. Wir setzen, in Übereinstimmung mit (72.3)

$$U^{(N)} = \sum_{i<j} u_{ij} \tag{72.10}$$

mit

$$u_{ij} = u_{ij}^* + u_{ij}^{\text{el}} \tag{72.11}$$

und

$$u_{ij}^{\text{el}} = \frac{z_i z_j |e|^2}{\varepsilon\, r_{ij}}. \tag{72.12}$$

In diesen Gleichungen ist die wechselseitige Polarisation der Ionen vernachlässigt.

Das Konfigurationsintegral lautet

$$Q_\tau = \int \cdots \int e^{-\frac{U^{(N)}}{kT}} \prod_s (d\mathbf{q}_s)^{N_s}. \tag{72.13}$$

Um das Problem auf eine der expliziten Behandlung zugängliche Form zu bringen, benutzen wir die in Ziff. 5β besprochene Kirkwoodsche Methode, die, wie schon erwähnt, ursprünglich aus den Gedankengängen der Elektrolyttheorie hervorgegangen ist. Wir führen also auch hier, unter Beschränkung auf die Coulombsche Wechselwirkung, Kopplungsparameter ein und setzen

$$U^{(N)} = U^* + \sum_{i<j} a_i a_j u_{ij}^{\text{el}}, \tag{72.14}$$

wo a_i zwischen Null und Eins variieren kann. Die Verteilungsfunktion hängt dann auch von den Kopplungsparametern ab in der Weise, daß jeweils das Ion i den Bruchteil a_i seiner vollen Ladung trägt. Wird nun angenommen, daß nur für ein bestimmtes Ion α der Kopplungsparameter von Eins verschieden ist, so kann die Wechselwirkung dieses Ions mit allen übrigen abgetrennt werden und man hat

$$U^{(N)} = U^{(N-1)} + \sum_{j=1}^{N} u_{\alpha j}^* + a_\alpha U_\alpha^{(N)} \qquad (j \neq \alpha) \tag{72.15}$$

mit

$$U_\alpha^{(N)} = \sum_{j=1}^{N} u_{\alpha j}^{\text{el}} \qquad (j \neq \alpha). \tag{72.16}$$

Geht man damit in das Konfigurationsintegral ein, so erhält man

$$Q_\tau(a_\alpha) = \int \cdots \int e^{-\frac{U^{(N-1)} + \sum_{j=1}^{N} u_{\alpha j}^* + a_\alpha U_\alpha^{(N)}}{kT}} \prod_s (d\mathbf{q}_s)^{N_s}. \tag{72.17}$$

Daraus folgt durch logarithmische Differentiation nach a_α

$$\frac{\partial \ln Q_\tau(a_\alpha)}{\partial a_\alpha} = -\frac{\overline{U_\alpha^{(N)}(a_\alpha)}}{kT} \tag{72.18}$$

---

[1] Die Sterne beziehen sich von jetzt ab nicht mehr auf den Normalzustand.

mit

$$\overline{U_\alpha^{(N)}}(a_\alpha) = \frac{\int U_\alpha^{(N)} e^{-\frac{U^{(N-1)} + \sum u_{\alpha j}^* + a_\alpha U_\alpha^{(N)}}{kT}} d\mathbf{q}}{\int e^{-\frac{U^{(N-1)} + \sum u_{\alpha j}^* + a_\alpha U_\alpha^{(N)}}{kT}} d\mathbf{q}}. \quad (72.19)$$

Wir schreiben nun die freie Energie nach HELMHOLTZ in der Form

$$F = F^* + F^{el}, \quad (72.20)$$

wo nur F^{el} von den a_i abhängt und verschwindet, wenn alle a_i Null werden. Die Größe $U_\alpha^{(N)}$ ist definitionsgemäß die Coulombsche Energie des Ions α im Felde der übrigen Ionen. Bezeichnet man also mit ψ_α das elektrische Potential an der Stelle des Ions α, vermindert um den von der Ladung dieses Ions herrührenden Anteil, so gilt nach Gl. (72.18) und (72.20)

$$\frac{\partial F^{el}}{\partial a_\alpha} = z_\alpha |e| \overline{\psi}_\alpha. \quad (72.21)$$

Führt man diese Betrachtung für alle anwesenden Ionen durch, so erhält man

$$dF^{el} = \sum_{i=1}^{N} z_i |e| \overline{\psi}_i da_i, \quad (72.22)$$

wo das Differential dF^{el} für konstante Werte der Zustandsgrößen zu verstehen ist. Da unter diesen Bedingungen dF^{el} als Funktion der Kopplungsparameter ein vollständiges Differential ist, muß gelten

$$z_\alpha \frac{\partial \overline{\psi}_\alpha}{\partial a_\beta} = z_\beta \frac{\partial \overline{\psi}_\beta}{\partial a_\alpha} = \cdots. \quad (72.23)$$

Diese Integrabilitätsbedingungen liefern ein Kriterium für die innere Konsistenz bei näherungsweisen Berechnungen von $\overline{\psi}_\alpha$. Der auf der Coulombschen Wechselwirkung beruhende Term der freien Energie nach HELMHOLTZ ergibt sich unmittelbar durch Integration der Gl. (72.22). Dabei geht man zweckmäßig so vor, daß man alle Ionen gleichzeitig in demselben Verhältnis auflädt. Man benötigt dann nur einen einzigen Kopplungsparameter a und erhält

$$F^{el} = \int_0^1 \sum_{i=1}^{N} z_i |e| \overline{\psi}_i da. \quad (72.24)$$

Dieser Weg zur Berechnung der thermodynamischen Funktionen wird der Debyesche Aufladungsprozeß genannt. Eine etwas andere Methode, die einfacher ist, wenn man nur die Aktivitätskoeffizienten der Ionen benötigt, haben wir in Ziff. 5β entwickelt. Nachdem wir im vorangehenden die Anwendung der Theorie auf Elektrolytlösungen erklärt haben, können wir die betreffenden Gleichungen ohne nochmalige Ableitung einfach übernehmen. Bezeichnen wir mit μ_s^{el} den Coulombschen Term des elektrochemischen Potentials der Ionensorte s, so folgt aus Gl. (5.49)

$$\mu_s^{el} = \int_0^1 z_s |e| \overline{\psi}_s(a_s) da_s. \quad (72.25)$$

Diese elegante Methode wird als Güntelbergscher Aufladungsprozeß[1] bezeichnet. Aus (5.50) erhält man als äquivalente Beziehung

$$\mu_s^{el} = \sum_{j=1}^{m} \frac{N_j}{V} \int\int_0^1 u_{sj}^{el} g_{sj}^{(2)}(a_s) d\mathbf{q}_j da_s. \quad (72.26)$$

---

[1] N. BJERRUM: Z. phys. Chem. **119**, 145 (1926).

Hier ist $g_{sj}^{(2)}$ die radiale Verteilungsfunktion für Paare aus je einem Ion der Sorten s und j, von denen das erstere den Bruchteil a_s seiner vollen Ladung trägt. Die Übereinstimmung der nach (72.24) und (72.25) erhaltenen Ergebnisse liefert ein weiteres Konsistenz-Kriterium.

Mit den vorstehenden Überlegungen haben wir das Problem auf die Berechnung des elektrischen Potentials $\bar{\psi}_s(a_s)$ oder der radialen Verteilungsfunktion $g_{sj}^{(2)}$ zurückgeführt. Diese beiden Größen sind durch Gl. (5.47) miteinander verknüpft. Für Coulombsche Kräfte läßt sich der Zusammenhang zwischen $\bar{\psi}$ und $g^{(2)}$ noch auf einem anderen Wege ableiten.

Wir greifen wieder ein Ion α heraus und machen seinen Mittelpunkt zum Koordinatensprung. Mit $\psi(r)$ bezeichnen wir das elektrische Potential, mit $\varrho^{el}(r)$ die Ladungsdichte im Abstand r vom Ursprung. Diese beiden Größen hängen durch die Poissonsche Gleichung

$$\Delta \psi(r) = -\frac{4\pi}{\varepsilon} \varrho^{el}(r) \tag{72.27}$$

miteinander zusammen. In atomaren Dimensionen hat diese aus der Kontinuumstheorie abgeleitete Beziehung offenbar nur einen Sinn, wenn wir für die auftretenden Funktionen Mittelwerte einsetzen. Bilden wir den Mittelwert von $\psi(r)$ bei festgehaltenem Ion α über alle Konfigurationen der übrigen Ionen, so können wir diese Größe in Anlehnung an die in Ziff. 8 gebrauchte Notierung mit $^\alpha\bar{\psi}(r)$ bezeichnen. Der in gleicher Weise gebildete Mittelwert der Ladungsdichte ist durch die radialen Verteilungsfunktionen gegeben gemäß

$$^\alpha\bar{\varrho}^{el}(r) = \sum_{s=1}^{m} \frac{z_s |e| N_s}{V} g_{\alpha s}^{(2)} \tag{72.28}$$

mit

$$g_{\alpha s}^{(2)} = e^{-\frac{W_{\alpha s}^{(2)}}{kT}}. \tag{72.29}$$

Hier ist $W_{\alpha s}^{(2)}$ das Potential der bei festgehaltenem Ion α auf das Ion s wirkenden Durchschnittskraft. Setzt man die aufgeführten Mittelwerte in (72.27) ein, so erhält man die Poissonsche Gleichung in der Form

$$\Delta\, ^\alpha\bar{\psi}(r) = -\frac{4\pi}{\varepsilon} \sum_{s=1}^{m} \frac{z_s |e| N_s}{V} e^{-\frac{W_{\alpha s}^{(2)}}{kT}}. \tag{72.30}$$

Nach der vorstehenden Ableitung könnte man annehmen, daß Gl. (72.30) nur eine Näherung darstellt, deren Gültigkeit durch die Anwendbarkeit von Begriffen der Kontinuumstheorie auf das vorliegende Problem begrenzt wird. Tatsächlich ist diese Ansicht, die sich auch in der Literatur[1] findet, unzutreffend. Kombiniert man nämlich die Gln. (72.25) und (72.26) in einer der Gl. (5.45) entsprechenden Weise, fügt noch das Eigenpotential des Ions α hinzu und bildet die Laplacesche Ableitung, so kommt man unmittelbar auf Gl. (72.30)[2]. Diese ist somit exakt gültig; sie läßt sich aber nicht ohne weiteres lösen, da sie zwei unbekannte Funktionen von r enthält.

73. Die Debye-Hückelsche Näherung. Der erste Versuch zur Berechnung des Konfigurationsintegrals (72.13) wurde von MILNER[3] unternommen, der das

---
[1] R.H. FOWLER u. E.A. GUGGENHEIM: Statistical Thermodynamics, pp. 386, 389. Cambridge 1949.
[2] Da wir eine ähnliche Ableitung in Ziff. 75 behandeln, verzichten wir hier auf die Durchführung der Rechnung.
[3] S.R. MILNER: Phil. Mag. 23, 551 (1912).

Problem korrekt formulierte und zu einer Näherungslösung gelangte, die allerdings heute nur noch historisches Interesse besitzt. Den Ausgangspunkt der modernen Theorie der Lösungen starker Elektrolyte bildet eine von DEBYE und HÜCKEL[1] entwickelte Theorie, die zwar ebenfalls nur eine Approximation darstellt, aber für das in Ziff. 72 definierte Modell das korrekte Grenzgesetz für unendliche Verdünnung liefert. Bei der Darstellung der Theorie gehen wir von den Gleichungen der Ziff. 72 aus, um die Natur der Näherung deutlich zu machen.

Die Grundlage der Debye-Hückelschen Theorie bildet die Benutzung der Poissonschen Gleichung zur Berechnung des Potentials $^\alpha\overline{\psi}(r)$. Die wesentliche Näherungsannahme besteht darin, daß für das Potential der Durchschnittskraft gesetzt wird

$$W_{\alpha\beta}^{(2)} = z_\beta |e|{}^\alpha\overline{\psi}(r). \tag{73.1}$$

Da definitionsgemäß $W_{\alpha\beta}^{(2)} = W_{\beta\alpha}^{(2)}$ ist, folgt aus dieser Annahme, daß allgemein gelten muß

$$\frac{{}^\alpha\overline{\psi}(r)}{z_\alpha} = \frac{{}^\beta\overline{\psi}(r)}{z_\beta} = \cdots. \tag{73.2}$$

Diese Relation kann dazu dienen, die innere Konsistenz der aus der Annahme (73.1) abgeleiteten Lösungen des Problems zu prüfen. Setzen wir den Ausdruck (73.1) in Gl. (72.30) ein und schreiben zur Vereinfachung $\psi(r)$ statt ${}^\alpha\overline{\psi}(r)$, so erhalten wir

$$\Delta\psi(r) = -\frac{4\pi}{\varepsilon} \sum_{s=1}^{m} \frac{z_s|e|N_s}{V} e^{-\frac{z_s|e|\psi(r)}{kT}}. \tag{73.3}$$

Diese Gleichung wird in der Literatur gewöhnlich als Poisson-Boltzmannsche Gleichung bezeichnet. DEBYE und HÜCKEL machen nun die Voraussetzung

$$\frac{z_s|e|\psi(r)}{kT} \ll 1 \tag{73.4}$$

und entwickeln die e-Funktion in (73.3) bis zum linearen Glied[2]. Wegen der Neutralitätsbedingung

$$\sum N_s z_s = 0 \tag{73.5}$$

erhält man dann die lineare Differentialgleichung

$$\Delta\psi(r) = \varkappa^2 \psi(r) \tag{73.6}$$

mit

$$\varkappa^2 = \frac{4\pi \sum_{s=1}^{m} N_s z_s^2 |e|^2}{V\varepsilon kT}. \tag{73.7}$$

Gl. (73.6) stellt die Grundgleichung der Debye-Hückelschen Theorie dar. Die Randbedingungen für die Lösung sind, daß $\psi(r)$ im Unendlichen verschwindet und daß die elektrische Induktion $-\varepsilon\frac{\partial\psi}{\partial r}$ an der Grenze zwischen dem Ion und der Lösung stetig sein muß. Die letztere ist äquivalent der Forderung, daß die Lösung als Ganzes elektrisch neutral ist.

---

[1] P. DEBYE u. E. HÜCKEL: Phys. Z. **24**, 185 (1923).
[2] GUGGENHEIM [Disc. Faraday Soc. **24**, 53 (1957)] bezeichnet (73.4) als Debye-Hückelsche Näherung. Diese Terminologie ist irreführend. Die Debye-Hückelsche Näherung wird durch Gl. (73.1) dargestellt. Die auf (73.3) beruhende Linearisierung der Poisson-Boltzmann-Gleichung ist zwar rein mathematisch eine Näherung; im Rahmen der Theorie stellt jedoch (73.4) lediglich die Bedingung dafür dar, daß die Näherung (73.1) auf einen in sich konsistenten Formalismus führt.

Die allgemeinste kugelsymmetrische Lösung der Gl. (73.6) lautet

$$\psi(r) = A\frac{e^{-\varkappa r}}{r} + B\frac{e^{\varkappa r}}{r}. \qquad (73.8)$$

Da $\psi(r)$ im Unendlichen verschwinden soll, muß

$$B = 0 \qquad (73.9)$$

sein. Um die Konstante A zu bestimmen, nehmen wir an, daß alle Ionen starre Kugeln vom Durchmesser σ sind[1]. Es muß dann gelten

$$4\pi \int_\sigma^\infty r^2 \, {}_\alpha\overline{\varrho}^{\text{el}}(r)\, dr = -z_\alpha |e|. \qquad (73.10)$$

Aus (72.28) und (72.29) erhält man mit (73.1) und (73.4)

$${}_\alpha\overline{\varrho}^{\text{el}} = -\sum_{s=1}^m \frac{z_s^2 |e|^2 N_s}{kTV} \psi(r). \qquad (73.11)$$

Setzt man dies (73.10) ein, so wird mit Benutzung von (73.7) und (73.8)

$$A\,\varepsilon\,\varkappa^2 \int_\sigma^\infty r\, e^{-\varkappa r}\, dr = z_\alpha |e| \qquad (73.12)$$

oder

$$A = \frac{z_\alpha |e|}{\varepsilon} \frac{e^{\varkappa\sigma}}{1 + \varkappa\sigma}. \qquad (73.13)$$

Damit erhält man

$$\psi(r) = \frac{z_\alpha |e|}{\varepsilon\, r} \frac{e^{-\varkappa(r-\sigma)}}{1 + \varkappa\sigma}. \qquad (73.14)$$

Für $r = \sigma$ wird im besonderen

$$\psi(\sigma) = \frac{z_\alpha |e|}{\varepsilon\,\sigma} \frac{1}{1 + \varkappa\sigma}. \qquad (73.15)$$

Subtrahiert man hiervon den durch die Ladung des Ions α bedingten Anteil, so erhält man für die Ziff. 72 eingeführte Größe $\overline{\psi}_\alpha$ den Ausdruck

$$\overline{\psi}_\alpha = \frac{z_\alpha |e|}{\varepsilon\,\sigma}\frac{1}{1+\varkappa\sigma} - \frac{z_\alpha |e|}{\varepsilon\,\sigma} = -\frac{z_\alpha |e|}{\varepsilon} \frac{\varkappa}{1+\varkappa\sigma}. \qquad (73.16)$$

Die Funktion $\overline{\psi}_\alpha(a_\alpha)$ ergibt sich daraus, indem überall $z_\alpha |e|$ durch $a_\alpha z_\alpha |e|$ ersetzt wird.

Die Berechnung der thermodynamischen Funktionen kann nun ohne weiteres nach den Formeln der Ziff. 72 erfolgen[2]. Wir wählen hier den Debyeschen Aufladungsprozeß (72.24) und erhalten

$$F^{\text{el}} = -\sum \frac{N_s z_s^2 |e|^2 \varkappa}{\varepsilon} \int_0^1 \frac{a^2}{1 + a\varkappa\sigma}\, da \qquad (73.17)$$

oder

$$F^{\text{el}} = -\frac{\sum N_s z_s^2 |e|^2 \varkappa}{3\varepsilon}\, \tau(\varkappa\sigma), \qquad (73.18)$$

wo $\tau(x)$ die Funktion

$$\left.\begin{aligned}\tau(x) &= \frac{3}{x^3}\left[\ln(1+x) - x + \frac{1}{2}x^2\right] \\ &= 1 - \frac{3}{4}x + \frac{3}{5}x^2 - \frac{3}{6}x^3 + \frac{3}{7}x^4 - \cdots\end{aligned}\right\} \qquad (73.19)$$

---

[1] In der Literatur wird diese Größe gewöhnlich mit a bezeichnet.
[2] Den Beweis, daß die Lösung (73.16) die Integrabilitätsbedingungen (72.23) erfüllt, bringen wir in Ziff. 74.

bezeichnet. Für $\varkappa\sigma \to 0$ gilt danach $\tau(\varkappa\sigma) \to 1$. Da nach Gl. (73.7) $\varkappa$ proportional der Wurzel aus der Konzentration ist, hat man für extrem verdünnte Lösungen

$$F^{el} = -\frac{\sum N_s z_s^2 |e|^2 \varkappa}{3\varepsilon} \qquad (\varkappa \to 0). \tag{73.20}$$

Dieser Ausdruck wird gewöhnlich als das Debye-Hückelsche Grenzgesetz bezeichnet. Der Parameter σ kommt in dieser Gleichung nicht mehr vor.

Für den Vergleich mit den experimentellen Daten ist es zweckmäßig, an Stelle der freien Energie nach HELMHOLTZ die freie Energie nach GIBBS zu verwenden. Man gelangt dazu durch folgende Überlegung. Die durch Gl. (72.22) gegebene Größe dF^{el} ist thermodynamisch gleich der an dem System bei der Aufladung unter der Bedingung konstanten Volumens geleisteten elektrischen Arbeit. Wird die Aufladung unter konstantem Druck durchgeführt, so ändert sich infolge der endlichen Kompressibilität der Lösung das Volumen, und es muß eine zusätzliche Arbeit $-P\,dV$ geleistet werden. Man hat daher

$$dF^{el} = \sum_{i=1}^{N} z_i |e| \bar{\psi}_i \, da_i - P\,dV \qquad (P = \text{const}). \tag{73.21}$$

Daraus folgt

$$dG^{el} = dF^{el} + d(PV) = \sum_{i=1}^{N} z_i |e| \bar{\psi}_i \, da_i. \tag{73.22}$$

Für die Integration muß grundsätzlich beachtet werden, daß in $\varkappa$ das Volumen auftritt, welches sich nun bei der Aufladung ändert. Tatsächlich ist dieser Effekt aber so klein, daß er völlig vernachlässigt werden kann. Man erhält daher

$$G^{el} = -\frac{\sum N_s z_s^2 |e|^2 \varkappa}{3\varepsilon} \tau(\varkappa\sigma), \tag{73.23}$$

wo $\tau(x)$ wieder durch Gl. (73.19) gegeben ist.

Aus Gl. (73.23) bekommt man sofort für den Coulomb-Term im elektrochemischen Potential des Wassers

$$\mu_1^{el} = \frac{\partial G^{el}}{\partial \varkappa} \frac{\partial \varkappa}{\partial V} \frac{\partial V}{\partial N_1} = \frac{\sum N_s z_s^2 |e|^2}{3\varepsilon} \frac{\varkappa}{2V} v_1 \varphi(\varkappa\sigma), \tag{73.24}$$

wo v_1 das partielle Molekülvolumen des Wassers bezeichnet und die Funktion $\varphi(x)$ durch

$$\left.\begin{array}{l}\varphi(x) = \dfrac{3}{x^3}\left[1 + x - \dfrac{1}{1+x} - 2\ln(1+x)\right] \\[4pt] = 1 - 3\cdot\dfrac{2}{4}x + 3\cdot\dfrac{3}{5}x^2 - 3\cdot\dfrac{4}{6}x^3 + 3\cdot\dfrac{5}{7}x^4 - \cdots\end{array}\right\} \tag{73.25}$$

definiert ist. Da, wie wir noch näher erörtern werden, eine Anwendung der Formeln ohnehin nur für sehr verdünnte Lösungen in Betracht kommt, kann zur Berechnung des osmotischen Koeffizienten die Näherungsformel

$$\mu_1^{el} = (1-g)\, v_1 \frac{kT}{V} \sum_s N_s \tag{73.26}$$

verwendet werden. Man erhält dann mit Gl. (72.24)

$$1 - g = \frac{|e|^2 \varkappa}{6\varepsilon kT} \frac{\sum N_s z_s^2}{\sum N_s} \varphi(\varkappa\sigma). \tag{73.27}$$

Für den Coulomb-Term im elektrochemischen Potential eines Ions folgt aus Gl. (72.23)

$$\mu_s^{el} = -\frac{z_s^2|e|^2}{2\varepsilon}\frac{\varkappa}{1+\varkappa\sigma} + \frac{\sum N_s z_s^2|e|^2}{3\varepsilon}\frac{\varkappa}{2V}v_s\varphi(\varkappa\sigma), \qquad (73.28)$$

wo v_s das partielle Molekülvolumen der Ionensorte s ist. Der Aktivitätskoeffizient wird daher mit Benutzung von (73.7)

$$\ln f_s = -\frac{z_s^2|e|^2}{2\varepsilon kT}\frac{\varkappa}{1+\varkappa\sigma} + \frac{\varkappa^3 v_s}{24\pi}\varphi(\varkappa\sigma). \qquad (73.29)$$

Bei den Konzentrationen, für welche die Theorie überhaupt in Betracht kommt, ist $\varkappa^3 v_s \ll 1$ und somit der zweite Term der rechten Seite völlig zu vernachlässigen. Wenn wir dies tun, erhalten wir mit Gl. (72.1) und (72.2) für den mittleren Aktivitätskoeffizienten eines Elektrolyten

$$\ln f_\pm = \frac{z_+ z_- |e|^2}{2\varepsilon kT}\frac{\varkappa}{1+\varkappa\sigma}. \qquad (73.30)$$

Aus (73.27) und (73.30) ergeben sich die Grenzgesetze

$$1 - g = \frac{|e|^2\varkappa}{6\varepsilon kT}\frac{\sum N_s z_s^2}{\sum N_s} \qquad (\varkappa \to 0) \qquad (73.31)$$

und

$$\ln f_\pm = \frac{z_+ z_- |e|^2 \varkappa}{2\varepsilon kT} \qquad (\varkappa \to 0). \qquad (73.32)$$

Bevor wir die hier entwickelte Theorie mit experimentellen Daten vergleichen, wollen wir versuchen, uns eine etwas präzisere Vorstellung über den voraussichtlichen Bereich ihrer Anwendbarkeit zu verschaffen. Wir betrachten dazu konzentrische Kugelschalen um ein herausgegriffenes Ion α. Die mittlere Ladung einer solchen Schale ist nach Gl. (73.12) und (73.13)

$$-z_\alpha|e|\frac{e^{\varkappa\sigma}}{1+\varkappa\sigma}\varkappa^2 e^{-\varkappa r} r\,dr. \qquad (73.33)$$

Dieser Ausdruck hat ein Maximum an der Stelle r_{max}, die sich aus

$$\frac{d}{dr}(r e^{-\varkappa r}) = 0 \qquad (73.34)$$

ergibt. Es ist somit

$$r_{max} = 1/\varkappa. \qquad (73.35)$$

Die Größe $1/\varkappa$ wird daher als mittlere Dicke der Ionenwolke bezeichnet. Wir führen nun die „Ionenstärke" (ionic strength) I ein durch die Gleichung

$$I = \frac{10^3 \sum\limits_s N_s z_s^2}{2 N_L V}. \qquad (73.36)$$

Nach dieser Definition ist für einen 1—1-wertigen Elektrolyten die Ionenstärke numerisch gleich der Konzentration in mol/l. Für Wasser von 0° C gilt mit $\varepsilon = 88{,}23$

$$\varkappa = 0{,}324 \cdot 10^8 I^{\frac{1}{2}}\,\text{cm}^{-1}. \qquad (73.37)$$

Es wird somit

$$\frac{1}{\varkappa} = \frac{3{,}08}{I^{\frac{1}{2}}}\,\text{Å}. \qquad (73.38)$$

Aus dieser Formel ergibt sich, daß für $I = 0{,}01$ die mittlere Dicke der Ionenwolke etwa 30 Å beträgt, während sie für $I = 1$ den Wert von etwa 3 Å hat und somit dem Durchmesser eines Ions vergleichbar ist. Im letzteren Falle ist wahrscheinlich schon das der ganzen Theorie zugrunde liegende Modell, im besonderen der Ansatz (72.3), nicht mehr brauchbar. Ferner wird die schematische Darstellung aller Kräfte kurzer Reichweite durch den Parameter σ um so größere Diskrepanzen verursachen, je kleiner die mittlere Dicke der Ionenwolke ist. Es kann daher von vornherein nur erwartet werden, daß die Theorie unter der Voraussetzung $1/\varkappa \gg \sigma$ vernünftige Resultate liefert. Die Versuchsbedingungen müssen daher so gewählt werden, daß für ein herausgegriffenes Ion der wesentliche Anteil der entgegengesetzten Ladung im Mittel hinreichend weit entfernt ist. Danach kommen für den Vergleich zwischen Theorie und Experiment nur sehr verdünnte Lösungen in Betracht; die Konzentration muß um so niedriger sein, je höher die Wertigkeit der Ionen ist.

Das durchsichtigste Verfahren zur experimentellen Prüfung der Theorie würden Messungen bei so hohen Verdünnungen sein, daß bereits die Grenzgesetze

Tabelle 31. *Theoretische und experimentelle Aktivitätskoeffizienten für NaCl und Wasser.* [Entnommen aus R. A. ROBINSON u. R. H. STOKES: Electrolyte Solutions, S. 234. London 1955.]

c [Mol/l]	$-\log f_{\pm}$ experim. Werte	Gl. (73.32)	Gl. (73.30)	
			$\sigma = 4{,}8$ Å	$\sigma = 4{,}0$ Å
0,001	0,0155	0,0161	0,0153	0,0155
0,002	0,0214	0,0227	0,0212	0,0214
0,005	0,0327	0,0359	0,0323	0,0328
0,01	0,0446	0,0508	0,0439	0,0449
0,02	0,0599	0,0719	0,0588	0,0606
0,05	0,0859	0,1137	0,0841	0,0879
0,1	0,1072	0,1607	0,1073	0,1136
0,2	0,1308	0,2270	0,1333	0,1431
0,5	0,1593	0,3579	0,1697	0,1860
1,0	0,1671	0,5038	0,1967	0,2189
2,0	0,1453	0,7058	0,2215	0,2500
4,0	0,0477	0,9787	0,2427	0,2774
6,0	−0,0789	1,1727	0,2531	0,2911

(73.31) und (73.32) anwendbar sind. Dieser Weg ist indessen praktisch nicht gangbar, weil die dazu erforderlichen Verdünnungen sich experimentell nicht mehr beherrschen lassen. Beispielsweise ist für $\sigma \approx 3 \cdot 10^{-8}$ cm und $I = 10^{-2}$ $\varphi(0,1) = 0{,}866$. Für $I = 10^{-3}$ ist immer noch $\varphi = 0{,}954$. Es ist daher notwendig, von den Gln. (73.27) und (73.30) auszugehen, die den Ionendurchmesser σ enthalten. Es liegt in der Natur der Sache, daß diese Größe als adjustierbarer Parameter behandelt werden muß, bei dem man, ähnlich wie im Falle der Energieparameter des Gittermodells (Ziff. 65 bis 67) nur fragen kann, ob die Größenordnung der Werte vernünftig ist. Für den Vergleich mit experimentellen Daten wählen wir das System NaCl—Wasser, da dieses gewissermaßen den Prototyp der Lösungen starker Elektrolyte darstellt und zusätzliche Komplikationen (Assoziation, unvollständige Dissoziation usw.) nicht zu erwarten sind. In Tabelle 31 sind die experimentellen mit den nach Gl. (73.30) und (73.32) berechneten mittleren Aktivitätskoeffizienten des NaCl zusammengestellt. Man sieht daraus einmal die deutliche Annäherung der experimentellen Werte an das Grenzgesetz, so daß dieses wenigstens indirekt als bestätigt gelten kann. Weiter bemerkt man, daß bis zu einer Konzentration von etwa 0,02 mol/l die experimentellen Daten von der Theorie mit $\sigma = 4{,}0$ Å sehr genau wiedergegeben werden. Bei höheren Konzentrationen treten rasch zunehmende Abweichungen auf. Mit dem Werte $\sigma = 4{,}8$ Å kann man eine leidliche Übereinstimmung bis zu einer Konzentration von etwa 0,1 mol/l erzielen. Die angegebenen Zahlen für den mittleren Ionendurchmesser sind zwar nicht unerheblich größer als der aus dem NaCl-Kristall berechnete Wert von 2,79 Å [1,2]. Da aber der Ionendurchmesser nur größenordnungsmäßig als eine Eigenschaft des Ions angesehen werden kann, während der genaue Zahlenwert von dem jeweiligen System und der Art der Berechnung abhängt, kann die Übereinstimmung als ausreichend betrachtet werden. Man darf daher sagen, daß die Debye-Hückelsche Theorie für verdünnte Lösungen von NaCl in Wasser experimentell gut bestätigt wird.

In einer Reihe von Fällen liegen die Verhältnisse allerdings wesentlich ungünstiger, da man hier zur Anpassung an die experimentellen Daten σ-Werte benötigt, die nicht nur kleiner als die aus den Kristallgittern ermittelten Zahlen, sondern manchmal sogar ≤ 0 sind. Nach den obigen Ergebnissen für NaCl darf man wohl annehmen, daß in den erwähnten Fällen entweder die Voraussetzung (73.4) nicht erfüllt ist oder aber der allgemeine Ansatz der Ziff. 72 der physikalischen Situation nicht mehr angemessen ist. Für Einzelheiten muß auf die Literatur [21], [22], [23] verwiesen werden.

74. Diskussion der Debye-Hückelschen Theorie. Die experimentelle Erfahrung spricht, wie wir gesehen haben, dafür, daß die Debye-Hückelschen Grenzgesetze exakt gültig sind und daß die Theorie, wenn wir von der etwas undurchsichtigen Definition des Parameters σ absehen, auch im Gebiete niedriger endlicher Konzentration eine gute Näherung darstellt. Im Hinblick auf die große Bedeutung der Frage erscheint es jedoch dringend wünschenswert, dieses Ergebnis durch eine einwandfreie theoretische Deduktion zu stützen. Die ursprüngliche Theorie von DEBYE und HÜCKEL ist im wesentlichen das Ergebnis einer genialen Intuition und läßt sich für eine deduktive Begründung kaum verwenden. Die Darstellung, die wir in Ziff. 73 gegeben haben, läßt zwar erkennen, *welche* Näherungen eingeführt werden; das Wesen dieser Näherungen bleibt aber auch hier unklar. Die strengere Analyse des Problems geht vor allem auf die Arbeiten von KRAMERS[3], FOWLER[4], ONSAGER[5,6] und KIRKWOOD[7,8] zurück. Sie hat in neuerer Zeit durch die Untersuchungen von J.E. MAYER[9] sowie KIRKWOOD und POIRIER[10] einen gewissen Abschluß erfahren, der die Gültigkeit der Grenzgesetze in vollem Umfange bestätigt. Dieser Beweis erfordert indessen eine völlige Loslösung von den Ansätzen der Debye-Hückelschen Theorie. Wir werden darauf in Ziff. 75 eingehen und beschränken uns hier zunächst darauf, die innere Konsistenz der Debye-Hückelschen Näherung nachzuweisen und die Natur derselben, soweit dies ohne allgemeinere Formulierungen möglich ist, kurz zu besprechen.

Von den verschiedenen in Ziff. 72 und 73 abgeleiteten Konsistenzkriterien haben wir zunächst die Gl. (73.2) zu betrachten, die bereits die grundlegende Näherung (73.1) voraussetzen und sich also auf die Frage beziehen, ob die danach eingeführten weiteren Näherungen in sich konsistent sind. Aus Gl. (73.14) folgt unmittelbar, daß dies der Fall ist, da $\overline{\alpha \psi}(r)$ proportional zu z_α ist und somit die Gl. (73.2) erfüllt sind. Als nächstes ist die Erfüllung der Integrabilitätsbedingungen

---
[1] LANDOLT-BÖRNSTEIN, Zahlenwerte und Funktionen, Bd. I/4a. Berlin 1955.
[2] Die angeführte Zahl ist die Summe der von GOLDSCHMIDT berechneten Werte für die Radien des Na$^+$- und des Cl$^-$-Ions.
[3] H.A. KRAMERS: Proc. Acad. Sci. Amsterd. 30, 145 (1927).
[4] R.H. FOWLER: Trans. Faraday Soc. 23, 434 (1927).
[5] L. ONSAGER: Phys. Z. 28, 277 (1927).
[6] L. ONSAGER: Chem. Rev. 13, 73 (1933).
[7] J.G. KIRKWOOD: J. Chem. Phys. 2, 767 (1934).
[8] J.G. KIRKWOOD, Chem. Rev. 19, 275 (1936).
[9] J.E. MAYER: J. Chem. Phys. 18, 1426 (1950).
[10] J.G. KIRKWOOD and J.C. POIRIER: J. Phys. Chem. 58, 591 (1954).

(72.23) zu prüfen. Dazu schreiben wir die Gl. (73.7) als Funktion der a_i

$$\varkappa^2(a_i) = \frac{4\pi \sum_{i=1}^{N} a_i^2 z_i^2 |e|^2}{V \varepsilon kT} . \tag{74.1}$$

Daraus folgt

$$\frac{\partial \varkappa(a_i)}{\partial a_\beta} = \frac{4\pi a_\beta z_\beta^2 |e|^2}{\varkappa(a_i) \varepsilon kT} . \tag{74.2}$$

Mit Benutzung dieser Formel erhält man aus Gl. (73.16)

$$z_\alpha \frac{\partial \bar{\psi}_\alpha}{\partial a_\beta} = -\frac{a_\alpha z_\alpha^2 |e|^2}{\varepsilon} \frac{4\pi a_\beta z_\beta^2 |e|^2}{\varkappa(a_i) \varepsilon kT} \frac{1}{[1+\varkappa(a_i) \sigma]^2} . \tag{74.3}$$

Der Ausdruck auf der rechten Seite ist vollkommen symmetrisch in α und β, so daß (72.23) automatisch erfüllt ist. Schließlich berechnen wir noch den Aktivitätskoeffizienten der Ionensorte s mit Hilfe des Güntelbergschen Aufladungsprozesses. Dabei ist zu beachten, daß die Äquivalenz dieses Prozesses mit dem Debyeschen Aufladungsprozeß bisher nur für Aufladung bei konstantem Volumen nachgewiesen worden ist, während der Berechnung der Aktivitätskoeffizienten eine Aufladung bei konstantem Druck zugrunde liegt. Die Gl. (72.25) kann daher nicht ohne weiteres angewendet werden. Der Coulomb-Term des elektrochemischen Potentials läßt sich zwar auch jetzt nach dem gleichen Prinzip direkt berechnen; es sind aber zwei zusätzliche Effekte dabei zu berücksichtigen. Betrachtet man nämlich μ_s^{el} als die unter konstantem Druck beim Einbringen eines Ions s in die Lösung zu leistende elektrische Arbeit, so kann der Prozeß in zwei Teilschritte zerlegt werden:

1. Einbringen des ungeladenen Ions in die Lösung.
2. Aufladung des Ions von der Ladung Null auf die Ladung $z_s |e|$.

Der Teilschritt 1 ist mit einer Volumenänderung und dadurch mit einer elektrischen Arbeit gegen die Coulombschen Kräfte gegen die in der Lösung vorhandenen Ionen verknüpft. Diese entspricht dem zweiten Term auf der rechten Seite der Gl. (73.28). Der Beitrag des Teilschrittes 2 ist durch die rechte Seite der Gl. (72.25) gegeben, wobei aber das Integral jetzt für konstanten Druck auszuführen ist. Das in $\varkappa$ auftretende Volumen wird damit eine Funktion der Integrationsvariablen a_s, wie es auch bei der Integration der Gl. (73.22) der Fall war. Bei der vorhergehenden Berechnung der Aktivitätskoeffizienten haben wir beide Effekte vernachlässigt. Wir müssen daher, um vergleichbare Resultate zu erhalten, jetzt in der gleichen Weise verfahren. Damit kommen wir schließlich auf die unmittelbare Anwendung der Gl. (72.25) mit $V=$const zurück. Durch Einsetzen von (73.16) in (72.25) erhält man[1]

$$\mu_s^{el} = -\frac{z_s^2 |e|^2}{\varepsilon} \frac{\varkappa}{1+\varkappa\sigma} \int_0^1 a_s \, da_s = -\frac{z_s^2 |e|^2 \varkappa}{2\varepsilon(1+\varkappa\sigma)} . \tag{74.4}$$

Es wird somit

$$\ln f_s = -\frac{z_s^2 |e|^2}{2\varepsilon kT} \frac{\varkappa}{1+\varkappa\sigma} , \tag{74.5}$$

was mit Gl. (73.29) übereinstimmt, da dort der zweite Term der rechten Seite vernachlässigt werden kann. Damit haben wir nach verschiedenen Methoden gezeigt, daß die Debye-Hückelsche Näherung jedenfalls in sich selbst konsistent ist.

---

[1] Der Term $a_s^2 z_s^2 |e|^2$ in $\varkappa^2$ kann vernachlässigt werden.

Für das Verständnis des Wesens der Debye-Hückelschen Näherung sind die Gl. (73.2) von Bedeutung. Diese Beziehungen würden, wie ONSAGER[1] bemerkt hat, exakt gelten, wenn die mittlere Ladungsverteilung in der Umgebung zweier Ionen α und β im Abstand r voneinander stets die Summe der Ladungen wäre, die von den beiden Ionen getrennt induziert werden. Die von der eigenen Ladungswolke auf ein Ion ausgeübte Durchschnittskraft würde dann infolge der Symmetrie verschwinden, und die resultierende Durchschnittskraft würde dem elektrischen Potential im Abstand r von dem anderen Ion entsprechen. Das ist aber grade die Aussage der Gl. (73.1). Diese Gleichung, und damit die Poisson-Boltzmannsche Gleichung, beruht also auf der Annahme einer einfachen Superposition der Ionenwolken. Diese Annahme, die den Kern der Debye-Hückelschen Theorie bildet, ist eine sehr gute Näherung für große Verdünnung, niedrige Wertigkeiten und große Ionendurchmesser. Wir können diese Voraussetzungen formulieren

$$\frac{|z_\alpha z_\beta||e|^2 \varkappa}{\varepsilon\, kT} \ll 1, \tag{74.6}$$

$$\frac{|z_\alpha z_\beta||e|^2}{\varepsilon\, kT\, \sigma} \ll 1. \tag{74.7}$$

Man sieht leicht, daß unter diesen Bedingungen auch die Linearisierung der Poisson-Boltzmannschen Gleichung korrekt ist. Sind dagegen (74.6) und (74.7) nicht mehr erfüllt, so wird auch die Gl. (73.1) fehlerhaft. Dieser Fehler ist von der gleichen Größenordnung wie die höheren Terme der Poisson-Boltzmannschen Gleichung. Auf Grund dieser im wesentlichen von ONSAGER[1] und KIRKWOOD[2] durchgeführten Analyse erscheint eine Weiterführung der Debye-Hückelschen Theorie zu höheren Näherungen von vornherein wenig aussichtsreich. Wir werden in Ziff. 76 kurz auf diese Frage zurückkommen.

75. Strengere Begründung der Grenzgesetze. Wir geben nun im Anschluß an KIRKWOOD und POIRIER[3] eine strenge und allgemeine Begründung der Debye-Hückelschen Grenzgesetze, die außer den allgemeinen Prinzipien der statistischen Mechanik lediglich das in Ziff. 72 definierte Modell voraussetzt.

In einem System aus N Ionen betrachten wir die molekulare Verteilungsfunktion eines Unter-Satzes von n Ionen $g^{(n)}$. Für die folgenden Rechnungen ist es zweckmäßig, das entsprechende Potential der Durchschnittskraft

$$W^{(n)} = -kT \ln g^{(n)} \tag{75.1}$$

zu verwenden. Die Ionen des Unter-Satzes denken wir uns fortlaufend von 1 bis n numeriert. Um die Bezeichnungsweise zu vereinfachen, geben wir die Ionen-Sorten nicht explizit an. Es sei auch nochmals daran erinnert, daß alle Größen sich, wie in Ziff. 72 erläutert, auf den Normalzustand der unendlichen Verdünnung beziehen und daß dies in der Bezeichnungsweise nicht besonders kenntlich gemacht wird. Mit diesen Festsetzungen erhalten wir in Verallgemeinerung von Gl. (3.7)

$$e^{-\frac{W^{(n)}}{kT}} = V^n \int \cdots \int e^{\frac{F - U^{(N)}(a)}{kT}}\, d\boldsymbol{q}_{n+1} \cdots d\boldsymbol{q}_N. \tag{75.2}$$

Wir greifen nun das Ion 1 heraus und kennzeichnen alle Größen für den Fall, daß dieses Ion ungeladen, also $a_1 = 0$ ist, durch den linken oberen Index 0. Dann

---
[1] L. ONSAGER: Chem. Rev. **13**, 73 (1933).
[2] J. G. KIRKWOOD: J. Chem. Phys. **2**, 767 (1934).
[3] J. G. KIRKWOOD u. J. C. POIRIER: J. Phys. Chem. **58**, 591 (1954).

können wir schreiben

$$F - U^{(N)} = {}^0F - {}^0U^{(N)} + \mu_1^{el} - a_1 \sum_{j=2}^{n} a_j u_{1j}^{el} - a_1 U_1^{(N-n)} \quad (75.3)$$

mit

$$U_1^{(N-n)} = \sum_{j=n+1}^{N} u_{1j}^{el}. \quad (75.4)$$

Einsetzen dieses Ausdruckes in (75.2) ergibt

$$e^{-\frac{W^{(n)}}{kT}} = e^{\frac{\mu_1^{el} - {}^0W^{(n)} - a_1 \sum_{j=2}^{n} a_j u_{1j}^{el}}{kT}} \overline{\left[e^{-\frac{a_1 U_1^{(N-n)}}{kT}}\right]}_{a_1=0} \quad (75.5)$$

mit

$$\overline{\left[e^{-\frac{a_1 U_1^{(N-n)}}{kT}}\right]}_{a_1=0} = \frac{\int \cdots \int e^{-\frac{a_1 U_1^{(N-n)}}{kT}} e^{\frac{{}^0F - {}^0U^{(N)}}{kT}} dq_{n+1} \cdots dq_N}{\int \cdots \int e^{\frac{{}^0F - {}^0U^{(N)}}{kT}} dq_{n+1} \cdots dq_N}. \quad (75.6)$$

Die Größe ${}^0W^{(n)}$ ist nach der obigen Festsetzung das Potential der auf den Unter-Satz n wirkenden Durchschnittskraft für den Fall, daß das Ion 1 entladen, also $a_1 = 0$ ist. Aus Gl. (75.4) folgt sofort für $n=1$

$$e^{-\frac{\mu_1^{el}}{kT}} = \overline{\left[e^{-\frac{a_1 U_1^{(N-n)}}{kT}}\right]}_{a_1=0}. \quad (75.7)$$

Die durch Gl. (75.6) definierten Mittelwerte lassen sich mit Hilfe der schon mehrfach benutzten Thieleschen Semi-Invarianten ausdrücken (vgl. Ziff. 28 und 71).

Wir schreiben

$$x = -\frac{a_1}{kT} \quad (75.8)$$

und setzen

$$\overline{\left[e^{-x U_1^{(N-n)}}\right]}_{a_1=0} = e^{\sum_{s=0}^{\infty} \frac{x^s}{s!} \lambda_s^{(n)}}. \quad (75.9)$$

Entwicklung der Exponentialfunktion auf der linken Seite ergibt

$$\sum_{r=0}^{\infty} \frac{x^r}{r!} M_r^{(n)} = \exp\left[\sum_{s=0}^{\infty} \frac{x^s}{s!} \lambda_s^{(n)}\right] \quad (75.10)$$

mit

$$M_r^{(n)} = \frac{\int \cdots \int [U_1^{(N-n)}]^r e^{\frac{{}^0F - {}^0U^{(N)}}{kT}} dq_{n+1} \cdots dq_N}{\int \cdots \int e^{\frac{{}^0F - {}^0U^{(N)}}{kT}} dq_{n+1} \cdots dq_N}. \quad (75.11)$$

Die $M_r^{(n)}$ sind also die mit der kanonischen Verteilung für $a_1 = 0$ gebildeten Momente der Coulombschen Wechselwirkung des Ions 1 mit den $N-n$ nicht zu dem betrachteten Satz gehörenden Ionen. Aus Gl. (75.10) ergibt sich, wie in Ziff. 28 beschrieben, der Zusammenhang zwischen Momenten und Semi-Invarianten. Allgemein gilt

$$M_s^{(n)} = \sum_{r=1}^{s} \binom{s-1}{r-1} M_{s-r}^{(n)} \lambda_r^{(n)}. \quad (75.12)$$

Daraus folgt für die ersten Semi-Invarianten

$$\left.\begin{aligned}\lambda_0^{(n)} &= 0, \\ \lambda_1^{(n)} &= M_1^{(n)}, \\ \lambda_2^{(n)} &= M_2^{(n)} - M_1^{(n)2}, \\ \lambda_3^{(n)} &= M_3^{(n)} - 3 M_2^{(n)} M_1^{(n)} + 2 M_1^{(n)3}.\end{aligned}\right\} \quad (75.13)$$

Setzt man (75.9) in (75.5) ein und benutzt Gl. (75.7), so erhält man

$$W^{(n)} = {}^0W^{(n)} + a_1 \sum_{j=2}^{n} a_j u_{1j}^{el} + \sum_{s=1}^{\infty} \frac{1}{s!} \left(-\frac{1}{kT}\right)^{s-1} a_1^s [\lambda_s^{(n)} - \lambda_s^{(1)}] \quad (75.14)$$

oder in übersichtlicherer Schreibweise

$$W^{(n)} = {}^0W^{(n)} + \sum_{s=1}^{\infty} a_1^s \, {}^sW^{(n)}, \quad (75.15)$$

wo die Koeffizienten ${}^sW^{(n)}$ definiert sind durch die Gleichung

$$\left.\begin{aligned}{}^sW^{(n)} &= \frac{1}{s!} \left(-\frac{1}{kT}\right)^{s-1} [\lambda_s^{(n)} - \lambda_s^{(1)}] + \delta_{1s} \sum_{j=2}^{n} a_j u_{1j}^{el} \\ \left(\delta_{1s} \right. &= \left.\begin{cases} 1 & \text{für } s=1 \\ 0 & \text{für } s \neq 1. \end{cases}\right)\end{aligned}\right\} \quad (75.16)$$

Damit haben wir $W^{(n)}$ als eine Entwicklung nach Potenzen des Kopplungsparameters a_1 dargestellt.

Die Größen $\lambda_s^{(n)}$ divergieren, wie man leicht feststellt, für Coulombsche Kräfte. Um diese Schwierigkeit, die in ähnlicher Form auch bei anderen Methoden auftritt, zu umgehen, ersetzt man zunächst in den Integranden $1/r_{ij}$ durch $e^{-\alpha r_{ij}}/r_{ij}$, wo α eine positive reelle Zahl ist. Mit diesem modifizierten Potential ist die individuelle Konvergenz der $\lambda_s^{(n)}$ gesichert. Wir benötigen aber nur die Größen $\lambda_s^{(n)} - \lambda_s^{(1)}$, und diese konvergieren auch noch, wenn man zur Grenze $\alpha \to 0$ und damit wieder zum Coulombschen Potential übergeht. Im folgenden verstehen wir unter $\lambda_s^{(n)} - \lambda_s^{(1)}$ die in dieser Weise definierten Grenzwerte.

Wir betrachten nun die erste der Gl. (75.16). Mit Benutzung von (75.2) und (75.11) kann dieselbe geschrieben werden

$$\left.\begin{aligned}{}^1W^{(n)}(\boldsymbol{q}_1, \ldots, \boldsymbol{q}_n) &= \sum_{j=2}^{n} a_j (u_{1j}^{el} - \bar{u}_{1j}^{el}) + \\ &+ \sum_{j=n+1}^{N} \frac{a_j}{V} \int u_{1j}^{el} \left[e^{-\frac{{}^0W^{(n+1)}(\boldsymbol{q}_1, \ldots \boldsymbol{q}_n, \boldsymbol{q}_j) - {}^0W^{(n)}(\boldsymbol{q}_1, \ldots, \boldsymbol{q}_n)}{kT}} - e^{-\frac{{}^0W^{(2)}(\boldsymbol{q}_1, \boldsymbol{q}_j)}{kT}}\right] d\boldsymbol{q}_j,\end{aligned}\right\} \quad (75.17)$$

wo

$$\bar{u}_{1j}^{el} = \frac{1}{V} \int u_{1j}^{el} e^{-\frac{{}^0W^{(2)}(\boldsymbol{q}_1, \boldsymbol{q}_j)}{kT}} d\boldsymbol{q}_j \quad (75.18)$$

ist. Die zwischen dem ungeladenen Ion 1 und den übrigen Ionen des Systems noch wirkenden Kräfte kurzer Reichweite werden berücksichtigt, indem man eine cluster-Entwicklung ansetzt, bei der aber (was hier ausreicht), bereits die Terme mit v^{-1} vernachlässigt werden. Man hat dann

$${}^0W_N^{(n+1)}(\boldsymbol{q}_1, \ldots, \boldsymbol{q}_n, \boldsymbol{q}_j) = W_{N-1}^{(n)}(\boldsymbol{q}_2, \ldots, \boldsymbol{q}_n, \boldsymbol{q}_j) + \sum_{l=j,2}^{n} u_{1l}^*. \quad (75.19)$$

Hier bezieht sich der rechte untere Index auf ein System aus N bzw. $N-1$ Ionen. $W_{N-1}^{(n)}(\boldsymbol{q}_2, \ldots, \boldsymbol{q}_n, \boldsymbol{q}_j)$ ist also das Potential der Durchschnittskraft, die bei

Abwesenheit des Ions 1 auf den Satz der n Ionen $2, \ldots, n, j$ wirkt. Führt man die Entwicklung (75.19) sowie die entsprechenden Ausdrücke für ${}^0W_N^{(n)}$ und ${}^0W_N^{(2)}$ in Gl. (75.18) ein, so wird

$$\left.\begin{aligned}{}^1W_N^{(n)}(\boldsymbol{q}_1, \ldots, \boldsymbol{q}_n) &= \sum_{j=2}^{n} a_j (u_{1j}^{\text{el}} - \bar{u}_{1j}^{\text{el}}) + \\ &+ \sum_{j=n+1}^{N} \frac{a_j}{V} \int u_{1j}^{\text{el}} e^{-\frac{u_{1j}^*}{kT}} \left[e^{-\frac{W_{N-1}^{(n)}(\boldsymbol{q}_2, \ldots, \boldsymbol{q}_n, \boldsymbol{q}_j) - W_{N-1}^{(n-1)}(\boldsymbol{q}_2, \ldots, \boldsymbol{q}_j)}{kT}} - 1 \right] d\boldsymbol{q}_j.\end{aligned}\right\} \quad (75.20)$$

Im Exponenten entwickeln wir nach Gl. (75.15)

$$W_{N-1}^{(n)} = {}^0W_{N-1}^{(n)} + a_j\, {}^1W_{N-1}^{(n)} + O(a_j^2), \tag{75.21}$$

wo nach Gl. (75.19)

$${}^0W_{N-1}^{(n)} = W_{N-2}^{(n-1)} + \sum_{l=2}^{n} u_{jl}^* \tag{75.22}$$

ist. Wir vernachlässigen nun Terme $W_N^{(n)} - W_{N-1}^{(n)}$ und $W_{N-1}^{(n-1)} - W_{N-2}^{(n-1)}$, die im Verhältnis zu den zurückbehaltenen von der Ordnung $1/N$ sind. Den noch allein auftretenden unteren Index N lassen wir wieder weg. Wir erhalten dann aus Gl. (75.20) bis (75.22) die Integralgleichungen

$$\left.\begin{aligned}{}^1W^{(n)}(\boldsymbol{q}_1, \ldots, \boldsymbol{q}_n) &= \sum_{j=2}^{n} a_j (u_{1j}^{\text{el}} - \bar{u}_{1j}^{\text{el}}) + \\ &+ \sum_{j=n+1}^{N} \frac{a_j}{V} \int u_{1j}^{\text{el}} e^{-\frac{u_{1j}^*}{kT}} \left[e^{-\frac{a_j\, {}^1W^{(n)}(\boldsymbol{q}_2, \ldots, \boldsymbol{q}_n, \boldsymbol{q}_j) - \sum_{l=2}^{n} u_{jl}^*}{kT}} - 1 \right] d\boldsymbol{q}_j.\end{aligned}\right\} \quad (75.23)$$

Um diese Gleichungen weiter auszuwerten, schematisieren wir die Kräfte kurzer Reichweite, wie in Ziff. 73, durch die Annahme, daß alle Ionen starre Kugeln vom gleichen Durchmesser σ sind. Die Faktoren $e^{-\frac{u_{jl}^*}{kT}}$ im Integranden werden dann Stufenfunktionen gemäß

$$e^{-\frac{u_{jl}^*}{kT}} = \begin{cases} 1 & \text{für } r_{jl} \geqq \sigma \\ 0 & \text{für } r_{jl} < \sigma. \end{cases} \tag{75.24}$$

Das entsprechende gilt für den Faktor $e^{-\frac{u_{1j}^*}{kT}}$. Wir zerlegen nun das gesamte Integrationsgebiet in drei Teile, deren Beiträge zum Integral wir gesondert betrachten, nämlich

1. $r_{1j} < \sigma$.

In diesem Gebiet verschwindet der Integrand; es liefert somit keinen Beitrag zum Integral.

2. $r_{1j} \geqq \sigma$, $r_{jl} < \sigma$ für wenigstens ein l.

In diesem Falle reduziert sich das Integral nach (75.24) auf

$$-\sum_{j=n+1}^{N} \frac{a_j}{V} \int^{\omega_{n-1}} u_{1j}^{\text{el}} d\boldsymbol{q}_j = -\left(\sum_{j=n+1}^{N} a_j z_j |e|\right) B, \tag{75.25}$$

wobei wir Gl. (72.3) benutzt haben und

$$B = \frac{1}{V} \frac{z_1 |e|}{\varepsilon} \int^{\omega_{n-1}} \frac{1}{r_{1j}} d\boldsymbol{q}_j \tag{75.26}$$

ist. ω_{n-1} bezeichnet den durch die Bedingung 2 definierten Teil des Integrationsgebietes. Dieser entspricht dem Volumen von $n-1$ Kugeln vom Radius σ, die konzentrisch zu den Ionen $2, 3, \ldots, n$ angeordnet sind.

3. $r_{1j} > \sigma$, $r_{jl} > \sigma$ für alle l.

In diesem Teilgebiet hat das Integral die Form

$$\sum_{j=n+1}^{N} \frac{a_j}{V} \int_{\omega_n}^{V} u_{1j}^{\text{el}} \left[e^{-\frac{a_j {}^1W^{(n)}(\boldsymbol{q_2}, \ldots, \boldsymbol{q_n}, \boldsymbol{q_j})}{kT}} - 1 \right] d\boldsymbol{q_j}. \tag{75.27}$$

Die Integrationsgrenzen bedeuten dabei, daß gemäß Bedingung 3 das von den n Kugeln vom Radius σ, die konzentrisch zu den betrachteten n Ionen angeordnet sind, gebildete Volumen jeweils vom Integrationsgebiet auszuschließen ist.

Die Gl. (75.23) kann somit geschrieben werden

$$\left.\begin{aligned}{}^1W^{(n)}(\boldsymbol{q_1}, \ldots, \boldsymbol{q_n}) &= \sum_{j=2}^{n} a_j u_{1j}^{\text{el}} + \sum_{j=n+1}^{N} \frac{a_j}{V} \int_{\omega_n}^{V} u_{1j}^{\text{el}} \left[e^{-\frac{a_j {}^1W^{(n)}(\boldsymbol{q_2}, \ldots, \boldsymbol{q_n}, \boldsymbol{q_j})}{kT}} - 1 \right] d\boldsymbol{q_j} - \\ &\quad - \left(\sum_{j=n+1}^{N} a_j z_j |e| \right) B - \sum_{j=2}^{n} a_j \bar{u}_{1j}^{\text{el}}.\end{aligned}\right\} \tag{75.28}$$

Die durch Gl. (75.26) definierte Größe B in dem vorletzten Term der rechten Seite ist offenbar von j unabhängig. Mit Hilfe der Neutralitätsbedingung

$$\sum_{j=1}^{N} a_j z_j = 0 \tag{75.29}$$

erhält man daher

$$-\left(\sum_{j=n+1}^{N} a_j z_j |e| \right) B = \left(\sum_{j=1}^{n} a_j z_j |e| \right) B. \tag{75.30}$$

Bei Berücksichtigung von Gl. (75.18) sieht man nun leicht, daß die beiden letzten Terme auf der rechten Seite der Gl. (75.28) im Verhältnis zu dem Integral von der Ordnung n/N sind. Sie können daher unter der Voraussetzung $n/N \ll 1$ vernachlässigt werden. Wir erhalten somit als asymptotische Formel für endliche n und $N \to \infty$

$$\left.\begin{aligned}{}^1W^{(n)}(\boldsymbol{q_1}, \ldots, \boldsymbol{q_n}) &= \sum_{j=2}^{n} a_j u_{1j}^{\text{el}} + \\ &\quad + \sum_{j=n+1}^{N} \frac{a_j}{V} \int_{\omega_n}^{V} u_{1j}^{\text{el}} \left[e^{-\frac{a_j {}^1W^{(n)}(\boldsymbol{q_2}, \ldots, \boldsymbol{q_n}, \boldsymbol{q_j})}{kT}} - 1 \right] d\boldsymbol{q_j}.\end{aligned}\right\} \tag{75.31}$$

Vernachlässigt man die endliche Ausdehnung des Ions 1 und bildet unter dieser Voraussetzung von (75.31) die Laplacesche Ableitung nach den Koordinaten des Ions 1, so erhält man

$$\left.\begin{aligned}\Delta_1 {}^1W^{(n)}(\boldsymbol{q_1}, \ldots, \boldsymbol{q_n}) &= -\frac{4\pi z_1 |e|}{\varepsilon} \sum_{j=2}^{n} a_j z_j |e| \, \delta(\boldsymbol{q_1} - \boldsymbol{q_j}) - \\ &\quad - \frac{4\pi z_1 |e|^2}{\varepsilon} \sum_{j=n+1}^{N} \frac{a_j z_j}{V} \left[e^{-\frac{a_j {}^1W^{(n)}(\boldsymbol{q_1}, \ldots, \boldsymbol{q_n})}{kT}} - 1 \right].\end{aligned}\right\} \tag{75.32}$$

In der vorstehenden Formulierung ist indessen weder Gl. (75.31) noch Gl. (75.32) korrekt. Bei der Entwicklung des Exponenten in Gl. (75.20) haben wir nämlich bereits Terme der Ordnung a_j^2 vernachlässigt, während jetzt die Exponentialfunktionen noch Terme in a_j^2 und allen höheren Potenzen mitführen. Um diese Inkonsistenz zu entfernen, ist es notwendig, die Exponentialfunktionen zu entwickeln und jeweils mit dem linearen Gliede abzubrechen. Aus Gl. (75.31) wird dann

$$^1W^{(n)}(\mathbf{q}_1, \ldots, \mathbf{q}_n) = \sum_{j=2}^{n} a_j u_{1j}^{el} - \frac{1}{kT} \sum_{j=n+1}^{N} \frac{a_j^2}{V} \int_{\omega_n}^{V} u_{1j}^{el} {}^1W^{(n)}(\mathbf{q}_2, \ldots, \mathbf{q}_n, \mathbf{q}_j) d\mathbf{q}_j. \quad (75.33)$$

Diese Gleichungen stellen ein in sich konsistentes System von linearen Integralgleichungen für die $^1W^{(n)}$ dar, die für jeden Satz n geschlossen sind. Sie bilden die Grundlage der weiteren Entwicklung.

Wir setzen nun zunächst $n=2$ und machen die beiden folgenden Annahmen:
1. Die räumliche Ausdehnung des Ions 1 kann vernachlässigt werden. Daraus folgt sofort, daß auf der rechten Seite der Gl. (75.15) der erste Term verschwindet.
2. Für jeden Wert von a_1 ist

$$W^{(2)} = a_1 \, ^1W^{(2)}. \quad (75.34)$$

Wir führen nun eine neue Funktion $\eta(\mathbf{q}_1, \mathbf{q}_2)$ ein durch die Gleichung

$$W^{(2)}(\mathbf{q}_1, \mathbf{q}_2) = z_2 |e| \eta(\mathbf{q}_1, \mathbf{q}_2). \quad (75.35)$$

Dann wird aus (75.33)

$$\eta(\mathbf{q}_1, \mathbf{q}_2) = \frac{a_1 a_2 z_1 |e|}{\varepsilon |\mathbf{q}_1 - \mathbf{q}_2|} - \frac{a_1}{V \varepsilon kT} \sum_{j=3}^{N} a_j z_j^2 |e|^2 \int_{\omega_{n-1}}^{V} \frac{\eta(\mathbf{q}_1, \mathbf{q}_2)}{|\mathbf{q}_1 - \mathbf{q}_2|} d\mathbf{q}_j. \quad (75.36)$$

Bildet man nun wieder die Laplacesche Ableitung nach den Koordinaten des Ions 1[1], so folgt

$$\Delta \eta(\mathbf{q}_1, \mathbf{q}_2) = -\frac{4\pi a_1 a_2 z_1 |e|}{\varepsilon} \delta(\mathbf{q}_1 - \mathbf{q}_2) + \frac{4\pi a_1 \sum_{j=3}^{N} a_j z_j^2 |e|^2}{V \varepsilon kT} \eta(\mathbf{q}_1, \mathbf{q}_2). \quad (75.37)$$

Wir setzen jetzt $a_j = 1$ für alle j und vereinfachen die Gleichung noch, indem wir dieselbe nur für $\mathbf{q}_1 \neq \mathbf{q}_2$ anschreiben. Dann verschwindet auf der rechten Seite der erste Term; derselbe muß naturgemäß in die Lösung der Differentialgleichung durch die Randbedingung wieder eingeführt werden. Gehen wir schließlich noch zur skalaren Schreibweise über und bezeichnen den Abstand der Ionen 1 und 2, wie früher, einfach mit r, so erhalten wir (mit Vernachlässigung eines Terms, der im Verhältnis zu den zurückbehaltenen von der Ordnung $1/N$ ist)

$$\Delta \eta(r) = \varkappa^2 \eta(r), \quad (75.38)$$

wo $\varkappa$ der durch Gl. (73.7) definierte Debye-Hückelsche Parameter ist. Gl. (75.38) ist formal identisch mit der linearisierten Poisson-Boltzmann-Gleichung der Debye-Hückel-Theorie. Die Funktion $\eta(r)$ ist jedoch zunächst nur formal durch Gl. (75.35) definiert.

Die allgemeine Lösung der Gl. (75.38) ist wieder

$$\eta(r) = A \frac{e^{-\varkappa r}}{r} + B \frac{e^{-\varkappa r}}{r}. \quad (75.39)$$

---

[1] Den Index an dem Laplace-Operator lassen wir jetzt weg.

Aus der Definition (75.35) folgt, daß $\eta(r)$ im Unendlichen verschwinden muß. Es ist daher $B=0$. Die zweite Randbedingung ist durch die Forderung gegeben, daß die Laplacesche Ableitung von $\eta(r)$ für $r=0$ noch den die δ-Funktion enthaltenden zusätzlichen Term der Gl. (75.37) ergeben muß. Daraus folgt unmittelbar $A=z_1|e|/\varepsilon$, und es wird

$$\eta(r) = \frac{z_1|e|}{\varepsilon r} e^{-\varkappa r}. \tag{75.40}$$

Mit Gl. (75.35) folgt daraus

$$-kT \ln g^{(2)} = W^{(2)} = \frac{z_1 z_2 |e|^2}{\varepsilon r} e^{-\varkappa r}. \tag{75.41}$$

Das ist aber, wie man durch Vergleich mit den Formeln der Ziff. 73 feststellt, die radiale Verteilungsfunktion der Debye-Hückel-Theorie für verschwindende Ionenkonzentrationen. Durch Einsetzen von (75.41) in die linearisierte Poisson-Gleichung (72.30) verifiziert man, daß die Funktion identisch ist mit der früher benutzten Größe $^\alpha\bar\psi(r)$. Für $n=2$, $a_j=1$ und $\mathbf{q}_1 \neq \mathbf{q}_2$ geht daher Gl. (75.32) (bei Vernachlässigung von Termen der relativen Ordnung $1/N$) in die Poisson-Boltzmann-Gleichung (73.3) über. Die thermodynamischen Grenzgesetze ergeben sich in der gleichen Weise wie in Ziff. 73.

Die vorstehende Ableitung ist völlig streng bis auf die beiden oben angeführten Annahmen. Es bleibt daher jetzt noch zu zeigen, daß diese Annahmen für verschwindende Ionenkonzentration korrekt sind. Um die zweite Annahme (75.34) zu beweisen, muß nachgewiesen werden, daß die höheren Terme der Entwicklung (75.15), also $^2W^{(2)}$, $^3W^{(2)}$ usw. keine Beiträge zu den Grenzgesetzen liefern. Die Untersuchung läßt sich nach der hier entwickelten Methode durchführen, erfordert aber sehr umständliche Rechnungen. Von KIRKWOOD[1] konnte gezeigt werden, daß der Term $^2W^{(2)}$ zum Aktivitätskoeffizienten höchsten Terme der Ordnung $c \ln c$ beiträgt, wo c die Konzentration in mol/l ist. Bei der Bildung des Grenzwertes $\lim_{c \to 0} c^{-\frac{1}{2}} \ln f_\pm$ verschwinden dieselben; die Annahme 2 ist damit gerechtfertigt.

Was die erste Annahme von S. 388 betrifft, so läßt sich dieselbe bereits aus der Debye-Hückel-Theorie begründen. Dagegen kann man jedoch einwenden, daß die in Ziff. 73 für die Lösung der Poisson-Boltzmann-Gleichung benutzte Randbedingung (endliche Ausdehnung des Ions 1) tatsächlich, wie die Ableitung (75.38) zeigt, nicht völlig korrekt ist. Es ist daher notwendig, die Theorie für endliche Ausdehnung aller Ionen in strenger Form, d.h. auf der Grundlage der Gl. (75.33) durchzuführen. Bevor wir uns dieser Aufgabe zuwenden, wollen wir noch explizit die Gültigkeit des Superpositionsprinzips, das, wie in Ziff. 74 besprochen, der Debye-Hückelschen Theorie zugrunde liegt, für verschwindende Ionenkonzentrationen nachweisen. Das Superpositionsprinzip sagt aus, daß die von den einzelnen Ionen induzierten Ladungswolken sich einfach überlagern; mit anderen Worten heißt dies, daß die in der Nähe zweier Ionen 1 und 2 auf ein Ion 3 wirkende Durchschnittskraft die Summe der Durchschnittskräfte ist, die man erhält, wenn das Ion 1 oder das Ion 2 allein anwesend wäre. Um diese Aussage zu beweisen, schreiben wir zunächst die Gl. (75.33) für $\sigma \to 0$ an. Es ergibt sich

$$^1W_N^{(n)}(\mathbf{q}_1, \ldots, \mathbf{q}_n) = \sum_{j=2}^{N} a_j u_{1j}^{\text{el}} - \frac{1}{kT} \sum_{j=n+1}^{N} \frac{a_j^2}{V} \int_V u_{1j}^{\text{el}} \, {}^1W_N^{(n)}(\mathbf{q}_2, \ldots, \mathbf{q}_n, \mathbf{q}_j) \, d\mathbf{q}_j. \tag{75.42}$$

---
[1] J.G. KIRKWOOD: Privatmitteilung.

Wir zeigen nun, daß dieses Gleichungssystem[1] exakt durch Superposition der Lösungen für $n=2$ gelöst wird. Setzt man

$$^1W_N^{(n)}(\boldsymbol{q}_1,\ldots,\boldsymbol{q}_n) = \sum_{j=2}^n {}^1w_N^{(2)}(\boldsymbol{q}_1,\boldsymbol{q}_j), \qquad (75.43)$$

so erhält man mit (75.42)

$$^1w_N^{(2)}(\boldsymbol{q}_1,\boldsymbol{q}_j) = a_j u_{1j}^{el} - \frac{1}{kT}\sum_{l=n+1}^N \frac{a_l^2}{V}\int^V u_{1l}^{el}\,{}^1w_N^{(2)}(\boldsymbol{q}_j,\boldsymbol{q}_l)\,d\boldsymbol{q}_l. \qquad (75.44)$$

Der Vergleich dieser Formel mit Gl. (75.42) zeigt, daß

$$^1w_N^{(2)}(\boldsymbol{q}_1,\boldsymbol{q}_j) = {}^1W_{N-n+2}^{(2)}(\boldsymbol{q}_1,\boldsymbol{q}_j) \qquad (75.45)$$

ist. Für endliche n und $N\to\infty$ ist ferner

$$^1W_{N-n+2}^{(2)} = {}^1W_N^{(2)}. \qquad (75.46)$$

Damit lautet die Lösung von (75.42)

$$^1W_N^{(n)}(\boldsymbol{q}_1,\ldots,\boldsymbol{q}_n) = \sum_{j=2}^n {}^1W_N^{(2)}(\boldsymbol{q}_1,\boldsymbol{q}_j), \qquad (75.47)$$

wo $^1W_N^{(2)}$ die Lösung der linearen Integralgleichung[2]

$$^1W^{(2)}(\boldsymbol{q}_1,\boldsymbol{q}_2) = \frac{a_2 z_1 z_2 |e|^2}{\varepsilon r_{12}} - \frac{z_1|e|}{V\varepsilon kT}\sum_{l=3}^N a_l^2 z_l|e|\int^V \frac{1}{r_{1l}}\,{}^1W^{(2)}(\boldsymbol{q}_1,\boldsymbol{q}_l)\,d\boldsymbol{q}_l \qquad (75.48)$$

ist. Die Gl. (75.42) werden somit in der Tat durch Superposition gelöst. Nehmen wir noch die Gl. (75.34) hinzu, so folgt daraus unmittelbar die Behauptung.

Wir haben jetzt noch zu zeigen, daß die bei der obigen Ableitung der Grenzgesetze (S. 388) eingeführte Annahme 1 korrekt ist. Es ist also zu beweisen, daß

$$\lim_{\substack{\sigma\to 0 \\ \varkappa\neq 0}} {}^1W^{(2)}(\boldsymbol{q}_1,\boldsymbol{q}_2) = \lim_{\substack{\varkappa\to 0 \\ \sigma\neq 0}} {}^1W^{(2)}(\boldsymbol{q}_1,\boldsymbol{q}_2) \qquad (75.49)$$

ist. Wir gehen dazu aus von der linearen Integralgleichung (75.33), für $n=2$, wo wir jetzt für alle Ionen mit Ausnahme des Ions 1 $a_j=1$ setzen. Führen wir die skalaren Abstände der Ionen und das explizite Coulomb-Potential ein, so haben wir

$$^1W^{(2)}(r_{12}) = \frac{z_1 z_2 |e^2|}{\varepsilon r_{12}} - \frac{\sum_{j=3}^N z_1 z_j|e|^2}{V\varepsilon kT}\int_{\omega_{13},\omega_{23}}^V \frac{{}^1W^{(2)}(r_{23})}{r_{13}}\,d\boldsymbol{q}_3. \qquad (75.50)$$

Hier sind ω_{13} und ω_{23} die Volumina zweier zu den Ionen 1 und 2 konzentrischer Kugeln vom Radius σ, die von der Integration im Raume des Ions 3 auszuschließen sind. Für die Lösung der Gl. (75.50) machen wir den Ansatz

$$^1W^{(2)}(r_{12}) = \frac{z_1 z_2 |e|^2}{\varepsilon r_{12}}\varphi(r_{12}). \qquad (75.51)$$

Damit erhalten wir, wenn wir

$$r_{12}=r,\quad r_{13}=s,\quad r_{23}=t \qquad (75.52)$$

---

[1] Mit Rücksicht auf die bei der Ableitung von Gl. (75.31) gemachten Vernachlässigungen muß n als endlich vorausgesetzt werden.
[2] Den Index N lassen wir jetzt wieder weg.

schreiben, für die Funktion $\varphi(r)$ die Integralgleichung

$$\frac{\varphi(r)}{r} = \frac{1}{r} - \frac{1}{4\pi}\varkappa^2 \int\limits_{\omega_{13},\omega_{23}}^{V} \frac{\varphi(t)}{st} d\mathbf{q}_3. \tag{75.53}$$

Auch hier sind wieder Terme, die im Verhältnis zu den zurückbehaltenen von der Ordnung $1/N$ sind, vernachlässigt worden. Führen wir Zwei-Zentren-Koordinaten ein durch die Gleichung

$$\int\limits_{\omega_{13},\omega_{23}}^{V} d\mathbf{q}_3 = 2\pi \int\limits_{\sigma}^{\infty} dt \int\limits_{|r-t|}^{r+t} ds \frac{st}{r}, \tag{75.54}$$

so wird aus (75.53)

$$\varphi(r) = 1 - \varkappa^2 \int\limits_{\sigma}^{\infty} K(r,t)\,\varphi(t)\,dt \tag{75.55}$$

mit

$$K(r,t) = \frac{1}{2} \int\limits_{|r-t|}^{r+t} ds. \tag{75.56}$$

Die explizite Definition des Kernes lautet

$$K(r,t) = \begin{cases} r & \text{für } \sigma \leq r \leq t - \sigma \\ \tfrac{1}{2}(r+t-\sigma) & \text{für } t-\sigma < r \leq t+\sigma \\ t & \text{für } t+\sigma < r < \infty. \end{cases} \tag{75.57}$$

Die Integralgleichung (75.55) läßt sich durch Laplace-Transformation lösen. Wir gehen auf die Einzelheiten nicht näher ein und schreiben gleich das Resultat an, soweit wir es zum Beweise der Annahme 1 benötigen. Die Lösung lautet

$$\varphi(r) = \frac{1}{2\pi i} \int\limits_{c-i\infty}^{c+i\infty} \frac{B(z)\,e^{zr}}{z^2 - \varkappa^2 \cosh z\sigma}\,dz. \tag{75.58}$$

Hier ist $B(z)$ eine Funktion, deren explizite Gestalt wir in diesem Zusammenhang nicht benötigen. Der Integrationsweg ist eine Parallele zur imaginären Achse zwischen dem Ursprung und dem kleinsten positiven Realteil der Nullstellen der Funktion $z^2 - \varkappa^2 \cosh z\sigma$. Wird das Integral über die rechte Halbebene geschlossen, so liefert der Residuensatz

$$\varphi(r) = \sum_{n=1}^{\infty} A_n\, e^{-z_n r} \qquad (r > \sigma) \tag{75.59}$$

mit

$$A_n = \frac{-B(-z_n)}{2z_n - \varkappa^2 \sigma \sinh z_n \sigma}. \tag{75.60}$$

Die z_n sind die Wurzeln der Gleichung

$$z^2 - \varkappa^2 \cosh z\sigma = 0, \tag{75.61}$$

und die Summe in (75.59) ist über alle Wurzeln mit positivem Realteil zu erstrecken.

Man sieht sofort, daß für $\sigma = 0$ die Gl. (55.61) nur eine Wurzel mit positivem Realteil hat, nämlich $z = \varkappa$. Mit Gl. (75.59) und (75.51) folgt daraus unmittelbar, wie es sein muß, die radiale Verteilungsfunktion (75.41). Für $\sigma > 0$ und kleine Werte von $\varkappa\sigma$ existieren zwei positive reelle Wurzeln. Führt man nun eine neue

Unbekannte $x=z/\varkappa$ ein, so wird aus (75.61)

$$x^2 - \cosh x \varkappa \sigma = 0. \qquad (75.62)$$

Diese Gleichung enthält als einzigen Parameter die Größe $\varkappa \sigma$, und man sieht, daß sowohl für $\varkappa \to 0$ wie für $\sigma \to 0$ als positive Wurzel nur die Lösung $x=1$ bzw. $z=\varkappa$ existiert. Beide Fälle führen somit auf die gleiche Grenzform der radialen Verteilungsfunktion. Damit ist die Gl. (75.49) bzw. die Annahme 1 bewiesen.

Mit dem Beweis der Annahmen 1 und 2 haben wir nun vollständig gezeigt, daß die Debye-Hückelschen Grenzgesetze für das in Ziff. 72 definierte Modell korrekt sind. Weiter haben wir die Gültigkeit des der Debye-Hückelschen Theorie zugrunde liegenden Superpositionsprinzips als Grenzgesetz direkt nachgewiesen. Schließlich zeigt die vorstehende Rechnung, daß die Poisson-Boltzmann-Gleichung nur in der linearisierten Form in sich konsistent und nur für die Ableitung der Grenzgesetze streng zu begründen ist.

Nach einer völlig andersartigen Methode ist die exakte Theorie der Lösungen starker Elektrolyte von J. E. MAYER[1] entwickelt worden. Den Ausgangspunkt bildet die in Ziff. 12, 13 und 62 entwickelte Theorie der Vielkomponentensysteme. Die bei der Anwendung auf Systeme mit Coulombschen Kräften auftretenden Konvergenzschwierigkeiten werden nach einer im Prinzip dem oben geschilderten Verfahren ähnlichen Methode umgangen. Im Falle der cluster-Entwicklung werden dabei die cluster-Integrale nach den topologischen Typen der Diagramm-Darstellung [3], [6] zerlegt, und die einzelnen Typen werden vor dem Grenzübergang $\alpha \to 0$ über alle Ordnungen summiert. Der für Nichtelektrolyte gültige einfache Zusammenhang zwischen unreduzierbaren cluster-Integralen und vorgegebener Ordnung der Konzentration geht jedoch dabei verloren; in diesem Punkt liegt eine der Hauptschwierigkeiten der Theorie. Da die Durchführung der Rechnung sehr umständlich ist und, im Gegensatz zu der oben behandelten Methode von KIRKWOOD und POIRIER, keinerlei Beziehung zum Formalismus der Debye-Hückel-Theorie aufweist, beschränken wir uns hier auf die Wiedergabe des Ergebnisses, soweit es die Grenzgesetze betrifft. MAYER konnte zeigen, daß die Summierung über die einfachen Ring-Integrale bis zu beliebig hoher Ordnung grade die Debye-Hückelschen Grenzgesetze ergibt. Es ist aber bisher nicht gelungen, in allgemeiner Form zu beweisen, daß kompliziertere topologische Typen keine Beiträge in dieser Ordnung der Konzentration (d.h. in $c^{\frac{1}{2}}$) liefern. Die im übrigen strenge Mayersche Deduktion enthält daher eine Lücke, deren Ausfüllung auf große Schwierigkeiten stößt.

Eine sehr einfache Ableitung der Debye-Hückelschen Näherung Gl. (73.1) ist von FALKENHAGEN und KELBG[2] angegeben worden. Dieselbe geht von den Kirkwoodschen Gleichungen zweiter Art (Ziff. 16) aus. Da jedoch die höheren molekularen Verteilungsfunktionen im Kern mit Hilfe des Superpositionsprinzips eliminiert werden, wird die Natur der Näherung nicht ganz durchsichtig.

76. Endliche Konzentrationen. Aus Ziff. 73 bis 75 ergibt sich, daß die Debye-Hückelsche Theorie für endliche Konzentrationen nur eine (ihrer Natur nach etwas undurchsichtige) Näherung darstellt, die jedoch im Gebiete großer Verdünnungen in gewissen Fällen gute Resultate liefert. In anderen Fällen sind die Resultate schon in diesem Gebiet unbefriedigend, da die Anpassung an die experimentellen Daten auf physikalisch unvernünftige Parameterwerte führt. Bei höheren Konzentrationen versagt die Theorie ganz allgemein, da sie das cha-

---

[1] J. E. MAYER: J. Chem. Phys. **18**, 1426 (1950).
[2] H. FALKENHAGEN u. G. KELBG: Disc. Faraday Soc. **24**, 20 (1957).

rakteristische Minimum in der Kurve des Aktivitätskoeffizienten (vgl. Fig. 105) nicht wiedergeben kann. Seit dem Erscheinen der Debye-Hückel-Theorie sind daher zahlreiche Versuche unternommen worden, die Theorie für endliche Konzentration zu vervollkommnen. Eine befriedigende Lösung dieses Problems ist jedoch bisher nicht gelungen. Da zudem die Rechnungen meistens sehr weitläufig und kompliziert sind, begnügen wir uns im Hinblick auf die in Ziff. 72 erwähnten Gesichtspunkte hier mit einer kurzen Übersicht über das Gebiet.

Rein formal erscheint als nächstliegender Weg zur Erweiterung des Gültigkeitsbereichs der Debye-Hückel-Theorie der Verzicht auf die Linearisierung der Poisson-Boltzmann-Gleichung. Die Lösung der nichtlinearen Gl. (73.3) ist von MÜLLER[1] und neuerdings von GUGGENHEIM[2] auf numerischem Wege, von GRONWALL, LA MER und SANDVED[3] mit Hilfe von Reihenentwicklungen durchgeführt worden. Das Ergebnis ist insofern befriedigender als die ursprüngliche Theorie, als jetzt beim Vergleich mit den experimentellen Daten wenigstens immer $\sigma > 0$ ist. Berechnet man aber den mittleren Aktivitätskoeffizienten mit Hilfe des Debyeschen und des Güntelbergschen Aufladungsprozesses, so erhält man, im Gegensatz zur Debye-Hückelschen Theorie, verschiedene Resultate. Die Lösung ist daher nicht konsistent, und die Verbesserung nur scheinbar. Nach der in Ziff. 74 und 75 durchgeführten Analyse der Debye-Hückelschen Theorie ist dieses Ergebnis nicht überraschend. Es hat letzten Endes seine Wurzel in der Tatsache, daß, wie in Ziff. 75 gezeigt, die Poisson-Boltzmann-Gleichung selbst in sich inkonsistent ist.

Die Gl. (73.3) wurde bekanntlich ursprünglich von DEBYE und HÜCKEL durch Kombination der Poissonschen Gleichung mit dem Maxwell-Boltzmannschen Energieverteilungsgesetz erhalten. Von BAGCHI[4] wurde vorgeschlagen, die Maxwell-Boltzmann-Verteilung durch eine Fermi-Dirac-Verteilung zu ersetzen. Die Durchführung der Rechnung erfolgt dann im wesentlichen in der gleichen Weise wie bei der Debye-Hückel-Theorie. Man kann in diesem Vorgehen indessen kaum mehr als eine ad hoc-Konstruktion sehen. Die später gegebene theoretische Begründung[5] ist ebensowenig überzeugend wie der Vergleich der Ergebnisse mit experimentellen Daten. Formal ähnlich aufgebaut ist eine von WICKE und EIGEN[6-8] entwickelte Theorie, die aber einen physikalischen Gesichtspunkt stärker in den Vordergrund rückt: Im Anschluß an die Euckenschen Vorstellungen über die Hydratation der Ionen[9] soll der „Raumbedarf" der hydratisierten Ionen explizit in der Verteilungsformel berücksichtigt werden. Für eine ausführliche Diskussion dieser Theorie muß auf die Literatur[10-13] [3], [23] verwiesen werden. Wir bemerken jedoch, daß zwar die mit Hilfe des Debyeschen Aufladungsprozesses berechneten Aktivitätskoeffizienten (bei geeigneter Wahl der Parameter) recht gut mit den experimentellen Daten übereinstimmen, daß diese Übereinstimmung aber völlig verloren geht, wenn man den Güntelbergschen Aufladungsprozeß anwendet. Die Theorie ist daher jedenfalls in hohem

---

[1] H. MÜLLER: Phys. Z. **28**, 324 (1927).
[2] E. A. GUGGENHEIM: Disc. Faraday Soc. **24**, 53 (1957).
[3] T. H. GRONWALL, V. K. LA MER u. K. SANDVED: Phys. Z. **29**, 358 (1928).
[4] S. N. BAGCHI: J. Ind. Chem. Soc. **27**, 199 (1950).
[5] M. DUTTA u. S. N. BAGCHI: Ind. J. Phys. **24**, 61 (1950).
[6] E. WICKE u. M. EIGEN: Z. Elektrochem. **56**, 551 (1952); **57**, 319 (1953).
[7] E. WICKE u. M. EIGEN: Z. Naturforsch. **8a**, 161 (1953).
[8] M. EIGEN u. E. WICKE: J. Phys. Chem. **58**, 702 (1954).
[9] A. EUCKEN: Z. Elektrochem. **51**, 6 (1948).
[10] H. FALKENHAGEN u. G. KELBG: Ann. Phys. **60**, 11 (1952); **14**, 391 (1954).
[11] H. FALKENHAGEN u. G. KELBG: Z. phys. Chem. **204**, 211 (1955).
[12] E. HÜCKEL u. G. KRAFFT: Z. phys. Chem., N.F. **3**, 135 (1955); **5**, 305 (1955).
[13] E. WICKE u. M. EIGEN: Z. phys. Chem., N.F. **3**, 178 (1955); **5**, 312 (1955).

Maße inkonsistent. Überdies fehlt ihr, wie verschiedentlich[1, 2] [3] hervorgehoben worden ist, völlig eine gesicherte theoretische Basis.

Die im vorstehenden skizzierten Ergebnisse bestätigen, was bereits nach der in Ziff. 74 und 75 durchgeführten Analyse zu erwarten war, daß nämlich ein theoretischer Fortschritt im Gebiete endlicher Konzentrationen eine völlige Loslösung von den Ansätzen der Debye-Hückelschen Theorie erfordert. Für eine im Ausgangspunkt exakte Theorie kommen dann, wie bei den Lösungen der Nichtelektrolyte (Teil C II), im wesentlichen die cluster-Entwicklung und die Methode der Integralgleichungen in Betracht. Die cluster-Theorie der Lösungen starker Elektrolyte ist erstmalig von J. E. MAYER[3] entwickelt worden. Mit der Auswertung und Weiterentwicklung der Theorie befassen sich Arbeiten von POIRIER[4], HAGA[5], MEERON[6] und FRIEDMANN[7]. Die wesentlichen Züge der Theorie sind bereits in Ziff. 75 kurz skizziert worden. Auch für endliche Konzentrationen ist das zentrale Problem die Zuordnung der topologischen Typen der cluster-Diagramme zu einer gegebenen Ordnung der Konzentration. Eine allgemeine Lösung dieses Problems ist, obwohl in den zuletzt erwähnten Arbeiten gewisse Fortschritte erzielt worden sind, bisher nicht gelungen. Um eine Vorstellung von der Leistungsfähigkeit der Theorie zu geben, zeigen wir in Fig. 106 den von POIRIER[4] berechneten Verlauf des Aktivitätskoeffizienten eines 1—1-wertigen Elektrolyten[8]. Die Kräfte kurzer Reichweite werden auch hier durch ein unendlich steiles Abstoßungspotential schematisiert. Dementsprechend tritt in der Formel für den Aktivitätskoeffizienten ein adjustierbarer Parameter A auf, welcher dem kleinsten Abstand, auf den zwei Ionen sich nähern können, und damit dem früher benutzten Parameter σ proportional ist. Qualitativ wird der Verlauf der Aktivitätskoeffizienten jedenfalls von der Theorie richtig wiedergegeben. Die quantitative Prüfung ist von POIRIER für verschiedene Typen von Elektrolyten durchgeführt worden. Im Falle des Systems NaCl—Wasser ergibt sich eine gute Übereinstimmung bis zu einer Konzentration von etwa 0,4 mol/l. Der Unterschied zwischen experimentellen und theoretischen Werten beträgt hier etwa 1,5% der ersteren. Der dabei benutzte Wert für σ ist 3,30 Å, was vom physikalischen Standpunkt befriedigend ist. Die Mayersche Theorie führt also jedenfalls erheblich weiter als die Debye-Hückelsche Näherung. Die Ursache der

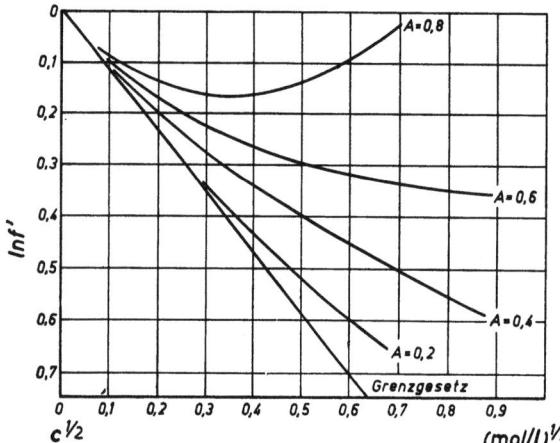

Fig. 106. Aktivitätskoeffizienten ein-einwertiger Elektrolyte nach der Theorie von J. E. MAYER. [Entnommen aus J. C. POIRIER: J. Chem. Phys. **21**, 972 (1953).]

---

[1] Siehe Fußnote 12, S. 393.
[2] G. KELBG: Z. phys. Chem. **214**, 153 (1960). — Habilitationsschrift, Rostock 1959.
[3] J. E. MAYER: J. Chem. Phys. **18**, 1426 (1950).
[4] J. C. POIRIER: J. Chem. Phys. **21**, 965, 972 (1953).
[5] E. HAGA: J. Phys. Soc. Japan **8**, 714 (1953).
[6] E. MEERON: J. Chem. Phys. **26**, 804 (1957); **27**, 1238 (1957); **28**, 630 (1958).
[7] H. L. FRIEDMANN: Mol. Phys. **2**, 23 (1959).
[8] Die in Fig. 106 aufgetragene Größe ln f' ist, bis auf einen hier unwesentlichen Korrekturterm, identisch mit dem Logarithmus des Aktivitätskoeffizienten für die Konzentrationseinheit mol/l.

bei der ersteren oberhalb 0,4 mol/l auftretenden Diskrepanzen scheint noch nicht geklärt zu sein.

Eine exakte Theorie der Lösungen starker Elektrolyte sollte sich im Prinzip auch nach der in Ziff. 75 behandelten Methode von KIRKWOOD und POIRIER[1] entwickeln lassen. Die Autoren konnten zeigen, daß für sehr niedrige Konzentrationen die Funktion $\varphi(r)$ [Gl. (75.51)] einen ähnlichen Verlauf besitzt wie nach der Debye-Hückelschen Theorie, womit die guten Ergebnisse dieser Näherung (vgl. Ziff. 73) ihre Erklärung finden. Bei höheren Konzentrationen scheint eine Schichtung der Ionenwolke nach positiven und negativen Überschußladungen aufzutreten. Die vollständige Durchführung der Rechnung ist jedoch an den mathematischen Schwierigkeiten gescheitert[2].

Die Methode der Integralgleichungen ist noch von einer Reihe anderer Autoren, allerdings unter Einführung zum Teil recht drastischer Näherungen, benutzt worden. Wir erwähnen zunächst die Arbeiten von BOGOLJUBOW[3], ONO[4] sowie GLAUBERMANN und JUCHNOWSKI[5]. In neuerer Zeit hat MÖLLER[6] die Born-Greenschen Gleichungen für Mehrkomponentensysteme auf Lösungen starker Elektrolyte angewandt. Die Kräfte kurzer Reichweite werden auch hier durch ein unendlich steiles Abstoßungspotential dargestellt. Für die osmotischen Koeffizienten wird leidliche quantitative Übereinstimmung mit den experimentellen Daten bis zu einer Konzentration von etwa 0,2 mol/l erhalten, was zwar über den Gültigkeitsbereich der Debye-Hückel-Theorie hinausgeht, den der cluster-Theorie aber nicht erreicht. Eine in mancher Beziehung ähnliche Theorie ist von KELBG[7] entwickelt worden. Den Ausgangspunkt bilden hier Integralgleichungen, die mit Hilfe der kanonischen Gesamtheit abgeleitet werden, aber tatsächlich mit den für Mehrkomponentensysteme verallgemeinerten Kirkwoodschen Gleichungen zweiter Art (Ziff. 16) identisch sind. Mit Hilfe des Superpositionsprinzips werden die Kerne auf eine einfache Form gebracht, die nach Linearisierung eine Lösung durch Fourier-Transformation zuläßt. Der Formalismus ist besonders dadurch von Interesse, daß er eine gesonderte Berechnung des nicht-Coulombschen Anteils ermöglicht. Für das übliche Modell der starren Kugeln ergibt sich beim osmotischen Koeffizienten bis zu einer Konzentration von etwa 0,04 mol/l eine gute Übereinstimmung mit den Resultaten der Mayerschen Theorie. KELBG hat die Rechnung auch für ein Kastenpotential durchgeführt und damit die bekannten Besonderheiten der Elektrolyte mit Alkyl—Ammonium-Ionen und Nitrat-Ionen (die in der Debye-Hückel-Theorie auf extrem kleine oder sogar negative Ionendurchmesser führen) quantitativ erklären können. Trotz dieser augenscheinlichen Erfolge darf nicht übersehen werden, daß die Natur der Näherung etwas dunkel bleibt, da über die Anwendbarkeit des Superpositionsprinzips auf Systeme mit Coulombscher Wechselwirkung kaum etwas bekannt ist. Auffallend ist auch, daß in der Kelbgschen Entwicklung des Aktivitätskoeffizienten der auf das Grenzgesetz folgende Term linear in der Konzentration ist, während er nach KIRKWOOD und POIRIER proportional zu $c \ln c$ ist. Eine weitere Untersuchung der Näherung und der Möglichkeiten ihrer Ausdehnung in das Gebiet höherer Konzentrationen wäre daher wünschenswert.

---

[1] J. G. KIRKWOOD u. J. C. POIRIER: J. Phys. Chem. **58**, 591 (1954).
[2] J. G. KIRKWOOD: Privatmitteilung.
[3] N. N. BOGLJUBOW: Probleme der dynamischen Theorie in der statistischen Physik. Moskau 1946.
[4] S. ONO: Progr. Theoret. Phys. **6**, 447 (1951).
[5] A. E. GLAUBERMANN u. I. R. JUCHNOWSKI: J. Exp. Theor. Phys. USSR. **22**, 562, 572 (1952).
[6] U. MÖLLER: Z. phys. Chem. **208**, 220 (1958).
[7] G. KELBG: Z. phys. Chem. **214**, 8, 26, 141, 153 (1960). — Habilitationsschrift, Rostock 1959.

Literatur.

(Monographien und zusammenfassende Darstellungen)

Grundlagen und zu Teil A.

[1] HAAR, D. TER: Elemente of Statistical Mechanics. New York 1954.
[2] HILL, T.L.: Statistical Mechanics. New York 1956.
[3] MÜNSTER, A.: Statistische Thermodynamik. Berlin 1956.
[4] MÜNSTER, A.: Prinzipien der statistischen Mechanik. In Handbuch der Physik (Hrsg. S. FLÜGGE), Bd. III/2. Berlin-Göttingen-Heidelberg 1959.
[5] BOER, J. DE: Rep. Progr. Phys. **12**, 305 (1949).
[6] MAYER, J.E.: Theory of Real Gases. In Handbuch der Physik (Hrsg. S. FLÜGGE), Bd. XII. Berlin-Göttingen-Heidelberg 1958.
[7] GREEN, H.S.: The Molecular Theory of Fluids. Amsterdam 1952.

Zu Teil B.

[8] SEEGER, A.: Theorie der Gitterfehlstellen. In Handbuch der Physik (Hrsg. S. FLÜGGE), Bd. VII. Berlin-Göttingen-Heidelberg 1955.
[9] NIX, F.C., and W. SHOCKLEY: Rev. Mod. Phys. **10**, 1 (1938).
[10] JAGODZINSKI, H.: Fortschr. Mineral. **28**, 95 (1949).
[11] LIPSON, H.: Progr. Met. Phys. **2**, 1 (1950).
[12] GUGGENHEIM, E.A.: Mixtures. Oxford 1952.
[13] WANNIER, G.H.: Rev. Mod. Phys. **17**, 50 (1945).
[14] NEWELL, G.F., and E.W. MONTROLL: Rev. Mod. Phys. **25**, 353 (1953).
[15] RUSHBROOKE, G.S.: Statistique des Cristaux. Comptes Rendus 2ᵉ Réunion "Changements de Phases", Paris 1952.
[16] MÜNSTER, A.: Theory of Fluctuations. Nuovo Cim. Suppl. **13**, Rendiconti S.I.F.X, Corso (1960).

Zu Teil C.

[17] HIRSCHFELDER, J.O., C.F. CURTISS and R. BIRD: Molecular Theory of Gases and Liquids. New York 1954.
[18] PRIGOGINE, I.: The Molecular Theory of Solutions. Amsterdam 1957.
[19] GINGRICH, N.S.: Rev. Mod. Phys. **15**, 90 (1943).
[20] MAZUR, P.: Adv. Chem. Phys. **1**, 309 (1958).
[21] HARNED, H.S., and B. OWEN: The Physical Chemistry of Electrolyte Solutions. New York 1950.
[22] FALKENHAGEN, H.: Elektrolyte. Leipzig 1953.
[23] ROBINSON, R.A., and R.H. STOKES: Electrolyte Solutions. London 1955.

Verzeichnis der Formelsymbole.

Es sind nur solche Bezeichnungen aufgeführt, die von allgemeinerer Bedeutung sind.

Thermodynamische Größen.

C_v	Molekülwärme bei konstantem Volumen
C_p	Molekülwärme bei konstantem Druck
E	Innere Energie
F	Freie Energie nach HELMHOLTZ
G	Freie Energie nach GIBBS, freie Enthalpie
H	Enthalpie, Wärmeinhalt
M	Molekulargewicht
P	Druck
R	Gaskonstante
S	Entropie
T	Absolute Temperatur
V	Volumen
Z	Fugazität
c	Konzentration (Moleküle pro Volumeneinheit)
f_i	Aktivitätskoeffizient der Komponente i
g	Osmotischer Koeffizient
h_i	Partielle Enthalpie pro Molekül

Verzeichnis der Formelsymbole. 397

p	Dampfdruck
p_i	Partialdruck
s_i	Partielle Entropie pro Molekül
v_i	Partielles Volumen pro Molekül
x_i	Molenbruch
γ	Kubischer Ausdehnungskoeffizient
$\varkappa$	Isotherme Kompressibilität
μ_i	Chemisches Potential

Mittlere molare Größen (pro Molekül) werden durch den Index m bezeichnet, z.B. ΔG_m = freie Energie der Mischung pro Molekül. Molekulare Entropie und Enthalpie einheitlicher Stoffe werden durch s und H bezeichnet.

Statistische Größen.

E	Energie
$H(\mathbf{q}, \mathbf{p})$	Hamilton-Funktion
N	Teilchenzahl
N_L	Loschmidtsche Zahl
Q	Verteilungsfunktion (Zustandssumme) des Gesamtsystems
Q_τ	Verteilungsfunktion der potentiellen Energie, Konfigurationsintegral
S	Slater-Summe
U	Potentielle Energie
$[V]$	Virial
$W^{(n)}$	Potential der Durchschnittskraft für eine Gruppe von n Molekülen
a	Kopplungsparameter
$b^{(l)}$	Verallgemeinertes cluster-Integral
$b^{(lm)}$	Verallgemeinertes cluster-Integral zweiter Art
$\|e\|$	Elektrische Elementarladung
$f(T)$	Verteilungsfunktion (Zustandssumme) des Einzelmoleküls
$g^{(n)}$	Molekulare Verteilungsfunktion einer Gruppe von n Molekülen
h	Plancksches Wirkungsquantum
k	Boltzmannsche Konstante
m	Masse eines Teilchens
n	Molekülzahl einer Untergruppe von Molekülen
q_i	Generalisierte Koordinate des i-ten Freiheitsgrades
$\mathbf{q}_i$	Satz der Ortskoordinaten des i-ten Moleküls, Ortsvektor im Konfigurationsraum des i-ten Moleküls
$\mathbf{q}$	Vollständiger Satz der Ortskoordinaten des Systems, Ortsvektor im Konfigurationsraum des Systems
$\mathbf{q}^{(n)}$	Satz der Ortskoordinaten von n Molekülen, Ortsvektor im Konfigurationsraum einer Gruppe von n Molekülen
$\mathbf{q}^{(n)}_{(N)}$	Aus den Ortskoordinaten von n-Molekülen bestehender Unter-Satz des Koordinatensatzes $\mathbf{q}^{(N)}$
r_{ij}	Schwerpunktsabstand der Moleküle i und j
u_{ij}, $u(r_{ij})$, $u(r)$	Wechselwirkungspotential zwischen zwei Molekülen als Funktion des Schwerpunktsabstandes
$v = V/N$	Volumen pro Molekül
$w^{(n)}$	Siehe Gl. (10.10)
Ξ	Große Verteilungsfunktion
$\beta = \dfrac{1}{kT}$	
$\beta^{(k)}$	Verallgemeinertes unreduzierbares cluster-Integral
ε	Dielektrizitätskonstante
$\lambda = \dfrac{h}{\sqrt{2\pi m kT}}$	
λ	Wellenlänge
$[\mu]$	Magnetisches Moment eines Teilchens
ν	Frequenz
$\varrho = N/V$	Molekulare Dichte
$\varrho^{(n)} = \left(\dfrac{N}{V}\right)^n g^{(n)}$	Molekulare Verteilungsfunktion einer Gruppe aus n Molekülen
σ	Schwerpunktsabstand zweier Moleküle, für den $u(r) = 0$ wird. Für unendlich steiles Abstoßungspotential: Durchmesser der starren Kugeln
ψ	Elektrisches Potential

Ein rechter oberer Index in Klammern, z.B. $A^{(n)}$, bedeutet im allgemeinen, daß die betreffende Größe sich in dem jeweils erläuterten Sinne auf eine Gruppe von n Molekülen bezieht.

Mathematische Symbole.

a	Skalare Größe
$\boldsymbol{a}$	Vektor
$\mathsf{A}, [A_{ij}]$	Matrix mit den Elementen A_{ij}
$\mathfrak{a}$	Matrix mit einer Reihe oder Spalte (Vektor)
$\lvert A \rvert$	Determinante mit den Elementen A_{ij}
$\lvert A \rvert_{ij}$	Kofaktor des Matrixelementes A_{ij}
Σ	Summierung
Π	Produkt
$\boldsymbol{a} \cdot \boldsymbol{b}$	Skalares Produkt
$\boldsymbol{a} \times \boldsymbol{b}$	Vektorielles Produkt
$\boldsymbol{a}\,\boldsymbol{b}$	Dyadisches Produkt
$\mathsf{A} \times \mathsf{B}$	Direktes Produkt
$[\mathsf{A}, \mathsf{B}]$	Kommutator
$\nabla_i F,\ \mathrm{grad}_i F,\ \dfrac{\partial F}{\partial \boldsymbol{q}_i}$	Gradient von F im Konfigurationsraum des Moleküls i
$\int F\, d\boldsymbol{q}_i$	Integral von F über den Konfigurationsraum des Moleküls i
$\int F\, d\boldsymbol{q}$	Integral von F über den Konfigurationsraum des Systems
$\int F\, d\boldsymbol{q}^{(n)}$	Integral von F über den Konfigurationsraum von n Molekülen
$\dfrac{\partial(x_1, x_2, \ldots)}{\partial(y_1, y_2, \ldots)}$	Jacobische Determinante
$O(a^2)$	Landausches Größenordnungssymbol
δ_{ij}	Kroneckersches Delta
$\delta(x-t)$	Diracsche Delta-Funktion
$\Gamma(z)$	Gamma-Funktion

Thermodynamics of Polymers.

By

A. J. STAVERMAN.

With 13 Figures.

I. Introduction.

1. Definitions[1]. In polymers or macromolecular substances we encounter structures and properties in several respects different from those of most other solids and liquids.

A substance is called a *polymer* when it consists of *macromolecules*. There is no sharp division between macromolecules and "ordinary" or "small" molecules, the general distinction being that macromolecules are larger. As a lower limit to the size of a macromolecule one may arbitrarily put a molecular weight of 5000 or a number of atoms of 300 not counting hydrogen atoms.

It is essential that the macromolecule is kept together by chemical bonds which are undisputed primary covalent bonds. In nearly all polymers these are carbon-carbon bonds. However, polymers are known with Si—O-, P—O-, B—N- bonds and others. A limiting case which is not universally accepted as a polymer is silicate glass, although it has many properties in common with ordinary polymers. It differs from common polymers in that its Si- and O-atoms are linked by chemical forces with a pronounced ionic character. However, in the silicones consisting of molecules of alternating silicon and oxygen atoms with carbon atoms bound to the remaining valencies of the silicon atoms we have substances which belong undoubtedly to the class of polymers.

Macromolecules can be *linear*, *branched* or *networks*. In the case of networks one or a few of the molecules can be so large that their overall dimensions are of the same order of magnitude as those of the macroscopic system in which they are contained. The overall dimensions of linear macromolecules are never more than thousands of angstroms. Linear macromolecules are also often called *chain molecules*. Branched macromolecules consist of *primary chains* linked together by chemical bonds in branching points. Network molecules can be considered as consisting of primary chains connected by *crosslinks*.

Polymers are isolated from natural substances or they are prepared chemically by means of polymerization or polycondensation reactions. The small molecules with which these reactions are performed are called *monomer molecules* and the substances participating in these reactions are accordingly called *monomers*. Analyzing the chemical structure of a macromolecule one often finds a *repeating unit*, consisting of the residues of the monomer molecules from which it has been synthesized. It also happens that different monomer residues are arranged in irregular or regular sequences depending on the procedure of the synthesis and on the reactivity ratios of the different monomers. In those cases the polymer is called a *copolymer*. The number of monomer residues in a macromolecule is called the *degree of polymerisation* of that macromolecule. A homo-

---

[1] For nomenclature in the field of Macromolecules see English: J. Polymer Sci. **8**, 257 (1952). — German: Makromol. Chem. **9**, 195 (1953). — French: Bull. Soc. Chim. France 1952, Addition, p. I—X. — Italian: J. Polymer Sci. **34**, 13 (1959).

logous series is a series of molecules consisting of different numbers of the same monomer residues.

The repeating units and the monomer residues are not identical with the *chain elements* which appear in model considerations of the shape of macromolecules and of the arrangement of such molecules on a lattice.

In cases where the macromolecule contains groups which are easily ionized the polymer is called a *polyelectrolyte*. Since the thermodynamical properties of polyelectrolytes are rather different from those of non-electrolyte polymers they will be treated in a separate section.

Besides by chemical synthesis polymers can be obtained from biological sources. Examples of *natural polymers* are cellulose, starch, rubber and proteins. Also in these polymers it is possible to recognize structural units which can be compared to the monomer residues in synthetic polymers. Particularly in proteins there is a great number of different units, as in copolymers, but here they are arranged in very regular orders.

2. Peculiar position of polymers. In several respects polymers differ from other substances, and systems containing polymers differ from other condensed phases.

Before the advent of polymers chemists were used to identify the concepts "pure chemical compound" and "system consisting of identical molecules". However, in polymers, with the possible exception of some natural polymers, the molecules are never identical. Polymers always consist of molecules of different molecular weight and degree of polymerization. This novel feature of polymers, at first hardly acceptable to many chemists, strongly affects theoretical treatments of thermodynamic and hydrodynamic properties of polymers. As a consequence of the fact that a polymer always shows a distribution of molecular weights, different physical properties depend on different *average molecular weights*. This feature together with the fact that one particular macromolecule may have, and actually passes through, many different shapes and arrangements results in the necessity of basing all theoretical treatments of polymers on *statistical methods*.

There are several other features by which systems containing polymers distinguish themselves from other condensed phases. Crystallization occurs in polymers as in any other substance but the crystallization is practically never complete, the crystals can not be separated from the non-crystalline phase and it turns out that the crystallites are often much smaller than the molecules, thus containing parts of molecules only. It is also characteristic of polymers that transitions are not nearly as sharp as is usually found with other substances. Many polymers show in a certain temperature range *rubberlike behaviour*, characterized by a low elasticity modul and high elongation (several hundred percent) without rupture.

All these different peculiarities of polymers can be understood from the point of view that in systems containing polymers we have condensed phases in which neighbouring atoms attract each other with forces of very different order of magnitude; the intramolecular forces giving rise to ordinary chemical bonds (± 100 Kcal/mol/bond) and the intermolecular forces of the same order of magnitude as the forces between molecules in ordinary liquids (2 Kcal/mol/bond).

3. Methods of characterization[1]. It follows from the preceding sections that a quantitative characterization of a polymer should first contain a figure for the

---

[1] For more detailed information about methods of characterization and generally about polymers the reader is referred to: P. J. FLORY, Principles of Polymer Chemistry. New York 1953. — H. A. STUART: Physik der Hochpolymeren, Vol. I—IV. Berlin-Göttingen-Heidelberg: Springer.

average degree of polymerization or of the average molecular weight. However, from different methods different averages are obtained. Calling n_i the number of molecules of species i with molecular weight m_i we have the number average molecular weight M_n defined as

$$M_n = \frac{\Sigma n_i m_i}{\Sigma n_i} \tag{3.1}$$

the weight average molecular weight

$$M_w = \frac{\Sigma n_i m_i^2}{\Sigma n_i m_i} \tag{3.2}$$

and various other averages.

Depending on the width of the molecular distribution, M_n and M_w may differ appreciably. In the number average molecular weight every molecule is counted once, so the result will depend strongly on the small molecules if these are present in large amounts. In contrast, in the weight average molecular weight every molecule contributes in proportion to its weight, so the large molecules will be dominant in the result. A comparison between these two molecular weights gives information about the distribution of sizes. If there are one or a few network molecules which are very much larger than the other ones, M_w tends to infinity whereas in M_n the presence of such molecules is not felt at all.

Information about molecular weights is obtained from measuring the following quantities in solutions of the polymer: a) osmotic pressure, freezing point depression, increase of boiling point, b) determination of endgroups, c) intensity of scattered light, d) viscosity, e) sedimentation and f) diffusion.

All methods listed under a) and b) give number average molecular weights. For molecules of large molecular weight the number of molecules per gram or per cm³ is small and the measured quantity is small too. Of the quantities sub a the osmotic pressure is the only quantity which is sufficiently large to remain measurable in dilute solutions of high polymers. It is essential that the solutions are dilute since the interaction of macromolecules in solutions of higher concentration is so strong that measurements on such solutions do not allow to draw conclusions about the weight of the separate molecules. This *interaction between macromolecules in solution* is an important problem which we shall have to treat from the thermodynamical point of view.

From light scattering the weight average molecular weight is derived whereas from viscosity measurements some average molecular weight in between M_n and M_w is obtained. These two kinds of measurement too have to be performed at high dilution—and the results have to be extrapolated towards infinite dilution—in order to obtain reliable molecular weights. Again the consequences of the interaction between the macromolecules on the results of measurements at higher concentration constitute a difficult problem which shall be dealt with in the following sections.

The measurement of sedimentation and diffusion involve the use of an ultracentrifuge. The measurements of sedimentation and diffusion are very satisfactory with monodispers natural polymers. However, with polymers having a distribution of molecular weight neither M_n nor M_w but the next higher average M_z is obtained. The measurement of diffusion is an essential complement to that of sedimentation.

Molecular distributions are determined by fractionation procedures. The most common procedure is to solve the polymer in a solvent and precipitate part of it by adding a non-solvent. Owing to the difference of solubility of large and small molecules the precipitate is somewhat richer in the larger molecules. The average molecular weights and the amounts of the various fractions give an indication of the molecular distribution which was initially present. The exact evaluation of such measurements requires detailed knowledge about the dependence of solubility on molecular weight and on the composition of both phases. Such knowledge has to be obtained from an analysis of the thermodynamical properties of polymer solutions such as will be given in Sect. 20δ.

Besides these methods of characterization which are based upon the study of solutions, there are several methods to characterize the pure polymer. The properties which are most remarkable and of practical importance are the softening temperature and the temperature of transition to the rubbery state. These are no sharp transition temperatures, and the mechanism underlying these transitions is of great theoretical interest. A careful analysis reveals in many polymers more transitions at temperatures below the rubber-transition. Although these transitions can be found from measurements of the density as a function of temperature, as is usual with non-polymer substances, much more information is obtained if mechanical properties are measured, for instance the elasticity module as a function of temperature and frequency.

In concluding this section we mention the investigation of polymers with X-rays. Two methods are of interest, namely the measurement of low angle scattering and of wide angle scattering of X-rays. From wide angle scattering information can be obtained about the *degree of crystallinity* and, in the case of fibres, about the dimensions of repeating units in various directions. Low angle scattering gives information specially adapted to the dimensions of polymers. KRATKY and POROD have shown, that from these measurements valuable information can be obtained about the *shape* and the *flexibility* of the macromolecules.

II. Thermodynamics of polymers; general concepts.

4. Number of configurations of macromolecules. Any thermodynamical treatment of systems containing polymers has to be based upon an analysis of the number of configurations of macromolecules. Compared to the same system with the monomer residues not chemically connected, this number of configurations is very much restricted. The way in which this restriction is affected by change of external conditions such as volume, elongation, temperature, can often be treated quantitatively by statistical calculations. Thus the thermodynamical properties as a function of external variables can be calculated.

In order to calculate the number of configurations a model of the macromolecule is considered as a chain of *elements* connected by *bonds*. Let the number of elements be r and the lengths of the bonds b. The angle between two successive bonds is called the *valence angle* ϑ. Generally b and ϑ will have fixed values for every pair of bonds. The freedom of the molecule originates from the fact that the angle φ between the planes formed by successive pairs of bonds has no fixed value. Depending on the precise structure of the molecule the angle φ can assume all values from 0 to 2π or be restricted to a larger or smaller domain $\delta\varphi$. The size and position of the domain $\delta\varphi$ can be very different for bonds in different parts of the chain. If we want to express the total number of configurations of the chain as a free volume, we have to admit small values δb and $\delta\vartheta$ to the lengths of the bonds and to the valence angles. The total number of configurations can then be written

$$C = (\delta b)^{r-1} \cdot (b\,\delta\vartheta)^{r-2} \cdot (b\sin\vartheta)^{r-3} \prod_{i=4}^{r} \delta\varphi_i. \qquad (4.1)$$

This number of configurations has the correct dimension b^{3r-6} since in this model the number of *internal* degrees of freedom is $3r-6$. The calculation of C

in actual cases requires more detailed information about the structure of the macromolecule, particularly about the values $\delta\varphi_i$, than is generally available. However, with less detailed information it is sometimes possible to calculate the change of C with the change of a specified macroscopic parameter.

In studies of *deformation* and *swelling*, the important parameters are the *distances* between specified elements of the system, and hence the *overall dimensions* of the macromolecules are predominant in the thermodynamical treatment of those phenomena. In studies of *solubility*, *phase separation* and again of *swelling* the effect of the *change of environment* on the number of configurations has to be studied.

α) *The random chain.* The model which is generally used as the basis of all statistical considerations on configurations of macromolecules is that of the random chain. This is a model of elements connected by bonds as discussed above, in which the angles ϑ and φ can assume all values with equal probability. In other words the model is characterized by absence of energy barriers at rotation. Since the existence of energy barriers against rotation about chemical bonds has been established beyond any doubt, the random chain model should not be considered as an immediate reflection of the chemical structure. In order to interpret experimental properties of real macromolecules with a random chain model the number of bonds and elements of the model has to be considered as adaptable parameters and are not identical with the number of chemical bonds and monomer residues. However, it has been pointed out, particularly by Kuhn[1] that any chain of chemical bonds with some limited freedom of rotation will, if sufficiently long, assume properties which are readily interpretable with statistics of random chains.

A rigorous mathematical treatment of random chains is given by Chandrasekhar[2]. It has many features in common with the problem of random walk[3] and the problem of diffusion in Brownian motion which is related to it.

In the following we will present some of the most important results of these treatments.

The fundamental quantity from which all properties of random chains are derived is the probability $W(r_i)$ of the coordinates r_i of each of the r elements, numbered $1 \ldots i \ldots r$, once the position of one particular element or of the centre of gravity is fixed.

The probability function for the vector r_{ij} between two elements numbered i and j respectively is found to be

$$W(r_{ij}) = \left(\frac{3}{2\pi b^2 |j-i|}\right)^{\frac{3}{2}} \exp\left\{-\frac{3 r_{ij}^2}{2 b^2 |j-i|}\right\} \tag{4.2}$$

where it is understood that $|r_{ij}| \ll b|j-i|$ and $|j-i| \gg 1$.

From this fundamental equation many properties of the random chain can be derived, such as the average end to end distance and the average radius of gyration. The probability $W(l)$ that the distance between the first and the last (the n-th) link is between l and $l+dl$ follows from (4.2):

$$\left. \begin{array}{l} W(l)\,dl = \left(\dfrac{3}{2\pi n b^2}\right)^{\frac{3}{2}} \exp\left(-\dfrac{3 l^2}{2 n b^2}\right) 4\pi l^2 dl, \\[2mm] W(l) = 2^{\frac{1}{2}} 3^{\frac{3}{2}} \pi^{-\frac{1}{2}} n^{-\frac{3}{2}} b^{-3} l^2 \exp\left(-\dfrac{3 l^2}{2 n b^2}\right). \end{array} \right\} \tag{4.3}$$

---

[1] W. Kuhn: Kolloid.-Z. **68**, 2 (1934).
[2] S. Chandrasekhar: Rev. Mod. Phys. **15**, 3 (1943).
[3] Lord Rayleigh: Phil. Mag. (6) **37**, 321 (1919).

So the average end to end distance is

$$\overline{L^2} = \int_0^\infty l^2 W(l)\,dl, \qquad \overline{L^2} = n b^2, \tag{4.4}$$

and the average distance between links numbered i and j

$$\overline{L^2_{ij}} = |j - i| b^2. \tag{4.5}$$

If $\mathbf{s}_i$ is the vector between the i-th element and the centre of mass, then the polar moment of inertia, I, about the centre of mass is, assuming equal mass m for every element

$$I = \Sigma m\, s_i^2,$$

and the radius of gyration ϱ is defined by

$$\varrho^2 = \frac{I}{n m} = \frac{1}{n} \Sigma s_i^2. \tag{4.6}$$

With the distribution function (4.2), ϱ is found to be given by

$$\varrho^2 = \tfrac{1}{6}\, \overline{L^2} = \tfrac{1}{6}\, n b^2. \tag{4.7}$$

A quantity which is of interest in some problems is the average square of the distance of the i-th link to the centre of mass, $\overline{s_i^2}$. Debye[1] derived for this quantity

$$\overline{s_i^2} = \frac{1}{3} n b^2 \left[1 - \frac{3 i (n - i)}{n^2}\right] \tag{4.8}$$

which reduces to

$$\overline{s_0^2} = \overline{s_n^2} = \frac{1}{3} n b^2 \tag{4.9}$$

for the end elements and to $\tfrac{1}{12} n b^2$ for the middle element.

For the discussion of other interesting properties of random chains we refer to the literature[2].

The random chain is an idealised model of a real chain molecule. The model can be refined so as to become more realistic in several ways. We will shortly treat the following types of refinements:

Sect. 4β: chain statistics at high elongations. Taking into account the finite length of the chain.

Sect. 4γ: chain statistics with some restriction on freedom of rotation about angles ϑ and φ. Equivalent chain.

Sect. 4δ: chain statistics with strong restriction on freedom of rotation. Worm-like chain.

Sect. 4ε: Statistics of branched chains.

Sect. 4ζ: Chain statistics, taking into account the finite volume of the segments, by which configurations with coinciding segments are excluded.

β) *High elongations.* Kuhn and Grün[3] and also James and Guth[4] have calculated the effect of the finite chain length at ultimate elongation. According to (4.2) and (4.3) the probability of $l > n b$ does not vanish as it should for a real chain. Treating the orientation of links in a way very similar to that of the orien-

---

[1] P. Debye: J. Chem. Phys. **14**, 636 (1946).
[2] For instance Hollingworth: J. Chem. Phys. **16**, 544 (1948); **17**, 97 (1949); **20**, 1580 (1952). — B. Zimm and W.H. Stockmayer: J. Chem. Phys. **17**, 1301 (1949).
[3] W. Kuhn and F. Grün: Kolloid-Z. **101**, 248 (1942).
[4] H.M. James and E. Guth: J. Chem. Phys. **11**, 455 (1943).

tation of dipoles in a strong electric field they find that (4.3) becomes in a higher approximation

$$W(l)\,dl = \text{const} \cdot \exp\left[-\int_0^1 L^{-1}\left(\frac{l}{nb}\right) d\,\frac{l}{b}\right] 4\pi l^2\,dl \qquad (4.10)$$

where $L^{-1}(u) = z$ is the inverse of the Langevin function $L(z)$, defined as

$$u = L(z) = \coth z - \frac{1}{z}.$$

The exponent of (4.10) can be developed with respect to l/nb, yielding

$$W(l) = \text{const} \cdot \exp\left[-n\left(\frac{3l^2}{2n^2b^2} + \frac{9l^4}{20n^4b^4} + \frac{99l^6}{350n^6b^6}\cdots\right)\right]. \qquad (4.11)$$

Eq. (4.11) represents the *Langevin-approximation*[1] to $W(l)$ while (4.2) is the *Gaussian-approximation*. An exact but intractable expression for the probability distribution at high elongation has been given by TRELOAR[2].

Eqs. (4.10) and (4.11) yield infinite force and vanishing probability at elongations above nb whereas for elongation below $\frac{1}{2}nb$ the Gaussian approximation is correct to within 8% in the force. It should be noted that the region below $\frac{1}{2}nb$ comprises an overwhelming part of the configurations of the chain.

γ) *Limited freedom of rotation.* In order to deal with chains in which the freedom of rotation about the angles ϑ and φ is limited KUHN[3] has introduced the very useful concept of the *equivalent chain*. He showed that a chain with n links of length b with the angle ϑ restricted to ϑ_0 and φ unrestricted behaves in the Gaussian approximation like an equivalent random chain of n_e links with length b_e given by

$$b_e = \frac{1+\cos\vartheta_0}{1-\cos\vartheta_0}\,b \quad \text{and} \quad n_e = \frac{1-\cos\vartheta_0}{1+\cos\vartheta_0}\,n \qquad (4.12)$$

leading to a root-mean-square length

$$\overline{l^2} = n_e b_e^2 = \frac{1+\cos\vartheta_0}{1-\cos\vartheta_0}\,nb^2 \qquad (4.13)$$

which equation was derived first by EYRING[4]. A lucid discussion has been given by BENOIT and SADRON[5].

A more accurate expression for $\overline{l^2}$ is

$$\overline{l^2} = \frac{1+\cos\vartheta_0}{1-\cos\vartheta_0}\,nb^2 - 2\cos\vartheta_0\,\frac{1-\cos^n\vartheta_0}{(1-\cos\vartheta_0)^2}\,b^2 \qquad (4.14)$$

which reduces to (4.13) for large values of $n(1-\cos\vartheta_0)$.

If not only ϑ but also φ has a limited amount of freedom the factor $(1+\cos\vartheta_0)/(1-\cos\vartheta_0)$ in (4.12) and (4.13) must be replaced by

$$\frac{1+\cos\vartheta_0}{1-\cos\vartheta_0} \cdot \frac{1-\overline{\cos\varphi}}{1+\overline{\cos\varphi}}$$

where $\overline{\cos\varphi}$ is the average of $\cos\varphi$ taken over the probability distribution of $\cos\varphi$. This probability distribution is dominated by the heigth and shape of

---
[1] For the nature of this approximation see the discussion of P. J. FLORY, C. A. J. HOEVE and A. CIFERRI: J. Polymer. Sci. **34**, 337 (1959).
[2] L. R. G. TRELOAR: Trans. Faraday Soc. **42**, 77 (1946). — L. R. G. TRELOAR: In STUART, Physik der Hochpolymeren, Bd. IV, § 28. Berlin-Göttingen-Heidelberg: Springer 1956.
[3] W. KUHN: Kolloid-Z. **68**, 2 (1934).
[4] H. EYRING: Phys. Rev. **39**, 746 (1932).
[5] H. BENOIT and CH. SADRON: J. Polymer Sci. **4**, 473 (1949).

potential barriers opposing rotation around φ. This distribution and, therefore, $\overline{\cos \varphi}$ and $\overline{l^2}$, will depend on the temperature[1].

δ) *Stiff chains.* Eqs. (4.13) and (4.14) cannot be applied when $1 - \cos \vartheta$ is very small, comparable to n^{-1}. For such cases KRATKY and POROD[2] have proposed the model of the worm-like chain, which has been treated in somewhat more detail by DANIELS[3] and by HERMANS and ULLMAN[4].

KRATKY and POROD show that two quantities with the dimension of a length characterize a worm-like chain, one the persistence length, a, characterizing the stiffness of the chain, the other L being the length of the fully elongated chain.

The persistence length is defined by

$$a = \lim_{b \to 0} \frac{b}{1 - \cos \vartheta} \qquad (4.15)$$

in which both the numerator and the denominator are supposed to approach asymptotically to zero. Owing to the requirement that

$$L = nb \qquad (4.16)$$

must remain finite, n has to increase beyond limits with decreasing b and

$$\lim n (1 - \cos \vartheta) = \frac{L}{a} \qquad (4.17)$$

From (4.17) it follows that $\cos^n \vartheta = \exp(-L/a)$ which turns (4.14) into:

$$\left.\begin{aligned} \overline{l^2} &= 2a\left[L - a + a e^{-\frac{L}{a}}\right] \\ \frac{\overline{l^2}}{a^2} &= 2\left(\frac{L}{a} - 1 + e^{-\frac{L}{a}}\right) \end{aligned}\right\} \qquad (4.18)$$

For $L/a \gg 1$ this yields the equations

$$\overline{l^2} = 2aL \qquad (4.19)$$

with $\overline{l^2}$ proportional to the number of links or to the chain length at full elongation. So at large values of L/a the worm-like chain behaves as a random chain, whereas at low values of L/a the average length divided by a depends only on the ratio L/a.

ε) *Branched chains.* In branched chains, to which the Gaussian approximation may be applied, the distances between the ends of different branches are invariably given by (4.2) with $|j-i|$ equal to the number of links between the ends under consideration. New expressions are found, however, for the mean radius of gyration ϱ, and for the density distribution of links around the centre of mass.

Extensive calculations of these quantities for chains containing various kinds of branches in a variety of sequences including also closed rings, have been made by ZIMM and STOCKMAYER[5] and by STOCKMAYER and FIXMAN[6]. Since no new physical concepts are involved in these calculations we will not reproduce here any of the rather laborious mathematical derivations. In practical cases where branched molecules appear the original papers containing many interesting details should be consulted. Generally it is clear that if branched molecules are

---

[1] TAYLOR: J. Chem. Phys. **16**, 267 (1948).
[2] O. KRATKY and G. POROD: Rec. Trav. Chim. **68**, 1106 (1949).
[3] H.E. DANIELS: Proc. Roy. Soc. Edinburgh **63**, 290 (1952).
[4] J. J. HERMANS and R. ULLMAN: Physica, Haag **18**, 951 (1952).
[5] B. ZIMM and W.H. STOCKMAYER: J. Chem. Phys. **17**, 1301 (1949).
[6] W.H. STOCKMAYER and M. FIXMAN: Ann. New York Acad. Sci. **57**, 334 (1953).

compared to linear molecules containing the same number of segments, the former have a smaller average radius of gyration and a higher segment density near the centre of mass. Also, if compared to linear molecules with the same average square radius of gyration branched molecules have a somewhat higher segment density near the centre of mass.

ζ) *Effect of excluded volume on chain configurations.* The most serious error made by treating a real chain molecule like a random chain is the neglect of collisions between segments in the random chain model. In the random chain model configurations with two or more segments on the same point in space are not excluded as impossible. Although the segment density is nowhere very high the large number of segments which can be involved in collisions leads to exclusion of a large fraction of the configurations of the random chain. From realistic assumptions about the segment density in practical cases FLORY estimates that in a chain of thousand segments only 1 in 160 configurations is admitted.

Various attempts have been made to estimate the effect of the exclusion of part of the space by every segment for every other segment on the probability distribution of the segments in space. Qualitatively it is clear that among configurations with small end to end distance and with small radius of gyration a larger fraction will be excluded by collisions between segments than among configurations with large end to end distance and radius of gyration. Therefore, the overall effect of the excluded volume of segments will be to expand the chain.

A quantitative treatment is necessary in order to calculate the order of magnitude of this expansion and its dependence on parameters like the molecular weight. Since an exact quantitative treatment is mathematically impossible several approximations and model considerations have been proposed. Some authors[1] treat the expansion as a Markoff process. Other authors[2,3] use the model of an equivalent sphere characterized by a certain density of segments which reduces the number of configurations of each other in the same way as the molecules in a non-ideal gas do. Again other authors[4,5] calculate the probability of interference of beads from random chain statistics, whereas also some quantitative calculations have been made on electronic computers, a method frequently called the Monte Carlo-method[6].

Although these various treatments are rather different in appearance, their essential physical content does not differ very much. Two parameters characterize the expansion of a given chain molecule in a given solvent at a given temperature: the volume, β, which one segment excludes for another segment, and a segment interaction parameter which is called X by FLORY, z by ZIMM, STOCKMAYER and FIXMAN and ψ by CASASSA[7]. In fact the definition of the quantities is

$$\psi = 4.3^{\frac{3}{2}} \beta n^{\frac{1}{2}} (2\pi b^2)^{-\frac{3}{2}}, \tag{4.20a}$$

$$z = \tfrac{1}{4}\psi = 3^{\frac{3}{2}} \beta n^{\frac{1}{2}} (2\pi b^2)^{-\frac{3}{2}}, \tag{4.20b}$$

$$X = 3^3 \beta n^{\frac{1}{2}} (2\pi b^2)^{-\frac{3}{2}} = \tfrac{3}{4}\sqrt{3}\,\psi. \tag{4.20c}$$

---

[1] H. HADWIGER: Makrol. Chem. **5**, 148 (1950).
[2] E. W. MONTROLL: J. Chem. Phys. **18**, 734 (1950).
[3] P. J. FLORY and W. J. KRIGBAUM: J. Chem. Phys. **18**, 1086 (1950). — M. YAMAMOTO: Chem. Abstr. **46**, 1844 (1952). — T. B. GRIMLEY: J. Chem. Phys. **21**, 185 (1953); **22**, 1134 (1954). — Trans. Faraday Soc. **55**, 681, 687 (1959).
[4] J. J. HERMANS, M. S. KLAMKIN and R. ULLMAN: J. Chem. Phys. **20**, 1360 (1952).
[5] B. H. ZIMM, W. H. STOCKMAYER and M. FIXMAN: J. Chem. Phys. **21**, 1716 (1953). — M. FIXMAN: J. Chem. Phys. **23**, 1656 (1955).
[6] F. T. WALL, L. A. HILLER a. o.: J. Chem. Phys. **22**, 1036 (1954); **23**, 913, 2314 (1955); **26**, 1742 (1957). — M. N. ROSENBLUTH and A. W. ROSENBLUTH: J. Chem. Phys. **23**, 356 (1955).
[7] E. F. CASASSA and H. MARKOVITZ: J. Chem. Phys. **29**, 493 (1958).

The quantity β is an excluded volume as it appears in the statistical thermodynamics of non-ideal gases. β depends on the temperature, assuming negative values at low temperature and for every polymer-solvent mixture there may exist a temperature, ϑ, at which β vanishes. This quantity will be discussed more fully in the treatment of the effect of the excluded volume on the osmotic pressure in polymer solutions. It is defined

$$\int [1 - \exp(-u(\mathbf{r}_{ij})/kT)] d\mathbf{r}_{ij} = \beta\, \delta(\mathbf{r}_{ij}) \tag{4.21}$$

where $u(\mathbf{r}_{ij})$ is the average energy increase of the system with the vector between segments i and j equal to $\mathbf{r}_{ij}$ over that with $\mathbf{r}_{ij} = \infty$, and where δ is the Dirac function. Eq. (4.21) accounts for the short range character of the interaction forces. Flory who derives the interaction from a lattice model, writes for β an expression as follows [see Eq. (15.4) below on p. 463]

$$\beta = 2\psi_1 \left(1 - \frac{\theta}{T}\right) \frac{v_s^2}{v_0} \tag{4.22}$$

where v_s is the volume of a segment and v_0 is the molecular volume of the solvent, while ψ_1, and θ are two constants to describe the segment interaction together with its temperature dependence. For $T = \theta$ the excluded volume vanishes and for $\psi_1(1 - \theta/T) = \frac{1}{2}$ it becomes equal to the segment volume times v_s/v_0. The latter situation corresponds to the "athermal solution" in the lattice theory (see Sect. 14).

The quantity ψ (or z, or X) is a segment density times the number of segments in a molecule. In the model of the equivalent sphere the segment density equals $n\beta/V_{\text{eff}}$ the excluded volume of n segments divided by an effective volume V_{eff}. However this effective volume may be defined, it is proportional to the cube of an effective radius R_{eff} and this effective radius is according to random chain statistics proportional to b and to $n^{\frac{1}{2}}$. So the segment density is proportional to β, to b^{-3} and to $n^{-\frac{1}{2}}$. Since each of the n segments experiences a limitation of freedom proportional to the segment density the total perturbation of the chain configuration depends on a quantity n times the segment density, such as ψ, z or X.

Also in treatments that do not employ an equivalent sphere model very similar conclusions are reached. In such treatments one considers the probability that one, two or three pairs of segments meet. The probability that a specified pair of segments meets is proportional to β and as is seen from (4.2) to $(nb^2)^{-\frac{3}{2}}$. The probability that a non-specified pair of segments meets is n^2 times the former value. So again a quantity proportional to β, to b^{-3} and to $n^{\frac{1}{2}}$ appears to characterize the perturbation by the excluded volume.

As the choice of the values of n and b for a given polymer are subject to some arbitrariness [see for instance Eq. (4.12)] the quantity ψ or z is not sharply defined and so the numerical value of the coefficients in equations describing the effect of the excluded volume on the distribution of configurations is subject to some uncertainty. Also, the calculation of the coefficients of higher terms than the first in the development of the excluded volume of effect with respect to ψ or z is prohibitively difficult. However, the variation of the calculated effects with temperature, molecular weight and solvent may be less sensitive to the intricacies of the model than the absolute value of these effects, and for these variations the theory affords a guiding principle at least.

With these restrictions and perspectives in mind we give a summary of the calculations of Fixman of the effect of the excluded volume on the end to end distance of a chain molecule.

Sect. 4. Number of configurations of macromolecules.

For the probability that a real chain has a length L, Fixman writes

$$P(L) = \frac{P_0(L) \int \exp\left(-\sum_i \sum_j u_{ij}/kT\right) d\mathbf{r}_{ij}(L)}{\int \ldots \int P_0(L) \exp\left(-\sum_i \sum_j u_{ij}/kT\right) \ldots d\mathbf{r}_i(L) \, dL} \quad (4.23)$$

where $P_0(L)$ is the probability of length L for the random chain, and $d\mathbf{r}_{ij}(L)$ means that the integration is to be performed over all positions of segments compatible with the requirement that the end to end distance be L. Introducing (4.21) and writing $P(L, O_{ij})$ for the probability that $\mathbf{r}_{ij}=0$ when the chain length is L and $P(O_{ij}) = \int P(L, O_{ij}) dL$ we find

$$\left. \begin{aligned} P(L) &= \frac{P_0(L) - \beta \sum_{ij} P(L, O_{ij}) + \beta^2 \sum_{ij}\sum_{kl} P(L, O_{ij}, O_{kl}) \ldots}{\int \left[P_0(L) - \beta \sum_{ij} P(L, O_{ij}) + \beta^2 \sum_{ij}\sum_{kl} P(L, O_{ij}, O_{kl}) \ldots\right] dL}, \\ P(L) &= \frac{P_0(L) - \beta \sum_{ij} P(L, O_{ij}) + \beta^2 \sum_{ij}\sum_{kl} P(L, O_{ij}, O_{kl}) \ldots}{1 - \beta \sum_{ij} P(O_{ij}) + \beta^2 \sum_{ij}\sum_{kl} P(O_{ij}, O_{kl}) \ldots}. \end{aligned} \right\} \quad (4.24)$$

This leads to the following equation for $\overline{L^2}$ developed with respect to β

$$\left. \begin{aligned} \overline{L^2} &= \int L^2 P(L) dL = \overline{L_0^2} - \beta \sum_{ij} \int L^2 \left[P(L, O_{ij}) - P_0(L) P(O_{ij})\right] dL + \\ &\quad + \beta^2 \sum_{ij}\sum_{kl} L^2 \left[P(L, O_{ij}, O_{kl}) - P_0(L) P(O_{ij}, O_{kl}) + \right. \\ &\quad \left. + 2 P(O_{ij}) P(O_{kl}) P_0(L) - P(L, O_{ij}) P(O_{kl}) - P(L, O_{kl}) P(O_{ij})\right] dL \\ &= \overline{L_0^2} \left(1 + a_1 \frac{\beta n^2}{(nb^2)^{3/2}} - a_2 \frac{\beta^2 n^4}{(nb^2)^3} \ldots \right), \\ \frac{\overline{L^2}}{\overline{L_0^2}} &= 1 + b_1 z - b_2 z^2 \ldots = F_L(z). \end{aligned} \right\} \quad (4.25)$$

From random chain statistics Fixman calculates for b_1 and b_2 the values $b_1 = \frac{4}{3} = 1.33$ and $b_2 = 2.07$. A similar development of the radius of gyration leads to the slightly different value of $\frac{134}{105} = 1.28$ for the first coefficient. Whereas the exact value of the coefficients is subject to some doubt, also in view of the artificial character of the model, one is inclined to have some confidence in the conclusion that the effect of the excluded volume on chain configurations is of the general form of (4.25), a development with respect to a quantity z with the physical significance of an average segment density times the number of segments.

It should be noted that, although z can be made to assume arbitrarily small values by considering polymer solutions sufficiently near to the θ-point, yet one is not free to measure the term $b_1 z$ separately from the following terms. The accuracy with which differences between $\overline{L^2}$ and $\overline{L_0^2}$ can be measured is not very high so with increasing z higher terms can become of the same order as $b_1 z$ long before derivations from $\overline{L_0^2}$ are measurable at all. Some experimental results will be reviewed in Sect. 16.

We observe also that z is proportional to $n^{\frac{1}{2}}$ and $\overline{L^2}/\overline{L_0^2}$ increases with increasing z, so $\overline{L^2}/\overline{L_0^2}$ will increase with increasing molecular weight (not necessarily with $M^{\frac{1}{2}}$). This is a consequence of the fact that the partition function of a segment depends on the positions of all the other segments, and not only on those of its neighbours. Theories giving different results have not taken this fact into account.

5. Number of degrees of freedom of macromolecules.

In this section we will follow closely Prigogine[1]. He uses two models, one in which the forces acting upon the elements of the chain are harmonic, the other one in which these forces are zero over a small volume and infinite outside. The resulting definition of the degrees of freedom is the same in both cases. We will consider here the harmonic case. The macromolecule consists of r elements, numbered $1 \ldots i \ldots$. In the state of lowest energy the r elements are arranged on a lattice (cell model, see Sects. 14 and 17). Each element moves around its lattice point in a harmonic field, resulting from the intermolecular forces exerted by the surrounding medium. The elements are also subject to intra-molecular forces from the chemical bonds which keep the molecule together. If we call the force constant of the intermolecular forces K and the coordinates of the i-th element with respect to its lattice point y_i, we have for the intermolecular potential energy

$$2U^e = K \sum_{i=1}^{3r} y_i^2. \tag{5.1}$$

The internal potential energy depends in a complicated way on the chemical structure of the molecule. Assuming that the intramolecular forces are harmonic too, we may write for the internal potential energy

$$2U^i = \sum_{i,j=1}^{3r} A_{ij} y_i y_j. \tag{5.2}$$

Finally the kinetic energy is given by

$$2T = m \sum \dot{y}_i^2. \tag{5.3}$$

Prigogine solves this set of equations twice, once with K finite and once with $K=0$. With finite K he obtains $3r$ frequencies per macromolecule. With $K=0$ a number of frequencies will be zero. Let this number be $3c$. With $K=0$ the other $3r-3c$ frequencies assume values v_j^0. These are the eigenfrequencies of the r-mer in the gasphase.

With K finite the $3c$ frequencies which vanished with $K=0$ will become

$$v_1 = \frac{1}{2\pi} \sqrt{\frac{K}{m}} \tag{5.4}$$

where v_1 can be considered as the "lattice frequency". The eigenfrequencies v_j^0 of the molecule will be affected by the finite value of K. However, as the restoring force of chemical bonds is very much larger than of intermolecular forces one may neglect the influence of the latter upon the frequencies arising from the former. The intramolecular frequencies are of the order of several hundred cm^{-1}, whereas the lattice frequency does not exceed 20 cm^{-1}. This means that the free energy due to internal degrees of freedom of the molecule is not noticeably affected by changes of the environment. Of course, Prigogine's treatment involves an approximation. Since in macromolecules intramolecular forces operate having all possible values in between those in chemical bonds and those operating between neighbouring atoms in a liquid, the distinction between "free" and "frozen" degrees of freedom is not sharp. However, the treatment shows, that a definite physical meaning can be attributed to the concepts of internal and external degrees of freedom also in complicated molecules.

---

[1] I. Prigogine: The molecular Theory of Solutions. Amsterdam 1957.

In order to estimate the magnitude of c we have to go back to Eq. (4.1). We see then that the total number of configurations is made up of the freedom admitted in $r-1$ valence bonds, in $r-2$ valence angles and in $r-3$ angles between the planes of successive bonds. Generally the $r-1$ valence bonds will be essential to keep the molecule together, so there will be at least $r-1$ internal degrees of freedom. The valence bonds in ordinary molecules are rigid; however, since the r "elements" in our model are not always identical with single carbon atoms with or without substituents the valence angles in this model may or may not be rigid. Finally the $r-3$ angles between successive valence bond planes may vary from very rigid to very loose, depending on the chemical structure of the molecule. If, for instance, rings are present one of the degrees of freedom originating from these angles is transferred to a rigid valence bond and at the same time the freedom around several other angles is very much restricted.

We conclude that the most flexible macromolecule will always have $r-1$ internal degrees of freedom, so for very flexible molecules

$$\frac{c}{r} = \frac{2}{3} + \frac{1}{3r}. \tag{5.5}$$

For very rigid molecules all angles ϑ and ψ are rigid so there are $3r-6$ internal degrees of freedom or $3c = 6$

$$\frac{c}{r} = \frac{2}{r}. \tag{5.6}$$

A macromolecule of moderate flexibility may have rigid valence angles and free or nearly free rotating angles φ, thus $3c = 3r - (r-1) - (r-2)$ or

$$\frac{c}{r} = \frac{1}{3} + \frac{1}{r}. \tag{5.7}$$

For large r these ratios approach to $\frac{2}{3}$, 0 and $\frac{1}{3}$ respectively.

6. Number of contact points of macromolecules. As no satisfactory thermodynamical description starting from basic principles exists, even for simple liquids, considerations have to be based on models. For liquids containing macromolecules this is even more so. The model which has allowed most progress so far is the cell model. In this model the "elements" are confined to cells while the cells are arranged into a lattice. An important parameter in any thermodynamic description of this model is the lattice parameter, z, being the number of nearest neighbours of every cell[1]. In a close packed lattice z should have the value of 12, but better quantitative agreement with experiments is obtained by attributing to z a value of 10 or less[2]. It appears to follow from X-ray data that z decreases from about 12 to about 6 near the critical temperature of the liquid.

The importance of z is due to the fact that in cases of simple molecules which do not fill more than one cell, z is the number of molecules interacting with one molecule. If, however, the molecule fills r cells the number of points of interaction is not z any more but qz, where q is a function of r and depends on the structure of the molecules. If the molecule contains no closed rings, that is if no neighbouring cells are occupied by elements of the same macromolecule which are not chemically bonded and if also no rings of chemical bonds are present in the molecule, it is easily verified that the number of neighbours of an r-mer macro-

---

[1] The lattice parameter z should not be confused with the excluded volume parameter defined in (4.20b).

[2] J. DE BOER: Proc. Roy. Soc. Lond., Ser. A **215**, 1 (1952). — A. EISENSTEIN and N. S. GINGRICH: Phys. Rev. **62**, 261 (1942).

molecule is
$$q_0 z = rz - 2r + 2 \tag{6.1}$$
where the suffix 0 indicates absence of rings.

Indeed, if the molecule is an unbranched chain the two end elements are chemically bound once, and the $r-2$ other elements twice. If the molecule is branched, for every branch one element with 3 chemical connections and one end-group with one is introduced, which does not affect (6.1). However, in molecules containing rings qz may be much smaller than given by (6.1). The treatment of molecules with rings affords special difficulties so that most calculations have been restricted to open chain molecules obeying (6.1). This, however, is not very satisfactory as intramolecular contacts will occur very frequently in heavily coiled macromolecules and the important phenomenon of coiling in bad solvents and uncoiling in good solvents originates entirely from the decrease of energy resulting from an increase of the number of intramolecular contacts. In any case qz as given by (6.1) represents a maximum value. Eq. (6.1) can be written in some different ways

$$\frac{r-1}{r-q_0} = \frac{z}{2} \tag{6.2a}$$

$$\frac{q_0-1}{r-q_0} = \frac{z}{2} - 1. \tag{6.2b}$$

From the definition of q we easily derive the number of intromolecular bonds or contacts s, in the molecule

$$s = \frac{z}{2}(r-q). \tag{6.3}$$

Indeed zr is the total number of neighbours of the r elements and zq is the number of neighbours not forming part of the molecule, while the factor $\frac{1}{2}$ accounts for the fact that two contact points form one contact. In the case of a molecule without rings s becomes

$$s_0 = \frac{z}{2}(r-q_0) = r - 1. \tag{6.4}$$

7. The combinatorial factor. Until 1936 it was not realized that the free energy of mixing of different chemical species contains a term merely depending on the differences in size of the molecules involved. Up to that time it was generally assumed that in cases where there is no heat evolution or absorption and no volume contraction or expansion at mixing, the free energy of mixing is in accordance with RAOULT's law for ideal solutions

$$S_{mix}^{id} = R \ln \frac{N!}{\prod_i n_i!} \tag{7.1}$$

in which n_i is the number of molecules of species i and $N = \sum n_i$. In 1937 FOWLER and RUSHBROOKE[1] showed that the number of arrangements of N_1 spheres and N_2 dumbbells on a lattice of $N_1 + 2N_2$ sites is not in accordance with an entropy of mixing as given by (7.1). FOWLER and RUSHBROOKE's results indicate that geometrical factors arising from differences in size of molecules may lead to deviations from RAOULT's law.

In the years 1939 to 1944 a number of authors extended and generalized the calculations of FOWLER and RUSHBROOKE[1]. CHANG[2] derived general formulae

---
[1] R.M. FOWLER and G.S. RUSHBROOKE: Trans. Faraday Soc. **33**, 1272 (1937).
[2] CHANG: Proc. Roy. Soc. Lond., Ser. A **169**, 512 (1939). — Proc. Cambridge Phil. Soc. **38**, 109 (1942).

for mixtures of dimers (dumb bells) and monomers, using the method introduced by BETHE[1] for the description of order-disorder phenomena in alloys. In 1941, 1942 and 1943 FLORY[2], HUGGINS[3], MILLER[4] and MÜNSTER[5] all independently derived formulae for mixtures of polymers generally. In 1944 GUGGENHEIM[6] derived general formulae by a method based upon consideration of the grand partition function.

In the following the methods of GUGGENHEIM and that of FLORY and HUGGINS, which are essentially identical but differ somewhat in the mathematics, will be demonstrated.

The effects arising from geometrical factors will be most pronounced in mixtures of polymer molecules with small molecules which will be treated in Chap. IV. As, however, the free energy of all polymer systems contains the number of configurations of the system as a whole (to be distinguished from C, the number of configurations of a single macromolecule) we will consider this number here.

The most direct, though not the only possible method of calculating the number of configurations in mixtures of molecules of different size consists in sustained use of the lattice model.

In this model we write for the free energy $F = F_{int} + F_{conf}$, where F_{int} contains all terms which do not depend on the surroundings of the molecules. Writing

$$F_{conf} = -kT \ln Q \qquad (7.2)$$

in which Q is the configurational partition function, an essential feature of the lattice model is that Q can be written

$$Q = \sum_\nu \prod_i \psi_i^\nu g_\nu \exp(-E_\nu/kT). \qquad (7.3)$$

Here ψ_i accounts for the freedom of element i to move around its lattice site, E is the energy of the lattice with all elements at their equilibrium position, the suffix ν specifies a particular set of configurations of the lattice with $E = E_\nu$ and g_ν is the number of these configurations.

An important quantity in thermodynamics of polymers is then the combinatorial factor

$$g = \sum_\nu g_\nu \qquad (7.4)$$

that is the total number of ways of arranging a given set of molecules on a lattice. The calculation will be given here for configurations without empty lattice sites. If we have N_j molecules consisting of r_j elements, the total number of elements and of lattice sites is

$$N_r = \sum_j r_j N_j. \qquad (7.5)$$

As we will show g depends on N_j, r_j and q_j. It can be calculated either by adding the molecules subsequently to the lattice or by comparing the probability of occupation of a given set of sites by r_j loose elements with the probability of occupation by one molecule j. The first method has been followed by HUGGINS and FLORY, the second by GUGGENHEIM. The methods and the results of HUGGINS and GUGGENHEIM are completely equivalent[7].

---

[1] H. BETHE: Proc. Roy. Soc. Lond., Ser. A **150**, 552 (1935).
[2] P. J. FLORY: J. Chem. Phys. **10**, 51 (1942).
[3] M. L. HUGGINS: Ann. New York Acad. Sci. **43**, 1 (1942).
[4] A. R. MILLER: Proc. Cambridge Phil. Soc. **38**, 109 (1942); **39**, 54 (1943).
[5] A. MÜNSTER: Kolloid-Z. **105**, 1 (1943).
[6] E. A. GUGGENHEIM: Proc. Roy. Soc. Lond., Ser. A **183**, 203 (1944).
[7] A. J. STAVERMAN: Rec. Trav. Chim. **69**, 163 (1950).

FLORY ends up with somewhat simpler formulae by neglecting the effect of the neighbour-elements of a given element of a polymer molecule on the probability for that element to find a lattice site empty. In the following we will use the methods of HUGGINS and GUGGENHEIM. HUGGINS' method has been modified slightly in order to facilitate comparison with GUGGENHEIM's method. First considering a mixture of N_0 monomer molecules ($r_0=1$, $q_0=1$) and N_p molecules of a monodispers polymer ($r_p=r$, $q_p=q$) HUGGINS calculates the number of ways to distribute these molecules on a lattice with $N_r=N_0+r\,N_p$ lattice sites by first placing the polymer molecules on the lattice and then filling up the sites which are left over with monomer molecules. The entire calculation depends on a quantity $v_{i+1,j}$, the number of ways in which the j-th element of the $(i+1)$-th polymer molecule can be placed upon the lattice. HUGGINS writes for $v_{i+1,j}$

$$v_{i+1,j} = \frac{N_r - r\,i}{N_r - (r-q)\,i}\, Y_j \quad i<j<r \tag{7.6}$$

where Y_j is the number of arrangements available for the j-th element of a polymer molecule on an empty lattice. For the first element a different formula is used:

$$v_{i+1,1} = (N_r - r\,i)\, Y_1. \tag{7.7}$$

The meaning of (7.6) and (7.7) can be understood as follows; $N_r - r\,i$ is the number of empty sites after i polymer molecules have been placed on the lattice. This is the number of sites available to the first element of the $(i+1)$-th polymer molecule as is indicated by (7.7). The probability that this element will find an arbitrary site empty is

$$p_{i+1,1} = \frac{N_r - r\,i}{N_r}. \tag{7.8}$$

For the second element this probability, $p_{i+1,2}$, is somewhat larger because this second element has a choice of sites preselected by the condition that one neighbouring site is not occupied by one of the elements of the $i-1$ former polymer molecules. This leads to

$$p_{i+1,2} = \frac{N_r - r\,i}{N_r - (r-q)\,i}. \tag{7.9}$$

That this must be so can be seen by considering that the ratio of the probability that this second element finds an unoccupied site to the probability that it finds an occupied site is equal to the ratio of the total number of neighbours of empty sites $[z(N_r - r\,i)]$ to the total number of neighbours of occupied sites $[zq\,i]$, so

$$\frac{p_{i+1,2}}{1 - p_{i+1,2}} = \frac{N_r - r\,i}{q\,i}$$

which leads to (7.9).

One can also, following TOMPA[1], consider two arbitrary neighbouring sites and calculate the following probabilities

$f(OO)$ probability that both sites are empty,

$f(OP)$ probability that first site is empty, second is occupied by polymer element,

$f(PO)$ probability that first site is occupied, second site is empty,

$f(PP)$ probability that both sites are occupied by elements of different polymer molecules,

$f(\overline{PP})$ probability that both sites are occupied by elements of the same polymer molecule.

---

[1] H. TOMPA: Polymer Solutions, Chap. 4. London 1956.

Between these probabilities the following relations exist:

$$f(OO) + f(OP) = f(O) = \frac{N_r - ir}{N_r}, \qquad (7.10\text{a})$$

$$f(PO) + f(PP) + f(\overline{PP}) = f(P) = \frac{ir}{N_r} = 1 - f(O). \qquad (7.10\text{b})$$

$f(O)$, the probability that the first site is empty, is equal to $p_{i+1,1}$. Moreover

$$f(OO)/f(OP) = f(PO)/f(PP) \qquad (7.10\text{c})$$

and also

$$f(OP) = f(PO). \qquad (7.10\text{d})$$

We know from the definition of q and of s [see Eqs. (6.1) and (6.3)] that

$$f(\overline{PP}) = f(P) \frac{r-q}{r}. \qquad (7.10\text{e})$$

From these equations $f(OO)$ can be solved. From our definitions of $p_{i+1,1}$ and $p_{i+1,2}$ it follows that

$$f(OO) = p_{i+1,1} \cdot p_{i+1,2}.$$

In this way again (7.9) is found.

So far no approximations have been made. The treatments of both HUGGINS and GUGGENHEIM introduce now the following approximation

$$p_{i+1,k} = p_{i+1,2} \quad \text{for } 1 < k \leq r \qquad (7.11)$$

which is expressed by (7.6). FLORY makes the even more drastic assumption

$$p_{i+1,k} = p_{i+1,1} \quad 1 \leq k \leq r. \qquad (7.12)$$

Assumption (7.11) means that in placing the 3rd, 4th and further elements of the r-mer on the lattice the probability to find a site occupied is always the same. So in the calculation of $p_{i+1,3}$ the neighbourhood of the second element is taken into account but not the presence of the first element. Particularly in a dense lattice containing triangles of contacting sites this neglect may be serious.

With Eq. (7.11) the combinatorial factor can be calculated in a straightforward manner. We have for the number of ways of the entire i-th molecule

$$\prod_{k=1}^{r} p_{ik}$$

and for the total number of arrangements of N_j polymer molecules of type j with $r = r_j$ and $q = q_j$

$$W(N_j) = \prod_{i=1}^{N_j} \prod_{k=1}^{r_j} p_{ik}.$$

We are interested in $g(N_0 \ldots N_j \ldots)$, the number of different ways in which a mixture of polymer molecules of types $i \ldots j \ldots n$ and monomer molecules, indicated by O can be arranged on the lattice. In order to be able to do this, (7.8) and (7.9) should be written in a generalized way

$$p_{i+1,1} = \frac{N_r - N_i'}{N_r} \qquad (7.8')$$

and

$$p_{i+1,2} = \frac{N_r - N_i'}{N_r - N_i' + N_i^q} \qquad (7.9')$$

where now
$$N_r = \sum_{j=0}^{n} r_j N_j,$$

$$N_i^r = \sum' r_j N_j', \quad N_i^q = \sum' q_j N_j' \quad \text{and} \quad \sum' N_j' = i.$$

Here the prime on the summation sign indicates that the summation should be taken over *previously placed* molecules only. It is clear that the result may depend on the order in which molecules of different types are placed. However, it is found, that the result is independent of the order in cases where $q = q_0$ [Eq. (6.1)]. Substituting (7.8) and (7.9) in $W(N_j)$ and dividing by the number of permutations of identical molecules one finds

$$\ln g(N_j) = \sum_j N_j \ln \varrho_j + \ln N_r! - \frac{z}{2}(\ln N_r! - \ln N_q!) - \sum_j \ln N_j! \quad (7.13)$$

where

$$\varrho_j = \prod_{i=1}^{r_j} Y_i \quad (7.14)$$

and

$$N_q = \sum_{j=0}^{n} q_j N_j \quad (7.15)$$

with $r_0 = q_0 = 1$. The quantity ϱ is related to, but not identical with, the number of configurations of C of Eq. (4.1). The absolute magnitude of ϱ, like that of C in the treatment of configurational probability, is of no importance for the description of changes in the combinatorial factor with change of concentration of components.

FLORY's treatment, starting from (7.12) instead of (7.11) gives a much simpler result, namely

$$\ln g(N_j) = \sum_j N_j \ln r_j \varrho_j - \sum_j N_j \ln \varphi_j \quad (7.16)$$

in which φ_j is the volume fraction of component j: $\varphi_j = r_j N_j / N_s$.

Actually, FLORY's equation (7.9) describes very satisfactorily the main effect of the presence of polymeric molecules on the thermodynamical properties of mixtures. This main effect is caused by the size of the molecule and is accounted for by the value of r. In comparison to this effect, the effects of the shape of the molecule, expressed by the number of contact points q are of secondary importance. However, in the treatment of changes of the numbers of configurations with change of environment a more refined model of the molecule is required in which short range and long range interactions between segments are accounted for. For the short range interactions the model of HUGGINS and GUGGENHEIM affords a useful approximation.

Some remarks should be made about GUGGENHEIM's treatment. GUGGENHEIM insists that the combinatorial factor and, therefore, the configurational free energy and the activities of components of a mixture can be derived from one quantity α, defined as the probability that a group of sites congruent with a polymer molecule is occupied completely with monomer molecules. From the properties of grand partition functions he derives immediately a relation between α and the free energies of the components.

As we are here considering the purely geometrical problem of the calculation of $g(N_0 N_p)$, the number of possible arrangements on the lattice, we will avoid explicit use of thermodynamical relations.

Following VAN DER WAALS[1] we consider the number of ways in which a lattice of $N_r = N_0 + r N_p$ sites, containing N_0 monomer molecules and N_p polymer molecules

---
[1] J.H. VAN DER WAALS: Thesis Groningen 1950, p. 10.

can be transformed into the same lattice containing N_0-r monomer molecules and N_p+1 polymer molecules.

The number of ways in which r monomer molecules can be removed from the initial system should be $N_r\varrho$ if only monomer molecules were present. Actually it is $\alpha N_r\varrho$, where α is the probability of finding a set of sites, accessible to a polymer molecule. So the total number of configurations of the lattice with N_0-r monomer molecules, N_p polymer molecules and r empty sites, which can accomodate a polymer molecule, is

$$g(N_0-r, N_p, r) = \alpha N_r \varrho g(N_0, N_r). \tag{7.17}$$

The same quantity can be obtained starting from the lattice filled with N_0-r monomer molecules and (N_p+1) polymer molecules. From this lattice we can remove 1 polymer molecule in N_p+1 ways in order to get again the lattice with the r empty sites, so

$$g(N_0-r, N_p, r) = (N_p+1) \cdot g(N_0-r, N_p+1). \tag{7.18}$$

Comparing (7.17) and (7.18) we find

$$(N_p+1) \cdot g(N_0-r, N_p+1) = \alpha N_r \varrho g(N_0, N_r). \tag{7.19}$$

Taking logarithms, putting $N_p+1=N_p$ and writing

$$\ln g(N_0-r, N_p+1) - \ln g(N_0, N_p) = \left(\frac{\partial \ln g}{\partial N_p}\right)_{N_r} \tag{7.20}$$

we find

$$\left(\frac{\partial \ln g(N_0, N_b)}{\partial N_p}\right)_{N_r} = \ln \alpha + \ln N_r - \ln N_p + \ln \varrho \tag{7.21}$$

or, after integration putting $\ln g(N_r, 0) = 0$,

$$\ln g(N_0, N_p) = \int_0^{N_p} \ln \alpha \, d N_p + N_p \ln N_r - \ln N_p! + N_p \ln \varrho \tag{7.22}$$

which is the desired relation between α and g. GUGGENHEIM takes for α

$$\alpha = \frac{N_0}{N_r} \cdot \left(\frac{N_0}{N_q}\right)^{r-1}. \tag{7.23}$$

This is equivalent with HUGGINS' assumptions expressed in (7.8), (7.9) and (7.11) and involves the same approximations.

Inserting (7.23) into (7.22) we find

$$\ln g(N_0, N_p) = \ln N_r! - \ln N_0! - \ln N_p! + \frac{r-1}{r-q}\{\ln N_q! - \ln N_r!\} + N_p \ln \varrho. \tag{7.24}$$

GUGGENHEIM's method can be generalized to systems containing N_i molecules characterized by r_i, q_i and l_i on a lattice with $N_r = \sum r_i N_i$ lattice sites. In this case, (7.21) and (7.23) can be written down for every polymer species separately. If none of the polymer molecules contain rings, which means that (6.1) is valid for every species, the generalization of (7.24) becomes

$$\ln g(N_i) = \ln N_r! - \sum_i \ln N_i! + \frac{z}{2}\{\ln N_q! - \ln N_r!\} + \sum_i N_i \ln \varrho_i, \tag{7.25}$$

now identical with (7.13).

If, however, some of the polymer molecules contain rings, this generalization leads to inconsistencies. As shown by STAVERMAN[1] in a consistent treatment α

---
[1] A. J. STAVERMAN: Rec. Trav. Chim. **69**, 163 (1950).

should be taken

$$\alpha = \left(\frac{N_0}{N_r}\right)^r \cdot \left(\frac{N_r}{N_q}\right)^s \tag{7.26}$$

where s is the number of intra-molecular contacts, given by (6.3)

$$s = \frac{z}{2}(r-q). \tag{7.27}$$

Substituting (7.26) in (7.22) and generalizing to different molecular species, including molecules with rings, we obtain instead of (7.25)

$$\begin{aligned}\ln g(N_i) = \ln N_r! - \sum_i \ln N_i! + \frac{z}{2}(\ln N_q! - \ln N_r!) + \sum_i N_i \ln \varrho_i + \\ + \sum_i \left\{\frac{z}{2}(r_i - q_i) - (r_i - 1)\right\} N_i \ln N_r.\end{aligned} \tag{7.28}$$

Tompa[1] has pointed out that (7.26) overrates the effect of ring formation in very bulky molecules, occupying sets of sites with many internal connections. Indeed for very large s, α in (7.26) could even exceed unity which is physically impossible. Therefore Tompa has pushed the approximation one stage further by discriminating between sites with different numbers of neighbours. If the configuration of the molecule is such that in placing its element on the lattice, one has to place a_1 elements on sites adjacent to one already occupied site, a_2 elements on sites adjacent to 2 occupied sites a.s.o., the following relations between the a's hold

$$\sum_i a_i = r - 1 \tag{7.29}$$

and

$$\sum_i i\, a_i = s = \frac{z}{2}(r-q). \tag{7.30}$$

Instead of (7.27) Tompa writes then:

$$\alpha = \frac{N_0}{N_r} \cdot \left(\frac{N_0}{N_q}\right)^{a_1} \cdot \left(\frac{N_0}{N_{qq}}\right)^{a_2} \cdot \left(\frac{N_0}{N_{qqq}}\right)^{a_3} \cdots \tag{7.31}$$

with

$$\begin{aligned}N_{qq} = N_0 + \left(\frac{q}{r}\right)^2 \cdot r N_p \\ N_{qqq} = N_0 + \left(\frac{q}{r}\right)^3 \cdot r N_p\end{aligned} \tag{7.32}$$

in analogy to $N_q = N_0 + \frac{q}{r} \cdot r N_p$. Tompa[1] justifies (7.31) by considering a site known to be a neighbour of two sites occupied by solvent molecules and showing that the probability that this site is also occupied by a solvent molecule is not $\frac{N_0}{N_r} \cdot \left(\frac{N_r}{N_q}\right)^2$ as is assumed by Staverman, but is $\frac{N_0}{N_{qq}}$.

The fact that Tompa's final equation corresponds with Guggenheim's equation for open chain molecules and to a high approximation with equations derived by entirely different methods for very compact molecules[1], together with the fact that in Tompa's treatment α cannot exceed unity, gives confidence in this approximation. However, the generalization to mixtures of polymers is selfconsistent only if certain relations exist between the values of a_i, r and q of each of the polymer components.

---

[1] H. Tompa: Trans. Faraday Soc. **48**, 363 (1952); also H. Tompa: Polymer Solutions, Sects. 4.4 and 4.11. London 1956.

8. Review of general concepts. Surveying the preceding sections we see that thermodynamic properties of systems containing macromolecules are treated by consideration of two essentially different models. One model is that of the random chain corrected for the effects of stiffness and of segment interaction which are treated as perturbations. The other model is that of a number of sites in a lattice which can accomodate segments of polymer molecules or whole solvent molecules.

The chain molecule model is useful in all cases where change of shape of the molecules is the dominating factor in the number of configurations of the system. This is so in the treatment of deformation (elasticity, also viscosity) and swelling. The lattice model is useful in considerations of the thermodynamical properties of solutions of macromolecules.

In the chain molecule model the most relevant quantity is C, the number of configurations of one single chain, in the lattice model it is $g(N_j)$ the number of possible arrangements of a set of molecules, N_j of type j on a lattice with $\sum_i N_j r_j$ sites.

In the chain molecule model the quantities characterizing the molecules are the number of segments, n, and their length, b. We have seen that these quantities have the character of parameters adapted in such a way that the right dimensions of the overall chain result from the calculations and that the concept of a segment is not intended to indicate separate entities in the chain.

In the lattice model the macromolecule is characterized by its number of segments r and the number of contact points q. In this model the segment has a different function from that in the chain model and the number of segments r is generally very different from the number n for the same molecule. In the lattice model the function of the segment is to occupy one lattice site. It is often convenient though not necessary to assign the volume of a solvent molecule to one lattice site.

The function of the models, then, is to enable us to calculate the effect of *changes* on the quantities C and $g(N_i)$ to a reasonable approximation, although the absolute value of C and $g(N_i)$ cannot be calculated and has scarcely a definite physical meaning. The most important changes which affect C and $g(N_i)$ are

a) change of molecular weight,
b) change of temperature,
c) change of environment.

Of these the change of molecular weight is the best accessible to quantitative calculation. For, whatever is taken for the numbers n and r of a molecule, change of molecular weight without change of the nature (size, shape, molecular forces) of the segments is accounted for by a proportional change in r and n. It is therefore, that effect of change of molecular weight is generally considered as the most promising way to check relations derived from the models. The requirement that on changing M only the number and not the nature of the segments shall be changed, stresses the importance of studying homologous series. For many investigations it is important to use polymer molecules of as much as possible uniform molecular weight, since besides the average molecular weight also the distribution of molecular weights may affect the experimental results.

In practice, it is difficult to isolate fractions of polymers with a very narrow molecular distribution (see Sect. 20δ on fractionation), so very often the effects of change of molecular weight are obscured to some extent by the effect of heterodispersity.

These considerations give a clear picture of the uncertainties to which quantitative experimental checks on theories about polymers are subjected.

The only molecular quantities which do not suffer from lack of physical definition are the various molecular weight averages, viz. the number average molecular weight

$$M_n = \frac{\sum n_i m_i}{\sum n_i}. \tag{8.1}$$

the weight average molecular weight

$$M_w = \frac{\sum n_i m_i^2}{\sum n_i m_i}, \tag{8.2}$$

and higher averages.

Quantities like b, n, r and q have more the character of thermodynamical parameters than of real molecular properties except for the fact that n and r are proportional to M in a homologous series of fractions of uniform molecular weight, such as are very difficult to obtain.

Besides, we will be confronted with theoretical quantities of a truly thermodynamical nature like β, the excluded segment volume and c, the number of degrees of freedom. The physical definition of these quantities is subject to the same uncertainties as that of the concept of segments.

The only physical concept not subject to any indeterminacy is the concept of the *molecule*. This is, of course, due to the fact that the forces which in some cases give rise to uncertainty about the concept of the molecule do not play a dominant part in systems of organic polymers, which are the common objects of studies. With inorganic polymers even this concept is questionable.

III. Thermodynamics of single polymers.

Any attempt to treat thermodynamics of polymers systematically meets with several problems. Usually a treatise on thermodynamics first considers one component systems and after that systems with more than one component. In polymers already the definition of systems of one component gives rise to difficulties. If a pure component is defined as a substance consisting of identical molecules, then pure components exist hardly at all among polymers. For practical purposes we prefer to deal first with single polymers, that is, with a substance consisting of molecules of a homologous series. The average molecular weight and the distribution of molecular weights of this polymer may assume a wide range of values.

Also, in thermodynamical treatments of one component systems the main independent variable is temperature and the most interesting effect of change of this variable is the transition between phases or states of the substance. In polymers besides temperature the mechanical tension or deformation is a very important independent variable. As we will show, the transitions between different states have a much less clear character than in the case of substances consisting of small molecules. The transitions are further obscured by pronounced effects of time which are characteristic of polymers.

In Sect. 9 some general remarks will be made with respect to the method of using thermodynamical descriptions for systems which are essentially not in equilibrium. These methods will be applied in the following sections.

Sect. 10 deals with the nature of two transitions occurring frequently in polymers at two definite temperatures, indicated as T_I and T_{II} respectively.

Finally in Sect. 11 a thermodynamical treatment is given of polymers which have undergone deformation.

9. Effect of time. Although formally classical thermodynamics deals with true equilibrium states only, it has been recognized that by insisting too strictly on this point one would deny a thermodynamical treatment to nearly all systems studied in laboratories. FOWLER and GUGGENHEIM[1] have very aptly discussed this situation and summed up as follows: "In order to be able to use the equalities stated by (thermodynamical) theorems we must be able to classify all processes of change into two classes, those that are very fast and those that are very slow compared with the changes that we wish to impose experimentally. The process of the slow group we can entirely ignore. Those of the fast group will maintain complete equilibrium among the states or phases that they connect and the imposed changes will be perfectly reversible. Processes of intermediate speed which are neither fast nor slow are, however, fatal and inevitably make an imposed change irreversible."

Apparently in polymers changes of state are quite generally accompanied by processes of the fatal kind. In order to arrive at a satisfactory thermodynamical treatment of these substances, one has to go one step further than FOWLER and GUGGENHEIM, and to include processes of intermediate speed in a thermodynamical description. In principle a formalism allowing this is given by the theory of thermodynamics of irreversible processes[2], given elsewhere in this encyclopedia. So far, the application of this theory to transitions in polymers has been incidental and no complete all-embracing theory has been developed.

A basis for such a theory is supplied by the principle, used in the thermodynamics of irreversible processes, that GIBBS' definition of thermodynamical functions like the free energy, retains its validity outside equilibrium. This means, that the free energy can be calculated locally from macroscopic parameters like the temperature and the concentrations without allowing explicitly for the fact that the system is in the process of changing towards equilibrium. Another basis of such a theory is the admittance of a set of unspecified "internal parameters", ξ_i, defining the state of the system. The necessity to introduce such parameters arises from our inability to describe the state of a polymer system in sufficient detail in order to calculate relations between energy and entropy for given external conditions. This inability is a very essential consequence of the intricate distribution of energy about the various degrees of freedom described in Sect. 1. The parameters ξ_i may be connected with distortions of the molecular coil as a whole or of side groups pending on the chain or with the occurrence of crystalline parts in the polymer not in equilibrium with external conditions. The application of the thermodynamics of irreversible processes to transitions in polymers will be demonstrated in the following sections.

10. Specific heat of polymers. α) *Order of transitions.* In view of the above it is not surprising that uncertainty exists about the character of transitions occurring in polymer systems. Such transitions are found from studies of the change of any measurable quantity with change of temperature in which discontinuities in these quantities or their derivatives with respect to temperature indicate the transition point. Theoretically, measurements of specific heat are most suited for this purpose. In practice very often dilatometric measurements are made.

A good survey of the factual situation is given by BOYER[3] in a paper presented at a symposium on phase transitions in 1952. Also JENCKEL[4] has collected many

---

[1] R.H. FOWLER and E.A. GUGGENHEIM: Statistical thermodynamics, Sect. 539. Cambridge 1939.
[2] S.R. DE GROOT: Thermodynamics of Irreversible Processes. Amsterdam 1951.
[3] R. BOYER: Changements des phases, p. 383. Paris 1952.
[4] E. JENCKEL: Kolloid-Z. **120**, 160 (1951).

facts, while theoretical discussions are given by MÜNSTER and also by JENCKEL in "Physik der Hochpolymeren", Vol. III.

A general relation between volume and temperature in polymers is given by Fig. 1. Curves of this type are reported frequently, for instance by BEKKEDAHL[1] for natural rubber or by FLORY et al.[2] for a polymer of sebacic acid and piperazine. Corresponding curves of the specific heat have the general character of Fig. 2. The course of this curve near T_{II} and T_I has been taken from different sources (near T_{II} for instance measurements on rubber taken from BOYER[3] and SPENCER, near T_I measurements on polyethylene from DOLE et al.[4], see also FURAKAWA et al.[5] on polybutadiene) and the general character of these curves differs more than in the case of the integral curves, such as given by Fig. 1.

It is seen that generally two temperatures are characteristic in the thermal behaviour of polymers T_{II} and T_I. T_I may be absent in polymers which are known to be not partially crystalline, and X-ray evidence shows that in all cases

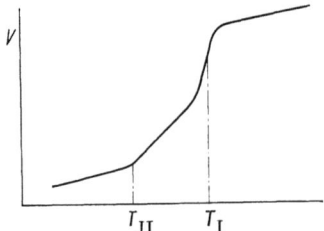

Fig. 1. General relation between volume and temperature of polymers.

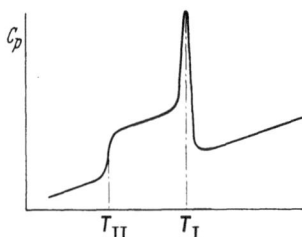

Fig. 2. General relation between specific heat and temperature of polymers.

T_I is related to the occurrence or disappearence of crystallinity in the polymer. The characteristic temperature T_{II} depends strongly on the time of experimentation and is lowered by increase of this time. The curve in the neighbourhood of T_I depends also on time, the general tendency being to increase T_I and at the same time to reduce the transition range in experiments with decreasing temperature when the time of experiment is increased.

The following controversial points have arisen with respect to the thermodynamical treatment of the behaviour of polymers near these characteristic temperatures.

a) The question whether these temperatures may be called transition temperatures and, accordingly, the processes occurring at that temperature, transitions, and, if so, whether they should be called phase transitions. (See this section.)

b) With respect to the process occurring at T_I, MÜNSTER[6] has defended the opinion that this process is a second order transition. This point of view has met strong opposition from FLORY[7]. (See Sect. 10β.)

---

[1] N. BEKKEDAHL: Rubber Chem. Techn. **9**, 264 (1936).
[2] P. J. FLORY, L. MANDELKERN and H. K. HALL: J. Amer. Chem. Soc. **73**, 2532 (1951).
[3] R. F. BOYER and A. S. SPENCER: Advances in Coll. Sciences, Vol. II, p. 9. New York 1946.
[4] M. DOLE, W. P. HETTINGER, N. R. LARSON and J. A. WETHINGTON: J. Chem. Phys. **20**, 781 (1952).
[5] G. J. FURAKAWA, R. E. McCOSCEY and G. J. KING: N.B.S. Report 1118, 1951.
[6] A. MÜNSTER: Z. phys. Chem. **1**, 259 (1954).
[7] A. MÜNSTER and P. J. FLORY both in "Simposio Internazionale di Chimica Macromoleculare" supplemento a "la Ricerca Scientifica" **25** (1955).

c) With respect to the process occurring at T_{II} several authors[1] are of the opinion that the essentials of this process cannot be understood from any thermodynamical consideration and have to be discussed from the kinetic point of view. (See Sect. 10γ.)

The designation of temperatures at which measurable quantities show a discontinuity as transition temperatures appears to be a matter of definition. Many investigators in the field have stressed the point that not every transition is a phase transition. On the contrary, transitions of other than first order are generally not phase transitions. Even if a transition of first order is a phase transition this does not necessarily mean that the phases can be separated experimentally nor that either of the phases can be obtained completely pure at the transition temperature.

Any experimental curve showing a discontinuity can be extrapolated in both directions beyond the discontinuity. One can then always define hypothetical "states" (not phases) of the system described by the points of the extrapolated curves. One can always correlate the discontinuity of the macroscopic measurable quantity with a discontinuity of an "internal parameter". The problems to be solved are then first to find an internal parameter which can be related to different experimental quantities and describe their discontinuities, second to find the molecular process corresponding to variation of the internal parameter.

From this argument it should follow that application of the terms "transition temperature" and "transition" is always legitimate.

It is always permitted to consider the transition as occurring between two "states". The reason why either of the two states is not found experimentally at either side of the transition point may be different in different cases.

Case I. The non-present state may be without physical meaning.

Case II. The non-present state may be unstable or metastable.

Case III. The non-present state may be stable but the mechanism of transition may be too slow to produce this state in practice.

Examples of case I are found in systems showing order-disorder phenomena, which are generally recognized to exhibit a second order transition. The second order transition is particularly interesting because its existence has been denied on the ground that in a second order transition the two curves of the Gibbs free energy do not intersect but touch, which means that one of the "states" is metastable at either side of the transition point. This argument rules out the possibility of a second order transition point arising from case II, but it does not apply to cases I and III.

GUGGENHEIM[2] has demonstrated that a simple model of order-disorder transitions yields a second order transition according to case I.

In Sect. 10γ it will be shown that transitions at T_{II} in polymers can be described conveniently as second order transitions of case III.

As to the transitions occurring at T_I some controversy exists which will be treated in Sect. 10β. Here a few general remarks should be made about some ambiguity in the definition of second and first order transitions.

---

[1] E. JENCKEL: In STUART, Physik der Hochpolymeren, Vol. III, p. 608. 1955. — T. ALFREY, G. GOLDFINGER and H. MARK: J. Appl. Phys. 21, 581 (1950). — T. G. FOX and P. J. FLORY: J. Appl. Phys. 21, 581 (1950). — Thermodynamical Considerations by: A. MÜNSTER: In STUART, Physik der Hochpolymeren, Vol. III, p. 635. 1955. — G. GEE: Quart. Rev. 1, 272 (1947). — R. BUCHDAHL and L. E. NIELSEN: J. Appl. Phys. 21, 482 (1950). — R. S. WILTE and R. L. ANTHONY: J. Appl. Phys. 22, 689 (1951).

[2] E. A. GUGGENHEIM: Thermodynamics, p. 276. Amsterdam 1950. Also A. MÜNSTER: In STUART, Physik der Hochpolymeren, Vol. III, p. 36. 1955.

Although the transition at T_I originates from the melting of crystals or crystallites, there is still room for the assumption that this transition is of second order.

Measurements of H and also of V versus T show very clearly that in most polymers the melting of crystallites occurring around T_I is, unlike the melting of most ordinary substances, not a sharp transition. Generally a marked increase of specific heat is found stretching over several degrees below the transition point. It has been pointed out particularly by DE BOER[1] that under such circumstances a continuous sequence of types of transitions can be constructed extending from the pure first order transition at one side to the pure second order transition at the other side. This situation is illustrated by Fig. 3. Theoretically

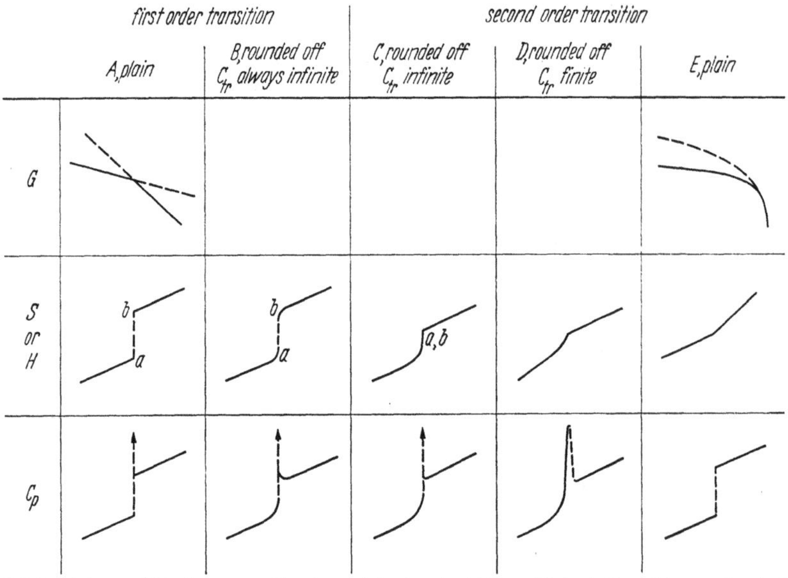

Fig. 3. Relation between Gibbs free energy G, entropy S, heat content H, specific heat C_p and temperature in first and second order transitions. (J. DE BOER: Changements de Phases, p. 31. Paris 1952.)

the crucial question in determining whether a given transition is first or second order, is not whether the specific heat is infinite at the transition temperature but whether the quantity

$$\lim_{\delta \to 0} \frac{1}{\delta} \int_{T_{tr}-\delta}^{T_{tr}+\delta} c \, dT \qquad (10.1)$$

is finite or not. In a rigorous treatment this expression has to be considered in the limit of infinite size and vanishing impurity content. In considering the experimental curves the deciding question is whether a and b coincide or not. It is certainly impossible to derive an unambiguous answer to this question from experimental curves, particularly since it is impossible to supply measurable quantities of heat to a system without admitting a finite temperature difference between the system and its environments. In particular the experimental curves for the specific heat in cases B, C and D may all show the character of a lambda-point, so from the experimental finding of a lambda-point no conclusions about the order of the transitions can be drawn. An unambiguous choice between cases B, C and D can only be obtained from considerations of a model, the applicability of which has been ascertained by information from other sources.

---

[1] J. DE BOER: Changements de Phases, p. 31. Paris 1952.

Before entering into a detailed discussion of the transitions at T_I and at T_{II} some words should be devoted to the absolute value of the specific heat of polymers between these temperatures.

Theories of the specific heat of polymers have been proposed by various authors[1]. While the specific heat of simple regular crystals can be described satisfactorily with one force constant, in polymers the number of force constants involved is larger and the forces—van der Waals forces, bending forces and stretching forces of valence bonds are of very different order of magnitude. Also, absence of perfect crystals of high symmetry in polymers complicates the theoretical treatment of specific heats.

Theoretically a T^2-law for the specific heat at low temperatures is expected for layer-structures like graphite[2] and a specific heat proportional to T for an ensemble of one-dimensional chains[3]. Owing to the weak forces between the layers and the chains a T^3-law is expected at very low temperatures. Qualitatively these expectations are confirmed by experiment[4]. The qualitative nature of the agreement between theory and experiment is demonstrated by DOLE (l. c.) who shows the value of the characteristic temperature T_m calculated from specific heat data on polyethylene and tetrafluoroethylene with the theory of STOCKMAYER and HECHT. According to the theory which is based upon a model involving assumed values of force constants T_m should be a constant. The constancy of T_m is poor but the ratio between the average T_m-values thus found agrees closely with square root of the ratio of the masses of the monomer units, as expected from the theory.

β) The transition at T_I. In his treatment of the transition at T_I MÜNSTER uses the model of the "fringed micelles"[5]. It has been generally recognized that many polymers which can crystallize, will not do so completely but to a limited extent.

The extent to which crystallization occurs depends on various circumstances, particularly on the rate of cooling. There is some controversy as to whether one should describe the partially crystalline polymer as consisting of definitely crystalline parts (crystallites, micelles) and definitely non-crystalline parts (amorphous regions), or whether the state of partial crystallinity extends more or less evenly through the polymer[6]. In either case the state of the polymer below a certain temperature is described by an internal parameter α, which may be called "degree of crystallinity". If the heterogeneous picture is adopted, α may be identified with the volume fraction of the crystallites. In the homogeneous description α is a measure of the perfection of the crystallinity of the polymer as a whole. Quantitative estimates of α can be based upon X-ray diffraction data and on measurements of the density or the heat content.

Characteristic properties of α are
1. It vanishes rapidly on heating above T_I.
2. It depends strongly on the rate of cooling near T_I.

---

[1] W.H. STOCKMAYER and C.E. HECHT: J. Chem. Phys. **21**, 1954 (1953). — V.V. TARASSOV: J. Amer. Chem. Soc. **80**, 5052 (1958) and many papers in Russian journals, quoted in this paper. — W. DESORBO: J. Chem. Phys. **21**, 1144 (1953).
[2] J. KRUMHANSL and H. BROOKS: J. Chem. Phys. **21**, 1663 (1953).
[3] W. DESORBO l. c. — W. DESORBO and W.W. TYLER: J. Chem. Phys. **21**, 1660 (1953).
[4] A survey is given by M. DOLE: Adv. Polymer Sci. **2**, 221 (1960).
[5] See for instance: P.H. HERMANS, Physics and Chemistry of Cellulose Fibers, Amsterdam 1949, W. KAST: In STUART, Physik der Hochpolymeren, Vol. III, Chap. V. — P. J. FLORY: Principles of Polymer Chemistry, p. 48 seqq.
[6] G. SCHUUR: J. Polymer Sci. **11**, 385 (1953). — Thesis Delft 1955.

Accepting the heterogeneous picture, one has to assume that the length of the polymer molecules surpasses that of the micelles so that parts of a single molecule participate in several crystallites or micelles ("fringed micelles"). From this state of affairs, Münster concludes to a second order character of the transition at T_I, first because there is no possibility to separate phases as in common first order phase transitions, secondly because the free energy of at least the amorphous part depends certainly on α.

Flory[1], on the other hand, argues that in true equilibrium the crystallites should approach the molecules in length while chain ends perform a role similar to that of an impurity in simple substances.

As stated above it is impossible to discriminate on experimental grounds between a first order transition according to Fig. 3B and a second order transition according to Fig. 3C, both having the general character of lambda point transitions. On the other hand, considerations of a definite model may indeed lead to an unambiguous decision about the character of the transition in that model, but then the uncertainty is displaced towards the applicability of the model as a sufficiently accurate description of the real system.

Münster does not develop a model into such detail that the alleged second order character of the transition at T_I can be proven, but his considerations show that very probably the origin of the diffuse (lambda-point) character of the transition has to be sought for in the entropy of the amorphous or liquid state. This last point is in accordance with Flory's model in which the diffuse character of the transition is attributed to the entropy of mixing of "foreign units" or "non-crystallizable units" in the amorphous part of the polymer.

Since Flory's model does not introduce any new assumptions besides such as are generally used in thermodynamics of polymers his theory appears to be a logical application of the theory of polymer mixtures to mixtures containing crystallizable units, at the same time giving in first approximation a satisfactory description of various experiments. We will demonstrate the character of Flory's theory of the melting of polymers with a few equations[2].

As in the theory of melting point depression in ordinary substances the crystalline part of the polymer is supposed to be pure whereas the amorphous or liquid part contains "impurities". The macroscopic behaviour of the polymer is not different whether on the molecular scale these impurities consist of separate molecules (solvents, plasticizers) or form part of the polymer chains (chain ends, copolymer units or just disordered regions).

A hypothetic melting point T_m^0 is defined as the melting point which the polymer would show if its molecular weight were infinite, if by cooling slowly it were allowed to crystallize for 100% and if it does not contain any impurities. Calling the chemical potential of the crystalline polymer μ_c and that of the amorphous or liquid polymer μ_a, we have, using an index ^{0} to indicate the absence of impurities

$$\mu_c^0(T_m^0) = \mu_a^0(T_m^0) \tag{10.2}$$

where we are still free to consider the chemical potential per gram or per gram molecule or per gram segment or per unit of volume.

---

[1] P. J. Flory: J. Chem. Phys. **17**, 223 (1949). A discussion between Flory and Münster in this point is given in Ric. Sci. 1955, Simposio internazionale di Chimica Macromolecolare.

[2] P. J. Flory: Principles of Polymer Chemistry, Chap. XIII, 2. In this monograph Flory gives a simplified version of his theory which originally appeared in J. Chem. Phys. **17**, 223 (1949) and which can be considered as an extension and improvement of an earlier theory from Frith and Tuckett, Trans. Faraday Soc. **44**, 251 (1944). Rubber Chem. Technol. **18**, 256 (1945).

Since the crystalline state is supposed not to admit impurities or, rather, impurities are defined as such entities as do not enter into the crystallites, we always have

$$\mu_c = \mu_c^0. \tag{10.3}$$

By introducing impurities into the system μ_a is lowered as compared to μ_a^0. From statistical considerations of polymer mixtures (Chap. IV) the following equation can be derived as the relation between the chemical potential of the polymer μ_a and the volume fraction of impurity φ_i

$$\mu_a - \mu_a^0 = RT \left[\ln(1 - \varphi_i) - (x - 1)\varphi_i + \chi x \varphi_i^2\right] \tag{10.4}$$

where μ is now taken per molecule and x is the number average molecular volume of the polymer expressed in the molecular volume v_i of the impurity

$$x = \bar{v}_p/v_i \tag{10.5}$$

and χ is a constant accounting for the interaction between polymer and impurity. For large x and small φ_i (10.4) reduces to

$$\mu_a - \mu_a^0 = -RT x [\varphi - \chi \varphi_i^2]. \tag{10.6}$$

It is convenient to consider the chemical potential of the polymer not per molecule as is done in (10.6) but per unit of volume:

$$\mu_v - \mu_v^0 = -\frac{RT}{v_i}(\varphi_i - \chi \varphi_i^2) \tag{10.7}$$

or at sufficient high dilution

$$\mu_v - \mu_v^0 = -RT \frac{\varphi_i}{v_i} \tag{10.8}$$

where φ_i/v_i is the number of impurity "particles" per unit of volume. In the presence of impurities the melting point is lowered so that

$$\mu_c(T_m) = \mu_a(T_m). \tag{10.9}$$

Remembering that $\partial \mu/\partial T = -s$ and writing

$$s^a - s^c = \frac{\Delta H_m}{T}, \tag{10.10}$$

where ΔH_m is the heat of melting, in this case taken per unit of volume we find

$$\frac{1}{T_m} - \frac{1}{T_m^0} = \frac{R}{\Delta H_m} \cdot \frac{\varphi_i}{v_i}. \tag{10.11}$$

This argument shows that the initial slope of a plot of $1/T_m$ against φ_i/v_i should be independent of the nature of the diluent and give a measure of the heat of fusion per cm³ of pure crystalline polymer.

FLORY gives experimental data which confirm the expected constancy within experimental error. He also points out, that ΔH_m, calculated from these data cannot be compared immediately to the heat of fusion measured calorimetrically, ΔH_m^*, since the real polymer is never completely crystalline, the ratio $\Delta H_m^*/\Delta H_m$ giving the degree of crystallinity.

As stated above in FLORY's theory foreign molecules as well as parts of the polymer molecules such as endgroups or comonomer units behave like impurities in the sense of this theory. It should be pointed out, however, that theory as well as experiment indicate that the applicability of FLORY's considerations to endgroups and comonomer units is subject to reasonable doubt.

For endgroups FLORY gives the following relation between the melting temperature and the degree of polymerization P. Assigning equal volume, v_u, to monomer units in the chain and endgroups, the total volume of N grammolecules of polymer is

$$V = N P v_u$$

of which the endgroups occupy $v_e = 2 N v_u$, giving for the volume fraction of endgroups

$$\varphi_e = \frac{2}{P}. \qquad (10.12)$$

Introducing this into (10.11) we find

$$\frac{1}{T_m} - \frac{1}{T_m^0} = \frac{2R}{P v_u \Delta H_m}. \qquad (10.13)$$

In a similar manner the effect of copolymerization is found to be[1]

$$\frac{1}{T_m} - \frac{1}{T_m^0} = -\frac{R}{v_u \Delta H_m} \ln N_A \qquad (10.14)$$

with N_A being the mole fraction of crystallizable units in the random copolymer. The number of experimental data with which (10.13) and (10.14) can be checked is limited[2,3]. It appears, that straight lines are found for the relation between $1/T_m$ and $1/P$, and on a limited range also between $1/T_m$ and $\ln N_A$. The values of ΔH_m calculated from the molecular weight dependence of T_m with (10.13) agrees for low θ degrees of polymerization satisfactorily with those obtained with (10.11) from diluents.

ΔH_m-values obtained with (10.14) from copolymerization data are generally too low or, in other words, if the heats of fusion from diluent effects are accepted as correct, the melting point depression measured in copolymers is too large. Table 1, taken from MANDELKERN[4] gives some examples.

FLORY explains this discrepancy by assuming that at the true melting point only long sequences of monomer units of the main constituent crystallize, being so few in number that this crystallization is not detected by the most sensitive methods.

This explanation appears not very satisfactory. If at a certain temperature and composition only long sequences of identical monomer units can crystallize the polymer molecules not possessing such long sequences act as diluents and consequently the effective concentration of crystallizable molecules is very low.

Generally the theory is less satisfactory for "impurities" built into the polymer molecules (endgroups, comonomers) than for diluents. By adding diluents the structure, and, therefore, the chemical potential of the crystallites is not affected, so in this case the well-established derivation of RAOULT's limiting law is valid.

Table 1. *Heats of fusion per monomer unit ΔH_u, calculated from melting point depressions by copolymerization, in cal/mole.*

Polymer	ΔH_u	
	Copolymer	Diluent
Decamethylene adipate	3800	10200
Decamethylene sebacate	4700	12000
N, N¹-Sebacoyl-piperazine	5000	6200
Chloroprene	1350	2000
Decamethylene sebacamide	7800	8200

---

[1] P. J. FLORY: Trans. Faraday Soc. **51**, 848 (1955).
[2] R. D. EVANS, H. R. MIGHTON and P. J. FLORY: J. Amer. Chem. Soc. **72**, 2018 (1950).
[3] L. MANDELKERN, R. A. GARRETT and P. J. FLORY: J. Amer. Chem. Soc. **74**, 3949 (1952); also L. MANDELKERN: Chem. Rev. **56**, 903 (1956). — P. J. FLORY: Ricerca Sci., Suppl. A **25**, 636 (1955).
[4] L. MANDELKERN: l. c.

However, this is not so if the crystallizable parts of the molecules are changed, for instance if the average length of the sequences of identical monomer units is decreased. By such decrease the chemical potential of the crystallites will be increased causing an extra melting point depression.

There are strong arguments to believe that the agreement between ΔH_m-values derived from the dependence of T_m on molecular weight and on diluent concentration is caused by incidental compensation of effects. For it can be shown easily[1] that the derivation of RAOULT's limiting law is essentially based upon the condition that every molecule of solute contributes one and only one factor proportional to the total volume (or number of molecules) to the total number of configurations. In the case of liquid polymers this condition will be fulfilled by molecules of diluent but not by the endgroups of which only one out of two contributes such a factor. Consistent use of this argument implies the omission of the factor 2 from (10.13). This also eliminates the somewhat paradoxical position of monomers (or dimers) not taking part in crystallization. Considered as low molecular weight polymers these molecules have to be counted as two particles (endgroups), considered as diluents their molecules are counted once.

Omission of the factor 2 from (10.13) results in a theoretical melting point depression half the measured one if ΔH_m from diluent effect is taken. That the measured melting point depression is in accordance with (10.13) is apparently due to an increase of the chemical potential of the crystallites resulting from the decrease of size. Further arguments for this point of view are, that the agreement with (10.13) is only found with polymers of so low molecular weight that they can be scarcely considered as polymers, whereas in the high molecular region the slope of $1/T_m$ versus $1/P$ is larger[2].

The point should be stressed here that the above considerations apply merely to T_m, the point of incipient crystallization in the limit of infinite dilution. At higher degrees of crystallization the concentration of diluent and of endgroups in the liquid phase increases and at these concentrations the relative effects may be different.

A difficulty in the interpretation of all experiments in this field remains the strong influence of the time of experiment. In principle true equilibrium can be approached by employing extremely long times for cooling and also by selecting polymers with T_{II} much lower than T_I (see below). However, the effect of time can be accounted for by a slight extension of the above theory. Assuming that on cooling too rapidly entanglements remain in the polymer which cannot crystallize, we can apply Eq. (10.8) by substituting the "effective number of entanglements" (which need not be equal to the real number of entanglements) per unit of volume, n_e, for φ_i/v_i. Thus n_e can be considered as an internal parameter vanishing exponentially with increasing time at constant temperature below T_m^0.

Returning now to the question of the order of the transition at T_I we summarize the situation as follows.

Qualitatively FLORY's idea to regard this transition like melting of impure substances describes the experimental facts in a satisfactory way. *Quantitatively* FLORY's theory is in error with respect to the effect of endgroups and of comonomer units. Moreover, FLORY[3] originally attempted to explain the diffuse character of the transition quantitatively from calculations of the degree of crystallinity

---

[1] A. J. STAVERMAN and J. H. VAN SANTEN: Rec. Trav. Chim. **60**, 370, 700 (1941).
[2] R. D. EVANS, H. R. MIGHTON and P. J. FLORY: J. Amer. Chem. Soc. **72**, 2018 (1950).
[3] P. J. FLORY: J. Chem. Phys. **17**, 223 (1949); also E. M. FRITH and R. F. TUCKETT: Trans. Faraday Soc. **44**, 251 (1944). — Rubber Chem. Technol. **18**, 256 (1945).

and of the length of crystallites as a function of temperature. However, the expressions he obtained are subject to various assumptions and cannot be checked experimentally, due to the strong time dependence of crystallization phenomena at higher degrees of crystallinity.

Rigorously the transition of polymers at T_I very probably does not obey the laws of a first order transition as has been correctly pointed out by MÜNSTER. However, in practical experiments very few transitions, if any, are rigorously of first order. So by requiring that a transition is rigorously of first order one abolishes the useful concept of first order transitions altogether for all practical cases.

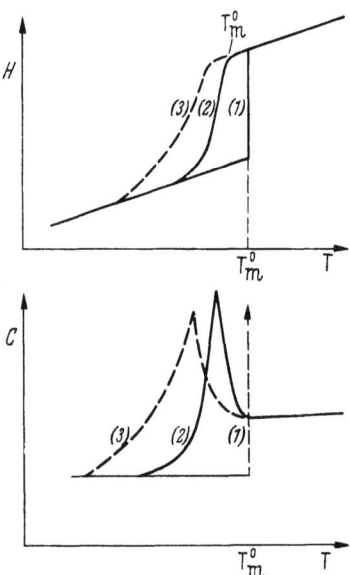

Fig. 4. Relation between heat content H, specific heat and temperature near the melting point of polymers (schematic) (1) Ideal pure polymer, rate of cooling zero. (2) Real polymer, rate of cooling zero. (3) Real polymer, rate of cooling finite.

Generally we can say that melting of impure substances of low molecular weight is strictly first order only at the eutecticum, where the integral (10.1) becomes infinite. As in the case of polymers the establishment of such an eutecticum would involve separate crystallization of the impurities, this is very unlikely to occur. One must expect, therefore, that the integral (10.1) will not become infinite in the T_I-transition of polymers but for all practical problems this transition may be considered as a first order transition in an impure substance. In this connection we also refer to a paper of RUTGERS and WOUTHUYSEN[1] in which these authors show how "diffuse first order transitions", though not obeying strictly EHRENFEST's rules for first transitions, can be considered and treated completely like true first order transitions.

Our conclusions are summarized in Fig. 4 which can be compared with Fig. 3. With decreasing degree of polymerization and with decreasing time the first order character disappears and the character of a diffuse second order transition becomes more pronounced.

The absolute value of T_I is determined by the ratio of the heat of fusion H_f and the entropy of fusion S_f.

Correlations between melting points of polymers and the cohesive energy density have been demonstrated by BUNN[2].

Semiquantitative theories about H_f and S_f have been presented by TEMPERLEY[3] and STARKWEATHER and BOYD[4].

γ) *The transition at* T_{II}. The character of the transition at T_{II} is quite different from that at T_I. Whereas in the latter case time effects can be considered as a disturbing effect, in the former case the entire transition is an effect of the time of experimentation being finite. With increase of time T_{II} is lowered according to a logarithmic law like

$$\frac{d \ln t}{d \, 1/T} = \text{const} \quad \text{or} \quad \frac{d \ln t}{d \, 1/(T - T_0)} = \text{const},$$

---

[1] A. J. RUTGERS and S. A. WOUTHUYSEN: Physica, Haag **4**, 235, 515 (1937).
[2] C. W. BUNN: J. Polymer Sci. **16**, 323 (1955).
[3] H. N. V. TEMPERLY: J. Res. Nat. Bur. Stand. **56**, 55 (1956).
[4] H. W. STARKWEATHER and R. M. BOYD: J. Phys. Chem. **64**, 410 (1960).

which means that T_{II} should approach absolute zero or a definite temperature at infinite time of experiment. The phenomena closely resemble those occurring in substances which solidify to an amorphous solid state or glass and the transition is often indicated as "glass transition".

PRIGOGINE and DEFAY[1] and independently DAVIES[2] have shown how thermodynamics can be applied to these transitions[3]. The essential step in this treatment is to introduce a not specified internal parameter ξ and to assume that changes of this parameter are slowed down with decreasing temperature. Formally one can describe this situation by assuming that above T_t the system adopts the ξ-value for which the free energy is a minimum

$$A = \left(\frac{\partial G}{\partial \xi}\right)_{T,p} = 0, \quad T > T_t \tag{10.15}$$

where A is the affinity according to DE DONDER, whereas below this temperature ξ is constant

$$G = G(\xi_t), \quad T < T_t. \tag{10.16}$$

Indicating quantities referring to the system in true equilibrium with suffix $A=0$, and quantities referring to the frozen system with suffix ξ we have at $T=T_t$

$$G_{A=0} = G_\xi, \tag{10.17}$$

$$S_{A=0} = S_\xi, \tag{10.18}$$

$$V_{A=0} = V_\xi, \tag{10.19}$$

and also

$$C_{p,A=0} = C_{p,\xi} + \Delta C_p, \tag{10.20}$$

$$\varkappa_{A=0} = \varkappa_\xi + \Delta\varkappa, \tag{10.21}$$

$$\alpha_{A=0} = \alpha_\xi + \Delta\alpha, \tag{10.22}$$

in which C_p is the specific heat at constant pressure, $\varkappa = -\frac{1}{V}\left(\frac{\partial V}{\partial p}\right)_T$ is the compressibility and α the coefficient of expansion. PRIGOGINE and DEFAY have shown that ΔC_p and $\Delta\varkappa$ are always positive.

Eqs. (10.17) through (10.22) are characteristic for a second order transition in EHRENFEST's sense. The discontinuities appear in the second derivatives of the Gibbs free energy with respect to pressure and temperature.

For second order transitions the effect of pressure upon the transition temperature can be calculated in complete analogy with CLAPEYRON's equation for first order transitions. Requiring validity of (10.18) and (10.19) at T_t, p and T_t', p', and considering the variations of S and V with T and p, one finds

$$\left(\frac{dp}{dT}\right)_{\text{coex}} = \frac{\Delta\alpha}{\Delta\varkappa} \tag{10.23}$$

and

$$\left(\frac{\partial p}{\partial T}\right)_{\text{coex}} = \frac{\Delta C_p}{TV\Delta\alpha} \tag{10.24}$$

from which one can derive immediately

$$\Delta\varkappa \Delta C_p = TV(\Delta\alpha)^2. \tag{10.25}$$

---

[1] J. PRIGOGINE and A. DEFAY: Thermodynamique chimique. Chap. 19. Liège 1950.
[2] R.O. DAVIES: Changements de Phases, p. 425, Paris 1952. — R.O. DAVIES and G.O. JONES: Proc. Roy. Soc. Lond., Ser. A **217**, 27 (1953).
[3] See also A. MÜNSTER: In STUART, Physik der Hochpolymeren, Vol. III, § 36 and § 56. Berlin-Göttingen-Heidelberg: Springer 1955.

In (10.23) and (10.24) $(dp/dT)_{\text{coex}}$ is the slope of a $p-T$-curve connecting points of coexistence of the system with $A=0$ and with $\xi=\xi_0$-const. It should not be concluded that these equations describe the effect of temperature on the experimentally measurable transition temperature. This should be true only if the physics of the process were such that the transition occurs with every temperature and pressure at the same value of $\xi=\xi_0$. While this is apparently true for order-disorder transitions, characterized by the vanishing of the parameter describing long distance order, it is certainly not true for glass transitions as considered here. In a good approximation such transitions do not occur at a given value of a configurational parameter, but at a fixed value of the viscosity. The values of ξ for which this critical viscosity is attained will generally be different.

On the other hand, Eq. (10.25) gives a relation between quantities measurable in the neighbourhood of one specific transition temperature at one specific pressure. Therefore, Eq. (10.25) may be expected to hold also for glass transitions. However, some incomplete and not very accurate date collected by Davies and Jones[1] do not confirm these expectations. Some data on this point collected by Hirai and Eyring[2] show much less deviation from the theory. However, the inaccuracy of the measurements does not allow a definite confirmation or rejection of the theory.

Summarizing we may say that the glass transition in polymers shows the behaviour of a second order transition in obeying Eqs. (10.17) through (10.22). These transitions are not characterized by an internal parameter acquiring the same constant values at all pressures as is the case in some order-disorder transitions, and accordingly they do not obey (10.23) and (10.24). As Ehrenfest's definition of second order transitions does not postulate constancy of an internal parameter but Eqs. (10.17) to (10.22) only, glass transitions may be considered formally as second order transitions. On the other hand, if it is considered as an essential condition in Ehrenfest's definition to consider states in true equilibrium only, glass transitions are no second order transitions in Ehrenfest's sense.

As there is obviously a need for a less ambiguous definition of second order transitions one might accept validity of (10.25) as a criterion. So far the impossibility to fit experimental data to Eq. (10.25) cannot be explained. From the fact that this deviation is also found in the lambda transition of ammoniumchloride one might conclude that absence of equilibrium in the glass transitions is not the deciding factor in this explanation.

11. Thermodynamics of deformation. Besides change of temperature change of shape is an important variable in single polymers as well as in polymer solutions. In order to discuss the thermodynamics of deformation of polymers we have to base ourselves upon the general theory of the physics of deformation as it is given in textbooks[3]. As the progress towards a general description of the physics of deformation is very much hampered by mathematical difficulties one is compelled to concentrate the treatment on the simplest case and considering more complicated cases as perturbations of the simple one.

---

[1] R.O. Davies and G.O. Jones: Proc. Roy. Soc. Lond., Ser. A **217**, 26 (1953).
[2] N. Hirai and H. Eyring: J. Polymer Sci. **37**, 51 (1959).
[3] This Encyclopedia, Vol. VI, contributions by Freudenthal and Geiringer, and by Sneddon and Berry. — H.A. Stuart: Die Physik der Hochpolymeren, Vol. IV. Berlin-Göttingen-Heidelberg: Springer 1956. (Contributions of Staverman and Schwarzl, Treloar, Ferry.) — L.R.G.: Treloar: The Physics of Rubber Elasticity. Oxford 1949.

The simplest case is that of the *isotropic* polymer, subject to *small deformations*, and showing perfect *(time independent)* elasticity. Besides the effect of large deformations, time dependent elasticity and anisotropy, we will have to consider the influence of temperature and pressure and of strains in other directions than that specified by the particular experiment at hand.

α) *Physics of deformation.* The elastic behaviour of an isotropic solid at a given pressure and temperature is for small deformations completely characterized by two elastic constants. As such any pair of the following set of constants may serve[1]: YOUNG's modulus (E), the shear modulus (G), the compression or bulk modulus (K), POISSON's ratio (ν). In polymers, except at very low temperatures, generally the compression modulus is much larger than the shear modulus

$$K \gg G.$$

The consequence of this is that for most practical purposes polymers can be considered as incompressible in considerations of the strain, but not in considerations of the energy of deformation.

The characteristic quantities mentioned can be measured by appropriate measurement of stress and strain. A general equation from which stress-strain relations in different types of experiments can be derived and which allows a thermodynamical interpretation is the equation expressing the free energy of deformation, ΔF_{def}, as a function of the strain.

It has been pointed out particularly by RIVLIN[2] and MOONEY[3] that in an isotropic solid the free energy of deformation must be a function of the three invariants of strain, I_1, I_2 and I_3 [4]. Calling the elongations in three perpendicular directions λ_1, λ_2 and λ_3 (a cube of unit edge being deformed to a parallelepiped with edges λ_1, λ_2 and λ_3), the three strain invariants can be written

$$\left. \begin{array}{l} I_1 = \lambda_1^2 + \lambda_2^2 + \lambda_3^2, \\ I_2 = \lambda_1^{-2} + \lambda_2^{-2} + \lambda_3^{-2}, \\ I_3 = \lambda_1 \lambda_2 \lambda_3. \end{array} \right\} \quad (11.1)$$

Then, in an isotropic material with time independent stress we have generally

$$\Delta F_{\text{def}} = f(I_1, I_2, I_3). \quad (11.2)$$

Since ΔF_{def} vanishes for $I_1 = I_2 = 3$ and $I_3 = 1$, we can develop (11.2) with respect to $I_1 - 3$, $I_2 - 3$ and $I_3 - 1$ and for sufficiently small deformations retain the first terms only:

$$\Delta F_{\text{def}} = C_1(I_1 - 3) + C_2(I_2 - 3) + C_3(I_3 - 1). \quad (11.3)$$

Considering the polymer as incompressible, means

$$I_3 = 1. \quad (11.4)$$

From the resulting expression for the free energy,

$$\Delta F = C_1(I_1 - 3) + C_2(I_2 - 3), \quad (11.5)$$

---

[1] For instance: I.N. SNEDDON and D.S. BERRY: This Encyclopedia, Vol. VI, Chap. I, Sect. 15. — A. J. STAVERMAN and F. SCHWARZL: Physik der Hochpolymeren, Vol. IV, Chap. I, Sect. 2.
[2] R.S. RIVLIN: J. Appl. Phys. **18**, 444 (1947). — Phil. Trans. Roy. Soc. Lond., Ser. A **240**, 459, 491 (1948); **241**, 379 (1948).
[3] M. MOONEY: J. Appl. Phys. **11**, 582 (1940).
[4] I.N. SNEDDON and D.S. BERRY: l. c., Sect. 13. — A. J. STAVERMAN and F. SCHWARZL: l. c., Chap. II, Sect. 11. — L.R.G. TRELOAR: Physik der Hochpolymeren, Vol. IV, Chap. V, Sect. 33.

relations between stress and strain can be derived which are accessible to experimental control. Inserting (11.1) in (11.5) and differentiating ΔF with respect to λ_1, λ_2 and λ_3 we obtain expressions for the *forces* f_1, f_2 and f_3 from which the *stresses* σ_1, σ_2 and σ_3 are calculated by division through the appropriate cross sections, respectively $\lambda_2 \lambda_3$, $\lambda_1 \lambda_3$ and $\lambda_1 \lambda_2$.

Thus we find

$$\left. \begin{array}{l} \sigma_1 - \sigma_2 = 2(C_1 + C_2 \lambda_3^2)(\lambda_1^2 - \lambda_2^2), \\ \sigma_1 - \sigma_3 = 2(C_1 + C_2 \lambda_2^2)(\lambda_1^2 - \lambda_3^2). \end{array} \right\} \quad (11.6)$$

For small elongations for which $C_2 \lambda_i^2$ may be neglected, this reduces to

$$\sigma_1 - \sigma_2 = 2 C_1 (\lambda_1^2 - \lambda_2^2) \quad (11.7)$$

which conforms to a simpler expression for the free energy

$$\Delta F = C_1 (I_1 - 3). \quad (11.8)$$

Experiments to check the above relations have been performed on rubber by Rivlin[1], by Treloar[2], and by Rivlin and Saunders[3]. The conclusions drawn from these experiments are that Eq. (11.8) can be applied to very small deformations only. For higher deformations Eq. (11.5) with values of C_2/C_1 of about $1/20$ to $1/10$ gives a reasonable description. An accurate description, however, requires a more complicated equation like

$$\Delta F = C_1 (I_1 - 3) + K_2 f(I_2) \quad (11.9)$$

where K_2 is a constant and $f(I_2)$ is an arbitrary function of I_2. For this function Gent and Thomas[4] propose

$$f(I_2) = \ln I_2/3. \quad (11.10)$$

Eqs. (11.8), (11.5) and (11.10) represent expressions for the free energy increasing in accuracy and complication. Since for small deformations the behaviour of the material is completely characterized by the constants mentioned at the beginning of this section, the constant C_1 of (11.8) can be expressed in those constants. Considering a state of pure shear ($\lambda_1 = \lambda$, $\lambda_2 = 1$, $\lambda_3 = 1/\lambda$, the amount of shear being $\gamma = \lambda - 1/\lambda$) one finds

$$W = C_1 \gamma^2 \quad (11.11)$$

and the shear modulus

$$G = \frac{dW}{d\gamma} \bigg/ \gamma = 2 C_1. \quad (11.12)$$

The compression modulus does not appear in the expressions for the free energy of deformation owing to the fact that these expressions have been derived with the assumption of incompressibility.

With large deformations not only variations of G depending on the magnitude and on the three dimensional composition of the strain will arise, but also the assumption of incompressibility will have to be dropped. We will discuss the influence of the volume later (Sect. 11 γ).

The above relations for the free energy of deformation are particularly useful as a means to describe stress-strain relations with a limited number of constants in complicated experiments involving three dimensional stresses and strains.

---

[1] R. S. Rivlin: J. Appl. Phys. **18**, 444 (1947).
[2] L. R. G. Treloar: Proc. Phys. Soc. **60**, 135 (1948).
[3] R. S. Rivlin and D. W. Saunders: Phil. Trans. Roy. Soc. Lond., Ser. A **243**, 251 (1951). — R. S. Rivlin and D. W. Saunders: Trans. Faraday Soc. **48**, 200 (1952).
[4] A. N. Gent and A. G. Thomas: J. Polymer Sci. **18**, 625 (1958).

From a kinetic theory of the configurations of the polymer molecules only the simplest of the equations for the free energy, Eq. (11.8) can be derived. THOMAS[1] derived an expression for $f(I_2)$ from a modified equation for the energy of single chains but this equation has no theoretical basis.

β) *The molecular mechanism of deformation.* All polymers if of sufficient chemical stability show above the temperature, T_{II} the property of rubberlike elasticity, that is the property of sustaining elongations of several times 100% without rupture. Many polymers respond to these large deformations with a moderate retracting force (shear modulus $q \approx 10^7$ dyne/cm^2) which is either constant from the moment that the elongation has been reached (ideal elasticity) or reaches a constant value after a definite time (visco-elasticity). In other polymers the retracting force disappears completely in a short or moderate time.

Thus we have three classes of substances: the ideally rubber elastic, the visco-elastic and the viscous substances. In this and the following section we will consider the molecular theory of ideal rubber elasticity, in Sect. 11 δ we will treat visco-elasticity.

In 1934 it has been suggested simultaneously by MARK and GUTH[2] and by KUHN[3], that rubber elasticity is a direct consequence of the large number of configurations that polymer molecules can assume if left free. The retracting force is due to the fact that the number of configurations for the molecules in the deformed state is less than in the undeformed state, thus giving rise to decrease of entropy or increase of free energy on deformation.

The correctness of this suggestion was corroborated by the fact that experimentally the free energy of deformation of natural rubber had been found to originate from change of entropy with nearly vanishing change of internal energy.

A quantitative relation between the macroscopic elastic force and molecular quantities can be derived by considering the effect of deformation on the number of configurations of the network. Some controversy exists with respect to this relation and to the molecular distribution functions from which it is derived. We will first give the results of three different schools and then discuss the derivations[4].

For the free energy of deformation of a network with elongations λ_x, λ_y, and λ_z, the following equations are found:

HERMANS and his coworkers[5] write

$$F_{\text{def}} = kT \left[\frac{\nu}{2} (\lambda_x^2 + \lambda_y^2 + \lambda_z^2 - 3) - \nu \ln \lambda_x \lambda_y \lambda_z \right]. \qquad (11.13\text{a})$$

FLORY and WALL[6] after using (11.13a) have changed it to

$$F_{\text{def}} = kT \left[\frac{\nu}{2} (\lambda_x^2 + \lambda_y^2 + \lambda_z^2 - 3) - 2 \frac{\nu}{f} \ln \lambda_x \lambda_y \lambda_z \right]. \qquad (11.13\text{b})$$

JAMES and GUTH[7] find

$$F_{\text{def}} = kT\, K(\lambda_x^2 + \lambda_y^2 + \lambda_z^2 - 3). \qquad (11.13\text{c})$$

---

[1] A. G. THOMAS: Trans. Faraday Soc. **51**, 569 (1955).
[2] E. GUTH and H. MARK: Monatsh. **65**, 93 (1935).
[3] W. KUHN: Kolloid-Z. **68**, 2 (1934).
[4] The author is grateful to Prof. HERMANS (Syracuse, N.Y.) for stimulating and clarifying discussions on network theory.
[5] J. J. HERMANS: Trans. Faraday Soc. **43**, 591 (1947). — J. J. HERMANS: J. Polymer Sci. **59**, 191 (1962). — A.M. RIJKE and W. PRINS: J. Polymer. Sci. **59**, 171 (1962).
[6] F. T. WALL and P. J. FLORY: J. Chem. Phys. **19**, 1435 (1951). — P. J. FLORY: J. Chem. Phys. **18**, 108 (1950). — P. J. FLORY: J. Amer. Chem. Soc. **78**, 5222 (1956). — Trans. Faraday Soc. **56**, 722 (1960).
[7] H.M. JAMES and E. GUTH: J. Chem. Phys. **11**, 455, 472 (1943); **15**, 651, 669 (1947); **21**, 1039 (1953). — H.M. JAMES and E. GUTH: J. Polymer Sci. **4**, 153 (1949). — H.M. JAMES: J. Chem. Phys. **15**, 651 (1947).

In these equations ν is the total number of chains between crosslinks (see Sect. 1), f is the functionality of the crosslinks, i.e. the number of chains that is connected in one crosslink.

Obviously, if all crosslinks are ruptured ν chains are obtained having altogether 2ν loose ends from which $2\nu/f$ crosslinks are formed if each crosslink connects f ends.

For the time being we will disregard loose ends, ends of chains not connected to other chains in a crosslink. A correction for this omission will be made later on.

K in (11.13c) is a constant, depending on the number of crosslinks and on the structure of the network.

The difference between (11.13 a, b and c) is in the term with the logarithm of $\lambda_x \lambda_y \lambda_z$. This term disappears in deformations without change of volume and is always negligible in deformation of single polymers. In experiments on swelling of polymers in liquids, the disputed term may become measurable. These phenomena are treated in Sect. 21. Although the difference is of no consequence in experiments with single polymers, it will be treated here since it is due to difference of opinion on basic principles of network theory.

Each of the three schools quoted starts from the basic equation (4.3) for the number of configurations of a chain with fixed end to end vector (x, y, z). We write it here

$$\omega(x, y, z) = C \exp[-\beta^2(x^2 + y^2 + z^2)] \tag{11.14}$$

where C and β are constants of which C is of no consequence and β is a measure of the average end to end distance acquired by the chain if it is completely free.

In (11.14) the ends of the chain are supposed to be fixed in space. If one end of the chain is fixed in space and a volume $d\tau_2$ is available to the other end, then the total number of configurations of the chain including its endgroup becomes

$$\omega \, d\tau_2 = C \exp[-\beta^2(x^2 + y^2 + z^2)] \, d\tau_2. \tag{11.15}$$

In order to calculate the free energy of deformation of the network, one has to compare the number of configurations before and after deformation.

HERMANS and FLORY and WALL specify configurations by the numbers $\nu_i(r_i)$, the number of chains with an end to end vector r_i. If these numbers are known for all values of r_i the total number of configurations of the system is

$$\Omega = \frac{\nu!}{\prod_i \nu_i!} \prod_i (\omega_i \Delta \tau_2)^{\nu_i} \tag{11.16}$$

giving for the entropy

$$S = k \ln \Omega = k\left(\nu \ln \nu + \sum_i \nu_i \ln \frac{\omega_i \Delta \tau_2}{\nu_i}\right). \tag{11.17}$$

Obviously $\nu = \sum_i \nu_i$. The factor

$$\Phi = \frac{\nu!}{\prod_i \nu_i!} \tag{11.18}$$

originates from the fact that there are Φ ways of selecting groups of $\ldots \nu_i \ldots$ chains out of a total of ν chains.

In order to evaluate (11.17) an assumption must be made about the magnitude of $\nu_i(r_i)$. Also the calculation of the difference between (11.17) in the undeformed and the deformed state involves an assumption about $\nu_i(r_i)$ in the deformed state when $\nu_i^0(r_i)$ in the undeformed state is known.

HERMANS and FLORY and WALL make the following assumption:
Writing
$$v_i = v\psi_i dx_i dy_i dz_i = v\psi_i \Delta\tau_2 \tag{11.19}$$
for the number of chains with an end to end vector in the volume element $dx_i dy_i dz_i$, they assume that ψ_i in the undeformed state equals
$$\psi_i^0 = \beta^3 \pi^{-\frac{3}{2}} \exp\left[-\beta^2(x_i^2 + y_i^2 + z_i^2)\right]. \tag{11.20}$$

Thus they assume that in the undeformed state the number of molecules with a specified end to end vector is proportional to the number of configurations that these molecules can assume when they are free.

It should be realised that this assumption about the number of chains with a certain end to end vector is subject to much more uncertainty than Eq. (11.14) about the number of configurations of a chain with given end to end vector.

Certainly, in a solution of free chain molecules the assumption appears very acceptable. But in a network the number of chains may show a completely different relation to the value of the end to end vector for two reasons:

a) The chemical reaction leading to the process of crosslinking may be of such a nature that crosslinks are formed in a selective way.

b) After crosslinking the chains are not free any more to pass through all configurations accessible to them when they were still free.

The fact that a given chain end is also the end of another chain will affect the distribution function ψ (not ω).

Effects of the *connectivity* of the network upon the distribution function of end to end vectors are completely disregarded by HERMANS, whereas FLORY introduces one such effect in a later stage of the derivation.

Next an assumption must be made about ψ_i^λ, the distribution function of chains in the state with deformation $(\lambda_x \lambda_y \lambda_z)$. Here HERMANS, FLORY and WALL assume
$$\psi^\lambda = \beta^3 \pi^{-\frac{3}{2}}(\lambda_x \lambda_y \lambda_z)^{-1} \exp\left[-\beta^2\left\{\left(\frac{x_i}{\lambda_x}\right)^2 + \left(\frac{y_i}{\lambda_y}\right)^2 + \left(\frac{z_i}{\lambda_z}\right)^2\right\}\right]. \tag{11.21}$$

This assumption can be understood from the consideration that in the initial distribution $[\pi]$ the modulus β has the dimension of a reciprocal length and β^{-1} is the only characteristic length appearing in that distribution. It is reasonable to assume that on deformation the condition of affine deformation is fulfilled if this characteristic length is required to follow the deformation.

We shall see, however, a different assumption on this point in the treatment of JAMES and GUTH [Eq. (11.26) to follow].

Substituting first (11.20) and later (11.21) in (11.19) and (11.14) and (11.19) in (11.17) and replacing the summation of (11.17) by an integration over $dx\,dy\,dz$, Eq. (11.13a) is obtained for T times the difference of entropy between the deformed and the undeformed state. (The effect of temperature which relates F_{def} to S_{def} will be considered in the following section.)

FLORY then argues that Eq. (11.13a) has to be corrected on at least one point for the connectivity of the network. The fact that in the network before and after deformation chain ends are forced to remain connected in groups of f has an effect on the entropy of deformation in cases where the volume changes.

FLORY calculates the effect of this restriction of freedom by considering the probability that $\frac{2v}{f}(f-1)$ chain ends react with $\frac{2v}{f}$ initially free ends in the crosslinking reaction. Supposing that before the deformation this probability is proportional to $\delta\tau/V_0$ and after deformation to $\delta\tau/V$ with $V=\lambda_x\lambda_y\lambda_z V_0$, and $\delta\tau$ a free volume of chain ends meeting in a crosslinking reaction, Flory claims that a factor $(\lambda_x\lambda_y\lambda_z)^{2\nu(f-1)/f}$ has to be added to the number of configurations of the deformed network, which gives a term $\frac{2\nu}{f}(f-1)\ln(\lambda_x\lambda_y\lambda_z)$ in (11.13a) leading to (11.13b).

Hermans[1] and also James and Guth[2] have criticised Flory by pointing out that not all 2ν chain ends have a freedom proportional to V_0 and V in the crosslinking reactions, however this reaction is conducted. If the reaction is performed by first linking one end of every chain to a network, then after ν reactions the ν ends, which have not yet reacted, have no freedom proportional to V_0 and V any more. The probability that these ends will react appears independent of V, so instead of $\frac{2\nu}{f}(f-1)$ factors $\frac{V}{V_0}$ there appear only ν such factors. The term $\nu \ln \frac{V}{V_0}$ thus appearing is exactly compensated by the term for the entropy of dilution (see Chap. IV and Sect. 21) of the uncrosslinked chains, so in this way (11.13a) is again obtained.

However, although Flory's argument is partly erroneous, still a definite physical meaning can be attributed to his result. From the definitions (11.14) and (11.15) it follows that in (11.16), (11.17) and (11.19) a free volume of magnitude $\Delta\tau_2$ is assigned to ν chain ends before deformation and after deformation a volume of $\lambda_x\lambda_y\lambda_z \Delta\tau_2$ as follows from (11.19), (11.20) and (11.21). This is correct in an assembly of free molecules which are strained in accordance with (11.21), but it cannot be correct in a network where the chain ends are connected in groups of f to $2\nu/f$ junctions. This means that in the configurations of the network not ν factor $\lambda_x\lambda_y\lambda_z$ appear, but only $2\nu/f$ as is expressed in Flory's equation (11.13b).

The error in Flory's argument can be corrected without affecting the result by remarking that, true, before crosslinking only ν chain ends had access to the total volume V but that the remaining chain ends had a volume of $\Delta\tau_2$ assigned to them in the unstrained state and a volume of $\lambda_x\lambda_y\lambda_z \Delta\tau_2$ in the strained state, which again leads to $2\nu/f$ factors $\lambda_x\lambda_y\lambda_z$ as in (11.13b).

This leads us to a method of counting numbers of configurations of the network before and after deformation different from that of Hermans and Flory represented by (11.16). Instead of enumerating the number of configurations as a product of those for all different sets of ν_i values, one can also write the number of configurations of the network as an integration over all configurations of the crosslinks in which the integrand is the number of configurations of the chains between crosslinks

$$\Omega = \int \prod_i \omega_i^{\nu_i^K} d\tau_K. \qquad (11.22)$$

The volume element $d\tau_K$ has $6\nu/f$ dimensions, ν_i^K is the number of chains with end to end vector r_i in the K-th configuration of the crosslinks. The factor Φ of Eq. (11.18) appearing in (11.16) can be omitted here since it is contained in the integration over $d\tau_K$.

The following procedure based upon (11.22) originates essentially from James and Guth. James and Guth's method is modified somewhat in order to clarify the differences with the foregoing method.

In order to evaluate (11.22) it is first assumed that for one particular configuration of the crosslinks the product $\prod_i \omega_i^{\nu_i}$ will have a maximum value.

---

[1] J. J. Hermans: J. Polymer Sci. **59**, 191 (1962).
[2] H.M. James and E. Guth: J. Chem. Phys. **21**, 1048 (1953).

Sect. 11. Thermodynamics of deformation. 439

This configuration is called the equilibrium configuration and for this particular configuration the index K is replaced by E.

Now let us first suppose that the number of configurations in the E-configuration of crosslinks is so overwhelming that before and after deformation, only this configuration has to be taken into account. Then $\Omega^E = \prod_i \omega_i^{v_i^E}$ with $v_i^E = v_i^{0\,E}$ before and $v_i^E = v_i^{\lambda E}$ after deformation, so

$$S_{\text{def}}^E = k \sum_i (v_i^{\lambda E} \ln \omega_i - v_i^{0 E} \ln \omega_i). \qquad (11.23)$$

This can be evaluated without the introduction of any assumption regarding the initial distribution v_i^0. The only assumption made is that of affine deformation of the crosslinks, which means that all vectors between crosslinks, and thus between chain ends undergo the deformation $\lambda = \lambda_x, \lambda_y, \lambda_z$. If this is so, every chain with end to end vector (x_i^0, y_i^0, z_i^0) before deformation acquires the vector $(\lambda_x x_i^0, \lambda_y y_i^0, \lambda_z z_i^0)$ after deformation. If now, instead of integrating over $dx_i dy_i dz_i$ we sum over chains v_i^0, we have to make use of the fact that any chain which contributed according to (11.14)

$$\omega_i = C \exp[-\beta^2 (x_i^2 + y_i^2 + z_i^2)]$$

configurations before deformation, contributes

$$C \exp[-\beta^2 (\lambda_x x_i^2 + \lambda_y y_i^2 + \lambda_z z_i^2)]$$

after the deformation. Here we have for simplicity assigned identical β-values to all chains.

Substituting this in (11.23) we find

$$S_{\text{def}} = -k\beta^2 \left[\sum_i v_i^E x_i^2 (\lambda_x^2 - 1) + \sum_i v_i^E y_i^2 (\lambda_y^2 - 1) + \sum_i v_i^E z_i^2 (\lambda_z^2 - 1) \right] \qquad (11.24)$$

which by substituting $\sum v_i^E x_i^2 = v \overline{x_E^2}$ and putting $\overline{x_E^2} = \overline{y_E^2} = \overline{z_E^2} = \tfrac{1}{3}\overline{r_E^2}$ because of the assumed isotropy of the material is converted to

$$S_{\text{def}} = -\tfrac{1}{3} k v \beta^2 \overline{r_E^2} (\lambda_x^2 + \lambda_y^2 + \lambda_z^2 - 3)$$

which can be further converted by substituting $\beta^2 = \dfrac{3}{2\overline{r_0^2}}$ to

$$S_{\text{def}} = -k \frac{v}{2} \frac{\overline{r_E^2}}{\overline{r_0^2}} (\lambda_x^2 + \lambda_y^2 + \lambda_z^2 - 3), \qquad (11.25)$$

which is (11.13c). In (11.25) $\overline{r_0^2}$ is the mean square end to end distance of the *free* chains, whereas $\overline{r_E^2}$ is the same quantity in the *network* in its equilibrium configuration of crosslinks. Eq. (11.25) has been derived without any assumptions as to the initial or final distribution of end to end vectors. The only assumptions made are that of affine deformation of the crosslinks and that of fixation of crosslinks to their equilibrium position. If one wishes to assume that the initial distribution of end to end vectors is given by (11.20), then $\overline{r_E^2} = \overline{r_0^2}$ whereby (11.25) becomes identical to the first term of the left hand side of (11.13a) and (11.13b).

The restriction to a network in the equilibrium configuration of the crosslinks is a severe one and has to be removed. The ability of the crosslinks to move around their equilibrium position in the network is accounted for by the integration over $d\tau_K$ in (11.22). The crosslinks perform Brownian motion around their equilibrium positions. JAMES and GUTH account for this movement by writing for the distribution function of the end to end distance considering one particular chain i in the network, characterised by an equilibrium end to end distance $\bar{x}$

$$P_i = \beta_c^3 \pi^{-\frac{3}{2}} \exp - [\beta_c^2 \{(x - \bar{x}_i)^2 + (y - \bar{y}_i)^2 + (z - \bar{z}_i)^2\}] \qquad (11.26)$$

where β_c is a measure of the extent of Brownian movement of the crosslinks which may differ from β for a free chain as used in (11.14).

After deformation this function becomes according to JAMES and GUTH

$$P_i^\lambda = \beta_c^3 \pi^{-\frac{3}{2}} \exp [-\beta_c^2 \{(x - \lambda_x \bar{x}_i)^2 + (y - \lambda_y \bar{y}_i)^2 + (z - \lambda_z \bar{z}_i)^2\}]. \qquad (11.27)$$

Eqs. (11.26) and (11.27) have been criticised by WALL and FLORY on the ground that they are not symmetrical with respect to reversion of sign or interchange of the co-ordinates as they should be in an isotropic material.

WALL and FLORY point out that only (11.20) and (11.21) obey that condition and should therefore replace (11.27). However, it should be pointed out that (11.27) and (11.21) are not immediately comparable. Eq. (11.27) describes the end to end vector distribution of one particular chain in the network, whereas (11.21) gives the distribution of end to end vectors of all the chains in the network. In fact if $\nu \varphi_i \, dx_i \, dy_i \, dz_i$ is the number of chains with equilibrium and to end distances in the volume element $dx_i \, dy_i \, dz_i$ at $x_i \, y_i \, z_i$, then

$$\psi(x, y, z) = \int \varphi_i P_i \, dx_i \, dy_i \, dz_i$$

is the function which should be symmetrical in an isotropic material. The function ψ will have the required symmetry in x, y, z if φ has the same in x_i, y_i, z_i, so the asymmetry of P_i in (11.26) does not infringe the symmetry requirement of WALL and FLORY.

In order to perform the integration over $d\tau_K$ in (11.22) detailed knowledge of the network structure including all the interactions between the cross-links is required. However, without such knowledge an approximate expression for Ω can be derived from the assumption that generally the crosslinks will show a Gaussian distribution around their equilibrium positions. Writing $\ldots X_k \ldots$ for the $\frac{6\nu}{f}$ coordinates of the crosslinks and $\ldots X_k^0 \ldots$ for these coordinates in equilibrium the assumption of Gaussian distribution can be written, neglecting the interaction between crosslinks:

$$\Pi \omega_i = (\Pi \omega_i)^E \exp\left[-B^2 \sum_k (X_k - X_k^0)^2\right] \qquad (11.28)$$

giving

$$\Omega = (\Pi \omega_i)^E (\pi^{\frac{1}{2}} B^{-1})^{\frac{6\nu}{f}}$$

and for the entropy

$$S = k \sum_i^E \ln \omega_i - \frac{6k\nu}{f} \ln B + C$$

leading immediately to

$$S_{\text{def}} = -\frac{k\nu}{2} \frac{\overline{r_E^2}}{r_0^2} (\lambda_x^2 + \lambda_y^2 + \lambda_z^2) - \frac{6k\nu}{f} \ln \frac{B^\lambda}{B^0} \qquad (11.29)$$

for the entropy of deformation. In (11.29) B^0 and B^λ represent the values of B, defined by (11.28) before and after deformation respectively.

It should be noted that the quantities β in Eq. (11.14), β_c in Eq. (11.26) and B in Eq. (11.28) are all different, though they are interdependent; β is the modulus of the distribution of end to end distances for free chains, β_c is this modulus for the deviations of those distances from their equilibrium value in the network and B is the modulus of the distribution of deviations of crosslinks from their equilibrium position. JAMES[1] has given a general mathematical treatment of networks in which relations between the various moduli are shown. It follows from the treatment that in first approximation deformation without change of environment of the chains does not affect the value of B, so in (11.29) $B^\lambda = B^0$ which leads to the equation of JAMES and GUTH (11.13c) for the free energy of deformation. However, in experimental cases change of volume may affect the freedom of movement of crosslinks in a more subtle way[2] as is not accounted for in the simple theory.

A more general expression for the free energy of deformation than (11.13) should, therefore, be written

$$F_{\text{def}} = kT \left[\frac{\nu \overline{r^2}}{2\overline{r_0^2}} (\lambda_x^2 + \lambda_y^2 + \lambda_z^2 - 3) - \frac{2\nu}{f} \ln \frac{\tau_c^\lambda}{\tau_c^0} \right] \quad (11.30)$$

where τ_c^0 and τ_c^λ indicate the effective volume accessible to Brownian movement of crosslinks before and after deformation. Eq. (11.30) includes (11.13b) and (11.13c) as special cases. Eq. (11.13a) is applicable only to non-crosslinked assemblies of chains where strain may be caused by a field of flow.

The treatment of JAMES and GUTH is more general than those of HERMANS and of FLORY and WALL, firstly because no assumptions are introduced about the distribution functions $\varphi(x_i)$ or of $\psi(x)$ and secondly because the overall distribution function $\psi(x)$ is made up as a product of two distribution functions: $\varphi(x_i)$ the distribution of equilibrium end to end vectors and P_i the distribution of individual end to end vectors around their equilibrium position. In order to apply (11.16) the basic equation in the treatments of HERMANS, FLORY and WALL it is essential that all end to end vectors have individually the distribution function $\psi(x)$. This, however, is not compatible with a model in which equilibrium positions are assigned to crosslinks. For in such a model the individual distribution function P_i of a chain between crosslinks A and B will be necessarily biased towards the equilibrium vector AB.

Introducing (11.12) and (11.1) in (11.8) we obtain the macroscopic relation between the free energy and the stress which can be immediately compared with (11.30). It follows that the modulus

$$G = \nu kT \frac{\overline{r_E^2}}{\overline{r_0^2}}. \quad (11.31)$$

In principle ν can be determined by chemical analysis. According to the theories of HERMANS, FLORY and WALL, which omit the factor $\overline{r_E^2}/\overline{r_0^2}$, it should be possible to determine ν from measurements of the modulus alone. However, it follows from (11.31) that an essential parameter of the network, $\overline{r_E^2}$, and another one of the chains $\overline{r_0^2}$, determine the modulus.

So far, only the macroscopic equation (11.8) has found a molecular interpretation as demonstrated here. The more refined equations (11.5) and (11.6) which describe experimental results more accurately have not been explained by a general molecular model. However, one deficiency of a model based upon (11.14) can be removed as has been shown by TRELOAR[3]. That is the restriction

---

[1] H.M. JAMES: J. Chem. Phys. **15**, 651 (1947).
[2] See also H.M. JAMES and E. GUTH: J. Chem. Phys. **21**, 1048 (1953).
[3] L.R.G. TRELOAR: In STUART, Physik der Hochpolymeren, Vol. IV, § 32. Berlin-Göttingen-Heidelberg: Springer 1956.

inherent to Eqs. (11.13) and (11.14) that the chain length distribution is Gaussian. We know (Sect. 4β) that this is strictly true at small elongations only. At higher elongations the extensibility of the real chain is less than that of a Gaussian chain and the modulus will be increased above that at small elongations. The elongation at which this increase assumes a given amount depends on the number of equivalent links, n, per chain. Thus n becomes the second molecular parameter to describe the elastic properties of a polymer. By adjusting ν and n properly the elastic behaviour of the polymer can be described in molecular terms over a large range of forces and extensions. In such a description ν determines the modulus G at small elongations and n determines the elongation at which deviations from (11.13) occur. TRELOAR (l. c.) has given theoretical and experimental data to illustrate this point.

It is important to note that outside the region of Gaussian behaviour of the chains, the assumption of affine deformation ceases to hold.

γ) *Effect of temperature and volume on stress-strain curve.* Two effects have been ignored in our treatment of the molecular theory of rubber elasticity. These are the effects of change of internal energy and of volume on deformation.

As stated earlier one has found in natural rubber that the change of internal energy with deformation is much smaller than that of the free energy. Accordingly the molecular theory of rubber elasticity presented in the foregoing section considers only the change of the *number* of configurations in deformation and not any change in their average energy. This theory, therefore, requires that the entire free energy of deformation is due to change of entropy.

To what extent this requirement is fulfilled for different polymers can be seen from the temperature dependence of the elastic force.

Writing for the elastic force

$$f = \left(\frac{\delta F}{\delta L}\right)_{V,T} \tag{11.32}$$

where L may represent any kind of deformation, such that $f\,dL$ is the work needed to produce it and remembering that the free energy

$$F = U - TS$$

we have

$$f = \left(\frac{\delta U}{\delta L}\right)_{V,T} - T\left(\frac{\delta F}{\delta L}\right)_{V,T} = u - Ts. \tag{11.33}$$

The elastic force is the sum of an energy and an entropy term, which can be separated by measurement of the temperature dependence of f

$$u = -T^2\left(\frac{\delta f/T}{\delta T}\right)_{V,L} \quad \text{and} \quad s = -\left(\frac{\delta f}{\delta T}\right)_{V,L}. \tag{11.34}$$

If f is strictly proportional to T, then $u=0$ and $f=-Ts$ so the free energy of deformation is entirely due to change of entropy at deformation.

For natural rubber and for silicone rubbers proportionality between f and T exists to a high degree of accuracy. The experimental results can be easily confused by the effect of change of volume on deformation. If the deformation is pure shear the change of volume will be an effect of second order. Indeed, MEYER and VAN DER WIJK[1] found that in pure shear experiments on natural rubber the force is proportional to the absolute temperature to a high degree of accuracy.

In experiments with simple elongation the hydrostatic component of the stress tensor does not vanish so some free energy will be stored in change of volume.

---

[1] K.M. MEYER and A.J.A. VAN DER WIJK: Helv. chim. Acta **29**, 1842 (1946).

Experimentally this gives rise to the phenomenon of *thermo-elastic inversion*, as investigated by MEYER and FERRI[1] and by ANTHONY, CASTON and GUTH[2].

They found that the force at constant length of a sample of rubber does not increase proportionally with the absolute temperature but at low extensions even decreases with increasing temperature. GEE[3] and also ELLIOTT and LIPPMANN[4] have explained this phenomenon theoretically.

They pointed out that a correct estimate of the energy and entropy contribution to the elastic free energy is obtained by determining the temperature dependence of the force at constant elongation instead of at constant length. They also show that with negligible error the derivative at constant V and L in (34) may be replaced by that at constant P and elongation λ which is more easily accessible experimentally.

So instead of (11.34) they write

$$u' = -T^2 \left(\frac{\delta f/T}{\delta T}\right)_{P,\lambda}, \quad s' = -\left(\frac{\delta f}{\delta T}\right)_{P,\lambda}. \tag{11.35}$$

Thus they find that for natural rubber $u'=0$ and $f=Ts'$.

FLORY and coworkers[5] have analyzed the effect of temperature and volume on the stress strain curve by means of an extension of the molecular theory of the foregoing section. First they show, following a paper of VOLKENSTEIN and PTITSYN[6] that (11.13) can be derived without assuming that all possible configurations of the chain have the same energy.

VOLKENSTEIN and PTITSYN write Z_0 for the partition function of the configuration of the chain at force $f=0$ and $\tilde{Z}_r$ for this function if the end to end distance is kept at r. Then at zero force the probability distribution for r is

$$W_0(r) = \frac{Z_r}{Z_0}. \tag{11.36}$$

The partition function of the chain subjected to a force f is

$$Z_f = \int Z_r \exp\left(\frac{rf}{kT}\right) dr \tag{11.37}$$

and

$$\boldsymbol{r}\boldsymbol{u} = kT \frac{\delta \ln Z_f}{\delta f}, \tag{11.38}$$

where $\boldsymbol{u}$ is the unit vector in the direction of the force and f the scalar magnitude of the force.

About Z_r little can be said generally, but it is known[7] that irrespective of the nature of the interactions between segments, provided that they are confined to near neighbours, a sufficiently long chain behaves like a Gaussian chain. This is expressed by writing Z_r in the form

$$Z_r = C\, e^{-\beta^2 r^2} \tag{11.39}$$

where now, in contrast to Eq. (11.14), β depends on the temperature.

---

[1] K.H. MEYER and C. FERRI: Helv. chim. Acta **18**, 570 (1935).
[2] R.L. ANTHONY, R.H. CASTON and E. GUTH: J. Phys. Chem. **46**, 826 (1942).
[3] G. GEE: Trans. Faraday Soc. **42**, 585 (1946).
[4] D.A. ELLIOTT and S.A. LIPPMANN: J. Appl. Phys. **16**, 50 (1945).
[5] P.J. FLORY, C.A.J. HOEVE and A. CIFERRI: J. Polymer. Sci. **34**, 337 (1959).
[6] M.V. VOLKENSTEIN and O.B. PTITSYN: Z. tekh. Fiz. **25**, 662 (1955).
[7] C.M. TCHEN: J. Chem. Phys. **20**, 214 (1952).

Generally, for a particular chain i,

$$f_i = -kT \text{ grad} \ln Z_{r_i} \tag{11.40}$$

and

$$F_{i\,\text{def}} = -kT \ln(Z^\lambda_{r_i}/Z^0_{r_i}) \tag{11.41}$$

where Z^0_r and Z^λ_r are the values of the chain partition functions before and after deformation respectively. Assuming that a chain with coordinates x_i, y_i, z_i before deformation acquires the coordinates $\lambda_x x_i, \lambda_y y_i$ and $\lambda_z z_i$ after deformation and substituting (11.39) in (11.41) we find

$$F_{i\,\text{def}} = kT\,\beta^2 \{x_i^2(\lambda_x^2-1) + y_i^2(\lambda_y^2-1) + z_i^2(\lambda_z^2-1)\}. \tag{11.42}$$

With

$$F_{\text{def}} = \sum v_i F_{i\,\text{def}}$$

$$\overline{x_2} = v^{-1} \sum_i v_i x_i^2 \quad \text{and} \quad \overline{x^2} = \overline{y^2} = \overline{z^2} = \tfrac{1}{3}\overline{r^2}$$

and

$$\beta^2 = \frac{3}{2\overline{r_0^2}}, \tag{11.43}$$

where now β and $\overline{r_0^2}$ depend on the temperature, (11.42) becomes

$$F_{\text{def}} = \frac{v}{2} kT \frac{\overline{r^2}}{\overline{r_0^2}} (\lambda_x^2 + \lambda_y^2 + \lambda_z^2 - 3) \tag{11.44}$$

in complete conformity with (11.25) except for the temperature dependence of $\overline{r_0^2}$.

This temperature dependence can be related to the energy of deformation as follows. From (11.44) we derive for the force at simple elongation λ without change of volume of a sample of unit cross section and length

$$f = v\,kT \frac{\overline{r^2}}{\overline{r_0^2}} \left(\lambda - \frac{1}{\lambda^2}\right). \tag{11.45}$$

Eq. (11.35) can be written

$$\frac{u'}{f} = -T\left[\frac{\delta \ln(f/T)}{\delta T}\right]_{P,\lambda}. \tag{11.46}$$

Substituting (11.45) in (11.46) one finds

$$\frac{u'}{f} = \frac{\delta \ln \overline{r_0^2}}{\delta T}. \tag{11.47}$$

Eq. (11.47) makes it possible to calculate the temperature dependence of the unperturbed end to end distance from the temperature dependence of the rubber-elastic force. That the end to end distance depends on the temperature at all results from the fact that at higher temperature intramolecular potential barriers opposing rotation can be more easily overcome than at lower temperature.

Thus one can draw conclusions about the height of intramolecular potential barriers from the temperature dependence of the rubber elastic force. From some preliminary experiments FLORY concludes that such barriers are absent or unimportant in natural rubber and in silicone rubbers, whereas in polyethylene they are of the order of 540 cal/mole.

δ) *Effect of time on elasticity.* The effect of time on the deformation behaviour of polymers is even more pronounced than on thermal behaviour as treated in Sects. 9 and 10γ. In fact in polymers and polymer solutions all kinds of behaviour ranging from that of rigid solids to that of viscous liquids are encountered. In purely elastic solids the stress is determined by the strain and the free energy is determined by either stress or strain, which quantities can be treated as parameters of state. The treatment of a purely elastic solid can be applied to the equilibrium deformation and stress of a visco-elastic substance. In a viscous liquid and in a visco-elastic substance not in equilibrium stress and strain are not parameters of state and free energy is dissipated with constant stress. We will not treat here the phenomenology of visco-elastic behaviour[1] but we must consider the thermodynamics of the processes occurring with those substances on deformation.

Throughout we will consider small deformations such as to allow to consider linear terms in the stress, strain and rates of stress and strain only, and we will consider isotropic, homogeneous bodies. It is known than that the visco-elastic behaviour of a material can be characterized in a variety of ways:

by the stress relaxation modulus as a function of time $G(t)$,
by the creep compliance as a function of time $J(t)$,
by the storage modulus as a function of frequency $G_1(\omega)$,
by the loss modulus as a function of frequency $G_2(\omega)$,
by the storage compliance $J_1(\omega)$,
by the loss compliance $J_2(\omega)$,
and by the mechanical loss angle $\delta(\omega)$.

Either of these functions completely characterizes the behaviour of a material and either of them can be calculated from any of the others provided they are known at the entire scale of time or frequency ranging from zero to infinity.

Which of these functions is chosen is largely decided by the type of experiment which has been performed and none of these functions is suitable for a thermodynamic description. For this purpose more suitable functions are the relaxation-spectrum $g(\tau)$ and the retardation spectrum $f(\tau)$ defined by

$$G(t) = \int_0^\infty g(\tau) \exp(-t/\tau) \, d\tau + G_\infty \qquad (11.48)$$

and

$$J(t) = J_0 + \int_0^\infty f(\tau) [1 - \exp(-t/\tau)] \, d\tau + t/\eta \qquad (11.49)$$

in which G_∞ is the modulus after infinite time, J_0 is the compliance immediately on application of stress and η is the viscosity. The spectra $g(\tau)$ and $f(\tau)$ each characterize visco-elastic behaviour as completely as any of the above mentioned functions and can be calculated from each of these functions as is shown in the literature cited.

In order to show that the spectra can be correlated to thermodynamic quantities we follow the argument of STAVERMAN and SCHWARZL[2] which is based upon the thermodynamics of irreversible processes as developed by MEIXNER, PRIGOGINE and others[3].

The fact that the stress at constant strain and the strain at constant stress change with time is accounted for by supposing that a number of molecular

---

[1] See A. J. STAVERMAN and F. SCHWARZL: Physik der Hochpolymeren, Vol. IV, Chap. I. 1956; also: This Encyclopaedia, Vol. VI, Chap. by A. M. FREUDENTHAL and H. GEIRINGER; also: B. GROSS, Mathematical structure of the theories of viscoelasticity, Paris 1953.

[2] A. J. STAVERMAN and F. SCHWARZL: Proc. Roy. Soc. A'dam B 55, 486 (1952). — A. J. STAVERMAN: Kolloid-Z. 134, 189 (1953).

[3] J. MEIXNER for instance: Z. Naturforsch. 4a, 594 (1949). — Kolloid-Z. 134, 3 (1953). — This Encyclopaedia, Vol. III/2. — J. PRIGOGINE: Etude thermodynamique de phénomènes irréversibles. Liège 1947. — S. R. DE GROOT: Thermodynamics of irreversible processes. Amsterdam 1951.

processes occurs after a deformation has been applied to the material. For simplicity one could start with assuming one single process only. This would result in a relaxation spectrum consisting of one sharp peak only, such as is never found in polymers. Therefore the treatment is generalized to an arbitrary number of such processes of which the "degree of advancement" is measured by a set of parameters $\xi_1 \ldots \xi_i \ldots$ which are chosen in such a way that they are zero in equilibrium[1].

The molecular processes here are identical with those considered in Sect. 10 in the treatment of the glass transition point. They are supposed to consist mainly in the deformation of the chain molecules. The parameters introduced there may differ from those considered here by being linear combinations of the former. The close relation between the parameters used in the theories of viscoelastic behaviour and of the glass transition will be considered in more detail below.

STAVERMAN and SCHWARZL (l. c.), have shown that linear viscoelastic behaviour can be described with complete generality by two sets of coefficients a_{ik} and b_{ik} corresponding to the parameters $\xi_i \ldots \xi_k$.

The coefficients b_{ik} determine the free energy of deformation as a function of the ξ's

$$\Delta F = \tfrac{1}{2} \sum_i \sum_k b_{ik}\, \xi_i\, \xi_k \tag{11.50}$$

and the coefficients a_{ik} determine the rates of change $d\xi_i/dt$ of the ξ's

$$\frac{d\xi_i}{dt} = -\sum_k a_{ik}\, \frac{\delta F}{\delta \xi_k}. \tag{11.51}$$

By a suitable transformation new parameters γ_i, linear combinations of the ξ's, can be defined with the property that all non-diagonal coefficients vanish.

$$\Delta F = \tfrac{1}{2} \sum_i b_i\, \gamma_i^2, \tag{11.52}$$

$$\frac{d\gamma_i}{dt} = a_i\, b_i\, \gamma_i = -\gamma_i/\tau_i. \tag{11.53}$$

STAVERMAN and SCHWARZL demonstrate that a material for which the free energy of deformation is given by (11.52) and the rate of change of the internal parameters by (11.53), shows mechanical relaxation according to (11.48) with the relaxation spectrum

$$g(\tau) = b_i(\tau_i). \tag{11.54}$$

So the height of the relaxation spectrum for $\tau = \tau_i$ is a measure of the contribution of the process with relaxation time τ_i to the free energy of deformation. The free energy assumes the form:

$$\Delta F(t) = \Delta F(0) \sum_i \exp(-2t/\tau_i) \tag{11.55}$$

and is thus completely known once the relaxation spectrum is given. However, this free energy cannot be completely converted into work, since the relevant parameters are internal and cannot be controlled separately.

Another difference between the free energy contributions of internal parameters and those of external parameters is that the former cannot be easily split

---

[1] The parameters ξ_i are parameters of state. When they are all specified the state of the system is characterized completely. We prefer to consider these parameters as parameters of state and not the entropy production as is done by FREUDENTHAL (this Encyclopaedia, Vol. VI).

into an entropy part and a heat part which is often desirable in order to obtain information about the molecular process under consideration.

Consideration of the temperature dependence of the free energy

$$F = U + T \left(\frac{dF}{dT}\right)_V \tag{11.56}$$

is not applicable here because the free energy is here found from rate processes. So change of temperature not only affects the value of the free energy contributions b_i, but also the characteristic time τ_i at which they are measured.

Generally the rate of progress $d\xi_i/d\tau$ of different molecular processes is affected in different degrees by change of temperature. This means that the special set of linear combination of the ξ's which obeys (11.52) and (11.53) at one temperature, is different from that set at another temperature so that the b's at different temperatures conform to different processes.

There is, however, a class of materials, called "thermorheologically simple" by SCHWARZL and STAVERMAN[1] where this situation is more favourable. These are the materials in which all internal processes are equally accelerated or retarded by change of temperature. Since in these materials all rate-coefficients are multiplied by the same factor for a given difference of temperature, the entire temperature dependence of the viscoelastic behaviour can be characterized by a shift factor $a(T)$, of which the logarithm is a unique function of temperature

$$\log a_T = f(T). \tag{11.57}$$

WILLIAMS, LANDEL and FERRY[2] have shown that for a large number of glassy substances the shift factor may be written

$$\log a_T = \frac{C_1(T - T_g)}{C_2 + T - T_g} \tag{11.58}$$

where T_g is the glass transition temperature T_{II} or someother characteristic conforming temperature if different substances are compared.

For many polymers the constants are $C_1 = 17.44$, $C_2 = 51.6$

$$\left.\begin{array}{l} C_1 = 17.44 \\ C_2 = 51.6 \end{array}\right\} \tag{11.59}$$

if T_{II} is used for T_g. For thermorheologically simple substances the position of maxima in the relaxation spectrum is shifted according to (11.57), whereas the height of the maxima changes according to (11.56) thus allowing to split the free energy of deformation into an energy and an entropy term. This behaviour is found in non-polar polymers such as polyhydrocarbons. In polar polymers such as polymethylmethacrylate different maxima have a different temperature dependence[3].

It has been observed by STAVERMAN[4], that the effect of rate of cooling on the experimental value of T_{II} must be closely related to the shift factor a_T, if the two phenomena: glass-transition and viscoelastic behaviour, are governed by the same internal parameters.

Assuming a relaxation spectrum consisting of a single line STAVERMAN calculates how the conforming parameter ξ will change with time in an experiment

---

[1] F. SCHWARZL and A. J. STAVERMAN: J. Appl. Phys. 23, 838 (1952).
[2] M.L. WILLIAMS, R.F. LANDEL and J.D. FERRY: J. Amer. Chem. Soc. 77, 3701 (1955).
[3] J. HEYBOER: Kolloid-Z. 148, 36 (1956).
[4] A. J. STAVERMAN: Kurzmitteilungen I A 9, Symp. Wiesbaden 1959.

with constant rate of cooling

$$\frac{dT}{dt} = -v \qquad (11.60)$$

as is usually performed in the determination of T_{II}.

Writing for the temperature dependence of the shift factor

$$\frac{d \ln a_T}{dT} = A \qquad (11.61)$$

then

$$f = A v \qquad (11.62)$$

is the reciprocal of the time needed to decrease the relaxation time by a factor e. This is the characteristic time of the experiment.

$$\frac{d \ln \tau}{dt} = f. \qquad (11.63)$$

In an experiment with constant rate of cooling the parameter ξ lays more and more behind its true equilibrium value ξ_T. For the lag

$$\varDelta = \xi - \xi_T. \qquad (11.64)$$

STAVERMAN finds

$$\varDelta = e^u \operatorname{Ei}(-u) \qquad (11.65)$$

with $u = e^{-ft}$ and Ei the logarithmic integral.

Assuming that the lag of any measured property (volume, heat content) is proportional to $\varDelta$, the relation between the experimental value of T_g and the rate of cooling u can be calculated. Assuming (11.59) for the constants in the shift factor, it is found that the experimental value of T_g is decreased by 3° C if v is increased by a factor of 10. Also a relation between T_g and T_1, the temperature at which the relaxation time is 1 second, is found.

A review of experimental methods and results concerning relaxation spectra of polymers has been given by WOODWARD and SAUER[1]. In several cases it has appeared possible to correlate definite parts of the spectra with definite molecular mechanisms.

The molecular mechanisms responsible for the time dependence of elastic properties of polymers are essentially of two kinds, the action of potential barriers or the effect of formation and rupture of crosslinks in the strained state.

The description of the action of potential barriers is generally of a qualitative, chemical, nature. If by introducing specific groups or chemical configurations in the polymer molecule a contribution to the relaxation spectrum is added characterized by a definite relaxation time at a definite temperature, then it is very plausible that this particular part of the relaxation spectrum corresponds to prohibition of free rotation of the chain caused by this particular chemical group or configuration[2].

The theoretical treatment of the effect of formation and destruction of crosslinks has taken shape in a semi quantitative model, often called *the two-network model*. It should be noted that it is not essential for the applicability of the model that the crosslinks are regular chemical bonds. They may also consist of entanglements of polymer chains which disappear in the course of time.

---

[1] A.E. WOODWARD and J.A. SAUER: Adv. Polymer Sci. **1**, 114 (1958).
[2] A.E. WOODWARD and J.A. SAUER: Adv. Polymer. Sci. **1**, 114 (1958). — J. HEYBOER: Kolloid-Z. **148**, 36 (1956).

A first attempt to give a theoretical description of this model has been made by Tobolsky and coworkers[1]. Their theory has been extended and experimentally checked by Berry, Scanlan and Watson[2]. These treatments are all based upon the following expression for the free energy of deformation:

$$\frac{F_{\text{def}}}{kT} = \frac{1}{2} N_1 (\lambda_x^2 + \lambda_y^2 + \lambda_z^2 - 3) + \frac{1}{2} N_2 (\lambda_{x,2}^2 + \lambda_{y,2}^2 + \lambda_{z,2}^2 - 3) \quad (11.66)$$

where N_1 is the number of crosslinks of the first set, formed at deformation zero and N_2 is the number of crosslinks of the second set formed at deformation $\lambda_{x,1}, \lambda_{y,1}, \lambda_{z,1}$ while $\lambda_{x,2}, \lambda_{y,2}, \lambda_{z,2}$ is the deformation relative to the first one

$$\lambda_{x,2} = \lambda_x/\lambda_{x,1}. \quad (11.67)$$

A general treatment of this problem with removal of several restrictions imposed by the earlier authors has been given by Flory[3]. The more difficult problem, the effect of simultaneous successive formation and removal of crosslinks in a state of strain has been considered by Scott and Stein[4], by Scanlan and Watson[5] and also by Flory (l. c.). Flory considers the case where crosslinkages of the first set are removed after the introduction of those of the second set. It appears that the presence of the first set of crosslinks during the formation of the second set affects the second set in such a way that the latter act to some extent as if they formed part of the first set. The free energy of deformation can be written as Eq. (11.66) if not the real numbers of crosslinks N_1 and N_2 are employed but the effective numbers N_{1e}, N_{2e}. It appears then that $N_{1e} = N_1 + \Phi N_2$ and $N_{2e} = N_2 - \Phi N_2$ with Φ depending on N_1, N_2 and the initial value of N_1, N_1^0.

Extending this result to the case of simultaneous and continuous formation and rupture of crosslinks, Flory arrives at a quantitative description of stress relaxation in terms of the rate of formation and rupture of crosslinks. If destruction of crosslinks proceeds as a first order reaction without formation of new crosslinks the stress relaxation proceeds exponentially with time. If, however, during the relaxation process new crosslinks are formed, for instance in such a way that the total number of crosslinks remains constant, then it follows from Flory's theory that a fraction of the newly formed crosslinks behaves as if they were part of the original set. According to Flory this results in a rate of decrease of the retractive force which is not exponential. The logarithmic decay of the force is not constant but decreases with time. Thus it is seen that already a relatively simple molecular picture of the relaxation process gives rise to a complicated relaxation spectrum.

A rather detailed molecular model of visco-elastic behaviour of polymer *solutions* has been given by Rouse[6]. He considers a polymer to be divided into N equal submolecules, each of the submolecules being just long enough to show a Gaussian endpoint distribution in equilibrium. When the solution of such molecules is subjected to shear, the configurations of the polymer molecules are not in equilibrium anymore but in a steady state of change. This state can be expressed in various sets of coordinates of which one set, called by Rouse the normal modes of the configurations of the molecules, obeys equations of the form (11.53). Rouse

---

[1] A.V. Tobolsky and R.D. Andrews: J. Chem. Phys. **13**, 3 (1945). — R.D. Andrews, A.V. Tobolsky and E.E. Hanson: J. Appl. Phys. **17**, 352 (1946).
[2] J.P. Berry, J. Scanlan and W.F. Watson: Trans. Faraday Soc. **52**, 1137 (1956).
[3] P.J. Flory: Trans. Faraday Soc. **56**, 722 (1960).
[4] K.W. Scott and R.S. Stein: J. Chem. Phys. **21**, 1281 (1953).
[5] J. Scanlan and W.F. Watson: Trans. Faraday Soc. **59**, 740 (1958).
[6] P.E. Rouse, J. Chem. Phys. **21**, 1272 (1953).

shows that such a system will show a set of relaxation times τ_p, given by

$$\tau_p = \text{Const} \cdot \sin^{-2} \frac{p\pi}{2N}, \quad p = 1, 2, \ldots, N,$$

p being any integer number between 1 and N.

FERRY, LANDEL and WILLIAMS[1] have tried to extend the theory of ROUSE for the case that temporary crosslinks are formed.

ε) *Effect of anisotropy.* Since in anisotropic materials many more constants are needed to describe even the linear behaviour it is understandable that treatments of the mechanical behaviour of such systems are less detailed and complete than those given above for anisotropic systems.

However, an attempt has been made by FLORY[2] to treat the elastic properties of fibrous materials with the methods employed for isotropic materials. FLORY suggests that the anisotropy may originate from two causes: either from a strong external shear stress as is encountered in the extrusion process of synthetic fibres or in the spontaneous crystallization of the molecules due to specific inter- and intra-molecular forces, particularly hydrogen bonds. FLORY's treatment is concerned with the latter mechanism of orientation and appears particularly adapted to describe thermo-elastic properties of fibrous proteins like collagen and muscle.

Writing

$$dG = -S\,dT + V\,dP + f\,dL \tag{11.68}$$

for the differential of the Gibbs free energy which is a minimum,

$$d(G - fL) = -S\,dT + V\,dP - L\,df \tag{11.69}$$

for the function $(G - fL)$, and assuming a phase equilibrium between crystalline and amorphous phases, equations of the Clapeyron type can be deduced, such as

$$(\partial f/\partial T)_{P,L} = -\Delta S/\Delta L \tag{10.70}$$

where Δ indicates the difference between the phases or with $\Delta S = (\Delta H - f\,\Delta L)/T$

$$(\partial f/\partial T)_{P,L} = f/T - \Delta H/T\,\Delta L \quad \text{or} \quad [\partial(f/T)/\partial(1/T)]_{P,L} = \Delta H/\Delta L. \tag{11.71}$$

The thermo-elastic behaviour is investigated by measuring L as a function of T at constant f, or f as a function of T at constant L. In order to understand this behaviour the variations of S with T and f or with T and L have to be understood. FLORY assumes that in the fibre equilibrium exists between amorphous and crystalline parts. It is understandable that the length of a fibre element in the direction of the force is much larger in the crystalline state than in the amorphous state owing to the coiling of the chains in the amorphous state.

If the fibre were completely uniform there should be at every force a sharp melting point and at every temperature a sharp solidification force, related to each other by Eq. (11.70). As, however, the fibre is not uniform neither macroscopically nor microscopically we may assume that at every temperature and force part of the fibre is crystalline and part is amorphous.

Increase of the temperature at constant force has 3 effects: the crystalline parts expand with an expansion coefficient similar to that of other organic crystals ($\sim 10^{-4}\,°C^{-1}$), the amorphous parts shrink like rubber, L being proportional to $1/T$ and part of the crystals melt, giving rise to strong shrinkage. So a nearly

---

[1] J. D. FERRY, R. F. LANDEL and M. L. WILLIAMS; J. App. Phys. **26**, 359 (1955).
[2] P. J. FLORY: Science **124**, 53 (1956). — J. Amer. Chem. Soc. **78**, 5222 (1956).

completely amorphous fibre will exhibit a moderate negative thermal expansion, at higher degrees of crystallinity (higher force) the expansion should become strongly negative but at high degrees of crystallinity (very high force) it should turn positive. The behaviour of the force at constant length with increase of temperature can be deduced in a similar manner.

Qualitatively the behaviour of various fibrous proteins is in accordance with the above theory. A quantitative check is not possible due to the uncertainty of the inhomogeneity of the fibre which plays a dominant part in the theory. However, FLORY derived an analogon of the Van der Waals equations for the relation between f/T and L for an ideal homogeneous fibre.

IV. Thermodynamics of polymer solutions.

12. The two models. The function of primary importance in the thermodynamical description of polymer solutions is the free energy of mixing ΔG. This function depends strongly on the concentration. In order to describe the behaviour of a solution at different concentrations it is often more convenient to use expressions for the osmotic pressure, π, than for ΔG. The osmotic pressure is related to ΔG in a simple way [Eq. (12.4)] and can be written as a series of powers of c, the concentration of solute in grams per liter.

This development of π is written in a variety of ways:

$$\pi = \frac{RT}{M} c + B c^2 + C c^3 \ldots \tag{12.1}$$

or

$$\pi = RT \left[\frac{1}{M} c + A_2 c^2 + A_3 c^3 \ldots \right] \tag{12.2}$$

or

$$\frac{\pi}{c} = \left(\frac{\pi}{c}\right)_0 [1 + \Gamma_2 c + \Gamma_3 c^2 \ldots]. \tag{12.3}$$

The coefficients A_2 and A_3 are called the second and third virial coefficients. The first virial coefficient is on general theoretical grounds equal to RT/M, with M the (number average) molecular weight of the solute.

If all virial coefficients are known, ΔG can be calculated at all concentrations and so the complete behaviour of the solution is known. The relation between ΔG and π is given by

$$\pi V_0 = -\Delta \mu_0 = -\left(\frac{\partial \Delta G}{\partial n_0}\right)_{P,T} \tag{12.4}$$

with v_0 the molar volume of the solvent, μ_0 its thermodynamical potential and n_0 the number of solvent molecules.

It appears difficult to measure all virial coefficients and also to derive theoretical expressions for all of them. Theoretically and experimentally the second virial coefficient A_2 (or B or Γ_2) is the most easily accessible. The interaction between a given polymer and a given solvent is generally characterized by this coefficient A_2, which depends on the temperature. There is reason to believe that the higher virial coefficients are quantitatively related to A_2. We will confine our attention to A_2.

Two models are available for the calculation of A_2; one is the lattice model, introduced in Sect. 7, the other will be called the excluded volume model. Historically the lattice model was first (FLORY 1942, HUGGINS 1942, GUGGENHEIM 1944). However, as the excluded volume model is somewhat more general and also because it is better suited for the calculation of A_2, the quantity which is most readily measurable, we will first discuss this model which was introduced by ZIMM in 1946 and further developed by several authors, while FLORY in 1949 developed from the lattice model a theory for highly dilute solutions which is essentially identical with the excluded volume treatments.

Before entering into details of the calculations it is elucidating to consider which general features of polymer solutions the theories should describe. The most startling phenomenon found in polymer solutions is the occurrence of very large deviations from RAOULT's law at all concentrations except very high dilution of polymers. Qualitatively these deviations can be well understood. At very high dilution RAOULT's law is necessarily valid. However, the validity disappears at concentrations where strong interactions between solute molecules occur. As these interactions per molecule will increase with increasing size of the molecule, whereas in RAOULT's law every molecule has the same effect on the molecular potential of the solvent, one can understand that for very large molecules the interactions are perceptible at low concentrations and will give rise to large deviations from RAOULT's law. In terms of the virial coefficients: the first virial coefficient is given by RAOULT's law and depends on the number of molecules, the second virial coefficient reflects molecular interaction and depends on the volume concentration of solute irrespective of the size of the molecules. So with increasing molecular weight the first virial coefficient decreases inversely proportional to M whereas the second virial coefficient will depend scarcely on M.

13. The excluded volume model. α) *General treatment.* We follow a paper of CASASSA and MARKOVITZ[1]. The excluded volume treatments start from a general expression for A_2 derived by MCMILLAN and MAYER[2] without reference to any particular model from the statistical mechanics of fluids.

This expression is

$$A_2 = -\frac{N_0}{2 V M^2} \int g_2(1, 2)\, d(1)\, d(2) \tag{13.1}$$

with

$$g_2(1, 2) = F_2(1, 2) - F_1(1)\, F_1(2) \tag{13.2}$$

where $F_2(1, 2)\, d(1)\, d(2)/V^2$ is the probability that two molecules 1 and 2 have the configurations specified by the $3n$ coordinates $d(1)$ and the $3n$ coordinates $d(2)$ of the n segments of molecule 1 and 2 respectively. Similarly $F_1(1)\, d(1)/V$ is the probability that the $3n$ coordinates of molecule 1 lie within the element $d(1)$. V is the volume of the system, N_0 is AVOGADRO's number and M is the molecular weight of the solute. F_2 can be written

$$F_2(1, 2) = F_1(1)\, F_1(2) \exp\left[-\sum_{i_1 i_2} u(i_1, i_2)/kT\right] \tag{13.3}$$

with $u(i_1, i_2)$ the potential of average force between segments i_1 and i_2 of molecules 1 and 2. If we define

$$\chi(i_1, i_2) = 1 - \exp\left[-u(i_1, i_2)/kT\right] \tag{13.4}$$

then $g_2(1, 2)$ becomes

$$\begin{aligned}g_2(1, 2) &= F_1(1)\, F_1(2) \left\{\prod_{i_1 i_2}[1 - \chi(i_1, i_2)] - 1\right\} \\ &= -F_1(1)\, F_1(2) \left[\sum_{i_1, i_2} \chi(i_1, i_2) - \sum_{i_1 i_2}\sum_{j_1 j_2} \chi(i_1, i_2)\, \chi(j_1, j_2) + \cdots\right]\end{aligned} \tag{13.5}$$

---

[1] E.F. CASASSA and H. MARKOVITZ: J. Chem. Phys. **29**, 493 (1958).
[2] J.E. MAYER and E.W. MONTROLL: J. Chem. Phys. **9**, 2 (1941). — W.G. MCMILLAN and J.E. MAYER: J. Chem. Phys. **13**, 276 (1945).

In order to calculate A_2 Eq. (13.5) must be integrated over all values of the coordinates (1) and (2). Here a decisive simplification is introduced, accounting for the short range nature of the inter-segmental forces, by writing the integral of $\chi(i_1, i_2)$ over the relative coordinates of the segments i_1 and i_2 as follows

$$\int \chi(i_1, i_2)\, d\mathbf{r}_{i_1, i_2} = \int \beta_{i_1, i_2}\, \delta(\mathbf{r}_{i_1, i_2})\, d\mathbf{r}_{i_1, i_2} = \beta_{i_1, i_2}. \tag{13.6}$$

Since all segments are supposed to be chemically identical

$$\beta_{i_1, i_2} = \beta \tag{13.7}$$

with β being the excluded segment volume which has been used already in Sect. 4.

Eq. (13.5) can now be integrated. This is done by interchanging the summation and the integration, and integrating each term i_1, i_2 by first integrating over $\mathbf{r}_{i_1, i_2}$. The first term becomes

$$\left.\begin{aligned}\int F_1(1) F_1(2) \sum_{i_1, i_2} \chi(i_1, i_2)\, d(1)\, d(2) &= \sum_{i_1, i_2} \beta \int F_1(1)\, d(1) \times \\ \times \int F_1(2)\, d(2 - \mathbf{r}_{i_1, i_2}) \int \delta(\mathbf{r}_{i_1, i_2})\, d\mathbf{r}_{i_1, i_2} &= \sum_{i_1 i_2} \beta V = n^2 \beta V\end{aligned}\right\} \tag{13.8}$$

$d(2 - \mathbf{r}_{i_1, i_2})$ meaning all coordinates of mol 2 except $\mathbf{r}'_{i_1, i_2}$.

The second term is found to be

$$\left.\begin{aligned}&\int F_1(1) F_1(2) \sum_{i_1, i_2} \sum_{j_1, j_2} \chi(i_1, i_2)\, \chi(j_1, j_2)\, d(1)\, d(2) \\ &= \sum_{i_1, i_2} \sum_{j_1, j_2} V \beta^2 \int_{\mathbf{r}_{i_1 j_1} = \mathbf{r}_{i_2 j_2}} f(\mathbf{r}_{i_1, j_1})\, f(\mathbf{r}_{i_2, j_2})\, d\mathbf{r}_{i_1, j_1} = V \beta^2 \sum_{i_1, i_2} \sum_{j_1, j_2} P(O_{j_1, j_2})_{i_1 i_2}\end{aligned}\right\} \tag{13.9}$$

where $f(\mathbf{r}_{i_1, j_1})$ is the probability distribution for the vector $\mathbf{r}_{i_1, j_1}$ and follows from random chain statistics to be

$$f(\mathbf{r}_{i_1, j_1}) = \left(\frac{3}{2\pi b^2 |j_1 - i_1|}\right)^{\frac{3}{2}} \exp\left[-\frac{3 r^2_{i_1 j_1}}{2 b^2 |j_1 - i_1|}\right]. \tag{13.10}$$

$P(O_{j_1 j_2})_{i_1 i_2}$ is the probability that the segments j_1 and j_2 are in contact while at the same time i_1 and i_2 are given to be in contact. The second term given by (13.9) can be evaluated from random chain statistics without introducing any further assumptions or approximations except those given by Eq. (13.6) and by the random chain model as such. In higher terms simultaneous probabilities like $P(O_{k_1 k_2} O_{j_1 j_2})_{i_1 i_2}$ appear, which are very hard to evaluate and for which the random chain statistics become increasingly less reliable. ALBRECHT[1] has evaluated the third term. CASASSA and MARKOVITZ make the very crude assumption

$$P(O_{k_1 k_2} O_{j_1 j_2})_{i_1 i_2} = P(O_{k_1 k_2})_{i_1 i_2}\, P(O_{j_1 j_2})_{i_1 i_2} \tag{13.11}$$

thereby introducing uncertainties of the same order as those inherent to equivalent sphere models. In such models the probability of interaction between segments is calculated on the assumption that the segments move around in a sphere in which a definite segment density distribution prevails. FLORY[2] first proposed an equivalent sphere with uniform segment density, later replaced by a Gaussian distribution about the center of mass. ISAHARA[3] used the average segment density about the centre of mass of a random flight chain. Incidentally,

---

[1] A.C. ALBRECHT: J. Chem. Phys. **27**, 1002 (1957).
[2] P.J. FLORY: J. Chem. Phys. **17**, 1347 (1949). — P.J. FLORY and W.R. KRIGBAUM: J. Chem. Phys. **18**, 1086 (1950).
[3] A. ISAHARA and R. KOYAMA: J. Chem. Phys. **25**, 712 (1956).

FLORY's treatment made use of the lattice model, to be treated in Sect. 14, whereas the other workers in this field started from the excluded volume model.

The results of the various treatments differ only in the numerical values of the coefficients in the equation for A_2. As the argument z or ψ or X [see Eq. (4.20)] with respect to which A_2 is developed, is not rigorously defined but derived from the equivalent random chain model of the real molecule, the numerical value of the coefficients is subject to some arbitrariness. However, the physical significance of z and also of the various terms in the development of A_2 deserves some comment.

From the significance of $g_2(1, 2)$, Eq. (13.2) and β, Eqs. (13.6) and (13.7), it follows that for molecules which are built in such a way that never two or more pairs of segments meet simultaneously, A_2 is given by

$$A_2 = \frac{n^2 \beta N_0}{2 M^2} \equiv A_2^0 \tag{13.12}$$

as already expressed by (13.8).

If, however, simultaneous contacts occur the number of excluded configurations decreases. If the n^2 contacts are made in $n^2 a_1$ configurations with one contact only, $n^2 a_2$ with two contacts a.s.o., then the total number of excluded configurations is $n^2 \sum a_i$

$$A_2 = A_2^0 \sum_{i=1}^{\infty} a_i. \tag{13.13}$$

The quantity a_i is not identical with the probability of an i-fold interaction because in the higher interactions many lower interactions are contained. In fact in configurations with i contacts the number of k-fold interactions is $(k \leq i)$ $\frac{i!}{(i-k)!\,k!}$, so if $n^2 a_i$ is the number of distinct configurations with exactly i interactions, then

$$n^2 p_k = n^2 \sum_{i \geq k}^{\infty} \frac{i!}{(i-k)!\,k!} a_i \tag{13.14}$$

is the total number of k-interactions occurring if the molecules 1 and 2 pass through all their configurations in which they are in contact. In (13.14) the quantity p_k is the *probability* of a k-fold interaction and may be written in analogy to (13.9)

$$p_2 = \sum_{i_1 i_2} \sum_{j_1 j_2} P(O_{j_1 j_2})_{i_1 i_2} \tag{13.15}$$

$$p_k = \sum_{i_1 i_2} \sum_{j_1 j_2} \sum_{k_1 k_2} \cdots (k \text{ times}) \, P(O_{j_1 j_2}, O_{k_1 k_2}, \cdots k \text{ times})_{i_1 i_2}. \tag{13.16}$$

It follows from (13.13) and (13.14) that A_2 may be written

$$\left. \begin{array}{l} A_2 = A_2^0 (1 - p_2 + p_3 \cdots) \\ = A_2^0 \sum_k (-1)^{k+1} p_k \end{array} \right\} \tag{13.17}$$

with $p_1 = 1$ owing to the fact that $n^2 p_1 = n^2 \sum i a_i = n^2$, $n^2 \sum i a_i$ being the total number of contacts made in the interaction between molecules 1 and 2.

Now it follows from the equivalent sphere model as well as from random chain statistics that the probability of double interactions p_2 is proportional to the segment density $n \beta / V_{\text{eff}}$ times the number of segments, that is to the quantity ψ or z defined in (4.20)

$$\psi = 4z = 2^2 \, 3^{\frac{3}{2}} \beta n^2 (2 \pi n b^2)^{-\frac{3}{2}}.$$

Also p_i is proportional to z^{i-1}, so A_2 can be written

$$A_2 = A_2^0 F_A(z) = A_2^0 F_A'(\psi), \qquad (13.18)$$

$$F_A(z) = 1 - c_2 z + c_3 z^2 \ldots . \qquad (13.19)$$

The function $F_A(z)$ is of a similar nature as the function $F_L(z)$ given by (4.25) but the coefficients in the two functions differ as in F_A the i-th term measures the probability of an i-fold interaction whereas in F_L it measures the average value of L^2 in such interactions.

It is, however, of interest to compare the functions $F_A(z)$ and $F_L(z)$ since the coefficients in either of these functions are difficult to calculate and impossible to measure owing to the lack of exact physical significance of z, whereas a relation between $F_L(z)$ and $F_A(z)$ is likely to exist and is accessible to experimental control. In fact, it is exactly the hope to discover relations between $F_L(z)$ and $F_A(z)$ which prompted the first workers in this field[1] to start the theoretical considerations which we have outlined. The numerical value of the coefficients in $F_A(z)$ like in $F_L(z)$ being unknown it is not possible to estimate the order of magnitude of the higher terms compared to the second. Treatments assuming that for low values of z the second term in the series for $F_A(z)$ dominates (binary interaction approximation) have to be considered with caution. For, as in the case of $F_L(z)$ the effect of excluded volume becomes measurable only if the second term is perceptible as compared to the first of magnitude unity, so one is not free to choose z so small as to make the second term dominate the higher terms.

Although an exact evaluation of $F(z)$ is lacking and is prohibitively difficult, it is interesting to note that Casassa and Markovitz, using the crude assumption of (13.11) for the third term and equivalent expressions for the higher terms arrive at an analytical expression for $F(z)$, namely

$$F_A(z) = [1 - \exp(-5.680 z)]/5.680 z. \qquad (13.20)$$

Eq. (13.20) is an approximation, for a more exact evaluation of $F_A(z)$ based upon (13.11) gives for the values of the coefficients $c_2 = 2.865$ and $c_3 = 1.261$. The more rigorous treatment of Albrecht (l. c.) gives $c_2 = 2.865$ and $c_3 = 9.726$, whereas Flory and Krigbaum[2], and Isahara and Koyama[3] find from equivalent sphere models

$$c_2 = 0.918 \text{ and } 1.043 \text{ respectively}$$

$$c_3 = 0.217 \text{ and } 0.284 \text{ respectively.}$$

A further discussion of the excluded volume theory will be postponed until after the lattice model has been treated. Here we only remark, that this model leads to a molecular weight dependence of A_2 through the proportionality between z and $M^{\frac{1}{2}}$, in the binary complex approximation to $A_2 = A_2^0 (1 - c M^{\frac{1}{2}})$. Also the model gives a temperature dependence of A_2 arising from the temperature dependence of β, which is supposed to have the same value for all segments at all molecular weights. It should be noted in this connection, that increase of n and β (molecular weight and temperature) affects z not only immediately through n and β but also through the decrease of segment density resulting from the swelling as represented by $F_L(z)$. Formally this might be described by multi-

---

[1] See especially P. J. Flory: J. Chem. Phys. **17**, 1347 (1949). — B. Zimm, W. H. Stockmayer and M. Fixman: J. Chem. Phys. **21**, 1716 (1953).
[2] P. J. Flory and W. R. Krigbaum: J. Chem. Phys. **18**, 1086 (1950).
[3] A. Isahara and R. Koyama: J. Chem. Phys. **25**, 712 (1956).

plying $(2\pi n b^2)^{-\frac{3}{2}}$ in (4.20) with α^3. The result will be to make the probability of interactions smaller and consequently A_2 larger. The effect of the simultaneous occurrence of intramolecular and intermolecular interaction has been considered by Albrecht[1], by Kurata and Yamakawa[2] and by Casassa[3]. Albrecht, using Fixman's value for the swelling coefficient α, finds the constants $c_2=2.865$ unchanged and $c_3=15.457$. Kurata and Yamakawa from a more refined calculation find $c_2=2.865$ and $c_3=18.51$.

β) *Refinements of the excluded volume model.* It has been shown by Flory and Krigbaum[4] that the excluded volume model can be refined if only at the cost of introducing additional parameters.

Two restrictions imposed on the treatment presented above can be removed without too many mathematical complications. One is the supposed homogeneity of the molecular weight of the polymer molecules the other the homogeneity of the nature of the segments.

With respect to the effect of heterogeneity of the molecular weight distribution on A_2, Flory and Krigbaum[5] have shown, that for a heterogeneous polymer the parameter X_{ij} assumes the value given by

$$X_{ij}/M_i M_j = \left[\frac{2(X_{ii}/M_i^2)^{\frac{3}{8}} (X_{jj}/M_{jj})^{\frac{3}{8}}}{(X_{ii}/M_i^2)^{\frac{3}{8}} + (X_{jj}/M_j^2)^{\frac{3}{8}}} \right]^{\frac{8}{3}}$$

and that A_2 contains the factor $\sum_i \sum_j w_i w_j F(X_{ij})$ with w_i the weight fraction of polymer i in the mixture. This gives rise to the somewhat surprising result that A_2 of a mixture of molecules of different molecular weight can surpass the value it has for either component. This has been confirmed by experiment.

In order to describe the effect of a different nature of segments more parameters must be introduced. Consider the case of two different polymers 1 and 2 in a solvent 0, Flory introduces the interaction parameters [see Eqs. (14.1), (15.1) and (15.4) below] χ_{10}, χ_{20} and χ_{12}, chosen in such a way that $\beta_1=0$ for $\chi_{10}=\frac{1}{2}$, $\beta_2=0$ for $\chi_{20}=\frac{1}{2}$ while $\beta_{12}=0$ for $\chi_{12}=0$. Flory and Krigbaum find that in order to make $A_2=0$ for all relative concentrations of the two solutes, not only β_1 and β_2 must vanish but also β_{12} as could be expected.

Other refinements or extensions such as considering mixed solvents or segments of different kind in one polymer molecule can be made. Such refinements have been made for the lattice model (see Sect. 14β), which, however, does not account for long range interactions as represented by $F_A(z)$ or $F_A(X)$.

14. The lattice model. α) *The zeroth approximation.* The lattice model starts from the assumption that the free energy of mixing of a polymer with a solvent can be calculated as the sum of the change of the combinatorial factor as given by (7.16) or (7.13) or (7.28) and an energy term of the van Laar-Hildebrand type

$$\frac{\Delta H}{RT} = \chi \varphi_0 \varphi_p \quad (14.1)$$

where χ is the interaction parameter between solvent and polymer, φ_0 and φ_p are the volume fractions of solvent and polymer respectively and V is the volume

---

[1] A.C. Albrecht: J. Chem. Phys. **27**, 1002 (1957).
[2] M. Kurata and H. Yamakawa: J. Chem. Phys. **29**, 311 (1958).
[3] E.F. Casassa: J. Chem. Phys. **31**, 800 (1959).
[4] P.J. Flory and W.R. Krigbaum: J. Chem. Phys. **18**, 1086 (1950). — W.R. Krigbaum and P.J. Flory: J. Chem. Phys. **20**, 873 (1952).
[5] W.R. Krigbaum and P.J. Flory: J. Amer. Chem. Soc. **75**, 1775 (1953).

of the system. Thus we find with (7.16) for the free energy of mixing

$$\frac{\Delta G}{RT} = n_0 \ln \varphi_0 + n_p \ln \varphi_p + \chi \varphi_0 \varphi_p V \tag{14.2}$$

from which the first virial coefficient can be calculated by differentiation with respect to n_0 and dividing by v_0 [Eq. (4.4)].

$$\frac{\Delta \mu_0}{RT} = \ln \varphi_0 + \left(1 - \frac{1}{r}\right) \varphi_p + \chi \varphi_p^2 \tag{14.3}$$

$$= - \varphi_0/r - \left(\frac{1}{2} - \chi\right) \varphi_p^2 \tag{14.4}$$

or

$$\frac{\pi v_0}{RT} = \varphi_p/r + \left(\frac{1}{2} - \chi\right) \varphi_p^2 \ldots . \tag{14.5}$$

Comparing with (12.2) and remembering that c in grams per unit of volume equals $v_{\rm sp} \varphi_p/v_0$ we find for the second virial coefficient

$$A_2 = \left(\tfrac{1}{2} - \chi\right) v_{\rm sp}^2/v_0 \tag{14.6}$$

where $v_{\rm sp}$ is the specific volume of the polymer. This result is obtained by starting from FLORY's expression (7.16) for the combinatorial factor. Using the more accurate expression (7.13) of HUGGINS and GUGGENHEIM one finds

$$A_2 = \left(\frac{1}{2} - \chi - \frac{1}{z}\right) v_{\rm sp}^2/v_0 \tag{14.7}$$

where z is the lattice parameter and should not be confused with the parameter z from the excluded volume theory given by (4.20). In deriving (7.13) and (14.7) it has been assumed that no intramolecular contacts occur in the polymer molecules. If this restriction is removed, STAVERMAN's Eq. (7.28) results, leading to

$$A_2 = \left(\frac{1}{2} - \chi - \frac{z(r-q)^2}{4r^2}\right) v_{\rm sp}^2/v_0 \tag{14.8}$$

where r is the ratio the number of site-units of the polymer and qz is the number of neighbour sites of a polymer molecule on the lattice, being generally less than $rz - 2r + 2$ as it is in the case described by (14.7).

It is seen from (14.6) to (14.8) that A_2 may assume any value depending on the values of the interaction parameter χ and the "coiling parameter" q. A determination of A_2 is therefore a determination of χ and an experimental check of the lattice theory should require an independent determination of χ. There is no straightforward way to do this. And it is, therefore, not possible to judge the relative merits of (14.6) to (14.8) by comparison with experimental results. As in the excluded volume theory one can consider the dependence of A_2, on temperature and on molecular weight theoretically and experimentally.

From a determination of the temperature dependence of A_2 it is possible to split up A_2 in an energy and an entropy part. However, this does not mean that the energy part may be identified with χ as one might be inclined to expect from (14.1). In fact, as is known from the theory of ordinary solutions the interaction parameter is generally a temperature dependent quantity and can be written as the sum of an energy and an entropy. So in polymer solutions there appears in A_2 an entropy term due to the polymeric structure of the solute and another one originating from the interaction between segments and solvent molecules.

β) *Refinements of the lattice model.* The lattice model in the form given by GUGGENHEIM lends itself to several improvements[1]. We will briefly indicate the nature of these improvements without giving all detailed mathematics. For a more complete treatment we refer to GUGGENHEIM's book[2].

The first improvement is to replace in (14.1) and in all equations derived with (14.1) the volume fractions φ_i by surface fractions ξ_i. The definition of the surface fraction is

$$\xi_i = q_i N_i / \sum_i q_i N_i. \qquad (14.9)$$

In the Guggenheim-Huggins model, represented by Eq. (14.7) the effect of this replacement is quantitatively not very important, since the ratio of two surface fractions differs at most a factor of $1 - \frac{1}{z}$, with z of the order of magnitude of 8 or 10.

In the case of a binary mixture with two kinds of molecules, each having one kind of surface the introduction of surface fractions gives rise to

$$\Delta H/RT = \chi \xi_0 \xi_p N_q \qquad (14.10)$$

or more generally for a mixture of molecules with homogeneous surfaces

$$\Delta H/RT = \sum_{ij} \chi_{ij} \xi_i \xi_j N_q \qquad (14.11)$$

with $N_q = \sum_i q_i N_i$, $RT \chi_{ij}/z$ being the energy of a contact $i-j$ and $\chi_{ii} = 0$.

A still more general equation is obtained if the molecules of different components are supposed to have contacts of different kinds with the possibility that molecules of different kinds may have contacts of the same kind. Such a situation may exist in simple real cases like in solutions of hydrocarbon polymers in hydrocarbons or of polyesters in esters and similar cases. Already in hydrocarbons the endgroups will show an interaction different from that of chain-elements and in polyesters the estergroups will show a different interaction again.

In this situation the equations become more complicated. GUGGENHEIM assumes that there are N_A molecules of kind A, N_B molecules B and two kinds of contacts u and v. Denoting the surface fraction of u-contacts on molecules A by u_A, on molecules B by u_B and similarly the surface fractions of v-constants by v_A and v_B, we have $u_A + v_A = 1$, $u_B + v_B = 1$ and the total fraction of u-contacts and of v-contacts

$$u = \xi_A u_A + \xi_B v_B \quad \text{and} \quad v = \xi_A u_A + \xi_B v_B \quad \text{respectively}.$$

Assuming a random distribution of contacts before and after mixing, GUGGENHEIM derives for this case

$$\Delta H/RT = \xi_A \xi_B (u_A v_B + u_B v_A - u_A v_A - u_B v_B) \chi N_q \qquad (14.12)$$

which reduces to (14.10) for homogeneous molecules ($u_A = 1$, $v_B = 1$).

Eqs. (14.1), (14.10), (14.11) and (14.12) have all been derived on the assumption of random mixing. The approximation obtained from this assumption is called by GUGGENHEIM the zeroth approximation. A higher approximation, called the first approximation is obtained by taking account of the deviations from randomness.

---

[1] E.A. GUGGENHEIM: Trans. Faraday Soc. **44**, 1007 (1948).
[2] E.A. GUGGENHEIM: Mixtures. Oxford 1952; also H. TOMPA: Polymer Solutions. London 1956.

Calling the numbers of contacts of kinds $1-1$, $2-2$ and $1-2$ respectively X_{11}, X_{22} and X_{12} it is assumed in the zeroth approximation that

$$X_{12}^2/4X_{11}X_{22} = 1 \tag{14.13}$$

whereas in the first approximation this ratio becomes

$$X_{12}^2/4X_{11}X_{22} = \exp(-2\chi_{12}/z) = \eta^{-2}. \tag{14.14}$$

Defining further a quantity $\varkappa$ by

$$X_{12} = \varkappa X_{12}^* \tag{14.15}$$

where X_{12}^* is the value of X_{12} in the zeroth approximation, an equation for $\varkappa$ is obtained of the form

$$\xi_1 \xi_2 (\eta^2 - 1) \varkappa^2 + \varkappa - 1 = 0 \tag{14.16}$$

from which $\varkappa$ can be solved. The heat of mixing and the free energy of mixing can be expressed in $\varkappa$. In the calculation of the energy and entropy of mixing it has to be taken into account that χ may depend on the temperature as $RT\chi$ represents the difference in free energy between contacts of like and unlike surface elements. All these relationships are common to the theory of solutions of ordinary molecules and will be treated elsewhere in this encyclopaedia.

In simple cases with two kinds of contacts and one quantity χ the effect of the deviation from randomness on the free energy of mixing is generally small, whereas on the energy and entropy of mixing these effects can be large. More complicated cases with a variety of surfaces of kinds $i, j \ldots$ and interaction parameters χ_{ij} can also be treated with the lattice model. By a suitable choice of the various χ_{ij}-values different kinds of relationships between G, H and S and the concentration can be derived. The effects thus obtained which are also of interest for solutions of non-polymer substances are generally called orientation effects. For a detailed treatment the reader is referred to papers by Tompa[1], Münster[2] and Barker[3]. Here we stress the point that the Guggenheim-Huggins lattice-model is apparently superior to the Flory-lattice model as well as to the excluded volume model in that it allows to describe orientation effects in principle. The essential reason for this is that the Guggenheim-Huggins model introduces the volume and the surface of the molecule separately.

Since in most practical cases the molecules of solvent and of the polymer should be characterized by a multitude of surface areas and interaction constants, the number of parameters of molecular origin needed to describe a system completely soon becomes intractably large. Under these circumstances it is desirable to take a less sophisticated point of view by describing a given polymer-solvent system of a given concentration and temperature by one single parameter χ, which can be considered as a kind of average over molecular parameters.

Since the parameter χ, thus defined, is no real molecular constant it may depend on (a) temperature, (b) concentration, (c) molecular weight. Each of these dependencies can be described by additional parameters.

(a) In order to describe the temperature dependence of χ, Flory writes formally

or rather
$$\left. \begin{array}{l} \tfrac{1}{2} - \chi = \psi_1(1 - \theta/T) \\ A_2 = \psi_1(1 - \theta/T) v_{sp}^2/v_0 \end{array} \right\} \tag{14.17}$$

---

[1] H. Tompa: Polymer Solutions, Chap. IV. London 1956. — H. Tompa: Trans. Faraday Soc. **45**, 101 (1949).

[2] A. Münster: Trans. Faraday Soc. **46**, 165 (1950).

[3] J.A. Barker: J. Chem. Phys. **20**, 1526 (1952). — H. Tompa: J. Chem. Phys. **21**, 250 (1953).

where θ is the "Flory-temperature" or "theta-temperature", defined as the temperature at which A_2 vanishes. The quantity ψ_1 is an entropy parameter as can be seen by considering $v_0 RT A_2 c^2$, a measure of the excess free energy of mixing as a difference between an energy term h_0 and an entropy term $T s_0$.

(b) The assumption that χ depends on the concentration is in effect the introduction of an additional parameter. Since χ figures as a parameter in the theory of the interaction between segments as well as between whole molecules, concentration dependence of χ affects either of these theories.

The effect of introducing concentration dependence of χ in the theory of the interaction between molecules is completely equivalent to introducing higher terms than the second in expressions (12.1) to (12.3) for the osmotic pressure.

Since it is assumed that at higher concentration the frequency of interactions between polymer molecules and solvent molecules is different from that at lower concentration but not their nature, it is obvious that the value of the third virial coefficient will depend on the value of the second virial coefficient. The frequency of interactions will depend on the extent of overlap of different molecules which depends on the degree of coiling. An exact evaluation of the third virial coefficient with the Mayer-McMillan theory involves a calculation of the segment interactions of ternary molecule complexes. This calculation has been performed for polymer molecules only approximately by STOCKMAYER and CASASSA[1]. Besides the assumptions already made in the derivation of A_2 from the excluded volume model, they used a modified form of FLORY's equivalent sphere model to calculate the interaction potential and they also assumed that the ternary distribution functions $F_3(i, j, k)$ can be calculated from the binary distribution functions $F_2(i, j)$ and from $F_1(1)$ with KIRKWOOD's superposition principle[2] already used before. The errors thus introduced are difficult to estimate. Their result is that Γ_3/Γ_2^2 of Eq. (12.3) depends strongly on FLORY's X of Eq. (4.20c) while X can be regarded as a measure of the "hardness" of the interaction between the molecules. For $X = \frac{1}{2}$, 1, 2 and 4 they find $\Gamma_3/\Gamma_2^2 = 0.1$, 0.18, 0.28 and 0.36 respectively while for hard spheres $\Gamma_3/\Gamma_2^2 = 0.625$. An estimate of X in specific cases can be made by the determination of the swelling factor α with the aid of FLORY's expression

$$X = 2(\alpha^2 - 1) \tag{14.18}$$

which, however, involves new uncertainties. Since the exact value of Γ_3 is not often desired, there is a tendency to assume $\Gamma_3/\Gamma_2^2 = 0.25$ in which case the dependence of the osmotic pressure on the concentration assumes the simple form

$$(\pi/c)^{\frac{1}{2}} = (\pi/c)^{\frac{1}{2}} (1 + \tfrac{1}{2} \Gamma_2 c).$$

This equation is reasonably well confirmed by experiment.

Another way of describing the effect of higher concentrations on the interaction between molecules is by adding to χ a term proportional to c. This has been done by TOMPA[3] in an attempt to explain the critical concentration at demixing of a polymer solution (see Chap. V).

FLORY and OROFINO[4] make a similar assumption by writing instead of (14.3)

$$\Delta \mu_0/RT = -\varphi_p/r - (\tfrac{1}{2} - \chi_1)\varphi_p^2 - (\tfrac{1}{3} - \chi_2)\varphi_p^3 \tag{14.19}$$

---

[1] W.H. STOCKMAYER and E.F. CASASSA: J. Chem. Phys. **20**, 1560 (1952).
[2] J.G. KIRKWOOD: J. Chem. Phys. **3**, 300 (1935).
[3] H. TOMPA: C. R. 2e Réunion Soc. Chim. phys. Paris 1952, p. 163.
[4] T.A. OROFINO and P.J. FLORY: J. Chem. Phys. **26**, 1067 (1957).

in a treatment of A_2 which is essentially an excluded volume treatment based upon the lattice model. Their treatment is not intended to describe the free energy of mixing at different concentrations of *molecules* but at different concentrations of *segments*. Since the effective concentration of segments in the equivalent sphere representing the molecule decreases with increasing molecular weight, the introduction of an additional parameter χ_2 will affect the dependence of A_2 on molecular weight. This, however, is the subject we have listed under (c).

(c) The dependence of A_2 on molecular weight constitutes a sensitive test on various models. The lattice model of FLORY as well as that of HUGGINS and GUGGENHEIM predict independence of A_2 from molecular weight. Why this is so can be seen by translating these models into the language of the excluded volume model. The latter is based upon the fundamental equation (13.1)

$$A_2 = \frac{N_0}{2 V M^2} u$$

with $u = -\int g_2(1, 2)\, d(1)\, d(2)$ being the effective volume excluded by molecule (1) for molecule (2). Thus A_2 is independent of M, the molecular weight, if u is proportional to M^2. This is the case in the lattice models of FLORY and of HUGGINS-GUGGENHEIM and also in the zeroth approximation of the excluded volume model, represented by (13.8) and leading to (13.12). In each of these models the proportionality with M^2 (or n^2) originates from the assumption that every segment of molecule 1 interacts with every segment of molecule 2 so the total interaction between molecules 1 and 2 is found to be a sum of n^2 equal terms. This assumption is dismissed in treatments which consider the *coiling* of polymer molecules giving rise to simultaneous interactions of segments in the excluded configurations.

Examples of such treatments are the higher order treatment of the excluded volume model as given in Sect. 13, the approximation of STAVERMAN in the lattice model, expressed by Eq. (14.8) and a theory of MÜNSTER[1].

MÜNSTER bases his theory on the model of virtual polymer molecules. The virtual molecules are essentially equivalent with not excluded configurations in our treatment of Sect. 13 and it has been shown by VAN DER WAALS and by MÜNSTER himself that MÜNSTER's model is essentially equivalent with that of HUGGINS and GUGGENHEIM.

However, in one respect MÜNSTER tries to improve upon the latter, that is in considering the effect of coiling. MÜNSTER first calculates the number of excluded configurations by summing all segment interactions in the absence of simultaneous interactions. This, of course, leads to u, being proportional to M^2 and to A_2 independent of M. He then proceeds to estimate the effect of simultaneous interactions.

Calling φ_i the conditional probability that a segment i of molecule 2 interacts with a segment of molecule 1 if it is known that another segment of this molecule 1 already interacts with a given segment of molecule 2, the problem of calculating the effect of simultaneous interactions is reduced to the calculation of φ_i. This is exactly the quantity that is calculated in excluded volume treatments leading to (13.18), in which A_2 is expressed as an unknown function of z or ψ, depending on the degree of polymerization (through n) and the temperature (through β). Though the exact dependence on molecular weight cannot be calculated with (13.18) as it depends on the ratio of the coefficients in (13.18) and also on the swelling, it is clear that A_2 is a decreasing function of M.

---

[1] A. MÜNSTER: Makromol. Chem. **2**, 227 (1948). — J. chim. phys. **49**, 128 (1952); especially A. MÜNSTER: In Physik der Hochpolymeren, Vol. II, Chap. II. Berlin-Göttingen-Heidelberg: Springer 1953. — J. H. VAN DER WAALS: Thesis Groningen 1950. — A. MÜNSTER: Kolloid-Z. **112**, 13 (1949).

MÜNSTER finds inverse proportionality of A_2 with M by an argument which appears unsufficiently justified. He assumes

$$\varphi_{i+1}/\varphi_i = \varphi(z) = \frac{z-1}{z}. \tag{14.20}$$

This means that he assumes that the probability of simultaneous interaction of distant segments decreases with the distance from a given interacting pair, so that this probability vanishes with large distance giving rise to a total interaction of the specified segment y that does not increase with M if M is very large. In excluded volume treatments this means that u is assumed to be not proportional to n^2 but to n (since segment y is one out of n segments of molecule 1), thus A_2 is found to be inversely proportional to M. Since from the physical point of view MÜNSTER's treatment contains no elements besides those of excluded volume treatments his result, which is clearly due to the mathematical assumption (14.20), appears unfounded. Even if it is true that φ_{i+1}/φ_i for molecules of a particular molecular weight does not depend on i, it will depend on M if molecules of different molecular weight are compared. In fact, one is forced to assume that this ratio will approach unity with increasing molecular weight. The outcome for the M-dependence of A_2 depends sensitively on the assumption made about the M-dependence of φ_{i+1}/φ_i. If this is put equal to $(P-1)/P$ (P being the degree of polymerization) MÜNSTER's result is unaffected, but if it is put equal to $(P^2-1)/P^2$ A_2 decreases with M less strongly than M^{-1}. The assumption best in line with excluded volume models is apparently φ_i proportional to ψ/n^2 or to $n^{-\frac{3}{2}} \approx P^{-\frac{3}{2}}$. Besides having a clearer meaning the excluded volume treatments have the advantage over MÜNSTER's treatment of describing the interaction between segments and between segments and solvent molecules by the same quantity β, whereas MÜNSTER is forced by experimental evidence to add a constant term due to action of the solvent to the term with M^{-1}. Some experimental results will be given in Sect. 16.

15. Confrontation of the models. $\alpha)$ We are now in a position to compare critically the various models. An immediate check of the models by experimental measurement is impossible because each of the models starts off with one, two or three characteristic constants, of which the value cannot be found from independent measurements, so that they can be adapted to the experimental values of A_2 and of the dependence of A_2 from temperature and concentration.

Thus we can say that the experiments yield two parameters ψ_1, θ or three, if the concentration dependence of A_2 is taken into consideration, and that each of the various models has a different molecular interpretation of these parameters.

In *Model I*, the lattice model of FLORY described by Eq. (14.6), the molecular parameters are VAN LAAR's interaction constant χ and its temperature derivative, related to ψ_1 and θ by

$$\tfrac{1}{2} - \chi = \psi_1(1 - \theta/T). \tag{15.1}$$

In this model the concentration dependence of A_2 is described by the additional interaction constant χ_2 of Eq. (14.19).

In *Model II*, the lattice model of HUGGINS and GUGGENHEIM of Eq. (14.7) one more constant appears, the lattice coordination number z, related to ψ_1 and θ by

$$\frac{1}{2} - \frac{1}{z} - \chi = \psi_1(1 - \theta/T). \tag{15.2}$$

Strictly speaking, the model contains another molecular constant q, the number of contact points, but for large degree of polymerization r this constant is proportional to r through z by (6.1).

This model gives a slight concentration dependence of A_2 owing to the fact that the interaction energy is proportional to surface fractions whereas the entropy of mixing depends primarily on volume fractions.

In *Model III*, the lattice model of STAVERMAN [Eq. (14.8)], the restriction of Eq. (6.1) is removed and the molecular constants are, besides r, the degree of polymerization, χ, q and z related to ψ_1 and θ by

$$\tfrac{1}{2} - z(r-q)^2/4r^2 - \chi = \psi_1(1 - \theta/T). \tag{15.3}$$

In *Model IV*, the excluded volume model without long range interactions, described by (13.12), the molecular parameters are n, the number of segments, and β the (temperature dependent) excluded volume per segment related to ψ_1 and θ by

$$\beta = 2\psi_1(1 - \theta/T)\, v_s^2/v_0 \tag{15.4}$$

where v_s is the volume of a segment and v_0 the molecular volume of the solvent.

Finally in *Model V*, the excluded volume model with long range interactions, described by (13.18) and (13.19), the molecular parameters are n, β and ψ (or FIXMAN's z or FLORY's X), related to ψ_1 and θ by

$$\beta F_A'(\psi) = 2\psi_1(1 - \theta/T)\, v_s^2/v_0. \tag{15.5}$$

We see, that measurement of A_2, even at different temperatures does not allow to discriminate between the various models, since each model contains a sufficient number of adaptable molecular constants to describe the measurements.

A critical comparison can, however, be based upon a priori theoretical considerations (Sect. 15β) and upon experimental measurements (Sect. 16) of relations between A_2 and M or A_2 and T or A_2 and α, the dilatation of the coil.

β) *Theoretical considerations.* Surveying the various models we realize that the distinction between lattice models and excluded volume models as generally used, is not really adequate. We have seen, that the excluded volume models IV and V can be derived from a lattice model as demonstrated by FLORY, MÜNSTER and others as well as from a continuous model of the medium as shown by ZIMM, STOCKMAYER, FIXMAN, CASASSA and others. The real difference between the two types of models is concerned with the basic assumption of the probability for a segment of molecule 2 to hit upon a segment of molecule 1. This probability is assumed to be *uniform* throughout the system in models I, II and III, whereas it is supposed to be *non-uniform* in model V. In model IV the question of uniformity is of no consequence, so model IV, although clearly an excluded volume model, is to a high degree equivalent with model I (see below).

As has been pointed out particularly by FLORY, in highly dilute solutions of heavily coiled polymer molecules the assumption of uniform distribution of segments underlying models I, II and III is completely unrealistic. Since the coefficient A_2 describes the first interaction at increasing the polymer concentration of highly dilute solutions, model V is theoretically more acceptable than the models I, II and III. Two other important advantages of model V over the other models are:

a) The qualitative relation between coil dilatation and virial coefficient represented by Eqs. (13.19) and (4.25) is not found in any of the other models and is confirmed by experiment (see Sect. 16).

b) Model V predicts decrease of A_2 with increase of molecular weight as is found by experiment. The lattice models I and II and the excluded volume model IV predict A_2 to be independent of M. Lattice model III will show a decrease of A_2 with increase of M if q is assumed to decrease with increasing molecular weight. It is very probable that q will do so, as with increasing molecular weight more intra-molecular contacts will be formed leaving proportionally less external contacts as measured by q. However to calculate q quantitatively the number of intra-molecular contacts have to be estimated by means of a calculation like that of Fixman, treated in Sect. 4f. Still, then, Eq. (15.3) of model III, accounts only for the short range intermolecular effect of long range intramolecular interactions. In model V, on the contrary, all short range intermolecular effects are neglected but long range intermolecular interactions are taken into account.

These three features of model V appear sufficiently important to accept this model as a more realistic description of the conditions in dilute polymer solutions than any of the other models.

However, this does not rule out the applicability of the other models completely. In fact, these models are superior to model V in a few respects, which can be appreciated by summing up the weak points of model V.

a) Model V is of particular value in describing systems with heavily coiled polymer molecules with intense long range interactions. In the absence of long range interactions such as may occur in stiff molecules or molecules of low molecular weight model V reduces to model IV which is essentially equivalent with model I. In the absence of long range interactions the dependence of A_2 on M and the relation between A_2 and α which are characteristic for model V, disappear.

b) Model V has not been refined so far as to include the effect of short range interactions. Models I to III can be logically extended to include various specific interaction effects by a detailed consideration of the statistics of contact-point interactions (see Sect. 14β). Neither the effect of the presence of two or more immediate neighbours of every segment nor the effect of the presence of segments with different interaction parameters in one molecule has been accounted for in Model V so far.

c) The most important weakness of model V is the vague physical meaning of the two dominating parameters β and ψ. The indefinite character of ψ, defined by (4.20) stands out clearly as it is based upon the artificial definition of the segment length b. However, the physical meaning of β is equally indefinite since it is based upon the assumption that the interaction energy can be written as an integral over a delta-function [Eq. (13.6)]. This does not present any problem in cases where the total volume of integration is much larger than the volume where the interaction forces are not negligible, such as in dilute non-ideal gases. In the case of partly overlapping segment clouds of polymer molecules the approximation involved in this assumption is very crude indeed and the picture of contacting *surfaces* of molecules is certainly more realistic.

The uncertainty involved in the definition of β is clearly demonstrated by comparing model IV [Eq. (15.4)] with model I [Eq. (15.1)] in the athermal case, that is the case in which segments of the polymer molecule are chemically identical with the molecules of the solvent. Since in both models short range and long range interactions are ignored, the two models should give exactly the same result only in different language. In the athermal case $\chi=0$ one is inclined to identify β with v_s, the segment volume. However, it follows from (15.1) and (15.4) that if $\chi=0$,

$$\beta = v_s^2/v_0. \qquad (15.6)$$

This reduces to $\beta=v_s$ only in case $v_s=v_0$, v_0 being the volume of the solvent molecule. However, (15.4) is valid only for very stiff molecules without any long range interactions but for these molecules the segment volume is large, much larger than v_0. It is surprising that in Model IV β depends strongly on the size attributed to a segment, whereas we know that in the result from the physically equivalent Model I only the volumes of the molecules appear and A_2 thus calculated does not depend on the shape or stiffness of the molecules. Indeed, if we choose the segment x times larger, n in Eq. (13.12) becomes x times smaller so β must be chosen x^2 times larger in order to yield the same value of A_2. This shows in the most perspicuous case that β is not a real excluded volume but just an adaptable parameter.

Summarizing we see that Model V with Eq. (15.5) is indispensable in the treatment of dilute solutions of coiled macromolecules with many long range interactions. Experimentally one expects in these cases that A_2 decreases with increasing M and that A_2 and α (the swelling parameter) depend symbatically on the solvent and the temperature. Eq. (15.5) is unable to deal with the increase in short range interactions which accompanies the coiling as is indicated by the difference between (15.3) and (15.2).

For molecules with few long range interactions (stiff molecules and molecules of low molecular weight) and also for higher concentrations (larger than ψ/n, the segment concentration in the segment cloud), model I gives a better description and can be refined like in model II and its various refinements.

16. Some experimental results. Experiments most suited to test the various theories presented in the foregoing sections are

1. Determinations of the dependence of A_2 on molecular weight,
2. Determinations of the dependence of A_2 on the temperature and
3. Determinations of relations between A_2 and α.

$\alpha)$ *The dependence of A_2 on molecular weight.* As stated above the dependence of A_2 on M originates from long range interactions in the polymer molecules. For stiff molecules and molecules of low molecular weight long range interactions are unimportant, u is proportional to n^2 and A_2 is independent of M. So if a homologous polymer series is considered, starting from monomer up to high molecular weight polymers, the virial coefficient in one particular solvent is expected to be independent of M for low M and to decrease with M for higher M. The critical molecular weight at which the decrease sets in characterizes the stiffness of a particular type of polymer (homologous series) in a particular solvent.

Many experiments are reported in the literature confirming this expected behaviour. Data for polystyrene in benzene are collected by MÜNSTER[1] from papers by SCHULZ and MARZOLPH[2], BAWN, FREEMAN and KAMALIDDIN and others[3]. Some other papers in this field are from FRANK and MARK[4] for polystyrene in toluene and methylethylketone, from MÜNSTER[5] for nitrocellulose in acetone and notably an important paper by KRIGBAUM and FLORY[6] for polyisobutylene in cyclohexane and benzene and for polystyrene in toluene.

In all these experiments it is found that A_2 is a decreasing function of M. This is in accordance with excluded volume theories (model V) and is in contradiction to models with a continuous distribution of segments (models I and II).

A quantitative relation between A_2 and M cannot be used to check the excluded volume model as long as the coefficients in Eq. (13.19) are not known

---
[1] A. MÜNSTER: Statistische Thermodynamik. Berlin-Göttingen-Heidelberg: Springer 1956.
[2] G. V. SCHULZ and H. MARZOLPH: Z. Elektrochem. **58**, 217 (1954).
[3] C. BAWN, R. FREEMAN and A. KAMALIDDIN: Trans. Faraday Soc. **46**, 862 (1950).
[4] H. P. FRANK and H. MARK: J. Polymer Sci. **6**, 243 (1951).
[5] A. MÜNSTER: Z. phys. Chem. **197**, 17 (1951). — J. Polymer Sci. **8**, 633 (1952).
[6] W. R. KRIGBAUM and P. J. FLORY: J. Amer. Chem. Soc. **75**, 1775 (1953).

quantitatively. As stated before, there is no a priori reason to expect that the third and higher terms in (13.19) will be much smaller than the second in cases where the sum of all terms but the first is known to be not negligible in comparison to the first, which is unity.

The attempts of Krigbaum and Flory, and of Casassa and Markovitz[1], and Casassa[2] to compare the experimental relations quantitatively with theoretical ones are based either upon assumptions about the higher terms in (13.19) calculated from a model with statistical distribution of segments or on assumptions about the relation (14.18) between ψ (or z or X) and the swelling parameter α, which enables to calculate ψ quantitatively from experimental values of α, but is subject to more uncertainties (see Sect. 16γ).

We will not reproduce the comparison between theory and experiments but merely give a summary of literature data. These can be compared by writing $A_2 = C M^{-\gamma}$ or

$$\log A_2 = a - \gamma \log M, \quad (16.1)$$

Table 2. *Values of γ for different polymer-solvent systems.*

	γ
Polystyrene in dichloroethane[3]	0.23
Polystyrene in butanone[3]	0.23
Polystyrene in toluene[4]	0.22 to 0.25
Polystyrene in toluene (large range of M)[5]	0.15 to 0.33
Polymethylmethacrylate in acetone[6]	0.35
Polymethylmethacrylate in acetone[7]	0.38
Polyisobutylene in cyclohexane[8]	0.14 to 0.17

where γ is considered as an adaptable parameter for the description of the dependence of A_2 on M.

Table 2 has been borrowed for the greater part from a paper by Isahara and Koyama[c], who obtain an $A_2 - M$-relation from the excluded volume theory with an average segment distribution around the centre of mass in accordance with the random flight statistics. Their theoretical relation shows a strong slope of γ with ψ (or X) for negative and small positive values of ψ, whereas for large positive values of ψ γ increases very slowly. Since ψ is proportional to $M^{\frac{1}{2}}$ they can calculate also the relation between γ and M and find that for positive β-values γ first increases rapidly with increasing M and for higher M assumes a rather constant value around 0.23.

Their qualitative conclusions are rather well confirmed by the available experimental material[10]. Besides the dependence on M also the dependence of A_2 on the temperature is considered in this paper.

β) *The dependence of A_2 on temperature.* In excluded volume theories the dependence of A_2 on the temperature originates from the temperature dependence of β defined by Eq. (4.21) written here:

$$\beta = 4\pi \int_0^\infty [1 - \exp(-\varphi(s)/kT)] s^2 ds. \quad (16.2)$$

The expression for A_2 obtained in these theories can be written

$$A_2 = a_2(T) F(X) \quad (16.3)$$

---
[1] E.F. Casassa and M. Markovitz: J. Chem. Phys. **29**, 493 (1958).
[2] E.F. Casassa: J. Chem. Phys. **31**, 800 (1959).
[3] P. Outer, C.I. Carr and B.H. Zimm: J. Chem. Phys. **18**, 830 (1950).
[4] W.R. Krigbaum: J. Amer. Chem. Soc. **76**, 3758 (1954).
[5] C. Bawn and M.A. Wajid: J. Polymer Sci. **12**, 109 (1953).
[6] Tsvetkov, Fatlahof and Kallistob: J. Exp. Theor. Phys. USSR. **26**, 351 (1954).
[7] G.V. Schulz and G. Meyerhoff: Z. Elektrochem. **56**, 545 (1952).
[8] W.R. Krigbaum and P.J. Flory: J. Amer. Chem. Soc. **75**, 5254 (1953).
[9] A. Isahara and R. Koyama: J. Chem. Phys. **25**, 712 (1956).
[10] R. Kirste and G.V. Schulz: Z. phys. Chem., N. F. **27**, 301 (1961).

with
$$a_2(T) = N_0 \beta / 2 M_0^2 \tag{16.4}$$

where $M_0 = M/n$ is the segment weight, N_0 Avogadro's number, and

$$X = 3^3 \cdot (2\pi n b^2)^{-3/2} n^2 \beta = 2 \cdot 3^3 (2\pi n b^2)^{-3/2} N_0^{-1} M^2 a_2(T) \tag{16.5}$$

while the exact form of $F(X)$ depends strongly on the assumptions about the segment interactions. In the particular model of Isahara and Koyama $F(X)$ becomes for small X

$$F(X) = 1 - 0.197 X + 0.0420 X^2 - 0.00813 X^3 \ldots \tag{16.6}$$

and for large X
$$F(X) = 0.82 (\log 1.684 X)^{3/2} X^{-1}. \tag{16.7}$$

A_2 depends on the temperature through $a_2(T)$ which is proportional to β and also through X. At $T=\theta$, $\beta=0$, thus $a_2(T)=0$ and $F(X)=1$ Isahara and Koyama point out, that it follows from the form of (16.3) to (16.5) that the θ-point is independent of molecular weight as is also the value of dA_2/dT at $T=\theta$, while also any temperature at which A_2 reaches a maximum or minimum should be independent of M. Possibly in a higher approximation θ will be found to depend slightly on M^1.

In order to say more about dA_2/dT, some assumption must be made about $\varphi(s)$. Isahara and Koyama[2] assume $\varphi(s)$ to be a Lennard-Jones potential

$$\varphi(s) = \varphi_0 [(s_0/s)^{12} - 2(s_0/s)^6] \tag{16.8}$$

where s_0 is the coordinate of the minimum of $\varphi(s)$. With this potential β is calculated to be[3]

$$\beta(T) = 2^{3/2} 3^{-1} \pi s_0^3 G(y) = 2.96 s_0^3 G(y)$$

with
$$G(y) = y^{1/2} \left[\Gamma\left(\frac{3}{4}\right) - \frac{1}{4} \sum_n \Gamma\left(\frac{1}{2} n - \frac{1}{4}\right) \frac{y^n}{n!} \right] \tag{16.9}$$

and
$$y = 2(\varphi_0/kT)^{1/2}.$$

By equating (16.9) to zero, Koyama[4] finds the value of $y_\theta = y$ which makes $G(y)$ vanish. This leads to

$$\varphi_0/k\theta = 0.292. \tag{16.10}$$

Then, substituting (16.9) into (16.3) and (16.4) he obtains a relation between A_2 and T which depends on one parameter

$$p = n^{1/2} b^{-3} s_0^3. \tag{16.11}$$

By numerical calculations Koyama finds that $a_2(T)$ and $A_2(T)$ increase with increasing temperature from $T=\theta$ onwards until both functions reach a maximum at a temperature of about $T=6\theta$. The height of the maximum decreases with increasing value of p, i.e. with increasing molecular weight. This is in exact conformity with data of Krigbaum and Flory for polyisobutylene in benzene.

---

[1] W.R. Krigbaum: J. Amer. Chem. Soc. **76**, 3785 (1954).
[2] A. Isahara and R. Koyama: J. Phys. Soc. Japan **12**, 32 (1957).
[3] J.O. Hirschfelder, C.F. Curtiss and R.B. Birk: Molecular Theory of Gases and Liquids, pp. 163, 1112. New York 1954.
[4] R. Koyama: J. Polymer Sci. **35**, 247 (1959).

KOYAMA's theory has been checked quantitatively by SCHULZ and coworkers[1]. SCHULZ derives from (16.3), (16.4) and (16.9):

$$A_2 = 1.48 \, N_0 \, (s_0^3/M_0^2) \, G(y) \, F(x). \qquad (16.12)$$

He calculates φ_0 and y with (16.10) from the θ-temperature, s_0^3/M_0^2 from the relation

$$\left(\frac{dA_2}{dT}\right)_\theta = 0.35 \, R \, s_0^3/M_0^2 \, \varphi_0 \qquad (16.13)$$

where $R = N_0 k$ and X from (16.5) by measuring the radius of gyration $R_0^2 = n b^2/6$ (4.7) with the aid of light scattering. He is thus able to give a full theoretical curve for A_2 as a function T for polymethylmethacrylate of molecular weights ranging from $3 \cdot 10^4$ to $5 \cdot 10^6$ at temperatures ranging from 20 to 50° C and finds excellent agreement with the theoretical curve derived from (16.12). It should be noted that the measured θ-temperatures vary between 31.7° C for $M = 3 \cdot 10^4$, to 35.4° C for $M = 2 \cdot 10^5$ and $1 \cdot 10^6$ and 32.2° C for $M = 4.8 \cdot 10^6$.

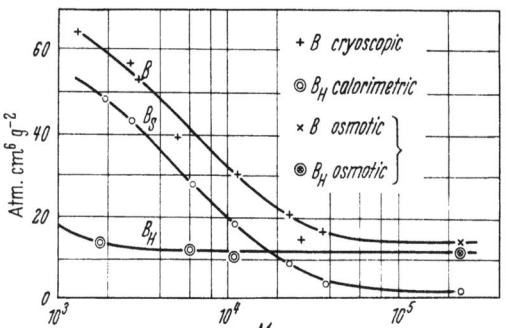

Fig. 5. Relation between B, B_H, B_S and molecular weight for polystyrene in benzene. (G. V. SCHULZ and A. MÜNSTER: Kurzmitteilungen, Wiesbaden II, B 3. 1959.)

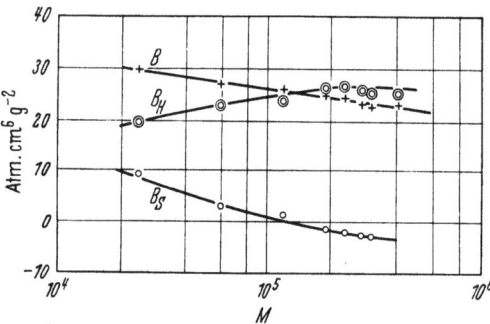

Fig. 6. Relation between B, B_H, B_S and molecular weight for nitrocellulose in acetone. (G. V. SCHULZ and A. MÜNSTER: Kurzmitteilungen, Wiesbaden, II B 3, 1959.)

Extensive experimental investigations of the temperature dependence of A_2 have been made by SCHULZ and coworkers[2]. They write the coefficient B in (12.1), which is in effect a measure of the excess free energy of dilution, as a sum of an enthalpy and an entropy part

$$B = B_H + B_S. \qquad (16.14)$$

The separate terms can be measured by determination of B and dB/dT or by calorimetric measurement. They find that generally B_H and B_S depend on M as well as on T. A summary of data for polystyrene in benzene, for nitrocellulose in acetone and for polymethylmethacrylate is presented in Figs. 5 to 7. The first two systems are exothermic, the last is endothermic and near its θ-point.

In order to understand these data we will look somewhat closer to Fig. 8, the relation between A_2 and φ_0/kT of KOYAMA. To find B_H in this figure we

---

[1] G.V. SCHULZ: Kurzmitteilungen Symposium Wiesbaden 1959, II, B. 4. — G.V. SCHULZ u. R. KIRSTE: Z. phys. Chem. **30**, 171 (1961).

[2] R. KIRSTE and G.V. SCHULZ: Z. phys. Chem., N.F. **27**, 301 (1961). — G.V. SCHULZ and A. MÜNSTER: Kurzmitteilungen Symposium Wiesbaden 1959, II, B. 3. — G.V. SCHULZ and A. HORBACH: Z. phys. Chem., N.F. **22**, 377 (1959). — G.V. SCHULZ, H. INAGAKI and R. KIRSTE: Z. phys. Chem., N.F. **24**, 390 (1960). — G.V. SCHULZ and H.J. CANTOW: Z. Elektrochem. **60**, 517 (1956). — G.V. SCHULZ and H. MARZOLPH: Z. Elektrochem. **58**, 211 (1954). — G.V. SCHULZ and H. HELLFRITZ: Z. Elektrochem. **57**, 835 (1953). — G.V. SCHULZ and H. DOLL: Z. Elektrochem. **56**, 248 (1952); **57**, 841 (1953).

note that

$$B_H^* = -T^2 \frac{dB/T}{dT} = -RT^2 \frac{dA_2}{dT}. \tag{16.15}$$

In accordance with SCHULZ we write $B_H^* = B_H + \alpha TB$, α being the coefficient of dilatation. The term αTB can be neglected in the neighbourhood of $T = \theta$.

From the curves in Fig. 8 the sign of dA_2/dT can be seen and thus also the sign of B_H. We further note that curves 2, 3 and 4 are curves for increasing molecular weight. We see that at temperatures below the θ-point (part of the graph to the right of the point of intersection of the curves), B_H has a large negative value (endothermic solution) and decreases with molecular weight.

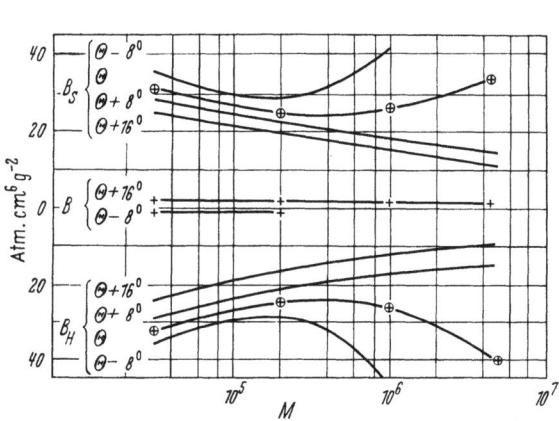

Fig. 7. Relation between B, B_H, B_S and molecular weight and temperature for polymethylmethacrylate in butylchloride. (G. V. SCHULZ and A. MÜNSTER, Kurzmitteilungen, Wiesbaden, II B 3, 1959.)

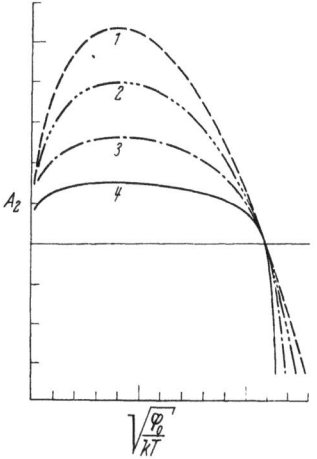

Fig. 8. Relation between virial coefficient A_2 and interaction parameter φ_0 for polymers [R. KOYAMA: Polymer Sci. 35, 250 (1959)].

At the θ point B_H is still negative but independent of M. Between θ and T_{max} (where the maximum occurs) B_H is negative, decreases with increasing temperature and increases (becomes less negative) with increasing molecular weight. At T_{max}, B_H vanishes and is independent of M whereas for $T > T_{max}$, B_H is positive and decreases with M. Finally we should take note of the fact that in any excluded volume theory the absolute value of A_2 decreases with M since the dependence of A_2 on M originates from simultaneous intermolecular contacts which increase in number with increasing molecular weight or in other words, $F(X)$ decreases with increase of M.

Table 3. *Signs of A_2, dA_2/dM, B_H and dB_H/dM in Koyama's theory.*

	A_2	dA_2/dM	$-dA_2/dT = B_H/RT^2$	dB_H/dM	
$T < \theta$	−	+	−	−	
$T = \theta$	0	0	−	0	endothermic
$\theta < T < T_0$	+	−	−	+	
$T = T_0$	+	−	0	0	
$T_0 < T$	+	−	+	−	exothermic

The theory of KOYAMA with a Lennard-Jones potential between segments of solute molecules in a solvent is subject to criticism[1], but it may be that the qualitative predictions of the theory are not very sensitive to the exact shape of the potential curve.

Table 3 gives a survey of these predictions.

---

[1] For instance W. H. STOCKMAYER: Makrom. Chem. 35, 54 (1960).

It is surprising to see how well many of these qualitative predictions are confirmed by the experiments illustrated in Figs. 5 to 7 and also by the other work from Schulz quoted.

1. Generally Schulz finds that near and at the θ point the solution is strongly endothermic. He calls these solutions pseudo-ideal.

2. The absolute magnitude of B or A_2 generally decreases with increasing molecular weight.

3. In the exothermic solution of polystyrene (Fig. 5) B_H decreases slightly with M as it should. However in the exothermic solution of nitrocellulose B_H (Fig. 6) increases slightly with M contrary to expectation.

4. In Fig. 7 we see that above the θ-point B_H increases with M as it should, below the θ-point dB_H/dM should be negative, as it is indeed for higher M-values but not for low M-values. At the θ-point B_H is not completely independent of M, but shows a rising and a declining part. We conclude that the excluded volume theory (model V) in the form presented by Koyama describes the relations between A_2, T and M rather satisfactorily.

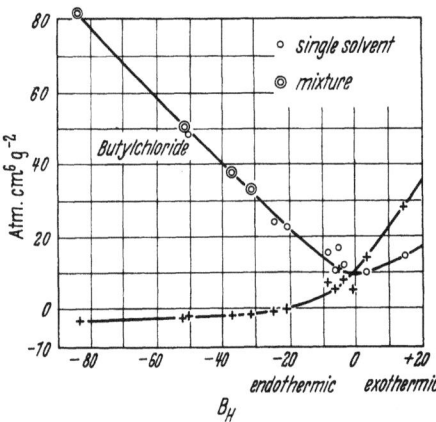

Fig. 9. Relation between B, B_S and B_H for polymethylmethacrylate in various solvents. (G. V. Schulz and A. Münster: Kurzmitteilungen, Wiesbaden, II B 3, 1959.)

Apparently, further progress can be made by introducing in the excluded volume model the same refinements as have been introduced in the lattice model (Sect. 14β), such as accounting for different kinds of segments in one polymer molecule and orientation of these segments.

Already by taking into account the difference between endgroups and chain-elements of the polymer molecule, a slight M-dependence can arise, where it should be absent. Such an account could be made rather easily, for instance by replacing everywhere (in A_2^0 as well as in ψ or z) $n^2\beta$ by

$$n^2\beta \rightarrow (n-2)^2 \beta_{kk} + 4(n-2)\beta_{ek} + 4\beta_{ee} \qquad (16.16)$$

where β_{kk} is the excluded volume of chain-elements for each other, β_{ee} the same of endgroups and β_{ek} the excluded volume of a chain element for an endgroup. An equation like (16.16) can account for some of the discrepancies between Table 3 and the quoted experiments and also for the fact noted by Schulz and Horbach (l. c.) that B_H reverses its sign for polystyrene of molecular weight below 1500 in benzene.

Finally we give one more summarized result of Schulz and Münster (l. c.) in Fig. 9, where B ($=RT A_2$) and B_S ($=B-B_H$) are plotted for polymethylmethacrylate of $M=128000$ or 200000 in various solvents (Schulz and Doll, l. c.). We see from this figure that there is a unique relation between the quantities B, B_H and B_S. In Koyama's picture this may mean that s_0 is approximately independent of the solvent, so the only difference between solvents is the value of φ_0. If this is so, it should be possible to calculate from Koyama's figures relations between A_2 and B_H as a function of φ_0 at one fixed temperature and thus check the general appearance of Fig. 9.

γ) *Relation between A_2 and α.* The most impressive test on excluded volume theories (model V) is that they naturally lead to the prediction of a relation between the second virial coefficient and the swelling parameter α for a given polymer in different solvents and at different temperatures. For in these theories A_2 and α^2 both depend on β and on parameters of the polymer molecule such as n and b. It is assumed, then, that with change of temperature or of the nature of the solvent only β is changed, so changes of A_2 and α^2 should show a unique relation. This expectation is borne out perfectly well by the available experimental material.

Generally the state with $A_2 = 0$, or $T = \theta$ is chosen as the reference state. By definition $\alpha = 1$ under these conditions. The swelling parameter can be measured by light scattering or by viscosity. Since the relation between viscosity and swelling introduces new uncertainties (see Sect. 16δ) we will first consider some results from light scattering measurements. A_2 can also be obtained from light scattering or from osmotic pressure measurements.

Already in 1950 OUTER, CARR and ZIMM[1] showed from extensive measurements on polystyrene of various molecular weights in a great variety of solvents at temperatures ranging from 22 to 67° C that there is, indeed, a unique relation between A_2 and α. More recently this conclusion has been confirmed by SCHULZ and KIRSTE[2] in extensive experimental material on solutions of polymethylmethacrylates in various solvents at various temperatures. We give a summary of their results in Fig. 10.

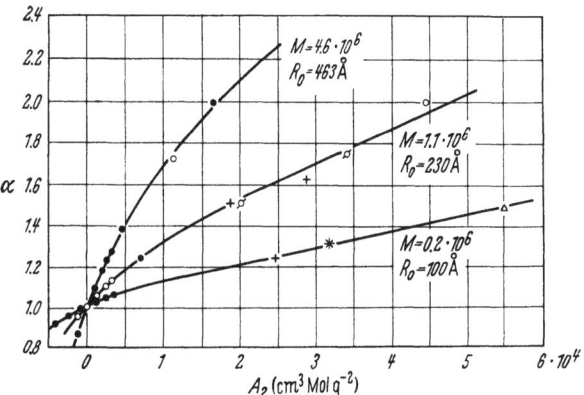

Fig. 10. Relation between swelling parameter α and virial coefficient A_2 for polymethylmethacrylate in various solvents. (G. V. SCHULZ and R. KIRSTE: Kurzmitteilungen, Wiesbaden, II B 4, 1959.)

We see that indeed a unique relation exists between α and A_2 for a polymer of one molecular weight. For higher molecular weights the relation is different, the swelling factor increases stronger with increasing A_2 (or β) than for low molecular weight as could be expected.

SCHULZ and KIRSTE also try to check quantitatively theoretical relations between A_2 and the excluded volume parameter z (or ψ or X) given in Eq. (4.20). This check involves the necessity of calculating quantitatively this parameter which depends on the somewhat vague concept of the effective segment length or the effective equivalent volume of the coil. SCHULZ and KIRSTE calculate z from the value of A_2, taken as A_2^0, [Eq. (13.12)] dividing by ϱ_0^3 as measured from light scattering, ϱ_0 being the radius of gyration at the θ-point. Using Eq. (4.25) for the swelling parameter as it is proposed by FIXMAN

$$\alpha^2 - 1 = \frac{134}{105} z + x z^2, \qquad (16.17)$$

$\alpha^2 - 1$ can be plotted against z and compared with experiment. The result is Fig. 11. It is seen in this figure that for every value of M the first coefficient in (16.17) agrees very well with experiment. The second coefficient, which FIXMAN calculates to be 2.07 is found much lower than FIXMAN's value. It is further

---

[1] P. OUTER, C. I. CARR and B. H. ZIMM: J. Chem. Phys. **18**, 830 (1950).
[2] G. V. SCHULZ and R. KIRSTE: Kurzmitteilungen Symposium Wiesbaden 1959, II, B. 4. G. V. SCHULZ, H. INAGAKI and R. KIRSTE: Z. phys. Chem., N.F. **24**, 390 (1960).

seen to decrease with increasing molecular weight and apparently approaches to zero for large M.

In order to understand this result we remark that z as defined by Schulz

$$z = 2(4\pi)^{-\frac{3}{2}} A_2 M^2/N_0 C_0^3$$

is correct only with $A_2 = A_2^0$ or with $F_A(z) = 1$. Since, however, $A_2 = A_2^0 F_A(z)$, the abscissa of Fig. 11 does not register z but $z F_A(z)$. So Fig. 11 gives the experimental relation between

$$F_\varrho(z) - 1 = b_{1_\varrho} z - b_{2_\varrho} z^2 \ldots \tag{4.25}$$

and

$$z F_A(z) = z - c_2 z^2 + c_3 z^3 \ldots \tag{13.19}$$

We have in (4.25) added subscripts ϱ instead of L to indicate that the relation is applied to the radius of gyration ϱ and not to the end to end distance L, which affects the coefficients b slightly. Fig. 11, then, shows the following facts.

1. The coefficient b_{1_ϱ} is shown to have the value of $\frac{134}{105}$ as required by theory.

2. For high values of M the ratio between $F_\varrho(z)$ and $z F_A(z)$ becomes constant. This means that in that case

$$F_\varrho(z) = b_1 z F_A(z) \tag{16.18}$$

which leads to the following relations between the coefficients in (4.25) and (13.19)

$$b_2 = b_1 c_2$$

$$b_3 = b_1 c_3 \text{ etc.}$$

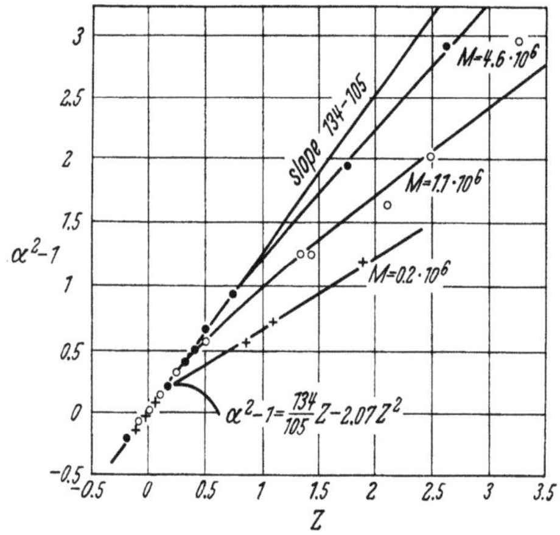

Fig. 11. Relation between swelling parameter α and excluded volume parameter z for polymethylmethacrylate (G. V. Schulz and R. Kirste).

or

$$b_2 : b_3 : b_4 \ldots \cdots = c_2 : c_3 : c_4.$$

This can be understood physically by considering that the coefficients b_i and c_i are proportional to the probability of i contacts in the molecule, b_i in the single molecule and c_i in the double molecule that is formed if two molecules have one pair of contacting segments. It is very plausible that in large molecules the ratio of these probabilities becomes constant.

The experimental proof that a relation exists between A_2 and α is a strong argument in favour of excluded volume theories (model V), as is also the dependence of A_2 or M. In both respects lattice theories (models I and II) have nothing to offer.

δ) Viscosity and sedimentation. Strictly speaking a treatment of viscosity has no place in this contribution on the thermodynamics of polymers since viscosity is no thermodynamical property. Since, however, measurement of viscosity is often used to check thermodynamical theories, our survey should be incomplete without a short discussion of this property and of the conclusions which can be drawn from experiments of viscosity.

From the very beginning of polymer science measurement of viscosity has been used to characterize polymers. Indeed the strong increase in viscosity caused by rather small concentrations of polymer is one of the most striking properties of polymers.

In order to obtain information on separate molecules from viscosity measurements, the measurements have to be performed on dilute solutions and the results have to be extrapolated to infinite dilution. Since the *increase* in viscosity due to dissolution of a polymer to a concentration c may be expected to be proportional to c and to the viscosity η_0 of the pure solvent, one is used to determine

$$[\eta] = \lim_{c \to 0} \frac{\eta - \eta_0}{\eta_0 c} \qquad (16.19)$$

where η is the measured viscosity of the solution of concentration c and $[\eta]$ is called the limiting viscosity number or (erroneously) the intrinsic viscosity[1].

Because of its simplicity measurement of $[\eta]$ is very frequently used for the characterization of polymers. The quantitative theoretical interpretation of the results of such measurements is, however, not very simple as we will show.

Another experimental method of which the theoretical treatment is related to that of $[\eta]$ is the measurement of the sedimentation constant s in an ultracentrifuge. This constant is defined by

$$v(x)/\omega^2 x = s \qquad (16.20)$$

with $v(x)$ the rate of sedimentation at the distance x from the axis of rotation and ω the angular velocity of the centrifuge. The constant s is related to the frictional constant f of the molecule by the equation

$$s = m(1 - v_{\rm sp}\varrho)/f \qquad (16.21)$$

where m is the mass of the molecule, $v_{\rm sp}$ its specific volume and ϱ the density of the solvent.

The theoretical problem with which we are confronted is to give a theoretical interpretation of experimental values of $[\eta]$ or s of polymers of different molecular weight or in different solvents. In view of our present concepts of the properties of polymer molecules this involves an attempt to correlate $[\eta]$ or s with properties of segments of these molecules and with the geometrical configuration of these segments in the molecule. The primary problem which should be solved then is to estimate the effect of hydrodynamic interactions between the segments. As the segments are of molecular dimensions and pass through very many configurations an exact solution of this problem is impossible. One is forced to make some drastic assumptions at the same time averaging over all possible configurations of the polymer molecule.

Two models can be proposed to cover two extreme cases: the model of the free draining coil and the model of the impermeable equivalent sphere.

a) The free draining coil. In the free draining coil model the assumption is made that the hydrodynamic interaction between segments is negligible. This assumption leads to simple expressions for $[\eta]$ and s.

If there is no hydrodynamic interaction between the segments the total frictional force exerted on a molecule moving with uniform velocity is equal to the sum of the forces on the individual segments. Therefore f is proportional to n and thus to the molecular weight and, by virtue of (16.21), s is independent of M and also of the shape of the molecule.

From consideration of the forces acting on a molecule in a field of flow with the components $u_x = qy$, $u_y = 0$, $v_z = 0$ one finds[2] that the molecule will rotate

---
[1] Report on Nomenclature in the Field of Macromolecules. J. Polymer Sci. **8**, 257 (1952).
[2] M.L. Huggins: J. Phys. Chem. **42**, 911 (1938); **43**, 439 (1939). — J.J. Hermans: Physica, Haag **10**, 777 (1943). — H.A. Kramers: J. Chem. Phys. **14**, 415 (1946). — P. Debye: J. Chem. Phys. **14**, 636 (1946).

with an angular velocity $\tfrac{1}{2}q$ around its centre of gravity which assumes the local velocity of the liquid. Under these conditions the segment i has a relative velocity with respect to the surrounding liquid equal to

$$v_{\rm rel} = \tfrac{1}{2} q\, s_i \tag{16.22}$$

where s_i is the distance of segment i to the centre of mass. This relative velocity gives rise to a frictional force f_i, equal to

$$f_i = \zeta\, v_{\rm rel} = \tfrac{1}{2} q \zeta\, s_i \tag{16.23}$$

where ζ is the frictional constant per segment, so the energy dissipated in unit time by segment i is

$$v_{\rm rel} f_i = \tfrac{1}{4} q^2 \zeta\, s_i^2$$

and the total energy dissipation caused by the presence of the molecule is

$$W = \tfrac{1}{4} q^2 \zeta \sum s_i^2 = \tfrac{1}{4} n q^2 \zeta\, \varrho^2. \tag{16.24}$$

The total energy dissipation per cm³ of liquid is thus if N is the number of polymer molecules per cm³:

$$\eta\, q^2 = \eta_0\, q^2 + \tfrac{1}{4} \zeta\, \varrho^2\, n\, N\, q^2$$

or introducing $c = 100\, NM$ the weight concentration of polymer in g/100 cm³ or

$$\eta - \eta_0/\eta_0\, c = \zeta\, \varrho^2\, n/400\eta_0\, M = \zeta\, \varrho^2/400\eta_0\, M_0 \tag{16.25}$$

with M_0 the weight of a segment.

From (16.25) it follows that in the free draining coil model $[\eta]$ depends on molecular weight and on the shape of the molecule through ϱ^2. At the θ-point ϱ^2 is proportional to M, so $[\eta]$ is proportional to M. At any other temperature $[\eta]$ is also proportional to α^2, the square of the swelling factor.

b) *The impermeable equivalent sphere.* The other extreme model rests on the assumption that the hydrodynamic interaction between the segments is so strong that the molecule affects the flow like a sphere impermeable to hydrodynamic flow. If we write $R_{\rm eff}$ for the effective radius of this sphere, s and $[\eta]$ can be expressed in $R_{\rm eff}$ and the problem of calculating s and $[\eta]$ is reduced to that of calculating $R_{\rm eff}$.

For the frictional constant f we can write with STOKES

$$f = 6\pi \eta_0 R_{\rm eff} \tag{16.26}$$

and for the limiting viscosity number, with EINSTEIN

$$(\eta - \eta_0)/\eta_0 = 2.5\, N\, V_{\rm eff}$$

with $V_{\rm eff} = \tfrac{4}{3} \pi R_{\rm eff}^3$ or

$$[\eta] = 0.025\, V_{\rm eff}/M. \tag{16.27}$$

If we make the additional assumption that $R_{\rm eff}$ is proportional to the radius of gyration ϱ then $R_{\rm eff}$ is proportional to the square root of M and $V_{\rm eff}$ to $M^{\frac{3}{2}}$. So in this model f, s and $[\eta]$ will be proportional to $M^{\frac{1}{2}}$.

Experimentally one finds a dependence of $[\eta]$ on M which is described by the relation[1,2]

$$[\eta] = K M^\nu \tag{16.28}$$

with ν varying between 0.5 and 0.8.

c) *The model of the partially permeable coil.* Two different models have been proposed to account for partial permeability of the coil, one being the model of

---
[1] W. KUHN: Kolloid-Z. **68**, 2 (1934).
[2] R. HOUWINK: J. prakt. Chem. **157**, 15 (1940).

the porous sphere, the other of the pearl string coil with hydrodynamic interaction between the beads. The former has been developed independently by BRINKMAN[1] and by DEBYE and BUECHE[2], the latter originates from KIRKWOOD and RISEMAN[3].

Since an exact evaluation of the hydrodynamic interaction between segments of a coil in a flowing solvent is impossible the models have to take recourse to an adjustable parameter which is a measure of the interaction. This parameter is proportional to ζ/η_0, which has the dimension of a length, to ϱ^{-1} the reciprocal radius of gyration of the coil and to n, the number of beads. This parameter suffers of the same weakness as the parameter z or ψ describing the thermodynamic interaction in that it cannot be measured independently and, being derived from the concept of the coil of segments, cannot be defined rigorously at all. The main function of these models is, therefore, that they give some guidance in the selection and interpretation of experiments that can be made.

In order to derive from measurement of viscosity new information on polymers instead of new unsolved problems, some assumption must be made on the order of magnitude of the relevant quantities appearing in the models. This has been done by FLORY and FOX[4]. They assume that most polymer molecules are so densely coiled that the coil can be considered as impermeable. Thus the intrinsic viscosity of a polymer in solution depends only on the volume occupied by the coil. This volume is proportional to ϱ^3 or to $(\overline{R^2})^{\frac{3}{2}}$. They arrive at an equation for the intrinsic viscosity

$$[\eta] = \Phi(\overline{R^2})^{\frac{3}{2}}/M = 6^{\frac{3}{2}} \Phi \varrho_0^3 \alpha^3/M \qquad (16.29)$$

where $\overline{R^2}$ is the average square end to end distance, ϱ_0 the radius of gyration at the θ-point, M the molecular weight and Φ a universal constant which should have the same value for all polymers in all solvents at all temperatures.

If (16.29) holds rigorously viscosity measurements can be used for the determination of coil dimensions. Since measurement of viscosity is considerably simpler than measurement of light scattering, it can be understood that this method has been used frequently to determine molecular dimensions, in particular the swelling factor α which we have seen to be related to the thermodynamical interaction between solvent and polymer.

However, it has been shown experimentally as well as theoretically that, although Eq. (16.29) describes the effects of molecular weight and solvent on viscosity qualitatively surprisingly well, quantitatively it gives only an approximation to reality.

The most promising way to check Eq. (16.29) is by comparing the results of measurements of viscosity with those of light scattering. The theory of light scattering being sufficiently well founded to consider dimensions derived from light scattering measurement as essentially correct. Comparative measurements of light scattering and viscosity have been performed by various authors[5], notably by KRIGBAUM and CARPENTER[6] and by SCHULZ and KIRSTE[7].

---

[1] H.C. BRINKMAN: Physica, Haag **13**, 447 (1947). — Appl. Sci. Res. A **1**, 27 (1947).
[2] P. DEBYE and A.M. BUECHE: J. Chem. Phys. **16**, 573 (1948).
[3] KIRKWOOD and RISEMAN: J. Chem. Phys. **16**, 565 (1948).
[4] T.G. FOX and P.J. FLORY: J. Phys. Chem. **53**, 197 (1949). — J. Polymer Sci. **5**, 745 (1950). — J. Amer. Chem. Soc. **73**, 1904, 1909, 1915 (1951). A more detailed account of the steps involved in the derivation of (79) is given by FLORY in his book "Principles of Polymer Chemistry". New York 1953, Chap. XIV.
[5] C.P. THURMOND and B.H. ZIMM: J. Polymer Sci. **8**, 477 (1952).
[6] W.R. KRIGBAUM and D.K. CARPENTER: J. Phys. Chem. **59**, 1166 (1955).
[7] G.V. SCHULZ and R. KIRSTE: Kurzmitteilungen Symposium Wiesbaden 1959, II, B. 4.

KRIGBAUM and CARPENTER summarize a number of experiments, including their own to show that Φ is not strictly constant but varies from 2.8×10^{21} in bad solvents to 1.8×10^{21} in good solvents as had been found before by THURMOND and ZIMM. They further show from a plot of log ϱ^2 versus log $[\eta]$ for polystyrene in cyclohexane that $[\eta]$ is not proportional to α^3 (α being the swelling factor) as is required by Eq. (16.29) but to a smaller power of α around 2.2. This is in complete confirmity with measurements of SCHULZ and KIRSTE who find for polymethylmethacrylate in various solvents the power 2.4.

The most complete theoretical treatment on the basis of the excluded volume model and the Kirkwood-Riseman theory for viscosity has been given by KURATA, YAMAKAWA and UTIYAMA[1]. They show that the swelling factor α is different for different distances in the molecule. The distance of end segments to the centre of mass increases more rapidly with increasing z (or ψ or X), than that of middle segments. This fact already involves the questionability of using the swelling factor for the radius of gyration, as found from light scattering, for the calculation of the viscosity with Eq. (16.29). In fact, assuming, like FLORY, impermeability of the coil and restricting themselves to the double contact approximation KURATA and his coworkers find for $[\eta]$:

$$[\eta] = \text{const} \frac{\varrho_0^3}{M} (1 + 1.55 z \ldots) \qquad (16.30)$$

whereas

$$\alpha^3 = \frac{\varrho^3}{\varrho_0^3} = 1 + 1.91 z \ldots . \qquad (16.31)$$

This means, that the hydrodynamic radius increases less rapidly with z than the radius of gyration. For the dependence of $[\eta]$ on α, they find a power of α in between 2.43 and 2.73 depending on the averaging of the Kirkwood-Riseman parameter in the expanded coil. This is in agreement with the experiments quoted above. KURATA and coworkers also find that Φ should depend on z or on α in the way as has been found by KRIGBAUM and CARPENTER.

We conclude that the restricted validity of (16.29) has been fairly well established theoretically and experimentally and that a more accurate expression will show (a) a slight decrease of Φ with increase of z and (b) a power of α smaller than 3 and dependent on the stiffness of the chain.

In view of our insufficient exact knowledge of the hydrodynamical interaction we consider results of viscosity measurements unsuitable to check theories about the thermodynamical interaction. STOCKMAYER has collected a number of data to check whether a universal relation between A_2 and α as calculated from viscosity measurements with (16.29) could be established. His figure is certainly much less convincing than the data from OUTER, CARR and ZIMM and from SCHULZ (see Fig. 10) quoted above (Sect. 16γ), referring to α-values from light scattering. We consider the latter data as the most convincing proof of the essential correctness of the basic ideas underlying the excluded volume theory (model V).

17. PRIGOGINE'S theory of corresponding states. The theoretical considerations presented in the foregoing sections are aimed at a description of the macroscopic thermodynamical behaviour in terms of molecular properties. As we have seen, this aim is far from being reached. For the molecular quantities entering into the ultimate description such as n, the number of segments, b, the length of a segment and β the excluded volume of a segment, have been adjusted to experimental

---

[1] M. KURATA, H. YAMAKAWA and H. UTIYAMA: Makromol. Chem. **34**, 139 (1959). — M. KURATA and H. YAMAKAWA: J. Chem. Phys. **29**, 311 (1958).

results to such an extent that they have more the nature of parameters describing certain experiments than of real molecular quantities. Their most important relation with molecular quantities is that their variation with molecular weight, temperature and concentration is of the same nature as that of the real molecular quantities for which they stand.

The main reason why these theoretical considerations are successful in explaining relations between experimental results is that for the calculation of the change of free energy and particular of the change of entropy the total number of configurations of the molecules is unimportant, because only the relative decrease or increase of this number counts.

In view of the fact that a description of liquids, starting from first principles, does not exist and has little chance to come into existence in the near future, it appears rather hopeless to obtain a more fundamental insight in polymer solutions than the one afforded by the description with semi-physical, adaptable parameters presented above.

Yet, although a complete fundamental theory of the liquid state is still lacking, considerable progress has been made in a way which may prove fruitful also for solutions of polymers.

One way, along which considerable progress has been made in the theory of liquids composed of simple molecules, is by the introduction of the theorem of corresponding states. The equation of state of substances obeying this theorem is identical if p, v and T are expressed in reduced variables

$$\tilde{p} = \frac{p}{p^*}, \quad \tilde{v} = \frac{v}{v^*} \quad \text{and} \quad \tilde{T} = \frac{T}{T^*}, \tag{17.1}$$

where p^*, v^* and T^* are standard quantities characteristic of the substance concerned. The theorem of corresponding states can be understood from the assumption that the equation for the force of interaction between molecules becomes identical for many simple molecules, if energies are expressed in the value of the maximum interaction energy and if distances are expressed in the distance at which maximum interaction occurs. In fact often used definitions of p^*, v^*, and T^* are

$$p^* = \frac{\varepsilon^*}{r^{*3}}, \quad v^* = r^{*3} \quad \text{and} \quad T^* = \frac{\varepsilon^*}{k}, \tag{17.2}$$

where ε^* is the depth of the molecular interaction potential at its minimum and r^* is the intramolecular distance at that minimum.

The consequences of this theorem have been extensively treated by HIRSCHFELDER, CURTISS and BIRD[1] and particularly by PRIGOGINE[2], and they will be considered elsewhere in this encyclopaedia.

Here we will consider only an extension of the theorem proposed by PRIGOGINE (l. c. Chap. XVI and XVII) so as to make it applicable to polymer solutions. Although the theory of PRIGOGINE is not developed sufficiently to allow a detailed experimental check, its importance stems from the fact that it shows which quantities are probably most suitable for use in a description of polymer solutions which is thermodynamically more exact than theories available at present.

PRIGOGINE uses for the description of solutions of large molecules a cell model. The cell model is somewhat less restrictive than the lattice model in that it does not exclude or ignore change of volume on mixing. Every cell is thought to be surrounded by z neighbours. The large molecules are assumed to consist of r units

---

[1] J.O. HIRSCHFELDER, C.F. CURTISS and R.B. BIRD: The Molecular Theory of Gases and Liquids. New York 1954.
[2] I. PRIGOGINE: The Molecular Theory of Solutions. Amsterdam 1957.

of which each occupies one cell and the substance is called an r-mer. Owing to the connections between the units, the total molecule interacts not with rz but with qz neighbouring cells, qz being defined by Eq. (6.1),

$$qz = rz - 2z + r.$$

Accordingly the total energy can be written

$$E_0 = N q \varepsilon^* E^*(\tilde{v}) \tag{17.3}$$

where $E^*(\tilde{v})$ is a dimensionless quantity depending on the shape of the curve for the interaction potential. With the 6-12-potential of LENNARD-JONES $E^*(\tilde{v})$ assumes the form

$$E^*(\tilde{v}) \approx \left[\left(\frac{C}{\tilde{v}}\right)^4 - \left(\frac{D}{\tilde{v}}\right)^2\right],$$

where C and D depend on the arrangement of the cells. The configurational partition function $Q(N)$ of the entire system is found as a product of the combinatorial factor g (Sect. 7) the cell partition function ψ to the power c and the factor $\exp(-E_0/kT)$, where c is the number of degrees of freedom treated in Sect. 5. Thus

$$Q = g \psi^{3cN} \exp[-E_0/kT]. \tag{17.4}$$

Assuming then, that ψ is of the form

$$\psi = f_1\left(\frac{kT}{\varepsilon^*}\right) f_2(\tilde{v}) \tag{17.5}$$

for which reasonable arguments can be brought forward, Q can be calculated and from the result p can be obtained. It appears that, after introducing the reduced temperature

$$\tilde{T} = \frac{ckT}{q\varepsilon^*} \tag{17.6}$$

and the reduced pressure and volume of (17.2) PRIGOGINE finds for the equation of state

$$\tilde{p} = \tilde{p}(\tilde{v}, \tilde{T}) \tag{17.7}$$

where $\tilde{p}(\tilde{v}, \tilde{T})$ is a universal function of $\tilde{v}$ and $\tilde{T}$ independent of the particular type of polymer. Eq. (17.7) expresses the theorem of corresponding states for r-mers.

In his book (l. c., Chap. XVI) PRIGOGINE demonstrates the validity of this theorem on the experimental volumes of a large number of hydrocarbons, ranging from C_2 to C_{64}. He also shows (Chap. XVII), that besides specific interactions parameters between solvent and polymer, the thermodynamic properties of a polymer solution are strongly dependent on the ratio c/q of the polymer molecule.

GUGGENHEIM[1] has remarked that the relative vapour pressure of solutions of polystyrene in a number of rather widely differing solvents can be represented by a universal curve, which differs markedly from the curve represented by the Flory and Huggins-Guggenheim theories for athermal mixtures. It appears that the discrepancy cannot be attributed to the effect of the heat of mixing. PRIGOGINE shows that the curve is obtained by assuming $c/q = 0.425$ for the polymer and zero heat of mixing.

PRIGOGINE's theory has certainly some shortcomings and is subject to restrictions. The fact that it is based upon the cell model does not appear to involve

---

[1] E.A. GUGGENHEIM: Mixtures, Chap. XII. Oxford 1952.

much uncertainty. However, the discrimination between external and internal degrees of freedom (see Sect. 5) appears somewhat artifical, particularly in cases of heavily coiled molecules. Even more serious is the restriction to "open molecules" which is the consequence of the use of Eq. (6.1) for q. Open molecules are molecules without intra-molecular contacts whereas it is exactly the formation of intramolecular contacts which is of primary importance for our understanding of the experimental relation between A_2 and α and between A_2 and M.

Yet, some features of PRIGOGINE's theory make it appear very promising as a starting point for further investigations. In the foregoing sections the stiffness of the chain molecules has been described by transforming a physical quantity, the real segment length, into an adaptable parameter b, and the number of segments into the adaptable parameter n. This procedure is appropriate in calculations of average dimensions of the coil. But in thermodynamical considerations, where the number of configurations is of primary importance, the quantity c, the number of degrees of freedom, is certainly a more reliable quantity for use as a starting point. Also, by the simultaneous use of c and q the confusion between segments and occupants of a lattice site, which is inherent in some of the other theories, disappears in a quite logical way.

In concluding it should be remarked, that the theory of KOYAMA and the experimental findings of SCHULZ about a universal relation between B and B_H (see Sect. 16β, Fig. 9) may possibly serve as the connecting link between the theories of Sects. 12 to 16 and PRIGOGINE's theory of corresponding states.

V. Phase equilibria.

18. Introduction. The thermodynamical treatments of polymer solutions presented in the foregoing chapter lead to expressions for the free energy of mixing containing at least one parameter which is supposed to be a constant for a given series of homologous polymers in a given solvent. In fact, this parameter, χ in the lattice models I to III (see Sect. 15) and β in the excluded volume models IV and V, describes the interactions between individual segments and the solvent and in first approximation it is independent of the concentration and of the molecular weight of the solvent.

It can easily be shown that for values of χ exceeding a critical value somewhat larger than $\frac{1}{2}$ or for values of $\frac{1}{2} - \chi$ or of β below a certain critical value <0, the expressions for the thermodynamical potentials as functions of the concentration yield a point of inflection between a maximum and a minimum. This means that with these values of χ or β the solution will show a miscibility gap between certain critical concentrations. Since $\frac{1}{2} - \chi$ is an increasing function of the temperature, which can be written [cf. Eq. (15.1)]

$$\tfrac{1}{2} - \chi = \psi_1(1 - \theta/T)$$

in many polymer solutions phase separation can be provoked by decreasing the temperature.

In the following we will confine our considerations to the simplest model I which is equivalent with model IV. Refinements due to short range segment interactions as accounted for in models II and III or to long range interactions as accounted for in model V will not be taken into consideration. It is expected that such refinements, while affecting some of the quantitative relations derived from the theory, will have no effect on the qualitative picture of the phase relationships. Also, the main feature which makes model V preferable to the other models is that it is the only model which takes account of the large fluctuations in segment density in a dilute solution. However, in a polymer solution showing phase separation, at least one of the phases is usually not very dilute in polymer, so also for this reason an exact theory lacking, the mathematically simple model I is most generally used to describe phase relations.

19. Binary systems. The description starts from the basic equation (14.3) for the thermodynamical potential of the solvent

$$\Delta \mu_0/RT = \ln \varphi_0 + \left(1 - \frac{1}{r}\right)\varphi_p + \chi \varphi_p^2.$$

Differentiating this equation with respect to φ_0 and equating to zero gives an equation for the concentrations of the systems with maximum and minimum thermodynamical potential. For one particular value of χ, the critical value χ_c, these two points coincide in an inflection point. This point, and the value of χ_c can be found by differentiating a second time with respect to φ_0 and equating to zero. Thus we find for χ_c and for φ_c, the concentration of polymer at the critical point of phase separation

$$\chi_c = \tfrac{1}{2}(1 + r^{-\frac{1}{2}})^2 \qquad (19.1)$$

and

$$\varphi_c = 1/(1 + r^{\frac{1}{2}}) \qquad (19.2)$$

where r is the ratio of the molar volumes of polymer and solvent. If r is large χ_c is very near to $\tfrac{1}{2}$, approaching the value of $\tfrac{1}{2}$ asymptotically for increasing r or increasing molecular weight. Also, with increasing molecular weight φ_c the volume fraction of polymer at the critical point decreases nearly proportional with $r^{-\frac{1}{2}}$.

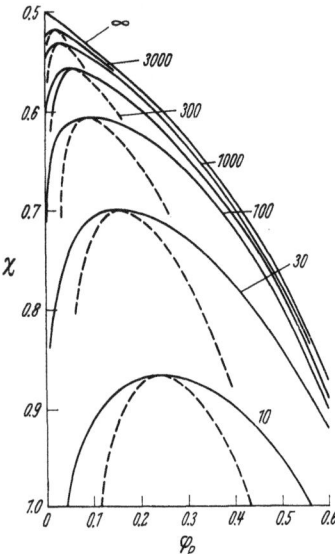

Fig. 12. Phase diagrams of χ versus φ_p for solutions of homogeneous polymers of r-values as indicated. Dashed lines, limits of unstable regions (H. TOMPA: Polymer Solutions, p. 180, London 1956).

The composition of coexisting phases for χ-values larger than χ_c can be calculated from the requirement that the thermodynamical potentials of the components must be equal in the two phases. Generally these equations have to be solved numerically. For systems where both phases are dilute in polymer, thus not too far from the critical point, FLORY[1] has given approximate equations for the concentrations of both phases. TOMPA[2] has constructed a graph which illustrates the phase compositions at various values of χ and r. It is seen from this graph (Fig. 12) that generally the phase diagrams are very asymmetric both phases being dilute in polymer except for systems far below the critical point.

Experimentally the theoretical relations are confirmed qualitatively. The polymer concentrations in the critical point are generally found to be larger than the theoretical values and the concentrations of coexisting phases are found to differ more than predicted by theory. On the other hand, one can derive from (19.1) a relation between the critical temperature and the molecular weight which is well confirmed by experiment. Writing χ_c in accordance with (15.1)

$$\tfrac{1}{2} - \chi_c = \psi_1(1 - \theta/T_c)$$

---

[1] P. J. FLORY: J. Chem. Phys. **12**, 425 (1944); also P. J. FLORY: Principles of Polymer Chemistry, Sect. XIII, 1. New York 1953.
[2] H. TOMPA: Polymer Solutions. London 1956.

and, introducing this into (19.1), we find

$$\psi_1(1 - \theta/T_c) = r^{-\frac{1}{2}} + (2r)^{-1}. \tag{19.3}$$

So by plotting $1/T_c$ versus the right-hand side of (19.3) a straight line is expected and has been found indeed by SCHULTZ and FLORY[1] for polystyrene in cyclohexane and for poly-isobutylene in di-iso butylketone.

It follows from (19.3) that the θ-temperature is the critical temperature for immiscibility of a polymer of infinite molecular weight. Accordingly θ can be found by extrapolating the curves representing (19.3) towards $r^{-1} \to 0$. As we know θ is also defined as the temperature at which the second virial coefficient in the expression for the osmotic pressure vanishes.

TOMPA has tried to explain the discrepancy between the experimental and theoretical concentrations by assuming χ to be concentration dependent (see Sect. 17β, b). He shows that by introducing one additional parameter better agreement with experiment can be obtained. However, a theoretical interpretation of the concentration dependence of χ is still lacking.

SHULTZ and FLORY[2] have confirmed the shift towards higher concentrations and the broadening of the coexistence curves for a large number of polymer-solvent systems. They point out that the effect of broadening has also been found for solutions of small molecules and is no particular feature of polymer solutions. Another discrepancy between theory and experiment has been noted by SHULTZ. Whereas the values of θ derived from osmotic measurements and from determinations of phase separation agree rather well, the values of ψ_1, the entropy parameter differ appreciably.

Summarizing we have seen that for binary systems qualitative agreement between theory and experiment is obtained whereas the theory is insufficiently accurate to give quantitative agreement.

20. Ternary systems. Ternary systems containing polymers may be of different kinds, each kind being of practical interest. These systems imply systems with one polymer and two solvents, systems with two homologous polymers and one solvent and systems with two different polymers and one solvent.

In view of the lack of quantitative agreement between experimental results and the theory of FLORY (model I) for binary systems, it cannot be expected that the agreement will be better for ternary systems. However, as the mathematical difficulties involved in developing any of the other models have not been solved so far, we will throughout base our treatment on the Flory-approximation.

We will first present some general considerations on ternary systems and, after that, treat some special cases. In doing so we follow TOMPA[3] to whom we refer for more elaborated considerations.

α) *General considerations.* In FLORY's approximation the free energy of a system of a mixture of several components i, with molecular volumes r_i and with interaction parameters χ_{ij} between components i and j is

$$\Delta G/RT = \left[\sum_i \varphi_i/M_i \ln \varphi_i + \sum_i \sum_j \chi_{ij} \varphi_i \varphi_j\right] \sum r_i n_i \tag{20.1}$$

where φ_i is as usual the volume fraction

$$\varphi_i = r_i n_i / \sum_i r_i n_i. \tag{20.2}$$

---
[1] A.R. SHULTZ and P.J. FLORY: J. Amer. Chem. Soc. **74**, 4760 (1952).
[2] A.R. SHULTZ and P.J. FLORY: J. Amer. Chem. Soc. **75**, 3888 (1953).
[3] H. TOMPA: Polymer Solutions, Chap. VII. London 1956.

From (20.2) the molecular potentials can be obtained by differentiation with respect to n_i. For three components this yields

$$\Delta\mu_1/RT = \ln \varphi_1 + (1 - r_1/r_2)\varphi_2 + (1 - r_1/r_3)\varphi_3 + \\ + r_1\{\chi_1(\varphi_2 + \varphi_3)^2 + \chi_2\varphi_2^2 + \chi_3\varphi_3^2\}$$ (20.3)

where

$$2\chi_1 = \chi_{12} + \chi_{13} - \chi_{23}.$$ (20.4)

$\Delta\mu_2$ and $\Delta\mu_3$ can be obtained by appropriate change of the suffixes.

In order to calculate the composition of coexisting phases, one has to put $\Delta\mu$-values of each component equal in both phases, which gives 3 equations to determine 4 concentrations two in either phase. The corresponding concentrations can be calculated from these equations only by numerical computations.

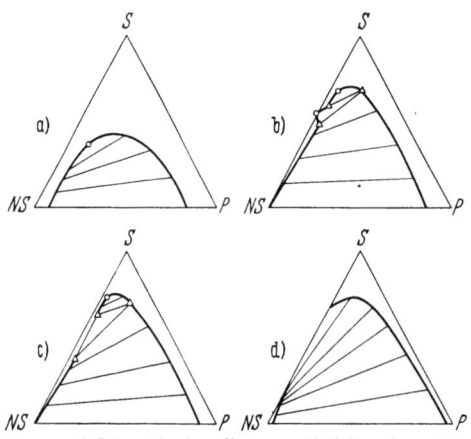

Fig. 13 a—d. Schematic phase diagrams with tie lines for system of non-solvent, solvent and polymer with increasing values of χ. ○ critical points, △ corners of 3-phase regions (H. TOMPA: Polymer Solutions, p. 189. London 1956).

TOMPA (l. c. and [1]) has shown how to calculate the spinodials. In the critical point the binodials[2] and spinodials coincide and at this point also the third derivative of the thermodynamical potential with respect to concentration vanishes. These conditions can be used to calculate critical points. As the mathematics of these calculations is still laborious, it may be convenient to introduce a further simplification by assuming that the value of r for the polymer component approaches infinity.

β) *Ternary systems with one polymer component.* We call the two liquid components 1 and 2 respectively and the polymer component 3. If the components differ with respect to the interaction constant with the polymer the better solvent is taken to be component 2. Component 1 may be a non-solvent and it is also possible that both components are non-solvents while the polymer is soluble in their mixture. Throughout we put $r_1 = r_2 = 1$, $r_3 = r$.

The simplest case considered by TOMPA is that in which the interaction forces of component 2 are very similar to those of polymer segments. This means, that

$$\chi_{23} = 0, \quad \chi_{12} = \chi_{13} = \chi.$$ (20.5)

For $\chi < \tfrac{1}{2}(1 + r^{-\frac{1}{2}})^2$ the polymer is soluble in mixtures of all compositions.

For $\tfrac{1}{2}(1 + r^{-\frac{1}{2}})^2 < \chi < 2$ there is a miscibility gap in mixtures rich in components 1 and 3 (see Fig. 13a). For $\chi = 2$ demixing between components 1 and 2 occurs as is shown in Fig. 13b. For higher values of χ one finds Fig. 13d, showing a con-

---
[1] H. TOMPA: J. Chem. Phys. **17**, 1006 (1949).
[2] Binodials are the locus of the concentrations of coexisting phases. In the phase diagram the binodials represent the boundary between stable and metastable phases. Spinodials are the locus of the concentrations with maxima and minima in the thermodynamic potentials. In the phase diagram spinodials represent the boundary between metastable and absolutely unstable phases. For a general discussion of phase relations the reader is referred to TOMPA (l. c.) who bases his treatment on the "Lehrbuch der Thermostatik" by VAN DER WAALS and KOHNSTAMM.

tinuous range of solutions of polymers in component 2 all showing miscibility with mixtures rich in component 1.

Tompa has further shown, that for sufficiently high value of r ($r > 15.65$) a three-phase region will occur as indicated by the triangles in Figs. 13b and c. The appearance of this region depends in a rather subtle way on the Flory approximation (model I).

The schematic representations of Fig. 13 also indicate some general features of solutions of a polymer in a binary liquid mixture. One is that the polymer poor phase is generally very dilute in polymer, as has been shown to be the case with polymer in a single liquid.

The other feature follows from consideration of the tie lines (straight lines connecting corresponding concentrations) as drawn in the figures. They show that the 1–2-ratio in the two phases is generally very different with the polymer rich phase containing proportionally much more of component 2 than the polymer poor phase. As a result of this property of solutions of polymers in binary liquids an approximation of Scott[1], called the "single-liquid approximation" gives a poor representation of the real conditions. In this approximation Scott assumes that the binary liquid behaves with respect to the polymer as a single liquid component with appropriate value of χ. Tompa (l. c.) shows that the results obtained by this approximation are rather far removed from those of an exact solution of the Flory equation for the thermodynamic potential. Still less satisfactory is another approximation of Scott in which components 1 and 3 are considered absolutely incompatible with each other.

The most useful approximation of Scott is the one in which r is assumed to be infinite. In this case the characteristic quantity describing phase relationships is

$$Q = (\chi_{12}^{\frac{1}{2}} + \chi_{13}^{\frac{1}{2}} + \chi_{23}^{\frac{1}{2}})(-\chi_{12}^{\frac{1}{2}} + \chi_{13}^{\frac{1}{2}} + \chi_{23}^{\frac{1}{2}})(\chi_{12}^{\frac{1}{2}} - \chi_{13}^{\frac{1}{2}} + \chi_{23}^{\frac{1}{2}})(\chi_{12}^{\frac{1}{2}} + \chi_{13}^{\frac{1}{2}} - \chi_{23}^{\frac{1}{2}}). \quad (20.6)$$

Various cases can be considered.

a) $\chi_{13} < \frac{1}{2}$, $\chi_{23} < \frac{1}{2}$, both liquid components are solvents to the polymer. For $\chi_{12} < 2$ miscibility occurs in all proportions, for $\chi_{12} > 2$ there is immiscibility between components 1 and 2, represented by a gap situated on the 1–2 axis. The immiscibility gap can be enlarged by addition of polymer and relations between χ_{12}, χ_{12} and χ_{23} can be such that, with finite r-value, an immiscibility gap occurs even with $\chi_{12} < 2$. This means that a polymer soluble in two liquids which are mutually completely miscible may give rise to a miscibility gap in the three component system.

b) $\chi_{13} > \frac{1}{2}$, $\chi_{23} < \frac{1}{2}$, one liquid component is a non-solvent for the polymer with infinite r, the other one is a solvent. With $\chi_{12} < 2$ these are the systems represented schematically in Fig. 13. For $r \to \infty$ the left part of the binodial coincides with the 1–2-axis, or in other words the dilute phase contains no polymer at all. With $\chi_{12} > 2$ there is also immiscibility between components 1 and 2 and a three phase region may occur.

c) $\chi_{13} > \frac{1}{2}$, $\chi_{23} > \frac{1}{2}$ both liquid components are non-solvents for the polymer with r infinite. This case has also been considered by Scott (l. c.). In case Q is positive and

$$2 > \chi_{12} > \chi_{13} + \chi_{23} - 1 + (2\chi_{13} - 1)^{\frac{1}{2}} (2\chi_{23} - 1)^{\frac{1}{2}} \quad (20.7)$$

there are two-phase regions each with a critical point, one with high concentrations of component 1, the other of component 2. Between the two phase regions there is a range of concentrations of the liquids with which polymer is miscible in all

---
[1] R.L. Scott: J. Chem. Phys. **17**, 268 (1949).

proportions although the polymer is insoluble in either component. According to Bamford and Tompa[1] such a situation exists in the system chloroform, ethylalcohol and cellulose acetate investigated by Dobry[2]. They describe this system with $\chi_{12}=1.10$, $\chi_{13}=1.00$ and $\chi_{23}=0.56$.

If in this case $\chi_{12}>2$, an immiscibility gap occurs between the liquid components and three phase regions are found.

For further details on special cases and experimental results the reader is referred to the books of Tompa and Flory which also give numerous literature references. All the physical principles insolved are contained in the basic equation for the thermodynamic potential [Eq. (20.1)] together with the general thermodynamical theory of phase relationships.

γ) *Ternary systems with two polymer components.* In this section we will briefly consider the theory of systems containing two polymers which are chemically different. Systems with homologous polymers will be treated in the next section under the heading "Fractionation".

Solutions with two chemically different polymers have been treated theoretically by Tompa[3] and by Scott[4] and experimentally by Dobry and Boyer-Kawenoski[5].

Calling the solvent component 1 and the two polymer components 2 and 3 respectively the phase relations can be calculated if the interaction parameters χ_{12}, χ_{13} and χ_{23} are known. For the solvent $r_1=1$, while r_2 and r_3 are large. A simple case which illustrates the main factors determining the phase relations, is the one where χ_{12} and χ_{13} both are less than one half. This means that either of the two polymer components is miscible in all proportions with the solvent.

Putting $\chi_{12}=\chi_{13}=\chi$ and $\chi_{23}=0$ we have essentially the case of a solution of two members of a homologous series in a solvent (Sect. 20δ). If $r_2 \gg r_3$ the binodials are asymmetric, with coexisting phases one containing nearly no polymer 2, the other one containing polymer 2 and 3 in comparable amounts. If $r_2=r_3=r$ is large, demixing occurs already at low values of χ and the coexisting phases are symmetrical with respect to the concentrations of the polymer components.

Very striking is the effect of low values of χ_{23}, considered by Scott, for this symmetrical case. The phase relations depend on the quantity $r\chi_{23}$. For large r demixing occurs already at very low values of χ_{23}. The phases are solutions of the separate polymer components containing small amounts of the other polymer. This is exactly what has been found experimentally. Of 35 pairs of polymers soluble in a given solvent only 3 did not show phase separation at mixing of the solutions. The incompatibility did not depend on the nature of the solvent (independent of the value of $\chi_{12}=\chi_{13}$) and increased with increasing molecular weight.

Physically this phenomenon of incompatibility of polymer solutions can be understood by considering the energy and entropy of mixing. Since the entropy of mixing is largely due to the increase of freedom of molecules, it is proportional to the number of molecules of the components that are mixed. On the other hand the heat of mixing and the excluded volume of the molecules for each other is proportional to the volume of the components. This makes it understandable

---

[1] C.H. Bamford and H. Tompa: Trans. Faraday Soc. **46**, 310 (1950).
[2] A. Dobry: J. Chim. phys. **35**, 387 (1938).
[3] H. Tompa: Trans. Faraday Soc. **45**, 1142 (1949). — C.H. Bamford and H. Tompa: Trans. Faraday Soc. **46**, 310 (1950).
[4] R.L. Scott: J. Chem. Phys. **17**, 279 (1949).
[5] A. Dobry and F. Boyer Kawenoski: J. Polymer Sci. **2**, 90 (1947).

that phase relations depend on the product $r\chi_{23}$, where χ_{23} is taken per unit of volume. For very large molecules the entropy of mixing is very small so a very small positive free energy of interaction suffices to cause phase separation. Also, it is well known that for non-polar substances the free energy of interaction is usually positive, owing to the fact that the interaction forces between unlike molecules are of the order of the geometrical average of those between like molecules.

δ) *Polymer fractionation.* An important problem both theoretically and experimentally is the separation of homologous polymers of different molecular weight. Since from the polymerization process usually a mixture of molecules of widely different molecular weight results, and since many physical and technical properties of polymers depend on different averages of the molecular weight and on the distribution of molecular weights.

The separation of homologous polymers of different molecular weight can be achieved by different methods. In principle they are all based on subjecting the mixture of polymers to solvents with different value of χ. From Eq. (19.1) it is seen that the critical value of χ at which phase separation occurs is different for different molecular weights, so the separating phases will contain different proportions of the various molecular weights present in the polymer mixture.

In practice the variation of χ may be brought about either by change of temperature or by variation of the solvent composition or by both. Also, one may start from a solution of the polymer mixture and fractionate by precipitation or one may start from a precipitate and fractionate by extraction or use both methods combined. Each of these methods has its advantages and disadvantages. Most widely used is the method of precipitation fractionation achieved by adding controlled amounts of a non-solvent to a solution of the polymer mixture. Owing to the fact that the efficiency of this procedure is increased by starting from dilute solutions large amounts of solvent and non-solvent are required to fractionate moderate amounts of polymer this way. The efficiency of the separation can be increased by working at higher dilutions or by repeated fractionation of the samples collected at the first precipitation.

Also with such refined techniques involving much labour fractionation of polymers is inefficient and the resulting fractions overlap largely with respect to the weights of the molecules which they contain. Some reduction of the labour but not much increase of the efficiency can be achieved by using extraction methods. By increase of solvent power of the solvent medium successive fractions of increasing molecular weight will be dissolved from a precipitate and the method can be made to a continuous process with circulating solvents[1]. A recent development of this procedure is that of BAKER and WILLIAMS[2]. They precipitate and redissolve polymer in a column filled with glass beads which is maintained at a temperature, which decreases from the top the bottom and which is percolated by a solvent mixture of which the solvent power increases with time.

By these methods no completely homogeneous polymer can be obtained. It is common practice to express the homogeneity of a polymer mixture by the ratio of M_n and M_w the number and weight average molecular weights. This ratio is larger than 2 for an unfractionated synthetic polymer and can be reduced to values around 1.1 by very careful fractionation.

---

[1] V. DESREUX: Rec. Trav. Chim. **68**, 789 (1949). — V. DESREUX and M.C. SPIEGELS: Bull. Soc. chim. Belg. **59**, 476 (1950). — O. FUCHS: Makromol. Chem. **5**, 245 (1950); **7**, 259 (1952).
[2] C.A. BAKER and R.J.P. WILLIAMS: J. Chem. Soc. **1956**, 2352.

In order to arrive at a theoretical description of fractionation one has to solve the problem of the phase relations for a system with an infinite number of polymer components and usually two solvent components. The problem is somewhat simplified by the fact that all polymer components have a value of $\chi_{pp}=0$ with respect to each other and $\chi_{ps}=\chi$ with respect to the solvent or χ_{1p} and χ_{2p} with respect to the two components of the solvent. Still, calculation of the composition of all possible corresponding phases is very laborious.

However, a fundamental equation can be derived which makes it possible to predict the distribution of the various polymer components about two phases. Indicating with φ_i' and φ_i'' the volume fractions of component i in phase I and II respectively this equation reads

$$\frac{\varphi_i''}{\varphi_i'} = \varrho^{\sigma r_i} \tag{20.8}$$

or

$$\ln\left(\frac{\varphi_i''}{\varphi_i'}\right) = r_i \sigma \tag{20.9}$$

where r_i is proportional to the molecular weight of component i and σ is a constant independent of i. Eq. (20.8) has been proposed by Schulz[1] and by Brønsted[2] long ago as an application of Boltzmann's relation (with $\sigma = \varepsilon/kT$) to the distribution of polymer molecules about two phases. The equation can also be derived easily from our basic equation (20.1) and the requirement that the thermodynamic potentials of all polymer and solvent components must be equal in the two phases.

$$\mu_i' = \mu_i''. \tag{20.10}$$

From this derivation it follows that σ depends on the composition of the phases. In the Flory approximation σ can be written

$$\sigma = 2\chi(\varphi_0' - \varphi_0'') - \ln\frac{\varphi_0'}{\varphi_0''}. \tag{20.11}$$

This shows that Brønsted's and Schulz' derivation, with ε independent of the composition of the phases, is based upon an oversimplified model. Since also Flory's model is simplified, the exact value of σ may be different from (20.11). The important point for the theory of fractionation is, however, that the relation (20.8) with σ independent of i exists. It shows on one hand that the distribution of various molecular weight about two phases is very different for polymer components of sufficiently different molecular weight. On the other hand it shows that the concentration of all polymer components is larger in the concentrated phase than in the dilute phase. Only the distribution of low molecular weight material over the two phases is much more uniform than for high molecular weights. This implies that in the concentrated phase always appreciable amounts of low molecular weight are present.

However, the amounts of various components in various phases are not only determined by σ but also by

$$R = \frac{V'}{V''} \tag{20.12}$$

the ratio of the total volumes of the phases.

---

[1] G.V. Schulz: Z. phys. Chem. A **179**, 321 (1937); B **46**, 137 (1940); B **47**, 155 (1940).
[2] Brønsted: Z. phys. Chem., Bodenstein Festband, 257 (1931).

The fraction f'_i of a polymer component i in the dilute phase is then given by

$$f'_i = \frac{1}{1 + R e^{\sigma r_i}}$$

and in the concentrated phase by

$$f''_i = \frac{R e^{\sigma r_i}}{1 + R e^{\sigma r_i}}.$$

(20.13)

These equations describe most of the essentials of polymer fractionation[1]. For further discussions on the theory the reader is referred to the books of FLORY and of TOMPA. Experimental techniques have been described by CRAGG and HAMMERSCHLAG[2] and by DESREUX and OTH[3].

21. Swelling equilibria. α) *The free energy of a gel.* Among phase equilibria in polymer solutions swelling equilibria have a special place. They owe their existence to the fact that polymers can be synthesized of which the molecules are not linear or one-dimensional but crosslinked or three-dimensional.

The method of synthesis of such crosslinked molecules is described in chemical textbooks and articles. We mention here only, that conditions of polymerization involving crosslinking between the chains can be chosen in such a way that one molecule of very large molecular weight is formed long before the polymerization reaction is completed. In the reaction mixture one has then unreacted monomer, separate linear and branched polymer molecules and one molecular network extending through the entire system. It is with these networks that our following considerations will be concerned. They are supposed to be freed from monomer and soluble polymer and brought in contact with a liquid.

Because the network is of macroscopic dimensions a true solution of the polymer in the liquid cannot be formed. However, if the dry network and the liquid are brought in contact the entropy of the system is increased if molecules of the liquid enter into the network. The free energy increase in this process is described by a similar equation as that for the free energy of solution of a linear polymer built from the same units, and this equation contains the same interaction parameter χ characterizing the interaction between the given liquid and the given polymer segment. The fact that from identical monomer residues one can synthesize one dimensional molecules as well as networks, makes it possible to describe part of the mixing process in both cases with the same parameter. However, the case of the network molecules differs from that of the one-dimensional molecules in two respects. The first difference is that in the mixing process no entropy is gained by an increased freedom of polymer molecules; the polymer segments remain connected to each other and in the equation for the entropy of mixing the number of polymer molecules is unity, or for all practical purposes, zero.

The other difference is that, exactly because the polymer is present in the form of one giant molecule, swelling is necessarily accompanied by deformation of that molecule. The change of configuration of the macromolecular network on swelling and deswelling implies a change of entropy, which has no analogue in the lattice model of solutions of macromolecules (see Sect. 14). In the excluded volume model (see Sect. 13) it has an analogue in the swelling or deswelling of individual macromolecules on change of environment, but since the deformation of the network is of the same order of magnitude as the macroscopic deformation, a better analogue of this deformation is the elastic deformation treated in Sect. 11.

---

[1] P. J. FLORY: J. Chem. Phys. **12**, 425 (1944).
[2] L. H. CRAGG and H. HAMMERSCHLAG: Chem. Rev. **39**, 79 (1946).
[3] V. DESREUX and A. OTH: Chem. Weekblad **48**, 247 (1952).

Current procedures to describe the phenomenon of swelling from thermodynamic principles are based upon the conception of two contributions to the free energy of swelling: the free energy of mixing and the elastic free energy of deformation

$$\Delta F_{sw} = \Delta F_{mix} + \Delta F_{el}. \tag{21.1}$$

Generally ΔF_{mix} is calculated from lattice model theory in the Flory-Huggins approximation [Eq. (20.1)], while ΔF_{el} is calculated with the theory of rubber elasticity. This division of the free energy of swelling in two parts is artificial. A more exact treatment should aim at calculating the free energy difference between the swollen and unswollen state at once, either by a refined lattice model calculation or from a refined excluded volume model.

On the other hand, the Flory-Huggins approximation of ΔF_{mix} and the approximation of ΔF_{el} as used in the theory of rubber elasticity can be considered as complimentary; the former takes into account only the effects of

a) the number of polymer molecules,
b) the volume of the polymer component and
c) the interaction parameter per solvent molecule, represented by χ, whereas the latter accounts for the change of configuration only.

Therefore, a combination of the two terms in these approximations can be expected to give a useful first or zeroth approximation to the total free energy of swelling. However, in a higher approximation, the resolution of ΔF_{sw} into its two constituents should be reconsidered first. It has no sense to introduce refinements in ΔF_{mix}, which in the solution theory take account of the configuration like branching or intramolecular swelling. The zeroth approximation presented here originating with HERMANS[1] and also KUHN and collaborators[2] is, therefore, necessarily of restricted value. However, a consistent higher approximation has not been developed sofar.

Starting then, from the Flory-Huggins equation (20.1), ΔF_{mix} can be written

$$\Delta F_{mix} = n\, kT\, [\ln(1 - \varphi_P) + \chi\, n\, \varphi_P] \tag{21.2}$$

where n is the number of liquid molecules, $\varphi_p = q^{-1}$ is the volume fraction of polymer in the gel and χ the interaction parameter between polymer and solvent. It will be useful sometimes to use the swelling ratio q instead of its reciprocal φ_P. In (21.2) a term $n_P \ln \varphi_P$ has not been added in view of the vanishing of n_P.

To (21.2) a term for ΔF_{el} has to be added. In accordance with (11.13) one finds in literature three versions for ΔF_{el}, HERMANS' equation reads

$$\Delta F_{el} = \nu\, kT\, \left[\frac{3}{2}(q^{\frac{2}{3}} - 1) - \ln q\right]. \tag{21.3a}$$

FLORY's equation is

$$\Delta F_{el} = \nu\, kT\, \left[\frac{3}{2}(q^{\frac{2}{3}} - 1) - \frac{2}{f}\ln q\right]. \tag{21.3b}$$

while from JAMES and GUTH's considerations we derive [see also Eq. (11.30)]

$$\Delta F_{el} = \nu\, kT\, \frac{\overline{r_i^2}}{r_0^2}\, \frac{3}{2}(q^{\frac{2}{3}} - 1). \tag{21.3c}$$

In the equations ν equals the number of chains between crosslinks and the elongations are introduced in the form

$$\lambda_x = \lambda_y = \lambda_z = q^{\frac{1}{3}}.$$

---

[1] J. J. HERMANS: Trans. Faraday Soc. **43**, 591 (1947).
[2] W. KUHN, R. PASTERNAK and H. KUHN: Helv. chim. Acta **30**, 1705 (1947).

HERMANS (l. c.) has generalized the equation for ΔF_{el} by introducing the concept of the relaxed state of the network with degree of swelling q_0. In the relaxed state $\Delta F_{el}=0$ by definition. Originally, from considerations of the crosslinking process it was assumed that q_0 should always coincide with q_c, the degree of swelling at which crosslinking took place. So, if the polymer has been crosslinked in the dry state, q_0 should be equal to unity whereas for networks formed in dilute solutions, q_0 should equal φ_P^{-1} of that solution. However, one arrives at a more general point of view by assuming that ΔF_{el} can vanish for a real or imaginary value of q_0 which is introduced as an additional parameter of the network. In Eq. (21.3) q has then to be replaced by q/q_0

$$\Delta F_{el} = \nu kT \left[\frac{3}{2} \left\{ \left(\frac{q}{q_0}\right)^{\frac{2}{3}} - 1 \right\} - \ln \frac{q}{q_0} \right] \tag{21.4}$$

and accordingly for (21.3 b, c).

If $q_0 > 1$ the gel can be unswollen to a state with ΔF_{el} negative, which Hermans calls the supercoiled state.

Eqs. (21.2) and (21.4) have to be added to give the total free energy of swelling

$$\Delta F_{sw} = n kT \left[\ln(1 - q^{-1}) + \chi q^{-1} \right] + \nu kT \left[\frac{3}{2} \left\{ \frac{q}{q_0} \right\}^{\frac{2}{3}} - 1 \right\} - \ln\left(\frac{q}{q_0}\right) \right]. \tag{21.5}$$

This is an equation containing three parameters, viz. χ, ν and q_0. In the simple theory χ should depend entirely on the nature of the swelling agent and of the polymer and not on the structure of the network.

It is assumed that χ can be estimated independently from measurements on solutions of the non-crosslinked polymer in the swelling liquid, which implies the assumption that change of the chemical constitution, caused by the crosslinks, does not affect χ. This will be a crude approximation especially for highly crosslinked polymers. Also the simple theory assumes that q_0 is a parameter of the network only, independent of the nature of the swelling agent and of the degree of crosslinking, provided crosslinking took place at a constant concentration of polymer. Finally ν should depend only on the degree of crosslinking and not on the nature of the swelling agent. It should be remembered, that in (21.3 c) the quantity ν is multiplied by the ratio of two other parameters, one $\overline{r_E^2}$ for the network and one $\overline{r_0^2}$ for the chains between crosslinks.

β) *Experimental evidence.* Experiments to check (21.5) can be essentially of three types, measurements of the maximum swelling ratio of a given gel in different liquids, experiments on deswelling of a gel by addition of solute to the swelling liquid and experiments of swelling and deswelling under strain. In the last type of experiments additional information is obtained from the stress strain relation. However, this type experiment requires some extension of the theory and will be treated separately in Sect. 21γ.

An explicit expression for the maximum swelling ratio is obtained by requiring that at maximum swelling the thermodynamic potential of the solvent in the gel equals that in pure solvent

$$\Delta \mu_0 = \frac{d \Delta F_{sw}}{dn} = 0 \tag{21.6}$$

with n, the number of solvent molecules implicitly present in $q = \dfrac{V}{v_P} = \dfrac{n v_0 + v_P}{v_P}$ where v_0 is the molar volume of swelling liquid and v_P is the total volume of polymer.

Introducing this condition into (21.5) one finds

$$\Delta\mu_0 = kT\left[\ln(1-q_m^{-1}) + q_m^{-1} + \chi q_m^{-2} + \frac{\nu v_0}{v_P}(q_m^{-\frac{1}{3}} q_0^{-\frac{2}{3}} - q_m^{-1})\right] = 0, \quad (21.7)$$

where q_m is the maximum degree of swelling.

In FLORY's theory a factor $2/f$ has to be added to the last term q_m^{-1} and in JAMES' and GUTH's treatment this term disappears.

From (21.7) q_m can be solved. Developing the logarithm, neglecting powers of $1/q$ higher than 2 and neglecting q_m^{-1} in comparison to $q_m^{-\frac{1}{3}}$ and putting $q_0 = 1$, one finds

$$q_m^{\frac{5}{3}} = \frac{v_P}{\nu v_0}\left(\frac{1}{2} - \chi\right). \quad (21.8)$$

If the polymer is crosslinked in the dry state and the assumption is made that $q_0 = q_c = 1$, Eq. (21.7) or (21.8) can be used to determine ν of networks if χ of the polymer-solvent system is known or to determine χ if ν is known. Experiments of this type are frequently reported in the literature[1].

Qualitatively the results are in accordance with the theory, polymer networks swell to a higher degree in good solvents (low χ-value) for the polymer than in bad solvents (high χ-value) and the degree of swelling decreases with increasing degree of crosslinking (increasing ν).

With respect to quantitative relations much uncertainty remains. In order to obtain more information without introducing new unknown quantities equilibria between gel and solutions can be studied besides those between gel and solvent.

With solutions q_m in (21.7) has to be replaced by q and the quantity $\Delta\mu_0$ by

$$\Delta\mu_0 = \pi v_0 \quad (21.9)$$

with π the osmotic pressure of the solution which can be measured independently. Theoretically from such experiments one can determine the elastic term in (21.7) since everything else is known.

This term has the value

$$\frac{\nu v_0}{v_P}(q^{-\frac{1}{3}} q_0^{-\frac{2}{3}} - q^{-1}) \quad \text{according to HERMANS,}$$

$$\frac{\nu v_0}{v_P}\left(q^{-\frac{1}{3}} q_0^{-\frac{2}{3}} - \frac{2}{f} q^{-1}\right) \quad \text{according to FLORY,}$$

and

$$\frac{\nu v_0}{v_P} q^{-\frac{1}{3}} q_0^{-\frac{2}{3}} \quad \text{according to JAMES and GUTH.}$$

HERMANS[2] points out that the experimental observation that this term can be made to vanish in sufficiently concentrated solutions rules out the theory of JAMES and GUTH.

It should, however, be remembered that the interpretation of this kind of experiments is subject to serious uncertainties. Not only is it assumed that χ has exactly the same value in the solution and in the network, but even more serious is the assumption that no solute penetrates into the network.

If some small molecules of polymer enter the gel, this not only diminishes the osmotic pressure of the solution, but also decreases the thermodynamic potential of the solvent in the gel strongly.

---

[1] See P. J. FLORY: Principles of Polymer Chemistry, p. 581. New York 1953.
[2] J. J. HERMANS: To appear in Polymer Science.

RIJKE[1] did some interesting experiments with networks obtained by crosslinking cellulose acetate in solution.

His results indicate that various qualitative features of the simple theory need revision. He finds that q_0 of various networks obtained by increasing the crosslinking density in a solution of polymer of constant concentration decreases with increasing crosslinking density. This demonstrates the inadequacy of the assumption that the network during its formation is and remains in the relaxed state. It also contradicts the assumption that $q_0 = q_c$.

RIJKE[2] also finds that q_0 of one particular network depends on the interaction parameter χ of the swelling agent. This contradicts the assumption that q_0 is a parameter of the network alone.

Apparently the dependence of q_0 on χ could be accounted for by introducing some features of the excluded volume theory. However, as stated in Sect. 21α this would necessitate a complete revision of the theory.

Summarizing one has to conclude that the experimental results are insufficiently reliable to give more than qualitative accord with the theory and that no decision as to the validity of various models can be based upon them.

γ) *Simultaneous swelling and deformation.* Somewhat more information can be obtained by experiments in which swelling and deformation are combined. A theoretical description of such experiments has to be based upon (11.13) instead of (21.3). In (11.13) the sum $\lambda_x^2 + \lambda_y^2 + \lambda_z^2$ appears in the free energy instead of $3q^{\frac{2}{3}}$. Considering swelling and force at constant length in the X-direction we have

$$\lambda_x = \text{const}, \quad \lambda_y = \lambda_z = q^{\frac{1}{2}} \lambda_x^{-\frac{1}{2}}. \tag{21.10}$$

The free energy becomes then

$$\Delta F = n\,kT\left[\ln(1 - q^{-1}) + \chi q^{-1}\right] + kT\left[\frac{\nu}{2}(\lambda_x^2 + 2q\lambda_x^{-1} - 3) - \nu \ln q\right]. \tag{21.11}$$

Differentiating with respect to n and putting $\Delta\mu_0 = \dfrac{d\Delta F}{dn} = 0$ one finds for $q_{m\lambda}$ the swelling ratio in pure solvent at constant elongation

$$q_{m\lambda} = \left\{\lambda_x \frac{v_P}{\nu v_0}\left(\frac{1}{2} - \chi\right)\right\}^{\frac{3}{5}} \tag{21.12}$$

in the same approximation as (21.8).

The force needed to maintain λ_x at maximum swelling ratio is found by inserting (21.12) into (21.11) and differentiating (21.11) with respect to λ_x. The result is

$$\tau_\lambda = \nu\,kT\left[\lambda_x - q_m \lambda_x^{-\frac{5}{2}}\right]. \tag{21.13}$$

It is seen from (21.12) that the swelling ratio in pure solvent increases with increasing elongation. Accordingly the force needed to maintain a given elongation decreases with increasing swelling volume.

Eq. (21.13) affords an independent means of determining the crosslink density expressed by ν.

VI. Polyelectrolytes.

22. Introduction. A treatment of thermodynamics of polymers is incomplete without a section dealing with polymers containing ionizable groups. The present section will survey some of the more important properties of these polymers, generally called polyelectrolytes.

---
[1] A.M. RIJKE: Thesis Leiden 1961.
[2] A.M. RIJKE and W. PRINS: To appear.

The polyelectrolytes which will be considered in the following sections consist of chain molecules which are sequences of one or two kinds of residues (monomer units) like the non-electrolyte polymers treated so far. The characteristic feature of polyelectrolytes is that the monomer units carry groups which under suitable conditions of the surrounding liquid (p_H, dielectric constant) can be ionized. It is important to note that under other conditions the molecules can be uncharged and that in this case the polyelectrolyte behaves exactly as a non-electrolyte polymer.

Several kinds of colloidal systems do not fall in the category just described. In the colloidal solutions of many inorganic salts and also of several natural proteins the molecules of the polymer are not flexible chains but compact spherical or nearly spherical particles. The theory of these solutions, which is an extension of DEBYE's and HÜCKEL's theory of electrolytes will not be considered in this chapter[1]. Another kind of colloidal solutions which is outside the scope of this chapter is formed by the solutions of soaps and detergents. These are known to contain the solute not as separate molecules but as aggregates consisting of many molecules arranged so as to reduce the free energy of interaction. Although the aggregates, generally called micelles, have many properties in common with polyelectrolyte molecules, they differ from the latter in so many respects that we will also leave them out.

Finally there is a class of polyelectrolytes which owing to their chemical structure belong to the substances that we will consider and yet will not be treated. These substances are natural polyelectrolytes such as nucleic acids and proteins. Although much progress is being made in the study of the physics and the thermodynamics of these substances, their preparation and behaviour is in many respects closely related to their biological function which again falls outside the scope of our present survey.

What remains to be considered are three classes of polyelectrolytes, anionic and cationic polymers and polyampholytes. If we confine ourselves to water as the solvent, the anionic polymer may contain any kind of groups known to dissociate in water of sufficiently high p_H into a proton and a negative ion, the cationic polymer likewise contains groups which accept a proton at low p_H and become positively charged, whereas the polyampholytes contain groups of both kinds. It is clear that a polyampholyte molecule as a whole may have zero change while not all the groups are uncharged but with the negative and positive charges balancing each other.

For several reasons the treatment of polyelectrolytes in this Encyclopaedia is necessarily much more superficial than that of non-electrolyte polymers dealt with in the foregoing sections.

The first reason is that the number of experimental variables and of measurable quantities is much larger with polyelectrolytes than with non-electrolytes. Besides the nature of the solvent which is usually water in studies of polyelectrolytes also the nature and the number of foreign ions are very important variables, dominating the behaviour of the polyelectrolyte. If, as is usually the case, the polyelectrolyte is a weak polyvalent acid or base and the solvent is water, then the p_H of the solvent determines in zeroth approximation the *degree of dissociation*, α, of the polyelectrolyte. The relation between α and p_H is for a polyelectrolyte essentially different from that for the corresponding monomer acid or base, since the dissociation constant of a given ionizable group in the polyelectrolyte molecule is markedly influenced by the state of dissociation of neighbouring groups.

---

[1] E. J. W. VERWEY and J. TH. G. OVERBEEK: Theory of Stability of Lyophobic Colloids. New York 1948.

However, besides the concentration of H-ions, also the concentration of all other ions has a strong influence on the degree of association. If in the zeroth approximation α is determined by p_H, then in first approximation it is determined by p_H and the *ionic strength*

$$\gamma = \sum_i z_i^2 c_i \qquad (22.1)$$

where z_i is the charge of the i-th ionic species, usually expressed in electronic charge units, and c_i is the concentration of that species. The summation in (1) does not include the polyelectrolyte molecule. In still higher approximation specific effects of interaction between ions and the polyelectrolyte molecule may affect α.

Since the electrostatic forces arising from the ionization of the polyelectrolyte molecules are large as compared to interaction forces considered so far and have the additional important property of acting over large distances, the behaviour of the polyelectrolyte molecule is very sensitive to small changes of α, while α is very sensitive to changes of p_H and γ.

Therefore, a complete treatment of polyelectrolytes should start off with a close consideration of the relation between α, p_H and γ, or in other words, with a theory of *titration curves* of polyelectrolytes at different values of γ. Such a theory already meets with serious difficulties in the case of ordinary mono- or dibasic acids, so one cannot hope to find general relations between the relevant quantities in polyelectrolytes, where the electrostatic interaction between neighbouring groups depends markedly on the exact geometry of the chain.

Theoretical and experimental studies of titration curves of polyelectrolytes are numerous[1] while also information about intramolecular electrostatic interaction has been obtained from studies of reaction kinetics with polyelectrolytes[2].

These studies will not be reviewed here as they involve a thorough treatment of general electrochemistry and colloid chemistry which would divert too far from the main theme of this chapter.

A second reason to treat polyelectrolytes in a less detailed way than non-electrolyte polymers is that much of the experimental information about polyelectrolytes is from kinetic experiments rather than from thermodynamical measurements. Besides viscosity and diffusion which have been considered also in the foregoing sections on non-electrolytic polymers, measurement of electric conductivity, electrophoresis and dielectric constants are being used to obtain information about polyelectrolytes. The theoretical treatment of these phenomena is complicated and falls outside the field of thermodynamics, so we will only indicate the kind of information which such measurements may produce without giving a full account of the intricacies of the theory.

The third and main reason why polyelectrolytes cannot be treated with the same degree of accuracy as non electrolyte polymers is that the present state of the theory does not permit to draw a really coherent picture of polyelectrolytes. Most of the extensive literature on polyelectrolytes deals with relations between one or two measurable quantities and one or two variables with a theoretical

---

[1] For instance P. Doty and G. Ehrlich: Ann. Rev. Phys. Chem. **3**, 81 (1952). — J. Th. G. Overbeek: Bull. Soc. chim. Belg. **57**, 252 (1948). — R. Arnold and J. Th. G. Overbeek: Rec. Trav. Chim. **69**, 192 (1952). — N. S. Schneider and P. Doty: J. Phys. Chem. **58**, 762 (1954). — I. Kagawa and Katsuura: J. Polymer Sci. **7**, 89 (1951); **9**, 405 (1952); **16**, 299 (1955); **17**, 365 (1955); **25**, 61 (1957); **28**, 477 (1957). — A. Katchalsky and Spitnik: J. Polymer Sci. **2**, 432 (1947); **13**, 69 (1954).

[2] H. Morawetz and M. Jozeph: J. Coll. Sci. **9**, 197 (1954). — H. Morawetz and E. W. Westhead: J. Polymer Sci. **16**, 273 (1955). — A. Katchalsky and J. Feitelson: J. Polymer Sci. **13**, 385 (1954).

explanation based upon some very general notions about the overall shape of the molecule and the binding of ions to it. In Sect. 23 we will review those general conceptions, while Sect. 24 will deal with osmotic pressure and light scattering of polyelectrolyte solutions, and Sect. 25 with phase relations and Sect. 26 with swelling of polyelectrolytes.

23. Molecular configurations. Several theories have been advanced as to the overall shape of the polyelectrolyte molecule and the effect of external factors (p_H, ionic strength) on it. We will briefly review the theories of (a) HERMANS and OVERBEEK[1], (b) FLORY[2], (c) KATCHALSKY and co-workers[3], and (d) KIMBALL, CUTLER and SAMELSON[4] for purely cationic or anionic polyelectrolytes.

In the theories (a), (b) and (d) the polyelectrolyte molecule is represented by a sphere, the theory of KATCHALSKY starts from the random coil. Qualitatively it is clear that a molecule carrying a total electric charge Ze (Z being the number of ionized groups and e the elementary charge) will have a more expanded equilibrium configuration than the same molecule without electrical charge, the expansion being due to the electrical repulsion of the charges. In the case of polyampholytes the attraction of electrical charges of unlike sign may lead to a "supercoiling" of the polyelectrolyte molecule.

Returning to purely cationic or anionic polyelectrolytes we see that the theory has to provide for an expansion increasing with Z. Also, the effect of added electrolyte can be predicted qualitatively. Since added electrolyte will effect a screening action upon the charged groups of the polyelectrolyte molecule, the expansion will be reduced on addition of electrolyte. In the limit of an electrolyte concentration which is very high compared to the effective concentration of charged groups in the polymer coil, the polymer molecule will behave as if it were not charged and have no expansion.

Quantitatively these effects can be calculated by writing down an expression for the free energy including the contributions from the ionized groups and the added ions. The free energy can be written as a sum of the configurational free energy and the electrical free energy

$$F = F_c + F_{el}. \tag{23.1}$$

The approximation involved in the use of (23.1) is discussed by LIFSON[5].

The configurational free energy can be calculated from KUHN's statistics, or, somewhat more sophisticated from statistics taking into account the excluded volume effect (see Sect. 13). The first course is taken by HERMANS and OVERBEEK and by KATCHALSKY and coworkers, while FLORY uses the latter method. KIMBALL and coworkers describe the results from KUHN's statistics by an imaginary potential which they add to the electrical potential.

In order to find the electrical part of the free energy first the Poisson-Boltzmann equation has to be solved. Taking the spherical model of the polyelectrolyte molecule this equation can be written

$$\frac{1}{x^2}\frac{d}{dx}\left(x^2\frac{du}{dx}\right) = \sinh u - f(x) \tag{23.2}$$

---

[1] J. J. HERMANS and J. TH. G. OVERBEEK: Rec. Trav. Chim. **67**, 762 (1948).
[2] P. J. FLORY: J. Chem. Phys. **21**, 162 (1953).
[3] A. KATCHALSKY, O. KÜNZLE and W. KUHN: J. Polymer Sci. **5**, 283 (1950). — A. KATCHALSKY and S. LIFSON: J. Polymer Sci. **11**, 409 (1953).
[4] G. E. KIMBALL, M. CUTLER and H. SAMELSON: J. Phys. Chem. **56**, 57 (1952).
[5] S. LIFSON: J. Polymer Sci. **23**, 431 (1957).

where $x = \varkappa r$

$r =$ distance from the centre of the sphere

$$\varkappa = \frac{8\pi M e^2}{D k T}$$

$M =$ molarity of the salt solution

$D =$ dielectric constant of the medium

$$u = \frac{e\psi}{kT}$$

$\psi(r) =$ the potential at distance r

$f(x) = c_0(r)/2M$

$c_0(r) =$ the concentration of ionized groups of the polymer molecule

$e =$ elementary charge.

Eq. (23.2) can be derived from Poisson's equation

$$\nabla^2 \psi = -\frac{4\pi}{D} q(r) \tag{23.3}$$

if for $q(r)$, the charge density is written

$$q(r) = e(c_0 + c_1 - c_2) = eM[2f(x) + e^{-u} - e^{+u}]. \tag{23.4}$$

Hermans and Overbeek solve (23.2) by the Debye-Hückel approximation which involves the assumption that u is small, so $\sinh u \approx u$. This approximation is certainly not valid for highly charged polymer molecules. Kimball and coworkers and Flory use the Donnan approximation, which involves the assumption that the left hand side of (23.2) is negligible compared to the absolute value of the terms of the right hand side, or in other words, that the charge density is zero everywhere. Kimball and coworkers show that the Donnan approximation is in any case superior to the Debye-Hückel approximation.

Katchalsky and coworkers calculate the electrical free energy first by summing the Coulomb forces between charged segments in a random coil:

$$F_{el} = \frac{Z^2 e^2}{N^2 D} \sum_{k \neq i} (r_{ik}^{-1}) \tag{23.5}$$

and in a later paper by using a Debye-Hückel-potential

$$V_{DH} = \frac{e}{D r_{ik}} \exp(-\varkappa r_{ik}) \tag{23.6}$$

instead of the Coulomb potential to account for the screening action of the added ions.

All these theories assume that the molecules are spherical or nearly spherical random coils and that the electrical charge of the ionized groups is to some extent compensated by counter ions moving in and out of the coil in equilibrium with the ions of the surrounding liquid. For a calculation of the degree of compensation the Donnan approximation of Kimball and coworkers is apparently better than the Debye-Hückel approximation and the Kimball approximation has been improved upon by the addition of a perturbation term by Lifson[1], who thus achieves satisfactory agreement with numerical solutions of Wall and Berkowitz[2].

However, the expansions predicted from these theories resulting from dilution of the external salt solution are generally much larger than is experimentally

---

[1] S. Lifson: J. Chem. Phys. **27**, 700 (1957).
[2] F.T. Wall and J. Berkowitz: J. Chem. Phys. **26**, 114 (1957).

found[1]. Apparently the validity of models of this kind is restricted to small values of Z involving low values of the potential. The fact that the expansion predicted by Kimball, Cutler and Samelson is much smaller does not prove that their theory is more correct because their imaginary configurational potential is constructed in such a way that the expansion cannot exceed the value of $\sqrt{2}$, a restriction to which coil molecules are certainly not subject.

A possible explanation of the discrepancy between theory and experiment is given by Lifson[2], who showed that repulsion between neighbouring groups may give rise to twisting of the chain resulting in contraction of the molecule as a whole.

However, other experimental data indicate that the model of a sphere or coil electrolyte solution is not valid at high charge density of the polymer molecule. Katchalsky[3] quotes a number of examples which show that with increasing charge density there is with some polyelectrolytes a rather abrupt change of shape of the molecule at about 20% dissociation. This follows from viscosity and also from diffusion and from potentiometric measurements[4].

Such a sudden change of shape cannot be understood easily from the model of an expanding sphere or coil.

Another experimental fact which the theory should explain is that apparently a large fraction of the counter-ions is strongly bound to the polyelectrolyte molecule even at moderate degrees of dissociation. This follows very clearly from transference experiments of Wall and coworkers[5].

Attempts to explain these experimental facts have been made by introducing a *cylindrical model* for the polyelectrolyte molecule to replace the spherical or nearly spherical coil. Since there are no indications that polyelectrolyte molecules with moderate or even high charge density are elongated to full length the assumption of the cylindrical model does not imply that the entire molecule is one long stiff cylinder. Calculations on the model are supposed to give results sufficiently approaching the conditions in the real molecule also if this molecule is kinky but consists of rather rigid cylindrical parts.

The cylindrical model has been developed independently by Fuoss, Katchalsky and Lifson[6] and by Alfrey, Berg and Morawetz[7]. An important feature of this model is that in case of absence of additional salt the Poisson-Boltzmann equation for it can be solved rigorously without necessitating the assumption that $e\varphi/kT$ is small. It follows clearly from these calculations that a large fraction of the counter-ions is strongly bound to the cylinder or, in other words, that around the cylinder a zone of potential appreciably larger than kT/e exists which can accommodate a large part of the counter-ions.

The strong binding of a large fraction of the counter-ions can, however, in principle be understood without assuming a cylindrical model[8]. One may expect that the cylinder is the model with the lowest potential as compared to coiled and kinked models of the same size and charge, so the conclusion that potentials

---

[1] P. J. Flory and J. E. Osterheld: J. phys. Chem. **58**, 653 (1954). — N. S. Schneider and P. Doty: J. phys. Chem. **58**, 762 (1954). — P. Napjus: Thesis Leiden 1958. — P. J. van Duin and J. J. Hermans: J. Polymer Sci. **26**, 295 (1959).

[2] S. Lifson: J. Chem. Phys. **29**, 89 (1958).

[3] A. Katchalsky: J. Polymer Sci. **12**, 159 (1954).

[4] For instance A. Katchalsky, O. Künzle and W. Kuhn: J. Polymer Sci. **5**, 283 (1950). R. Arnold and J. Th. G. Overbeek: Rec. Trav. Chim. **69**, 192 (1950).

[5] J. R. Huizenga, P. F. Grieger and F. T. Wall: J. Amer. Chem. Soc. **72**, 2636, 4228 (1950). — F. T. Wall, H. Terayama and S. Techakumpuch: J. Polymer Sci. **20**, 477 (1956).

[6] R. M. Fuoss, A. Katchalsky and S. Lifson: Proc. Nat. Acad. Sci., Wash. **37**, 579 (1951).

[7] T. Alfrey, P. W. Berg and H. Morawetz: J. Polymer Sci. **7**, 543 (1950).

[8] F. Osawa, N. Imai and I. Kagawa: J. Polymer Sci. **13**, 93 (1954).

exceeding kT/e easily arise in a cylindrical model reaches farther than to this model only.

By the introduction of a fraction of fixed counter-ions not only a new adaptable parameter is introduced to enforce agreement between theory and experiment, but also a new source of free energy is found. About the state in which the fixed counter-ions are bound two extreme views can be held. One can assume that the fixed ions move around absolutely freely in equipotential zones around or even inside the polyelectrolyte molecule, whether this is a cylinder or a kinked cylinder or a coil. One can also assume that the counterions are rigidly bound to one particular charged group and will move only with difficulty from one group to another.

The latter point of view has been defended in particular by RICE and co-workers[1]. It involves the necessity to calculate the free energy in a detailed manner by considering all possible distributions of the given number of counter-ions about a given number of charged groups, taking into account the difference in energy between two neighbouring and two non-neighbouring charged groups. The formalism of the calculation is identical with that of the spin distribution in a one-dimensional Ising lattice. Similar calculations have been presented by HILL[2].

There is no convincing experimental evidence to prove or disprove either the ion-pair model or the equipotential-zone model. In both theories new adaptable parameters have to be introduced in order to compare theoretical with experimental results. In the ion-pair model such a parameter is the neighbour-interaction energy, in the zone model it is the volume of the zone with sufficiently high potential.

The most promising experiment to obtain information about the state in which counter-ions are bound appears to be measurements of dielectric constants. If the counter-ions are free to move around in equipotential zones one must expect to find a very large polarizability for charged polyelectrolyte molecules, whereas nothing exceptional is expected if the ions are bound in pairs. Experimental data published so far seem to support the equipotential zone model[3].

24. Osmotic pressure, light scattering and viscosity of polyelectrolyte solutions.
α) *Generalities.* Osmotic pressure, light scattering and viscosity measurement are treated under one heading, because the problems arising from the presence of long range electrostatic forces are very similar for these three methods of investigation.

With non-electrolyte polymers these methods are all used for the determination of molecular weights. Also, information about the *size* of the molecule can be obtained from light scattering and viscosity, and information about the *interaction* between polymer molecules is obtained from osmotic pressure and light scattering. In all three methods it is important to measure at different concentrations of polymer and to extrapolate towards infinite dilution in order to get information about separate molecules.

These various points present difficulties in the case of polyelectrolytes, because the size as well as the interaction between molecules is strongly affected by long range electrostatic forces, while also the simple theory for the interpretation of results from each of these experimental methods becomes less simple

---
[1] F.E. HARRIS and S.A. RICE: J. Phys. Chem. **58**, 725, 733 (1954). For a review also of later work, see S.A. RICE: Rev. Mod. Phys. **31**, 69 (1959).
[2] T.L. HILL: J. Polymer Sci. **23**, 549 (1957).
[3] M. MANDEL and A. JENARD: Kurzmitteilungen, V A10, Symposium Wiesbaden 1959.

due to the effect of *small ions* which are always present, either as counter-ions or also as added electrolyte.

The effect of long range forces and of added salt will be briefly reviewed for each of the three methods separately in the following sections. Generally one can say, that the polyelectrolyte can be made to resemble a non-electrolyte polymer in two ways, (1) by discharging the polyelectrolyte molecule at suitable p_H, (2) by addition of salt.

In the first case the poly-electrolyte character of the substance is destroyed so no difference is left with non-electrolyte polymers. Generally this means that the dimensions of the molecule and the interaction forces between the molecules are strongly reduced.

Also addition of neutral salt has the effect of reducing the dimensions and the interaction forces. In this case the polyelectrolyte molecules are not really discharged but the electrical charges on the molecules are surrounded by an atmosphere of ions in the sense of DEBYE-HÜCKEL.

It will be shown in the following sections that generally more useful information about the polyelectrolyte is obtained from measurements with addition of salt. However, this implies that with changing concentration of the polymer the concentration of the additional salt has to be adapted so as to leave the separate molecules as much as possible in the same state. Thermodynamically this means that the dilution of the polymer has to be performed with constant activity of the additional ions, a requirement which can only be fulfilled approximately.

Another consequence of the addition of salt is that the kinetic unit which acts as the separate molecule with respect to the measured property is different in different salt solutions so that its nature must be specified by appropriate measurements.

β) Osmotic pressure. Osmotic pressures of polyelectrolyte solutions can be measured in two different ways giving entirely different results. One can measure with a polyelectrolyte solution in one cell and pure water in the other cell. In this case the osmotic pressure is largely due to the counter-ions since these are far more numerous than the polymer molecules[1]. However, in cases where the polymer has a moderate or large charge density the osmotic pressure is much smaller than would be found for the same number of small ions in the absence of the polyelectrolyte molecules. If we write for the measured osmotic pressure

$$\pi = g \, \pi_0 \qquad (24.1)$$

where π_0 is the osmotic pressure calculated from the number of counter-ions and polymer molecules then KERN found that g depends strongly on the degree of dissociation (charge density) of the polymer. For small charge density g approaches unity whereas at high dissociation of the polyelectrolyte it decreases to values of the order of 0.2 and lower. Similar results are found by STRAUSS and FUOSS. Apparently the strong reduction of the activity of the counter-ions or, actually, the increase of the activity of the solvent is due to the electrostatic interaction between the polyelectrolyte molecules and the counter-ions. KATCHALSKY[2] shows that KERN's results can be explained quantitatively by calculating the activity of ions in the electrostatic field of rodlike polyelectrolyte molecules.

---

[1] W. KERN: Z. phys. Chem. A **181**, 249 (1938); **184**, 197 (1939). — U.P. STRAUSS and R.M. FUOSS: J. Polymer Sci. **4**, 457 (1949).

[2] A. KATCHALSKY: J. Polymer Sci. **12**, 159 (1954).

If the osmotic pressure is measured in the presence of salt and with the solvent cell containing a salt solution entirely different results are obtained[1]. First one notes that by the addition of salt the osmotic pressure is reduced very much. Also if π/c is measured for decreasing values of c but at constant values of the salt concentration, straight lines are obtained which extrapolate in the limit of zero polymer concentration to values independent of the salt concentration and dependent on the molecular weight of the polymer like in the case of non-electrolyte polymers. The slopes of the curves of π/c versus c strongly depend on the ionic strength of the solution, increasing linearly with the reciprocal of the ionic strength.

Qualitatively these phenomena can be understood from the theory of Donnan equilibrium[2]. Assuming all activity coefficients to be unity PALS and HERMANS derive for the osmotic pressure the equation

$$\frac{\pi}{c} = RT\left[\frac{1}{M} + \left(B + \frac{r^2}{4X}\right)c + \cdots\right] \quad (24.2)$$

where B is the ordinary virial coefficient, r is the number of charges per gram of polymer divided by AVOGADRO's number and X is the concentration of mono-mono-valent salt in the solvent cell. The theory leading to Eq. (24.2) has been extended by INAGAKI, HOTTA and HIRAMI (l. c.) to include salts of higher valency.

It follows clearly from (24.2) that osmotic pressures can be used for molecular weight determination if salt is added and if the extrapolation towards infinite dilution is made at constant ionic strength. In the absence of salt ($X=0$) the contribution of the first term of (24.2), originating from the polymer molecules is negligible compared to that of the second one at all polymer concentrations. In this case and in all cases where c is not very small the assumption that the activity coefficients are unity breaks down as is also apparent from titration curves and from measurements of the ion activities. The deviations from ideality can be explained qualitatively by the idea of ion fixation on the polymer or of the existence of zones of very high potential compared to kT/e.

VOORN[3] has derived an expression for the osmotic pressure of polyelectrolyte molecules and counter-ions in the absence of added salt. If this expression is written in the usual form

$$\frac{\pi}{c} = RT\left(\frac{z+1}{M} + B'c\right) \quad (24.3)$$

where z is the number of charged groups on the polymer, then from a combination of the theories of FLORY-HUGGINS and of DEBYE-HÜCKEL (see Sect. 25 β), VOORN finds for the second virial coefficient B' an expression of the form

$$B' = a - bc^{-\frac{1}{2}} \quad (24.4)$$

where $a = \dfrac{1}{2\varrho^2 v_0}$ (with ϱ the density of the polyelectrolyte and v_0 the molar volume of the solvent) and b contains the charge density of the polymer, the dielectric constant of the medium and the temperature.

From (24.3) and (24.4) a plot of π/c versus c is expected beginning with infinite negative slope and passing a minimum for $c = b^2/4a^2$. Curves of this type have indeed been found by STRAUSS and FUOSS and by KERN.

---

[1] D.T.F. PALS: Thesis Groningen 1952. — D.T.F. PALS and J.J. HERMANS: Rec. Trav. Chim. **71**, 458 (1952). — H. INAGAKI and T. ODA: Macromol. Chem. **21**, 1 (1956). — H. INAGAKI, S. HOTTA and M. HIRAMI: Macromol. Chem. **23**, 1 (1957).

[2] See for instance J.T.G. OVERBEEK: In KRUYT, Colloid Science, Vol. I, p. 188. Amsterdam 1952.

[3] M.J. VOORN: Adv. Polymer Sci. **1**, 128 (1959).

γ) *Light scattering.* Much of what has been said about osmotic pressure of polyelectrolytes is with appropriate changes applicable to light scattering. This is a consequence of the fact that the scattering of light is due to fluctuations in the concentrations which are quantitatively related to the variation of the osmotic pressure with concentration.

The theory of light scattering of polyelectrolytes has been developed by Hermans[1], by Doty and Steiner[2], by Ooi[3] and by Vrij[4].

We will not give a full account of this theory which is essentially part of another chapter of physics. However, we will indicate the problems at hand and the way by which one can obtain information on polymers from light scattering measurements.

The intensity of scattered light can be written[5]

$$\tau = \frac{32\pi^3 n^2 V \overline{(\Delta n)^2}}{3\lambda^4} \qquad (24.5)$$

where τ is the turbidity, n is the average refractive index of the system, λ the wavelength of the light, V is the scattering volume and $\overline{(\Delta n)^2}$ the average value of the fluctuations of n in V. Fluctuations of n can be due to fluctuations in the density or in the concentration. Fluctuations in the density can be calculated from the compressibility of the system which is assumed to depend not strongly on the presence or absence of electrolytes or polymers. By considering the difference between the values of τ of the solution and the solvent the effect of density fluctuations can be ruled out.

Electrostatic forces between ions have a strong effect upon the turbidity because these forces are so strong that fluctuations in the concentrations of different ions cannot be treated as independent.

It has been pointed out particularly by Doty and Steiner that, again, two extreme cases should be considered separately: those where no salt is added and those where on dilution of the polymer the ionic strength is kept constant.

In the first case the reduced light scattering increases sharply with increasing dilution at very low concentrations of polymers. This is due to the expansion of the molecules at high dilution together with the decrease of the order in the solution as a result of the increasing intramolecular distances. At moderate concentrations of polymer the reduced scattering becomes nearly constant at a low absolute values. The value of the asymmetry factor z, the ratio of the intensities of scattered light at 45 and 135° also behaves in a unique way in this case. The theory is complicated by the fact that in order to keep as much as possible the scattering unit constant the p_H has to be kept constant with change of concentration. In order to do this a small amount of acid or base has to be added. However, this additional electrolyte contributes to the ionic strength a term which is unimportant at high concentrations of polymer while being very important at high dilutions. From these considerations Doty and Steiner conclude that with increase of polymer concentration from zero to moderate values z first decreases from unity to a minimum at low concentrations of polymer and then increases rather slowly.

---

[1] J. J. Hermans: Rec. Trav. Chim. **68**, 859 (1949).
[2] P. Doty and R. F. Steiner: J. Chem. Phys. **20**, 85 (1952).
[3] T. Ooi: J. Polymer Sci. **28**, 459 (1958).
[4] A. Vrij: Thesis Utrecht 1959.
[5] A. Einstein: Ann. Physik **25**, 205 (1908). — F. Zernike: Diss. Amsterdam 1915. Arch. neerl. Sci. A **3**, 74 (1918).

Qualitatively these predictions are very well confirmed by experiments[1].

Very different are the conditions in cases where salt is added. The range of the inter-ionic forces is of the order of magnitude of the Debye-Hückel radius. If this distance is much smaller than the wavelength of light, only electro-neutral fluctuations make themselves perceptible in the scattering of light.

With respect to these fluctuations the conditions are very similar to those in solutions of non-electrolyte polymers and the light scattering curve can be extrapolated towards infinite dilution to give the molecular weight of the scattering unit. However, this light scattering unit is not a simple polyelectrolyte molecule since this molecule in equilibrium with the surrounding salt, takes up ions.

VRIJ (l. c.) has shown how both the true molecular weight and the virial coefficient can be obtained from a set of appropriate measurements. Instead of

$$\frac{Hc}{\tau-\tau^*} = \frac{1}{M} + 2Bc \tag{24.6}$$

with H a constant, τ^* the turbidity of the solvent and c the concentration of polymer, which equation is valid for non-electrolyte polymers, VRIJ derives for polyelectrolytes in the presence of added salt (index s)

$$\frac{Hc}{\tau-\tau^*} = \left[\frac{1}{M} + 2Bc\right]\left[1 + \left(\frac{\partial c_s}{\partial c}\right)_{\mu_0 \mu_s} \cdot \left(\frac{\partial n}{\partial c_s}\right)_{c,P} / \left(\frac{\partial n}{\partial c}\right)_{c_s,P}\right]^{-2} \tag{24.7}$$

where τ^* is the turbidity of the polymer free salt solution, dn/dc and dn/dc_s are the usual refractive index increments for polymer and salt respectively, and $(dc_s/dc)_{\mu_0 \mu_s}$ is the (negative) absorption of salt by addition of polymer at constant thermodynamical potentials of water and salt.

The second factor of the right-hand side of (24.7) can be determined experimentally by measuring the refractive index increment of the polymer at constant salt potential with the aid of membrane equilibria. This, however, involves some experimental difficulties. Another possibility is to measure the turbidity in solutions of salts with different values of $\partial n/\partial c_s$, calculate the apparent molecular weight M_a, plot $\sqrt{M_a}$ versus $\partial n/\partial c_s$ and extrapolate towards $\partial n/\partial c_s = 0$. VRIJ has shown that in this way constant and consistent molecular weights and virial coefficients of polyelectrolytes as well as of soap micelles are obtained.

δ) *Viscosity.* The results of viscosity measurements can be considered in many respects in a similar way as those of osmotic pressure and light scattering.

Again extrapolation to infinite dilution only gives tractable curves allowing an estimate of M if salt is added to the polyelectrolyte solution. PALS and HERMANS[2] have pointed out that it is important to keep the activity of the salt constant when measuring at increasing dilution of the polymer. This statement has been shown above to apply also to measurement of light scattering and osmotic pressure.

In the absence of salt the extrapolation to zero concentration is impossible owing to the increasing expansion of the coil on dilution. FUOSS and coworkers[3] write for the dependence of the specific viscosity on polymer concentration the empirical relation

$$\eta_{sp}/c = A/(1 + Bc^{\frac{1}{2}}) + D. \tag{24.8}$$

---

[1] P. DOTY and R.F. STEINER: J. Chem. Phys. **20**, 85 (1952). — A. OTH and P. DOTY: J. phys. Chem. **56**, 43 (1952). — R.M. FUOSS and D. EDELSON: J. Polymer Sci. **6**, 767 (1951).
[2] D.T.F. PALS and J.J. HERMANS: Rec. Trav. Chim. **71**, 433 (1952).
[3] R.M. FUOSS and U.P. STRAUSS: J. Polymer Sci. **3**, 246 (1948). — R.M. FUOSS and G.I. LATHERS: J. Polymer Sci. **4**, 97 (1949).

With respect to the dependence of the viscosity on the degree of ionization, α, we have already mentioned the sudden increase of the specific viscosity with increasing α at α-values of about 20% as found by KATCHALSKY and coworkers[1] for some polyelectrolytes. Similar results are reported by FUOSS[2].

A quantitative theory of the viscosity of polyelectrolyte at various values of α and of ionic strength has not been presented so far. This is not surprising in view of the fact that such a theory has to solve besides the problems of chain configuration statistics and ion distributions already inherent in the theory of light scattering and osmotic pressure, also that of hydrodynamics on a molecular scale. Information about the hydrodynamical conditions in a polyelectrolyte molecule is obtained from measurement of viscosity, sedimentation, diffusion, electric conductance and electrophoresis. In the first three types of experiments the polyelectrolyte molecule moves in the same direction as its counter-ions, whereas in the last two types of experiments polymer molecules and counter-ions move in opposite directions.

We will not review here the literature on these various methods of investigation as thermodynamics play only a minor part in them, and a satisfactory conclusion has not yet been reached.

25. Phase separation in polyelectrolyte solutions. α) *General considerations.* Phase separation in polyelectrolyte solutions shows characteristics different from the same phenomenon with non-electrolyte polymers. The effect of change of p_H and of the addition of salt is very pronounced in polyelectrolyte solutions. Also, the theoretical treatment is necessarily more complicated owing to the fact that at least 3 but more often 4 or 5 components are involved.

Extensive experimental studies about the effect of p_H and ionic strength on phase separation in polyelectrolytes, have been made by BUNGENBERG DE JONG[3], who called the phenomenon coacervation and discriminated between different types of coacervation according to whether one or two polyelectrolytes take part. The main object of these studies was to arrive at an understanding of polyelectrolyte interactions in biological systems.

A simple theory which explains many of the results of the work of BUNGENBERG DE JONG has been proposed by VOORN[4] and by MICHAELI, OVERBEEK and VOORN[5].

In Sect. 25β we will consider the simplest case of one polyelectrolyte with one kind of charged groups and salt. In Sect. 25γ we will treat cases with two polyelectrolytes of different sign and with added salt. Phase separation in these systems has been studied most extensively by BUNGENBERG DE JONG, who called it complex coacervation. In Sect. 25δ we will briefly discuss KIRKWOOD's theory[6] about interaction between molecules of polyampholytes (polyelectrolytes with

---

[1] A. KATCHALSKY and H. EISENBERG: J. Polymer Sci. **6**, 145 (1951). — A. KATCHALSKY, O. KÜNZLE and W. KUHN: J. Polymer Sci. **5**, 283 (1950).

[2] R.M. FUOSS: Faraday Soc. Disc. **11**, 125 (1951).

[3] For instance: H.G. BUNGENBERG DE JONG and H.R. KRUYT: Proc. Kon. Ned. Ak. Wet. **32**, 849 (1929). — H.G. BUNGENBERG DE JONG and A.M. DE HAAN: Biochem. Z. **263**, 33 (1933). — H.G. BUNGENBERG DE JONG and J.L.L. HARTKAMP: Rec. Trav. Chim. **53**, 622 (1934). — H.G. BUNGENBERG DE JONG and W.A.L. DEKKER: Kolloid-Beih. **43**, 143, 213 (1936). — H.G. BUNGENBERG DE JONG and L.W.J. HOLLEMAN: Rec. Trav. Chim. **59**, 1055 (1940). — H.G. BUNGENBERG DE JONG and E.G. HOSKAM: Proc. Kon. Ned. Akad. Wet. **45**, 585 (1942). — For a review see H.G. BUNGENBERG DE JONG in H.R. KRUYT: Colloid Science, Vol. II, Chap. X. Amsterdam 1949.

[4] M.J. VOORN: Rec. Trav. Chim. **75**, 317, 405, 427, 925, 1021 (1956). For a review see M.J. VOORN: Adv. Polymer Sci. **1**, 192 (1959).

[5] I. MICHAELI, J.TH.G. OVERBEEK and M.J. VOORN: J. Polymer Sci. **23**, 443 (1957).

[6] J.G. KIRKWOOD: Disc. Faraday Soc. **20**, 78 (1955).

charged groups of different sign in the same molecule). Although KIRKWOOD's theory does not aim especially at an explanation of phase separation but rather of intermolecular interaction it fits better in this section than in Sect. 24 since its results are to some extent comparable with those of Sects. 25β and 25γ and also because the theory of those sections as well as that of KIRKWOOD both can be considered as attempts to arrive at an understanding of specific interaction between proteins and substrates in biological systems.

β) *One polyelectrolyte with charge of one sign.* The assumption generally made in treatments of intramolecular and of intermolecular interaction in polyelectrolytes is, that the free energy can be written as a sum of two terms, one F_c describing the configurational free energy and one, F_{el} describing the *electrical* free energy[1]. The procedure followed is then that F_c is calculated according to one of the theories for uncharged polymers, generally the simplest theory of FLORY-HUGGINS, whereas F_{el} is calculated by means of the first or a higher approximation of the Debye-Hückel theory. Writing thus

$$F = F_c + F_{el} \tag{25.1}$$

F_c can be written according to Eq. (14.2) or (20.1)

or
$$\left. \begin{array}{l} F_c = kT \left[\sum_i n_i \ln \varphi_i + N \sum_{ij} \varphi_i \varphi_j \chi_{ij} \right], \\[1em] F_c = N kT \left[\sum_i \frac{\varphi_i}{r_i} \ln \varphi_i + \sum_{ij} \varphi_i \varphi_j \chi_{ij} \right] \end{array} \right\} \tag{25.2}$$

with $N = \sum_i n_i r_i$. Since electrical interaction forces are generally much stronger than the Van der Waals forces which give rise to the second term between brackets of (25.2) and also to simplify the mathematics this term is neglected in the theory of VOORN leaving

$$F_c = N kT \sum_i \frac{\varphi_i}{r_i} \ln \varphi_i. \tag{25.3}$$

N is the number of lattice sites generally taken equal to the total volume divided by the molar volume of the solvent. This means that r_0 of the solvent is taken equal to unity as is also the r-value of simple ions.

Whatever is taken for F_{el}, the important feature of this term is that it decreases with increasing concentration of electrolyte in such a way that also the second derivative with respect to the concentration is negative. If this negative curvature is stronger than the positive curvature contributed by F_c, conditions for phase separation are given. Both F_c and F_{el} are generally negative.

Generally the absolute value of F_c becomes smaller when r-values increase while that of F_{el} increases with increasing charge on the ions. VOORN in his theory of complex coacervation (Sect. 25γ) takes the Debye-Hückel approximation for F_{el}, thereby using the overall concentrations of charges without regard of chemical connections. However, with many polyelectrolytes with moderate or high charge density this approximation is certainly not valid.

Using for the potential around rod-like polyelectrolyte molecules the expressions of LIFSON and KATCHALSKY[2], MICHAELI, OVERBEEK[3] and VOORN show

a) that phase separation will not occur in solutions of simple electrolytes;

---

[1] For a critical discussion see S. LIFSON: J. Polymer Sci. **23**, 431 (1957).
[2] S. LIFSON and A. KATCHALSKY: J. Polymer Sci. **13**, 43 (1954).
[3] I. MICHAELI, J.TH. G. OVERBEEK and M. J. VOORN: J. Polymer Sci. **23**, 443 (1957).

b) that phase separation will not occur in solutions with a single polyelectrolyte like polyacrylic acid and univalent counter-ions;

c) that phase separation is expected to occur in solutions of a single polyelectrolyte and counter-ions of valency higher than unity.

This theoretical result is in accordance with experiments of MICHAELI and of BUNGENBERG DE JONG who called the phenomenon "autocomplex coacervation".

The treatment of MICHAELI, OVERBEEK and VOORN shows clearly the essential features of phase separation in polyelectrolyte solutions. We will now turn our attention to the complicated case of complex coacervation.

γ) *Two polyelectrolytes with opposite charge.* Although very probably DEBYE-HÜCKEL'S approximation is not valid quantitatively in solutions of polyelectrolytes except at very low charge density, VOORN'S theory, which is based upon this approximation, is very useful since it yields tractable mathematical relations from which the effects of change of concentrations and of charge densities and molecular weights can be predicted at least qualitatively. In quantitative experiments deviations from the Debye-Hückel approximation will be found of two kinds: potentials higher than kT/e will cause an increased tendency to concentration of electrolyte whereas the repulsive potential accounted for by the introduction of an ionic radius will decrease that tendency.

VOORN writes for F_{el}

$$F_{el} = -\frac{e^2}{3D} \varkappa N_z \tag{25.4}$$

where e is the elementary charge, D is the dielectric constant, N_z the total number of charges irrespective of sign $N_z = \sum n_i |z_i|$, and $\varkappa$ the reciprocal Debye-Hückel distance, defined by

$$\varkappa^2 = \frac{4\pi e^2 N_z}{D k T V}. \tag{25.5}$$

In order to express F_{el} and F_c in the same variables VOORN introduces the charge densities σ_i

$$\sigma_i = \frac{z_i}{r_i} \tag{25.6}$$

where z_i is the absolute value of the charge of a molecule or ion of species i expressed in elementary charges.

After some rearrangement this leads to

$$F_{el} = -NkT\alpha \left[\sum \sigma_i \varphi_i\right]^{\frac{3}{2}} \tag{25.7}$$

with

$$\alpha = \frac{2}{3}\left(\frac{e^2}{DkT}\right)^{\frac{3}{2}}\left(\frac{\pi}{v}\right)^{\frac{1}{2}} \tag{25.8}$$

and

$$v = \frac{V}{N}$$

the volume of a lattice site.

Introducing (25.3) and (25.7) into (25.1) one finds

$$F = NkT\left[\sum_i \frac{\varphi_i}{r_i} \ln \varphi_i - \alpha \left(\sum_i \sigma_i \varphi_i\right)^{\frac{3}{2}}\right]. \tag{25.9}$$

The quantity α can be considered as a parameter describing the electrical interaction energy. Like the Huggins parameter χ it is a dimensionless quantity.

Like χ it depends on the solvent and on the temperature but unlike χ it is independent of the nature of the polymer. For water at room temperature α is about 4.

It is seen from (25.9) that F is always negative. The second derivative with respect to φ_i is the sum of a term which is always positive and a term which is negative for all charged components. Whether this sum will become negative, as is required for phase separation to occur, depends on the magnitude of r and σ. The larger r and σ are the more the electrical term dominates, and the more probable is the occurrence of phase separation.

Voorn has considered the case of two oppositely charged polyelectrolytes without added salt. This case is theoretically the simplest but experimentally difficult to obtain owing to the difficulty to get rid of the counter-ions of the initially separated polymers.

Simplifying the theory further by assuming σ and r equal for the two polymers Voorn derives the following relations for critical miscibility

$$\sigma^3 r \approx 0.53; \tag{25.10}$$

$$\varphi_c \approx \frac{1}{r+2}. \tag{25.11}$$

From (25.10) we see that indeed phase separation occurs if σ or r is large enough, while (25.11) shows that like with nonelectrolyte polymers [see Eq. (19.2)], the critical mixtures are very dilute in polymer.

For systems with two polymers of opposite charge and additional salt the number of variables becomes soon unmanageable. However, by making simplifying assumptions Voorn was able to derive expressions for the effect of salt addition on the concentration of polymer and of salt in the two phases which are qualitatively well corroborated by the experiments of Bungenberg de Jong.

Voorn's theory which is entirely based upon Eq. (25.9) gives at least a very useful guiding principle in understanding not only phase separation in solutions of polyelectrolytes but also such phenomena as the peculiar dependence on molecular weight and on pH of reactions in living systems. Indeed a small change in pH may strongly affect the ratio of the charge densities of the two polymers and this may change completely the phase relationships. Generally one must expect that the interaction between two polyelectrolytes of opposite charge will be optimal at a certain pH and that a plot of this interaction versus pH will show a bell-shaped curve. Therefore, the appearance of such bell-shaped curves is no proof that Kirkwood's theory of interaction between poly-ampholytes to be treated in the next section, is relevant.

However, it should be noted that Voorn's basic assumption that the free energy can be calculated in first approximation from the density of the charges without regard of their being connected by chemical links is very reasonable in systems with polyelectrolytes of one sign or with mixtures of polyelectrolytes of opposite sign but breaks down completely for systems with polyampholytes. Indeed the weakness of this assumption is that it does not account for the fact that the charges on the polymer molecules are not free to move very far from each other. The effect of this lack of freedom on the configurational entropy is accounted for in reasonable approximation in F_c. However there is also an effect on F_{el} in systems with low ionic strength owing to the fact that in these systems the effective ionic strength around the polyelectrolyte molecule will be far above the average value whereas it is much lower in regions far from these molecules. Now in systems where each polyelectrolyte molecule carries charges of one sign only this effect is reduced by the fact that the segments use their limited freedom to compensate as much as possible the fluctuations in charge density thus arising. Not only will segments use their configurational freedom to move apart when they are both charged, the molecule as a whole has the additional freedom to distribute its total charge over its segments so as to minimize the free energy. This last effect is calculated semiquantitatively by HARRIS and RICE in their monodimensional Ising lattice model but it would seem that VOORN's[1] calculation of the free energy as a function of charge density accounts for this effect in a reasonable approximation without the introduction of new adaptable parameters.

The compensation mentioned is effected by the fact that in dilute electrolyte solutions the molecules expand whereas in concentrated electrolytic solution they coil up thus adapting the charge density in their neighbourhood to that in the rest of the liquid. However polyampholyte molecules do not show such a compensating effect. On the contrary one must expect that in solutions of low ionic strength the molecule will be even more coiled up than in concentrated salt solutions. Therefore, polyampholytes have to be treated in an entirely different way and as KIRKWOOD has shown, forces are operating between polyampholyte molecules which may be an order of magnitude different from the corresponding forces between polyelectrolyte molecules of opposite charges.

δ) Kirkwood's theory of interaction between polyampholytes. It should be noted first that generally a molecule which is able to assume charges of different sign will act as a typical polyampholyte molecule only in a limited p_H-region. For on decreasing the p_H the concentration of negative groups tends to decrease and the concentration of positive groups tends to increase. Now, the behaviour of the molecule will depend strongly on the ratio between the number of positive and negative groups. If this ratio is larger than, say 5, the molecule behaves as a positive molecule, mitigated somewhat by the presence of the negative groups and the reverse will be true if this ratio is $\frac{1}{5}$. The ensuing strong dependence of the size of the molecule on p_H has been observed among others by KATCHALSKY[2].

When we talk about a polyampholyte molecule we mean a molecule in which positive and negative charges are about equally numerous. In such molecules positive charges will be easily formed in the neighbourhood of a number of negative charges and reversely.

Polyampholyte molecules containing a number of uncharged groups have freedom to minimize the free energy by transfer of charge from one group to another. This leads to strong interaction forces between polyampholyte molecules as has been shown by KIRKWOOD and SHUMAKER[3]. They show that forces of this kind will decrease with the reciprocal of the cube of the intermolecular distance. However, the forces will be screened off by small ions which are necessarily present so that their range will be diminished.

Essentially these forces calculated by KIRKWOOD are of the same nature as those calculated by HARRIS and RICE for incompletely dissociated polyelectrolytes with charges of one sign. However, in the case of polyampholytes the forces may become much stronger as a result of the increased ionization of groups due to the neighbourhood of charges of opposite sign.

Quantitatively KIRKWOOD's theory cannot be checked in any way by lack of knowledge of various parameters. Qualitatively KIRKWOOD[4] claims that it

---

[1] F.E. HARRIS and S.A. RICE: J. phys. Chem. **58**, 725, 733 (1954).
[2] A. KATCHALSKY: J. Polymer Sci. **12**, 159 (1954).
[3] J. KIRKWOOD and J.B. SHUMAKER: Proc. Nat. Acad. Sci., Wash. **38**, 863 (1952). — J.G. KIRKWOOD: Disc. Faraday Soc. **20**, 78 (1955).
[4] J.G. KIRKWOOD and J.B. SHUMAKER: Proc. Nat. Acad. Sci., Wash. **38**, 855 (1952).

is supported by the strong p_H dependence of biochemical interaction phenomena and by the high dielectric constant of some polyelectrolyte solutions. It has been shown in the foregoing section that the noted p_H dependence can also be explained from VOORN's theory of coacervation. As to the high dielectric constants, these are also found for polyelectrolytes with charges of one sign. As remarked at the end of Sect. 23 they can be explained from the theory of KATCHALSKY of ion fixation in equipotential zones. However, in polyampholytes the equipotential zones will be much less extended and the potential around polyampholyte molecules will show deep pits and steep hills, so also in this respect polyampholyte molecules are in a very special position.

26. Swelling of polyelectrolyte gels. α) *The general theory.* Electrolyte polymers can be crosslinked in the same way as non-electrolyte polymers. The crosslinked networks show the phenomena of swelling and deswelling under the influence of liquids of different composition.

Qualitatively one expects that swelling of crosslinked polyelectrolytes will be strong in dilute salt solutions and in pure water while it will be small in concentrated salt solutions. Like in the theory of chain configurations of polyelectrolytes (Sect. 23) the theoretical treatment can start from considering the swelling equilibrium as a Donnan equilibrium or the free energy can be calculated starting from the theory of DEBYE and HÜCKEL. In the first case the swelling force which is in equilibrium with the configurational elastic force is considered to be the osmotic pressure difference due to the difference in concentrations of ions inside and outside the gel. In the second case the swelling can be said to result from the repulsion of the charged groups in the polymer. The two treatments give essentially the same theoretical results[1]. HERMANS and VERMAAS[2] who were first to give a theoretical treatment considered the swelling equilibrium as a Donnan equilibrium. Starting from Eq. (21.3a) for the configurational part of the free energy they calculate the molecular potential of the solvent as a function of the degree of swelling.

$$(\Delta \mu_0)_c = RT \left[\left(\chi - \frac{1}{2} \right) \varphi^2 + \frac{\varphi_0^{2/3} \varphi^{1/3}}{rN} \right] \tag{26.1}$$

where $(\Delta \mu_0)_c$ is the difference of the configurational part of the molecular potential of the solvent inside and outside the gel, χ is the Huggins interaction parameter, φ is the volume fraction of the gel, φ_0 is the volume fraction of the polymer in the state of normal coiling, r is the number of lattice sites occupied by a chain element in KUHN's sense and N is the number of chain elements between crosslinks or, in other words, if v_0 is the molecular volume of the solvent and of one lattice site, then rNv_0 is the volume of an average polymer chain between crosslinks.

For the osmotic pressure VERMAAS and HERMANS write from consideration of the Donnan equilibrium:

$$\pi = \frac{(\Delta \mu_0)_p}{v_0} = \frac{RT s^2}{\gamma} \tag{26.2}$$

where

$$s = \varphi \sigma \tag{26.3}$$

is the charge density of the polymer in equivalents per litre gel, γ is the ionic strength and σ is the charge density per litre polymer; $(\Delta \mu_0)_p$ is the difference in μ_0 due to the concentration.

---
[1] P. J. FLORY: Principles of Polymer Chemistry, p. 585. New York 1953.
[2] D. VERMAAS and J. J. HERMANS: Rec. Trav. Chim. **67**, 983 (1948).

If the gel is in equilibrium with a salt solution $\Delta\mu = \Delta\mu_c + \Delta\mu_p = 0$ which leads to a relation between the degree of swelling q and σ and χ. Vermaas and Hermans find

$$q^{\frac{5}{3}} = a\frac{\sigma^2}{\gamma} - b\left(\frac{1}{2} - \chi\right) \tag{26.4}$$

where a and b are constants depending on φ_0 and on rN. Experimentally Vermaas and Hermans find straight lines for the relation between $q^{\frac{5}{3}}$ and γ^{-1} for cellulose xanthate gels in a series of salt solutions and also a quadratic dependence of the coefficient of γ^{-1} on σ, the charge density as determined chemically. The agreement between theory and experiment is very satisfactory.

Flory[1] has extended Hermans' theory somewhat by considering separately cases with $\gamma \ll s$ and $\gamma \gg s$. In the first case he finds in our symbols

$$\frac{\sigma\varphi}{z\gamma} \approx \frac{\varphi^{\frac{5}{3}}}{rN} - \left(\frac{1}{2} - \chi\right)\varphi^2 \tag{26.5}$$

where z is the charge of the counter-ions and $\varphi = q^{-1}$ is the volume fraction of the polymer in the gel. If $\frac{1}{2} - \chi < 0.2$ the second term of the right hand side can be neglected and (26.5) reduces to

$$q^{\frac{5}{3}} = N\sigma/z. \tag{26.6}$$

In case $\gamma \gg s$ Flory finds Eq. (26.4) of Vermaas and Hermans. Katchalsky and Michaeli[2] have given a somewhat more refined theory. They take into account the decrease of activity of the ions in the gel due to the large potential around the polyelectrolyte molecule. To this end they use the expression for the electrical contribution of the free energy derived by Katchalsky and Lifson. The theory and the experiments of Katchalsky and Michaeli indicate, that appreciable deviations from the ideal Donnan equilibrium occur in polyelectrolyte gels. The degree of swelling is seen to increase strongly with increasing degree of ionization, with increasing N and with decreasing concentration of salt.

β) Conversion of chemical free energy into mechanical energy. The phenomenon of swelling and deswelling of polyelectrolyte gels under the influence of change of p_H and ionic strength can be used to produce mechanical energy from the free energy released in a chemical process. Several authors[3] have nearly simultaneously put forward the idea that the contraction and elongation of muscles may be based upon the same mechanism as that of the contraction and expansion of polyelectrolyte gels.

Model experiments have been performed in which measured amounts of chemical free energy are used to produce measured amounts of mechanical work. These experiments have lead to an increasing yield of mechanical energy and also to gels with improved mechanical properties.

Kuhn and a number of collaborators[4] have reviewed the field in 1960. They show that a gel of a partially dissociated polyacid which swells with increase of p_H, produces a small amount of acid or a decrease of p_H if stretched by force. They derived quantitative relations for the change of p_H to be provoked by a given

---

[1] P. J. Flory: Principles of Polymer Chemistry, Chap. XIII, Sect. 3c. New York 1953.
[2] A. Katchalsky and I. Michaeli: J. Polymer Sci. **15**, 69 (1955).
[3] W. Kuhn: Experientia, Basel **5**, 318 (1949). — A. Katchalsky: Experientia (Basel) **5**, 319 (1949). — J.W. Breitenbach and H. Karlinger: Mh. Chem. **80**, 312 (1949). J. Riseman and J.G. Kirkwood: Journ. Amer. Chem. Soc. **70**, 2820 (1948).
[4] W. Kuhn, A. Ramel, D.H. Walter, G. Ebner and H. J. Kuhn: Adv. Polymer Sci. **1**, 540 (1960). — W. Kuhn: Makromol. Chem. **35**, 200 (1960).

amount of stretching and for the mechanical work to be produced by a given change of p_H. These relations were confirmed experimentally.

KUHN and collaborators also demonstrated that in order to produce mechanical force by chemical change it is essential to have a gel made of a polymer but not necessarily a polyelectrolyte. KUHN, RAMEL and WALTERS[1] prepared a polymer containing an alloxangroup. This group can be reversibly reduced to dialuric acid. Owing to the fact that alloxan has a good solubility in water while dialuric acid has not, the gel in water swells after oxydation and contracts after reduction without appreciable change in the p_H or ion content of the system. So the possibility to convert chemical free energy into mechanical work is not limited to the use of polyelectrolytes.

The phenomena mentioned have often been discussed in connection with the action of muscles[2]. A complete theory of the chemical and physical processes leading to muscular contraction and relaxation is not yet available.

The bridge between biology and physics is not yet completely built. Like in the problem of protein interactions discussed in the foregoing section the physicist or the chemist can construct models which behave very similar to living systems. But this alone does not prove that the living system works on the same principle as the model. It is, however, quite certain that a deeper insight in the thermodynamics of polymers will contribute to a better understanding of basic processes of life.

---

[1] W. KUHN, A. RAMEL and D.H. WALTERS: Angew. Chem. **70**, 314 (1958).
[2] T.L. HILL: Faraday Soc. Disc. **13**, 132 (1953). — Proc. Roy. Soc. Lond., Ser. B **139**, 464 (1952). — A. SZENT GYÖRGYI: Chemistry of Muscular Contraction. New York 1951.

The Structure and the Physical Properties of Glass.

By

J. M. Stevels.

With 146 Figures.

A. The structure of glass.

1. Introduction. Knowledge of the structure and physical properties of glass and of their inter-relationship has increased enormously in the last ten years. It is therefore not practible in the scope of this article to give anything like a complete picture[1].

In deciding on the subjects to be treated in the present article we have been guided by the following considerations.

1. The article is intended, in keeping with the objects of a handbook, to provide the physicist who is not daily engaged in the science of glass and glass technology with a general picture of its present state.

2. The restriction under 1. also means that the list of references given at the end of this article should be representative. The reader desirous of studying certain details should be able to find in that list all the sources he needs.

3. There exists a very extensive body of numerical and other information on the various physical properties of glass, which cannot properly be summarized in the scope of this article. The reader is therefore referred to [1] and [5], which contain comprehensive surveys of the data in question, ranging from the simplest to the most complex glasses. This article will be concerned rather with discussing the background of the physical properties. For books dealing with the same subject as this article, the reader is referred to [2], [3], [6], [7], [13], [14], [15], [18], [38]. Where good surveys on special topics exist they will be mentioned in the relevant chapters.

4. It will not be appropriate in this article to go into the experimental methods of determining the physical properties of glass. These methods do not differ greatly from those used for ascertaining the properties of other substances. Representative literature will nevertheless be mentioned.

An exception must be made in the case of viscosity, which is usually measured in the case of glasses at much higher temperatures than in other substances. Since these methods of measurement are not mentioned elsewhere in this Encyclopedia, they will be briefly described in Sect. 29. For the measurement of the physical properties at high temperatures in general, see [32], [35] and [36].

5. No reference will be made to the technology of glass manufacture or to related problems. Nothing will be found about melting and other processing

---

[1] The present article does not deal with those properties of glass which are concerned with electricity. This group of properties (electrical conductivity, dielectric losses, electrical breakdown, etc.) is treated in an article in the Encyclopedia of Physics, Volume XX [17]. The optical properties of glass will be treated in an article in the Encyclopedia of Physics, Volume XXIX [26].

techniques, or about glass-to-metal or glass-to-glass seals. Such problems as the finishing of glass, and the behaviour of gases in glass likewise fall outside the scope of this article, as also, for the same reasons, do surface phenomena on glasses and a number of chemical properties, such as corrodibility by liquids, acids etc.

Particulars of the technology of glass production and associated problems will be found in [11], [12], [16], [23], [24], [25], [27], [28] and [33].

2. Relation between vitreous, liquid and crystalline state. The characteristic difference between the vitreous state and the normal solid and liquid states can best be discussed with reference to Figs. 1 to 5, which have all been taken from JONES [18].

In Fig. 1 the volume V of a substance is plotted against the temperature T. At a sufficiently high temperature (and at a given pressure, e.g. 1 atm) the substance is in the liquid state. Upon cooling, contraction occurs: the volume becomes steadily smaller. At a given temperature T_L (the melting temperature) the substance usually becomes solid and crystallizes.

The remarkable thing about the substances which are termed vitreous is that the curve at T_L continues on its course, whereas in the normal case of crystallization the curve shows a marked discontinuity (as a rule a decrease of V). The transition from the liquid to the crystalline state is very pronounced, whereas the transition from the liquid to the undercooled liquid is not perceptible. Since, however, the undercooled liquid is not a stable situation and is liable to partial crystallization, it is possible to define a so-called "liquidus temperature", T_L, above which no crystallization takes place and which to some extent is comparable with the melting temperature defined above. The undercooled liquid becomes steadily thicker (more viscous) with falling temperature, and the slope of the curve gradually becomes more horizontal with the abscissa until, at still lower temperatures, it remains constant. The region in which the slope changes is often called the transformation range; if the transition is sharp, reference is sometimes made to the transformation temperature T_g [1].

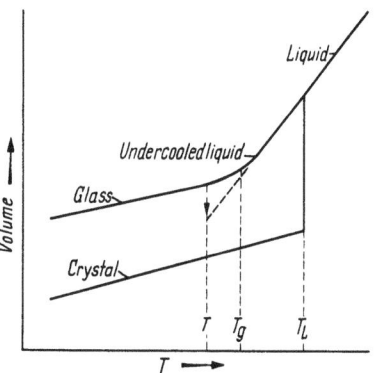

Fig. 1. Overall-picture of the volume vs. T relation for the liquid, undercooled, vitreous and solid crystalline states. After JONES [18].

Thermodynamically the process in question is *a second-order transition*. This means that the first-order quantity, viz. V does not, but the second-order quantity, the coefficient of thermal expansion $\alpha = \dfrac{1}{V}\dfrac{dV}{dT}$ does show a discontinuity at T_g.

Generally speaking, one can say that in the case of systems forming crystals the first-order quantities show a discontinuity at T_L, systems forming glasses do not. So there is no reason why the volume V in Fig. 1 should not be substituted for instance by the enthalpy H (heat content). The second-order quantities $\left(\alpha,\text{ but also specific heat }C_p = \dfrac{1}{H}\dfrac{dH}{dT}\right)$ show a discontinuity at the transformation point T_g in the case of systems which form glasses. By way of example Fig. 2

---

[1] In actual fact it is not correct to speak of a transformation temperature, since its position depends on the experimental conditions (e.g. on the cooling rate). Questions related to this subject are discussed in Sect. 13.

shows the experimental data for the molecular specific heat of glycerol as a function of temperature[1].

It is customary to speak of an undercooled liquid at temperatures between T_g and T_L; below T_g the vitreous state sets in.

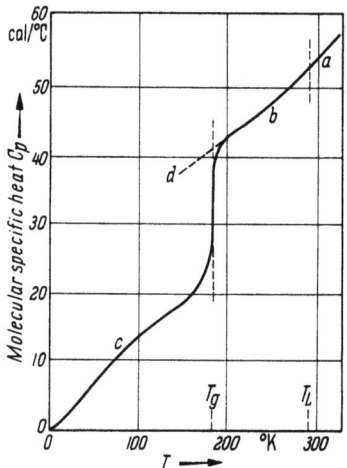

Fig. 2. Experimental values of the molecular specific heat C_p of glycerol in the liquid, vitreous and cristalline states: (a) liquid, (b) undercooled liquid, (c) glass, (d) expected form of equilibrium curve for undercooled liquid. After SIMON.

A glass can be defined as a substance formed by cooling from the liquid state without the occurrence of discontinuities in the first-order physical properties (V, H etc.) at any temperature. The substance has changed into the vitreous state owing to the fact that a gradual increase in viscosity has prevented, as it were, the discontinuity which crystallization represents.

It is striking that the viscosity η at the above-mentioned "critical" temperatures is always approximately the same for all glasses, viz. at T_L one finds $\log \eta \sim 2$ and at T_g one finds $\log \eta \sim 13$, where η is expressed in poise units.

A typical feature of the vitreous state is the phenomenon of *stabilization*. Although the transition at T_g is perfectly continuous, the "glass line" in Fig. 1 at temperatures lower than T_g cannot strictly be called an equilibrium curve, because a glass that has been kept for a while at a constant temperature just below T_g exhibits contraction. The ultimate value of V is that which corresponds to the value of the dashed line (the extrapolated liquid-equilibrium curve). This process, which is visualized in Fig. 1 by an arrow and which will be discussed in Sect. 13 in detail, is termed stabilization. It is highly dependent on time: the lower the temperature T the longer it takes to reach the line which represents the sta-

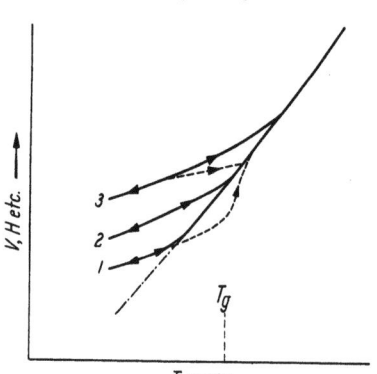

Fig. 3. Variation of V, H etc. during: (1) Slow cooling, (2) Normal cooling, (3) Fast cooling. For the significance of the dotted curves see text. After JONES [18].

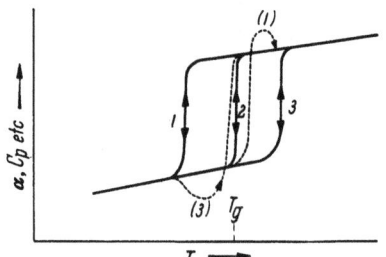

Fig. 4. Variation of α, C_p etc. during: (1) Slow cooling, (2) Normal cooling, (3) Fast cooling. For the significance of the dotted curves see text. After JONES [18].

bilized state. The stabilization process can be described as a relaxation phenomenon, a re-orientation of mobile structural elements towards a more stable state. This can be characterized by a relaxation time, which is the longer the lower the temperature. At T_g the relaxation time in question is of the order of magnitude of a few minutes; hence the fact that the existence of T_g is noticeable in experiments.

---

[1] F.E. SIMON: Ergebn. exakt. Naturw. **9**, 244 (1930).

The time factor thus has an important bearing on the state of a piece of glass. This is also demonstrated in Figs. 3 and 4, in which the solid curves represent respectively V or H for a glass plotted against T and α or C_p plotted against T for different rates of cooling, increasing from case 1 to case 3. If the specimens are heated up at the same increasing rates respectively the phenomenon is found to be completely reversible (drawn curves). The temperatures corresponding to the points where the drawn curves 1 to 3 in Fig. 3 intersect the curve of the undercooled liquid are often called the fictive temperatures of the glasses which are in a state of stabilization given by the curves 1 to 3. The dotted lines in Figs. 3 and 4 show the behaviour of the glass in case 1 if the heating rate is greater than its initial cooling, and of the glass in case 3 if the former is smaller than the latter. The background of the phenomena demonstrated in Figs. 3 and 4 is discussed in detail in Sect. 13.

From this it follows that it is necessary in the manufacture of glass to adopt a strictly defined procedure, particularly as regards the temperature conditions in the annealing range. The thermal past of a glass is of the utmost importance; by way of example we may refer to Fig. 5 where the thermal expansion is plotted as a function of temperature (1) for the case of a normally stabilized glass and (2) for the same glass which has been too rapidly cooled during manufacture[1]. The theoretical background of curves given here is discussed in detail in Sect. 13, but it is seen that a

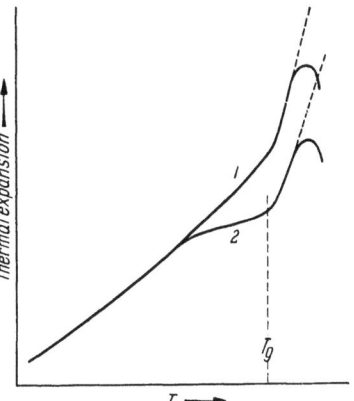

Fig. 5. Overall-picture of the thermal expansion of (1) normally cooled glass and (2) rapidly chilled glass, as measured during subsequent heating. After JONES [18].

glass that has been "wrongly" annealed will soon show marked discrepancies in volume, and therefore in refraction index, dielectric constant, and other properties.

In general—but not always—a solid is stable in the crystalline state, in which case its Gibbs free energy is minimum at a given pressure and temperature. At first sight it therefore seems strange that a vitreous state can exist for a long time and that some glasses do not ultimately crystallize. The explanation is that in these systems certain irregular conglomerates of atoms are already present in the melt which are not given sufficient time during the cooling process to distribute themselves into a regular configuration. At lower temperature the viscosity becomes so great as to severely retard the mobility of the constituent atoms. One can also say that glass formation is due to the failure of a liquid to form nuclei or of the nuclei to grow into crystals (cf. Sect. 40). In general there will therefore be a critical temperature range for the occurrence of crystallization. This range normally lies well inside the region delimited by the liquidus temperature T_L and the transformation temperature T_g. At low temperature crystallization is impeded as it were by the high viscosity. At higher temperature there are too few crystallization nuclei to give rise to the formation of crystals.

In practice, the maximum in the crystallization rate curve invariably lies between $\log \eta = 6$ and $\log \eta = 8$. This is fortunate, since the temperature at which glass can most suitably be worked corresponds to $\log \eta \sim 3$ to 5. Usually the

---

[1] The curves (1) and (2) are essentially the same as the line 2 and the dashed line 3 in Fig. 3, except for the fact that now the low temperature parts coincide.

formation of glass objects is started at temperatures corresponding to this viscosity, but then continued at somewhat lower temperatures.

It is evident that the crystallization phenomenon depends on time as well as on temperature. Too slow cooling in the critical range can easily result in crystallization. Conversely, it is possible by means of special techniques (extremely rapid cooling) to obtain in a vitreous state certain substances which normally crystallize (see Sect. 3).

Finally, the composition of the material in question is of considerable importance. It must always be remembered in this connection that the transition from the vitreous to the crystalline state is, from the structural viewpoint, a transformation from the disordered to the ordered state. In critical cases, crystallization can often be suppressed by introducing a small quantity of a "foreign" substance, thereby promoting the disorder.

On the other hand, certain foreign additions promote nucleation and crystallization (cf. Sect. 40).

The crystallization phenomenon is dealt with more fully in Sects. 37 to 42 of this article.

3. What substances can occur in the vitreous state? The above definition of glass has been more narrowly specified by the American Society for Testing Materials[1]: "Glass is an inorganic product of fusion which has cooled to a rigid condition without crystallizing."

Although organic glasses *do* exist, this definition excludes them and they will therefore be mentioned in this article only summarily.

According to SUN[2] inorganic glasses can be divided into five families:
1. Elements,
2. Oxides,
3. Sulphides, selenides and tellurides,
4. Halides,
5. Miscellaneous.

Family 1 comprises various elements of the sixth group of the Periodic Table that can occur in the vitreous state: at low temperatures oxygen, made viscous by rapid cooling, can become vitreous. It is not very difficult to obtain S, Se and Te in this state.

Family 2. The oxide glasses can be subdivided into two:

(a) glasses formed with the aid of hydrogen bonds; among these are the phosphoric acids HPO_3 and H_3PO_4 (cf. Sect. 10c).

(b) Various oxides which, for convenience, are called glass-forming oxides; these are very easily made vitreous. The most familiar are: B_2O_3, SiO_2, GeO_2, P_2O_5, As_2O_3, As_2O_5 and Sb_2O_3.

Within certain composition limits these oxides can join with various metal oxides to form vitreous fusion products. The technically employed glasses are usually of this kind. The structure and properties of these oxide glasses will be dealt with in more detail in Sect. 5.

Family 3. Many forms of sulphide glasses are known. Vitreous CS_2 can be produced under high pressure; the compounds GeS_2, As_2S_3 and SbS_3 are very

---

[1] A.S.T.M. Committee (Subcommittee 1 of Committee C-14): Glass Ind. **22**, 216 (1941); **26**, 417 (1945).
[2] K.H. SUN: Glass Ind. **27**, 552 (1946).

easily made vitreous. According to Winter[1], SnS, Ga_2S_3, In_2S_3, Tl_2S_3, N_2S_5, P_2S_5, As_2S_5 and Bi_2S_3 can also be produced in the vitreous state. This also applies to all selenides and tellurides of the same elements.

Family 4. The most outstanding of the halide glasses is BeF_2. This substance, which has the same structure as crystobalite (SiO_2), is even extremely difficult to obtain in the crystalline state. Other halides that can occur in the vitreous state are $(PNF_2)_x$[2], $PNCl_2$, $PbCl_2$, $ZnCl_2$ and PBr_5[2].

Family 5. Of the substances generally denoted as salts there are several, including mixtures, which can be made vitreous; they include various sulphates (Tl_2SO_4, $K_2S_2O_7$, $KHSO_4$[3]), mixed silicates and sulphates (e.g. the Pb_2SiO_4—$PbSO_4$ system, provided it contains more than 50 mole % Pb_2SiO_4[4], carbonates (e.g. $K_2Mg(CO_3)_2$ under pressure[5]) and nitrates[6,7].

It should be noted, however, that the conditions must generally be very carefully selected for obtaining the substances of Family 5 in vitreous form.

As regards Families 1 to 4 glass formation takes place on the whole fairly easily. A criterion common to all these substances which gives them their special character in this respect, will be discussed in the following section.

4. Explanation of glass formation in the case of binary compounds in terms of chemical bonds. According to Winter the ability of atoms to form bonds which lead to the vitreous state is related to their position in the Periodic Table of the elements[8]. As stated in Sect. 3, simple glasses containing only *one* kind of atom are formed by elements of Group VI of the Periodic Table (O, S, Se, Te). These are the only elements known to form monatomic glasses, and they retain this ability to form glasses when mixed or chemically bound to each other. The elements of Group VI may also form binary glasses (i.e. glasses containing two kinds of atoms) with the elements of Groups III to V, both main and sub-groups[9] (Families 2 and 3 in Sect. 3). Binary glasses are also known to exist which are composed of an element of Group VII (F, Cl, Br or I) with certain elements of one of Groups II to IV (Family 4 in Sect. 3). According to the same author[10], the relation to the Periodic Table exists, because the average number of p electrons present per atom is of importance. The outermost electron shells of the atoms of the various groups of the Periodic Table are—denoted in the conventional way—as follows:

Group VI (O, S, Ti, Te): $s^2 p^4$
Group V (N, P, As, Sb, Bi): $s^2 p^3$
Group IV (C, Si, Ge, Sn, Pb): $s^2 p^2$
Group III (B, Al, Ga, In, Tl): $s^2 p$
Group VII (F, Cl, Br, I): $s^2 p^5$.

The elements of Group VI are the only ones containing *four p* electrons per atom, and also the only elements capable of forming the vitreous state.

---

[1] A. Winter: C. R. Acad. Sci., Paris **240**, 73 (1955). — J. Amer. Ceram. Soc. **40**, 54 (1957).

[2] A. Winter: C. R. Acad. Sci., Paris **240**, 73 (1955).

[3] W. A. Weyl and T. Förland: J. Amer. Ceram. Soc. **33**, 186 (1950).

[4] L. Merker and H. Wondratschek: Glast. Ber. **30**, 473 (1957).

[5] W. Eitel and W. Skaliks: Z. anorg. allg. Chem. **183**, 263 (1929).

[6] A. Dietzel and H. J. Poegel: Atti del III Congr. Internaz. del Vetro, Venezia 1953, p. 219. — S. Urnes: Glastechn. Ber. **31**, 337 (1958).

[7] J. M. Stevels: Philips techn. Rev. **13**, 299 (1952).

[8] A. Winter: J. Amer. Ceram. Soc. **40**, 54 (1957).

[9] For this nomenclature, cf. [31], Volume I, p. 2.

[10] A. Winter: C. R. Acad. Sci., Paris **240**, 73 (1955). — Verres et Réfractaires **9**, 147 (1955).

It is interesting to note that for this group of vitreous substances, the relation between the temperatures T_L and T_g

$$T_g = \tfrac{2}{3} T_L \tag{4.1}$$

holds very precisely (Table 1).

Inspite of having fewer p-electrons, combinations of elements from Group VI with elements from Groups III to V can also form glasses, but the ratio of the total number of p-electrons n_p to the total number of atoms n_a must not become too small, i.e. equal to or lower than 2. The following example in the case of the sodium silicates elucidates this (Table 2).

It is of no consequence whether the major portion of the p-electrons is provided by an atom from Group VI or from another group.

Elements from Group VII can also produce glasses with elements from Groups II to V provided the ratio n_p/n_a remains greater than 2. Examples are BeF_2, $(PNF_2)_x$, $PNCl_2$, $PbCl_2$, PBr_5, $AgBr$, $AgCl$ and AgI. Winter has been able in recent years, by combining atoms containing sufficiently large numbers of p-electrons, to produce numerous glasses that were hitherto unknown.

The merit of this theory is that it attributes the cause of the vitreous state not to the presence of certain kinds of atoms but to the chemical bonding between the atoms. The p-electron is a directed bond which, owing to the extended form

Table 1. *The liquidus temperatures and transformation temperatures of the elements of Group VI of the Periodic Table.*

Element	T_L (°K)	T_g (°K)
Oxygen	55	37
Sulphur	393	262
Selenium	493	328
Tellurium	725	484

Table 2. *The ratio n_p/n_a for a number of sodium silicates in its relation to their glass-forming abilities.*

Composition	SiO_2	$Na_2O \cdot 2SiO_2$	$Na_2O \cdot 2CaO \cdot 3SiO_2$	$Na_2O \cdot SiO_2$	$3Na_2O \cdot 2SiO_2$	$2Na_2O \cdot SiO_2$
Number of atoms n_a	3	9	16	6	15	9
Number of p-electrons n_p	10	24	42	14	32	18
ratio n_p/n_a	3.3	2.66	2.63	2.33	2.1	2
ability for glass formation	easy to obtain in vitreous state			easy devitrification		no glass formation

of its orbit, easily gives rise to a covalent bond. This ties up very well with the theories which we shall discuss in Sect. 7. Moreover, directed bonds imply the tendency to "open" structures and high viscosities, both of which are features that promote glass formation.

On the other hand, the value of this theory must not be overestimated. Winter's criterion gives useful indications about where the vitreous systems are to be found, but it does not lead to a complete understanding of the phenomenon. Numerous substances can be mentioned which, inspite of having sufficient p-electrons, can still not be obtained in the vitreous state. Examples are CeO_2, SnO_2, PbO_2, Al_2O_3. Her criterion is, therefore, not decisive.

Moreover, in certain cases (invert glasses, cf. Sect. 42) it does not even hold.

5. Zachariasen's theory on the structure of inorganic oxide glass. As regards the inorganic oxide glasses Zachariasen's theory has been of fundamental significance to the development of our knowledge of the structure of the vitreous state.

His theory is not based on the distribution of electrons between the atoms, but rather on certain specific properties known in crystal chemistry, which describes matter in terms of the ordering of atoms (ions) in space[1].

ZACHARIASEN's hypothesis is that the manner in which the atoms or ions are ordered in the vitreous state—at least as regards short-range order—is the same as in the crystalline state. The difference between the two states is found, seen crystallographically, in the long-range order. Whereas the crystalline state is built up from a lattice which in general exhibits periodicity and symmetry, these properties are lacking in the vitreous state. In the latter case we prefer the name network instead of lattice.

Fig. 6 shows two-dimensional representations of a lattice and of a network for the oxide A_2O_3. Each oxygen ion is directly bound to two cations A only and each cation A is associated with only three oxygen ions[2]. The condition for the existence of a network is that the structure of the corresponding lattice must be sufficiently open and that the structural elements of the lattice (in the case of Fig. 6 triangular groups of oxygen ions) are so bound together as to allow a certain amount of play.

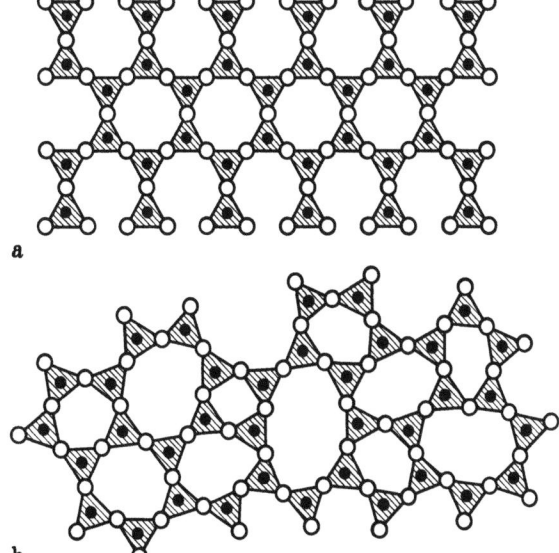

Fig. 6a and b. Two-dimensional schematic representation of an oxide A_2O_3 (a) in the crystalline state, (b) in the vitreous state, after ZACHARIASEN. The black dots represent the cations A, the circles the oxygen ions.

For an oxide to occur in the vitreous state, its space lattice (i.e. with extension in three dimensions) must satisfy certain conditions, which ZACHARIASEN formulated as follows:

1. Every oxygen ion must be bound to not more than two cations.

2. The oxygen polyhedra adjacent to each other must have common corners but no common edges or faces.

3. The number of oxygen ions surrounding the same cation must be three or four.

4. Each oxygen polyhedron must have at least three corners in common with neighbouring polyhedra.

The physical significance of these rules does not differ from what has been said for the two-dimensional figures discussed above. If conditions 1 and 2 are not satisfied, the positions of the polyhedra with respect to each other are so fixed as to exclude the play necessary for the formation of the vitreous structure. As

---

[1] W.H. ZACHARIASEN: J. Amer. Chem. Soc. **54**, 3841 (1932). — J. Chem. Phys. **3**, 162 (1935).

[2] In the networks discussed here we are not concerned with ions or atoms, but with an intermediate situation. In using the term ions we are following the terminology used in crystal chemistry.

regards condition 3, if there are more than four oxygen ions surrounding the cation, this implies that the oxygen ion itself will be too densely surrounded, resulting in a highly compact structure. Condition 4 is necessary to ensure the spatial coherence of the network.

It is ZACHARIASEN's hypothesis that the oxides whose structures satisfy the above conditions can occur in the vitreous as well as in the crystalline state. Such oxides are called glass-forming oxides (cf. Sect. 3); the cations capable of giving rise to glass-forming oxides are known as network-forming ions. In Fig. 7 a survey is given of the names of these network-forming ions and of their positions in the Periodic Table. Of course, network-forming ions are elements of Groups III to V (cf. Sect. 4).

As a rule, the oxides A_2O and AO (A = cation) cannot satisfy ZACHARIASEN's requirements. The oxides A_2O_3 can do so if the oxygen ions form triangles around each A ion, and the AO_2 and A_2O_5 oxides can do so if the oxygen ions form tetrahedra. ZACHARIASEN thought it probable that condition 2 ruled out the oxides AO_3, A_2O_7 and AO_4.

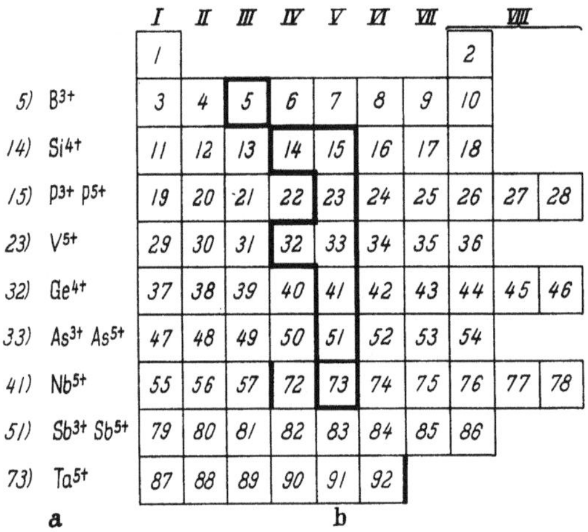

Generally speaking, ZACHARIASEN's theory describes the situation reasonably well. There is no doubt that B_2O_3, SiO_2, GeO_2, P_2O_5 and As_2O_5 are readily obtained in the vitreous state. The oxide B_2O_3 is considered as a perfect example of a structure built up from triangles, BO_3 triangles being also found in certain crystalline borates. SiO_2, GeO_2, P_2O_5 and As_2O_5 are regarded as being built up from tetrahedra, SiO_4, GeO_4, PO_4 and AsO_4 tetrahedra being found in various crystalline substances.

Fig. 7 a and b. Representation of (a) the names of the network-forming ions according to ZACHARIASEN and (b) their position in the Periodic Table of the elements. The groups are indicated by Roman numbers; the thick line between elements 57 and 72 stands for the lanthanides, the one right of element 92 for the transuranic elements.

In crystalline As_2O_3 and Sb_2O_3 there are six oxygen ions surrounding the As^{3+} or Sb^{3+} ions, three of them being closer than the rest. The approximation of a three-coordination is better in As_2O_3 than in Sb_2O_3, and it is thought that in P_2O_3 the approximation will be better still. The probability of glass formation should therefore increase in the order Sb_2O_3, As_2O_3 and P_2O_3.

Ta_2O_5[1] and V_2O_5[2-4] do not seem to vitrify by themselves (but they definitely do in combination with other oxides), while As_2O_3 and Sb_2O_3 form glasses[5, 6], although the latter not very readily. Nb_2O_5 also exhibits vitrification[3].

There seems to be no information available on Sb_2O_5 and P_2O_3.

---

[1] L. NAVIAS: J. Amer. Ceram. Soc. **24**, 167 (1941).
[2] G. HÄGG: J. Chem. Phys. **3**, 42 (1935).
[3] P.L. BAYNTON, H. RAWSON and J.E. STANWORTH: Trav. du IVe Congr. Internat. du Verre, Paris 1956, p. 52.
[4] B.W. KING and L.L. SUBER: J. Amer. Ceram. Soc. **38**, 306 (1955).
[5] E. KORDES: Z. phys. Chem. B **43**, 173 (1939).
[6] W.A. HEDDEN and B.W. KING: J. Amer. Ceram. Soc. **39**, 218 (1956).

In combination with other oxides, TeO_2 [1-3], Bi_2O_3 [4], MO_3 [2,3] and WO_3 [2,3], also form glasses although they do not fulfill ZACHARIASEN's requirements (they do, however, satisfy WINTER's criterion, mentioned in Sect. 4).

There seems therefore to be good reason not to regard ZACHARIASEN's theory as conclusive. We shall return to this in Sect. 6.

More complex glasses can be obtained by the fusion of one or more glass-forming oxides with a number of metal oxides, such as Na_2O, K_2O, CaO, BaO, ZnO, PbO or combinations thereof [5].

According to ZACHARIASEN one should think of the network of these inorganic oxide glasses as again being built up of similar triangles or tetrahedra as in the glass-forming oxides. These polyhedra share only corners with each other. The metal oxides are "built in" in such a way as to produce oxygen ions which belong to only one network-forming ion. Each "bridging oxygen ion" of the original network is substituted in this process as it were by two "non-bridging" oxygen ions. The metal ions occupy a position in the already existing interstices in the network. Naturally, the non-bridging oxygen ions and the additional metal ions will be close neighbours, so that the electro-neutrality is maintained. The structure of an inorganic glass of this nature is represented by a two-dimensional model in Fig. 8.

The hatched ions in this figure which as a rule represent monovalent and divalent ions, are called network-modifying ions. They are the cations mentioned already, such as Na^+, K^+, Ca^{2+}, Ba^{2+}, Zn^{2+}, Pb^{2+} etc. The most common network-forming ions are the cations of ZACHARIASEN's glass-forming oxides, such as Si^{4+}, B^{3+}, P^{5+}, Ge^{4+}, As^{5+}, Ta^{5+} and V^{5+} but which, as already mentioned include others such as Te^{4+} and Bi^{3+}.

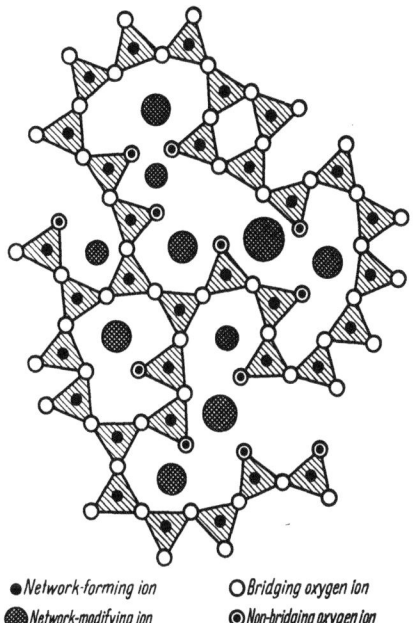

● Network-forming ion   ○ Bridging oxygen ion
▨ Network-modifying ion   ◉ Non-bridging oxygen ion

Fig. 8. Two-dimensional schematic representation of an oxide glass after ZACHARIASEN.

The Al^{3+} ion occupies a special position. The compound Al_2O_3 is not known in the vitreous state. Nor does it produce glasses in combination with the common metal oxides, with the exception of CaO, with which certain calcium aluminate glasses [6] can be formed.

The Al^{3+} ion does, however, occur as a network-forming ion when other network-forming ions, such as Si^{4+}, B^{3+} and P^{5+} are present at the same time. In that case it can replace Si^{4+} ions isomorphously. In these circumstances Al_2O_3 together with metal oxides can indeed lead to glass formation. In fact,

---

[1] J.E. STANWORTH: J. Soc. Glass Technol. **38**, 425 (1954). — G.W. BRADY: J. Chem. Phys. **24**, 477 (1956); **27**, 300 (1957).

[2] P.L. BAYNTON, H. RAWSON and J.E. STANWORTH: Trav. du IVe Congr. Internat. du Verre, Paris 1956, p. 52.

[3] A.E. DALE, E.F. PEGG and J.E. STANWORTH: Research **7**, 38 (1954).

[4] M.S.R. HEYNES and H. RAWSON: J. Soc. Glass Technol. **41**, 347 (1957).

[5] In practice this is often done by fusing the glass-forming oxides with appropriate nitrates or carbonates.

[6] J.E. STANWORTH: J. Soc. Glass Technol. **32**, 154 (1948).

practically all technical glasses contain smaller or larger quantities of Al^{3+} ions as network-forming ions.

It is on the whole very difficult to divide the ions in network-forming and network-modifying ones. As regards the ions discussed so far, viz. Si^{4+}, B^{3+}, P^{5+}, and Na^+, K^+ and Ba^{2+} it is evident that they belong respectively to the first and second group. There are various other ions, however, which cannot be readily classified in this way. In fact, these "intermediates" such as Mg^{2+}, Li^+ and Zn^{2+} ions are often found in both forms side by side in one and the same glass and the question of the equilibrium between the two forms frequently depends on a variety of other circumstances. We shall return to this point in Sect. 11.

It has been found convenient to use various quantities to characterize the degree of internal coherence of the network. The average number of oxygen ions per network-forming ion is often represented by R. For example $R=2$ for SiO_2, and $R=3$ for glass having a composition $Na_2O \cdot SiO_2$.

In general the quantity R (which can be computed for the most complex glasses from their chemical composition, provided one knows which cations are network-forming ions) will not be a whole number. To give an example, for a glass containing 15 mole % Na_2O, 6 mole % CaO and 79 mole % SiO_2,

$$R = \frac{15 + 6 + 2 \times 79}{79} = 2.27.$$

Confining ourselves to glasses in which only one kind of network-forming ion occurs (surrounded by Z oxygen ions, Z being usually 3 or 4) we can write:

$$X + Y = Z, \qquad X + \tfrac{1}{2} Y = R, \tag{5.1}$$

in which X is the average number of non-bridging oxygen ions per polyhedron and Y the average number of bridging oxygen ions per polyhedron, the procedure of averaging being carried out over *complete* polyhedra[1,2].

Eq. (5.1) can also be written as

$$X = 2R - Z, \qquad Y = 2Z - 2R. \tag{5.2}$$

In the case of silicate and phosphate glasses, where $Z=4$, the equations

$$X = 2R - 4, \qquad Y = 8 - 2R \tag{5.3}$$

give in first approximation the number of non-bridging and bridging oxygen ions respectively per polyhedron, which can be calculated directly from the composition. For the borates different though similar formulas hold; see Sect. 9.

Mention should be made of the special effect of additions of Al_2O_3. Since the Al^{3+} ion occurs solely with a coordination number 4 and Al_2O_3 introduces only $1\tfrac{1}{2}$ oxygen ion per network-forming ion, the non-bridging oxygen ions of the network are "used up", and the bridging oxygen ions are increased in number. This appears from Table 3 in which—as an example—the values of R, X and Y are given for a number of glass compositions.

The influence of the presence of Al_2O_3 on various physical properties will, for instance, be discussed in Sects. 10β and 23 [3].

---

[1] Note that in adopting this procedure of averaging the bridging oxygen ions are counted twice; the average number of non-bridging and bridging oxygen ions really present *per network-forming ion* is equal to X and $\tfrac{1}{2} Y$, respectively. Cf. Eq. (5.1).

[2] In Sect. 10 β we shall discuss glasses in which oxygen ions are bound to more than two network-forming ions. For this exception to ZACHARIASEN's rules the applicable expression is naturally $X + \dfrac{1}{q} Y = R$, where $q > 2$.

[3] As far as the electrical and optical properties are concerned, cf. J. O. ISARD: J. Soc. Glass Technol. **43**, 113 (1959).

The quantity Y gives the average number of points of contact between the oxygen tetrahedra and their environment, and as such it determines the degree of internal coherence of the network. There are certain physical properties which, in first approximation, are determined by the value of Y; for the electrical properties, reference in this respect is made to [17]. On the other hand, it is logical that the nature of the network-modifying ions must play an important role (cf. Sects. 6, 8, 19, 23).

If the above picture is correct, it follows that, for glass compositions corresponding with values of $Y \leq 2$, no spatial network can be expected since each tetrahedron has no more than 2 bridging oxygen ions in common with other tetrahedra, in other words, the SiO_4 tetrahedra form chains. In this region glasses are found, which, in many respects, have different properties as compared with the conventional glasses. These glasses are called invert glasses; they will be treated separately in Sect. 42.

For various reasons the real value of Y (Y_r) is not equal to that calculated by Eqs. (5.3) from the chemical composition (Y_c). A few of these reasons are:

Table 3. *Relation between R, X and Y for a number of simple glasses.*

Glass composition	R	X	Y
$2 Na_2O \cdot 4 SiO_2$	$2\frac{1}{2}$	1	3
$2 Na_2O \cdot 2 SiO_2 \cdot Al_2O_3$.	$2\frac{1}{4}$	$\frac{1}{2}$	$3\frac{1}{2}$
$2 Na_2O \cdot 2 SiO_2$	3	2	2
$2 Na_2O \cdot SiO_2 \cdot \frac{1}{2} Al_2O_3$.	$2\frac{3}{4}$	$1\frac{1}{2}$	$2\frac{1}{2}$
P_2O_5	$2\frac{1}{2}$	1	3
$Al_2O_3 \cdot P_2O_5$	2	0	4
SiO_2	2	0	4

1. As mentioned, there are various ions for which usually an equilibrium occurs in one and the same glass between the numbers present as network-forming and those present as network-modifying ions. In these cases it is not possible to calculate the value of Y from the composition, unless other data are available, giving information about the equilibrium. This equilibrium will exist for each kind of ion, although it may lie displaced entirely to the one or the other side. That means, however, that it is often extremely difficult to calculate the true value of Y from the composition. If, for instance, a certain percentage of conventional network-modifying ions is occupying network-forming positions, Y_r will be larger than Y_c.

2. The influence of temperature. It is known that at higher temperatures more and more Si—O—Si bridges are broken; this was demonstrated experimentally by ZARZYCKI[1] with the aid of X-ray diffraction photographs at elevated temperatures (up to 1600° C). Roughly speaking, the number of contact points per polyhedron Y_r will tend to assume increasingly lower values at higher temperatures, until it will be no longer possible to calculate its value from the composition. It would be extremely interesting to know Y_r as a function of T, but unfortunately little progress has been made in this direction.

As regards glasses which are not entirely stabilized it is also true that Y_r is smaller than the value Y_c calculated from the composition. The higher the fictive temperature of the glass (cf. Sect. 2) the more Y_r will deviate from Y_c.

3. The influence of "water". It is known that certain quantities of water are often found in glass, depending on how the latter has been manufactured. It must be assumed that at least a considerable part of the water is incorporated in the network in such a way that for each molecule H_2O present a bridging oxygen ion is substituted by two OH groups.

---

[1] J. ZARZYCKI: Trav. du IVe Congr. Internat. du Verre, Paris 1956, p. 323. — Verres et Réfr. **11**, 323 (1957).

The occurrence of "water", therefore, also results in a value of Y_r which is smaller than Y_c.

6. Confirmation of ZACHARIASEN's theory in the case of silicate glasses, and criticisms of the theory. α) *Experimental confirmation of Zachariasen's theory by X-ray analysis.* The random network theory, postulated in 1932 by ZACHARIASEN, was confirmed experimentally with the technique of X-ray diffraction analysis in the years 1935 to 1940 by WARREN and co-workers.

It had long been known that glasses give diffuse X-ray diffraction patterns similar to those obtained with liquids, and in marked contrast to the sharp line patterns of crystalline solids. The diffraction band of vitreous SiO_2 practically

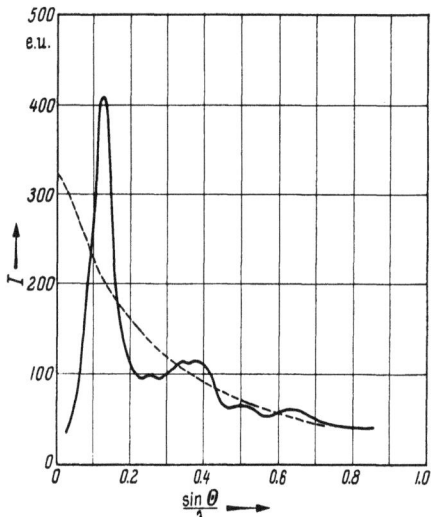

Fig. 9. X-ray intensity curve for vitreous silica in electron units per SiO_2 after WARREN. Dashed line: independent scattering of SiO_2.

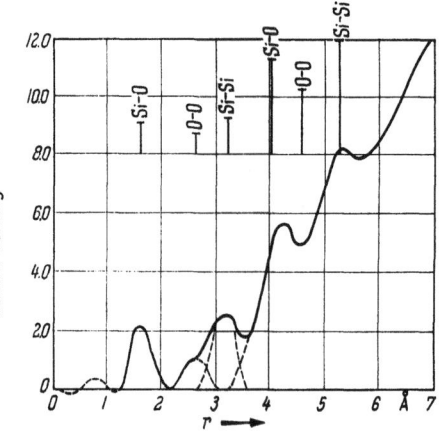

Fig. 10. Radial distribution of the electron density in arbitrary units for vitreous silica. The height of the vertical lines is proportional to the different peak areas. After WARREN.

coincides with the main line observed in the cristobalite Debye-Scherrer X-ray pattern. This would mean that the interatomic distances in vitreous SiO_2 and cristobalite are practically identical.

WARREN adopted special measures to make the X-radiation essentially monocromatic, and was accordingly able to ascertain from the diffraction-band pattern the average number of oxygen atoms surrounding a silicon atom. For a detailed discussion of the method employed the reader is referred to [2], p. 16—21. Fig. 9 shows the X-ray intensity curve for vitreous silica in electron units as a function of $\frac{\sin \Theta}{\lambda}$ (Θ is the deflection angle as compared to the primary beam, λ is the wavelength of the radiation). Correction is necessary to allow for the independent scattering. By analyzing this experimental curve with the method commonly used for crystals, WARREN was able to find the radial distribution curve of the electron density for vitreous silica as a function of distance (Fig. 10). As usually, the position of the peaks gives the atomic distances and from the area under the peak it is possible to calculate the numbers at that distance. From the first peak one finds a Si—O distance of 1.62 Å, while in fused silica each silicon atom is surrounded on the average by about four oxygen atoms.

If the silicon ion is surrounded by four oxygen ions at the corners of a tetrahedron, then the next larger atomic distance is the O—O spacing, which is

2.65 Å. Similarly the still larger distances may be calculated, the results also being shown in Fig. 10. According to WARREN[1], the first Si—Si spacing is 3.2 Å, so that the Si—O—Si bridge encloses an angle of 180°: in other words fused silica has a cristobalite-like structure.

In more recent work, ZARZYCKI finds 1.62 Å for the Si—O distance and 2.9 Å for the first Si—Si distance, which indicates that the Si—O—Si angle is not 180°. From his experimental work and a number of theoretical considerations he comes to the conclusion that the Si—O—Si angle is about 145°. According to his experiments, the Si—O—Si angle has the same value at 20 as at 1600° C. According to Zarzycki vitreous silica should therefore rather be like quartz than like cristobalite[2].

MACKENZIE and WHITE[3] have solved this contradiction by showing, that the Si—O—Si angles in α- and β-cristobalite, as calculated from earlier X-ray diffraction studies by various authors lie between 142° and 152°. The same holds in most silicate crystals. Moreover, neutron diffraction studies of vitreous silica by MILLIGAN, LEVY and PETERSON[4] give as a result for the Si—O distance 1.58 Å, for the Si—Si distance 3.02 Å and the Si—O—Si angle 146°.

A comparison of the molar volumes of β-cristobalite and vitreous silica at 0° K (to eliminate the effect of thermal expansion) shows, that these are very nearly equal. Moreover, these

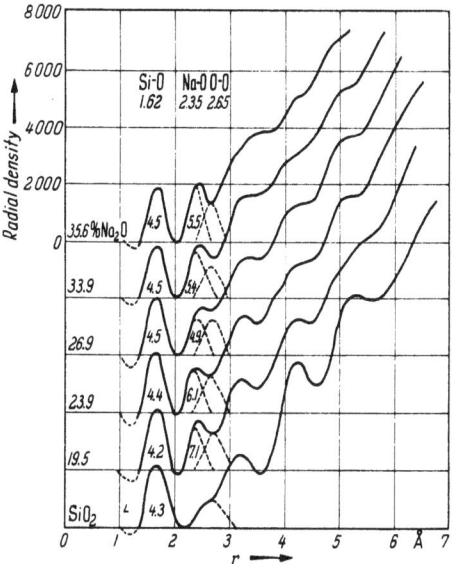

Fig. 11. Radial distribution of the electron density in arbitrary units for sodium silicate glasses. The bottom curve is for SiO$_2$ and the others for glasses with progressively higher Na$_2$O content (indicated in mole % Na$_2$O). Each of the five curves for the sodium silicate glasses has been displaced vertically to avoid confusion. After WARREN.

volumes do not appreciably differ at elevated temperatures (cf. [*29*], p. 365). The conclusions are thus in favour of a disordered cristobalite-type structure for vitreous silica rather a quartz-type structure of high density or a structure involving a more open network based on a Si—O—Si angle of 180°.

WARREN and co-workers[5] have also investigated the structure of a number of sodium silicate glasses. Fig. 11 shows the radial electron distribution as a function of the distance to a given Si^{4+} ion. It can again be seen that the Si—O distance is 1.62 Å whereas the Na—O distance is 2.35 Å and the O—O distance 2.65 Å. The number of oxygen ions around each silicon is again of the order of 4 and the number of oxygens around each sodium is 4.9 to 7.1, i.e. of the order of 6. This picture is constistent with the model of the structure of sodium silicate glasses, mentioned in Sect. 5.

---

[1] B.E. WARREN: Z. Kristallogr. **86**, 349 (1933). — B.E. WARREN, H. KRUTTER and O. MORNINGSTAR: J. Amer. Ceram. Soc. **19**, 202 (1936).
[2] J. ZARZYCKI: Verres et Réfr. **11**, 3 (1957).
[3] J.D. MACKENZIE and J.L. WHITE: J. Amer. Ceram. Soc. **43**, 170 (1960).
[4] W.O. MILLIGAN, H.A. LEVY and S.W. PETERSON: Phys. Rev. **83**, 226 (1951).
[5] B.E. WARREN and A.D. LORING: J. Amer. Ceram. Soc. **18**, 269 (1935). — B.E. WARREN and J. BISCOE: J. Amer. Ceram. Soc. **21**, 259 (1938).

Similar structures were found by WARREN and co-workers for a number of potassium silicate glasses and sodium calcium silicate glasses[1]. In all these cases SiO_4 tetrahedra of the same magnitude were found as for sodium silicate glasses. The average distance K—O and Ca—O and the coordination numbers of K and Ca were indicated. Lead silicate glasses were investigated with similar results by BAIR[2] and KROGH-MOE[3]. Barium silicate glass was investigated by BROSSET[4].

DIETZEL and DEEG[5] have shown that a two-dimensional network similar to that proposed by ZACHARIASEN and WARREN can be obtained with a large number of drifting models of network-forming and network-modifying ions, the charge and polarization of which is simulated by magnets and which are given the opportunity to orient themselves freely. The behaviour of such a network during slow or rapid cooling (influence of fictive temperature) and under compressive and shearing loads can be very elegantly studied in this way.

β) Criticisms of Zachariasen's theory. We have already mentioned that the Warren-Zachariasen random-network theory does not in all cases provide an interpretation of certain phenomena. There are a few other things to be mentioned.

WEYL[6], for example, points out among other things that equivalent additions of different alkali oxides have different effects on the liquidus temperature of silica. Inspite of producing the same number of non-bridging oxygen atoms, 16, 10, 7 and 5 mole % of Li_2O, Na_2O, K_2O and Rb_2O respectively are required to lower the liquidus temperature from 1700° C for pure SiO_2 to 1500° C for the alkali silicate glass. This indicates that there are physical properties which are not determined by Y only, but to a great extent also by the nature of the cations (cf. Sect. 5). This, however, is quite logical and no argument against the random network theory.

According to WEYL, the complete randomness and continuity may apply to the high temperature structure of a glass, at lower temperature a less random arrangement being favoured.

GRJOTHEIM[7] summed up several sources of error of the X-ray diffraction method, which according to him therefore has led to too far-reaching conclusions. The X-ray technique is only suitable for the study of atomic distances in the nearest coordination spheres of the atoms of the glass. The method is less suitable for the determination of coordination numbers from areas of peaks. However, information about the atomic distances can indirectly give evidence about the coordination numbers.

Another point of criticism of the Zachariasen theory is, that even the fundamental building stones are not invariable. ZARZYCKI and NAUDIN[8] showed by means of infra-red analysis that at least in a number of simple glasses the SiO_4 tetrahedra show an asymmetric deformation, the distance Si—O being smaller for a non-bridging oxygen than for a bridging one. This information cannot be obtained by evaluating X-ray diffration photographs of glass samples.

---

[1] J. BISCOE, M. A. A. DRUESNE and B. E. WARREN: J. Amer. Chem. Soc. **24**, 100 (1941). — J. BISCOE: J. Amer. Ceram. Soc. **24**, 262 (1941).
[2] G. J. BAIR: J. Amer. Ceram. Soc. **19**, 339 (1936).
[3] J. KROGH-MOE: Z. phys. Chem., N.F. **18**, 223 (1958).
[4] C. BROSSET: J. Soc. Glastechn. **52**, 125 (1958).
[5] A. DIETZEL and E. DEEG: Glastechn. Ber. **30**, 282 (1957).
[6] W. A. WEYL: J. Soc. Glass Technol. **35**, 421 (1951). — Glastechn. Ber. **30**, 269 (1957). — Central Glass & Ceram. Res. Inst. Bull. **4**, 121 (1957).
[7] K. GRJOTHEIM: Glass Ind. **39**, 201 (1958).
[8] J. ZARZYCKI and F. NAUDIN: Verres et Réfr. **14**, 113 (1960).

Sect. 7. Mixed chemical bonding forces as a condition for glass formation. 525

In recent years there has been no lack of proposals for describing the structure of glass as a not completely random network. Experiments also point in this direction. Both these ideas and experiments are discussed in Sect. 8.

This does not, however, detract from the Zachariasen-Warren network theory as a first approximation of the structure of glass, which can help to explain many physical properties. Caution is nevertheless necessary.

Fig. 12. Electron density in arbitrary units in crystalline quartz; projection in the direction of a two-fold axis after BRILL, HERMANN and PETERS.

7. Mixed chemical bonding forces as a condition for glass formation.
Whereas ZACHARIASEN's theory takes the spatial ordering of the ions as the criterion of glass-forming ability, SMEKAL[1] has drawn attention to the significance of the nature of the chemical bonds involved.

---
[1] A. SMEKAL: J. Soc. Glass Technol. 35, 411 (1951). — Glastechn. Ber. 22, 284 (1949).

According to SMEKAL, glasses are, in general, polymer states, characterized by rigid irregular networks. Closer analysis of their properties leads to the following general necessary conditions for glass-forming ability:

1. Local stability of fixed irregular states demands mixed chemical bonding forces, which are partly covalent (i.e. directed) and partly undirected.

2. Large-scale stability of such states may exist only if there is no way to transform these irregular arrangements by continuous geometrical deformations into regular states without breaking valencies.

Both rules are obeyed in the case of the inorganic oxide, sulfide and selenide glasses, but they also indicate why other substances, such as vitreous sulphur and selenium, can exist outside this group (see Sect. 3). The possible relation between this conception and WINTER's criterion has already been referred to (Sect. 4).

In SMEKAL's view, pure ionic compounds and pure covalent compounds occur solely in the crystalline state. Compounds which have a mixture of both forms of bonding tend towards the vitreous state.

This can take place in two ways: the substance may be one incorporating two kinds of bonding side by side (S, Se, As_2O_3, Sb_2O_3, inorganic oxide glasses) or it may be one with only one kind of chemical bond which has a mixed character (SiO_2).

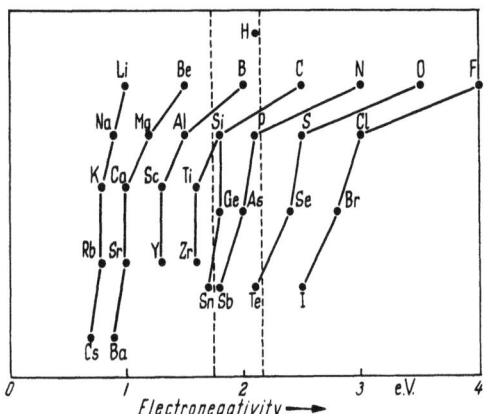

Fig. 13. Electronegativity scale in electron volts in the Periodic Table of the elements according to PAULING. The cations forming oxide glasses are found within the drawn rectangle.

The mixed type of bond can in some cases be represented by a diagram of the electron-density distribution, an example of which is given for quartz crystal in Fig. 12[1]. The projection of a SiO_4 group is clearly seen at the bottom of the left half of the picture. Though the ionic character of both the silicon and oxygen ions is obvious, there is a certain amount of overlap indicating the covalent character. The high electron densities at the top of the right half of the picture have no meaning in this respect, since they represent the projection of two silicon and two oxygen ions which do not quite coincide.

Reasoning along these lines, GRJOTHEIM and KROGH-MOE[2] showed that the glass-forming ability of a cation in an oxide glass depends on the amount of covalency in the cation-oxygen bond. The cations forming oxide glasses fall on PAULING's electro-negativity scale[3] within a fairly narrow interval, namely between 1.8 and 2.1 e.V. (see Fig. 13). In these cases the cation-oxygen bond can be described as having a mixed character (about 50% covalent and about 50% ionic; cf. also Sect. 11). On the other hand, this should explain the ability of such widely differing elements as H[4], Te and Sb to form oxide glasses.

---

[1] R. BRILL, C. HERMANN and C. PETERS: Naturwissenschaften **27**, 676 (1939); cf. also H. SALMANG: Naturwissenschaften **45**, 4 (1958).

[2] K. GRJOTHEIM and J. KROGH-MOE: Glast. Tidskr. **11**, 47 (1956).

[3] L. PAULING: The Nature of the Chemical Bond, p. 65. Ithaca: Cornell University Press 1945.

[4] J.A. PRYDE and G.O. JONES: Nature, Lond. **170**, 685 (1952).

From Fig. 13 it is seen that the glass-forming oxides are found in the transition area between those forming ionic crystals and those forming covalent crystals, in accordance with SMEKAL's general formulation.

In the view of GRJOTHEIM and KROGH-MOE the reason that As_2O_3 and Sb_2O_3 form glasses does not reside in the fact that the As^{3+} or the Sb^{3+} ion has a coordination number of 3 (including only the closest oxygen neighbours) which makes it satisfy ZACHARIASEN's requirements. In fact there are three other oxygen neighbours at somewhat longer distances from the central ion, which give rise to different kinds of bond, and which may have an essential bearing on the tendency of these substances to form glasses.

It is thus not the three close oxygen neighbours of the As^{3+} or the Sb^{3+} ion respectively, but rather those at a larger distance which are of interest for the glass formation.

8. Modification of the random network theory. VOGEL and collaborators[1] using the electron microscope, obtained evidence of structural inhomogeneities in glass (not to be confused with the normal inhomogeneities) of the order of 200 Å or even lower. This is found in alkali beryllium fluoride glasses, alkaline-earth silicate glasses, simple sodium borate and technical borosilicate glasses. These inhomogeneities are probably due to a phase separation which already takes place in the liquid (liquid immiscibility). This effect is also studied by a number of other authors[2].

A wide variation of patterns was found among the various glasses investigated. Since the inhomogeneities in question are usually much smaller than the wavelength of visible light the glass is still transparent.

Sometimes, these results are interpreted as being in contradiction with the network theory. This conclusion seems to go too far. These results do not affect the principle of the network theory and as a first approximation the network theory certainly retains its validity.

One can only say that these experiments suggest that the structure of a glass is not completely random and also that the network is not unlimited in extension, but it certainly does not mean that the occurrence of an irregular network of network-forming, network-modifying and oxygen ions is not fundamental for the structure of oxide glasses.

It should be mentioned that in the Russian literature the idea of partial order in the vitreous state is encountered, frequently referred to as the crystallite theory. The name is not happily chosen in view of the fact that this theory describes the vitreous state in terms of certain regions having greater order than complete randomness and which are bound together via regions with a higher degree of randomness. For a more detailed discussion the reader is referred to a paper by PROD'HOMME[3], in which the arguments for and against the crystallite theory are reviewed and to a paper by ZAGAR[4].

Evidence for the crystallite theory concept is given by PORAI-KOSHITS and ANDREYEV[5]. Especially by low-angle X-ray scattering is it shown that a certain "local chemical order" exists. Fig. 14 shows, as an model, a two-dimensional

---

[1] W. VOGEL and K. GERTH: Glastechn. Ber. **31**, 15 (1958). — W. SKATULLA, W. VOGEL and H. WESSEL: Silikattechn. **9**, 51 (1958).

[2] E. M. LEVIN and S. BLOCK: J. Amer. Ceram. Soc. **40**, 95, 113 (1957). — B. S. R. SASTRY and F. A. HUMMEL: J. Amer. Ceram. Soc. **42**, 81 (1959).

[3] L. PROD'HOMME: Verres et Réfr. **12**, 69 (1958). — Glass Ind. **39**, 587 (1958).

[4] L. ZAGAR: Sprechs. **94**, 205 (1961).

[5] E. A. PORAI-KOSHITS and N. S. ANDREYEV: J. Soc. Glass Technol. **43**, 235 (1959). — E. A. PORAI-KOSHITS: Glastechn. Ber. **32**, 450 (1959).

representation of a glass of the overall composition $Na_2O \cdot 2SiO_2$, in which even areas of composition SiO_2 and $Na_2O \cdot SiO_2$ are present.

In reality the amount of variation in the composition of the different areas will be much smaller. It seems very unlikely that areas of such different composition occur, or expressing it in another way, that areas occur in which tetrahedra with four and tetrahedra with two bridging oxygen ions are present in one and the same glass.

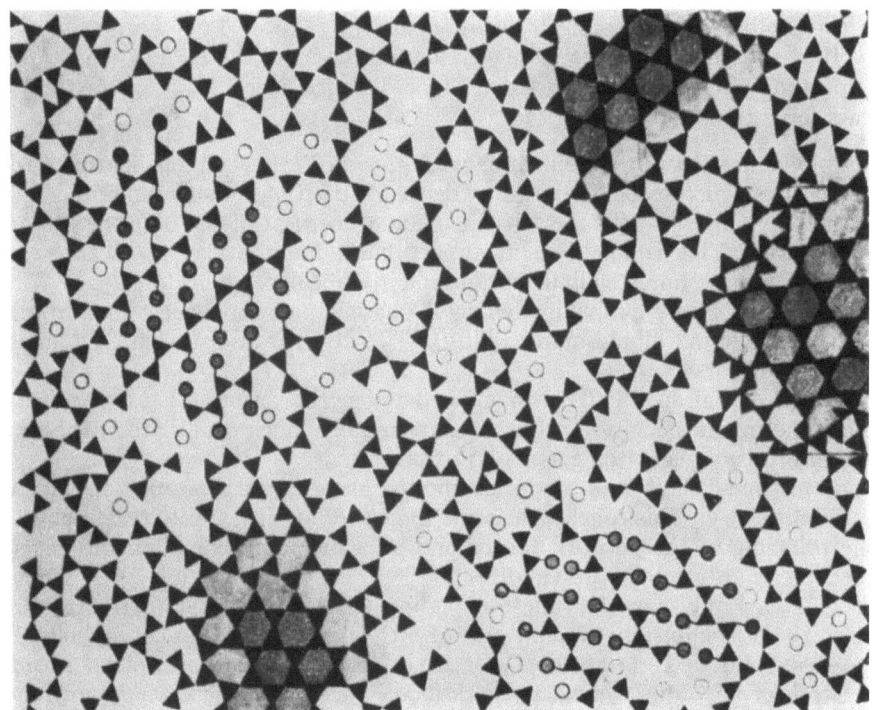

Fig. 14. Schematic two-dimensional representation of the network of a glass of the overall composition $Na_2O \cdot 2SiO_2$ after PORAI-KOSHITS. For explanation see text.

For the example given in Fig. 14 (a glass characterized by $Y=3$) there is no doubt that there will be a small number of individual tetrahedra which have either four or two bridging oxygen ions. Since there is no reason, that one sort or the other cluster together, it is unlikely that there are certain regions, in which the deviation from $Y=3$ is large[1].

The conclusion seems to be that the crystallite theory is a kind of refinement of the network theory, but that it certainly does not detract the Zachariasen-Warren conception as a whole.

With regard to the structure of fused silica there are indications that in this case in particular partial order exists. OBERLIES and DIETZEL[2] have shown by X-ray diffraction analysis that the degree of order in fused silica is appreciably higher than complete randomness. They came to the conclusion that the network is formed mainly by rings with six silicon ions. Statistically speaking, rings with four, five, seven or eight silicon ions are seldom found. A very small

---

[1] For other arguments cf. J. M. STEVELS: Philips Techn. Rev. **22**, 300 (1961).
[2] F. OBERLIES and A. DIETZEL: Glastechn. Ber. **30**, 37 (1957).

number of these rings is not closed. A two-dimensional representation of this picture is given in Fig. 15. The fact that here and there a broken bridge would be present is quite acceptable. The reason for this may be that the structure is not completely stabilized (Sect. 5, point 2), but also that "water", (Sect. 5, point 3), for example, is incorporated in the structure, possibly combined with impurities[1].

Again it is evident that the concept of the structure of quartz glass as proposed by OBERLIES does not seriously affect the network theory of silicate glasses in general.

9. Borate glasses. α) *Pure borate glasses.* WARREN, KRUTTER and MORNINGSTAR[2] have shown by similar methods as already discussed in Sect. 6 that in vitreous B_2O_3 the coordination number of boron is three and the average B—O distance is 1.39 Å. Under certain conditions, however, boron ions may change from triangular to tetrahedral coordination. This is so, for example, in the case of sodium borate glasses.

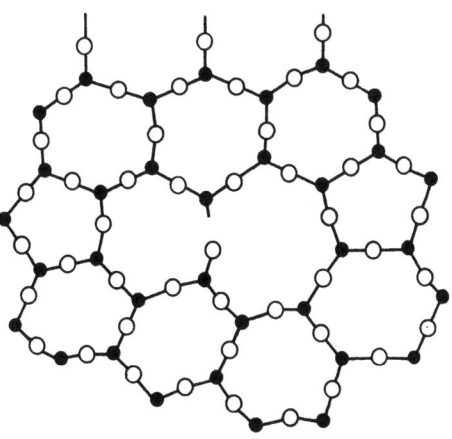

Fig. 15. Two-dimensional schematic representation of the structure of fused silica after OBERLIES and DIETZEL.

According to BISCOE and WARREN[3] the average B—O distance of 1.39 Å for pure B_2O_3 changes to 1.37; 1.42 and 1.48 Å for three sodium borate glasses containing respectively 11.4, 22.5 and 33.3 mole % Na_2O. According to them the coordination number of boron changes from 3.1 in the pure basic oxide glass to 3.2, 3.7 and 3.9 oxygen ions in the three glasses studied.

The above result for the structure of vitreous B_2O_3 has in principle been confirmed by RICHTER, BREITLING and HERRE[4] with the aid of X-ray diffraction photographs and Fourier analysis.

As to the structure of simple sodium borate glasses with low Na_2O content the network-modifying ions occupy positions in the large vacancies present. The extra oxygen ions are taken up by the occurrence of B^{3+} ions surrounded by four oxygen ions. In this way no non-bridging oxygen ions are formed which results in a B—O network of increasing coherence[5]. The region where this is the case is called the *accumulation region* (A.R.). In this region the following relations apply:

$$X = 0, \quad Y = 2R, \tag{9.1}$$

in which X, Y and R have the significance defined in Sect. 5.

A schematic representation of a structure in the accumulation region is shown in Fig. 16.

---

[1] Cf. also J.M. STEVELS: Glastechn. Ber. **32**, 307 (1959).
[2] B.E. WARREN, H. KRUTTER and O. MORNINGSTAR: J. Amer. Ceram. Soc. **19**, 202 (1936).
[3] J. BISCOE and B.E. WARREN: J. Amer. Ceram. Soc. **21**, 287 (1938).
[4] H. RICHTER, G. BREITLING and F. HERRE: Naturwissenschaften **40**, 482 (1953). — F. HERRE and H. RICHTER: Z. Naturforsch. 9a, 390 (1954); **12**a, 545 (1957).
[5] Similar results have been obtained for the potassium borate glasses by R. L. GREEN, J. Amer. Ceram. Soc. **25**, 83 (1942). Binary alkaline-earth borate glasses hardly exist in the A. R. Between a few weight % and about 25 weight % $M^{II}O$ (M^{II}=Ca, Sr or Ba) these systems segregate into two immiscible phases; cf. B. E. WARREN and A. G. PINCUS: J. Amer. Ceram. Soc. **23**, 301 (1940).

The relative numbers of triangles and tetrahedra in the structure can very easily be calculated for any composition in the accumulation region.

Consider a glass of composition $x\,M_2^I O \cdot y\,B_2O_3$, in which $x+y=1$ (x and y are mole fractions) and M^I represents an alkali atom. Then

$$R = \frac{x + 3y}{2y}. \tag{9.2}$$

Let y_3 and y_4 be the amount of triangles and tetrahedra, expressed in fractions of the total quantity of polyhedra present ($y_3 + y_4 = 1$). There are $2y \cdot 3y_3$ oxygen ions associated with triangles, and $2y \cdot 4y_4$ oxygen ions associated with tetrahedra. As all oxygen ions are bridging ions, the total number of oxygen ions is $\frac{1}{2}(6y y_3 + 8 y y_4)$. Hence

$$x + 3y = y(3y_3 + 4y_4). \tag{9.3}$$

From (9.1), (9.2) and (9.3) the following relations, valid in the A.R., can be deduced:

$$\left.\begin{array}{c} y_3 = 4 - 2R = 2 - \dfrac{1}{y} = 1 - \dfrac{x}{y}, \quad y_4 = 2R - 3 = \dfrac{1}{y} - 1 = \dfrac{x}{y}, \\[4pt] R = \dfrac{1}{2} y_4 + 1.5 = 2 - \dfrac{1}{2} y_3 = \dfrac{1}{2y} + 1. \end{array}\right\} \tag{9.4}$$

The remarkable thing is that the mechanism in which the extra oxygen ion is taken up in the A.R. does not continue without limit. With rising R a composition is reached ($M_2^I O \cdot 5\,B_2O_3$) where the same mechanism of breaking bonds begins to occur as described in Sect. 5 for the silicate glasses. The degree of coherence in the network then begins to decrease again, since from now on non-bridging oxygen ions are formed.

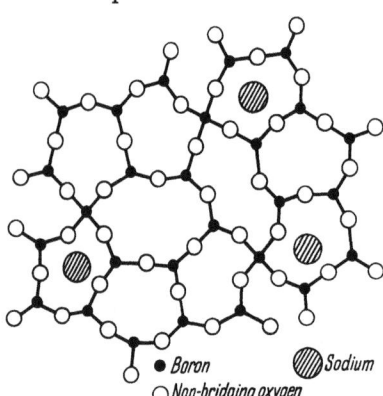

● Boron   ⊘ Sodium
○ Non-bridging oxygen

Fig. 16. Two-dimensional schematic representation of the structure of a sodium borate glass of low Na_2O content; the BO_4 groups shown are in reality tetrahedra.

It is easy to calculate from Eq. (9.4) that for $R = 1.60$ the oxygen polyhedra will consist to 80% of triangles and to 20% of tetrahedra. Assuming that for $R > 1.60$ only the mechanism of bridge-breaking occurs, it is to be expected that the same proportion will continue to exist in this region in which the network is gradually broken up—known as the *destruction region* (D.R.). The average coordination number of the B^{3+} ions in the destruction region is thus 3.20, a value which remains constant for all compositions, as will be shown later in this section.

In the destruction region analogous formulae apply as for the silicate glasses, namely

$$X = 2R - 3.20, \quad Y = 6.40 - 2R. \tag{9.5}$$

Naturally these formulae are linked up with formulae (9.1): for $R = 1.60$ (the transition point from A.R. to D.R.) one finds $X = 0$ and $Y = 3.20$ from both formulae.

Binary alkaline-earth borate glasses with more than about 25 weight % $M^{II}O$ (M^{II} = Ca, Sr, Ba) do exist. They have similar structures as the binary alkali borate glasses in the D.R.[1]

---

[1] J. Biscoe, A. G. Pincus, C. S. Smith and B. E. Warren: J. Amer. Ceram. Soc. **24**, 116 (1941).

The fact that the degree of coherence of the network passes through a maximum has a considerable influence on the physical properties of the borate glasses. In Fig. 17 an example is given of the variation of Y and the linear coefficient of expansion of sodium borate glasses with increasing Na_2O content. The first quantity passes through a maximum, the second through a minimum. Similar examples for other physical properties are mentioned elsewhere in this paper (see Sect. 19 for the mean volume expansivity, Sect. 36 for the viscosity). In this connection reference should be made to a paper by SHARTSIS and CAPPS[1], who showed that the heats of solution in $2N$ nitric acid of the alkali borate glasses show a maximum at about 20 mole % alkali oxide (see Fig. 18). Both Figs. 17 and 18 show that the

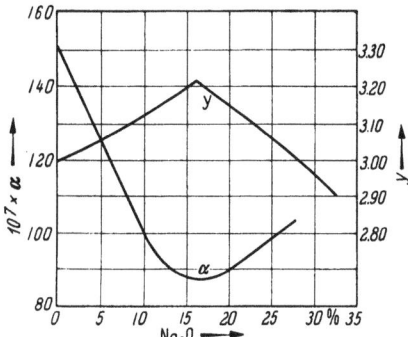

Fig. 17. The average number of bridging oxygen ions per polyhedron Y and the linear coefficient of expansion α in sodium borate glasses as a function of increasing Na_2O content (expressed in weight percentages).

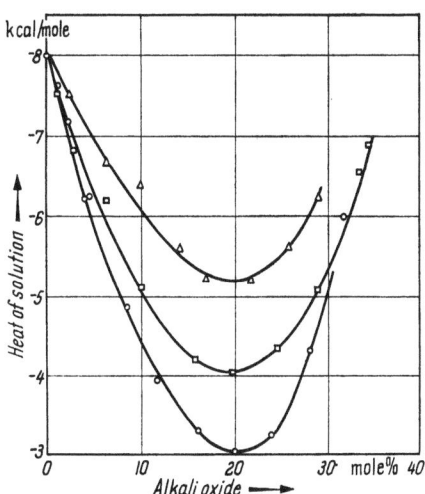

Fig. 18. Heats of solution of alkali borate glasses in $2N$ nitric acid after SHARTSIS and CAPPS. Triangles represent lithium borates; squares: sodium borates; circles: potassium borates.

properties in question are largely determined by the value of Y. Fig. 18, however, still shows an influence of the network-modifying ions. The coherence of the B—O network is maximal at the transition from A.R. to D.R. The reason for this behaviour has been made clear in particular by the work of ABE and HUGGINS[2]. After a detailed discussion of various physical properties (expansion, viscosity-temperature dependence, density, refraction), which we shall not enter into here, these authors came to the conclusion that certain rules govern the occurrence side by side of the BO_3 triangles and BO_4 tetrahedra. These rules are:

1. BO_4 tetrahedra cannot be bound to each other, and

2. each BO_3 triangle cannot be bound to more than one BO_4 tetrahedron. (Owing to the disposition of the cation which neutralizes the negative electric surplus charge of the BO_4 tetrahedron the latter are prevented from approaching each other more closely).

This means that the transition from the A.R. to the D.R. will take place at a composition in which 4 triangles will occur per 1 tetrahedron. We are then concerned with the already mentioned composition $M_2^IO \cdot 5B_2O_3$, for which $R = 1.60$. Fig. 19 shows the conglomerates which form the "building stones" of the glass at this composition. In the A.R. there will be BO_3 triangles beside these units, and the more so the more one approaches the composition B_2O_3, in which only triangles are present.

---

[1] L. SHARTSIS and W. CAPPS: J. Amer. Ceram. Soc. **37**, 27 (1954).

[2] T. ABE: J. Amer. Ceram. Soc. **35**, 284 (1952). — M. L. HUGGINS and T. ABE: J. Amer. Ceram. Soc. **40**, 287 (1957).

It can thus readily be seen that in the accumulation range there will be more than 80% triangles and less than 20% tetrahedra present, but in the destruction range no more tetrahedra than 20% can be accommodated according to ABE's rules, and hence one can expect the ratio of triangles to tetrahedra to remain constant.

The latter is thus in conflict with the experimental values of the average coordination numbers for B up to 3.9 according to early investigations of BISCOE and WARREN[1], but there are reasons to assume that these values are not in accordance with reality.

In this connection we refer to the work of GRJOTHEIM[2] already mentioned in Sect. 6, showing that the X-ray diffraction is less suitable for determination of co-ordination numbers from the areas of the peaks, and this may be the reason why such high coordination numbers for the B^{3+} ions found originally by BISCOE and WARREN are not correct.

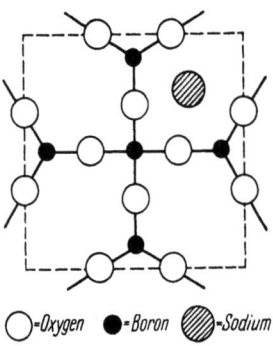

○ -Oxygen ● -Boron ◍ -Sodium

Fig. 19. Two-dimensional representation of a conglomerate of one BO_4 and four BO_3 groups after ABE.

MOORE and MCMILLAN[3] determined the infrared absorption spectra of a large number of pure borate glasses and they showed the intensities of the bonds assigned to B—O vibrations in BO_3 groups and those assigned to B—O vibrations in BO_4 groups remain practically constant in the D.R.; in other words the ratio of triangles to tetrahedra remains the same in this region.

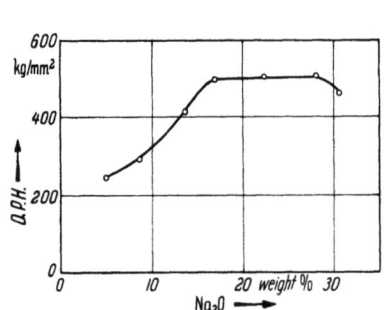

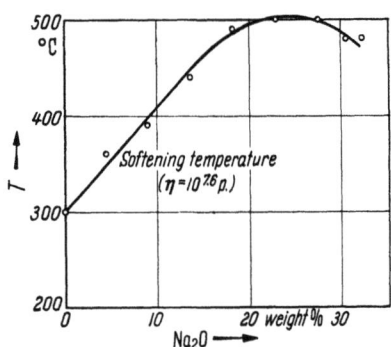

Fig. 20. The diamond pyramid hardness of sodium borate glasses as a function of increasing Na_2O content.

Fig. 21. The softening temperature of sodium borate glasses as a function of increasing Na_2O content.

From formula (9.5) it follows that in the destruction region Y becomes equal to 3 for a composition $2M_2^IO \cdot 5B_2O_3$ (M^I = alkali metal) which corresponds to $R = 1.70$.

As explained already in Sect. 5, the value $Y = 3$ marks a composition where very often discontinuities in the physical properties occur. Actually, EVERSTEYN, STEVELS and WATERMAN[4] showed these breaks to exist in the case of sodium borate glasses for a composition of 28.4 mole % Na_2O and 71.6% B_2O_3. A few examples are shown in Fig. 20 (diamond pyramid hardness, cf. Sect. 50) and Fig. 21 (softening temperature, cf. Sect. 30).

---

[1] J. BISCOE and B. E. WARREN: J. Amer. Ceram. Soc. **21**, 187 (1938).
[2] K. GRJOTHEIM: Glass Ind. **39**, 201 (1958).
[3] H. MOORE and P. W. MCMILLAN: J. Soc. Glass Technol. **40**, 97 (1956).
[4] F. C. EVERSTEYN, J. M. STEVELS and H. I. WATERMAN: Phys. and Chem. Glasses **1**, 134 (1960).

In the case of the borate glasses the "water content" plays an important part, since it is very difficult to obtain entirely "water-free" borate glasses. ANDERSON, for instance, found with the aid of infrared reflection spectra[1] that "pure boric oxide glass is not 100% triangularly coordinated and that the pure glass contains much more tetrahedral coordination than was previously concluded from X-ray scattering data". The excess hydrogen ions probably give rise to hydrogen bonds[2], both in pure B_2O_3 and in borate glasses. The influence of the water content on B_2O_3 and sodium borate glasses have been studied by EVERSTEYN, STEVELS and WATERMAN in an extensive way[3].

ABE[4] showed that the equilibrium between triangles and tetrahedra depends also to some extent on the rate of cooling.

We have already mentioned that the determination of coordination numbers in glasses by X-ray scattering involves several steps that may give rise to wrong conclusions. GRJOTHEIM and KROGH-MOE consider that owing to this uncertainty in the interpretation of the experiments the increase of the coordination number with increasing alkali content as determined by BISCOE and WARREN (sodium borate glasses) and by GREEN (potassium borate glasses) in the A.R. should not be accepted without questioning[5].

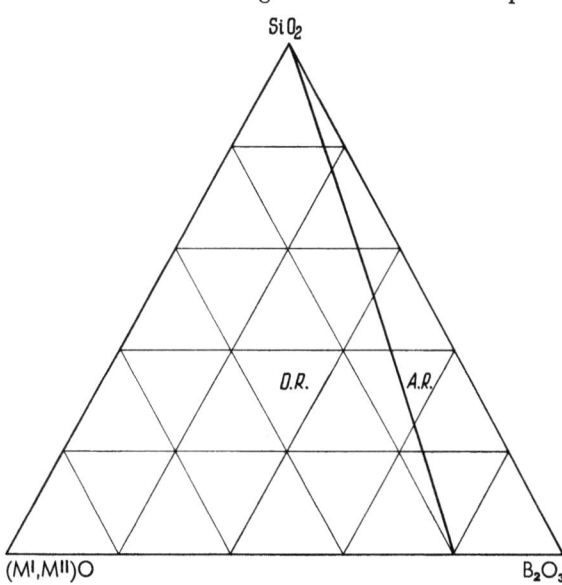

Fig. 22. The system $(M^I, M^{II})\ O-B_2O_3-SiO_2$ and its division into the accumulation region and the destruction region.

These authors come to the conclusion that vitreous B_2O_3 is built up from BO_4 tetrahedra, and that the addition of a relatively small quantity of alkali oxides would result not in an increase but in a decrease of the average coordination number of the B^{3+} ion. The strengthening of the network in this region as revealed in the physical properties, is thought to be due to the fact that shorter and stronger B—O bonds are now formed. When the critical value of about 20 mole % Na_2O is exceeded, non-bridging oxygen ions appear again, thereby weakening the network in the same manner as described in Sect. 5 for the silicate glasses.

This theory, however, cannot explain the fact, that the pure borate glasses also show a discontinuity for various physical properties at a composition $2M_2^IO \cdot 5B_2O_3$.

A very extensive survey of the physical and chemical properties of the pure borate glasses is given by MAZELEV [34].

---

[1] S. ANDERSON: J. Amer. Ceram. Soc. 33, 45 (1950).
[2] S. ANDERSON, R. L. BOHON and D.D. KIMPTON: J. Amer. Ceram. Soc. 38, 370 (1955).
[3] F.C. EVERSTEYN, J.M. STEVELS and H.I. WATERMAN: Phys. and Chem. Glasses 1, 123 (1960).
[4] T. ABE: J. Amer. Ceram. Soc. 35, 284 (1952).
[5] K. GRJOTHEIM and J. KROGH-MOE: Naturwissenschaften 41, 526 (1954). — Kon. Norske Vidensk. Selsk. Forh. 27, Nr. 17/18 (1954); 29, Nr. 6 (1956). — J. KROGH-MOE: Glastechn. Ber. 32K, VI, 18 (1959). — Phys. and Chem. Glasses 1, 26 (1960).

β) *Borosilicate glasses.* BISCOE, ROBINSON and WARREN[1] have demonstrated that in the system $B_2O_3-SiO_2$ the B^{3+} ions are surrounded solely by triangles of oxygen ions and the Si^{4+} ions solely by tetrahedra of oxygens ions. The B—O distance is normally 1.39 Å and the Si—O distance 1.62.

The system of the borosilicate glasses have been extensively investigated with the aid of density measurements (see [3]). It was found that in this case, too, accumulation and destruction regions can be indicated, which are separated by a straight line as represented in Fig. 22.

In the A.R. the extra oxygen is always taken up by a gradual change of the average coordination number of the B^{3+} ions, whereas the Si^{4+} ions are always tetrahedrally coordinated. For the system $x\,M_2^IO \cdot y\,B_2O_3 \cdot z\,SiO_2$ (x, y and z are mole fractions) the following formulae hold for the fractions of triangles and tetrahedra y_3 and y_4

$$y_3 = 2 - \frac{1-z}{y} = 1 - \frac{x}{y}, \qquad y_4 = \frac{x}{y} = \frac{1-z}{y} - 1, \qquad R = \frac{1}{2y+z} + 1. \qquad (9.6)$$

The line between D.R. and A.R. is here again the line of maximum coherence of the network. This is of importance since the Pyrex glasses which are characterized by high chemical resistance, low expansion coefficient and great stability under varying temperatures also lie around this line.

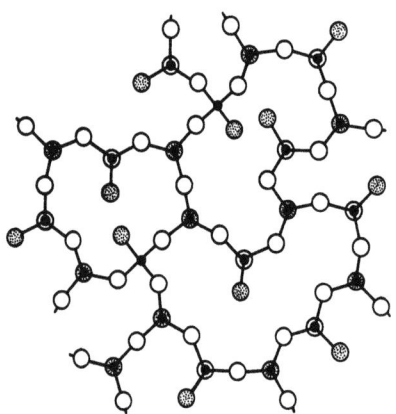

Fig. 23. Schematic representation of P_2O_5 glass after KORDES et al. (somewhat altered). The black circles represent phosphor ions, the open circles bridging oxygen ions, the grey circles non-bridging oxygen ions. The tetrahedra are represented as squares or in projection, in the latter case the projections of one P^{5+} ion and one oxygen ion are supposed to coincide.

10. Phosphate glasses. BISCOE, PINCUS, SMITH and WARREN[2] demonstrated that calcium phosphate glasses have a structure analogous to that of silicates glasses. Each phosphorus ion is tetrahedrally bound to 4 oxygen ions at a distance of 1.57 Å, and each oxygen ion is bound to either one or two phosphorus ions. The O—O distance is 2.56 Å and the Ca—O distance is of the order of 2.30 to 2.35 Å. The Ca^{2+} ions are situated in the interstices of the P—O network and have on the average 7 neighbours.

It was later found that at least 3 groups must be distinguished in the simple phosphate glasses.

α) *Phosphate glasses of normal structure.* These exhibit, like the calcium phosphate glasses described above, structures which strongly resemble those of the silicate glasses and in which bridging and non-bridging ions occur. These glasses are found with compounds containing divalent network-modifiers such as Ca^{2+}, Sr^{2+}, Ba^{2+}, Cd^{2+} and Pb^{2+} ions.

If vitreous P_2O_5 were built up according to the principle applying to the silicate glasses (which has never been directly proved, but for which indications exist) the structure of P_2O_5 will have to be represented as shown in Fig. 23. A glass having a composition of about 20 mole % CaO and 80 mole % P_2O_5 is illustrated in Fig. 24.

---

[1] J. BISCOE, C.S. ROBINSON and B.E. WARREN: J. Amer. Ceram. Soc. **22**, 180 (1939).
[2] J. BISCOE, A.G. PINCUS, C.S. SMITH and B.E. WARREN: J. Amer. Ceram. Soc. **24**, 116 (1941).

KORDES, VOGEL and FETEROWSKY[1] have studied the behaviour of the molecular volume, the refraction index n_D, the Abbe number ν, the density and the molar refraction of various phosphate glasses. Like in the case of the binary silicate glasses, these physical quantities vary gradually with the composition.

In this group of phosphate glasses the number of bridging and oxygen ions per tetrahedron will be given, as for the silicate glasses, by the formulae

$$X+Y=4, \quad X+\tfrac{1}{2}Y=R. \quad (10.1)$$

For P_2O_5 $X=1$ and $Y=3$, whereas for normal phosphate glasses, Y is always less than 3.

For the limits of the region where glass formation occurs for this group of binary phosphates the reader is referred to Sect. 42.

β) *Phosphate glasses of abnormal structure.* To this group belong the binary systems of P_2O_5 with oxides whose ions belong to the class of intermediates (see Sect. 11).

A compound of the composition $Al_2O_3 \cdot P_2O_5$ behaves in many respects like SiO_2[2]. The essential properties of crystalline $AlPO_4$ are the same as of crystalline SiO_2 (similar crystal structure, polymorphism, melting point and mechanical behaviour[3]). Vitreous $AlPO_4$ is in all respects comparable with fused silica (cf. Sect. 5, Table 3) half of the Si^{4+} ions being replaced by Al^{3+} ions and the other half by P^{5+} ions.

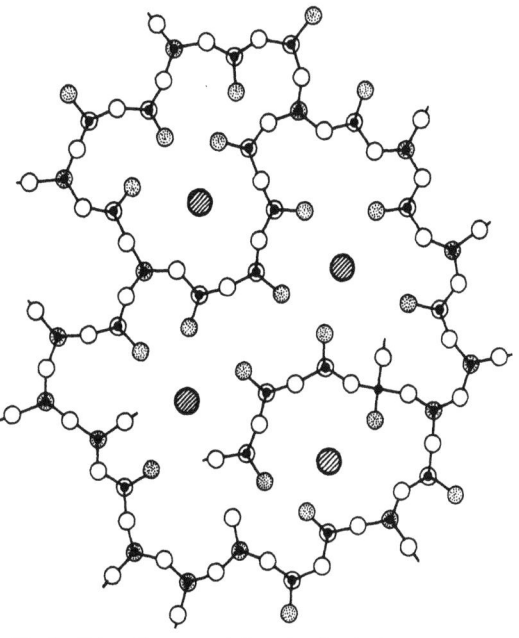

Fig. 24. Schematic representation of a glass having a composition of about 20 mole % CaO and 80 mole % P_2O_5 after KORDES et al. For the significance of dots and circles, see subscript of Fig. 23. Ca^{2+} ions are indicated by large hatched circles with thick circumferences.

For an extensive study of the properties of the glasses obtained by combining the oxides of the normal network-modifying ions (Na^+, K^+, Ba^{2+}, Ca^{2+}, Mg^{2+}, Zn^{2+}) with $AlPO_4$, reference is made to a paper by DREXLER and SCHÜTZ[4]. In general one finds in these glasses a faithful reflection of the properties of the corresponding silicate glasses.

The same authors also studied glasses containing a surplus of Al_2O_3 or P_2O_5 with respect to $AlPO_4$. The glasses with a surplus of Al_2O_3 are very hard with high softening temperatures, high melting points and slight leachabilities. It is to be assumed that, depending on the composition, such glasses contain no or very few non-bridging oxygen ions. The Al^{3+} ion behaves in the whole region entirely as a network forming ion. Glasses with a surplus of P_2O_5 are soft, because they contain non-bridging oxygen ions.

---

[1] E. KORDES, W. VOGEL and R. FETEROWSKY: Z. Elektrochem. **57**, 282 (1953).
[2] F.A. HUMMEL: J. Amer. Ceram. Soc. **32**, 320 (1949).
[3] E.C. SHAFER and R. ROY: Z. phys. Chem., N.F. **11**, 30 (1957).
[4] F. DREXLER and W. SCHÜTZ: Glastechn. Ber. **24**, 172 (1951).

A study of the aluminium phosphate glasses has also been made by Stanworth[1]. In general it can be said that the introduction of alkali oxides into aluminium phosphate glasses reduces their tendency to devitrification, and although their chemical resistivities are somewhat reduced they remain excellent compared with the usual borosilicate and silicate glasses.

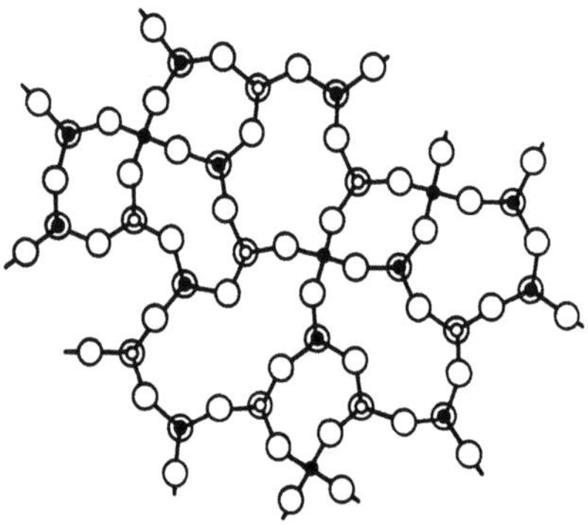

Kordes, Vogel and Feterowsky[2] showed that Mg^{2+} and Zn^{2+} ions in phosphate glasses occur in a wide region solely with a coordination number of 4. As regards compositions between P_2O_5 and $M^{II}O \cdot P_2O_5$ ("acid" region; $M^{II} = Mg$ or Zn) the properties which the authors investigated show a gradual change, but with the composition $M^{II}O \cdot P_2O_5$ there is a distinct discontinuity, which undoubtedly indicates a change in the structure. The network in this case should have become entirely analogous to that of quartz glass, except that here one third of the Si^{4+} ions are replaced by P^{5+} ions, and two thirds by M^{2+} ions. Vitreous ZnP_2O_6 and MgP_2O_6 are extremely hard and have a low coefficient of expansion. Fig. 25 shows the schematic representation of the structure of the glass of this composition.

Fig. 25. Schematic representation of a metaphosphate glass $M^{II}P_2O_6$ of abnormal structure. For the significance of dots and circles see subscript of Fig. 23. Small open circles indicate Zn^{2+}, Mg^{2+} (or Be^{2+}) ions.

From the variation of the physical constants, Kordes et al. also draw the conclusion that between the compositions P_2O_5 and $M^{II}O \cdot P_2O_5$ the M^{2+} ion is taken up exclusively as a network-forming ion. The number of non-bridging oxygen ions decreases continuously, since these are used to compensate for the shortage of oxygen ions caused by the introduction of MgO or ZnO.

If the composition $MO \cdot P_2O_5$ is exceeded ("basic" region), the M^{2+} ions would no longer necessarily have a coordination number of 4, and they can appear as network-modifying ions. An example of this situation is given in Fig. 26.

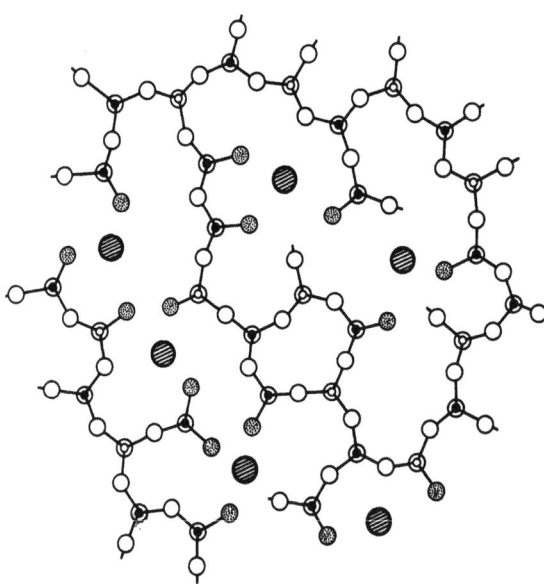

Fig. 26. Schematic representation of a phosphate glass of abnormal structure with about 60 mole% $M^{II}O$ and 40 mole% P_2O_5 ($M^{II} = Zn$ or Mg). For the significance of dots and circles see subscript of Figs. 23 and 25. M^{2+} ions acting as network-modfying ions are indicated by large hatched circles.

In this region, then, the number of non-bridging oxygen ions will again increase. This appears in the variation of the physical properties: the glasses in question become increasingly "softer".

---

[1] J.E. Stanworth: J. Soc. Glass Technol. **35**, 185 (1951).
[2] E. Kordes, W. Vogel and R. Feterowsky: Z. Elektrochem. **37**, 282 (1953).

The behaviour of the Be phosphate glasses is entirely analogous to that of the Zn and Mg phosphate glasses in the region between P_2O_5 and $BeO \cdot P_2O_5$. If the latter composition is exceeded, however, there is only a slight discontinuity in the physical properties examined. This can be explained from the fact that Be^{2+} ions can occur only with a coordination number of 4. In the "basic" region of the system (where more than 50% BeO occurs) they cannot occur as network-modifying ions like the Zn^{2+} and Mg^{2+} ions.

The structure here is analogous to that of the crystal phenakite (Be_2SiO_4) in which each oxygen is surrounded by 2 Be atoms and 1 Si atom.

According to KORDES, in the "basic" part of the vitreous system $BeO-P_2O_5$ each Be^{2+} ion and each P^{5+} ion is surrounded by four oxygen ions; some of the O^{2-} ions will belong to two network-forming ions (P^{5+} or Be^{2+}) and some will belong to three network-forming ions, as in the case of phenakite, these being one P^{5+} and two Be^{++} ions. Fig. 27 illustrates this schematically.

Owing to the fact that now no non-bridging oxygens occur in the basic region, the physical properties investigated by KORDES show no pronounced discontinuity at the composition BeP_2O_6. However, the hardness of the beryllium phosphate glasses steadily increases in the acid region, reaches a maximum at the composition BeP_2O_6, and then begins to decrease.

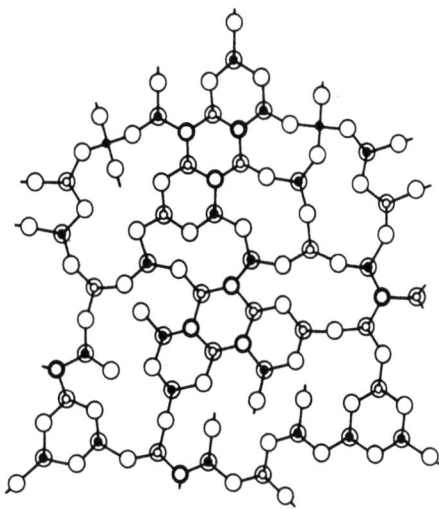

Fig. 27. Schematic representation of a beryllium phosphate glass with about 60 mole % BeO and 40 mole % P_2O_5. All P^{5+} and Be^{2+} ions are surrounded tetrahedrally by 4 oxygen ions. Black dots P^{5+} ions; small open circles: Be^{2+} ions. Oxygen ions indicated by circles with thick circumferences are bound to one P^{5+} ion and two Be^{2+} ions.

The abnormal phosphate glasses are all highly resistent to water in the middle of the system ($AlPO_4$, MgP_2O_6, ZnP_2O_5 and BeP_2O_6), in contrast to the normal phosphate glasses already discussed and to the alkali phosphate glasses dealt with in Sect. 10γ.

Formulae (10.1) apply in general to the normal and abnormal phosphate glasses, provided one takes into account that the Al^{+++} ion always occurs here as a network forming ion and that Zn^{2+}, Mg^{2+} and Be^{2+} do up to concentrations of 50 mole% $M^{II}O - 50$ mole% P_2O_5. Where more Zn^{2+} or Mg^{2+} ions are present, these must be counted as network-modifying ions. Where Be^{2+} ions are present, these must also be reckoned as network-forming ions, but since in this case a number of oxygen ions occur, which are bound to more than two network-forming ions, the relation

$$X + \tfrac{1}{2}Y = R \qquad (10.1)$$

is no longer valid and we have instead

$$X + \frac{1}{q} Y = R, \qquad (10.2)$$

where $2 < q < 3$.

The basic region of the beryllium phosphate glasses mentioned here constitutes a remarkable exception to ZACHARIASEN's theory.

γ) *The alkali phosphate glasses.* Alkali phosphate glasses can be prepared in a wide variety of compositions. By holding a suitable mixture at an appropriately high temperature until a homogeneous liquid is obtained and cooling it rapidly to room temperature, it is possible to avoid crystallization and to obtain amorphous phases of vitreous character. For the limits of the region of glass formation cf. Sect. 42.

Much work has been done in the field of the mixed alkali hydrogen phosphate glasses. WESTMAN, JOYCE SMITH and GARTAGENIS[1] investigated the system $Na_2O-P_2O_5-H_2O$ between the metaphosphate and orthophosphate lines[2] and found that only a small region does not give rise to glass formation (cf. Fig. 28).

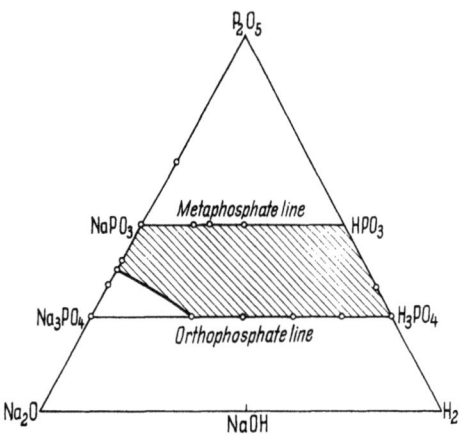

Fig. 28. Compositions in the $Na_2O-H_2O-P_2O_5$ system. In practically the whole region between the meta- and orthophosphate line (hatched area) glass formation is possible. After WESTMAN, JOYCE SMITH and GARTAGANIS.

The alkali phosphate glasses generally dissolve well in water, and a great deal has been published about the results of the filter-paper chromatographic methods which permit the separation and determination of the various condensed phosphate anions present in these solutions.

WESTMAN and CROWTHER[3] made it plausible that the structure of the condensed phosphate anions found in solution correspond more or less to similar structures in the glass before dissolution and are not formed during the solution process, in other words hydrolysis does not occur to a considerable extent.

The results obtained by WESTMAN et al. indicate that the spatial network as postulated by ZACHARIASEN actually exists in the case of the alkali phosphates containing relative small quantities of alkali oxide, in other words phosphate glasses of normal structure (cf. Sect. 10α) occur here.

This situation will be realised as long as $Y > 2$, in other words for all compositions containing *less* Na_2O than in the composition $NaPO_3$.

VAN WAZER and HOLST[4] postulated that glasses of Na/P ratios greater than unity (i.e. with *more* Na_2O than the composition $NaPO_3$) are formed of linear polymers. From formulae (10.1) it is quite evident that this must be so, for in this case $R > 3$ and hence $Y < 2$. This means that in this region chains *must* occur (cf. Sects. 5 and 42).

For the composition $NaPO_3$ ($Y = 2$), one must expect very long (theoretically: infinite) chains of PO_4 tetrahedra, cross-linked with $O-Na-O$ bonds. This has been confirmed by X-ray analysis by BRADY[5].

---

[1] A.E.R. WESTMAN, M. JOYCE SMITH and P.A. GARTAGENIS: Canad. J. Chem. **37**, 1764 (1959).

[2] The part of the system $Na_2O-P_2O_5-H_2O$ above the metaphosphate line also very easily gives rise to glass formation.

[3] A.E.R. WESTMAN and J. CROWTHER: J. Amer. Ceram. Soc. **37**, 420 (1954). Cf. also A.E.R. WESTMAN: Trav. du IVe Congr. Internat. du Verre, Paris 1957, p. 47.

[4] J.R. VAN WAZER and K.A. HOLST: J. Amer. Chem. Soc. **72**, 639 (1950).

[5] G.W. BRADY: J. Chem. Phys. **28**, 48 (1958).

In the region where $Y<2$ (i.e. for a Na/P ratio >1) shorter chains are expected. The theoretical average chain length $\bar{n}$ is given by

$$\bar{n} = \frac{2}{\text{Na/P} - 1} = \frac{2}{2 - Y}. \qquad (10.3)$$

(Cf. also Sect. 42.)

This theoretical result has been confirmed by chromatographic analysis. WESTMAN et al. have shown 1. that in the soluble sodium phosphate glasses with a value of $Y<2$ there is a certain distribution of chain lengths round this average and 2. that there are also a relatively small number of rings.

From data given by WESTMAN and CROWTHER[1] the experimental distribution curve of chains of given length,

Table 4. *The characteristic data of the sodium phosphate glasses shown in Fig. 29.*

Composition number	Na/P ratio	Y	$\bar{n}$
1	5:3	1.33	3
2	6:4	1.5	4
3	7:5	1.6	5
4	8:6	1.67	6
5	8.8:6.8	1.71	7

is shown in Fig. 29 for different sodium phosphate glass compositions. The characteristic data of these compositions are given in Table 4. It should

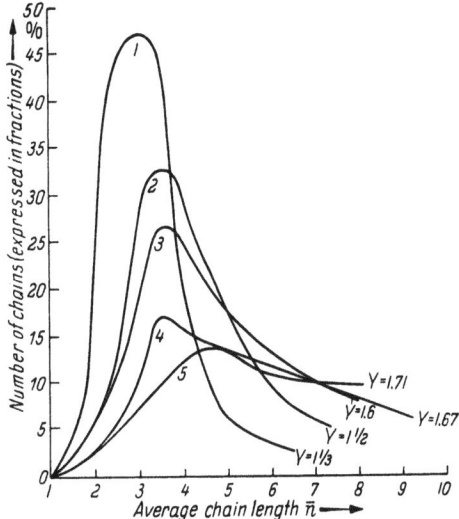

Fig. 29. Distribution of chains for sodium phosphate glasses with given composition, calculated from data given by WESTMAN and CROWTHER.

be noted that for composition 1 the average value $\bar{n}$ more or less coincides with the maximum of the distribution curve. This does not necessarily be the case, especially so, when the distribution curve has an asymmetric form.

From the distribution curves obtained one can very easily determine $\bar{n}$ graphically. Generally speaking this value of $\bar{n}$ is in agreement with the value obtained by calculation from Eq. (10.3), showing that the amount of rings usually is very little indeed.

WESTMAN and GARTAGENIS[2] have also studied, apart from the sodium phosphate glasses so-far discussed, the lithium and potassium phosphate glasses which show an entirely analogous behaviour.

Recently, extensive studies on the structure of sodium phosphate and potassium phosphate glasses have been published by WILLIAMS, BRADBURY and MADDOCKS[3]. For a compilation article on the structure of alkali phosphate glasses cf. [37], p. 63—91.

δ) *Mixed phosphate glasses.* A detailed description of the more complex phosphate glasses would exceed the scope of this handbook, especially since very little is known about their structure. The physical properties of some of these systems have, however, been quite extensively studied. For the system $PbO-SiO_2-$

---

[1] A.E.R. WESTMAN and J. CROWTHER: J. Amer. Ceram. Soc. **37**, 420 (1954), Table 4.
[2] A.E.R. WESTMAN and P.A. GARTAGENIS: J. Amer. Ceram. Soc. **40**, 293 (1957).
[3] D.J. WILLIAMS, B.T. BRADBURY and W.R. MADDOCKS: J. Soc. Glass Technol. **43**, 308 (1959). — B.T. BRADBURY and W.R. MADDOCKS: J. Soc. Glass Technol. **43**, 325 (1959). — D.J. WILLIAMS, B.T. BRADBURY and W.R. MADDOCKS: J. Soc. Glass Technol. **43**, 337 (1959). — D.J. WILLIAMS: J. Soc. Glass Technol. **43**, 352 (1959).

P_2O_5 reference may be made to Paetsch and Dietzel[1], for the system $Al_2O_3-P_2O_5-B_2O_3$ to Kumar[2], for the system $B_2O_3-SiO_2-P_2O_5$ to Horn and Hummel[3], and Englert and Hummel[4].

To conclude we shall quote some special features of phosphate glasses compared with silicate glasses, as summarized by Weyl[5].

1. Unlike most silicate glasses, phosphates glasses can dissolve large amounts of fluorides, such as CaF_2, without turning opaque on cooling.

2. Whereas silicate glasses do not dissolve phosphates in appreciable quantities, many phosphate glasses can dissolve silicates to a considerable extent, especially if the latter are introduced in the form of orthosilicates (isolated SiO_4 groups).

3. Silicate glasses do not dissolve more than a fraction of 1% of Ag_2O, because this oxide dissociates and precipitates metallic silver. More than 10% Ag_2O can be dissolved in phosphate glasses without giving rise to colour or precipitation.

4. Many phosphate glasses, unlike silicate glasses, are highly resistent to hydrofluoric acid.

5. Phosphate glasses are important for many optical purposes (glasses with high refraction index, with high ultraviolet transmittance, fluorescent glasses, infrared-absorbing glasses).

11. Vagueness of the terms network formers and network modifiers. We have already seen (Sects. 5 and 10) that the terms network-forming and network-modifying ions should not be understood in an absolute sense. Certain kinds of ions may be present in network-forming as well as in network-modifying positions at the same time in one and the same glass. Generally speaking a state of equilibrium exists, and this equilibrium can be displaced owing to various circum-

Table 5. *Colours caused by various ions in relation to their position in vitreous systems.*

Ion	Network former	Network modifier
Cu^{2+}	green	blue
Co^{2+}	blue	pink
Ni^{2+}	purple	yellow
Fe^{3+}	brown	yellow or pink
Mn^{3+}	blue	red
Mn^{2+}	colourless, green fluorescent	orange, red fluorescent
U^{6+}	orange red, red fluorescent	yellow, green fluorescent

stances. With some ions the equilibrium is usually found to be shifted entirely to one side, and these ions can therefore be regarded in first approximation as true network-forming ions (Si^{4+}, B^{3+}, P^{5+}) or as true network-modifying ions (K^+, Na^+, Ca^{2+}).

Between these extremes there are many ions which are known as "intermediates".

The Mg^{2+} and Zn^{2+} ions of which the behaviour in phosphate glasses, was discussed in Sect. 10β are typical examples of such intermediates. The fact that the Mg^{2+} ion in silicate glasses also has the character of an intermediate has particular effects on the electrical properties of these glasses [17].

The behaviour of the intermediate ion can often be recognized from the colour of the glass in which it is incorporated. Table 5 gives a few examples of this phenomenon.

---

[1] H.H. Paetsch and A. Dietzel: Glastechn. Ber. **29**, 345 (1956).
[2] S. Kumar: Central Glass & Ceram. Res. Inst. Bull. **3**, 183 (1956).
[3] W.F. Horn and F.A. Hummel: J. Soc. Glass Technol. **39**, 112 (1955).
[4] W.J. Englert and F.A. Hummel: J. Soc. Glass Technol. **39**, 121 (1955).
[5] W.A. Weyl: Chem. and Eng. News **27**, 1048 (1949).

The relativity of the terms network former and network modifier emerges very clearly from the following example, taken from DIETZEL[1].

In SiP_2O_7 the Si^{4+} ion is surrounded by six oxygen ions, and the P^{5+} ion by four oxygen ions. This means that although the Si^{4+} ion is the network former par excellence, in competition with the P^{5+} ions it must be content with an octahedral co-ordination or, in other words, with a network-modifying position.

This "competition principle" has been elaborated by DIETZEL[2]. According to this author, the field strength at the centre of the neighbouring oxygen ion which can be calculated for each cation, is the determining quantity. Disregarding polarization effects, this quantity is proportional to the expression $2z/a^2$, in which 2 and z represent the charges in elementary units of the oxygen ion and the cation, respectively, and a represents the distance in Å between the ionic centres. If the ions are ordered in accordance with these field strengths, one can ascertain which ion will prevail as network-forming ion in certain cases. According to DIETZEL the field strength also provides a useful indication of how a given cation will in general behave. DIETZEL classifies as network-forming ions the ions for which the value of $2z/a^2$ lies between 4.33 (the highest value found for the P^{5+} ion), and 2.66[3] and as network-modifying ions the ions for which $2z/a^2$ is less than 0.69 if a is expressed in Ångstrom-units. In between are the cations which in this article are referred to as intermediates; cf. Table 6.

The above rule has only general validity, and sometimes it may not apply. We have already seen that in certain compositions Al^{3+}, Zn^{2+} and Mg^{2+} ions occur beside P^{5+} ions as network-forming ions (cf. Sect. 10β). DIETZEL himself showed that his competition principle is opposed when configurations with a degree of symmetry can be formed[4], which explains the cases mentioned.

SUN[5] proposed a classification on the basis of the concept of the single bond strength, defined as the dissociation energy per mole of the oxide MO_x (i.e. the energy needed to dissociate into the gaseous atoms a gram-atom M bound to its equivalent quantity of oxygen) divided by the known (or assumed) coordination number in the glass structure. The results of these calculations, made by SUN and HUGGINS[6], are also reproduced in Table 6.

Those cations are good network formers whose single bond strength is greater than 80 kcal/mole[7]. The ions whose single bond strength is smaller than 35 kcal per mole possess no network-forming properties. In between one finds the intermediates, the oxides of which, as single-compound glasses, do not occur as glass-formers, but which can have network-forming properties in more complicated glasses.

A third possibility, pointed out by STANWORTH[8], is to classify the cations according to the electro-negativity scale as defined by PAULING (cf. Sect. 7). These values are also given in Table 6.

Atoms having extremely high electro-negativities x (for instance $x > 2.1$ e.V.) and which thus possess in the molecule a strong tendency to form covalent bonds with oxygen atoms will not generally be suitable to work as network-

---

[1] A. DIETZEL: Glastechn. Ber. 22, 212 (1949).
[2] A. DIETZEL: Glastechn. Ber. 22, 41 (1948).
[3] The author of this article prefers 2.4 as the limit (cf. Table 6).
[4] A. DIETZEL: Glastechn. Ber. 22, 224 (1949).
[5] K.H. SUN: J. Amer. Ceram. Soc. 30, 277 (1947).
[6] K.H. SUN and M.L. HUGGINS: J. Phys. Chem. 51, 438 (1947). — M.L. HUGGINS and K.H. SUN: J. Phys. Chem. 50, 319 (1946).
[7] SUN et al. give 60 kcal/mole as the limit.
[8] J.E. STANWORTH: J. Soc. Glass Technol. 30, 56 (1946).

formers. The atoms which, as regards electro-negativity, occupy a central position (2.1 e.V. $> x >$ 1.8 e.V.) are eminently suitable for this purpose according to the principles discussed in Sects. 4 and 7; a further decrease in electro-negativity ($x <$ 1.8 e.V.) reduces the trend towards covalent bonding.

In general the ions show a similar trend in the three relevant columns in Table 6, and this provides in a certain sense a criterion for a classification ranging from extreme network-forming to extreme network-modifying ions. The two horizontal open spaces in the table can be regarded with certain justification as the separating lines between network-forming, intermediate and network-modifying ions.

On the other hand, it is evident that this representation is necessarily far too simplified. There can be no doubt that polarization of the ions has an important

Table 6. *The division of the ions into network-forming, intermediate and network-modifying ions.*

Ion	Coordination number (known or assumed)	Dissociation energy per mole MO_x (in kcal)	Single bond strength (in kcal/mole)	Field strength $\left(=\dfrac{2z}{a^2}\right)$ (see text)	Electro-negativity (in e.V.)	Ion	Coordination number (known or assumed)	Dissociation energy per mole MO_x (in kcal)	Single bond strength (in kcal/mole)	Field strength $\left(=\dfrac{2z}{a^2}\right)$ (see text)	Electro-negativity (in e.V.)
B^{3+}	3	356	119	3.22	2.0	Mg^{2+}	4	222	55	1.02	1.2
V^{5+}	4	449	112	3.08	—	Al^{3+}	6	321	54	1.69	1.5
P^{5+}	4	442	111	4.33	2.1	Mg^{2+}	6	222	37	0.90	1.2
Si^{4+}	4	424	106	3.14	1.8	Li^+	4	144	36	0.45	1.0
Ge^{4+}	4	400	100	2.65	1.8	Zn^{2+}	4	144	36	1.08	—
B^{3+}	4	356	89	2.90	2.0						
As^{5+}	4	349	87	3.2	2.0	Ca^{2+}	8	257	32	0.69	1.0
Sb^{5+}	4	339	85	2.45	1.8	Sr^{2+}	8	256	32	0.58	1.0
						Ba^{2+}	8	260	32	0.51	0.9
Al^{3+}	4	321	80	1.94	1.5	Pb^{2+}	6	145	24	0.68	—
Ti^{4+}	6	435	73	2.08	1.6	Na^+	6	120	20	0.35	0.9
Th^{4+}	8	516	64	1.28	—	K^+	9	115	13	0.27	0.8
Be^{2+}	4	250	63	1.51	1.5	Rb^+	10	115	11	0.24	0.8
Zr^{4+}	8	485	61	1.55	1.6	Cs^+	12	114	9	0.21	0.7

bearing on the stability of glasses and hence on the possibilities of glass formation. Put in another way, it is the polarization of the oxygen ion in the strong field of the network-forming ion that determines the stability of the vitreous system in question. This again is another way of stating that "mixed" chemical bonding is favourable to glass formation (cf. Sect. 7).

The high polarizability of the Pb^{2+} ion of the non-noble gas type is considered responsible for the stability of leadglasses, since this gives rise to strong Pb—O bonds. The same applies to the Zn^{2+} ion. In the system $PbO-SiO_2$ and $ZnO-SiO_2$, glasses can be formed at least to the composition of the orthosilicates, which is not possible in the case of glasses such as Ca_2SiO_4 etc.[1].

The tetragonal crystal structure of PbO, in which four of the eight oxygen ions surrounding one Pb^{2+} ion are much closer to the latter than are the other four oxygen ions, is connected with the high polarizability of the Pb^{2+} ion.

If one assumes that this lack of symmetry applies to the analogous situation of Pb^{2+} ions in a silicate glass, it is possible to understand the glass forming ability of lead silicate glasses. The cation Tl^+ has the same electronic structure as Pb^{2+},

---

[1] K. FAJANS and N. J. KREIDL: J. Amer. Ceram. Soc. **31**, 105 (1948).

it is also easily polarizable and can similarly be incorporated into glass in large amounts.

RAWSON[1] showed that a material, in order to vitrify, must have a high viscosity at the liquidus temperature or melting point, the criterion being the ratio of bond-strength to melting point. This ratio is in fact very favourable for B_2O_3, SiO_2 and P_2O_5. The addition of a second oxide often causes a drop in the liquidus temperature without reducing the bond-strength, thereby promoting glass formation. Although oxides of "intermediates" cause no glass formation (MoO_3, WO_3, TeO_2, V_2O_5), they do in combination with small quantities of other oxides (cf. Sect. 5).

12. Properties of technical glasses as a function of composition. In this section we shall discuss the influences which the various components employed in technical glasses have on the properties of the finished product. Knowledge of these influences is to some extent empirical.

Of the glass-forming oxides only two are employed in practice.

SiO_2 is the most important component in the technical glasses since it primarily forms the network. It is applied in quantities from 50 to 80% by weight.

B_2O_3 in technical silicate glasses is an indispensable component of the heat-resistant types and also of types with high chemical resistance and temperature stability.

These properties appear optimally at compositions lying on the dividing line between A.R. and D.R. (cf. Sect. 9). Here the coherence of the network is maximal and the coefficient of expansion minimal. The well-known "Pyrex" glasses have compositions in this range. The category of glasses in question is characterized by fairly high B_2O_3 content. One result of this—and a very important one— is that these glasses are nevertheless reasonably easy to melt, the melting process being initiated by the melting of the B_2O_3 itself.

In soft (silicate) glasses, B_2O_3 is often used in small quantities in order to accelerate the melting process and to improve the mechanical workability.

Al_2O_3 strongly suppresses devitrifaction. The reason for this must be that the incorporation of tetrahedra of dimensions differing slightly from the usual SiO_4 tetrahedra has the effect of increasing the randomness of the network and hence of decreasing the tendency to crystallization. In very hard glasses large quantities of Al_2O_3 are often employed. This also greatly increases the chemical resistance to acids. This is not surprising when it is remembered that Al_2O_3 relatively lowers the value of Y (cf. Sect. 5). A drawback attached to the use of Al_2O_3 is that it makes the melting and refining much more difficult, and gives rise to the formation of streaks and other inhomogeneities.

K_2O and *Na_2O* have a marked softening influence on the glass, associated with an appreciable increase in the thermal coefficient of expansion and a lowering of the chemical resistance. This is readily understandable since the introduction of these oxides greatly reduces the coherence of the network (i.e. the value of Y), while the cations K^+ and Na^+ do not—like the divalent network-modifiers— help to strengthen the network considerably. For a discussion of the electrical properties of glasses, which are governed to a great extent by the high mobility of the above-mentioned alkali ions, reference may be made to [17].

Li_2O is known as a powerful melting agent; unfortunately its use is restricted owing to the fact that it also promotes devitrification (relatively high field-

---

[1] H. RAWSON: Trav. du IVe Congr. Internat. du Verre, Paris 1956, p. 62.

strength of the Li$^+$ ion; cf. Table 6). On the other hand, glass technology has been tending more and more in recent years to the use of entirely or partially crystallized systems, so that this component may be expected to find increasing application (cf. also Sect. 40).

CaO has the primary function of improving the resistance of alkali silicate glasses. In addition it does a great deal to dissolve SiO_2 during the melting process (CaF_2 is better still), for which reason it is used for making glasses which contain little or no alkali. Disadvantages attached to the use of CaO are that it causes the viscosity of the glass to decrease relatively readily with temperature (short glass) and strongly increases devitrification.

MgO favourably influences the melting process and the processing properties. It also improves the mechanical properties and the chemical resistance of soft glasses, but, in higher concentrations, it tends to lead to devitrification.

ZnO is frequently used for producing hard glasses of high chemical resistance and low expansion coefficient. ZnO makes it possible to melt these glasses in that it increases the fluidity of the melt without at the same time increasing the coefficient of expansion. The latter is very probably connected with the fact that the Zn^{2+} ions are present largely as network-forming ions, so that Y is relatively lowered.

PbO is very widely used. It gives glass a high refraction index and a high surface gloss, and is therefore extensively employed in optical glasses. It greatly promotes the melting properties, thereby making it possible to compose glasses without or almost without alkali; such glasses have favourable electrical properties (see [*17*]).

BaO is a cheap substitute for PbO; it does not quite reach the high refraction indices obtained with PbO. An important advantage is that BaO—unlike PbO—does not make the glass sensitive to a reducing furnace atmosphere. By partly substituting BaO for CaO in calcium silicate glass, the glass is made "longer" and the devitrification tendency is reduced.

For a review containing many details concerning the glasses dealt with in this section, reference may be made to [*23*], p. 81—92.

13. Stabilization. In Sects. 5 to 11 we have been mainly concerned with the structure of glass at room temperature. As explained in Sect. 2, the structure of glass at room temperature is not completely defined. It is influenced to an appreciable degree, by the thermal history. This point will now be considered in more detail, with special reference to the terms "fictive temperature" and "stabilization" mentioned in Sect. 2.

For this purpose we shall first follow the structure of the glass with the temperature continuously dropping. If the glass is cooled from a relatively high temperature, the tendency of the structure to settle itself will gradually decrease. At each successive temperature a state of equilibrium will exist, but this state will become increasingly difficult to reach as the temperature decreases. If, therefore, the glass is cooled at a constant rate, the structure of the glass at a certain temperature will finally differ from the equilibrium structure associated with that temperature.

In order to describe this phenomenon, the concept of "fictive temperature" has been introduced. This can best be explained by studying the behaviour of a certain physical property as a function of temperature. For this purpose we have chosen the property of expansion, although in principle similar considerations apply to numerous other physical properties such as density, refraction index, heat content and others. We shall adopt here the treatment used by KRUIT-HOF[1].

The expansion curve of a glass obtained experimentally generally has the shape shown in Fig. 30. An approximately linear increase of the length with increasing temperature is followed by a fairly sharp bend towards a steeper slope, and then another bend towards smaller lengths. The latter bend is caused by compression of the sample owing to the light pressure of the dilatometer. It is therefore really not an essential part of the curve of expansion as a function of temperature. If methods are used, where the softening of the sample is not spoiling the measurement, the curve continues as indicated by the dashed line at higher temperatures[2].

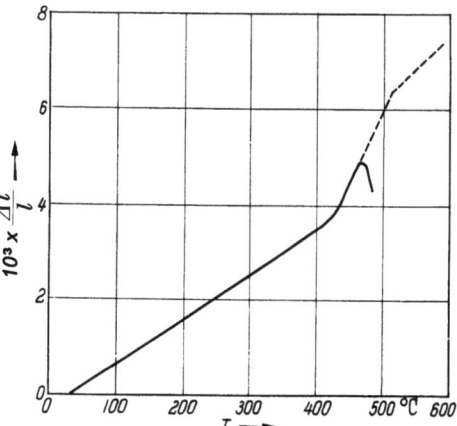

Fig. 30. Example of an experimental thermal expansion vs. T curve for a certain lead glass. The expansion $\Delta l/l =$ elongation of the sample with respect to unit length at room temperature.

Expansion curves can be determined by continuously raising the temperature of samples at a standard rate, for example, of 2° C/min. The samples under measurement should have been precooled in this case at the same rate. It is also possible, however, to subject the samples to different thermal pretreatments: apart from the cooling described (i.e. at a rate of 2°C/min), the samples can also be more rapidly cooled from an elevated temperature to room temperature, or they can be cooled much more slowly than at the rate of 2° C/min. Expansion curves for these three cases are shown in Fig. 31. Curve 1 gives the expansion or relative elongation of a rapidly cooled sample, curve 2 that of a sample cooled at a rate of 2° C/min, and curve 3 that of a very slowly cooled sample. During the initial rise, the curves more or less coincide, after which they deviate radically (cf. also Fig. 5 [3]).

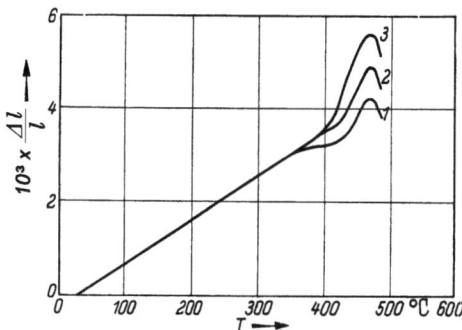

Fig. 31. Examples of experimental thermal expansion vs. T curves for the same lead glass as in Fig. 30 previously cooled at different rates. The samples have the same length at room temperature.

An entirely different procedure can also be adopted: the samples can be given the same length not at room temperature but at an elevated temperature (in the case of the given lead glass at about 470° C, which is above its annealing point). The samples can then be subjected to the three different cooling processes, after which the lengths are then determined as a function of the increasing temperature. Once again plotting the temperature along the abscissa and the relative elongation along the ordinate, one obtains the curves shown in Fig. 32

---

[1] A.M. KRUITHOF: Verres et Réfr. **9**, 311 (1955). — Inst. of Vitreous Enamellers Bull. **9**, 55 (1958).

[2] J. GILLOD: Verres et Réfr. **3**, 217 (1949). — L. SHARTSIS and S. SPINNER: J. Res. Nat. Bur. Stand. **46**, 176 (1951).

[3] In Figs. 3, 4 and 5 the numbering of the curves differs from that in Figs. 31 and 32.

(cf. also Fig. 3[1]). In this figure curve 1 represents the relative elongation of the rapidly cooled sample and curves 2 and 3 the relative elongation after cooling at a rate of 2° C/min and very slowly, respectively.

The same figure would have been obtained if one and the same sample had been subjected successively to the different treatments.

Similar curves are to be found in the literature for many other glasses[2].

They gave Tool[3] occasion to introduce the concept "fictive temperature" which we have already touched upon. We shall explain the manner in which this concept was arrived at by reference to the shrinkage of a glass as a function of temperature.

Lowering the temperature of a solid substance generally results in a shrinkage which is more or less proportional to the temperature change. In the case of

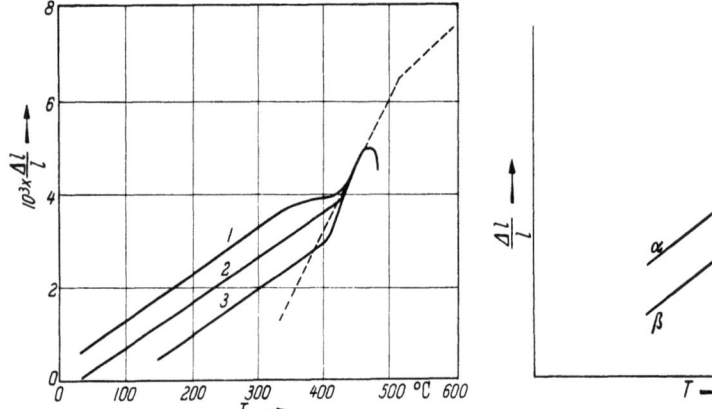

Fig. 32. Examples of experimental thermal expansion vs. T curves for the same lead glass as in Fig. 30 previously cooled at different rates. The sample have the same length at elevated temperature.

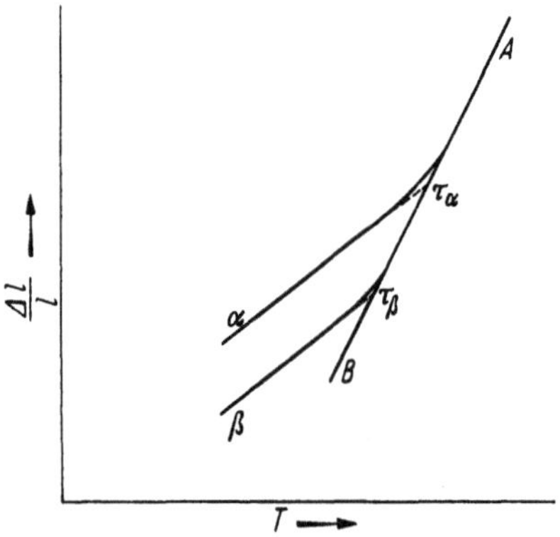

Fig. 33. Basic shrinkage curves (thermal expansion $\Delta l/l$ vs. decreasing temperature) of one glass sample cooled at different rates.

glass there may occur, in addition to this, an extra shrinkage due to changes in the structure, e.g. owing to a closer degree of packing. This shrinkage effect will be greater at higher than at lower temperature.

The following theoretical experiment will help to make this clearer.

We begin by cooling and measuring at A (Fig. 33). The drop in temperature causes thermal shrinkage plus a shrinkage due to the change in the structure itself (structural shrinkage). The line AB describes the course of this simultaneous shrinkage effects, provided the structural state at every instant is the state appertaining to the temperatures prevailing at every given instant.

The structural changes take place more slowly as the temperature decreases, so that, at a given temperature a situation will arise in which the structure no longer immediately adapts itself to the prevailing temperature. The structure lags behind and the slope of the curve becomes flatter. The slope continues to decrease as the lag in the structure increases. This process continues until the change in the structure is negligible with respect to the speed of measurement. After this we can say that the structure has *frozen*: the structural shrinkage has become zero. We are then only concerned with the thermal shrinkage of

---

[1] See footnote 3, p. 545.
[2] E.U. Condon: Amer. J. Phys. **22**, 43 (1954).
[3] A. Q. Tool: J. Amer. Ceram. Soc. **29**, 240 (1946).

this (frozen) structure and this is given by the line α. If the rate of cooling had been lower, the line β would have represented the shrinkage. TOOL characterized this structural state of the glass by determining the position where the produced part of α or β intersects the line AB. The temperatures at these points of intersection τ_α and τ_β he called the "fictive temperatures" of the frozen states α and β respectively.

The concept "fictive temperature" can also be used to explain the phenomena that occur when the glass is heated.

We start with a sample that has been cooled beforehand at a certain finite rate and which therefore has a fictive temperature τ. The heating of this sample in the dilatometer results initially in a straight line γ (Fig. 34).

This straight line, then, gives the expansion of the sample with a structure corresponding to the fictive temperature τ. As the curve approaches the transformation point (in many cases it may be several degrees below this point) the structure of the glass becomes mobile (point A) and attempts to adapt itself to the prevailing temperature. The fictive temperature will therefore be lowered. The process begins very slowly, but takes place more readily and rapidly with rising temperature.

The expansion curve now shows a drop from the straight line, the expansion decreases (and may even become negative). At a higher temperature still (point B), the difference between the fictive and the true temperatures becomes steadily smaller and the change in the fictive temperature steadily less. This again leads to increased expansion.

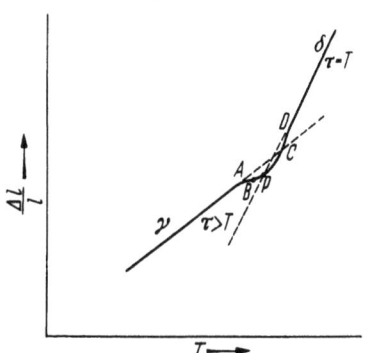

Fig. 34. Influence of structural changes on the thermal expansion vs. T curve, measured during a heating process.

At the moment when the fictive temperature is equal to the prevailing temperature, i.e. in the point P on the line δ (where $\tau = T$), there will be no structural change in the sample, that is to say the tangent of the curve in P is parallel to the line γ.

When the true temperature rises further, the structure will change only slowly and lag behind. Whereas initially (part BP of the curve) the prevailing temperature was lower than the fictive temperature, the former is now higher (part PC of the curve). The point P is thus the point where the direction of change in the structure reverses. Owing to increasing distance between the fictive and the prevailing temperature, and also because of the rising of the temperature, the structural change becomes more readily possible. It is therefore also possible for the fictive temperature to catch up with the prevailing temperature (part CD of the curve) during which process the slope of the curve becomes greater than the slope of the line δ [1].

Whether the bend in the curve will be visible in a dilatometric expansion measurement depends on the fictive temperature of the sample and on the rate of heating.

Summarizing, it may be said that a low rate of measurement tends to lower the fictive temperature and hence to lower the expansion curve in the range where $\tau > T$. This effect is the greater the higher the fictive temperature for the initial structure.

---

[1] The background sketched here helps to explain the phenomena demonstrated in Figs. 3 and 4.

A higher rate of measurement tends to make τ lag more behind T. After τ and T have become equal the result is a bend on the right of the line δ. This effect is the greater the lower the fictive temperature at the moment where $\tau = T$.

These effects have been ascertained from several experimental expansion curves, of which Fig. 32 is an example.

It follows from the foregoing that it is possible to manufacture glass samples of known fictive temperature by cooling the sample at a clearly defined rate (rate method).

The sample can also be held for a sufficient time at the required temperature and afterwards rapidly cooled (soak method).

As an example of fictive temperatures attainable in practice, KRUITHOF has investigated a lead glass of composition 56.2% SiO_2, 30.0% PbO, 7.6% Na_2O, 4.5% K_2O, 1.2% Al_2O_3 (by weight) and minor additions. A platelet 0.5 mm thick, after very rapid quenching, still retained a fictive temperature of 450° C. A fictive temperature of 370° C was attained by heating the platelet at this temperature for three months. The temperature range in which it is possible to freeze the structure of this glass thus extends over a region of at least 80° C. It is known that this range can be much wider, e.g. about 200° C, in the case of certain borosilicate glasses.

It is evident from the above considerations that the utmost caution is necessary when studying the physical properties of glass. Unless the past history of the glass is well-defined, it is not possible without reservation to compare the numerical quantities representing these properties.

For a very extensive study of the thermal evolution and the stabilization of the properties of glass, reference may be made to articles by PROD'HOMME[1].

B. Thermal properties of glass.

I. Density and expansion.

14. Empirical density formulae. It has long been normal practice to regard v, the specific volume of glass at room temperature, as being, in approximation, an additive property of the specific volumes v_i of the oxides composing the glass; in other words, the density ϱ of glass can be worked out from linear formulae of the type

$$v = \sum_i x_i v_i \qquad (14.1)$$

or

$$\frac{1}{\varrho} = \sum_i \frac{x_i}{z_i} \qquad (14.2)$$

in which x_i represents the fraction (usually by weight) of the oxide i present, and z_i stands for factors corresponding with these oxides and given by $z_i = \frac{1}{v_i}$. Various authors have provided z_i values for various components; they appear in Table 7.

These factors have been adapted to existing experimental data for technical glasses, and they generally give results that do not differ from the reality by more than a low percentage (of the order of 1%)[2]. They must, however, only be used for complicated silicate glasses (as the technical glasses practically always

---

[1] L. PROD'HOMME: Verres et Réfr. **11**, 351 (1957); **12**, 3 (1958).
[2] Density deviations due to differences in the degree of stabilization of the glass (cf. Sect. 13) will certainly be smaller than this.

are). Moreover, it is not allowed to apply a simple additivity rule to phosphate glasses or to borate glasses, whose structures do not change regularly as a function of composition.

In general the relationship between the specific volume of glasses with a few components only and the relative amounts of oxides in them is not a linear one. As an example we mention the simple borate systems such as B_2O_3-PbO, B_2O_3-ZnO and B_2O_3-CdO as well as the system SiO_2-PbO which have thoroughly been investigated by KORDES[1]. For the system P_2O_5-PbO, however, a linear relationship is found by him in glasses containing between 8 and 80% of PbO, but it ceases to be linear outside this range.

The principle of adding specific volumes seems to work much better when more complicated systems are investigated and therefore it generally gives satisfactory results for technical glasses.

Table 7. *Values for z_i in gm/cm³ in Eq. (14.2) as given by various authors.*

	WINKELMANN and SCHOTT	BAILLIE	ENGLISH and TURNER	TILLITSON	RUSS
SiO_2	2.3	2.24	2.20	2.3	2.30
B_2O_3	1.9				2.35
Na_2O	2.6	3.20	3.47		3.20
K_2O	2.8				2.90
MgO	3.8	3.25	3.38	4.0	3.90
CaO	3.3	4.30	5.00	4.1	3.90
ZnO	5.9				5.90
BaO	7.0				7.10
PbO	9.6				10.00
Al_2O_3	4.1	2.75	2.75	2.75	3.20
Li_2O					3.75

15. Huggins' density formula. HUGGINS and SUN[2] made a critical study of the density of a large number of silicate glasses, arriving at an additive formula for the volume of glass which contains one gram-atom of oxygen. This volume V_0 can be expressed as:

$$V_0 = k + b_{Si} + \sum_M N_M c_M \qquad (15.1)$$

in which c_M is a factor that is characteristic of the component M_mO_n, N_M is the number of gram-atoms of M per gram-atom of oxygen[3], and k is a constant which is characteristic of the annealing technique employed which is so small that it can generally be neglected. Clearly, the relationship between the quantities N_{Si} and R, discussed in Sect. 5, is

$$N_{Si} = \frac{1}{R}. \qquad (15.2)$$

b_{Si} is one of four different constants each appropriate to a range of N_{Si} values. It should be noted that c_{Si} is also dependent on the N_{Si} range. Account can be taken of the remaining components by using one characteristic quantity C_M.

The four ranges that must be distinguished are denoted by the letters A to D and they are shown in the four top lines of Table 8 together with appropriate values of b_{Si} and c_{Si}. The limits of the four ranges are expressed in terms of N_{Si} or Y. Evidently,

$$Y = 8 - 2R = 8 - \frac{2}{N_{Si}}. \qquad (15.3)$$

Values of c_M for other elements may also be found in Table 8.

In principle, Eq. (15.1) amounts to nothing more than a refinement of Eq. (14.1).

---

[1] E. KORDES: Z. anorg. allg. Chem. **241**, 1 (1939).
[2] M. L. HUGGINS and K. H. SUN: J. Amer. Ceram. Soc. **26**, 4 (1943).
[3] To give a few examples: for SiO_2, $N_{Si} = \frac{1}{2}$, for Na_2SiO_3, $N_{Si} = \frac{1}{3}$ and $N_{Na} = \frac{2}{3}$.

We shall not go into the methods of calculating density and specific volume from the fundamental quantity V_0 given in Eq. (15.1). It is merely a matter of convenient methods that may be found in the literature[1]. We shall confine ourselves in discussing the physical significance of this formula.

Fig. 35 shows the variation, as a function of N_{Si} (or Y), of $V_0 - k - 8.7 N_{Na}$ ($C_{Na} = 8.7$) for pure sodium silicate glasses, which may be represented by a number of straight lines. The figure strongly suggests the four ranges indicated in Table 8, although one is tempted to ask whether one bend curve drawn through the measured values would not be equally well justified.

Table 8[2]. *Constants for the use with Huggins' Equation (15.1)*.

M	b_M	c_M	$\dfrac{m_M}{n_M} c_M$	Range of N_{Si}	Range of Y	Designation
Si	5.69	13.00		< 0.345	< 2.2	A
Si	4.21	17.27		0.345 to 0.40	2.2 to 3	B
Si	2.66	21.14		0.40 to 0.4375	3 to 3.4	C
Si	0.00	27.26		0.4375 to 0.50	3.4 to 4	D
Li		3.9	7.8			
Na		8.7	17.4			
K		15.5	31.0			
Rb		22	44			
Be		3	3			
Mg		10.3	10.3			
Ca		10.3	10.3			
Sr		15	15			
Ba		16	16			
Zn		11	11			
Pb		18	18			
B'		12	Coord. Number 4			
B"		19	Coord. Number 3			
Al		15				
Fe		14				
Bi		16				
Ti		14	7			
Zr		16				

HUGGINS[3] explains the breaks in the curve by advancing the theory of *structons*. A structon may be defined as an atom in a given environment. For example, in sodium silicate glasses falling within range D, a silicon ion surrounded by four oxygen ions may be identified as a Si(4O) structon, an oxygen ion between two silicon ions as an O(2Si) structon, and a sodium ion surrounded by six oxygen ions as a Na(6O) structon; but O(2Si, Na) and O(Si, 3Na) may also be regarded as possible structons. A sodium silicate glass can be considered as being built up of these units. Obviously, this conception of the structure is quite consistent with the Zachariasen random network theory (cf. Sect. 5). HUGGINS argues plausibly that certain structons only occur in certain concentration ranges.

Let us consider a quantity of glass which on the average contains one gram-atom of oxygen. The number of structons of each type that is present in the

---

[1] M.L. HUGGINS: J. Opt. Soc. Amer. **30**, 420 (1940). — M.L. HUGGINS and K.H. SUN: J. Amer. Ceram. Soc. **26**, 4 (1943). — K.H. SUN, R.M. WELSCH and M.L. HUGGINS: J. Amer. Ceram. Soc. **29**, 59 (1946). — J. Soc. Glass Technol. **30**, 333 (1946). — K.H. SUN and M.L. HUGGINS: J. Amer. Ceram. Soc. **27**, 10 (1944); **29**, 232 (1946). — J. Soc. Glass Technol. **30**, 327 (1946).

[2] The fourth column is only of significance in relation with the contents of Sect. 17, where its explanation is to be found.

[3] M.L. HUGGINS: Bull. Chem. Soc. Japan **28**, 606 (1955). — J. Amer. Ceram. Soc. **38**, 172 (1955).

glass is designated as N with the appropriate subscript. This being so,

$$N_{O(2Si)} + N_{O(2Si, Na)} + N_{O(Si, 2Na)} = 1, \tag{15.4}$$

$$2N_{O(2Si)} + 2N_{O(2Si, Na)} + N_{O(Si, 3Na)} = 4N_{Si(4O)} = 4N_{Si} \tag{15.5}$$

and

$$N_{O(2Si, Na)} + 3N_{O(Si, 3Na)} = 6N_{Na(6O)} = 6N_{Na}. \tag{15.6}$$

The requirement that the valencies must be balanced means that

$$4N_{Si} + N_{Na} = 2. \tag{15.7}$$

The numbers in which the different types of structon are present can now be obtained as functions of N_{Si}:

$$\left.\begin{aligned} N_{Si(4O)} &= N_{Si}, \\ N_{Na(6O)} &= 2 - 4N_{Si}, \\ N_{O(2Si)} &= -7 + 16N_{Si}, \\ N_{O(2Si, Na)} &= 6 - 12N_{Si}, \\ N_{O(Si, 3Na)} &= 2 - 4N_{Si}. \end{aligned}\right\} \tag{15.8}$$

The maximum value of N_{Si} is $\frac{1}{2}$ (which value it has in SiO$_2$). In this case $N_{Na(6O)}$, $N_{O(2Si, Na)}$ and $N_{O(Si, 3Na)}$ are all zero. $N_{O(2Si)}$ is zero when $N_{Si} = 7/16$, the composition at which the O(2Si) structons disappear. This is precisely the location of the break in the curve of Fig. 35 for $N_{Si} = 0.4375$. In Sect. 16 we shall find by different reasoning that something peculiar happens in the structure corresponding to this composition. Accordingly, the values $N_{Si} = 0.5$ and $N_{Si} = 0.4375$ constitute the limits to the D range (cf. Table 8).

HUGGINS indicates, in an analogous manner, the structons present in the C range, which extends from $N_{Si} = 0.4375$ to $N_{Si} = 0.40$. They are Si(4O), Na(6O), O(2Si, Na), O(2Si, 2Na) and O(Si, 3Na).

Several combinations of structons would be possible in the range below $N_{Si} = 0.40$, and it is difficult to say which is best. For the range extending to $N_{Si} = 0.375$ a reasonable set would be Si(4O), Na(6O), Na(5O), O(2Si, 2Na) and O(Si, 3Na). This would mean that the O(2Si, Na) structon would disappear at $N_{Si} = 0.40$, being replaced by the Na(5O) type.

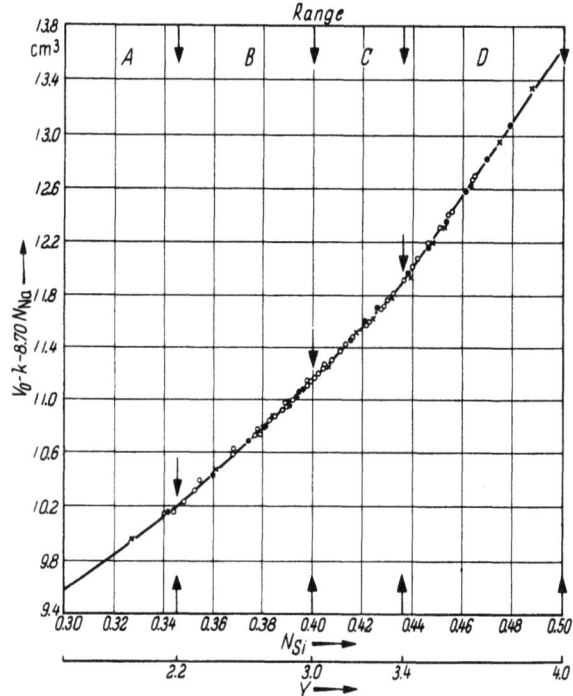

Fig. 35. Volume-composition dependence for sodium silicate glasses. Open circles, crosses and black circles represent data from different sources. The small constant, k, is included to allow for difference in annealing techniques. The arrows show the limits of the four ranges A to D. After HUGGINS.

This might be followed, in the range $N_{Si}=0.375$ to $N_{Si}=0.333$, by the set Si(4O), Na(5O), O(2Si, 2Na), O(Si, 3Na) and O(Si, 4Na). Thus the Na(6O) structon would disappear at $N_{Si}=0.375$ and the O(Si, 4Na) type would appear. The O(Si, 3Na) structon would necessarily disappear at $N_{Si}=0.333$ (the "sodium metasilicate composition"). The four remaining types are in fact those occurring in the crystalline compound with a metasilicate composition[1].

The experimental findings displayed in Fig. 35 scarcely show any breaks at $N_{Si}=0.375$ and 0.333, though one does appear at $N_{Si}=0.345$, marking the transition between the B and A ranges.

It is because of this that HUGGINS is able to confine himself to 4 ranges instead of 5. The merit of his approach is that a large range of concentrations is covered. For simple glasses, moreover, there is a clear connection with a detailed structural picture.

For complicated glasses HUGGINS' theory gives results that are quite satisfactory in regard to accuracy; the errors are always smaller than a fraction of a percent. A less satisfactory aspect is that this accuracy is attained in virtue of the large number of "adapted" constants occurring in the formula.

Nor is it satisfactory to have to use different c_M values for oxides whose cation has different coordination numbers for oxygen, for instance B_2O_3 (cf. Table 8). The extent to which the values of c_M have to be differentiated for "intermediates" is not known at the moment. Some of the objections just mentioned can be got around by using the density formula discussed in the next Section.

16. Author's density formula. The incorporation of network-modifying ions has the effect of "blowing up" a Si—O network, i.e. causes an increase in the volume V_0 containing one gram-atom of oxygen. Attempts[2] have been made to express V_0 as a simple function of R on the assumption that in first approximation the network-modifying ions have no influence on this volume.

For many technical glasses it is found that

$$V_0 = \frac{V_{00}}{1 - R\chi'} \qquad (16.1)$$

in which V_{00} and χ' are constants.

In order to test Eq. (16.1) empirically, it is better written in the form

$$\frac{100}{V_0} = \frac{100}{V_{00}}(1 - R\chi'). \qquad (16.2)$$

Whatever the glass, $100/V_0$ can easily be worked out from its density ϱ; moreover, as Fig. 36 shows, this quantity can be expressed numerically as a linear function of R:

$$\varrho\gamma = \frac{100}{V_0} = 12.16 - 2.31\,R. \qquad (16.3)$$

In this relation γ is the number of gram-atoms of oxygen per 100 grams of glass. From Fig. 36 and Eq. (16.3) it can easily be deduced that $V_{00}=8.22\,\mathrm{cm}^3$. It is interesting to note that the theoretical volume of one gram-atom of oxygen ions in closest packing has about the same value. Formula (16.3) shows how V_0 increases with R as the network blows up.

Each measured value in Fig. 36 is accompanied by a P value, P being the ratio between the number of oxygen ions and the number of network-modifying ions.

---

[1] P.A. GRUND and M.M. PIZY: Acta crystallogr. **5**, 837 (1952).
[2] J.M. STEVELS: Rec. Trav. chim. Pays-Bas **60**, 85 (1941); **62**, 17 (1943).

In general, Eq. (16.3) appears to give results with an accuracy of within 1%; in Fig. 36 these limits are indicated by dotted lines. Glasses satisfying Eq. (16.3) are indicated by an oval, those not satisfying it by a rectangle round the indicated P value. It is seen that the following conditions must be satisfied.

First condition: R must be smaller than 2.5 or Y greater than 3. For $Y=3$, SiO_4 tetrahedra with two non-bridging oxygen ions begin to occur. It seems that when this happens the volume ceases to change continuously as implied

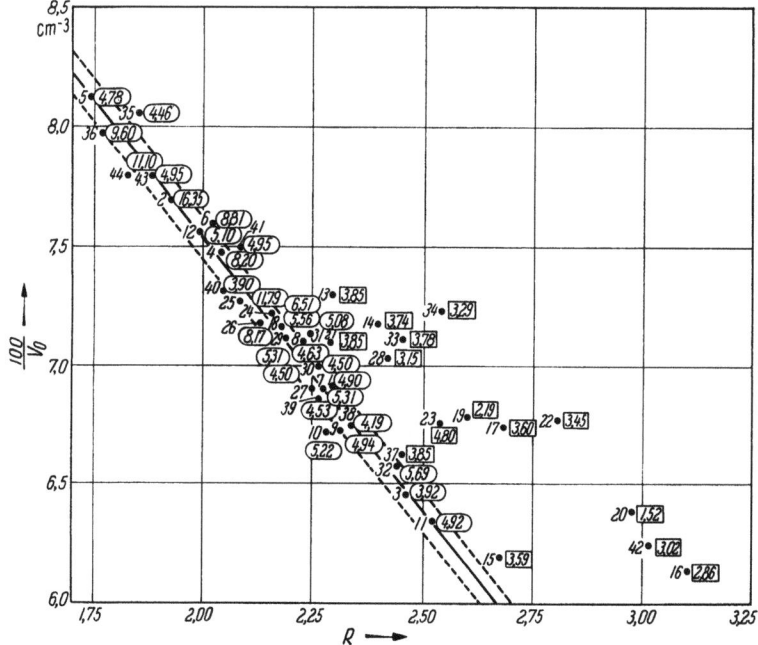

Fig. 36. Illustration of agreement of Eq. (16.3) with experimental values. After STEVELS.

by Eq. (16.3). Applied to pure sodium silicate glasses, this condition is identical to the break occurring at $N_{Si}=0.40$ between the ranges B and C in the curve of Fig. 35.

Second condition: P must be greater than 3.9. Glasses with P values smaller than 3.9 fail without exception to satisfy Eq. (16.3). The condition can be interpreted as though, for glasses with high network-former content, a type of structure exists in which the ratio between the oxygen ions and the interstices available for occupation by network-modifying ions is of the order of 3.9: as long as there is room enough for the network modifiers, the formula holds. A larger proportion of network modifiers would require a different type of structure not conforming to Eq. (16.3). If we confine ourselves to pure sodium silicate glasses as before, the condition produces the break occurring at $N_{Si}=0.4375$ between the ranges C and D in the curve of Fig. 35: $P=3.9$ corresponds to $N_{Na}=0.256$ and Eq. (15.7) shows this to correspond to $N_{Si}=0.346$. This point is characterized by the disappearance of the structons of the O(2Si) type. This means that all oxygen ions are now adjacent to sodium ions or in other words *empty* interstices no longer exist.

In the light of the foregoing it is obvious that the density formula under discussion in this section is only valid in the range denoted D in Sect. 15.

Third condition: It is difficult to define the third condition mathematically. It has been found that certain electropositive ions such as Li^+, Be^{2+} and Ti^{4+} must be absent, or present only in sufficiently low concentrations. Having a high field strength (cf. Sect. 11) the presence of these ions will in general result in an extra contraction of the network. Indeed, a higher density is then found experimentally than that given by Eq. (16.3). The elements in question are, however, not often present in technical glasses. The network modifying ions Mg^{2+}, Zn^{2+}, and Cd^{2+} also have a certain contracting effect, but fairly large quantities of them can be tolerated without the density of the glass being affected.

Conversely, the presence of an excess of large ions having a low field strength, such as K^+ ions, will result in the density being lower than the calculated value. Both effects are direct consequences of the fact that Eq. (16.1) is only a first approximation, although a useful one, and does not express differences between individual network modifiers. Moreover, it is based on data for technical glasses, having been adapted to the average composition of such glasses. Against Huggins' formula, it possesses the distinct advantage of allowing *all* silicates and borosilicates to be allotted the same value of the constant $\chi = \dfrac{100\,\chi'}{V_{00}} = 2.31$. Special glasses such as pure borates and phosphates cannot be described in this manner; they are governed by certain rules mentioned elsewhere (cf. [3], pp. 33—52). The deviations of formula (16.1) for the borate glasses are recently discussed by Coenen in an extensive way[1].

17. A comparison of the density formulae given in Sects. 15 and 16. It may be asked how it is that Eqs. (15.1) and (16.1) both describe V_0 so well, while being of an entirely different nature. The reason can be seen by developing (16.1) into a series[2]. The following expression is valid in range D in the case where Si, B and Al are the only network-forming ions present:

$$V_0 = 26.52\,N_{Si} + 15.83\,N_B + 15.83\,N_{Al} + 21.39 \sum_M \frac{n_M}{m_M} N_M \qquad (17.1)$$

plus terms involving quadratic and higher powers of terms following the summation symbol. Summation is performed over the network-modifying ions present (n_M and m_M are whole numbers indicating the composition of an oxide of the form $M_m O_n$).

Eq. (15.1) shows that in range D

$$V_0 = 27.26\,N_{Si} + 12\,N_{B'} + 19\,N_{B''} + 15\,N_{Al} + \sum_M c_M N_M. \qquad (17.2)$$

Comparing (17.1) with (17.2), we see that there are no great differences between the coefficients attached to N_{Si}, N_B and N_{Al} in the two formulae ($12\,N_{B'} + 19\,N_{B''}$ will work out as a value not far from $15.83\,N_B$). If the terms $21.39 \sum_M (n_M/m_M) N_M$ and $\sum_M c_M N_M$ have the same value, the formulae will provide numerical results that are roughly the same. The condition for this is that $\overline{c_M/(n_M/m_M)}$ should be ~ 21.4.

Although this quotient is not exactly the same as the average value of $(m_M/n_M)\,c_M$, the individual values of the latter quantity have been listed in Table 8. Since they differ greatly, it is surprising that the two equations should provide the same result.

---

[1] M. Coenen: Glastechn. Ber. **35**, 14 (1962).
[2] M.L. Huggins and J.M. Stevels: J. Amer. Ceram. Soc. **37**, 474 (1954).

No doubt one of the reasons is that N_M has very small values in the D range, their contribution to the second term in (17.1) or (17.2) accordingly being unimportant.

It may be noted that ions having the lowest $(m_M/n_M)\, c_M$ values (Li$^+$, Be^{2+}, Ti^{4+}) have been recognized as "contracting" the structure. Ions such Mg^{2+}, Ca^{2+}, Zn^{2+} also have a contracting effect, but to a lesser extent.

On the other hand, in glasses containing ions with high $(m_M/n_M)\, c_M$ values (K$^+$, Rb$^+$) the experimental value of V_0 is larger than that given by Eq. (16.3).

18. Density as a function of thermal history.
It is clear that in general the density of a glass will be affected by its thermal history. For example, cooling at an excessive rate will enable to make a glass whose density at a given temperature is lower than that of a normally cooled glass at the same temperature.

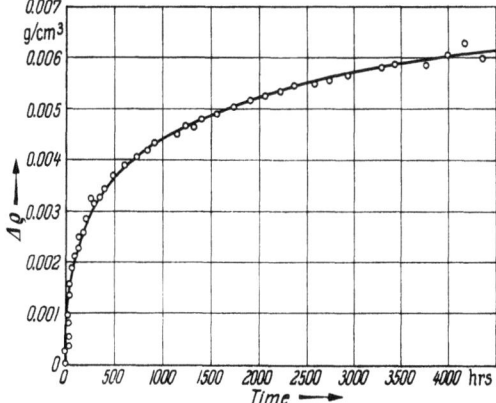

Fig. 37. Relative change in density $\Delta\varrho$ at 440° of a glass, after prior stabilisation at 480° for 100 hours. After DOUGLAS and JONES.

Very slowly, however, the structure of the glass will grow towards an equilibrium state. If the temperature in question is room temperature, reversion to the equilibrium state will be so slow as to be scarcely perceptible. If, however, the temperature chosen is not too far from the annealing range, then it will be possible to measure the time taken. An example is given in Fig. 37[1]. The diagram shows how a sodium calcium silicate glass, having been stabilized for 100 hours at 480° C, grows towards the equilibrium state appropriate to a temperature of 440° C (i.e. how its density increases when it is maintained at the latter temperature). This curve naturally bears a strong resemblance to that appearing in Sect. 33 on viscosity as a function of thermal history.

In any general discussion about the density of glass, therefore, the importance must be borne in mind of knowing what the thermal history of the glass has been, and whether the sample investigated was actually in a state of thermal equilibrium.

19. The density of glass at high temperatures.
SHARTSIS, SPINNER and CAPPS[2] have demonstrated that although at room temperature the density of binary alkali silicate glasses increases as a function of alkali content, it falls off at temperatures in the region of 1300° C (see Fig. 38).

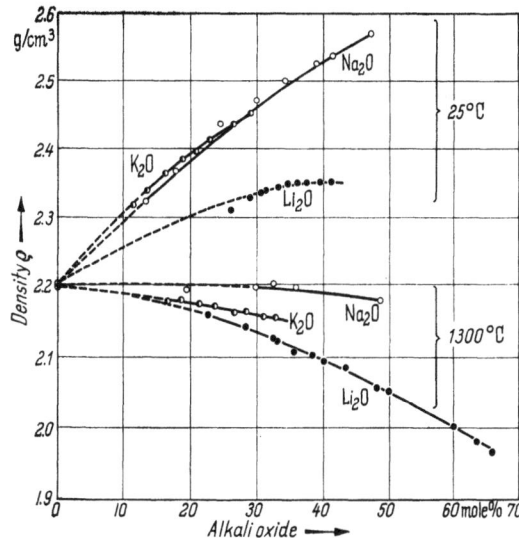

Fig. 38. Densities ϱ at 25 and 1300° C of alkali silicate glasses. After SHARTSIS, SPINNER and CAPPS.

---

[1] R.W. DOUGLAS and G.A. JONES: J. Soc. Glass Technol. **32**, 309 (1948).
[2] L. SHARTSIS, S. SPINNER and W. CAPPS: J. Amer. Ceram. Soc. **35**, 155 (1952).

Similar series of measurements have been performed on alkali borate glasses. In their case, however, the high temperature chosen was 1000° C (at which temperature these glasses have viscosities comparable with those of the silicate glasses. The results are shown in Fig. 39. It will be seen that the curves of density as a function of composition exhibit a maximum for the high temperature series[1].

SHARTSIS and SHERMER[2] and COUGHANOUR, SHARTSIS and SHERMER[3], carried out similar measurements for the alkaline-earth borate glasses at 25

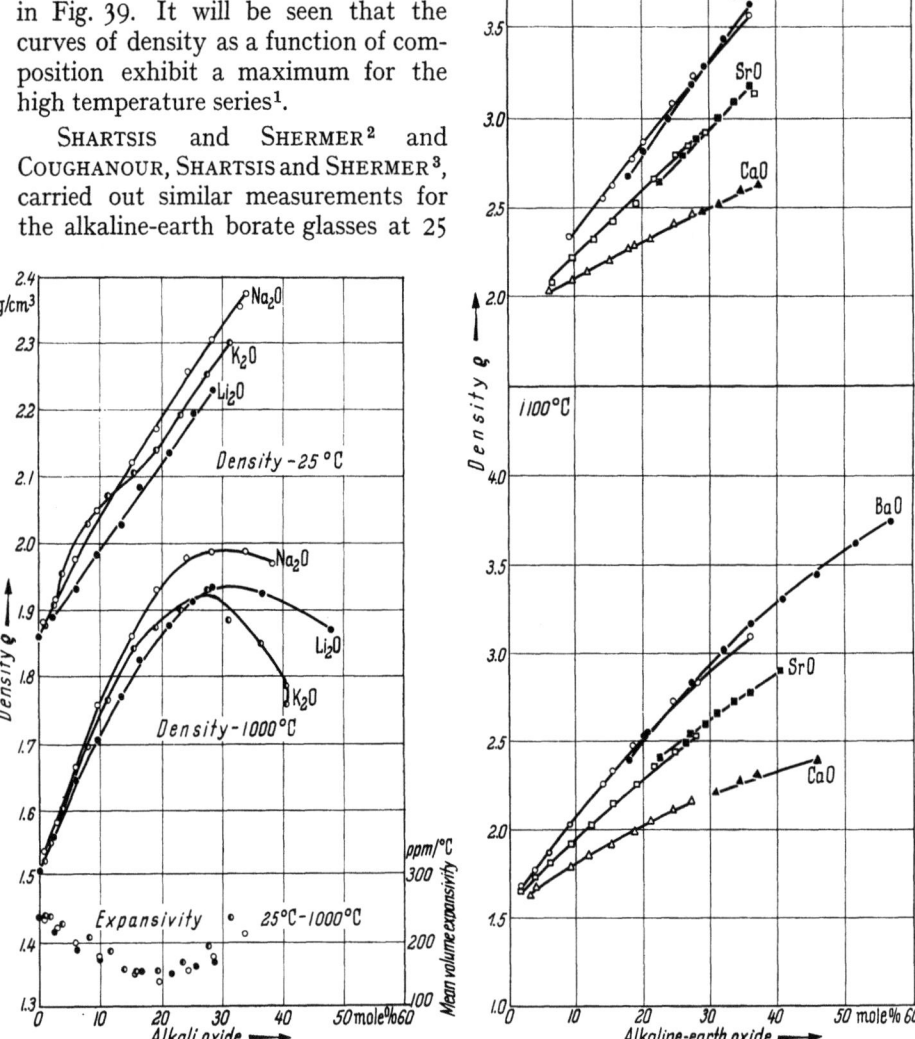

Fig. 39. Densities ϱ at 25 and 1000° C and mean volume expansivities between these temperatures of alkali borate glasses. Filled circles represent lithium borates; hollow circles, sodium borates; half-filled circles, potassium borates. After SHARTSIS, SPINNER and CAPPS.

Fig. 40. Densities ϱ of alkaline-earth borates at 25 and at 1100° C. Solid symbols indicate binary compositions; after SHARTSIS and SHERMER. Open symbols indicate compositions containing 3 mole % K_2O; after COUGHANOUR, SHARTSIS and SHERMER.

and 1100° C. These were found not to exhibit maxima in density neither for the low, nor for the high temperature series (cf. Fig. 40).

---

[1] Cf. also PEI-CHING LI, A.C. GHOSE and GOUQ-JEN SU: Phys. and Chem. Glasses **1**, 198 (1960).

[2] L. SHARTSIS and H.F. SHERMER: J. Amer. Ceram. Soc. **37**, 544 (1954).

[3] L.W. COUGHANOUR, L. SHARTSIS and H.F. SHERMER: J. Amer. Ceram. Soc. **41**, 324 (1958).

It should be noted that investigation of the properties of binary alkaline-earth borate glasses is hindered by the formation of two immiscible liquids at low alkaline-earth concentrations. (cf. Sect. 9). In order to overcome this difficulty 3 mole % of K_2O was added to each composition. Its purpose was merely to prevent separation in two phases. Fig. 40 shows that a fairly regular trend recurs in the various series (with and without K_2O).

To sum up, it may be said that at room temperature the density of the above systems increases as the content of network-modifying ions increases. It is true that, at the same time, the actual Si—O or B—O network blows up (if the accummulation region in borate glasses (Sect. 9) is disregarded; here the trend of the changes in the structure are even in favour of increasing densities) but this effect is overcompensated by the weight of the built-in network-modifying ions. Any further qualitative statement seems out of the question, for the modifiers also exercise an effect on the network itself.

The situation at high temperatures is more complicated. As far as the silicates are concerned, it seems that, when the alkali oxide content is high, the Si—O network blows up so quickly that a decrease in density is observed. This is in agreement with the fact that the mean volume expansivity[1] $\frac{1}{V}\left(\frac{dV}{dT}\right)_p$ between room temperature and 1300° C for silicate glasses with a high alkali oxide content is very large.

As was pointed out in Sect. 9 (cf. Fig. 17) alkali borate glasses have a coefficient of expansion that exhibits a minimum at about 17 mole % of alkali oxide. The mean volume expansivity shows a similar trend (Fig. 39) albeit the minimum is found at a slightly different composition. Consequently the density curve at high temperatures also exhibits a maximum but for obvious reasons this maximum is shifted towards a higher alkali oxide content as compared to the minimum in the mean volume expansivity curve (in this case to about 30%).

Both the coefficient of expansion (cf. Fig. 55) and the mean volume expansivity of alkaline-earth borate glasses at high temperatures (cf. Fig. 56) are of the same order of magnitude as found for the alkali borate glasses. However, the density vs. metal oxide concentration curves are much steeper in the cases of the alkaline-earth ions (Fig. 40) than in those of the alkali ions (Fig. 39), due to the greater weight of the former.

The combination of these two facts makes it plausible why, at least in the region measured, the density vs. alkaline-earth oxide concentration curves at high temperatures still show a monotonous increase.

20. Density as a function of pressure. BRIDGMAN and SIMON[2] demonstrated that, in contrast to other inorganic solids, glasses may be permanently compacted by submitting them to pressures of the order of 10^4 to 10^5 atm. They found that the applied pressure had to attain a certain threshold value before an irreversible compaction could be caused in vitreous silica and silicate glasses. Vitreous B_2O_3 behaves in a different manner, compaction starting at the lowest pressures. Figs. 41 to 43 give an impression of the effect: it is greatest in pure vitreous silica and it almost disappears when a large amount of Na_2O is incorporated into the Si—O network. The compaction decreases with decreasing value of Y.

---

[1] The mean volume expansivity and the (linear) coefficient of expansion α (cf. Sects. 9 and 21 to 25) are closely related. As a rule, however, the first quantity is considered over a wide range whereas the coefficient of expansion usually is confined to the range between room temperature and the annealing temperature.

[2] P.W. BRIDGMAN and J. SIMON: J. Appl. Phys. **24**, 405 (1953).

X-ray examination of compacted vitreous silica and, in particular, of compacted vitreous boric oxide shows that the collapse takes place leaving the nearest neighbour distance of Si—O or B—O approximately unchanged. Consequently, the compacting of glass may be pictured as some kind of folding up of the network, presumably involving bending rather than actual shortening of the Si—O or

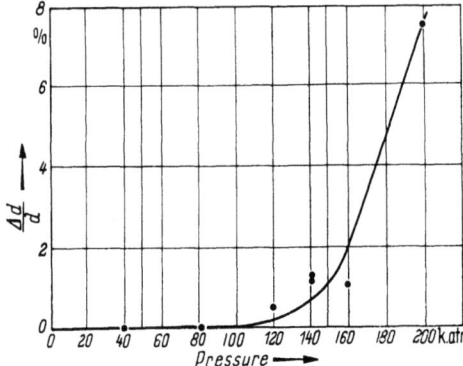

Fig. 41. Relative increase of density of vitreous silica as a function of applied pressure. After BRIDGMAN and SIMON.

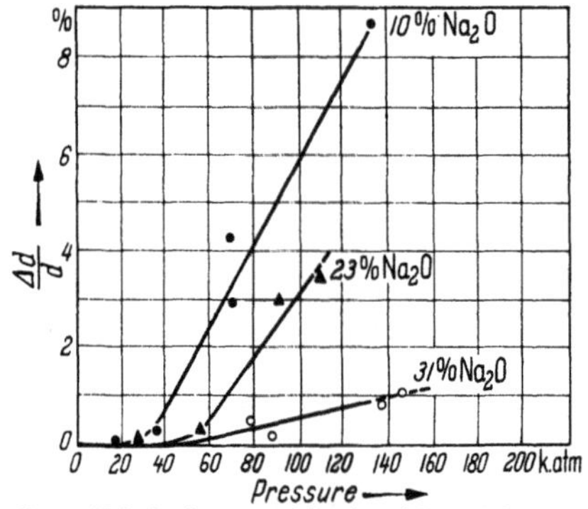

Fig. 42. Relative increase of density with applied pressure for three sodium silicate glasses. Compositions are given in mole %. After BRIDGMAN and SIMON.

B—O bonds. In the case of sodium silicate glasses bending the bonds becomes the more difficult the more sodium ions are embedded in the structure.

The folded-up structures are mechanically stable at ordinary temperatures, indicating that atoms displaced by bending and otherwise are trapped in the new positions behind fairly strong potential barriers. However, these new positions

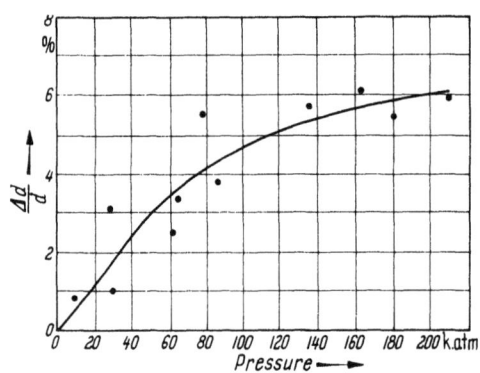
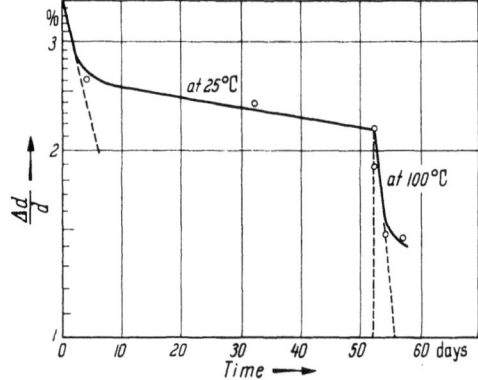

Fig. 43. Relative increase of density with applied pressure for vitreous B_2O_3. After BRIDGMAN and SIMON.

Fig. 44. Annealing curve of compacted vitreous B_2O_3. Relative decrease of density as a function of time at 25 and 100° C. After BRIDGMAN and SIMON.

tend to revert to the original equilibrium state when the temperature is raised. In this sense the compacted glasses behave in a way similar (but with opposite sign) to rapidly chilled glasses, which have abnormally too *low* densities. The structure of the latter tend to change toward the higher density of a well-annealed glass. These two observations seem to indicate that at any temperature there exists an equilibrium configuration which may be departed from in either direction.

The lack of a threshold value for B_2O_3 is probably closely connected with its liability to undergo folding and bending. Other authors interpret the lack of threshold value as indicating a phenomenon other than compaction (see below). The time *vs.* temperature diagram in Fig. 44 reveals that reversion to the equilibrium state takes place all the more quickly the higher the temperature is.

More recent writers[1] on the subject differentiate between two phenomena:

1. *Compaction* occurs at very high pressures and relatively low temperatures. In addition to folding up, a structural change produced by a change in coordination may occur, the average Si—O—Si angle may change (with the result that the structure tends to be transformed from a cristobalite network into a quartz-like network). An alternative term for the compaction effect is "irreversible volume flow". The reason for this description is that withdrawing the pressure does not result in any direct reversal of the effect, although time and temperature do exercise some influence.

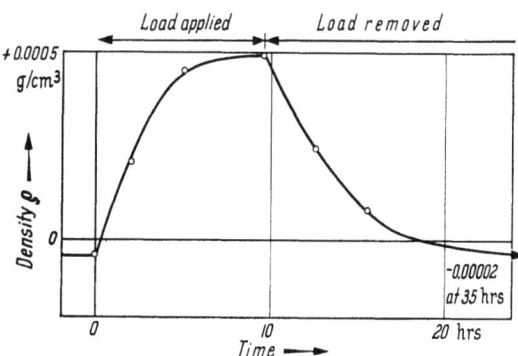

Fig. 45. Volume relaxation of fused silica under load at 1075°. Specimen initially stabilized at 1075° for 40 hours without load. After DOUGLAS and ISARD.

2. *Densification* (volume relaxation or "reversible volume flow") occurs at relatively low pressures and relatively high temperatures. It does not exhibit a threshold value. A typical example appears in Fig. 45, reproduced from an article by DOUGLAS and ISARD[2]. On removal of the load, reversion to the former state starts immediately. The densification phenomenon is completely reversible. ANDERSON (l. c.) shows that densification is probably connected with the occurrence of longer and shorter linkages, but that it is not associated with real structural changes. In the light of the foregoing it is probable that the phenomena reported by BRIDGMAN and SIMON for B_2O_3 constituted a densification effect, or at least a combination of densification and compaction without any sharp transition between the two effects. Provided appropriate (intermediate) temperature values are chosen, densification and compaction can be combined very elegantly in *one* series of experiments. Fig. 46 gives an impression of a set of experiments of this kind; here the two effects appear well-separated.

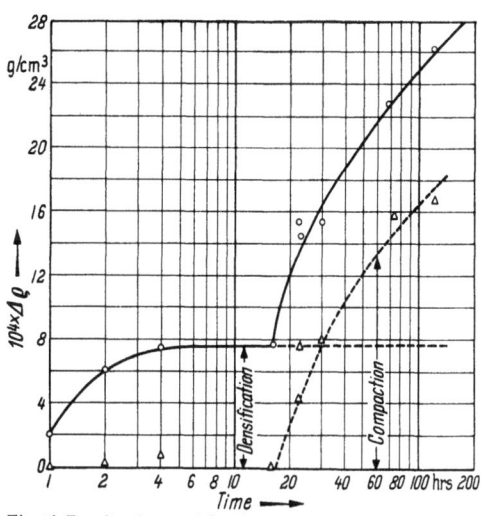

Fig. 46. Density change of Corning 7052 glass and 3800 atm and 285° C on a semilog plot. Each circle represents the density change of an individual specimen from the batch under these conditions for the time shown on the abscissa. The triangle Δ directly below the circle indicates the value to which the specimen recovers upon heating without pressure for prolonged periods. After ANDERSON.

WEIR and SHARTSIS[3] have studied the compressibility, under pressures up to 10000 atm, of simple binary alkali silicate, alkali borate and alkaline-earth

---

[1] O. L. ANDERSON: J. Appl. Phys. **27**, 943 (1956).
[2] R. W. DOUGLAS and J. O. ISARD: J. Soc. Glass Technol. **35**, 206 (1951).
[3] C. E. WEIR and L. SHARTSIS: J. Amer. Ceram. Soc. **38**, 299 (1955); **39**, 319 (1956).

borate glasses at room temperature. The compressibilities $\beta = -\frac{1}{V}\left(\frac{dV}{dp}\right)_T$ undergone by alkali silicate and alkali borate glasses are shown in Figs. 47 and 48, whereas the compression $\left(-\frac{\Delta V}{V}\right)$ of alkali and alkaline-earth borate glasses are shown as functions of concentration in Fig. 49.

In general, a decreasing compressibility is noted with increasing alkali content in both silicate

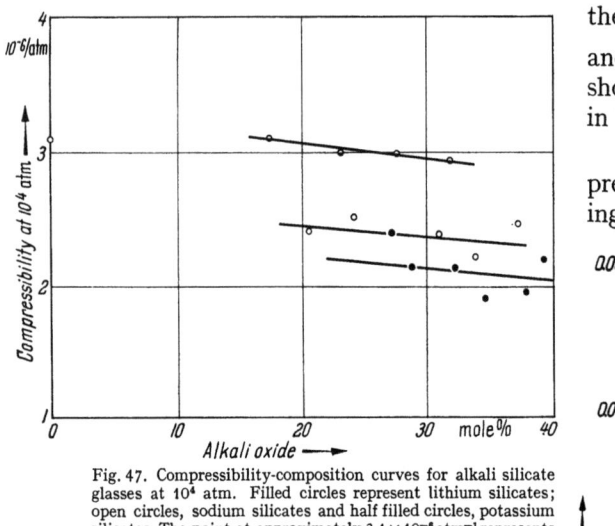

Fig. 47. Compressibility-composition curves for alkali silicate glasses at 10^4 atm. Filled circles represent lithium silicates; open circles, sodium silicates and half filled circles, potassium silicates. The point at approximately 3.1×10^{-6} atm^{-1} represents data for vitreous SiO_2. After WEIR and SHARTSIS.

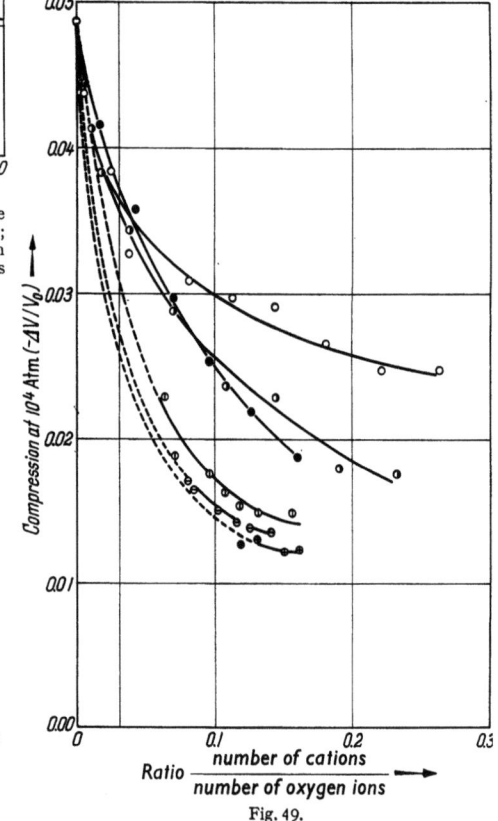

Fig. 48.

Fig. 48. Compressibility-composition curves for alkali borate glasses at 10^4 atm. Filled circles represent lithium borates; open circles, sodium borates and half filled circles, potassium borates. After WEIR and SHARTSIS.

Fig. 49. Comparison of compression at 10^4 atm for alkali and alkaline-earth borate glasses. Open circles represent potassium borates; half filled circles, sodium borates; filled circles, lithium borates; circles with vertical bar, barium borates; circles with horizontal bar, strontium borates and circles with cross, calcium borates. After WEIR and SHARTSIS.

and borate glasses, the effect being much greater in the latter. Comparison of data on alkali and alkaline-earth borate glasses shows that the compression at corresponding molar concentrations is smaller in the alkaline-earth borate series. WEIR and SHARTSIS demonstrated that compressibility was mainly determined by the electrostatic forces existing between the network-modifying ions and the network. Compressibility is greatest when the modifiers are present in very low concentrations, for then there are still plenty of open sites in the network. The filling of the sites causes compressibility to decrease, and to decrease all the more rapidly the higher the field strength of the modifier. The sequence of increasing field strengths is revealed by Fig. 49. That borates are more compressible than silicates is likewise understandable from the very open structure the former possess, at least at very low concentrations of alkali ions. An increase in the concentration of alkali ions results in a fairly rapid fall-off in compressibility (in the accumulation range (cf. Sect. 9) the structure quickly becomes more rigid); investigating borate glasses in the destruction range one finds compressibilities comparable to those of silicate glasses although the values for potassium glasses are naturally higher than those for sodium glasses and these in their turn are higher than those for lithium glasses.

The changes of volume just discussed are reversible and must accordingly be regarded as cases of densification.

21. General observations about thermal expansion. In Sect. 2 we discussed the changes in volume accompanying changes in the temperature of glass. Two ranges of temperature can be distinguished: V increases more or less uniformly between low temperatures and T_g (the glass range), above T_g (the undercooled liquid and the liquid range) it increases much more rapidly.

The mean volume expansivity is defined as the relative increase in volume per degree Centigrade under constant (usually atmospheric) pressure: $\frac{1}{V}\left(\frac{dV}{dT}\right)_p$.

The term coefficient of expansion is often used instead of the term mean volume expansivity when the solid (vitreous) state is considered only; in other words, when the mean expansivity is meant in an interval lying between room-temperature and T_g. It is normal practice in glass technology to use the term "coefficient of expansion" in the sense of "coefficient of linear expansion", or $\alpha = \frac{1}{l}\left(\frac{dl}{dT}\right)_p$. In first approximation this coefficient has a numerical value one-third that of the coefficient as defined above. All tables and diagrams in this article are based on coefficients of *linear* expansion except where otherwise stated.

In practice the (relative) expansion $\Delta l/l$ is often measured as a function of temperature from which α may easily be derived from the slope of the part of the curve below T_g (cf. Sect. 13, Figs. 30 to 34).

It should be remembered that it is impossible to give the exact position of the expansion vs. temperature curve in the range below T_g. The effect of the rate of cooling on the apparent reduction or increase in length has already been noted, having been discussed in Sect. 13; the concept of fictive temperature plays an important part in these apparent changes.

HAGY and RITLAND[1] went so far as to demonstrate that a simple fictive temperature concept was inadequate to explain the expansion behaviour of glasses. One reason is that, when fictive temperatures are determined for the purpose of defining thermal behaviour, the value obtained depends on whether a soak method or a rate method is used (cf. Sect. 13). Fig. 50 gives an example of such differences.

These effects are not very important, when α (which is proportional to the *slope* of the curve) is determined.

There are two principal sources of thermal expansivity of materials. In the case of most solids, the change of volume with temperature arises from the fact that the constituent atoms vibrate about their equilibrium positions with amplitudes that increase with the temperature. If the interatomic potential were symmetric about the equilibrium separation, the average atomic spacing would

---

[1] H. E. HAGY and H. N. RITLAND: J. Amer. Ceram. Soc. **40**, 436 (1957).

be independent of the amplitude of vibration and there would be no thermal expansion. However, this potential is not symmetric, largely because of the rapid increase in interatomic repulsive forces as the atoms approach each other. Therefore, the average separation increases as the amplitude increases and the solid expands. To a first approximation the volume increases linearly with temperature; in the case of most solids the thermal expansion is adequately represented by a series expression with a small quadratic term:

$$l_T = l_0 (1 + \alpha T + \beta T^2) \quad (21.1)$$

α being the linear expansion coefficient.

A second contribution to the thermal expansivity is a change in the atomic arrangement in the material. In most crystalline solids, such changes are restricted

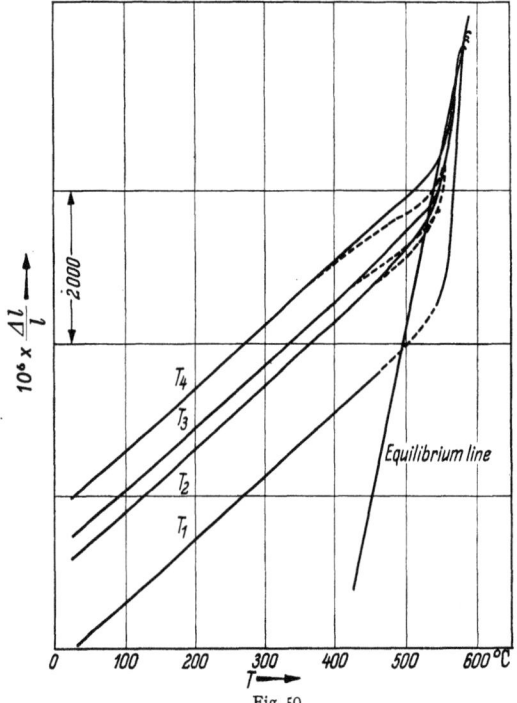
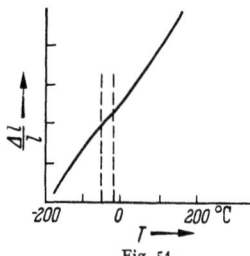

Fig. 50. Thermal expansion-temperature curves for the four pairs of samples of the same glass (Composition: 70% SiO_2, 9% Na_2O, 7% K_2O, 3% BaO, 11% B_2O_3 by weight) with different "fictive" temperatures T_1 to T_4; $T_4 > T_3 > T_2 > T_1$. Solid lines are for the "rate" samples; dashed lines are for "soak" samples. After HAGY and RITLAND.

Fig. 51. The thermal expansion in arbitrary units of a high flint glass between $-200°$ and $+200°$ C. After WINTER.

to abrupt alterations in crystal form, such as the $\alpha - \beta$ transition in quartz, although other effects such as varying concentration of vacancies can contribute to the expansion. In the case of liquids, including glasses at sufficiently high temperatures, the atomic distribution function changes continuously with temperature and contributes a major portion of the observed expansion. This in fact is the reason why the expansion curve has different slopes above and below T_g: above T_g structural changes begin to take effect (cf. Sect. 13).

It should be mentioned that WINTER[1] found a sharp rise round about $-20°$ C in the expansion coefficient curves of six glasses which she investigated.

The expansion coefficient of a borosilicate crown glass was found to drop abruptly from 92×10^{-7} to 53×10^{-7} between -5 and $-35°$ C, that of a light flint glass from 80×10^{-7} to 60×10^{-7} between -15 and $-45°$ C (Fig. 51). At the moment, no explanation has been found for this phenomenon.

From the viewpoint of practical application, only the range between room temperature and the transformation region is of real interest, especially so in view of the dominating role this property plays when glass is being sealed to metal. Accordingly a mass of quantitative material on the values of the expansion coeffi-

---

[1] A. WINTER: C. R. Acad. Sci., Paris **230**, 1857 (1950).

cient α for technical glasses is available; many data may be found in [1] and [5]. For data on the simple glasses reference should be made to the summary by KARKHANAVALA[1].

After what has been said it will be clear that these data must be regarded with a great deal of caution. It is always particularly important to know the range of temperature over which the expansion coefficient has been measured, and sometimes this is in fact stated. Often, however, no account has been taken of thermal history, and this applies to the older information in particular.

Table 9[2]. *Values for $10^8 \times \alpha_i$ in Eq. (22.1) as given by various authors.*

Component	WINKELMANN and SCHOTT[3] (% by weight)	ENGLISH and TURNER[4] (% by weight)	HALL[5] (% by weight)	DANZIN[6,7] (% by weight)	APPEN[8,9] (mole %)	TAKA-HASHI[10,11] (mole %)
SiO_2	2.67	0.50	—	0.66	0.5 to 3.8 [13]	0.6
B_2O_3	0.33 [12]	−6.6 [12]	2.0 [12]	4.3	0 to −5 [14]	—
Li_2O	—	—	—	—	27	24.5
Na_2O	33.33	43.2	38.0	$57 - b x_i$ [15]	39.5	29.5
K_2O	28.33	39.0	30.0	$50 - b x_i$ [15]	46.5 [16]	33.3
BeO	—	—	—	—	4.5	5.5
MgO	0.33	4.5	2.0	6.6	6.0	6.0
CaO	16.67	16.6	15.0	16.0	13.0	14.5
SrO	—	—	—	—	16.0	—
BaO	10.0	17.3	12.0	11.3	20.0	25.0
ZnO	6.0	7.0	10.0	5.3	5.0	8.0
PbO	10.0	10.6	7.5	8.3	13.0 to 19.0 [17]	18.0
Al_2O_3	16.67	1.7	5.0	5.5	−3.0	3.1
ZrO_2	—	—	—	—	−6.0	—
TiO_2	—	13.7	—	—	+3.0 to −1.5 [18]	—

22. Formulae based on additivity for calculating coefficients of linear expansion. In the past, there has been no lack of attempts to express α as a function of glass composition by means of a linear equation. In consequence of the circumstances

---
[1] M.D. KARKHANAVALA: Glass Ind. **33**, 403, 458, 526 (1952).
[2] Quite recently, a new set of values for α_i is given by S. KUMAR, Glast. Ber. 32 K, V, 26 (1959).
[3] A. WINKELMANN and O. SCHOTT: Ann. Physik **51**, 735 (1894).
[4] S. ENGLISH and W.E.S. TURNER: J. Amer. Ceram. Soc. **10**, 551 (1927); **12**, 760 (1929).
[5] F.P. HALL: J. Amer. Ceram. Soc. **13**, 182 (1930).
[6] A. DANZIN: C. R. Acad. Sci., Paris **228**, 561 (1949).
[7] The glass must contain at least 30 mole % SiO_2. Interval 25 to 325° C.
[8] A.A. APPEN: Silikattechn. **3**, 113 (1953).
[9] The glasses must contain at least 45 mole % SiO_2 (interval between 20 and 400° C only).
[10] K. TAKAHASHI: J. Soc. Glass Technol. **37**, 3N (1953).
[11] Interval between 0 and 400° C; only silicate glasses are considered.
[12] For 0 to 12% B_2O_3 only.
[13] The factor for SiO_2 is 3.8 as long as the glass contains less than 67% SiO_2 (that is for pure silicate glasses, as long as $Y < 3$). For glasses richer in SiO_2 ($4 > Y > 3$) $10^8 \times \alpha_{SiO_2} = 10.5 - 0.1 \chi$ (χ = mole % SiO_2).
[14] The factor for B_2O_3 is -5 as long as the molar ratio $f > 4$ ($f = \Sigma (M^{II}O + M_2^IO)/B_2O_3$. $10^8 \times \alpha_{B_2O_3} = -1.25 f$ for $f < 4$. If the glass contains Al_2O_3 also, f is the molar ratio $\Sigma(M^{II}O + M_2^IO) - Al_2O_3$ to B_2O_3.
[15] $b = 1$ for $\Sigma(PbO + BaO) < 18$% (by weight), $b = \frac{1}{3}$ for $\Sigma(PbO + BaO) > 18$% (by weight).
[16] Only in the presence of at least 1% Na_2O. Otherwise $10^8 \times \alpha_{K_2O} = 42.5$.
[17] The factor for PbO is complicated. There seem to be two types of lead glasses. For type I $\left(\text{glass containing less than 3 mole \% } M_2^IO \text{ and where } \dfrac{\Sigma M^{II}O}{\Sigma M_2^IO} > \dfrac{1}{3}\right) 10^8 \times \alpha_{PbO} = 13.0$. For type II (all other glasses containing PbO, $10^8 \times \alpha_{PbO} = 11.5 + 0.5 x$ (x is ΣM_2^IO in mole %).
[18] For glasses containing 50 to 80 mole % SiO_2, $10^8 \times \alpha_{TiO_2} = 10.5 - 0.15 x_{SiO_2}$.

discussed in detail in Sect. 21, it is by no means easy to allot a well-defined α value to one given glass composition, let alone compare the coefficients of different glasses. However, it follows from the foregoing that α, provided it has been measured over a range sufficiently far below T_g, will represent a useful characteristic quantity.

Restricting oneself to the range below T_g, one can try to express α by means of the formula

$$\alpha = \sum_i \alpha_i x_i \qquad (22.1)$$

in which the x_i can either be expressed in mole percentages or in percentages by weight (as earlier authors used to do). A selection of proposed values of $10^8 \times \alpha_i$ appears in Table 9. It is not satisfactory that different authors should provide such greatly differing values for α_i factors.

There is not a great deal of difference in the accuracy of the results obtained by applying the factors given by various authors. Often the discrepancy between the calculated and experimental value is not of a higher order than 2×10^{-7} $(°C)^{-1}$.

The conclusions from Table 9 are the following: The presence of alkali oxides gives rise to large coefficients of expansion. The reasons are, firstly, that these oxides have the effect of decreasing the degree of coherence of the network, since they give rise to the formation of non-bridging oxygen ions; secondly, because there is but little electrostatic interaction between the network and the alkali ions, these latter make no very large contribution to its rigidity. It is for these reasons that α_i increases in the series $Li_2O \rightarrow K_2O$ and beyond (provided one only compares α_i values which are expressed in mole percentages). For the same reasons low values must be expected for the α_i factor of the oxides of alkaline-earths. In accordance with what was said above, α_i increases again in the $BeO \rightarrow BaO$ series.

Table 10. *Showing the relation between field strength $2z/a^2$ (cf. Table 6, Sect. 11) and α_i factors (according to Appen, Table 9, Sect. 22) for different cations.*

	$2z/a^2$	α_i
K^+	0.27	46.5
Na^+	0.35	39.5
Li^+	0.45	27
Ba^{2+}	0.51	20
Sr^{2+}	0.58	16
Pb^{2+}	0.68	~13
Ca^{2+}	0.69	13
Mg^{2+}	0.90	6
Zn^{2+}	1.08	5
Be^{2+}	1.51	4.5
Si^{4+}	3.14	0.5–3.8

If the above views are correct, the oxides of network-forming ions will make very little contribution of the coefficient of expansion. This is also confirmed by the values in Table 9.

23. Relation between linear expansion and cation field strength. Quantitatively, these general ideas can be portrayed in sharper outline. A coefficient of expansion will in general be determined (1) by the influence on the coherence exerted by the cations involved, and (2) by Y, the degree of coherence of the network.

The value of the field strength, as defined in Sect. 11, is a measure of the former effect. The relationship between the field strength and the α_i factors is illustrated in Table 10.

We shall now discuss the influence of the effect mentioned sub 2.

In the range $4 > Y > 3$ which, in general, includes glasses with a relatively low content of network-modifying ions the incorporation of new network-modifying ions will always result in a further loosening of the network and thus in an increase of the coefficient of expansion.

In glasses with a much lower Y value (e.g. those in the range $3 > Y > 2$) the breakdown of the network has proceeded already so far that the weak cations have virtually ceased to exercise any influence. On the other hand, cations with a high field strength will have the tendency of increasing the coherence of the structure of these glasses. This means that if, e.g., Al^{3+} or Ti^{4+} ions are added, the resulting coefficient of expansion will have a value lower than that found by calculating it additively. Thus a negative α_i factor may be found for Al_2O_3, ZnO_2, TiO_2 (cf. Table 9) and, in silicate glasses with a high alkali oxide content, even for CaO [1].

The reinforcement effected by TiO_2 is revealed very neatly in Table 11, which gives a list of expansion coefficients for glasses belonging to the SiO_2-TiO_2 series.

SALMANG and v. STOESSER [3] demonstrated that the coefficient of expansion of SiO_2 becomes negative at high temperatures. DIETZEL [4] analysed this phenomenon and found that the curve of the expansion coefficient of fused silica exhibits a maximum at about 300° C (Table 12). This he explains by assuming that the Si—O distance increases at high temperatures, which implies a bond of a

Table 11. *Coefficients of linear expansion α for the system SiO_2-TiO_2 after Dietzel [2].*

SiO_2	TiO_2	$10^7 \times \alpha$
100	—	5
94.7	5.3	2.1
93.8	6.2	1.75
91.6	8.4	1.0
90.3	9.7	0.7
89.6	10.4	0.6

Table 12. *Coefficients of linear expansion of fused silica $10^7 \times \alpha$, calculated by Dietzel from data given by Heraeus and Souder and Hidnert [5].*

Temperature range	HERAEUS	SOUDER and HIDNERT
0— 200° C	5.9	5.0
200— 400° C	6.7	6.0
400— 600° C	5.9	5.2
600— 800° C	5.0	4.4
800—1000° C	4.2	3.6

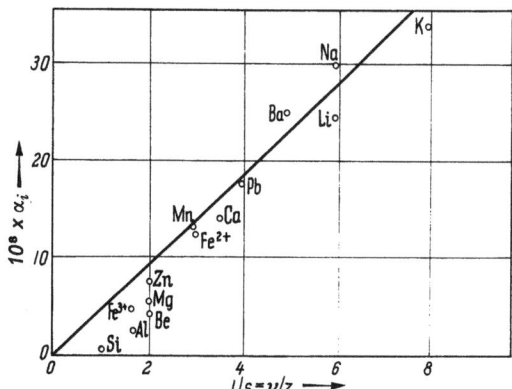

Fig. 52. Relation between the expansion coefficient factors for oxide components (α_i) and the electrostatic bond strengths (s). After TAKAHASI.

more heteropolar character of greater strength. This author also states that the strong external positive field of the Ti^{++++} ion in the SiO_2-TiO_2 system helps to bring about a gradual increase in the length of the Si—O bond, and so contributes to a drop in the expansion coefficient.

However, the drop in the coefficient at higher temperatures may possibly be connected with the fact that changes of a structural nature are taking place, e.g. that a quartz-like configuration is turning into one like that of trydimite or cristobalite.

TAKAHASI [6] has investigated the connection between the α_i factors and the electrostatic bond strengths s (defined as z, the ionic valency of the cation, divided by its coordination number ν). The factors increase as the electrostatic bond strength decreases. The extent to which a linear relationship exists between α_i (with the values indicated by TAKAHASI, see Table 9) and $1/s = \nu/z$ is shown in Fig. 52.

---

[1] A. DIETZEL: Glastechn. Ber. **19**, 319 (1941).
[2] A. DIETZEL: Naturwissenschaften **31**, 22 (1943).
[3] H. SALMANG and K. v. STOESSER: Glastechn. Ber. **8**, 463 (1930).
[4] A. DIETZEL: Glastechn. Ber. **22**, 220 (1949).
[5] W. SOUDER and P. HIDNERT: Sci. Pap. Bur. Stand. **21**, 1 (1926).
[6] K. TAKAHASI: J. Soc. Glass Technol. **37**, 5N (1953).

It is interesting that if, in accordance with the remarks in Sect. 11 about the structure of lead silicate glasses, v is assumed to have the value 8, then the factor for PbO will lie on the straight line.

Fig. 53 shows that the reciprocal of α_i also has a linear relationship with the quantity $f = 2z/a^2$ which is the value of the field strength, as defined by DIETZEL (cf. Sect. 11); the diagram in fact portrays the information of Table 10 in graphical form.

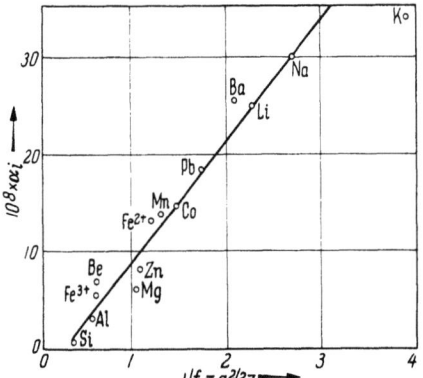

Fig. 53. Relation between the expansion coefficient factors of the oxide components (α_i) and the field strengths (f) of their cations. After TAKAHASI.

It is also interesting that the negative values of the factors α_i for TiO_2 and ZrO_2 (Table 9) appear in their appropriate places in these diagrams, if these are somewhat extended. From the evidence of his data TAKAHASI concludes that it is possible for Ti^{4+}, Zr^{4+}, Al^{3+}, Be^{2+}, Fe^{3+}, Zn^{2+} and Mg^{2+} ions to figure as network-forming ones.

24. The thermal expansivities of simple glasses as a function of their composition. Until now we have been describing the behaviour of complex glasses with the aid of additive formulae; in this section we shall study some series of simple glasses. There will obviously be no question of additive formulae here.

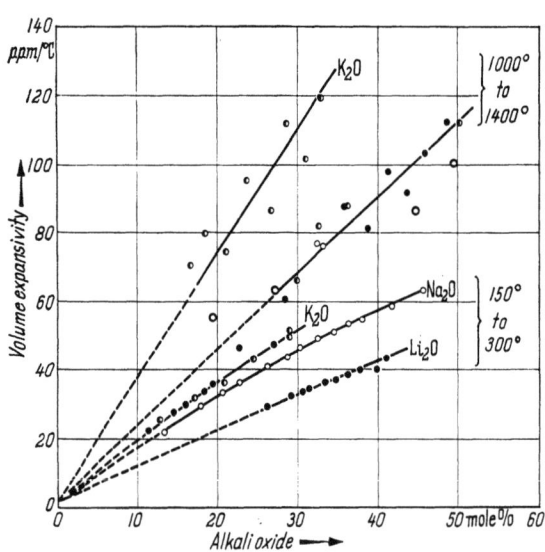

Fig. 54. Volume expansivities of alkali silicate glasses at low temperatures and in the liquid range. After SHARTSIS, SPINNER and CAPPS.

SHARTSIS, SPINNER and CAPPS[1] have demonstrated that the volume expansivity of silicate glasses increases rapidly with increasing alkali content (i.e. with decreasing Y), the expansivities of potassium silicate glasses being greater than those of sodium silicate and lithium silicate glasses with the same molar composition (Fig. 54); this situation is in accordance with the decreasing field strengths exhibited in that order. The above applies to glasses between 150 and 300° C (volume coefficient of expansion) as well as to those in the liquid range (1000 to 1400° C), although the conclusions are somewhat uncertain with regard to sodium silicate and lithium silicate glasses in the latter range.

SHERMER[2] has demonstrated that the above sequence is quite generally applicable to alkali silicate glasses in the range between room and transformation temperatures.

---

[1] L. SHARTSIS, S. SPINNER and W. CAPPS: J. Amer. Ceram. Soc. **35**, 155 (1952).
[2] H. F. SHERMER: J. Res. Nat. Bur. Stand. **57**, 97 (1956).

The situation with regard to the simple alkali borate glasses is more complicated, at least at low temperatures, owing to the accumulation and destruction regions whose occurrence has already been referred to in this article (cf. Sect. 9). The expansivities measured in the region between 25 and 1000° C still show a minimum[1] (cf. Fig. 39).

The way the curves develop to the right of the minimum (i.e. in the destruction range, where the situation is analogous to that for silicates) is striking: The new rise is fastest for

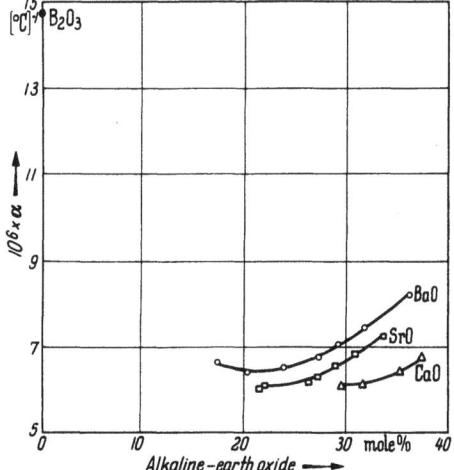
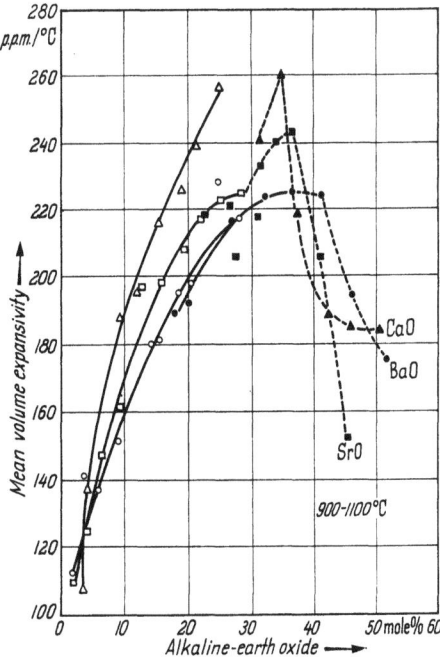

Fig. 55. Coefficient of linear thermal expansion α between room temperature and 200° C as a function of composition of binary alkaline-earth borate glasses and fused B_2O_3. After SHERMER.

Fig. 56. Mean volume expansivity of molten alkaline-earth borate glasses, 900 to 1100° C. Triangles, calcium borates; squares, strontium borates; circles, barium borates. Solid symbols indicate compositions containing 3 mole % K_2O. After COUGHANOUR, SHARTSIS and SHERMER.

potassium borate, less fast for sodium borate and slowest for lithium borate, and this is in accordance with the increasing field strengths of the ions in that order.

In the liquid range (800 to 1000° C) expansion increases with increasing alkali content and hence with decreasing Y, since now the influence of the A.R.-D.R. transition does no longer play a role. The results are not unambiguous, having been worked out from changes of density, but they exhibit the same general trend as those for silicates.

SHERMER[2] has determined the linear coefficient of expansion of alkaline-earth borates in the solid (vitreous) range as a function of their alkaline-earth oxide content. His results are displayed in Fig. 55. The general picture is the same as for alkali borate glasses. The measured values suggest the occurrence of a minimum round about 20 mole % of metal oxide; in general, the coefficient of expansion of glasses with the same mole percentages fall off in the order BaO, SrO, CaO, in accordance with the increasing field strengths of these ions.

As to the situation in the liquid range, again there is no trace of the transition between the A.R. and the D.R. (Fig. 56[3]). However, it is not easy to understand

---

[1] L. SHARTSIS, W. CAPPS and S. SPINNER: J. Amer. Ceram. Soc. **36**, 35 (1953).
[2] H.F. SHERMER: J. Res. Nat. Bur. Stand. **56**, 73 (1956).
[3] L.W. COUGHANOUR, L. SHARTSIS and H.F. SHERMER: J. Amer. Ceram. Soc. **41**, 324 (1958).

why the ion with the greatest field-strength (Ca^{++}) should give rise to greater expansion of the $M^{II}O-B_2O_3$ system than either the Sr^{++} or the Ba^{++} ion does.

The fall-off in expansivities at high alkaline-earth contents is something entirely new and an explanation is rather difficult to give.

KARKHANAVALA and HUMMEL[1] have studied expansion in a number of simple silicate glasses. They substituted CaO for MgO in a glass with the composition $Na_2O \cdot MgO \cdot 5 SiO_2$ in four steps, so producing a glass with the composition $Na_2O \cdot CaO \cdot 5 SiO_2$. The $Na_2O \cdot SrO \cdot 5 SiO_2 \rightarrow Na_2O \cdot PbO \cdot SiO_2$ series was studied in a similar way. Attention was also given to the $Na_2O \cdot Me^{II}O \cdot p\, SiO_2$ series, $Me^{II}O$ being respectively MgO, CaO and BaO and p having values from 5 to 2. The authors' main conclusions were as follows:

1. The coefficient of expansion increases if a noble-gas type cation of lower field strength is substituted for a similar one with higher field strength, the charge of both the cations being the same. This is exemplified in Fig. 57, which demonstrates the consequences of substituting $Mg \rightarrow Ca \rightarrow Sr \rightarrow Ba$ in the $Na_2O \cdot Me^{II}O \cdot 5 SiO_2$ series.

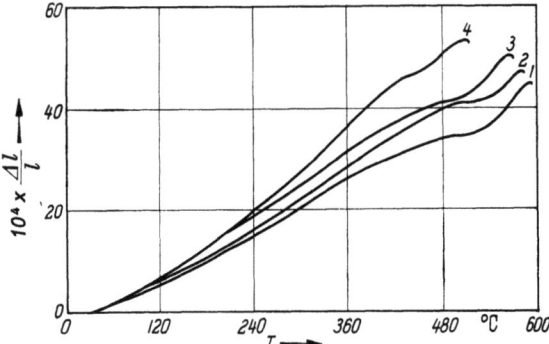

Fig. 57. Thermal expansion *vs.* T curves for glasses of the composition $Na_2O \cdot M^{II}O \cdot 5 SiO_2$. Curve (1) $Na_2O \cdot MgO \cdot 5 SiO_2$; (2) $Na_2O \cdot CaO \cdot 5 SiO_2$; (3) $Na_2O \cdot SrO \cdot 5 SiO_2$; (4) $Na_2O \cdot BaO \cdot 5 SiO_2$. After KARKHANAVALA and HUMMEL.

2. The substitution of a non-noble-gas-type ion for a noble-gas-type cation of the same size and charge produces no significant change in the coefficient of expansion for the low temperature range. This is exemplified in Fig. 58, which shows the results of replacing Mg^{2+} by Cu^{2+} in steps. The results of replacing Sr^{2+} by Pb^{2+} are much the same. This once again demonstrates the significant part played by the field strength. (A further result is that the deformation point (cf. Sect. 31) is considerably lowered).

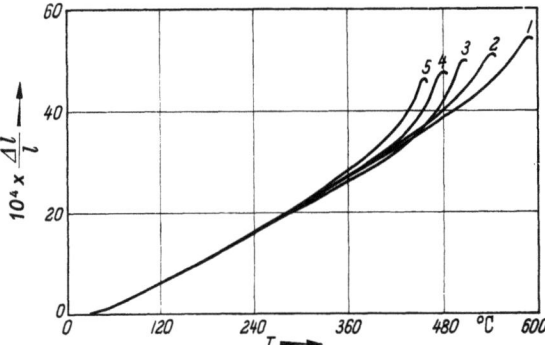

Fig. 58. Thermal expansion *vs.* T curves for glasses of the magnesium-copper series of the composition $Na_2O \cdot M^{II}O \cdot 5 SiO_2$. Curve (1) $Na_2O \cdot MgO \cdot 5 SiO_2$; (2) $Na_2O \cdot 0.75 MgO \cdot 0.25 CuO \cdot 5 SiO_2$; (3) $Na_2O \cdot 0.5 MgO \cdot 0.5 CuO \cdot 5 SiO_2$; (4) $Na_2O \cdot 0.25 MgO \cdot 0.75 CuO$; (5) $Na_2O \cdot CuO \cdot 5 SiO_2$. After KARKHANAVALA and HUMMEL.

3. Thermal expansion can be regarded as an additive property only for glasses with an SiO_2 content greater than 67 mole %, at which concentration a structural change takes place. Table 9 shows that APPEN also detected a discontinuity at this point when studying silicate glasses. It corresponds to a Y value of 3. At these concentrations, tetrahedra with two non-bridging oxygen ions start to occur, and it is far from improbable that for this reason the expansion coefficient as function of composition shows a change of slope.

25. A more detailed study of thermal expansion in borate glasses in the solid (vitreous) range.
The thermal expansion of borate glasses was discussed at length

---

[1] M.D. KARKHANAVALA and F.A. HUMMEL: J. Amer. Ceram. Soc. **35**, 215 (1952).

in the previous section, but there are some points of detail we should like to go into here. Figs. 17 and 55 show that a minimum occurs in curves representing the expansion coefficient of these glasses for decreasing Y values, the shape of the curves being due to the initial increasing rigidity and subsequent breakdown of the B—O network.

Here we should like to examine these α versus Y curves more closely. DIETZEL[1] has demonstrated that the point at which the minimum occurs depends to some extent on the network-modifying ions present. He found the following points of minimum expansion for the systems indicated:

K_2O —B_2O_3 at 17.4 mole % K_2O
Na_2O—B_2O_3 at 17.8 mole % Na_2O
Li_2O —B_2O_3 at 20 mole % Li_2O.

Hence, although the point of reversal has a position which, in first approximation, is in accordance with ABE's theory (cf. Sect. 9), there are small differences arising from differences in the field strength of the ions involved. If alkali oxides are gradually built into B_2O_3 the tendency for the formation of non-bridging ions will only come into evidence at a higher value of alkali oxide content, the greater the field strength of the cation in question.

A similar sequence for the position of the minimum of the coefficients of expansion of the alkaline-earth borate glasses is suggested by the curves of Fig. 55.

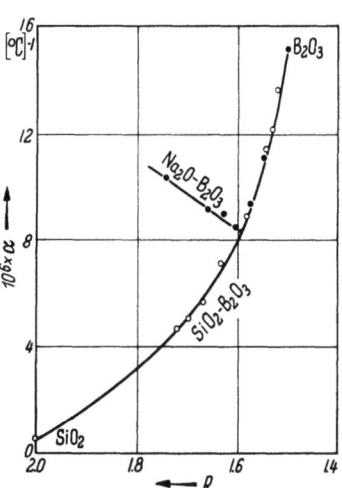

Fig. 59. Thermal expansion coefficients vs. R for the systems SiO_2—B_2O_3 and Na_2O—B_2O_3. Somewhat modified after WARREN.

Fig. 59, reproduced from an article by WARREN[2], but somewhat modified, is particularly instructive. Here the coefficients of expansion of two systems, Na_2O—B_2O_3 and SiO_2—B_2O_3, have been plotted against R, the ratio between the oxygen ions and the network-forming ions. The coefficient of expansion of the latter system varies continuously with R, which in this case is equal to $\frac{1}{2}Y$. Adding Na_2O to B_2O_3 in the Na_2O—B_2O_3 system causes the expansion coefficient to drop to exactly the same extent as when SiO_2 is added. Insofar as this drop occurs in the accumulation range, it is due entirely to the greater coherence of the network: it makes no difference whether the oxygen responsible for increasing R comes from Na_2O or SiO_2. In the accumulation region of the Na_2O—B_2O system too, $R=\frac{1}{2}Y$.

At $R=1.6$ the system Na_2O—B_2O_3 moves into the destruction region, whereupon the expansion coefficient rises in the manner that has already been described in Sect. 9. Now, non-bridging oxygen ions are formed and the system behaves differently as compared to the system SiO_2—B_2O_3.

For the sake of completeness, reference should be made to the publications by LAURENT[3], who carried out exhaustive investigations into the thermal expansion, amongst other things, of alkali borate and alkaline-earth borate glasses in the destruction region. Expansion in both series is influenced by the field strength of the ions involved in a manner essentially the same as that described above.

---

[1] A. DIETZEL: Glastechn. Ber. 22, 222 (1943).
[2] B.E. WARREN: J. Appl. Phys. 13, 602 (1942).
[3] B. LAURENT: Verres et Réfr. 9, 167 (1953); cf. also [21].

In three basic glasses of composition $B_2O_3-BeO-Li_2O$ and having R values of 1.71, 1.78 and 1.93, Li_2O was replaced by equimolar quantities of Na_2O and K_2O and BeO by equimolar quantities of MgO, CaO, SrO, and BaO. Figs. 60 and 61 display the expansion coefficients of the series $B_2O_3-BeO-Me_2^IO$ and

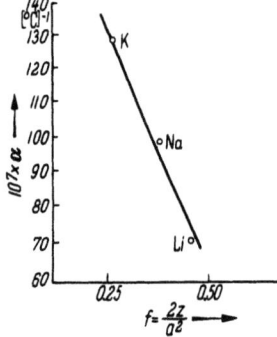

Fig. 60. The average coefficient of expansion for 3 glasses of the system $B_2O_3-BeO-Me_2^IO$ ($Me^I = K$, Na or Li) as a function of the field strength of the ions Me^+. After LAURENT [21]; for explanation see text.

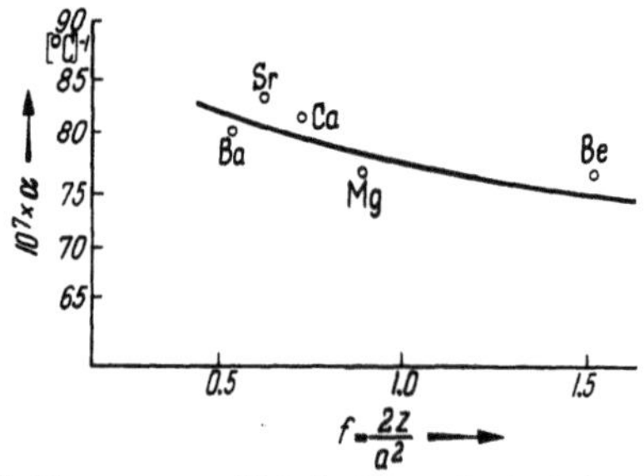

Fig. 61. The average coefficient of expansion for 3 glasses of the system $B_2O_3-Me^{II}O-Li_2O$ (Me^{II} = Ba, Sr, Ca, Mg, Be) as a function of the field strength of the ions Me^{2+}. After LAURENT [21]; for explanation see text.

$B_2O_3-Me^{II}O-Li_2O$, averaged over the three compositions, as functions of the field strengths of the substituted ions. These results are in accord with the principles explained in Sect. 23.

Figs. 62 and 63 give expansion coefficients of the systems $B_2O_3-BeO-Me_2^IO$ and $B_2O_3-Me^{II}O-Li_2O$ respectively as functions of increasing R (and hence of decreasing Y). The results are analogous to what is found in the destruction region for pure borates at room temperature (cf. Sect. 24): The value of α increases with increasing value of R, the more so the smaller the field strength of the alkali ion or the alkaline-earth ion involved.

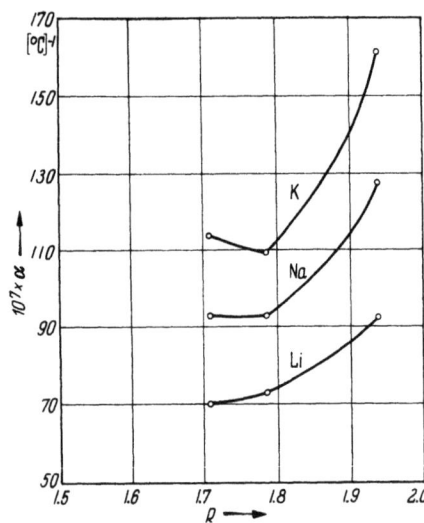

Fig. 62. The coefficient of expansion of glasses of the system $B_2O_3-BeO-Me_2^IO$ (Me^I = K, Na or Li) as a function of the variation of Me^I. After LAURENT [21].

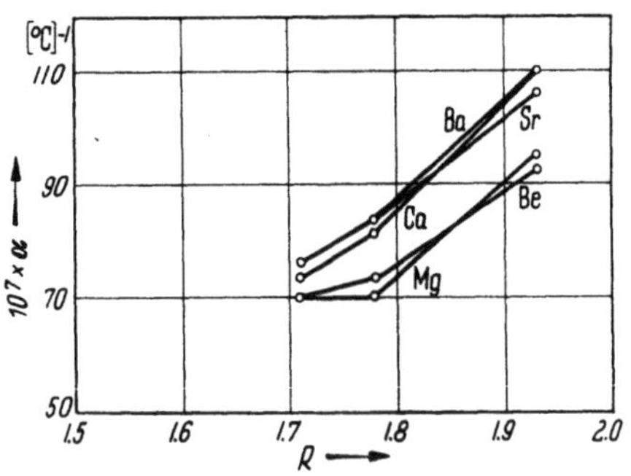

Fig. 63. The coefficient of expansion of glasses of the system $B_2O_3-Me^{II}O-Li_2O$ (Me^{II} = Ba, Sr, Ca, Mg, Be) as a function of the variation of Me^{II}. After LAURENT [21].

II. Thermal properties

26. Specific heat. The specific heat of a substance is given by the increase in its heat content per degree of temperature increase, either per mole or per gram. In the former case it is denoted by

$$C = \frac{dH}{dT} \tag{26.1}$$

in the latter case by c.

For glasses in the solid state it is not necessary to make the usual distinction between the specific heat under constant pressure c_p or under constant volume c_v. In general, c increases slowly with temperature. It is sometimes the practice in glass technology to use a quantity c_m, or mean specific heat, which is defined as the ratio between the quantity of heat required to produce a temperature increment $T_2 - T_1$ and the increment itself, viz.

$$c_m = \frac{1}{T_2 - T_1} \int_{T_1}^{T_2} c\, dT. \tag{26.2}$$

Table 13. *Values of factor c_i required for the calculation of specific heat.*

	c_i	c_i expressed in fraction of corresponding $\frac{3nR}{M}$ values
SiO_2	0.1913	0.64
B_2O_3	0.2272	0.53
Al_2O_3	0.2074	0.71
P_2O_5	0.1902	0.64
Li_2O	0.5497	0.91
Na_2O	0.2674	0.92
K_2O	0.1860	0.96
MgO	0.2439	0.78
CaO	0.1903	0.88
BaO	0.0673	0.86
ZnO	0.1248	0.84
PbO	0.0512	0.95
As_2O_3	0.1276	—

$0°$ C is usually taken for T_1, T_2 being any temperature ($t°$ C) below T_g. In this case c_m is represented by $c_{m,t}$.

The specific heat may be more accurately represented as a linear function of the composition than most other properties, i.e.

$$c = \sum_i x_i c_i. \tag{26.3}$$

Table 13 contains the values of the factor c_i which have been calculated by WINKELMANN[1]; x_i is expressed in percentages by weight.

At sufficiently high temperatures (but such that the solid is still quite rigid) each atom will behave like a three-dimensional harmonic oscillator. Classically such an oscillator has a specific heat per gram-atom $C = 3R$ (mole^{-1} · degr. C^{-1}), R being the universal gas constant. The actual specific heat per gram-atom will be less than that, being

$$C = 3R f(u) \tag{26.4}$$

where $f(u)$ is the Einstein function

$$f(u) = \frac{u^2 e^{-u}}{(1 - e^{-u})^2} \tag{26.5}$$

and

$$u = 1{,}438 \frac{\omega}{T} = \frac{\Theta}{T}. \tag{26.6}$$

ω is the wave number in cm^{-1}, and Θ is the Debye temperature. In an actual solid the different atoms will be differently bound, so that the specific heat per mole will be given by a sum of functions

$$C = 3R \sum_i f_i(u_i) \tag{26.7}$$

where the u_i values correspond to the different frequencies ω_i[2].

The specific heat of vitreous SiO_2 and B_2O_3 has been measured by THOMAS and PARKS[3]. Their results are shown in Fig. 64, which has been reproduced from an article by CONDON[4]. The quantity along the ordinate in the diagram is the

---

[1] A. WINKELMANN: Ann. phys. Chem. **49**, 401 (1893).
[2] The value of c for a substance consisting of n molecules and with a molecular weight M is given by

$$c = \frac{3nR}{M} \sum_i f_i(u_i). \tag{26.8}$$

[3] S. B. THOMAS and G. S. PARKS: J. phys. Chem. **35**, 2091 (1931).
[4] E. U. CONDON: Amer. J. Phys. **22**, 53 (1954), cf. also [*19*].

ratio of the actual value c to the calculated theoretical limit, being $3nR/M$ and thus according to (26.8) equal to $\sum_i f_i(u_i)$.

The curve for SiO_2 is smooth and is of the type normally found for crystalline solids.

Up to 200° C, the heat capacity of B_2O_3 rises slowly; at 260° C it has risen to a comparatively sharp peak, and this levels off at the full classical value for temperatures above 300° C. The shape of the curve depends to a very great extent on the previous thermal history of the substance, as is clear from the two representative curves appearing in Fig. 64. The different curves seem to be due to different amounts of built-in water (cf. Sect. 9).

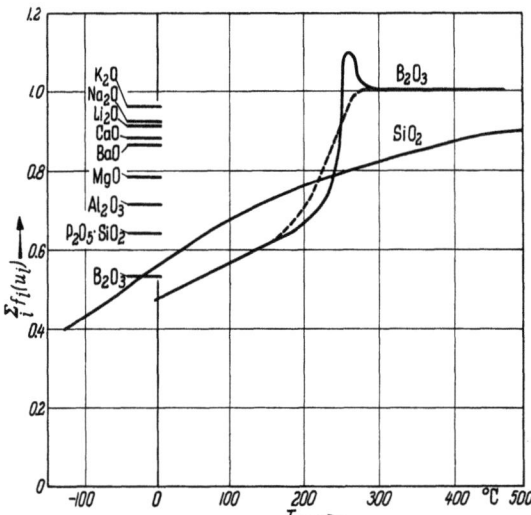

Fig. 64. $\sum_i f_i(u_i)$ values for SiO_2 and B_2O_3 as a function of T and for other oxides at room temperature. For explanation of the units along the ordinate see text. After CONDON.

Strong interatomic forces prevail in SiO_2 and B_2O_3 at room temperature, and hence the atomic oscillation frequencies are high enough for their heat capacities at that temperature to amount to about only 0.6 and 0.5 respectively of the classical limit.

In Table 13 and in Fig. 64 it can be seen how the traditional Winkelmann factors compare with the full classical values for each oxide. The results show that the strongly bound ions (network formers) are considerably affected by the quantization of the oscillator energy levels, their effective heat capacity being some 50 to 70% of the classical value. The alkaline-earth oxides contribute much more, and the alkali ions (network modifiers par excellence) contribute almost all that might be expected in view of the fact that they are so loosely bound in the network.

Fig. 65 shows that up to about 1400°K there is a good degree of agreement between the experimental and calculated values for vitreous silica[1]. At that temperature the specific heat has assumed a value very close to the theoretical limit $3nR/M$ which for SiO_2 is 0.3 cal gm^{-1} °C^{-1}. The calculated values were found by assuming three modes of vibration (three independent oscillations with the silicon frequency (Θ_{Si}), two independent oscillators, each with the longitudinal oxygen frequency (Θ_L), and four independent oscillators with the transverse oxygen frequencies (Θ_T)), by taking

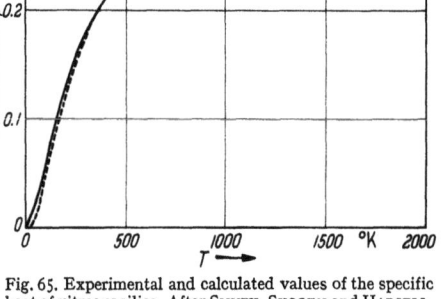

Fig. 65. Experimental and calculated values of the specific heat of vitreous silica. After SMYTH, SKOGEN and HARSELL.

---

[1] H.T. SMYTH, H.S. SKOGEN and W.B. HARSELL: J. Amer. Ceram. Soc. **36**, 327 (195

$\Theta_{Si}=1100°$, $\Theta_L=1220°$ and $\Theta_T=370°$, and by employing Eqs. (26.6) and (26.7). The sharp rise in the experimental value of c at temperatures above 1300° K cannot be explained.

For a great number of data for the specific heats of technical glasses as a function of temperature the reader may be referred to the work of M. PROD'HOMME[1].

Having analysed a very large number of technical glasses, SHARP and GINTHER[2] concluded that the Einstein-Debye relation in solids between the specific heat and the temperature does not apply to vitreous materials. The actual type of function expressing variations of specific heat with temperature is the same for all glasses. These authors give the equation

$$c_{m,t} = \frac{at + c_0}{0.00146t + 1} \tag{26.9}$$

as a simple and reasonably accurate means of relating to temperature the mean specific heat of any glass between 0° C and $t°$ C.

Table 14. *Factors a_i and c_{0i} for calculation of the mean specific heat of glass from the composition*[3,4].

	$10^5 \times a_i$	$10^6 \times c_{0i}$
SiO_2	468	1657
Al_2O_3	453	1765
CaO	410	1709
MgO	514	2142
K_2O	445	1756
Na_2O	829	2229
B_2O_3	598	1935
SO_3	830	1890
PbO	13	490
Fe_2O_3 [5]	380	1449
Mn_3O_4	294	1498

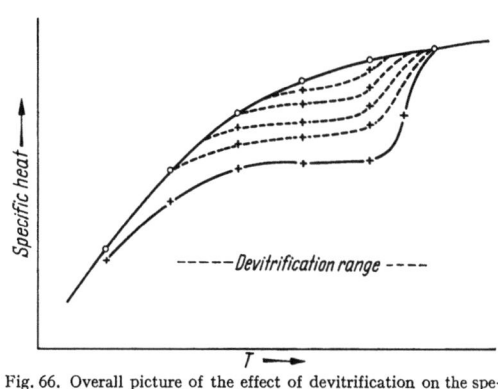

Fig. 66. Overall picture of the effect of devitrification on the specific heat of glass. The upper line shows the usual trend of c_p as a function T for a vitreous system. The lowest line is found when an extreme crystallization takes place. In between intermediate stages are drawn. After SCHWIETE and WAGNER.

The quantities denoted by a and c_0 can be worked out additively from the glass composition by means of the formulae

$$a = \sum_i x_i a_i, \tag{26.10}$$

$$c_0 = \sum_i x_i c_{0i}. \tag{26.11}$$

x_i is expressed in percentage by weight, and a_i and c_{0i} may be found in Table 14.

This method of calculation yields specific heat data with an accuracy generally better than 1% in the range from 0 to 1300° C.

The specific heat of glass in the devitrification range must depend on the degree of crystallization. Energy is yielded when a crystal forms, and taken up when it melts. This being so, below and above the temperature of maximum crystallization, the specific heat of partially devitrified systems will increase more slowly

---

[1] M. PROD'HOMME: Verres et Réfr. **11**, 287 (1957); **13**, 3 (1959).
[2] D.E. SHARP and L.B. GINTHER: J. Amer. Ceram. Soc. **34**, 260 (1951).
[3] J. MOORE and D.E. SHARP: J. Amer. Ceram. Soc. **41**, 461 (1958).
[4] Table 14 also includes the results of SCHWIETE and ZIEGLER's extensive research into and discussion of the specific heat of glasses, cf. H.E. SCHWIETE and G. ZIEGLER: Glastechn. Ber. **28**, 137 (1955).
[5] Only between 600° C.

and more quickly, respectively, than that of the corresponding vitreous system. An overall picture of this behaviour is given by Fig. 66, which is reproduced from an article by SCHWIETE and WAGNER[1].

27. Heat transfer. There is little point in discussing the thermal conductivity (or coefficient of heat transfer by diffusion) of glasses, as was frequently done in earlier publications. This quantity is defined by the Fourier equation for thermal conduction

$$c \varrho \frac{dT}{dt} = \lambda_c \Delta T \qquad (27.1)$$

in which ϱ is the density, c the specific heat, λ_c the thermal conductivity, T the temperature and Δ the Laplace operator.

Glass is to some extent permeable to radiation with wavelengths between 1 and 5 μ, and heat transfer by infrared radiation accordingly plays an important part in practice. Besides entering into the many practical problems arising in the design of furnaces, it begins to assume importance at quite low temperatures. Hence Eq. (27.1) is not entirely valid as it stands in the case of the usual technical glasses. In fact it is better to use the inclusive term "heat transfer" instead of thermal conductivity and to define a coefficient of heat transfer

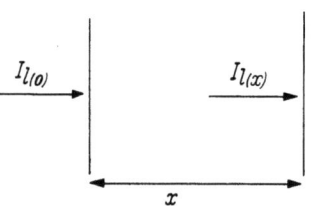

Fig. 67. Showing the relation between $I_{l(x)}$, $I_{l(0)}$ and x (see text).

$$\lambda = \lambda_c + \lambda_r \qquad (27.2)$$

in which λ_c and λ_r are the coefficients of heat transfer by conduction and radiation, respectively. As Fig. 68 shows, λ_r often provides a much bigger contribution to λ than λ_c does.

We shall now derive a formula for λ_r appropriate to a straightforward case of heat transfer.

The transmission of radiant energy through glass can be described with the aid of BEER's Law. It is assumed that the energy absorbed per unit volume is proportional to the intensity of the radiation at that place. Hence

$$I_{l(x)} = I_{l(0)} e^{-\beta_l x}, \qquad (27.3)$$

where β_l represents the absorption coefficient for radiation having a wavelength l (see Fig. 67).

I_{lT}, denoting the intensity I_l at the temperature T, is given by PLANCK's law. For glass whose refractive index is n_l for radiation of wavelength l, PLANCK's law assumes the form

$$n_l^2 I_{lT} = n_l^2 C_1 l^{-5} \left(e^{\frac{C_2}{kT}} - 1\right)^{-1}. \qquad (27.4)$$

Experiments have shown that the absorption coefficient of glass varies considerably with wavelength, and that its dependence thereon may differ considerably for different kinds of glass. In addition, the value of β_l appropriate to any wavelength is greatly influenced by the temperature of the glass.

It can be deduced from (27.4) that an element of volume dV_0 with a temperature of T emits, within the solid angle 4π, a quantity of radiant energy that is given by

$$4 \int_{l=0}^{l=\infty} n_l^2 \beta_l I_{lT} \, dl \, dV_0. \qquad (27.5)$$

---

[1] H. E. SCHWIETE and H. WAGNER: Glastechn. Ber. **10**, 26 (1932).

The same element of volume is supplied, through a solid angle 4π, with a quantity of energy that can be expressed by

$$4 \int_{l=0}^{l=\infty} n_l^2 \beta_l J_{l0} \, dl \, dV_0. \tag{27.6}$$

In the above, $n_l^2 J_{l0}$ is the amount of energy with wavelengths between l and $l+dl$ that passes through dV_0 per unit time and per unit surface area (the meaning of J_{l0} will be explained below). The complete Fourier equation now becomes

$$c \varrho \frac{\partial T_0}{\partial t} = \lambda_c \varDelta T_0 + 4 \int_{l=0}^{l=\infty} \beta_l n_l^2 (J_{l0} - I_{lT_0}) \, dl \tag{27.7}$$

in which T_0 is the temperature in the volume element dV_0.

J_{l0} in (27.7) must be worked out separately. Its value is determined by conditions in the surroundings of the point under consideration. The presence of limiting planes may render the calculation of this quantity very difficult and complicated.

It is found that, in the steady state, for a point at a sufficient distance d from the boundaries (say $\beta_l d > 4$), the Fourier equation transforms into

$$\left[\lambda_c + \frac{4}{3} \int_{l=0}^{l=\infty} \frac{n_l^2}{\beta_l} \frac{\partial I_{lT}}{\partial T} \, dl \right] \varDelta T_0 = 0. \tag{27.8}$$

The equation is based on the assumption that I_{lT} in the region of the point under consideration can be expressed as

$$I_{lT} = I_{lT_0} + \frac{\partial I_{lT}}{\partial T}(T - T_0) = I_{lT_0} + \frac{\partial I_{lT}}{\partial T} \frac{\partial T}{\partial x} dx. \tag{27.9}$$

It follows from this assumption that Eq. (27.8) will only be valid where dT/dx is not unduly large. The condition for the use of Eq. (27.8) is found to be that dT/dx should be $dT/dx < 0.004 \beta_l T$. This being so, the coefficient of heat transfer by radiation becomes

$$\lambda_r = \frac{4}{3} \int_{l=0}^{l=\infty} \frac{n_l^2}{\beta_l} \frac{\partial I_{lT}}{\partial T} \, dl. \tag{27.10}$$

If n_l and β_l are known from experiment, λ_r can be determined by graphical integration with the aid of (27.10). It is found in this way that the value of λ_r for technical silicate glasses (in which no appreciable amount of Fe^{++} or similar ions should be present) at a temperature of about $500°$ C assumes the same value as λ_c at room temperature.

Above $500°$ C λ_r increases rapidly, and almost in proportion to T^3. Fig. 68, reproduced from an article by GENZEL[1], shows λ_r as a function of T for a number of glasses. The order of magnitude of λ_c is also indicated. The trend the quantity λ_c takes at higher temperatures is not known, since λ_c cannot be separated from λ_r when heat transfer rates are being determined experimentally.

Recently, ECKHART[2] has developed an experimental method to determine λ_c even at high temperatures by suppressing the contribution due to the radiation.

---

[1] L. GENZEL: Glastechn. Ber. **26**, 69 (1953).
[2] G. ECKHART: Glastechn. Ber. **32**, 373 (1959).

For exhaustive treatment of the problems touched upon here, reference should be made to a number of publications[1] which at the same time deal with certain practical problems. One point that all these publications stress is that, where heat transfer is mainly due to radiation, it is not a pure material constant but depends on the geometrical limitations of the region or object under investigation.

At very low temperatures it is possible to determine λ_c without encountering any difficulty from heat transfer by radiation. Some results for glasses and crystals are displayed in Fig. 69, reproduced from an article by KITTEL[2]. The difference between crystalline and vitreous substances is clearly revealed here. The thermal conductivity of the former substances falls off with temperature, while that of the latter increases. The decreasing conductivity of crystals is understandable on the basis of the classical theory. The true thermal conductivity λ_c may be written as

$$\lambda_c = \tfrac{1}{3} c v \Lambda \quad (27.11)$$

where c is the heat capacity per unit volume, v is the average velocity of a sound wave or phonon in the material (thermoelastic wave velocity) and Λ is the mean free path of the phonons.

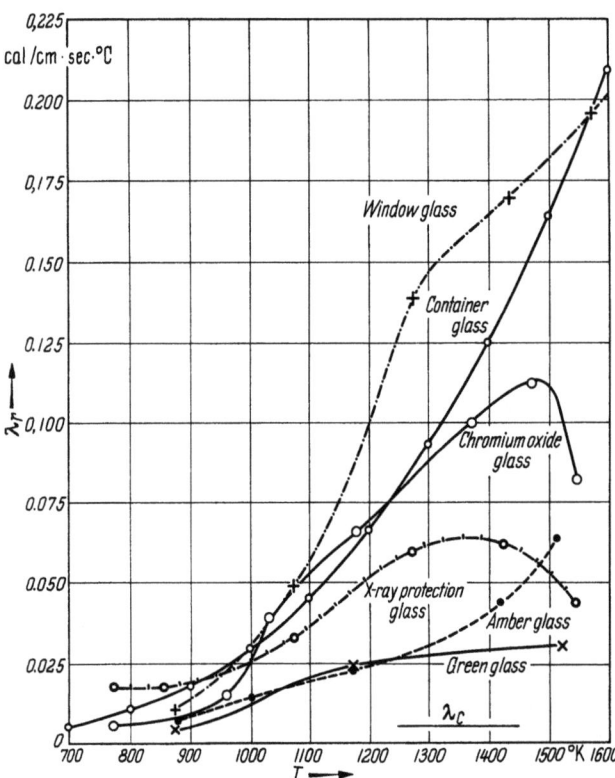

Fig. 68. The coefficient of heat transfer by radiation λ_r for a number of glasses as a function of temperature. λ_c is the mean value of the heat transfer by conduction. After GENZEL.

The phonon density decreases with decreasing temperature, so that we should expect the mean free path and then the thermal conductivity to increase as the temperature is lowered[3].

KITTEL has demonstrated that the mean free path in glasses will usually be limited by geometrical effects associated with the disordered nature of the structure. For this reason Λ has a much lower value for glasses than it has for

---

[1] M. H. DE LANGE: Trav. du IVe Congr. Internat. du Verre, Paris 1956, p. 148. — E. DEEG: Ber. dtsch. keram. Ges. **32**, 37 (1955). — J. HUHMANN-KOTZ: Glastechn. Ber. **32**, 189 (1959). — N. NEUROTH: Glastechn. Ber. **25**, 242 (1952); **26**, 66 (1953); **32**, 197 (1959). — W. GEFFKEN: Glastechn. Ber. **25**, 392 (1952); **29**, 42 (1956). — W. GEFFKEN and N. NEUROTH: Glastechn. Ber. **32** K, V, 48 (1959). — M. CZERNY and L. GENZEL: Glastechn. Ber. **25**, 134, 387 (1952). — L. GENZEL: Glastechn. Ber. **26**, 69 (1953). — F. J. GROVE and P. E. JELLYMAN: J. Soc. Glass Technol. **39**, 3 (1955). — P. ACLOQUE: Verres et Réfr. **13**, 131, 191, 239 (1959). — F. J. GROVE and H. CHARNOCK: Glastechn. Ber. **32** K, VII, 24 (1959). — R. GARDON: J. Amer. Ceram. Soc. **44**, 305 (1961).

[2] C. KITTEL: Phys. Rev. **75**, 972 (1949).

[3] W. D. KINGERY: J. Amer. Ceram. Soc. **38**, 251 (1955); **44**, 302 (1961).

crystals. For a quartz crystal cut along the x-axis Λ is 700 Å at $-190°$ C; for fused silica $\Lambda = 12$ Å at $-180°$ C.

In the extreme case, the disorder in the glass determines a mean free path Λ_0, the thermoelastic wave velocity v and the phonon density being approximately constant. Since the thermal conductivity may now be written as

$$\lambda_c = \tfrac{1}{3} c v \Lambda_0 \qquad (27.12)$$

the ratio λ_c/c is approximately constant. Since c decreases with decreasing temperature, the thermal conductivity λ_c might also be expected to decrease, on the assumption that the mean free path is constant. The latter can be calculated for various kinds of glass and, as a function of temperature between -238 and $100°$ C, it is found to have values that do not differ by more than a factor of 3 for different glass compositions.

BERMAN[1] proposed certain refinements to this theory at very low temperatures, after having measured the thermal conductivity of fused silica at 2.5° K and below. In particular he showed experimentally, that on irradiation with fast neutrons, a quartz crystal, having a thermal conductivity which decreases with temperature, gradually begins to ressemble fused silica, which shows a thermal conductivity increasing with temperature.

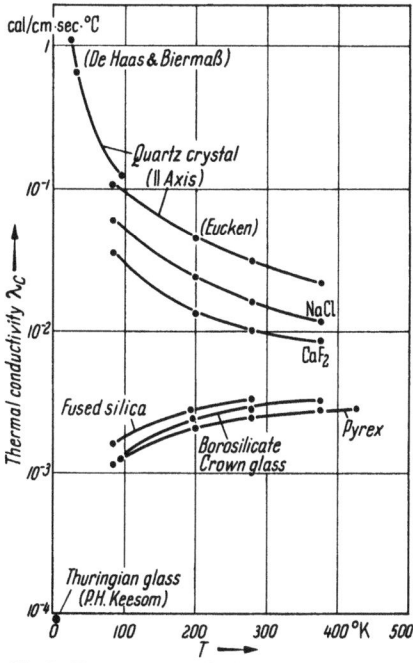

Fig. 69. True thermal conductivity λ_c for SiO_2 crystal and glass as a function of temperature. After KITTEL.

28. Thermal shock resistance. Glass is often required to be thermally shock resistant, in other words it must stand up to rapid changes of temperature without fracture.

A fair amount of research has been carried out in this field, and a section on the subject will not therefore be out of place in the present article; but this research has not produced very much usable information. Its failure to do so must be ascribed first and foremost to the difficulty of arriving at a proper physical definition of thermal shock resistance.

Thermal shock tests are intended to provide the basis for predicting the probability (or rather improbability) of mechanical failure in operations involving sudden temperature changes.

A successful performance is one in which no mechanical failure occurs. The performance can be measured by a performance index P which is defined as the ratio of the maximum stress (σ_{max}) during the shock to the tensile strength (σ) of the material of the solid body[2]:

$$P = \frac{\sigma_{max}}{\sigma}. \qquad (28.1)$$

---

[1] R. BERMAN: Phys. Rev. **76**, 315 (1949). — Proc. Roy. Soc. Lond. A. **208**, 90 (1951). — R. BERMAN, P. G. KLEMENS and F. E. SIMON: Nature, Lond. **166**, 864 (1950).
[2] W. R. BÜSSEM: J. Amer. Ceram. Soc. **38**, 15 (1955).

If $P \geq 1$, the device is bound to fail. If all P values are lower than 1, the difference between 1 and the highest value reached is the safety margin of the device, as far as thermal shock is concerned.

It is clear that P, when related to the thermal shock resistance of glass, is a very complicated function of

1. external shock conditions, such as the difference between the temperatures of the glass object and its surroundings, and the ease with which heat can be exchanged (heat transfer coefficient),
2. the dimensions of the glass object and
3. the properties of the material.

The most important of these properties is undoubtedly the thermal expansion coefficient α, but λ_r and λ_c, constituting the thermal conductivity of the glass (cf. Sect. 27), its (tensile) strength σ, its modulus of elasticity E and POISSON's ratio μ also play a part. If α or E or both are small, the glass will have a good thermal shock resistance (the classical example of this being fused silica); as to the other three quantities (σ, λ and μ), they should be large to result in good thermal shock resistance.

No doubt the chemical composition and density of the glass and the condition of its surface may also be included amongst the factors affecting P.

The manner in which P depends on all these variables is obviously difficult to determine. A number of relationships are given in the literature. For information reference should be made to [5], pp. 350—357. KINGERY[1] has also made a survey of these problems; with regard to the effects of porosity and shape, reference should be made to papers by COBLE and KINGERY[2], and to BAROODY, SIMONS and DUCKWORTH[3], respectively.

Zinc borosilicate glasses are particularly suitable where good thermal shock resistance is required[4].

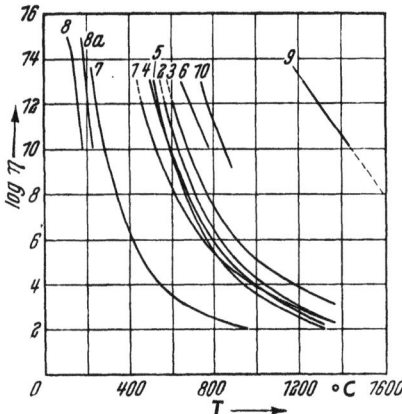

Fig. 70. Viscosity of a number of glasses after OLDEKOP. *1* Lead glass. *2* Lime glass. *3* Borosilicate glass. *4* Glass of composition 79.8 weight % SiO_2, 18.3 weight % Na_2O; *5* Glass of composition 69.7 weight % SiO_2, 21.0 weight % Na_2O, 9.1 weight % CaO. *6* Glass of composition 69.8 weight % SiO_2, 4.5 weight % BaO, 8.3 weight % CaO, 5.5 weight % BaO, 5.3 weight % Al_2O_3, rest Na_2O, K_2O, MgO, Fe_2O_3. *7* Vitreous B_2O_3. *8* Glass of composition 63.7 weight % BeF_2, 8.2 weight % AlF_3, 28.1 weight % KF. *8a* Glass of composition 44.4 weight % BeF_2, 31.8 weight % AlF_3, 23.8 weight % NaF. *9* Vitreous silica. *10* "Hard" glass.

III. Viscosity.

29. General remarks. The definition of viscosity is related to the force exerted between two layers of a fluid which move parallel to each other in the direction x but at different speeds. If the velocity gradient perpendicular to this direction is dv_x/dy, and if the friction per unit surface is F, the viscosity is given by

$$F = \eta \frac{dv_x}{dy}. \tag{29.1}$$

The viscosity of glass is a fairly strong function of temperature. Fig. 70 shows this for ten different glasses[5]. It shows that η can vary by many powers of 10,

---

[1] W. D. KINGERY: J. Amer. Ceram. Soc. **38**, 3 (1955).
[2] R. L. COBLE and W. D. KINGERY: J. Amer. Ceram. Soc. **38**, 33 (1955).
[3] E. M. BAROODY, E. M. SIMONS and W. H. DUCKWORTH: J. Amer. Ceram. Soc. **38**, 38 (1955).
[4] Anonymus: Glass Ind. **40**, 185, 209 (1959).
[5] W. OLDEKOP: Glastechn. Ber. **30**, 8 (1957).

for which reason it is customary in glass technology to discuss the viscosity in terms of $\log \eta$, η being then expressed in poises.

The entire viscosity-temperature curve cannot be measured with one universal apparatus.

For the region $1 < \log \eta < 7$ the general method consists of measuring the friction of a rotating cylinder in a crucible containing molten glass. The viscosity is calculated from the dimensions of the crucible and cylinder, the speed of rotation and the torque exerted[1]. DIETZEL and BRÜCKNER have developed an absolute viscosimeter based on the rotation principle[2]. Their method of measurement is extremely accurate and covers a wide range of viscosities. These authors also discuss the drawbacks of the other methods of measurement mentioned here.

In the range $7 < \log \eta < 12$ the viscosity of glass is usually derived from the measured rate of elongation shown by a fibre in an oven when loaded by a constant weight[3].

The elongation of a glass fibre is also measured for the range $12 < \log \eta < 16$. In this case long fibres have often to be applied as well as much longer measuring times. In these measurements careful account must be taken of spontaneous elasticity and elastic relaxation (cf. Sects. 51 and 52). A considerable difficulty of the measurement is now, that the long fibre must be kept at constant temperature, and moreover, that the elongation in question can often only be observed under a microscope.

30. Reference points. In practice, the viscosity-temperature curve is characterized by a number of temperatures, each associated with a given viscosity. For example, the temperature at which $\log \eta = 14.6$ is called the *strain point* (French: température inférieure de recuit; German: unterer Kühlpunkt), the temperature at which $\log \eta = 13.4$ is called the (upper) *annealing point* (French: température supérieur de recuit; German: oberer Kühlpunkt)[4] and the temperature at which $\log \eta = 7.6$ is called the *softening point* (French: point de LITTLETON; German: Erweichungspunkt). A less common reference point, but one which is nevertheless used in practice, is the temperature where $\log \eta = 5$, known as the *flow point* (French: point de fluage; German: Fließpunkt)[5].

It should be noted that the reference points given are often the results found with a given glass when using an apparatus of a prescribed type. It is preferable, however, to define the reference point as that temperature at which a perfectly stabilized glass has a given viscosity. This definition is independent of the measuring technique.

31. Meaning of the reference points. The *working range* of glass is sometimes defined as the interval between the softening point ($\log \eta = 7.6$) and the temperature where $\log \eta = 3$. In this connection it should be noted that substantial

---

[1] Various types of apparatus are described by E. PRESTON: J. Soc. Glass Technol. **22**, 45 (1938). — A. DINGWELL and H. MOORE: J. Soc. Glass Technol. **37**, 316 (1953).

[2] A. DIETZEL and R. BRÜCKNER: Glastechn. Ber. **28**, 455 (1955).

[3] First proposed by H.R. LILLIE: J. Amer. Ceram. Soc. **15**, 413 (1932); **16**, 619 (1933). Described in detail by J.P. POOLE: J. Amer. Ceram. Soc. **32**, 215 (1949); see also A.E. DALE and J.E. STANWORTH: J. Soc. Glass Technol. **29**, 414 (1945).

[4] In a more recent publication, in which he also gives a better definition of the strain point and the annealing point, H.R. LILLIE, J. Amer. Ceram. Soc. **37**, 111 (1954), proposes for these reference points the temperatures where $\log \eta = 14.50$ and $\log \eta = 13.00$, respectively. These proposals have been also adopted by ASTM [*22*]. Cf. also the reports "Reference levels for Viscosity Specifications", J. Soc. Glass Technol. **40**, 58P (1956) and "The Measurement of the Viscosity of Glass", J. Soc. Glass Technol. **40**, 83P (1956).

[5] H.R. LILLIE: J. Amer. Ceram. Soc. **35**, 149 (1952).

forming is seldom, if ever, carried out at the relatively low temperatures of the softening point; in practice, forming is effected in the viscosity domain $\log \eta = 3$ to 5 (cf. Sect. 2).

Sometimes the temperature at $\log \eta = 4$ is called the *working point* (French: température de travail; German: Verarbeitungspunkt). The determination of this point has for long been a slow and costly process, for which reason it has not come into general use as a reference point. An elegant method of determining this reference point has been described in more recent times by DIETZEL and BRÜCKNER[1]. In connection with this method the reference point is also called *sinking point* (French: température d'enfoncement; German: Einsinkpunkt).

At the *strain point* the glass behaves like a solid, but the structure is still mobile enough for the mechanical stresses to disappear within a few hours. In general, the strain point has little value as a reference point, since the viscosity here still strongly depends on the thermal history. Moreover, at the strain point, trouble is experienced from spontaneous elasticity and elastic lag (cf. Sects. 51 and 52).

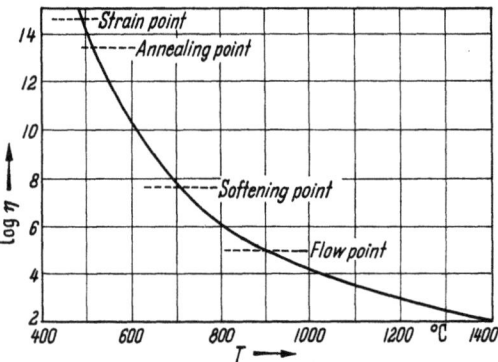

Fig. 71. A typical glass viscosity curve. After LILLIE.

At the (upper) *annealing point* the stresses disappear in about 15 minutes. The usefulness of this point resides particularly in the facts 1. that it provides an indication of the temperatures at which the glass must be stabilized, in order to be relieved of stresses within a reasonable time, and 2. that the difference between the softening point and the annealing point gives a value which is an indication of the "*length*" of the glass, enabling one to judge the "workability" of the glass.

The annealing point also gives a good indication of where the *transformation range* lies (cf. Sect. 13). The transformation range is that range of temperatures within which, on the human time scale, the rate of approach towards equilibrium structure appears to be finite, being neither too fast nor too slow for observation. The transformation range lies round about a value of $\log \eta = 13$.

The value of the *softening point* is due in particular to the fact that it can easily be measured with a well-defined apparatus, for which reason it is widely employed in day-to-day control[2].

The *deformation point* (French: température de déformation; German: dilatometrischer Erweichungspunkt) is sometimes defined as the temperature, ascertained by an interferometer method during expansion measurements, at which the viscous flow exactly counteracts thermal expansion. The deformation point generally corresponds to a viscosity in the range from 10^{11} to 10^{12} poise. According to such a definition it cannot constitute a real reference point.

Altogether there are several characteristic points on the viscosity-temperature curve which can be used as reference points; these are shown in Fig. 71 taken from a paper by LILLIE[3].

---

[1] A. DIETZEL and R. BRÜCKNER: Glastechn. Ber. **30**, 73 (1957).
[2] J. T. LITTLETON: J. Amer. Ceram. Soc. **10**, 259 (1927). — J. Soc. Glass Technol. **24**, 176 (1940).
[3] H. R. LILLIE: J. Amer. Ceram. Soc. **35**, 149 (1952).

A simple method of ascertaining the reference point at $\log \eta = 5.5$ has been proposed by Herbert[1].

32. Viscosity as a function of temperature. A great effort has been made to understand how the viscosity of glass changes as a function of temperature. An extensive literature exists on the subject, a survey of which is given by Dietzel and Brückner[2].

A simple relation proposed by many early authors is

$$\log \eta = A_0 + \frac{B}{T}. \tag{32.1}$$

Dale and Stanworth[3] have confirmed this relation in the annealing range for a number of technical glasses. Preston and Seddon[4] showed that pure sodium silicate glasses obey this relation although in the annealing range a higher B value is found than in the working range. Later this turned out to be a very common phenomenon applying to all glasses. This is not surprising, since it is very plausible that in the two regions mentioned, two quite different viscosity mechanisms may occur (cf. Sects. 35 and 36).

Several attempts have been made to correct Eq. (32.1) in order to cover a much wider temperature range. One of them is the Fulcher[5] equation, also called the Fulcher-Tammann equation

$$\log \eta = A + \frac{B}{T - T_\infty}. \tag{32.2}$$

The constants of this formula cannot have a physical meaning and the formula itself cannot describe the whole viscosity range satisfactorily (for $T \to T_\infty$, $\eta \to \infty$). However, by very accurately analyzing a number of technical glasses, Lillie[6] showed that this is the only formula so far proposed that fits part of the η vs. T relation, viz. the high temperature data, and it does so within the expected limits of experimental error.

This equation can be developed into a series

$$\log \eta = A + \frac{B}{T}\left(1 + \frac{T_0}{T} + \frac{T_0^2}{T^2} \cdots\right). \tag{32.3}$$

At elevated temperatures a limited number of terms might be quite sufficient. For instance, the equation might be written

$$\log \eta = \left(A + \frac{B T_0}{T^2} + \frac{B T_0^2}{T^3} + \cdots\right) + \frac{B}{T}$$

which is identical with (32.1) when putting

$$A_0 = A + \frac{B T_0}{T^2} + \frac{B T_0^2}{T^3} + \cdots.$$

By analyzing the measured points, Lillie showed that the equation

$$A_0 = A + \frac{D}{T^3} \tag{32.4}$$

---

[1] J. Herbert: Verres et Réfr. **8**, 74 (1954).
[2] A. Dietzel and R. Brückner: Glastechn. Ber. **30**, 74 (1957).
[3] A. E. Dale and J. E. Stanworth: J. Soc. Glass Technol. **29**, 414 (1945).
[4] E. Preston and E. Seddon: J. Soc. Glass Technol. **21**, 123 (1937).
[5] G. S. Fulcher: J. Amer. Ceram. Soc. **8**, 339, 789 (1925).
[6] H. R. Lillie: Proc. Int. Comm. on Glass **2**, 11 (1955).

very satisfactorily fits the conditions for three standard glasses; this should lead to the equation

$$\log \eta = \left(A + \frac{D}{T^3}\right) + \frac{B}{T}. \qquad (32.5)$$

More generally, LILLIE proposes

$$\log \eta = \left(A + \frac{D}{T_f^3}\right) + \frac{B}{T}, \qquad (32.6)$$

where T_f represents the fictive temperature (cf. Sect. 13). At temperatures higher than those of the transformation range, the difference between T_f and T is negligible, so that Eq. (32.6) is identical with (32.5). At temperatures lower than those of the transformation range, the value of T_f is not equal to T, in which case one has in general an equation of the form (32.1), in which now, however, $A_0 = A + \frac{D}{T_f^3}$ and B may be a measure of a temperature-independent activation energy of the viscous flow process.

DOUGLAS[1] has developed a theoretical treatment of the viscosity of glass with the object of explaining why the activation energy of viscous flow should change with temperature. Viscous flow is in principle due to the fact, that certain atoms have alternative positions to which they could move if they had sufficient energy to surmount the potential barrier between the two positions. At a given temperature a proportion of these atoms has already moved into these alternative positions. The number of such atoms can be represented as a fraction ω of the total number present in the glass. DOUGLAS deduced an expression for the viscosity of the form

$$\eta = \frac{AT}{\omega} e^{\frac{B}{T}}, \qquad (32.7)$$

where A and B are constants and T is the absolute temperature. The fraction ω is assumed to vary with temperature in the manner expressed by the relation

$$\frac{1}{\omega} = 1 + C e^{\frac{D}{T}}, \qquad (32.8)$$

where C and D are constants.

Combining (32.7) and (32.8) we then have

$$\eta = AT e^{B/T} (1 + C e^{D/T}). \qquad (32.8')$$

In the *high* temperature range, ω will approach unity, and we can write

$$\eta = AT e^{B/T}. \qquad (32.9)$$

In the *low* temperature range, $1/\omega$ will be large compared with unity, so that (32.8′) may be written as

$$\eta = AC T e^{B+D/T}. \qquad (32.10)$$

Thus, two temperature ranges should be found with different activation energies.

As mentioned already, this is confirmed by experiment: There is a low-temperature range ($11 < \log \eta < 14$), where η can be represented by an equation of the form (32.1)[2]. This range is further discussed in Sect. 35.

---

[1] R. W. DOUGLAS: J. Soc. Glass Technol. **31**, 74 (1947); **33**, 138 (1949).
[2] The factor T in the pre-exponential factor is neglected.

A similar formula is found in the high-temperature range ($1 < \log \eta < 4$). Here the activation energies found are lower and the pre-exponential factor is also different. This range is treated separately in Sect. 36.

According to this theory, one cannot expect a simple relationship to exist between η and T in the intermediate temperature range ($11 > \log \eta > 4$). According to PLUMAT[1] the viscosity-temperature relation can be described satisfactorily for a number of glasses by

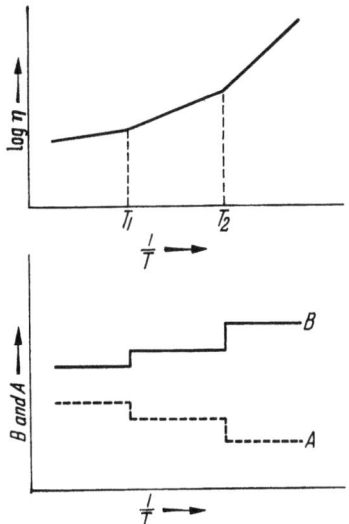

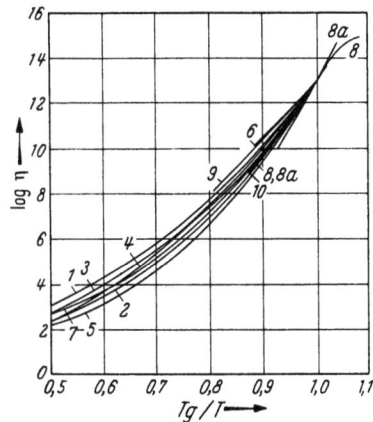

Fig. 72. Overall diagram showing the behaviour of log η, A and B as a function of $1/T$ after PLUMAT.

Fig. 73. Viscosity of a number of glasses as a function of T_g/T after OLDEKOP. For the significance of numbers 1 to 10 cf. the subscript to Fig. 70.

usually three regions in which formulae of the type of Eq. (32.1) with adapted values of A and B, hold. In other words, also the intermediate range mentioned in the last paragraph may be represented by a simple linear formula. Fig. 72 shows this behaviour in principle.

It is interesting to note, that an equation of the type

$$\log \eta = A + \frac{B}{T^x}, \tag{32.11}$$

in which x is usually greater than 1, describes the viscosity-temperature relation over a wide range ($2 > \log \eta > 13$) very well[2,3]. The formula means that we may describe the phenomenon from a phenomenological point of view with an activation energy which decreases with temperature according to a relation

$$E \propto \frac{B}{T^{(x-1)}} \quad (x > 1).$$

OLDEKOP[4] showed that the viscosity curves of many glasses practically coincide when $\log \eta$ is represented as a function of T_g/T, where T_g is the transformation point dealt with in Sect. 2. This is illustrated in Fig. 73.

33. Viscosity as a function of stabilization. In the range of temperatures below the transformation range the viscosity is strongly dependent on time. LILLIE[5]

---

[1] E. PLUMAT: Silicates Industr. 21, 447 (1956). — Trav. du IVe Congr. Internat. du Verre, Paris 1956, p. 299.
[2] J. CORNELISSEN, J. VAN LEEUWEN en H.I. WATERMAN: Chim. et Ind. 77, 69 (1957).
[3] F.C. EVERSTEYN, J.M. STEVELS en H.I. WATERMAN: Chem. Eng. Sci. 11, 267 (1960).
[4] W. OLDEKOP: Glastechn. Ber. 30, 8 (1957).
[5] H.R. LILLIE: J. Amer. Ceram. Soc. 16, 619 (1933).

was the first to show that the viscosity of a sample of sodium calcium silicate glass, at a temperature in the critical range, increased with time of holding towards an equilibrium value if previously heated at a higher temperature, and that the same glass has a viscosity decreasing with time towards the same final equilibrium value if previously treated for a sufficient time at a lower temperature[1]. This general principle is illustrated by the results shown in Fig. 74; cf. also Fig. 37.

DALE and STANWORTH[2] have shown that, in the annealing range, the viscosity of some borosilicate glasses takes considerable time to reach equilibrium, whereas that of sodium calcium silicate glasses rapidly approaches equilibrium (cf. Sect. 13).

However, the viscous properties of the former glasses, when stabilized, are closely similar to those of the latter ones.

The changes during the stabilization of borosilicates may probably be linked with a change in boron coordination from 3 to 4.

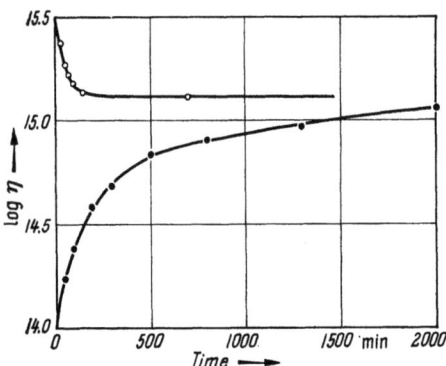

Fig. 74. Viscosity-time curves for two samples of a glass held at 486.7° C. Upper curve: sample previously heated at 477.8° C for 64 hours. Lower curve: sample in the freshly drawn condition. After LILLIE.

34. Some further remarks on the activation energy of viscous flow in the annealing range (low-temperature range). A relation like Eq. (32.10),

$$\log \eta = A_{\mathrm{visc}} + \frac{B_{\mathrm{visc}}}{T},$$

strongly recalls the formula for the specific electrical resistivity ϱ:

$$\log \varrho = A_{\mathrm{res}} + \frac{B_{\mathrm{res}}}{T},$$

which is discussed at some length elsewhere [17].

According to TAYLOR[3] there should be a relation between η and ϱ, of the form

$$\eta = \alpha \varrho^\beta. \tag{34.1}$$

From this it follows that $B_{\mathrm{visc}} = \beta \cdot B_{\mathrm{res}}$. Similar relations have also been found by LITTLETON[4]. With regard to the sodium silicate glasses β was found to be approximately 4 to 6.

TAYLOR makes the suggestion that viscous shear requires the cooperative break of 4 to 6 Na—O bonds whereas for the electrical conductivity, B_{res} is only coupled with the jumping of one Na$^+$ ion. In the light of present-day insight into these matters, this conclusion seems rather a bold one. At the most it can be said, that B_{visc} is of the order of 4 to 6 times as large as B_{res}. DOUGLAS[5] has demonstrated that viscous flow in the annealing range is controlled by the Si—O—Si bonds and that flow can occur when Si—O bonds are broken

---

[1] For details of these and related problems cf. G.O. JONES: J. Soc. Glass Technol. **33**, 64 (1949). — M. WATANABE and R. KOYAMA: J. Soc. Glass Technol. **41**, 137 (1957).
[2] A. E. DALE and J. E. STANWORTH: J. Soc. Glass Technol. **29**, 414 (1945).
[3] N.W. TAYLOR: J. Amer. Ceram. Soc. **22**, 1 (1939).
[4] J.T. LITTLETON: Industr. Engng. Chem. **25**, 748 (1933).
[5] R.W. DOUGLAS: J. Soc. Glass Technol. **33**, 108 (1949).

from time to time. This idea has been further elaborated by SMYTH, FINLAYSON and REMDE[1]. The flow process is associated with a model which assumes a continuous breaking and healing of Si—O bonds. It is suggested that under the influence of tension the number of bonds breaking in the direction of the tension may be increased, which would lead to an elongation in this direction and a contraction in the two perpendicular directions. The broken bonds are referred to as unsaturated silicon atoms, but these might equally well be interpreted as missing bridging oxygen ions[2].

35. Viscosity in the annealing range as a function of chemical composition. In this section we shall study the dependence of the activation energy of the viscosity E_{visc} in the annealing range on the chemical composition. High values are found for E_{visc} (of the order of 3 to 5 eV), since in this range the fundamental process is the breaking of a Si—O bond. This activation energy, however, can be appreciably affected by the chemical composition of the glass.

DINGWELL and MOORE[3] have studied the influence of substitutions in a base glass of the composition 74% SiO_2, 10% CaO and 16% Na_2O, with modifications in which SiO_2 was substituted molecularly (on a cation-for-cation basis) by other oxides for not more than 8% of the silica in the base glass, in order to avoid major changes of structure due to changes in composition. The viscosities over the temperature range corresponding to viscosities between $10^{10.5}$ and 10^{13} poise were measured by the fibre-extension method.

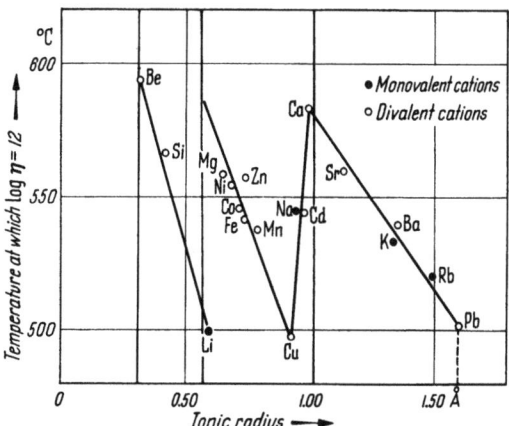

Fig. 75. Temperatures corresponding to a viscosity of 10^{12} poises for glasses containing the oxides of the monovalent and divalent cations substituted cation-for-cation for 8% SiO_2 in a base glass (74% SiO_2, 10% CaO, 16% Na_2O by weight) plotted against the ionic radii of the substituted cations. After DINGWELL and MOORE.

The temperature corresponding to a viscosity of 10^{12} poise plotted against the ionic radii of the substituted monovalent and divalent ions consists of three separate branches with "breaks" corresponding approximately to ionic radii 0.31, 0.60, 1.00 and 1.60 Å (Fig. 75). The first branch corresponds to tetrahedral coordination (i.e. to ions surrounded by four oxygens), the second branch to octahedral and the third to cubic coordination or a coordination of higher order. The viscosity is highest for the smallest ions represented by any one branch of the curve, and diminishes progressively with increasing ionic radius until a change to a higher coordination number can occur, when there is a sudden and large increase in the viscosity.

The viscosity determinations at low temperatures may therefore be taken to indicate that the coordination of the cations within the various ranges, as shown by the results plotted in Fig. 75, should be as follows:

---

[1] H.T. SMYTH, J.R. FINLAYSON and H.F. REMDE: IVe Congr. Internat. du Verre, p. 317 (1956).
[2] The idea of missing bridging oxygen ions (network defects) has become common in recent literature. Cf. J.M. STEVELS: Philips Techn. Rev. **22**, 300 (1961) and [38].
[3] A.G.F. DINGWELL and H. MOORE: J. Soc. Glass Technol. **37**, 316 (1953).

Table 15. *Illustrating text in Sections 35 and 36.*

Substituted cation	Temperature (°C) at which $\log \eta = 12$	Corresponding activation energy E_{visc} (kcal/mole)	Activation energy E_{visc} at 1300° C (kcal/mole)
Base Glass	566	145	42.5
Monovalent Cations			
Li^+	500	129	37.8
Na^+	544	155	39.4
K^+	533	139	39.7
Rb^+	522	128	—
Divalent Cations			
Be^{++}	593	162	—
Mg^{++}	558	141	41.7
Ca^{++}	583	157	41.4
Sr^{++}	560	147	40.0
Ba^{++}	540	142	38.0
Zn^{++}	557	147	41.4
Cd^{++}	544	143	38.6
Pb^{++}	502	126	37.2
Ni^{++}	555	148	38.8
Co^{++}	545	145	38.3
Fe^{++}	541	137	—
Mn^{++}	538	138	39.4
Cu^{++}	498	127	36.0

Radius range 0.31—0.60 Å tetrahedral coordination with 4 oxygen ions,
Radius range 0.60—0.95 Å octahedral coordination with 6 oxygen ions,
Radius range 0.99—1.6 Å coordination with at least 8 oxygen ions.

The points representing Na^+ (0.95 Å) and Cd (0.97 Å) are interesting since they lie almost midway up the "break" between the lines representing the octahedral and cubic configurations. According to DINGWELL and MOORE one is probably concerned here with a kind of equilibrium between the two forms of coordination.

Table 15 gives a survey of the temperatures and activation energies corresponding to the viscosity value of 10^{12} poise for glasses containing the oxides of various monovalent and divalent cations substituted cation-for-cation for 8% SiO_2 in the base glass.

The table shows very well the influence of the various cations. There is generally a good correlation between the temperatures (second column) and the corresponding activation energies (third columm). Table 15 also shows the activation energies of the viscosity in the working range of the same glasses (fourth columm). The latter will be discussed in Sect. 36.

TAYLOR and DEAR, and TAYLOR and DORAN[1], have determined the viscosities of simple silicates, $Na_2O \cdot 4SiO_2$ and $K_2O \cdot 4SiO_2$, respectively. Their results are shown in Fig. 76.

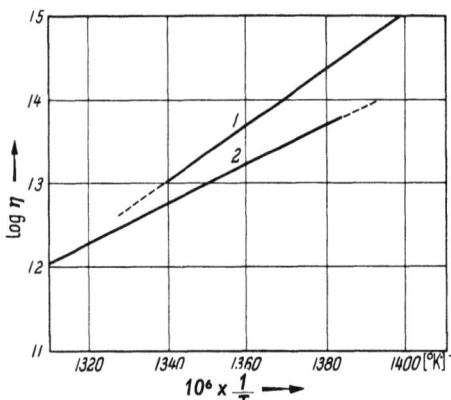

Fig. 76. Variation of viscosity with reciprocal of the absolute temperature for alkali silicate glasses in the annealing range. *1* Composition of glass: $Na_2O \cdot 4 SiO_2$. After TAYLOR and DEAR. *2* Composition of glass: $K_2O \cdot 4 SiO_2$. After TAYLOR and DORAN.

---

[1] N.W. TAYLOR and P.S. DEAR: J. Amer. Ceram. Soc. **20**, 296 (1937). — N.W. TAYLOR and R.F. DORAN: J. Amer. Ceram. Soc. **24**, 103 (1941).

The activation energy found for $K_2O \cdot 4SiO_2$ was 106 kcal/mole and for $Na_2O \cdot 4SiO_2$ 150 kcal/mole. This trend is the same as found by DINGWELL and MOORE.

HOFFMAN, KUPINSKY, THAKUR and WEYL[1] have made an extensive investigation of the influence of chemical substitutions on the viscosity of 106 glasses in the annealing range covering a wide molecular composition range. Detailed research on substitutions has also been carried out by POOLE and GENSAMER[2]. These are discussed at considerable length by MARBOE and WEYL[3].

In the following we shall discuss some points largely derived from this work. Generally speaking, the viscosity does highly depend on the degree of coherence of the network. It is evident that glass with a high value of Y will not flow nearly as readily as glass with a lower value of Y. In other words the viscosity will decrease with decreasing values of Y as long as we restrict ourselves to the conventional glasses[4]. Table 16 shows this for a series of silicate glasses.

The following factors have an important bearing on the viscosity in the annealing range:

1. The nature of the network modifiers involved is of considerable importance. In the case of alkali silicate glasses with a *low value of* Y the viscosity at a given temperature *increases* in the direction of a substitution $K \rightarrow Na \rightarrow Li$. For these cases the binding forces of the alkali ions play an important role.

Table 16[5]. *Showing the dependence of the viscosity η on the degree of cohesion Y of the $Si-O$ network.*

	Y	η in poises at 1400° C
SiO_2	4	10^{10}
$Na_2O \cdot 2SiO_2$	3	280
$Na_2O \cdot SiO_2$.	2	1.6

Since the field strength of these ions increases in this direction (cf. Sect. 11), the attraction forces between them and the oxygen ions (and thus the viscosity) increase likewise.

At high values of Y the binding forces between silicon ions and oxygen ions practically determine the viscosity. It is now the state of polarization of the oxygen ions that is to be taken into consideration. Replacing a K^+ ion by a Na^+ ion or a Li^+ ion, respectively, causes a different distribution of the electron density in the oxygen ions. The Li^+ ions for instance, exert a strong polarizing influence on the oxygen ions. The binding forces between Si^{4+} and the strongly deformed O^{2-} ion in the lithium silicate glass are, therefore, weaker than those in a sodium silicate or potassium silicate glass of corresponding composition, and hence the viscosity is lower. Thus, for *high values of* Y the viscosity *decreases* in the direction of a substitution $K \rightarrow Na \rightarrow Li$.

2. Effect of the breaking of oxygen bridges. As is known, the coherence of the network can also be reduced by substituting bridging oxygen by, for example, two fluorine ions. Substituting CaF_2 for CaO has long been a familiar method for lowering the viscosity of glasses. A similar effect is obtained by replacing bridging oxygen ions by OH groups (cf. Sect. 5), as was shown by MERKER und SCHOLZE[6]

---

[1] L.C. HOFFMAN, T.A. KUPINSKY, R. L. THAKUR and W.A. WEYL: J. Soc. Glass Technol. **36**, 196 (1952).

[2] J.P. POOLE and M. GENSAMER: J. Amer. Ceram. Soc. **32**, 220 (1949). — J.P. POOLE: J. Amer. Ceram. Soc. **32**, 230 (1949). — Verres et Réfr. **2**, 222 (1948).

[3] E.C. MARBOE and W.A. WEYL: J. Soc. Glass Technol. **39**, 16 (1955).

[4] For invert glasses (cf. Sect. 42) this no longer holds.

[5] Table 16 shows, that it is dangerous to refer to low-temperature and high-temperature viscosity respectively, as is often done in the literature. For the temperature mentioned in this table, fused silica is still rigid, the two other glasses are liquid. We prefer therefore to speak of viscosity in the annealing range and viscosity in the working range respectively.

[6] L. MERKER u. H. SCHOLZE: Glastechn. Ber. **35**, 37 (1962).

Table 17. *Showing the influence of small amounts of different gases on the viscosity of glass.*

	Softening point (°C) $\log \eta = 7.65$	Annealing point (°C) $\log \eta = 13.4$	Strain point (°C) $\log \eta = 14.6$
Glass melted in vacuum	727	548	516
Glass treated with CO_2	729	542	511
Glass treated with H_2	724	540	510

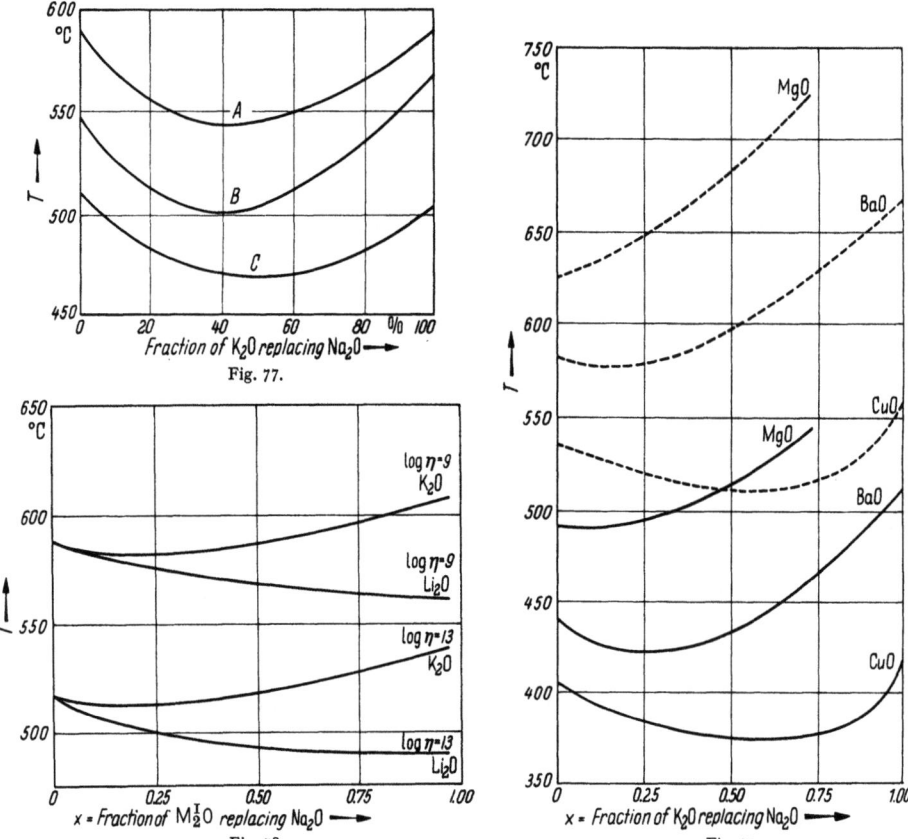

Fig. 77. Temperature corresponding to a viscosity of 10^{10} poises for mixed alkali silicate glasses. $A = 18$ mole %, $B = 25$ mole %, $C = 35$ mole % $Na_2O + K_2O$. (Computed from data of J.P. POOLE.)

Fig. 78. Isokoms for the series of glasses: $(1-x)\,Na_2O \cdot xMI_2O \cdot 2MgO \cdot Al_2O_3 \cdot 6P_2O_5$. ($M^I$ = Li or K) after HOFFMANN, KUPINSKY, THAKUR and WEYL.

Fig. 79. Isokoms for the series of glasses: $(1-x)\,Na_2O \cdot x\,K_2O \cdot M^{II}O \cdot 3SiO_2$. ($M^{II}$ = Mg, Ba or Cu) Solid lines: $\log \eta = 13$. Broken lines: $\log \eta = 8$. After HOFFMANN, KUPINSKY, THAKUR and WEYL.

who studied the influence of small amounts of water on the transformation and softening points of silicate glasses.

GRAFF and BADGER[1] showed that a difference in viscosity exists between a glass melted in vacuum and the same glass treated with different gases. Table 17 gives some examples.

3. **Effect of gradual substitution.** It has been pointed out by GEHLHOF and THOMAS[2] that the gradual replacement of one kind of alkali by another causes the viscosity of a silicate glass in the annealing range to go through a minimum.

---
[1] W. A. GRAFF and A. E. BADGER: Phys. Rev. **70**, 220 (1946).
[2] G. GEHLHOF and M. THOMAS: Z. phys. Chemie **7**, 260 (1926).

Poole[1] confirmed the existence of a minimum for three series of mixed glasses. This is illustrated in Fig. 77. The reason for this resides in the fact that a stronger network with better packing is obtained in the middle (cf. [17], Sects. 8, 22 and 24).

If the same is done in phosphate glasses, however, this "mixed-alkali effect" is practically absent, as appears from Fig. 78. This is due to the fact that packing effects are no longer able to play a part in the largely disintegrated P—O network. The extent to which the "mixed-alkali effect" occurs is also influenced by other cations present, as illustrated in Fig. 79. This figure shows the effect in silicate glasses $x\,Na_2O \cdot (1-x)\,K_2O \cdot M^{II}O \cdot 3\,SiO_2$, in which $M^{II}=Cu$, Ba and Mg. For $M^{II}=Cu$ the viscosity passes through a deep minimum, but no minimum is present in case $M^{II}=Mg$. The strongly polarizing effect of the Cu^{2+} ions is probably the reason for this.

36. Viscosity in the working range as a function of the chemical composition.

The viscosities of the sodium silicate glasses in this region can be well represented by a formula of the type (32.1):

$$\log \eta = A + \frac{E_{visc}}{RT}.$$

The activation energies E_{visc} are shown in Fig. 80, derived from the results of measurements by Preston and Seddon[2] and Lillie[3].

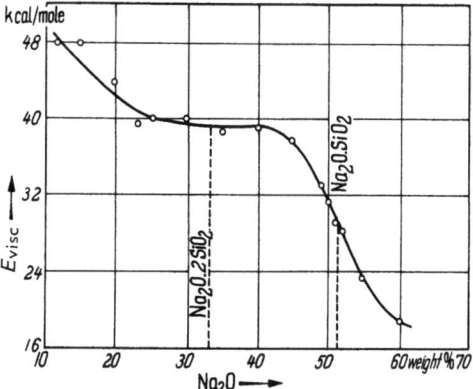

Fig. 80. The relationship between the activation energy E_{visc} and the composition for the sodium silicate glasses. Taken from Stanworth ([2], p. 188).

The activation energies are here of the order of 1 to 2 eV, suggesting that the bonding energy between the Na^+ ions and O^{2-} ions is involved. It is interesting in this connection to note that the values of E_{visc} in the range $4 > Y > 3$ (compositions SiO_2 to $Na_2O \cdot 2\,SiO_2$) show the same trend as the activation energy of the electrical conductivity φ for these glasses (cf. [17], p. 358). The relation

$$E_{visc} = 2.9\,\varphi \tag{36.1}$$

applies in this case rather accurately. The rapid drop of E_{visc} in the neighbourhood of the composition $Na_2O \cdot SiO_2$ ($Y=2$) is possibly connected with the fact, that with this composition even at room-temperature, the spatial structure of the network changes into a structure consisting of chains[4]. At the high temperatures with which we are concerned here, the structure probably consists of very small chain elements. The behaviour of the activation energy for the electrical conductivity in this range is not known.

One would expect that the viscosity in the working range would behave like that of glasses with low values of Y, as discussed in Sect. 35; in other words, the viscosity should increase with substitutions such as $K \rightarrow Na \rightarrow Li$. At the temperatures in question, one finds a complete reversal of the relative effects of lithium, sodium and potassium ions, the viscosity increasing in the order $Li \rightarrow Na \rightarrow K$.

The conclusion may be drawn, that in this region the viscosity is apparently dependent on another mechanism (cf. Sect. 32).

---

[1] J.P. Poole: J. Amer. Ceram. Soc. 32, 230 (1949).
[2] E. Preston and Seddon: J. Soc. Glass Technol. 21, 123 (1937).
[3] H.R. Lillie: J. Amer. Ceram. Soc. 22, 367 (1939).
[4] H.J.L. Trap and J.M. Stevels: Glastechn. Ber. 36 K, VI, 31 (1959). Cf. also Sect. 42.

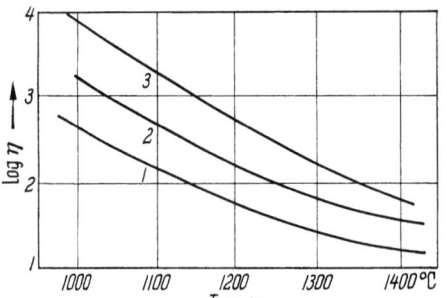

Fig. 81. Viscosity vs. temperature curves of alkali silicate glasses at high temperatures after STANWORTH. *1* $Li_2O \cdot 2SiO_2$. *2* $Na_2O \cdot 2SiO_2$. *3* $K_2O \cdot 2SiO_2$.

The theory has been put forward that the activation energy is connected with the energy required for movement of the ion into an already existing hole in the liquid, and it seems plausible that this energy will increase with increasing size of the ions, in the order mentioned above.

The effect is illustrated in Fig. 81[1], which is given as an example. Similar figures are given by BOCKRIS, MACKENZIE and KITCHENER[2] and CAPPS[3]. DINGWELL and MOORE[4] also found similar results in their extensive investigation in the working range. Some of their results are condensed in Table 15.

A study of the viscosity vs. temperature relationship for technical silicate glasses in the working range has been published by BACON, HASAPIS and WHOLLEY[5].

SHARTSIS, CAPPS and SPINNER[6] have shown in the case of alkali borate glasses that the viscosity isotherms as a function of alkali content first pass through a minimum and then through a maximum (Fig. 82). Similar results were obtained for the sodium, rubidium and caesium borate glasses by PEI-CHING LI, GHOSE and GONG-JEN SU[7].

SHARTSIS, CAPPS and SPINNER conclude from their results, that the "boron anomaly", as described in Sect. 9, disappears at higher temperatures. At

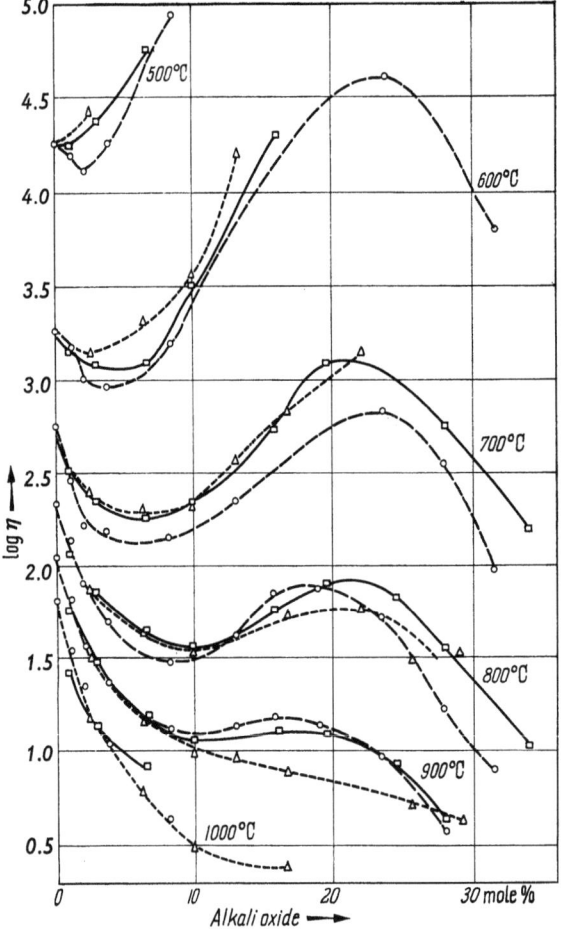

Fig. 82. Viscosity-composition relationship for the alkali borate glasses. Triangles: lithium borate glasses; squares: sodium borate glasses; circles: potassium borate glasses. After SHARTSIS, CAPPS and SPINNER.

---

[1] J.E. STANWORTH: J. Soc. Glass Technol. **32**, 20 (1948).
[2] J.O'M. BOCKRIS, J.D. MACKENZIE and J.A.KITCHENER: Trans. Faraday Soc. **51**, 1734 (1955).
[3] W. CAPPS: J. Coll. Sci. **7**, 338 (1952).
[4] A.G.F. DINGWELL and H. MOORE: J. Soc. Glass Technol. **37**, 516 (1957).
[5] J.F. BACON, A.A. HASAPIS and J.W. WHOLLEY: Phys. and Chem. Glasses **1**, 90 (1960).
[6] L. SHARTSIS, W. CAPPS and J. SPINNER: J. Amer. Ceram. Soc. **36**, 319 (1953).
[7] PEI-CHING LI, A.C. GHOSE and GONG-JEN SU: Phys. and Chem. Glasses **1**, 202 (1960).

room temperature, in the case of low alkali contents, the extra oxygen is taken up as bridging oxygen owing to the fact that the boron ion is able to form BO_4 groups, according to the concepts of BISCOE and WARREN. This strengthens the network, i.e. leads to higher viscosity.

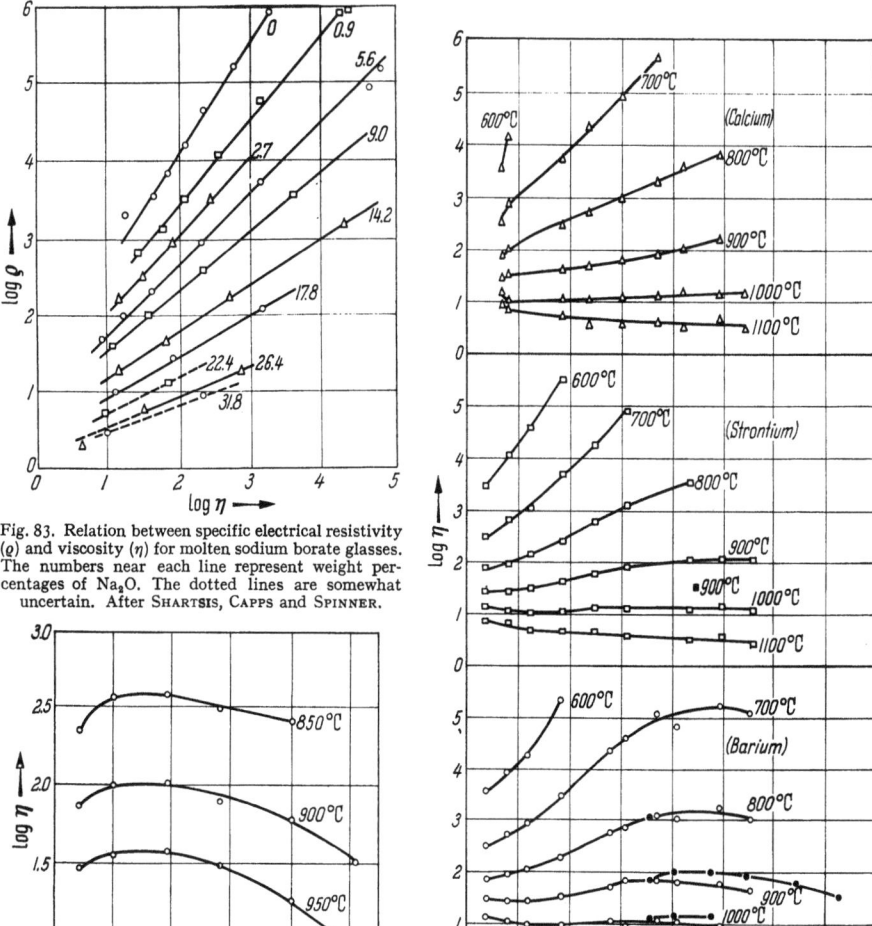

Fig. 83. Relation between specific electrical resistivity (ϱ) and viscosity (η) for molten sodium borate glasses. The numbers near each line represent weight percentages of Na_2O. The dotted lines are somewhat uncertain. After SHARTSIS, CAPPS and SPINNER.

Fig. 84. Log. viscosity of some binary barium borate glasses as a function of composition. After SHARTSIS and SHERMER.

Fig. 85. Log. viscosity of molten alkaline-earth borate glasses as a function of composition. After COUGHANOUR, SHARTSIS and SHERMER. Solid symbols indicate binary compositions and open symbols indicate compositions containing 3 mole % K_2O.

This effect becomes increasingly less at higher temperatures. The extra oxygen is now taken up directly as non-bridging oxygen ions as a result of which the viscosity drops with increasing alkali content. At any one temperature there are therefore two opposing tendencies. There is an equilibrium between the two phenomena, and this equilibrium is a function of temperature in the sense that increasing the temperature decreases the concentration of the bridging oxygen ions relative to that of non-bridging oxygen ions. At 500° C the strengthening of the network owing to the boron anomaly sets in directly; at 1000° C the network is found in fact only to become weaker with increasing alkali content.

SHARTSIS, CAPPS and SPINNER showed that the alkali borate glasses in particular satisfy very accurately the relation (34.1)

$$\log \varrho = \text{const} \log \eta + \text{const}$$

in the working range, as is shown in Fig. 83. The slope of the lines in this figure decreases with increasing alkali content. The authors' hypothesis that both the electrical resistivity and the viscosity of each glass are related to the concentration of weak bonds in that glass, was advanced to account for the constancy of the relation between the two properties.

In the case of barium borates, SHARTSIS and SHERMER[1] found a similar maximum in the isotherms of the viscosity curve, as for the alkali borates (Fig. 84). Here the borate glasses with a lower BaO content cannot be realised (formation of two immiscible liquids) so that a complete comparison with the case of the alkali borate glasses is not possible. In order to overcome this difficulty, COUGHANOUR, SHARTSIS and SHERMER[2] added 3% K_2O. They then could study the behaviour of η as a function of composition for the alkaline-earth borate glasses. The results, which are similar to those obtained for the alkali borate glasses, are shown in Fig. 85.

For a comprehensive study of the low-temperature viscosities of lithium-beryllium borate glasses in which Li_2O is systematically substituted by Na_2O and K_2O, and BeO by MgO, CaO, SiO and BaO, the reader is referred to the work of LAURENT[3].

IV. Crystallization.

37. General remarks. The occurrence of crystallization in glass was a phenomenon already observed by RÉAUMUR in 1727. The formation of crystals from the amorphous glass mass—frequently termed "devitrification"—is not only theoretically interesting because of its diverse aspects concerning solid state physics, but still constitutes one of the most important problems in glass technology. After all, the practical usefulness of glass for many applications depends among other things on the question of whether it is really entirely free from crystallized regions. Even the smallest crystalline inclusions may affect the optical transmittance, the workability, the mechanical strength and other properties of the glass. Therefore, in the past, there has always been a tendency to study the conditions by which the crystallization of glass might be prevented or at least suppressed.

In more recent times, a great interest has grown into the partially or practically wholly crystallized glasses, since these systems show unexpected and new technical features. These will be treated separately in Sect. 40.

Virtually, all glasses would crystallize spontaneously, if they were brought to thermodynamic equilibrium at room-temperature[4]. It is important to investigate the reasons why glasses remain amorphous when they are undercooled below the equilibrium melting temperatures of their crystalline phases.

Whenever particles of a new phase of matter begin to form within another phase, such as crystals in a melt or in a supersaturated solution, the first step in process is the formation of centres of growth, the nuclei. When this occurs in the absence of foreign particles or interfaces the process is called *homogeneous*

---

[1] L. SHARTSIS and H.F. SHERMER: J. Amer. Ceram. Soc. **37**, 544 (1954).
[2] L.W. COUGHANOUR, L. SHARTSIS and H.F. SHERMER: J. Amer. Ceram. Soc. **41**, 324 (1958).
[3] B. LAURENT: Verres et Réfr. **7**, 167 (1953). Cf. also [21].
[4] S.D. STOOKEY: Glastechn. Ber. **32** K, V, 1 (1959).

nucleation. When the nuclei of the new phase are formed on the surfaces of materials having chemical composition different from that of the new phase the process is called *heterogeneous, or catalyzed nucleation.*

From the structural point of view, crystallization in glasses is nowadays regarded as a regrouping of the disordered network into energetically more favourable states, either under the influence of temperature fluctuations, or as a result of internal stresses or more or less fortuitous causes such as impurities. It is always due to inhomogeneities—in temperature, pressure, as well as in composition—that crystallization is directly brought about; as STOOKEY[1] showed homogeneous nucleation practically never occurs in glasses[2].

Every liquid that is cooled without crystallization beginning to occur, solidifies to form a vitreous material within a fairly limited temperature range (the so-called transformation range, cf. Sects. 2 and 13) which is characteristic of that system. Above this characteristic temperature range, the material possesses a certain metastable equilibrium structure, which can be described in thermodynamic terms. Below the temperatures of the transformation range the material is not, however, in true thermodynamic equilibrium (cf. Fig. 1). The crystallization process, which takes place above the transformation range, may therefore, be described by means of thermodynamics.

The melting of a crystal is accompanied by the absorption of heat, which means that the Gibbs free energy of the liquid is greater than that of the crystal (cf. also Sect. 26). Generally speaking, it is this difference in Gibbs free energy that is responsible for the tendency to crystallization. It is useful, first of all, to distinguish between surface crystallization and bulk crystallization.

α) *Surface crystallisation.* Since the surface of the glass is inevitably a source of inhomogeneities (thermal as well as material), devitrification will particularly occur at places where, for example, the surface shows irregularities. This surface crystallization is very important in practice. However, from the physical point of view, not much can be said about it. This type of crystallization may continue slowly after the glass has completely cooled and solidified. Since crystallization is generally accompanied by changes in volume (density measurements are often carried out to determine the degree of crystallization) stresses begin to develop in the glass and can give rise to rupture.

If a glass has already a certain tendency to crystallize, the considerable temperature fluctuations to which particularly large pieces made from it are subjected when being worked, can often lead to a rapid formation of the crystals and thus of cracks.

β) *Bulk crystallization.* Regarded purely thermodynamically, the tendency to bulk crystallization should change more or less proportionally to the degree of undercooling, but the process of regrouping is greatly impeded at lower temperatures by the rapid increase in viscosity.

Although according to the phase theory that compound is first separated in crystallization which is stable at the temperature immediately under the melting point, this will frequently not be applicable to devitrification phenomena in vitreous systems. In the case of the crystallization of fused silica, for example, one usually finds cristobalite crystals where, according to the phase diagram, one would expect tridymite. Moreover, the crystallization of a component in a vitreous system may also entail the segregation of another, so that, upon cooling,

---

[1] S. D. STOOKEY, Glastechn. Ber. 32K, V, 1 (1959).
[2] For this reason homogeneous nucleation is not treated extensively in this article. The reader is referred in this connection to W. A. WEYL: Sprechsaal **93**, 128 (1960), and D. TURNBULL and M. H. COHEN in [37], pp. 38—62.

several kinds of crystals may form successively in a glass sample. This is why one often finds cristobalite crystals, for example, in the neighbourhood of wollastonite crystals ($CaO \cdot SiO_2$) which again may occur in two different forms.

Notwithstanding the complicated character of devitrification as described above, it is possible to draw up practical rules of general applicability, the most important of which we shall now enumerate.

Crystallization always occurs in a critical temperature range, approximately in the middle of which the rate of crystal growth is maximum. This range always lies below the melting point of the crystal in question and above the transformation range of the glass; the maximum usually coincides approximately with the softening point of the glass ($\log \eta \sim 6$ to 8; cf. Sect. 30). In the case of glasses with a high silica content, the rate of crystal growth as a function of temperature generally shows a rather sharp maximum. In the case of glasses with a low silica content, the devitrification range is larger, since the lower limit of this range (T_g) is displaced towards lower temperatures. As a rule, the tendency to devitrification decreases sharply with the number of components in the glass composition, since the upper limit of the crystallization range (the liquidus temperature) shifts downwards, while the lower limit which, as already mentioned, is mainly determined by the viscosity, is not much affected. At the same time the spatial disorder of the structure increases considerably with the number of components, thereby impeding premature crystallization. In practice, small quantities of oxides such as B_2O_3, Al_2O_3, Fe_2O_3, BaO and MgO, are added to the melt in order to counteract crystallization (see Sect. 12).

Generally speaking, the system will ultimately crystallize only if it is given sufficient time. Conversely, it is possible, by very rapid cooling to bring simple substances, which readily crystallize, into the vitreous state (cf. Sect. 3).

The phenomenon depends highly upon time. It often happens for example, that a melt of a certain composition can be obtained in the vitreous state in small quantities on a laboratory scale, whereas a large quantity of the same composition always crystallizes. The quantity, then, is of great importance, since it partly determines the rate of cooling. This point has been overlooked very often in the literature.

38. The crystallization process. The bulk crystallization of a glass can, in general, be regarded as a relaxation phenomenon, in which a disordered system changes via molecular regrouping into a more ordered and more stable state of lower Gibbs free energy. The temperature range in which this regrouping can only occur usually lies far within the range limited by the liquidus temperature and the transformation temperature. In the case of most glasses the temperature at which the rate of crystal growth is maximum corresponds, as stated already in Sect. 37, to a viscosity of approximately 10^6 to 10^8 poise, fortunately at a temperature different from that at which the glass can suitably be worked ($\eta = 10^4$ poise).

As early as 1903, TAMMANN [4] showed that crystallization or devitrification mainly in undercooled organic liquids is determined by two factors, namely: the rate of homogeneous nucleation and the rate of crystal growth. The nuclei are extremely small crystals consisting of only a few elementary cells. TAMMANN supported his theory experimentally by undercooling samples of suitably low-molecular substances, keeping them for a certain time at constant temperature and then heating them to a temperature at which no further new nuclei can form, but at which those already present can grow into microscopically visible crystals.

As a function of temperature both quantities—rate of homogeneous nucleation and rate of crystal growth—pass through a maximum, the maximum in the case of the former lying at a lower temperature (cf. Fig. 86).

Thermal fluctuations may cause nuclei of varying size. The larger ones of these can grow into visible crystals. The smaller ones will tend to disintegrate, since here the surface energy related to the surroundings is large as compared to their mass. The growth of the crystals differs from nucleation only in this respect, that in the former case separate molecules attach themselves to existing complex groups and not to each other. The result is that, qualitatively, nucleation is influenced by the same factors as crystal growth. Although both factors are difficult to measure separately, it is assumed that they exhibit more or less the same behaviour as a function of temperature. (For the differences cf. Sect. 39 γ and δ.)

The general conditions for the occurrence of nucleation have been laid down thermodynamically by TURNBULL and others[1] with the aid of a theory in which the principles of nucleation during phase transitions in solids are generalized. This theory envisages not only the possibility of nucleation at temperatures below the liquidus or melting point (thermal nucleation), but also above these temperatures (athermal, also called spontaneous nucleation) for in the latter case, too, temperature fluctuations can temporarily give rise to nuclei.

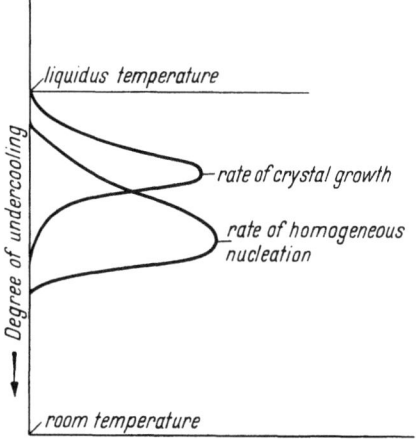

Fig. 86. Overall picture of the rates of homogeneous nucleation and growth in the crystallization process of glass as a function of the degree of undercooling

The general expression for the difference in the Gibbs free energy (free enthalpy) ΔG in the neighbourhood of a nucleus containing i atoms (or molecules) can be described by an expression of the form

$$\Delta G = A\,i^{\frac{2}{3}} + B\,i + C\,i \tag{38.1}$$

where

A is a parameter proportional to the interfacial Gibbs free energy (the nucleus is thought of as cubic),

B is the amount by which the bulk Gibbs free energy of the crystalline solid exceeds that of the undercooled liquid, expressed per simple atom (molecule) in the absence of a boundary plane and without stresses; and

C is a parameter proportional to the deformation energy.

The size and shape of the nuclei will influence the values of A and C. The term $C\,i$ can, as a rule, be neglected as compared with the two other terms of Eq. (38.1).

In the case of equilibrium, i.e. at the liquidus temperature, T_L, $B=0$. At temperatures T not far from the liquidus temperature, B will be proportional to $(T_L - T)$ and to the decrease in entropy during the crystallization ΔS_{cr}, which can be thought of as constant in the initial stage of crystallization. Thus, supposing B proportional to $\Delta S_{cr} \cdot (T_L - T)$, then according to Eq. (38.1) the free

---

[1] For a survey cf. D. TURNBULL: Solid State Physics 3, 225 (1956), also J.C. FISHER, J. H. HOLLOMON and D. TURNBULL: J. Appl. Phys. 19, 775 (1948). — S. D. STOOKEY and R. D. MAURER, [42], pp. 77—101.

enthalpy as a function of the nucleus size will pass through a maximum (called ΔG_{max} in Sect. 39) when $B < 0$, (i.e. at temperatures below the liquidus point,

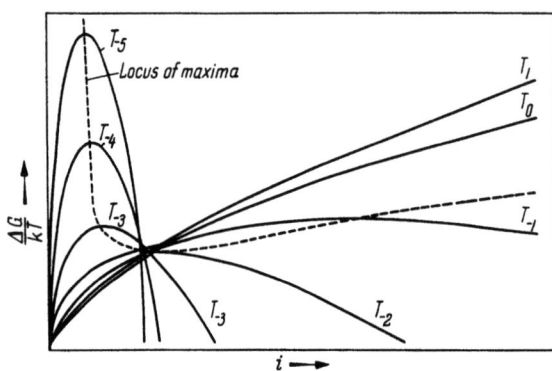

Fig. 87. $\Delta G/kT$ versus i at several temperatures for a typical nucleation process. $T_0 = T_L =$ liquidus temperature. $T_1 > T_0 > T_{-1} > T_{-2}$ etc. Figs. 87—92 are taken from FISHER, HOLLOMON and TURNBULL.

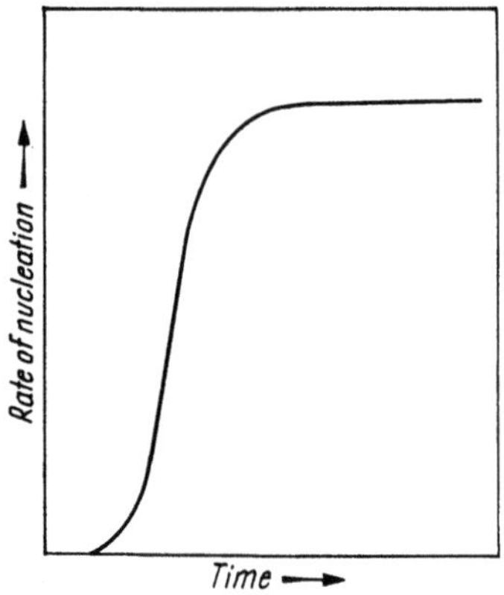

Fig. 88. Overall picture of the rate of nucleation as a function of time in the case of thermal nucleation.

since ΔS_{cr} is negative[1]). A nucleus of the size which happens to correspond to this maximum applicable to that particular temperature, will be able to continue growing.

As regards athermal nucleation, the size of the nucleus is then always below the value that should correspond to a maximum in ΔG, so that these nuclei will

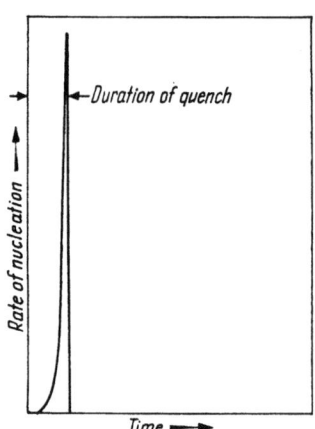

Fig. 89. Overall picture of the rate of nucleation as a function of time in the case of athermal nucleation.

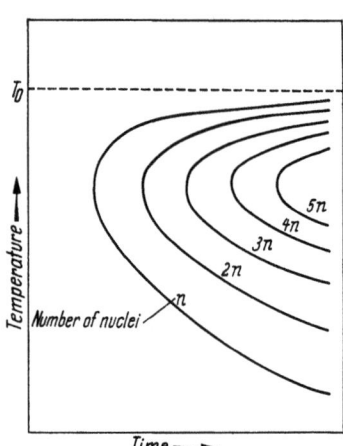

Fig. 90. Time vs. temperature nucleation plot for a typical thermal process.

always fall apart unless the temperature drops readily enough to below the liquidus temperature. This kind of nucleus, therefore, does not come into being continuously, but only once, and then only as a result of quenching. From the

---

[1] In Sect. 39, B is sometimes written as

$$B = - \text{Const} \, \frac{T_L - T}{T_L} \tag{38.2}$$

for temperatures not too far from the liquidus temperature. The constant has the dimension of an energy and is positive. B is positive when the parent phase is the more stable one, and is negative, when the parent phase is the less stable one.

general trend as shown in Fig. 87, it is easy to deduce the possible effect of a special thermal treatment. FISHER, HOLLOMON and TURNBULL[1] give two examples: (1) Quenching from a temperature T_1 immediately above T_L to T_{-1} immediately below T_L results in a curve as shown in Fig. 88. (2) Quenching from T_1 to a temperature, say T_{-4}, far below T_L results in a curve as shown in Fig. 89.

A comparison of Figs. 90 and 91 brings out clearly once again the differences between thermal and athermal nucleation. In practice, however, one frequently encounters processes in which thermal and athermal nucleation occur side by side, resulting in a time vs. temperature curve of the form shown in Fig. 92.

It is evident from the above considerations, that there is now no longer any point in speaking, as was formerly the custom, of absolute crystallization temperatures, since these are also to a high degree partly determined by time, that is to say by the thermal history of the system.

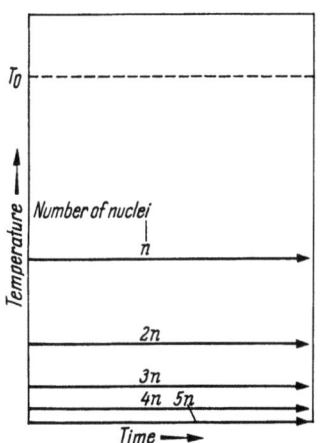

Fig. 91. Time vs. temperature nucleation plot for a typical athermal process.

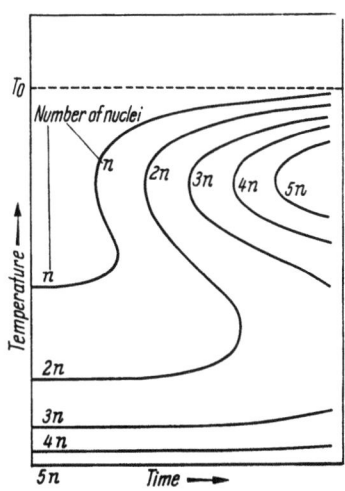

Fig. 92. Generalized time vs. temperature nucleation plot.

39. Rate of nucleation, rate of crystal growth and degree of crystallization.

α) *Experimental determination of the rate of crystal growth.* A great deal of experimental information is available concerning the rate of crystal growth of technologically important glasses. However, owing to the complicated character of the crystallization mechanism, and to the fact that this is affected by numerous unknown factors, partly connected with the thermal history and partly with the inhomogeneities of the glass, the few data that can be regarded as reliable are frequently not capable of being compared with each other since the experimental conditions are not accurately known.

Investigations into the differences between nucleation and crystal growth have not been carried out with any great detail in practice. Owing to the fact that it has been established that both quantities are governed by the same rules, it has been considered sufficient to determine the linear rate of growth of the crystals as a function of the degree of undercooling. Qualitatively the results of these investigations show fairly good agreement, but it is not permitted to attach absolute significance to the values measured, since they are considerably influenced by the methods of measurement. The measurements in question are based for the most part on visual (microscopic) observations.

---

[1] J.C. FISHER, J.H. HOLLOMON and D. TURNBULL: J. Appl. Phys. **19**, 779 (1948).

In the classical "quenching" method, small quantities of a homogeneous glass are kept for a certain time at a specific temperature, and then rapidly cooled, after which the length of the crystals formed is measured. This procedure takes up a lot of time, for which reason wider use us made nowadays of the "gradient method". This consists of heating a long piece of homogeneous glass in an oblong platina channel along which exists a known temperature gradient. This procedure is generally coupled with the measurement of the liquidus temperature.

The "standard heat treatment" is another method commonly used. In this case the glass sample is heated to above the liquidus temperature and then very slowly cooled. At certain intervals the system is optically examined. Various investigators have attempted to compile complete sets of time-temperature curves for glasses by subjecting the glass samples for increasing periods to a given temperature, in each case noting the time that elapses before the first *visible* crystallization begins to appear. It has been found, however, that the shape of these curves depends to a great extent on the length of the crystals taken as a criterion for a given degree of crystallization.

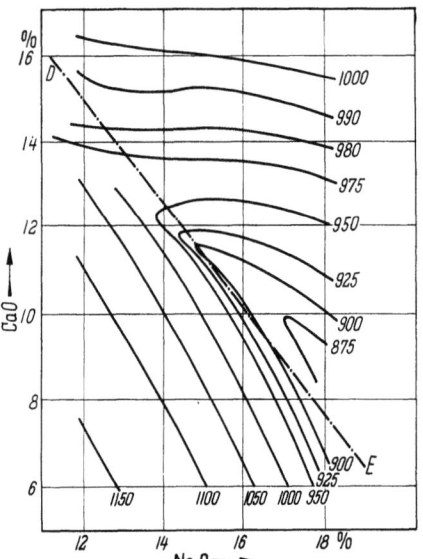

Fig. 93. Diagram of the composition of sodium calcium silicate glasses (expressed in % Na_2O and CaO by weight) related to isotherms of maximum rate of crystallization. The line DE shows the boundary between the regions where tridymite resp. devitrite are formed. After DIETZEL.

From the point of view of glass technology, the classical measurements made by DIETZEL and others[1] have proved extremely valuable.

The investigations were carried out on 24 technical sodium calcium silicate glasses (with 12, 14, 16, 18% by weight Na_2O, and 6, 8, 10, 12, 14, 16% by weight CaO) measurements being made of the time taken to obtain crystals of certain length as a function of temperature. From the results, the rate of crystal growth was calculated. These measurements produced the curves shown in Fig. 93, which indicate the composition of the glasses which, at the same temperature, show a maximum rate of crystal growth. The curves have a very pronounced curvature in the neighbourhood of the boundary line between the regions where tridymite (SiO_2) and devitrite ($Na_2O \cdot 3\, CaO \cdot 6\, SiO_2$) are formed. The drawback of the method, is the rather arbitrary procedure of keeping to one single dimension, for crystal growth takes place in all directions. The most important conclusion to be drawn from DIETZEL's work is that sodium calcium silicate glasses with about 74% SiO_2 devitrify less readily than any other.

β) *Degree of crystallization.* Investigations into the kinetics of crystallization have again come to the fore in recent years thanks to the advances made in the field of organic high polymers. Apart from the fact that it is generally possible in the latter case to work at lower temperatures, there is the further fortunate circumstance that in many cases the degree of crystallization (i.e. the fraction

---

[1] A. DIETZEL: Sprechsaal **62**, 506, 524, 543, 562, 584, 603, 619, 638, 657 (1929). — E. ZSCHIMMER and A. DIETZEL: Sprechsaal **60**, 110, 129, 165, 186, 204 (1927). — J. G. MONLEY: Brit. J. Appl. Phys. **12**, 10 (1961).

of the original liquid which is crystallized) can be simply determined with the aid of infrared measurements, which are not or scarcely suitable for investigating the structure of inorganic glasses in this respect. The infrared spectra of high polymers readily undergo demonstrable changes in the intensity of certain absorption bands when the degree of crystallization is modified by a given treatment. Since the bands in question are usually sensitive to the relation between the vitreous and crystalline state, it is possible in this way to give an absolute value for the degree of crystallization. The great advantage of the method is, that no interference is experienced from the overlapping of crystalline regions, which has led on several occasions to apparently conflicting results in crystallization experiments in the anorganic field[1].

The kinetic crystallization tests on organic glasses have generally resulted in experimental confirmation of the theories put forward by TURNBULL and others[2] the principles of which have already been discussed in Sect. 38. In cases where the crystallization can reach an advanced stage, it is possible to follow the degree of crystallization as a function of time, by studying, for example the changes in the density of the infrared transmission.

In all cases investigated, the curves were always found to have an S shape of the type shown in Fig. 92.

AVRAMI[3] has attempted to describe mathematically the variation of the degree of crystallization as a function of time. Continuing along the lines proposed by TURNBULL, the degree of crystallization can be calculated from the probability P that a point of a crystal surface be overgrown by a new crystalline formation. This probability was calculated for different cases (a-thermal or thermal nucleation; disc-shape or spherical growth). The degree of crystallization x may be defined as

$$x = 1 - e^{-P}.$$

P was found to be proportional to the fourth power of the time[4]. MORGAN[5] modified this equation slightly by introducing a maximum degree of crystallization x_0, hence

$$x = x_0 [1 - \exp(-k t^n)].$$

By measuring x as a function of time, it has been found, that this relation applies satisfactorily to many organic glasses. For a given glass one value of n, which lies between 2 and 4, is obtained.

γ) *Theoretical calculation of the rate of nucleation.* The rate of nucleation J can be put proportional to D and W, D being the diffusivity:

$$D = \text{const } e^{-\frac{Q}{kT}}, \tag{39.1}$$

with Q the activation energy for self-diffusion, and W the probability of the occurrence of a sufficiently large nucleus, which can be represented by a Boltzmann equation of the form

$$W = \text{const } e^{-\frac{\Delta G_{max}}{kT}}. \tag{39.2}$$

---

[1] E. PRESTON: J. Soc. Glass Technol. Trans. **24**, 139 (1940). — J.T. LITTLETON: J. Soc. Glass Technol. Trans. **15**, 262 (1931).
[2] D. TURNBULL and J.C. FISHER: J. Chem. Phys. **17**, 71 (1948). — J.C. FISHER, J.H HOLLOMON and D. TURNBULL: J. Appl. Phys. **19**, 779 (1948).
[3] M. AVRAMI: J. Chem. Phys. **7**, 1103 (1939); **8**, 212 (1940); **9**, 177 (1941).
[4] Cf. D. TURNBULL and M.H. COHEN in [37], p. 45.
[5] L.B. MORGAN: Phil. Trans. Roy. Soc. Lond. A **247**, 1 (1954).

Here ΔG_{max} is also to be regarded as the activation energy for nucleation, since this energy must first be used to form a nucleus capable of further growth. This quantity can be found by calculating the maximum in Fig. 87 with the aid of Eq. (38.1). From the condition $d\,\Delta G/di = 0$ one finds $i_{max} = 8A^3/27\,B^3$ with $\Delta G_{max} = 4A^3/27\,B^2$, the term with C being disregarded. The expression for the rate of nucleation, i.e. the number of nuclei produced per second, now assumes the form

$$J = \text{const } e^{-(Q+\Delta G_{max})/kT}. \tag{39.3}$$

Q and ΔG_{max} both strongly depend on the temperature. Q is related to the viscosity of the system. At low temperatures (for instance in the annealing range) Q becomes predominant with the result that J approaches zero. Going to high temperatures, ΔG_{max} will increase, particularly in the neighbourhood of the liquidus temperature, since G_{max} is proportional to $1/B^2$ or to $(T_L - T)^{-2}$ [cf. Eq. (38.2)]. This means that J vanishes again. In between, J will show a maximum, as shown in Fig. 86.

δ) *Theoretical calculation of the rate of crystal growth.* In order to obtain an expression for the rate of crystal growth we have to consider W more precisely. If we consider the nucleus once formed, we must then take into account not only the probability W_1 that a molecule from the melt, situated on the surface of a crystal, will go over into the crystalline state, but also the probability W_2 of a crystal molecule to go over into the melt. Both are again determined by the difference in GIBBS free energy between the two phases, which here is equal to B, since we are now concerned with a single molecule. Only the sign is reversed:

$$W_1 = \text{const } e^{-B/kT}, \tag{39.4}$$

$$W_2 = \text{const } e^{+B/kT}. \tag{39.5}$$

The number p of molecules going over to the crystalline state per second is proportional to the difference between these probabilities, hence

$$p = \text{const}\left\{e^{-\frac{B}{kT}} - e^{+\frac{B}{kT}}\right\},$$

from which relation one obtains the expression for the rate of crystal growth v:

$$v = \text{const} \times p \times D = \text{const } e^{-\frac{Q}{kT}}\left\{e^{-\frac{B}{kT}} - e^{+\frac{B}{kT}}\right\}. \tag{39.6}$$

Eq. (39.6) indicates that, with very *considerable undercooling* (B being negative; $|B| \gg kT$) the second term in the bracket can be neglected, so that one can write

$$v = \text{const } e^{-(Q+B)/kT}. \tag{39.7}$$

Formula (39.7) has the same form as formula (39.3), the difference being that ΔG_{max} is positive and becomes large in the neighbourhood of the liquidus temperature, whereas B is negative and becomes small in the neighbourhood of T_L [cf. Eq. (38.2)].

At low temperatures Q prevails in Eq. (39.7) with the result that v approaches zero. In the neighbourhood of the liquidus temperature B, as stated already, becomes very small. This means that we may apply a series expansion to Eq. (39.6), so that instead of (39.7) we obtain

$$v = \text{const}\left(-2\frac{B}{kT}\right)e^{-\frac{Q}{kT}}, \tag{39.8}$$

Sect. 39. Rate of nucleation and rate of crystal growth.

in other words the rate of crystal growth increases linearly with the distance from the liquidus temperature, since $B \sim (T_L - T)$.

The v versus T curve for glasses, therefore, shows a maximum and a tangential approach towards the T axis at the liquidus temperature, as is shown by curve 3 in Fig. 103.

ε) *Experimental checks for the theoretical formula for the rate of crystal growth.* The last result of the preceding paragraph is confirmed for instance by the behaviour of the crystallization rate of devitrite ($Na_2O \cdot 3CaO \cdot 6SiO$) in a commercial sodium calcium silicate glass (composition 17% Na_2O, 12% CaO, 2% Al_2O_3 and 69% SiO_2 by weight) as observed by SWIFT[1] (Fig. 94) and in a commercial window glass (composition see below) as observed by PRESTON[2] (Fig. 95).

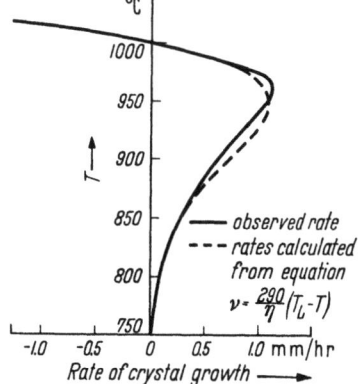

Fig. 94. Observed and calculated rates of crystal growth of devitrite in a commercial sodium calcium silicate glass as affected by temperature. After SWIFT.

It appears from the foregoing, that the influence of viscosity cannot be described in exact terms. It seems obvious to suppose that the activation energy of self-diffusion Q behaves in the same way as the activation energy of viscous flow E_{visc}, in the working range (cf. Sect. 36).

Many approximations have accordingly been suggested by various investigators. For example on the basis of Eqs. (38.2) and (39.7) and supposing $Q \propto E_{visc}$,

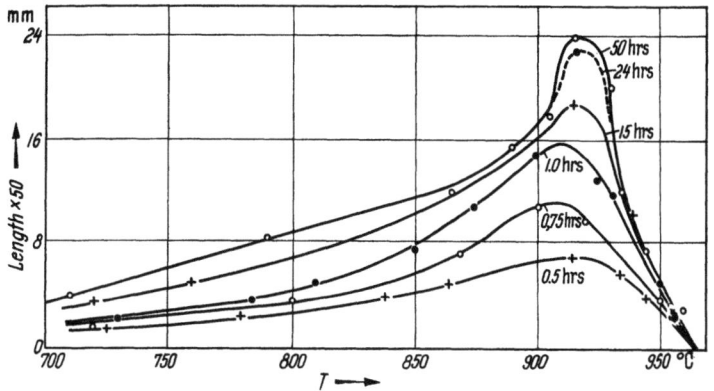

Fig. 95. Extent of crystal growth (length of semi-major axis) of devitrite at different temperatures determined by the gradient method after 0.5, 0.75, 1.0, 1.5, 24 and 50 hours heating respectively. After PRESTON.

one finds the following expressions

$$v = \text{const} \exp\left\{-\frac{1}{kT}\left(E_{visc} - \text{const}' \frac{T_L - T}{T_L}\right)\right\} \qquad (39.9)$$

and

$$v\eta = \text{const} \exp\left\{\frac{\text{const}'}{kT} \cdot \frac{(T_L - T)}{T_L}\right\}. \qquad (39.10)$$

---

[1] H. R. SWIFT: J. Amer. Ceram. Soc. **30**, 170 (1947).
[2] E. PRESTON: J. Soc. Glass Technol. **24**, 139 (1940).

In view of its many simplifications, this equation has merely qualitative significance, showing as it does, that the product $P = \nu\eta$ as a function of temperature, will not pass through a maximum but will steadily fall with increasing temperature. Several investigators have attempted to write the quantity $\nu\eta$ in an easily manageable form and to calculate empirical expressions for it. Fig. 96 shows the general trend of $P = \nu\eta$ for a number of sodium calcium silicate glasses as given by LITTLETON[1]. It can be seen here, too, that at low temperatures, the effect of the rapidly increasing viscosity predominates and that the degree of undercooling is no longer of any consequence. The curve is practically linear at temperatures which differ but little from the temperature at which the rate of crystallization ν is maximum. It is not surprising, therefore, that attempts have been made to attribute special significance to the situation of the maximum indicated in Fig. 96 by a cross, although this position is due to the interplay of partly unknown and partly clearly interrelated factors[2].

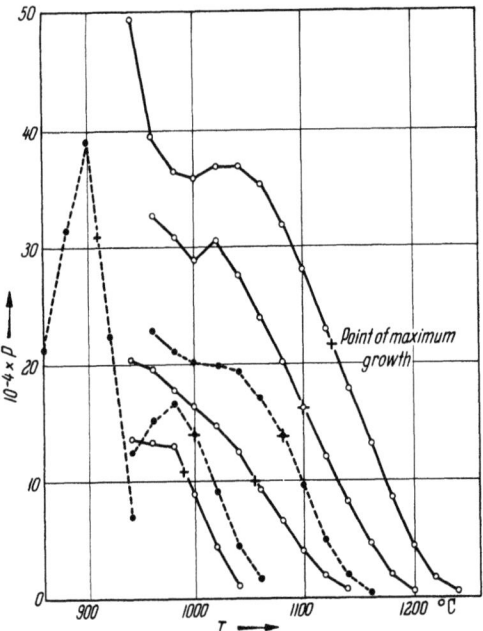

Fig. 96. The product P of rate of growth in μ/min and viscosity (poises) plotted against temperature for a number of glasses containing 14 or 16% Na$_2$O by weight (drawn and dotted curves respectivily). After LITTLETON.

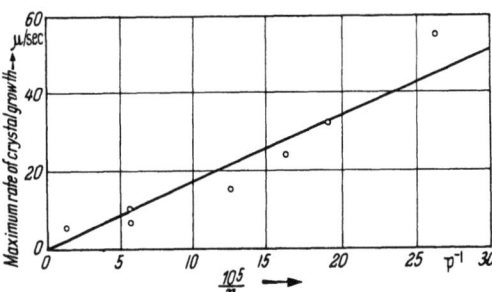

Fig. 97. Relation between fluidity and maximum rate of crystal growth observed by DIETZEL for glasses containing 14 or 16% Na$_2$O by weight. After LITTLETON.

LITTLETON has shown that in the case of high-melting glasses, where the temperature of maximum crystal growth lies relatively close to the liquidus temperature, the following approximate equation can be derived from Eq. (39.9):

$$\nu_{max} = \text{const} \exp(-E_{visc}/kT). \quad (39.11)$$

For these cases, the maximum crystal growth then can be written as directly proportional to the fluidity, i.e. the reciprocal of viscosity. Fig. 97 which shows this relation for the crystallization of tridymite from a number of sodium calcium silicate glasses however, is by no means convincing.

PRESTON[3] has made an extensive study of the crystallization of devitrite from a commerical windowglass with liquidus temperature 965° C and composition of approximately 72% SiO$_2$, 2% Al$_2$O$_3$, 9% CaO, 2% MgO, 14% Na$_2$O and 1% K$_2$O (weight percent). He determined the rate of crystal growth by the gradient

---

[1] J.T. LITTLETON: J. Soc. Glass Technol. **15**, 262 (1931).
[2] The curve left on the Figure is an exception, since in this case wollastonite crystallizes, whereas in the other glasses the crystallization product is tridymite.
[3] E. PRESTON: J. Soc. Glass Technol. **24**, 139 (1940).

method as a function of temperature and of time, and found the maximum crystal growth to lie between 910 and 920° C. Figs. 95 and 98 show that most crystal growth takes place at the beginning of the process, and that after $1\frac{1}{2}$ hours further crystallization takes place only in the region of the maximum. In Fig. 99, which represents the rates of growth, it can clearly be seen that outside the region of the maximum, the highest rates indeed occur in the initial state.

For the temperatures above and below the temperature of maximum crystal growth T_{max} the initial growth rates can be derived from Fig. 100. In the region below T_{max} the growth rate is at first constant for about one hour, after which it falls so sharply, that after 50 hours the crystals are scarcely twice at large as they were after 1 hour.

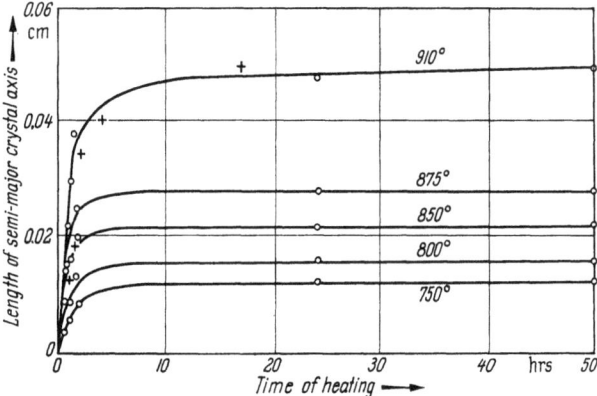

Fig. 98. Dependence of extent of crystal growth of devitrite on time at different temperatures below the temperature of maximum rate of growth for a commercial window glass. After PRESTON.

PRESTON's results support the conclusion earlier mentioned, that above T_{max} (and below T_L) the rate of crystallization is proportional to the degree of undercooling below the liquidus temperature [see Eq. (39.8)]. For temperatures below T_{max}, however, he had to have recourse to empirical equations. For example, he

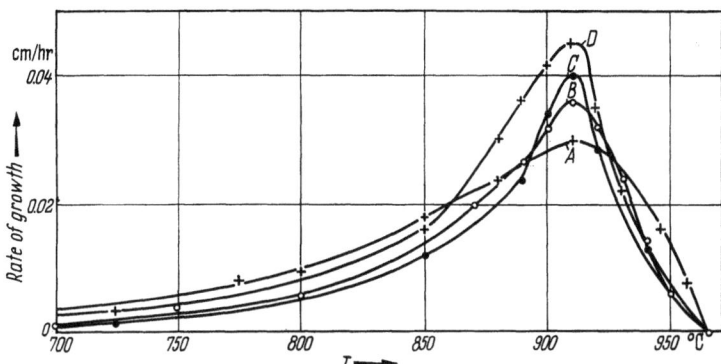

Fig. 99. Rate of growth of semi-major crystal axis of devitrite in a commercial window glass throughout the devitrification range during the early stages of crystallization. After PRESTON. A Between 0 and 0.5 hrs. B Between 0.5 and 1.0 hrs. C Between 0.75 and 1.0 hrs. D Between 0.5 and 0.75 hrs.

obtained a straight line by plotting the logarithm of the initial growth rate against the reciprocal of the absolute temperature (Fig. 101).

PRESTON tried to represent the behaviour of the rate of crystal growth below and above T_{max} by a single equation:

$$v = \frac{\text{Const}}{\eta}(T_L - T) = \text{Const}'(T_L - T)\,e^{-A/T}, \tag{39.12}$$

which is a simplification of Eqs. (39.9) and (39.10). The choice of A here determines the situation of the maximum. This equation, however, shows poor agreement with his own experimental results.

Measurements by other investigators, however, support PRESTON's equation (39.12), as can be seen, for example, from Fig. 94, which is due to SWIFT[1]; it

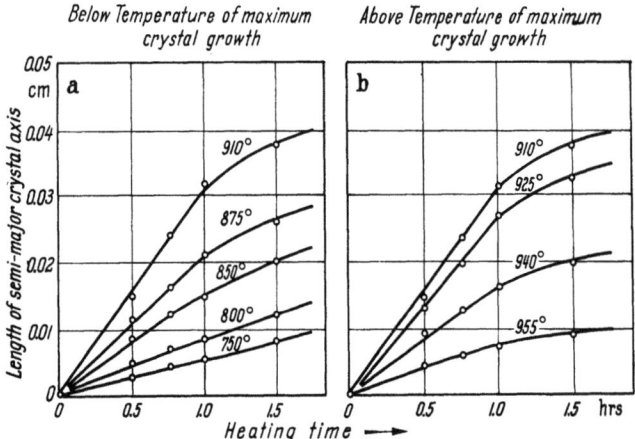

Fig. 100a and b. Relation between crystal size and time of heating in a commercial window glass at temperatures below (a) and above (b) the temperature of maximum crystal growth (T_{max}). After PRESTON.

should be noted that the measuring techniques differ. The rate of crystal growth found experimentally by SWIFT fits very well with an equation

$$v = \frac{290}{\eta}(T_L - T).$$

As a counterpart to Fig. 100 we refer to Fig. 102 which is also due to SWIFT and which gives a different picture of the devitrification as a function of time (no curvature). SWIFT explains the difference by the hypothesis that the rate of growth is constant until the crystalli-

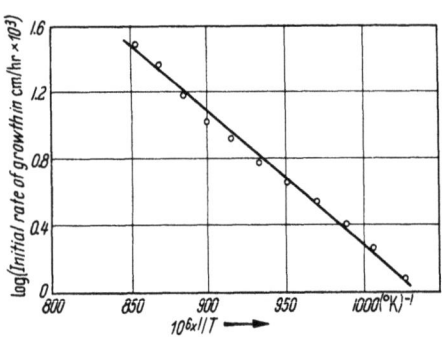

Fig. 101. Relation between initial rate of crystal growth and absolute temperature for devitrite in a commercial window glass at temperatures below that of maximum crystal growth. After PRESTON.

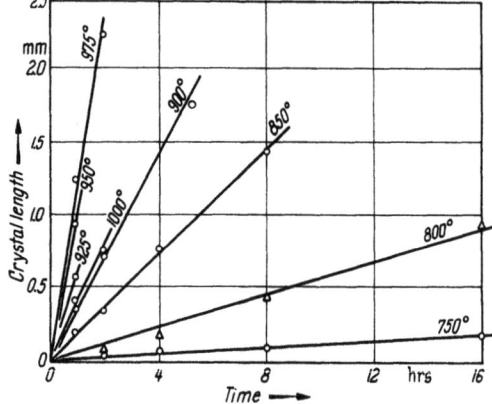

Fig. 102. Length of crystal formed in commercial sodium calcium silicate glass as affected by time and temperature. After SWIFT.

zation zones in the glass come into contact with each other: Since PRESTON used very thin samples, there is probably some overlapping of these crystalline zones, which causes the curvature.

40. Catalyzed crystallization of glass. α) *General remarks.* In recent times catalyzed crystallization of glass has become an important process, since it leads

---

[1] H.R. SWIFT: J. Amer. Ceram. Soc. **30**, 165 (1947).

to the conversion of glass to fine-grained crystalline matter, which is sometimes called "glass-ceramics", and which has a number of interesting technical features.

A wealth of literature exists on the subject and we confine ourselves to quoting only a number of representative papers dealing with it[1].

In order to give a brief account of the phenomena in question, we shall mainly follow the treatment given by STOOKEY.

An ideal technique for producing a uniformly fine-grained crystalline article from glass involves fast introducing submicroscopic catalyst crystals in a high degree of dispersion, at a temperature below the range in which the crystals of the major phases can grow at an appreciable rate. Fortunately, this is easily accomplished in many glasses, by dissolving in the molten glass a minor ingredient, the catalyst or nucleating agent; cooling the glass until the catalyst spontaneously precipates homogeneously in submicroscopic particles throughout the glass; then reheating to a temperature and for a time that permits heterogeneous nucleation and growth of crystals of the major ingredients of the glass, initiated by the catalyst particles (cf. Fig. 103).

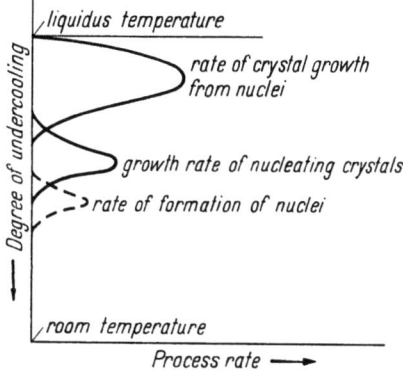

Fig. 103. Overall picture of the process rates in the formation of glass ceramics.

An effective catalyst should be readily soluble at melting and forming temperatures, and sparingly soluble in the glass at low temperatures. The interfacial energy between the glass and the catalyst must be low, so that effective "wetting" occurs; the crystal structure and the lattice parameter of the catalyst and the nucleated crystal phase should match as nearly as possible.

From the theoretical point of view, not much is known of the minimum size at which a catalyst can initiate nucleation in another crystal phase. In practice there is such a critical size. For instance the minimum size of gold crystals in photosensitive glasses, precipitated by a photographic reaction, which become catalysts for the crystallization of Li_2SiO_3 crystals, is about 80 Å, or at least 10^4 atoms in size. This is in strong contrast to the 3 or 4 atoms required for the homogeneous nucleation of the gold crystal itself.

In catalyzed crystallization, each catalyst crystal apparently initiates the growth of a single crystal of the nucleated phase. It is quite common to precipitate 10^9 to 10^{15} catalyst crystals per mm^3 of glass. When such a large number of crystals of the nucleated phase grow simultaneously, complete crystallization can be obtained with average crystal dimensions of 10^4 Å in the first case, down to 100 Å in the second case. Long continued heat treatment may result in recrystallization and inter-growth of these small crystals.

Many glass compositions have been successfully crystallized to glass ceramics. As catalysts Au, Ag, Cu, Pt are used, the nucleated crystal being mostly NaF, Li_2SiO_3, $BaSi_2O_5$. This is probably so, because certain interatomic distances of the latter crystals are similar to the lattice parameters of the catalyst crystal.

---

[1] R.D. MAURER: J. Appl. Phys. **29**, 1 (1958). — S.D. STOOKEY: Glastechn. Ber. **32 K**, V, 1 (1959). — W.A. WEYL: Sprechsaal **93**, 128, 544 (1960). — W.A. WEYL and E.C. MARBOE: Glass Ind. **41**, 549 (1960). — W. HINZ: Silikattechn. **10**, 119 (1959). — H.R. LILLIE: Glass Technol. **1**, 115 (1960). — S. D. STOOKEY and R. D. MAURER, [42], pp. 77—101.

Another type of catalyzed crystallization is found, when two immiscible liquids are formed as the glass is cooled (cf. Sect. 8), and when on further cooling or reheating one of two liquids crystallizes. One crystallized phase may than act as catalyst for the crystallization of the other phase.

TiO_2 is found to be a very effective catalyst[1]. In recent time this catalyst has been used on a industrial scale to manufacture glass-ceramics. Because of its importance we shall describe this process and its products in some more detail.

A glass-ceramic article is made as follows:

1. A glass batch containing a suitable catalyst or nucleating agent is melted and formed into a transparent glass article by conventional glassmaking techniques.

2. The glass article is cooled[2] to the temperature range for homogeneous nucleation[3] and precipitation of the catalyst and held until nucleation is complete. The holding temperature is generally about 100° C above the annealing temperature of the glass, and the time ranges from a few minutes to two hours.

3. Then the nucleated article is heated to a temperature range in which growth of the major phase crystals takes place. This may be from about 100° C higher than the nucleating temperature, up to about 50 degrees below the liquidus temperature of the major crystalline phase.

Reproducibility of properties requires precise control of the entire heating schedule.

β) Properties of glass-ceramics in general. The physical, chemical, optical and electrical characteristics of glass-ceramics vary far more with chemical composition than do those of glasses, so that it is difficult to generalize on this subject.

Glass-ceramics usually have an opaque glossy appearance, either white or coloured, although some compositions may also be transparent like glass.

Because of their non-porous fine-grained crystalline micro-structure, glass-ceramics are higher in tensile strength than are conventional ceramics of similar chemical compositions. Most of them have higher values of YOUNG's modulus than glasses.

Hardness and scratch resistance of many glass-ceramics are greater than those of glasses or most conventional ceramics. In addition to this, these materials possess desirable wear characteristics for applications such as high temperature bearings since they wear smoothly and uniformly, maintaining a polished surface.

Glass-ceramics maintain their strength to higher temperatures than any conventional glass because of their crystalline structure.

Thermal expansion coefficients range from negative values through zero to over $200 \times 10^{-7}/°C$, depending on chemical composition and crystal structure. The glass-ceramics having thermal expansions near zero are practically immune to breakage by thermal shock.

Many glass-ceramics are like glasses in their ability to resist chemical attack, with measured durabilities in weight loss comparable to the durable chemical glasses. On the other hand, certain crystalline compositions such as the photosensitive lithium silicates are highly soluble in certain solvents compared to the glass having the same composition.

In electrical properties, most but not all glass-ceramics are classed as electrical insulators, having dielectric constants between 5 and 10, power factors ranging

---

[1] S. D. STOOKEY: Glastechn. Ber. **32** K, V, 1 (1959).

[2] If desired, the glass may be annealed and cooled to room temperature, then reheated at any subsequent time.

[3] Note that the catalyst crystal is homogeneously nucleated, but then becomes a heterogeneous nucleus for another crystal phase.

down to extremely low values comparable with the best electrical ceramics, and excellent dielectric strength.

γ) *Specific examples.* Glass-ceramics by photographic nucleation. One special case of photographically catalyzed nucleation to produce a glass-ceramic is found in the photo-sensitive lithium silicate glasses nucleated by photographic precipitation of colloidal crystals of gold, silver or copper. These compositions can be "chemically machined", that is, by attack with hydrofluoric acid the part in which the crystals are formed are much more soluble than the non-nucleated part.

Lithium aluminium silicates nucleated by titania. A relatively extensive field of compositions crystallizing to β-spodumene ($Li_2O \cdot Al_2O_3 \cdot 4SiO_2$), β-eucryptite ($Li_2O \cdot Al_2O_3 \cdot 2SiO_2$), or solid solutions containing one or both of these, has been found suitable for manufacture of low-expansion glass-ceramics.

This material is finding many applications because of its unique combination of thermal shock resistance, strength and chemical durability, together with ease of fabrication and relatively low cost. One of these applications is in consumer products including kitchen appliances and dishes to be used in cooking; another in tubing and pipe for technical applications; another, in bearings and races for high temperature service.

Magnesium aluminium silicates nucleated by titania. Glass compositions in the crystallization field of cordierite ($2MgO \cdot 2Al_2O_3 \cdot 5SiO_2$) have been successfully nucleated by addition of titania to the glass batch, to produce hard, strong, low expansion glass-ceramics having low to medium expansion coefficients and good dielectric insulating characteristics at high frequencies.

One of the important uses of this and related glass-ceramics is in manufacture of radomes for high-speed guided missiles. Another is in electrical insulation applications.

The reason why TiO_2 is so effective in the formation of glass-ceramics seems to be that the Ti^{4+} ion, because of its strong field strength, has a strong tendency to local ordering and thus to the formation of crystalline ranges, which may act as catalyst for a further nucleation.

41. Effect of chemical composition. In considering the effect of the chemical composition on crystallization it is necessary, in view of the complicated nature of the phenomenon, to take into account several differing aspects between which there exists, however, a certain, though not perhaps readily perceptible, connection. For instance, the introduction of a particular component will have a certain influence on the position of the liquidus temperature, on the form of the crystal to be expected in the case of thermodynamic equilibrium and on the minimum temperature at which a certain crystallization rate is still possible. The latter factor is intimately related to the activation energies for viscous flow and conductivity (cf. Sect. 39) and hence to the nature of the bonds occurring in the glass structure. Notwithstanding the undeniable relation between the complex of factors, a distinction should be made between the thermodynamic aspects (relation between glass composition, crystallization tendency and the associated crystal shape) and the stability of the glass (i.e. influences which the chemical bonds exert in order to prevent crystallization). The question of stability can be elucidated to some extent by the theory of chemical bonding. The latter aspect has been discussed at some length in Sect. 4, and we shall therefore confine ourselves in this section to the thermodynamic aspects.

For the most commonly occurring vitrifying systems, phase diagrams have been drawn up, which accurately give the states of aggregation as a function of composition and temperature. Although these diagrams indicate what crystal will most probably occur under certain conditions, undue importance cannot be attached to these data, since they refer solely to true thermodynamic equilibrium, which, however, has not been realized in the case of glasses. In general, therefore, these data are not applicable to the vitreous state, because fundamentally, thermodynamics provides information only on ultimate states of equilibrium but tells us nothing about the mechanism of a process. As regards devitrification phenomena, however, the course of the crystallization process plays an extremely important part. It is for this reason that fortuitous influences often give a decisive

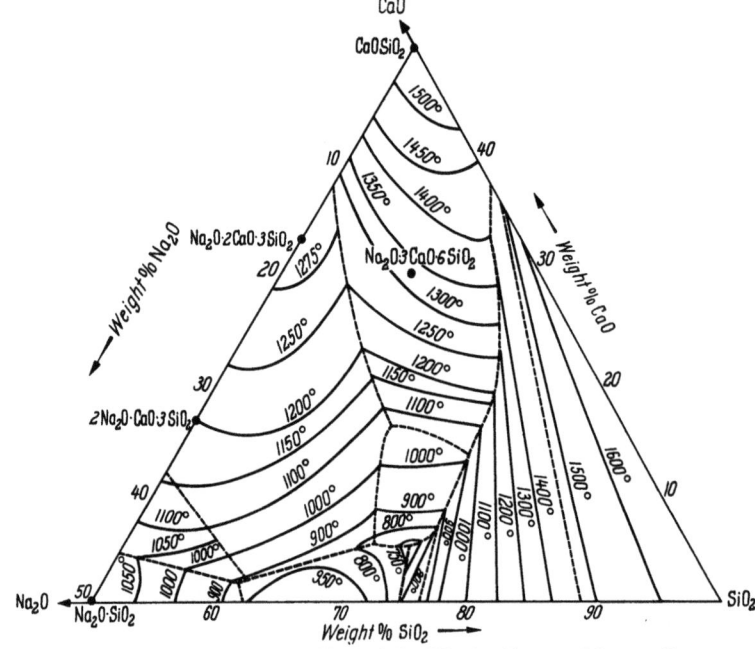

Fig. 104. Phase diagram of a part of the system $Na_2O-CaO-SiO_2$ after MOREY and BOWEN. Temperatures in °C.

turn to the reaction. In this connection we refer to the phenomenon of catalyzed crystallization treated in Sect. 40. Certain raw materials and their impurities may also effect the nature of the crystallization products[1].

Nevertheless, the glass technologist had devoted considerable attention in the course of the years to phase relations. A part of the SiO_2-Na_2O-CaO phase diagram of interest in glass technology is given in Figs. 104 and 105, which are due to MOREY and BOWEN[2]. In Fig. 104 a few black spots indicate certain compositions and a number of regions are indicated by dotted lines. Fig. 105 shows what crystals are most likely formed in these regions during extremely slow cooling. The modifications most commonly occurring are devitrite ($Na_2O \cdot 3 CaO \cdot 6 SiO_2$), α- and β-wollastonite ($CaO \cdot SiO_2$), $Na_2O \cdot 2 CaO \cdot 3 SiO_2$, sodium disilicate ($Na_2O \cdot 2 SiO_2$) and SiO_2 (quartz, tridymite, cristobalite). The diagrams say little about the development of the devitrification as a function of time. Evidently, the formation of SiO_2 predominates in the crystallization of glasses containing a great deal of SiO_2, while the formation of sodium disilicate predominates in glasses containing many Na^+ ions, and wollastonite formation predominates in glasses with

---

[1] W. VOGEL: Silikattechn. **13**, 54 (1961).
[2] G. W. MOREY and N. L. BOWEN: J. Soc. Glass Technol. **9**, 226 (1925).

many Ca^{++} ions. Complications of the various forms of devitrification and their chemical composition may be found in the literature for all kinds of different technical glasses. For extensive surveys reference is made to [28], p. 182—282, [8], [9], [10] and the complication article by BESBORODOW[1].

However, the crystallizing phase does not necessarily coincide with the most stable phase at a given temperature. The most familiar example of this is the fact that in pure SiO$_2$, as well as in glasses in which SiO$_2$ is a devitrification product, cristobalite crystallizes in a temperature range (870 to 1470° C) where tridimite is the most stable form. In some cases cristobalite and tridymite may crystallize together. For this behaviour two fundamental causes may be responsible, namely the slow transition from cristobalite into tridymite and the fact that the micro-structure of quartz glass more closely resembles that of cristobalite than that of tridymite.

It is even possible to obtain quartz crystals if sand is heated for a short time (about 10 minutes) at 1760° C. Above 1700° C quartz nuclei therefore still have an adequately long life, even though the (β-)quartz-(γ-)tridymite transition lies as low as 870° C.

Another exemple of this aspect is found in the case of the crystal Na$_2$O · 3 CaO · 6 SiO$_2$. The region, where this crystal is usually formed (cf. Fig. 105) does not enclose the point corresponding with this composition (cf. Fig. 104).

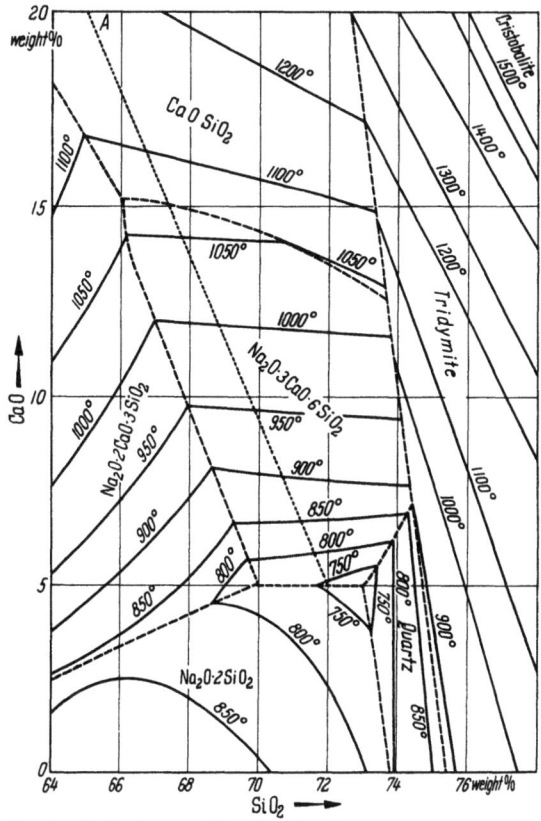

Fig. 105. The isotherms and boundary lines in the portion of the ternary systems Na$_2$O—CaO—SiO$_2$ of interest in glass technology. After MOREY and BOWEN. Temperatures in °C.

An interesting feature in this connection is the crystallization product Na$_2$O · 2CaO · 3 SiO$_2$. According to the phase diagrams of Figs. 104 and 105 one would expect this to occur very frequently. However, this crystal form has practically never been reported in the literature, so rarely indeed that, unlike other crystallization products, it has not even got a special name.

A second complication is due to the presence of traces of foreign elements or impurities. As we have seen these may accelerate the crystallization, since they allow the ready formation of nuclei. The crystals formed may depend on the nature of foreign ions in question. For example, fused silica devitrifies more easily, while forming tridymite, if very small quantities of alkali ions are present.

---

[1] M. A. BESBORODOW: Glastechn. Ber. **32** K, I, 51 (1959).

Divalent ions, on the other hand, promote the formation of cristobalite: In general the charge seems to be of greater influence than the radius of the ion.

However, the ionic radius can also be of influence. The formation of α-quartz, for example, as a crystallization product of fused silica can only be brought about by ions of a particular size. The α-quartz modification shows interstices into which spheres fit that have a radius r no larger than 0.96 Å. Traces of ions capable of properly filling these spaces (0.75 Å $< r <$ 1.10 Å), such as Li^+, Mg^{2+}, Zn^{2+} and certain other ions, can then serve as nuclei for the formation of α-quartz crystals[1].

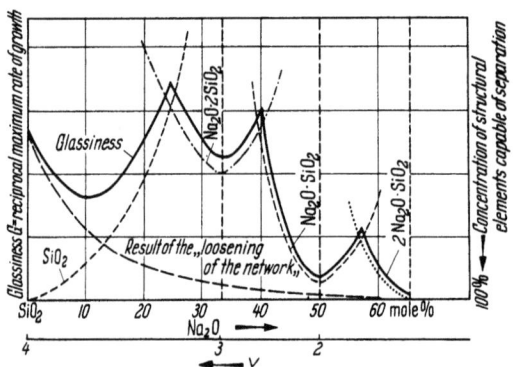

Fig. 106. Overall schematic representation of the expected trend of the glassiness in the system Na_2O-SiO_2 as the result of the "loosening" of the network and the concentration of structural elements capable of separation. After DIETZEL and WICHERS.

Another example frequently encountered is the formation of α- or β-wollastonite from melts containing great quantities of aluminium ions.

For simple cases it has been found useful to define the term "glassiness" (Glasigkeit) as the reciprocal of the maximum rate of crystallization[2]. This is demonstrated by Fig. 106, which represents the expected trend of glassiness as a function of percentage of Na_2O (or Y) in binary sodium silicate glasses, and by Fig. 107, which provides the experimental confirmation. One can imagine that this glassiness is mainly influenced by two factors, namely (1) the loosening of the spatial Si−O network as a result of which the fragments become mobile and can form themselves more easily into crystal lattices (in other words the glassiness decreases with decreasing value of Y), and (2) the concentration of structural elements capable of separation (crystallization) if the chemical composition differs only little from that of a crystal—in this case cristobalite (SiO_2), disilicate ($Na_2O \cdot 2SiO_2$), metasilicate ($Na_2O \cdot SiO_2$) and orthosilicate ($2Na_2O \cdot SiO_2$).

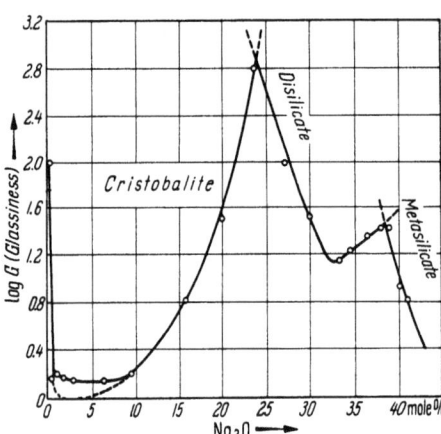

Fig. 107. Experimental values of the logarithm of the glassiness as a function of percentage Na_2O in sodium silicate glasses. Cf. the expected form of the curve as given in Fig. 106. After DIETZEL and WICHERS.

The question to what extent the thermal history of the glass has a bearing on the crystallization product has also been studied by DIETZEL and FLÖRKE[3]. For this purpose they melted two simple sodium silicate glasses at 850° C and 950° C respectively (i.e. below and above the transition temperature 870° C of quartz into tridymite) and left them to crystallize. In both cases the crystallization product consisted predominantly of tridymite. Only when a part of the Na^+ ions was replaced by Li^+ ions an increasing tendency towards quartz forma-

---

[1] G.D. RIECK and J.M. STEVELS: J. Soc. Glass Technol. **38**, 284 (1951).
[2] A. DIETZEL and H. WICHERS: Glastechn. Ber. **29**, 1 (1956).
[3] A. DIETZEL and O.W. FLÖRKE: Glastechn. Ber. **28**, 423 (1955).

tion was noticeable. RIECK and STEVELS[1] also noted the same preference for the temporary formation of quartz when fused silica with 5 mole % Li_2O, MgO or CaO was melted for 8 hours at 1900° C and subsequently devitrified at 1200° C. When melting with Na_2O, K_2O, BeO, BaO and ZnO, however, cristobalite or tridymite occur, depending upon whether monovalent or bivalent ions are present.

The conclusion reached by DIETZEL and FLÖRKE, viz. that the kind of crystals produced is determined *solely* by the starting composition, and not by the melting temperature, is further supported by the fact that the cristallization rate of devitrite in glasses with a composition 71% SiO_2, 17% Na_2O, and 12% CaO by weight is not affected by the melting temperature (two temperatures, 980° C and 1250° C, were chosen at either side of the decomposition point of devitrite at 1047° C) nor by the form in which these components are added to the melt (devitrite, quartz and soda, or quartz, CaO and soda).

The determination of the rate of crystallization is a useful means of investigating structural changes. An example is provided by the data incorporated in Fig. 108 published by SWIFT[2]. It shows the trend of crystallization of a technical glass in which increasing percentages of CaO were substituted by equivalent quantities of MgO. In the original glass, it is mainly cristobalite that crystallizes in the region of the liquidus temperature (1010° C); at lower temperatures, devitrite also crystallizes but this exhibits a faster rate of growth. Substitution of CaO by MgO lowers the liquidus temperature and the growth rates of both types of crystal until approximately 6% MgO is introduced. If we go further still, then $Na_2O \cdot 2MgO \cdot 6SiO_2$ and diopside also crystallize.

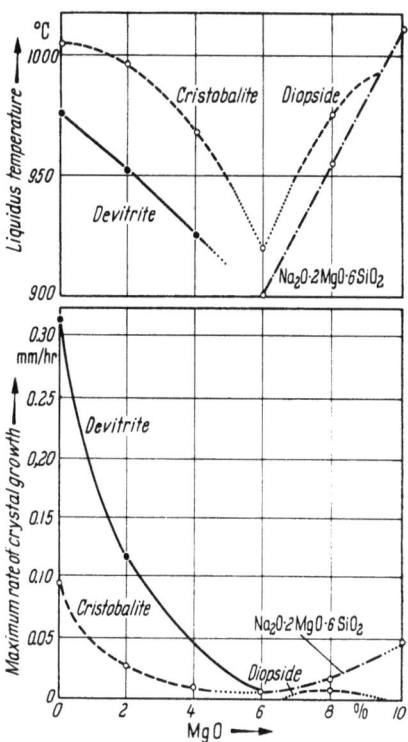

Fig. 108. Effect of replacing CaO with MgO (on weight % basis) on liquidus temperature and maximum rate of crystal growth in glass of composition 74% SiO_2, 16% Na_2O and 10% CaO; cristobalite liquidus temperature curve taken from Owens-Illinois data. After SWIFT.

In the practice of classical glass technology, the general rules given are applied for the purpose of *suppressing* crystallization. It is then necessary to ascertain what influence the modification of the chemical composition is likely to exert on the liquidus temperature, on the trend of viscosity as a function of temperature, and on the nature of the crystals that may be formed. The composition chosen should be one in which the separation of a slowly crystallizing compound is most likely.

Of every constituent to be added one should know the specific influence on the crystallization limits and the situation of the maximum crystallization rate.

It has been found, for example, that the addition of Al_2O_3—which is also frequently used to widen the working range and to increase chemical resistance— produces the most favourable results as far as preventing devitrification is con-

---

[1] G.D. RIECK and J.M. STEVELS: J. Soc. Glass Technol. **38**, 284 (1951).
[2] H.R. SWIFT: J. Amer. Ceram. Soc. **30**, 170 (1947).

cerned, if its quantity does not exceed 4% and when about 14% Na_2O is present. In this case the upper temperature limit of crystallization is lowered and the maximum crystallization rate is considerably reduced.

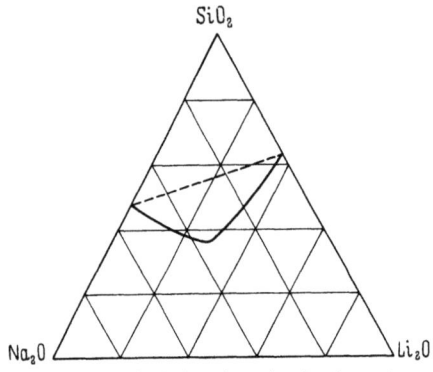

Fig. 109. Field of glass formation in the system $SiO_2-Li_2O-Na_2O$. After BASTRESS and WEYL.

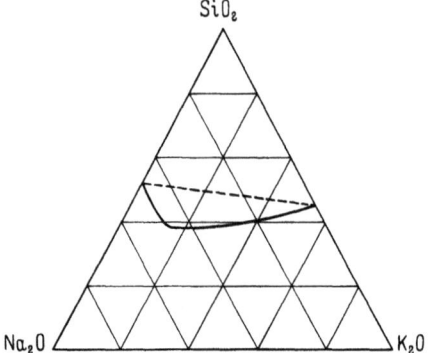

Fig. 110. Field of glass formation in the system $SiO_2-Na_2O-K_2O$. After BASTRESS and WEYL.

42. Crystallization limits in simple systems. In the foregoing we gave attention to the more complicated technical glasses, dealing amongst other things with the way in which the phenomenon of crystallization depends on chemical composition.

The study of crystallization limits in simple vitreous systems, on the other hand, revealed certain special features, which we shall discuss in this section.

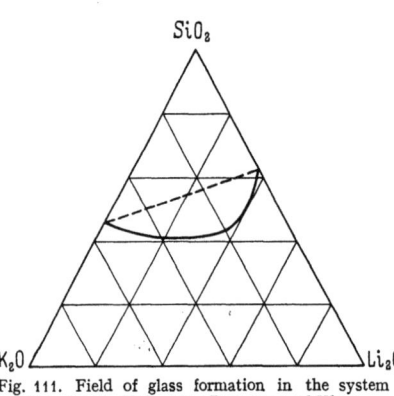

Fig. 111. Field of glass formation in the system $SiO_2-Li_2O-K_2O$. After BASTRESS and WEYL.

For these systems it is possible to specify compositions which form limits to the ranges obtainable in the vitreous state.

BASTRESS and WEYL[1] have determined "fields of glass formation" for a number of simple systems. It is obviously very difficult to find a criterion that will enable one to say at which composition crystallization has ceased to take place. The speed of cooling is only one of the factors determining whether the melt crystallizes or not.

For that reason BASTRESS and WEYL employed a standard method, fusing the batch in a cylindrical platinum crucible with a small hole in the bottom. As soon as its fluidity permitted, the melt dripped out on to a rotating graphite table. The beads which were formed were examined under the microscope. If no crystals were visible, the composition was classified as "glass-forming".

The results obtained by these authors for binary and mixed alkali silicates may be seen in Figs. 109 to 111[2].

For the binary alkali silicate system the limits of glass formation are found to be at 37 mole % Li_2O, 48 mole % Na_2O and 55 mole % K_2O. The LiO_2-SiO_2 system being disregarded (for reasons that will be explained later), we may there-

---

[1] W.A. WEYL: Glass Sci. Bull. **4**, 128 (1946). — A.W. BASTRESS: Glass Sci. Bull. **4**, 133, 135 (1946); **6**, 9, 12 (1947). — A.W. BASTRESS and W.A. WEYL: Glass Sci. Bull. **4**, 137 (1946).
[2] Somewhat different results are given by A. ABOU-EL-AZM and G. ASHOUR: Egypt. J. Chem. **1**, 287 (1958).

fore say that, within the errors of the methods employed, glass formation ceases approximately at the composition $M_2^I O \cdot SiO_2$, M^I representing the alkali ion.

This result has been confirmed by MOORE and CAREY[1], who employed a somewhat different technique. They regarded a glass as stable if a sample weighing about 10 grams remained clear when cast and allowed to cool in air sufficiently slowly to prevent shattering. As judged by this test, the limiting compositions were found to be $0.9\,Na_2O \cdot SiO_2$ and $K_2O \cdot SiO_2$ respectively.

The fact that the crystallization limit for binary silicates lies at a composition of $M_2^I O \cdot SiO_2$ (provided the metal ion is a true network modifier) can be explained by the fact that Y is 2. Disregarding the formation of rings, one may expect (infinitely) long chains of SiO_4 tetrahedra to be present in glass of such a composition. Owing to their high degree of symmetry it will be easy for these chains to arrange themselves into a crystalline structure, in which the alkali ions will likewise be in a regular array and occupy positions between the chains.

In systems whose composition is such that Y is less than 2, the average length of the chains will be finite[2]. In this range, crystallization will continue to take place; the limit is therefore $Y=2$, and this corresponds to the composition $M_2^I O \cdot SiO_2$. This reasoning only applies when M^I is a true modifier, i.e. when there is very little interaction between the M^+ ion and the Si—O network.

In the binary system Li_2O—SiO_2, crystallization starts occurring at a proportion of Li_2O as low as 37 mole %. WEYL explains this by suggesting that the Li^+ ion exerts a strongly polarizing influence upon the oxygen ion, which can be pictured as a "pulling over" of its electron cloud towards the Li^+ ion. The deformed oxygen ion has lost some of its negativity on the side which extends towards the silicon. As a result the attraction forces acting between Si^{4+} ion and the deformed O^{2-} ion are weaker than in the case of the system Na_2O—SiO_2. Thus the coherence of the Si—O network has been weakened. As we have already seen, the Li^+ ion has a marked tendency to contract the Si—O network, and a localized ordering effect. This greatly aids crystallization.

Turning to the mixed alkali silicates, we see that the crystallization limit has shifted towards lower Y values (see Figs. 109 to 111). This is not surprising when we consider that now two kinds of cation are involved, the ordering of the chains being rendered more difficult thereby.

Expressed in Y values, the shift of the crystallization limit is generally quite small, the reason being that crystallization becomes much easier with the shortening of the chains. Relative to Y, the chain length decreases very rapidly. For the composition $(1-p)\,M_2^I O \cdot p\,SiO_2$ (p being expressed in mole fractions),

$$Y = 6 - \frac{2}{p}. \qquad (42.2)$$

Combined with (42.1), this gives

$$\bar{n} = \frac{2p}{2-4p}, \qquad (42.3)$$

in other words $\bar{n} \to \infty$ (i.e. the chains become infinitely long) when $p=\frac{1}{2}$ (composition $M_2^I O \cdot SiO_2$), but becomes unity (the SiO_4 tetrahedra then being isolated) as soon as $p=\frac{1}{3}$ (composition $2\,M_2^I O \cdot SiO_2$).

---

[1] H. MOORE and M. CAREY: J. Soc. Glass Technol. **35**, 43 (1951).
[2] It may be noted that $\bar{n}$, the average number of tetrahedra per chain $\bar{n}$, is related to Y by

$$Y = 2 - \frac{2}{\bar{n}}. \qquad (42.1)$$

Cf. J. M. STEVELS: Verres et Réfr. **7**, 91 (1953); Glass Ind. **35**, 657 (1954) and also Sect. 10γ.

The phenomenon just described is of a very general character. We may say that, as a rule, the presence of various kinds of cation promotes glass formation (it increases "glassiness"; see Sect. 41) and shifts the crystallization limit towards lower Y values.

A second way of shifting the crystallization limit of alkali silicate glasses is to introduce oxides of divalent and trivalent ions. Two effects are possible when this is done:

1. In consequence of the strong electrostatic attraction they exercise, the high valency ions link the chains by forming bridges with the oxygen ions. This extra cross-linking has the result of making crystallization much more difficult.

2. We may also suspect that part of the high-valency ions work as network formers. Ions such as Mg^{++}, Zn^{++} and Al^{3+} may certainly be expected to do so, but it is not inconceivable that some of the other ions that will be named below will also occupy network-forming positions.

The consequence of 2 is that Y_r, expressing the real degree of coherence of the network, becomes greater than indicated by the calculated value of Y_c, that is, the value of Y obtained when the ions in question are regarded as network modifiers.

If, in a glass of composition $(1-p) \cdot M^{II}O \cdot p\,SiO_2$, an x-th part of the M^{II} ions are network-forming ions (M^{II} represents a divalent ion), then

$$Y_c = 8 - \frac{2(1+p)}{p} \tag{42.4}$$

and

$$Y_r = 8 - \frac{2(1+p)}{p + (1-p)\,x}. \tag{42.5}$$

When $x > 0$, then $Y_r > Y_c$.

If the situation in which the chains are infinitely long ($Y_r = 2$) constitutes the crystallization limit, the Y_c values corresponding to this limit will be less than 2.

In many cases effects 1 and 2 appear at the same time. Moore and Carey[1] have shown numerous examples of this: the limit for alkali silicate glasses, as given above, can be shifted to much lower Y values by adding oxides of the types $M^{II}O$ (M^{II} = Mg, Ca, Sr, Ba, Zn, Cu, Ni or Cd) or $M^{III}_2O_3$ (M^{III} = Al, Fe, Cr, As or Sb). PbO is particularly effective for lowering the limit. Even the composition $K_2O \cdot 2PbO \cdot SiO_2$ gives evidence of glass formation. These authors suggest cross-linking between the chains (leading to configurations such as Si—O—Pb—O—Pb—O—Si) and the formation of PbO_4 tetrahedra as possible reasons for the lowering of the crystallization limit (as expressed in terms of Y).

The work of Moore and Carey was continued by Abou-Al-Azm and Ashour[2], who have shown that there is an essential qualitative difference between the action of CaO, SrO and BaO which merely give rise to additional forces between the chains (case 1), and that of MgO and ZnO, which can be built into the structure in far larger quantities (case 2). The latter are in fact true intermediates that can be expected to participate in network formation (cf. Sect. 11). For example, it is found that glasses with the molecular composition $SiO_2 \cdot 0.5\,K_2O \cdot 1.7$ to $2.0\,Na_2O$ are able to take up, without devitrification, a quantity of CaO, SrO or BaO of the order of 0.4 mole, but they are able to take up a quantity of ZnO of the order of 1.5 mole.

---

[1] H. Moore and M. Carey: J. Soc. Glass Technol. **35**, 43 (1951).
[2] A. Abou-Al-Azm and G. Ashour: Egypt. J. Chem. **1**, 287 (1958).

By exploiting both principles to the utmost (i.e. employing various kinds of cations, preferably highly charged ones) it has been possible to make the so-called invert glasses. The use of a large number of oxides (four or more) has allowed

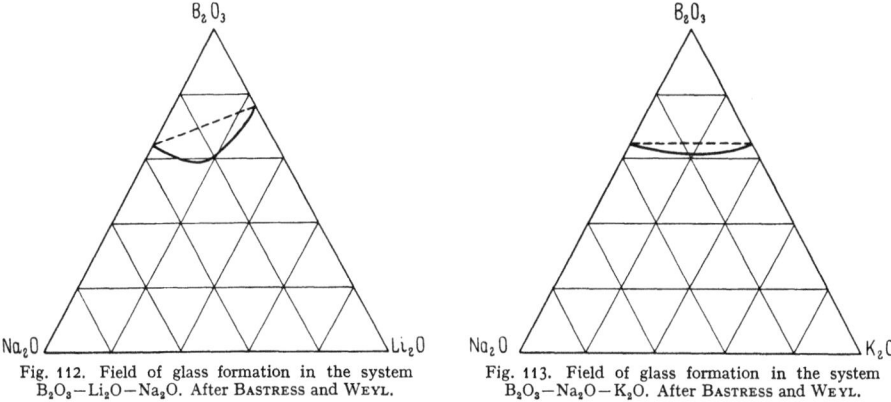

Fig. 112. Field of glass formation in the system $B_2O_3-Li_2O-Na_2O$. After BASTRESS and WEYL.

Fig. 113. Field of glass formation in the system $B_2O_3-Na_2O-K_2O$. After BASTRESS and WEYL.

vitreous silicates to be produced which have Y values as low as 0.5 and which are important on account of their very special properties[1].

WEYL and BASTRESS also investigated borate glasses, using the method described above. Their results are displayed in Figs. 112 to 114. The limits of glass

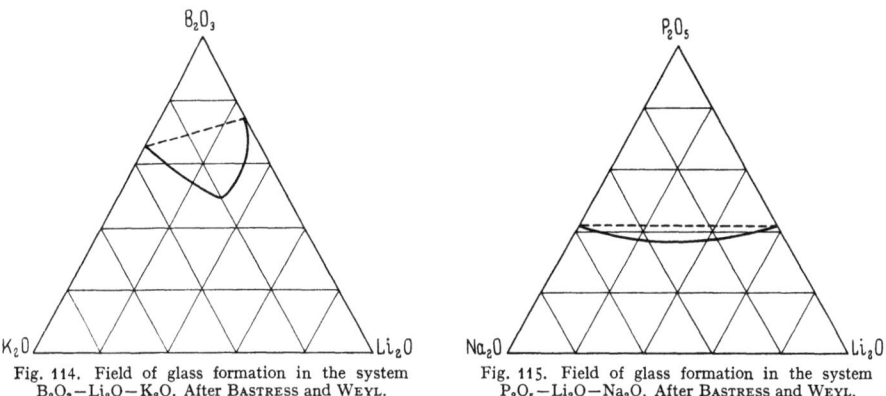

Fig. 114. Field of glass formation in the system $B_2O_3-Li_2O-K_2O$. After BASTRESS and WEYL.

Fig. 115. Field of glass formation in the system $P_2O_5-Li_2O-Na_2O$. After BASTRESS and WEYL.

formation were found to be at 24 mole % Li_2O, 35 mole % Na_2O and 35 mole % K_2O. It is believed that in the first system crystallization is aided by the Li^+ ions for the same reason as in the silicates.

It is remarkable that the crystallization limit shifts to lower values for mixed borates, as for mixed silicates.

Figs. 115 to 117 show the behaviour of binary and mixed phosphate glasses, as determined by BASTRESS[2]. The limits of glass formation in the binary phosphates were found to be at 57 mole % LiO_2, 58 mole % Na_2O and 42 mole % K_2O [3].

---

[1] J.M. STEVELS and H.J.L. TRAP: Glastechn. Ber. 32 K, VI, 31 (1959).
[2] A.W. BASTRESS: Glass Sci. Bull. 6, 9 (1947).
[3] This last value represents a big departure from the usual trend. Phenomena that are not understood may be involved here, as the shape of the curves in Figs. 116 and 117 would suggest. Though this may be due to the technique used, the work of D. J. WILLIAMS, B.T. BRADBURY and W.R. MADDOCKS, J. Soc. Glass Technol. 43, 308, 325, 337, 352 (1959) suggests that potassium phosphate glasses have a structure quite different from that of the lithium and sodium phosphate glasses.

Accordingly, the Li_2O-SiO_2 and Na_2O-SiO_2 systems are found to have crystallization limits at $Y=1.6$.

The difference between phosphates and silicates may be attributable to the fact that an SiO_4 chain displays a high degree of symmetry that is lacking in the PO_4 structure[1].

In silicates for which $Y \leq 2$, each SiO_4 tetrahedron contains two equivalent non-bridging oxygen ions, whereas in the phosphates each tetrahedron contains non-bridging oxygen ions that are not equivalent: one "doubly-linked" oxygen atom is present in each tetrahedron. It is possible for these to occupy different positions, giving rise to a chain with less symmetry than in the silicates. This inhibits crystallization, which cannot take place until the chains have become

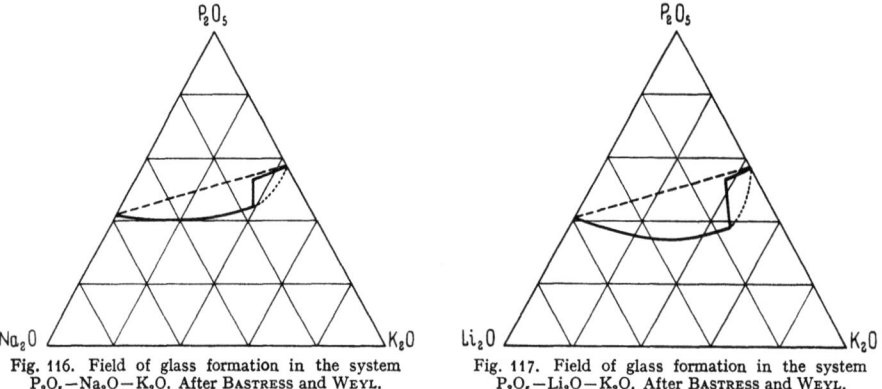

Fig. 116. Field of glass formation in the system $P_2O_5-Na_2O-K_2O$. After Bastress and Weyl.

Fig. 117. Field of glass formation in the system $P_2O_5-Li_2O-K_2O$. After Bastress and Weyl.

very short (a Y value of 1.6 corresponds to an average chain length of $\bar{n}=5$). This, then, is a third reason for the shift in the crystallization limit: lack of symmetry in the chains.

The lowered crystallization limit that is associated with mixed systems is again found in phosphates (see Figs. 115 to 117).

In conclusion, mention should be made of a synoptic article by Zerfoss[2] on the composition limits of glass formations. This contains information on the vitreous ranges (obtainable with techniques that the author describes) of a large number of binary and ternary systems.

V. Diffusion in glasses.

43. Diffusion of gases through glass[3]. *α) Fused silica.* It has been known since 1900 that fused silica is permeable to hydrogen. Soon it became apparent that other gases diffuse through silica, and much work has been done to determine the permeability of fused silica and of various glasses with more complex compositions. Fused silica obeys the normal laws of permeability. The diffusion rate is proportional to the pressure difference across the sample[4], and, in the case of thin layers, it is inversely proportional to the sample thickness[5,6]. The amount q permeating a thin wall is given by

$$q = P A t (p_1 - p_2)/d, \tag{43.1}$$

---

[1] J.M. Stevels: Verres et Réfr. **7**, 9 (1953). — Glass Ind. **35**, 100 (1954).
[2] S. Zerfoss: Glass Sci. Bull. **3**, 98 (1946).
[3] This subject has been treated in detail by R.M. Barrer [*30*] p. 117—143.
[4] G.A. Williams and J.B. Ferguson: J. Amer. Chem. Soc. **41**, 2160 (1922).
[5] E.O. Braaten and G. Clark: J. Amer. Chem. Soc. **57**, 2714 (1935).
[6] G.J. van Amerongen: J. Appl. Phys. **17**, 972 (1946).

where P denotes the permeability constant[1], A is the area of the sample and d its thickness, t the time and p_1 and p_2 the pressures on the high-pressure and low-pressure sides respectively. The rate also depends to a great extent on the atomic radii of the diffusing gases.

Helium exhibits by far the highest rate[2]. For other gases P is much lower, and decreases in the order H_2, Ne, N_2, air, O_2, A. For helium it was possible to measure permeability at temperatures as low as $-78°$ C, and it is not therefore surprising that most studies have been carried out with this gas. The results obtained by earlier authors differ to a considerable extent. These differences were probably due to impurities in the fused silica, since the presence of cations greatly reduces the rate of permeation (cf. Sect. 44).

Table 18. *Permeability of fused silica to helium.* $10^9 \times P$ (cm³ at NTP × mm/sec × cm² × cm Hg pressure).

Temperature °C	NORTON[3]	BRAATEN and CLARK	T'SAI and HOGNESS[2]	BARRER [30]
−78	0.0013	0.0009	—	—
−23	0.0215	0.016	—	—
0	0.053	0.031	—	—
25	0.114	0.07	—	—
100	0.585	0.35	—	—
150	—	0.78	0.73	—
200	—	1.52	1.39	—
300	(0.96)[4]	4.13	3.15	0.48
500	—	13.8	10.4	1.72
700	21.0	—	21.9	4.25
900	—	—	36.2	6.72
1000	—	—	45.4	8.42

Numerical values of P for helium are given in Table 18. Figures for other gases, some of which have been taken from BARRER [30] may be found in Table 19. The other values in this table originate from NORTON[3], who used a very sensitive

Table 19. *Permeability of fused silica to various gases.* $10^9 \times P$ (cm³ at NTP × mm/sec × cm² × cm Hg pressure).

Gas	300° C	500° C	600° C	700° C	900° C	Author
H_2	0.099	0.70		2.52	6.4	BARRER[5]
		0.94		3.0	6.5	WILLIAMS and FERGUSON[6]
			1.25	2.1		NORTON[3]
D_2				1.7		NORTON
Ne		0.139		0.50	1.18	T'SAI and HOGNESS[2]
			0.28	0.42		NORTON
N_2				0.013	0.119	JOHNSON and BURT[7]
				< 10⁻⁶		NORTON
O_2				0.0076	0.033	BARRER
				< 10⁻⁶		NORTON
A					0.016 (850°)	BARRER
				< 10⁻⁶		NORTON

and specific mass spectrometer method. NORTON believes that the permeabilities for the heavy gases N_2, O_2 and A found by earlier authors, who used

---

[1] P has been expressed in a variety of units by various authors. We shall follow BARRER[5] and NORTON[3] and define P as the number of cm³ of gas (at normal temperature and pressure) diffusing per second through 1 cm² for a sample thickness of 1 mm and a pressure difference of 1 cm Hg.
[2] L. S. T'SAI and T. R. HOGNESS: J. Phys. Chem. 36, 2595 (1932).
[3] F. J. NORTON: J. Amer. Ceram. Soc. 36, 90 (1953).
[4] T. F. NEWKIRK and F. V. TOOLEY: J. Amer. Ceram. Soc. 32, 272 (1949).
[5] R. M. BARRER: J. Chem. Soc. 1934, 378.
[6] G. A. WILLIAMS and J. B. FERGUSON: J. Amer. Chem. Soc. 41, 2160 (1922).
[7] J. JOHNSON and R. BURT: J. Opt. Soc. Amer. 6, 734 (1922).

manometric methods, were not in fact due to these gases but perhaps to a small impurity content of lighter gases.

For a more extensive survey of data the reader is referred to [30], pp. 133—143.

The dependence on temperature of the permeability constants of H_2 and He is given by

$$P = P_0 e^{-E/RT} \tag{43.2}$$

over a fairly long temperature range. Only at low temperatures a deviation to lower activation energies ions is found by the earlier investigators. NORTON'S results, however, reveal an exactly exponential temperature dependence from -78 to $700°C$.

Theoretical reasoning by ALTY[1] was modified by BARRER[2], resulting in the postulate that diffusion took place through the silica network itself as well as along "cracks" of molecular dimensions. At low temperatures the latter type of diffusion would predominate.

Table 20. *Energies of activation for permeation by different gases through fused silica.*

Gas	E (cal/mole)	Author
He	5600	T'SAI and HOGNESS
He	4900	NORTON
He	5700	BARRER
H_2	10000	WILLIAMS and FERGUSON[2]
H_2	10900	BARRER
N_2	22000	
O_2	31200	BARRER
A	32100	BARRER

Other gases were likewise found by BARRER to have permeability constants with an exponential dependence on temperatures, and he calculated energies of activation for a number of gases [30]. Permeability is related to the diffusion coefficient D by

$$P = Dk, \tag{43.3}$$

where k is the solubility of the gas in the sample, expressed as cm^3 at N.T.P./$cm^3 \times$ cm Hg pressure.

Using the solubility values of WILLIAMS and FERGUSON[3], the following equations were found for D in fused silica:

$$D_{He}^{20°C} = (3.5 \text{ to } 7.9)\, 10^{-6}\, e^{-5600/RT}\, cm^2\, sec^{-1},$$
$$D_{He}^{500°C} = (0.64 \text{ to } 5.2)\, 10^{-6}\, e^{-5600/RT}\, cm^2 \cdot sec^{-1},$$
$$D_{H_2}^{500°C} = (8.3 \text{ to } 14.5)\, 10^{-6}\, e^{-10100/RT}\, cm^2 \cdot sec^{-1}$$

the activation energies being given in cal/mole.

Values for the energy of activation for the permeation process are shown in Table 20 for various gases. It is interesting to note that a superficial crystallization of the fused silica gives rise to considerably higher values for E in the cases of N_2 and A[2].

β) *Various glasses.* The introduction of network modifiers causes a considerable decrease in permeability, such that studies of the diffusion through glasses of a more complex composition could only be carried out with helium. The passage of He through sodium silicate, potassium silicate and lithium sodium silicate glasses has been investigated by NEWKIRK and TOOLEY[3]. Their glasses contained 20, 25 and 30 mole % Na_2O; 30 mole % K_2O and 5 mole % $LiO_2 + 25$ mole % Na_2O. At $300°$ C the permeability of these glasses decreased exponentially with their Na_2O content, as is shown in Fig. 118.

---
[1] T. ALTY: Phil. Mag. **15**, 1035 (1933).
[2] G.A. WILLIAMS and J.B. FERGUSON: J. Amer. Chem. Soc. **46**, 635 (1924).
[3] T.F. NEWKIRK and F.V. TOOLEY: J. Amer. Ceram. Soc. **32**, 272 (1949).

The substitution of potassium for sodium in the 30 mole % sodium silicate glass more than doubles the permeability, and the replacement of part of the sodium by lithium[1] resulted in P decreasing to a quarter, the actual values of P at 300° C for the three glasses being 2.9×10^{-13}; 1.4×10^{-13} and 0.35×10^{-13} cm³ at NTP×mm/sec×cm²×cm Hg pressure respectively. Hence permeability is dependent not only on the quantity of the cations in the glass, but also on their nature.

Extensive work in the diffusion of helium through various glasses has been done by SMITH and TAYLOR[2] and NORTON[3].

Glasses with low alkali contents, such as "Pyrex", were also studied by earlier investigators[4] and by NEWKIRK and TOOLEY[5]. URRY also investigated the permeability of Jena 16^{III} glass, lead glass and soda glass.

SMITH and TAYLOR only found an exponential temperature dependence for the permeability constant after completely stabilizing the glass. NORTON, who investigated the extensive series of glass compositions shown in Table 21, found that a relation of the type $P=P_0\,e^{-E/RT}$ holds for all types of glasses. His results are shown in Fig. 119.

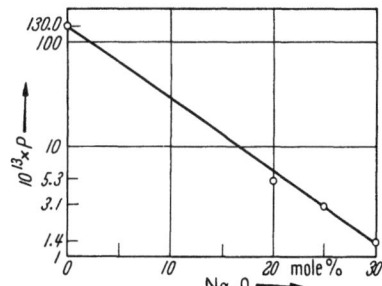

Fig. 118. Effect of increasing Na_2O content on the permeability constant P (logarithmic plot) for diffusion of He through sodium silicate glasses at 300° C. After NEWKIRK and TOOLEY.

Table 21. *Compositions of the glasses (weight percentages) used to obtain the results in Fig. 119.*

	Lead borate glass	X-ray shielding glass	Combustion tubing	Sodium calcium silicate glass	Phosphate glass	Borosilicate glass	"Pyrex" glass	"Vycor" glass	Fused SiO₂
	A	B	C	D	E	F	G	H	I
SiO_2	0	31	62	72	0	90	81	96	100
B_2O_3	22		5		5		13	3	
P_2O_5					77				
Al_2O_3			18	1	11	3	2	1	
CaO	}			15					
MgO									
BaO			8						
PbO	78		61						
ZnO					7				
Na_2O	}			17		7	4		
K_2O									
Sum of percentages SiO_2, B_2O_3 and P_2O_5	22	31	67	72	82	90	94	99	100

VAN VOORHIS found P values of 0.69, 2.43, 7.0 and 15.7×10^{-9} for "Pyrex" glass No. 7740 at 220, 300, 400 and 500° C respectively, and these are in complete agreement with curve G in Fig. 119.

NORTON also observed a good degree of correlation between the permeability constant and the percentage of glass-forming oxides in the samples, the permeability constant (for instance, at a temperature of 100° C) decreasing considerably

---

[1] Pure lithium silicate glass could not be prepared by the authors owing to devitrification (cf. Sect. 42).
[2] P.L. SMITH and N.W. TAYLOR: J. Amer. Ceram. Soc. **23**, 139 (1940).
[3] See footnote 3, p. 617.
[4] C.C. VAN VOORHIS: Phys. Rev. **23**, 557 (1924). — W.D. URRY: J. Amer. Chem. Soc. **54**, 3887 (1932). — WILLIAMS and FERGUSON: J. Amer. Chem. Soc. **44**, 2160 (1922).
[5] See footnote 3, p. 618.

with decreasing content of network-forming ions and increasing content of network-modifying ions.

In the work so far described the quantity determined was the permeability constant of gases. In some instances it was possible to derive the diffusion coefficient from the permeability constant. In this respect it is interesting to note that Reynolds[1] was able to determine the diffusion coefficient of argon in a potassium calcium silicate glass directly, by means of radioactive argon formed *in situ* from the potassium by a nuclear reaction. Unfortunately this method cannot be applied to other gases. The activation energy found by Reynolds for the diffusion constant was 42 kcal/mole. This value compares well with Barrer's value of 32 kcal/mole for the diffusion of argon through fused silica (Table 20) and 11 kcal/mole for helium diffusion through a sodium calcium silicate glass[2].

The theoretical interpretations by the various authors are all based on the

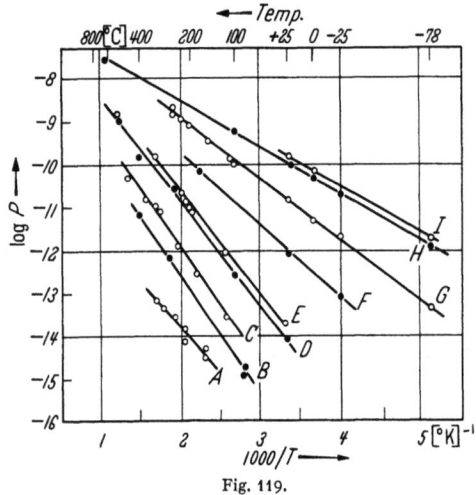

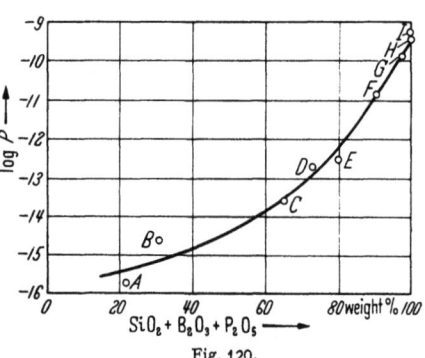

Fig. 119. Logarithm of P, the permeability constant of helium diffusing through various technical glasses as a function of the reciprocal of the absolute temperature, $1000/T$. The permeability constant P is expressed in cm³ at NTP × mm/sec × cm² × cm Hg pressure. Curve (A) lead borate glass; (B) X-ray shield glass; (C) combustion tubing; (D) sodium calcium silicate glass; (E) phosphate glass; (F) borosilicate glass; (G) "Pyrex" glass No. 7740; (H) "Vycor" glass and (I) fused silica. After Norton.

Fig. 120. Logarithm of P, the permeability contant of helium diffusing through various glasses at 100° C. For significance of symbols and composition of glasses see legend to Fig. 119 and Table 21. After Norton.

random network concept of Zachariasen (cf. Sect. 5). According to this, the atoms (or molecules) of the diffusing gases are able to pass through the interstices in the network structure, if they are able to overcome the potential barriers between them; hence, the greater the radii of the diffusing atoms, the greater must be their energy of activation. Fused silica has a rather open structure and atoms or molecules of H_2, D_2, He and Ne have radii small enough to proceed through the interstices. When network-modifying ions are introduced a number of these interstices are blocked and only the smaller ones are left unoccupied, with the result that complex glasses cannot be permeated by any but the lightest gases. The lower the value of Y, the less permeable the glass becomes (cf. Fig. 120).

McAfee[3] has studied the diffusion of gases through glass subjected to tension. The diffusion constant of helium was found to be a true constant up to the point where the tensile stress in the dilated glass became about one-half the breaking stress. Beyond this point the diffusion constant increased, and when the glass was under very high tensile stress the constant was ten times its original value.

---

[1] M. B. Reynolds: J. Amer. Ceram. Soc. **40**, 395 (1957).
[2] F. J. Norton: J. Amer. Ceram. Soc. **36**, 90 (1953).
[3] K. B. McAfee: J. Chem. Phys. **28**, 218, 226 (1958).

The phenomenon was completely reversible: when the tension was removed the diffusion constant was found to be the same as before. The observed increase in the diffusion constant is very much larger than can be explained by an extension of the network alone. Calculated on the assumption that the glass sample dilates on an atomic scale, i.e. that each atom is isotropically displaced by the stresses set up, the diffusion constant should not exhibit a considerable increase with increasing stress. McAfee's view is that the observed increase in the diffusion constant points to the opening of flaws (or voids) within the glass.

This view is supported by the fact that compressional stresses have little or no effect upon the diffusion constant. Nor is it affected to any appreciable extent by shear stresses up to strains of 4×10^{-3}. Fig. 121 gives an overall picture of the effect of tensile, compressional and shear stresses on "Pyrex" glass No 7740.

44. Diffusion of various ions in glass.

Electrical conduction in glasses is mainly by the agency of ions[1]. The agents are the mobile cations, and particularly the monovalent ions Li^+, Na^+, K^+. The phenomenon of electrical conduction due to ion movement in an electric field has been described elsewhere in this Encyclopedia [17]. In this section we shall discuss the movement of these ions in the absence of such a field (diffusion phenomena).

Before radioactive isotopes were available most of the diffusion work was done with foreign cations, especially silver. The radius of the silver ions lies between the radii of Na^+ and K^+. Thus a behaviour analogous to that of the alkali ions might be expected. Provided the silver forms clusters of atoms, its penetration can be observed quite easily from the colour it imparts to the glass.

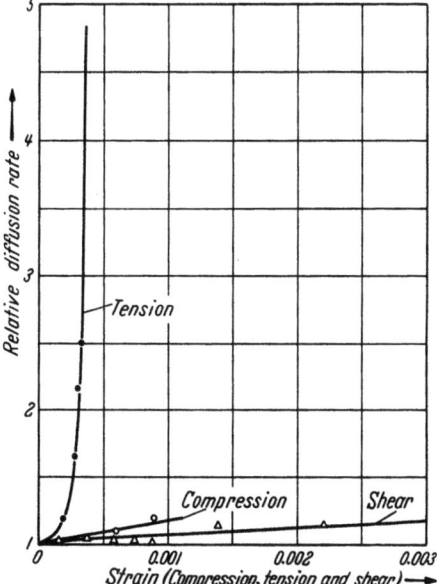

Fig. 121. Relative diffusion rate ($D=1$ for zero strain) of He in glass versus tensile, compressional and shear strain. After McAfee.

Much work on the diffusion of silver and other ions has been done by Pask and Parmelee[2]. They do not give explicit values of diffusion coefficients, however, having only measured the penetration depths. Diffusion took place from molten salt baths. When metallic silver is used, no diffusion is observable in the absence of oxygen, in other words ions and not atoms are the permeating agents.

Radioactive tracers have proved to be of great value in the study of diffusion through glass. Johnson, Bristow and Blau[3] studied the self-diffusion of sodium ions ($^{24}Na^+$) in a series of sodium calcium silicate glasses over an extensive temperature range. Below and above the transformation range they found diffusion to be an exponential function of temperature with different activation energies, but in the transformation region an inflection was found in all curves.

In Fig. 122 values of D are given for some sodium calcium silicate glasses.

---

[1] F. Warburg: Ann. phys. Chem. **21**, 622 (1884).
[2] J. A. Pask and C. W. Parmelee: J. Amer. Ceram. Soc. **26**, 267 (1943).
[3] J. R. Johnson, R. H. Bristow and H. H. Blau: J. Amer. Ceram. Soc. **34**, 165 (1951).

The composition of these glasses were as given in Table 22.

Comparison of Glass 1 and 3 shows that for a given value of Y the "blocking" effect of the Ca^+ ions (cf. [17]) causes a considerable decrease in the diffusion constant over the whole temperature range. This effect is stronger at lower temperatures, which is quite understandable. Comparison of Glass 2 with 3 shows that the "blocking" effect is enough to overcompensate the influence of the decrease of Y, which in itself would cause an increase of D.

Glass 2 was kept at 485° C for 10 days, which is considerably longer than the time necessary (as indicated by viscosity-time data) for equilibrium configuration to be established. After this heat treatment the energy of activation for temperatures below 485° C increased from approximately 16 to 19 kcal/mole,

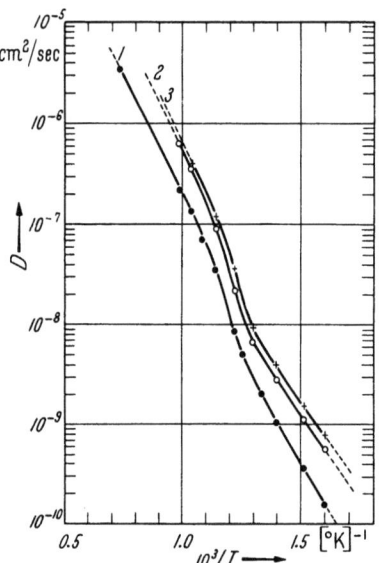
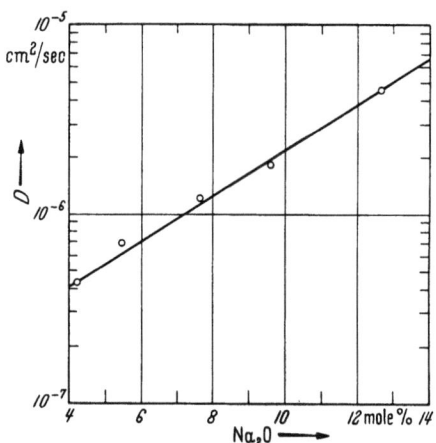

Fig. 122. Logarithmic plot of diffusion coefficient D for sodium self-diffusion in various glasses as a function of temperature. After JOHNSON, BRISTOW and BLAU. For explanation of numbers cf. Table 22.

Fig. 123. Logarithmic plot of diffusion coefficient D as a function of the Na_2O content in sodium silicate glasses at temperatures above their softening points ($T = 1000°$ K). After JOHNSON, BRISTOW and BLAU.

but the inflection in the curve did not disappear. In other words, it is more difficult for Na^+ ions to diffuse through a stabilized than through a non-stabilised glass, a conclusion which is very plausible in itself.

The same authors also studied the relation between D and the Na_2O content for the sodium silicate glasses. At 1000° K, above the softening points of the glasses of this series, D increased exponentially with its mole percentage of Na_2O, as shown in Fig. 123: the lower its Y value, the less rigid the Si-O network and the higher D will be. This means that in sodium silicate glasses the influence of Y on the diffusion of gases (cf. Sect. 43) and the self-diffusion of ions have opposite signs. For the more complex glasses the blocking effect has tendency to decrease the permeability in both cases.

Table 22. *Showing the glass compositions (% by weight) mentioned in Fig. 122.*

Glass no.	SiO_2	CaO	Na_2O	Y
1	72	12	16	3.22
2	70	9	21	3.14
3	72	7	21	3.22

KAMEL[1] also determined activation energies φ for sodium self-diffusion in sodium calcium silicate glasses with 11, 13.6 and 18% Na_2O at temperatures ranging from 100 to 200° C. The values found ranged from 17 to 21 kcal/mole,

---

[1] R. KAMEL: J. Appl. Phys. **24**, 1308 (1953).

increasing with increasing sodium content. Obviously, the blocking effect of the Ca^{++} ions must be the cause of this reverse trend.

JOHNSON, BRISTOW and BLAU analysed their diffusion curves with the aid of EYRING'S reaction rate theory[1] in order to obtain information on the thermodynamic properties of the diffusion process. The energy and structure changes in the glass networks in the transformation range were discussed at length, and in one of their conclusions the authors state that the diffusion process of gases, such as helium (cf. Sect. 43) is less affected by structural changes in the transformation range than the transport of charged particles.

In recent years attention has been drawn to the relation between the phenomena of the electrical conductivity and the self-diffusion. FITZGERALD[2] studied these properties and found a discrepancy between the measured self-diffusion coefficients D_{meas}, and the one calculated from conductivity data by means of the Einstein relation[3] D_{calc}.

BARDEEN and HERRING[4] have shown that in some cases successive jumps of a diffusing ion need not be directionally random, and that the correlation existing between successive steps can be used as a means of obtaining information about the mechanism of diffusion[5]. HAVEN and STEVELS[6] applied this method to the mechanism of ionic transport in glass but, owing to the lack of knowledge of the structure of glass, their results could only be tentative. In analogy to what is customary in the field of ionic transport in crystals, the places between the silicon oxygen network that are available for modifying ions are divided into sites and intersites (interstitial sites). Both are places of relative potential minima but the minima of the former are distinctly lower than those of the latter, say a few tenths of an electron volt.

From the work of FITZGERALD it is known that $D_{meas} = 0.3$ to $0.5\ D_{calc}$. Having considered the magnitude of $f = D_{meas}/D_{calc}$, which is called the correlation factor, for various diffusion mechanisms, HAVEN and STEVELS came to the conclusion that in the cases investigated by FITZGERALD the transport of Na^+ ions in glass occurs mainly via intersites.

C. Mechanical properties of glass.

I. Mechanical strength[7].

45. General remarks. Initially, solids subjected to increasing mechanical stress undergo elastic deformation more or less in obedience to HOOKE'S Law, which states that strain is proportional to stress. Sometimes the strain effect is delayed (cf. Sect. 51). Solids subjected to higher stresses undergo plastic deformation and, ultimately, fracture.

At ordinary temperatures glass is a brittle material; this means that fracture occurs without being preceded by any appreciable plastic deformation, but only by elastic deformation.

In many recent publications plasticity has been discussed in terms of the movement of dislocations in almost perfect crystals. Such mechanisms obviously

---

[1] H. EYRING: J. Chem. Phys. **4**, 283 (1936).
[2] J.V. FITZGERALD: J. Chem. Phys. **20**, 922 (1952).
[3] Cf. A.B. LIDIARD: Ionic Conductivity. Encyclopedia of Physics, Vol. 20, p. 324.
[4] J. BARDEEN and C. HERRING: Imperfections in Nearly Perfect Crystals. New York: Wiley 1952.
[5] K. COMPAAN and Y. HAVEN: Trans. Faraday Soc. **52**, 786 (1956).
[6] Y. HAVEN and J.M. STEVELS: Trav. du IVe Congr. Internat. du Verre, Paris, 1956, p. 343.
[7] Surveys of the subject are given in [2], pp. 77—115, [18], pp. 88—100, [19], Chap. III., [20], and [39], pp. 3—107.

cannot operate in materials like glasses, whose lack of plasticity at room temperature is therefore not surprising[1].

It should be noted that there are several ways of measuring the strength of glass. For example, a distinction can be made between static strength and impact strength. *Static strength* connotes the capacity to stand up to a steady or slowly increasing stress which has time to distribute itself throughout the specimen. The terms tensile strength, bending strength, compressive strength and shear strength are self-explanatory; all refer to forms of static strength, and all are measurable properties of glass.

A typical *impact strength* test involves measurement of the energy required to break a standard testpiece under specified conditions.

In this division we shall be mainly concerned with *tensile strength*, because it is the connection between this and the bulk and superficial structure of glass that has received most attention from investigators, though these investigations have not been taken very far.

46. Some theoretical observations. The strength of glass as calculated theoretically is considerable. OROWAN[2] assumed that the work done per unit area during fracture is equal to the surface energy of the two newly-formed surfaces. This reasoning leads to an expression for σ, the tensile strength, having the form

$$\sigma = \sqrt{\frac{\alpha E}{d}} \qquad (46.1)$$

in which E is the modulus of elasticity, α the surface energy per unit area, and d an interatomic distance.

In particular, the value of α at room temperature is not sufficiently well known. However, we can arrive at an acceptable value by extrapolating from surface tension values determined at higher temperatures (surface tension is assumed to be numerically equal to surface energy). This gives us a σ value of about 1000 kg/mm².

Calculations by CONDON[3] were based on the argument that when two surfaces are parted by shearing forces, the forces of attraction between the two, acting over a distance of the order of d, decrease from σ to zero. Assuming the decrease to be linear, we can put the work done per unit area at $\frac{1}{2}\sigma d$. This is equal to the energy 2α of the surfaces arising from the fracture, so that

$$\sigma = \frac{4\alpha}{d}. \qquad (46.2)$$

Taking as his basis the elastic deformation energy of glass under tension, POLANYI[4] arrived at the following formula for the breaking strength:

$$\sigma = \sqrt{\frac{4\alpha E}{d}}. \qquad (46.3)$$

Although these and other theoretical calculations of the tensile strength of glass do not produce the same results, all the formulae yield values of the same order of magnitude, these being round about 3000 kg/mm². ($E \sim 7000$ kg/mm²; $\alpha \sim 10^{-4}$ kg/mm and $d \sim 3.6 \times 10^{-7}$ mm.) Glass objects are found by actual measurement to have strengths only a hundredth of this, however.

---

[1] At higher temperatures, however, glass shows a plastic behaviour (like organic plastics at much lower temperatures).
[2] E. OROWAN: Inst. Eng. and Shipb. in Scotland **89**, 165 (1945—46).
[3] E.U. CONDON: Amer. J. Phys. **22**, 224 (1954).
[4] M. POLANYI: Z. Physik **7**, 323 (1921).

GRIFFITH[1] was the first to offer an explanation for the discrepancy. He assumed that microscopic flaws were present in glass in great number, and that they were elliptical in shape. In glass under load, the flaws would give rise to high stresses concentrated at the end of the ellipses. He calculated that the tensile strength would be dependent on the length $2c$ of the flaws, and arrived at the formula

$$\sigma = \sqrt{\frac{8\alpha E}{\pi c}}. \tag{46.4}$$

GRIFFITH's theory would lead us, on the basis of tensile strengths actually found, to expect flaws about $5\,\mu$ in length to be present in glass.

Other investigators, including ELLIOT[2] and SACK[3] have gone further into the matter and have elaborated GRIFFITH's theory, but they have more or less come to the same conclusions. The task of the theory has been, and continues to be, to explain the fact that thin glass fibres are generally stronger than thick ones (Fig. 124). A fibre of diameter $1\,\mu$, say, cannot possibly contain $5\,\mu$ flaws lying broadside on (i.e. perpendicular to the direction of the tension). It is only much smaller flaws that can have any influence on the breaking strength of such thin fibres. GRIFFITH himself found that fibres of diameter $3\,\mu$ were ten times as strong as fibres of diameter $100\,\mu$.

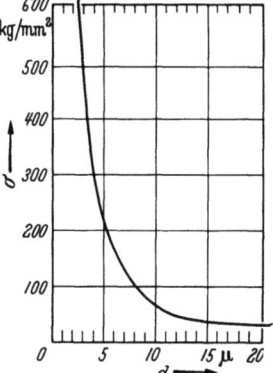

Fig. 124. Tensile strength σ of a glass fibre as a function of the diameter d. After OBURGER [40], p. 213.

The connection between changes in the diameter and the strength of quartz glass fibres was investigated by ANDEREGG[4], and YURKOV[5] who both found that the strength of fibres decreased with their length. The latter phenomenon is further evidence in favour of GRIFFITH's theory.

It may be asked what causes the microscopic flaws to arise. The above mentioned authors suggested that they might well be gas bubbles: removing the very smallest bubbles from the fused mass is always a matter of particular difficulty in glass-making.

47. Recent views with a bearing on the mechanical strength of fibres. However, more recent investigations reveal an entirely different aspect. One of the causes of the strength behaviour of glass must probably be sought in its structure. OTTO's experiments[6] on the strength of glass fibres in relation to their diameter (in analogy with the tests performed by GRIFFITH and others) would indicate that, provided care is taken to see that all the fibres are produced under comparable conditions, their strength is independent of their diameter. Fibres of the same diameter but produced by different methods have different strengths, so that a higher drawing temperature results in a stronger fibre.

α) *Bulk effects.* The remarkable influence that the thermal history of glass has on its various physical properties at room temperature is already discussed (cf. Sect. 13). The strength of glass may evidently be subject to a similar influence, a greater strength being perhaps associated with a structural state

---

[1] A. A. GRIFFITH: Trans. Roy. Soc. Lond. A **221**, 163 (1920).
[2] H. A. ELLIOT: Proc. Phys. Soc. Lond. **59**, 208 (1947).
[3] R. A. SACK: Proc. Phys. Soc. Lond. **58**, 729 (1946).
[4] F. O. ANDEREGG: Industr. Engng. Chem. **31**, 290 (1939).
[5] S. YURKOV: J. Techn. Phys. USSR. **1**, 386 (1935).
[6] W. H. OTTO: J. Amer. Ceram. Soc. **38**, 122 (1955).

"frozen in" at a higher temperature, (i.e. associated with a higher fictive temperature).

If the investigations of OTTO and others do in fact mean that there is a close connection between the strength of glass and its structure, then it seems that a fundamental distinction should be made between the strength of a glass quenched at a very high temperature, and having a fictive temperature some hundreds of degrees above the transformation point, and the strength of a glass which has cooled at a rate not exceeding a few degrees per minute and which has a fictive temperature the same as that of the transformation range.

However, these views do not disqualify the flaw theory. It is quite conceivable that flaws arise in glass precisely on account of its special structure, forming perhaps in the interfaces between certain network regions in the disordered structure. The greater the number of these network regions (i.e. the lower the fictive temperature) the greater are the size and number of the interfaces or flaws. In other words fibres will be much stronger than bulk glass. But it seems less likely that flaws formed in this manner should attain a magnitude of several microns.

Table 23. *Effect of treatment with HF on strength of fibres.*

Fibre diameter in mm	Tensile strength in kg/mm²	
	untreated	2 to 10 μ removed by HF treatment
0.02	160	320
0.1	50	170
0.2	30	120
0.5	23	70

β) *Surface effects.* In normally cooled glass it has been found that fracture usually begins at the surface. This would indicate that the surface is weaker than the bulk of the glass. The inferior strength of the surface is not surprising in view of its proneness to mechanical injury. The superficial damage takes the form of abrasion cracks, which act as stress concentrators and reduce the strength of the glass to a value in the usual technical range (approximately 10 kg/mm²).

It has long been known that glass is stronger after being etched, with hydrofluoric acid for example. YURKOV[1] found that fibres exhibited an approximately threefold strength increase after a few microns had been removed with HF. The etching treatment evidently gets rid of surface damage which would otherwise occasion premature breaks. Table 23 shows how fibres can be strengthened in this manner.

Similar results can be obtained by fire polishing. Aging in the absence of stress also has a "healing" effect, but the glass is never restored to its original condition.

Humid air seems to lower the strength of glass fibres, as YURKOV[2] and BAKER and PRESTON[3] have demonstrated.

However, the latter reported that after heating in vacuo, fibres that were damp exhibited an approximately twofold increase in strength.

MOORTHY and TOOLEY[4] have investigated the effect of certain organic liquids on the strength of glass as compared with its strength under water, which, they state, is 10% less than its strength in air. Except for nitrobenzene, the tensile strengths found were superior to those of glass under water, being from 19 to 36% higher for alcohols and 10% higher for heptane, benzene and toluene.

---

[1] S. YURKOV: J. Techn. Phys. USSR. **1**, 386 (1935).
[2] S. YURKOV: Phys. Z. Sowjet. **1**, 123 (1932).
[3] T.C. BAKER and F.W. PRESTON: J. Appl. Phys. **17**, 179 (1946).
[4] V.K. MOORTHY and F.V. TOOLEY: J. Amer. Ceram. Soc. **39**, 215 (1956).

The effect of immersing freshly drawn glass in water has been studied, and it has been shown[1] that glass thus treated will exhibit an increase in tensile strength.

The influence of the soaking temperature is as follows. The post-treatment strength of the glass increases with the temperature of the water in which it has been soaked, the healing process being more effective at higher temperatures. However, gradually a soaking temperature is reached for which the post-treatment strength is at a maximum. Comparing different glasses, it can be said that the more durable the glass, the higher this maximum temperature will be. Apparently less durable glasses start forming a protective layer (of water?) earlier in the process, and hence maximum post-treatment strength is attained at a lower temperature.

It will be clear from the foregoing that water (in the liquid or in the vapour state) can have two kinds of action on glass. The matter has been investigated by Mould[1] in an extensive series of experiments. In the absence of stress, water promotes the healing of surface damage; but the strength of glass under stress is often reduced by treatment with water, this reduction being quite compatible with the facts reported above. Fig. 125 gives an illustration of this weakening action.

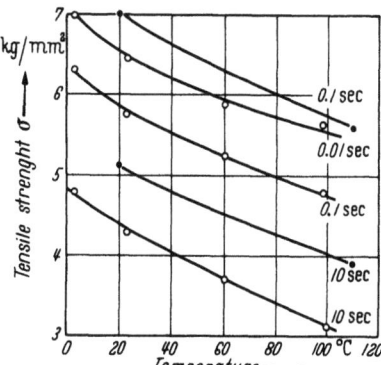

Fig. 125. Effect of temperature on the tensile strength σ of wet and dry glass specimens for loads of various durations. ● After Vonnegut (dry); o after Mould (wet).

It may be asked whether the strength of a properly stabilized glass object is determined by bulk or by surface effects.

The breaking load for a circular specimen can be expressed empirically as

$K \times$ cross-sectional area of the specimen $+ Q \times$ the circumference of the specimen.

The tensile strength or breaking load per cross-sectional area would be

$$\sigma = K + \frac{L}{D}, \qquad (47.1)$$

in which K is a constant representing strength per cross-sectional area; L is a constant representing the surface effect, and D is the diameter of the specimen.

By testing this equation experimentally, Moorthy, Tooley and Stockdale[2] were able to demonstrate that strength can be expressed entirely in terms of the change in the surface factor. Values of L, and changes therein, are more or less independent of the size of the specimen, though its strength may be affected by the manner in which it has been prepared.

γ) *Static fatigue.* Another important aspect of the strength behaviour of glass is what is known as static fatigue.

A glass may ultimately fail when subjected to a stress that does not cause fracture when first applied. Glathart and Preston[3] have demonstrated that the strength of glass under stress is related by the following formula to the time it has been subjected to that stress:

$$1/\sigma = a + m \log t. \qquad (47.2)$$

---

[1] R.E. Mould: Glastechn. Ber. **32** K, III, 18 (1959).
[2] V.K. Moorthy, F.V. Tooley and C.F. Stockdale: J. Amer. Ceram. Soc. **39**, 395 (1956).
[3] J.L. Glathart and F.W. Preston: J. Appl. Phys. **17**, 189 (1946).

The formula does not however apply where the period under stress is extremely short. Nor does σ gradually decline to zero where the time under stress is very lengthy; according to Holland and Turner[1] there is a certain minimum strength value which, once reached, will be maintained indefinitely.

Static fatigue can be regarded as a decline in strength due to continued loading.

Prolonged loading may reduce the strength of glass to a quarter of its original value. Baker and Preston[2] suggest that the reason for this must be sought in damage to the surface caused by chemical action. Water vapour from the atmosphere penetrates microscopic cracks in the glass and lowers the surface energy. This view is supported by the fact that in vacuum the fatigue effect seems to be negligible.

Adsorbed moisture must also be held responsible for the influence of the temperature on the strength of glass, as was shown by Vonnegut and Glathart[3] and by Mould[4], amongst others. Glass was found to be strongest at a very low temperature ($-200°$ C) and weakest at a temperature of about 200° C (see Fig. 126).

At some temperature between this and 500° C the glass strengthens again.

It is interesting to note that the strength of glass also depends upon the rate at which the load is applied. In the case of fast loading the tensile strength seems to be higher than in the case that the speed is low. This is probably also due to the effect of moisture. In the latter case the water has more time to react.

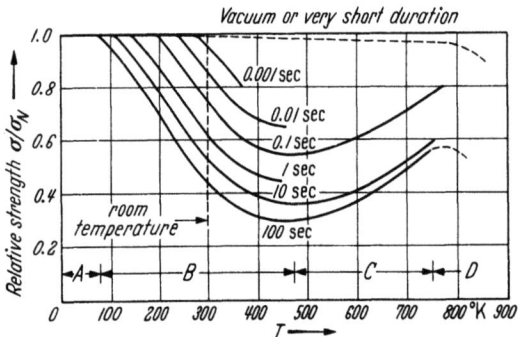

Fig. 126. Relative tensile strength σ/σ_N of glass (σ_N being the strength at liquid nitrogen temperature for specimens which had been given the same abrasion and aging treatment), tested in air vs. temperature for loads of various durations. Semiquantitative composite curves from results of several investigators. See text for discussion of regions A to D. After Mould.

Mould distinguishes the four general regions of behaviour shown in Fig. 126. In the low temperature region, A, water is "frozen out", there is little or no fatigue and the strength is independent of temperature. In region B, strength decreases and static fatigue increases with increasing temperature, because of the increasing rate of interaction between water and the glass surface.

In region C strength is increasing and static fatigue decreasing with increasing temperature. This behaviour may be due to either of two reasons or to a combination of both. First reason is the desorption of adsorbed surface layers of water and the decreasing tendency for atmospheric water to become adsorbed on freshly formed fracture surfaces. The other is a possible healing of the flaws, which may proceed at an accelerated rate at elevated temperatures and compete with the fatigue mechanism. Current indications are that both effects probably play a part. Finally, in the high temperature region D, the glass is beginning to soften and fails through viscous flow rather than on account of brittleness.

In the absence of water, strength seems to be almost independent of temperature and also of the speed of load.

---

[1] A. J. Holland and W. E. S. Turner: J. Soc. Glass Technol. **24**, 46 (1940).
[2] T. C. Baker and F. W. Preston: J. Appl. Phys. **17**, 170 (1946).
[3] B. Vonnegut and J. L. Glathart: J. Appl. Phys. **17**, 1082 (1946).
[4] R. E. Mould: Glastechn. Ber. **32** K, III, 18 (1959).

It is difficult to judge how the strength of glass is determined by its chemical composition in view of the extent to which its strength depends upon secondary properties like homogeneity and chemical resistance, which mask the direct influence exerted by composition. GEHLHOFF and THOMAS[1] are amongst the few who have systematically investigated the strength of glass as a function of composition; some of their results are displayed in Figs. 127 to 130. It should be borne in mind, however, that the experiments shown in these figures apply to rods which are not specially carefully handled (cf. Sect. 48).

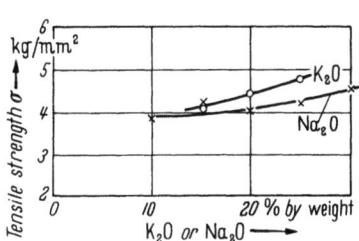

Fig. 127. The effect of the substitution of alkali oxides for SiO_2 on the tensile strength of standard glass rod (composition 80% SiO_2—20% PbO). After GEHLHOFF and THOMAS.

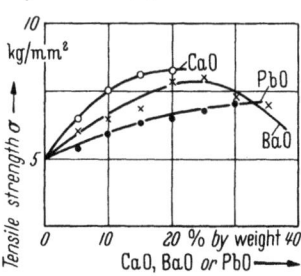

Fig. 128. The effect of the substitution of certain metallic oxides for SiO_2 on the tensile strength of standard glass rod (composition 82% SiO_2—18% Na_2O). After GEHLHOFF and THOMAS.

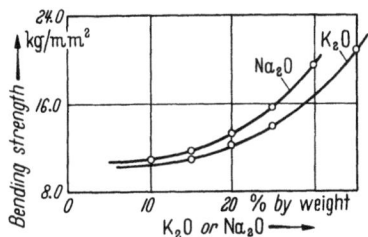

Fig. 129. The effect of the substitution of alkali oxides for SiO_2 on the bending strength of standard glass rod (composition 80% SiO_2—20% PbO). After GEHLHOFF and THOMAS.

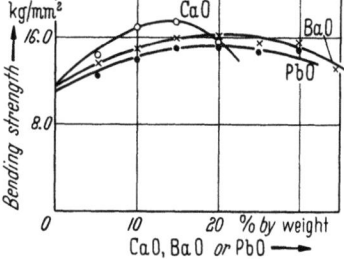

Fig. 130. The effect of the substitution of certain metallic oxides for SiO_2 on the bending strength of standard glass rod (composition 82% SiO_2—18% Na_2O). After GEHLHOFF and THOMAS.

It will be noted that tensile strength and bending strength seem not to vary with composition in quite the same way.

48. A scale of glass strengths. We have already seen that the theoretical strength of glass differs considerably from that found by experiment. It is generally possible by acid polishing to raise the strength of glass to between 100 to 200 kg/mm²—values such that freshly drawn and carefully treated rods of say, 1 to 3 mm in diameter, are found to have. We may therefore conclude that the tensile strength of glass free from surface damage amounts to 100 to 200 kg/mm², this being reduced by thermal, chemical (atmospheric) or mechanical deterioration to values of approximately 10 kg/mm².

Similar figures are found for fibres. Strengths up to between 1000 and 1200 kg/mm² have been measured in fibres 1 μ in diameter that were very carefully handled during and after manufacture. The strength of a fibre falls off subsequent to manufacture, but can be restored by rinsing the fibre in dilute HF and so removing a thickness of a few microns.

In addition to the above facts, it should be borne in mind that glass objects that have been reshaped from an existing piece of glass at relatively low temper-

---

[1] G. GEHLHOFF and M. THOMAS: Z. techn. Phys. **6**, 333 (1925); **7**, 105 (1926).

ature (and not formed out of the melt) generally possess a very low mechanical strength of the order of 2 to 10 kg/mm².

Table 24 reprinted from an article by KRUITHOF and ZIJLSTRA[1], will give an idea of the strength differences just discussed.

The strength scale is also displayed in Fig. 131, the immediate cause of failure and the phenomenon likely to be ultimately responsible being indicated on the right. The surface of reshaped glass is so badly damaged that its strength cannot exceed 10 kg/mm². The nature and number of surface flaws determine the strength in the range extending from 10 kg/mm² to the theoretical maximum; if the surface is free from flaws the ultimate strength is governed by faults in the bulk of the glass.

Table 24. *Strength scale for glass.*

Strength scale for glass	kg/mm²
Theoretical strength of glass .	Approx. 3000
Greatest strength measured in glass fibres of diameter 1 μ	1000 to 1200
Strength of glass in bulk . .	200
Strength of glass products, e.g. rod, tube, plate glass . . .	5 to 15
Strength of reshaped glass. .	2 to 10

To a very great extent this "bulk-strength" will depend upon the occurrence of granules or regions having magnitudes of the order of some 100 to 200 Å (cf. Sects. 8 and 47α). If in glass two or more phases of different compositions are found, the density variation may lead to local stress concentrations and then possibly to flaws.

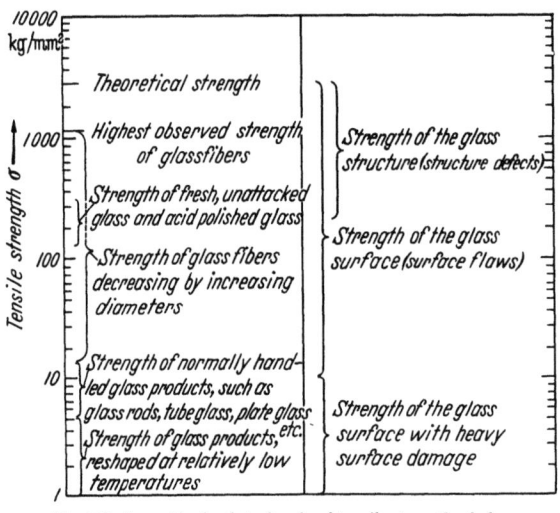

Fig. 131. Logarithmic plot of scale of tensile strength of glass. After KRUITHOF and ZIJLSTRA.

Phase separation may mainly occur at relatively high temperatures (to give a rough idea of the range: between some hundreds of degrees below the melting range and the transformation temperature). When a glass is rapidly cooled down from a very high temperature, the structure thus frozen in contains few separate phases or granules of small dimensions.

The result is that such a glass has a high bulk strength, the flaws being few in number or small in size. This is in accordance with OTTO's experiments.

In the light of the above it is possible to complete Fig. 131, which shows the strength scale of glass. It may be assumed that, in principle, the strength range of the bulk structure lies between 3000 and 200 kg/mm². In addition a weakening of the surface will take place, which is largely determined by the condition of the frozen-in structure. Further damage may be caused to the surface by violent reshaping, incising with diamonds or other damaging procedures.

In Fig. 132 an attempt has been made to display the relation between the cooling rate (structural condition) and the damage time (surface condition).

---

[1] A.M. KRUITHOF and A.L. ZIJLSTRA: Glastechn. Ber. **32 K**, III, 1 (1959).

Several ways of improving the mechanical strength of glass have already been referred to in this section; mention must also be made of the toughened glass commonly used for the windows and windscreens of vehicles. The method of production consists in heating and then rapidly cooling the two faces of the sheet and so setting up a strong compressive stress in these two surfaces, the zone they enclose being under tensile stress. The purpose of this treatment is to make the sheet better able to resist blows from outside. Knocking a sheet of glass always causes a tensile stress to be set up somewhere in its surface (in the face opposite to the place struck, for example). Small superficial irregularities such as scratches, which are inevitably present in glass, act as cumulation centres for tensile stresses, and may thus lead to fracture. However, if a compressive stress is already present in the surface layers, having been set up in advance, it will compensate the tensile stress due to the blow. It is possible in this way to strengthen the sheet of glass very considerably. The highly stressed state has the further advantage, if fracture does occur, of causing the sheet to split up into thousands of fragments a few millimetres across, which generally keep together; the danger arising from large, sharp pieces of broken glass is thereby eliminated.

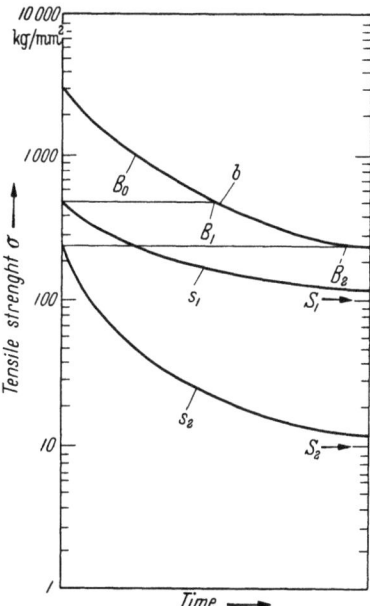

Fig. 132. Logarithmic plot of tensile strength of glass (formation of strength) as a function of time. After KRUITHOF and ZIJLSTRA. Curve b: strength as a function of the structural condition (e.g. the fictive temperature). B_0: Bulk strength of a very thin fibre (approximately 1 μ). B_1: Bulk strength of a thin glass fibre (several μ's). B_2: Bulk strength of a solid glass. Curves s_1 and s_2: Strength as a function of damage to the surface (e.g. damage due to diffusion and scratching during forming, annealing and handling). S_1: Surface strength after handling etc. of a thin fibre with bulk strength B_1. S_2: Surface strength after handling etc. of a "solid" glass with bulk strength B_2.

Another interesting method or producing compression in the surface is a chemical one. In certain types of glass it is possible to replace the Na^+ and K^+ ions partly by Li^+ ions at elevated temperatures. On cooling, a compression develops in the surface owing to the difference in contraction in the surface layer and the bulk of the glass. Improvements in strength of the order of a factor 10 have been reported[1].

49. Experimental methods of measuring mechanical strength. Various methods are available for determining the strength of glass in practice. The specimen can be subjected to increasing tension until fracture occurs, but this method only enables the tensile strength to be determined. A method used many times is to place the specimen in the form of a small rod or bar of circular or rectangular section across knife-edges and caused to bend by loading at one or two points. A standard method has been laid down for testing bending strength[2]. BAKER and PRESTON[3] have described a procedure for testing the strength of rods whereby the load is applied for a very short time. With a certain modification the same apparatus can be used for carrying out fatigue tests.

SINCLAIR[4,5] has described an apparatus which determines and records the strength of thin fibres automatically. When investigating fractures in glass

---

[1] H. P. HOOD and S. D. STOOKEY: U.S. Patent 2779136 (1957).
[2] A.S.T.M. Designation C158.
[3] T. C. BAKER and F. W. PRESTON: J. Appl. Phys. **17**, 162 (1946).
[4] D. SINCLAIR: J. Appl. Phys. **21**, 380 (1950).
[5] D. SINCLAIR: Rev. Sci. Instrum. **27**, 34 (1956).

bottles subjected to hydrostatic pressure from inside, TEAGUE and BLAU[1] made use of a machine developed by PRESTON[2].

Other methods of testing glass strength involve dropping a metal ball on to the glass, thus revealing the impact strength, or pressing the ball into the surface of the specimen. In the latter case very high stress concentrations can be set up locally. "Micro-strength", as measured in this manner, has been discussed by POWELL and PRESTON[3]. The method of measuring impact strength is described at length in [20], pp. 146—203.

PRESTON[4] reports an impact strength value higher than that found for breaking strength under a static load. However, stress distributions in glass may be so complicated that, when drop tests are performed on samples unsuitable for normal bending and tensile strength tests (electric lamp bulbs, for instance), the results cannot be regarded as anything more than comparative values.

50. The hardness of glass. A generally accepted and all-embracing definition of hardness does not exist.

The most commonly used criterion of relative hardness is the ability of a harder substance to scratch a softer one. This criterion forms the basis of the well-known Mohs scale, widely used in mineralogy. In this scale glass occupies a position intermediate between apatite (number 5) and quartz (number 7 of the scale). Some glasses scratch orthoclase (number 6), others are scratched by it. However, some flint glasses are softer than apatite, and some borosilicate crown glasses are harder than quartz.

One term employed in connection with glass is "fracture hardness". It connotes a hardness property directly connected with the breaking stresses for the material under the conditions of the test. The surface of the specimen may fracture because the stresses applied have exceeded these breaking stresses.

PRESTON's[5] method of determining fracture hardness is to measure the maximum tensile stress required to fracture a specimen that is in contact with loaded balls of differing diameters. He was able with this method to demonstrate, in a very convincing manner, the difference in hardness between HF-etched and unetched samples.

In a modification of the above test a 3 mm steel ball is rolled over the glass, the pressure of the ball being gradually increased. The load causing fracture is said to be a measure for the hardness of the glass.

Abrasion or grinding hardness is a quantity that is measured by pouring an abrasive substance on to the inclined surface of the glass under specified conditions and comparing the optical properties of the specimen before and after this treatment or, alternatively, finding how much weight it has lost[6].

Scratch hardness is often determined by measuring, with the aid of a microscope, the width of a scratch that has been made by drawing a diamond point of given shape, with a given load on it, over the surface of the material at a given speed. For determining the scratch hardness of glass as a function of its composition, GEHLHOFF and THOMAS[7] used a conical diamond with an apex of 90° and a load of 20 grams, having first etched away some of the surface to remove

---

[1] J.M. TEAGUE and H.H. BLAU: J. Amer. Ceram. Soc. **39**, 239 (1956).
[2] F.W. PRESTON: Glass Ind. **31**, 455 (1950).
[3] H.E. POWELL and F.W. PRESTON: J. Amer. Ceram. Soc. **28**, 145 (1945).
[4] F.W. PRESTON: J. Amer. Ceram. Soc. **14**, 432 (1931).
[5] F.W. PRESTON: J. Amer. Ceram. Soc. **28**, 145 (1945).
[6] J. BARLEY: J. Amer. Ceram. Soc. **20**, 42 (1937). — W.H. WILLOT: J. Soc. Glass Technol. **34**, 77 (1950).
[7] G. GEHLHOFF and M. THOMAS: Z. techn. Phys. **7**, 105 (1926).

fire polishing. In a basic glass of composition 82% SiO_2, 18% Na_2O (by weight) Na_2O and SiO_2 were replaced on a weight percent basis by various oxides. On the whole, the results show that the addition of certain basic oxides (MgO, CaO, ZnO, BaO, Al_2O_3 and Fe_2O_3) brings about an increase in scratch hardness, but that Na_2O or K_2O decrease it. The latter effect is understandable in that the coherence of a structure decreases as network-modifiers of low field-strengths are incorporated. It is also understandable that incorporating oxides of the type $M^{II}O$ and $M^{III}_2O_3$, which have a higher field-strength and which are capable of taking part in network formation, should result in glasses whose scratch hardness increases with their basic oxide content; it is only PbO with its relatively low field strength that gives rise to a very slight decrease in hardness.

Replacing SiO_2 by B_2O_3 provides a further illustration of a familiar effect: small quantities of the oxide strengthen the structure and larger quantities weaken it again (cf. Sect. 9).

It is worth mentioning that a minimum occurs in the scratch hardness curve of the mixed potassium sodium silicate glasses in the system 65% SiO_2, 20% BaO, 15% ($Na_2O + K_2O$). This may be due to the "mixed-alkali effect" described already in Sect. 35. Except the glasses with a high B_2O_3 content, systems that have been investigated do not exhibit any great variations in scratch hardness.

Table 25. *D.P.H. numbers for four technical glasses.*

Glass	kg/mm²
Fused silica .	710
"Pyrex". . .	595
Plate glass . .	540
Full lead glass	495

Indentation hardness is another quantity that is often measured in glass research. The Brinell and Rockwell methods, using a spherical penetrator, are less popular than the Vickers Diamond Pyramid test, in which a four-sided diamond pyramid with an included angle of 136° is pressed into the surface with a given force for a given time (usually 10 sec). The length of the diagonal impression is measured with the aid of a microscope, and the diamond pyramid hardness (D.P.H.) number is worked out by dividing the applied load by the area of the pyramidal indentation.

TAYLOR[1] has determined D.P.H. numbers for a fairly large number of technical optical glasses. The values he found fall within a short range, the upper extreme (645 kg/mm² for dense barium crown glass) being only 50% higher than the lowest one (410 kg/mm² for flint glasses).

AINSWORTH[2] has performed a large number of D.P.H. measurements on glasses of different compositions, at the same time carefully investigating the influence of the test conditions (including that of surface layers). Table 25 shows, by way of example, his results for four technical glasses. AINSWORTH's results can be summarized as follows.

1. Fused silica has a higher D.P.H. value than any other glass investigated.

2. The addition of alkali oxides, Na_2O and K_2O to fused silica leads to an initial decrease in hardness (Fig. 133), as might be expected from the decreasing coherence of the network. The D.P.H. falls off quickest when the ion with the lowest field strength (K⁺) is being incorporated. One is tempted to ask whether the sligth peaks in both curves are not due to surface layer effects. It is true that AINSWORTH makes a correction on that account, but its adequacy might well be questioned.

3. By substituting K^+ ions for Na^+ ions gradually, the "mixed-alkali effect", already discussed results in the maximum of the hardness as a function of the composition (see Fig. 134).

---

[1] E.W. TAYLOR: J. Sci. Instrum. **26**, 314 (1949).
[2] L. AINSWORTH: J. Soc. Glass Technol. **38**, 479, 500, 536 (1954).

4. Table 26 shows the effect on the D.P.H. number of substituting a third component on a molar basis for SiO_2 in the basic glass 18% Na_2O, 82% SiO_2 (mole %).

In general, three factors seem to be of importance, viz. 1. the charge of the cation (trivalent ions have a better strengthening effect than divalent ones, because they are able to take part in network formation and so increase Y); 2. its field strength [cf. the series $BaO \rightarrow CaO$ (I)]; and 3. the way in which the cation is built into the structure. With respect to the third factor, AINS-

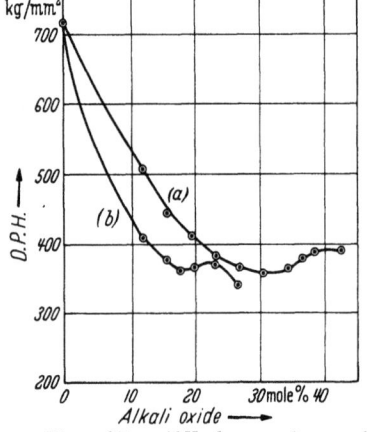

Fig. 133. Diamond Pyramid Hardness number as a function of composition for (a) sodium silicate glasses and (b) potassium silicate glasses. After AINSWORTH.

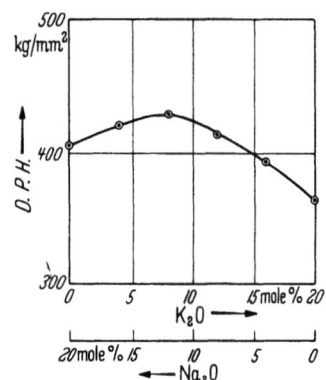

Fig. 134. Diamond Pyramid Hardness number for the series of glasses $x Na_2O \cdot (20-x) K_2O \cdot 80 SiO_2 \cdot$ (mole %). After AINSWORTH.

WORTH points to the fact that some Zn^{2+}, Mg^{2+} or Pb^{2+} ions may occupy network-forming positions as a possible reason for the strengthening exhibited by the new glasses as compared with the mother glass. The field strength of the ions [cf. $PbO \rightarrow ZnO$ (II)] determines the degree of strengthening, but it is not easy to see why Group I should have a better strengthening effect than Group II.

5. The shape of the D.P.H. curve for borosilicate glasses, and the conclusions AINSWORTH draws form it, are also interesting. For the sodium borate glasses, AINSWORTH finds a peak at a composition of $Na_2O \cdot 5 B_2O_3$, corresponding to the transition between the accumulation and the destruction region (cf. Sect. 9). Recent work shows that the D.P.H. of sodium borate glasses has two inflection points[1] as a function of the composition, viz. one for $Na_2O \cdot 5 B_2O_3$ and one for $2 Na_2O \cdot 5 B_2O_3$ (Fig. 20). The significience of both these compositions have been discussed already (cf. Sect. 9).

For borosilicate glasses containing high proportions of silica and moderate proportions of Na_2O in which no separation into two phases has occurred, AINSWORTH finds a maximum hardness at a composition in which the mole percentages of Na_2O and B_2O_3 are equal; in this case this maximum does not therefore coincide with the line drawn in Fig. 22.

Table 26. *D.P.H. numbers for a number of glasses (explanation see text)*.

SiO_2	Na_2O	Third oxide	D.P.H.
72	18	CaO 10 ⎫	562
		SrO 10 ⎬ I	550
		BaO 10 ⎭	522
		ZnO 10 ⎫	510
		MgO 10 ⎬ II	498
		PbO 10 ⎭	445
		Al_2O_3 10	578
		B_2O_3 10	554
82	18	—	426
72	28	—	362

---

[1] F.C. EVERSTEIJN, J.M. STEVELS and H.I. WATERMAN: Phys. and Chem. Glasses **1**, 134 (1960).

In borosilicate glasses in which complete separation into two phases has occurred, the maximum occurs at compositions at which the molecular rates of Na_2O to B_2O_3 is $1:5$, that is, at compositions along the drawn line in Fig. 22.

In borosilicate glasses in which partial separation into two phases has occurred, the maximum lies at compositions at which the molecular ratio of Na_2O to B_2O_3 is $1:a$ with $5 > a > 1$.

An extensive theoretical study of the D.P.H. test has been made by Douglas[1]. This author shows that the D.P.H. of a given glass should decrease as the fictive temperature increases, and that among different glasses those which have the higher viscosity at some given elevated temperature show the greater D.P.H.

II. Mechanical relaxation phenomena.

51. Elastic properties of glass. For the purpose of studying various properties of glass such as strength, resistance to temperature changes, recovery phenomena and the formation of stresses set up in glass fused on to other materials, it is important to know the elastic characteristics of the material, which are usually expressed in a number of moduli.

For all practical purposes glass at room temperature can be regarded as an isotropic, completely elastic substance. Up to the breaking point it obeys Hooke's Law. The moduli usually employed are the modulus of elasticity E, also called Young's modulus, the modulus of rigidity or shear modulus R, and the modulus of compressibility or bulk modulus K.

The modulus of elasticity is defined as the ratio between the tensile stress acting on the material and the specific elongation it undergoes in the direction of tension.

The shear modulus is the ratio between shear stress and the resulting shear strain (angle of slip).

The bulk modulus is the ratio between a pressure exerted on all sides of the test object and the specific change in volume it undergoes as a result. All those moduli have the dimensions of stress (kg/mm^2). One dimensionless constant that is important in connection with elasticity is the Poisson ratio σ; this is the ratio of transverse contraction per unit dimension of a bar of uniform cross-section to its elongation per unit length when subjected to tensile stress. Theoretically, σ may have any value between 0 and 0.50.

The four elastic constants are interrelated by the formula

$$E = \frac{9KR}{3K+R} = 3K(1 - 2\sigma) = 2R(1 + \sigma). \tag{51.1}$$

Often it is sufficient to know the modulus of elasticity to characterize the glass. If the other elastic constants are required, the usual practice is to determine the shear modulus. These two quantities are easier to measure directly than the others. If they are known, the other moduli and σ may be calculated from Eq. (51.1).

For determining a modulus of elasticity, one may choose between static and dynamic methods. Static methods involve measurement of the deformation undergone in the direction of a constant force; it is possible either to measure the change in length directly or to employ a flexural method. The commonest form of dynamic measurement is undoubtedly the resonant frequency method: the sample of glass is made to vibrate, and the resonant frequency taken as a measure for the modulus of elasticity. The advantage of this method as against static ones is that the modulus is determined more quickly and more accurately;

---

[1] R.W. Douglas: J. Soc. Glass Technol. **52**, 145 (1958).

at higher temperatures, moreover, difficulties are less likely to arise from changes of shape due to viscosity and delayed elasticity.

The modulus of elasticity of glass at room temperature largely depends on its composition. Technical glasses at room temperature are found to have E values ranging from 4000 to 9000 kg/mm², the average being 6000 kg/mm², and Poisson ratios ranging between 0.13 and 0.32. As an example, the four elastic constants given by Sosman [29], p. 437 for fused silica at room temperature may be quoted: $K = 3770$ kg/mm², $R = 3110$ kg/mm², $E = 7140$ kg/mm², $\sigma = 0.14$[1].

Factors e_i allowing the modulus of elasticity to be worked out from chemical composition, with the aid of the additive formula $E = \sum_i x_i e_i$ in which the x_i represent percentages by weight of the composing oxides, have been determined by Clarke and Turner[3] and by Winkelmann and Schott[4]. These e_i factors are listed in Table 27, taken from [1], p. 305.

However, the modulus of elasticity of glass at room temperature is not governed by its chemical composition alone. Quite early on, Berndt[5] found that properly stabilized glass had a higher modulus of elasticity as compared with the same glass that has not been stabilized. Strong[6] observed that thermal history had an important bearing on elastic behaviour at room temperature. Zijlstra[7] found that the modulus of elasticity at room temperature increases with decreasing cooling rate of a glass. Gillod[8] carried out investigations along the same lines. No general rules can be given for the way in which the modulus depends on temperature. Most glasses have a negative temperature coefficient (cf. Fig. 142 in Sect. 53), however, the modulus of elasticity of some glasses, including fused silica and some of the borosilicates, exhibits an initial increase with rising temperature. All glasses without exception have a negative temperature coefficient in the transformation range.

In regard to the dependence of the shear modulus on temperature, much the same applies as has been said about the temperature-dependence of the modulus of elasticity. The value of the Poisson ratio is invariably found to increase with rising temperature, possibly because the glass is gradually approaching the liquid state.

Measurements of the elasticity of glass at high temperatures have been performed by Badger and Silverman[9] and by Taylor, McNamara and Sherman[10],

Table 27. *Values of the factors e_i (expressed in kilobars[2]) for calculating Young's modulus from chemical composition. Columns A, B and C are due to Winkelmann and Schott, column D to Clarke and Turner. A: Glasses free from B_2O_3, P_2O_5, BaO and MgO. B: Glasses free from PbO, P_2O_5. C: Borosilicate, lead borosilicate and phosphate glasses.*

	A	B	C	D
SiO_2	6.9	6.9	6.9	3.9
B_2O_3		5.9	2.5	
Na_2O	6.0	9.8	6.9	10.8
K_2O	3.9	6.9	2.9	
CaO	6.9	6.9		23.5
BaO		6.9	2.9	
ZnO	5.1	9.8		
PbO	4.5		5.4	
MgO		3.9	2.9	29.4
Al_2O_3	17.6	14.7	12.7	11.8
Fe_2O_3				11.8
P_2O_5			6.9	
As_2O_5	3.9	3.9	3.9	

---

[1] It should be noted, that these four experimental data do not satisfy Eq. (51.1) too well.
[2] 1 kilobar = 10.2 kg/mm².
[3] J.R. Clarke and W.E.S. Turner: J. Soc. Glass Technol. 3, 260 (1919).
[4] A. Winkelmann and O. Schott: Ann. phys. chem. 51, 697 (1894); 61, 105 (1897).
[5] G. Berndt: Z. Instrumentenkunde 40, 20, 37, 56, 70 (1920).
[6] G.E. Stong: J. Amer. Ceram. Soc. 20, 16 (1937).
[7] A.L. Zijlstra: Glas-Indstr.-Technik 3, 234 (1959).
[8] J. Gillod: Verres et Réfr. 3, 161 (1949).
[9] A.E. Badger and W.B. Silverman: J. Amer. Ceram. Soc. 18, 276 (1935).
[10] N.W. Taylor, E.P. McNamara and J. Sherman: J. Soc. Glass Technol. 21, 61 (1937).

who employed static methods. KRUITHOF and ZIJLSTRA employed both static[1] and dynamic methods[2].

GILLOD[3], FRANKE[4], DIETZEL and DEEG[5] and SPINNER[6] employed the resonance method. FITZGERALD, LAING and BACHMANN[7] investigated the temperature-dependence of the shear modulus of glass with the aid of torsion measurements.

Difficulties are encountered in the determination of the modulus of elasticity of glass at high temperatures, especially when static methods are used. In the transformation range in particular, glass exhibits what is known as delayed elasticity in addition to normal elasticity and viscosity. Like normal elasticity, delayed elasticity is reversible, but it is a function of time and approaches a certain maximum value exponentially.

Whereas the first method shows a considerable decrease of the modulus of elasticity in the transformation range, the latter method which is more reliable, does not reveal this effect.

52. Delayed elasticity. In addition to the normal elastic change of shape manifested immediately after loading, glass exhibits an elastic after-effect or lag, particularly at higher temperatures. Fig. 135 shows the changes in length undergone by a glass fibre subjected to a load that was removed some time afterwards. Elongation (1) is attributable to immediate or normal elasticity; this is followed by a curve that straightens out in region (4), the latter being due to viscosity.

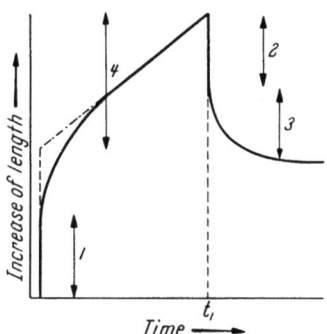

Fig. 135. Overall picture of the elongation of a glass fibre due to temporary loading, load having subsequently been removed.

After a time t_1 the load is removed. Normal elasticity (2) is completely restored; a certain elongation remains, but it still decreases as a function of time since it is due in part of delayed elasticity. Elongation and shrinkage from this cause only attains a maximum (3) after a relatively long time. Maximum delayed elastic elongation follows HOOKE's law, the effect is a reversible one and it causes little or no double refraction in glass.

Unlike normal elasticity, delayed elasticity is depending to a very great extent on temperature. It takes effect in practice over a considerable range of temperatures.

Sometimes delayed elasticity phenomena have been found as low as 150° C below the transformation range. Measured values of maximum delayed elastic elongation vary considerably: for a certain lead silicate glass in the transformation range, for example, the maximum is roughly equal to the normal elastic elongation, but the maximum delayed elastic elongation undergone by a borosilicate glass may be ten or twenty times greater than the normal elastic increase.

The delayed elastic effect exhibits the same kind of dependence on time for both extension and recovery and it can usually be described[8] by a formula of the

---

[1] A.M. KRUITHOF and A.L. ZIJLSTRA: Verres et Réfr. **8**, 3 (1954).
[2] A.M. KRUITHOF: Private communication.
[3] J. GILLOD: Verres et Refr. **3**, 161 (1949).
[4] K. FRANKE: Glastechn. Ber. **19**, 113 (1941).
[5] A. DIETZEL and E. DEEG: Glastechn. Ber. **27**, 105 (1954).
[6] S. SPINNER: J. Amer. Ceram. Soc. **39**, 113 (1956).
[7] G.V. FITZGERALD, K.M. LAING and G.S. BACHMANN: J. Soc. Glass Technol. **36**, 90 (1952).
[8] Cf. P.G. MIGEOTTE and H.P.C. VANDECAPELLE: Glastechn. Ber. **27**, 405 (1954).

type
$$l_t = l_{max}(1 - e^{-kt}). \tag{52.1}$$

Here l_t is the extension at time t, l_{max} is the delayed elastic elongation after an infinite time, and k is a rate constant given by

$$k = k_0 e^{-A/RT}.$$

Quite early on, TAYLOR and DORAN[1] demonstrated that delayed elastic effects could be represented by the sum of a set of exponential terms with different rate constants:

$$l_t = l'_{max}(1 - e^{-t/\tau'}) + l''_{max}(1 - e^{-t/\tau''}) + \cdots. \tag{52.2}$$

In the above series τ' and τ'' represent relaxation times which, in their turn, are related to temperature by

$$\tau = \tau_0 e^{A/RT}. \tag{52.3}$$

Table 28 gives an idea of the order of magnitude of the values of A in a few cases where the delayed elasticity could be described by a formula of type (52.1), i.e. in cases where there was only *one* relaxation time (cf. [2], p.180).

Table 28. *Activation energies of delayed elasticity for four different glasses.*

Glass composition (mayor constituants) in weight %	Activation energy A (eV)
33% Na_2O — 65.6% SiO_2	4.6
27.8% Na_2O — 70.9% SiO_2	4.6
23.5% Na_2O — 75.8% SiO_2	5.3
19.8% Na_2O — 79.0% SiO_2	6.6
29% Na_2O — 9% CaO — 70% SiO_2	7.0

Normal elastic deformation is associated with stresses that can be made visible. This is true of delayed elastic deformation only to a much lesser extent.

Internal stresses set up in glass as a result of cooling can only be relieved by reheating the glass to a sufficiently high temperature, maintaining it at that temperature for a sufficiently long time, and then cooling it in such a way that the temperature gradient remains small enough to obviate the setting-up of fresh stresses.

ADAMS and WILLIAMSON[2] state that recovery from stress in glass at a constant temperature can best be described with an empirical formula of the type

$$\frac{1}{S_t} - \frac{1}{S_0} = A t \tag{52.4}$$

in which S_0 is the stress originally present, S_t the stress present after time t, and A a constant depending on temperature and on the kind of glass. Although this formula has proved its usefulness in practice, it is devoid of any theoretical foundation.

According to MAXWELL, recovery proceeds exponentially as a function of time. In his formula

$$S_t/S_0 = e^{-Rt/\eta}. \tag{52.5}$$

η is the viscosity and R the shear modulus both at the temperature of stress release. LILLIE[3] has shown experimentally that for a certain sodium calcium silicate glass the destressing process takes place more or less in accordance with a law of this kind, with a value of about 550 kg/mm² for R.

---

[1] N.W. TAYLOR and R.T. DORAN: J. Amer. Ceram. Soc. **24**, 193 (1941).
[2] E.D. WILLIAMSON and L.H. ADAMS: J. Franklin Inst. **190**, 597, 835 (1920). — L.H. ADAMS: J. Franklin Inst. **216**, 39 (1933).
[3] H.R. LILLIE: J. Amer. Ceram. Soc. **19**, 45 (1936).

However, general practice reveals that MAXWELL's formula (52.5) does not give a good account of actual recovery behaviour, not even for a stabilized glass[1]. This is illustrated by Fig. 136, where the retardation due to birefringence of a light flint glass is given as a measure for the decay of stress as a function of time. JONES[2] was the first to show that delayed elasticity has a marked effect on the release of stress.

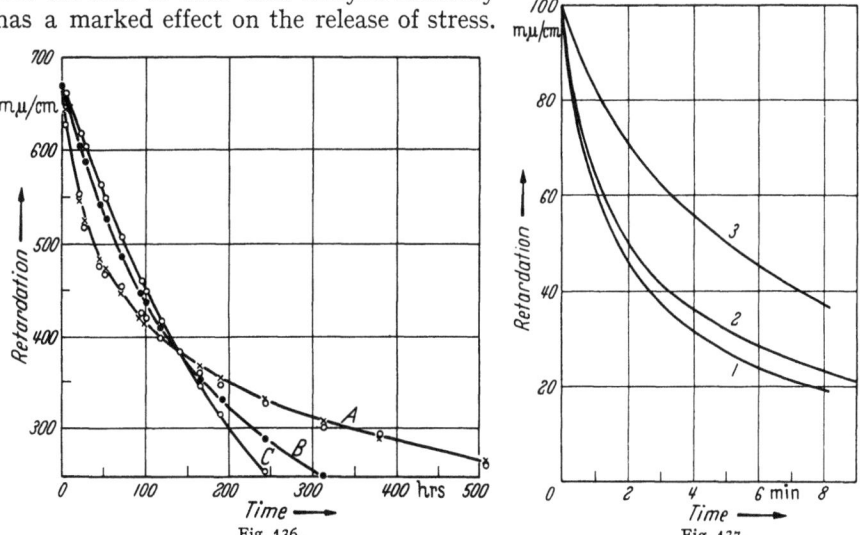

Fig. 136. The decay of retardation due to birefringence in a light flint glass at 300° C. Curve A is drawn through measured values. Curve B corresponds to the Adams and Williamson formula and Curve C to the Maxwell formula. After STANWORTH [2], p. 204.

Fig. 137. The decay of retardation after stabilisation at a given temperature. Curve 3 is found, when the maximal delayed elastic elongation is present at the beginning of the process. Curves 1 and 2 are found if no or 10% of the maximal delayed elasticity is present. After KRUITHOF and ZIJLSTRA.

Elaborating these ideas, KRUITHOF and ZIJLSTRA[3] demonstrated theoretically that at a given temperature and for a given stabilization a recovery formula of the type

$$\frac{S_t}{S_0} = A\,e^{-\alpha t} + B\,e^{-\beta t} + C\,e^{-\gamma t} \tag{52.6}$$

in which the exponents α, β and γ are determined by the viscosity and by the magnitude of the delayed elastic effect and the coefficients A, B and C are determined by the starting conditions, answers to the reality much more closely than MAXWELL's formula does. KRUITHOF and ZIJLSTRA's formula is based on the assumption that the delayed elastic elongation decreases in accordance with the time function

$$l_t/l_{max} = L\,e^{-lt} + M\,e^{-mt}$$

in which L, M, l and m are constants.

Fig. 137 shows how three glass samples, initially subject to a standard stress causing a retardation of 100 mµ/cm, recovered after being stabilized at a given temperature.

A curve like 3 is found in cases where the delayed elastic elongation is at a maximum when the recovery process begins. Curve 2 applies when the delayed elastic elongation is only 10% of the maximum, and curve 1 applies when there is no delayed elastic elongation at all.

---

[1] Cf. J.O. ISARD and R.W. DOUGLAS: J. Soc. Glass. Technol. **39**, 61 (1955).
[2] G.O. JONES: J. Soc. Glass Technol. **31**, 218 (1947).
[3] A.M. KRUITHOF and A.L. ZIJLSTRA: Verres et Réfr. **8**, 3 (1954).

Clearly, then, elastic lag may have a very great influence on the stresses ultimately present in glass fused on to glass or on to metal. As the temperature falls the phenomenon of "frozen-in" delayed elasticity, described at length by KRUITHOF and ZIJLSTRA[1], may manifest itself.

53. Mechanical relaxation phenomena from the atomic viewpoint. Inorganic oxide glasses, in which in virtue of their loose structure, a variety of mobile atoms and atomic groups is present, are likely to exhibit both mechanical and electrical relaxation phenomena. Such atoms or groups are capable of reacting to an external alternating field (whether mechanical or electrical) with a certain delay, and this allows one to observe certain events which display all the facets of relaxation phenomena and which are accompanied by the absorption of energy.

In measuring elastic properties, such as one of the elastic constants, or of electrical properties, such as the dielectric constant, this is revealed by the fact that the measured induced displacement is not in phase with the external alternating field. This means that these quantities (which describe the relation between external field and displacement) must be written in a complex form. If we call these complex quantities M ($=M'+iM''$) then the absolute value of M' (the modulus) depends on the frequency as follows:

$$M' = M'_\infty + \frac{M'_s - M'_\infty}{1 + \omega^2 \tau^2}, \tag{53.1}$$

whereas the tangent of the phase difference δ is given by

$$\tan \delta = \frac{M''}{M'}. \tag{53.2}$$

The quantity $\tan \delta$, which is proportional to the energy dissipation caused by the phenomenon is given also by

$$\tan \delta = \frac{M'_s - M'_\infty}{M'_\infty} \frac{\omega \tau}{1 + \omega^2 \tau^2}. \tag{53.3}$$

In Eqs. (53.1) and (53.3) M'_s is the static or low-frequency value of M', and M'_∞ its value on the high-frequency side of the relaxation region; ω is the angular frequency of the applied field[2].

Almost always, τ as a function of temperature is given by

$$\tau = \tau_0 \, e^{\varphi/kt}$$

where φ represents the energy of activation. Figs. 138 and 139 show how, in general, in the case where τ has this kind of temperature-dependence, the modulus M and the loss factor $\tan \delta$ for a true relaxation mechanism shift as a function of temperature and frequency.

Dielectric losses in glass are discussed in detail elsewhere in this Encyclopedia [17].

---

[1] A.L. ZIJLSTRA and A.M. KRUITHOF: Verres et Réfr. **12**, 127 (1958).
[2] Generally speaking, if one has to deal with a phenomenon where there is a partition function $f(\tau)$ of the relaxation times τ, Eqs. (53.1) and (53.3) take the form

$$M' = M'_\infty + (M'_s - M'_\infty) \int \frac{f(\tau) \, d\tau}{1 + \omega^2 \tau^2} \tag{54.4}$$

and

$$\tan \delta = \frac{M'_s - M'_\infty}{M'_\infty} \int \frac{f(\tau) \, \omega \tau}{1 + \omega^2 \tau^2} \, d\tau. \tag{54.5}$$

In the case of mechanical relaxation, tan δ is often given by a quantity Q^{-1} which is known as internal friction. M' may be the modulus of elasticity E, but it may equally well be the modulus of delayed elasticity, the shear modulus R, or the bulk modulus K (cf. Sect. 51).

In principle it should be possible to register all atomic relaxation phenomena by mechanical and electrical measuring methods. In fact both kinds of measurement have their limitations, especially when applied to glass. Mechanical relaxation can be investigated by measuring torsion in the range of frequencies from 0.1 to 100 c/sec, or by measuring transversal (0.1 to 1000 c/sec) or longitudinal (10 to 10^6 c/sec) vibrations of either an acoustic or true mechanical nature. Mechanical methods often have the disadvantage of not covering the range of really high frequencies.

Electrical measurements possess the great advantage of covering an almost unlimited frequency range (with modern equipment it is possible to go from

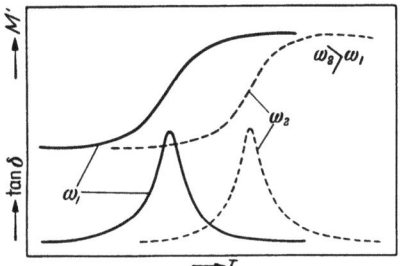
Fig. 138. Showing the behaviour of M' and tan δ for a single relaxation mechanism as a function of temperature with frequency as parameter.

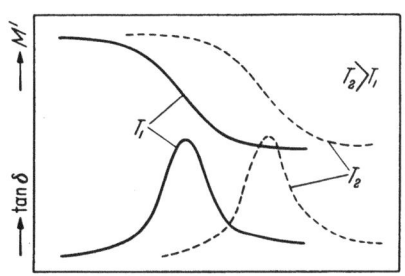
Fig. 139. Showing the behaviour of M' and tan δ for a single relaxation mechanism as a function of the frequency with temperature as parameter.

10^{-2} to 10^{10} c/sec), but they also have a drawback in that the phenomenon must be accompanied by a displacement of charge on an atomic scale, as otherwise it cannot be detected. Here, mechanical experiments may give results in cases where electrical ones fail.

In principle, the reverse is also imaginable: for example, where a system of potential wells is being modified, not by an external mechanical field, but by an electrical one only. As far as is known, however, such cases do not arise in vitreous systems.

In general, then, the measurement of mechanical relaxation is likely to provide fuller information, but the techniques are often much more difficult and the frequency range more restricted than in the measurement of electrical relaxation. Clearly, recourse has to be had to both kinds of measurement in the study of atomic relaxation phenomena, particularly those occurring in glass.

Two physical processes are at present known to contribute to mechanical losses. Fig. 140 illustrates these processes: at frequencies round about 1 to 10 c/sec a peak occurs between 60 and 80° C, which shifts to higher temperatures as the frequency is increased; the shape of the curve suggests that a further peak occurs at a very high temperature[1].

The first peak is attributed to the relaxation of the Na^+ ions in the network, which jump from interstice to interstice as a result of the deformation caused by the mechanical forces applied. If this explanation is correct, the activation energy of these ion movements (this can be deduced from the shift the peak

---

[1] P. L. KIRBY: J. Soc. Glass Technol. **38**, 383 (1954). — Cf. also R. JAGD: Glastechn. Ber. **33**, 10 (1960).

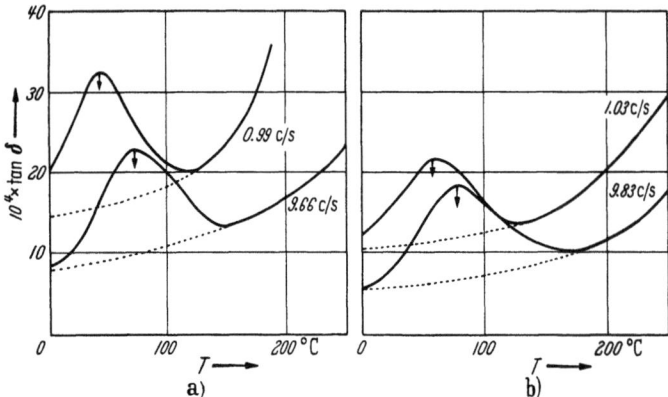

Fig. 140a and b. The two peaks in sodium calcium silicate glasses; (a) chilled glass; (b) properly annealed glass. After KIRBY.

undergoes when ω and T change) should be of the same order of magnitude as the activation energy of other phenomena based on the same mechanism. This is in fact the case: the activation energy of this mechanical relaxation process has been found to be of the order of 0.7 eV. The same value is found for the activation energy of the dielectric migration losses, for that of electrical conductivity (cf. [17]), and for that of the self-diffusion of ^{24}Na$^+$ ions in glass (cf. Sect. 44).

Figs. 141 and 142 show the influence of stress on the mechanical losses and the modulus of elasticity respectively, as measured at about 2220 c/sec in a technical plate glass with a composition by weight of 73% SiO_2, 13% Na_2O, 13% CaO and 1% Al_2O_3[1]. It is known that, the more completely a glass has been stabilized, the greater, on the average, is the depth of the potential wells containing the Na$^+$ ions (this has also been confirmed by measuring dielectric losses and electrical conductivity). The consequence is that the tan δ peak shifts to higher temperatures as the temperature of stabilization increases. A similar effect is found by comparing Fig. 140a and b.

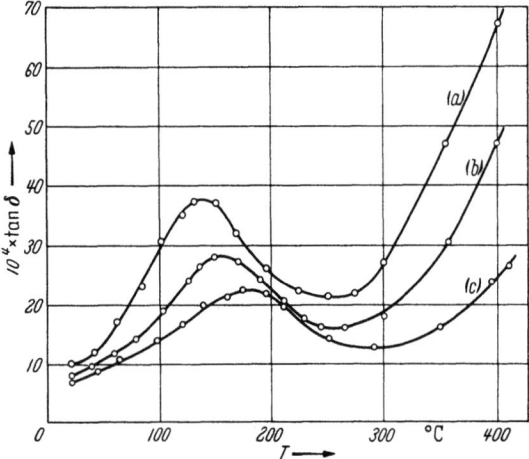

Fig. 141. Mechanical loss (internal friction) of a technical plate glass, measured at about 2220 c/sec as a function of temperature. (a) Glass with high stresses. (b) Glass with lower stresses. (c) Glass without stress. After DIETZEL and DEEG.

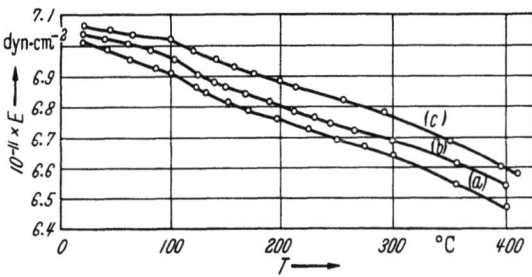

Fig. 142. Modulus of elasticity of a technical plate glass as a function of temperature. Measured at about 2220 c/sec. For the significance of the different curves see subscript to Fig. 141. After DIETZEL and DEEG.

Fig. 142 shows that the best stabilized glass shows the highest modulus of elasticity.

---

[1] A. DIETZEL and E. DEEG: Glastechn. Ber. 27, 105 (1954).

The way the position of the peak depends on the Na_2O content is also interesting. As more and more Na_2O is added, the value of Y decreases, the network loses its rigidity (at least as long as $Y > 2$), and the activation energy φ required for the jump becomes less and less. This is confirmed by Fig. 143[1]. The one way in which the observed values lie along line, irrespective of

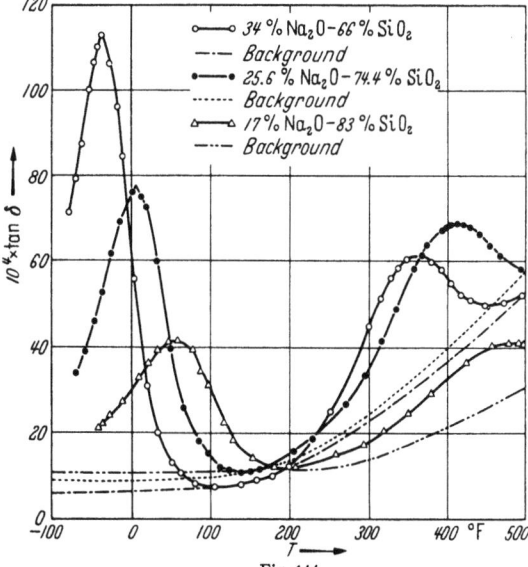

whether they were determined by measurements of transverse vibration ($\times$), torsional vibration ($\blacktriangle$) or by electrical conductivity ($\bullet$), is remarkable.

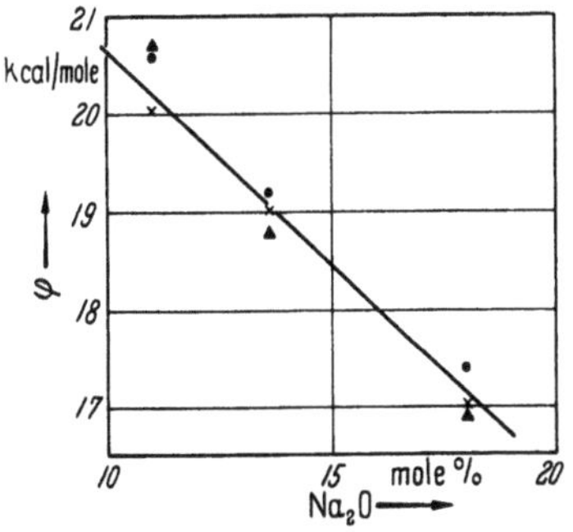

Fig. 144 shows the internal friction for three sodium silicate glasses[2]; the whole pattern here has shifted towards lower temperatures, because the (torsion) measurements were performed at extremely low frequencies (1 c/sec).

The height of the left-hand peak increases more or less in proportion with the quantity of sodium ions present; the activation energies increase again with the values of Y.

Finally, if the glass is free from Na^+ ions, thus constituting fused silica, the left-hand peak does not appear at all. We may regard its absence as a confirmation that its cause is the mechanism whereby Na^+ ions jump from interstice to interstice.

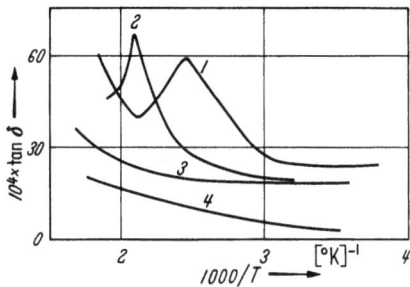

Fig. 143. Variation of the activation energy φ with the sodium ion concentration for transverse vibration measurements ($\times$); torsional vibration measurements ($\blacktriangle$); electrical conductivity measurements ($\bullet$). After KAMEL.

Fig. 144. Comparison of internal friction vs. temperature curves for three sodium silicate glasses (compositions in % by weight). After FORRY.

Fig. 145. Temperature dependence of internal friction of different sodium silicate glasses. After KAMEL. The Na_2O percentage in glasses 1 to 4 is 18, 11, 4 and 0% by weight respectively. The measuring frequencies range between 40 and 210 cycles. Since glass 2 was measured at the lowest frequency, its peak has shifted to lower temperature as compared with glasses 1 and 3.

It is worth of note that the peak is also absent in curves for sodium silicate glasses containing less than 4% Na_2O (Fig. 145). The measurement of dielectric losses likewise leads to the conclusion that Na^+ ions originating from the first 4% of Na_2O are sunk in potential wells so deep that it is practically impossible for them to jump (cf. [17]). These ions, then, make no contribution to dielectric losses, or to internal friction either, as would appear from the foregoing.

---

[1] R. KAMEL: J. Appl. Phys. 24, 1308 (1953).
[2] K.E. FORRY: J. Amer. Ceram. Soc. 40, 90 (1957).

The right-hand peaks of Fig. 144 reveal quite clearly that the rising parts of the curves in Figs. 140 and 141 do in fact form part of a peak. What is the cause of this second peak? Very little can be said with certainty in answer to this question. In any case the peak continues to appear in the absence of all Na^+ ions (i.e. in a curve for fused silica). The relaxation effect here is one that occurs at relatively high temperatures even when the exciting frequency is very low. KIRBY[1] associated the peak with the visco-elastic behaviour of the Si—O network, suggesting that large groups of atoms in the network exercise a cooperative effect. This effect would therefore be responsible for delayed elasticity in glass (cf. Sect. 52).

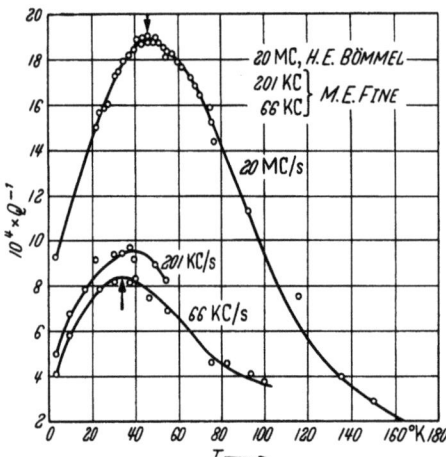

Fig. 146. Internal friction of fused silica as a function of temperature for different frequencies. After ANDERSON and BÖMMEL.

Unfortunately, an electrical analogue is difficult to contrive: electrical measurements generally have to be carried out at much higher frequencies, and so involve the displacement of the peak to still higher temperatures.

Fig. 146 displays mechanical losses in fused silica as published by ANDERSON and BÖMMEL[2] who partly reproduce curves of earlier work by FINE et al.[3]. The dielectric losses produce much the same sort of curve; in this connection the reader is referred to [17], p. 383.

An analysis of the electrical measurements has revealed that here we are concerned with what are known as "deformation losses", i.e. losses caused by small atomic displacements that do not affect the structure as a whole. The activation energies involved are of the order of 0.1 eV. The strong resemblance between the curves suggests very strongly that mechanical losses have their origin in the same phenomenon.

General references.

[1] MOREY, G. W.: The properties of glass, 2nd edit. New York: Reinhold Publishing Corp. 1954.
[2] STANWORTH, J. E.: Physical Properties of Glass. Oxford: Clarendon Press 1950.
[3] STEVELS, J. M.: Progress in the Theory of the Physical Properties of Glass. Amsterdam: Elsevier Publishing Co. 1948.
[4] TAMMANN, G.: Aggregatzustände, 2nd edit. Leipzig: Voss 1923.
[5] EITEL, W., M. PIRANI u. K. SCHEEL: Glastechnische Tabellen, Physikalische und Chemische Konstanten der Gläser. Berlin: Springer 1932.
[6] SMOLUCHOWSKI, R., J. E. MAYER and W. A. WEYL (Editors): Phase Transformations in Solids. New York: John Wiley & Sons Inc. 1951. Cf. especially the contribution by W. A. WEYL: Transitions in Glass, pp. 296—334.
[7] HOME DICKSON, J.: Glass. London: Hutchinson's Scientific and Technical Publications 1951.
[8] ROMAGNOLI, G. C., e C. L. DE MARCHI: Il Vetro e i Suoi Diffetti di Fabbricazione. Milano: Ulrico Hoepli 1952.
[9] TAYLOR, H. E., and D. K. HILL: The identification of stones in glass by Physical Methods. Sheffield: The Glass Delagacy of the Univ. of Sheffield 1952.
[10] JEBSEN-MARWEDEL, H.: Die Glasschmelze mikroskopisch gesehen. Frankfurt a. M.: Verlag der Deutschen Glastechnischen Gesellschaft 1951.
[11] HÜBSCHER, M.: Glasfabrikationsfehler. Leipzig: Fachbuchverlag Leipzig 1954.

---

[1] P. L. KIRBY: Trans. Faraday Soc. **41**, 95 (1957).
[2] O. L. ANDERSON and H. E. BÖMMEL: J. Amer. Ceram. Soc. **38**, 125 (1955).
[3] M. E. FINE, H. VAN DUYNE and N. T. KENNEY: J. Appl. Phys. **25**, 402 (1954).

[12] Scholes, S. R.: Modern Glass Practice, revised edit. Chicago: Industrial Publications Inc. 1952.
[13] Weyl, W. A.: Coloured Glasses. Sheffield: The Society of Glass Technology 1951.
[14] Joos, G. (Editor): Physik der festen Körper, Bd. 8, Teil I. Wiesbaden: Dieterichsche Verlagsbuchhandlung 1947. Cf. especially the contribution by A. Smekal: Struktur der Gläser und Kunststoffe, pp. 84—101.
[15] Symposium on: The Vitreous State. Sheffield: The Glass Delagacy of the Univ. of Sheffield 1955.
[16] Partridge, J. H.: Glass-to-metal Seals. Sheffield: The Soc. of Glass Techn. 1949.
[17] Stevels, J. M.: The Electrical Properties of Glass. Article in Encyclopedia of Physics, Vol. XX, pp. 350—391. Berlin-Göttingen-Heidelberg: Springer 1957.
[18] Jones, G.: Glass. London: Menthuen & Co. Ltd. 1956.
[19] Condon, E. U.: The Physics of the Glassy State. Iowa City: Fifteenth Annual Colloquium of College Physicists 1953. Also published in Amer. J. Phys. **22**, 43—53, 132—142, 224—232, 310—317 (1954).
[20] Haward, R. N.: The Strength of Plastics and Glass. London: Cleaver-Hume Press Ltd. 1949.
[21] Laurent, B.: Etude de quelques propriétés physiques de certains verres de borates purs en fonction du rapport moléculaire oxygène/bore. Paris 1953.
[22] ASTM Designation C 336—54 T: Tentative method of test for annealing point and strain point of glass. In: ASTM Standards on glass and glass products. Philadelphia: Amer. Soc. of Testing Materials 1955.
[23] Salmang, H.: Die Glasfabrikation, Physikalische und Chemische Grundlagen. Berlin-Göttingen-Heidelberg: Springer 1957.
[24] Kitaigorodski, I. I.: Technologie des Glases. München: Verlag R. Oldenbourg 1957.
[25] Compte Rendu du Symposium sur l'Affinage du Verre. Charleroi: Union Scientifique Continentale du Verre 1956.
[26] Arnulf, A.: The Optical properties of glass, Article in Encyclopaedia of Physics, Vol. XXIX (to be published).
[27] Compte Rendu du Symposium sur la Fusion du Verre. Charleroi: Union Scientifique Continentale du Verre 1958.
[28] Jebsen-Marwedel, H.: Glastechnische Fabrikationsfehler. Berlin-Göttingen-Heidelberg: Springer 1959.
[29] Sosman, R. B.: The properties of Silica. New York: Reinhold Publishing Corp. 1927.
[30] Barrer, R. M.: Diffusion in and through Solids. Cambridge: University Press 1951.
[31] Remy, H.: Treatise on Inorganic Chemistry, Vols. I and II. Amsterdam: Houston-London-New York: Elsevier Publishing Co. 1956.
[32] Kingery, W. D.: Property Measurements at High Temperatures. New York: John Wiley & Sons 1959.
[33] Gilard, P., L. Dubrul et P. Gilard: Les Industries du Verre. Bruxelles: Les Etudes des Composés Siliceux; Paris: Eyrolles 1960.
[34] Mazelev, L. Y.: Borate Glasses. New York: Consultants Bureau 1960.
[35] Bockris, J. O'M., J. L. White and J. D. Mackenzie (Editors): Physico-Chemical Measurements at High Temperatures. London: Butterworths Scientific Publications 1959.
[36] Kingery, W. D. (Editor): Kinetics of High Temperature Processes. New York: John Wiley & Sons; London: Chapman & Hall 1959.
[37] Mackenzie, J. D. (Editor): Modern Aspects of the Vitreous State. Vol. I. London: Butterworths: Scientific Publications 1960.
[38] Fréchette, V. D. (Editor): Non-crystalline solids. New York: John Wiley & Sons 1960.
[39] Compte Rendu du Symposium sur la Résistance mécanique du verre et les moyens de l'améliorer. Charleroi: Union Scientifique Continentale du verre 1962.
[40] Oburger, W.: Die Isolierstoffe der Elektrotechnik. Wien: Springer 1957.
[41] Burke, J. E. (Editor): Progress in Ceramic Science. Vol. I. Oxford-London-New York-Paris: Pergamon Press 1960.
[42] Burke, J. E. (Editor): Progress in Ceramic Science. Vol. II. Oxford-London-New York-Paris: Pergamon Press 1962.

Sachverzeichnis.
(Deutsch-Englisch.)

Bei gleicher Schreibweise in beiden Sprachen sind die Stichwörter nur einmal aufgeführt.

Abesche Regel, *Abe's rule* 531—532.
Abkühlung mit konstanter Geschwindigkeit, *rate method of cooling* 548.
Abkühlungsgeschwindigkeit und Beschädigungszeit, Beziehung, *cooling rate and damage time, relation* 630.
Abkühlungsprozeß bei der Glasherstellung, *cooling process in glass manufacture* 544 bis 546, 548.
abnorme Struktur von Phosphatgläsern, *abnormal structure of phosphate glasses* 535 bis 537.
Abschneiden kurzer Wellen im Schwankungsspektrum, *cut-off of short waves in fluctuation* 70—71.
Abschwellung eines Gels in verschiedenen Lösungsmitteln, *deswelling of a gel in different solvents* 489, 507.
Absorptionskoeffizient von Wärmestrahlung in Glas, *absorption coefficient of heat radiation in glass* 574.
Aceton-Chloroform-Mischung, Verdünnungsentropie, *acetone-chloroform mixture, entropy of dilution* 334—335.
Additivität der Ausdehnungskoeffizienten, *additivity of expansion coefficients* 563 bis 564.
— des Potentials der Durchschnittskraft in Paaren, *of average force potential in pairs* 20, 49.
äquivalente Kette, *equivalent chain* 405.
äquivalente Kugel, *equivalent sphere* 453, 454, 473, 474.
Äthylen-Dibromid, Molekülwärme, *ethylene-di-bromide, molecular heat* 210.
Ätzen einer Glasoberfläche, *etching of a glass surface* 626.
Akkumulationsbereich eines Boratnetzwerks, *accumulation region of borate network* 529, 557, 569.
Aktivierungsenergien für Diffusion von Gasen durch Quarzglas, *activation energies for diffusion of gas through fused silica* 618.
— der Kationen in Gläsern, *of cations in glasses* 586, 589—590.
— der mechanischen Relaxation, *in mechanical relaxation* 638, 640—641.
— für Selbstdiffusion von Ionen in Glas, *for self-diffusion of ions in glass* 622.
Aktivitätskoeffizient, mittlerer, eines Elektrolyts, *average activity coefficient of an electrolyte* 370.
Aktivitätskoeffizienten von Elektrolyten, *activity coefficients of electrolytes* 379, 380.

Alkaliboratgläser, *alkali borate glasses* 531 bis 533, 556, 559—560, 569.
—, Viskosität, *viscosity* 590, 592.
Alkaliphosphatgläser, *alkali phosphate glasses* 538—539.
Alkalisilikatgläser, *alkali silicate glasses* 523, 524, 551, 553, 555, 558, 560.
Alkalisilikatsysteme, Grenzen der Glasbildung, *alkali silicate systems, limits of glass formation* 612—614.
Aluminiumphosphatgläser, *aluminium phosphate glasses* 535, 536.
amorphe Gebiete in Polymeren, *amorphous regions in polymers* 425, 450.
amorpher Anteil beim Schmelzen, *amorphous part in melting* 296.
anionische Polymere, *anionic polymers* 492, 494.
Anisotropie von Polymeren, *anisotropy in polymers* 450.
Argon, Abweichungen von der Clausius-Mossottischen Gleichung, *argon, deviations from the Clausius-Mossotti equation* 252, 256.
—, Dampfdruck, *vapour pressure* 232, 234.
—, Koordinationszahlen, *coordination numbers* 233.
—, kritische Daten, *critical data* 230, 232, 234.
—, kritische Opaleszenz, *critical opalescence* 250.
—, radiale Verteilungsfunktion, *radial distribution function* 275, 282.
—, Röntgenstreuung, *x-ray scattering* 250.
—, Schmelzparameter, *melting parameter* 289, 300.
Arrheniussche Hypothese der Dissoziation von Elektrolyten, *Arrhenius' hypothesis of dissociation of electrolytes* 370.
athermische Keimbildung, *athermal nucleation* 595, 596.
Atomverteilung und Kleinwinkel-Streuung, *atom distribution and small-angle scattering* 185.
Atomwärme s. spezifische Wärme, *atomic heat see specific heat.*
Ausdehnungskoeffizient von Gläsern, *expansion coefficient of glasses* 544, 547, 557, 561—570.
— —, Abhängigkeit von der fiktiven Temperatur, *dependence on fictive temperature* 562.
— —, Abhängigkeit von der Zusammensetzung, *dependence on composition* 566—568.
— —, Additivität, *additivity* 563—564.

Ausdehnungskoeffizient von Gläsern, Temperaturabhängigkeit, *expansion coefficient of glasses, dependence on temperature* 562.
— von Keramik, *of ceramics* 606.
Auslöschungssatz, *extinction law* 260.
azeotroper Punkt, *azeotropic point* 323, 326.

Bariumsilikat-Gläser, Struktur, *barium silicate glasses, structure* 524.
Beersches Gesetz, *Beer's law* 574.
Benzol-Cyclohexan-Mischung, Entropie, *benzene-cyclohexane mixture, entropy* 339, 355.
—, Orientierungseffekte, *orientation effects* 343—344.
Berührungspunkt, *contact point* 521.
Berylliumphosphatgläser, *beryllium phosphate glasses* 537.
Bethe-Parameter, *Bethe parameter* 89, 90, 335, 337.
Bethesche Näherung für Überstrukturumwandlungen, *Bethe's approximation for superlattice transformations* 88—94, 104, 285, 335.
Bezeichnungen s. Nomenklatur, *designations see nomenclature*.
Bezugsspektrum, *reference spectrum* 72, 75.
Bezugstemperaturen der Viskosität von Glas, *reference temperatures of glass viscosity* 579.
Biegungsfestigkeit von Gläsern, *bending strength of glasses* 624, 629.
binäre Alkalisilikatgläser, *binary alkali silicate glasses* 555, 559, 566.
binäre Alkalisilikatsysteme, Grenzen der Glasbildung, *binary alkali silicate systems, limits of glass formation* 612—614.
binäre Erdalkaliboratgläser, *binary alkaline earth borate glasses* 530.
binäre Flüssigkeiten, Ergebnisse der Theorie des freien Volumens und experimentelle Daten, *binary liquids, results of theory of free volume and experimental data* 355.
— —, experimentelle Daten, *experimental data* 326—328.
binäre Gläser, *binary glasses* 515.
binäre Legierungen, Kleinwinkel-Streuung von Röntgenstrahlen, *binary alloys, small-angle scattering of x-rays* 180—189.
binäre Mischung s. auch Lösungen von Polymeren, *binary mixture see also solutions of polymers*.
binäre Systeme, experimentelle Ergebnisse, *binary systems, experimental curves* 167 bis 175.
— —, Fuchssche Theorie, *Fuchs theory* 143 bis 153, 159—167.
— — von Polymeren, *of polymers* 480—481.
— —, Verallgemeinerung der Ornstein-Zernikeschen Integralgleichung, *generalization of the Ornstein-Zernike integral equation* 191.
— — s. auch feste Lösungen, *see also solid solutions*.

Bindung zwischen Kettengliedern, *bonds between chain elements* 402.
B-Koeffizienten des osmotischen Druckes, Definition, *B-coefficients, of osmotic pressure, definition* 451.
Bleisilikat-Gläser, Struktur, *lead silicate glasses, structure* 524.
Blockierungseffekt von Calcium-Ionen, *blocking effect of calcium ions* 622.
Bor-Anomalie, *boron anomaly* 590.
Boratglas, spezifische Wärme, *borate glass, specific heat* 572.
— unter hohem Druck, *under high pressure* 558.
Boratgläser, *borate glasses* 529—534.
—, Absorptionsspektren, *absorption spectra* 532.
—, thermische Ausdehnung, *thermal expansion* 568—570.
Boratsysteme, Grenzen der Glasbildung, *borate systems, limits of glass formation* 615.
Born-Greensche Berechnungsmethode der thermodynamischen Funktionen, *Born-Green computation method of thermodynamic functions* 11.
Born-Greensche Gleichung, *Born-Green equation* 20—21.
— — als Sonderfall der Mayerschen Gleichungen, *as a specialization of Mayer's equations* 39—40.
Bornsche Näherung für die Streuung langsamer Neutronen, *Born approximation for scattering of slow neutrons* 197.
Born-von Kármánsches eindimensionales Kristallmodell, *Born-von Kármán one-dimensional crystal model* 58.
Borsilikatgläser, *borosilicate glasses* 534.
—, Härte, *hardness* 634—635.
—, Viskosität, *viscosity* 584.
Bragg-Williamssche Näherung für binäre Lösungen, *Bragg-Williams approximation for binary solutions* 346, 347.
— — für Rotationsumwandlungen, *for rotation transformations* 211—212.
— — für Überstrukturumwandlungen, *for superlattice transformations* 85—88, 104, 285.
Brechungsindex, *index of refraction* 256—262.
— von Gläsern, *of glasses* 544.
—, Schwankungen, *fluctuations* 310.
Brownsche Bewegung, *Brownian motion* 439.
Bruch von Sauerstoffbrücken, *breaking of oxygen bridges* 587.
Buckinghamsches Potential, *Buckingham potential* 275.

Cabannes-Faktor, *Cabannes factor* 262, 267.
Calciumphosphatgläser, *calcium phosphate glasses* 534.
Calciumsilikatgläser, Struktur, *calcium silicate glasses, structure* 524.

chemische Widerstandsfähigkeit von Keramik, *chemical resistance of ceramics* 606.
— hnischer Gläser, *of technical glasses* 543, 544.
chemisches Potential von Dampf, *chemical potential of vapour* 274.
— —, Definition, *definition* 16.
— — einer Flüssigkeit, *of a liquid* 274.
— — und molekulare Verteilungsfunktion, *and molecular distribution function* 17.
Chloroform-Aceton-Mischung, Verdünnungsentropie, *chloroform-acetone micture, entropy of dilution* 334—335.
Chromatographie von Alkaliphosphatgläsern, *chromatography of alkali phosphate glasses* 538.
Clausius-Clapeyronsche Gleichung, Verallgemeinerung, *Clausius-Clapeyron equation, generalization* 296.
Clausius-Mossottische Gleichung, *Clausius-Mossotti equation* 251, 255.
Cluster-Entwicklung, *cluster expansion* 33, 34, 145.
—, Begrenzung unterhalb des kritischen Punktes, *limitation below critical point* 217.
Cluster-Entwicklungstheorie der Elektrolyte, *cluster expansion theory of electrolytes* 392, 394.
Cluster-Integrale für einen Elektrolyten, *cluster integrals for an electrolyte* 372.
— — zweiter Art, *of the second kind* 35.
Cluster-Summen, *cluster sums* 146, 160.
Cluster-Theorie des freien Volumens, *cluster theory of the free volume* 241, 244.
— der Lösungen von Nichtelektrolyten, *of non-electrolyte solutions* 302.
Coacervation 502, 504.
Communal entropy 220, 223, 233.
Coulomb-Kräfte zwischen den Ionen in Elektrolyten, *Coulomb forces between ions in electrolytes* 371, 373, 374.
Curie-Punkt, *Curie point* 205, 207—209.
Cyclohexan-Benzol-Mischung, Entropie, *cyclohexane-benzene mixture, entropy* 339, 355.

Dampf, chemisches Potential, *vapour, chemical potential* 274.
Dampfdruck, *vapour pressure* 221, 232, 240.
Dampfdruckgleichgewicht, *vapour pressure equilibrium* 230, 273.
— für eine streng reguläre Lösung, *for a rigorously regular solution* 323.
Debye-Hückelsche Näherung für Polyelektrolyte, *Debye-Hückel approximation for polyelectrolytes* 494—495, 503.
Debye-Hückelscher Parameter, *Debye-Hückel parameter* 376, 388.
Debye-Hückelsche Theorie der Elektrolyte, *Debye and Hückel's theory of electrolytes* 375—381.
— — —, Rechtfertigung, *justification* 381, 383—389, 392.
— —, Erweiterung für kolloidale Systeme, *extension to colloidal systems* 492.

Debyescher Aufladungsprozeß, *Debye's charging process* 374, 377, 393.
Debyesche Formel für den Korrelationsradius, *Debye's formula for the correlation radius* 76.
Debye-Scherrer-Diagramm für Quarzglas, *Debye-Scherrer pattern of vitreous silica* 522.
Debye-Temperatur, *Debye temperature* 571.
Dehnung von Gläsern, Einfluß auf Gasdiffusion, *tension of glasses, effect on gas diffusion* 620.
— einer Glasfaser, *elongation of a glass fibre* 579.
Depolarisationsgrad, *degree of depolarization* 262.
Destruktionsbereich eines Boratnetzwerks, *destruction region of borate network* 530, 569.
Devitrit, Bildung in Glas, *devitrite, formation in glass* 601, 602, 608.
Diamantpyramidenhärte, *diamond pyramid hardness* 633—635.
Dichte der Gläser, Abhängigkeit von der Zusammensetzung, *density of glasses, dependence on composition* 548—554.
— —, Druckabhängigkeit, *dependence on pressure* 557—560.
— — bei hohen Temperaturen, *at high temperatures* 555—557.
— —, Temperaturabhängigkeit, *dependence on temperature* 561—570.
— — und ihre thermische Vorgeschichte, *and their thermal history* 555.
Dichte der Paare, *density of pairs* 5.
— der Teilchen, *of particles* 4.
Dichteformeln für Gläser, *density formulae for glasses* 549, 552, 554.
Dichtematrix, *density matrix* 64.
Dichteschwankung, totale, *total density fluctuation* 30.
Dielektrizitätskonstante, *dielectric constant* 251—256.
diffuse Umwandlung erster Ordnung, *diffuse first-order transition* 430.
Diffusion von Gasen durch Glas, *diffusion of gases through glass* 616—621.
— von Ionen durch Glas, *of ions through glass* 621—623.
Diffusionsmethode zur Bestimmung des Molekulargewichtes, *diffusion method for the determination of molecular weights* 401, 496.
dilatometrischer Erweichungspunkt eines Glases, *deformation point of a glass* 580.
direkte Korrelationsfunktion, *direct correlation function* 73.
Dispersion des eindimensionalen Kristalls, *dispersion of the one-dimensional crystal* 60.
Dispersionskräfte, *dispersion forces* 349.
Dissoziationsgrad eines Polyelektrolytes, *degree of dissociation of a polyelectrolyte* 492.

Donnansches Gleichgewicht, *Donnan equilibrium* 495, 499, 507, 508.
Doppelbrechung von deformiertem Glas als Mittel zur Untersuchung der elastischen Nachwirkung, *birefringence of deformed glass as a means to study delayed elasticity* 639.
dreidimensionales Ising-Modell, *three-dimensional Ising model* 139.
Dreiecke von BO_3, Bindung, *triangles of BO_3, binding* 531.
Dreiecksgitter, *triangle lattice* 118, 121.
dritter Virialkoeffizient, *third virial coefficient* 451.
Druck, *pressure* 12.
Druckabhängigkeit der Glasdichte, *pressure dependence of glass density* 557—560.
Druckhärte von Gläsern, *indentation hardness of glass* 632.
Dualgitter, *dual lattice* 118, 119.
Durchlässigkeit von geschmolzenem Quarz für Diffusion von Gasen, *permeability of fused silica to gas diffusion* 617, 619.
Durchschnittskräfte, ihre Potentiale, *average forces, their potentials* 9, 11, 16, 25.
Durchschnittspotential-Modell flüssiger Gemische, *average potential model of liquid mixtures* 360—365.
—, verfeinertes, für flüssige Gemische, *two-liquid model of liquid mixtures* 364.

Eigenwertmethode für das eindimensionale Ising-Modell, *eigenvalue method for the one-dimensional Ising model* 111.
— für das zweidimensionale Ising-Modell, *for the two-dimensional Ising model* 113 bis 115, 121—133.
eindimensionale Flüssigkeit, *one-dimensional fluid* 49.
eindimensionaler Kristall, *one-dimensional crystal* 58.
eindimensionales Ising-Modell, *one-dimensional model of Ising* 108—113.
Einsinkpunkt eines Glases, *sinking point of a glass* 580.
Einsteinsche Beziehung der Diffusionstheorie, *Einstein relation of diffusion theory* 623.
Einsteinsche Funktion, *Einstein function* 571.
Einsteinsche Theorie der Lichtstreuung für binäre Systeme, *Einstein's theory of light scattering for binary systems* 312, 315.
— — — Rechtfertigung, *justification* 262, 267.
Eisen, kritische Streuung von Neutronen, *iron, critical scattering of neutrons* 208 bis 209.
elastische Formänderung von Polymeren, *elastic deformation of polymers* 432—451, 487.
elastische Kraft, *elastic force* 442, 443.
elastische Nachwirkung in Glas, *delayed elasticity in glass* 637—640.
Elastizität gummiähnlicher Substanzen, *elasticity of rubberlike materials* 435.

Elastizitätsmodul, *Young's modulus* 433.
— eines Glases, *of a glass* 624, 635.
— —, Berechnung aus der chemischen Zusammensetzung, *calculation from chemical composition* 636.
elektrische Eigenschaften von Keramik, *electrical properties of ceramics* 606.
elektrische freie Energie von Polyelektrolyten *electrical free energy of polyelectrolytes* 494, 495.
elektrische Leitfähigkeit von Glas, *electrical conductivity of glass* 584, 591.
Elektrolyte hoher Konzentration, *electrolytes of high concentration* 392—395.
—, Lösungen, *solutions* 369—395.
—, Potential der Durchschnittskraft, *potential of average force* 306.
Elektronegativität und Glasbildung, *electronegativity and glass formation* 526, 541.
elektrostatische Bindungsstärke, *electrostatic bond strength* 565.
Energieparameter in binären Systemen, *energy parameter in binary systems* 145.
Energieübertragung durch Neutronenstreuung, *energy transfer by neutron scattering* 197, 198.
Entglasung, *devitrification* 543, 592—616.
—, Einfluß auf spezifische Wärme, *effect on specific heat* 573.
Entmischung, kritischer Punkt, *precipitation, critical point* 149—153, 161—166.
— von Polymeren in Lösung, *of polymers in solution* 484.
Entmischungskurve einer binären Flüssigkeit, *precipitation curve of a binary liquid* 309.
— einer streng regulären Lösung, *of a rigorously regular solution* 324.
Entropie der Deformation eines Netzwerks, *entropy of network deformation* 436, 440, 442.
— der Mischung, *of mixture* 172—174, 325, 333, 338, 350, 351.
— der Verdünnung, *of dilution* 172—174, 334, 339.
Entropieglieder in Polymerenlösungen, *entropy terms in polymer solutions* 457.
Erdalkaliboratgläser, *alkaline earth borate glasses* 530, 556, 557, 559—560, 567, 569.
—, Viskosität, *viscosity* 591.
Ergodizität, *ergodicity* 281.
Erholungszeit der elastischen Nachwirkung in Glas, *recovery time of delayed elasticity in glass* 637.
Erweichungspunkt eines Glases, *softening point of a glass* 579, 594.
—, dilatometrischer, *deformation point of a glass* 580.
Erweichungstemperatur von Natriumboratgläsern, *softening temperature of sodium borate glasses* 532.
exakte Lösung für das zweidimensionale Ising-Modell, *exact solution for the two-dimensional Ising model* 121—133.

Fadenenden, Abstand, *end-to-end distance* 404, 408, 439.
Fällungsfraktionierung von Polymeren, *precipitation fractionation of polymers* 485.
Farbe eines Glases, *colour of a glass* 540.
Fehlordnung, statistische Behandlung, *defects in crystals, statistical treatment* 78.
Feldstärke des Kations, Einfluß auf die Glasstruktur, *field-strength of cation, effect on glass structure* 541, 554, 561.
— —, Einfluß auf die thermische Ausdehnung der Gläser, *effect on thermal expansion of glasses* 564—566, 568.
Fermi-Dirac-Verteilung in Elektrolyten, *Fermi-Dirac distribution in electrolytes* 393.
Fernordnung in einer Dimension, *long-range ordering in one dimension* 61.
— im dreidimensionalen Ising-Modell, *in the three-dimensional Ising model* 141—142.
— im Ising-Modell, *in the Ising model* 112.
Fernordnungserscheinungen in Polymeren, *order-disorder phenomena in polymers* 423.
Fernordnungsgrad berechnet aus dem zweidimensionalen Ising-Modell, *long-range ordering degree calculated by the two-dimensional Ising model* 139.
— von BETHE, *of Bethe* 91.
— von BRAGG und WILLIAMS, *of Bragg and Williams* 83, 87.
Ferromagnetica, kritische Opaleszenz, *ferromagnetics, critical opalescence* 196—210.
ferromagnetisches Modell von ISING, *ferromagnetic model of Ising* 79, 109—112.
feste Lösungen s. auch binäre Systeme und Legierungen, *solid solutions see also binary systems and alloys*.
— —, Fuchssche Theorie (s. auch Fuchssche Theorie), *theory of Fuchs* 143—153, 159 bis 167.
— —, kritische Opaleszenz, *critical opalescence* 189—196.
— —, Vergleich von Theorie und Experiment, *comparison of theory and experiment* 167—175.
Festigkeit von Gläsern, *strength of glasses* 623—635.
— —, Einfluß der chemischen Zusammensetzung, *effect of chemical composition* 629.
— —, experimentelle Bestimmung, *experimental determination* 631—632.
— —, Oberflächenverätzung, *surface etching* 626, 627.
— —, Temperaturabhängigkeit, *temperature dependence* 627—628.
Festigkeitsskala für Gläser, *strength scale for glasses* 630.
fiktive Temperatur, *fictive temperature* 544, 546—548, 561.
— —, Einfluß auf den Ausdehnungskoeffizienten von Gläsern, *effect on the expansion coefficient of glasses* 562.
Fließpunkt eines Glases, *flow point of a glass* 579.

Florysche Temperatur, *Flory temperature* 460, 468, 469, 471, 481.
flüssige Phasen, molekulare Dichte, *liquid phases, molecular density* 6.
Flüssigkeiten, eindimensionales Modell, *liquids, one-dimensional model* 49—58.
—, Lösungen von Elektrolyten, *solutions of electrolytes* 369—395.
—, Lösungen von Nichtelektrolyten, *solutions of non-electrolytes* 300—369.
—, Theorie reiner Flüssigkeiten, *theory of pure liquids* 217—300.
fluider Charakter eines eindimensionalen Kristalls, *fluid character of one-dimensional crystal* 61, 63.
Flußsäure, Ätzen von Glas, *hydrofluoric acid, etching of glass* 626.
Formänderung von Polymeren, thermodynamische Behandlung, *deformation of polymers, thermodynamical treatment* 432 bis 451.
Fourier-Transformation, physikalische Bedeutung, *Fourier transform, physical meaning* 69.
Fraktionisierung von Polymeren, *fractionation of polymers* 485—487.
freie Energie, *free energy* 13, 221, 225, 229, 237, 287, 296, 297, 319.
— — der Deformation eines Netzwerks, *of network deformation* 435, 442.
— — von Elektrolyten, *of electrolytes* 374.
— — und Fernordnungsgrad, *and long-range ordering* 86.
— — eines Gels, *of a gel* 487—489.
— — der Konfiguration von Polyelektrolyten, *configurational free energy of polyelectrolytes* 494.
— — in der Näherung von DEBYE und HÜCKEL, *of electrolytes in the Debye-Hückel approximation* 377, 378.
— — einer streng regulären Lösung, *of a rigorously regular solution* 322.
— — der Verdünnung, *of dilution* 315, 319.
freies Volumen, Anwendung der Theorie auf Lösungen, *free volume, application of theory to solutions* 344—356.
— —, berechnet aus der Lennard-Jones-Devonshireschen Theorie, *calculated from Lennard-Jones' and Devonshire's theory* 228.
— —, Cluster-Theorie, *cluster theory* 241, 244.
— —, Definition, *definition* 225.
— —, generalisiertes, *generalized* 235, 241.
— — im Gittermodell flüssiger Lösungen, *in lattice model of liquid solutions* 316.
— —, Grundlagen seiner Theorie, *principles of its theory* 219—226.
— — eines Zellen-Clusters, *of a cell cluster* 244.
Freiheitsgrade von Makromolekülen, *degrees of freedom of macromolecules* 410.
Frenkelsche Fehlstellen, *Frenkel defects* 77 bis 78.
Frenkelsche Wahrscheinlichkeitsdichte, *Frenkel's probability density* 55.

Sachverzeichnis.

Fuchssche Theorie der festen Lösungen (s. auch feste Lösungen), *Fuchs theory of solid solutions* 143—153, 159—167.
— — — —, Definition des kritischen Punktes, *definition of critical point* 149.
— — — —, experimentelle Prüfung, *experimental test* 167—175.
— — — —, spezielle Gitter, *special lattices* 161—166.
Fugazität, *fugacity* 32.
Fulcher-Tammannsche Gleichung, *Fulcher-Tammann equation* 581.

Gaußsche Kette, *Gaussian chain* 443.
Gaußsche Näherung für stark gestreckte Ketten, *Gaussian approximation for highly elongated chains* 405, 442.
Gegenionen, die ein Polyelektrolytmolekül umgeben, *counterions surrounding a polyelectrolyte molecule* 496—497, 498.
geglättete (halbfeine) Korrelationsfunktion, *smoothed (half-fine) correlation function* 69, 70.
geglättetes Potential in Flüssigkeiten, *smoothed potential in liquids* 222, 226.
geglättetes Potentialmodell von PRIGOGINE und MATHOT, *smoothed potential model of Prigogine and Mathot* 352—353.
Gel, freie Energie, *gel, free energy* 487—489.
generalisiertes freies Volumen, *generalized free volume* 235.
generelle Funktionen, *general functions* 5.
geometrische Korrelation der Orientierungen, *geometrical correlation of orientations* 340.
Geschwindigkeit homogener Keimbildung, *rate of homogeneous nucleation* 595.
— des Kristallwachstums in Glas, *of crystal growth in glass* 513, 595, 597, 600.
— — —, Berechnung, *calculation* 600—601.
— — —, experimentelle Bestimmung, *experimental determination* 597—598, 604.
Gewichtsmittel des Molekulargewichtes, *weight average molecular weight* 401, 420.
Gibbs-Duhemsche Gleichung, *Gibbs-Duhem equation* 29.
Gibbssche freie Energie, *Gibbs' free energy* 296, 319.
— — —, Einfluß auf die Kristallisation von Gläsern, *effect on crystallization of glasses* 593, 595, 600.
Gitter, für welche die Fuchssche Theorie ausgewertet ist, *lattices for which the Fuchs theory has been evaluated* 161—163.
Gitterfrequenz, *lattice frequency* 410.
Gitter-Gas, *lattice gas* 218.
Gittermodell binärer Flüssigkeiten, *lattice model of binary liquids* 316—328.
— von makromolekularen Substanzen, *of macromolecular materials* 413, 419.
— der Polymerenlösungen, *of polymer solutions* 451, 456—462, 488.
Gitterparameter, *lattice parameter* 411.
Gitterstruktur eines Glases, *lattice structure of a glass* 517.

glasbildende Oxyde, *glass-forming oxides* 514, 518.
Glasbildung, *glass formation* 515, 525.
—, gemischte chemische Bindung, *mixed chemical bonding* 525, 542.
Glasfamilien, *glass families* 514—515.
glasiges Material, Verschiebungsfaktor, *glassy material, shift factor* 447.
Glasigkeit, *glassiness* 610.
Glaskeramik, *glass ceramics* 606—607.
Glasstruktur und Gleichgewichtsstruktur, *glass structure and equilibrium structure* 544, 555.
Glasumwandlung, *glass transition* 431, 432, 447.
Glaszustand, charakteristische Parameter, *vitreous state, characteristic parameters* 520—521.
—, Definition, *definition* 514.
—, Grundeigenschaften, *basic properties* 511.
Gleichgewichtsstruktur und Glasstruktur, *equilibrium structure and glass structure* 544, 555.
Gleitmodul, *shear modulus* 433, 441.
— von Glas, *of glass* 635.
Gold-Kupfer-Legierung, *gold-copper-alloy* 80 bis 81.
Gorskysche Behandlung von Überstrukturumwandlungen, *Gorsky's treatment of superlattice transformations* 84.
Grenzen der Kristallbildung in Gläsern, *limits of crystallization in glasses* 612—616.
Grenzgesetz von DEBYE und HÜCKEL, *limiting law of Debye and Hückel* 378, 380, 381.
Grenzgesetze für unendliche Verdünnung, *limiting laws for infinite dilution* 304, 305.
große kanonische Gesamtheit, *grand canonical ensemble* 23.
Güntelbergscher Aufladungsprozeß, *Güntelberg's charging process* 374, 382, 393.
Güteindex eines Schockversuchs, *performance index of shock test* 577.
Gummi-Elastizität, *rubber elasticity* 435, 442, 488.

Härte von Gläsern, *hardness of glasses* 632 bis 635.
— von Keramik, *of ceramics* 606.
— von Natriumboratgläsern, *of sodium borate glasses* 532.
halbfeine Größen von MASSIGNON, *half-fine quantities of Massignon* 68, 69.
Halogenidgläser, *halide glasses* 515.
harmonisches Oszillatorenmodell, *harmonic oscillator model* 349, 571.
Heilwirkung von Oberflächenverätzung, *healing effect of surface etching* 626.
Helium-Atome, Wechselwirkung zweier, *interaction between two helium atoms* 2.
Helmholtzsche freie Energie, *Helmholtz free energy* 13, 221, 225, 229, 237, 287, 297, 319.
Hertzscher Vektor, *Hertzian vector* 257, 263.
heterogene Keimbildung in Gläsern, *heterogeneous nucleation in glasses* 593, 605.

Hochtemperaturbereich der Viskosität von Glas, *high temperature range of glass viscosity* 582.
hohe Temperaturen, Glasdichte, *high temperatures, glass density* 555—557.
homogene Keimbildung in Gläsern, *homogeneous nucleation in glasses* 593, 595.
Hookesches Gesetz für Gläser, *Hooke's law for glasses* 623, 635, 637.
Hugginssche Dichteformel, *Huggins' density formula* 549—550, 554.
Hydratation von Ionen, *hydratation of ions* 393.
hydrodynamische Wechselwirkung zwischen Polymerensegmenten, *hydrodynamic interaction between polymer segments* 473, 476.
Hypothesen von LENNARD-JONES und DEVONSHIRE, *hypotheses of Lennard-Jones and Devonshire* 223—226.

ideale Lösung, Definition, *ideal solution, definition* 320.
Inhomogenitäten in Glasstrukturen, *inhomogeneities in glass structure* 527.
Inkompatibilität von Polymeren in Lösung, *incompatibility of polymers in solution* 484.
innere Parameter, *internal parameters* 421, 423, 431, 446.
innere Reibung von Glas, *internal friction of glass* 641, 643.
innerer Zusammenhang eines Netzwerks, *internal coherence of a network* 520, 531, 569.
Integralgleichung von BORN und GREEN, *integral equation of Born and Green* 20—21, 39—40.
— von KIRKWOOD und MONROE, *of Kirkwood and Monroe* 42
— von ORNSTEIN und ZERNIKE, *of Ornstein and Zernike* 72—73, 203.
— — — Verallgemeinerung für binäre Systeme, *generalization for binary systems* 191.
Integralgleichungen erster Art von KIRKWOOD, *integral equations of the first kind of Kirkwood* 21—23, 41, 267.
— von MAYER, *of Mayer* 37, 39.
— zweiter Art von KIRKWOOD, *of the second kind of Kirkwood* 43, 45.
Invarianten des Verformungstensors, *strain invariants* 433.
Ionengas-Modell eines Elektrolyten, *ionic gas model of an electrolyte* 370, 371.
Ionenstärke in einem Elektrolyten, *ionic strength in an electrolyte* 379.
— eines Polyelektrolyten, *of a polyelectrolyte* 493, 499, 500, 502.
Ising-Modell, Anwendung auf Polyelektrolyte, *Ising model, application to polyelectrolytes* 497.
—, Anwendung auf Überstruktur, *application to superlattice structure* 83—84.
—, dreidimensionales, *three-dimensional* 139.
—, eindimensionales, *one-dimensional* 108 bis 113.

Ising-Modell fester Lösungen, *Ising Model of solid solutions* 153—159.
—, Grundbegriffe, *principles* 79.
—, Matrixtheorie, *matrix theory* 108f., 122f.
—, Rotationsumwandlung, *rotation transformation* 211, 335.
—, zweidimensionales, *two-dimensional* 113 bis 139.
isotherme Kompressibilität, *isothermic compressibility* 29, 262, 359.
Isothermen, berechnet nach Monte-Carlo-Verfahren, *isothermics calculated by Monte Carlo procedures* 282, 283.
— des osmotischen Druckes, *isothermals of the osmotic pressure* 308.
— der Schmelztheorie, *isothermics of melting theory* 288.

Kaliumboratgläser, *potassium borate glasses* 533.
Kaliumphosphatgläser, *potassium phosphate glasses* 539.
Kaliumsilikatgläser, Struktur, *potassium silicate glasses, structure* 524.
kalorische Zustandsgleichung, *caloric equation of state* 11, 17, 27.
kanonische Gesamtheit, *canonical ensemble* 7—8.
kanonische Verteilungsfunktion, *canonical distribution function* 64.
Kastenpotential, *potential well* 242, 352.
kationische Polymere, *cationic polymers* 492, 494.
Kation-Sauerstoff-Bindung, glasbildende Fähigkeit, *cation-oxygen bond, glass forming ability* 526.
katalysierte Keimbildung in Gläsern, *catalyzed nucleation in glasses* 593, 604.
Keimbildung, Berechnung ihrer Geschwindigkeit, *nucleation rate, calculation* 599 bis 600.
— in Glas, Definitionen, *nucleation in glass, definitions* 593, 595.
Keramik, *ceramics* 606—607.
Kette von Spinteilchen, *chain of spin particles* 109.
—, Zustandssumme, *partition function* 443 bis 444.
Ketten von PO_4-Tetraedern, *chains of PO_4 tetrahedra* 538—539.
— von SiO_4-Tetraedern, *of SiO_4 tetrahedra* 521, 613—614.
Kettenglied, *chain element* 400, 402.
Kettenmolekül, *chain molecule* 399.
Kirkwood-Monroesche Schmelztheorie, *Kirkwood and Monroe's theory of melting* 290 bis 300.
Kirkwoodsche Berechnungsmethode der thermodynamischen Funktionen, *Kirkwood's computation method of thermodynamic functions* 14.
Kirkwoodsche Gleichungen erster Art, *Kirkwood's equations of the first kind* 21—23, 41, 267.

Kirkwoodsche Gleichungen erster Art, abgeleitet aus den Mayerschen Gleichungen, *Kirkwood's equations of the first kind, derived from Mayer's equations* 41.
— — zweiter Art, *of the second kind* 43, 45.
— — — —, Anwendung auf ein eindimensionales System starrer Kugeln, *application to an one-dimensional system of rigid spheres* 56.
Kirkwoodsche Methode für Elektrolyte, *Kirkwood's method for electrolytes* 373.
— — der Semi-Invarianten, *of semi-invariants* 98—103, 354, 366.
Kirkwoodsche Theorie der Wechselwirkung von Polyampholyten, *Kirkwood's theory of polyampholyte interaction* 506.
Kirkwood-Yvonsche Theorie der Dielectrica, *Kirkwood and Yvon's theory of dielectrics* 252—255.
Klein-Tiszasche phänomenologische Theorie, *Klein and Tisza's phenomenological theory* 201.
Kleinwinkel-Streuung von Röntgenstrahlen an binären Legierungen, *small-angle scattering of x-rays by binary alloys* 180—189.
koexistente Phasen in binären Polymerensystemen, *coexisting phases in binary polymer systems* 480.
— — in ternären Polymerensystemen, *in ternary polymer systems* 482.
Kohärenz eines Netzwerks, *coherence of a network* 520, 531, 569.
Kohlendioxyd, Abweichungen von der Clausius-Mossottischen Gleichung, *carbon dioxide, deviations from the Clausius-Mossotti equation* 251—252.
kolloidale Systeme, *colloidal systems* 492.
Kombinationsfaktor, *combinatorial factor* 286, 321, 412—418, 456.
— für Orientierungseffekte, *for orientation effects* 341.
Kompressibilität, *compressibility* 29, 262, 298, 359.
— von Gläsern, *of glasses* 558—560.
Kompressibilitätsintegral, *compressibility integral* 31, 67.
—, Bestimmung von Virialkoeffizienten, *determination of virial coefficients* 19.
Kompressionsmodul, *bulk modulus* 433.
— von Glas, *of glass* 635.
Konfigurationen von Makromolekülen, *configurations of macromolecules* 402—409.
Konfigurationsintegral, *configuration integral* 7, 245.
— für das Ionengasmodell eines Elektrolyten, *for ionic gas model of an electrolyte* 371, 373.
— in der Theorie des freien Volumens, *in the theory of the free volume* 219—220, 222 bis 223.
— — — — der Lösungen, *of solutions* 344.
konforme Lösungen, *conformal solutions* 356 bis 360, 368.
Konkurrenzprinzip von Dietzel, *competition principle of Dietzel* 541.

Konnektivität eines Netzwerks, *connectivity of a network* 437.
Konsistenzfaktor in der Theorie des freien Volumens, *consistency factor in the free-volume theory* 220.
Kontaktpunkte von Makromolekülen, *contact points of macromolecules* 411.
Kontraktion durch Mischung, *contraction by mixing* 351, 364.
kooperative Erscheinungen, allgemeine Formulierung des Problems, *cooperative phenomena, statement of problem* 77.
— — in Kristallen, *in crystals* 1, 77f.
kooperative Orientierungseffekte in Lösungen, *cooperative orientation effects in solutions* 335—344.
Koordinationszahlen für Argon, *coordination numbers for argon* 233.
Kopolymer, *copolymer* 399.
Kopplungsparameter in der Theorie der Elektrolyte, *coupling parameters in the theory of electrolytes* 373.
Korrelationen im Löchermodell der Flüssigkeiten, *correlations in the hole model of liquids* 242.
Korrelationsfunktionen, *correlation function* 28.
— und Röntgenstreuung, *and x-ray scattering* 249, 250.
—, zeitabhängige, *depending on time* 200.
Korrelationsfunktionen in binären Legierungen, *correlation functions in binary alloys* 179, 186, 187, 194, 195.
Korrelationsradius, *correlation radius* 74.
— im van der Waalsschen Gas, *in the van der Waals gas* 76.
Kovolumen s. verbotenes Volumen, *covolume see excluded volume*.
Kristall, eindimensionales Modell, *crystall, one-dimensional model* 58—64.
Kristallbildung in Gläsern, *crystal formation in glasses* 592—616.
Kristallinität eines Polymers, *crystallinity of a polymer* 402, 425, 450.
Kristallinitätsgrad, *degree of crystallinity* 402, 425.
Kristallisationsgrad, *degree of crystallization* 598—599.
Kristallisationsgrenzen in Gläsern, *crystallization limits in glasses* 612—616.
Kristallisationsgeschwindigkeit, *crystallization rate* 513, 595.
Kristallisationsneigung von Gläsern, *crystallization tendency of glasses* 543.
Kristallit, *crystallite* 425.
Kristallittheorie der Gläser, *crystallite theory of glasses* 527.
Kristallwachstum in Glas, *crystal growth in glass* 594—604.
— —, Abhängigkeit von der Viskosität, *dependence on viscosity* 602.
— —, Berechnung seiner Geschwindigkeit, *calculation of its rate* 600—601.
— —, Einfluß der chemischen Zusammensetzung, *effect of chemical composition* 607 bis 612.

Kristobalit, *cristobalite* 608, 610.
Kristobalit-Struktur, *cristobalite-like structure* 523.
kritische Opaleszenz, *critical opalescence* 71, 75, 76, 189—210, 250.
— — binärer flüssiger Systeme, *of binary liquid systems* 316.
— — ferromagnetischer Substanzen, *of ferromagnetics* 196—210.
— — fester Lösungen, *of solid solutions* 189 bis 196.
kritische Punkte einer Mischungslücke, *critical points of a miscibility gap* 307.
— — in ternären Polymerensystemen, *critical points in ternary polymer system* 482.
kritische Schwankungen, *critical fluctuations* 71, 75.
kritische Streuung langsamer Neutronen, *critical scattering of slow neutrons* 196—210.
— — von Röntgenstrahlen, *of x-rays* 189 bis 196.
kritische Temperatur binärer Polymerensysteme, *critical temperature of binary polymer systems* 480, 481.
— — der Entmischung, *of precipitation* 324.
kritische Temperaturen von Gasen, *critical temperatures of gases* 230, 234.
kritischer Punkt, Definition in Lösungen, *critical point, definition in solutions* 309.
— — der Entmischung, *of precipitation* 149 bis 153, 161—166.
— — der Phasentrennung in Polymerenlösungen, *of phase separation in polymer solutions* 480.
kubisches Gitter, Schmelztheorie, *cubic lattice, theory of melting* 293.
kubisch raumzentriertes Gitter, Ergebnisse der Fuchsschen Theorie, *cubic space-centered lattice, results of Fuchs theory* 162, 165.
Kugelmodell der Polyelektrolyte, *sphere model of polyelectrolytes* 495.
Kupfer-Gold-Legierung, *copper-gold alloy* 80—81.
kurzreichweitige Wechselwirkung in Polymerenlösungen, *short-range interaction in polymer solutions* 464—465.
kurzreichweitige Zweikörperkräfte, *short-range two-body forces* 8—9.

Ladung von Ionenwolken in Elektrolyten, *charge of ionic clouds in electrolytes* 379.
λ-Punkt, *λ point* 107.
Langevin-Näherung für stark gestreckte Ketten, *Langevin approximation for higly elongated chains* 405.
Langevinsche Funktion, *Langevin function* 405.
langreichweitige Wechselwirkung in Polymerenlösungen, *long-range interaction in polymer solutions* 464—465.
langsame Neutronen, kritische Streuung, *slow neutrons, critical scattering* 196—210.
leere Zwischengitterplätze, *empty interstices* 553.
Leerstellen, *Schottky vacancies* 77.

Legierungen s. binäre Legierungen oder Systeme und feste Lösungen, *alloys see binary alloys or systems and solids solutions*.
Lennard-Jones-Devonshiresches Modell der Flüssigkeiten, *Lennard-Jones' and Devonshire's model of liquids* 222—232.
— — —, Grundhypothesen, *basic hypotheses* 223—226.
— — —, Modifikationen, *modifications* 233 bis 241.
Lennard-Jones-Devonshiresche Theorie des Schmelzens, *Lennard-Jones' and Devonshire's theory of melting* 284—290.
Lennard-Jonessches Potential, *Lennard-Jones potential* 227, 243, 361, 367.
— — in Polymerenlösungen, *in polymer solutions* 469.
Lichtstreuung an Flüssigkeiten, *light scattering by liquids* 262.
— als Mittel zur Molekulargewichtsbestimmung, *as a means to determine molecular weights* 401, 475—476, 497.
— in Polyelektrolyten, *in polyelectrolytes* 500—501.
— an Vielkomponentensystemen, *by multicomponent systems* 310—316.
lineare Kette s. auch eindimensionale Flüssigkeit oder Kristall, *linear chain see also one-dimensional fluid or crystal* 245.
lineares Makromolekül (s. auch Kettenmolekül), *linear macromolecule (see also chain molecule)* 399.
Linearisierung der Poisson-Boltzmannschen Gleichung, *linearization of the Poisson-Boltzmann equation* 376, 388, 392, 394.
Lithium-Aluminium-Silikat-Keramik, *lithium-aluminium silicate ceramics* 607.
Lithiumphosphatgläser, *lithium phosphate glasses* 539.
Löchermodell der Flüssigkeiten, *hole model of liquids* 234, 242.
Löschmethode, *quenching method* 598.
Lösungen von Polymeren, Gittermodell, *solutions of polymers, lattice model* 451, 456 bis 462.
— —, kritischer Punkt der Phasentrennung, *critical point of phase separation* 480.
— —, Modell des verbotenen Volumens, *excluded volume model* 451, 452—456, 461 bis 463.
— —, Modelle, *models* 449, 451f.
— —, osmotischer Druck, *osmotic pressure* 451, 468, 471.
— —, Viskoelastizität, *visco-elasticity* 449 bis 450.
— —, zweiter Virialkoeffizient, *second virial coefficient* 451, 457.
Lösungsmittel, Definition, *solvent, definition* 159.
lokale Dichteschwankungen, *local density fluctuations* 68.
lokale Verteilungsfunktion, *local distribution function* 89.
— — der Lösung, *of solution* 336.
— — des Lösungsmittels, *of solvent* 335.

Lorentz-Lorenzsche Formel, *Lorentz-Lorenz formula* 256.
— —, Verallgemeinerung, *generalization* 257, 261.

Magnesiumphosphatgläser, *magnesium phosphate glasses* 537.
magnetisches Modell der Fehlstellenbehandlung, *magnetic model of defect treatment* 79.
magnetische Suszeptibilität und Spin-Korrelationsfunktion, *magnetic susceptibility and spin correlation function* 207.
Magnetisierung, berechnet aus dem Ising-Modell, *magnetization calculated by the Ising model* 112, 137, 139, 141.
Makromolekül, Definition, *macromolecule, definition* 399.
makromolekulare Lösungen, Orientierungseffekte, *macromolecular solutions, orientation effects* 329.
Markoffsche Ketten, *Markovian chains* 279 bis 280.
Massenspektrometermethode zur Bestimmung der Durchlässigkeit bei Diffusion, *mass spectrometer method to determine diffusion permeability* 617.
Matrixtheorie des Ising-Modells, *matrix theory of the Ising model* 108f., 122f.
maximale Härte von Gläsern, *maximum hardness of glasses* 634.
maximales Kristallwachstum, *maximum crystal growth* 602.
Maxwellsche Theorie der Relaxation, ihre Grenzen für Glas, *Maxwell theory of relaxation, its limitations for glass* 638—639.
Mayersche Integralgleichungen, *Mayer's integral equations* 37, 39.
mechanische Eigenschaften von Gläsern, *mechanical properties of glasses* 544.
mechanische Festigkeit von Gläsern (s. auch Festigkeit), *mechanical strength of glasses (see also strength)* 623—635.
mechanische Relaxation, *mechanical relaxation* 446.
— in Gläsern, *in glasses* 635—644.
— — —, atomare Theorie, *atomic theory* 640—644.
mechanische Verluste in Glas, *mechanical losses in glass* 642, 644.
Messing, Überstruktur, *brass superlattice structure* 81—82.
Methanol-Benzol-Mischung, Orientierungseffekte, *methanol-benzene mixture, orientation effects* 343—344.
Miesches Gittermodell der Flüssigkeiten, *Mie's lattice model of liquids* 221.
Minimalgröße eines Keimkatalysators, *minimum size of nucleating agent* 605.
Mischungsentropie, *entropy of mixing* 172 bis 174, 325, 333, 338, 350, 351.
Mischungslücke, *miscibility gap* 307.
— in ternären Polymerensystemen, *in ternary polymer systems* 482, 483.
mittlere spezifische Wärme eines Glases, *mean specific heat of a glass* 571.

mittlerer Abstand der Fadenenden, *average end-to-end distance* 404, 408, 439.
mittleres Molekulargewicht, *average molecular weight* 401.
mittleres Potential in Flüssigkeiten, *average potential in liquids* 222, 226.
— — der Kräfte, *of forces* 16.
Mizelle, *micelle* 425, 492.
Modell frei strömender Scheiben, *free draining coil model* 473.
— undurchdringlicher äquivalenter Kugeln, *impermeable equivalent sphere model* 473, 474.
— des verbotenen Volumens für Polymerenlösungen (s. auch verbotenes Volumen), *excluded volume model of polymer solutions* 451, 452—456, 461—463, 487, 491.
Mohssche Härteskala, *Mohs scale of hardness* 632.
molekulare Dichte in flüssigen Phasen, *molecular density in liquid phases* 6.
molekulare Verteilung, *molecular distribution* 401.
molekulare Verteilungsfunktion, *molecular distribution function* 3.
— — für binäre Legierungen, *for binary alloys* 175—180.
— — und chemisches Potential, *and chemical potential* 17.
— —, Definition, *definition* 5.
— —, Normierung, *normalization* 5, 7.
— — in der Quantenstatistik, *in quantum statistics* 64.
Molekulargewicht, Bestimmung, *molecular weight, determination* 305, 315, 401, 497.
—, Einfluß auf den zweiten Virialkoeffizienen, *effect on second virial coefficient* 465—466.
— makromolekularer Substanzen, *of macromolecular materials* 400.
Momente, *moments* 99, 367, 384.
Monomer 399.
Monte-Carlo-Methode, *Monte Carlo method* 217, 277—284.
Morsesches Potential, *Morse potential* 243.

Nahordnung in Gläsern, *short-range order in glasses* 517.
Nahordnungsparameter, *short-range ordering parameter* 186.
— von BETHE, *of Bethe* 91.
Natriumboratgläser, *sodium borate glasses* 532—533.
—, Härte, *hardness* 634.
Natrium-Calcium-Silikatgläser, Kristallwachstum, *sodium-calcium silicate glasses, crystal growth* 598, 601.
Natriumdisilikat, *sodium disilicate* 608, 610.
Natriummetasilikat, *sodium metasilicate* 610.
Natriumorthosilikat, *sodium orthosilicate* 610.
Natrium phosphatgläser, *sodium phosphate glasses* 539.
Natriumsilikatgläser, Abhängigkeit der Dichte von der Zusammensetzung, *sodium silicate glasses, composition dependence of density* 551, 553.

Natriumsilikatgläser unter hohem Druck, *sodium silicate glasses under high pressure* 558.
—, innere Reibung, *internal friction* 643.
—, Struktur, *structure* 523.
—, Viskosität, *viscosity* 581, 589.
Neutronen, kritische Streuung, *neutrons, critical scattering* 196—210.
Neutronenbestrahlung von Quarz, *neutron irradiation of quartz* 577.
Netzwerk, *network* 399, 448, 487, 489, 490.
—, freie Energie der Deformation, *free energy of deformation* 435, 442.
—, innerer Zusammenhang, *internal coherence* 520, 531, 569.
—, Konnektivität, *connectivity* 437.
netzwerkändernde Ionen, *network-modifying ions* 519, 524, 540, 542.
netzwerkbildende Ionen, *network-forming ions* 518, 524, 537, 540, 542, 572.
Netzwerkstruktur eines Glases, *network structure of a glass* 517, 524.
Nichtelektrolyte, Lösungen, *non-electrolytes, solutions* 300—369.
nicht-kooperative Orientierungseffekte in Lösungen, *non-cooperative orientation effects in solutions* 329—335.
Nomenklatur für Makromoleküle, *nomenclature for macromolecules* 399.
Normalzustand, *normal state* 32, 144, 318.
— in einem Elektrolyten, *in an electrolyte* 371.

oberer Kühlpunkt eines Glases, *annealing point of a glass* 579, 580.
Oberflächenanteil, *surface fraction* 458.
Oberflächenbeschädigung von Glas, *surface damage of glass* 630.
Oberflächeneinflüsse auf das Brechen von Glas, *surface effects on glass fracture* 626 bis 627.
Oberflächenglanz von Gläsern, *surface gloss of glasses* 544.
Oberflächenkristallisation von Glas, *surface crystallization of glass* 593.
Onsagersche Theorie des zweidimensionalen Ising-Modells, *Onsager theory of the two-dimensional Ising model* 121—136.
Opaleszenz binärer flüssiger Systeme, *opalescence of binary liquid systems* 316.
—, kritische, *critical* 71, 75, 76, 189—210, 250.
Ordnung von Umwandlungen, *order of transformations* 421.
organische binäre Lösungen, experimentelle Daten, *organic binary solutions, experimental data* 326—328.
Orientierungseffekte in Lösungen, *orientation effects in solutions* 329—344.
Orientierungsordnung, *orientation ordering* 215.
Ornstein-Zernikesche Integralgleichung, *Ornstein and Zernike's integral equation* 72 bis 73, 203.
— —, Verallgemeinerung für binäre Systeme, *generalization for binary systems* 191.

Ornstein-Zernikesche Methode, Verallgemeinerung für Ferromagnetica, *Ornstein and Zernike's method, generalization for ferromagnetics* 201.
Ornstein-Zernikesche Streuformel, *Ornstein-Zernike's scattering formula* 76.
Ornstein-Zernikesches Kompressibilitätsintegral, *Ornstein and Zernike's compressibility integral* 31, 67.
osmotischer Druck, *osmotic pressure* 30, 304 bis 306, 315.
— —, Isothermen, *isothermics* 308.
— — der Polyelektrolytlösungen, *of polyelectrolyte solutions* 498—499.
— — von Polymerenlösungen, *of polymer solutions* 451, 468, 471.
— — und zweiter Virialkoeffizient, *and second virial coefficient* 315, 316.
osmotischer Koeffizient für verdünnte Elektrolyte, *osmotic coefficient for dilute electrolytes* 378.
Oszillatorgitter-Modell der Flüssigkeiten, *oscillator lattice model of liquids* 221.
Oszillatormodell der spezifischen Wärme, *oscillator model of specific heat* 571.
Oxydgläser, *oxide glasses* 514, 518.

Paardichte, *pair density* 5.
Paar-Verteilungsfunktion, *pair distribution function* 3, 13, 198.
— in einer eindimensionalen Flüssigkeit, *in an one-dimensional fluid* 51.
— in einem eindimensionalen Kristall, *in an one-dimensional crystal* 61—63.
— für Flüssigkeiten, *for liquids* 218—219.
— und thermodynamische Größen, *and thermodynamic quantities* 27.
Parameter zur Kennzeichnung einer Glasstruktur, *parameters characterizing glass structure* 520—521.
partielles Volumen pro Molekül, *partial volume per molecule* 29.
periodische Randbedingungen, *periodic boundary conditions* 278.
Periodisches System und Glasbildung, *Periodic Table and glass formation* 514, 518, 526.
Persistenzlänge, *persistence length* 406.
Phasendichte, *phase density* 7.
Phasengleichgewicht in Polymeren, *phase equilibrium in polymers* 479—491.
Phasentrennung in Polyelektrolytlösungen, *phase separation in polyelectrolyte solutions* 502—507.
Phasenumwandlungen, *phase transformations* 46.
Phenakit, *phenakite* 537.
Phosphatgläser, *phosphate glasses* 534—540.
Phosphat-Mischgläser, *mixed phosphate glasses* 539.
Phosphatsysteme, Grenzen der Glasbildung, *phosphate systems, limits of glass formation* 615—616.
Photokeimbildung, *photo-nucleation* 607.

Poisson-Boltzmannsche Gleichung, *Poisson-Boltzmann equation* 376, 389, 494, 496.
— —, Linearisierung, *linearization* 376, 388, 392, 394.
Poissonsche Gleichung für einen Elektrolyten, *Poisson equation for an electrolyte* 375.
Polarisation des Dielectricums, *polarization of a dielectric* 251, 257.
Polyampholyte, *polyampholytes* 492, 494, 502—503, 506.
Polyelektrolyt, *polyelectrolyte* 400, 491.
Polyelektrolyt-Lösungen, *polyelectrolyte solutions* 491—509.
polykristalline Proben, molekulare Verteilungsfunktionen, *polycrystalline samples, molecular distribution functions* 175.
Polymerenlösungen s. Lösungen von Polymeren, *polymer solutions see solutions of polymers*.
Polymerisationsgrad, *degree of polymerisation* 399.
Polymerisierungswärme je Monomer, *heat of fusion per monomer* 428.
Potential der Durchschnittskraft in Elektrolyten, *potential of average force in electrolytes* 306.
— der Wechselwirkung im Ionengasmodell eines Elektrolyten, *of interaction in the ionic gas model of an electrolyte* 371, 372.
Potentiale der Durchschnittskräfte, *potentials of averages forces* 9, 11, 16, 25.
Potentialschwellen und Zeitabhängigkeit der Gummielastizität, *potential barriers and time dependence of rubber elasticity*, 448.
Prigoginesche Theorie korrespondierender Zustände, *Prigogine's theory of corresponding states* 476—479.
primäre Kette, *primary chain* 399.
Pyrexglas, *Pyrex glass* 543.

quadratisches Gitter, Ergebnisse der Fuchsschen Theorie, *square lattice, results of Fuchs theory* 161, 164.
— —, Orientierungseffekte, *orientation effects* 340—342.
Quantenstatistik, molekulare Verteilungsfunktion, *quantum statistics, molecular distribution function* 64.
Quarz, *quartz* 523, 525, 608, 617.
Quarzglas, Erzeugung durch Neutronenbestrahlung von Quarzkristallen, *quartz glass produced by neutron irradiation of quartz crystals* 577.
—, Härte, *hardness* 633.
— unter hohem Druck, *under high pressure* 558.
—, spezifische Wärme, *specific heat* 572.
—, Struktur, *structure* 528—529.
quasichemische Gleichung, *quasi-chemical equation* 93, 96.
— — einer streng regulären Lösung, *of a rigorously regular solution* 322, 337.
— —, Verallgemeinerung für orientierte Moleküle, *generalization for oriented molecules* 337, 339, 341.

quasichemische Methode, Anwendung auf binäre Flüssigkeiten, *quasi-chemical method, application to binary liquids* 320 bis 326.
— — für Flüssigkeiten, *for liquids* 236.
— — in der Theorie des freien Volumens für Lösungen, *in the free-volume theory of solutions* 345.
quasichemische Näherung für Überstrukturumwandlungen, *quasi-chemical approximation for superlattice transformations* 94 bis 98, 104.
Quellung eines Gels in verschiedenen Lösungsmitteln, *swelling of a gel in different solvents* 489, 507.
Quellungsgleichgewicht, *swelling equilibrium* 487—491, 507.
Quellungsparameter einer Polymerenlösung, *swelling parameter of a polymer solution* 471—472.
Querkontraktionszahl, *Poisson ratio* 433.
— von Glas, *of glass* 635.
Q-Funktion, *Q function* 181.

radiale Verteilungsfunktion, *radial distribution function* 6.
— —, Berechnung, *calculation* 268—277.
— — für Elektrolyte, *for electrolytes* 389.
— — für flüssiges Argon, *of liquid argon* 275, 282.
— — für ein Gas starrer Kugeln, *for a gas of rigid spheres* 10.
radioaktive Trägeruntersuchungen der Diffusion durch Glas, *radioactive tracer studies of diffusion through glass* 621.
Radius von Ionenwolken in Elektrolyten, *radius of ionic clouds in electrolytes* 379.
Randbedingungen von DEBYE und HÜCKEL, *boundary conditions of Debye and Hückel* 376, 377.
Raoultsches Gesetz, *Raoult's law* 305, 319, 412, 429.
Rayleighsches Streuverhältnis, *Rayleigh's scattering ratio* 262.
reduzierbare und unreduzierbare Cluster-Integrale, *reducible and irreducible cluster integrals* 302—303.
reguläre Lösung, *regular solution* 325.
Reibungskraft, *frictional force* 473, 474.
Reichweite der Korrelation lokaler Schwankungen, *range of correlation of local fluctuations* 71—76.
Relaxation in Gläsern (s. auch mechanische Relaxation), *relaxation in glasses (see also mechanical relaxation)* 635—644.
Relaxationsspektrum, *relaxation spectrum* 445 bis 448.
Retardierungsspektrum, *retardation spectrum* 445.
reziprokes Gitter, *reciprocal lattice* 292.
Ritzhärte von Gläsern, *scratch hardness of glass* 632.
— von Keramik, *of ceramics* 606.
Röntgenbeugung an Glas, *x-ray diffraction in glass* 522, 524.

Röntgen-Kleinwinkel-Streuung an binären Legierungen, *x-ray small-angle scattering by binary alloys* 180—189.
Röntgenstreuung von Flüssigkeiten, *x-ray scattering by liquids* 248—251.
Röntgenuntersuchung von Flüssigkeiten, *x-ray investigation of liquids* 218.
Rotation von Kettengliedern, *rotation of chain elements* 405.
Rotationsumwandlung, *rotation transformation* 210—216, 335.

Säkulargleichung, *secular equation* 111.
Sauerstoffbrücken, *oxygen bridges* 519, 587, 591.
Sauerstoffion, nicht brückenbildendes, *non-bridging oxygen ion* 519, 529, 591.
Schallquanten in Glas, *phonons in glass* 576.
Scheibenmodell der Polyelektrolyte, *coil model of polyelectrolytes* 494—495.
Schmelzentropie, *entropy of melting* 289, 299.
Schmelzpunktserniedrigung eines Polymers, *melting point depression of a polymer* 426, 428.
Schmelztheorie von KIRKWOOD und MONROE, *melting theory of Kirkwood and Monroe* 290—300.
— von LENNARD-JONES and DEVONSHIRE, *of Lennard-Jones and Devonshire* 284 bis 290.
Schmelzwärme für Polymere, *heat of melting for polymers* 427.
Schrumpfen des Materials bei der Glasherstellung, *shrinkage of material in glass manufacture* 546.
Schwankungen des Brechungsindex, *fluctuations of the index of refraction* 310.
— der lokalen Dichte, *of local density* 68.
Schwankungsgröße, *fluctuational quantity* 28.
Schwingungen von Glasstäben, *vibrations of glass rods* 641, 643.
Sedimentierung als Mittel zur Molekulargewichtsbestimmung, *sedimentation as a means to determine molecular weights* 401, 473.
Segmentwechselwirkungsparameter, *segment interaction parameter* 407.
Selbstdiffusion von Ionen in Glas, *self-diffusion of ions in glass* 622, 642.
selbstduales Gitter, *self-dual lattice* 118.
self consistent field 224.
Semi-Invarianten, Methode von KIRKWOOD *semi-invariants, method of Kirkwood* 98 bis 103, 354, 366.
— von THIELE, *of Thiele* 99, 367, 384.
Siedepunkt, *boiling point* 231, 232.
Silikatsysteme, Grenzen der Glasbildung, *silicate systems, limits of glass formation* 612—614.
Slater-Summe, *Slater sum* 64.
Smekalsche Theorie der Gläser, *Smekal's theory of glasses* 525—527.
Spannungs-Verformungs-Beziehungen, *stress-strain relations* 433.

Spannungs-Verformungs-Kurve für Gummi, Temperaturabhängigkeit, *stress-strain curve for rubber, temperature dependence* 442 bis 444.
spektrale Verteilung der lokalen Schwankungen, *spectral distribution of local fluctuations* 70.
spezielle Funktionen, *special functions* 5—6.
spezifische Wärme von Äthylen-Dibromid, *specific heat of ethylene-di-bromide* 210.
— — von $AuCu_3$, *of $AuCu_3$* 81.
— — im dreidimensionalen Ising-Modell, *in the three-dimensional Ising model* 141.
— — und Fernordnungsgrad, *and long-range ordering* 88.
— — von Gläsern, *of glasses* 570—573.
— — von Jodwasserstoff, *of iodine hydride* 216.
— — von Messing, *of brass* 82, 106.
— — von Polymeren, *of polymers* 421—432.
— — —, Temperaturabhängigkeit, *temperature dependence* 422.
— — im zweidimensionalen Ising-Modell, *in the two-dimensional Ising model* 117, 135.
Spin-Kette, *spin chain* 109.
Spin-Korrelationsfunktion, *spin correlation function* 201, 207.
spontane Keimbildung, *spontaneous nucleation* 595.
spontane Magnetisierung berechnet aus dem Ising-Modell, *spontaneous magnetization calculated by the Ising model* 112, 137, 139, 141.
Sprünge im Glas, *flaws in glass* 625, 626.
stabilisierte Gläser, elastische Nachwirkung, *stabilized glasses, delayed elasticity* 639.
Stabilisierungsprozeß eines Glases, *stabilization process of a glass* 512, 544—548, 584.
Standard-Konfiguration für Orientierungseffekte, *standard configuration for orientation effects* 329—332.
Standard-Wärmebehandlung eines Glases, *standard heat treatment of a glass* 598.
starke Elektrolyte, *strong electrolytes* 369 bis 395.
— —, Definition, *definition* 370.
starre Kugeln als Flüssigkeitsmodell, Zustandsgleichung, *rigid sphere model of a liquid, equation of state* 267, 276.
— — als Gasmodell, radiale Verteilungsfunktion, *rigid sphere model of a gas, radial distribution function* 10.
— — —, Wechselwirkungs- und mittlere Kraft-Potentiale, *interaction and average force potentials* 11.
— — als Modell für eindimensionale Flüssigkeit, *rigid sphere model of one-dimensional fluid* 52.
starres-Kugel-Modell als Näherungslösung der Kirkwoodschen Gleichung, *rigid-sphere model an approximate solution of the Kirkwood equation* 267.
statische Ermüdungserscheinungen in Glas, *static fatigue of glass* 627—629.

statische Festigkeit, *static strength* 624.
statistische Netzwerktheorie, *random network theory* 527.
statistische Struktur eines Glases bei hohen Temperaturen, *random structure of glass at high temperatures* 524.
statistisches Kettenmodell, *random chain model* 403, 419, 453.
statistisches Scheibenmodell der Polyelektrolyte, *random coil model of polyelectrolytes* 494—495.
stehende Wellen, Zerlegung der thermischen Bewegung in, *standing-wave decomposition of thermal motion* 69.
steife Ketten, *stiff chains* 406.
Stevelssche Dichteformel, *Stevels' density formula* 552—554.
stochastische Methoden, *stochastic methods* 217, 277—284.
Stokessche Formel für die Reibungskraft, *Stokes formula for force of friction* 474.
Stoßfestigkeit, *impact strength* 624.
Strahlungsabsorption in Glas, *radiation absorption in glass* 574.
streng reguläre Lösung, *rigorously regular solution* 317, 320, 322—324, 345.
— —, quasichemische Gleichung, *quasi-chemical equation* 322, 337.
Streuung von Licht an Flüssigkeiten, *scattering of light by liquids* 262.
— — als Mittel zur Molekulargewichtsbestimmung, *as a means to determine molecular weights* 401, 475—476, 497.
— — in der Nähe des kritischen Punktes (s. auch Opaleszenz), *near critical point (see also opalescence)* 76—77.
— — in Polyelektrolyten, *in polyelectrolytes* 500—501.
— — an Vielkomponentensystemen, *by multi-component systems* 310—316.
Streuung von Röntgenstrahlen an binären Legierungen, *scattering of x-rays at binary alloys* 80—196.
— — an Flüssigkeiten, *by liquids* 248 bis 251.
strukturelle Inhomogenitäten in Glas, *structural inhomogeneities in glass* 527.
strukturelle Schrumpfung, *structural shrinkage* 546.
Struktonen, *structons* 550.
submikroskopische Katalysatorkristalle, *submicroscopic catalyst crystals* 605.
Sulfidgläser, *sulphide glasses* 514.
Superposition von Ionenwolken, *superposition of ionic clouds* 383, 389.
Superpositionsprinzip, Gültigkeit für Flüssigkeiten, *superposition principle, validity for liquids* 219.
— von KIRKWOOD, *of Kirkwood* 19, 27, 39, 41, 369.
— — für einen Elektrolyten, *for an electrolyte* 372.
Suszeptibilität und Spin-Korrelationsfunktion, *susceptibility and spin correlation function* 207.

technische Gläser, Eigenschaften und Zusammensetzung, *technical glasses, properties and composition* 543—544.
teilweise durchlässige Scheibe, *partially permeable coil* 474.
Temperature der Entmischung, *temperature of precipitation* 149—153, 161—166.
— der Phasenumwandlung im zweidimensionalen Ising-Modell, *of phase transformation in the two-dimensional Ising model* 118.
— der Verglasung, *of glass transition* 431, 447.
Temperaturabhängigkeit des Fernordnungsgrades, *temperature dependence of long-range ordering* 87, 88.
— der Orientierungsordnung, *of orientation ordering* 215.
— der Spannungs-Verformungs-Beziehungen in Gummi, *of stress-strain relations in rubber* 442—444.
— der spezifischen Wärme der Polymere, *of the specific heat of polymers* 422.
— der Überstruktur, *of superlattice structure* 81, 87.
— der Viskosität von Glas, *of glass viscosity* 581—583.
— des Volumens der Polymere, *of the volume of polymers* 422.
— des zweiten Virialkoeffizienten, *of second virial coefficient* 466—469.
Temperatureinfluß auf das Ausheilen einer Glasoberfläche, *temperature effect on surface healing of glass* 627.
Temperungsbereich, *annealing range* 513.
—, Viskosität der Gläser, *viscosity of glasses* 585—589.
ternäre Alkalisilikatsysteme, Grenzen der Glasbildung, *ternary alkali silicate systems, limits of glass formation* 613.
ternäre Boratgläser, *ternary borate glasses* 570.
ternäre Silikatgläser, *ternary silicate glasses* 609.
ternäre Systeme mit einer polymeren Komponente, *ternary systems with one polymer component* 482—484.
— — von Polymeren, *ternary polymer systems* 481—487.
— — mit zwei polymeren Komponenten, *ternary systems with two polymer components* 484—485.
Tetraeder von BO_4, keine Bindung, *tetrahedra of BO_4, no binding* 531.
— von SiO_4, Kettenbildung, *of SiO_4, chain formation* 521, 613—614.
Theorem der übereinstimmenden Zustände, *theorem of conformal states* 229, 356, 358.
— — — für Gemische, *for mixtures* 361, 362.
— — — für Vielkomponentensysteme, *for multicomponent systems* 365—369.
thermische Ausdehnung von Gläsern (s. auch Ausdehnungskoeffizient), *thermal expansion of glasses (see also expansion coefficient)* 561—570.
— — von Keramik, *of ceramics* 606.

thermische Keimbildung, *thermal nucleation* 595.
thermische Schockhärte von Glas, *thermal shock resistance of glass* 577.
thermische Vorbehandlung bei der Glasherstellung, *thermal pretreatment in glass manufacture* 545.
thermische Vorgeschichte eines Glases, Einfluß auf seine Dichte, *thermal history of a glass, effect on its density* 555.
— — —, Einfluß auf seine spezifische Wärme, *effect on its specific heat* 572.
— — — und Kristallisation, *and crystallization* 610—611.
thermische Zustandsgleichung, *thermal equation of state* 13, 27, 65, 229, 240, 247, 276.
thermischer Ausdehnungskoeffizient einer Flüssigkeit, *thermal expansion coefficient of a liquid* 298, 359.
thermisches Gleichgewicht eines Glases, *thermal equilibrium of a glass* 544, 555.
thermodynamische Eigenschaften des zweidimensionalen Ising-Modells, *thermodynamic properties of the two-dimensional Ising model* 133.
thermodynamische Funktionen, Berechnung nach BORN und GREEN, *thermodynamic functions, Born und Green's computation method* 11.
— —, Berechnung nach KIRKWOOD, *Kirkwood's computation method* 14.
— — zweidimensionaler Lösungen mit Orientierung, *of two-dimensional oriented solutions* 342.
thermodynamische Größen und Paarverteilungsfunktionen, *thermodynamic quantities and pair distribution functions* 27.
thermoelastische Anisotropie, *thermo-elastic anisotropy* 450.
thermoelastische Inversion, *thermo-elastic inversion* 443.
thermoelastische Wellengeschwindigkeit, *thermo-elastic wave velocity* 576.
thermorheologisch einfache Substanzen, *thermorheologically simple materials* 447.
Theta-Temperatur von FLORY, *theta temperature of Flory* 460, 468, 469, 471, 481.
Thielesche Semi-Invarianten, *Thiele's semi-invariants* 99, 367, 384.
Tieftemperaturbereich der Viskosität von Glas, *low temperature range of glass viscosity* 582, 584—589.
Titanoxyd als Mittel zur Keimbildung in Keramik, *titania as a means of nucleation in ceramics* 607.
Titrierkurven von Polyelektrolyten, *titration curves of polyelectrolytes* 493.
Tonkssche Zustandsgleichung, *Tonks' equation of state* 55.
Torsion von Glas, *torsion of glass* 641, 643.
Trägheitsradius eines Kettenmoleküls, *radius of gyration of a chain molecule* 404, 409, 476.
Tridymit, *tridymite* 608.

Triplettdichte, *triplet density* 5.
Troutonsche Regel, *Trouton's rule* 231, 232.
Tunnelmodell, *tunnel model* 247—248.

übereinstimmende Zustände, *conformal states* 361, 365—369, 476—479.
Überführungsexperimente, *transference experiments* 496.
Überstruktur in $AuCu_3$, *superlattice structure of $AuCu_3$* 80—81.
— in Messing, *in brass* 81—82.
Überstruktur-Röntgenlinien, *superlattice x-ray lines* 81.
Überstruktur-Umwandlungen, *superlattice transformations* 80, 81.
—, Vergleich verschiedener Näherungen, *comparison of different approximations* 104, 105.
Ultrarotabsorptionsspektren von Boratgläsern, *infrared absorption spectra of borate glasses* 532.
Ultrarotspektren von Polymeren, Veränderung durch Kristallisation, *infrared spectra of polymers, change by crystallization* 599.
Ultrazentrifuge, *ultracentrifuge* 401, 473.
Umwandlung zweiter Ordnung, *second order transformation* 107.
Umwandlungen erster Ordnung in Polymeren, *first-order transitions in polymers* 423, 424, 430.
— zweiter Ordnung in Polymeren, *second order transformations in polymers* 423, 424, 431—432.
Umwandlungsbereich eines Glases, *transformation range of a glass* 511, 562, 580, 593.
— —, Diffusion, *diffusion* 621.
Umwandlungstemperatur des Glaszustandes, *transformation temperature of vitreous state* 511.
— im zweidimensionalen Ising-Modell, *in the two-dimensional Ising model* 118.
unendliche Verdünnung, Grenzgesetze, *infinite dilution, limiting laws* 304, 305.
unreduzierbare Cluster-Summen, *irreducible cluster sums* 146, 160.
unreduzierbare und reduzierbare Cluster-Integrale, *irreducible and reducible cluster-integrals* 302—303.
Unterdrückung der Kristallisation, *suppression of crystallization* 611.
unterer Kühlpunkt eines Glases, *strain point of a glass* 579, 580.
unterkühlte Flüssigkeit, *undercooled liquid* 291, 511, 595.

Valenzwinkel, *valence angle* 402.
van der Waalssche Theorie der Flüssigkeiten, *van der Waals theory of liquids* 217.
van Laar-Guggenheimsche Formel, *van Laar and Guggenheim's formula* 309.
van't Hoffsche Gleichung für den osmotischen Druck, *van't Hoff's equation for the osmotic pressure* 304.

Variationsverfahren für das zweidimensionale Ising-Modell, *variational method for the two-dimensional Ising model* 115.
verallgemeinerte Cluster-Integrale, *generalized cluster integrals* 35.
Verarbeitungsbereich, Viskosität der Gläser, *working range, viscosity of glasses* 579, 589 bis 592.
Verarbeitungspunkt eines Glases, *working point of a glass* 580.
Verbindungsvektor der Molekülenden, *end-to-end vector* 436, 437.
verbotenes Volumen (s. auch Modell des verbotenen Volumens), *excluded volume* 407, 408.
— —, Einfluß auf den zweiten Virialkoeffizienten, *effect on second virial coefficient* 471.
— — der Polyelektrolyte, *of polyelectrolytes* 494.
Verdampfungsentropie, *entropy of evaporation* 231, 232.
Verdampfungswärme, *evaporation heat* 231.
verdünnte Lösungen von Polymeren, *dilute solutions of polymers* 463, 465.
Verdünnung, unendliche, *infinite dilution* 304, 305.
Verdünnungsentropie, *entropy of dilution* 172 bis 174, 334, 339.
Verdünnungswärme, *heat of dilution* 319.
Verflüssigungstemperatur, *liquidus temperature* 511, 516, 543, 594, 595.
Verformungsinvarianten, *strain invariants* 433.
Verschiebungsfaktor, *shift factor* 447.
Verschlingungen, *entanglements* 429, 448.
Verteilungsfunktion des Ising-Modells, *distribution function of the Ising model* 79, 83.
Verunreinigungen in Gläsern, Einfluß auf Entglasung, *impurities in glasses, effect on devitrification* 609—610.
verzweigtes Makromolekül, *branched macromolecule* 399, 406.
Virial eines Systems, Definition, *virial of a system, definition* 11.
Virialkoeffizient, zweiter, *virial coefficient, second* 2, 227, 315 451, 457.
—, zweiter reduzierter, *second reduced* 239.
Virialkoeffizienten, Bestimmung aus Superpositionsprinzip, *virial coefficients, determination by superposition principle* 19.
—, höhere, *of higher order* 2.
— in Polyelektrolyten, *in polyelectrolytes* 499, 501.
— in Polymerenlösungen, *in polymer solutions* 451, 457, 465.
Virialsatz, *virial law* 12.
virtuelle polymere Moleküle, *virtual polymer molecules* 461.
viskoses Fließen von Glas, *viscous flow of glass* 582, 584.
Viskoelastizität der Lösungen von Polymeren, *visco-elasticity of polymer solutions* 449 bis 450.

Viskosität von Gläsern, *viscosity of glasses* 544, 578—592.
— —, Beziehung zur elektrischen Leitfähigkeit, *relation to electrical conductivity* 584, 591.
— —, Einfluß chemischer Substitutionen, *effect of chemical substitutions* 587 bis 589.
— — als Funktion der Stabilisierung, *as a function of stabilization* 583—584.
— von Polyelektrolyten, *of polyelectrolytes* 501—502.
— —, Temperaturabhängigkeit, *temperature dependence* 581—583.
Viskositätsgrenzzahl, *limiting viscosity number* 473, 474.
Viskositätsmessung als Mittel zur Molekulargewichtsbestimmung, *viscosity measurement as a means to determine molecular weights* 401, 472, 475—476, 496, 497.
vollkommen statistische Glasstruktur, *complete randomness in glass structure* 524, 528.
Volumen der Polymere, Temperaturabhängigkeit, *volume of polymers, temperature dependence* 422.
Volumenanteil, *volume fraction* 456.
Volumenausdehnung (s. auch Ausdehnungskoeffizient), *volume expansivity (see also expansion coefficient)* 557.
Volumenkontraktion durch Mischung, *volume contraction by mixing* 351, 364.
Volumenkristallisation von Glas, *bulk crystallization of glass* 593, 594.
Vorzeichen des Mischungsvolumens, *sign of volume of mixing* 351, 364.

Wärmedurchgang durch Gläser, *heat transfer through glasses* 574—577.
Wärmeleitfähigkeit von Glas, *thermal conductivity of glass* 577—578.
Wärmetransportkoeffizient von Gläsern, *conduction coefficient of heat transfer through glasses* 574.
Wandeinfluß auf eindimensionale Flüssigkeit, *wall influence on one-dimensional fluid* 49, 50.
Wassergehalt von Gläsern, *water content of glasses* 521, 533.
Wechselwirkung zweier Helium-Atome, *interaction between two helium atoms* 2.
Wechselwirkungsparameter, *interaction parameter* 456.
Wechselwirkungspotential im Ionengasmodell eines Elektrolyten, *interaction potential in the ionic gas model of an electrolyte* 371, 372.
weißes Spektrum, *white spectrum* 72, 191.
Wirkungsquerschnitt für kritische magnetische Streuung, *cross section of critical magnetic scattering* 205.

Yvonsche Integralgleichung, *Yvon's integral equation* 17.

Zachariasensche Theorie der Gläser, *Zachariasen's theory of glasses* 516—520.
— — —, Bestätigung durch die Erfahrung, *confirmation by experience* 522.
— — —, Kritik, *criticism* 524.
Zähigkeit s. Viskosität.
Zahlenmittel des Molekulargewichtes, *number average molecular weight* 401, 420.
zeitabhängige Korrelationsfunktion, *time dependent correlation function* 200.
Zeiteffekt auf Elastizität, *time effect on elasticity* 445—450.
Zellen-Cluster, freies Volumen, *cell cluster, free volume* 244.
Zellenmodell für große Moleküle, *cell model of large molecules* 477, 478.
Zellen-Verteilungsfunktion, *cellular distribution function* 225.
Zernike-Prinssche Gleichung für die gestreute Röntgenintensität, *Zernike-Prins equation of scattered x-ray intensity* 249.
Zernikesche Formel für Lichtstreuung an Vielkomponentensystemen, *Zernike's formula for the scattering of light by multicomponent systems* 311.
Zinkphosphatgläser, *zinc phosphate glasses* 537.
Zugfestigkeit von Glas, *tensile strength of glass* 577—578, 625.
— —, theoretische Beziehungen, *theoretical relations* 624.
— von Keramik, *of ceramics* 606.

Zusammensetzung technischer Gläser, *composition of technical glasses* 543—544.
Zustandsgleichung für ein Gas aus starren Kugeln, *equation of state for a gas of rigid spheres* 247, 276.
—, kalorische, *caloric* 11, 17, 27.
—, reduzierte, *reduced* 229.
—, thermische, *thermal* 13, 27, 65, 229, 240, 247, 276.
— von Tonks, *derived by Tonks* 55.
Zustandssumme einer Kette, *partition function of a chain* 443—444.
zweidimensionales Ising-Modell, *two-dimensional Ising model* 113—139.
zweidimensionales Modell eines Glases, *two-dimensional model of a glass* 519, 524.
— — der Orientierungseffekte in Lösungen, *of orientation effects in solutions* 340—342
Zwei-Netzwerk-Modell, *two-network model* 448.
zweiter Virialkoeffizient, *second virial coefficient* 2, 227, 315, 451, 457.
— —, Abhängigkeit vom Molekulargewicht, *dependence on molecular weight* 465—466.
— —, Abhängigkeit von der Temperatur, *dependence on temperature* 466—469.
Zwischenionen, *intermediate ions* 520, 540, 542, 543, 614.
zwischenmolekulare Kräfte, Virial, *intermolecular forces, virial* 12.
Zylindermodell der Polyelektrolyte, *cylindrical model of polyelectrolytes* 496.

Subject Index.

(English-German.)

Where English and German spelling of a word is identical the German version is omitted.

ABE's rule, *Abesche Regel* 531—532.
Abnormal structure of phosphate glasses, *abnorme Struktur von Phosphatgläsern* 535 to 537.
Absorption coefficient of heat radiation in glass, *Absorptionskoeffizient von Wärmestrahlung in Glas* 574.
Accumulation region of borate network, *Akkumulationsbereich eines Boratnetzwerks* 529, 557, 569.
Acetone-chloroform mixture, entropy of dilution, *Aceton-Chloroform-Mischung, Verdünnungsentropie* 334—335.
Activation energies of cations in glasses, *Aktivierungsenergien der Kationen in Gläsern* 586, 589—590.
— — for diffusion of gas through fused silica, *für Diffusion von Gasen durch Quarzglas* 618.
— — in mechanical relaxation, *der mechanischen Relaxation* 638, 640—641.
— — for self-diffusion of ions in glass, *für Selbstdiffusion von Ionen in Glas* 622.
Activity coefficient, average, of an electrolyte, *mittlerer Aktivitätskoeffizient eines Elektrolyts* 370.
Activity coefficients of electrolytes, *Aktivitätskoeffizienten von Elektrolyten* 379, 380.
Additivity of average force potential in pairs, *Additivität des Potentials der Durchschnittskraft in Paaren* 20, 49.
— of expansion coefficients, *der Ausdehnungskoeffizienten* 563—564.
Alkali borate glasses, *Alkaliboratgläser* 531 to 533, 556, 559—560, 569.
— — —, viscosity, *Viskosität* 590, 592.
Alkali phosphate glasses, *Alkaliphosphatgläser* 538—539.
Alkali silicate glasses, *Alkalisilikatgläser* 523, 524, 551, 553, 555, 558, 560.
Alkali silicate systems, limits of glass formation, *Alkalisilikatsysteme, Grenzen der Glasbildung* 612—614.
Alkaline earth borate glasses, *Erdalkaliboratgläser* 530, 556, 557, 559—560, 567, 569.
— — — —, viscosity, *Viskosität* 591.
Alloys see binary alloys or systems and solid solutions, *Legierungen s. binäre Legierungen oder Systeme und feste Lösungen*.
Aluminium phosphate glasses, *Aluminiumphosphatgläser* 535, 536.

Amorphous part in melting, *amorpher Anteil beim Schmelzen* 296.
Amorphous regions in polymers, *amorphe Gebiete in Polymeren* 425, 450.
Anionic polymers, *anionische Polymere* 492, 494.
Anisotropy in polymers, *Anisotropie von Polymeren* 450.
Annealing point of a glass, *oberer Kühlpunkt eines Glases* 579, 580.
Annealing range, *Temperungsbereich* 513.
— —, viscosity of glasses, *Viskosität der Gläser* 585—589.
AR see accumulation region.
Argon, coordination numbers, *Argon, Koordinationszahlen* 233.
—, critical data, *kritische Daten* 230, 232, 234.
—, critical opalescence, *kritische Opaleszenz* 250.
—, deviations from the Clausius-Mossotti equation, *Abweichungen von der Clausius-Mossottischen Gleichung* 252, 256.
—, melting parameter, *Schmelzparameter* 289, 300.
—, radial distribution function, *radiale Verteilungsfunktion* 275, 282.
—, vapour pressure, *Dampfdruck* 232, 234.
—, x-ray scattering, *Röntgenstreuung* 250.
ARRHENIUS' hypothesis of dissociation of electrolytes, *Arrheniussche Hypothese der Dissoziation von Elektrolyten* 370.
Athermal nucleation, *athermische Keimbildung* 595, 596.
Atom distribution and small-angle scattering, *Atomverteilung und Kleinwinkel-Streuung* 185.
Atomic heat see specific heat, *Atomwärme s. spezifische Wärme*.
Average end-to-end distance, *mittlerer Abstand der Fadenenden* 404, 408, 439.
Average forces, their potentials, *Durchschnittskräfte, ihre Potentiale* 9, 11, 16, 25.
Average molecular weight, *mittleres Molekulargewicht* 401.
Average potential of forces, *mittleres Potential der Kräfte* 16.
— — in liquids, *in Flüssigkeiten* 222, 226.
Average potential model of liquid mixtures, *Durchschnittspotential-Modell flüssiger Gemische* 360—365.
Azeotropic point, *azeotroper Punkt* 323, 326.

Barium silicate glasses, structure, *Barium-silikat-Gläser, Struktur* 524.
B-coefficients, of osmotic pressure, definition, *B-Koeffizienten des osmotischen Druckes, Definition* 451.
BEER's law, *Beersches Gesetz* 574.
Bending strength of glasses, *Biegungsfestigkeit von Gläsern* 624, 629.
Benzene-cyclohexane mixture, entropy, *Benzol-Cyclohexan-Mischung, Entropie* 339, 355.
Benzene-methanol mixture, orientation effects, *Benzol-Methanol-Mischung, Orientierungseffekte* 343—344.
Beryllium phosphate glasses, *Berylliumphosphatgläser* 537.
BETHE's approximation for superlattice transformations, *Bethesche Näherung für Überstrukturumwandlungen* 88—94, 104, 285, 335.
Bethe parameter, *Bethe-Parameter* 89, 90, 335, 337.
Binary alkali silicate glasses, *binäre Alkalisilikatgläser* 555, 559, 566.
Binary alkali silicate systems, limits of glass formation, *binäre Alkalisilikatsysteme, Grenzen der Glasbildung* 612—614.
Binary alkaline earth borate glasses, *binäre Erdalkaliboratgläser* 530.
Binary alloys, small-angle scattering of x-rays, *binäre Legierungen, Kleinwinkel-Streuung von Röntgenstrahlen* 180—189.
Binary glasses, *binäre Gläser* 515.
Binary liquids, experimental data, *binäre Flüssigkeiten, experimentelle Daten* 326 to 328.
— —, results of theory of free volume and experimental data, *Ergebnisse der Theorie des freien Volumens und experimentelle Daten* 355.
Binary mixture see also solutions of polymers, *binäre Mischung s. auch Lösungen von Polymeren*.
Binary polymer systems, *binäre Systeme von Polymeren* 480—481.
Binary systems, experimental curves, *binäre Systeme, experimentelle Ergebnisse* 167 to 175.
— —, Fuchs theory, *Fuchssche Theorie* 143 to 153, 159—167.
— —, generalization of the Ornstein-Zernike integral equation, *Verallgemeinerung der Ornstein-Zernikeschen Integralgleichung* 191.
— — see also solid solutions, *s. auch feste Lösungen*.
Birefringence of deformed glass as a means to study delayed elasticity, *Doppelbrechung von deformiertem Glas als Mittel zur Untersuchung der elastischen Nachwirkung* 639.
Blocking effect of calcium ions, *Blockierungseffekt von Calcium-Ionen* 622.
Boiling point, *Siedepunkt* 231, 232.

Bonds between chain elements, *Bindung zwischen Kettengliedern* 402.
Borate glass under high pressure, *Boratglas unter hohem Druck* 558.
— —, specific heat, *spezifische Wärme* 572.
Borate glasses, *Boratgläser* 529—534.
— —, absorption spectra, *Absorptionsspektren* 532.
— —, thermal expansion, *thermische Ausdehnung* 568—570.
Borate systems, limits of glass formation, *Boratsysteme, Grenzen der Glasbildung* 615.
Born approximation for scattering of slow neutrons, *Bornsche Näherung für die Streuung langsamer Neutronen* 197.
Born-Green computation method of thermodynamic functions, *Born-Greensche Berechnungsmethode der thermodynamischen Funktionen* 11.
Born-Green equation, *Born-Greensche Gleichung* 20—21.
— — as a specialization of MAYER's equations, *als Sonderfall der Mayerschen Gleichungen* 39—40.
Born-von Kármán one-dimensional crystal model, *Born-von Kármánsches eindimensionales Kristallmodell* 58.
Boron anomaly, *Bor-Anomalie* 590.
Borosilicate glasses, *Borsilikatgläser* 534.
— —, hardness, *Härte* 634—635.
— —, viscosity, *Viskosität* 584.
Boundary conditions of DEBYE and HÜCKEL, *Randbedingungen von Debye und Hückel* 376, 377.
Bragg-Williams approximation for binary solutions, *Bragg-Williamssche Näherung für binäre Lösungen* 346, 347.
— — for rotation transformations, *für Rotationsumwandlungen* 211—212.
— — for superlattice transformations, *für Überstrukturumwandlungen* 85—88, 104, 285.
Branched macromolecule, *verzweigtes Makromolekül* 399, 406.
Brass superlattice structure, *Messing, Überstruktur* 81—82.
Breaking of oxygen bridges, *Bruch von Sauerstoffbrücken* 587.
Bridging oxygen, *Sauerstoffbrücke* 519, 587, 591.
Brownian motion, *Brownsche Bewegung* 439.
Buckingham potential, *Buckinghamsches Potential* 275.
Bulk crystallization of glass, *Volumkristallisation von Glas* 593, 594.
Bulk modulus, *Kompressionsmodul* 433.
— — of glass, *von Glas* 635.

Cabannes factor, *Cabannes-Faktor* 262, 267.
Calcium phosphate glasses, *Calciumphosphatgläser* 534.
Calcium silicate glasses, structure, *Calciumsilikatgläser, Struktur* 524.
Caloric equation of state, *kalorische Zustandsgleichung* 11, 17, 27.

Subject Index.

Canonical distribution function, *kanonische Verteilungsfunktion* 64.
Canonical ensemble, *kanonische Gesamtheit* 7 to 8.
Carbon dioxide, deviations from the Clausius-Mossotti equation, *Kohlendioxyd, Abweichungen von der Clausius-Mossottischen Gleichung* 251—252.
Catalyzed nucleation in glasses, *katalysierte Keimbildung in Gläsern* 593, 604.
Cation-oxygen bond, glass forming ability, *Kation-Sauerstoff-Bindung, glasbildende Fähigkeit* 526.
Cationic polymers, *kationische Polymere* 492, 494.
Cell cluster, free volume, *Zellen-Cluster, freies Volumen* 244.
Cell model of large molecules, *Zellenmodell für große Moleküle* 477, 478.
Cellular distribution function, *Zellen-Verteilungsfunktion* 225.
Ceramics, *Keramik* 606—607.
Chain element, *Kettenglied* 400, 402.
Chain molecule, *Kettenmolekül* 399.
Chain, partition function, *Kette, Zustandssumme* 443—444.
Chain of spin particles, *Kette von Spinteilchen* 109.
Chains of PO_4 tetrahedra, *Ketten von PO_4-Tetraedern* 538—539.
Chains of SiO_4 tetrahedra, *Ketten von SiO_4-Tetraedern* 521, 613—614.
Charge of ionic clouds in electrolytes, *Ladung von Ionenwolken in Elektrolyten* 379.
Chemical potential, definition, *chemisches Potential, Definition* 16.
— — of a liquid, *einer Flüssigkeit* 274.
— — and molecular distribution function, *und molekulare Verteilungsfunktion* 17.
— — of vapour, *von Dampf* 274.
Chemical resistance of ceramics, *chemische Widerstandsfähigkeit von Keramik* 606.
— — of technical glasses, *technischer Gläser* 543, 544.
Chloroform-acetone mixture, entropy of dilution, *Chloroform-Aceton-Mischung, Verdünnungsentropie* 334—335.
Chromatography of alkali phosphate glasses, *Chromatographie von Alkaliphosphatgläsern* 538.
Clausius-Clapeyron equation, generalization, *Clausius-Clapeyronsche Gleichung, Verallgemeinerung* 296.
Clausius-Mossotti equation, *Clausius-Mossottische Gleichung* 251, 255.
Cluster expansion, *Cluster-Entwicklung* 33, 34, 145.
— — for electrolytes, *für Elektrolyte* 392, 394.
— —, limitation below critical point, *Begrenzung unterhalb des kritischen Punktes* 217.
Cluster integrals for an electrolyte, *Cluster-Integrale für einen Elektrolyten* 372.
— — of the second kind, *zweiter Art* 35.

Cluster sums, *Cluster-Summen* 146, 160.
Cluster theory of the free volume, *Cluster-Theorie des freien Volumens* 241, 244.
— — of non-electrolyte solutions, *der Lösungen von Nichtelektrolyten* 302.
Coacervation 502, 504.
Coexisting phases in binary polymer systems, *koexistente Phasen in binären Polymerensystemen* 480.
— — in ternary polymer systems, *in ternären Polymerensystemen* 482.
Coherence of a network, *Kohärenz eines Netzwerks* 520, 531, 569.
Coil model of polyelectrolytes, *Scheibenmodell der Polyelektrolyte* 494—495.
Colloidal systems, *kolloidale Systeme* 492.
Colour of a glass, *Farbe eines Glases* 540.
Combinatorial factor, *Kombinationsfaktor* 286, 321, 412—418, 456.
— — for orientation effects, *für Orientierungseffekte* 341.
Communal entropy 220, 223, 233.
Competition principle of Dietzel, *Konkurrenzprinzip von Dietzel* 541.
Complete randomness in glass structure, *vollkommen statistische Glasstruktur* 524, 528.
Composition of technical glasses, *Zusammensetzung technischer Gläser* 543—544.
Compressibility, *Kompressibilität* 29, 262, 298, 359.
— of glasses, *von Gläsern* 558—560.
Compressibility integral, *Kompressibilitätsintegral* 31, 67.
— —, determination of virial coefficients, *Bestimmung von Virialkoeffizienten* 19.
Conduction coefficient of heat transfer through glasses, *Wärmetransportkoeffizient von Gläsern* 574.
Configurational free energy of polyelectrolytes, *freie Energie der Konfiguration von Polyelektrolyten* 494.
Configuration integral, *Konfigurationsintegral* 7, 245.
— — for the free-volume theory of solutions, *in der Theorie des freien Volumens der Lösungen* 344.
— — for ionic gas model of an electrolyte, *für das Ionengasmodell eines Elektrolyten* 371, 373.
— — in the theory of the free volume, *in der Theorie des freien Volumens* 219—220, 222—223.
Configurations of macromolecules, *Konfigurationen von Makromolekülen* 402—409.
Conformal solutions, *konforme Lösungen* 356 to 360, 368.
Connectivity of a network, *Konnektivität eines Netzwerks* 437.
Consistency factor in the free-volume theory, *Konsistenzfaktor in der Theorie des freien Volumens* 220.
Contact point, *Berührungspunkt* 521.
Contact points of macromolecules, *Kontaktpunkte von Makromolekülen* 411.

Contraction by mixing, *Kontraktion durch Mischung* 351, 364.
Cooling process in glass manufacture, *Abkühlungsprozeß bei der Glasherstellung* 544 to 546, 548.
Cooling rate and damage time, relation, *Abkühlungsgeschwindigkeit und Beschädigungszeit, Bezeichnung* 630.
Cooperative orientation effects in solutions, *kooperative Orientierungseffekte in Lösungen* 335—344.
Cooperative phenomena in crystals, *kooperative Erscheinungen in Kristallen* 1, 77 seq.
— —, statement of problem, *allgemeine Formulierung des Problems* 77.
Coordination numbers for argon, *Koordinationszahlen für Argon* 233.
Copolymer, *Kopolymer* 399.
Copper-gold alloy, *Kupfer-Gold-Legierung* 80 to 81.
Correlation function, *Korrelationsfunktion* 28.
— — depending on time, *zeitabhängige Korrelationsfunktion* 200.
— — and x-ray scattering, *Korrelationsfunktion und Röntgenstreuung* 249, 250.
Correlation functions in binary alloys, *Korrelationsfunktionen in binären Legierungen* 179, 186, 187, 194, 195.
Correlation radius, *Korrelationsradius* 74.
— — in the van der Waals gas, *im van der Waalsschen Gas* 76.
Correlations in the hole model of liquids, *Korrelationen im Löchermodell der Flüssigkeiten* 242.
Corresponding states, *übereinstimmende Zustände* 361, 365—369, 476—479.
Coulomb forces betweens ions in electrolytes, *Coulombkräfte zwischen den Ionen in Elektrolyten* 371, 373, 374.
Counterions surrounding a polyelectrolyte molecule, *Gegenionen, die ein Polyelektrolytmolekül umgeben* 496—497, 498.
Coupling parameters in the theory of electrolytes, *Kopplungsparameter in der Theorie der Elektrolyte* 373.
Covolume see also excluded volume, *Kovolumen s. auch verbotenes Volumen*.
Cristobalite, *Kristobalit* 608, 610.
Cristobalite-like structure, *Kristobalit-Struktur* 523.
Critical fluctuations, *kritische Schwankungen* 71, 75.
Critical opalescence, *kritische Opaleszenz* 71, 75, 76, 189—210, 250.
— — of binary liquid systems, *binärer flüssiger Systeme* 316.
— — of ferromagnetics, *ferromagnetischer Substanzen* 196—210.
— — of solid solutions, *fester Lösungen* 189 to 196.
Critical point, definition in solutions, *kritischer Punkt, Definition in Lösungen* 309.
— — of phase separation in polymer solutions, *der Phasentrennung in Polymerenlösungen* 480.

Critical point of precipitation, *kritischer Punkt der Entmischung* 149—153, 161—166.
— — of a miscibility gap, *einer Mischungslücke* 307.
Critical points in ternary polymer systems, *kritische Punkte in ternären Polymerensystemen* 482.
Critical scattering of slow neutrons, *kritische Streuung langsamer Neutronen* 196—210.
— — of x-rays, *von Röntgenstrahlen* 189 to 196.
Critical temperature of binary polymer systems, *kritische Temperatur binärer Polymerensysteme* 480, 481.
— — of precipitation, *der Entmischung* 324.
Critical temperatures of gases, *kritische Temperaturen von Gasen* 230, 234.
Cross section of critical magnetic scattering, *Wirkungsquerschnitt für kritische magnetische Streuung* 205.
Crystal formation in glasses, *Kristallbildung in Gläsern* 592—616.
Crystal growth in glass, *Kristallwachstum in Glas* 594—604.
— — —, calculation of its rate, *Berechnung seiner Geschwindigkeit* 600—601.
— — —, dependence on viscosity, *Abhängigkeit von der Viskosität* 602.
— — —, effect of chemical composition, *Einfluß der chemischen Zusammensetzung* 607—612.
Crystal, one-dimensional model, *Kristall, eindimensionales Modell* 58—64.
Crystallinity of a polymer, *Kristallinität eines Polymers* 402, 425, 450.
Crystallite, *Kristallit* 425.
Crystallite theory of glasses, *Kristallittheorie der Gläser* 527.
Crystallization limits in glasses, *Kristallisationsgrenzen in Gläsern* 612—616.
Crystallization rate, *Kristallisationsgeschwindigkeit* 513, 595.
Crystallization tendency of glasses, *Kristallisationsneigung von Gläsern* 543.
Cubic lattice, theory of melting, *kubisches Gitter, Schmelztheorie* 293.
Cubic space-centered lattice, results of Fuchs theory, *kubisch raumzentriertes Gitter, Ergebnisse der Fuchsschen Theorie* 162, 165.
Curie point, *Curie-Punkt* 205, 207—209.
Cut-off of short waves in fluctuation spectrum, *Abschneiden kurzer Wellen im Schwankungsspektrum* 70—71.
Cyclohexane-benzene mixture, entropy, *Cyclohexan-Benzol-Mischung, Entropie* 339, 355.
Cylindrical model of polyelectrolytes, *Zylindermodell der Polyelektrolyte* 496.

DEBYE's charging process, *Debyescher Aufladungsprozeß* 374, 377, 393.
DEBYE's formula for the correlation radius, *Debyesche Formel für den Korrelationsradius* 76.

Debye-Hückel approximation for polyelectrolytes, *Debye-Hückelsche Näherung für Polyelektrolyte* 494—495, 503.
Debye-Hückel parameter, *Debye-Hückelscher Parameter* 376, 388.
Debye-Hückel theory of electrolytes, *Debye-Hückelsche Theorie der Elektrolyte* 375—381.
— — — —, justification, *Rechtfertigung* 381, 383—389, 392.
— —, extension to colloidal systems, *Erweiterung für kolloidale Systeme* 492.
Debye-Scherrer pattern of vitreous silica, Debye-Scherrer-Diagramm für Quarzglas 522.
Debye temperature, *Debye-Temperatur* 571.
Defects in crystals, statistical treatment, *Fehlordnung, statistische Behandlung* 78.
Deformation point of a glass, *dilatometrischer Erweichungspunkt eines Glases* 580.
Deformation of polymers, thermodynamical treatment, *Formänderung von Polymeren, thermodynamische Behandlung* 432—451.
Degree of crystallinity, *Kristallinitätsgrad* 402, 425.
Degree of crystallization, *Kristallisationsgrad* 598—599.
Degree of depolarization, *Depolarisationsgrad* 262.
Degree of dissociation of a polyelectrolyte, *Dissoziationsgrad eines Polyelektrolytes* 492.
Degree of polymerisation, *Polymerisationsgrad* 399.
Degrees of freedom of macromolecules, *Freiheitsgrade von Makromolekülen* 410.
Delayed elasticity in glass, *elastische Nachwirkung in Glas* 637—640.
Demixing of polymers in solution, *Entmischung von Polymeren in Lösung* 484.
Density fluctuation, total, *totale Dichteschwankung* 30.
Density formulae for glasses, *Dichteformeln für Gläser* 549, 552, 554.
Density of glasses, dependence on composition, *Dichte der Gläser, Abhängigkeit von der Zusammensetzung* 548—554
Density of glasses, dependence on pressure, *Dichte der Gläser, Druckabhängigkeit* 557 to 560.
— —, dependence on temperature, *Temperaturabhängigkeit* 561—570
— — at high temperatures, *bei hohen Temperaturen* 555—557.
— — and their thermal history, *und ihre thermische Vorgeschichte* 555.
Density matrix, *Dichtematrix* 64.
Density of pairs, *Dichte der Paare* 5.
Density of particles, *Dichte der Teilchen* 4.
Depolarization degree, *Depolarisationsgrad* 262.
Designations see nomenclature, *Bezeichnungen s. Nomenklatur*.
Destruction region of borate network, *Destruktionsbereich eines Boratnetzwerks* 530, 569.

Deswelling of a gel in different solvents, *Abschwellung eines Gels in verschiedenen Lösungsmitteln* 489, 507.
Devitrification, *Entglasung* 543, 592—616.
—, effect on specific heat, *Einfluß auf spezifische Wärme* 573.
Devitrite, formation in glass, *Devitrit, Bildung in Glas* 601, 602, 608.
Diamond pyramid hardness, *Diamantpyramidenhärte* 633—635.
Dielectric constant, *Dielektrizitätskonstante* 251—256.
Diffuse first-order transition, *diffuse Umwandlung erster Ordnung* 430.
Diffusion of gases through glass, *Diffusion von Gasen durch Glas* 616—621.
— of ions through glass, *Diffusion von Ionen durch Glas* 621—623.
Diffusion method for the determination of molecular weights, *Diffusionsmethode zur Bestimmung des Molekulargewichtes* 401, 496.
Dilute solutions of polymers, *verdünnte Lösungen von Polymeren* 463, 465.
Dilution, infinite, *unendliche Verdünnung* 304, 305.
Dilution entropy, *Verdünnungsentropie* 172 to 174, 334, 339.
Direct correlation function, *direkte Korrelationsfunktion* 73.
Dispersion forces, *Dispersionskräfte* 349.
Dispersion of the one-dimensional crystal, *Dispersion des eindimensionalen Kristalls* 60.
Distribution function of the Ising model, *Verteilungsfunktion des Ising-Modells* 79, 83.
Donnan equilibrium, *Donnansches Gleichgewicht* 495, 499, 507, 508.
D. P. H. see diamond pyramid hardness, *Diamantpyramidenhärte* 633—635.
DR see destruction region.
Dual lattice, *Dualgitter* 118, 119.

Eigenvalue method for the one-dimensional Ising model, *Eigenwertmethode für das eindimensionale Ising-Modell* 111.
— — for the two-dimensional Ising model, *für das zweidimensionale Ising-Modell* 113—115, 121—133.
Einstein function, *Einsteinsche Funktion* 571.
Einstein relation of diffusion theory, *Einsteinsche Beziehung der Diffusionstheorie* 623.
EINSTEIN's theory of light scattering for binary systems, *Einsteinsche Theorie der Lichtstreuung für binäre Systeme* 312, 315.
— — of light scattering, justification, *der Lichtstreuung, Rechtfertigung* 262, 267.
Elastic deformation of polymers, *elastische Formänderung von Polymeren* 432—451, 487.
Elastic force, *elastische Kraft* 442, 443.
Elasticity of rubberlike materials, *Elastizität gummiähnlicher Substanzen* 435.

Electrical conductivity of glass, *elektrische Leitfähigkeit von Glas* 584, 591.
Electrical free energy of polyelectrolytes, *elektrische freie Energie von Polyelektrolyten* 494, 495.
Electrical properties of ceramics, *elektrische Eigenschaften von Keramik* 606.
Electrolytes of high concentration, *Elektrolyte hoher Konzentration* 392—395.
Electrolytes, potential of average force, *Elektrolyte, Potential der Durchschnittskraft* 306.
—, solutions, *Lösungen* 369—395.
Electronegativity and glass formation, *Elektronegativität und Glasbildung* 526, 541.
Electrostatic bond strength, *elektrostatische Bindungsstärke* 565.
Elongation of a glass fibre, *Dehnung einer Glasfaser* 579.
Empty interstices, *leere Zwischengitterplätze* 553.
End-to-end distance, *Fadenenden, Abstand* 404, 408, 439.
End-to-end vector, *Verbindungsvektor der Molekülenden* 436, 437.
Energy parameter in binary systems, *Energieparameter in binären Systemen* 145.
Energy transfer by neutron scattering, *Energieübertragung durch Neutronenstreuung* 197, 198.
Entanglements, *Verschlingungen* 429, 448.
Entropy of dilution, *Entropie der Verdünnung* 172—174, 334, 339.
Entropy of evaporation, *Verdampfungsentropie* 231, 232.
Entropy of melting, *Schmelzentropie* 289, 299.
Entropy of mixing, *Mischungsentropie* 172 to 174, 325, 333, 338, 350, 351.
Entropy of network deformation, *Entropie der Deformation eines Netzwerks* 436, 440, 442.
Entropy terms in polymer solutions, *Entropieglieder in Polymerenlösungen* 457.
Equation of state, caloric, *Zustandsgleichung, kalorische* 11, 17, 27.
— — derived by TONKS, *von Tonks* 55.
— — for a gas of rigid spheres, *für ein Gas aus starren Kugeln* 247, 276.
—, reduced, *reduzierte* 229.
—, thermal, *thermische* 13, 27, 65, 229, 240, 247, 276.
Equilibrium structure and glass structure, *Gleichgewichtsstruktur und Glasstruktur* 544, 555.
Equivalent chain, *äquivalente Kette* 405.
Equivalent sphere, *äquivalente Kugel* 453, 454, 473, 474.
Ergodicity, *Ergodizität* 281.
Etching of a glass surface, *Ätzen einer Glasoberfläche* 626.
Ethylene-di-bromide, molecular heat, *Äthylen-Dibromid, Molekülwärme* 210.
Evaporation heat, *Verdampfungswärme* 231.
Exact solution for the two-dimensional Ising model, *exakte Lösung für das zweidimensionale Ising-Modell* 121—133.

Excluded volume see also covolume, *verbotenes Volumen s. auch Kovolumen* 407, 408.
— —, effect on second virial coefficient, *Einfluß auf den zweiten Virialkoeffizienten* 471.
— — of polyelectrolytes, *der Polyelektrolyte* 494.
Excluded volume model of polymer solutions, *Modell des verbotenen Volumens für Polymerenlösungen*, 451, 452—456, 461—463, 487, 491.
Expansion coefficient of ceramics, *Ausdehnungskoeffizient von Keramik* 606.
— — of glasses, *von Gläsern* 544, 547, 557, 561—570.
— — —, additivity, *Additivität* 563—564.
— — —, dependence on composition, *Abhängigkeit von der Zusammensetzung* 566 to 568.
— — —, dependence on fictive temperature, *Abhängigkeit von der fiktiven Temperatur* 562.
— — —, dependence on temperature, *Temperaturabhängigkeit* 562.
Extinction law, *Auslöschungssatz* 260.

Fermi-Dirac distribution in electrolytes, *Fermi-Dirac-Verteilung in Elektrolyten* 393.
Ferromagnetic model of ISING, *ferromagnetisches Modell von Ising* 79, 109—112.
Ferromagnetics, critical opalescence, *Ferromagnetica, kritische Opaleszenz* 196—210.
Fictive temperature, *fiktive Temperatur* 544, 546—548, 561.
— —, effect on the expansion coefficient of glasses, *Einfluß auf den Ausdehnungskoeffizienten von Gläsern* 562.
Field-strength of cation, effect on glass structure, *Feldstärke des Kations, Einfluß auf die Glasstruktur* 541, 554, 561.
— —, effect on thermal expansion of glasses, *Einfluß auf die thermische Ausdehnung der Gläser* 564—566, 568.
First-order transitions in polymers, *Umwandlungen erster Ordnung in Polymeren* 423, 424, 430.
Flaws in glass, *Sprünge im Glas* 625, 626.
Flory temperature, *Florysche Temperatur* 460, 468, 469, 471, 481.
Flow point of a glass, *Fließpunkt eines Glases* 579.
Fluctuational quantity, *Schwankungsgröße* 28.
Fluctuations of the index of refraction, *Schwankungen des Brechungsindex* 310.
— of local density, *der lokalen Dichte* 68.
Fluid character of one-dimensional crystal *fluider Charakter eines eindimensionalen Kristalls* 61, 63.
Fluids see liquids.
Fourier transform, physical meaning, *Fourier-Transformation, physikalische Bedeutung* 69.

Fractionation of polymers, *Fraktionierung von Polymeren* 485—487.
Free draining coil model, *Modell frei strömender Scheiben* 473.
Free energy, *freie Energie* 13, 221, 225, 229, 237, 287, 296, 319.
— — of dilution, *der Verdünnung* 315, 319.
— — of electrolytes, *von Elektrolyten* 374.
— — — in the Debye-Hückel approximation, *in der Näherung von Debye und Hückel* 377, 378.
— — of a gel, *eines Gels* 487—489.
— — and long-range ordering, *und Fernordnungsgrad* 86.
— — of network deformation, *der Deformation eines Netzwerks* 435, 442.
— — of a rigorously regular solution, *einer streng regulären Lösung* 322.
Free volume, calculated from LENNARD-JONES' and DEVONSHIRE's theory, *freies Volumen, berechnet aus der Lennard-Jones-Devonshireschen Theorie* 228.
— — of a cell cluster, *eines Zellen-Clusters* 244.
— —, cluster theory, *Cluster-Theorie* 241, 244.
— —, definition, *Definition* 225.
— —, generalized, *generalisiertes* 235, 241.
— —, in lattice model of liquid solutions, *im Gittermodell flüssiger Lösungen* 316.
— —, principles of its theory, *Grundlagen seiner Theorie* 219—226.
Free volume theory, application to solutions, *Anwendung der Theorie des freien Volumens auf Lösungen* 344—356.
Frenkel defects, *Frenkelsche Fehlstellen* 77 to 78.
FRENKEL's probability density, *Frenkelsche Wahrscheinlichkeitsdichte* 55.
Frictional force, *Reibungskraft* 473, 474.
Fuchs theory of solid solutions (see also solid solutions), *Fuchssche Theorie der festen Lösungen* 143—153, 159—167.
— — — —, definition of critical point, *Definition des kritischen Punktes* 149.
— — — —, experimental test, *experimentelle Prüfung* 167—175.
— — — —, special lattices, *spezielle Gitter* 161—166.
Fugacity, *Fugazität* 32.
Fulcher-Tammann equation, *Fulcher-Tammannsche Gleichung* 581.
Fused silica see also quartz glass, *Quarzglas*.
— —, hardness, *Härte* 633.
— —, structure, *Struktur* 528—529.

Gaussian approximation for highly elongated chains, *Gaußsche Näherung für stark gestreckte Ketten* 405, 442.
Gaussian chain, *Gaußsche Kette* 443.
Gel, free energy, *Gel, freie Energie* 487—489.
General functions, *generelle Funktionen* 5.
Generalized cluster integrals, *verallgemeinerte Cluster-Integrale* 35.

Generalized free volume, *generalisiertes freies Volumen* 235.
Geometrical correlation of orientations, *geometrische Korrelation der Orientierungen* 340.
Gibbs-Duhem equation, *Gibbs-Duhemsche Gleichung* 29.
GIBBS' free energy, *Gibbssche freie Energie* 296, 319.
— —, effect on crystallization of glasses, *Einfluß auf die Kristallisation von Gläsern* 593, 595, 600.
Glass ceramics, *Glaskeramik* 606—607.
Glass families, *Glasfamilien* 514—515.
Glass formation, *Glasbildung* 515, 525.
Glass structure and equilibrium structure, *Glasstruktur und Gleichgewichtsstruktur* 544, 555.
Glass transition, *Glasumwandlung* 431, 432, 447.
Glass-forming oxides, *glasbildende Oxyde* 514, 518.
Glassiness, *Glasigkeit* 610.
Glassy material, shift factor, *glasiges Material, Verschiebungsfaktor* 447.
Gold-copper alloy, *Gold-Kupfer-Legierung* 80 to 81.
GORSKY's treatment of superlattice transformations, *Gorskysche Behandlung von Überstrukturumwandlungen* 84.
Grand canonical ensemble, *große kanonische Gesamtheit* 23.
GÜNTELBERG's charging process, *Güntelbergscher Aufladungsprozeß* 374, 382, 393.

Half-fine quantities of MASSIGNON, *halbfeine Größen von Massignon* 68, 69.
Halide glasses, *Halogenidgläser* 515.
Hardness of ceramics, *Härte von Keramik* 606.
— of glasses, *von Gläsern* 632—635.
— of sodium borate glasses, *von Natriumboratgläsern* 532.
Harmonic oscillator model, *harmonisches Oszillatorenmodell* 349, 571.
Healing effect of surface etching, *Heilwirkung von Oberflächenverätzung* 626.
Heat of dilution, *Verdünnungswärme* 319.
Heat fusion per monomer, *Polymerisierungswärme je Monomer* 428.
Heat of melting for polymers, *Schmelzwärme für Polymere* 427.
Heat transfer through glasses, *Wärmedurchgang durch Gläser* 574—577.
Helium atoms, interaction between two, *Wechselwirkung zweier Heliumatome* 2.
Helmholtz free energy, *Helmholtzsche freie Energie* 13, 221, 225, 229, 237, 287, 297, 319.
Hertzian vector, *Hertzscher Vektor* 257, 263.
Heterogeneous nucleation in glasses, *heterogene Keimbildung in Gläsern* 593, 605.
High temperature range of glass viscosity, *Hochtemperaturbereich der Viskosität von Glas* 582.
High temperatures, glass density, *hohe Temperaturen, Glasdichte* 555—557.

Hole model of liquids, *Löchermodell der Flüssigkeiten* 234, 242.
Homogeneous nucleation in glasses, *homogene Keimbildung in Gläsern* 593, 595.
HOOKE's law for glasses, *Hookesches Gesetz für Gläser* 623, 635, 637.
HUGGINS' density formula, *Hugginssche Dichteformel* 549—550, 554.
Hydratation of ions, *Hydratation von Ionen* 393.
Hydrodynamic interaction between polymer segments, *hydrodynamische Wechselwirkung zwischen Polymerensegmenten* 473, 476.
Hydrofluoric acid, etching of glass, *Flußsäure, Ätzen von Glas* 626.
Hypotheses of LENNARD-JONES and DEVONSHIRE, *Hypothesen von Lennard-Jones und Devonshire* 223—226.

Ideal solution, definition, *ideale Lösung, Definition* 320.
Impact strength, *Stoßfestigkeit* 624.
Impermeable equivalent sphere model, *Modell undurchdringlicher äquivalenter Kugeln* 473, 474.
Impurities in glasses, effect on devitrification, *Verunreinigungen in Gläsern, Einfluß auf Entglasung* 609—610.
Incompatibility of polymers in solution, *Inkompatibilität von Polymeren in Lösung* 484.
Indentation hardness of glass, *Druckhärte von Gläsern* 632.
Index of refraction, *Brechungsindex* 256 to 262.
— —, fluctuations, *Schwankungen* 310.
— — of glasses, *von Gläsern* 544.
Infinite dilution, limiting laws, *unendliche Verdünnung, Grenzgesetze* 304, 305.
Infrared absorption spectra of borate glasses, *Ultrarotabsorptionsspektren von Boratgläsern* 532.
Infrared spectra of polymers, change by crystallization, *Ultrarotspektren von Polymeren, Veränderung durch Kristallisation* 599.
Inhomogeneities in glass structure, *Inhomogenitäten in Glasstrukturen* 527.
Integral equation of BORN and GREEN, *Integralgleichung von Born und Green* 20—21, 39—40.
— — of KIRKWOOD and MONROE, *von Kirkwood und Monroe* 42.
— — of ORNSTEIN and ZERNIKE, *von Ornstein und Zernike* 72—73, 203.
— — —, generalization for binary systems, *Verallgemeinerung für binäre Systeme* 191.
Integral equations of the first kind of KIRKWOOD, *Integralgleichungen erster Art von Kirkwood* 21—23, 41, 267.
— — of MAYER, *von Mayer* 37, 39.
— — of the second kind of KIRKWOOD, *zweiter Art von Kirkwood* 43, 45.

Interaction parameter, *Wechselwirkungsparameter* 456.
Interaction between two helium atoms, *Wechselwirkung zweier Heliumatome* 2.
Interaction potential in the ionic gas model of an electrolyte, *Wechselwirkungspotential im Ionengasmodell eines Elektrolyten* 371, 372.
Intermediate ions, *Zwischenionen* 520, 540, 542, 543, 614.
Intermolecular forces, virial, *zwischenmolekulare Kräfte, Virial* 12.
Internal coherence of a network, *innerer Zusammenhang eines Netzwerks* 520, 531, 569.
Internal friction of glass, *innere Reibung von Glas* 641, 643.
Internal parameters, *innere Parameter* 421, 423, 431, 446.
Intrinsic viscosity see limiting viscosity number.
Ionic gas model of an electrolyte, *Ionengas-Modell eines Elektrolyten* 370, 371.
Ionic strength in an electrolyte, *Ionenstärke in einem Elektrolyten* 379.
— — of a polyelectrolyte, *eines Polyelektrolyten* 493, 499, 500, 502.
Iron, critical scattering of neutrons, *Eisen, kritische Streuung von Neutronen* 208 to 209.
Irreducible cluster sums, *unreduzierbare Cluster-Summen* 146, 160.
Irreducible and reducible cluster-integrals, *unreduzierbare und reduzierbare Cluster-Integrale* 302—303.
Ising model, application to polyelectrolytes, *Ising-Modell, Anwendung auf Polyelektrolyte* 497.
— —, application to superlattice structure, *Anwendung auf Überstruktur* 83—84.
— —, matrix theory, *Matrixtheorie* 108 seq., 122 seq.
— —, one-dimensional, *eindimensionales* 108 to 113.
— —, principles, *Grundbegriffe* 79.
— —, rotation transformation, *Rotationsumwandlung* 211, 335.
— — of solid solutions, *fester Lösungen* 153—159.
— —, three-dimensional, *dreidimensionales* 139.
— —, two-dimensional, *zweidimensionales* 113—139.
Isothermals of the osmotic pressure, *Isothermen des osmotischen Druckes* 308.
Isothermic compressibility, *isotherme Kompressibilität* 29, 262, 359.
Isothermics calculated by Monte Carlo procedures, *Isothermen, berechnet nach Monte-Carlo-Verfahren* 282, 283.
Isothermics of melting theory, *Isothermen der Schmelztheorie* 288.

KIRKWOOD and MONROE's theory of melting, *Kirkwood-Monroesche Schmelztheorie* 290 to 300.

KIRKWOOD and YVON's theory of dielectrics, *Kirkwood-Yvonsche Theorie der Dielectrica* 252—255.
KIRKWOOD's computation method of thermodynamic functions, *Kirkwoodsche Berechnungsmethode der thermodynamischen Funktionen* 14.
KIRKWOOD's equations of the first kind, *Kirkwoodsche Gleichungen erster Art* 21 to 23, 41, 267.
— — — — derived from MAYER's equations, *abgeleitet aus den Mayerschen Gleichungen* 41.
— — of the second kind, *zweiter Art* 43, 45.
— — —, application to an one-dimensional system of rigid spheres, *Anwendung auf ein eindimensionales System starrer Kugeln* 56.
KIRKWOOD's method for electrolytes, *Kirkwoodsche Methode für Elektrolyte* 373.
— — of semi-invariants, *der Semi-Invarianten* 98—103, 354, 366.
KIRKWOOD's theory of polyampholyte interaction, *Kirkwoodsche Theorie der Wechselwirkung von Polyampholyten* 506.
KLEIN and TISZA's phenomenological theory, *Klein-Tiszasche phänomenologische Theorie* 201.

λ point, λ-*Punkt* 107.
Langevin approximation for higly elongated chains, *Langevin-Näherung für stark gestreckte Ketten* 405.
Langevin function, *Langevinsche Funktion* 405.
Lattice frequency, *Gitterfrequenz* 410.
Lattice gas, *Gitter-Gas* 218.
Lattice model of binary liquids, *Gittermodell binärer Flüssigkeiten* 316—328.
— — of macromolecular materials, *makromolekularer Substanzen* 413, 419.
— — of polymer solutions, *der Polymerenlösungen* 451, 456—462, 488.
Lattice parameter, *Gitterparameter* 411.
Lattice structure of a glass, *Gitterstruktur eines Glases* 517.
Lattices for which the Fuchs theory has been evaluated, *Gitter, für welche die Fuchssche Theorie ausgewertet ist* 161—163.
Lead silicate glasses, structure, *Bleisilikat-Gläser, Struktur* 524.
LENNARD-JONES' and DEVONSHIRE's model of liquids, *Lennard-Jones-Devonshiresches Modell der Flüssigkeiten* 222—232.
— — — —, basic hypotheses, *Grundhypothesen* 223—226.
— — — —, modifications, *Modifikationen* 233—241.
LENNARD-JONES' and DEVONSHIRE's theory of melting, *Lennard-Jones-Devonshiresche Theorie des Schmelzens* 284—290.
Lennard-Jones potential, *Lennard-Jonessches Potential* 227, 243, 361, 367.
— — in polymer solutions, *in Polymerenlösungen* 469.

Light scattering by liquids, *Lichtstreuung an Flüssigkeiten* 262.
— — as a means to determine molecular weights, *als Mittel zur Molekulargewichtsbestimmung* 401, 475—476, 497.
— — by multi-component systems, *an Vielkomponentensystemen* 310—316.
— — in polyelectrolytes, *in Polyelektrolyten* 500—501.
Limiting law of DEBYE and HÜCKEL, *Grenzgesetz von Debye und Hückel* 378, 380, 381.
Limiting laws for infinite dilution, *Grenzgesetze für unendliche Verdünnung* 304, 305.
Limiting viscosity number, *Viskositätsgrenzzahl* 473, 474.
Limits of crystallization in glasses, *Grenzen der Kristallbildung in Gläsern* 612—616.
Linear chain see also one-dimensional fluid or crystal, *lineare Kette s. auch eindimensionale Flüssigkeit oder Kristall* 245.
Linear macromolecule (see also chain molecule), *lineares Makromolekül (s. auch Kettenmolekül)* 399.
Linearization of the Poisson-Boltzmann equation, *Linearisierung der Poisson-Boltzmannschen Gleichung* 376, 388, 392, 394.
Liquid phases, molecular density, *flüssige Phasen, molekulare Dichte* 6.
Liquids, one-dimensional model, *Flüssigkeiten, eindimensionales Modell* 49—58.
—, solutions of electrolytes, *Lösungen von Elektrolyten* 369—395.
—, solutions of non-electrolytes, *Lösungen von Nichtelektrolyten* 300—369.
—, theory of pure liquids, *Theorie reiner Flüssigkeiten* 217—300.
Liquidus temperature, *Verflüssigungstemperatur* 511, 516, 543, 594, 595.
Lithium-aluminium silicate ceramics, *Lithium-Aluminium-Silikat-Keramik* 607.
Lithium phosphate glasses, *Lithiumphosphatgläser* 539.
Local density fluctuations, *lokale Dichteschwankungen* 68.
Local distribution function, *lokale Verteilungsfunktion* 89.
— — — of solution, *der Lösung* 336.
— — — of solvent, *des Lösungsmittels* 335.
Long-range interaction in polymer solutions, *langreichweitige Wechselwirkung in Polymerenlösungen* 464—465.
Long-range order in the Ising model, *Fernordnung im Ising-Modell* 112.
— — in one dimension, *Fernordnung in einer Dimension* 61.
— — in the three-dimensional Ising model, *im dreidimensionalen Ising-Modell* 141—142.
Long-range ordering degree of BETHE, *Fernordnungsgrad von Bethe* 91.
— — — of BRAGG and WILLIAMS, *von Bragg und Williams* 83, 87.
— — — calculated by the two-dimensional Ising model, *berechnet aus dem zweidimensionalen Ising-Modell* 139.

Lorentz-Lorenz formula, *Lorentz-Lorenzsche Formel* 256.
— —, generalization, *Verallgemeinerung* 257, 261.
Low temperature range of glass viscosity, *Tieftemperaturbereich der Viskosität von Glas* 582, 584—589.

Macromolecular solutions, orientation effects, *makromolekulare Lösungen, Orientierungseffekte* 329.
Macromolecule, definition, *Makromolekül, Definition* 399.
Magnesium phosphate glasses, *Magnesiumphosphatgläser* 537.
Magnetic model of defect treatment, *magnetisches Modell der Fehlstellenbehandlung* 79.
Magnetic susceptibility and spin correlation function, *magnetische Suszeptibilität und Spin-Korrelationsfunktion* 207.
Magnetization calculated by the Ising model, *Magnetisierung, berechnet aus dem Ising-Modell* 112, 137, 139, 141.
Markovian chains, *Markoffsche Ketten* 279 to 280.
Mass spectrometer method to determine diffusion permeability, *Massenspektrometermethode zur Bestimmung der Durchlässigkeit bei Diffusion* 617.
Matrix theory of the Ising model, *Matrixtheorie des Ising-Modells* 108 seq., 122 seq.
Maximum crystal growth, *maximales Kristallwachstum* 602.
Maximum hardness of glasses, *maximale Härte von Gläsern* 634.
Maxwell theory of relaxation, its limitations for glass, *Maxwellsche Theorie der Relaxation, ihre Grenzen für Glas* 638—639.
MAYER's integral equations, *Mayersche Integralgleichungen* 37, 39.
Mean specific heat of a glass, *mittlere spezifische Wärme eines Glases* 571.
Mechanical losses in glass, *mechanische Verluste in Glas* 642, 644.
Mechanical properties of glasses, *mechanische Eigenschaften von Gläsern* 544.
Mechanical relaxation, *mechanische Relaxation* 446.
— — in glasses, *in Gläsern* 635—644.
— — —, atomic theory, *atomare Theorie* 640—644.
Mechanical strength of glasses (see also strength), *mechanische Festigkeit von Gläsern (s. auch Festigkeit)* 623—635.
Melting point depression of a polymer, *Schmelzpunktserniedrigung eines Polymers* 426, 428.
Melting theory of KIRKWOOD and MONROE, *Schmelztheorie von Kirkwood und Monroe* 290—300.
— — of LENNARD-JONES and DEVONSHIRE, *von Lennard-Jones and Devonshire* 284 to 290.

Methanol-benzene mixture, orientation effects, *Methanol-Benzol-Mischung, Orientierungseffekte* 343—344.
Micelle, *Mizelle* 425, 492.
MIE's lattice model of liquids, *Miesches Gittermodell der Flüssigkeiten* 221.
Minimum size of nucleating agent, *Minimalgröße eines Keimkatalysators* 605.
Miscibility gap, *Mischungslücke* 307.
— — in ternary polymer systems, *in ternären Polymerensystemen* 482, 483.
Mixed chemical bonding in glass formation, *Glasbildung, gemischte chemische Bindung* 525, 542.
Mixed phosphate glasses, *Phosphat-Mischgläser* 539.
Mixing entropy, *Mischungsentropie* 172 to 174, 325, 333, 338, 350, 351.
Model of excluded volume see excluded volume model.
Mohs scale of hardness, *Mohssche Härteskala* 632.
Molecular density in liquid phases, *molekulare Dichte in flüssigen Phasen* 6.
Molecular distribution, *molekulare Verteilung* 401.
Molecular distribution function, *molekulare Verteilungsfunktion* 3.
— — — for binary alloys, *für binäre Legierungen* 175—180.
— — — and chemical potential, *und chemisches Potential* 17.
— — —, definition, *Definition* 5.
— — —, normalization, *Normierung* 5, 7.
— — — in quantum statistics, *in der Quantenstatistik* 64.
Molecular weight, determination, *Molekulargewicht, Bestimmung* 305, 315, 401, 497.
— —, effect on second virial coefficient, *Einfluß auf den zweiten Virialkoeffizienten* 465—466.
— — of macromolecular materials, *makromolekularer Substanzen* 400.
Moments, *Momente* 99, 367, 384.
Monomer 399.
Monte Carlo method, *Monte-Carlo-Methode* 217, 277—284.
Morse potential, *Morsesches Potential* 243.

Network, *Netzwerk* 399, 448, 487, 489, 490.
—, connectivity, *Konnektivität* 437.
—, free energy of deformation, *freie Energie der Deformation* 435, 442.
—, internal coherence, *innerer Zusammenhang* 520, 531, 569.
Network structure of a glass, *Netzwerkstruktur eines Glases* 517, 524.
Network-forming ions, *netzwerkbildende Ionen* 518, 524, 537, 540, 542, 572.
Network-modifying ions, *netzwerkändernde Ionen* 519, 524, 540, 542.
Neutron irradiation of quartz, *Neutronenbestrahlung von Quarz* 577.
Neutrons, critical scattering, *Neutronen, kritische Streuung* 196—210.

Subject Index.

Nomenclature for macromolecules, *Nomenklatur für Makromoleküle* 399.
Non-bridging oxygen ion, *nicht brückenbildendes Sauerstoffion* 519, 529, 591.
Non-cooperative orientation effects in solutions, *nicht-kooperative Orientierungseffekte in Lösungen* 329—335.
Non-electrolytes, solutions, *Nichtelektrolyte, Lösungen* 300—369.
Normal state, *Normalzustand* 32, 144, 318.
— — in an electrolyte, *in einem Elektrolyten* 371.
Nucleation in glass, definitions, *Keimbildung in Glas, Definitionen* 593, 595.
Nucleation rate, calculation, *Keimbildung, Berechnung ihrer Geschwindigkeit* 599—600.
Number average molecular weight, *Zahlenmittel des Molekulargewichtes* 401, 420.

One-dimensional crystal, *eindimensionaler Kristall* 58.
One-dimensional fluid, *eindimensionale Flüssigkeit* 49.
One-dimensional model of ISING, *eindimensionales Ising-Modell* 108—113.
Onsager theory of the two-dimensional Ising model, *Onsagersche Theorie des zweidimensionalen Ising-Modells* 121—136.
Opalescence of binary liquid systems, *Opaleszenz binärer flüssiger Systeme* 316.
—, critical, *kritische* 71, 75, 76, 189—210, 250.
Order of transformations, *Ordnung von Umwandlungen* 421.
Order-disorder phenomena in polymers, *Fernordnungserscheinungen in Polymeren* 423.
Organic binary solutions, experimental data, *organische binäre Lösungen, experimentelle Daten* 326—328.
Orientation effects in solutions, *Orientierungseffekte in Lösungen* 329—344.
Orientation ordering, *Orientierungsordnung* 215.
ORNSTEIN and ZERNIKE's compressibility integral, *Ornstein-Zernikesches Kompressibilitätsintegral* 31, 67.
ORNSTEIN and ZERNIKE's integral equation, *Ornstein-Zernikesche Integralgleichung* 72 to 73, 203.
— — — —, generalization for binary systems, *Verallgemeinerung für binäre Systeme* 191.
ORNSTEIN and ZERNIKE's method, generalization for ferromagnetics, *Ornstein-Zernikesche Methode, Verallgemeinerung für Ferromagnetica* 201.
ORNSTEIN-ZERNIKE's scattering formula, *Ornstein-Zernikesche Streuformel* 76.
Oscillator lattice model of liquids, *Oszillatorgitter-Modell der Flüssigkeiten* 221.
Oscillator model of specific heat, *Oszillatormodell der spezifischen Wärme* 571.
Osmotic coefficient for dilute electrolytes, *osmotischer Koeffizient für verdünnte Elektrolyte* 378.

Osmotic pressure, *osmotischer Druck* 30, 304—306, 315.
— —, isothermics, *Isothermen* 308.
— — of polyelectrolyte solutions, *der Polyelektrolytlösungen* 498—499
— — of polymer solutions, *von Polymerenlösungen* 451, 468, 471.
— — and second virial coefficient, *und zweiter Virialkoeffizient* 315, 316.
Oxide glasses, *Oxydgläser* 514, 518.
Oxygen bridges, *Sauerstoffbrücken* 519, 587, 591.

Pair density, *Paardichte* 5.
Pair distribution function, *Paar-Verteilungsfunktion* 3, 13, 198.
— — — for liquids, *für Flüssigkeiten* 218 to 219.
— — — in an one-dimensional crystal, *in einem eindimensionalen Kristall* 61—63.
— — — in an one-dimensional fluid, *in einer eindimensionalen Flüssigkeit* 51.
— — — and thermodynamic quantities, *und thermodynamische Größen* 27.
Parameters characterizing glass structure, *Parameter zur Kennzeichnung einer Glasstruktur* 520—521.
Partial volume per molecule, *partielles Volumen pro Molekül* 29.
Partially permeable coil, *teilweise durchlässige Scheibe* 474.
Partition function of a chain, *Zustandssumme einer Kette* 443—444.
Performance index of shock test, *Güteindex eines Schockversuchs* 577.
Periodic boundary conditions, *periodische Randbedingungen* 278.
Periodic Table and glass formation, *Periodisches System und Glasbildung* 514, 518, 526.
Permeability of fused silica to gas diffusion, *Durchlässigkeit von geschmolzenem Quarz für Diffusion von Gasen* 617, 619.
Persistence length, *Persistenzlänge* 406.
Phase density, *Phasendichte* 7.
Phase equilibrium in polymers, *Phasengleichgewicht in Polymeren* 479—491.
Phase separation in polyelectrolyte solutions, *Phasentrennung in Polyelektrolytlösungen* 502—507.
Phase transformations, *Phasenumwandlung* 46.
Phenakite, *Phenakit* 537.
Phonons in glass, *Schallquanten in Glas* 576.
Phosphate glasses, *Phosphatgläser* 534—540.
Phosphate systems, limits of glass formation, *Phosphatsysteme, Grenzen der Glasbildung* 615—616.
Photo-nucleation, *Photokeimbildung* 607.
Poisson-Boltzmann equation, *Poisson-Boltzmannsche Gleichung* 376, 389, 494, 496.
— —, linearization, *Linearisierung* 376, 388, 392, 394.
Poisson equation for an electrolyte, *Poissonsche Gleichung für einen Elektrolyten* 375.

Poisson ratio, *Querkontraktionszahl* 433.
— — of glass, *von Glas* 635.
Polarization of a dielectric, *Polarisation des Dielectricums* 251, 257.
Polyampholytes, *Polyampholyte* 492, 494, 502—503, 506.
Polycrystalline samples, molecular distribution functions, *polykristalline .Proben, molekulare Verteilungsfunktionen* 175.
Polyelectrolyte, *Polyelektrolyt* 400, 491.
Polyelectrolyte solutions, *Polyelektrolyt-Lösungen* 491—509.
Polymer solutions see solutions of polymers, *Polymerenlösungen s. Lösungen von Polymeren*.
Potassium borate glasses, *Kaliumboratgläser* 533.
Potassium phosphate glasses, *Kaliumphosphatgläser* 539.
Potassium silicate glasses, structure, *Kaliumsilikatgläser, Struktur* 524.
Potential of average force in electrolytes, *Potential der Durchschnittskraft in Elektrolyten* 306.
Potential barriers and time dependence of rubber elasticity, *Potentialschwellen und Zeitabhängigkeit der Gummielastizität* 448.
Potential of interaction in the ionic gas model of an electrolyte, *Potential der Wechselwirkung im Ionengasmodell eines Elektrolyten* 371, 372.
Potential well, *Kastenpotential* 242, 352.
Potential of average forces, *Potentiale der Durchschnittskräfte* 9, 11, 16, 25.
Precipitation, critical point, *Entmischung, kritischer Punkt* 149—153, 161—166.
Precipitation curve of a binary liquid, *Entmischungskurve einer binären Flüssigkeit* 309.
— — of a rigorously regular solution, *einer streng regulären Lösung* 324.
Precipitation fractionation of polymers, *Fällungsfraktionierung von Polymeren* 485.
Pressure, *Druck* 12.
Pressure dependence of glass density, *Druckabhängigkeit der Glasdichte* 557—560.
Prigogine's theory of corresponding states, *Prigoginesche Theorie korrespondierender Zustände* 476—479.
Primary chain, *primäre Kette* 399.
Pyrex glass, *Pyrexglas* 453.

Q function, *Q-Funktion* 181.
Quantum statistics, molecular distribution function, *Quantenstatistik, molekulare Verteilungsfunktion* 64.
Quartz, *Quarz* 523, 525, 608, 617.
Quartz glass see also fused silica, *Quarzglas*.
— — under high pressure, *unter hohem Druck* 558.
— — produced by neutron irradiation of quartz crystals, *Erzeugung durch Neutronenbestrahlung von Quarzkristallen* 577.
— —, specific heat, *spezifische Wärme* 572.

Quasi-chemical approximation for superlattice transformations, *quasichemische Näherung für Überstrukturumwandlungen* 94—98, 104.
Quasi-chemical equation, *quasichemische Gleichung* 93, 96.
— —, generalization for oriented molecules, *Verallgemeinerung für orientierte Moleküle* 337, 339, 341.
— — of a rigorously regular solution, *einer streng regulären Lösung* 322, 337.
Quasi-chemical method, application to binary liquids, *quasichemische Methode, Anwendung auf binäre Flüssigkeiten* 320 to 326.
— — in the free-volume theory of solutions, *in der Theorie des freien Volumens für Lösungen* 345.
— — for liquids, *für Flüssigkeiten* 236.
Quenching method, *Löschmethode* 598.

Radial distribution function, *radiale Verteilungsfunktion* 6.
— — —, calculation, *Berechnung* 268—277.
— — — for electrolytes, *für Elektrolyte* 389.
— — — for a gas of rigid spheres, *für ein Gas starrer Kugeln* 10.
— — — of liquid argon, *für flüssiges Argon* 275, 282.
Radiation absorption in glass, *Strahlungsabsorption in Glas* 574.
Radiocative tracer studies of diffusion through glass, *radioaktive Trägeruntersuchungen der Diffusion durch Glas* 621.
Radius of gyration of a chain molecule, *Trägheitsradius eines Kettenmoleküls* 404, 409, 476.
Radius of ionic clouds in electrolytes, *Radius von Ionenwolken in Elektrolyten* 379.
Random chain model, *statistisches Kettenmodell* 403, 419, 453.
Random coil model of polyelectrolytes, *statistisches Scheibenmodell der Polyelektrolyte* 494—495.
Random network theory, *statistische Netzwerktheorie* 527.
Random structure of glass at high temperatures, *statistische Struktur eines Glases bei hohen Temperaturen* 524.
Range of correlation of local fluctuations, *Reichweite der Korrelation lokaler Schwankungen* 71—76.
Raoult's law, *Raoultsches Gesetz* 305, 319, 412, 429.
Rate of crystal growth in glass, *Geschwindigkeit des Kristallwachstums in Glas* 513, 595, 597, 600.
— — — —, calculation, *Berechnung* 600 to 601.
— — — —, experimental determination, *experimentelle Bestimmung* 597—598, 604.
Rate of homogeneous nucleation, *Geschwindigkeit homogener Keimbildung* 595.
Rate method of cooling, *Abkühlung mit konstanter Geschwindigkeit* 548.

Subject Index.

Rayleigh's scattering ratio, *Rayleighsches Streuverhältnis* 262.
Reciprocal lattice, *reziprokes Gitter* 292.
Recovery time of delayed elasticity in glass, *Erholungszeit der elastischen Nachwirkung in Glas* 637.
Reducible and irreducible cluster-integrals, *reduzierbare und unreduzierbare Cluster-Integrale* 302—303.
Reference spectrum, *Bezugsspektrum* 72, 75.
Reference temperatures of glass viscosity, *Bezugstemperaturen der Viskosität von Glas* 579.
Refraction index see index of refraction.
Regular solution, *reguläre Lösung* 325.
Relaxation in glasses (see also mechanical relaxation), *Relaxation in Gläsern (s. auch mechanische Relaxation)* 635—644.
Relaxation spectrum, *Relaxationsspektrum* 445—448.
Retardation spectrum, *Retardierungsspektrum* 445.
Rigid-sphere gas, interaction and average force potentials, *starre Kugeln als Gasmodell, Wechselwirkungs- und mittlere Kraft-Potentiale* 11.
— —, radial distribution function, *radiale Verteilungsfunktion* 10.
Rigid-sphere model, an approximate solution of the Kirkwood equation, *starres Kugel-Modell als Näherungslösung der Kirkwoodschen Gleichung* 267.
— — of a liquid, equation of state, *als Flüssigkeitsmodell, Zustandsgleichung* 247, 276.
— — of one-dimensional fluid, *für eindimensionale Flüssigkeit* 52.
Rigorously regular solution, *streng reguläre Lösung* 317, 320, 322—324, 345.
— — —, quasi-chemical equation, *quasichemische Gleichung* 322, 337.
Rotation of chain elements, *Rotation von Kettengliedern* 405.
Rotation transformation, *Rotationsumwandlung* 210—216, 335.
Rubber elasticity, *Gummi-Elastizität* 435, 442, 488.

Scattering of light by liquids, *Streuung von Licht an Flüssigkeiten* 262.
— — as a means to determine molecular weights, *als Mittel zur Molekulargewichtsbestimmung* 401, 475—476, 497.
— — by multi-component systems, *an Vielkomponentensystemen* 310—316.
— — in polyelectrolytes, *in Polyelektrolyten* 500—501.
Scattering of light near critical point (see also opalescence), *Streuung von Licht in der Nähe des kritischen Punktes (s. auch Opaleszenz)* 76—77.
Scattering of x-rays at binary alloys, *Streuung von Röntgenstrahlen an binären Legierungen* 180—196.
— — by liquids, *an Flüssigkeiten* 248—251.
Schottky vacancies, *Leerstellen* 77.

Scratch hardness of glass, *Ritzhärte von Gläsern* 632.
Scratch resistance of ceramics, *Ritzhärte von Keramik* 606.
Second order transformation, *Umwandlung zweiter Ordnung* 107.
Second-order transformations in polymers, *Umwandlungen zweiter Ordnung in Polymeren* 423, 424, 431—432.
Second virial coefficient, *zweiter Virialkoeffizient* 2, 227, 315, 451, 457.
— — —, dependence on molecular weight, *Abhängigkeit vom Molekulargewicht* 465 to 466.
— — —, dependence on temperature, *Abhängigkeit von der Temperatur* 466—469.
Secular equation, *Säkulargleichung* 111.
Sedimentation as a means to determine molecular weights, *Sedimentierung als Mittel zur Molekulargewichtsbestimmung* 401, 473.
Segment interaction parameter, *Segmentwechselwirkungsparameter* 407.
Self consistent field 224.
Self-diffusion of ions in glass, *Selbstdiffusion von Ionen in Glas* 622, 642.
Self-dual lattice, *selbstduales Gitter* 118.
Semi-invariants, method of Kirkwood, *Semi-Invarianten, Methode von Kirkwood* 98 to 103, 354, 366.
Semi-invariants of Thiele, *Semi-Invarianten von Thiele* 99, 367, 384.
Shear modulus, *Gleitmodul* 433, 441.
— — of glass, *von Glas* 635.
Shift factor, *Verschiebungsfaktor* 447.
Short-range interaction in polymer solutions, *kurzreichweitige Wechselwirkung in Polymerenlösungen* 464—465.
Short-range order in glasses, *Nahordnung in Gläsern* 517.
Short-range ordering parameter, *Nahordnungsparameter* 186.
— — — of Bethe, *von Bethe* 91.
Short-range two-body forces, *kurzreichweitige Zweikörperkräfte* 8—9.
Shrinkage of material in glass manufacture, *Schrumpfen des Materials bei der Glasherstellung* 546.
Silica see quartz glass and fused silica.
Silicate systems, limits of glass formation, *Silikatsysteme, Grenzen der Glasbildung* 612—614.
Sign of volume of mixing, *Vorzeichen des Mischungsvolumens* 351, 364.
Single-liquid model of liquid mixtures, *Durchschnittspotential-Modell flüssiger Gemische* 360, 368, 483.
Sinking point of a glass, *Einsinkpunkt eines Glases* 580.
Slater sum, *Slater-Summe* 64.
Slow neutrons, critical scattering, *langsame Neutronen, kritische Streuung* 196—210.
Small-angle scattering of x-rays by binary alloys, *Kleinwinkel-Streuung von Röntgenstrahlen an binären Legierungen* 180—189.

SMEKAL'S theory of glasses, *Smekalsche Theorie der Gläser* 525—527.
Smoothed (half-fine) correlation function, *geglättete (halbfeine) Korrelationsfunktion* 69, 70.
Smoothed potential in liquids, *geglättetes Potential in Flüssigkeiten* 222, 226.
Smoothed potential model of PRIGOGINE and MATHOT, *geglättetes Potentialmodell von Prigogine und Mathot* 352—353.
Sodium borate glasses, *Natriumboratgläser* 532—533.
— —, hardness, *Härte* 634.
Sodium-calcium silicate glasses, crystal growth, *Natrium-Calcium-Silikatgläser, Kristallwachstum* 598, 601.
Sodium disilicate, *Natriumdisilikat* 608, 610.
Sodium metasilicate, *Natriummetasilikat* 610.
Sodium orthosilicate, *Natriumorthosilikat* 610.
Sodium phosphate glasses, *Natriumphosphatgläser* 539.
Sodium silicate glasses, composition dependence of density, *Natriumsilikatgläser, Abhängigkeit der Dichte von der Zusammensetzung* 551—553.
— — — under high pressure, *unter hohem Druck* 558.
— — —, internal friction, *innere Reibung* 643.
— — —, structure, *Struktur* 523.
— — —, viscosity, *Viskosität* 581, 589.
Softening point of a glass, *Erweichungspunkt eines Glases* 579, 594.
Softening temperature of sodium borate glasses, *Erweichungstemperatur von Natriumboratgläsern* 532.
Solid solutions see also binary systems and alloys, *feste Lösungen s. auch binäre Systeme und Legierungen.*
— —, comparison of theory and experiment, *Vergleich von Theorie und Experiment* 167—175.
— —, critical opalescence, *kritische Opaleszenz* 189—196.
— —, theory of FUCHS (see also Fuchs theory), *Fuchssche Theorie* 143—153, 159—167.
Solutions of polymers, critical point of phase separation, *Lösungen von Polymeren, kritischer Punkt der Phasentrennung* 480.
— —, excluded volume model, *Modell des verbotenen Volumens* 451, 452—456, 461 to 463.
— —, lattice model, *Gittermodell* 451, 456 to 462.
— —, models, *Modelle* 449, 451 seq.
— —, osmotic pressure, *osmotischer Druck* 451, 468, 471.
— —, second virial coefficient, *zweiter Virialkoeffizient* 451, 457.
— —, visco-elasticity, *Viskoelastizität* 449 to 450.
Solvent, definition, *Lösungsmittel, Definition* 159.

Special functions, *spezielle Funktionen* 5—6.
Specific heat of $AuCu_3$, *spezifische Wärme von $AuCu_3$* 81.
— — of brass, *von Messing* 82, 106.
— — of ethylene-di-bromide, *von Äthylen-Dibromid* 210.
— — of glasses, *der Gläser* 570—573.
— — of iodine hydride, *von Jodwasserstoff* 216.
— — and long-range ordering, *und Fernordnungsgrad* 88.
— — of polymers, *von Polymeren* 421—432.
— — —, temperature dependence, *Temperaturabhängigkeit* 422.
— — in the three-dimensional Ising model, *im dreidimensionalen Ising-Modell* 141.
— — in the two-dimensional Ising model, *im zweidimensionalen Ising-Modell* 117, 135.
Spectral distribution of local fluctuations, *spektrale Verteilung der lokalen Schwankungen* 70.
Sphere model of polyelectrolytes, *Kugelmodell der Polyelektrolyte* 495.
Spin chain, *Spin-Kette* 109.
Spin correlation function, *Spin-Korrelationsfunktion* 201, 207.
Spontaneous magnetization calculated by the Ising model, *spontane Magnetisierung berechnet aus dem Ising-Modell* 112, 137, 139, 141.
Spontaneous nucleation, *spontane Keimbildung* 595.
Square lattice, orientation effects, *quadratisches Gitter, Orientierungseffekte* 340—342.
— —, results of Fuchs theory, *Ergebnisse der Fuchsschen Theorie* 161, 164.
Stabilization process of a glass, *Stabilisierungsprozeß eines Glases* 512, 544—548, 584.
Stabilized glasses, delayed elasticity, *stabilisierte Gläser, elastische Nachwirkung* 639.
Standard configuration for orientation effects, *Standard-Konfiguration für Orientierungseffekte* 329—332.
Standard heat treatment of a glass, *Standard-Wärmebehandlung eines Glases* 598.
Standing-wave decomposition of thermal motion, *Zerlegung der thermischen Bewegung in stehende Wellen* 69.
Static fatigue of glass, *statische Ermüdungserscheinungen in Glas* 627—629.
Static strength, *statische Festigkeit* 624.
STEVEL's density formula, *Stevelssche Dichteformel* 552—554.
Stiff chains, *steife Ketten* 406.
Stochastic methods, *stochastische Methoden* 217, 277—284.
Stokes formula for force of friction, *Stokessche Formel für die Reibungskraft* 474.
Strain invariants, *Invarianten des Verformungstensors* 433.
Strain point of a glass, *unterer Kühlpunkt eines Glases* 579, 580.

Strength of glasses, *Festigkeit von Gläsern* 623—635.
— —, effect of chemical composition, *Einfluß der chemischen Zusammensetzung* 629.
— —, experimental determination, *experimentelle Bestimmung* 631—632.
— —, surface etching, *Oberflächenverätzung* 626, 627.
— —, temperature dependence, *Temperaturabhängigkeit* 627—628.
Strength scale for glasses, *Festigkeitsskala für Gläser* 630.
Stress-strain curve for rubber, temperature dependence, *Spannungs-Verformungs-Kurve für Gummi, Temperaturabhängigkeit* 442—444.
Stress-strain relations, *Spannungs-Verformungs-Beziehungen* 433.
Strong electrolytes, *starke Elektrolyte* 369 to 395.
Strong electrolytes, definition, *starke Elektrolyte, Definition* 370.
Structons, *Struktonen* 550.
Structural inhomogeneities in glass, *strukturelle Inhomogenitäten in Glas* 527.
Structural shrinkage, *strukturelle Schrumpfung* 546.
Submicroscopic catalyst crystals, *submikroskopische Katalysatorkristalle* 605.
Sulphide glasses, *Sulfidgläser* 514.
Supercooled liquid, *unterkühlte Flüssigkeit* 291, 511, 595.
Superlattice structure of $AuCu_3$, *Überstruktur in* $AuCu_3$ 80—81.
— — in brass, *in Messing* 81—82.
Superlattice transformations, *Überstruktur-Umwandlungen* 80, 81.
— —, comparison of different approximations, *Vergleich verschiedener Näherungen* 104, 105.
Superlattice x-rays lines, *Überstruktur-Röntgenlinien* 81.
Superposition of ionic clouds, *Superposition von Ionenwolken* 383, 389.
Superposition principle of KIRKWOOD, *Superpositionsprinzip von Kirkwood* 19, 27, 39, 41, 369.
— — — for an electrolyte, *für einen Elektrolyten* 372.
Superposition principle, validity for liquids, *Superpositionsprinzip, Gültigkeit für Flüssigkeiten* 219.
Suppression of crystallization, *Unterdrückung der Kristallisation* 611.
Surface crystallization of glass, *Oberflächenkristallisation von Glas* 593.
Surface damage of glass, *Oberflächenbeschädigung von Glas* 630.
Surface effects on glass fracture, *Oberflächeneinflüsse auf das Brechen von Glas* 626 to 627.
Surface fraction, *Oberflächenanteil* 458.
Surface gloss of glasses, *Oberflächenglanz von Gläsern* 544.

Susceptibility and spin correlation function, *Suszeptibilität und Spin-Korrelationsfunktion* 207.
Swelling equilibrium, *Quellungsgleichgewicht* 487—491, 507.
Swelling of a gel in different solvents, *Quellung eines Gels in verschiedenen Lösungsmitteln* 489, 507.
Swelling parameter of a polymer solution, *Quellungsparameter einer Polymerenlösung* 471—472.

Technical glasses, properties and composition, *technische Gläser, Eigenschaften und Zusammensetzung* 543—544.
Temperature dependence of glass viscosity *Temperaturabhängigkeit der Viskosität von Glas* 581—583.
— — of long-range ordering, *des Fernordnungsgrades* 87, 88.
— — of orientation ordering, *der Orientierungsordnung* 215.
— — of second virial coefficient, *des zweiten Virialkoeffizienten* 466—469.
— — of the specific heat of polymers, *der spezifischen Wärme der Polymere* 422.
— — of stress-strain relations in rubber, *der Spannungs-Verformungs-Beziehungen in Gummi* 442—444.
— — of superlattice structure, *der Überstruktur* 81, 87.
— — of the volume of polymers, *des Volumens der Polymere* 422.
Temperature effect on surface healing of glass, *Temperatureinfluß auf das Ausheilen einer Glasoberfläche* 627.
Temperature of glass transition, *Temperatur der Verglasung* 431, 447.
— of phase transformation in the two-dimensional Ising model, *der Phasenumwandlung im zweidimensionalen Ising-Modell* 118.
— of precipitation, *der Entmischung* 149 to 153, 161—166.
Tensile strength of ceramics, *Zugfestigkeit von Keramik* 606.
— — of glass, *von Glas* 577—578, 625.
— — —, theoretical relations, *theoretische Beziehungen* 624.
Tension of glasses, effect on gas diffusion, *Dehnung von Gläsern, Einfluß auf Gasdiffusion* 620.
Ternary alkali silicate systems, limits of glass formation, *ternäre Alkalisilikatsysteme, Grenzen der Glasbildung* 613.
Ternary borate glasses, *ternäre Boratgläser* 570.
Ternary polymer systems, *ternäre Systeme von Polymeren* 481—487.
Ternary silicate glasses, *ternäre Silikatgläser* 609.
Ternary systems with one polymer component, *ternäre Systeme mit einer polymeren Komponente* 482—484.
— — with two polymer components, *mit zwei polymeren Komponenten* 484—485.

Tetrahedra of BO_4, no binding, *Tetraeder von BO_4, keine Bindung* 531.
Tetrahedra of SiO_4, chain formation, *Tetraeder von SiO_4, Kettenbildung* 521, 613 to 614.
Theorem of conformal states, *Theorem der übereinstimmenden Zustände* 229, 356, 358.
— — — for mixtures, *für Gemische* 361, 362.
— — — for multicomponent systems, *für Vielkomponentensysteme* 365—369.
Thermal conductivity of glass, *Wärmeleitfähigkeit von Glas* 577—578.
Thermal equation of state, *thermische Zustandsgleichung* 13, 27, 65, 229, 240, 247, 276.
Thermal equilibrium of a glass, *thermisches Gleichgewicht eines Glases* 544, 555.
Thermal expansion of ceramics, *thermische Ausdehnung von Keramik* 606.
— — of glasses (see also expansion coefficient), *thermische Ausdehnung von Gläsern (s. auch Ausdehnungskoeffizient)* 561 to 570.
Thermal expansion coefficient of a liquid, *thermischer Ausdehnungskoeffizient einer Flüssigkeit* 298, 359.
Thermal history of a glass and crystallization, *thermische Vorgeschichte eines Glases und Kristallisation* 610—611.
— — —, effect on its density, *thermische Vorgeschichte eines Glases, Einfluß auf seine Dichte* 555.
— — —, effect on its specific heat, *Einfluß auf seine spezifische Wärme* 572.
Thermal nucleation, *thermische Keimbildung* 595.
Thermal pretreatment in glass manufacture, *thermische Vorbehandlung bei der Glasherstellung* 545.
Thermal shock resistance of glass, *thermische Schockhärte von Glas* 577.
Thermodynamic functions, BORN and GREEN's computation method, *thermodynamische Funktionen, Berechnung nach Born und Green* 11.
— —, KIRKWOOD's computation method, *Berechnung nach Kirkwood* 14.
— — of two-dimensional oriented solutions, *zweidimensionaler Lösungen mit Orientierung* 342.
Thermodynamic properties of the two-dimensional Ising model, *thermodynamische Eigenschaften des zweidimensionalen Ising-Modells* 133.
Thermodynamic quantities and pair distribution functions, *thermodynamische Größen und Paarverteilungsfunktionen* 27.
Thermo-elastic anisotropy, *thermoelastische Anisotropie* 450.
Thermo-elastic inversion, *thermoelastische Inversion* 443.
Thermo-elastic wave velocity, *thermoelastische Wellengeschwindigkeit* 576.
Thermorheologically simple materials, *thermorheologisch einfache Substanzen* 447.

Theta temperature of FLORY, *Theta-Temperatur von Flory* 460, 468, 469, 471, 481.
THIELE's semi-invariants, *Thielesche Semi-Invarianten* 99, 367, 384.
Third virial coefficient, *dritter Virialkoeffizient* 451.
Three-dimensional Ising model, *dreidimensionales Ising-Modell* 139.
Time dependent correlation function, *zeitabhängige Korrelationsfunktion* 200.
Time effect on elasticity, *Zeiteffekt auf Elastizität* 445—450.
Titania as a means of nucleation in ceramics, *Titanoxyd als Mittel zur Keimbildung in Keramik* 607.
Titration curves of polyelectrolytes, *Titrierkurven von Polyelektrolyten* 493.
Tonks equation of state, *Tonkssche Zustandsgleichung* 55.
Torsion of glass, *Torsion von Glas* 641, 643.
Transference experiments, *Überführungsexperimente* 496.
Transformation range of a glass, *Umwandlungsbereich eines Glases* 511, 562, 580, 593.
— — —, diffusion, *Diffusion* 621.
Transformation temperature in the two-dimensional Ising model, *Umwandlungstemperatur im zweidimensionalen Ising-Modell* 118.
— — of vitreous state, *des Glaszustandes* 511.
Triangle lattice, *Dreiecksgitter* 118, 121.
Triangles of BO_3, binding, *Dreiecke von BO_3, Bindung* 531.
Tridymite, *Tridymit* 608.
Triplet density, *Triplettdichte* 5.
TROUTON's rule, *Troutonsche Regel* 231, 232.
Tunnel model, *Tunnelmodell* 247—248.
Two-dimensional Ising model, *zweidimensionales Ising-Modell* 113—139.
Two-dimensional model of a glass, *zweidimensionales Modell eines Glases* 519, 524.
— — of orientation effects in solutions, *der Orientierungseffekte in Lösungen* 340 to 342.
Two-liquid model of liquid mixtures, *verfeinertes Durchschnittspotential-Modell für flüssige Gemische* 364.
Two-network model, *Zwei-Netzwerk-Modell* 448.

Ultracentrifuge, *Ultrazentrifuge* 401, 473.
Undercooled liquid, *unterkühlte Flüssigkeit* 291, 511, 595.

Valence angle, *Valenzwinkel* 402.
Van der Waals theory of liquids, *van der Waalssche Theorie der Flüssigkeiten* 217.
VAN LAAR and GUGGENHEIM's formula, *van Laar-Guggenheimsche Formel* 309.
VAN'T HOFF's equation for the osmotic pressure, *van't Hoffsche Gleichung für den osmotischen Druck* 304.
Vapour, chemical potential, *Dampf, chemisches Potential* 274.

Vapour pressure, *Dampfdruck* 221, 232, 240.
Vapour pressure equilibrium, *Dampfdruckgleichgewicht* 230, 273.
— — — for a rigorously regular solution, *Dampfdruckgleichgewicht für eine streng reguläre Lösung* 323.
Variational method for the two-dimensional Ising model, *Variationsverfahren für das zweidimensionale Ising-Modell* 115.
Vibrations of glass rods, *Schwingungen von Glasstäben* 641, 643.
Virial coefficient, second, *Virialkoeffizient, zweiter* 2, 227, 315, 451, 457.
— —, second reduced, *zweiter reduzierter* 239.
— —, determination by superposition principle, *Bestimmung aus Superpositionsprinzip* 19.
— — of higher order, *höherer* 2.
— — in polyelectrolytes, *in Polyelektrolyten* 499, 501.
— — in polymer solutions, *in Polymerenlösungen* 451, 457, 465.
Virial law, *Virialsatz* 12.
Virial of a system, definition, *Virial eines Systems, Definition* 11.
Virtual polymer molecules, *virtuelle polymere Moleküle* 461.
Visco-elasticity of polymer solutions, *Viskoelastizität der Lösungen von Polymeren* 449—450.
Viscosity of glasses, *Viskosität von Gläsern* 544, 578—592.
— —, effect of chemical substitutions, *Einfluß chemischer Substitutionen* 587—589.
— — as a function of stabilization, *als Funktion der Stabilisierung* 583—584.
— —, relation to electrical conductivity, *Beziehung zur elektrischen Leitfähigkeit* 584, 591.
— —, temperature dependence, *Temperaturabhängigkeit* 581—583.
Viscosity measurement as a means to determine molecular weights, *Viskositätsmessung als Mittel zur Molekulargewichtsbestimmung* 401, 472, 475—476, 496, 497.
Viscosity of polyelectrolytes, *Viskosität der Polyelektrolyte* 501—502.
Viscous flow of glass, *viskoses Fließen von Glas* 582, 584.
Vitreous state, basic properties, *Glaszustand, Grundeigenschaften* 511.
— —, characteristic parameters, *charakteristische Parameter* 520—521.
— —, definition, *Definition* 514.
Volume contraction by mixing, *Volumenkontraktion durch Mischung* 351, 364.

Volume expansivity (see also expansion coefficient), *Volumenausdehnung (s. auch Ausdehnungskoeffizient)* 557.
Volume fraction, *Volumenanteil* 456.
Volume of polymers, temperature dependence, *Volumen der Polymere, Temperaturabhängigkeit* 422.

Wall influence on one-dimensional fluid, *Wandeinfluß auf eindimensionale Flüssigkeit* 49, 50.
Water content of glasses, *Wassergehalt von Gläsern* 521, 533.
Weight average molecular weight, *Gewichtsmittel des Molekulargewichtes* 401, 420.
White spectrum, *weißes Spektrum* 72, 191.
Working point of a glass, *Verarbeitungspunkt eines Glases* 580.
Working range, viscosity of glasses, *Verarbeitungsbereich, Viskosität der Gläser* 579, 589—592.

X-ray diffraction in glass, *Röntgenbeugung an Glas* 522, 524.
x-ray investigation of liquids, *Röntgenuntersuchung von Flüssigkeiten* 218.
x-ray scattering by liquids, *Röntgenstreuung von Flüssigkeiten* 248—251.
x-ray small angle scattering by binary alloys, *Röntgen-Kleinwinkel-Streuung an binären Legierungen* 180—189.

Young's modulus, *Elastizitätsmodul* 433.
— — of a glass, *eines Glases* 624, 635.
— — —, calculation from chemical composition, *Berechnung aus der chemischen Zusammensetzung* 636.
Yvon's integral equation, *Yvonsche Integralgleichung* 17.

Zachariasen's theory of glasses, *Zachariasensche Theorie der Gläser* 516—520.
— — —, confirmation by experience, *Bestätigung durch die Erfahrung* 522.
— — —, criticism, *Kritik* 524.
Zernike's formula for the scattering of light by multi-component systems, *Zernikesche Formel für Lichtstreuung an Vielkomponentensystemen* 311.
Zernike-Prins equation of scattered x-ray intensity, *Zernike-Prinssche Gleichung für die gestreute Röntgenintensität* 249.
Zinc phosphate glasses, *Zinkphosphatgläser* 537.

MIX
Papier aus verantwortungsvollen Quellen
Paper from responsible sources
FSC® C105338

If you have any concerns about our products,
you can contact us on
ProductSafety@springernature.com

In case Publisher is established outside the EU,
the EU authorized representative is:
**Springer Nature Customer Service Center GmbH
Europaplatz 3, 69115 Heidelberg, Germany**

Printed by Libri Plureos GmbH
in Hamburg, Germany